U0288818

中华人民共和国

兽药典

2015年版

二 部

中国兽药典委员会 编

中国农业出版社

图书在版编目（CIP）数据

中华人民共和国兽药典：2015年版. 二部 / 中国兽
药典委员会编. —北京：中国农业出版社，2016.9
ISBN 978-7-109-21615-0

Ⅰ. ①中⋯ Ⅱ. ①中⋯ Ⅲ. ①兽医学—药典—中国—
2015 Ⅳ. ①S859.2

中国版本图书馆CIP数据核字（2016）第088058号

中国农业出版社出版
（北京市朝阳区麦子店街18号楼）
（邮政编码100125）
责任编辑　黄向阳　刘　玮　张艳晶　周锦玉

北京地大天成印务有限公司　新华书店北京发行所发行
2016年9月第1版　　2016年9月北京第1次印刷

开本：880mm×1230mm　1/16　　印张：66.25
字数：1768千字
定价：750.00元

（凡本版图书出现印刷、装订错误，请向出版社发行部调换）

ISBN 978-7-109-21615-0

前　言

《中华人民共和国兽药典》（简称《中国兽药典》）2015年版，按照第五届中国兽药典委员会全体委员大会审议通过的编制方案所确定的指导思想、编制原则和要求，经过全体委员和常设机构工作人员的努力，业已编制完成，经第五届中国兽药典委员会全体委员大会审议通过，由农业部颁布实施，为中华人民共和国第五版兽药典。

《中国兽药典》2015年版分为一部、二部和三部，收载品种总计2030种，其中新增186种，修订1009种。一部收载化学药品、抗生素、生化药品和药用辅料共752种，其中新增166种，修订477种；二部收载药材和饮片、植物油脂和提取物、成方制剂和单味制剂共1148种（包括饮片397种），其中新增9种，修订415种；三部收载生物制品131种，其中新增13种，修订117种。

本版兽药典各部均由凡例、正文品种、附录和索引等部分构成。一部、二部、三部共同采用的附录分别在各部中予以收载，方便使用。一部收载附录116项，其中新增24项，修订52项；二部收载附录107项，其中新增15项，修订49项；三部收载附录37项，其中修订17项，收载生物制品通则8项，其中新增2项，修订4项。

本版兽药典收载品种有所增加。一部继续增加收载药用辅料，共计达276种；二部新增4个兽医专用药材及5个成方制剂标准；三部新增13个生物制品标准。

本版兽药典标准体例更加系统完善。在凡例中明确了对违反兽药GMP或有未经批准添加物质所生产兽药产品的判定原则，为打击不按处方、工艺生产的行为提供了依据。在正文品种中恢复了与临床使用相关的内容，以便于兽药使用环节的指导和监管。建立了附录方法的永久性编号，质量标准与附录方法的衔接更加紧密。

本版兽药典质量控制水平进一步提高。一部加强了对有关物质的控制；二部进一步完善了显微鉴别，加强了对注射剂等品种的专属性检查；三部提高了口蹄疫灭活疫苗效力标准。

本版兽药典进一步加强兽药安全性检查。在附录中完善了对安全性及安全性检查的总体要求。在正文品种中增加了对毒性成分或易混杂成分的检查与控制，如一部加强了对静脉输液、乳状注射液等高风险品种渗透压、乳粒的检查与控制；二部规定了部分药材二氧化硫、有害元素的残留量，增加对黄曲霉毒素及16种农药的检查，替换标准中含苯毒性溶剂；三部增加了口蹄疫灭活疫苗细菌内毒素的标准和检验方法。

本版兽药典加强对现代分析技术的应用。一部增加了离子色谱法、拉曼光谱法等新方法，二部增加了质谱法、二氧化硫残留量测定法等新方法；一部、二部、三部分别收载或修订了国家兽药标准物质制备指导原则、兽药引湿性试验指导原则、动物源性原材料的一般要求等18个指导原则。

本届兽药典委员会进一步创新改进组织管理和工作机制。本届委员会共设立6个专业委员会，分别负责本专业范畴的标准制修订和兽药典编制工作，为完成新版兽药典编制工作奠定了坚实的基础。探索创新兽药典编制和兽药标准制修订项目的管理，制定并实施《中国兽药典编制工作规范》，保障兽药典编制工作的顺利完成。

本版兽药典在编制过程中，以确保兽药标准的科学性、先进性、实用性和规范性为重点，充分借鉴国内外药品及兽药标准和检验的先进技术和经验，客观反映我国兽药行业生产、检验和兽医临床用药的实际水平，着力提高兽药标准质量控制水平。《中国兽药典》2015年版的颁布实施，必将为推动我国兽药行业的健康发展发挥重要作用。

中国兽药典委员会
二〇一五年十二月

第五届中国兽药典委员会委员名单

主 任 委 员 高鸿宾

副主任委员 于康震　　张仲秋　　冯忠武　　徐肖君　　夏咸柱

执 行 委 员（按姓氏笔画排序）

才学鹏	万仁玲	王蓓	王玉堂	方晓华	冯忠武	冯忠泽
巩忠福	刘同民	许剑琴	李向东	李慧姣	杨汉春	杨劲松
杨松沛	谷红	汪明	汪霞	沈建忠	张存帅	张仲秋
张秀英	陈光华	林典生	周明霞	赵耘	赵文杰	赵启祖
胡元亮	段文龙	班付国	袁宗辉	耿玉亭	夏业才	夏咸柱
顾进华	徐士新	徐肖君	高光	高迎春	盛圆贤	康凯
董义春	蒋玉文	童光志	曾振灵	阚鹿枫		

委 员（按姓氏笔画排序）

丁铲	丁晓明	卜仕金	于康震	才学鹏	万仁玲	马双成
王宁	王栋	王琴	王蓓	王文成	王玉堂	王乐元
王亚芳	王在时	王志亮	王国忠	王建华	王建国	王贵平
王钦晖	王登临	支海兵	毛开荣	方晓华	孔宪刚	邓干臻
邓旭明	艾晓辉	卢芳	卢亚艺	田玉柱	田克恭	田连信
田晓玲	史宁花	付本懂	冯芳	冯忠武	冯忠泽	宁宜宝
巩忠福	毕丁仁	毕昊容	曲连东	朱坚	朱明文	朱育红
任玉琴	刘同民	刘安南	刘秀梵	刘建晖	刘钟杰	刘家国
江善祥	许剑琴	孙涛	孙进忠	孙志良	孙建宏	孙喜模
苏亮	苏梅	李军	李斌	李玉和	李向东	李秀波
李宝臣	李彦亮	李爱华	李慧义	李慧姣	李毅竦	杨汉春
杨永嘉	杨秀玉	杨劲松	杨松沛	杨国林	杨京岚	肖田安
肖后军	肖安东	肖希龙	肖新月	吴兰	吴杰	吴萍
吴文学	吴国娟	吴福林	邱银生	何海蓉	谷红	汪明
汪霞	汪开毓	沈建忠	宋慧敏	张明	张弦	张莉
张永光	张存帅	张仲秋	张秀文	张秀英	张秀英	张浩吉

张培君	陆春波	陈 武	陈 锋	陈小秋	陈文云	陈玉库
陈光华	陈启友	陈昌福	陈焕春	陈慧华	武 华	范书才
范红结	林旭塾	林典生	林海丹	欧阳五庆	欧阳林山	罗 杨
罗玉峰	岳振锋	金录胜	周红霞	周明霞	周德刚	郑应华
郎洪武	赵 英	赵 耘	赵文杰	赵安良	赵启祖	赵晶晶
赵富华	郝素亭	胡大方	胡元亮	胡功政	胡松华	胡庭俊
胡福良	战 石	钟秀会	段文龙	侯丽丽	姜 力	姜 平
姜文娟	姜北宇	秦爱建	班付国	袁宗辉	耿玉亭	索 勋
夏业才	夏咸柱	顾 欣	顾进华	顾明芬	钱莘莘	徐士新
徐肖君	徐恩民	殷生章	高 光	高迎春	高鸿宾	郭文欣
郭锡杰	郭筱华	黄 珏	黄士新	黄显会	曹兴元	曹志高
盛圆贤	康 凯	章金刚	梁先明	梁梓森	彭 莉	董义春
董志远	蒋 原	蒋玉文	蒋桃珍	鲁兴萌	童光志	曾 文
曾 勇	曾建国	曾振灵	游忠明	谢梅冬	窦树龙	廖 明
阚鹿枫	谭 梅	潘伯安	潘春刚	潘洪波	操继跃	薛飞群
魏财文						

目　录

本版兽药典（二部）新增品种名单

药材和饮片

马兰草

羊蹄

泡桐叶

泡桐花

成方制剂和单味制剂

仁香散

鱼腥草注射液

黄芪多糖注射液

银黄提取物口服液，原通用名称为银黄口服液（提取物）

清肺颗粒

本版兽药典（二部）新增、修订与删除的附录名单

一、新增的附录

国家兽药标准物质通则

质谱法

非无菌产品微生物限度检查：微生物计数法

非无菌产品微生物限度检查：控制菌检查法

非无菌兽药微生物限度标准

二氧化硫残留量测定法

兽药引湿性试验指导原则

兽用中药中铝、铬、铁、钡元素测定指导原则

兽用中药中真菌毒素测定指导原则

非无菌产品微生物限度检查指导原则

兽药微生物实验室质量管理指导原则

兽药洁净实验室微生物监测和控制指导原则

药用辅料功能性指标研究指导原则

药包材通用要求指导原则

药用玻璃材料和容器指导原则

兽药标准物质制备指导原则

二、修订的附录

散剂	酊剂
胶剂	合剂
片剂	胶囊剂
丸剂	注射剂
颗粒剂	显微鉴别法
软膏剂	炮制通则
流浸膏剂与浸膏剂	分光光度法
紫外–可见分光光度法	不溶性微粒检查法
红外分光光度法	注射剂有关物质检查法
原子吸收分光光度法	甲醇量检查法

薄层色谱法

高效液相色谱法

气相色谱法

毛细管电泳法

琼脂糖凝胶电泳法

离子色谱法

电位滴定法与永停滴定法

杂质检查法

铅、镉、砷、汞、铜测定法

水分测定法

炽灼残渣检查法

氮测定法

乙醇量测定法

脂肪与脂肪油测定法

农药残留量测定法

鞣质含量测定法

桉油精含量测定法

溶液颜色检查法

粒度测定法

可见异物检查法

电感耦合等离子体质谱法

电感耦合等离子体原子发射光谱法

崩解时限检查法

最低装量检查法

细菌内毒素检查法

异常毒性检查法

试药

试液

对照品　对照药材　对照提取物

三、删除的附录

微生物限度检查法

微生物限度检查法应用指导原则

兽药微生物实验室规范指导原则

凡　　例

总　　则

一、《中华人民共和国兽药典》简称《中国兽药典》，依据《兽药管理条例》组织制定和颁布实施，是国家监督管理兽药质量的法定技术标准，《中国兽药典》一经颁布实施，其同品种的上版标准或其原国家标准即同时停止使用。

《中国兽药典》由一部、二部和三部组成，内容分别包括凡例、正文和附录。除特别注明版次外，《中国兽药典》均指现行版《中国兽药典》。

本部为《中国兽药典》二部。

二、兽药国家标准由凡例与正文及其引用的附录共同构成。兽药典收载的凡例、附录对未载入本版兽药典但经国务院兽医行政管理部门颁布的其他兽用中药国家标准具有同等效力。

三、凡例系正确使用《中国兽药典》进行兽药质量检定的基本原则，是对《中国兽药典》正文、附录及与质量检定有关的共性问题的统一规定。凡例中的有关规定具有法定的约束力。

四、凡例和附录中采用"除另有规定外"这一用语，表示存在与凡例或附录有关规定不一致的情况时，则在正文品种中另作规定，并按此规定执行。

五、正文中引用的兽药系指本版兽药典收载的品种，其质量应符合相应的规定。

六、正文所设各项规定是针对符合《兽药生产质量管理规范》（Good Manufacturing Practices for Veterinary Drugs，简称兽药GMP）的产品而言。任何违反GMP或有未经批准添加物质所生产的兽药，即使符合《中国兽药典》或按照《中国兽药典》没有检出其添加物质或相关杂质，亦不能认为其符合规定。

七、《中国兽药典》的英文名称为Veterinary Pharmacopoeia of the People's Republic of China；英文简称为Chinese Veterinary Pharmacopoeia；英文缩写为CVP。

正　　文

八、《中国兽药典》各品种项下收载的内容统称为标准正文，正文系根据药物自身的理化性质与生物学特性，按照批准的来源、处方、制法和贮藏、运输等条件所制定的、用以检测兽药质量是否达到用药要求并衡量其质量是否稳定均一的技术规定。

九、正文项下根据品种和剂型不同，按顺序分别列有：（1）品名；（2）来源；（3）处方；（4）制法；（5）性状；（6）鉴别；（7）检查；（8）浸出物；（9）特征（指纹）图谱；（10）含量测定；（11）炮制；（12）性味与归经；（13）功能；（14）主治；（15）用法与用量；（16）注意；（17）规格；（18）贮藏；（19）制剂；（20）附注等。

附　录

十、附录主要收载制剂通则、通用检测方法和指导原则。制剂通则系按照兽药剂型分类，针对剂型特点所规定的基本技术要求；通用检测方法系各正文品种进行相同检查项目的检测时所应采用的统一的设备、程序、方法及限度等；指导原则系为执行兽药典、考察兽药质量、起草与复核兽药标准等所制定的指导性规定。

名称与编排

十一、药材和饮片名称包括中文名、汉语拼音及拉丁名，其中药材和饮片拉丁名排序为属名或属名＋种加词在先，药用部位在后；植物油脂和提取物、成方制剂和单味制剂名称不设立拉丁名。

十二、正文中未列饮片和炮制项的，其名称与药材名相同，该正文同为药材和饮片标准；正文中饮片炮制项为净制、切制的，其饮片名称或相关项目亦与药材相同。

十三、正文分为药材和饮片、植物油脂和提取物、成方制剂和单味制剂三部分。

饮片系指药材经过炮制后可直接用于中兽医临床或制剂生产使用的处方药物。

饮片除需要单列者外，一般并列于药材的正文中，先列药材的项目，后列饮片的项目，中间用"饮片"分开，与药材相同内容只列出项目名称，其要求用"同药材"表述；不同于药材的内容逐项列出，并规定相应的指标。药材和饮片为两个独立的品种。

植物油脂和提取物系指从植、动物中制得的挥发油、油脂、有效部位和有效成分。其中，提取物包括以水或醇为溶剂经提取制成的流浸膏、浸膏或干浸膏，含有一类或数类有效成分的有效部位和含量达到90%以上的单一有效成分。

十四、正文的三个部分分别按中文名称笔画数顺序排列，同笔画数的字按起笔笔形一丨丿、一的顺序排列；单列的饮片排在相应药材的后面；制剂中同一正文项下凡因规格不同而致内容不同需单列者，在其名称后加括号注明；附录（包括制剂通则、通用检测方法和指导原则）按分类排列；索引按汉语拼音顺序排序的中文索引、拉丁名索引和拉丁学名索引顺序排列。

项目与要求

十五、单列饮片的标准，来源项简化为"本品为××的炮制加工品"，并增加〔制法〕项，收载相应的炮制工艺，其余同药材和饮片标准。

十六、药材和饮片的质量标准，一般按干品制定。需用鲜品的，另制定鲜品的质量控制指标，并规定鲜品用法与用量。

十七、药材原植（动）物的科名、植（动）物名、拉丁学名、药用部位（矿物药注明类、族、矿石名或岩石名、主要成分）及采收季节和产地加工等，均属药材的来源范畴。

药用部位一般系指已除去非药用部分的商品药材。采收（采挖等）和产地加工系对药用部位而言。

十八、药材产地加工及炮制规定的干燥方法如下：（1）烘干、晒干、阴干均可的，用"干燥"；（2）不宜用较高温度烘干的，则用"晒干"或"低温干燥"（一般不超过60℃）；（3）烘干、晒干均不适宜的，用"阴干"或"晾干"；（4）少数药材需要短时间干燥，则用"曝晒"或"及时干燥"。

制剂中的干燥方法一般用"干燥"或"低温干燥"，采用特殊干燥方法的，在具体品种项下注明。

十九、同一名称有多种来源的药材，其性状有明显区别的均分别描述。先重点描述一种，其他仅分述其区别点。

分写品种的名称，一般采用习用的药材名。没有习用名称者，采用植（动）物中文名。

二十、〔制法〕项不等同于生产工艺，只要求规定工艺中的主要步骤和必要的技术参数，一般只明确提取溶剂的名称和提取、分离、浓缩、干燥等步骤及必要的条件。

二十一、〔性状〕项下记载兽药的外观、质地、断面、臭、味、溶解度以及物理常数等。

（1）外观是对兽药的色泽外表感官的描述。

（2）溶解度是兽药的一种物理性质。各品种项下选用的部分溶剂及其在该溶剂中的溶解性能，可供精制或制备溶液时参考。对在特定溶剂中的溶解性能需作质量控制时，在该品种〔检查〕项下作具体规定。兽药的近似溶解度以下列名词术语表示：

极易溶解　　　　　　系指溶质1g（ml）能在溶剂不到1ml中溶解；

易溶　　　　　　　　系指溶质1g（ml）能在溶剂1～不到10ml中溶解；

溶解　　　　　　　　系指溶质1g（ml）能在溶剂10～不到30ml中溶解；

略溶　　　　　　　　系指溶质1g（ml）能在溶剂30～不到100ml中溶解；

微溶　　　　　　　　系指溶质1g（ml）能在溶剂100～不到1000ml中溶解；

极微溶解　　　　　　系指溶质1g（ml）能在溶剂1000～不到10 000ml中溶解；

几乎不溶或不溶　　　系指溶质1g（ml）在溶剂10 000ml中不能完全溶解。

试验法：除另有规定外，称取研成细粉的供试品或量取液体供试品，置于25℃±2℃一定容量的溶剂中，每隔5分钟强力振摇30秒钟；观察30分钟内的溶解情况，如无目视可见的溶质颗粒或液滴时，即视为完全溶解。

（3）物理常数包括相对密度、馏程、熔点、凝点、比旋度、折光率、黏度、吸收系数、碘值、皂化值和酸值等；其测定结果不仅对兽药具有鉴别意义，也可反映兽药的纯度，是评价兽药质量的主要指标之一。

二十二、〔鉴别〕项下包括经验鉴别、显微鉴别和理化鉴别。显微鉴别中的横切面、表面观及粉末鉴别，均指经过一定方法制备后在显微镜下观察的特征。理化鉴别包括物理、化学、光谱、色谱等鉴别方法。

二十三、〔检查〕项下规定的各项系指兽药或在加工、生产和贮藏过程中可能含有并需要控制的物质或物理参数，包括安全性、有效性、均一性与纯度要求四个方面。

各类制剂，除另有规定外，均应符合各制剂通则项下有关的各项规定。

二十四、药材项下未收载饮片且未注明炮制要求的，均指生药材，应按附录药材炮制通则的净制项进行处理。

二十五、本版兽药典用于计算两个图谱相似程度的计算机软件为国家药典委员会发行的《中药色谱指纹图谱相似度评价系统》。

二十六、〔性味与归经〕项下的规定，一般是按中兽医理论对该药材性能的概括。其中对"有大毒""有毒""有小毒"的表述，系沿用历代本草的记载，此项内容作为临床用药的警示性参考。

二十七、〔功能〕、〔主治〕系以中兽医或民族兽医学理论和临床用药经验为主所作的概括描述。天然药物以适应症形式表述。此项内容作为临床用药的指导。

二十八、饮片的〔用法与用量〕，除另有规定外，用法均指经口给药；用量系指成年中等体型马、牛、驼、羊、猪、犬、猫、兔、禽及鱼、蚕、蜂等动物的一日常用剂量，必要时可根据需要酌情增减。

二十九、〔注意〕系指主要的禁忌和不良反应。属于中兽医一般常规禁忌者从略。

三十、〔贮藏〕项下的规定，系对兽药贮藏与保管的基本要求，除矿物药应置干燥洁净处不作具体规定外，一般以下列名词术语表示：

  遮光　系指用不透光的容器包装，例如棕色容器或黑色包装材料包裹的无色透明或半透明容器；

  密闭　系指将容器密闭，以防止尘土及异物进入；

  密封　系指将容器密封，以防止风化、吸潮、挥发或异物进入；

  熔封或严封　系指将容器熔封或用适宜的材料严封，以防止空气与水分的侵入并防止污染；

  阴凉处　系指不超过20℃；

  凉暗处　系指避光并不超过20℃；

  冷处　系指2～10℃；

  常温　系指10～30℃。

除另有规定外，〔贮藏〕项未规定贮存温度的一般系指常温。

三十一、制剂中使用的饮片和辅料，均应符合本版兽药典的规定；本版兽药典未收载的药材和饮片，应符合国务院兽医行政管理部门或国务院药品监督管理部门的有关规定；本版兽药典未收载的制剂用辅料必须符合药用要求的标准，其品种与用量，应不影响用药安全有效，不干扰兽药典规定的检验方法。

三十二、制剂处方中的药味，均指饮片，需经炒、蒸、煮等或加辅料炮炙的，处方中用炮制品名；同一饮片炮炙方法含两种以上的，采用在饮片名称后加注"（制）"来表述。某些毒性较大或必须注明生用者，在名称前，加注"生"字，以免误用。制剂处方中规定的药量，系指正文〔制法〕项规定的切碎、破碎或粉碎后的药量。

检验方法和限度

三十三、本版兽药典正文收载的所有品种，均应按规定的方法进行检验，如采用其他方法，应将该方法与规定的方法做比较试验，根据试验结果掌握使用，但在仲裁时仍以本版兽药典规定的方法为准。

三十四、本版兽药典中规定的各种纯度和限度数值以及制剂的重（装）量差异，系包括上限和下限两个数值本身及中间数值，规定的这些数值不论是百分数还是绝对数字，其最后一位数字都是有效位。

试验结果在运算过程中，可比规定的有效数字多保留一位数，而后根据有效数字的修约规定进舍至规定有效位。计算所得的最后数值或测定读数值均可按修约规则进舍至规定的有效位，取此数值与标准中规定的限度数值比较，以判断是否符合规定的限度。

三十五、兽药的含量（%），除另有注明者外，均按重量计。如规定上限为100%以上时，系指用本版兽药典规定的分析方法测定时可能达到的数值，它为兽药典规定的限度允许偏差，并非真实含量；如未规定上限时，系指不超过101.0%。

制剂中规定的含量限度范围，是根据该药味含量的多少、测定方法、生产过程和贮存期间可能产生的偏差或变化而制定的，生产中应按处方量或成分标示量的100%投料。

对照品、对照药材、对照提取物、标准品

三十六、对照品、对照药材、对照提取物、标准品系指用于鉴别、检查、含量测定的标准物质。对照品应按其使用说明书上规定的方法处理后按标示含量使用。

对照品与标准品的建立或变更批号，应与国际标准品、国际对照品或原批号标准品、对照品进行对比，并经过协作标定和一定的工作程序进行技术审定。

对照品、对照药材、对照提取物与标准品均应附有使用说明书，标明批号、用途、使用期限、贮藏条件和装量等。

计　　量

三十七、试验用的计量仪器均应符合国务院质量技术监督部门的规定。

三十八、本版兽药典采用的计量单位

（1）法定计量单位名称和符号如下：

长度	米（m）	分米（dm）	厘米（cm）
	毫米（mm）	微米（μm）	纳米（nm）
体积	升（L）	毫升（ml）	微升（μl）
质（重）量	千克（kg）	克（g）	毫克（mg）
	微克（μg）	纳克（ng）	皮克（pg）
物质的量	摩尔（mol）	毫摩尔（mmol）	

压力	兆帕（MPa）	千帕（kPa）	帕（Pa）
温度	摄氏度（℃）		
动力黏度	帕秒（Pa·s）	毫帕秒（mPa·s）	
运动黏度	平方米每秒（m²/s）	平方毫米每秒（mm²/s）	
波数	厘米的倒数（cm^{-1}）		
密度	千克每立方米（kg/m³）	克每立方厘米（g/cm³）	

（2）本版兽药典使用的滴定液和试液的浓度，以mol/L（摩尔/升）表示者，其浓度要求精密标定的滴定液用"XXX滴定液（YYYmol/L）"表示，作其他用途不需精密标定其浓度时，用"YYYmol/L XXX溶液"表示，以示区别。

（3）温度描述，一般以下列名词术语表示:

水浴温度	除另有规定外，均指98～100℃；
热水	系指70～80℃；
微温或温水	系指40～50℃；
室温（常温）	系指10～30℃；
冷水	系指2～10℃；
冰浴	系指约0℃；
放冷	系指放冷至室温。

（4）符号"%"表示百分比，系指重量的比例；但溶液的百分比，除另有规定外，系指溶液100ml中含有溶质若干克；乙醇的百分比，系指在20℃时容量的比例。此外，根据需要可采用下列符号:

%（g/g）	表示溶液100g中含有溶质若干克；
%（ml/ml）	表示溶液100ml中含有溶质若干毫升；
%（ml/g）	表示溶液100g中含有溶质若干毫升；
%（g/ml）	表示溶液100ml中含有溶质若干克。

（5）液体的滴，系指在20℃时，以1.0ml水为20滴进行换算。

（6）溶液后标示的"（1→10）"等符号，系指固体溶质1.0 g或液体溶质1.0 ml加溶剂使成10ml的溶液；未指明用何种溶剂时，均系指水溶液；两种或两种以上液体的混合物，名称间用半字线"–"隔开，其后括号内所示的"："符号，系指各液体混合时的体积（重量）比例。

（7）本版兽药典所用药筛，选用国家标准的R40/3系列，分等如下:

筛号	筛孔内径（平均值）	目号
一号筛	2000μm±70μm	10目
二号筛	850μm±29μm	24目
三号筛	355μm±13μm	50目
四号筛	250μm±9.9μm	65目

五号筛	$180\mu m \pm 7.6\mu m$	80目
六号筛	$150\mu m \pm 6.6\mu m$	100目
七号筛	$125\mu m \pm 5.8\mu m$	120目
八号筛	$90\mu m \pm 4.6\mu m$	150目
九号筛	$75\mu m \pm 4.1\mu m$	200目

粉末分等如下：

最粗粉　指能全部通过一号筛，但混有能通过三号筛不超过20%的粉末；

粗　粉　指能全部通过二号筛，但混有能通过四号筛不超过40%的粉末；

中　粉　指能全部通过四号筛，但混有能通过五号筛不超过60%的粉末；

细　粉　指能全部通过五号筛，并含能通过六号筛不少于95%的粉末；

最细粉　指能全部通过六号筛，并含能通过七号筛不少于95%的粉末；

极细粉　指能全部通过八号筛，并含能通过九号筛不少于95%的粉末。

（10）乙醇未指明浓度时，均系指95%（ml/ml）的乙醇。

三十九、计算分子量以及换算因子等使用的原子量均按最新国际原子量表推荐的原子量。

精　确　度

四十、本版兽药典规定取样量的准确度和试验精密度。

（1）试验中供试品与试药等"称重"或"量取"的量，均以阿拉伯数码表示，其精确度可根据数值的有效数位来确定，如称取"0.1g"，系指称取重量可为0.06～0.14g；称取"2g"，系指称取重量可为1.5～2.5g；称取"2.0g"，系指称取重量可为1.95～2.05g；称取"2.00g"，系指称取重量可为1.995～2.005g。

"精密称定"系指称取重量应准确至所取重量的千分之一；"称定"系指称取重量应准确至所取重量的百分之一；"精密量取"系指量取体积的准确度应符合国家标准中对该体积移液管的精密度要求；"量取"系指可用量筒或按照量取体积的有效数位选用量具。取用量为"约"若干时，系指取用量不得超过规定量的±10%。

（2）恒重，除另有规定外，系指供试品连续两次干燥或炽灼后的重量差异在0.3mg以下的重量；干燥至恒重的第二次及以后各次称重均应在规定条件下继续干燥1小时后进行；炽灼至恒重的第二次称重应在继续炽灼30分钟后进行。

（3）试验中规定"按干燥品（或无水物，或无溶剂）计算"时，除另有规定外，应取未经干燥（或未去水、或未去溶剂）的供试品进行试验，并将计算中的取用量按〔检查〕项下测得的干燥失重（或水分、或溶剂）扣除。

（4）试验中的"空白试验"，系指在不加供试品或以等量溶剂替代供试液的情况下，按同法操作所得的结果；〔含量测定〕中的"并将滴定的结果用空白试验校正"，系指按供试品所耗滴定液的量（ml）与空白试验中所耗滴定液的量（ml）之差进行计算。

（5）试验时的温度，未注明者，系指在室温下进行；温度高低对试验结果有显著影响者，除另有规定外，应以25℃±2℃为准。

试药、试液、指示剂

四十一、试验用的试药，除另有规定外，均应根据附录试药项下的规定，选用不同等级并符合国家标准或国务院有关行政主管部门规定的试剂标准。试液、缓冲液、指示剂与指示液、滴定液等，均应符合附录的规定或按照附录的规定制备。

四十二、试验用水，除另有规定外，均系指纯化水。酸碱度检查所用的水，均系指新沸并放冷至室温的水。

四十三、酸碱性试验时，如未指明用何种指示剂，均系指石蕊试纸。

动 物 试 验

四十四、动物试验所使用的动物及其管理应按国务院有关行政主管部门颁布的规定执行。动物品系、年龄、性别、体重等应符合兽药检定要求。

说明书、包装、标签

四十五、兽药说明书应符合《兽药管理条例》及国务院兽医行政管理部门对说明书的规定。

四十六、直接接触兽药的包装材料和容器应符合国务院药品监督管理部门的有关规定，均应无毒、洁净，与内容兽药应不发生化学反应，并不得影响内容兽药的质量。

四十七、兽药标签应符合《兽药管理条例》及国务院兽医行政管理部门对包装标签的规定，不同包装标签其内容应根据上述规定印制，并应尽可能多地包含兽药信息。

四十八、兽用麻醉药品、精神药品、毒性药品、外用兽药和兽用非处方药的说明书和包装标签，必须印有规定的标识。

品 名 目 次

药材和饮片

六画
老地芒百列当肉朱竹延自伊
血全合刘羊关灯决冰寻防红

七画
麦远赤芫花芥苍芡芦苏杜杠杨
豆两连吴岗牡何伸皂佛谷辛羌
没沙沉诃补灵阿陈附忍鸡

八画
青苦苘枇板松刺郁虎昆岩败知委
使侧佩金乳肿鱼狗京卷炉泡泽降细

九画
珍荆茜草茵茯茺荜胡南枳柏栀
枸柿威厚砂牵轻鸦韭虻骨钩香
重禹胆独急姜前首洋穿络

植物油脂和提取物

成方制剂和单味制剂

药材和饮片

一 枝 黄 花

Yizhihuanghua

SOLIDAGINIS HERBA

本品为菊科植物一枝黄花 *Solidago decurrens* Lour. 的干燥全草。秋季花果期采挖，除去泥沙，晒干。

【性状】 本品长30～100cm。根茎短粗，簇生淡黄色细根。茎圆柱形，直径0.2～0.5cm；表面黄绿色、灰棕色或暗紫红色，有棱线，上部被毛；质脆，易折断，断面纤维性，有髓。单叶互生，多皱缩、破碎，完整叶片展平后呈卵形或披针形，长1～9cm，宽0.3～1.5cm；先端稍尖或钝，全缘或有不规则的疏锯齿，基部下延成柄。头状花序直径约0.7cm，排成总状，偶有黄色舌状花残留，多皱缩扭曲，苞片3层，卵状披针形。瘦果细小，冠毛黄白色。气微香，味微苦辛。

【鉴别】 （1）叶表面观：上表皮细胞多角形，垂周壁略呈念珠状增厚。下表皮细胞垂周壁波状弯曲，气孔不定式，略下陷。非腺毛有两类：表皮非腺毛由3个细胞组成，壁薄，顶端1个细胞常萎缩成鼠尾状，较小；叶缘非腺毛睫毛状由3～7个细胞组成，壁稍厚，长180～500μm。

（2）取本品粉末2g，加石油醚（60～90℃）50ml，超声处理30分钟，放冷，滤过，弃去石油醚液，药渣挥干溶剂，加70%乙醇30ml，加热回流1小时，放冷，滤过，滤液蒸干，残渣加甲醇1ml使溶解，作为供试品溶液。另取一枝黄花对照药材2g，同法制成对照药材溶液。再取芦丁对照品，加甲醇制成每1ml含0.5mg的溶液，作为对照品溶液。照薄层色谱法（附录0502）试验，吸取供试品溶液5～10μl、对照药材溶液和对照品溶液各5μl，分别点于同一以含4%磷酸氢二钠溶液制备的硅胶G薄层板上，以乙酸乙酯-甲醇-甲酸-水（8:1:1:1）为展开剂，展开，取出，晾干，喷以3%三氯化铝乙醇溶液，晾干，置紫外光灯（365nm）下检视。供试品色谱中，在与对照药材色谱和对照品色谱相应的位置上，显相同颜色的荧光斑点；再喷以5%三氯化铁乙醇溶液，供试品色谱中，在与对照药材色谱和对照品色谱相应的位置上，显相同颜色的斑点。

【检查】 水分　不得过13.0%（附录0832第一法）。

总灰分　不得过8.0%（附录2302）。

酸不溶性灰分　不得过4.0%（附录2302）。

【浸出物】 照水溶性浸出物测定法（附录2201）项下的热浸法测定，不得少于17.0%。

【含量测定】 照高效液相色谱法（附录0512）测定。

色谱条件与系统适用性试验　以十八烷基硅烷键合硅胶为填充剂；以乙腈-甲醇-0.4%醋酸溶液（16:8:76）为流动相；检测波长为360nm。理论板数按芦丁峰计算应不低于2500。

对照品溶液的制备　取芦丁对照品适量，精密称定，加甲醇制成每1ml含0.1mg的溶液，即得。

供试品溶液的制备　取本品粉末（过三号筛）约2g，精密称定，置具塞锥形瓶中，精密加入70%乙醇50ml，称定重量，加热回流40分钟，放冷，再称定重量，用70%乙醇补足减失的重量，摇匀，滤过，取续滤液，即得。

测定法　分别精密吸取对照品溶液与供试品溶液各10μl，注入液相色谱仪，测定，即得。

本品按干燥品计算，含无水芦丁（$C_{27}H_{30}O_{16}$）不得少于0.10%。

饮片

【炮制】 除去杂质，喷淋清水，切段，干燥。

【性味与归经】 辛，苦，凉。归肺、肝经。

【功能】 清热解毒，疏散风热。

【主治】 风热感冒，咽喉肿痛，疮疡肿毒。

【用法与用量】 马、牛30～45g；驼50～100g；羊、猪10～15g。

【贮藏】 置干燥处。

十 大 功 劳

Shidagonglao

MAHONIAE FOLIUM

本品为小檗科植物阔叶十大功劳 *Mahonia bealie*（Fort.）Carr. 和细叶十大功劳 *Mahonia fortunei*（Lindl.）Fedde 的干燥叶。秋季采集，去枝梗，晒干。

【性状】 **阔叶十大功劳** 单数羽状复叶互生，长30～40cm，叶柄基部成鞘状而抱茎。小叶7～15片，革质，无柄，卵圆形至卵状长椭圆形，长5～12cm，宽4～8cm，边缘有2～7个大刺状齿，先端短尖，基部偏斜。顶生的小叶有柄，基部为截形或圆形，最基部的一对小叶较小，表面有光泽，背面灰绿色，质硬而脆。气微，味淡。

细叶十大功劳 单数羽状复叶，长15～30cm，叶柄基部成鞘抱茎。有小叶5～9片，小叶革质，无柄，狭披针形，长4～15cm，宽0.7～2.5cm。尖端渐尖而有锐刺，基部狭楔形。边缘有锯齿，表面有光泽。气微，味淡。

【鉴别】 取本品粉末1g，加1%盐酸溶液10ml，置水浴上加热30分钟，滤过，滤液供以下试验。

（1）取滤液1ml，加碘化铋钾试液1～2滴，发生红色沉淀。

（2）取滤液5ml，置分液漏斗中，加10%氢氧化钠溶液1ml，加乙醚5ml，振摇提取，分取乙醚液，蒸去乙醚，残渣用乙醇0.5ml溶解后，加盐酸1ml与含氯石灰0.1g，溶液显樱红色。

饮片

【炮制】 拣去杂质，去梗。

【性味与归经】 苦，寒。归心、小肠、肝、胆、肺、胃、大肠经。

【功能】 清热燥湿，解毒止痢。

【主治】 肠黄泻痢，湿热黄疸，咽喉肿痛，目赤肿痛，疮毒，湿疹，烧伤。

【用法与用量】 马、牛30～60g；羊、猪10～20g；犬、猫3～5g；兔、禽1～3g。外用煎汤洗患处或外敷。

【贮藏】 置干燥处。

丁 香

Dingxiang

CARYOPHYLLI FLOS

本品为桃金娘科植物丁香 *Eugenia caryophyllata* Thunb. 的干燥花蕾。当花蕾由绿色转红时采摘，晒干。

【性状】 本品略呈研棒状，长1～2cm。花冠圆球形，直径0.3～0.5cm，花瓣4，复瓦状抱合，棕褐色或褐黄色，花瓣内为雄蕊和花柱，搓碎后可见众多黄色细粒状的花药。萼筒圆柱状，略扁，有的稍弯曲，长0.7～1.4cm，直径0.3～0.6cm，红棕色或棕褐色，上部有4枚三角状的萼片，十字状分开。质坚实，富油性。气芳香浓烈，味辛辣、有麻舌感。

【鉴别】 （1）本品萼筒中部横切面：表皮细胞1列，有较厚角质层。皮层外侧散有2～3列径向延长的椭圆形油室，长150～200μm；其下有20～50个小型双韧维管束，断续排列成环，维管束外围有少数中柱鞘纤维，壁厚，木化。内侧为数列薄壁细胞组成的通气组织，有大型腔隙。中心轴柱薄壁组织间散有多数细小维管束，薄壁细胞含众多细小草酸钙簇晶。

粉末暗红棕色。纤维梭形，顶端钝圆，壁较厚。花粉粒众多，极面观三角形，赤道表面观双凸镜形，具3副合沟。草酸钙簇晶众多，直径4～26μm，存在于较小的薄壁细胞中。油室多破碎，分泌细胞界限不清，含黄色油状物。

（2）取本品粉末0.5g，加乙醚5ml，振摇数分钟，滤过，滤液作为供试品溶液。另取丁香酚对照品，加乙醚制成每1ml中含16μl的溶液，作为对照品溶液。照薄层色谱法（附录0502）试验，吸取上述两种溶液各5μl，分别点于同一硅胶G薄层板上，以石油醚（60～90℃）-乙酸乙酯（9∶1）为展开剂，展开，取出，晾干，喷以5%香草醛硫酸溶液，在105℃加热至斑点显色清晰。供试品色谱中，在与对照品色谱相应的位置上，显相同颜色的斑点。

【检查】 杂质 不得过4%（附录2301）。

水分 不得过12.0%（附录0832第二法）。

【含量测定】 照气相色谱法（附录0521）测定。

色谱条件与系统适用性试验 以聚乙二醇20 000（PEG-20M）为固定相，涂布浓度为10%；柱温190℃。理论板数按丁香酚峰计算应不低于1500。

对照品溶液的制备 取丁香酚对照品适量，精密称定，加正己烷制成每1ml含2mg的溶液，即得。

供试品溶液的制备 取本品粉末（过二号筛）约0.3g，精密称定，精密加入正己烷20ml，称定重量，超声处理15分钟，放置至室温，再称定重量，用正己烷补足减失的重量，摇匀，滤过，取续滤液，即得。

测定法 分别精密吸取对照品溶液与供试品溶液各1μl，注入气相色谱仪，测定，即得。

本品含丁香酚（$C_{10}H_{12}O_2$）不得少于11.0%。

饮片

【炮制】 除去杂质，筛去灰屑。用时捣碎。

【鉴别】【检查】【含量测定】 同药材。

【性味与归经】 辛，温。归脾、胃、肺、肾经。

【功能】 温中降逆，补肾助阳。

【主治】 胃寒呕吐，肚胀，冷肠泄泻，肾虚阳痿，宫寒。

【用法与用量】 马、牛10～30g；羊、猪3～6g；犬、猫1～2g；兔、禽0.3～0.6g。

【注意】 不宜与郁金同用。

【贮藏】 置阴凉干燥处。

八　角　茴　香

Bajiaohuixiang

ANISI STELLATI FRUCTUS

本品为木兰科植物八角茴香 *Illicium verum* Hook. f. 的干燥成熟果实。秋、冬二季果实由绿变黄时采摘，置沸水中略烫后干燥或直接干燥。

【性状】 本品为聚合果，多由8个蓇葖果组成，放射状排列于中轴上。蓇葖果长1～2cm，宽0.3～0.5cm，高0.6～1cm；外表面红棕色，有不规则皱纹，顶端呈鸟喙状，上侧多开裂；内表面淡棕色，平滑，有光泽；质硬而脆。果梗长3～4cm，连于果实基部中央，弯曲，常脱落。每个蓇葖果含种子1粒，扁卵圆形，长约6mm，红棕色或黄棕色，光亮，尖端有种脐；胚乳白色，富油性。气芳香，味辛、甜。

【鉴别】 （1）本品粉末红棕色。内果皮栅状细胞长柱形，长200～546μm，壁稍厚，纹孔口十字状或人字状。种皮石细胞黄色，表面观类多角形，壁极厚，波状弯曲，胞腔分枝状，内含棕黑色物；断面观长方形，壁不均匀增厚。果皮石细胞类长方形、长圆形或分枝状，壁厚。纤维长，单个散在或成束，直径29～60μm，壁木化，有纹孔。中果皮细胞红棕色，散有油细胞。内胚乳细胞多角形，含脂肪油滴和糊粉粒。

（2）取本品粉末1g，加石油醚（60～90℃）-乙醚（1∶1）混合溶液15ml，密塞，振摇15分钟，滤过，滤液挥干，残渣加无水乙醇2 ml使溶解，作为供试品溶液。吸取供试品溶液2μl，点于硅胶G薄层板上，挥干，再点加间苯三酚盐酸试液2μl，即显粉红色至紫红色的圆环。

（3）精密吸取〔鉴别〕（2）项下的供试品溶液10μl，置10ml量瓶中，加无水乙醇至刻度，摇匀，照紫外-可见分光光度法（附录0401）测定，在259nm波长处有最大吸收。

（4）取八角茴香对照药材1g，照〔鉴别〕（2）项下的供试品溶液制备方法，制成对照药材溶液。另取茴香醛对照品，加无水乙醇制成每1 ml含10μl的溶液，作为对照品溶液。照薄层色谱法（附录0502）试验，吸取〔鉴别〕（2）项下的供试品溶液及上述两种对照溶液各5～10μl，分别点于同一硅胶G薄层板上，以石油醚（30～60℃）-丙酮-乙酸乙酯（19∶1∶1）为展开剂，展开，取出，晾干，喷以间苯三酚盐酸试液。供试品色谱中，在与对照药材色谱相应的位置上，显相同颜色的斑点；在与对照品色谱相应的位置上，显相同的橙色至橙红色斑点。

【含量测定】 **挥发油** 照挥发油测定法（附录2204）测定。

本品含挥发油不得少于4.0%（ml/g）。

反式茴香脑 照气相色谱法（附录0521）测定。

色谱条件与系统适用性试验　以聚乙二醇20 000（PEG-20M）毛细管柱（柱长为30m，内径为0.32mm，膜厚度为0.25μm）；程序升温；初始温度100℃，以每分钟5℃的速率升温至200℃，保持8分钟；进样口温度200℃，检测器温度200℃。理论板数按反式茴香脑峰计算应不低于30 000。

对照品溶液的制备　取反式茴香脑对照品适量，精密称定，加乙醇制成每1ml含0.4mg的溶液，即得。

供试品溶液的制备　取本品粉末（过三号筛）约0.5g，精密称定，精密加入乙醇25ml，称定重量，超声处理（功率600W，频率40kHz）30分钟，放冷，再称定重量，用乙醇补足减失的重量，摇匀，滤过，取续滤液，即得。

测定法　分别精密吸取对照品溶液与供试品溶液各2μl，注入气相色谱仪，测定，即得。

本品含反式茴香脑（$C_{10}H_{12}O$）不得少于4.0%。

【性味与归经】 辛，温。归肝、肾、脾、胃经。

【功能】 温阳散寒，理气止痛。

【主治】 胃寒呕吐，寒滞腹痛，肾虚腰痛。

【用法与用量】 马、牛25～60g；驼50～100g；羊、猪10～15g。

【贮藏】 置阴凉干燥处。

人 工 牛 黄

Rengong Niuhuang

BOVIS CALCULUS ARTIFACTUS

本品由牛胆粉、胆酸、猪去氧胆酸、牛磺酸、胆红素、胆固醇、微量元素等加工制成。

【性状】 本品为黄色疏松粉末。味苦，微甘。

【鉴别】 （1）取胆红素〔含量测定〕项下溶液，照紫外-可见分光光度法（附录0401）测定，在453nm波长处有最大吸收。

（2）取本品0.1g，置10ml量瓶中，加甲醇适量，超声处理5分钟，加甲醇稀释至刻度，摇匀，静置，取上清液作为供试品溶液。另取胆酸对照品、猪去氧胆酸对照品，加甲醇制成每1ml各含1mg的混合溶液，作为对照品溶液。照薄层色谱法（附录0502）试验，吸取供试品溶液4μl、对照品溶液2μl，分别点于同一硅胶G薄层板上，以正己烷-乙酸乙酯-醋酸-甲醇（20:25:2:3）的上层溶液为展开剂，展开，取出，晾干，喷以10%磷钼酸乙醇溶液，在105℃加热至斑点显色清晰。供试品色谱中，在与对照品色谱相应的位置上，显相同颜色的斑点。

（3）取牛胆粉对照药材10mg，加甲醇适量，超声处理使充分提取，再加甲醇至10ml，摇匀，静置，取上清液作为对照药材溶液。照薄层色谱法（附录0502）试验，吸取〔鉴别〕（2）项下的供试品溶液及上述对照药材溶液各8μl，分别点于同一硅胶G薄层板上，以甲苯-冰醋酸-水（7.5:10:0.3）为展开剂，展开，取出，晾干，喷以10%磷钼酸乙醇溶液，在105℃加热至斑点显色清晰。供试品色谱中，在与对照药材色谱相应的位置上，显相同颜色的斑点。

（4）取本品50mg，加水5ml，超声处理5分钟，加甲醇至10ml，静置，取上清液作为供试品溶液。另取牛磺酸对照品，加甲醇制成每1ml含0.5mg的溶液，作为对照品溶液。照薄层色谱法（附录0502）试验，吸取上述两种溶液各2μl，分别点于同一硅胶G薄层板上，以正丁醇-乙醇-冰醋酸-水（4:1:2:1）为展开剂，展开，取出，晾干，在105℃加热10分钟，喷以1%茚三酮乙醇溶液，在105℃加热至斑点显色清晰。供试品色谱中，在与对照品色谱相应的位置上，显相同颜色的斑点。

【检查】 水分 不得过5.0%（附录0832第一法）。

【含量测定】 胆酸 对照品溶液的制备 取胆酸对照品12.5mg，精密称定，置25ml量瓶中，加60%冰醋酸溶液使溶解，并稀释至刻度，摇匀，即得（每1ml中含胆酸0.5mg）。

标准曲线的制备 精密量取对照品溶液0.2ml、0.4ml、0.6ml、0.8ml、1ml，分别置具塞试管中，各管加入60%冰醋酸溶液稀释成1.0ml，再分别加新制的糠醛溶液（1→100）1.0ml，摇匀，在冰浴中放置5分钟，精密加入硫酸溶液（取硫酸50ml与水65ml混合）13ml，混匀，在70℃水浴中加热10分钟，迅速移至冰浴中，放置2分钟，以相应的试剂为空白，照紫外-可见分光光度法（附录0401），在605nm波长处测定吸光度，以吸光度为纵坐标，浓度为横坐标，绘制标准曲线。

测定法 取本品0.1g，精密称定，置50ml量瓶中，加60%冰醋酸溶液适量，超声处理 5分钟，用60%冰醋酸溶液稀释至刻度，摇匀，滤过，弃去初滤液，精密量取续滤液各1ml，分别置甲、乙两个具塞试管中，于甲管中加新制的糠醛溶液1ml，乙管中加水1ml作空白，照标准曲线制备项下的方法，自"在冰浴中放置5分钟"起，依法测定吸光度，从标准曲线上读出供试品溶液中含胆酸的重量，计算，即得。

本品按干燥品计算，含胆酸（$C_{24}H_{40}O_5$）不得少于13.0%。

胆红素 对照品溶液的制备 取胆红素对照品10mg，精密称定，置100ml棕色量瓶中，加三氯甲烷80ml，超声处理使充分溶解，加三氯甲烷稀释至刻度，摇匀。精密量取10ml，置50ml棕色量瓶中，用三氯甲烷稀释至刻度，摇匀，即得（每1ml中含胆红素20μg）。

标准曲线的制备 精密量取对照品溶液4ml、5ml、6ml、7ml与8ml，分别置25ml棕色量瓶中，用三氯甲烷稀释至刻度，摇匀，照紫外-可见分光光度法（附录0401），在453nm处测定吸光度，以吸光度为纵坐标，浓度为横坐标，绘制标准曲线。

测定法 取本品80mg，精密称定，置100ml棕色量瓶中，加三氯甲烷80ml超声处理使充分溶解，用三氯甲烷稀释至刻度，摇匀，滤过，弃去初滤液，取续滤液，在453nm波长处测定吸光度，从标准曲线上读出供试品溶液中含胆红素的重量，计算，即得。

本品按干燥品计算，含胆红素（$C_{33}H_{36}N_4O_6$）不得少于0.63%。

【性味与归经】 甘，凉。归心、肝经。

【功能】 清热，解毒，化痰，定惊。

【主治】 热病神昏，咽喉肿痛，口舌生疮，痈肿疔疮。

【用法与用量】 马、牛6～9g；羊、猪1～2g。外用适量。

【贮藏】 密封，防潮，避光，置阴凉处。

附：1.胆红素质量标准

胆 红 素

本品系由猪（或牛）胆汁经提取、加工制成。

【性状】 本品为橙色至红棕色结晶性粉末。

【鉴别】 （1）取〔含量测定〕项下溶液，照紫外-可见分光光度法（附录0401），在400～500nm波长处，测定吸收曲线，并与胆红素对照品图谱比较，应一致。其最大吸收为453nm。

（2）取本品，加三氯甲烷制成每1ml含0.1mg的溶液，作为供试品溶液。另取胆红素对照品同法制成对照品溶液。照薄层色谱法（附录0502）试验，吸取上述两种溶液各10μl，分别点于同一硅胶G薄层板上，以甲苯-乙酸乙酯-冰醋酸（10:1:0.5）为展开剂，展开，取出，晾干。供试品色谱中，在与对照品色谱相应的位置上，显相同颜色的斑点。

【检查】 干燥失重 取本品约0.5g，以五氧化二磷为干燥剂，60℃减压干燥4小时，减失重量不得过2.0%（附录0831）。

【含量测定】 取本品约10mg，精密称定，用少量三氯甲烷研磨后移至100ml棕色量瓶中，超声处理使溶解，取出，迅速放冷，再加三氯甲烷稀释至刻度，摇匀。精密量取5ml，置100ml棕色量瓶中，加三氯甲烷稀释至刻度，摇匀。照紫外-可见分光光度法（附录0401），在453nm波长处测定吸光度，按胆红素的吸收系数（$E_{1cm}^{1\%}$）1038计算，即得。

本品按干燥品计算，含胆红素（$C_{33}H_{36}N_4O_6$）不得少于90.0%。

【用途】 人工牛黄的原料。

【贮藏】 密闭，防潮，避光。

2. 猪去氧胆酸质量标准

猪 去 氧 胆 酸

本品由猪胆汁经提取、加工制成。

本品为3α，6α-二羟基-5β-胆烷酸。

【性状】 本品为白色或类白色的粉末。气微，味微苦。

本品在乙醇中易溶，在丙酮中微溶，在乙酸乙酯、三氯甲烷或乙醚中极微溶解，在水中几乎不溶。

熔点 本品的熔点不得低于170℃（附录0611），熔融时同时分解。

【鉴别】 取本品约5mg，加60%冰醋酸溶液2ml溶解，加新制的1%糠醛溶液2ml，混匀，将此溶液分成2份，分别置甲、乙两管中，甲管中加硫酸溶液（7→10）10ml，乙管中加硫酸溶液（4→10）10ml，将甲、乙两管置70℃水浴中保温数分钟，甲管应显红色渐变紫红色，乙管应不显色。

【检查】 醇溶度 取本品0.5g，加乙醇50ml，置60℃水浴上温热使溶解，于20～25℃静置1小时，溶液应澄清并不得有明显沉淀。

干燥失重 取本品，在105℃干燥至恒重，减失重量不得过1.0%（附录0831）。

炽灼残渣 不得过0.2%（附录0841）。

【用途】 人工牛黄的原料。

【贮藏】 密闭保存。

3. 牛胆粉质量标准

牛 胆 粉

本品由牛胆汁加工制成。

【性状】 本品为黄棕色至黄褐色的粉末；味苦，有吸湿性。

【鉴别】 取本品约50mg，加甲醇10ml，超声处理使充分溶解，静置使澄清，取上清液作为供试品溶液。另取牛胆粉对照药材50mg，同法制成对照药材溶液。照薄层色谱法（附录0502）试验，吸取上述两种溶液各4μl，分别点于同一硅胶G薄层板上，以甲苯-冰醋酸-水（7.5∶10∶0.3）为展开剂，展开，取出，晾干，喷以10%磷钼酸乙醇溶液，在105℃加热约5分钟。供试品色谱中，在与对照药材色谱相应的位置上，显相同颜色的斑点。

【检查】 水分 不得过5.0%（附录0832第一法）。

猪胆粉 取本品0.1g，加甲醇10ml，超声处理使溶解，滤过，滤液置水浴上蒸至近干，用2.5mol/L氢氧化钠溶液5ml分次溶解，并转入具塞试管中，置水浴上水解5小时后，取出，放冷，滴加盐酸调节pH值至2～3，用乙酸乙酯提取3次，每次10ml，合并乙酸乙酯液浓缩至干，残渣加甲醇1ml使溶解，作为供试品溶液。另取猪去氧胆酸对照品，加甲醇制成每1ml含1mg的溶液，作为对照品溶液。照薄层色谱法（附录0502）试验，吸取上述两种溶液各2μl，分别点于同一硅胶G薄层板上，以异辛烷-正丁醚-冰醋酸（8∶5∶5）为展开剂，展开，取出，晾干，喷以10%磷钼酸乙醇溶液，在105℃加热至斑点显色清晰。供试品色谱中，在与对照品色谱相应的位置上，不得显相同颜色的斑点。

【含量测定】 对照品溶液的制备 取胆酸对照品12.5mg，精密称定，置25ml量瓶中，加60%冰醋酸溶液使溶解，并稀释至刻度，摇匀，即得（每1ml中含胆酸0.5mg）。

标准曲线的制备 精密量取对照品溶液0.2ml、0.4ml、0.6ml、0.8ml、1ml，分别置具塞试管中，各管加60%冰醋酸溶液稀释成1.0ml，再分别加新制的糠醛溶液（1→100）1.0ml，摇匀，在冰浴中放置5分钟，精密加入硫酸溶液（取硫酸50ml与水65ml混合）13ml，混匀，在70℃水浴中加热10分钟，迅速移至冰浴中，放置2分钟，以相应的试剂为空白。照紫外-可见分光光度法（附录0401），在605nm波长处测定吸光度，以吸光度为纵坐标，浓度为横坐标，绘制标准曲线。

测定法 取本品约60mg，精密称定，加60%冰醋酸溶液适量，充分研磨，转移至50ml量瓶中，用60%冰醋酸溶液稀释至刻度，摇匀，滤过，弃去初滤液，精密量取续滤液各1ml分别置甲、乙两个具塞试管中，于甲管中加新制的糠醛溶液1ml，乙管中加水1ml作空白，按标准曲线的制备项下的方法，自"在冰浴中放置5分钟"起，依法测定吸光度。从标准曲线上读出供试品溶液中含胆酸的重量，计算，即得。

本品按干燥品计算，含胆酸（$C_{24}H_{40}O_5$）不得少于42.0%。

【用途】 人工牛黄的原料。

【贮藏】 置阴凉干燥处，避光，密封保存，防潮。

4. 胆酸质量标准

胆　　酸

本品由牛、羊胆汁或胆膏经提取、加工制成。

【性状】 本品为白色或类白色的粉末。气微，味苦。

【鉴别】 取本品0.1mg，加60%冰醋酸溶液2ml，超声处理10分钟使溶解，滤过，取滤液1ml，置试管中，加新制的糠醛溶液（1→100）1ml与硫酸溶液（取硫酸50ml与水65ml混合）13ml，在70℃水浴中加热，溶液应呈蓝紫色。

【检查】 醇溶度 取本品0.5g，加乙醇50ml，60℃加热并超声处理使充分溶解，于20～25℃静置1小时，溶液应澄清并不得有明显沉淀。

干燥失重 取本品，在105℃干燥2小时，减失重量不得过1.0%（附录0831）。

炽灼残渣 不得过0.3%（附录0841）。

【含量测定】 对照品溶液的制备 取胆酸对照品12.5mg，精密称定，置25ml量瓶中，加60%冰醋酸使溶解，并稀释至刻度，摇匀，即得（每1ml中含胆酸0.5mg）。

标准曲线的制备 精密量取对照品溶液0.2ml、0.4ml、0.6ml、0.8ml、1ml，分别置具塞试管中，各管加入60%冰醋酸溶液稀释成1.0ml，再分别加入新制的糠醛溶液（1→100）1.0ml，摇匀，在冰浴中放置5分钟，精密加入硫酸溶液（取硫酸50ml与水65ml混合）13ml，混匀，在70℃水浴中加热10分钟，迅速移至冰浴中，放置2分钟，以相应的试剂为空白，照紫外-可见分光光度法（附录0401），在605nm波长处测定吸光度，以吸光度为纵坐标，浓度为横坐标，绘制标准曲线。

测定法 取本品约0.15g，精密称定，置50ml量瓶中，加60%冰醋酸溶液适量，超声处理使溶解，取出，放冷，加60%冰醋酸溶液稀释至刻度，摇匀，滤过，弃去初滤液，精密量取续滤液5ml，置50ml量瓶中，并用60%冰醋酸溶液稀释至刻度，摇匀，精密量取各1ml，分别置甲、乙两个试管中。于甲管中加新制的糠醛溶液1ml，乙管中加水1ml作空白，照标准曲线的制备项下的方法，自"在冰浴中放置5分钟"起，依法测定吸光度。从标准曲线上读出供试品溶液中含胆酸的重量，计算，即得。

本品按干燥品计算，含胆酸（$C_{24}H_{40}O_5$）不得少于80.0%。

【用途】 人工牛黄的原料。

【贮藏】 密闭保存。

5. 胆固醇质量标准

胆 固 醇

本品由牛、羊、猪脑经提取、加工制成。

【性状】 本品为白色、类白色结晶或结晶性粉末。气微。

熔点 本品熔点不得低于140℃（附录0611）。

【鉴别】 （1）取本品10mg，加三氯甲烷1ml使溶解，加硫酸1ml，三氯甲烷层显血红色，硫酸层显绿色荧光。

（2）取本品约5mg，加三氯甲烷2ml使溶解，加醋酐1ml与硫酸1滴，即显粉红色，立即成红色后变蓝色直至亮绿色。

【检查】 醇溶度 取本品0.4g，加乙醇50ml，温热使充分溶解，静置2小时，溶液应澄清并不得有沉淀产生。

酸度 取本品约1g，精密称定，置锥形瓶中，加乙醚10ml使溶解，精密加0.1mol/L氢氧化钠溶液10ml，振摇1分钟，缓缓加热，将乙醚除去，煮沸5分钟，放冷，加水10ml与酚酞指示液2滴，用硫酸滴定液（0.1mol/L）滴定至终点，并进行空白试验校正。供试品消耗量与空白试验消耗量之差不得过0.5ml。

干燥失重 取本品，在105℃干燥3小时，减失重量不得过1.0%（附录0831）。

炽灼残渣 取本品1.0g，依法检查（附录0841），残渣不得过0.2%。

【用途】 人工牛黄的原料。

【贮藏】 密闭，避光。

人 参

Renshen

GINSENG RADIX ET RHIZOMA

本品为五加科植物人参 *Panax ginseng* C. A. Mey. 的干燥根和根茎。多于秋季采挖，洗净经晒干或烘干。栽培的俗称"园参"；播种在山林野生状态下自然生长的又称"林下山参"，习称"籽海"。

【性状】 主根呈纺锤形或圆柱形，长3~15cm，直径1~2cm。表面灰黄色，上部或全体有疏浅断续的粗横纹及明显的纵皱，下部有支根2~3条，并着生多数细长的须根，须根上常有不明显的细小疣状突出。根茎（芦头）长1~4cm，直径0.3~1.5cm，多拘挛而弯曲，具不定根（艼）和稀疏的凹窝状茎痕（芦碗）。质较硬，断面淡黄白色，显粉性，形成层环纹棕黄色，皮部有黄棕色的点状树脂道及放射状裂隙。香气特异，味微苦、甘。

或主根多与根茎近等长或较短，呈圆柱形、菱角形或人字形，长1~6cm。表面灰黄色，具纵皱纹，上部或中下部有环纹。支根多为2~3条，须根少而细长，清晰不乱，有较明显的疣状突起。根茎细长，少数粗短，中上部具稀疏或密集而深陷的茎痕。不定根较细，多下垂。

【鉴别】 （1）本品横切面：木栓层为数列细胞。栓内层窄。韧皮部外侧有裂隙，内侧薄壁细胞排列较紧密，有树脂道散在，内含黄色分泌物。形成层成环。木质部射线宽广，导管单个散在或数个相聚，断续排列成放射状，导管旁偶有非木化的纤维。薄壁细胞含草酸钙簇晶。

粉末淡黄白色。树脂道碎片易见，含黄色块状分泌物。草酸钙簇晶直径20～68μm，棱角锐尖。木栓细胞表面观类方形或多角形，壁细波状弯曲。网纹导管和梯纹导管直径10～56μm。淀粉粒甚多，单粒类球形、半圆形或不规则多角形，直径4～20μm，脐点点状或裂缝状；复粒由2～6分粒组成。

（2）取本品粉末1g，加三氯甲烷40ml，加热回流1小时，弃去三氯甲烷液，药渣挥干溶剂，加水0.5ml搅拌湿润，加水饱和正丁醇10ml，超声处理30分钟，吸取上清液加3倍量氨试液，摇匀，放置分层，取上层液蒸干，残渣加甲醇1ml使溶解，作为供试品溶液。另取人参对照药材1g，同法制成对照药材溶液。再取人参皂苷Rb₁对照品、人参皂苷Re对照品、人参皂苷Rf对照品及人参皂苷Rg₁对照品，加甲醇制成每1ml各含2mg的混合溶液，作为对照品溶液。照薄层色谱法（附录0502）试验，吸取上述三种溶液各1～2μl，分别点于同一硅胶G薄层板上，以三氯甲烷-乙酸乙酯-甲醇-水（15:40:22:10）10℃以下放置的下层溶液为展开剂，展开，取出，晾干，喷以10%硫酸乙醇溶液，在105℃加热至斑点显色清晰，分别置日光和紫外光灯（365nm）下检视。供试品色谱中，在与对照药材色谱和对照品色谱相应位置上，分别显相同颜色的斑点或荧光斑点。

【检查】 **水分** 不得过12.0%（附录0832第一法）。

总灰分 不得过5.0%（附录2302）。

农药残留量 照农药残留量测定法（附录2341有机氯类农药残留量测定第二法）测定。

含六六六（α-BHC，β-BHC，γ-BHC，δ-BHC之和）不得过0.2mg/kg；总滴滴涕（pp'-DDE、pp'-DDD、op'-DDT、pp'-DDT之和）不得过0.2mg/kg；五氯硝基苯不得过0.1mg/kg；六氯苯不得过0.1mg/kg；七氯（七氯、环氧七氯之和）不得过0.05mg/kg；艾氏剂不得过0.05mg/kg；氯丹（顺式氯丹、反式氯丹、氧化氯丹之和）不得过0.1mg/kg。

【含量测定】 照高效液相色谱法（附录0512）测定。

色谱条件与系统适用性试验 以十八烷基硅烷键合硅胶为填充剂；以乙腈为流动相A，以水为流动相B，按下表中的规定进行梯度洗脱；检测波长为203nm。理论板数按人参皂苷Rg₁峰计算应不低于6000。

时间（分钟）	流动相A（%）	流动相B（%）
0～35	19	81
35～55	19→29	81→71
55～70	29	71
70～100	29→40	71→60

对照品溶液的制备 取人参皂苷Rg₁对照品、人参皂苷Re对照品及人参皂苷Rb₁对照品，精密称定，加甲醇制成每1ml各含0.2mg的混合溶液，摇匀，即得。

供试品溶液的制备 取本品粉末（过四号筛）约1g，精密称定，置索氏提取器中，加三氯甲烷加热回流3小时，弃去三氯甲烷液，药渣挥干溶剂，连同滤纸筒移入100ml锥形瓶中，精密加水饱和正丁醇50ml，密塞，放置过夜，超声处理（功率250W，频率50kHz）30分钟，滤过，弃去初滤液，精密量取续滤液25ml，置蒸发皿中蒸干，残渣加甲醇溶解并转移至5ml量瓶中，加甲醇稀释至刻度，摇匀，滤过，取续滤液，即得。

测定法 分别精密吸取对照品溶液10μl与供试品溶液10～20μl，注入液相色谱仪，测定，即得。

本品按干燥品计算，含人参皂苷Rg₁（$C_{42}H_{72}O_{14}$）和人参皂苷Re（$C_{48}H_{82}O_{18}$）的总量不得少于

0.30%，人参皂苷Rb$_1$（C$_{54}$H$_{92}$O$_{23}$）不得少于0.20%。

饮片

【炮制】　润透，切薄片，干燥，或用时粉碎、捣碎。

人参片　本品呈圆形或类圆形薄片。外表皮灰黄色。切面淡黄白色或类白色，显粉性，形成层环纹棕黄色，皮部有黄棕色的点状树脂道及放射性裂隙。体轻，质脆。香气特异，味微苦、甘。

【含量测定】　同药材，含人参皂苷Rg$_1$（C$_{42}$H$_{72}$O$_{14}$）和人参皂苷Re（C$_{48}$H$_{82}$O$_{18}$）的总量不得少于0.27%，人参皂苷Rb$_1$（C$_{54}$H$_{92}$O$_{23}$）不得少于0.18%。

【性味与归经】　甘、微苦，微温。归脾、肺、心、肾经。

【功能】　大补元气，复脉固脱，补脾益肺，生津养血，安神。

【主治】　体虚欲脱，肢冷脉微，虚损劳伤，脾虚胃弱，肺虚喘咳，口干自汗，惊悸不安。

【用法与用量】　马、牛15～30g；羊、猪5～10g；犬、猫0.5～2g。

【注意】　不宜与藜芦、五灵脂同用。

【贮藏】　置阴凉干燥处，密闭保存，防蛀。

人　参　叶

Renshenye

GINSENG FOLIUM

本品为五加科植物人参 *Panax ginseng* C. A. Mey. 的干燥叶。秋季采收，晾干或烘干。

【性状】　本品常扎成小把，呈束状或扇状，长12～35cm。掌状复叶带有长柄，暗绿色，3～6枚轮生。小叶通常5枚，偶有7或9枚，呈卵形或倒卵形。基部的小叶长2～8cm，宽1～4cm；上部的小叶大小相近，长4～16cm，宽2～7cm。基部楔形，先端渐尖，边缘具细锯齿及刚毛，上表面叶脉生刚毛，下表面叶脉隆起。纸质，易碎。气清香，味微苦而甘。

【鉴别】　（1）本品粉末黄绿色。上表皮细胞形状不规则，略呈长方形，长35～92μm，宽32～60μm，垂周壁波状或深波状。下表皮细胞与上表皮相似，略小；气孔不定式，保卫细胞长31～35μm。叶肉无栅栏组织，多由4层类圆形薄壁细胞组成，直径18～29μm，含叶绿体或草酸钙簇晶，草酸钙簇晶直径12～40μm，棱角锐尖。

（2）取本品粉末0.2g，置10ml具塞刻度试管中，加水1ml，使成湿润状态，再加以水饱和的正丁醇5ml，摇匀，室温下放置48小时，取上清液加3倍量以正丁醇饱和的水，摇匀，静置使分层（必要时离心），取上层液作为供试品溶液。另取人参皂苷Rg$_1$对照品、人参皂苷Re对照品，加乙醇制成每1ml各含2.5mg的混合溶液，作为对照品溶液。照薄层色谱法（附录0502）试验，吸取上述两种溶液各10μl，分别点于同一硅胶G薄层板上，以正丁醇-乙酸乙酯-水（4:1:5）的上层溶液为展开剂，展开，取出，晾干，喷以10%硫酸乙醇溶液，在105℃加热至斑点显色清晰。供试品色谱中，在与对照品色谱相应的位置上，显相同颜色的斑点。

【检查】　**水分**　不得过12.0%（附录0832第一法）。

总灰分　不得过10.0%（附录2302）。

【含量测定】　照高效液相色谱法（附录0512）测定。

色谱条件与系统适用性试验　以十八烷基硅烷键合硅胶为填充剂；以乙腈-0.05%磷酸溶液（20:80）为流动相；检测波长为203nm。理论板数按人参皂苷Re峰计算应不低于1500。

对照品溶液的制备 取人参皂苷Rg₁对照品、人参皂苷Re对照品适量，精密称定，加甲醇分别制成每1ml含人参皂苷Rg₁ 0.25mg、人参皂苷Re 0.5mg的溶液，即得。

供试品溶液的制备 取本品粉末约0.2g，精密称定，置索氏提取器中，加三氯甲烷30ml，加热回流1小时，弃去三氯甲烷液，药渣挥去三氯甲烷，加甲醇30ml，加热回流3小时，提取液低温蒸干，加水10ml使溶解，加石油醚（30～60℃）提取2次，每次10ml，弃去醚液，水液通过D101型大孔吸附树脂柱（内径为1.5cm，柱长为15cm），以水50ml洗脱，弃去水液。再用20%乙醇50ml洗脱，弃去20%乙醇洗脱液，继用80%乙醇80ml洗脱，收集洗脱液70ml，蒸干，残渣加甲醇溶解，转移至10ml量瓶中，加甲醇至刻度，摇匀，滤过，取续滤液，即得。

测定法 分别精密吸取上述两种对照品溶液与供试品溶液各10μl，注入液相色谱仪，测定，即得。

本品含人参皂苷Rg₁（$C_{42}H_{72}O_{14}$）和人参皂苷Re（$C_{48}H_{82}O_{18}$）的总量不得少于2.25%。

【性味与归经】 苦、甘，寒。归肺、胃经。

【功能】 补气，益肺，祛暑，生津。

【主治】 气虚咳嗽，四肢乏力，暑热烦躁，津伤口渴。

【用法与用量】 马、牛15～30g；羊、猪5～10g；犬、猫0.5～2g。

【注意】 不宜与藜芦、五灵脂同用。

【贮藏】 置阴凉干燥处，防潮。

儿　茶

Ercha

CATECHU

本品为豆科植物儿茶 *Acacia catechu*（L.f.）Willd. 的去皮枝、干的干燥煎膏。冬季采收枝、干，除去外皮，砍成大块，加水煎煮，浓缩，干燥。

【性状】 本品呈方形或不规则块状，大小不一。表面棕褐色或黑褐色，光滑而稍有光泽。质硬，易碎，断面不整齐，具光泽，有细孔，遇潮有黏性。气微，味涩、苦，略回甜。

【鉴别】 （1）本品粉末棕褐色。可见针状结晶及黄棕色块状物。

（2）取火柴杆浸于本品水浸液中，使轻微着色，待干燥后，再浸入盐酸中立即取出，置火焰附近烘烤，杆上即显深红色。

（3）取本品粉末0.5g，加乙醚30ml，超声处理10分钟，滤过，滤液蒸干，残渣加甲醇5ml使溶解，作为供试品溶液。另取儿茶素对照品、表儿茶素对照品，加甲醇制成每1ml各含0.2mg的混合溶液，作为对照品溶液。照薄层色谱法（附录0502）试验，吸取供试品溶液5μl、对照品溶液2μl，分别点于同一纤维素预制板上，以正丁醇-醋酸-水（3:2:1）为展开剂，展开，取出，晾干，喷以10%硫酸乙醇溶液，加热至斑点显色清晰。供试品色谱中，在与对照品色谱相应的位置上，显相同的红色斑点。

【检查】 水分　不得过17.0%（附录0832第二法）。

【含量测定】 照高效液相色谱法（附录0512）测定。

色谱条件与系统适用性试验 以十八烷基硅烷键合硅胶为填充剂；以0.04mol/L枸橼酸溶液-N，N-二甲基甲酰胺-四氢呋喃（45:8:2）为流动相；检测波长为280nm；柱温35℃。理论板数按儿茶素峰计算应不低于3000。

对照品溶液的制备 取儿茶素对照品、表儿茶素对照品，精密称定，加甲醇-水（1:1）混合溶液分别制成每1ml含儿茶素0.15mg、表儿茶素0.1mg的溶液，即得。

供试品溶液的制备 取本品细粉约20mg，精密称定，置50ml量瓶中，加甲醇-水（1:1）混合溶液40ml，超声处理20分钟，放冷，加甲醇-水（1:1）混合溶液至刻度，摇匀，滤过，取续滤液，即得。

测定法 分别精密吸取上述两种对照品溶液与供试品溶液各5μl，注入液相色谱仪，测定，即得。本品含儿茶素（$C_{15}H_{14}O_6$）和表儿茶素（$C_{15}H_{14}O_6$）的总量不得少于21.0%。

饮片

【炮制】 用时打碎。

【性味与归经】 苦、涩，微寒。归肺、心经。

【功能】 收涩止血，生肌敛疮，清肺化痰。

【主治】 疮疡不收，湿疹，口疮，跌打损伤，外伤出血，肺热咳嗽。

【用法与用量】 马、牛15～30g；羊、猪3～10g；犬、猫1～3g。外用适量。

【贮藏】 置干燥处，防潮。

了 哥 王

Liaogewang

WIKSTROEMIAE INDICAE RADIX

本品为瑞香科植物了哥王 *Wikstroemia indica*（L.）C. A. Mey. 的干燥根或根皮。全年均可采挖，洗净，晒干，或剥取根皮，晒干。

【性状】 本品根呈弯曲的长圆柱形，常有分枝，直径0.5～3cm；表面黄棕色或暗棕色，有略突起的支根痕、不规则的纵沟纹及少数横裂纹，有的可见横长皮孔状突起；质硬而韧，断面皮部类白色，易剥离，木部淡黄色。根皮呈扭曲的条带状，厚1.5～4mm；栓皮或有剥落，强纤维性，纤维绒毛状。气微，味微苦甘，嚼后口腔有持久的灼热不适感。

【鉴别】 （1）本品根的横切面：木栓层为10～20余列细胞，有的充满黄棕色或红棕色物。皮层较窄；纤维多，成束或单个散在，类圆形，直径7～22μm，壁厚，非木化至微木化。韧皮部宽广，射线宽1～3列细胞；纤维甚多，与薄壁细胞交互排列。形成层成环。木质部发达，射线细胞壁稍厚，纹孔明显；导管多单个散在，类圆形，直径26～85μm；木纤维多。薄壁细胞含淀粉粒。

（2）取本品根皮，切制横切面，置紫外光灯（365nm）下观察，显亮蓝色荧光；置氨蒸气中熏后，在日光下变为黄色，紫外光灯下显黄绿色荧光。

饮片

【炮制】 除去杂质，洗净，切片，干燥。

【性味与归经】 苦，寒；有毒。归心、小肠、大肠经。

【功能】 清热解毒，散瘀消肿，利水。

【主治】 高热发痧，风湿痹痛，疮黄肿毒，水肿臌胀，毒蛇咬伤，跌打损伤。

【用法与用量】 马、牛15～50g；羊、猪10～15g。

外用适量，捣烂包敷或煎水洗患处。

【注意】 孕畜及体质虚寒者慎用。

【贮藏】 置干燥处。

三　七

Sanqi

NOTOGINSENG RADIX ET RHIZOMA

本品为五加科植物三七 *Panax notoginseng*（Burk.）F. H. Chen 的干燥根和根茎。秋季花开前采挖，洗净，分开主根、支根及根茎，干燥。支根习称"筋条"，根茎习称"剪口"。

【性状】 主根呈类圆锥形或圆柱形，长1～6cm，直径1～4cm。表面灰褐色或灰黄色，有断续的纵皱纹及支根痕。顶端有茎痕，周围有瘤状突起。体重，质坚实，断面灰绿色、黄绿色或灰白色，木部微呈放射状排列。气微，味苦回甜。

筋条呈圆柱形或圆锥形，长2～6cm，上端直径约0.8cm，下端直径约0.3cm。

剪口呈不规则的皱缩块状及条状，表面有数个明显的茎痕及环纹，断面中心灰绿色或白色，边缘深绿色或灰色。

【鉴别】 （1）本品粉末灰黄色。淀粉粒甚多，单粒圆形、半圆形或圆多角形，直径4～30μm；复粒由2～10余分粒组成。树脂道碎片含黄色分泌物。梯纹导管、网纹导管及螺纹导管直径15～55μm。草酸钙簇晶少见，直径50～80μm。

（2）取本品粉末0.5g，加水5滴，搅匀，再加以水饱和的正丁醇5ml，密塞，振摇10分钟，放置2小时，离心，取上清液，加3倍量以正丁醇饱和的水，摇匀，放置使分层（必要时离心），取正丁醇层，蒸干，残渣加甲醇1ml使溶解，作为供试品溶液。另取人参皂苷Rb₁对照品、人参皂苷Re对照品、人参皂苷Rg₁对照品及三七皂苷R₁对照品，加甲醇制成每1ml各含0.5mg的混合溶液，作为对照品溶液。照薄层色谱法（附录0502）试验，吸取上述两种溶液各1μl，分别点于同一硅胶G薄层板上，以三氯甲烷-乙酸乙酯-甲醇-水（15:40:22:10）10℃以下放置的下层溶液为展开剂，展开，取出，晾干，喷以硫酸溶液（1→10），在105℃加热至斑点显色清晰。供试品色谱中，在与对照品色谱相应的位置上，显相同颜色的斑点；置紫外光灯（365nm）下检视，显相同的荧光斑点。

【检查】 **水分** 不得过14.0%（附录0832第一法）。

总灰分 不得过6.0%（附录2302）。

酸不溶性灰分 不得过3.0%（附录2302）。

【浸出物】 照醇溶性浸出物测定法（附录2201）项下的热浸法测定，用甲醇作溶剂，不得少于16.0%。

【含量测定】 照高效液相色谱法（附录0512）测定。

色谱条件与系统适用性试验 以十八烷基硅烷键合硅胶为填充剂；以乙腈为流动相A，以水为流动相B，按下表中的规定进行梯度洗脱；检测波长为203nm。理论板数按三七皂苷R₁峰计算应不低于4000。

时间（分钟）	流动相A（%）	流动相B（%）
0～12	19	81
12～60	19→36	81→64

对照品溶液的制备 精密称取人参皂苷Rg₁对照品、人参皂苷Rb₁对照品和三七皂苷R₁对照品适量，

加甲醇制成每1ml含人参皂苷Rg₁ 0.4mg、人参皂苷Rb₁ 0.4mg、三七皂苷R₁ 0.1mg的混合溶液，即得。

供试品溶液的制备 取本品粉末（过四号筛）0.6g，精密称定，精密加入甲醇50ml，称定重量，放置过夜，置80℃水浴上保持微沸2小时，放冷，再称定重量，用甲醇补足减失的重量，摇匀，滤过，取续滤液，即得。

测定法 分别精密吸取对照品溶液与供试品溶液各10μl，注入液相色谱仪，测定，即得。

本品按干燥品计算，含人参皂苷Rg₁（$C_{42}H_{72}O_{14}$）、人参皂苷Rb₁（$C_{54}H_{92}O_{23}$）和三七皂苷R₁（$C_{47}H_{80}O_{18}$）的总量不得少于5.0%。

饮片

【炮制】 三七粉 取三七，洗净，干燥，碾成细粉。

本品为灰黄色的粉末。气微，味苦回甜。

【鉴别】【检查】【浸出物】【含量测定】 同药材。

【性味与归经】 甘、微苦，温。归肝、胃经。

【功能】 散瘀止血，消肿止痛。

【主治】 便血，衄血，吐血，外伤出血，跌打肿痛。

【用法与用量】 马、牛10～30g；驼15～45g；羊、猪3～5g；犬、猫1～3g。

【注意】 孕畜慎用。

【贮藏】 置阴凉干燥处，防蛀。

三 白 草

Sanbaicao

SAURURI HERBA

本品为三白草科植物三白草 *Saururus chinensis*（Lour.）Baill. 的干燥地上部分。全年均可采收，洗净，晒干。

【性状】 本品茎呈圆柱形，有纵沟4条，一条较宽广；断面黄棕色至棕褐色，纤维性，中空。单叶互生，叶片卵形或卵状披针形，长4～15cm，宽2～10cm；先端渐尖，基部心形，全缘，基出脉5条；叶柄较长，有纵皱纹。总状花序于枝顶与叶对生，花小，棕褐色。蒴果近球形。气微，味淡。

【鉴别】 （1）本品叶表面观：上下表皮细胞略呈多角形，角质层纹理明显，表皮中有油细胞散在，圆形，直径32～44μm，内含黄色油滴。上表皮无气孔。下表皮气孔多，不定式，有腺毛，2～3细胞，长40～70μm，基部直径12～16μm。

茎横切面：表皮细胞类方形，下皮厚角细胞在棱线处较多。皮层可见通气组织，由类圆形薄壁细胞构成，排列成网状，有大型腔隙；有油细胞和分泌管散在，油细胞内含黄色油滴，分泌管内含淡棕色物质。中柱鞘纤维3～4列断续排列成环。维管束外韧型。髓部宽广，亦可见通气组织；有油细胞散在。薄壁细胞大多含草酸钙簇晶，直径12～25μm。

（2）取本品粉末2g，加甲醇30ml，超声处理20分钟，滤过，滤液浓缩至2ml，加于活性炭-氧化铝柱（活性炭0.2g，中性氧化铝100～200目，4g，内径为10mm，干法装柱）上，用甲醇60ml洗脱，收集洗脱液，蒸干，残渣加乙酸乙酯1ml使溶解，作为供试品溶液。另取三白草对照药材2g，同法制成对照药材溶液。再取三白草酮对照品，加乙酸乙酯制成每1ml含1mg的溶液，作为对照品溶液。照薄层色谱法（附录0502）试验，吸取上述供试品溶液和对照药材溶液各10μl、对照品溶液5μl，分别点于同一硅胶G薄层板上，以石油醚（60~90℃）-丙酮（5:2）为展开剂，展开，取出，晾干，喷以10%硫酸乙醇溶液，在105℃加热至斑点显色清晰。供试品色谱中，在与对照药材色谱和对照品色谱相应的位置上，显相同颜色的斑点。

【检查】 **杂质** 不得过3%（附录2301）。

水分 不得过13.0%（附录0832第一法）。

总灰分 不得过12.0%（附录2302）。

酸不溶性灰分 不得过3.0%（附录2302）。

【浸出物】 照醇溶性浸出物测定法（附录2201）项下的热浸法测定，用稀乙醇作溶剂，不得少于10.0%。

【含量测定】 照高效液相色谱法（附录0512）测定。

色谱条件与系统适用性试验 以十八烷基硅烷键合硅胶为填充剂；以甲醇-水（63:37）为流动相；检测波长为230nm。理论板数按三白草酮峰计算应不低于4000。

对照品溶液的制备 取三白草酮对照品适量，精密称定，加甲醇制成每1ml含40μg的溶液，即得。

供试品溶液的制备 取本品粉末（过四号筛）约0.5g，精密称定，置具塞锥形瓶中，精密加入甲醇25ml，密塞，称定重量，放置30分钟，超声处理（功率500W，频率25kHz）40分钟，放冷，再称定重量，用甲醇补足减失的重量，摇匀，滤过，取续滤液，即得。

测定法 分别精密吸取对照品溶液10μl与供试品溶液10~20μl，注入液相色谱仪，测定，即得。

本品按干燥品计算，含三白草酮（$C_{20}H_{20}O_6$）不得少于0.10%。

饮片

【炮制】 除去杂质，洗净，切段，干燥。

本品呈不规则的段。茎圆柱形，有纵沟4条，一条较宽广。切面黄棕色至棕褐色，中空。叶多破碎，完整叶片展平后呈卵形或卵状披针形，先端渐尖，基部心形，全缘，基出脉5条。总状花序，花小，棕褐色。蒴果近球形。气微，味淡。

【鉴别】（2）【检查】（水分 总灰分 酸不溶性灰分）【浸出物】【含量测定】 同药材。

【性味与归经】 甘、辛，寒。归肺、膀胱经。

【功能】 清热解毒，利尿消肿。

【主治】 膀胱湿热，小便不利，四肢水肿，疮黄疔毒。

【用法与用量】 马、牛60~120g；羊、猪15~30g；犬、猫2~5g；兔、禽1~3g。

外用适量。

【贮藏】 置阴凉干燥处。

三　　棱

Sanleng

SPARGANII RHIZOMA

本品为黑三棱科植物黑三棱 *Sparganium stoloniferum* Buch.-Ham. 的干燥块茎。冬季至次年春采挖，洗净，削去外皮，晒干。

【性状】 本品呈圆锥形，略扁，长2~6cm，直径2~4cm。表面黄白色或灰黄色，有刀削痕，须根痕小点状，略呈横向环状排列。体重，质坚实。气微，味淡，嚼之微有麻辣感。

【鉴别】 （1）本品横切面：皮层为通气组织，薄壁细胞不规则形，细胞间有大的腔隙；内皮层细胞排列紧密。中柱薄壁细胞类圆形，壁略厚，内含淀粉粒；维管束外韧型及周木型，散在，导管非木化。皮层及中柱均散有分泌细胞，内含棕红色分泌物。

粉末黄白色。淀粉粒甚多，单粒类圆形、类多角形或椭圆形，直径2～10μm，较大粒隐约可见点状或裂缝状脐点，分泌细胞内含红棕色分泌物。纤维多成束，壁较厚，微木化或木化，有稀疏单斜纹孔。木化薄壁细胞呈类长方形、长椭圆形或不规则形，壁呈连珠状，微木化。

（2）取本品粉末2g，加乙醇30ml，加热回流1小时，滤过，滤液蒸干，残渣加乙醇2ml使溶解，作为供试品溶液。另取三棱对照药材2g，同法制成对照药材溶液。照薄层色谱法（附录0502）试验，吸取上述两种溶液各10μl，分别点于同一硅胶G薄层板上，以石油醚（60～90℃）-乙酸乙酯（4:1）为展开剂，展开，取出，晾干，置紫外光灯（365nm）下检视。供试品色谱中，在与对照药材色谱相应的位置上，显相同颜色的斑点。

【检查】 水分 不得过15.0%（附录0832第一法）。

总灰分 不得过6.0%（附录2302）。

【浸出物】 照醇溶性浸出物测定法（附录2201）项下的热浸法测定，用稀乙醇作溶剂，不得少于7.5%。

饮片

【炮制】 三棱 除去杂质，浸泡，润透，切薄片，干燥。

本品呈类圆形的薄片。外表皮灰棕色。切面灰白色或黄白色，粗糙，有多数明显的细筋脉点。气微，味淡，嚼之微有麻辣感。

【鉴别】 （除横切面外）【检查】【浸出物】 同药材。

醋三棱 取净三棱片，照醋炙法（附录0203）炒至色变深。每100kg三棱，用醋15kg。

本品形如三棱片，切面黄色至黄棕色，偶见焦黄斑，微有醋香气。

【检查】 水分 同药材，不得过13.0%。

总灰分 同药材，不得过5.0%。

【鉴别】 （2）【浸出物】 同药材。

【性味与归经】 辛、苦，平。归肝、脾经。

【功能】 破血行气，消积止痛。

【主治】 瘀血作痛，宿草不转，腹胀，秘结。

【用法与用量】 马、牛15～60g；羊、猪5～10g；犬、猫1～3g。

【注意】 孕畜禁用；不宜与芒硝、玄明粉同用。

【贮藏】 置通风干燥处，防蛀。

三　颗　针

Sankezhen

BERBERIDIS RADIX

本品为小檗科植物拟豪猪刺 *Berberis soulieana* Schneid.、小黄连刺 *Berberis wilsonae* Hemsl.、细叶小檗 *Berberis poiretii* Schneid. 或匙叶小檗 *Berberis vernae* Schneid. 等同属数种植物的干燥根。春、秋

二季采挖，除去泥沙和须根，晒干或切片晒干。

【**性状**】 本品呈类圆柱形，稍扭曲，有少数分枝，长10～15cm，直径1～3cm。根头粗大，向下渐细。外皮灰棕色，有细皱纹，易剥落。质坚硬，不易折断，切面不平坦，鲜黄色。切片近圆形或长圆形，稍显放射状纹理，髓部棕黄色。气微，味苦。

【**鉴别**】 （1）本品粉末黄棕色。韧皮纤维单个散在或数个成束，直径12～30μm，淡黄色至黄色，长梭形，末端钝圆、渐尖或平截，边缘有时呈微波状弯曲，孔沟明显。石细胞黄棕色，不规则形或类长圆形，直径20～55μm，纹孔及孔沟明显。草酸钙方晶类方形或长方形，直径8～25μm，散在或存在于韧皮射线细胞中。木栓细胞表面观类长方形或多角形。可见淡黄色棕色团块。

（2）取本品粗粉1g，加甲醇20ml，超声处理20分钟，滤过，取滤液作为供试品溶液。另取盐酸小檗碱对照品，加甲醇制成每1ml含0.5mg的溶液，作为对照品溶液。照薄层色谱法（附录0502）试验，吸取上述两种溶液各2μl，分别点于同一硅胶G薄层板上，以正丁醇-醋酸-水（2∶0.5∶1）的上层溶液为展开剂，展开，取出，晾干，置紫外光灯（365nm）下检视。供试品色谱中，在与对照品色谱相应的位置上，显相同颜色的荧光斑点。

【**检查**】 **水分** 不得过12.0%（附录0832第一法）。

总灰分 不得过3.0%（附录2302）。

【**浸出物**】 照醇溶性浸出物测定法（附录2201）项下的热浸法测定，用稀乙醇作溶剂，不得少于9.0%。

【**含量测定**】 照高效液相色谱法（附录0512）测定。

色谱条件与系统适用性试验 以十八烷基硅烷键合硅胶为填充剂；以乙腈-0.02mol/L磷酸二氢钾溶液（24∶76）为流动相；检测波长为265nm。理论板数按盐酸小檗碱峰计算应不低于4000。

对照品溶液的制备 取盐酸小檗碱对照品适量，精密称定，加甲醇制成每1ml含20μg的溶液，即得。

供试品溶液的制备 取本品粉末（过四号筛）约0.1g，精密称定，置具塞锥形瓶中，精密加入甲醇50ml，密塞，称定重量，超声处理（功率250W，频率40kHz）1小时，放冷，再称定重量，用甲醇补足减失的重量，摇匀，滤过，取续滤液，即得。

测定法 分别精密吸取对照品溶液与供试品溶液各10μl，注入液相色谱仪，测定，即得。

本品按干燥品计算，含盐酸小檗碱（$C_{20}H_{17}NO_4 \cdot HCl$）不得少于0.60%。

饮片

【**炮制**】 除去杂质；未切片者，喷淋清水，润透，切片，干燥。

【**鉴别**】【**检查**】【**浸出物**】【**含量测定**】 同药材。

【**性味与归经**】 苦，寒；有毒。归肝、胃、大肠经。

【**功能**】 清热燥湿，泻火解毒。

【**主治**】 热痢便血，湿热黄疸，目赤肿痛，咽喉肿痛，湿疹，疮黄肿毒。

【**用法与用量**】 马、牛15～60g；羊、猪10～15g；犬、猫3～5g；兔、禽1～3g。

【**贮藏**】 置干燥处。

干　姜

Ganjiang

ZINGIBERIS RHIZOMA

本品为姜科植物姜 *Zingiber officinale* Rosc. 的干燥根茎。冬季采挖，除去须根和泥沙，晒干或低温干燥。趁鲜切片晒干或低温干燥者称为"干姜片"。

【性状】 干姜 呈扁平块状，具指状分枝，长3～7cm，厚1～2cm。表面灰黄色或浅灰棕色，粗糙，具纵皱纹和明显的环节。分枝处常有鳞叶残存，分枝顶端有茎痕或芽。质坚实，断面黄白色或灰白色，粉性或颗粒性，内皮层环纹明显，维管束及黄色油点散在。气香、特异，味辛辣。

干姜片 本品呈为不规则纵切片或斜切片，具指状分枝，长1～6cm，宽1～2cm，厚0.2～0.4cm。外皮灰黄色或浅黄棕色，粗糙，具纵皱纹及明显的环节。切面灰黄色或灰白色，略显粉性，可见较多的纵向纤维，有的呈毛状。质坚实，断面纤维性。气香、特异，味辛辣。

【鉴别】 （1）本品粉末淡黄棕色。淀粉粒众多，长卵圆形、三角状卵形、椭圆形、类圆形或不规则形，直径5～40μm，脐点点状，位于较小端，也有呈裂缝状者，层纹有的明显。油细胞及树脂细胞散于薄壁组织中，内含淡黄色油滴或暗红棕色物质。纤维成束或散离，先端钝尖，少数分叉，有的一边呈波状或锯齿状，直径15～40μm，壁稍厚，非木化，具斜细纹孔，常可见菲薄的横隔。梯纹导管、螺纹导管及网纹导管多见，少数为环纹导管，直径15～70μm。导管或纤维旁有时可见内含暗红棕色物的管状细胞，直径12～20μm。

（2）取本品粉末1g，加乙酸乙酯20ml，超声处理10分钟，滤过，取滤液作为供试品溶液。另取干姜对照药材1g，同法制成对照药材溶液。再取6-姜辣素对照品，加乙酸乙酯制成每1ml含0.5mg的溶液，作为对照品溶液。照薄层色谱法（附录0502）试验，吸取上述三种溶液各6μl，分别点于同一硅胶G薄层板上，以石油醚（60～90℃）-三氯甲烷-乙酸乙酯（2:1:1）为展开剂，展开，取出，晾干，喷以香草醛硫酸试液，在105℃加热至斑点显色清晰。供试品色谱中，在与对照药材色谱和对照品色谱相应的位置上，显相同颜色的斑点。

【检查】 水分 不得过19.0%（附录0832第二法）。

总灰分 不得过6.0%（附录2302）。

【浸出物】 照水溶性浸出物测定法（附录2201）项下的热浸法测定，不得少于22.0%。

【含量测定】 挥发油 取本品最粗粉适量，加水700ml，照挥发油测定法（附录2204）测定。本品含挥发油不得少于0.8%（ml/g）。

6-姜辣素 照高效液相色谱法（附录0512）测定。

色谱条件与系统适用性试验 以十八烷基硅烷键合硅胶为填充剂；以乙腈-甲醇-水（40:5:55）为流动相；检测波长为280nm。理论板数按6-姜辣素峰计算应不低于5000。

对照品溶液的制备 取6-姜辣素对照品适量，精密称定，加甲醇制成每1ml含0.1mg的溶液，即得。

供试品溶液的制备 取本品粉末（过三号筛）约0.25g，精密称定，置具塞锥形瓶中，精密加入75%甲醇20ml，称定重量，超声处理（功率100W，频率40kHz）40分钟，放冷，再称定重量，用75%甲醇补足减失的重量，摇匀，滤过，取续滤液，即得。

测定法 分别精密吸取对照品溶液与供试品溶液各10μl，注入液相色谱仪，测定，即得。

本品按干燥品计算，含6-姜辣素（C$_{17}$H$_{26}$O$_4$）不得少于0.60%。

饮片

【炮制】 干姜 除去杂质，略泡，洗净，润透，切厚片或块，干燥。

本品为不规则片块状，厚0.2～0.4cm。

【鉴别】【检查】【浸出物】【含量测定】 同药材。

姜炭 取干姜块，照炒炭法（附录0203）炒至表面黑色、内部棕褐色。

本品形如干姜片块，表面焦黑色，内部棕褐色，体轻，质松脆。味微苦，微辣。

【鉴别】 取本品粉末2g，加75%甲醇40ml，超声处理20分钟，滤过，滤液蒸干，残渣加乙酸乙酯1ml使溶解，作为供试品溶液。另取6-姜辣素对照品、姜酮对照品，加乙酸乙酯分别制成每1ml含0.5mg的溶液，作为对照品溶液。照薄层色谱法（附录0502）试验，吸取供试品溶液和6-姜辣素对照品溶液各6μl、姜酮对照品溶液4μl，分别点于同一硅胶G薄层板上，以石油醚（60～90℃）-三氯甲烷-乙酸乙酯（2:1:1）为展开剂，展开，取出，晾干，喷以香草醛硫酸试液，在105℃加热至斑点显色清晰。供试品色谱中，在与对照品色谱相应的位置上，显相同颜色的斑点。

【浸出物】 同药材，不得少于26.0%。

【含量测定】 同药材，含6-姜辣素（$C_{17}H_{26}O_4$）不得少于0.050%。

【性味与归经】 辛，热。归脾、胃、肾、心、肺经。

【功能】 温中逐寒，回阳通脉，燥湿消痰。

【主治】 胃寒食少，冷肠泄泻，冷痛，四肢厥冷，风寒湿痹，痰饮喘咳。

【用法与用量】 马、牛15～30g；羊、猪3～10g；犬、猫1～3g；兔、禽0.3～1g。

【贮藏】 置阴凉干燥处，防蛀。

【制剂】 姜流浸膏。

炮　姜

Paojiang

ZINGIBERIS RHIZOMA PRAEPARATUM

本品为干姜的炮制加工品。

【制法】 取干姜，照烫法（附录0203）用砂烫至鼓起，表面棕褐色。

【性状】 本品呈不规则膨胀的块状，具指状分枝。表面棕黑色或棕褐色。质轻泡，断面边缘处显棕黑色，中心棕黄色，细颗粒性，维管束散在。气香、特异，味微辛、辣。

【鉴别】 （1）本品粉末棕褐色。淀粉粒众多，长卵圆形、三角状卵形、椭圆形、类圆形或不规则形，直径5～40μm，脐点点状，位于较小端，也有呈裂缝状者，层纹有的明显。偶见糊化淀粉粒团块。油细胞及树脂细胞散于薄壁组织中，内含淡黄色油滴或暗红棕色物质。纤维成束或散离，先端钝尖，少数分叉，有的一边呈波状或锯齿状，直径15～40μm，壁稍厚，非木化，具斜细纹孔，常可见菲薄的横隔。梯纹导管、螺纹导管及网纹导管多见，少数为环纹导管，直径15～70μm。导管或纤维旁有时可见内含暗红棕色物的管状细胞，直径12～20μm。

（2）取本品粉末2g，加乙酸乙酯20ml，超声处理10分钟，滤过，取滤液作为供试品溶液。另取6-姜辣素对照品，加乙酸乙酯制成每1ml含0.5mg的溶液，作为对照品溶液。照薄层色谱法（附录0502）试验，吸取上述两种溶液各6μl，分别点于同一硅胶G薄层板上，以石油醚（60～90℃）-三氯甲烷-乙酸乙酯（2:1:1）为展开剂，展开，取出，晾干，喷以香草醛硫酸试液，在105℃加热至斑点显色清晰。供试品色谱中，在与对照品色谱相应的位置上，显相同颜色的斑点。

【检查】 水分 不得过12.0%（附录0832第二法）。

总灰分 不得过7.0%（附录2302）。

【浸出物】 照水溶性浸出物测定法（附录2201）项下的热浸法测定，不得少于26.0%。

【含量测定】 照高效液相色谱法（附录0512）测定。

色谱条件与系统适用性试验 以十八烷基硅烷键合硅胶为填充剂；以乙腈-甲醇-水（40:5:55）

为流动相；检测波长为280nm。理论板数按6-姜辣素峰计算应不低于5000。

对照品溶液的制备　取6-姜辣素对照品适量，精密称定，加甲醇制成每1ml含0.1mg的溶液，即得。

供试品溶液的制备　取本品粉末（过三号筛）约0.25g，精密称定，置具塞锥形瓶中，精密加入50%甲醇20ml，称定重量，超声处理（功率100W，频率40kHz）30分钟，放冷，再称定重量，用50%甲醇补足减失的重量，摇匀，滤过，取续滤液，即得。

测定法　分别精密吸取对照品溶液8μl与供试品溶液20μl，注入液相色谱仪，测定，即得。

本品按干燥品计算，含6-姜辣素（$C_{17}H_{26}O_4$）不得少于0.30%。

【性味与归经】　辛，热。归脾、胃、肾经。

【功能】　温中逐寒，回阳通脉，燥湿消痰。

【主治】　胃寒食少，冷肠泄泻，冷痛，四肢厥冷，痰饮喘咳。

【用法与用量】　马、牛15～30g；羊、猪3～10g；犬、猫1～3g；兔、禽0.3～1g。

【贮藏】　同干姜。

土 木 香

Tumuxiang

INULAE RADIX

本品为菊科植物土木香 *Inula helenium* L. 的干燥根。秋季采挖，除去泥沙，晒干。

【性状】　本品呈圆锥形，略弯曲，长5～20cm。表面黄棕色或暗棕色，有纵皱纹及须根痕。根头粗大，顶端有凹陷的茎痕及叶鞘残基，周围有圆柱形支根。质坚硬，不易折断，断面略平坦，黄白色至浅灰黄色，有凹点状油室。气微香，味苦、辛。

【鉴别】　（1）本品横切面：木栓层为数列木栓细胞。韧皮部宽广。形成层环不甚明显。木质部射线宽6～25列细胞；导管少，单个或数个成群，径向排列；木纤维少数，成束存在于木质部中心的导管周围。薄壁细胞含菊糖。油室分布于韧皮部与木质部，直径80～300μm。

粉末淡黄棕色。菊糖众多，无色，呈不规则碎块状。网纹导管直径30～100μm。木栓细胞多角形，黄棕色。木纤维长梭形，末端倾斜，具斜纹孔。

（2）取本品粉末0.5g，加甲醇4ml，密塞，振摇，放置30分钟，滤过，取滤液作为供试品溶液。另取土木香对照药材0.5g，同法制成对照药材溶液。再取土木香内酯对照品与异土木香内酯对照品，加甲醇制成每1ml各含2mg的混合溶液，作为对照品溶液。照薄层色谱法（附录0502）试验，吸取上述三种溶液各5μl，分别点于同一用0.25%硝酸银溶液制备的硅胶G薄层板上，以石油醚（60～90℃）-甲苯-乙酸乙酯（10:1:1）为展开剂，置10℃以下避光处展开二次，取出，晾干，喷以5%茴香醛硫酸溶液，加热至斑点显色清晰。供试品色谱中，在与对照药材色谱和对照品色谱相应的位置上，显相同颜色的斑点。

【检查】　水分　不得过14.0%（附录0832第二法）。

总灰分　不得过7.0%（附录2302）。

【浸出物】　照醇溶性浸出物测定法（附录2201）项下的热浸法测定，用30%乙醇作溶剂，不得少于55.0%。

【含量测定】　照气相色谱法（附录0521）测定。

色谱条件与系统适用性试验 聚乙二醇20 000（PEG-20M）毛细管柱（柱长为30m，内径为0.25mm，膜厚度为0.25μm）；程序升温：初始温度190℃，保持30分钟，以每分钟120℃的速率升温至240℃，保持5分钟；进样口温度260℃，检测器温度280℃。理论板数按土木香内酯峰计算应不低于13 000。

对照品溶液的制备 取土木香内酯对照品、异土木香内酯对照品适量，精密称定，加乙酸乙酯制成每1ml含0.2mg的混合溶液，即得。

供试品溶液的制备 取本品粉末（过三号筛）约0.5g，精密称定，置具塞锥形瓶中，精密加入乙酸乙酯25ml，称定重量，超声处理（功率300W，频率50kHz）30分钟，放冷，再称定重量，用乙酸乙酯补足减失的重量，摇匀，滤过，取续滤液，即得。

测定法 分别精密吸取对照品溶液与供试品溶液各1μl，注入气相色谱仪，测定，即得。

本品按干燥品计算，含土木香内酯（$C_{15}H_{20}O_2$）和异土木香内酯（$C_{15}H_{20}O_2$）的总量不得少于2.2%。

饮片

【炮制】 除去杂质，洗净，润透，切片，干燥。

本品呈类圆形或不规则形片。外表皮黄棕色至暗棕色，可见纵皱纹和纵沟。切面灰褐色至暗褐色，有放射状纹理，散在褐色油点，中间有棕色环纹。气微香，味苦、辛。

【鉴别】 （除横切面外）【检查】【含量测定】 同药材。

【性味与归经】 辛、苦，温。归肝、脾经。

【功能】 健脾和胃，行气止痛，安胎。

【主治】 气滞腹胀，腹痛，呕吐，泻痢后重，胎动不安。

【用法与用量】 马、牛15～45g；羊、猪3～10g。

【贮藏】 置阴凉干燥处。

土 荆 皮

Tujingpi

PSEUDOLARICIS CORTEX

本品为松科植物金钱松 *Pseudolarix amabilis*（Nelson）Rehd. 的干燥根皮或近根树皮。夏季剥取，晒干。

【性状】 **根皮** 呈不规则的长条状，扭曲而稍卷，大小不一，厚2～5mm。外表面灰黄色，粗糙，有皱纹及灰白色横向皮孔样突起，粗皮常呈鳞片状剥落，剥落处红棕色。内表面黄棕色至红棕色，平坦，有细致的纵向纹理。质韧，折断面呈裂片状，可层层剥离。气微，味苦而涩。

树皮 呈板片状，厚约至8mm，粗皮较厚，外表面龟裂状，内表面较粗糙。

【鉴别】 （1）本品粉末淡棕色或棕红色。石细胞多，类长方形、类圆形或不规则分枝状，直径30～96μm，含黄棕色块状物。筛胞大多成束，直径20～40μm，侧壁上有多数椭圆形筛域。黏液细胞类圆形，直径100～300μm。树脂细胞纵向连接成管状，含红棕色至黄棕色树脂状物，有的埋有草酸钙方晶。木栓细胞壁稍厚，有的木化，并有纹孔。

（2）取本品粉末1g，加甲醇20ml，超声处理20分钟，放冷，滤过，取滤液作为供试品溶液。另取土荆皮对照药材1g，同法制成对照药材溶液。再取土荆皮乙酸对照品，加甲醇制成每1ml含

0.2 mg的溶液，作为对照品溶液。照薄层色谱法（附录0502）试验，吸取上述三种溶液各5μl，分别点于同一硅胶G薄层板上，以甲苯-乙酸乙酯-甲酸（14:4:0.5）为展开剂，展开，取出，晾干，喷以10%硫酸乙醇溶液，在105℃加热至斑点显色清晰，置紫外光灯（365nm）下检视。供试品色谱中，在与对照药材色谱和对照品色谱相应的位置上，分别显相同颜色的荧光斑点。

【检查】　水分　不得过13.0%（附录0832第一法）。

总灰分　不得过6.0%（附录2302）。

酸不溶性灰分　不得过2.0%（附录2302）。

【浸出物】　照醇溶性浸出物测定法（附录2201）项下的热浸法测定，用75%乙醇作溶剂，不得少于15.0%。

【含量测定】　照高效液相色谱法（附录0512）测定。

色谱条件与系统适用性试验　以辛烷基硅烷键合硅胶为填充剂；以甲醇-1%醋酸溶液（50:50）为流动相；检测波长为260nm。理论板数按土荆皮乙酸峰计算应不低于5000。

对照品溶液的制备　取土荆皮乙酸对照品适量，精密称定，加甲醇制成每1ml含45μg的溶液，即得。

供试品溶液的制备　取本品粉末（过三号筛）约0.2g，精密称定，置具塞锥形瓶中，精密加入甲醇25ml，密塞，称定重量，加热回流1小时，放冷，再称定重量，用甲醇补足减失的重量，摇匀，滤过，取续滤液，即得。

测定法　分别精密吸取对照品溶液与供试品溶液各10μl，注入液相色谱仪，测定，即得。

本品按干燥品计算，含土荆皮乙酸（$C_{23}H_{28}O_8$）不得少于0.25%。

饮片

【炮制】　洗净，略润，切丝，干燥。

本品呈条片状或卷筒状。外表面灰黄色，有时可见灰白色横向皮孔样突起。内表面黄棕色至红棕色，具细纵纹。切面淡红棕色至红棕色，有时可见有细小白色结晶，可层层剥离。气微，味苦而涩。

【检查】　总灰分　同药材，不得过5.0%。

【鉴别】【检查】（水分　酸不溶性灰分）　**【浸出物】【含量测定】**　同药材。

【性味与归经】　辛，温；有毒。归肺、脾经。

【功能】　杀虫，止痒。

【主治】　疥癣瘙痒。

【用法与用量】　外用。适量，醋浸或酒浸，涂擦，或研末调涂患处。

【贮藏】　置干燥处。

土　茯　苓

Tufuling

SMILACIS GLABRAE RHIZOMA

本品为百合科植物光叶菝葜 *Smilax glabra* Roxb. 的干燥根茎。夏、秋二季采挖，除去须根，洗净，干燥；或趁鲜切成薄片，干燥。

【性状】　本品略呈圆柱形，稍扁或呈不规则条块，有结节状隆起，具短分枝，长5~22cm，直径2～5cm。表面黄棕色或灰褐色，凹凸不平，有坚硬的须根残基，分枝顶端有圆形芽痕，有的外皮呈现不规则裂纹，并有残留的鳞叶。质坚硬。切片呈长圆形或不规则，厚1～5mm，边缘不整齐；切面类白色至淡红棕色，粉性，可见点状维管束及多数小亮点；质略韧，折断时有粉尘飞扬，以水湿润后有黏滑感。气微，味微甘、涩。

【鉴别】 （1）本品粉末淡棕色。淀粉粒甚多，单粒类球形、多角形或类方形，直径8～48μm，脐点裂缝状、星状、三叉状或点状，大粒可见层纹；复粒由2～4分粒组成。草酸钙针晶束存在于黏液细胞中或散在，针晶长40～144μm，直径约5μm。石细胞类椭圆形、类方形或三角形，直径25～128μm，孔沟细密；另有深棕色石细胞，长条形，直径约50μm，壁三面极厚，一面菲薄。纤维成束或散在，直径22～67μm。具缘纹孔导管及管胞多见，具缘纹孔大多横向延长。

（2）取本品粉末1g，加甲醇20ml，超声处理30分钟，滤过，取滤液作为供试品溶液。另取落新妇苷对照品，加甲醇制成每1ml含0.1mg的溶液，作为对照品溶液。照薄层色谱法（附录0502）试验，吸取上述两种溶液各10μl，分别点于同一硅胶G薄层板上，以甲苯-乙酸乙酯-甲酸（13:32:9）为展开剂，展开，取出，晾干，喷以三氯化铝试液，放置5分钟后，置紫外光灯（365nm）下检视。供试品色谱中，在与对照品色谱相应的位置上，显相同颜色的荧光斑点。

【检查】 水分 不得过15.0%（附录0832第一法）。

总灰分 不得过5.0%（附录2302）。

【浸出物】 照醇溶性浸出物测定法（附录2201）项下的热浸法测定，用稀乙醇作溶剂，不得少于15.0%。

【含量测定】 照高效液相色谱法（附录0512）测定。

色谱条件与系统适用性试验 以十八烷基硅烷键合硅胶为填充剂；以甲醇-0.1%冰醋酸溶液（39:61）为流动相；检测波长为291nm。理论板数按落新妇苷峰计算应不低于5000。

对照品溶液的制备 取落新妇苷对照品适量，精密称定，加60%甲醇制成每1ml含0.2mg的溶液，即得。

供试品溶液的制备 取本品粉末（过二号筛）约0.8g，精密称定，置圆底烧瓶中，精密加入60%甲醇100ml，称定重量，加热回流1小时，放冷，再称定重量，用60%甲醇补足减失的重量，摇匀，滤过，取续滤液，即得。

测定法 分别精密吸取对照品溶液与供试品溶液各10μl，注入液相色谱仪，测定，即得。

本品按干燥品计算，含落新妇苷（$C_{21}H_{22}O_{11}$）不得少于0.45%。

饮片

【炮制】 未切片者，浸泡，洗净，润透，切薄片，干燥。

本品呈长椭圆形或不规则的薄片，边缘不整齐。切面黄白色或红棕色，粉性，可见点状维管束及多数小亮点；以水湿润后有黏滑感。气微，味微甘、涩。

【浸出物】 同药材，不得少于10.0%。

【鉴别】【检查】【含量测定】 同药材。

【性味与归经】 甘、淡，平。归肝、胃经。

【功能】 除湿，解毒，利关节。

【主治】 湿热淋浊，带下，痈肿，疥癣，筋骨疼痛。

【用法与用量】 马、牛30～90g；羊、猪15～30g；犬、猫3～6g；兔、禽1～3g。

【贮藏】 置通风干燥处。

土鳖虫（䗪虫）

Tubiechong

EUPOLYPHAGA STELEOPHAGA

本品为鳖蠊科昆虫地鳖 *Eupolyphaga sinensis* Walker 或冀地鳖 *Steleophaga plancyi*（Boleny）的雌虫干燥体。捕捉后，置沸水中烫死，晒干或烘干。

【性状】 地鳖 呈扁平卵形，长1.3~3cm，宽1.2~2.4cm。前端较窄，后端较宽，背部紫褐色，具光泽，无翅。前胸背板较发达，盖住头部；腹背板9节，呈覆瓦状排列。腹面红棕色，头部较小，有丝状触角1对，常脱落，胸部有足3对，具细毛和刺。腹部有横环节。质松脆，易碎。气腥臭，味微咸。

冀地鳖 长2.2~3.7cm，宽1.4~2.5cm。背部黑棕色，通常在边缘带有淡黄褐色斑块及黑色小点。

【鉴别】 （1）本品粉末灰棕色。体壁碎片深棕色或黄色，表面有不规则纹理，其上着生短粗或细长刚毛，常可见刚毛脱落后的圆形毛窝，直径5~32μm；刚毛棕黄色或黄色，先端锐尖或钝圆，长12~270μm，直径10~32μm，有的具纵直纹理。横纹肌纤维无色或淡黄色，常碎断，有细密横纹，平直或呈微波状，明带较暗带为宽。

（2）取本品粉末1g，加甲醇25ml，超声处理30分钟，滤过，滤液蒸干，残渣加甲醇5 ml使溶解，作为供试品溶液。另取土鳖虫对照药材1g，同法制成对照药材溶液。照薄层色谱法（附录0502）试验，吸取上述两种溶液各10μl，分别点于同一硅胶G薄层板上，以甲苯-二氯甲烷-丙酮（5:5:0.5）为展开剂，展开，取出，晾干，置紫外光灯（365nm）下检视。供试品色谱中，在与对照药材色谱相应的位置上，显相同颜色的荧光斑点；喷以香草醛硫酸试液，在105℃加热至斑点显色清晰，显相同颜色的斑点。

【检查】 杂质 不得过5%（附录2301）。

水分 不得过10.0%（附录0832第一法）。

总灰分 不得过13.0%（附录2302）。

酸不溶性灰分 不得过5.0%（附录2302）。

【浸出物】 照水溶性浸出物测定法（附录2201）项下热浸法测定，不得少于22.0%。

【性味与归经】 咸，寒；有小毒。归肝经。

【功能】 破瘀血，续筋骨。

【主治】 血瘀疼痛，产后腹痛，跌打损伤，痈肿，筋骨疼痛。

【用法与用量】 马、牛15~45g；羊、猪5~10g；犬、猫1~3g。

【注意】 孕畜禁用。

【贮藏】 置通风干燥处，防蛀。

大 风 子

Dafengzi

HYDNOCARPI ANTHELMINTICAE SEMEN

本品为大风子科植物大风子 *Hydnocarpus anthelmintica* Pierre 的干燥成熟种子。

【性状】 本品呈不规则的卵圆形或多面形。稍有不规则的钝棱角，长2~3cm，直径1~2cm，表面灰棕色至灰褐色，有细纹，较小的一端放射出多数明显的凹纹至种子1/3处。种皮厚而坚硬，砸破后，内表面光滑，浅黄色或黄棕色，种仁与皮分离，种仁两瓣，灰白色有油性，外被一层红棕色或暗紫色薄膜，较小端略皱缩，气微，味淡。

【鉴别】 （1）种子横切面：种皮全为石细胞，外层2~3列，类圆形或多边形，排列不甚整齐，壁较厚，有孔沟，含少数草酸钙棱晶，直径约30μm；中层为较厚的长条状石细胞层，径向紧密排列，彼此重叠，长约200μm；宽14~20μm，胞腔呈线缝状，沟纹细密。内层为10余列切向排列的长条形或一端稍尖、另端稍膨大的石细胞，长68~180μm，胞腔稍大或呈线缝状，孔沟明显。种仁外侧为4~5列红棕色扁平细胞，其内为胚乳组织，内含脂肪油等物质。

（2）取大风子油少许，加5倍量的无水乙醇，热至全溶后，放冷至15℃，即有白色结晶析出。

（3）取大风子油一滴，加三氯甲烷0.5ml及冰醋酸1.5ml，再滴加浓硫酸，即显草绿色，并有红紫色荧光。

饮片

【炮制】 大风子 除去杂质，洗净，晒干。用时捣碎。

大风子霜 取净大风子除去外壳，碾碎，用吸油纸包裹，微炕或蒸后，压榨去油，碾细，过筛。

【性味与归经】 辛，热；有毒。归肺、脾、肝经。

【功能】 祛风燥湿，攻毒杀虫。

【主治】 疥癞，褥疮瘙痒，疮疡肿毒。

【用法与用量】 牛6~20g。外用适量。

【贮藏】 置阴凉干燥处。

大 血 藤

Daxueteng

SARGENTODOXAE CAULIS

本品为木通科植物大血藤 Sargentodoxa cuneata（Oliv.）Rehd. et Wils. 的干燥藤茎。秋、冬二季采收，除去侧枝，截段，干燥。

【性状】 本品呈圆柱形，略弯曲，长30~60cm，直径1~3cm。表面灰棕色，粗糙，外皮常呈鳞片状剥落，剥落处显暗红棕色，有的可见膨大的节及略凹陷的枝痕或叶痕。质硬，断面皮部红棕色，有数处向内嵌入木部，木部黄白色，有多数细孔状导管，射线呈放射状排列。气微，味微涩。

【鉴别】 （1）本品横切面：木栓层为多列细胞，含棕红色物。皮层石细胞常数个成群，有的含草酸钙方晶。维管束外韧型。韧皮部分泌细胞常切向排列，与筛管群相间隔；有少数石细胞群散在。束内形成层明显。木质部导管多单个散在，类圆形，直径约至400μm，周围有木纤维。射线宽广，外侧石细胞较多，有的含数个草酸钙方晶。髓部可见石细胞群。薄壁细胞含棕色或棕红色物。

（2）取本品粗粉5g，加甲醇50ml，超声处理30分钟，滤过，滤液蒸干，残渣加2%氢氧化钠溶液10ml使溶解，用盐酸调节pH值至2，用乙醚振摇提取3次，每次10ml，合并乙醚液，挥干，残渣加甲醇2ml使溶解，作为供试品溶液。另取大血藤对照药材5g，同法制成对照药材溶液。照薄层色谱法（附录0502）试验，吸取上述两种溶液各2μl，分别点于同一硅胶G薄层板上，以三氯甲烷-丙酮-甲酸（8:1:0.8）为展开剂，展开，取出，晾干，喷以2%三氯化铁乙醇溶液。分别置日光和紫外光灯（365nm）下检视。供试品色谱中，在与对照药材色谱相应的位置上，日光下显相同颜色的斑点，紫外光下显相同颜色的荧光斑点。

【检查】　水分　不得过12.0%（附录0832第一法）。

总灰分　不得过4.0%（附录2302）。

【浸出物】　照醇溶性浸出物测定法（附录2201）项下的热浸法测定，用乙醇作溶剂，不得少于8.0%。

饮片

【炮制】　除去杂质，洗净，润透，切厚片，干燥。

本品为类椭圆形的厚片。外表皮灰棕色，粗糙。切面皮部红棕色，有数处向内嵌入木部，木部黄白色，有多数导管孔，射线呈放射状排列。气微，味微涩。

【鉴别】（2）【检查】【浸出物】　同药材。

【性味与归经】　苦，平。归大肠、肝经。

【功能】　清热解毒，活血，祛风止痛。

【主治】　血瘀腹痛，乳痈，跌打肿痛，风湿痹痛。

【用法与用量】　马、牛30～60g；羊、猪15～30g；犬、猫3～6g；兔、禽1.5～3g。

【贮藏】　置通风干燥处。

大　青　叶

Daqingye

ISATIDIS FOLIUM

本品为十字花科植物菘蓝 Isatis indigotica Fort. 的干燥叶。夏、秋二季分2～3次采收，除去杂质，晒干。

【性状】　本品多皱缩卷曲，有的破碎。完整叶片展平后呈长椭圆形至长圆状倒披针形，长5～20cm，宽2～6cm；上表面暗灰绿色，有的可见色较深、稍突起的小点；先端钝，全缘或微波状，基部狭窄，下延至叶柄呈翼状；叶柄长4～10cm，淡棕黄色。质脆。气微，味微酸、苦、涩。

【鉴别】（1）本品粉末绿褐色。下表皮细胞垂周壁稍弯曲，略成连珠状增厚；气孔不等式，副卫细胞3～4个。叶肉组织分化不明显；叶肉细胞中含蓝色细小颗粒状物，亦含橙皮苷样结晶。

（2）取本品粉末0.5g，加三氯甲烷20ml，加热回流1小时，滤过，滤液浓缩至1ml，作为供试品溶液。另取靛蓝对照品、靛玉红对照品，加三氯甲烷制成每1ml各含1mg的混合溶液，作为对照品溶液。照薄层色谱法（附录0502）试验，吸取上述两种溶液各5µl，分别点于同一硅胶G薄层板上，以环己烷-三氯甲烷-丙酮（5:4:2）为展开剂，展开，取出，晾干。供试品色谱中，在与对照品色谱相应的位置上，分别显相同的蓝色斑点和浅紫红色斑点。

【检查】　水分　不得过13.0%（附录0832第一法）。

【浸出物】　照醇溶性浸出物测定法（附录2201）项下的热浸法测定，用乙醇作溶剂，不得少于16.0%。

【含量测定】　照高效液相色谱法（附录0512）测定。

色谱条件与系统适用性试验　以十八烷基硅烷键合硅胶为填充剂；以甲醇-水（75:25）为流动相；检测波长为289nm。理论板数按靛玉红峰计算应不低于4000。

对照品溶液的制备　取靛玉红对照品适量，精密称定，加甲醇制成每1ml含2μg的溶液，即得。

供试品溶液的制备　取本品细粉0.25g，精密称定，置索氏提取器中，加三氯甲烷，浸泡15小时，加热回流提取至提取液无色。回收溶剂至干，残渣加甲醇使溶解并转移至100ml量瓶中，加甲醇至刻度，摇匀，滤过，取续滤液，即得。

测定法　分别精密吸取对照品溶液与供试品溶液各20μl，注入液相色谱仪，测定，即得。

本品按干燥品计算，含靛玉红（$C_{16}H_{10}N_2O_2$）不得少于0.020%。

饮片

【炮制】　除去杂质，抢水洗，切碎，干燥。

本品为不规则的碎段。叶片暗灰绿色，叶上表面有的可见色深稍突起的小点；叶柄碎片淡棕黄色。质脆。气微，味微酸、苦、涩。

【检查】　水分　同药材，不得过10.0%。

【鉴别】【浸出物】【含量测定】　同药材。

【性味与归经】　苦，寒。归心、胃经。

【功能】　清热解毒，凉血消斑。

【主治】　热病发斑，咽喉肿痛，热痢，黄疸，痈肿，丹毒。

【用法与用量】　马、牛30～90g；羊、猪15～30g；犬、猫3～6g；兔、禽1～3g。

【贮藏】　置通风干燥处，防霉。

大　青　盐

Daqingyan

HALITUM

本品为卤化物类石盐族湖盐结晶体，主含氯化钠（NaCl）。自盐湖中采挖后，除去杂质，干燥。

【性状】　本品为立方体、八面体或菱形的结晶，有的为歪晶，直径0.5～1.5cm。白色或灰白色，半透明，具玻璃样光泽。质硬，易砸碎，断面光亮。气微，味咸、微涩苦。

【鉴别】　（1）取本品粉末0.1g，加水5ml使溶解，加硝酸银试液1滴，即生成白色沉淀。

（2）取铂丝，用盐酸湿润后，蘸取少许供试品粉末，在无色火焰中燃烧，火焰即显鲜黄色。

【含量测定】　取本品细粉约0.15g，精密称定，置锥形瓶中，加水50ml溶解，加2%糊精溶液10ml、碳酸钙0.1g与0.1%荧光黄指示液8滴，用硝酸银滴定液（0.1mol/l）滴定至浑浊液由黄绿色变为微红色，即得。每1ml硝酸银滴定液（0.1mol/l）相当于5.844mg的氯化钠（NaCl）。

本品含氯化钠（NaCl）不得少于97.0%。

【性味与归经】　咸，寒。归胃、心、肾、膀胱经。

【功能】　润燥通便，凉血止血，消肿明目。

【主治】　粪便秘结，衄血，尿血，目赤肿痛，牙龈出血。

【用法与用量】　马、牛15～60g；马结症150～250g；驼50～120g；羊、猪6～9g。外用适量。

【注意】　水肿者禁用；猪易中毒，慎用。

【贮藏】　置通风干燥处，防潮。

大 枣

Dazao

JUJUBAE FRUCTUS

本品为鼠李科植物枣 *Ziziphus jujuba* Mill. 的干燥成熟果实。秋季果实成熟时采收，晒干。

【性状】 本品呈椭圆形或球形，长2～3.5cm，直径1.5～2.5cm。表面暗红色，略带光泽，有不规则皱纹。基部凹陷，有短果梗。外果皮薄，中果皮棕黄色或淡褐色，肉质，柔软，富糖性而油润。果核纺锤形，两端锐尖，质坚硬。气微香，味甜。

【鉴别】 （1）本品粉末棕色。外果皮棕色至棕红色；表皮细胞表面观类方形、多角形或长方形，胞腔内充满棕红色物，断面观外被厚角质层；表皮下细胞黄色或黄棕色，类多角形，壁稍厚。草酸钙簇晶（有的碎为砂晶）或方晶较小，存在于中果皮薄壁细胞中。果核石细胞淡黄棕色，类多角形，层纹明显，孔沟细密，胞腔内含黄棕色物。

（2）取本品粉末2g，加石油醚（60～90℃）10ml，浸泡10分钟，超声处理10分钟，滤过，弃去石油醚液，药渣挥干，加乙醚20ml，浸泡1小时，超声处理15分钟，滤过，滤液浓缩至2ml，作为供试品溶液。另取大枣对照药材2g，同法制成对照药材溶液。再取齐墩果酸对照品、白桦脂酸对照品，加乙醇分别制成每1ml含1mg的溶液，作为对照品溶液。照薄层色谱法（附录0502）试验，吸取供试品溶液和对照药材溶液各10μl、上述两种对照品溶液各4μl，分别点于同一硅胶G薄层板上，以甲苯-乙酸乙酯-冰醋酸（14:4:0.5）为展开剂，展开，取出，晾干，喷以10%硫酸乙醇溶液，加热至斑点显色清晰。分别置日光和紫外光灯（365nm）下检视。供试品色谱中，在与对照药材色谱和对照品色谱相应的位置上，显相同颜色的斑点或荧光斑点。

【检查】 **总灰分** 不得过2.0%（附录2302）。

黄曲霉毒素 照黄曲霉毒素测定法（附录2351）测定。

本品每1000g含黄曲霉毒素B_1不得过5μg，黄曲霉毒素G_2、黄曲霉毒素G_1、黄曲霉毒素B_2和黄曲霉毒素B_1的总量不得过10μg。

饮片

【炮制】 除去杂质，洗净，晒干。用时破开或去核。

【性状】【鉴别】【检查】 同药材。

【性味与归经】 甘，温。归脾、胃、心经。

【功能】 补中益气，养血安神，缓和药性。

【主治】 脾虚少食，便溏，气血亏损，津液不足。

【用法与用量】 马、牛30～90g；羊、猪10～15g；兔、禽1.5～3g。

【贮藏】 置干燥处，防蛀。

大 黄

Dahuang

RHEI RADIX ET RHIZOMA

本品为蓼科植物掌叶大黄 *Rheum palmatum* L.、唐古特大黄 *Rheum tanguticum* Maxim. ex Balf.

或药用大黄 *Rheum officinale* Baill. 的干燥根及根茎。秋末茎叶枯萎或次春发芽前采挖，除去细根，刮去外皮，切瓣或段，绳穿成串干燥或直接干燥。

【性状】　本品呈类圆柱形、圆锥形、卵圆形或不规则块状，长3～17cm，直径3～10cm。除尽外皮者表面黄棕色至红棕色，有的可见类白色网状纹理及星点（异型维管束）散在，残留的外皮棕褐色，多具绳孔及粗皱纹。质坚实，有的中心稍松软，断面淡红棕色或黄棕色，显颗粒性；根茎髓部宽广，有星点环列或散在；根木部发达，具放射状纹理，形成层环明显，无星点。气清香，味苦而微涩，嚼之粘牙，有沙粒感。

【鉴别】　（1）本品横切面：根木栓层及栓内层大多已除去。韧皮部筛管群明显；薄壁组织发达。形成层成环。木质部射线较密，宽2～4列细胞，内含棕色物；导管非木化，常1至数个相聚，稀疏排列。薄壁细胞含草酸钙簇晶，并含多数淀粉粒。

根茎髓部宽广，其中常见黏液腔，内有红棕色物；异型维管束散在，形成层成环，木质部位于形成层外方，韧皮部位于形成层内方，射线呈星状射出。

粉末黄棕色。草酸钙簇晶直径20～160μm，有的至190μm。具缘纹孔导管、网纹导管、螺纹导管及环纹导管非木化。淀粉粒甚多，单粒类球形或多角形，直径3～45μm，脐点星状；复粒由2～8分粒组成。

（2）取本品粉末少量，进行微量升华，升华物置显微镜下观察，可见菱状针晶或羽状结晶。

（3）取本品粉末0.1g，加甲醇20ml，浸泡1小时，滤过，取滤液5ml，蒸干，残渣加水10ml使溶解，再加盐酸1ml，加热回流30分钟，立即冷却，用乙醚分2次振摇提取，每次20ml，合并乙醚液，蒸干，残渣加三氯甲烷1ml使溶解，作为供试品溶液。另取大黄对照药材0.1g，同法制成对照药材溶液。再取大黄酸对照品，加甲醇制成每1ml含1mg的溶液，作为对照品溶液。照薄层色谱法（附录0502）试验，吸取上述三种溶液各4μl，分别点于同一硅胶H薄层板上，以石油醚（30～60℃）-甲酸乙酯-甲酸（15:5:1）的上层溶液为展开剂，展开，取出，晾干，置紫外光灯（365nm）下检视。供试品色谱中，在与对照药材色谱相应的位置上，显相同的五个橙黄色荧光主斑点；在与对照品色谱相应的位置上，显相同的橙黄色荧光斑点；置氨蒸气中熏后，斑点变为红色。

【检查】　土大黄苷　取本品粉末0.1g，加甲醇10ml，超声处理20分钟，滤过，取滤液1ml，加甲醇至10ml，作为供试品溶液。另取土大黄苷对照品，加甲醇制成每1ml含10μg的溶液，作为对照品溶液（临用新制）。照薄层色谱法（附录0502）试验，吸取上述两种溶液各5μl，分别点于同一聚酰胺薄膜上，以甲苯-甲酸乙酯-丙酮-甲醇-甲酸（30:5:5:20:0.1）为展开剂，展开，取出，晾干，置紫外光灯（365nm）下检视。供试品色谱中，在与对照品色谱相应的位置上，不得显相同的亮蓝色荧光斑点。

干燥失重　取本品，在105℃干燥6小时，减失重量不得过15.0%（附录0831）。

总灰分　不得过10.0%（附录2302）。

【浸出物】　照水溶性浸出物测定法（附录2201）项下的热浸法测定，不得少于25.0%。

【含量测定】　总蒽醌　照高效液相色谱法（附录0512）测定。

色谱条件与系统适用性试验　以十八烷基硅烷键合硅胶为填充剂；以甲醇-0.1%磷酸溶液（85:15）为流动相；检测波长为254nm。理论板数按大黄素峰计算应不低于3000。

对照品溶液的制备　精密称取芦荟大黄素对照品、大黄酸对照品、大黄素对照品、大黄酚对照品、大黄素甲醚对照品适量，加甲醇分别制成每1ml含芦荟大黄素、大黄酸、大黄素、大黄酚各80μg，大黄素甲醚40μg的溶液；分别精密量取上述对照品溶液各2ml，混匀，即得（每1ml中含芦荟大黄素、大黄酸、大黄素、大黄酚各16μg，含大黄素甲醚8μg）。

供试品溶液的制备 取本品粉末（过四号筛）约0.15g，精密称定，置具塞锥形瓶中，精密加入甲醇25ml，称定重量，加热回流1小时，放冷，再称定重量，用甲醇补足减失的重量，摇匀，滤过。精密量取续滤液5ml，置烧瓶中，挥去溶剂，加8%盐酸溶液10ml，超声处理2分钟，再加三氯甲烷10ml，加热回流1小时，冷却，置分液漏斗中，用少量三氯甲烷洗涤容器，并入分液漏斗中，分取三氯甲烷层，酸液再用三氯甲烷提取3次，每次10ml，合并三氯甲烷液，减压回收溶剂至干，残渣加甲醇使溶解，转移至10ml量瓶中，加甲醇至刻度，摇匀，滤过，取续滤液，即得。

测定法 分别精密吸取上述对照品溶液与供试品溶液各10μl，注入液相色谱仪，测定，即得。

本品按干燥品计算，含总蒽醌以芦荟大黄素（$C_{15}H_{10}O_5$）、大黄酸（$C_{15}H_8O_6$）、大黄素（$C_{15}H_{10}O_5$）、大黄酚（$C_{15}H_{10}O_4$）和大黄素甲醚（$C_{16}H_{12}O_5$）的总量不得少于1.5%。

游离蒽醌 照高效液相色谱法（附录0512）测定。

色谱条件与系统适用性试验 同【含量测定】总蒽醌项下。

对照品溶液的制备 取【含量测定】总蒽醌项下的对照品溶液，即得。

供试品溶液的制备 取本品粉末（过四号筛）约0.5g，精密称定，置具塞锥形瓶中，精密加入甲醇25ml，称定重量，加热回流1小时，放冷，再称定重量，用甲醇补足减失的重量，摇匀，滤过，取续滤液，即得。

测定法 分别精密吸取对照品溶液和供试品溶液各10μl，注入液相色谱仪，测定，即得。

本品按干燥品计算，含游离蒽醌以芦荟大黄素（$C_{15}H_{10}O_5$）、大黄酸（$C_{15}H_8O_6$）、大黄素（$C_{15}H_{10}O_5$）、大黄酚（$C_{15}H_{10}O_4$）和大黄素甲醚（$C_{16}H_{12}O_5$）的总量计，不得少于0.20%。

饮片

【炮制】 大黄 除去杂质，洗净，润透，切厚片或块，晾干。

本品呈不规则类圆形厚片或块，大小不等。外表皮黄棕色或棕褐色，有纵皱纹及疙瘩状隆起。切面黄棕色至淡红棕色，较平坦，有明显散在或排列成环的星点，有空隙。

【含量测定】 游离蒽醌 同药材，不得少于0.35%。

【鉴别】【检查】【浸出物】【含量测定】（总蒽醌）同药材。

酒大黄 取净大黄片，照酒炙法（附录0203）炒干。

本品形如大黄片，表面深棕黄色，有的可见焦斑。微有酒香气。

【含量测定】 游离蒽醌 同药材，不得少于0.50%。

【鉴别】【检查】【浸出物】【含量测定】（总蒽醌）同药材。

熟大黄 取净大黄块，照酒炖或酒蒸法（附录0203）炖或蒸至内外均呈黑色。

本品呈不规则的块片，表面黑色，断面中间隐约可见放射状纹理，质坚硬，气微香。

【含量测定】 游离蒽醌 同药材，不得少于0.50%。

【鉴别】【检查】【浸出物】【含量测定】（总蒽醌）同药材。

大黄炭 取净大黄片，照炒炭法（附录0203）炒至表面焦黑色、内部焦褐色。

本品形如大黄片，表面焦黑色，内部深棕色或焦褐色，具焦香气。

【含量测定】 总蒽醌 同药材，不得少于0.90%。

游离蒽醌 同药材，不得少于0.50%。

【鉴别】【检查】【浸出物】 同药材。

【性味与归经】 苦，寒。归脾、胃、大肠、肝、心包经。

【功能】 泻热通肠，凉血解毒，破积行瘀。

【主治】 实热便秘，结症，疮黄疔毒，目赤肿痛，烧伤烫伤，跌打损伤。

【用法与用量】 马、牛30~120g；驼30~90g；羊、猪6~12g；犬、猫3~5g；兔、禽1.5~3g。

外用适量。

【注意】 孕畜及哺乳期慎用。

【贮藏】 置通风干燥处，防蛀。

大 蒜

Dasuan

ALLII SATIVI BULBUS

本品为百合科植物大蒜 *Allium sativum* L. 的鳞茎。夏季叶枯时采挖，除去须根和泥沙，通风晾晒至外皮干燥。

【性状】 本品呈类球形，直径3~6cm。表面被白色、淡紫色或紫红色的膜质鳞皮。顶端略尖，中间有残留花葶，基部有多数须根痕。剥去外皮，可见独头或6~16个瓣状小鳞茎，着生于残留花茎基周围。鳞茎瓣略呈卵圆形，外皮膜质，先端略尖，一面弓状隆起，剥去皮膜，白色，肉质。气特异，味辛辣，具刺激性。

【鉴别】 取本品6g，捣碎，35℃保温1小时，加无水乙醇20ml，加热回流1小时，滤过，取滤液作为供试品溶液。另取大蒜素对照品，加无水乙醇制成每1ml含0.4mg的溶液，作为对照品溶液。照薄层色谱法（附录0502）试验，吸取上述两种溶液各5μl，分别点于同一硅胶G薄层板上，以正己烷为展开剂，展开，取出，晾干，以碘蒸气熏至斑点显色清晰。供试品色谱中，在与对照品色谱相应的位置上，显相同颜色的斑点。

【检查】 **总灰分** 不得过2.0%（附录2302）。

【浸出物】 照水溶性浸出物测定法（附录2201）项下的热浸法测定，不得少于63.0%。

【含量测定】 照高效液相色谱法（附录0512）测定。

色谱条件与系统适用性试验 以十八烷基硅烷键合硅胶为填充剂；以甲醇-0.1%甲酸溶液（75:25）为流动相；检测波长为210nm。理论板数按大蒜素峰计算应不低于3000。

对照品溶液的制备 取大蒜素对照品适量，精密称定，加无水乙醇制成每1ml含0.16mg的溶液，即得。

供试品溶液的制备 取本品约2g，捣碎，精密称定，置具塞锥形瓶中，在35℃水浴保温1小时，精密加入无水乙醇20ml，称定重量，加热回流1小时，取出，放冷，再称定重量，用无水乙醇补足减失的重量，摇匀，滤过，取续滤液，即得。

测定法 分别精密吸取对照品溶液与供试品溶液各10μl，注入液相色谱仪，测定，即得。

本品含大蒜素（$C_6H_{10}S_3$）不得少于0.15%。

【性味与归经】 辛，温。归脾、胃、肺经。

【功能】 理气开胃，解毒，止痢，杀虫。

【主治】 慢草不食，肚腹胀满，下痢，虫积腹痛。

【用法与用量】 马、牛30~90g；羊、猪15~30g；犬、猫1~3g。

【贮藏】 置阴凉干燥处。

大　蓟

Daji

CIRSII JAPONICI HERBA

本品为菊科植物蓟 *Cirsium japonicum* Fisch. ex DC. 的干燥地上部分。夏、秋二季花开时采割地上部分，除去杂质，晒干。

【性状】 本品茎呈圆柱形，基部直径可达1.2cm；表面绿褐色或棕褐色，有数条纵棱，被丝状毛；断面灰白色，髓部疏松或中空。叶皱缩，多破碎，完整叶片展平后呈倒披针形或倒卵状椭圆形，羽状深裂，边缘具不等长的针刺；上表面灰绿色或黄棕色，下表面色较浅，两面均具灰白色丝状毛。头状花序顶生，球形或椭圆形，总苞黄褐色，羽状冠毛灰白色。气微，味淡。

【鉴别】 （1）叶表面观：上表皮细胞多角形；下表皮细胞类长方形，垂周壁波状弯曲。气孔不定式或不等式，副卫细胞3～5个。非腺毛4～18细胞，顶端细胞细长而扭曲，直径约7μm，壁具交错的角质纹理。

（2）取本品粉末1g，加甲醇10ml，超声处理30分钟，滤过，滤液蒸干，残渣加甲醇2ml使溶解，作为供试品溶液。另取大蓟对照药材1g，同法制成对照药材溶液。照薄层色谱法（附录0502）试验，吸取上述两种溶液各1～2μl，分别点于同一聚酰胺薄膜上，以乙酰丙酮-丁酮-乙醇-水（1：3：3：13）为展开剂，展开，取出，晾干，喷以三氯化铝试液，晾干，置紫外光灯（365nm）下检视。供试品色谱中，在与对照药材色谱相应的位置上，显相同颜色的荧光主斑点。

【检查】 杂质　不得过2%（附录2301）。

水分　不得过13.0%（附录0832第一法）。

酸不溶性灰分　不得过3.0%（附录2302）。

【浸出物】 照醇溶性浸出物测定法（附录2201）项下的热浸法规定，用稀乙醇作溶剂，不得少于15.0%。

【含量测定】 照高效液相色谱法（附录0512）测定。

色谱条件与系统适用性试验　以十八烷基硅烷键合硅胶为填充剂；以乙腈-0.1%磷酸溶液（21：79）为流动相；检测波长为330nm。理论板数按柳穿鱼叶苷峰计算应不低于3000。

对照品溶液的制备　取柳穿鱼叶苷对照品适量，精密称定，加70%乙醇制成每1ml含55μg的溶液，即得。

供试品溶液的制备　取本品粉末约0.5g，精密称定，置具塞锥形瓶中，精密加入70%乙醇100ml，称定重量，加热回流1小时，放冷，再称定重量，用70%乙醇补足减失的重量，摇匀，滤过，取续滤液，即得。

测定法　分别精密吸取对照品溶液与供试品溶液各10μl，注入液相色谱仪，测定，即得。

本品按干燥品计算，含柳穿鱼叶苷（$C_{28}H_{34}O_{15}$）不得少于0.20%。

饮片

【炮制】 除去杂质，抢水洗或润软后，切段，干燥。

本品呈不规则的段。茎短圆柱形，表面绿褐色，有数条纵棱，被丝状毛；切面灰白色，髓部疏松或中空。叶皱缩，多破碎，边缘具不等长的针刺；两面均具灰白色丝状毛。头状花序多破碎。气微，味淡。

【鉴别】【含量测定】 同药材。

【性味与归经】 甘、苦，凉。归心、肝经。

【功能】 凉血止血，散瘀消肿。

【主治】 衄血，便血，尿血，子宫出血，外伤出血，疮黄疔毒。

【用法与用量】 马、牛20～60g；羊、猪10～20g。

鲜品捣烂外敷。

【贮藏】 置通风干燥处。

大 蓟 炭

Dajitan

CIRSII JAPONICI HERBA CARBONISATA

本品为大蓟的炮制加工品。

【制法】 取大蓟段，照炒炭法（附录0203）炒至表面焦黑色。

【性状】 本品呈不规则的段。表面黑褐色。质地疏脆，断面棕黑色。气焦香。

【鉴别】 （1）取本品粉末2g，加70%乙醇30ml，超声处理30分钟，滤过，滤液蒸干，残渣加70%乙醇2ml使溶解，作为供试品溶液。另取大蓟对照药材1g，加70%乙醇10ml，同法制成对照药材溶液。照薄层色谱法（附录0502）试验，吸取供试品溶液、对照药材溶液各1～2μl，分别点于同一聚酰胺薄膜上，以丙酮-水（1:1）为展开剂，展开，取出，晾干，喷以0.1%三氯化铝乙醇溶液，晾干，置紫外光灯（365nm）下检视。供试品色谱中，在与对照药材色谱相应的位置上，显相同颜色的荧光斑点。

（2）取本品粉末2g，加75%乙醇30ml，超声处理30分钟，滤过，滤液蒸干，残渣加75%乙醇10ml使溶解，作为供试品溶液。另取柳穿鱼黄素对照品，加75%乙醇制成每1ml含0.2mg的溶液，作为对照品溶液。照薄层色谱法（附录0502）试验，吸取上述两种溶液各2μl，分别点于同一聚酰胺薄膜上，以三氯甲烷-甲醇-醋酸（1:1:1）为展开剂，展至约7cm，取出，晾干，喷以三氯化铝试液，热风吹干，置紫外光灯（365nm）下检视。供试品色谱中，在与对照品色谱相应的位置上，显相同颜色的荧光斑点。

【浸出物】 照醇溶性浸出物测定法（附录2201）项下的热浸法测定，用70%乙醇作溶剂，不得少于13.0%。

【性味与归经】 苦、涩，凉。归心、肝经。

【功能】 凉血止血。

【主治】 衄血，便血，尿血，子宫出血，外伤出血。

【用法与用量】 马、牛20～60g；羊、猪10～20g。

【贮藏】 置阴凉干燥处。

大 腹 皮

Dafupi

ARECAE PERICARPIUM

本品为棕榈科植物槟榔 *Areca catechu* L. 的干燥果皮。冬季至次春采收未成熟的果实，煮后干燥，纵剖两瓣，剥取果皮，习称"大腹皮"；春末至秋初采收成熟果实，煮后干燥，剥取果皮，打松，晒干，习称"大腹毛"。

【性状】　**大腹皮**　略呈椭圆形或长卵形瓢状，长4～7cm，宽2～3.5cm，厚0.2～0.5cm。外果皮深棕色至近黑色，具不规则的纵皱纹及隆起的横纹，顶端有花柱残痕，基部有果梗及残存萼片。内果皮凹陷，褐色或深棕色，光滑呈硬壳状。体轻，质硬，纵向撕裂后可见中果皮纤维。气微，味微涩。

大腹毛　略呈椭圆形或瓢状。外果皮多已脱落或残存。中果皮棕毛状，黄白色或淡棕色，疏松质柔。内果皮硬壳状，黄棕色至棕色，内表面光滑，有时纵向破裂。气微，味淡。

【鉴别】　本品粉末黄白色或黄棕色。中果皮纤维成束，细长，直径8～15μm，微木化，纹孔明显，周围细胞中含有圆簇状硅质块，直径约8μm。内果皮细胞呈不规则多角形、类圆形或椭圆形，直径48～88μm，纹孔明显。

【检查】　**水分**　不得过12.0%（附录0832第一法）。

饮片

【炮制】　**大腹皮**　除去杂质，洗净，切段，干燥。

【鉴别】　同药材。

大腹毛　除去杂质，洗净，干燥。

【鉴别】　同药材。

【性味与归经】　辛，微温。归脾、胃、大肠、小肠经。

【功能】　行气宽中，行水消肿。

【主治】　湿阻气滞，水肿胀满，宿水停脐，小便不利。

【用法与用量】　马、牛20～45g；羊、猪6～12g；兔、禽1～3g。

【贮藏】　置干燥处。

山　大　黄

Shandahuang

RHEI FRANZENBACHII RADIX ET RHIZOMA

本品为蓼科植物华北大黄 *Rheum franzenbachii* Münt.、河套大黄 *Rheum hotaoense* C. Y. Cheng et C. T. Kao、天山大黄 *Rheum wittrochii* Lundstr. 或藏边大黄 *Rheum emodi* Wall. 的干燥根及根茎。秋末茎叶枯萎或次春发芽前采挖，除去细根，刮去外皮，晒干。

【性状】　**华北大黄**　本品呈类圆柱形，一端稍细，长5～11cm，直径1.5～5cm。除去表皮者，表面黄棕色，有皱纹。质坚体轻。横断面有红棕色射线，无星点。气微香，味苦。

河套大黄　本品呈类圆柱形及圆锥形，多纵切成条状或块片状。横断面淡黄红色。

天山大黄　本品长8～21cm，直径2.5～4cm。未去表皮者，表面棕褐色。横断面黄色，形成层环明显，有同心性环纹。

藏边大黄　本品呈类圆锥形，长4～20cm，直径1～5cm。未去表皮者，表面红棕色至灰褐色。新折断的横断面多呈淡蓝色，有明显的形成层环。

【鉴别】　（1）取本品粉末0.2g，加甲醇2ml，温浸10分钟，放冷，取上清液10μl，点于滤纸上，以45%乙醇展开，取出，晾干，放置10分钟，置紫外光灯（365nm）下检视，显持久的亮紫色荧光。

（2）取本品适量，置滤纸上，滴加氢氧化钠试液，滤纸即染成红色。

（3）取本品适量，加稀盐酸5ml，煮沸2分钟，趁热滤过，滤液冷后加乙醚5ml振摇，乙醚液即染成黄色。分取乙醚液，加氨试液2ml振摇，氨液层即染成红色，醚层仍显黄色。

【炮制】　除去杂质，洗净，润透，切片，晒干。

【性味】　苦，寒。

【功能】　健胃消食，清热解毒，破瘀消肿，凉血止血，杀虫。

【主治】　食欲不振，胃肠积热，湿热黄疸，热毒痈肿，损伤瘀血，烧伤，疮疡肿痛。

【用法与用量】　马、牛30～100g；驼50～150g；羊、猪10～20g。

外用适量，研末调敷患处。

【贮藏】　置通风干燥处，防蛀。

山 豆 根

Shandougen

SOPHORAE TONKINENSIS RADIX ET RHIZOMA

本品为豆科植物越南槐 *Sophora tonkinensis* Gagnep. 的干燥根和根茎。秋季采挖，除去杂质，洗净，干燥。

【性状】　本品根茎呈不规则的结节状，顶端常残存茎基，其下着生根数条。根呈长圆柱形，常有分枝，长短不等，直径0.7～1.5cm。表面棕色至棕褐色，有不规则的纵皱纹及横长皮孔样突起。质坚硬，难折断，断面皮部浅棕色，木部淡黄色。有豆腥气，味极苦。

【鉴别】　（1）本品横切面：木栓层为数列至10数列细胞。栓内层外侧的1～2列细胞含草酸钙方晶，断续形成含晶细胞环，含晶细胞的壁木化增厚。栓内层与韧皮部均散有纤维束。形成层成环。木质部发达，射线宽1～8列细胞；导管类圆形，大多单个散在，或2至数个相聚，有的含黄棕色物；木纤维成束散在。薄壁细胞含淀粉粒，少数含方晶。

（2）取本品粗粉约0.5g，加三氯甲烷10ml，浓氨试液0.2ml，振摇15分钟，滤过，滤液蒸干，残渣加三氯甲烷0.5ml使溶解，作为供试品溶液。另取苦参碱对照品、氧化苦参碱对照品，加三氯甲烷制成每1ml各含1mg的混合溶液，作为对照品溶液。照薄层色谱法（附录0502）试验，吸取供试品溶液1～2μl，对照品溶液4～6μl，分别点于同一硅胶G薄层板上，以三氯甲烷-甲醇-浓氨试液（4:1:0.1）为展开剂，展开，取出，晾干，喷以稀碘化铋钾试液。供试品色谱中，在与对照品色谱相应的位置上，显相同的橙黄色斑点。

【检查】　水分　不得过10.0%（附录0832第一法）。

总灰分　不得过6.0%（附录2302）。

【浸出物】　照醇溶性浸出物测定法（附录2201）项下的热浸法测定，用乙醇作溶剂，不得少于15.0%。

【含量测定】　照高效液相色谱法（附录0512）测定。

色谱条件与系统适用性试验　以氨基键合硅胶为填充剂；以乙腈-异丙醇-3%磷酸溶液（80:5:15）为流动相；检测波长为210nm。理论板数按氧化苦参碱峰计算应不低于4000。

对照品溶液的制备　取苦参碱对照品、氧化苦参碱对照品适量，精密称定，加流动相分别制成每1ml含苦参碱20μg，氧化苦参碱150μg的混合溶液，即得。

供试品溶液的制备　取本品粉末（过三号筛）约0.5g，精密称定，置具塞锥形瓶中，精密加入三氯甲烷-甲醇-浓氨试液（40:10:1）混合溶液50ml，密塞，称定重量，放置30分钟，超声处理（功率250W，频率40kHz）30分钟，再称定重量，用三氯甲烷-甲醇-浓氨溶液（40:10:1）混合溶液补足减失的重量，摇匀，滤过，精密量取续滤液10ml，40℃减压回收溶剂至干，残渣加甲醇适量使溶解，转移至10 ml量瓶中，加甲醇至刻度，摇匀，滤过，取续滤液，即得。

测定法 分别精密吸取对照品溶液与供试品溶液各5μl，注入液相色谱仪，测定，即得。

本品按干燥品计算，含苦参碱（$C_{15}H_{24}N_2O$）和氧化苦参碱（$C_{15}H_{24}N_2O_2$）的总量不得少于0.70%。

饮片

【炮制】 除去残茎及杂质，浸泡，洗净，润透，切厚片，干燥。

本品呈不规则的类圆形厚片。外表皮棕色至棕褐色。切面皮部浅棕色，木部淡黄色。有豆腥气，味极苦。

【含量测定】 同药材，含苦参碱（$C_{15}H_{24}N_2O$）和氧化苦参碱（$C_{15}H_{24}N_2O_2$）的总量不得少于0.60%。

【鉴别】（除根横切面外）**【检查】【浸出物】** 同药材。

【性味与归经】 苦，寒；有毒。归肺、胃经。

【功能】 清热解毒，消肿利咽，祛痰止咳。

【主治】 咽喉肿痛，肺热咳喘，疮黄疔毒。

【用法与用量】 马、牛15～45g；驼30～60g；羊、猪5～10g；兔、禽1～2g。

【贮藏】 置干燥处。

山　茱　萸

Shanzhuyu

CORNI FRUCTUS

本品为山茱萸科植物山茱萸 *Cornus officinalis* Sieb. et Zucc. 的干燥成熟果肉。秋末冬初果皮变红时采收果实，用文火烘或置沸水中略烫后，及时除去果核，干燥。

【性状】 本品呈不规则的片状或囊状，长1～1.5cm，宽0.5～1cm。表面紫红色至紫黑色，皱缩，有光泽。顶端有的有圆形宿萼痕，基部有果梗痕。质柔软。气微，味酸、涩、微苦。

【鉴别】（1）本品粉末红褐色。果皮表皮细胞橙黄色，表面观多角形或类长方形，直径16～30μm，垂周壁连珠状增厚，外平周壁颗粒状角质增厚，胞腔含淡橙黄色物。中果皮细胞橙棕色，多皱缩。草酸钙簇晶少数，直径12～32μm。石细胞类方形、卵圆形或长方形，纹孔明显，胞腔大。

（2）取本品粉末0.5g，加乙酸乙酯10ml，超声处理15分钟，滤过，滤液蒸干，残渣加无水乙醇2ml使溶解，作为供试品溶液。另取熊果酸对照品，加无水乙醇制成每1ml含1mg的溶液，作为对照品溶液。照薄层色谱法（附录0502）试验，吸取上述两种溶液各5μl，分别点于同一硅胶G薄层板上，以甲苯-乙酸乙酯-甲酸（20:4:0.5）为展开剂，展开，取出，晾干，喷以10%硫酸乙醇溶液，在105℃加热至斑点显色清晰。供试品色谱中，在与对照品色谱相应的位置上，显相同的紫红色斑点；置紫外光灯（365nm）下检视，显相同的橙黄色荧光斑点。

（3）取本品粉末0.5g，加甲醇10ml，超声处理20分钟，滤过，滤液蒸干，残渣加甲醇2ml使溶解，作为供试品溶液。另取莫诺苷对照品、马钱苷对照品，加甲醇制成每1ml各含2mg的混合溶液，作为对照品溶液。照薄层色谱法（附录0502）试验，吸取上述两种溶液各2μl，分别点于同一硅胶G薄层板上，以三氯甲烷-甲醇（3:1）为展开剂，展开，取出，晾干，喷以10%硫酸乙醇溶液，在105℃加热至斑点显色清晰。置紫外光灯（365nm）下检视。供试品色谱中，在与对照品色谱相应的位置上，显相同颜色的荧光斑点。

【检查】 杂质（果核、果梗） 不得过3%（附录2301）。

水分 不得过16.0%（附录0832第一法）。

总灰分 不得过6.0%（附录2302）。

【浸出物】 照水溶性浸出物测定法（附录2201）项下的冷浸法测定，不得少于50.0%。

【含量测定】 照高效液相色谱法（附录0512）测定。

色谱条件与系统适用性试验 以十八烷基硅烷键合硅胶为填充剂；以乙腈为流动相A，以0.3%磷酸溶液为流动相B，按下表中的规定进行梯度洗脱；检测波长为240nm；柱温为35℃。理论板数按马钱苷峰计算应不低于10 000。

时间（分钟）	A（%）	B（%）
0～20	7	93
20～50	7→20	93→80

对照品溶液的制备 取莫诺苷对照品、马钱苷对照品适量，精密称定，加80%甲醇制成每1ml含50μg的混合溶液，即得。

供试品溶液的制备 取本品粉末（过三号筛）约0.2g，精密称定，置具塞锥形瓶中，精密加入80%甲醇25ml，称定重量，加热回流1小时，放冷，再称定重量，用80%甲醇补足减失的重量，摇匀，滤过，取续滤液，即得。

测定法 分别精密吸取对照品溶液与供试品溶液各10μl，注入液相色谱仪，测定，即得。

本品按干燥品计算，含莫诺苷（$C_{17}H_{26}O_{11}$）和马钱苷（$C_{17}H_{26}O_{10}$）的总量不得少于1.2%。

饮片

【炮制】 山萸肉 除去杂质和残留果核。

【性状】【鉴别】【检查】 （水分 总灰分）【含量测定】 同药材。

酒萸肉 取净山萸肉，照酒炖法或酒蒸法（附录0203）炖或蒸至酒吸尽。

本品形如山茱萸，表面紫黑色或黑色，质滋润柔软。微有酒香气。

【含量测定】 同药材，含莫诺苷（$C_{17}H_{26}O_{11}$）和马钱苷（$C_{17}H_{26}O_{10}$）的总量不得少于0.70%。

【鉴别】【检查】 （水分 总灰分）【浸出物】 同药材。

【性味与归经】 酸、涩，微温。归肝、肾经。

【功能】 补益肝肾，涩精敛汗。

【主治】 肝肾阴亏，腰肢无力，阳痿，滑精，尿频数，虚汗。

【用法与用量】 马、牛15～30g；羊、猪10～15g；犬、猫3～6g；兔、禽1.5～3g。

【贮藏】 置干燥处，防蛀。

山　药

Shanyao

DIOSCOREAE RHIZOMA

本品为薯蓣科植物薯蓣 *Dioscorea opposita* Thunb. 的干燥根茎。冬季茎叶枯萎后采挖，切去根头，洗净，除去外皮和须根，干燥，习称"毛山药"；或除去外皮，趁鲜切厚片，干燥，称为"山药片"；也有选择肥大顺直的干燥山药，置清水中，浸至无干心，闷透，切齐两端，用木板搓成圆柱状，晒干，打光，习称"光山药"。

【性状】 **毛山药** 本品略呈圆柱形，弯曲而稍扁，长15～30cm，直径1.5～6cm。表面黄白色或淡黄色，有纵沟、纵皱纹及须根痕，偶有浅棕色外皮残留。体重，质坚实，不易折断，断面白色，粉性。气微，味淡、微酸，嚼之发黏。

山药片 为不规则的厚片，皱缩不平，切面白色或黄色，质坚脆，粉性。气微，味淡，微酸。

光山药 呈圆柱形，两端平齐，长9～18cm，直径1.5～3cm。表面光滑，白色或黄白色。

【鉴别】 （1）本品粉末类白色。淀粉粒单粒扁卵形、三角状卵形、类圆形或矩圆形，直径8～35μm，脐点点状、人字状、十字状或短缝状，可见层纹；复粒稀少，由2～3分粒组成。草酸钙针晶束存在于黏液细胞中，长约至240μm，针晶粗2～5μm。具缘纹孔导管、网纹导管、螺纹导管及环纹导管直径12～48μm。

（2）取本品粉末5g，加二氯甲烷30ml，加热回流2小时，滤过，滤液蒸干，残渣加二氯甲烷1ml使溶解，作为供试品溶液。另取山药对照药材5g，同法制成对照药材溶液。照薄层色谱法（附录0502）试验，吸取上述两种溶液各4μl，分别点于同一硅胶G薄层板上，以乙酸乙酯-甲醇-浓氨试液（9:1:0.5）为展开剂，展开，取出，晾干，喷以10%磷钼酸乙醇溶液，在105℃加热至斑点显色清晰。供试品色谱中，在与对照药材色谱相应的位置上，显相同颜色的斑点。

【检查】 **水分** 毛山药和光山药不得过16.0%；山药片不得过12.0%（附录0832第一法）。

总灰分 毛山药和光山药不得过4.0%；山药片不得过5.0%。（附录2302）。

二氧化硫残留量 照二氧化硫残留量测定法（附录2331）测定，毛山药和光山药不得过400mg/kg；山药片不得过10mg/kg。

【浸出物】 照水溶性浸出物测定法（附录2201）项下的冷浸法测定，毛山药和光山药不得少于7.0%；山药片不得少于10.0%。

饮片

【炮制】 **山药** 取毛山药或光山药除去杂质，分开大小个，泡润至透，切厚片，干燥。切片呈类圆形的厚片。表面类白色或淡黄白色，质脆，易折断，切面类白色，富粉性。

【检查】 **总灰分** 同药材，不得过2.0%。

【浸出物】 同药材，不得少于4.0%。

【鉴别】 **【检查】** （水分、二氧化硫残留量） 同药材。

山药片 取山药片，除去杂质。为不规则的厚片，皱缩不平，切面白色或黄白色，质坚脆，粉性。气微，味淡，微酸。

【鉴别】 **【检查】** **【浸出物】** 同药材。

麸炒山药 取毛山药片或光山药片，照麸炒法（附录0203）炒至黄色。

本品形如毛山药片或光山药片，切面黄白色或微黄色，偶见焦斑，略有焦香气。

【检查】 **水分** 同药材，不得过12.0%。

【浸出物】 同药材，不得少于4.0%。

【鉴别】 **【检查】** （总灰分、二氧化硫残留量） 同药材。

【性味与归经】 甘，平。归脾、肺、肾经。

【功能】 补脾养胃，益肺生津，补肾涩精。

【主治】 脾胃虚弱，食欲不振，脾虚泄泻，虚劳咳喘，滑精，带下，尿频数。

【用法与用量】 马、牛30～90g；羊、猪10～15g；兔、禽1.5～3g。

【贮藏】 置通风干燥处，防蛀。

山 银 花

Shanyinhua

LONICERAE FLOS

本品为忍冬科植物灰毡毛忍冬 *Lonicera macranthoides* Hand.-Mazz.、红腺忍冬 *Lonicera hypoglauca* Miq.、华南忍冬 *Lonicera confusa* DC. 或黄褐毛忍冬 *Lonicera fulvotomentosa* Hsu et S. C. Cheng 的干燥花蕾或带初开的花。夏初花开放前采收，干燥。

【性状】 灰毡毛忍冬 呈棒状而稍弯曲，长3～4.5cm，上部直径约2mm，下部直径约1mm。表面黄色或黄绿色。总花梗集结成簇，开放者花冠裂片不及全长之半。质稍硬，手捏之稍有弹性。气清香。味微苦甘。

红腺忍冬 长2.5～4.5cm，直径0.8～2mm。表面黄白至黄棕色，无毛或疏被毛，萼筒无毛，先端5裂，裂片长三角形，被毛，开放者花冠下唇反转，花柱无毛。

华南忍冬 长1.6～3.5cm，直径0.5～2mm。萼筒和花冠密被灰白色毛。

黄褐毛忍冬 长1～3.4cm，直径1.5～2mm。花冠表面淡黄棕色或黄棕色，密被黄色茸毛。

【鉴别】 （1）本品表面制片：**灰毡毛忍冬** 腺毛较少，头部大多圆盘形，顶端平坦或微凹，侧面观5～16细胞，直径37～228μm；柄部2～5细胞，与头部相接处常为2（～3）细胞并列，长32～240μm，直径15～51μm。厚壁非腺毛较多，单细胞，似角状，多数甚短，长21～240（～315）μm，表面微具疣状突起，有的可见螺纹，呈短角状者体部胞腔不明显；基部稍扩大，似三角状。草酸钙簇晶，偶见。花粉粒，直径54～82μm。

红腺忍冬 腺毛较多，头部盾形而大，顶面观8～40细胞，侧面观7～10细胞；柄部1～4细胞，极短，长5～56μm。厚壁非腺毛长短悬殊，长38～1408μm，表面具细密疣状突起，有的胞腔内含草酸钙结晶。

华南忍冬 腺毛较多，头部倒圆锥形或盘形，侧面观20～60～100细胞；柄部2～4细胞，长50～176（～248）μm。厚壁非腺毛，单细胞，长32～623（～848）μm，表面有微细疣状突起，有的具螺纹，边缘有波状角质隆起。

黄褐毛忍冬 腺毛有两种类型：一种较长大，头部倒圆锥形或倒卵形，侧面观12～25细胞，柄部微弯曲，3～5（～6）细胞，长88～470μm；另一种较短小，头部顶面观4～10细胞，柄部2～5细胞，长24～130（～190）μm，厚壁非腺毛平直或稍弯曲，长33～2000μm，表面疣状突起较稀，有的具菲薄横隔。

（2）取本品粉末0.2g，加甲醇5ml，放置12小时，滤过，滤液作为供试品溶液。另取绿原酸对照品，加甲醇制成每1ml含1mg的溶液，作为对照品溶液。照薄层色谱法（附录0502）试验，吸取供试品溶液10～20μl、对照品溶液10μl，分别点于同一硅胶H薄层板上，以乙酸丁酯-甲酸-水（7:2.5:2.5）的上层溶液为展开剂，展开，取出，晾干，置紫外光灯（365nm）下检视。供试品色谱中，在与对照品色谱相应的位置上，显相同颜色的荧光斑点。

【检查】 水分 不得过15.0%（附录0832第一法）。

总灰分 不得过10.0%（附录2302）。

酸不溶性灰分 不得过3.0%（附录2302）。

【含量测定】 照高效液相色谱法（附录0512）测定。

色谱条件与系统适用性试验 以十八烷基硅烷键合硅胶为填充剂；以乙腈为流动相A，以0.4%醋酸溶液为流动相B，按下表中的规定进行梯度洗脱；绿原酸检测波长为330nm；皂苷用蒸发光散射检测器检测。理论板数按绿原酸峰计算应不低于1000。

时间（分钟）	流动相A（%）	流动相B（%）
0 ~ 10	11.5→15	88.5→85
10 ~ 12	15→29	85→71
12 ~ 18	29→33	71→67
18 ~ 30	33→45	67→55

对照品溶液的制备 取绿原酸对照品、灰毡毛忍冬皂苷乙对照品、川续断皂苷乙对照品适量，精密称定，加50%甲醇制成每1ml含绿原酸0.5mg、灰毡毛忍冬皂苷乙0.6mg、川续断皂苷乙0.2mg的混合溶液，即得。

供试品溶液的制备 取本品粉末（过四号筛）0.5g，精密称定，置具塞锥形瓶中，精密加入50%甲醇50ml，称定重量，超声处理（功率300W，频率40kHz）40分钟，放冷，再称定重量，用50%甲醇补足减失的重量，摇匀，滤过，取续滤液，即得。

测定法 分别精密吸取对照品溶液2μl、10μl，供试品溶液5 ~ 10μl，注入液相色谱仪，测定，以外标两点法计算绿原酸的含量，以外标两点法对数方程计算灰毡毛忍冬皂苷乙、川续断皂苷乙的含量，即得。

本品按干燥品计算，含绿原酸（$C_{16}H_{18}O_9$）不得少于2.0%，含灰毡毛忍冬皂苷乙（$C_{65}H_{106}O_{32}$）和川续断皂苷乙（$C_{53}H_{86}O_{22}$）的总量不得少于5.0%。

【性味与归经】 甘，寒。归肺、心、胃经。

【功能】 清热解毒，散热疏风。

【主治】 温病发热，风热感冒，肺热咳嗽，咽喉肿痛，热毒血痢，乳房肿痛，痈肿疮毒。

【用法与用量】 马、牛15 ~ 60g；羊、猪5 ~ 10g；犬、猫3 ~ 5g；兔、禽1 ~ 3g。

【贮藏】 置阴凉干燥处，防潮，防蛀。

山 楂

Shanzha

CRATAEGI FRUCTUS

本品为蔷薇科植物山里红 *Crataegus pinnatifida* Bge. var. *major* N. E. Br. 或山楂 *Crataegus pinnatifida* Bge. 的干燥成熟果实。秋季果实成熟时采收，切片，干燥。

【性状】 本品为圆形片，皱缩不平，直径1 ~ 2.5cm，厚0.2 ~ 0.4cm。外皮红色，具皱纹，有灰白色小斑点。果肉深黄色至浅棕色。中部横切片具5粒浅黄色果核，但核多脱落而中空。有的片上可见短而细的果梗或花萼残迹。气微清香，味酸、微甜。

【鉴别】 （1）本品粉末暗红棕色至棕色。石细胞单个散在或成群，无色或淡黄色，类多角形、长圆形或不规则形，直径19 ~ 125μm，孔沟及层纹明显，有的胞腔内含深棕色物。果皮表皮细胞表面观呈类圆形或类多角形，壁稍厚，胞腔内常含红棕色或黄棕色物。草酸钙方晶或簇晶存于果肉薄壁细胞中。

（2）取本品粉末1g，加乙酸乙酯4ml，超声处理15分钟，滤过，滤液作为供试品溶液。另取熊果酸对照品，加甲醇制成每1ml含1mg的溶液，作为对照品溶液。照薄层色谱法（附录0502）试验，吸取上述两种溶液各4μl，分别点于同一硅胶G薄层板上，以甲苯-乙酸乙酯-甲酸（20∶4∶0.5）为展开剂，展开，取出，晾干，喷以硫酸乙醇溶液（3→10），在80℃加热至斑点显色清晰。供试品色谱中，在与对照品色谱相应的位置上，显相同的紫红色斑点；置紫外光灯（365nm）下检视，显相同的橙黄色荧光斑点。

【检查】　水分　不得过12.0%（附录0832第一法）。

总灰分　不得过3.0%（附录2302）。

重金属及有害元素　照铅、镉、砷、汞、铜测定法（附录2321）测定，铅不得过5mg/kg；镉不得过0.3mg/kg；砷不得过2mg/kg；汞不得过0.2mg/kg；铜不得过20mg/kg。

【浸出物】　照醇溶性浸出物测定法（附录2201）项下的热浸法规定，用乙醇作溶剂，不得少于21.0%。

【含量测定】　取本品细粉约1g，精密称定，精密加入水100ml，室温下浸泡4小时，时时振摇，滤过。精密量取续滤液25ml，加水50ml，加酚酞指示液2滴，用氢氧化钠滴定液（0.1mol/l）滴定，即得。每1ml氢氧化钠滴定液（0.1mol/l）相当于6.404mg的枸橼酸（$C_6H_8O_7$）。

本品按干燥品计算，含有机酸以枸橼酸（$C_6H_8O_7$）计，不得少于5.0%。

饮片

【炮制】　净山楂　除去杂质及脱落的核。

炒山楂　取净山楂，照清炒法（附录0203），炒至色变深。

本品形如山楂片，果肉黄褐色，偶见焦斑。气清香，味酸，微甜。

【含量测定】　同药材，含有机酸以枸橼酸（$C_6H_8O_7$）计，不得少于4.0%。

【鉴别】　同药材。

焦山楂　取净山楂，照清炒法（附录0203）炒至表面焦褐色，内部黄褐色。

本品形如山楂片，表面焦褐色，内部黄褐色。有焦香气。

【含量测定】　同药材，含有机酸以枸橼酸（$C_6H_8O_7$）计，不得少于4.0%。

【鉴别】　同药材。

【性味与归经】　酸、甘，微温。归脾、胃、肝经。

【功能】　消食化积，行气散瘀。

【主治】　伤食腹胀，消化不良，产后恶露不尽。

【用法与用量】　马、牛20～60g；羊、猪10～15g；犬、猫3～6g；兔、禽1～2g。

【贮藏】　置通风干燥处，防蛀。

千　年　健

Qiannianjian
HOMALOMENAE RHIZOMA

本品为天南星科植物千年健 *Homalomena occulta*（Lour.）Schott 的干燥根茎。春、秋二季采挖，洗净，除去外皮，晒干。

【性状】 本品呈圆柱形,稍弯曲,有的略扁,长15～40cm,直径0.8～1.5cm。表面黄棕色至红棕色,粗糙,可见多数扭曲的纵沟纹、圆形根痕及黄色针状纤维束。质硬而脆,断面红褐色,黄色针状纤维束多而明显,相对另一断面呈多数针眼状小孔及有少数黄色针状纤维束,可见深褐色具光泽的油点。气香,味辛、微苦。

【鉴别】 (1)本品横切面:木栓细胞有的残存,棕色。基本组织中散有大的分泌腔,由数层木栓细胞组成;分泌细胞靠外侧较多,内含黄色至棕色分泌物;黏液细胞较大,内含草酸钙针晶束;草酸钙簇晶散在;维管束外韧型及周木型,散生,外韧型维管束外侧常伴有纤维束,单一纤维束少见,纤维壁较厚,木化。

(2)取本品粉末1g,加石油醚(60～90℃)20ml,超声处理20分钟,放冷,滤过,滤液挥干,残渣加甲醇1ml使溶解,作为供试品溶液。另取千年健对照药材1g,同法制成对照药材溶液。照薄层色谱法(附录0502)试验,吸取上述两种溶液各5μl,分别点于同一硅胶G薄层板上,以环己烷-乙酸乙酯(8:2)为展开剂,展开,取出,晾干,喷以硫酸乙醇溶液(1→10),在105℃加热至斑点显色清晰。供试品色谱中,在与对照药材色谱相应的位置上,显相同颜色的斑点。

【检查】 水分 不得过13.0%(附录0832第二法)。

总灰分 不得过7.0%(附录2302)。

【浸出物】 照醇溶性浸出物测定法(附录2201)项下的热浸法测定,用稀乙醇作溶剂,不得少于15.0%。

【含量测定】 照气相色谱法(附录0521)测定。

色谱条件与系统适用性试验 DB-17毛细管柱(交联50%苯基-50%甲基聚硅氧烷为固定相)(柱长为30m,内径为0.25mm,膜厚度为0.25μm);程度升温;初始温度80℃,以每分钟2℃的速率升温至100℃,进样口温度为280℃;检测器温度为300℃;分流比为5:1。理论板数按芳樟醇峰计算应不低于20 000。

对照品溶液的制备 取芳樟醇对照品适量,精密称定,加乙酸乙酯制成每1ml含0.1mg的溶液,即得。

供试品溶液的制备 取本品粉末(过二号筛)约2g,精密称定,置具塞锥形瓶中,精密加入乙酸乙酯20ml,密塞,称定重量,超声处理(功率180W,频率42kHz)30分钟,放冷,再称定重量,用乙酸乙酯补足减失的重量,摇匀,离心,取上清液,即得。

测定法 分别精密吸取对照品溶液与供试品溶液各1μl,注入气相色谱仪,测定,即得。

本品按干燥品计算,含芳樟醇($C_{10}H_{18}O$)不得少于0.20%。

饮片

【炮制】 除去杂质,洗净,润透,切片,干燥。

本品呈类圆形或不规则形的片。外表皮黄棕色至红棕色,粗糙,有的可见圆形根痕。切片红褐色,具有众多黄色纤维束,有的呈针刺状。气香,味辛、微苦。

【检查】 总灰分 同药材,不得过6.0%。

【鉴别】(除横切面外)【检查】(水分)【浸出物】【含量测定】 同药材。

【性味与归经】 苦、辛,温。归肝、肾经。

【功能】 疏通经络,散风祛湿,强筋续骨。

【主治】 风寒湿痹,筋骨疼痛,四肢拘挛。

【用法与用量】 马、牛15～30g;羊、猪5～10g。

【贮藏】 置阴凉干燥处。

千 里 光

Qianliguang

SENECIONIS SCANDENTIS HERBA

本品为菊科植物千里光 *Senecio scandens* Buch.-Ham. 的干燥地上部分。全年均可采收，除去杂质，阴干。

【性状】 本品茎呈细圆柱形，稍弯曲，上部有分枝；表面灰绿色、黄棕色或紫褐色，具纵棱，密被灰白色柔毛。叶互生，多皱缩破碎，完整叶面展平后呈卵状披针形或长三角形，有时具1~6侧裂片，边缘有不规则锯齿，基部戟形或截形，两面有细柔毛。头状花序；总苞钟形；花黄色至棕色，冠毛白色。气微，味苦。

【鉴别】 （1）叶表面观：上表皮细胞垂周壁微波状或波状弯曲；下表皮细胞形状不规则，垂周壁深波状弯曲。气孔不定式或不等式，副卫细胞3~6个。非腺毛2~12细胞，顶端细胞渐尖或钝圆，多弯曲，细胞内常含淡黄色油状物，壁稍增厚，具疣状突起。

（2）取本品粉末2g，加0.36%盐酸的无水乙醇50ml，放置1小时，加热回流3小时，放冷，滤过，取续滤液40ml，蒸干，残渣加2%盐酸溶液25ml使溶解，滤过，滤液加浓氨试液调节pH值至10~11，用二氯甲烷振摇提取2次，每次25ml，合并二氯甲烷液，蒸干，残渣加二氯甲烷1 ml使溶解，作为供试品溶液。另取千里光对照药材2g，同法制成对照药材溶液。照薄层色谱法（附录0502）试验，吸取上述两种溶液各10μl，分别点于同一硅胶G薄层板上，以异丙醚-甲酸-水（90:7:3）为展开剂，薄层板置展开缸中预饱和40分钟，展开，取出，晾干，喷以5%香草醛硫酸溶液，在105℃加热至斑点显色清晰。供试品色谱中，在与对照药材色谱相应的位置上，显相同颜色的斑点。

【检查】 **水分** 不得过14.0%（附录0832第一法）。

总灰分 不得过10.0%（附录2302）。

酸不溶性灰分 不得过2.0%（附录2302）。

阿多尼弗林碱 照高效液相色谱-质谱法（附录0512和附录0421）测定。

色谱、质谱条件与系统适用性试验 以十八烷基键合硅胶为填充剂；以乙腈-0.5%甲酸溶液（7:93）为流动相；采用单级四级杆质谱检测器，电喷雾离子化（ESI）正离子模式下选择质荷比（m/z）为366离子进行检测。理论板数按阿多尼弗林碱峰计算应不低于8000。

校正因子测定 取野百合碱对照品适量，精密称定，加0.5%甲酸溶液制成每1ml含0.2μg的溶液，作为内标溶液。取阿多尼弗林碱对照品适量，精密称定，加0.5%甲酸溶液制成每1ml含0.1μg的溶液，作为对照品溶液。精密量取对照品溶液2ml，置5ml量瓶中，精密加入内标溶液1 ml，加0.5%甲酸溶液至刻度，摇匀，吸取2μl，注入液相色谱-质谱联用仪，计算校正因子。

测定法 取本品粉末（过三号筛）约0.2g，精密称定，至具塞锥形瓶中，精密加入0.5%甲酸溶液50 ml，称定重量，超声处理（功率250W，频率40kHz）40分钟，放冷，再称定重量，用0.5%甲酸溶液补足减失的重量，摇匀，滤过，精密量取续滤液2ml，至5ml量瓶中，精密加入内标溶液1ml，加0.5%甲酸溶液至刻度，摇匀，吸取2μl，注入液相色谱-质谱联用仪，测定，即得。

本品按干燥品计算，含阿多尼弗林碱（$C_{18}H_{23}NO_7$）不得过0.004%。

【含量测定】 照高效液相色谱法（附录0512）测定。

色谱条件与系统适用性试验 以十八烷基硅烷键合硅胶为填充剂；以乙腈-0.2%醋酸溶液

（18:82）为流动相；检测波长为360nm。理论板数按金丝桃苷峰计算应不低于8000。

对照品溶液的制备　取金丝桃苷对照品适量，精密称定，加75%甲醇制成每1ml含40μg的溶液，即得。

供试品溶液的制备　取本品粉末（过二号筛）约1g，精密称定，置具塞锥形瓶中，精密加入75%甲醇25ml，称定重量，加热回流1小时，放冷，再称定重量，用75%甲醇补足减失的重量，摇匀，滤过，取续滤液，即得。

测定法　分别精密吸取对照品溶液与供试品溶液各20μl，注入液相色谱仪，测定，即得。

本品按干燥品计算，含金丝桃苷（$C_{21}H_{20}O_{12}$）不得少于0.030%。

【性味与归经】　苦，寒。归肺、肝经。

【功能】　清热解毒，清肝明目，利湿。

【主治】　风热感冒，目赤肿痛，湿热下痢，膀胱湿热，疮黄疔毒。

【用法与用量】　马、牛60～120g；羊、猪10～30g。

【贮藏】　置通风干燥处。

千　金　子

Qianjinzi

EUPHORBIAE SEMEN

本品为大戟科植物续随子 *Euphorbia lathyris* L. 的干燥成熟种子。夏、秋二季果实成熟时采收，除去杂质，干燥。

【性状】　本品呈椭圆形或倒卵形，长约5mm，直径约4mm。表面灰棕色或灰褐色，具不规则网状皱纹，网孔凹陷处灰黑色，形成细斑点。一侧有纵沟状种脊，顶端为突起的合点，下端为线形种脐，基部有类白色突起的种阜或具脱落后的疤痕。种皮薄脆，种仁白色或黄白色，富油质。气微，味辛。

【鉴别】　（1）本品横切面：种皮表皮细胞波齿状，外壁较厚，细胞内含棕色物质；下方为1～3列薄壁细胞组成的下皮；内表皮为1列类方形栅状细胞，其侧壁内方及内壁明显增厚。内种皮栅状细胞1列，棕色，细长柱状，壁厚，木化，有时可见壁孔。外胚乳为数列类方形薄壁细胞；内胚乳细胞类圆形；子叶细胞方形或长方形；均含糊粉粒。

（2）取本品粉末2g，置索氏提取器中，加石油醚（30～60℃）80ml，加热回流30分钟，滤过，弃去石油醚液，药渣加乙醇80ml，加热回流1小时，放冷，滤过，滤液蒸干，残渣加乙醇10ml使溶解，作为供试品溶液。另取秦皮乙素对照品，加乙醇制成每1ml含1mg的溶液，作为对照品溶液。照薄层色谱法（附录0502）试验，吸取上述供试品溶液5μl、对照品溶液1μl，分别点于同一硅胶G薄层板上，以甲苯-乙酸乙酯-甲酸（5:4:1）为展开剂，展开，取出，晾干，置紫外光灯（365 nm）下检视。供试品色谱中，在与对照品色谱相应的位置上，显相同的亮蓝色荧光斑点。

【含量测定】　**脂肪油**　取本品约3g，精密称定，置索氏提取器中，加乙醚100ml，加热回流8小时至脂肪油提尽，收集提取液，置已干燥至恒重的蒸发皿中，在水浴上低温蒸干，在100℃干燥1小时，移置干燥器中，冷却30分钟，精密称定，计算，即得。

本品含脂肪油不得少于35.0%。

千金子甾醇　照高效液相色谱法（附录0512）测定。

色谱条件与系统适用性试验　以二甲基十八碳硅烷键合硅胶为填充剂；以正己烷-乙酸乙酯-乙腈（87.5∶10∶2.5）为流动相；检测波长为275nm。理论板数按千金子甾醇峰计算应不低于3000。

对照品溶液的制备　取千金子甾醇对照品适量，精密称定，加乙酸乙酯制成每1ml含50μg的溶液，即得。

供试品溶液的制备　取本品，打碎，研细，取约0.2g，精密称定，置具塞锥形瓶中，精密加入乙酸乙酯25ml，密塞，称定重量，超声处理（功率250W，频率25kHz）20分钟，放冷，再称定重量，用乙酸乙酯补足减失的重量，摇匀，滤过，取续滤液，即得。

测定法　分别精密吸取对照品溶液与供试品溶液各10～20μl，注入液相色谱仪，测定，即得。

本品含千金子甾醇（$C_{32}H_{40}O_8$）不得少于0.35%。

饮片

【炮制】　除去杂质，筛去泥沙，洗净，捞出，干燥。用时打碎。

【性状】【鉴别】【含量测定】　同药材。

【性味与归经】　辛，温；有毒。归肝、肾、大肠经。

【功能】　逐水消肿，破血散结。

【主治】　尿不利，腹水肚胀，粪便秘结。

【用法与用量】　马、牛15～30g；羊、猪3～6g。

【注意】　孕畜禁用。

【贮藏】　置阴凉干燥处，防蛀。

千　金　子　霜

Qianjinzishuang

EUPHORBIAE SEMEN PULVERATUM

本品为千金子的炮制加工品。

【制法】　取千金子，去皮取净仁，照制霜法（附录0203）制霜，即得。

【性状】　本品为均匀、疏松的淡黄色粉末，微显油性。味辛辣。

【鉴别】　照千金子项下的【鉴别】（2）项试验，显相同的结果。

【含量测定】　取本品5g，精密称定，置索氏提取器中，加乙醚100ml，加热回流6～8小时，至脂肪油提尽，收集提取液，置已干燥至恒重的蒸发皿中，在水浴上低温蒸干，在100℃干燥1小时，放冷，精密称定，即得。

本品含脂肪油应为18.0%～20.0%。

【性味与归经】　辛，温；有毒。归肝、肾、大肠经。

【功能】　逐水消肿，破血散结。

【主治】　粪便秘结，尿不利，腹水肚胀。

【用法与用量】　马、牛15～30g；羊、猪3～6g。

【注意】　孕畜禁用。

【贮藏】　同千金子。

川　木　香

Chuanmuxiang

VLADIMIRIAE RADIX

本品为菊科植物川木香 *Vladimiria souliei*（Franch.）Ling 或灰毛川木香*Vladimiria souliei*（Franch.）Ling var. *cinerea* Ling的干燥根。秋季采挖，除去须根、泥沙及根头上的胶状物，干燥。

【性状】　本品呈圆柱形或有纵槽的半圆柱形，稍弯曲，长10~30cm，直径1~3cm。表面黄褐色或棕褐色，具纵皱纹，外皮脱落处可见丝瓜络状细筋脉；根头偶有黑色发黏的胶状物，习称"油头"。体较轻，质硬脆，易折断，断面黄白色或黄色，有深黄色稀疏油点及裂隙，木部宽广，有放射状纹理；有的中心呈枯朽状。气微香，味苦，嚼之粘牙。

【鉴别】　（1）本品横切面：木栓层为数列棕色细胞，韧皮部射线较宽；筛管群与纤维束以及木质部的导管群与纤维束均呈交互径向排列，呈整齐的放射状。形成层环波状弯曲，纤维束黄色，木化，并伴有石细胞。髓完好或已破裂。油室散在于射线及髓部薄壁组织中。薄壁细胞可见菊糖。

（2）取本品粉末2g，加乙醚20ml，超声处理20分钟，滤过，滤液挥干，残渣加甲醇1 ml使溶解，作为供试品溶液。另取川木香对照药材2g，同法制成对照药材溶液。照薄层色谱法（附录0502）试验，吸取上述两种溶液各5μl，分别点于同一硅胶G薄层板上，以甲苯-乙酸乙酯（19:1）为展开剂，展开，取出，晾干，喷以5%香草醛硫酸溶液，加热至斑点显色清晰。供试品色谱中，在与对照药材色谱相应的位置上，显相同颜色的斑点。

【检查】　水分　不得过12.0%（附录0832第二法）。

总灰分　不得过4.0%（附录2302）。

【含量测定】　照高效液相色谱法（附录0512）测定。

色谱条件与系统适用性试验　以十八烷基键合硅胶为填充剂；以甲醇-水（65:35）为流动相；检测波长为225nm。理论板数按木香烃内酯峰计算应不低于6000。

对照品溶液的制备　取木香烃内酯对照品、去氢木香内酯对照品适量，精密称定，加甲醇制成每1ml各含0.1mg的混合溶液，即得。

供试品溶液的制备　取本品粉末（过四号筛）约0.3g，精密称定，置具塞锥形瓶中，精密加入甲醇50ml，密塞，称定重量，放置过夜，超声处理（功率250W，频率50kHz）30分钟，取出，放冷，再称定重量，用甲醇补足减失的重量，摇匀，滤过，取续滤液，即得。

测定法　分别精密吸取对照品溶液与供试品溶液各10μl，注入液相色谱仪，测定，即得。

本品按干燥品计算，含木香烃内酯（$C_{15}H_{20}O_2$）和去氢木香内酯（$C_{15}H_{18}O_2$）的总量，不得少于3.2%。

饮片

【炮制】　川木香　除去根头部的黑色"油头"和杂质，洗净，润透，切厚片，晾干或低温干燥。

本品呈类圆形切片，直径1.5~3cm。外皮黄褐色至棕褐色。切面黄白色至黄棕色，有深棕色稀疏油点，木部显菊花心状的放射纹理，有的中心呈枯朽状，周边有一明显的环纹，体较轻，质硬脆。气微香，味苦，嚼之粘牙。

【鉴别】　（除横切片外）【检查】　（水分）【含量测定】　同药材。

煨川木香　取净川木香片，在铁丝匾中，用一层草纸，一层川木香片，间隔平铺数层，置炉火旁或烘干室内，烘煨至川木香中所含的挥发油渗至纸上，取出，放凉。

本品形如川木香片，气微香，味苦，嚼之粘牙。

【鉴别】 （除横切片外）【检查】（水分）【含量测定】 同药材。

【性味与归经】 辛、苦，温。归脾、胃、大肠、胆经。

【功能】 行气消胀，疏肝解郁，调气止痛。

【主治】 气滞腹胀，泻痢后重，腹痛。

【用法与用量】 马、牛15～45g；羊、猪3～9g；犬、猫1～3g。

【贮藏】 置阴凉干燥处。

川 木 通

Chuanmutong

CLEMATIDIS ARMANDII CAULIS

本品为毛茛科植物小木通 *Clematis armandii* Franch. 或绣球藤 *Clematis montana* Buch.-Ham. 的干燥藤茎。春、秋二季采收，除去粗皮，晒干，或趁鲜切薄片，晒干。

【性状】 本品呈长圆柱形，略扭曲，长50～100cm，直径2～3.5cm。表面黄棕色或黄褐色，有纵向凹沟及棱线；节处多膨大，有叶痕及侧枝痕。残存皮部易撕裂。质坚硬，不易折断。切片厚2～4mm，边缘不整齐，残存皮部黄棕色，木部浅黄棕色或浅黄色，有黄白色放射状纹理及裂隙，其间布满导管孔，髓部较小，类白色或黄棕色，偶有空腔。气微，味淡。

【鉴别】 （1）本品粉末黄白色至黄褐色。纤维甚多，木纤维长梭形，末端尖狭，直径17～43μm，壁厚，木化，壁孔明显；韧皮纤维长梭形，直径18～60μm，壁厚，木化、胞腔常狭小。导管为具缘纹孔导管和网纹导管，直径39～190μm。石细胞类长方形、梭形或类三角形，壁厚而木化，孔沟及纹孔明显。

（2）取本品粉末0.5g，加乙醇25ml，加热回流1小时，滤过，滤液蒸干，残渣加甲醇5ml使溶解，作为供试品溶液。另取川木通对照药材0.5g，同法制成对照药材溶液。照薄层色谱法（附录0502）试验，吸取上述两种溶液各15μl，分别点于同一硅胶G薄层板上，使成条状，以石油醚（60～90℃）-甲酸乙酯-甲酸（6:2:0.1）为展开剂，展开，取出，晾干，喷以10%硫酸乙醇溶液，在105℃加热至斑点显色清晰，分别置日光和紫外光灯下（365nm）下检视。供试品色谱中，在与对照药材色谱相应的位置上，显相同颜色的斑点或荧光斑点。

【检查】 水分 不得过12.0%（附录0832第一法）。

总灰分 不得过3.0%（附录2302）。

【浸出物】 照醇溶性浸出物测定法（附录2201）项下的热浸法测定，用75%乙醇作溶剂，不得少于4.0%。

饮片

【炮制】 未切片者，略泡，润透，切薄片，干燥。

本品呈类圆形厚片。切面边缘不整齐，残存皮部黄棕色，木部浅黄棕色或浅黄色，有黄白色放射状纹理及裂隙，其间密布细孔状导管，髓部较小，类白色或黄棕色，偶有空腔。气微，味淡。

【鉴别】【检查】【浸出物】 同药材。

【性味与归经】 淡、苦，寒。归心、肺、小肠、膀胱经。

【功能】 清热利尿，通经下乳。

【主治】 膀胱湿热，水肿，尿不利，风湿痹痛，乳汁不通。

【用法与用量】 马、牛15～45g；驼40～80g；羊、猪5～15g；犬、猫3～6g；兔、禽1.2～3g。

【注意】 孕畜禁用。

【贮藏】 置通风干燥处，防潮。

川 贝 母
Chuanbeimu
FRITILLARIAE CIRRHOSAE BULBUS

本品为百合科植物川贝母 *Fritillaria cirrhosa* D. Don、暗紫贝母 *Fritillaria unibracteata* Hsiao et K. C. Hsia、甘肃贝母 *Fritillaria prze walskii* Maxim.、梭砂贝母 *Fritillaria delavayi* Franch.、太白贝母 *Fritillaria taipaiensis* P. Y. Li 或瓦布贝母 *Fritillaria unibracteata* Hsiao et K. C. Hsia var. *wabuensis*（S. Y. Tang et S. C. Yue）Z. D. Liu, S. Wang et S. C. Chen的干燥鳞茎。按性状不同分别习称"松贝""青贝""炉贝"和"栽培品"。夏、秋二季或积雪融化后采挖，除去须根、粗皮及泥沙，晒干或低温干燥。

【性状】 松贝 呈类圆锥形或近球形，高0.3～0.8cm，直径0.3～0.9cm。表面类白色。外层鳞叶2瓣，大小悬殊，大瓣紧抱小瓣，未抱部分呈新月形，习称"怀中抱月"；顶部闭合，内有类圆柱形、顶端稍尖的心芽和小鳞叶1～2枚；先端钝圆或稍尖，底部平，微凹入，中心有1灰褐色鳞茎盘，偶有残存须根。质硬而脆，断面白色，富粉性。气微，味微苦。

青贝 呈类扁球形，高0.4～1.4cm，直径0.4～1.6cm。外层鳞叶2瓣，大小相近，相对抱合，顶部开裂，内有心芽和小鳞叶2～3枚及细圆柱形的残茎。

炉贝 呈长圆锥形，高0.7～2.5cm，直径0.5～2.5cm。表面类白色或浅棕黄色，有的具棕色斑点。外层鳞叶2瓣，大小相近，顶部开裂而略尖，基部稍尖或较钝。

栽培品呈类扁球形或短圆柱形，高0.5～2cm，直径1～2.5cm。表面类白色或浅棕黄色，稍粗糙，有的具浅黄色斑点。外层鳞叶2瓣，大小相近，顶部多开裂而较平。

【鉴别】 （1）本品粉末类白色或浅黄色。

松贝、青贝及栽培品 淀粉粒甚多，广卵形、长圆形或不规则圆形，有的边缘不平整或略作分枝状，直径5～64μm，脐点短缝状、点状、人字状或马蹄状，层纹隐约可见。表皮细胞类长方形，垂周壁微波状弯曲，偶见不定式气孔，圆形或扁圆形。螺纹导管直径5～26μm。

炉贝 淀粉粒广卵形、贝壳形、肾形或椭圆形，直径约至60μm，脐点人字状、星状或点状，层纹明显。螺纹导管和网纹导管直径可达64μm。

（2）取本品粉末10g，加浓氨试液10ml，密塞，浸泡1小时，加二氯甲烷40ml，超声处理1小时，滤过，滤液蒸干，残渣加甲醇0.5ml使溶解，作为供试品溶液。另取贝母辛对照品、贝母素乙对照品，分别加甲醇制成每1ml各含1mg的溶液，作为对照品溶液。照薄层色谱法（附录0502）试验，吸取供试品溶液1～6μl、对照品溶液各2μl，分别点于同一硅胶G薄层板上，以乙酸乙酯-甲醇-浓氨试液-水（18:2:1:0.1）为展开剂，展开，取出，晾干，依次喷以稀碘化铋钾试液和亚硝酸钠乙醇试液。供试品色谱中，在与对照品色谱相应的位置上，显相同颜色的斑点。

（3）聚合酶链式反应-限制性内切酶长度多态性方法。

模板DNA提取 取本品0.1g，依次用75%乙醇1ml、灭菌超纯水1ml清洗，吸干表面水分，置乳钵中研磨成极细粉。取20mg，置1.5ml离心管中，用新型广谱植物基因组DNA快速提取试剂盒提取DNA[加入缓冲液AP1 400μl和RNA酶溶液（10mg/ml）4μl，涡漩振荡，65℃水浴加热10分钟，加入缓冲液AP2 130μl，充分混匀，冰浴冷却5分钟，离心（转速为每分钟14 000转）10分钟；吸取上清液转移入另一离心管中，加入1.5倍体积的缓冲液AP3/E，混匀，加到吸附柱上，离心（转速为每分钟13 000转）1分钟，弃去过滤液，加入漂洗液700μl，离心（转速为每分钟12 000转）30秒，弃去过滤液；再加入漂洗液500μl，离心（转速为每分钟12 000转）30秒，弃去过滤液；再离心（转速为每分钟13 000转）2分钟，取出吸附柱，放入另一离心管中，加入50μl洗脱缓冲液，室温放置3～5分钟，离心（转速为每分钟12 000转）1分钟，将洗脱液再加入吸附柱中，室温放置2分钟，离心（转速为每分钟12 000转）1分钟]，取洗脱液，作为供试品溶液，置4℃冰箱中备用。另取川贝母对照药材0.1g，同法制成对照药材模板DNA溶液。

PCR-RELP反应 鉴别引物：5′CGTAACAAGGTTTCCGTAGGTGAA3′和5′GCTACGTTCTTCATCGAT3′。PCR反应体系：在200μl离心管中进行，反应总体积为30μl，反应体系包括10×PCR缓冲液3μl，二氯化镁（25mmol/l）2.4μl，dNTP（10mmol/l）0.6μl，鉴别引物（30μmol/l）各0.5μl，高保真*Taq* DNA聚合酶（5U/μl）0.2μl，模板1μl，无菌超纯水21.8μl。将离心管置PCR仪，PCR反应参数：95℃预变性4分钟，循环反应30次（95℃ 30秒，55～58℃ 30秒，72℃ 30秒），72℃延伸5分钟。取PCR反应液，置500μl离心管中，进行酶切反应，反应总体积为20μl，反应体系包括10×酶切缓冲液2μl，PCR反应液6μl，*Sma* I（10 U/μl）0.5μl，无菌超纯水11.5μl，酶切反应在30℃水浴反应2小时。另取无菌超纯水，同法上述PCR-RELP反应操作，作为空白对照。

电泳检测 照琼脂糖凝胶电泳法（附录0531），胶浓度为1.5%，胶中加入核酸凝胶染色剂GelRed；供试品与对照药材酶切反应溶液的上样量分别为8μl，DNA分子量标记上样量为1μl（0.5μg/μl）。电泳结束后，取凝胶片在凝胶成像仪上或紫外投射仪上检视。供试品凝胶电泳图谱中，在与对照药材凝胶电泳图谱相应的位置上，在100～250bp应有两条DNA条带，空白对照无条带。

【检查】 **水分** 不得过15.0%（附录0832第一法）。

总灰分 不得过5.0%（附录2302）。

【浸出物】 照醇溶性浸出物测定法（附录2201）项下的热浸法测定，用稀乙醇作溶剂，不得少于9.0%。

【含量测定】 **对照品溶液的制备** 取西贝母碱对照品适量，精密称定，加三氯甲烷制成每1ml含0.2mg的溶液，即得。

标准曲线的制备 精密量取对照品溶液0.1ml、0.2ml、0.4ml、0.6ml、1.0ml，置25ml具塞试管中，分别补加三氯甲烷至10.0ml，精密加水5ml、再精密加0.05%溴甲酚绿缓冲液（取溴甲酚绿0.05g，用0.2mol/l氢氧化钠溶液6ml使溶解，加磷酸二氢钾1g，加水使溶解并稀释至100ml，即得）2ml，密塞，剧烈振摇1分钟，转移至分液漏斗中，放置30分钟。取三氯甲烷液，用干燥滤纸滤过，取续滤液，以相应的试剂为空白，照紫外-可见分光光度法（附录0401），在415nm的波长处测定吸光度，以吸光度为纵坐标，浓度为横坐标，绘制标准曲线。

测定法 取本品粉末（过三号筛）约2g，精密称定，置具塞锥形瓶中，加浓氨试液3ml，浸润1小时，加三氯甲烷-甲醇（4:1）混合溶液40ml，置80℃水浴加热回流2小时，放冷，滤过，滤液置50ml量瓶中，用适量三氯甲烷-甲醇（4:1）混合溶液洗涤药渣2～3次，洗液并入同一量瓶中，加三氯甲烷-甲醇（4:1）混合溶液至刻度，摇匀。精密量取2～5ml，置25ml具塞试管中，水浴上蒸干，精密加入三氯甲烷10ml使溶解，照标准曲线的制备项下的方法，自"精密加水5ml"起，依法测定吸光度，从标准曲线上读出供试品溶液中西贝母碱的重量（mg），计算，即得。

本品按干燥品计算，含总生物碱以西贝母碱（$C_{27}H_{43}NO_3$）计，不得少于0.050%。

【性味与归经】 苦、甘，微寒。归肺、心经。

【功能】　清热润肺，止咳化痰，散结消痈。

【主治】　肺热燥咳，久咳少痰，阴虚劳咳，疮痈肿毒，乳痈。

【用法与用量】　马、牛15～30g；羊、猪3～10g；犬、猫1～2g；兔、禽0.5～1g。

【注意】　不宜与川乌、制川乌、草乌、制草乌、附子同用。

【贮藏】　置通风干燥处，防蛀。

川　牛　膝

Chuanniuxi

CYATHULAE RADIX

本品为苋科植物川牛膝 *Cyathula officinalis* Kuan 的干燥根。秋、冬二季采挖，除去芦头、须根及泥沙，烘或晒至半干，堆放回润，再烘干或晒干。

【性状】　本品呈近圆柱形，微扭曲，向下略细或有少数分枝，长30～60cm，直径0.5～3cm。表面黄棕色或灰褐色，具纵皱纹、支根痕和多数横长的皮孔样突起。质韧，不易折断，断面浅黄色或棕黄色，维管束点状，排列成数轮同心环。气微，味甜。

【鉴别】　（1）本品横切面：木栓细胞数列。栓内层窄。中柱大，三生维管束外韧型，断续排列成4～11轮，内侧维管束的束内形成层可见；木质部导管多单个，常径向排列，木化；木纤维较发达，有的切向延伸或断续连接成环。中央次生构造维管系统常分成2～9股，有的根中心可见导管稀疏分布。薄壁细胞含草酸钙砂晶、方晶。

粉末棕色。草酸钙砂晶、方晶散在，或充塞于薄壁细胞中。具缘纹孔导管直径10～80μm，纹孔圆形或横向延长呈长圆形，互列，排列紧密，有的导管分子末端呈梭形。纤维长条形，弯曲，末端渐尖，直径8～25μm，壁厚3～5μm，纹孔呈单斜纹孔或人字形，也可见具缘纹孔，纹孔口交叉成十字形，孔沟明显，疏密不一。

（2）取本品粉末2g，加甲醇50ml，加热回流1小时，滤过，滤液浓缩至约1ml，加于中性氧化铝柱（100～200目，2g，内径为1cm）上，用甲醇-乙酸乙酯（1:1）40ml洗脱，收集洗脱液，蒸干，残渣加甲醇1ml使溶解，作为供试品溶液。另取川牛膝对照药材2g，同法制成对照药材溶液。再取杯苋甾酮对照品，加甲醇制成每1ml含0.5mg的溶液，作为对照品溶液。照薄层色谱法（附录0502）试验，吸取供试品溶液5～10μl、对照药材溶液和对照品溶液各5μl，分别点于同一硅胶G薄层板上，以三氯甲烷-甲醇（10:1）为展开剂，展开，取出，晾干，喷以10%硫酸乙醇溶液，在105℃加热至斑点显色清晰，置紫外光灯（365nm）下检视。供试品色谱中，在与对照药材色谱和对照品色谱相应的位置上，显相同颜色的荧光斑点。

【检查】　水分　不得过16.0%（附录0832第一法）。

总灰分　取本品切制成直径在3mm以下的颗粒，依法检查，不得过8.0%（附录2302）。

【浸出物】　取本品直径在3mm以下的颗粒，照水溶性浸出物测定法（附录2201）项下的冷浸法测定，不得少于65.0%。

【含量测定】　照高效液相色谱法（附录0512）测定。

色谱条件与系统适用性试验　以十八烷基硅烷键合硅胶为填充剂；以甲醇为流动相A，以水为流动相B，按下表中的规定进行梯度洗脱；检测波长为243nm。理论板数按杯苋甾酮峰计算应不低于3000。

时间（分钟）	流动相A（%）	流动相B（%）
0～5	10	90
5～15	10→37	90→63
15～30	37	63
30～31	37→100	63→0

对照品溶液的制备 取杯苋甾酮对照品适量，精密称定，加甲醇制成每1ml含25μg的溶液，即得。

供试品溶液的制备 取本品粉末（过三号筛）约1g，精密称定，置具塞锥形瓶中，精密加入甲醇20 ml，密塞，称定重量，加热回流1小时，放冷，再称定重量，用甲醇补足减失的重量，摇匀，滤过，取续滤液，即得。

测定法 分别精密吸取对照品溶液10μl与供试品溶液5～20μl，注入液相色谱仪，测定，即得。

本品按干燥品计算，含杯苋甾酮（$C_{29}H_{44}O_8$）不得少于0.030%。

饮片

【炮制】 川牛膝 除去杂质及芦头，洗净，润透，切薄片，干燥。

本品呈圆形或椭圆形薄片。外表皮黄棕色或灰褐色。切面浅黄色至棕黄色。可见多数排列成数轮同心环的黄色点状维管束。气微，味甜。

【检查】 水分 同药材，不得过12.0%。

【浸出物】 同药材，不得少于60.0%。

【鉴别】（除横切面外）**【检查】**（总灰分）**【含量测定】** 同药材。

酒川牛膝 取川牛膝片，照酒炙法（附录0203）炒干。

本品形如川牛膝片，表面棕黑色。微有酒香气，味甜。

【检查】 水分 同药材，不得过12.0%。

【浸出物】 同药材，不得少于60.0%。

【鉴别】（除横切面外）**【检查】**（总灰分）**【含量测定】** 同药材。

【性味与归经】 甘、微苦，平。归肝、肾经。

【功能】 逐瘀通经，通利关节，利尿通淋。

【主治】 风湿痹痛，产后血瘀，胎衣不下，跌打损伤，血淋。

【用法与用量】 马、牛15～45g；羊、猪5～10g；犬、猫1～3g；兔、禽0.5～1.5g。

【注意】 孕畜忌服。

【贮藏】 置阴凉干燥处，防潮。

川 乌

Chuanwu

ACONITI RADIX

本品为毛茛科植物乌头 *Aconitum carmichaelii* Debx. 的干燥母根。6月下旬至8月上旬采挖，除去子根、须根及泥沙，晒干。

【性状】 本品呈不规则的圆锥形，稍弯曲，顶端常有残茎，中部多向一侧膨大，长2～7.5cm，直径1.2～2.5cm。表面棕褐色或灰棕色，皱缩，有小瘤状侧根及子根脱离后的痕迹。质坚实，断面类白色或浅灰黄色，形成层环纹呈多角形。气微，味辛辣、麻舌。

【鉴别】 （1）本品横切面：后生皮层为棕色木栓化细胞；皮层薄壁组织偶见石细胞，单个散在或数个成群，类长方形、方形或长椭圆形，胞腔较大；内皮层不甚明显。韧皮部散有筛管群；内侧偶见纤维束。形成层类多角形。其内外侧偶有1至数个异型维管束。木质部导管多列，呈径向或略呈V形排列。髓部明显。薄壁细胞充满淀粉粒。

粉末灰黄色。淀粉粒单粒球形、长圆形或肾形，直径3～22μm；复粒由2～15分粒组成。石细胞近无色或淡黄绿色，呈类长方形、类方形、多角形或一边斜尖，直径49～117μm，长113～280μm，壁厚4～13μm，壁厚者层纹明显，纹孔较稀疏。后生皮层细胞棕色，有的壁呈瘤状增厚突入细胞腔。导管淡黄色，主为具缘纹孔，直径29～70μm，末端平截或短尖，穿孔位于端壁或侧壁，有的导管分子粗短拐曲或纵横连接。

（2）取本品粉末2g，加氨试液2ml润湿，加乙醚20ml，超声处理30分钟，滤过，滤液挥干，残渣加二氯甲烷1ml使溶解，作为供试品溶液。另取乌头碱对照品、次乌头碱对照品及新乌头碱对照品，加异丙醇-三氯甲烷（1:1）混合溶液制成每1ml各含1mg的混合溶液，作为对照品溶液。照薄层色谱法（附录0502）试验，吸取上述两种溶液各5μl，分别点于同一硅胶G薄层板上，以正己烷-乙酸乙酯-甲醇（6.4:3.6:1）为展开剂，置氨蒸气饱和20分钟的展开缸内，展开，取出，晾干，喷以稀碘化铋钾试液。供试品色谱中，在与对照品色谱相应位置上，显相同颜色的斑点。

【检查】 水分 不得过12.0%（附录0832第一法）。

总灰分 不得过9.0%（附录2302）。

酸不溶性灰分 不得过2.0%（附录2302）。

【含量测定】 照高效液相色谱法（附录0512）测定。

色谱条件与系统适用性试验 以十八烷基硅烷键合硅胶为填充剂；以乙腈-四氢呋喃（25:15）为流动相A，以0.1mol/l醋酸铵溶液（每1000ml加冰醋酸0.5ml）为流动相B，按下表中的规定进行梯度洗脱；检测波长为235nm。理论板数按新乌头碱峰计算应不低于2000。

时间（分钟）	流动相A（%）	流动相B（%）
0～48	15→26	85→74
48～49	26→35	74→65
49～58	35	65
58～65	35→15	65→85

对照品溶液的制备 取乌头碱对照品、次乌头碱对照品、新乌头碱对照品适量，精密称定，加异丙醇-三氯甲烷（1:1）混合溶液分别制成每1ml含乌头碱50μg、次乌头碱和新乌头碱各0.15mg的混合溶液，即得。

供试品溶液的制备 取本品粉末（过三号筛）约2g，精密称定，置具塞锥形瓶中，加氨试液3ml，精密加入异丙醇-乙酸乙酯（1:1）混合溶液50ml，称定重量，超声处理（功率300W，频率40kHz；水温在25℃以下）30分钟，放冷，再称定重量，用异丙醇-乙酸乙酯（1:1）混合溶液补足减失的重量，摇匀，滤过。精密量取续滤液25ml，40℃以下减压回收溶剂至干，残渣精密加入异丙醇-三氯甲烷（1:1）混合溶液3ml溶解，滤过，取续滤液，即得。

测定法 分别精密吸取对照品溶液与供试品溶液各10μl，注入液相色谱仪，测定，即得。

本品按干燥品计算，含乌头碱（$C_{34}H_{47}NO_{11}$）、次乌头碱（$C_{33}H_{45}NO_{10}$）和新乌头碱（$C_{33}H_{45}NO_{11}$）

的总量应为0.050%~0.17%。

饮片

【炮制】 生川乌 除去杂质。用时捣碎。

【性状】【鉴别】【检查】【含量测定】 同药材。

【性味与归经】 辛、苦，热；有大毒。归心、肝、肾、脾经。

【功能】 祛风除湿，温经止痛。

【主治】 风寒湿痹，寒疝腹痛，关节疼痛，跌打损伤。

【用法与用量】 内服用炮制品。外用适量。

【注意】 孕畜忌服；生品内服宜慎；不宜与贝母类、半夏、白及、白蔹、天花粉、瓜蒌类同用。

【贮藏】 置通风干燥处，防蛀。

制 川 乌

zhichuanwu

ACONITI RADIX COCTA

本品为川乌的炮制加工品。

【制法】 取川乌，大小个分开，用水浸泡至内无干心，取出，加水煮沸4~6小时（或蒸6~8小时）至取大个及实心者切开内无白心，口尝微有麻舌感时，取出，晾至六成干，切片，干燥。

【性状】 本品为不规则或长三角形的片。表面黑褐色或黄褐色，有灰棕色形成层环纹。体轻，质脆，断面有光泽。气微，微有麻舌感。

【鉴别】 取本品粉末2g，加氨试液2ml润湿，加乙醚20ml，超声处理30分钟，滤过，滤液挥干，残渣加二氯甲烷1ml使溶解，作为供试品溶液。另取苯甲酰乌头原碱对照品、苯甲酰次乌头原碱对照品及苯甲酰新乌头原碱对照品，加异丙醇-三氯甲烷（1:1）混合溶液制成每1ml各含1mg的混合溶液，作为对照品溶液。照薄层色谱法（附录0502）试验，吸取上述两种溶液各5μl，分别点于同一硅胶G薄层板上，以正己烷-乙酸乙酯-甲醇（6.4:3.6:1）为展开剂，置氨蒸气饱和20分钟的展开缸内，展开，取出，晾干，喷以稀碘化铋钾试液。供试品色谱中，在与对照品色谱相应的位置上，显相同颜色的斑点。

【检查】 水分 不得过11.0%（附录0832第一法）。

双酯型生物碱 照〔含量测定〕项下色谱条件、供试品溶液的制备方法试验。

对照品溶液的制备 取乌头碱对照品、次乌头碱对照品及新乌头碱对照品适量，精密称定，加异丙醇-三氯甲烷（1:1）混合溶液分别制成每1ml含乌头碱50μg、次乌头碱和新乌头碱各0.15mg的混合溶液，即得。

测定法 分别精密吸取对照品溶液与〔含量测定〕项下供试品溶液各10μl，注入液相色谱仪，测定，即得。

本品含双酯型生物碱以乌头碱（$C_{34}H_{47}NO_{11}$）、次乌头碱（$C_{33}H_{45}NO_{10}$）及新乌头碱（$C_{33}H_{45}NO_{11}$）的总量计，不得过0.040%。

【含量测定】 照高效液相色谱法（附录0512）测定。

色谱条件与系统适用性试验 以十八烷基硅烷键合硅胶为填充剂；以乙腈-四氢呋喃（25:15）为流动相A，以0.1mol/l醋酸铵溶液（每1000ml加冰醋酸0.5ml）为流动相B，按下表中的规定进行梯度洗脱；检测波长为235nm。理论板数按苯甲酰新乌头原碱峰计算应不低于2000。

时间（分钟）	流动相A（％）	流动相B（％）
0 ~ 48	15→26	85→74
48 ~ 49	26→35	74→65
49 ~ 58	35	65
58 ~ 65	35→15	65→85

对照品溶液的制备　取苯甲酰乌头原碱对照品、苯甲酰次乌头原碱对照品、苯甲酰新乌头原碱对照品适量，精密称定，加异丙醇-三氯甲烷（1:1）混合溶液制成每1ml含苯甲酰乌头原碱和苯甲酰次乌头原碱各50μg、苯甲酰新乌头原碱0.3mg的混合溶液，即得。

供试品溶液的制备　取本品粉末（过三号筛）约2g，精密称定，置具塞锥形瓶中，加氨试液3ml，精密加入异丙醇-乙酸乙酯（1:1）混合溶液50 ml，称定重量，超声处理（功率300W，频率40kHz；水温在25℃以下）30分钟，放冷，再称定重量，用异丙醇-乙酸乙酯（1:1）混合溶液补足减失的重量，摇匀，滤过。精密量取续滤液25ml，40℃以下减压回收溶剂至干，残渣精密加入异丙醇-三氯甲烷（1:1）混合溶液3ml溶解，滤过，取续滤液，即得。

测定法　分别精密吸取对照品溶液与供试品溶液各10μl，注入液相色谱仪，测定，即得。

本品按干燥品计算，含苯甲酰乌头原碱（$C_{32}H_{45}NO_{10}$）、苯甲酰次乌头原碱（$C_{31}H_{43}NO_9$）及苯甲酰新乌头原碱（$C_{31}H_{43}NO_{10}$）的总量应为0.070% ~ 0.15%。

【性味与归经】　辛、苦，热；有毒。归心、肝、肾、脾经。

【功能】　祛风除湿，温经止痛。

【主治】　风寒湿痹，寒疝腹痛，关节疼痛，跌打损伤。

【用法与用量】　马、牛10 ~ 18g；羊、猪3 ~ 6g。

【注意】　孕畜忌服；不宜与贝母类、半夏、白及、白蔹、天花粉、瓜蒌类同用。

【贮藏】　置通风干燥处，防蛀。

川　芎

Chuanxiong

CHUANXIONG RHIZOMA

本品为伞形科植物川芎 *Ligusticum chuanxiong* Hort. 的干燥根茎。夏季当茎上的节盘显著突出，并略带紫色时采挖，除去泥沙，晒后烘干，再去须根。

【性状】　本品为不规则结节状拳形团块，直径2 ~ 7cm。表面灰褐色或褐色，粗糙皱缩，有多数平行隆起的轮节，顶端有凹陷的类圆形茎痕，下侧及轮节上有多数小瘤状根痕。质坚实，不易折断，断面黄白色或灰黄色，散有黄棕色的油室，形成层环呈波状。气浓香，味苦、辛，稍有麻舌感，微回甜。

【鉴别】　（1）本品横切面：木栓层为10余列细胞。皮层狭窄，散有根迹维管束，其形成层明显。韧皮部宽广，形成层环波状或不规则多角形。木质部导管多角形或类圆形，大多单列或排成V形，偶有木纤维束。髓部较大。薄壁组织中散有多数油室，类圆形、椭圆形或形状不规则，淡黄棕色，靠近形成层的油室小，向外渐大；薄壁细胞中富含淀粉粒，有的薄壁细胞中含草酸钙晶体，呈类圆形团块或类簇晶状。

粉末淡黄棕色或灰棕色。淀粉粒较多，单粒椭圆形、长圆形、类圆形、卵圆形或肾形，直径5~16μm，长约21μm，脐点点状、长缝状或人字状；偶见复粒，由2~4分粒组成。草酸钙晶体存在于薄壁细胞中，呈类圆形团块或类簇晶状，直径10~25μm。木栓细胞深黄棕色，表面观呈多角形，微波状弯曲。油室多已破碎，偶可见油室碎片，分泌细胞壁薄，含有较多的油滴。导管主为螺纹导管，亦有网纹导管及梯纹导管，直径14~50μm。

（2）取本品粉末1g，加石油醚（30~60℃）5ml，放置10小时，时时振摇，静置，取上清液1ml，挥干后，残渣加甲醇1ml使溶解，再加2% 3,5-二硝基苯甲酸的甲醇溶液2~3滴与甲醇饱和的氢氧化钾溶液2滴，显红紫色。

（3）取本品粉末1g，加乙醚20ml，加热回流1小时，滤过，滤液挥干，残渣加乙酸乙酯2ml使溶解，作为供试品溶液。另取川芎对照药材1g，同法制成对照药材溶液。再取欧当归内酯A对照品，加乙酸乙酯制成每1ml含0.1mg的溶液（置棕色量瓶中），作为对照品溶液。照薄层色谱法（附录0502）试验，吸取上述三种溶液各10μl，分别点于同一硅胶GF$_{254}$薄层板上，以正己烷-乙酸乙酯（3:1）为展开剂，展开，取出，晾干，置紫外光灯（254nm）下检视。供试品色谱中，在与对照药材色谱和对照品色谱相应的位置上，显相同颜色的斑点。

【检查】 水分 不得过12.0%（附录0832第二法）。

总灰分 不得过6.0%（附录2302）。

酸不溶性灰分 不得过2.0%（附录2302）。

【浸出物】 照醇溶性浸出物测定法（附录2201）项下的热浸法测定，用乙醇作溶剂，不得少于12.0%。

【含量测定】 照高效液相色谱法（附录0512）测定。

色谱条件与系统适用性试验 以十八烷基硅烷键合硅胶为填充剂；以甲醇-1%醋酸溶液（30:70）为流动相；检测波长为321nm。理论板数按阿魏酸峰计算应不低于4000。

对照品溶液的制备 取阿魏酸对照品适量，精密称定，置棕色量瓶中，加70%甲醇制成每1ml含20μg的溶液，即得。

供试品溶液的制备 取本品粉末（过四号筛）约0.5g，精密称定，置具塞锥形瓶中，精密加入70%甲醇50ml，密塞，称定重量，加热回流30分钟，放冷，再称定重量，用70%甲醇补足减失的重量，摇匀，静置，取上清液，滤过，取续滤液，即得。

测定法 分别精密吸取对照品溶液与供试品溶液各10μl，注入液相色谱仪，测定，即得。

本品按干燥品计算，含阿魏酸（$C_{10}H_{10}O_4$）不得少于0.10%。

饮片

【炮制】 除去杂质，分开大小，洗净，润透，切厚片，干燥。

本品为不规则厚片，外表皮黄褐色，有皱缩纹。切面黄白色或灰黄色，具有明显波状环纹或多角形纹理，散生黄棕色油点。质坚实。气浓香，味苦、辛，微甜。

【鉴别】【检查】（水分 总灰分）【浸出物】【含量测定】 同药材。

【性味与归经】 辛，温。归肝、胆、心包经。

【功能】 活血行气，祛风止痛。

【主治】 跌打损伤，气血瘀滞，胎衣不下，产后血瘀，风湿痹痛。

【用法与用量】 马、牛15~45g；羊、猪3~10g；犬、猫1~3g；兔、禽0.5~1.5g。

【贮藏】 置阴凉干燥处，防蛀。

川 楝 子

Chuanlianzi

TOOSENDAN FRUCTUS

本品为楝科植物川楝 *Melia toosendan* Sieb. et Zucc. 的干燥成熟果实。冬季果实成熟时采收，除去杂质，干燥。

【性状】 本品呈类球形，直径2~3.2cm。表面金黄色至棕黄色，微有光泽，少数凹陷或皱缩，具深棕色小点。顶端有花柱残痕，基部凹陷，有果梗痕。外果皮革质，与果肉间常成空隙，果肉松软，淡黄色，遇水润湿显黏性。果核球形或卵圆形，质坚硬，两端平截，有6~8条纵棱，内分6~8室，每室含黑棕色长圆形的种子1粒。气特异，味酸、苦。

【鉴别】 （1）本品粉末黄棕色。果皮纤维成束，末端钝圆，直径9~36μm，壁极厚，周围的薄壁细胞中含草酸钙方晶，形成晶纤维。果皮石细胞呈类圆形、不规则长条形或长多角形，有的有瘤状突起或钝圆短分枝，直径14~54μm，长约至150μm。种皮细胞鲜黄色或橙黄色，表皮下为一列类方形细胞，直径约至44μm，壁极厚，有纵向微波状纹理，其下连接色素层。表皮细胞表面观多角形，有较密颗粒状纹理。种皮色素层细胞胞腔内充满红棕色物。种皮含晶细胞直径13~27μm，壁厚薄不一，厚者形成石细胞，胞腔内充满淡黄色、黄棕色或红棕色物，并含细小草酸钙方晶，直径约5μm。草酸钙簇晶直径5~27μm。

（2）取本品粉末2g，加水80ml，超声处理1小时，放冷，离心，取上清液，用二氯甲烷振摇提取3次，每次25ml，合并二氯甲烷液，蒸干，残渣加甲醇2ml使溶解，作为供试品溶液。另取川楝子对照药材2g，同法制成对照药材溶液。再取川楝素对照品，加甲醇制成每1ml含1mg的溶液，作为对照品溶液。照薄层色谱法（附录0502）试验，吸取上述三种溶液各10μl，分别点于同一硅胶G薄层板上，以二氯甲烷-甲醇（16:1）为展开剂，展开，取出，晾干，喷以对二甲氨基苯甲醛试液，在105℃加热至斑点显色清晰。供试品色谱中，在与对照药材色谱和对照品色谱相应的位置上，显相同颜色的斑点。

【检查】 **水分** 不得过12.0%（附录0832第一法）。

总灰分 不得过5.0%（附录2302）。

【浸出物】 照水溶性浸出物测定法（附录2201）项下的热浸法测定，不得少于32.0%。

【含量测定】 照高效液相色谱-质谱法（附录0421）测定。

色谱、质谱条件与系统适用性试验 以十八烷基硅烷键合硅胶为填充剂；以乙腈-0.01%甲酸溶液（31:69）为流动相；采用单级四极杆质谱检测器，电喷雾离子化（ESI）负离子模式下选择质荷比（m/z）573离子进行检测。理论板数按川楝素峰计算应不低于8000。

对照品溶液的制备 取川楝素对照品适量，精密称定，加甲醇制成每1ml含2μg的溶液，即得。

供试品溶液的制备 取本品中粉约0.25g，精密称定，置具塞锥形瓶中，精密加入甲醇50ml，称定重量，加热回流1小时，放冷，再称定重量，用甲醇补足减失的重量，摇匀，滤过，取续滤液，即得。

测定法 分别精密吸取对照品溶液2μl与供试品溶液1~2μl，注入液相色谱-质谱联用仪，测定，以川楝素两个峰面积之和计算，即得。

本品按干燥品计算，含川楝素（$C_{30}H_{38}O_{11}$）应为0.060%~0.20%。

饮片

【炮制】 川楝子　除去杂质。用时捣碎。

【性状】【鉴别】【检查】【浸出物】【含量测定】 同药材。

炒川楝子　取净川楝子，切厚片或碾碎，照清炒法（附录0203）炒至表面焦黄色。

本品呈半球状、厚片或不规则的碎块，表面焦黄色，偶见焦斑。气焦香，味酸、苦。

【检查】 水分　同药材，不得过10.0%。

总灰分　同药材，不得过4.0%。

【含量测定】 同药材，含川楝素（$C_{30}H_{38}O_{11}$）应为0.040%～0.20%。

【鉴别】【浸出物】 同药材。

【性味与归经】 苦，寒；有小毒。归肝、小肠、膀胱经。

【功能】 舒肝解郁，止痛，驱虫。

【主治】 气滞腹胀，腰胯疼痛，虫积。

【用法与用量】 马、牛15～45g；驼40～70g；羊、猪5～10g；犬3～5g。

【注意】 猪慎用。

【贮藏】 置通风干燥处，防蛀。

广　防　己

Guangfangji

ARISTOLOCHIAE FANGCHI RADIX

本品为马兜铃科植物广防己 *Aristolochia fangchi* Y. C. Wu ex L. D. Chou et S. M. Hwang 的干燥根。秋、冬二季采挖，洗净，切段，粗根纵切两半，晒干。

【性状】 本品呈圆柱形或半圆柱形，略弯曲，长6～18cm，直径1.5～4.5cm。表面灰棕色，粗糙，有纵沟纹；除去粗皮的呈淡黄色，有刀刮的痕迹。体重，质坚实，不易折断，断面粉性，有灰棕色与类白色相间连续排列的放射状纹理。气微，味苦。

【鉴别】 （1）本品横切面：木栓层为10～15列细胞。栓内层为3～5列细胞。石细胞环带与栓内层连接，其下有多列薄壁细胞。韧皮部射线宽广；筛管群皱缩；有少数石细胞散在。形成层环不甚明显。木质部射线宽20～30余列细胞；导管较大，直径45～220μm；木纤维束位于导管旁，纤维直径约20μm，壁较厚。薄壁细胞含淀粉粒，有的含草酸钙簇晶。

（2）取本品粉末3g，加乙醇50ml，加热回流1小时，滤过，滤液蒸干，残渣加乙醇5ml使溶解，作为供试品溶液。另取广防己对照药材，同法制成对照药材溶液。再取马兜铃酸对照品，加甲醇-丙酮（9:1）的混合溶液，超声处理15分钟，制成每1ml含0.2mg的溶液，作为对照品溶液。照薄层色谱法（附录0502）试验，吸取上述三种溶液各3μl，分别点于同一硅胶G薄层板上，以甲苯-乙酸乙酯-甲醇-甲酸（20:10:1:1）的上层溶液为展开剂，展开，取出，晾干，分别置日光及紫外光灯（365nm）下检视。供试品色谱中，在与对照药材和对照品色谱相应的位置上，分别显相同颜色的斑点。

饮片

【炮制】 除去杂质及粗皮，稍浸，洗净，润透，切厚片，干燥。

【性味与归经】 苦、辛，寒。归膀胱、肺经。

【功能】 祛风止痛，行水消肿。

【主治】 风湿痹痛，水肿，尿不利。

【用法与用量】 马、牛15～45g；羊、猪3～10g；兔、禽1～2g。

【贮藏】 置干燥处，防霉，防蛀。

广　枣

Guangzao

CHOEROSPONDIATIS FRUCTUS

本品系蒙古族习用药材。为漆树科植物南酸枣 Choerospondias axillaris（Roxb.）Burtt et Hill 的干燥成熟果实。秋季果实成熟时采收，除去杂质，干燥。

【性状】 本品呈椭圆形或近卵形，长2～3cm，直径1.4～2cm。表面黑褐色或棕褐色，稍有光泽，具不规则的皱褶，基部有果梗痕。果肉薄，棕褐色，质硬而脆。核近卵形，黄棕色，顶端有5个（偶有4个或6个）明显的小孔，每孔内各含种子1枚。气微，味酸。

【鉴别】 （1）本品粉末棕色。内果皮石细胞呈类圆形、椭圆形、梭形、长方形或不规则形，有的延长呈纤维状或有分枝，直径14～72μm，长25～294μm，壁厚，孔沟明显，胞腔内含淡黄棕色或黄褐色物。内果皮纤维木化，多上下层纵横交错排列，壁厚或稍厚，有的胞腔内含黄棕色物。外果皮细胞表面观呈类多角形，胞腔内含棕色物；断面观细胞呈类长方形，径向延长，外壁及径向壁角质化增厚。中果皮薄壁细胞含草酸钙簇晶和少数方晶，簇晶直径17～42μm，方晶菱形或不规则形，长10～48μm，直径7～27μm。

（2）取本品粉末2g，加70%乙醇20ml，加热回流15分钟，滤过，滤液蒸干，加乙酸乙酯10ml使溶解，滤过，取滤液1ml，置蒸发皿中，蒸干，加硼酸饱和的丙酮溶液与10%枸橼酸丙酮溶液各1ml，显黄绿色，继续蒸干，置紫外光灯（365nm）下观察，显黄绿色荧光；另取滤液1ml，置试管中，蒸干，加甲醇1ml使溶解，加三氯化铝试液3～4滴，溶液黄色略加深，点于滤纸上，置紫外光灯（365nm）下观察，显黄绿色荧光。

（3）取本品粉末5g，加70%乙醇30ml，加热回流30分钟，滤过，滤液蒸至约2ml，加水5ml使溶解，用乙醚振摇提取2次，每次15ml，合并乙醚液，蒸干，残渣加乙酸乙酯1ml使溶解，作为供试品溶液。另取没食子酸对照品，加无水乙醇制成每1ml含1mg的溶液，作为对照品溶液。照薄层色谱法（附录0502）试验，吸取供试品溶液10μl、对照品溶液5μl，分别点于同一硅胶G薄层板上，以三氯甲烷-丙酮-甲酸（7:2:1）为展开剂，展开，展距15cm，取出，晾干，置氨蒸气中熏至斑点显色清晰。供试品色谱中，在与对照品色谱相应的位置上，显相同颜色的斑点。

【检查】 水分 取本品去核粉末，照水分测定法（附录0832第一法）测定，不得过13.0%。

总灰分 取本品去核粉末，照灰分测定法（附录2302）测定，不得过6.5%。

【浸出物】 取本品去核粉末，照醇溶性浸出物测定法（附录2201）项下的热浸法测定，用稀乙醇作溶剂，不得少于28.0%。

【含量测定】 照高效液相色谱法（附录0512）测定。

色谱条件与系统适用性试验 以十八烷基硅烷键合硅胶为填充剂；以甲醇-水-冰醋酸（1:99:0.3）为流动相；检测波长为270nm；柱温30℃。理论板数按没食子酸峰计算应不低于3000。

对照品溶液的制备 取没食子酸对照品适量，精密称定，加甲醇制成每1ml含60μg的溶液，即得。

供试品溶液的制备 取本品去核粉末（过二号筛）约1g，精密称定，置具塞锥形瓶中，精密加入70%甲醇20ml，称定重量，加热回流1小时，放冷，再称定重量，用70%甲醇补足减失的重量，摇匀，滤过，取续滤液，即得。

测定法 分别精密吸取对照品溶液与供试品溶液各10μl，注入液相色谱仪，测定，即得。

本品去核后按干燥品计算，含没食子酸（$C_7H_6O_5$）不得少于0.060%。

【性味与归经】 甘、酸，平。归心、肝经。

【功能】 行气活血，养心安神。

【主治】 气滞血瘀，心神不安。

【用法与用量】 马、牛25～50g；羊、猪3～10g。

【贮藏】 置阴凉干燥处。

广　藿　香
Guanghuoxiang
POGOSTEMONIS HERBA

本品为唇形科植物广藿香 *Pogostemon cablin*（Blanco）Benth. 的干燥地上部分。枝叶茂盛时采割，日晒夜闷，反复至干。

【性状】 本品茎略呈方柱形，多分枝，枝条稍曲折，长30～60cm，直径0.2～0.7cm；表面被柔毛；质脆，易折断，断面中部有髓；老茎类圆柱形，直径1～1.2cm，被灰褐色栓皮。叶对生，皱缩成团，展平后叶片呈卵形或椭圆形，长4～9cm，宽3～7cm；两面均被灰白色绒毛；先端短尖或钝圆，基部楔形或钝圆，边缘具大小不规则的钝齿；叶柄细，长2～5cm，被柔毛。气香特异，味微苦。

【鉴别】 （1）本品叶片粉末淡棕色。叶表皮细胞呈不规则形，气孔直轴式。非腺毛1～6细胞，平直或先端弯曲，长约至590μm，壁具疣状突起，有的胞腔含黄棕色物。腺鳞头部8细胞，直径37～70μm；柄单细胞，极短。间隙腺毛存在于叶肉组织的细胞间隙中，头部单细胞，呈不规则囊状，直径13～50μm，长约至113μm；柄短，单细胞。小腺毛头部2细胞；柄1～3细胞，甚短。草酸钙针晶细小，散在于叶肉细胞中，长约至27μm。

（2）取本品粗粉适量，照挥发油测定法（附录2204）测定，分取挥发油0.5ml，加乙酸乙酯稀释至5ml，作为供试品溶液。另取百秋李醇对照品，加乙酸乙酯制成每1ml含2mg的溶液，作为对照品溶液。照薄层色谱法（附录0502）试验，吸取上述两种溶液各1～2μl，分别点于同一硅胶G薄层板上，以石油醚（30～60℃）-乙酸乙酯-冰醋酸（95:5:0.2）为展开剂，展开，取出，晾干，喷以5%三氯化铁乙醇溶液。供试品色谱中显一黄色斑点；加热至斑点显色清晰，供试品色谱中，在与对照品色谱相应的位置上，显相同的紫蓝色斑点。

【检查】 杂质 不得过2%（附录2301）。

水分 不得过14.0%（附录0832第二法）。

总灰分 不得过11.0%（附录2302）。

酸不溶性灰分 不得过4.0%（附录2302）。

叶 不得少于20%。

【浸出物】 照醇溶性浸出物测定法（附录2201）项下的冷浸法测定，用乙醇作溶剂，不得少于2.5%。

【含量测定】 照气相色谱法（附录0521）测定。

色谱条件与系统适用性试验 HP-5毛细管柱（交联5%苯基甲基聚硅氧烷为固定相）（柱长为30m，内径为0.32mm，膜厚度为0.25μm）；程序升温：初始温度150℃，保持23分钟，以每分钟8℃的速率升温至230℃，保持2分钟；进样口温度为280℃，检测器温度为280℃；分流比为20∶1。理论板数按百秋李醇峰计算应不低于50 000。

校正因子测定 取正十八烷适量，精密称定，加正己烷制成每1ml含15mg的溶液，作为内标溶液。取百秋李醇对照品30mg，精密称定，置10ml量瓶中，精密加入内标溶液1ml，用正己烷稀释至刻度，摇匀，取1μl注入气相色谱仪，计算校正因子。

测定法 取本品粗粉约3g，精密称定，置锥形瓶中，加三氯甲烷50ml，超声处理3次，每次20分钟，滤过，合并滤液，回收溶剂至干，残渣加正己烷使溶解，转移至5ml量瓶中，精密加入内标溶液0.5ml，加正己烷至刻度，摇匀，吸取1μl，注入气相色谱仪，测定，即得。

本品按干燥品计算，含百秋李醇（$C_{15}H_{26}O$）不得少于0.10%。

饮片

【炮制】 除去残根和杂质，先抖下叶，筛净另放；茎洗净，润透，切段，晒干，再与叶混匀。

本品呈不规则的段。茎略呈方柱形，表面灰褐色、灰黄色或带红棕色，被柔毛。切面有白色髓。叶破碎或皱缩成团，完整者展平后呈卵形或椭圆形，两面均被灰白色绒毛；基部楔形或钝圆，边缘具大小不规则的钝齿；叶柄细，被柔毛。气香特异，味微苦。

【鉴别】 同药材。

【性味与归经】 辛，微温。归脾、胃、肺经。

【功能】 芳香化湿，和中止呕，宣散表邪，行气化滞。

【主治】 伤暑，反胃吐食，肚胀，脾受湿困，暑湿泄泻。

【用法与用量】 马、牛10~30g；羊、猪3~10g；犬、猫1~3g；兔、禽0.3~1g。

【贮藏】 置阴凉干燥处，防潮。

女 贞 子

Nǚzhenzi

LIGUSTRI LUCIDI FRUCTUS

本品为木犀科植物女贞 *Ligustrum lucidum* Ait. 的干燥成熟果实。冬季果实成熟时采收，除去枝叶，稍蒸或置沸水中略烫后，干燥；或直接干燥。

【性状】 本品呈卵形、椭圆形或肾形，长6~8.5mm，直径3.5~5.5mm。表面黑紫色或灰黑色，皱缩不平，基部有果梗痕或具宿萼及短梗。体轻。外果皮薄，中果皮较松软，易剥离，内果皮木质，黄棕色，具纵棱，破开后种子通常为1粒，肾形，紫黑色，油性。气微，味甘、微苦涩。

【鉴别】 （1）本品粉末灰棕色或黑灰色。果皮表皮细胞（外果皮）断面观略呈扁圆形，外壁及侧壁呈圆拱形增厚，腔内含黄棕色物。内果皮纤维无色或淡黄色，上下数层纵横交错排列，直径9~35μm。种皮细胞散有类圆形分泌细胞，淡棕色，直径40~88μm，内含黄棕色分泌物及油滴。

（2）取本品粉末0.5g，加三氯甲烷20ml，超声处理30分钟，滤过，滤液蒸干，残渣加甲醇1ml使溶解，作为供试品溶液。另取齐墩果酸对照品，加甲醇制成每1ml含1mg的溶液，作为对照品溶液。照薄层色谱法（附录0502）试验，吸取上述两种溶液各4μl，分别点于同一硅胶G薄层板上，以三氯甲烷-甲醇-甲酸（40:1:1）为展开剂，展开，取出，晾干，喷以10%硫酸乙醇溶液，在110℃加热至斑点显色清晰。供试品色谱中，在与对照品色谱相应的位置上，显相同颜色的斑点。

【检查】 杂质 不得过3%（附录2301）。

水分 不得过8.0%（附录0832第一法）。

总灰分 不得过5.5%（附录2302）。

【浸出物】 照醇溶性浸出物测定法（附录2201）项下的热浸法测定，用30%乙醇作溶剂，不得少于25.0%。

【含量测定】 照高效液相色谱法（附录0512）测定。

色谱条件与系统适用性试验 以十八烷基硅烷键合硅胶为填充剂；以甲醇-水（40:60）为流动相；检测波长为224nm。理论板数按特女贞苷峰计算应不低于4000。

对照品溶液的制备 取特女贞苷对照品适量，精密称定，加甲醇制成每1ml含0.25mg的溶液，即得。

供试品溶液的制备 取本品粉末（过三号筛）约0.5g，精密称定，置具塞锥形瓶中，精密加入稀乙醇50ml，称定重量，加热回流1小时，放冷，再称定重量，用稀乙醇补足减失的重量，摇匀，滤过，取续滤液，即得。

测定法 分别精密吸取对照品溶液5μl与供试品溶液10μl，注入液相色谱仪，测定，即得。

本品按干燥品计算，含特女贞苷（$C_{31}H_{42}O_{17}$）不得少于0.70%。

饮片

【炮制】 女贞子 除去杂质，洗净，干燥。

【性状】【鉴别】【检查】（水分 总灰分）【浸出物】【含量测定】 同药材。

酒女贞子 取净女贞子，照酒炖法或酒蒸法（附录0203）炖至酒吸尽或蒸透。

本品形如女贞子，表面黑褐色或灰黑色，常附有白色粉霜。微有酒香气。

【鉴别】【检查】（水分 总灰分）【浸出物】【含量测定】 同药材。

【性味与归经】 甘、苦，凉。归肝、肾经。

【功能】 补肝肾，强筋骨，明目。

【主治】 阴虚内热，腰肢无力，肾虚滑精，视力减退。

【用法与用量】 马、牛15～60g；羊、猪6～15g；犬、猫2～5g；兔、禽1.5～3g。

【贮藏】 置干燥处。

小 叶 莲

Xiaoyelian

SINOPODOPHYLLI FRUCTUS

本品系藏族习用药材。为小檗科植物桃儿七 *Sinopodophyllum hexandrum*（Royle）Ying 的干燥成熟果实。秋季果实成熟时采摘，除去杂质，干燥。

【性状】 本品呈椭圆形或近球形，多压扁，长3～5.5cm，直径2～4cm。表面紫红色或紫褐色，皱缩，有的可见露出的种子。顶端稍尖，果梗黄棕色，多脱落。果皮与果肉粘连成薄片，易碎，内具多数种子。种子近卵形，长约4mm；表面红紫色，具细皱纹，一端有小突起；质硬；种仁白色，有油性。气微，味酸甜、涩；种子味苦。

【鉴别】 （1）本品粉末暗红色。种皮表皮细胞橙红色至深红色，断面观长方形或类方形，壁厚，常与种皮薄壁细胞相连。果皮表皮细胞淡黄色，表面观多角形，直径10～40μm。果皮下皮细胞淡黄棕色，表面观类多角形，直径20～70μm。导管主为螺纹导管。胚乳细胞呈类多角形，胞腔内含糊粉粒及脂肪油滴。

（2）取本品粉末5g，加甲醇10ml，超声处理20分钟，滤过，滤液蒸干，残渣加甲醇2ml使溶解，作为供试品溶液。另取鬼臼毒素对照品，加甲醇制成每1ml含0.5mg的溶液，作为对照品溶液。照薄层色谱法（附录0502）试验，吸取上述两种溶液各4μl，分别点于同一硅胶G薄层板上，以环己烷-水饱和正丁醇-甲酸（6.5:2.5:0.8）的上层溶液为展开剂，展开，取出，晾干，喷以1%的香草醛硫酸溶液，加热至斑点显色清晰。供试品色谱中，在与对照品色谱相应的位置上，显相同颜色的斑点。

【检查】 水分 不得过11.0%（附录0832第一法）。

总灰分 不得过6.0%（附录2302）。

【性味】 甘，平；有小毒。

【功能】 活血祛瘀，祛风利湿。

【主治】 产后血瘀，恶露不尽，胎衣不下，风湿痹痛，跌打损伤。

【用法与用量】 马、牛15～45g；羊、猪3～9g。

【贮藏】 置干燥处。

小 茴 香

Xiaohuixiang

FOENICULI FRUCTUS

本品为伞形科植物茴香 *Foeniculum vulgare* Mill. 的干燥成熟果实。秋季果实初熟时采割植株，晒干，打下果实，除去杂质。

【性状】 本品为双悬果，呈圆柱形，有的稍弯曲，长4～8mm，直径1.5～2.5mm。表面黄绿色或淡黄色，两端略尖，顶端残留有黄棕色突起的柱基，基部有时有细小的果梗。分果呈长椭圆形，背面有纵棱5条，接合面平坦而较宽。横切面略呈五边形，背面的四边约等长。有特异香气，味微甜、辛。

【鉴别】 （1）本品分果横切面：外果皮为1列扁平细胞，外被角质层。中果皮纵棱处有维管束，其周围有多数木化网纹细胞；背面纵棱间各有大的椭圆形棕色油管1个，接合面有油管2个，共6个。内果皮为1列扁平薄壁细胞，细胞长短不一。种皮细胞扁长，含棕色物。胚乳细胞多角形，含多数糊粉粒，每个糊粉粒中含有细小草酸钙簇晶。

（2）取本品粉末2g，加乙醚20ml，超声处理10分钟，滤过，滤液挥干，残渣加三氯甲烷1ml使溶解，作为供试品溶液。另取茴香醛对照品，加乙醇制成每1ml含1μl的溶液，作为对照品溶液。照薄层色谱法（附录0502）试验，吸取供试品溶液5μl、对照品溶液1μl，分别点于同一硅胶G薄层板上，以石油醚（60～90℃）-乙酸乙酯（17:2.5）为展开剂，展至8cm，取出，晾干，喷以二硝基苯肼试液。供试品色谱中，在与对照品色谱相应的位置上，显相同的橙红色斑点。

【检查】 杂质 不得过4%（附录2301）。

总灰分 不得过10.0%（附录2302）。

【含量测定】 挥发油 照挥发油测定法（附录2204）测定。

本品含挥发油不得少于1.5%（ml/g）。

反式茴香脑 照气相色谱法（附录0521）测定。

色谱条件与系统适用性试验 聚乙二醇毛细管柱（柱长为30m，内径为0.32mm，膜厚度为0.25μm）；柱温为145℃。理论板数按反式茴香脑峰计算应不低于5000。

对照品溶液的制备 取反式茴香脑对照品适量，精密称定，加乙酸乙酯制成每1ml含0.4mg的溶液，即得。

供试品溶液的制备 取本品粉末（过三号筛）约0.5g，精密称定，精密加入乙酸乙酯25ml，称定重量，超声处理（功率300W，频率40kHz）30分钟，放冷，再称定重量，用乙酸乙酯补足减失的重量，摇匀，滤过，取续滤液，即得。

测定法 分别精密吸取对照品溶液与供试品溶液各2μl，注入气相色谱仪，测定，即得。

本品含反式茴香脑（$C_{10}H_{12}O$）不得少于1.4%。

饮片

【炮制】 小茴香 除去杂质。

【性状】【鉴别】【检查】（总灰分）**【含量测定】** 同药材。

盐小茴香 取净小茴香，照盐水炙法（附录0203）炒至微黄色。

本品形如小茴香，微鼓起，色泽加深，偶有焦斑。味微咸。

【检查】 总灰分 同药材，不得过12.0%。

【含量测定】 同药材，含反式茴香脑（$C_{10}H_{12}O$）不得少于1.3%。

【鉴别】 同药材。

【性味与归经】 辛，温。归肝、肾、脾、胃经。

【功能】 散寒止痛，理气和胃。

【主治】 寒伤腰胯，冷痛，冷肠泄泻，胃寒草少，腹胀，宫寒不孕。

【用法与用量】 马、牛15～60g；羊、猪5～10g；犬、猫1～3g；兔、禽0.5～2g。

【贮藏】 置阴凉干燥处。

小 通 草

Xiaotongcao

STACHYURI MEDULLA

HELWINGIAE MEDULLA

本品为旌节花科植物喜马山旌节花 *Stachyurus himalaicus* Hook. f. et Thoms.、中国旌节花 *Stachyurus chinensis* Franch. 或山茱萸科植物青荚叶 *Helwingia japonica*（Thunb.）Dietr.的干燥茎髓。秋季割取茎，截成段，趁鲜取出髓部，理直，晒干。

【性状】 旌节花 呈圆柱形，长30～50cm，直径0.5～1cm。表面白色或淡黄色，无纹理。体轻，质松软，捏之能变形，有弹性，易折断，断面平坦，无空心，显银白色光泽。水浸后有黏滑感。气微，味淡。

青荚叶 表面有浅纵条纹。质较硬，捏之不易变形。水浸后无黏滑感。

【鉴别】 本品横切面：旌节花均为薄壁细胞，类圆形、椭圆形或多角形，纹孔稀疏；有黏液细胞散在。中国旌节花有少数草酸钙簇晶,喜马山旌节花无簇晶。

青荚叶 薄壁细胞纹孔较明显,含无色液滴,有少数草酸钙簇晶,无黏液细胞。

饮片

【**炮制**】 除去杂质,切段。

【**性味与归经**】 甘、淡,寒。归肺、胃经。

【**功能**】 清热,利尿,下乳。

【**主治**】 膀胱湿热,小便不利,乳汁不下。

【**用法与用量**】 马、牛15~30g;羊、猪3~10g。

【**注意**】 孕畜慎用。

【**贮藏**】 置干燥处。

小　蓟

Xiaoji

CIRSII HERBA

本品为菊科植物刺儿菜 Cirsium setosum(willd.)MB. 的干燥地上部分。夏、秋二季花开时采割,除去杂质,晒干。

【**性状**】 本品茎呈圆柱形,有的上部分枝,长5~30cm,直径0.2~0.5cm;表面灰绿色或带紫色,具纵棱及白色柔毛;质脆,易折断,断面中空。叶互生,无柄或有短柄;叶片皱缩或破碎,完整者展平后呈长椭圆形或长圆状披针形,长3~12cm,宽0.5~3cm;全缘或微齿裂至羽状深裂,齿尖具针刺;上表面绿褐色,下表面灰绿色,两面均具白色柔毛。头状花序单个或数个顶生;总苞钟状,苞片5~8层,黄绿色;花紫红色。气微,味微苦。

【**鉴别**】 (1)本品叶表面观:上表皮细胞多角形,垂周壁平直,表面角质纹理明显;下表皮垂周壁波状弯曲,上下表皮均有气孔及非腺毛。气孔不定式或不等式。非腺毛3~10余细胞,顶端细胞细长呈鞭状,皱缩扭曲。叶肉细胞中含草酸钙结晶,多呈针簇状。

(2)取本品粉末0.5g,加甲醇5ml,超声处理30分钟,滤过,滤液蒸干,残渣加甲醇2 ml使溶解,作为供试品溶液。另取小蓟对照药材0.5g,同法制成对照药材溶液。再取蒙花苷对照品,加甲醇制成每1ml含0.5mg的溶液,作为对照品溶液。照薄层色谱法(附录0502)试验,吸取上述三种溶液各1µl,分别点于同一聚酰胺薄膜上,以乙酰丙酮-丁酮-乙醇-水(1:3:3:13)为展开剂,展开,取出,晾干,喷以三氯化铝试液,晾干,置紫外光灯(365nm)下检视。供试品色谱中,在与对照药材色谱和对照品色谱相应的位置上,显相同颜色的荧光斑点。

【**检查**】 **杂质** 不得过2%(附录2301)。

水分 不得过12.0%(附录0832第一法)。

酸不溶性灰分 不得过5.0%(附录2302)。

【**浸出物**】 照醇溶性浸出物测定法(附录2201)项下的热浸法测定,用稀乙醇作溶剂,不得少于19.0%。

【**含量测定**】 照高效液相色谱法(附录0512)测定。

色谱条件与系统适用性试验 以十八烷基硅烷键合硅胶为填充剂;以甲醇-0.5%醋酸溶液(55:45)为流动相,检测波长为326nm。理论板数按蒙花苷峰计算应不低于1500。

对照品溶液的制备 取蒙花苷对照品适量，精密称定，加甲醇制成每1ml含0.1mg的溶液，即得。

供试品溶液的制备 取本品粉末（过四号筛）约0.1g，精密称定，置具塞锥形瓶中，精密加入甲醇10ml，称定重量，超声处理（功率100W，频率40kHz）15分钟，放冷，再称定重量，用甲醇补足减失的重量，摇匀，滤过，取续滤液，即得。

测定法 分别精密吸取对照品溶液与供试品溶液各5μl，注入液相色谱仪，测定，即得。

本品按干燥品计算，含蒙花苷（$C_{28}H_{32}O_{14}$）不得少于0.70%。

饮片

【炮制】 小蓟 除去杂质，洗净，稍润，切段，干燥。

本品呈不规则的段。茎呈圆柱形，表面灰绿色或带紫色，具纵棱和白色柔毛。切面中空。叶片多皱缩或破碎，叶齿尖具针刺；两面均具白色柔毛。头状花序，总苞钟状；花紫红色。气微，味苦。

【浸出物】 同药材，不得少于14.0%。

【鉴别】【检查】（水分 酸不溶性灰分）**【含量测定】** 同药材。

小蓟炭 取净小蓟段，照炒炭法（附录0203）炒至黑褐色。

本品形如小蓟段。表面黑褐色，内部焦褐色。

【鉴别】（除叶表面观外） 同药材。

【性味与归经】 甘、苦，凉。归心、肝经。

【功能】 凉血止血，祛瘀消肿。

【主治】 衄血，尿血，痈肿疮毒，外伤出血。

【用法与用量】 马、牛20～60g；羊、猪10～15g；犬5～10g。鲜品捣烂外敷。

【贮藏】 置通风干燥处。

飞 扬 草

Feiyangcao

EUPHORBIAE HIRTAE HERBA

本品为大戟科植物飞扬草 *Euphorbia hirta* L. 的干燥全草。夏、秋二季采挖，洗净，晒干。

【性状】 本品茎呈近圆柱形，长15～50cm，直径1～3mm。表面黄褐色或浅棕红色；质脆，易折断，断面中空；地上部分被长粗毛。叶对生，皱缩，展平后叶片椭圆状卵形或略近菱形，长1～4cm，宽0.5～1.3cm；绿褐色，先端急尖或钝，基部偏斜，边缘有细锯齿，有3条较明显的叶脉。聚伞花序密集成头状，腋生。蒴果卵状三棱形。气微，味淡、微涩。

【鉴别】（1）本品粉末淡黄色。叶上表皮细胞表面观为多角形或类长方形，垂周壁较平直，气孔多为不等式。叶下表皮细胞垂周壁波状弯曲，气孔多为不定式或不等式。非腺毛2～6（8）细胞，顶端2个细胞特别长，基部细胞宽；表面具疣状突起，有的非腺毛缢缩。花粉粒类球形，表面光滑，直径约15μm。茎表皮细胞多角形，有的含黄色或黄棕色物。导管为螺纹导管、梯纹导管或网纹导管。

（2）取本品粗粉1g，加水50ml，加热回流1小时，滤过，滤液用乙酸乙酯振摇提取2次（40ml，30ml），合并乙酸乙酯液，蒸干，残渣加甲醇2ml使溶解，作为供试品溶液。另取飞扬草对照药材1g，同法制成对照药材溶液。再取槲皮苷对照品、没食子酸对照品，分别加甲醇制成每1ml各含1mg的溶液，作为对照品溶液。照薄层色谱法（附录0502）试验，吸取上述四种溶液各

2μl，分别点于同一硅胶G薄层板上，以甲苯-乙酸乙酯-甲酸（6:10:1）为展开剂，展开，取出，晾干，喷以5%三氯化铝乙醇溶液，晾干，置紫外光灯（365nm）下检视。供试品色谱中，在与对照药材色谱和对照品色谱相应的位置上，显相同颜色的荧光斑点。

【检查】　杂质　不得过3.5%（附录2301）。

水分　不得过13.0%（附录0832第一法）。

总灰分　不得过9.0%（附录2302）。

【浸出物】　照醇溶性浸出物测定法（附录2201）项下的热浸法测定，用稀乙醇作溶剂，不得少于12.0%。

饮片

【炮制】　除去杂质，洗净，稍润，切段，干燥。

【性味与归经】　辛、酸，凉。归肺、膀胱、大肠经。

【功能】　清热解毒，利湿止痒，通乳。

【主治】　肺痈，乳痈，疔疮肿毒，泄泻，热淋，血尿，产后乳少，湿疹。

【用法与用量】　马、牛120～180g；羊、猪30～60g。

外用鲜品适量，捣烂敷或煎汤洗患处。

【贮藏】　置干燥处。

马 兰 草

Malancao

KALIMERIDIS HERBA

本品为菊科植物马兰 *Kalimeris indica*（L.）Sch.-Bip. 的干燥全草。夏、秋二季采挖，除去杂质，晒干。

【性状】　本品长8～55cm根茎圆柱形，多弯曲，着生多数浅棕黄色细根。茎类圆柱形，直径1～3mm，表面灰绿色或紫褐色，略具纵纹，断面中部有髓。叶互生，近无柄，叶片皱缩卷曲，多已破碎，完整者展平后呈椭圆形至披针形，长1～7cm，宽0.5～2.5cm，边缘有疏粗齿或羽状浅裂，茎上部小叶常全缘，叶缘及叶面被疏毛。头状花序顶生。气微，味淡。

【鉴别】　取本品粉末2g，加石油醚（30～60℃）30ml，加热回流30分钟，滤过，滤液浓缩至约1ml，作为供试品溶液。另取马兰草对照药材2g，同法制成对照药材溶液。照薄层色谱法（附录0502）试验，吸取上述两种溶液各5μl，分别点于同一硅胶G薄层板上，以环己烷-乙酸乙酯（9:1）为展开剂，展开，取出，晾干，喷以香草醛硫酸试液，在105℃加热至斑点显色清晰。供试品色谱中，在与对照药材色谱相应位置上，显相同颜色的斑点。

饮片

【炮制】　除去杂质，喷淋清水，稍润，切段，干燥。

【性味与归经】　苦、辛，平。归肝、胃、肺经。

【功能】　清热解毒，利水，消积。

【主治】　感冒发热，咽喉肿痛，膀胱湿热，食积不消。

【用法与用量】　马、牛90～240g；羊、猪30～60g。

【贮藏】　置干燥处。

马 尾 连

Maweilian

THALICTRI RADIX ET RHIZOMA

本品为毛茛科植物金丝马尾连 *Thalictrum glandulosissimum* W. T. Wang et S. H. Wang、高原唐松草 *Thalictrum cultratum* Wall. 或多叶唐松草 *Thalictrum foliolosum* DC. 的干燥根及根茎。秋、冬二季采挖，除去泥沙，晒干。

【性状】 **金丝马尾连** 根茎由数个或十余个芦头连成结节状；细根数至数十条丛生，长10~20cm，直径0.1cm。表面棕色，木栓层脱落处呈金黄色，光滑。质脆，易折断，断面平坦。气微，味苦。

高原唐松草 细根长5~10cm。木栓层脱落处呈浅棕色。断面略呈纤维性。

多叶唐松草 根茎横生。细根直径3mm。断面中心可见圆形金黄色木心。味稍苦。

【鉴别】 取本品粉末1g，加乙醇10ml，稀盐酸5滴，置水浴上加热15分钟，滤过。取滤液1ml，加碘化铋钾试液3滴，生成橘红色沉淀；另取滤液1ml，加硅钨酸试液2~3滴，生成黄白色沉淀。

【性味与归经】 苦，寒。归心、肝、胆、大肠经。

【功能】 清热燥湿，泻火解毒。

【主治】 痢疾，肠黄，目赤肿痛，咽喉肿痛，口舌生疮，湿热黄疸，痈肿疮疖。

【用法与用量】 马、牛30~80g；羊、猪10~15g；禽1~2g。

【贮藏】 置干燥处。

马 齿 苋

Machixian

PORTULACAE HERBA

本品为马齿苋科植物马齿苋 *Portulaca oleracea* L. 的干燥地上部分。夏、秋二季采收，除去残根和杂质，洗净，略蒸或烫后晒干。

【性状】 本品多皱缩卷曲，常结成团。茎圆柱形，长可达30cm，直径0.1~0.2cm，表面黄褐色，有明显纵沟纹。叶对生或互生，易破碎，完整叶片倒卵形，长1~2.5cm，宽0.5~1.5cm；绿褐色，先端钝平或微缺，全缘。花小，3~5朵生于枝端，花瓣5，黄色。蒴果圆锥形，长约5mm，内含多数细小种子。气微，味微酸。

【鉴别】 （1）本品粉末灰绿色。草酸钙簇晶众多，大小不一，直径7~108μm，大型簇晶的晶块较大，棱角钝。草酸钙方晶宽8~69μm，长至125μm，有的方晶堆砌成簇晶状。叶表皮细胞垂周壁弯曲或较平直，气孔平轴式。含晶细胞常位于维管束旁，内含细小草酸钙簇晶。内果皮石细胞大多成群，呈长棱形或长方形，壁稍厚，可见孔沟与纹孔。种皮细胞棕红色或棕黄色，表面观呈多角星状，表面密布不整齐小突起。花粉粒类球形，直径48~65μm，表面具细刺状纹饰，萌发孔短横线状。

（2）取本品粉末2g，加水20ml，加甲酸调节pH值至3~4，冷浸3小时，滤过，滤液蒸干，残渣加水5ml使溶解，作为供试品溶液。另取马齿苋对照药材2g，同法制成对照药材溶液。照薄层色谱法（附录0502）试验，吸取上述两种溶液各1～2μl，分别点于同一硅胶G薄层板上，以水饱和正丁醇-冰醋酸-水（4∶1∶1）为展开剂，展开，取出，晾干，喷以0.2%茚三酮乙醇溶液，在110℃加热至斑点显色清晰。供试品色谱中，在与对照药材色谱相应的位置上，显相同颜色的斑点。

【检查】 水分　不得过12.0%（附录0832第一法）。

饮片

【炮制】 除去杂质，洗净，稍润，切段，干燥。

本品呈不规则的段。茎圆柱形，表面黄褐色，有明显纵沟纹。叶多破碎，完整者展平后呈倒卵形，先端钝平或微缺，全缘。蒴果圆锥形，内含多数细小种子。气微，味微酸。

【检查】 水分　同药材，不得过9.0%。

【鉴别】 同药材。

【性味与归经】 酸、寒。归肝、大肠经。

【功能】 清热解毒，凉血止痢。

【主治】 热毒下痢，疮黄肿毒，热淋血尿，便血，蛇虫咬伤。

【用法与用量】 马、牛30～120g；羊、猪15～30g；兔、禽1.5～6g。鲜品量加倍。

外用适量。

【贮藏】 置通风干燥处，防潮。

马　勃

Mabo

LASIOSPHAERA CALVATIA

本品为灰包科真菌脱皮马勃 Lasiosphaera fenzlii Reich.、大马勃 Calvatia gigantea（Batsch ex Pers.）Lloyd 或紫色马勃 Calvatia lilacina（Mont.et Berk.）Lloyd 的干燥子实体。夏、秋二季子实体成熟时及时采收，除去泥沙，干燥。

【性状】 **脱皮马勃**　呈扁球形或类球形，无不孕基部，直径15～20cm。包被灰棕色至黄褐色，纸质，常破碎呈块片状，或已全部脱落。孢体灰褐色或浅褐色，紧密，有弹性，用手撕之，内有灰褐色棉絮状的丝状物。触之则孢子呈尘土样飞扬，手捻有细腻感。嗅似尘土，无味。

大马勃　不孕基部小或无。残留的包被由黄棕色的膜状外包被和较厚的灰黄色的内包被所组成，光滑，质硬而脆，成块脱落。孢体浅青褐色，手捻有润滑感。

紫色马勃　呈陀螺形，或已压扁呈扁圆形，直径5～12cm，不孕基部发达。包被薄，两层，紫褐色，粗皱，有圆形凹陷，外翻，上部常裂成小块或已部分脱落。孢体紫色。

【鉴别】 （1）取本品置火焰上，轻轻抖动，即可见微细的火星飞扬，熄灭后，发生大量白色浓烟。

（2）脱皮马勃　粉末灰褐色。孢丝长，淡褐色，有分枝，相互交织，直径2～4.5μm，壁厚。孢子褐色，球形，直径4.5～5μm，有小刺，长1.5～3μm。

大马勃　粉末淡青褐色。孢丝稍分枝，有稀少横隔，直径2.5～6μm。孢子淡青黄色，光滑或有的具微细疣点，直径3.5～5μm。

紫色马勃　粉末灰紫色。孢丝分枝，有横隔，直径2～5μm，壁厚。孢子紫色，直径4～5.5μm，有小刺。

（3）取本品碎块1g，加乙醇与0.1mol/l氢氧化钠溶液各8ml，浸湿，低温烘干，缓缓炽灼，于

700℃使完全灰化，放冷，残渣加水10ml使溶解，滤过，滤液显磷酸盐的鉴别反应（附录0301）。

（4）取本品粉末1g，加二氯甲烷40ml，加热回流1小时，放冷，滤过，滤液蒸干，残渣加二氯甲烷1ml使溶解，作为供试品溶液。另取马勃对照药材1g，同法制成对照药材溶液。照薄层色谱法（附录0502）试验，吸取上述两种溶液各5μl，分别点于同一硅胶G薄层板上，以环己烷-丙酮-乙醚（10:1:2）为展开剂，展开，取出，晾干，置紫外光灯（365nm）下检视。供试品色谱中，在与对照药材色谱相应的位置上，显相同颜色的荧光主斑点。

【检查】 **水分** 取本品粉末0.5g，照水分测定法（附录0832第一法）测定，不得过15.0%。

总灰分 取本品粉末0.5g，照灰分测定法（附录2302）测定，不得过15.0%。

酸不溶性灰分 取本品粉末0.5g，照灰分测定法（附录2302）测定，不得过10.0%。

【浸出物】 照醇溶性浸出物测定法（附录2201）项下的热浸法测定，用稀乙醇作溶剂，不得少于8.0%。

饮片

【炮制】 除去杂质，剪成小块。

【性味与归经】 辛，平。归肺经。

【功能】 清肺利咽，消肿止血。

【主治】 咽喉肿痛，肺热咳嗽，鼻衄，创伤出血。

【用法与用量】 马、牛15～25g；羊、猪3～6g；犬、猫0.5～1g。外用适量。

【贮藏】 置干燥处，防尘。

马 钱 子

Maqianzi

STRYCHNI SEMEN

本品为马钱科植物马钱 *Strychnos nux-vomica* L. 的干燥成熟种子。冬季采收成熟果实，取出种子，晒干。

【性状】 本品呈纽扣状圆板形，常一面隆起，一面稍凹下，直径1.5～3cm，厚0.3～0.6cm。表面密被灰棕或灰绿色绢状茸毛，自中间向四周呈辐射状排列，有丝样光泽。边缘稍隆起，较厚，有突起的珠孔，底面中心有突起的圆点状种脐。质坚硬，平行剖面可见淡黄白色胚乳，角质状，子叶心形，叶脉5～7条。气微，味极苦。

【鉴别】 （1）本品粉末灰黄色。非腺毛单细胞，基部膨大似石细胞，壁极厚，多碎断，木化。胚乳细胞多角形，壁厚，内含脂肪油及糊粉粒。

（2）取本品粉末0.5g，加三氯甲烷-乙醇（10:1）混合溶液5ml与浓氨试液0.5ml，密塞，振摇5分钟，放置2小时，滤过，取滤液作为供试品溶液。另取士的宁对照品、马钱子碱对照品，加三氯甲烷制成每1ml各含2mg的混合溶液，作为对照品溶液。照薄层色谱法（附录0502）试验，吸取上述两种溶液各10μl，分别点于同一硅胶G薄层板上，以甲苯-丙酮-乙醇-浓氨试液（4:5:0.6:0.4）为展开剂，展开，取出，晾干，喷以稀碘化铋钾试液。供试品色谱中，在与对照品色谱相应的位置上，显相同颜色的斑点。

【检查】 **水分** 不得过13.0%（附录0832第一法）。

总灰分 不得过2.0%（附录2302）。

【含量测定】 照高效液相色谱法（附录0512）测定。

色谱条件与系统适用性试验 以十八烷基硅烷键合硅胶为填充剂；以乙腈-0.01mol/l庚烷磺酸钠与0.02mol/l磷酸二氢钾等量混合溶液（用10%磷酸调节pH值2.8）（21:79）为流动相；检测波长为260nm。理论板数按士的宁峰计算应不低于5000。

对照品溶液的制备 取士的宁对照品6mg、马钱子碱对照品5mg，精密称定，分别置10ml量瓶中，加三氯甲烷适量使溶解并稀释至刻度，摇匀。分别精密量取2ml，置同一10ml量瓶中，用甲醇稀释至刻度，摇匀，即得（每1ml含士的宁0.12mg、马钱子碱0.1mg）。

供试品溶液的制备 取本品粉末（过三号筛）约0.6g，精密称定，置具塞锥形瓶中，加氢氧化钠试液3ml，混匀，放置30分钟，精密加入三氯甲烷20ml，密塞，称定重量，置水浴中回流提取2小时，放冷，再称定重量，用三氯甲烷补足减失的重量，摇匀，分取三氯甲烷液，用铺有少量无水硫酸钠的滤纸滤过，弃去初滤液，精密量取续滤液3ml，置10ml量瓶中，加甲醇至刻度，摇匀，即得。

测定法 分别精密吸取对照品溶液与供试品溶液各10μl，注入液相色谱仪，测定，即得。

本品按干燥品计算，含士的宁（$C_{21}H_{22}N_2O_2$）应为1.20%～2.20%，马钱子碱（$C_{23}H_{26}N_2O_4$）不得少于0.80%。

饮片

【炮制】 生马钱子 除去杂质。

【性状】【鉴别】【检查】【含量测定】 同药材。

制马钱子 取净马钱子，照烫法（附录0203）用砂烫至鼓起并显棕褐色或深棕色。

本品形如马钱子，两面均膨胀鼓起，边缘较厚。表面棕褐色或深棕色，质坚脆，平行剖面可见棕褐色或深棕色的胚乳。微有香气，味极苦。

【鉴别】 （1）本品粉末棕褐色或深棕色。非腺毛单细胞，棕黄色，基部膨大似石细胞，壁极厚，多碎断，木化。胚乳细胞多角形，壁厚，内含棕褐色物。

【检查】 水分 同药材，不得过12.0%。

【鉴别】（2）【检查】（总灰分）【含量测定】 同药材。

【性味与归经】 苦，寒；有大毒。归肝、脾经。

【功能】 通络止痛，散结消肿。

【主治】 风湿痹痛，跌打损伤，宿草不转，疮黄肿毒。

【用法与用量】 马、牛1.5～6g；羊、猪0.3～1.2g。

【注意】 不宜生用，不宜多服久服，孕畜禁用。

【贮藏】 置干燥处。

马 钱 子 粉

Maqianzi Fen

STRYCHNI SEMEN PULVERATUM

本品为马钱子的炮制加工品。

【制法】 取制马钱子，粉碎成细粉，照马钱子〔含量测定〕项下的方法测定士的宁含量后，加适量淀粉，使含量符合规定，混匀，即得。

【性状】 本品为黄褐色粉末。气微香，味极苦。

【鉴别】 照马钱子项下的〔鉴别〕（2）项试验，显相同的结果。

【检查】 水分 不得过14.0%（附录0832第一法）。

【含量测定】 取本品粉末（过三号筛）约0.6g，精密称定，置具塞锥形瓶中，加硅藻土2g，混匀，加氢氧化钠试液9ml，充分振摇，照马钱子〔含量测定〕项下供试品溶液的制备，自"放置30分钟"起，同法测定。

本品按干燥品计算，含士的宁（$C_{21}H_{22}N_2O_2$）应为0.78%～0.82%，马钱子碱（$C_{23}H_{26}N_2O_4$）不得少于0.50%。

【性味与归经】 苦，寒；有大毒。归肝、脾经。

【功能】 通络止痛，散结消肿。

【主治】 风湿痹痛，跌打损伤，宿草不转，疮黄肿毒。

【用法与用量】 马、牛1.5～6 g；羊、猪0.3～1.2 g。

【注意】 不宜生用，不宜多服久服，孕畜禁用。

【贮藏】 密闭保存，置干燥处。

马 兜 铃

Madouling
ARISTOLOCHIAE FRUCTUS

本品为马兜铃科植物北马兜铃 *Aristolochia contorta* Bge. 或马兜铃 *Aristolochia debilis* Sieb. et Zucc. 的干燥成熟果实。秋季果实由绿变黄时采收，干燥。

【性状】 本品呈卵圆形，长3～7cm，直径2～4cm。表面黄绿色、灰绿色或棕褐色，有纵棱线12条，由棱线分出多数横向平行的细脉纹。顶端平钝，基部有细长果梗。果皮轻而脆，易裂为6瓣，果梗也分裂为6条。果皮内表面平滑而带光泽，有较密的横向脉纹。果实分6室，每室种子多数，平叠整齐排列。种子扁平而薄，钝三角形或扇形，长6～10mm，宽8～12mm，边缘有翅，淡棕色。气特异，味微苦。

【鉴别】 （1）本品粉末黄棕色。种翅网纹细胞较多，类长圆形或多角形，长径15～110μm，纹孔较大，交织成网状。种皮厚壁细胞成片，类圆形或不规则形，棕黄色，长径9～25μm，壁极厚，胞腔内常含草酸钙小方晶。外果皮细胞多边形，间有类圆形油细胞。果隔厚壁细胞呈上、下层交叉排列，一层细胞呈纺锤形或长梭形，另一侧细胞类长方形或不规则形，壁稍厚，具点状纹孔。

（2）取本品粉末3g，加乙醇50ml，加热回流1小时，滤过，滤液蒸干，残渣加乙醇5ml使溶解，作为供试品溶液。另取马兜铃对照药材3g，同法制成对照药材溶液。再取马兜铃酸Ⅰ对照品，加乙醇制成每1ml含0.5mg的溶液，作为对照品溶液。照薄层色谱法（附录0502）试验，吸取上述三种溶液各5μl，分别点于同一硅胶G薄层板上，使成条状，以甲苯-乙酸乙酯-水-甲酸（20：10：1：1）的上层溶液为展开剂，展开，取出，晾干，置紫外光灯（365nm）下检视。供试品色谱中，在与对照药材色谱和对照品色谱相应的位置上，分别显相同颜色的荧光条斑。

饮片
【炮制】 马兜铃 除去杂质，筛去灰屑。

蜜马兜铃 取净马兜铃，搓碎，照蜜炙法（附录0203）炒至不粘手。

【性味与归经】 苦，微寒。归肺、大肠经。

【功能】 清肺降气，止咳平喘。

【主治】 肺热咳嗽，痰多喘促。

【用法与用量】 马、牛15～30g；羊、猪3～6g。

【贮藏】 置干燥处。

马 鞭 草
Mabiancao
VERBENAE HERBA

本品为马鞭草科植物马鞭草 *Verbena officinalis* L. 的干燥地上部分。6～8月花开时采割，除去杂质，晒干。

【性状】 本品茎呈方柱形，多分枝，四面有纵沟，长0.5～1m；表面绿褐色，粗糙；质硬而脆，断面有髓或中空。叶对生，皱缩，多破碎，绿褐色，完整者展平后叶片3深裂，边缘有锯齿。穗状花序细长，有小花多数。气微，味苦。

【鉴别】 （1）本品粉末绿褐色。茎表皮细胞呈长多角形或类长方形，垂周壁多平直，具气孔。叶下表皮细胞垂周壁波状弯曲，气孔不定式或不等式，副卫细胞3～5个。腺鳞头部4细胞，直径23～58μm；柄单细胞。非腺毛单细胞。花粉粒类圆形或类圆三角形，直径24～35μm，表面光滑，有3个萌发孔。

（2）取本品粉末2g，加80%甲醇60ml，加热回流1小时，滤过，滤液蒸干，残渣加甲醇2ml使溶解，作为供试品溶液。另取马鞭草对照药材1g，同法制成对照药材溶液。再取熊果酸对照品，加甲醇制成每1ml含1mg的溶液，作为对照品溶液。照薄层色谱法（附录0502）试验，吸取上述三种溶液各1μl，分别点于同一硅胶G薄层板上，以环己烷-三氯甲烷-乙酸乙酯-冰醋酸（20：5：8：0.1）为展开剂，展开，取出，晾干，喷以10%硫酸乙醇溶液，在105℃加热至斑点显色清晰。供试品色谱中，在与对照药材色谱和对照品色谱相应的位置上，显相同颜色的斑点。

【检查】 水分 不得过10.0%（附录0832第一法）。

总灰分 不得过12.0%（附录2302）。

酸不溶性灰分 不得过4.0%（附录2302）。

【含量测定】 照高效液相色谱法（附录0512）测定。

色谱条件与系统适用性试验 以十八烷基硅烷键合硅胶为填充剂；以甲醇-0.2%醋酸溶液（82.5：17.5）为流动相；蒸发光散射检测器检测。理论板数按熊果酸峰计算应不低于5000。

对照品溶液的制备 取齐墩果酸对照品、熊果酸对照品适量，精密称定，加甲醇制成每1ml含齐墩果酸50μg、熊果酸0.1mg的混合溶液，即得。

供试品溶液的制备 取本品粉末（过四号筛）约0.5g，精密称定，置具塞锥形瓶中，精密加入无水乙醇25ml，称定重量，加热回流4小时，放冷，再称定重量，用无水乙醇补足减失的重量，摇匀，滤过。精密量取续滤液10ml，加1%氨水溶液3ml，混匀，用石油醚（30～60℃）振摇提取3次，每次15ml，弃去石油醚液，取乙醇液蒸干，残渣加甲醇溶解，转移至5ml量瓶中，加甲醇至刻度，摇匀，滤过，取续滤液，即得。

测定法 分别精密吸取对照品溶液10μl、20μl，供试品溶液20μl，注入液相色谱仪，测定，用外标两点法对数方程计算，即得。

本品按干燥品计算，含齐墩果酸（$C_{30}H_{48}O_3$）和熊果酸（$C_{30}H_{48}O_3$）的总量不得少于0.30%。

饮片

【炮制】 除去残根及杂质，洗净，稍润，切段，干燥。

本品呈不规则的段。茎方柱形，四面有纵沟，表面绿褐色，粗糙。切面有髓或中空。叶多破碎，绿褐色，完整者展平后叶片3深裂，边缘有锯齿。穗状花序，有小花多数。气微，味苦。

【鉴别】【检查】【含量测定】 同药材。

【性味与归经】 苦，凉。归肝、脾经。

【功能】 活血散瘀，利水消肿，清热解毒。

【主治】 产后瘀血，胎衣不下，痢疾，黄疸，水肿，腹胀，痈肿疮毒。

【用法与用量】 马、牛30～120g；羊、猪15～30g。

外用适量。

【注意】 孕畜慎用。

【贮藏】 置干燥处。

王 不 留 行

Wangbuliuxing

VACCARIAE SEMEN

本品为石竹科植物麦蓝菜 *Vaccaria segetalis*（Neck.）Garcke 的干燥成熟种子。夏季果实成熟、果皮尚未开裂时采割植株，晒干，打下种子，除去杂质，再晒干。

【性状】 本品呈球形，直径约2mm。表面黑色，少数红棕色，略有光泽，有细密颗粒状突起，一侧有1凹陷的纵沟。质硬。胚乳白色，胚弯曲成环，子叶2。气微，味微涩、苦。

【鉴别】 （1）本品粉末淡灰褐色。种皮表皮细胞红棕色或黄棕色，表面观多角形或长多角形，直径50～120μm，垂周壁增厚，呈角状或深波状弯曲。种皮内表皮细胞淡黄棕色，表面观类方形、类长方形或多角形，垂周壁呈紧密的连珠状增厚，表面可见网状增厚纹理。胚乳细胞多角形、类方形或类长方形，胞腔内充满淀粉粒和糊粉粒。子叶细胞含有脂肪油滴。

（2）取本品粉末1.5g，加甲醇20ml，加热回流30分钟，放冷，滤过，滤液蒸干，残渣加甲醇2ml使溶解，作为供试品溶液。另取王不留行对照药材1.5g，同法制成对照药材溶液。照薄层色谱法（附录0502）试验，吸取上述两种溶液各10μl，分别点于同一硅胶G薄层板上，以三氯甲烷-甲醇-水（15：7：2）的下层溶液为展开剂，展开，取出，晾干，喷以改良碘化铋钾试液。供试品色谱中，在与对照药材色谱相应的位置上，显相同的橙红色斑点。

（3）取本品粉末1g，加70%甲醇40ml，超声处理30分钟，放冷，滤过，滤液作为供试品溶液。另取王不留行对照药材1g，同法制成对照药材溶液。再取王不留行黄酮苷对照品，加甲醇制成每1ml含0.1mg的溶液，作为对照品溶液。照薄层色谱法（附录0502）试验，吸取上述三种溶液各2μl，分别点于同一聚酰胺薄膜上，以甲醇-水（4：6）为展开剂，展开，取出，晾干，喷以2%三氯化铝乙醇溶液，热风吹干，置紫外光灯（365nm）下检视。供试品色谱中，在与对照药材色谱和对照品色谱相应的位置上，显相同颜色的荧光斑点。

【检查】 水分　不得过12.0%（附录0832第一法）。

总灰分　不得过4.0%（附录2302）。

【浸出物】 照醇溶性浸出物测定法（附录2201）项下的热浸法测定，用乙醇作溶剂，不得少于6.0%。

【含量测定】 照高效液相色谱法（附录0512）测定。

色谱条件与系统适用性试验 以十八烷基硅烷键合硅胶为填充剂；以甲醇为流动相A，以0.3%磷酸溶液为流动相B，按下表中的规定进行梯度洗脱；检测波长为280nm。理论板数按王不留行黄酮苷峰计算应不低于3000。

时间（分钟）	流动相A（%）	流动相B（%）
0～10	35	65
10～20	35→40	65→60
20～35	40→50	60→50

对照品溶液的制备 取王不留行黄酮苷对照品适量，精密称定，加70%甲醇制成每1ml含0.1mg的溶液，即得。

供试品溶液的制备 取本品粉末（过三号筛）约1.2g，精密称定，置具塞锥形瓶中，精密加入70%甲醇50ml，称定重量，超声处理（功率250W，频率33kHz）30分钟，放冷，再称定重量，用70%甲醇补足减失的重量，摇匀，滤过，取续滤液，即得。

测定法 分别精密吸取对照品溶液与供试品溶液各10μl，注入液相色谱仪，测定，即得。

本品按干燥品计算，含王不留行黄酮苷（$C_{32}H_{38}O_{19}$）不得少于0.40%。

饮片

【炮制】 王不留行 除去杂质。

【性状】【鉴别】【检查】【浸出物】【含量测定】 同药材。

炒王不留行 取净王不留行，照清炒法（附录0203）炒至大多数爆开白花。

本品呈类球形爆花状，表面白色，质松脆。

【检查】 水分 同药材，不得过10.0%。

【含量测定】 同药材，含王不留行黄酮苷（$C_{32}H_{38}O_{19}$）不得少于0.15%。

【鉴别】 （除显微粉末外）【浸出物】 同药材。

【性味与归经】 苦，平。归肝，胃经。

【功能】 通络下乳，活血消瘀。

【主治】 乳汁不通，乳痈，疔疮。

【用法与用量】 马、牛30～100g；羊、猪15～30g；犬、猫3～5g。

【注意】 孕畜慎用。

【贮藏】 置干燥处。

天 仙 子

Tianxianzi

HYOSCYAMI SEMEN

本品为茄科植物莨菪 *Hyoscyamus niger* L. 的干燥成熟种子。夏、秋二季果皮变黄色时，采摘果实，暴晒，打下种子，筛去果皮、枝梗，晒干。

【性状】 本品呈类扁肾形或扁卵形，直径约1mm。表面棕黄色或灰黄色，有细密的网纹，略尖的一端有点状种脐。切面灰白色，油质，有胚乳，胚弯曲。气微，味微辛。

【鉴别】 （1）本品粉末灰褐色。种皮外表皮细胞碎片众多，表面附着黄棕色颗粒状物，表面观不规则多角形或长多角形，垂周壁波状弯曲；侧面观呈波状突起。胚乳细胞类圆形，含糊粉粒及脂肪油滴。

（2）取本品粉末1g，加石油醚（30～60℃）10ml，超声处理15分钟，弃去石油醚液，同上再处理一次，药渣挥干溶剂，加乙醇-浓氨试液（1:1）混合溶液2 ml使湿润，加三氯甲烷20ml，超声处理15分钟，滤过，滤液蒸干，残渣加无水乙醇0.5ml使溶解，作为供试品溶液。另取氢溴酸东莨菪碱对照品、硫酸阿托品对照品，加无水乙醇制成每1ml各含1mg的混合溶液，作为对照品溶液。照薄层色谱法（附录0502）试验，吸取上述两种溶液各5μl，分别点于同一硅胶G薄层板上，以乙酸乙酯-甲醇-浓氨试液（17:2:1）为展开剂，展开，取出，晾干，依次喷以碘化铋钾试液与亚硝酸钠乙醇试液。供试品色谱中，在与对照品色谱相应的位置上，显相同的两个棕色斑点。

【检查】 总灰分 不得过8.0%（附录2302）。

酸不溶性灰分 不得过3.0%（附录2302）。

【含量测定】 照高效液相色谱法（附录0512）测定。

色谱条件与系统适用性试验 以十八烷基硅烷键合硅胶为填充剂；以甲醇-乙腈-30mmol/L醋酸钠缓冲液（含0.02%三乙胺、0.3%四氢呋喃，用冰醋酸调节pH值至6.0）（10:5:85）为流动相；检测波长为210nm。理论板数按莨菪碱峰计算应不低于4000。

对照品溶液的制备 取氢溴酸东莨菪碱对照品、硫酸阿托品对照品适量，精密称定，加甲醇制成每1ml含氢溴酸东莨菪碱0.17mg、硫酸阿托品0.15mg的混合溶液，即得（东莨菪碱重量＝氢溴酸东莨菪碱重量×0.7894；莨菪碱重量＝硫酸阿托品重量×0.8551）。

供试品溶液的制备 取本品粉末（过三号筛）约2g，精密称定，置索氏提取器中，加石油醚（30～60℃）适量，加热回流2小时，弃去石油醚液，药渣挥干溶剂，再加甲醇适量，加热回流6小时，提取液减压回收至干，残渣加浓氨试液（8→100）25ml使溶解，转移至分液漏斗中，用少量三氯甲烷洗涤容器及残渣，并入分液漏斗中，用三氯甲烷提取5次，每次15ml，合并三氯甲烷液，减压回收至干，残渣加无水乙醇使溶解，转移至10 ml量瓶中，加无水乙醇至刻度，摇匀，即得。

测定法 分别精密吸取对照品溶液与供试品溶液各5μl，注入液相色谱仪，测定，即得。

本品按干燥品计算，含东莨菪碱（$C_{17}H_{21}NO_4$）和莨菪碱（$C_{17}H_{23}NO_3$）的总量不得少于0.080%。

【性味与归经】 苦、辛，温；有大毒。归心、胃、肝、肺经。

【功能】 镇痉，止痛，止泻，定喘。

【主治】 肠黄，泻痢不止，腹胀，风寒湿痹，四肢痉挛，咳喘。

【用法与用量】 马、牛15～25g；驼25～35g；羊、猪1.5～5g；犬、猫0.1～0.3g。

【注意】 孕畜慎用。

【贮藏】 置通风干燥处。

天 仙 藤

Tianxianteng

ARISTOLOCHIAE HERBA

本品为马兜铃科植物马兜铃 *Aristolochia debilis* Sieb. et Zucc. 或北马兜铃 *Aristolochia contorta*

Bge. 的干燥地上部分。秋季采割，除去杂质，晒干。

【性状】 本品茎呈细长圆柱形，略扭曲，直径1~3mm；表面黄绿色或淡黄褐色，有纵棱及节，节间不等长；质脆，易折断，断面有数个大小不等的维管束。叶互生，多皱缩、破碎，完整叶片展平后呈三角状狭卵形或三角状宽卵形，基部心形，暗绿色或淡黄褐色，基生叶脉明显，叶柄细长。气清香，味淡。

【鉴别】 （1）本品茎横切面：表皮细胞类方形，外被角质层。皮层较窄。中柱鞘纤维6~10余层，连接成环带，外侧的纤维壁厚，向内侧逐渐变薄。维管束数个，大小不等。形成层成环。导管类圆形，直径10~170μm。有髓。

（2）取本品粉末3g，加乙醇50ml，加热回流1小时，滤过，滤液蒸干，残渣加乙醇5ml使溶解，作为供试品溶液。另取天仙藤对照药材3g，同法制成对照药材溶液。照薄层色谱法（附录0502）试验，吸取上述两种溶液各5μl，分别点于同一硅胶G薄层板上，以甲苯-乙酸乙酯-水-甲酸（35:30:1:1）的上层溶液为展开剂，展开，取出，晾干，置紫外光灯（365nm）下检视。供试品色谱中，在与对照药材色谱相应的位置上，显相同颜色的斑点。

【检查】 **水分** 不得过10.0%（附录0832第一法）。

总灰分 不得过9.0%（附录2302）。

马兜铃酸Ⅰ限量 照高效液相色谱法（附录0512）测定。

色谱条件与系统适用性试验 以十八烷基硅烷键合硅胶为填充剂；以乙腈为流动相A，以1%冰醋酸溶液-0.3%三乙胺溶液（10:1）为流动相B，按下表中的规定进行梯度洗脱；检测波长为250nm。理论板数按马兜铃酸Ⅰ峰计算应不低于7000。

时间（分钟）	流动相A（%）	流动相B（%）
0~13	35	65
13~14	35→45	65→55
14~27	45→47	55→53
27~28	47→100	53→0

对照品溶液的制备 取马兜铃酸Ⅰ对照品适量，精密称定，加甲醇制成每1ml含1.0μg的溶液，即得。

供试品溶液的制备 取本品粉末（过三号筛）约2g，精密称定，置具塞锥形瓶中，精密加入甲醇50ml，密塞，称定重量，超声处理（功率250W，频率33kHz）30分钟，放冷，再称定重量，用甲醇补足减失的重量，摇匀，滤过，取续滤液，即得。

测定法 分别精密吸取对照品溶液与供试品溶液各20μl，注入液相色谱仪，测定，即得。

本品按干燥品计算，含马兜铃酸Ⅰ（$C_{17}H_{11}NO_7$）不得过0.01%。

【浸出物】 照水溶性浸出物测定法（附录2201）项下的热浸法测定，不得少于16.0%。

饮片

【炮制】 除去杂质，切段。

【性味与归经】 苦，温。归肝、脾、肾经。

【功能】 行气活血，利水消肿。

【主治】 冷痛，翻胃吐草，胃肠臌气，产后腹痛，关节痹痛，妊娠水肿。

【用法与用量】 牛、马20~30g；羊、猪3~6g。

【贮藏】 置干燥处。

天 冬

Tiandong

ASPARAGI RADIX

本品为百合科植物天冬 *Asparagus cochinchinensis*（Lour.）Merr. 的干燥块根。秋、冬二季采挖，洗净，除去茎基和须根，置沸水中煮或蒸至透心，趁热除去外皮，洗净，干燥。

【性状】 本品呈长纺锤形，略弯曲，长5～18cm，直径0.5～2cm。表面黄白色至淡黄棕色，半透明，光滑或具深浅不等的纵皱纹，偶有残存的灰棕色外皮。质硬或柔润，有黏性，断面角质样，中柱黄白色。气微，味甜、微苦。

【鉴别】 本品横切面：根被有时残存。皮层宽广，外侧有石细胞散在或断续排列成环，石细胞浅黄棕色，长条形、长椭圆形或类圆形，直径32～110μm，壁厚，纹孔和孔沟极细密；黏液细胞散在，草酸钙针晶束存在于椭圆形黏液细胞中，针晶长40～99μm。内皮层明显。中柱韧皮部束和木质部束各31～135个，相互间隔排列，少数导管深入至髓部，髓细胞亦含草酸钙针晶束。

【检查】 水分 不得过16.0%（附录0832第一法）。

总灰分 不得过5.0%（附录2302）。

二氧化硫残留量 照二氧化硫残留量测定法（附录2331）测定，不得过400mg/kg。

【浸出物】 照醇溶性浸出物测定法（附录2201）项下的热浸法测定，用稀乙醇作溶剂，不得少于80.0%。

饮片

【炮制】 除去杂质，迅速洗净，切薄片，干燥。

【检查】 二氧化硫残留量 同药材。

【性味与归经】 甘、苦，寒。归肺、肾经。

【功能】 养阴润燥，润肺生津。

【主治】 肺热燥咳，阴虚内热，热甚伤津，肠燥便秘。

【用法与用量】 马、牛15～40g；羊、猪5～10g；犬、猫1～3g；兔、禽0.5～2g。

【贮藏】 置通风干燥处，防霉，防蛀。

天 花 粉

Tianhuafen

TRICHOSANTHIS RADIX

本品为葫芦科植物栝楼 *Trichosanthes kirilowii* Maxim. 或双边栝楼 *Trichosanthes rosthornii* Harms 的干燥根。秋、冬二季采挖，洗净，除去外皮，切段或纵剖成瓣，干燥。

【性状】 本品呈不规则圆柱形、纺锤形或瓣块状，长8～16cm，直径1.5～5.5cm。表面黄白色或淡棕黄色，有纵皱纹、细根痕及略凹陷的横长皮孔，有的有黄棕色外皮残留。质坚实，断面白色或淡黄色，富粉性，横切面可见黄色木质部，略呈放射状排列，纵切面可见黄色条纹状木质部。气微，味微苦。

【鉴别】 （1）本品粉末类白色。淀粉粒甚多，单粒类球形、半圆形或盔帽形，直径6~48μm，脐点点状、短缝状或人字状，层纹隐约可见，复粒由2~14分粒组成，常由一个大的分粒与几个小分粒复合。具缘纹孔导管大，多破碎，有的具缘纹孔呈六角形或方形，排列紧密。石细胞黄绿色，长方形、椭圆形、类方形、多角形或纺锤形，直径27~72μm，壁较厚，纹孔细密。

（2）取本品粉末2g，加稀乙醇20ml，超声处理30分钟，滤过，取滤液作为供试品溶液。另取天花粉对照药材2g，同法制成对照药材溶液。再取瓜氨酸对照品，加稀乙醇制成每1ml含1mg的溶液，作为对照品溶液。照薄层色谱法（附录0502）试验，吸取供试品溶液及对照药材溶液各2μl、对照品溶液1μl，分别点于同一硅胶G薄层板上，以正丁醇-无水乙醇-冰醋酸-水（8:2:2:3）为展开剂，展开，取出，晾干，喷以丙三酮试液，在105℃加热至斑点显色清晰。供试品色谱中，在与对照药材色谱和对照品色谱相应的位置上，显相同颜色的斑点。

【检查】 水分 不得过15.0%（附录0832第一法）。

总灰分 不得过5.0%（附录2302）。

二氧化硫残留量 照二氧化硫残留量测定法（附录2331）测定，不得过400mg/kg。

【浸出物】 照水溶性浸出物测定法（附录2201）项下的冷浸法测定，不得少于15.0%。

饮片

【炮制】 略泡，润透，切厚片，干燥。

本品呈类圆形、半圆形或不规则形的厚片。外表皮黄白色或淡棕黄色。切面可见黄色木质部小孔，略呈放射状排列。气微，味微苦。

【检查】 总灰分 不得过4.0%（附录2302）。

【浸出物】 照水溶性浸出物测定法（附录2201）项下的冷浸法测定，不得少于12.0%。

【鉴别】【检查】 （水分、二氧化硫残留量） 同药材。

【性味与归经】 甘、微苦，微寒。归肺、胃经。

【功能】 清热泻火，生津止渴，排脓消肿。

【主治】 高热贪饮，肺热燥咳，咽喉肿痛，热毒痈肿，乳痈。

【用法与用量】 马、牛15~45g；羊、猪5~15g；犬、猫3~5g；兔、禽1~2g。

【注意】 不宜与川乌、制川乌、草乌、制草乌、附子同用；孕畜慎用。

【贮藏】 置干燥处，防蛀。

天 竺 黄

Tianzhuhuang

BAMBUSAE CONCRETIO SILICEA

本品为禾本科植物青皮竹 Bambusa textilis McClure 或华思劳竹 Schizostachyum chinense Rendle 等秆内的分泌液干燥后的块状物。秋、冬二季采收。

【性状】 本品为不规则的片块或颗粒，大小不一。表面灰蓝色、灰黄色或灰白色，有的洁白色，半透明，略带光泽。体轻，质硬而脆，易破碎，吸湿性强。气微，味淡。

【鉴别】 （1）取本品适量，炽灼灰化后，残渣加醋酸2滴使湿润，滴加钼酸铵试液1滴与硫酸亚铁试液1滴，残渣即显蓝色。

（2）取本品粉末2g，加盐酸10ml，振摇2分钟，滤过，取滤液备用。取滤纸1片，加亚铁氰化钾试液1滴，待干后，同一斑点上滴加滤液1滴，再缓缓滴加水10滴、0.1%茜素红的乙醇溶液1滴，置氨蒸气中熏后，滤纸上可见紫色或蓝紫色环，环中显红色。

（3）取本品粉末1g，置20ml气相顶空进样瓶或其他耐压容器中，加6mol/L盐酸溶液10ml，加盖密封，置水浴中加热2小时，取出，放冷，离心，取上清液，蒸干，残渣加稀乙醇2ml使溶解，作为供试品溶液。另取天竺黄对照药材1g，同法制成对照药材溶液。再取亮氨酸对照品、丙氨酸对照品，分别加稀乙醇制成每1ml各含0.5mg的溶液，作为对照品溶液。照薄层色谱法（附录0502）试验，吸取上述四种溶液各2μl，分别点于同一硅胶G薄层板上，以正丁醇-冰醋酸-水（19:5:5）为展开剂，展开，取出，晾干，喷以茚三酮试液，在105℃加热至斑点显色清晰，在日光下检视。供试品色谱中，在与对照药材色谱及对照品色谱相应的位置上，显相同颜色的斑点。

【检查】 **体积比** 取本品中粉10g，轻轻装入量筒内，体积不得少于24ml。

吸水量 取本品5g，加水50ml，放置片刻，用湿润后的滤纸滤过，所得滤液不得过44ml。

【性味与归经】 甘，寒。归心、肝经。

【功能】 清热豁痰，凉心定惊。

【主治】 高热神昏，脑黄，心热风邪，癫痫。

【用法与用量】 马、牛20~45g；羊、猪5~10g；犬、猫1~3g；兔、禽0.3~1g。

【贮藏】 密闭，置干燥处。

天 南 星

Tiannanxing

ARISAEMATIS RHIZOMA

本品为天南星科植物天南星 *Arisaema erubescens*（Wall.）Schott、异叶天南星 *Arisaema heterophyllum* Bl. 或东北天南星 *Arisaema amurense* Maxim. 的干燥块茎。秋、冬二季茎叶枯萎时采挖，除去须根及外皮，干燥。

【性状】 本品呈扁球形，高1~2cm，直径1.5~6.5cm。表面类白色或淡棕色，较光滑，顶端有凹陷的茎痕，周围有麻点状根痕，有的块茎周边有小扁球状侧芽。质坚硬，不易破碎，断面不平坦，白色，粉性。气微辛，味麻辣。

【鉴别】 （1）本品粉末类白色。淀粉粒以单粒为主，圆球形或长圆形，直径2~17μm，脐点点状、裂缝状，大粒层纹隐约可见；复粒少数，由2~12分粒组成。草酸钙针晶散在或成束存在于黏液细胞中，长63~131μm。草酸钙方晶多见于导管旁的薄壁细胞中，直径3~20μm。

（2）取本品粉末5g，加60%乙醇50ml，超声处理45分钟，滤过，滤液置水浴上挥尽乙醇，加于AB-8型大孔吸附树脂柱（内径为1cm，柱高为10cm）上，以水50ml洗脱，弃去水液，再用30%乙醇50ml洗脱，收集洗脱液，蒸干，残渣加乙醇1ml使溶解，离心，取上清液作为供试品溶液。另取天南星对照药材5g，同法制成对照药材溶液。照薄层色谱法（附录0502）试验，吸取上述两种溶液各6μl，分别点于同一硅胶G薄层板上，以乙醇-吡啶-浓氨试液-水（8:3:3:2）为展开剂，展开，取出，晾干，喷以5%氢氧化钾甲醇溶液，分别置日光和紫外光灯（365nm）下检视。供试品色谱中，在与对照药材色谱相应的位置上，显相同颜色的斑点。

【检查】 **水分** 不得过15.0%（附录0832第一法）。

总灰分 不得过5.0%（附录2302）。

【浸出物】 照醇溶性浸出物测定法（附录2201）项下的热浸法测定，用稀乙醇作溶剂，不得少于9.0%。

【含量测定】 对照品溶液的制备 取芹菜素对照品适量，精密称定，加60%乙醇制成每1ml含12μg的溶液，即得。

标准曲线的制备 精密量取对照品溶液1ml、2ml、3ml、4ml、5ml，分别置10ml量瓶中，各加60%乙醇至5ml，加1%三乙胺溶液至刻度，摇匀，以相应的试剂为空白，照紫外-可见分光光度法（附录0401），在400nm的波长处测定吸光度，以吸光度为纵坐标，浓度为横坐标，绘制标准曲线。

测定法 取本品粉末（过四号筛）约0.6g，精密称定，置具塞锥形瓶中，精密加入60%乙醇50ml，密塞，称定重量，超声处理（功率250W，频率40kHz）45分钟，放冷，再称定重量，用60%乙醇补足减失的重量，摇匀，滤过。精密量取续滤液5 ml，置10 ml量瓶中，照标准曲线的制备项下的方法，自"加1%三乙胺溶液"起，依法测定吸光度，从标准曲线上读出供试品溶液中含芹菜素的重量，计算，即得。

本品按干燥品计算，含总黄酮以芹菜素（$C_{15}H_{10}O_5$）计，不得少于0.050%。

饮片

【炮制】 生天南星 除去杂质，洗净，干燥。

【性状】【鉴别】【检查】【浸出物】【含量测定】 同药材。

【性味与归经】 苦、辛，温；有毒。归肺、肝、脾经。

【功能】 散结消肿。

【主治】 痈肿，蛇虫咬伤。

【用法与用量】 外用适量。

【注意】 生品内服宜慎；孕畜忌服。

【贮藏】 置通风干燥处，防霉，防蛀。

制 天 南 星

Zhitiannanxing

ARISAEMATIS RHIZOMA PREPARATUM

本品为天南星的炮制加工品。

【制法】 取净天南星，按大小分别用水浸泡，每日换水2～3次，如起白沫时，换水后加白矾（每100kg天南星，加白矾2kg），泡一日后，再进行换水，至切开口尝微有麻舌感时取出。将生姜片、白矾置锅内加适量水煮沸后，倒入天南星共煮至无干心时取出，除去姜片，晾至四至六成干，切薄片，干燥。

每100 kg天南星，用生姜、白矾各12.5kg。

【性状】 本品呈类圆形或不规则形的薄片。黄色或淡棕色，质脆易碎，断面角质状。气微，味涩，微麻。

【鉴别】 （1）本品粉末灰黄色或黄棕色。糊化淀粉粒众多，多存在于薄壁细胞中。草酸钙针晶散在或成束，长6～35μm。螺纹导管及环纹导管。

（2）取本品粉末5g，加乙醇50ml，加热回流1.5小时，滤过，滤液蒸干，残渣加乙醚10ml超声处理5分钟，滤过，残渣再用乙醚重复处理2次，合并乙醚液，蒸干，残渣加甲醇0.5ml使溶解，作为供试品溶液。另取干姜对照药材0.5g，同法制成对照药材溶液。照薄层色谱法（附录0502）试验，吸取上述两种溶液各6μl，分别点于同一硅胶G薄层板上，以环己烷-乙醚-丙酮-冰醋酸（40:10:5:0.5）为展开剂，展开，取出，晾干，喷以10%硫酸乙醇溶液，在105℃加热至斑点显色清晰。供试品色谱中，在与对照药材色谱相应的位置上，显相同颜色的主斑点。

【检查】　水分　不得过12.0%（附录0832第一法）。

总灰分　不得过4.0%（附录2302）。

白矾限量　取本品粉末（过四号筛）约2g，精密称定，置坩埚中，缓缓加热，至完全炭化时，逐渐升高温度至450℃，灰化4小时，放冷，在坩埚中小心加入稀盐酸10 ml，用表面皿覆盖坩埚，置水浴上加热20分钟，表面皿用热水5ml冲洗，洗液并入坩埚中，滤过，用水25ml分次洗涤滤渣及坩埚；合并滤液和洗液，加甲基红指示液1滴，摇匀，再滴加氨试液至溶液由红色转为黄色，加醋酸-醋酸铵缓冲液（pH6.0）25ml，精密加乙二胺四醋酸二钠滴定液（0.05mol/L）25ml，煮沸3～5分钟，放冷，加二甲酚橙指示液1ml，用锌滴定液（0.05mol/L）滴定至溶液自黄色转变为橘红色，并将滴定的结果用空白试验校正。每1ml的乙二胺四醋酸二钠滴定液（0.05mol/L）相当于23.72mg的含水硫酸铝钾〔$KAl(SO_4)_2 \cdot 12H_2O$〕。

本品按干燥品计算，含白矾以含水硫酸铝钾〔$KAl(SO_4)_2 \cdot 12H_2O$〕计，不得过12.0%。

【含量测定】　取本品粉末（过四号筛）约0.5g，精密称定，置具塞锥形瓶中，精密加入60%乙醇25ml，密塞，称定重量，超声处理（功率250W，频率40kHz）45分钟，放冷，再称定重量，用60%乙醇补足减失的重量，摇匀，滤过，精密量取续滤液1～5ml，置10ml量瓶中，照天南星〔含量测定〕项下标准曲线制备项下的方法，自"加1%三乙胺溶液"起，依法测定吸光度，从标准曲线上读出供试品溶液中芹菜素的重量，计算，即得。

本品按干燥品计算，含总黄酮以芹菜素（$C_{15}H_{10}O_5$）计，不得少于0.050%。

【性味与归经】　苦、辛，温；有毒。归肺、肝、脾经。

【功能】　燥湿化痰，祛风解痉，散结消肿。

【主治】　顽痰咳嗽，痰湿壅滞，口眼歪斜，四肢抽搐。

【用法与用量】　马15～30g；牛15～40g；羊、猪3～9g；犬、猫1～2g。

【注意】　孕畜忌服。

【贮藏】　置通风干燥处，防霉、防蛀。

天　麻

Tianma

GASTRODIAE RHIZOMA

本品为兰科植物天麻 Gastrodia elata Bl. 的干燥块茎。立冬后至次年清明前采挖，立即洗净，蒸透，敞开低温干燥。

【性状】　本品呈椭圆形或长条形，略扁，皱缩而稍弯曲，长3～15cm，宽1.5～6cm，厚0.5～2cm。表面黄白色至淡黄棕色，有纵皱纹及由潜伏芽排列而成的横环纹多轮，有时可见棕褐色菌索。顶端有红棕色至深棕色鹦嘴状的芽或残留茎基；另端有圆脐形疤痕。质坚硬，不易折断，断面较平坦，黄白色至淡棕色，角质样。气微，味甘。

【鉴别】 （1）本品横切面：表皮有残留，下皮由2～3列切向延长的栓化细胞组成。皮层为10数列多角形细胞，有的含草酸钙针晶束。较老块茎皮层与下皮相接处有2～3列椭圆形厚壁细胞，木化，纹孔明显。中柱占绝大部分，有小型周韧维管束散在；薄壁细胞亦含草酸钙针晶束。

粉末黄白色至黄棕色。厚壁细胞椭圆形或类多角形，直径70～180μm，壁厚3～8μm，木化，纹孔明显。草酸钙针晶成束或散在，长25～75（93）μm。用醋酸甘油水装片观察含糊化多糖类物的薄壁细胞无色，有的细胞可见长卵形、长椭圆形或类圆形颗粒，遇碘液显棕色或淡棕紫色。螺纹导管、网纹导管及环纹导管直径8～30μm。

（2）取本品粉末0.5g，加70%甲醇5ml，超声处理30分钟，滤过，取滤液作为供试品溶液。另取天麻对照药材0.5g，同法制成对照药材溶液。再取天麻素对照品，加甲醇制成每1ml含1mg的溶液，作为对照品溶液。照薄层色谱法（附录0502）试验，吸取供试品溶液10μl、对照药材溶液及对照品溶液各5μl，分别点于同一硅胶G薄层板上，以乙酸乙酯-甲醇-水（9:1:0.2）为展开剂，展开，取出，晾干，喷以10%磷钼酸乙醇溶液，在105℃加热至斑点显色清晰。供试品色谱中，在与对照药材色谱和对照品色谱相应的位置上，显相同颜色的斑点。

（3）取对羟基苯甲醇对照品，加乙醇制成每1ml含1mg的溶液，作为对照品溶液。照薄层色谱法（通则0502）试验，吸取〔鉴别〕（2）项下供试品溶液10μl、对照药材溶液及上述对照品溶液5μl，分别点于同一硅胶G薄层板上，以石油醚（60～90℃）-乙酯乙酸（1:1）为展开剂，展开，取出，晾干，喷以10%磷钼酸乙醇溶液，在105℃加热至斑点显色清晰。供试品色谱中，在与对照药材色谱和对照品色谱相应的位置上，显相同颜色的斑点。

【检查】 **水分** 不得过15.0%（附录0832第一法）。

总灰分 不得过4.5%（附录2302）。

二氧化硫残留量 照二氧化硫残留量测定法（附录2331）测定，不得过400mg/kg。

【浸出物】 照醇溶性浸出物测定法（附录2201）项下的热浸法测定，用乙醇作溶剂，不得少于15.0%。

【含量测定】 照高效液相色谱法（附录0512）测定。

色谱条件与系统适用性试验 以十八烷基硅烷键合硅胶为填充剂；以乙腈-0.05%磷酸溶液（3:97）为流动相；检测波长为220nm。理论板数按天麻素峰计算应不低于5000。

对照品溶液的制备 取天麻素对照品、对羟基苯甲醇对照品适量，精密称定，加乙腈-水（3:97）混合溶液制成每1ml含天麻素50μg、对羟基苯甲醇25μg的混合溶液，即得。

供试品溶液的制备 取本品粉末（过三号筛）约2g，精密称定，置具塞锥形瓶中，精密加入稀乙醇50ml，称定重量，超声处理（功率120W，频率40kHz）30分钟，放冷，再称定重量，用稀乙醇补足减失的重量，滤过，精密量取续滤液10ml，浓缩至近干无醇味，残渣加乙腈-水（3:97）混合溶液溶解，转移至25ml量瓶中，用乙腈-水（3:97）混合溶液稀释至刻度，摇匀，滤过，取续滤液，即得。

测定法 分别精密吸取对照品溶液与供试品溶液各5μl，注入液相色谱仪，测定，即得。

本品按干燥品计算，含天麻素（$C_{13}H_{18}O_7$）和对羟基苯甲醇（$C_7H_8O_2$）的总量不得少于0.25%。

饮片

【炮制】 洗净，润透或蒸软，切薄片，干燥。

本品呈不规则的薄片。外表皮淡黄色至淡黄棕色，有时可见点状排成的横环纹。切面黄白色至淡棕色。角质样，半透明。气微，味甘。

【检查】 水分 同药材，不得过12.0%。

【鉴别】（除横切面外）【检查】（总灰分、二氧化硫残留量）【浸出物】【含量测定】 同药材。

【性味与归经】 甘，平。归肝经。

【功能】 平肝熄风，解痉止痛。

【主治】 惊风抽搐，口眼歪斜，肢体强直，风寒湿痹。

【用法与用量】 牛、马10～40g；羊、猪6～10g；犬、猫1～3g。

【贮藏】 置通风干燥处，防蛀。

天 葵 子

Tiankuizi

SEMIAQUILEGIAE RADIX

本品为毛茛科植物天葵 *Semiaquilegia adoxoides*（DC.）Makino 的干燥块根。夏初采挖，洗净，干燥，除去须根。

【性状】 本品呈不规则短柱状、纺锤状或块状，略弯曲，长1～3cm，直径0.5～1cm。表面暗褐色至灰黑色，具不规则的皱纹及须根或须根痕。顶端常有茎叶残基，外被数层黄褐色鞘状鳞片。质较软，易折断，断面皮部类白色，木部黄白色或黄棕色，略呈放射状。气微，味甘、微苦辛。

【鉴别】 （1）本品横切面：木栓层为多列细胞，含棕色物。栓内层较窄。韧皮部宽广。形成层成环。木质部射线宽至20余列细胞，导管放射状排列。有的可见细小髓部。

（2）取本品粉末1g，加70%乙醇10ml，加热回流30分钟，滤过，滤液蒸干，残渣加盐酸溶液（1→100）5ml使溶解，滤过，滤液分置两支试管中，一管中加碘化铋钾试液1～2滴，生成橘红色沉淀；另一管中加硅钨酸试液1～2滴，生成黄色沉淀。

（3）取本品粉末2g，加甲醇20ml，加热回流30分钟，放冷，滤过，滤液浓缩至5ml，作为供试品溶液。另取格列风内酯对照品、紫草氰苷对照品，加甲醇制成每1ml各含2mg的混合溶液，作为对照品溶液。照薄层色谱法（附录0502）试验，吸取上述两种溶液各1～2μl，分别点于同一硅胶GF$_{254}$薄层板上，以三氯甲烷-甲醇-水（6:4:1）为展开剂，展开，取出，晾干，置紫外光灯（254nm）下检视。供试品色谱中，在与对照品色谱相应的位置上，显相同颜色的斑点。

【检查】 水分 不得过15.0%（附录0832第一法）。

总灰分 不得过6.0%（附录2302）。

酸不溶性灰分 不得过3.0%（附录2302）。

【浸出物】 照醇溶性浸出物测定法（附录2201）项下的热浸法测定，用乙醇作溶剂，不得少于13.0%。

【性味与归经】 甘、苦，寒。归肝、胃经。

【功能】 清热解毒，散结消肿。

【主治】 乳痈，疮黄疔毒，跌打损伤，毒蛇咬伤。

【用法与用量】 马、牛30～60g；羊、猪9～15g；犬、猫3～6g。外用适量。

【贮藏】 置通风干燥处，防蛀。

木 瓜

Mugua

CHAENOMELIS FRUCTUS

本品为蔷薇科植物贴梗海棠 *Chaeomeles speciosa*（Sweet）Nakai 的干燥近成熟果实。夏、秋二季果实绿黄时采收，置沸水中烫至外皮灰白色，对半纵剖，晒干。

【性状】 本品长圆形，多纵剖成两半，长4~9cm，宽2~5cm，厚1~2.5cm。外表面紫红色或红棕色，有不规则的深皱纹；剖面边缘向内卷曲，果肉红棕色，中心部分凹陷，棕黄色；种子扁长三角形，多脱落。质坚硬。气微清香，味酸。

【鉴别】 （1）本品粉末黄棕色至棕红色。石细胞较多，成群或散在，无色、淡黄色或橙黄色，圆形、长圆形或类多角形，直径20~82µm，层纹明显，孔沟细，胞腔含棕色或橙红色物。外果皮细胞多角形或类多角形，直径10~35µm，胞腔内含棕色或红棕色物。中果皮薄壁细胞，淡黄色或浅棕色，类圆形、皱缩，偶含细小草酸钙方晶。

（2）取本品粉末1g，加三氯甲烷10ml，超声处理30分钟，滤过，滤液蒸干，残渣加甲醇-三氯甲烷（1:3）混合溶液2ml使溶解，作为供试品溶液。另取木瓜对照药材1g，同法制成对照药材溶液。再取熊果酸对照品，加甲醇制成每1ml含0.5mg的溶液，作为对照品溶液。照薄层色谱法（附录0502）试验，吸取上述三种溶液各1~2µl，分别点于同一硅胶G薄层板上，以环己烷-乙酸乙酯-丙酮-甲酸（6:0.5:1:0.1）为展开剂，展开，取出，晾干，喷以10%硫酸乙醇溶液，在105℃加热至斑点显色清晰，分别置日光和紫外光灯（365nm）下检视。供试品色谱中，在与对照药材色谱相应的位置上，显相同颜色的斑点和荧光斑点；在与对照品色谱相应的位置上，显相同的紫红色斑点和橙黄色荧光斑点。

【检查】 **水分** 不得过15.0%（附录0832第一法）。

总灰分 不得过5.0%（附录2302）。

酸度 取本品粉末5g，加水50ml，振摇，放置1小时，滤过，滤液依法（附录0631）测定，pH值应为3.0~4.0。

【浸出物】 照醇溶性浸出物测定法（附录2201）项下的热浸法测定，用乙醇作溶剂，不得少于15.0%。

【含量测定】 照高效液相色谱法（附录0512）测定。

色谱条件与系统适用性试验 以十八烷基硅烷键合硅胶为填充剂；以甲醇-水-冰醋酸-三乙胺（265:35:0.1:0.05）为流动相；检测波长为210nm；柱温16~18℃。理论板数按齐墩果酸峰计算应不低于5000。

对照品溶液的制备 取齐墩果酸对照品、熊果酸对照品适量，精密称定，加甲醇制成每1ml各含0.1mg的混合溶液，即得。

供试品溶液的制备 取本品细粉约0.5g，精密称定，置具塞锥形瓶中，精密加入甲醇25ml，密塞，称定重量，超声处理（功率250W，频率40kHz）20分钟，放冷，再称定重量，用甲醇补足减失的重量，摇匀，滤过，取续滤液，即得。

测定法 分别精密吸取对照品溶液与供试品溶液各20µl，注入液相色谱仪，测定，即得。

本品按干燥品计算，含齐墩果酸（$C_{30}H_{48}O_3$）和熊果酸（$C_{30}H_{48}O_3$）的总量不得少于0.50%。

饮片

【炮制】 洗净，润透或蒸透后切薄片，晒干。

本品呈类月牙形薄片。外表紫红色或棕红色，有不规则的深皱纹。切面棕红色。气微清香，味酸。

【鉴别】【检查】 同药材。

【性味与归经】 酸，温。归肝、脾、胃经。

【功能】 舒筋活络，和胃化湿。

【主治】 风湿痹痛，腰胯无力，湿困脾胃，呕吐，泄泻，水肿。

【用法与用量】 牛、马15～45g；羊、猪5～10g；犬、猫2～5g；兔、禽1～2g。

【贮藏】 置阴凉干燥处，防霉，防蛀。

木 香

Muxiang

AUCKLANDIAE RADIX

本品为菊科植物木香 *Aucklandia lappa* Decne. 的干燥根。秋、冬二季采挖，除去泥沙和须根，切段，大的再纵剖成瓣，干燥后撞去粗皮。

【性状】 本品呈圆柱形或半圆柱形，长5～10cm，直径0.5～5cm。表面黄棕色至灰褐色，有明显的皱纹、纵沟及侧根痕。质坚，不易折断，断面灰褐色至暗褐色，周边灰黄色或浅棕黄色，形成层环棕色，有放射状纹理及散在的褐色点状油室。气香特异，味微苦。

【鉴别】 （1）本品粉末黄绿色。菊糖多见，表面现放射状纹理。木纤维多成束，长梭形，直径16～24μm，纹孔口横裂缝状、十字状或人字状。网纹导管多见，也有具缘纹孔导管，直径30～90μm。油室碎片有时可见，内含黄色或棕色分泌物。

（2）取本品粉末0.5g，加甲醇10ml，超声处理30分钟，滤过，取滤液作为供试品溶液。另取去氢木香内酯对照品、木香烃内酯对照品，加甲醇分别制成每1ml含0.5mg的溶液，作为对照品溶液。照薄层色谱法（附录0502）试验，吸取上述三种溶液各5μl，分别点于同一硅胶G薄层板上，以环己烷-甲酸乙酯-甲酸（15:5:1）的上层溶液为展开剂，展开，取出，晾干，喷以1%香草醛硫酸溶液，加热至斑点显色清晰。供试品色谱中，在与对照品色谱相应的位置上，显相同颜色的斑点。

【检查】 总灰分 不得过4.0%（附录2302）。

【含量测定】 照高效液相色谱法（附录0512）测定。

色谱条件与系统适用性试验 以十八烷基硅烷键合硅胶为填充剂；以甲醇-水（65:35）为流动相；检测波长为225nm。理论板数按木香烃内酯峰计算应不低于3000。

对照品溶液的制备 取木香烃内酯对照品、去氢木香内酯对照品适量，精密称定，加甲醇制成每1ml各含0.1mg的混合溶液，即得。

供试品溶液的制备 取本品粉末（过四号筛）约0.3g，精密称定，置具塞锥形瓶中，精密加入甲醇50ml，密塞，称定重量，放置过夜，超声处理（功率250W，频率50kHz）30分钟，放冷，再称定重量，用甲醇补足减失的重量，摇匀，滤过，取续滤液，即得。

测定法 分别精密吸取对照品溶液与供试品溶液各10μl，注入液相色谱仪，测定，即得。

本品按干燥品计算，含木香烃内酯（$C_{15}H_{20}O_2$）和去氢木香内酯（$C_{15}H_{18}O_2$）的总量不得少于1.8%。

饮片

【炮制】 木香 除去杂质，洗净，闷透，切厚片，干燥。

本品呈类圆形或不规则的厚片。外表皮黄棕色至灰褐色，有纵皱纹。切面棕黄色至棕褐色，中部有明显菊花心状的放射纹理，形成层环棕色，褐色油点（油室）散在。气香特异，味微苦。

【检查】 水分 不得过14.0%（附录0832第二法）。

【浸出物】 取本品直径在3mm以下的颗粒，照醇溶性浸出物测定法（附录2201）项下的热浸法测定，用乙醇作溶剂，不得少于12.0%。

【含量测定】 同药材，含木香烃内酯（$C_{15}H_{20}O_2$）和去氢木香内酯（$C_{15}H_{18}O_2$）的总量不得少于1.5%。

【鉴别】【检查】 （总灰分） 同药材。

煨木香 取未干燥的木香片，在铁丝匾中，用一层草纸，一层木香片，间隔平铺数层，置炉火旁或烘煨室内，烘煨至木香中所含的挥发油渗至纸上，取出。

本品形如木香片。气微香，味微苦。

【鉴别】 同药材。

【性味与归经】 辛、苦，温。归脾、胃、大肠、三焦、胆经。

【功能】 行气止痛，健脾消食，和胃止泻。

【主治】 胃肠气滞，食积肚胀，泻痢后重，腹痛。

【用法与用量】 牛、马30～60g；羊、猪6～12g；犬、猫2～5g；兔、禽0.3～1g。

【贮藏】 置干燥处，防潮。

木 贼

Muzei

EQUISETI HIEMALIS HERBA

本品为木贼科植物木贼 *Equisetum hyemale* L. 的干燥地上部分。夏、秋二季采割，除去杂质，晒干或阴干。

【性状】 本品呈长管状，不分枝，长40～60cm，直径0.2～0.7cm。表面灰绿色或黄绿色，有18～30条纵棱，棱上有多数细小光亮的疣状突起；节明显，节间长2.5～9cm，节上着生筒状鳞叶，叶鞘基部和鞘齿黑棕色，中部淡棕黄色。体轻，质脆，易折断，断面中空，周边有多数圆形的小空腔。气微，味甘淡、微涩，嚼之有沙粒感。

【鉴别】 （1）本品茎横切面：表皮细胞1列，外被角质层。表面有凹陷的沟槽和凸起的棱脊。棱脊上有透明硅质疣状突起2个，沟槽内有凹陷的气孔2个。皮层为薄壁组织，细胞呈长柱状或类圆形，位于棱脊内方的厚壁组织成楔形伸入皮层薄壁组织中。沟槽内厚壁组织仅1～2层细胞，沟槽下方有一空腔。内皮层有内外两列，外列呈波状环形，内列呈圆环状，均可见明显凯氏点。维管束外韧型，位于两列内皮层之间与纵棱相对，维管束内侧均有一束内腔。髓薄壁细胞扁缩，中央为髓腔。

（2）取本品粉末1g，加75%甲醇25ml、盐酸1ml，加热水解1小时，滤过，滤液蒸干，残渣加水10ml溶解，用乙酸乙酯提取2次，每次10ml，合并乙酸乙酯液，蒸干，残渣加甲醇1 ml使溶解，作为供试品溶液。另取山奈素对照品，加甲醇制成每1ml含1mg的溶液，作为对照品溶液。照薄层色谱法

（附录0502）试验，吸取供试品溶液5μl、对照品溶液2μl，分别点于同一硅胶G薄层板上，以环己烷-乙酸乙酯-甲酸（8：4：0.4）为展开剂，展开，取出，晾干，喷以5%三氯化铝乙醇溶液，立即置紫外光灯（365nm）下检视。供试品色谱中，在与对照品色谱相应的位置上，显相同颜色的荧光斑点。

【检查】 水分　不得过13.0%（附录0832第一法）。

【浸出物】 照醇溶性浸出物测定法（附录2201）项下的热浸法测定，用乙醇作溶剂，不得少于5.0%。

【含量测定】 照高效液相色谱法（附录0512）测定。

色谱条件与系统适用性试验 以十八烷基硅烷键合硅胶为填充剂；以乙腈-0.4%磷酸溶液（50：50）为流动相；检测波长为365nm。理论板数按山奈素峰计算应不低于3000。

对照品溶液的制备 取山奈素对照品适量，精密称定，加75%甲醇制成每1ml含20μg的溶液，即得。

供试品溶液的制备 取本品粉末（过三号筛）约0.75g，精密称定，置具塞锥形瓶中，精密加入75%甲醇50ml，密塞，称定重量，加热回流1小时，放冷，再称定重量，用75%甲醇补足减失的重量，摇匀，滤过，精密量取续滤液20ml，加盐酸5ml，置水浴中加热水解1小时，放冷，转移至50ml量瓶中，加75%甲醇至刻度，摇匀，滤过，取续滤液，即得。

测定法 分别精密吸取对照品溶液与供试品溶液各10μl，注入液相色谱仪，测定，即得。

本品按干燥品计算，含山奈素（$C_{15}H_{10}O_6$）不得少于0.20%。

饮片

【炮制】 除去枯茎及残根，喷淋清水，稍润，切段，干燥。

本品呈管状的段。表面灰绿色或黄绿色，有18～30条纵棱，棱上有多数细小光亮的疣状突起；节明显，节上着生筒状鳞叶，叶鞘基部和鞘齿黑棕色，中部淡棕黄色。切面中空，周边有多数圆形的小空腔。气微，味甘淡、微涩，嚼之有沙粒感。

【鉴别】【检查】【浸出物】【含量测定】 同药材。

【性味与归经】 甘、苦，平。归肺、肝经。

【功能】 散风热，退目翳。

【主治】 目赤肿痛，迎风流泪，翳膜遮睛。

【用法与用量】 马、牛15～60g；羊、猪10～15g；犬5～8g。

【贮藏】 置干燥处。

木　通

Mutong

AKEBIAE CAULIS

本品为木通科植物木通 *Akebia quinata*（Thunb.）Decne.、三叶木通 *Akebia trifoliata*（Thunb.）Koidz.或白木通 *Akebia trifoliata*（Thunb.）Koidz. *var. australis*（Diels）Rehd. 的干燥藤茎。秋季采收，截取茎部，除去细枝，阴干。

【性状】 本品呈圆柱形，常稍扭曲，长30～70cm，直径0.5～2cm。表面灰棕色至灰褐色，外皮粗糙而有许多不规则的裂纹或纵沟纹，具突起的皮孔。节部膨大或不明显，具侧枝断痕。体轻，质坚实，不易折断，断面不整齐，皮部较厚，黄棕色，可见淡黄色颗粒状小点，木部黄白色，射线呈放射状排列，髓小或有时中空，黄白色或黄棕色。气微，味微苦而涩。

【鉴别】 （1）本品粉末浅棕色或棕色。含晶石细胞方形或长方形，胞腔内含1至数个棱晶。中柱鞘纤维细长梭形，直径10～40μm，胞腔内含密集的小棱晶，周围常可见含晶石细胞。木纤维长梭形，直径8～28μm，壁增厚，具裂隙状单纹孔或小的具缘纹孔。具缘纹孔导管直径20～110（220）μm，纹孔椭圆形、卵圆形或六边形。

（2）取本品粉末1g，加70%甲醇50ml，超声处理30分钟，滤过，滤液蒸干，残渣加水10ml使溶解，用乙酸乙酯振摇提取3次，每次10ml，合并乙酸乙酯液，蒸干，残渣加甲醇1ml使溶解，作为供试品溶液。另取木通苯乙醇苷B对照品，加甲醇制成每1ml含1mg的溶液，作为对照品溶液。照薄层色谱法（附录0502）试验，吸取上述两种溶液各5μl，分别点于同一硅胶G薄层板上，以三氯甲烷-甲醇-水（30:10:1）为展开剂，展开，取出，晾干，喷以2%香草醛硫酸溶液，在105℃加热至斑点显色清晰。供试品色谱中，在与对照品色谱相应的位置上，显相同颜色的斑点。

【检查】 **水分** 不得过10.0%（附录0832第一法）。

总灰分 不得过6.5%（附录2302）。

【含量测定】 照高效液相色谱法（附录0512）测定。

色谱条件与系统适用性试验 以十八烷基硅烷键合硅胶为填充剂；以甲醇-水-磷酸溶液（35:65:0.5）为流动相；检测波长为330nm。理论板数按木通苯乙醇苷B峰计算应不低于3000。

对照品溶液的制备 取木通苯乙醇苷B对照品适量，精密称定，加甲醇制成每1ml含40μg的溶液，即得。

供试品溶液的制备 取本品粉末（过四号筛）约0.5g，精密称定，置具塞锥形瓶中，精密加入70%甲醇25ml，称定重量，加热回流45分钟，放冷，再称定重量，用70%甲醇补足减失的重量，摇匀，滤过，精密量取续滤液4ml，置10ml量瓶中，加70%甲醇至刻度，摇匀，滤过，取续滤液，即得。

测定法 分别精密吸取对照品溶液与供试品溶液各5μl，注入液相色谱仪，测定，即得。

本品按干燥品计算，含木通苯乙醇苷B（$C_{23}H_{26}O_{11}$）不得少于0.15%。

饮片

【炮制】 除去杂质，用水浸泡，泡透后捞出，切片，干燥。

本品呈圆形、椭圆形或不规则形片。外表皮灰棕色或灰褐色。切面射线呈放射状排列，髓小或有时中空。气微，味微苦而涩。

【鉴别】【检查】 （水分）同药材。

【性味与归经】 苦，微寒。归心、小肠、膀胱经。

【功能】 清心泻火，利尿，通经下乳。

【主治】 口舌生疮，尿赤，五淋，水肿，湿热带下，乳汁不通。

【用法与用量】 马、牛10～30g；羊、猪3～6g；犬1～2g。

【注意】 孕畜慎用。

【贮藏】 置通风干燥处。

木　槿　花

Mujinhua

HIBISCI FLOS

本品为锦葵科植物木槿 *Hibiscus syriacus* L. 或白花重瓣木槿 *Hibiscus syriacus* L. f. *albus-plenus* London 的干燥花。夏季花半开放时采收，晒干。

【性状】 本品皱缩呈卵状或不规则圆柱状，常带有短花梗，全体被毛，长1.5～3.5cm，宽1～2cm。苞片6～7片，线形。花萼钟状，灰黄绿色，先端5裂，裂片三角形。花瓣类白色、黄白色或浅棕黄色，单瓣5片或重瓣10余片。雄蕊多数，花丝连合成筒状。气微香，味淡。

【鉴别】 本品粉末淡黄棕色。花粉粒球形，直径105～160μm，外壁具钝头锥形的刺，有散孔。非腺毛有两种：星状毛及簇生毛有2～14个分枝，每分枝为单细胞，长约至820μm，木化，表面偶见螺状纹理；另一种非腺毛单细胞，长约1000μm，微木化至木化。腺毛短棒状，长80～150μm，头部多细胞，柄单细胞。草酸钙簇晶较多，直径12～37μm。

【性味与归经】 甘、苦，凉。归脾、肺、大肠经。

【功能】 清热利湿，凉血解毒。

【主治】 泄泻，痢疾，肠风下血，带下，疮黄肿毒。

【用法与用量】 马、牛30～60g；羊、猪10～15g。

【贮藏】 置通风干燥处，防压，防蛀。

木 鳖 子
Mubiezi
MOMORDICAE SEMEN

本品为葫芦科植物木鳖 *Momordica cochinchinensis*（Lour.）Spreng. 的干燥成熟种子。冬季采收成熟果实，剖开，晒至半干，除去果肉，取出种子，干燥。

【性状】 本品呈扁平圆板状，中间稍隆起或微凹陷，直径2～4cm，厚约0.5cm。表面灰棕色至黑褐色，有网状花纹，在边缘较大的一个齿状突起上有浅黄色种脐。外种皮质硬而脆，内种皮灰绿色，绒毛样。子叶2，黄白色，富油性。有特殊的油腻气，味苦。

【鉴别】 （1）本品粉末黄灰色。厚壁细胞椭圆形或类圆形，边缘波状，直径51～117μm，壁厚，木化，胞腔明显，有的狭窄。子叶薄壁细胞多角形，内含脂肪油块和糊粉粒；脂肪油块类圆形，直径27～73μm，表面可见网状纹理。

（2）照薄层色谱法（附录0502）试验，吸取〔含量测定〕项下的供试品溶液及对照品溶液各5μl，分别点于同一硅胶G薄层板上，以三氯甲烷-甲醇-水（8:2:1）为展开剂，展开，取出，晾干，喷以10%硫酸乙醇溶液，在105℃加热至斑点显色清晰。供试品色谱中，在与对照品色谱相应的位置上，显相同颜色的斑点。

【含量测定】 照高效液相色谱法（附录0512）测定。

色谱条件与系统适用性试验 以十八烷基硅烷键合硅胶为填充剂；以乙腈-0.4%磷酸溶液（70:30）为流动相；检测波长为203nm。理论板数按丝石竹皂苷元3-*O*-β-D-葡萄糖醛酸甲酯峰计算应不低于6000。

对照品溶液的制备 取丝石竹皂苷元3-*O*-β-D-葡萄糖醛酸甲酯对照品适量，精密称定，加甲醇制成每1ml含0.5mg的溶液，即得。

供试品溶液的制备 取木鳖子仁粗粉约1.5g，精密称定，置索氏提取器中，加石油醚（60～90℃）-三氯甲烷（1:1）混合溶液60ml，加热回流1～2小时，弃去石油醚-三氯甲烷混合溶液，滤纸筒挥尽溶剂，置圆底烧瓶中，加60%甲醇100ml，加热回流4小时，提取液蒸干。残渣加水10ml使溶解并转移至具塞试管中，加硫酸0.6ml，摇匀，塞紧。置沸水浴中加热2小时，取出，放冷，滤过，弃去滤液，残渣加甲醇8ml使溶解，转移至10ml量瓶中，加硫酸1滴使溶液pH值至2，摇匀，50℃水浴中放置4小时，取出，放冷，加甲醇补至刻度，摇匀，滤过，取续滤液，即得。

测定法 分别精密吸取对照品溶液与供试品溶液各20μl，注入液相色谱仪，测定，即得。

本品按干燥品计算，木鳖子仁含丝石竹皂苷元3-O-β-D-葡萄糖醛酸甲酯（$C_{37}H_{56}O_{10}$）不得少于0.25%。

饮片

【炮制】 木鳖子仁 去壳取仁，用时捣碎。

本品内种皮灰绿色，绒毛样。子叶2，黄白色，富油性。有特殊的油腻气，味苦。

【鉴别】 （1）本品粉末白色或灰白色。子叶薄壁细胞多角形，内含脂肪油块和糊粉粒；脂肪油块类圆形，直径27～73μm，表面可见网状纹理。

（2）同药材。

【含量测定】 同药材。

木鳖子霜 取净木鳖子仁，炒热，研末，用纸包裹，加压去油。

本品为白色或灰白色的松散粉末。有特殊的油腻气，味苦。

【含量测定】 取本品约0.75g，精密称定，加60%甲醇100ml，加热回流4小时，照木鳖子〔含量测定〕项下的方法测定。

本品含丝石竹皂苷元3-O-β-D-葡萄糖醛酸甲酯（$C_{37}H_{56}O_{10}$）不得少于0.40%。

【鉴别】 同木鳖子仁。

【性味与归经】 苦、微甘，凉；有毒。归肝、脾、胃经。

【功能】 散结消肿，攻毒疗疮。

【主治】 乳痈，槽结，瘰疬，疮痈。

【用法与用量】 马、牛3～9g；羊、猪1～1.5g。外用适量，调敷患处。

【贮藏】 置干燥处。

五 加 皮

Wujiapi

ACANTHOPANACIS CORTEX

本品为五加科植物细柱五加 *Acanthopanax gracilistylus* W. W. Smith 的干燥根皮。夏、秋二季采挖根部，洗净，剥取根皮，晒干。

【性状】 本品呈不规则卷筒状，长5～15cm，直径0.4～1.4cm，厚约0.2cm。外表面灰褐色，有稍扭曲的纵皱纹及横长皮孔样斑痕；内表面淡黄色或灰黄色，有细纵纹。体轻，质脆，易折断，断面不整齐，灰白色。气微香，味微辣而苦。

【鉴别】 （1）本品横切面：木栓层为数列细胞。栓内层窄，有少数分泌道散在。韧皮部宽广，外侧有裂隙，射线宽1～5列细胞；分泌道较多，周围分泌细胞4～11个。薄壁细胞含草酸钙簇晶及细小淀粉粒。

粉末灰白色。草酸钙簇晶直径8～64μm，有时含晶细胞连接，簇晶排列成行。木栓细胞长方形或多角形，壁薄；老根皮的木栓细胞有时壁不均匀增厚，有少数纹孔。分泌道碎片含无色或淡黄色分泌物。淀粉粒甚多，单粒多角形或类球形，直径2～8μm；复粒由2分粒至数十分粒组成。

（2）取本品粉末0.2g，加二氯甲烷10ml，超声处理30分钟，滤过，滤液蒸干，残渣加二氯甲烷1ml使溶解，作为供试品溶液。另取五加皮对照药材0.2g，同法制成对照药材溶液。再取异贝壳杉烯酸对照品，加甲醇制成每1ml含2mg的溶液，作为对照品溶液。照薄层色谱法（附录0502）试验，吸取上述三种溶液各3μl，分别点于同一硅胶G薄层板上，以石油醚（60～90℃）-丙酮-异丙醇-甲酸（12:2:0.5:0.1）为展开剂，展开，取出，晾干，喷以10%硫酸乙醇溶液，在105℃加热至斑点显色清晰，分别在日光和紫外光灯（365nm）下检视。供试品色谱中，在与对照药材色谱和对照品色谱相应的位置上，日光下显相同颜色的斑点；紫外光灯下显相同颜色的荧光斑点。

【检查】　水分　不得过12.0%（附录0832第一法）。

总灰分　不得过11.5%（附录2302）。

酸不溶性灰分　不得过3.5%（附录2302）。

【浸出物】　照醇溶性浸出物测定法（附录2201）项下的热浸法测定，用乙醇作溶剂，不得少于10.5%。

饮片

【炮制】　除去杂质，洗净，润透，切厚片，干燥。

本品呈不规则的厚片。外表面灰褐色，有稍扭曲的纵皱纹及横长皮孔样斑痕；内表面淡黄色或灰黄色，有细纵纹。切面不整齐，灰白色。气微香，味微辣而苦。

【检查】　水分　同药材，不得过11.0%。

【鉴别】　（除横切面外）【检查】　（总灰分　酸不溶性灰分）【浸出物】　同药材。

【性味与归经】　辛、苦，温。归肝、肾经。

【功能】　祛风除湿，强筋壮骨，补益肝肾，利水消肿。

【主治】　风寒湿痹，腰肢痿软，气虚乏力，水肿。

【用法与用量】　马、牛15～45g；羊、猪5～10g；犬、猫2～5g；兔、禽1.5～3g。

【贮藏】　置干燥处，防霉，防蛀。

五　味　子

Wuweizi

SCHISANDRAE CHINENSIS FRUCTUS

本品为木兰科植物五味子 *Schisandra chinensis*（Turcz.）Baill. 的干燥成熟果实。习称"北五味子"。秋季果实成熟时采摘，晒干或蒸后晒干，除去果梗和杂质。

【性状】　本品呈不规则的球形或扁球形，直径5～8mm。表面红色、紫红色或暗红色，皱缩，显油润；有的表面呈黑红色或出现"白霜"。果肉柔软，种子1～2，肾形，表面棕黄色，有光泽，种皮薄而脆。果肉气微，味酸；种子破碎后，有香气，味辛、微苦。

【鉴别】　（1）本品横切面：外果皮为1列方形或长方形细胞，壁稍厚，外被角质层，散有油细胞；中果皮薄壁细胞10余列，含淀粉粒，散有小型外韧型维管束；内果皮为1列小方形薄壁细胞。种皮最外层为1列径向延长的石细胞，壁厚，纹孔和孔沟细密；其下为数列类圆形、三角形或多角形石细胞，纹孔较大；石细胞层下为数列薄壁细胞，种脊部位有维管束；油细胞层为1列长方形细胞，含棕黄色油滴；再下为3～5列小形细胞；种皮内表皮为1列小细胞，壁稍厚，胚乳细胞含脂肪油滴及糊粉粒。

粉末暗紫色。种皮表皮石细胞表面观呈多角形或长多角形，直径18～50μm，壁厚，孔沟极细密，胞腔内含深棕色物。种皮内层石细胞呈多角形、类圆形或不规则形，直径约至83μm，壁稍厚，纹孔较大。果皮表皮细胞表面观类多角形，垂周壁略呈连珠状增厚，表面有角质线纹；表皮中散有油细胞。中果皮细胞皱缩，含暗棕色物，并含淀粉粒。

（2）取本品粉末1g，加三氯甲烷20ml，加热回流30分钟，滤过，滤液蒸干，残渣加三氯甲烷1ml使溶解，作为供试品溶液。另取五味子对照药材1g，同法制成对照药材溶液。再取五味子甲素对照品，加三氯甲烷制成每1ml含1mg的溶液，作为对照品溶液。照薄层色谱法（附录0502）试验，吸取上述三种溶液各2μl，分别点于同一硅胶GF$_{254}$薄层板上，以石油醚（30～60℃）-甲酸乙酯-甲酸（15:5:1）的上层溶液为展开剂，展开，取出，晾干，置紫外光灯（254nm）下检视。供试品色谱中，在与对照药材色谱和对照品色谱相应的位置上，显相同颜色的斑点。

【检查】　杂质　不得过1％（附录2301）。

水分　不得过16.0％（附录0832第一法）。

总灰分　不得过7.0％（附录2302）。

【含量测定】　照高效液相色谱法（附录0512）测定。

色谱条件与系统适用性试验　以十八烷基硅烷键合硅胶为填充剂；以甲醇-水（65:35）为流动相；检测波长为250nm。理论板数按五味子醇甲峰计算应不低于2000。

对照品溶液的制备　取五味子醇甲对照品适量，精密称定，加甲醇制成每1ml含五味子醇甲0.3mg的溶液，即得。

供试品溶液的制备　取本品粉末（过三号筛）约0.25g，精密称定，置20ml量瓶中，加甲醇约18ml，超声处理（功率250W，频率20kHz）20分钟，取出，加甲醇至刻度，摇匀，滤过，取续滤液，即得。

测定法　分别精密吸取对照品溶液与供试品溶液各10μl，注入液相色谱仪，测定，即得。

本品含五味子醇甲（C$_{24}$H$_{32}$O$_7$）不得少于0.40%。

饮片

【炮制】　五味子　除去杂质。用时捣碎。

【性状】【鉴别】【检查】（水分　总灰分）【含量测定】　同药材。

醋五味　取净五味子，照醋蒸法（附录0203）蒸至黑色。用时捣碎。

本品形如五味子，表面乌黑色，油润，稍有光泽。有醋香气。

【浸出物】　照醇溶性浸出物测定法（附录2201）项下的热浸法测定，用乙醇作溶剂，不得少于28.0%。

【鉴别】（2）【检查】（水分　总灰分）【含量测定】　同药材。

【性味与归经】　酸、甘，温。归肺、心、肾经。

【功能】　敛肺涩肠，生津止汗，固肾涩精。

【主治】　肺虚咳喘，久泻，自汗，盗汗，滑精。

【用法与用量】　马、牛15～30g；羊、猪3～10g；犬、猫1～2g；兔、禽0.5～1.5g。

【贮藏】　置通风干燥处，防霉。

五　倍　子

Wubeizi

GALLA CHINENSIS

本品为漆树科植物盐肤木 *Rhus chinensis* Mill.、青麸杨 *Rhus potaninii* Maxim. 或红麸杨 *Rhus punjabensis* Stew. var. *sinica*（Diels）Rehd. et Wils. 叶上的虫瘿，主要由五倍子蚜 *Melaphis chinensis*（Bell）Baker 寄生而形成。秋季采摘，置沸水中略煮或蒸至表面呈灰色，杀死蚜虫，取出，干

燥。按外形不同，分为"肚倍"和"角倍"。

【性状】 肚倍 呈长圆形或纺锤形囊状，长2.5~9cm，直径1.5~4cm。表面灰褐色或灰棕色，微有柔毛。质硬而脆，易破碎，断面角质样，有光泽，壁厚0.2~0.3cm，内壁平滑，有黑褐色死蚜虫及灰色粉状排泄物。气特异，味涩。

角倍 呈菱形，具不规则的钝角状分枝，柔毛较明显，壁较薄。

【鉴别】 取本品粉末0.5g，加甲醇5ml，超声处理15分钟，滤过，滤液作为供试品溶液。另取五倍子对照药材0.5g，同法制成对照药材溶液。再取没食子酸对照品，加甲醇制成每1ml含1mg的溶液，作为对照品溶液。照薄层色谱法（附录0502）试验，吸取上述三种溶液各2μl，分别点于同一硅胶GF$_{254}$薄层板上，以三氯甲烷-甲酸乙酯-甲酸（5:5:1）为展开剂，展开，取出，晾干，置紫外光灯（254nm）下检视。供试品色谱中，在与对照药材色谱和对照品色谱相应的位置上，显相同颜色的斑点。

【检查】 水分 不得过12.0%（附录0832第一法）。

总灰分 不得过3.5%（附录2302）。

【含量测定】 鞣质 取本品粉末（过四号筛）约0.2g，精密称定，照鞣质含量测定方法（附录2202）测定，即得。

本品按干燥品计算，含鞣质不得少于50.0%。

没食子酸 照高效液相色谱法（附录0512）测定。

色谱条件与系统适用性试验 以十八烷基硅烷键合硅胶为填充剂；以甲醇-0.1%磷酸溶液（15:85）为流动相；检测波长为273nm。理论板数按没食子酸峰计算应不低于3000。

对照品溶液的制备 取没食子酸对照品适量，精密称定，加50%甲醇制成每1ml含40μg的溶液，即得。

供试品溶液的制备 取本品粉末（过四号筛）约0.5g，精密称定，精密加入4mol/L盐酸溶液50ml，水浴中加热水解3.5小时，放冷，滤过。精密量取续滤液1ml，置100ml量瓶中，加50%甲醇至刻度，摇匀，滤过，取续滤液，即得。

测定法 分别精密吸取对照品溶液与供试品溶液各10μl，注入液相色谱仪，测定，即得。

本品按干燥品计算，含鞣质以没食子酸（C$_7$H$_6$O$_5$）计，不得少于50.0%。

饮片

【炮制】 敲开，除去杂质。

【鉴别】【检查】【含量测定】 同药材。

【性味与归经】 酸、涩，寒。归肺、大肠、肾经。

【功能】 敛肺降火，涩肠止泻，敛汗涩精，收敛止血，收湿敛疮。

【主治】 久咳，久泻，脱肛，虚汗，便血，外伤出血，疮疡。

【用法与用量】 马、牛10~30g；羊、猪3~10g；犬、猫0.5~2g；兔、禽0.2~0.6g。外用适量。

【贮藏】 置通风干燥处，防压。

太 子 参

Taizishen

PSEUDOSTELLARIAE RADIX

本品为石竹科植物孩儿参 *Pseudostellaria heterophylla*（Miq.）Pax ex Pax et Hoffm. 的干燥块

根。夏季茎叶大部分枯萎时采挖，洗净，除去须根，置沸水中略烫后晒干或直接晒干。

【性状】 本品呈细长纺锤形或细长条形，稍弯曲，长3～10cm，直径0.2～0.6cm。表面黄白色，较光滑，微有纵皱纹，凹陷处有须根痕。顶端有茎痕。质硬而脆，断面平坦，淡黄白色，角质样；或类白色，有粉性。气微，味微甘。

【鉴别】 （1）本品横切面：木栓层为2～4列类方形细胞。栓内层薄，仅数列薄壁细胞，切向延长。韧皮部窄，射线宽广。形成层成环。木质部占根的大部分，导管稀疏排列成放射状，初生木质部3～4原型。薄壁细胞充满淀粉粒，有的薄壁细胞中可见草酸钙簇晶。

（2）取本品粉末1g，加甲醇10ml，温浸，振摇30分钟，滤过，滤液浓缩至1ml，作为供试品溶液。另取太子参对照药材1g，同法制成对照药材溶液。照薄层色谱法（附录0502）试验，吸取上述两种溶液各1μl，分别点于同一硅胶G薄层板上，以正丁醇-冰醋酸-水（4:1:1）为展开剂，置用展开剂预饱和15分钟的展开缸内，展开，取出，晾干，喷以0.2%茚三酮乙醇溶液，在105℃加热至斑点显色清晰。供试品色谱中，在与对照药材色谱相应的位置上，显相同颜色的斑点。

【检查】 水分 不得过14.0%（附录0832第一法）。

总灰分 不得过4.0%（附录2302）。

【浸出物】 照水溶性浸出物测定法（附录2201）项下的冷浸法测定，不得少于25.0%。

【性味与归经】 甘、微苦，平。归脾、肺经。

【功能】 补气健脾，生津润肺。

【主治】 脾胃气虚，脾虚泄泻，肺虚咳喘，虚汗，津伤。

【用法与用量】 马、牛15～60g；羊、猪6～15g；犬、猫3～6g。

【贮藏】 置通风干燥处，防蛀，防潮。

车 前 子

Cheqianzi

PLANTAGINIS SEMEN

本品为车前科植物车前 *Plantago asiatica* L. 或平车前 *Plantago depressa* Willd. 的干燥成熟种子。夏、秋二季种子成熟时采收果穗，晒干，搓出种子，除去杂质。

【性状】 本品呈椭圆形、不规则长圆形或三角状长圆形，略扁，长约2mm，宽约1mm。表面黄棕色至黑褐色，有细皱纹，一面有灰白色凹点状种脐。质硬。气微，味淡。

【鉴别】 （1）**车前** 粉末深黄棕色。种皮外表皮细胞断面观类方形或略切向延长，细胞壁黏液质化。种皮内表皮细胞表面观类长方形，直径5～19μm，长约至83μm，壁薄，微波状，常作镶嵌状排列。内胚乳细胞壁甚厚，充满细小糊粉粒。

平车前 种皮内表皮细胞较小，直径5～15μm，长11～45μm。

（2）取本品粗粉1g，加甲醇10ml，超声处理30分钟，滤过，滤液蒸干，残渣加甲醇2 ml使溶解，作为供试品溶液。另取京尼平苷酸对照品、毛蕊花糖苷对照品，加甲醇分别制成每1ml各含1mg的溶液，作为对照品溶液。照薄层色谱法（附录0502）试验，吸取上述三种溶液各5μl，分别点于同一硅胶GF$_{254}$薄层板上，以乙酸乙酯-甲醇-甲酸-水（18:2:1.5:1）为展开剂，展开，取出，晾干，置紫外光灯（254nm）下检视。供试品色谱中，在与对照品色谱相应的位置上，显相同颜色的斑点；喷以0.5%香草醛硫酸溶液，在105℃加热至斑点显色清晰。供试品色谱中，在与对照品色谱相应的位置上，显相同颜色的斑点。

【检查】 水分 不得过12.0%（附录0832第一法）。

总灰分 不得过 6.0%（附录2302）。

酸不溶性灰分 不得过2.0%（附录2302）。

膨胀度 取本品1g，称定重量，照膨胀度测定法（附录2101）测定，应不低于4.0。

【含量测定】 照高效液相色谱法（附录0512）测定。

色谱条件与系统适用性试验 以十八烷基硅烷键合硅胶为填充剂；以甲醇为流动相A，以0.5%醋酸溶液为流动相B，按下表中的规定进行梯度洗脱；检测波长为254nm。理论板数按京尼平苷酸峰计算应不低于3000。

时间（分钟）	流动相A（%）	流动相B（%）
0~1	5	95
1~40	5→60	95→40
40~50	5	95

对照品溶液的制备 取京尼平苷酸对照品、毛蕊花糖苷对照品适量，精密称定，置棕色量瓶中，加60%甲醇制成每1ml各含0.1mg的混合溶液，即得。

供试品溶液的制备 取本品粉末（过二号筛）约1g，精密称定，置具塞锥形瓶中，精密加入60%甲醇50ml，称定重量，加热回流2小时，放冷，再称定重量，用60%甲醇补足减失的重量，摇匀，滤过，取续滤液，即得。

测定法 分别精密吸取对照品溶液与供试品溶液各10μl，注入液相色谱仪，测定，即得。

本品按干燥品计算，含京尼平苷酸（$C_{16}H_{22}O_{10}$）不得少于0.50%，毛蕊花糖苷（$C_{29}H_{36}O_{15}$）不得少于0.40%。

饮片

【炮制】 车前子 除去杂质。

【性状】【鉴别】【检查】【含量测定】 同药材。

盐车前子 取净车前子，照盐水炙法（附录0203）炒至起爆裂声时，喷洒盐水，炒干。

本品形如车前子，表面黑褐色。气微香，味微咸。

【检查】 水分 同药材，不得过10.0%。

总灰分 同药材，不得过9.0%。

酸不溶性灰分 同药材，不得过3.0%。

膨胀度 取本品1g，称定重量，照膨胀度测定法（附录2101）测定，应不低于3.0。

【含量测定】 同药材，含京尼平苷酸（$C_{16}H_{22}O_{10}$）不得少于0.40%，毛蕊花糖苷（$C_{29}H_{36}O_{15}$）不得少于0.30%。

【鉴别】 同药材。

【性味与归经】 甘，微寒。归肝、肾、肺、小肠经。

【功能】 清热利尿，渗湿通淋，明目。

【主治】 热淋尿血，泄泻，目赤肿痛，水肿，胎衣不下。

【用法与用量】 马、牛20~30g；驼30~50g；羊、猪10~15g；犬、猫3~6g；兔、禽1~3g。

【贮藏】 置通风干燥处，防潮。

车 前 草
Cheqiancao
PLANTAGINIS HERBA

本品为车前科植物车前 *Plantago asiatica* L. 或平车前 *Plantago depressa* Willd. 的干燥全草。夏季采挖，除去泥沙，晒干。

【性状】 **车前** 根丛生，须状。叶基生，具长柄；叶片皱缩，展平后呈卵状椭圆形或宽卵形，长6～13cm，宽2.5～8cm；表面灰绿色或污绿色，具明显弧形脉5～7条；先端钝或短尖，基部宽楔形，全缘或有不规则波状浅齿。穗状花序数条，花茎长。蒴果盖裂，萼宿存。气微香，味微苦。

平车前 主根直而长。叶片较狭，长椭圆形或椭圆状披针形，长5～14cm，宽2～3cm。

【鉴别】 （1）本品叶表面观：车前 上、下表皮细胞类长方形，上表皮细胞具角质线纹。气孔不定式，副卫细胞3～4个。腺毛头部2细胞，椭圆形，柄单细胞。非腺毛少见，2～5细胞，长100～320μm，壁稍厚，微具疣状突起。

平车前 非腺毛3～7细胞，长350～900μm。

（2）取本品粉末1g，加甲醇10ml，超声处理30分钟，滤过，取滤液作为供试品溶液。另取大车前苷对照品，加甲醇制成每1ml含1mg的溶液，作为对照品溶液。照薄层色谱法（附录0502）试验，吸取上述两种溶液各10μl，分别点于同一硅胶G薄层板上，以乙酸乙酯-甲醇-甲酸-水（18:3:1.5:1）为展开剂，展开，取出，晾干，置紫外光灯（365nm）下检视。供试品色谱中，在与对照品色谱相应的位置上，显相同颜色的斑点。

【检查】 **水分** 不得过13.0%（附录0832第一法）。

总灰分 不得过15.0%（附录2302）。

酸不溶性灰分 不得过5.0%（附录2302）。

【浸出物】 照水溶性浸出物测定法（附录2201）项下的热浸法测定，不得少于14.0%。

【含量测定】 照高效液相色谱法（附录0512）测定。

色谱条件与系统适用性试验 以十八烷基硅烷键合硅胶为填充剂；以乙腈-0.1%甲酸溶液（17:83）为流动相；检测波长为330nm。理论板数按大车前苷峰计算应不低于3000。

对照品溶液的制备 取大车前苷对照品适量，精密称定，置棕色量瓶中，加60%甲醇制成每1ml含0.1mg的溶液，即得。

供试品溶液的制备 取本品粉末（过二号筛）约1g，精密称定，置具塞锥形瓶中，精密加入60%甲醇50ml，称定重量，超声处理（功率250W，频率40kHz）30分钟，放冷，再称定重量，用60%甲醇补足减失的重量，摇匀，滤过，取续滤液，即得。

测定法 分别精密吸取对照品溶液与供试品溶液各10μl，注入液相色谱仪，测定，即得。

本品按干燥品计算，含大车前苷（$C_{29}H_{36}O_{16}$）不得少于0.10%。

饮片
【炮制】 除去杂质，洗净，切段，干燥。

本品为不规则的段。根须状或直而长。叶片皱缩，多破碎，表面灰绿色或污绿色，脉明显。可见穗状花序。气微，味微苦。

【鉴别】 **【检查】** **【浸出物】** **【含量测定】** 同药材。

【性味与归经】 甘，寒。归肝、肾、肺、小肠经。

【功能】 清热利尿，祛痰，凉血，解毒。

【主治】 热淋，尿短赤，湿热泄泻，痰热咳嗽，痈肿疮毒。

【用法与用量】 马、牛30～100g；羊、猪15～30g；兔、禽1～3g。

外用鲜品适量，捣敷患处。

【贮藏】 置通风干燥处。

瓦　松

Wasong

OROSTACHYIS FIMBRIATAE HERBA

本品为景天科植物瓦松 *Orostachys fimbriata*（Turcz.）Berg. 的干燥地上部分。夏、秋二季花开时采收，除去根及杂质，晒干。

【性状】 本品茎呈细长圆柱形，长5～27cm，直径0.2～0.6cm。表面灰棕色，具多数突起的残留叶基，有明显的纵棱线。叶多脱落、破碎或卷曲，灰绿色。圆锥花序穗状，小花白色或粉红色，花梗长约5mm。体轻，质脆，易碎。气微，味酸。

【鉴别】 （1）本品茎横切面：最外层为1列表皮细胞，长方形或近方形，外被角质层。皮层有数列薄壁细胞组成，细胞多类圆形，有分泌细胞散在。维管束外韧型，形成层成环，木质部导管排列整齐。中央髓部较大，薄壁细胞常含红棕色物。

（2）取本品粉末5g，加甲醇-25%盐酸溶液（4:1）混合溶液50ml，加热回流1小时，滤过，滤液蒸至近干，残渣加水20ml使溶解，用乙酸乙酯振摇提取2次，每次20ml，合并乙酸乙酯液，用水10ml洗涤，弃去水液，滤液挥干，残渣加甲醇2ml使溶解，作为供试品溶液。另取瓦松对照药材2g，同法制成对照药材溶液。再取山奈素对照品，加甲醇制成每1ml含0.5mg的溶液，作为对照品溶液。照薄层色谱法（附录0502）试验，吸取供试品溶液和对照药材溶液各5μl、对照品溶液2μl，分别点于同一用1%氢氧化钠溶液制备的硅胶G薄层板上，以甲苯-乙酸乙酯-甲酸（25:20:1）为展开剂，展开，取出，晾干，喷以10%三氯化铝乙醇溶液，置紫外光灯（365nm）下检视。供试品色谱中，在与对照药材色谱和对照品色谱相应的位置上，显相同颜色的荧光斑点。

【检查】 杂质 不得过2%（附录2301）。

水分 不得过13.0%（附录0832第一法）。

【浸出物】 照醇溶性浸出物测定法（附录2201）项下的热浸法测定，用乙醇作溶剂，不得少于3.0%。

【含量测定】 照高效液相色谱法（附录0512）测定。

色谱条件与系统适用性试验 以十八烷基硅烷键合硅胶为填充剂；以甲醇-0.5%磷酸溶液（47:53）为流动相；检测波长为360nm。理论板数按槲皮素峰计算应不低于4000。

对照品溶液的制备 取槲皮素对照品、山奈素对照品适量，精密称定，加甲醇制成每1ml含槲皮素10μg、山奈素20μg的混合溶液，即得。

供试品溶液的制备 取本品粉末（过三号筛）约1g，精密称定，置具塞锥形瓶中，精密加入甲醇-25%盐酸溶液（4:1）混合溶液50ml，密塞，称定重量，置水浴中回流1小时，立即冷却，再称定重量，用甲醇补足减失的重量，摇匀，滤过，取续滤液，即得。

测定法 分别精密吸取对照品溶液10μl与供试品溶液10～20μl，注入液相色谱仪，测定，即得。

本品按干燥品计算，含槲皮素（$C_{15}H_{10}O_7$）和山奈素（$C_{15}H_{10}O_6$）的总量不得少于0.020%。

饮片

【炮制】 除去残根及杂质，切段。

【鉴别】【检查】（水分）**【浸出物】【含量测定】** 同药材。

【性味与归经】 酸、苦，凉。归肝、肺、脾经。

【功能】 凉血止血，敛疮。

【主治】 肠黄便血，疮疡不敛。

【用法与用量】 马、牛15～60g；羊、猪3～10g。

外用适量，调敷患处。

【贮藏】 置通风干燥处。

瓦 楞 子
Walengzi
ARCAE CONCHA

本品为蚶科动物毛蚶 *Arca subcrenata* Lischke、泥蚶 *Arca granosa* Linnaeus 或魁蚶 *Arca inflata* Reeve 的贝壳。秋、冬至次年春捕捞，洗净，置沸水中略煮，去肉，干燥。

【性状】 **毛蚶** 略呈三角形或扇形，长4～5cm，高3～4cm。壳外面隆起，有棕褐色茸毛或已脱落；壳顶突出，向内卷曲；自壳顶至腹面有延伸的放射肋30～34条。壳内面平滑，白色，壳缘有与壳外面直楞相对应的凹陷，铰合部具小齿1列。质坚。气微，味淡。

泥蚶 长2.5～4cm，高2～3cm。壳外面无棕褐色茸毛，放射肋18～21条，肋上有颗粒状突起。

魁蚶 长7～9cm，高6～8cm。壳外面放射肋42～48条。

饮片

【炮制】 **瓦楞子** 洗净，干燥，碾碎。

煅瓦楞子 取净瓦楞子，照明煅法（附录0203）煅至酥脆。

【性味与归经】 咸，平。归肺、胃、肝经。

【功能】 消痰化瘀，软坚散结。

【主治】 瘀血积块，顽痰积聚。

【用法与用量】 马、牛30～60g；羊、猪10～15g。

【贮藏】 置干燥处。

牛 蒡 子
Niubangzi
ARCTII FRUCTUS

本品为菊科植物牛蒡 *Arctium lappa* L. 的干燥成熟果实。秋季果实成熟时采收果序，晒干，打下果实，除去杂质，再晒干。

【性状】 本品呈长倒卵形，略扁，微弯曲，长5～7mm，宽2～3mm。表面灰褐色，带紫黑色斑点，有数条纵棱，通常中间1～2条较明显。顶端钝圆，稍宽，顶面有圆环，中间具点状花柱残迹；基部略窄，着生面色较淡。果皮较硬，子叶2，淡黄白色，富油性。气微，味苦后微辛而稍麻舌。

【鉴别】 （1）本品粉末灰褐色。内果皮石细胞略扁平，表面观呈尖棱形、长椭圆形或尖卵圆形，长70～224μm，宽13～70μm，壁厚约至20μm，木化，纹孔横长；侧面观类长方形或长条形，侧弯。中果皮网纹细胞横断面观类多角形，垂周壁具细点状增厚；纵断面观细胞延长，壁具细密交叉的网状纹理。草酸钙方晶直径3～9μm，成片存在于黄色的中果皮薄壁细胞中，含晶细胞界限不分明。子叶细胞充满糊粉粒，有的糊粉粒中有细小簇晶，并含脂肪油滴。

（2）取本品粉末0.5g，加乙醇20ml，超声处理30分钟，滤过，滤液蒸干，残渣加乙醇2ml使溶解，作为供试品溶液。另取牛蒡子对照药材0.5g，同法制成对照药材溶液。再取牛蒡苷对照品，加乙醇制成每1ml含5mg的溶液，作为对照品溶液。照薄层色谱法（附录0502）试验，吸取供试品溶液及对照药材溶液各3μl、对照品溶液5μl，分别点于同一硅胶G薄层板上，以三氯甲烷-甲醇-水（40:8:1）为展开剂，展开，取出，晾干，喷以10%硫酸乙醇溶液，在105℃加热至斑点显色清晰。供试品色谱中，在与对照药材色谱和对照品色谱相应的位置上，显相同颜色的斑点。

【检查】 水分 不得过9.0%（附录0832第一法）。

总灰分 不得过7.0%（附录2302）。

【含量测定】 照高效液相色谱法（附录0512）测定。

色谱条件与系统适用性试验 以十八烷基硅烷键合硅胶为填充剂；以甲醇-水（1:1.1）为流动相；检测波长为280nm。理论板数按牛蒡苷峰计算应不低于1500。

对照品溶液的制备 取牛蒡苷对照品适量，精密称定，加甲醇制成每1ml含0.5mg的溶液，即得。

供试品溶液的制备 取本品粉末（过三号筛）约0.5g，精密称定，置50ml量瓶中，加甲醇约45ml，超声处理（功率150W，频率20kHz）20分钟，放冷，加甲醇至刻度，摇匀，滤过，取续滤液，即得。

测定法 分别精密吸取对照品溶液与供试品溶液各10μl，注入液相色谱仪，测定，即得。

本品含牛蒡苷（$C_{27}H_{34}O_{11}$）不得少于5.0%。

饮片

【炮制】 牛蒡子 除去杂质，洗净，干燥。用时捣碎。

【性状】【鉴别】【检查】【含量测定】 同药材。

炒牛蒡子 取净牛蒡子，照清炒法（附录0203）炒至略鼓起、微有香气。用时捣碎。

本品形如牛蒡子，色泽加深，略鼓起，微有香气。

【检查】 水分 同药材，不得过7.0%。

【鉴别】【检查】（总灰分）【含量测定】 同药材。

【性味与归经】 辛、苦，寒。归肺、胃经。

【功能】 疏散风热，宣肺透疹，解毒利咽。

【主治】 外感风热，咳嗽气喘，咽喉肿痛，痈肿疮毒。

【用法与用量】 马、牛15～45g；羊、猪5～10g；犬、猫2～5g。

【贮藏】 置通风干燥处。

牛　膝

Niuxi

ACHYRANTHIS BIDENTATAE RADIX

本品为苋科植物牛膝 *Achyranthes bidentata* Bl. 的干燥根。冬季茎叶枯萎时采挖，除去须根和泥沙，捆成小把，晒至干皱后，将顶端切齐，晒干。

【性状】　本品呈细长圆柱形，挺直或稍弯曲，长15～70cm，直径0.4～1cm。表面灰黄色或淡棕色，有微扭曲的细纵皱纹、排列稀疏的侧根痕和横长皮孔样的突起。质硬脆，易折断，受潮后变软，断面平坦，淡棕色，略呈角质样而油润，中心维管束木质部较大，黄白色，其外周散有多数黄白色点状维管束，断续排列成2～4轮。气微，味微甜而稍苦涩。

【鉴别】　（1）本品横切面：木栓层为数列扁平细胞，切向延伸。栓内层较窄。异型维管束外韧型，断续排列成2～4轮，最外轮的维管束较小，有时仅1至数个导管，束间形成层几连接成环，向内维管束较大；木质部主要由导管及小的木纤维组成，根中心木质部集成2～3群。薄壁细胞含有草酸钙砂晶。

（2）取本品粉末4g，加80%甲醇50ml，加热回流3小时，滤过，滤液蒸干，残渣加水15ml，微热使溶解，加在D101型大孔吸附树脂柱（内径1.5cm，柱高15cm）上，用水100ml洗脱，弃去水液，再用20%乙醇100ml洗脱，弃去洗脱液，继用80%乙醇100ml洗脱，收集洗脱液，蒸干，残渣加80%甲醇1ml使溶解，作为供试品溶液。另取牛膝对照药材4g，同法制成对照药材溶液。再取β-蜕皮甾酮对照品、人参皂苷Ro对照品，加甲醇分别制成每1ml含1mg的溶液，作为对照品溶液。照薄层色谱法（附录0502）试验，吸取供试品溶液4～8μl、对照药材溶液和对照品溶液各4μl，分别点于同一硅胶G薄层板上，以三氯甲烷-甲醇-水-甲酸（7:3:0.5:0.05）为展开剂，展开，取出，晾干，喷以5%香草醛硫酸溶液，在105℃加热至斑点显色清晰。供试品色谱中，在与对照药材色谱和对照品色谱相应的位置上，显相同颜色的斑点。

【检查】　水分　不得过15.0%（附录0832第一法）。

总灰分　不得过9.0%（附录2302）。

二氧化硫残留量　照二氧化硫残留量测定法（附录2331）测定，不得过400mg/kg。

【浸出物】　照醇溶性浸出物测定法（附录2201）项下的热浸法测定，用水饱和正丁醇作溶剂，不得少于6.5%。

【含量测定】　照高效液相色谱法（附录0512）测定。

色谱条件与系统适用性试验　以十八烷基硅烷键合硅胶为填充剂；以乙腈-水-甲酸（16:84:0.1）为流动相；检测波长为250nm。理论板数按β-蜕皮甾酮峰计算应不低于4000。

对照品溶液的制备　取β-蜕皮甾酮对照品适量，精密称定，加甲醇制成每1ml含0.1mg的溶液，即得。

供试品溶液的制备　取本品粉末（过三号筛）约1g，精密称定，置具塞锥形瓶中，加水饱和正丁醇30ml，密塞，浸泡过夜，超声处理（功率300W，频率40kHz）30分钟，滤过，用甲醇10ml分数次洗涤容器及残渣，合并滤液和洗液，蒸干，残渣加甲醇使溶解，转移至5ml量瓶中，加甲醇至刻度，摇匀，即得。

测定法　分别精密吸取对照品溶液与供试品溶液各10μl，注入液相色谱仪，测定，即得。

本品按干燥品计算，含β-蜕皮甾酮（$C_{27}H_{44}O_7$）不得少于0.030%。

饮片

【炮制】 牛膝 除去杂质，洗净，润透，除去残留芦头，切段，干燥。

本品呈圆柱形的段。外表皮灰黄色或淡棕色，有微细的纵皱纹及横长皮孔。质硬脆，易折断，受潮变软。切面平坦，淡棕色或棕色，略呈角质样而油润，中心维管束木部较大，黄白色，其外围散有多数黄白色点状维管束，断续排列成2～4轮。气微，味微甜而稍苦涩。

【浸出物】 同药材，不得少于5.0%。

【鉴别】【检查】【含量测定】 同药材。

酒牛膝 取净牛膝段，照酒炙法（附录0203）炒干。

本品形如牛膝段，表面色略深，偶见焦斑。微有酒香气。

【浸出物】 同药材，不得少于4.0%。

【鉴别】【检查】【含量测定】 同药材。

【性味与归经】 苦、甘、酸，平。归肝、肾经。

【功能】 补肝肾，强筋骨，逐瘀通经，引血下行。

【主治】 腰胯疼痛，跌打损伤，产后瘀血，胎衣不下。

【用法与用量】 马、牛15～45g；羊、猪5～10g。

【注意】 孕畜慎用。

【贮藏】 置阴凉干燥处，防潮。

毛 诃 子

Maohezi

TERMINALIAE BELLIRICAE FRUCTUS

本品系藏族习用药材。为使君子科植物毗黎勒 *Terminalia bellirica*（Gaertn.）Roxb. 的干燥成熟果实。冬季果实成熟时采收，除去杂质，晒干。

【性状】 本品呈卵形或椭圆形，长2～3.8cm，直径1.5～3cm。表面棕褐色，被细密绒毛，基部有残留果柄或果柄痕。具5棱脊，棱脊间平滑或有不规则皱纹。质坚硬。果肉厚2～5mm，暗棕色或浅绿黄色，果核淡棕黄色。种子1，种皮棕黄色，种仁黄白色，有油性。气微，味涩，苦。

【鉴别】 （1）本品粉末黄褐色。非腺毛易见，为2细胞，基部细胞常内含棕黄色物。草酸钙簇晶众多，直径13～65μm。石细胞类圆形、卵圆形或长方形，孔沟明显，具层纹。内果皮纤维壁厚，木化，孔沟明显。外果皮表皮细胞具非腺毛脱落的疤痕。可见油滴和螺纹导管。

（2）取本品（去核）粉末0.5g，加无水乙醇30ml，加热回流30分钟，滤过，滤液蒸干，残渣用甲醇5ml溶解，加在中性氧化铝柱（100～200目，5g，内径为2cm）上，用稀乙醇50ml洗脱，收集洗脱液，蒸干，残渣用水5ml溶解后加在C_{18}固相萃取小柱上，以30%甲醇10ml洗脱，弃去30%甲醇液，再用甲醇10ml洗脱，收集洗脱液，蒸干，残渣用甲醇1ml使溶解，作为供试品溶液。另取毛诃子对照药材（去核）0.5g，同法制成对照药材溶液。照薄层色谱法（附录0502）试验，吸取上述两种溶液各4μl，分别点于同一硅胶G薄层板上，以甲苯-冰醋酸-水（12：10：0.4）为展开剂，展开，取出，晾干，喷以10%硫酸乙醇溶液，在105℃加热至斑点显色清晰，置紫外光灯（365nm）下检视。供试品色谱中，在与对照药材色谱相应的位置上，显相同颜色的斑点。

【检查】 水分 不得过12.0%（附录0832第一法）。

总灰分　不得过5.0%（附录2302）。

【浸出物】　照水溶性浸出物测定法（附录2201）项下的冷浸法测定，不得少于20.0%。

【性味】　甘、涩，平。

【功能】　收敛养血，清热解毒，调和诸药。

【主治】　病后虚弱，热病，咽喉肿痛，肠黄，痢疾。

【用法与用量】　马、牛15～45g；羊、猪5～10g。

【贮藏】　置干燥处，防蛀。

升　麻

Shengma

CIMICIFUGAE RHIZOMA

本品为毛茛科植物大三叶升麻 *Cimicifuga heracleifolia* Kom. 、兴安升麻 *Cimicifuga dahurica* （Turcz.）Maxim. 或升麻 *Cimicifuga foetida* L. 的干燥根茎。秋季采挖，除去泥沙，晒至须根干时，燎去或除去须根，晒干。

【性状】　本品为不规则的长形块状，多分枝，呈结节状，长10～20cm，直径2～4cm。表面黑褐色或棕褐色，粗糙不平，有坚硬的细须根残留，上面有数个圆形空洞的茎基痕，洞内壁显网状沟纹；下面凹凸不平，具须根痕。体轻，质坚硬，不易折断，断面不平坦，有裂隙，纤维性，黄绿色或淡黄白色。气微，味微苦而涩。

【鉴别】　（1）本品粉末黄棕色。后生皮层细胞黄棕色，表面观呈类多角形，有的垂周壁或平周壁瘤状增厚，突入胞腔。木纤维多，散在，细长，纹孔口斜裂缝状或相交成人字形或十字形。韧皮纤维多散在或成束，呈长梭形，孔沟明显。

（2）取本品粉末1g，加乙醇50ml，加热回流1小时，滤过，滤液蒸干，残渣加乙醇1ml使溶解，作为供试品溶液。另取阿魏酸对照品、异阿魏酸对照品，加乙醇制成每1ml各含1mg的溶液，作为对照品溶液。照薄层色谱法（附录0502）试验，吸取上述三种溶液各10μl，分别点于同一硅胶G薄层板上，以苯-三氯甲烷-冰醋酸（6:1:0.5）为展开剂，展开，取出，晾干，置紫外光灯（365nm）下检视。供试品色谱中，在与对照品色谱相应的位置上，显相同颜色的荧光斑点。

【检查】　杂质　不得过5%（附录2301）。

水分　不得过13.0%（附录0832第一法）。

总灰分　不得过8.0%（附录2302）。

酸不溶性灰分　不得过4.0%（附录2302）。

【浸出物】　照醇溶性浸出物测定法（附录2201）项下的热浸法测定，用稀乙醇作溶剂，不得少于17.0%。

【含量测定】　照高效液相色谱法（附录0512）测定。

色谱条件与系统适用性试验　以十八烷基硅烷键合硅胶为填充剂；以乙腈-0.1%磷酸溶液（13:87）为流动相；检测波长为316nm。理论板数按异阿魏酸峰计算应不低于5000。

对照品溶液的制备　取异阿魏酸对照品适量，精密称定，置棕色量瓶中，加10%乙醇制成每1ml含异阿魏酸20μg的溶液，即得。

供试品溶液的制备　取本品粉末（过二号筛）约0.5g，精密称定，置具塞锥形瓶中，精密加入

10%乙醇25ml，密塞，称定重量，加热回流2.5小时，放冷，再称定重量，用10%乙醇补足减失的重量，摇匀，滤过，取续滤液，即得。

测定法 分别精密吸取对照品溶液与供试品溶液各10μl，注入液相色谱仪，测定，即得。

本品按干燥品计算，含异阿魏酸（$C_{10}H_{10}O_4$）不得少于0.10%。

饮片

【**炮制**】 除去杂质，略泡，洗净，润透，切厚片，干燥。

【**性味与归经**】 辛、微甘，微寒。归肺、脾、胃、大肠经。

【**功能**】 发表透疹，清热解毒，升举阳气。

【**主治**】 痘疹透发不畅，咽喉肿痛，久泻，脱肛，子宫垂脱。

【**用法与用量**】 马、牛15~45g；驼30~60g；羊、猪3~10g；兔、禽1~3g。

【**贮藏**】 置通风干燥处。

化 橘 红

Huajuhong

CITRI GRANDIS EXOCARPIUM

本品为芸香科植物化州柚 *Citrus grandis* 'Tomentosa' 或柚 *Citrus grandis*（L.）Osbeck 的未成熟或近成熟的干燥外层果皮。前者习称"毛橘红"，后者习称"光七爪""光五爪"。夏季果实未成熟时采收，置沸水中略烫后，将果皮割成5或7瓣，除去果瓤和部分中果皮，压制成形，干燥。

【**性状**】 **化州柚** 呈对折的七角或展平的五角星状，单片呈柳叶形。完整者展平后直径15~28cm，厚0.2~0.5cm。外表面黄绿色，密布茸毛，有皱纹及小油室；内表面黄白色或淡黄棕色，有脉络纹。质脆，易折断，断面不整齐，外缘有1列不整齐的下凹的油室，内侧稍柔而有弹性。气芳香，味苦、微辛。

柚 外表面黄绿色至黄棕色，无毛。

【**鉴别**】 （1）本品粉末暗绿色至棕色。中果皮薄壁细胞形状不规则，壁不均匀增厚，有的作连珠状或在角隅处特厚。果皮表皮细胞表面观多角形、类方形或长方形，垂周壁增厚，气孔类圆形，直径18~31μm，副卫细胞5~7个，侧面观外被角质层，靠外方的径向壁增厚。偶见碎断的非腺毛，碎段细胞多至十数个，最宽处直径约33μm，具壁疣或外壁光滑、内壁粗糙，胞腔内含淡黄色或棕色颗粒状物。草酸钙方晶成片或成行存在于中果皮薄壁细胞中，呈多面形、菱形、棱柱形、长方形或形状不规则，直径1~32μm，长5~40μm。导管为螺纹导管和网纹导管。偶见石细胞及纤维。

（2）取本品粉末0.5g，加甲醇5ml，超声处理15分钟，离心，取上清液作为供试品溶液。另取柚皮苷对照品，加甲醇制成每1ml含1mg的溶液，作为对照品溶液。照薄层色谱法（附录0502）试验，吸取上述两种溶液各2μl，分别点于同一高效硅胶G薄层板上，以乙酸乙酯-丙酮-冰醋酸-水（8:4:0.3:1）为展开剂，展开，取出，晾干，喷以5%三氯化铝乙醇溶液，在105℃加热1分钟，置紫外光灯（365nm）下检视。供试品色谱中，在与对照品色谱相应的位置上，显相同颜色的荧光斑点。

【**检查**】 **水分** 不得过11.0%（附录0832第二法）。

总灰分 不得过5.0%（附录2302）。

【**含量测定**】 照高效液相色谱法（附录0512）测定。

色谱条件与系统适用性试验　以十八烷基硅烷键合硅胶为填充剂；以甲醇-醋酸-水（35：4：61）为流动相；检测波长为283nm。理论板数按柚皮苷峰计算应不低于1000。

对照品溶液的制备　取柚皮苷对照品适量，精密称定，加甲醇制成每1ml含60μg的溶液，即得。

供试品溶液的制备　取本品粉末（过二号筛）约0.5g，精密称定，置具塞锥形瓶中，精密加入甲醇50ml，称定重量，水浴加热回流1小时，放冷，再称定重量，用甲醇补足减失的重量，摇匀，滤过，精密量取续滤液5ml，置50ml量瓶中，加50%甲醇至刻度，摇匀，即得。

测定法　分别精密吸取对照品溶液与供试品溶液各10μl，注入液相色谱仪，测定，即得。

本品按干燥品计算，含柚皮苷（$C_{27}H_{32}O_{14}$）不得少于3.5%。

饮片

【炮制】　除去杂质，洗净，闷润，切丝或块，晒干。

【性味与归经】　辛、苦，温。归肺、脾经。

【功能】　理气宽中，燥湿化痰。

【主治】　胃肠积滞，肚腹胀满，咳嗽痰多。

【用法与用量】　马、牛30～100g；羊、猪10～20g；兔、禽1.5～3.0g。

【贮藏】　置阴凉干燥处，防蛀。

月　季　花

Yuejihua

ROSAE CHINENSIS FLOS

本品为蔷薇科植物月季 *Rosa chinensis* Jacq. 的干燥花。全年均可采收，花微开时采摘，阴干或低温干燥。

【性状】　本品呈类球形，直径1.5～2.5cm。花托长圆形，萼片5，暗绿色，先端尾尖；花瓣呈覆瓦状排列，有的散落，长圆形，紫红色或淡紫红色；雄蕊多数，黄色。体轻，质脆。气清香，味淡、微苦。

【鉴别】　（1）本品粉末淡棕色。单细胞非腺毛有两种：一种较细长，多弯曲，长85～280μm，直径13～23μm；另一种粗长，先端尖或钝圆，长约至1200μm，直径38～65μm。花粉粒类球形，直径30～45μm，具3孔沟，表面有细密点状雕纹，有的中心有一圆形核状物。草酸钙簇晶直径19～40μm，棱角较短尖。花瓣上表皮细胞外壁突起，有细密脑纹状纹理；下表皮细胞垂周壁波状弯曲。

（2）取本品粉末1g，加70%甲醇20ml，超声处理40分钟，滤过，取滤液作为供试品溶液。另取金丝桃苷对照品、异槲皮苷对照品，加甲醇制成每1ml各含0.4mg的混合溶液，作为对照品溶液。照薄层色谱法（附录0502）试验，吸取上述两种溶液各1μl，分别点于同一硅胶G薄层板上，以乙酸乙酯-甲酸-水（15：1：1）为展开剂，展开，取出，晾干，喷以10%硫酸乙醇溶液，在105℃加热数分钟，立即置紫外光灯（365nm）下检视。供试品色谱中，在与对照品色谱相应的位置上，显相同颜色的荧光斑点。

【检查】　水分　不得过12.0%（附录0832第一法）。

总灰分　不得过5.0%（附录2302）。

【含量测定】照高效液相色谱法（附录0512）测定。

色谱条件与系统适用性试验 以十八烷基硅烷键合硅胶为填充剂；以乙腈-0.1%甲酸溶液（15:85）为流动相；检测波长为354nm。理论板数按金丝桃苷峰计算应不低于3000。

对照品溶液的制备 取金丝桃苷对照品、异槲皮苷对照品适量，精密称定，加50%甲醇制成每1ml各含20μg的混合溶液，即得。

供试品溶液的制备 取本品粉末（过四号筛）约0.2g，精密称定，置具塞锥形瓶中，精密加入50%甲醇25ml，密塞，称定重量，加热回流1小时，放冷，再称定重量，用50%甲醇补足减失的重量，摇匀，滤过，取续滤液，即得。

测定法 分别精密吸取对照品溶液与供试品溶液各20μl，注入液相色谱仪，测定，即得。

本品按干燥品计算，含金丝桃苷（$C_{21}H_{20}O_{12}$）和异槲皮苷（$C_{21}H_{20}O_{12}$）的总量不得少于0.38%。

【**性味与归经**】 甘，温。归肝经。

【**功能**】 活血通经，疏肝解郁，解毒消肿。

【**主治**】 产后瘀血腹痛，母畜不发情，跌打损伤，痈肿。

【**用法与用量**】 马、牛15~30g；羊、猪5~10g；犬、猫1~3g。外用鲜品适量，捣敷患处。

【**贮藏**】 置阴凉干燥处，防压，防蛀。

丹　参

Danshen

SALVIAE MILTIORRHIZAE RADIX ET RHIZOMA

本品为唇形科植物丹参 *Salvia miltiorrhiza* Bge. 的干燥根和根茎。春、秋二季采挖，除去泥沙，干燥。

【**性状**】 本品根茎短粗，顶端有时残留茎基。根数条，长圆柱形，略弯曲，有的分枝并具须状细根，长10~20cm，直径0.3~1cm。表面棕红色或暗棕红色，粗糙，具纵皱纹。老根外皮疏松，多显紫棕色，常呈鳞片状剥落。质硬而脆，断面疏松，有裂隙或略平整而致密，皮部棕红色，木部灰黄色或紫褐色，导管束黄白色，呈放射状排列。气微，味微苦涩。

栽培品较粗壮，直径0.5~1.5cm。表面红棕色，具纵皱纹，外皮紧贴不易剥落。质坚实，断面较平整，略呈角质样。

【**鉴别**】 （1）本品粉末红棕色。石细胞类圆形、类三角形、类长方形或不规则形，也有延长呈纤维状，边缘不平整，直径14~70μm，长可达257μm，孔沟明显，有的胞腔内含黄棕色物。木纤维多为纤维管胞，长梭形，末端斜尖或钝圆，直径12~27μm，具缘纹孔点状，纹孔斜裂缝状或十字形，孔沟稀疏。网纹导管和具缘纹孔导管直径11~60μm。

（2）取本品粉末1g，加乙醇5ml，超声处理15分钟，离心，取上清液作为供试品溶液。另取丹参对照药材1g，同法制成对照药材溶液。再取丹参酮ⅡA对照品、丹酚酸B对照品，加乙醇制成每1ml分别含0.5mg和1.5mg的混合溶液，作为对照品溶液。照薄层色谱法（附录0502）试验，吸取上述三种溶液各5μl，分别点于同一硅胶G薄层板上，使成条状，以三氯甲烷-甲苯-乙酸乙酯-甲醇-甲酸（6:4:8:1:4）为展开剂，展开，展至约4cm，取出，晾干，再以石油醚（60~90℃）-乙酸乙酯（4:1）为展开剂，展开，展至约8cm，取出，晾干，分别在日光及紫外光灯（365nm）下检视。供试品色谱中，在与对照药材色谱和对照品色谱相应的位置上，显相同颜色的斑点或荧光斑点。

【**检查**】 **水分** 不得过13.0%（附录0832第一法）。

总灰分 不得过10.0%（附录2302）。

酸不溶性灰分 不得过3.0%（附录2302）。

重金属及有害元素 照铅、镉、砷、汞、铜测定法（附录2321）测定，铅不得过5mg/kg，镉不得过0.3mg/kg，砷不得过2mg/kg，汞不得过0.2mg/kg，铜不得过20mg/kg。

【浸出物】 水溶性浸出物 照水溶性浸出物测定法（附录2201）项下的冷浸法测定，不得少于35.0%。

醇溶性浸出物 照醇溶性浸出物测定法（附录2201）项下的热浸法测定，用乙醇作溶剂，不得少于15.0%。

【含量测定】 丹参酮类 照高效液相色谱法（附录0512）测定。

色谱条件与系统适用性试验 以十八烷基硅烷键合硅胶为填充剂；以乙腈为流动相A，以0.02%磷酸溶液为流动相B，按下表中的规定进行梯度洗脱；柱温为20℃；检测波长为270nm。理论板数按丹参酮II_A峰计算应不低于60 000。

时间（分钟）	流动相A(%)	流动相B(%)
0～6	61	39
6～20	61→90	39→10
20～20.5	90→61	10→39
20.5～25	61	39

对照品溶液的制备 取丹参酮II_A对照品适量，精密称定，置棕色量瓶中，加甲醇制成每1ml中含20μg的溶液，即得。

供试品溶液的制备 取本品粉末（过三号筛）约0.3g，精密称定，置具塞锥形瓶中，精密加入甲醇50ml，密塞，称定重量，超声处理（功率140W，频率42kHz）30分钟，放冷，再称定重量，用甲醇补足减失的重量，摇匀，滤过，取续滤液，即得。

测定法 分别精密吸取对照品溶液与供试品溶液各10μl，注入液相色谱仪，测定，即得。以丹参酮II_A对照品为参照，以其相应的峰为S峰，计算隐丹参酮、丹参酮I的相对保留时间，其相对保留时间应在规定值的±5%范围之内。相对保留时间及校正因子见下表：

待测成分（峰）	相对保留时间	校正因子
隐丹参酮	0.75	1.18
丹参酮I	0.79	1.31
丹参酮II_A	1.00	1.00

以本品丹参酮II_A的峰面积为对照，分别乘以校正因子，计算隐丹参酮、丹参酮I、丹参酮II_A的含量。

本品按干燥品计算，含丹参酮II_A（$C_{19}H_{18}O_3$）、隐丹参酮（$C_{19}H_{20}O_3$）、丹参酮I（$C_{18}H_{12}O_3$）的总量不得少于0.25%。

丹酚酸B 照高效液相色谱法（附录0512）测定。

色谱条件与系统适用性试验 以十八烷基硅烷键合硅胶为填充剂；以乙腈-0.1%磷酸溶液（22:78）为流动相；柱温20℃；流速为每分钟1.2ml，检测波长为286nm。理论板数按丹酚酸B峰计算应不低于6000。

对照品溶液的制备 取丹酚酸B对照品适量，精密称定，加甲醇-水（8:2）混合溶液制成每1ml

含0.10mg的溶液,即得。

供试品溶液的制备　取本品粉末(过三号筛)约0.15g,精密称定,置具塞锥形瓶中,精密加入甲醇-水(8:2)混合溶液50ml,密塞,称定重量,超声处理(功率140W,频率42kHz)30分钟,放冷,再称定重量,用甲醇-水(8:2)混合溶液补足减失的重量,摇匀,滤过,精密量取续滤液5ml,移至10ml量瓶中,加甲醇-水(8:2)混合溶液稀释至刻度,摇匀,滤过,取续滤液,即得。

测定法　分别精密吸取对照品溶液与供试品溶液各10μl,注入液相色谱仪,测定,即得。

本品按干燥品计算,含丹酚酸B($C_{36}H_{30}O_{16}$)不得少于3.0%。

饮片

【炮制】　丹参　除去杂质和残茎,洗净,润透,切厚片,干燥。

本品呈类圆形或椭圆形的厚片。外表皮棕红色或暗棕红色,粗糙,具纵皱纹。切面有裂隙或略平整而致密,有的呈角质样,皮部棕红色,木部灰黄色或紫褐色,有黄白色放射状纹理。气微,味微苦涩。

【检查】　酸不溶性灰分　同药材,不得过2.0%(附录2302)。

【浸出物】　醇溶性浸出物　同药材,不得少于11.0%。

【鉴别】【检查】(水分　总灰分)【浸出物】(水溶性浸出物)同药材。

酒丹参　取丹参片,照酒炙法(附录0203)炒干。

本品形如丹参片,表面红褐色,略具酒香气。

【检查】　水分　同药材,不得过10.0%(附录0832第一法)。

【浸出物】　醇溶性浸出物　同药材,不得少于11.0%。

【鉴别】【检查】(总灰分)【浸出物】(水溶性浸出物)同药材。

【性味与归经】　苦,微寒。归心、肝经。

【功能】　活血祛瘀,通经止痛,凉血消痈。

【主治】　气血瘀滞,跌打损伤,恶露不尽,疮黄疔毒。

【用法与用量】　马、牛15～45g;驼30～60g;羊、猪5～10g;犬、猫3～5g;兔、禽0.5～1.5g。

【注意】　不宜与藜芦同用。

【贮藏】　置干燥处。

凤仙透骨草

Fengxiantougucao

IMPATIENTIS CAULIS

本品为凤仙花科植物凤仙花 *Impatiens balsamina* L. 的干燥茎。夏、秋二季采割,除去杂质,干燥。

【性状】　本品略呈长圆柱形,稍弯曲,多分枝,长30～60cm,直径1～2cm。表面黄棕色至红棕色,具纵沟纹,节膨大,有深棕色的叶痕。体轻,质脆,易折断,断面中空或有髓。气微,味微酸。

【鉴别】　本品茎表皮表面观:非腺毛4～20细胞,单列或有1个单细胞的分枝,表面有角质纹理,有的细胞含黄棕色物。表皮细胞长多角形,充塞有草酸钙针晶;并有方晶。

【炮制】 除去杂质，洗净，稍润，切段，干燥。

【性味与归经】 苦、辛，平；有小毒。归胃、大肠经。

【功能】 祛风湿，活血，止痛。

【主治】 风湿痹痛，屈伸不利，跌打损伤，疮疡肿毒。

【用法与用量】 马、牛45～90g；羊、猪15～30g。外用适量。

【贮藏】 置干燥处。

凤　尾　草

Fengweicao

PTERIDIS MULTIFIDAE HERBA

本品为凤尾蕨科植物井栏边草 *Pteris multifida* Poir. 的干燥全草。夏、秋二季采收，洗净，晒干。

【性状】 本品长25～70cm。根茎短，密生棕褐色披针形的鳞片及弯曲的细根。叶二型，丛生，灰绿色或绿色；叶柄细而有棱，长10～30cm，黄绿色或棕绿色；能育叶片为一回羽状分裂，下部羽片常具2～3枚小羽片，羽片及小羽片均为线形，全缘，有时近顶端或基部处有锯齿，叶轴有狭翅，孢子囊群线形，棕色，沿羽片和小羽片下面边缘连续着生，覆有膜质的囊群盖；不育叶的羽片和小羽片较宽，边缘有锯齿。气微，味淡或稍涩。

【鉴别】 （1）孢子囊呈长圆形，基部稍狭，囊盖边缘呈轮状，棕黄色，内含孢子数10颗。孢子呈钝三角形，直径约45μm，外壁表面为瘤状纹饰。囊柄长短不一，为4～6个细胞，一般为2列。

（2）取本品粗粉2g，加水20ml，加热10分钟，滤过，取滤液1ml，加三氯化铁试液1滴，生成蓝绿色沉淀。

（3）取本品粗粉2g，加甲醇20ml，于水浴上回流10分钟，趁热滤过，取滤液1ml，加盐酸4～5滴及少量镁粉，溶液显橙红色。

饮片

【炮制】 除去杂质，切段。

【性味与归经】 微苦，凉。归肝、肾、大肠经。

【功能】 清热利湿，凉血止痢，解毒消肿。

【主治】 湿热下痢，黄疸，乳房红肿，湿疹疮疡。

【用法与用量】 马、牛120～240g；羊、猪30～90g。外用适量，煎水洗或捣汁外涂。

【贮藏】 置通风干燥处。

乌　药

Wuyao

LINDERAE RADIX

本品为樟科植物乌药 *Lindera aggregata*（Sims）Kosterm. 的干燥块根。全年均可采挖，除去细根，洗净，趁鲜切片，晒干，或直接晒干。

【性状】 本品多呈纺锤状，略弯曲，有的中部收缩成连珠状，长6～15cm，直径1～3cm。表面黄棕色或黄褐色，有纵皱纹及稀疏的细根痕。质坚硬。切片厚0.2～2mm，切面黄白色或淡黄棕色，射线放射状，可见年轮环纹，中心颜色较深。气香，味微苦、辛，有清凉感。

质老、不呈纺锤状的直根，不可供药用。

【鉴别】 （1）本品粉末黄白色。淀粉粒甚多，单粒类球形、长圆形或卵圆形，直径4～39μm，脐点叉状、人字状或裂缝状；复粒由2～4分粒组成。木纤维淡黄色，多成束，直径20～30μm，壁厚约5μm，有单纹孔，胞腔含淀粉粒。韧皮纤维近无色，长梭形，多单个散在，直径15～17μm，壁极厚，孔沟不明显。具缘纹孔导管直径约至68μm，具缘纹孔排列紧密。木射线细胞壁稍增厚，纹孔较密。油细胞长圆形，含棕色分泌物。

（2）取本品粉末1g，加石油醚（30～60℃）30ml，放置30分钟，超声处理（保持水温低于30℃）10分钟，滤过，滤液挥干，残渣加乙酸乙酯1ml使溶解，作为供试品溶液。另取乌药对照药材1g，同法制成对照药材溶液。再取乌药醚内酯对照品，用乙酸乙酯溶解，制成每1ml含0.75mg的溶液，作为对照品溶液。照薄层色谱法（附录0502）试验，吸取供试品溶液4μl、对照药材溶液4μl、对照品溶液3μl，分别点于同一硅胶H薄层板上，以甲苯-乙酸乙酯（15:1）为展开剂，展开，取出，晾干，喷以1%香草醛硫酸溶液。供试品色谱中，在与对照药材色谱和对照品色谱相应的位置上，显相同颜色的斑点。

【检查】 水分 不得过11.0%（附录0832第二法）。

总灰分 不得过4.0%（附录2302）。

酸不溶性灰分 不得过2.0%（附录2302）。

【浸出物】 照醇溶性浸出物测定法（附录2201）项下的热浸法测定，用70%乙醇作溶剂，不得少于12.0%。

【含量测定】 乌药醚内酯 照高效液相色谱法（附录0512）测定。

色谱条件与系统适用性试验 以十八烷基硅烷键合硅胶为填充剂；以乙腈-水（56:44）为流动相；检测波长为235nm。理论板数按乌药醚内酯峰计算应不低于2000。

对照品溶液的制备 取乌药醚内酯对照品10mg，精密称定，置100ml量瓶中，用甲醇溶解并稀释至刻度，摇匀，精密量取10ml，置25ml量瓶中，加甲醇至刻度，摇匀，即得（每1ml中含乌药醚内酯40μg）。

供试品溶液的制备 取本品粗粉约1g，精密称定，置索氏提取器中，加乙醚50ml，提取4小时，提取液挥干，残渣用甲醇分次溶解，转移至50ml量瓶中，加甲醇至刻度，摇匀，滤过，取续滤液，即得。

测定法 分别精密吸取对照品溶液与供试品溶液各10μl，注入液相色谱仪，测定，即得。

本品按干燥品计算，含乌药醚内酯（$C_{15}H_{16}O_4$）不得少于0.030%。

去甲异波尔定 照高效液相色谱法（附录0512）测定。

色谱条件与系统适用性试验 以十八烷基硅烷键合硅胶为填充剂；以乙腈为流动相A，以含0.5%甲酸和0.1%三乙胺溶液为流动相B，按下表中的规定进行梯度洗脱；检测波长为280nm。理论板数按去甲异波尔定峰计算应不低于5000。

时间（分钟）	流动相A（%）	流动相B（%）
0～13	10→22	90→78
13～22	22	78

对照品溶液的制备　取去甲异波尔定对照品适量，精密称定，加甲醇-盐酸溶液（0.5→100）（2:1）的混合溶液制成每1ml含0.2mg的溶液，即得。

供试品溶液的制备　取本品粉末（过三号筛）约0.5g，精密称定，置圆底烧瓶中，精密加入甲醇-盐酸溶液（0.5→100）（2:1）的混合溶液25ml，密塞，称定重量，加热回流并保持微沸1小时，放冷，再称定重量，用甲醇-盐酸溶液（0.5→100）（2:1）的混合溶液补足减失的重量，摇匀，滤过，取续滤液，即得。

测定法　分别精密吸取对照品溶液与供试品溶液各5μl，注入液相色谱仪，测定，即得。

本品按干燥品计算，含去甲异波尔定（$C_{18}H_{19}NO_4$）不得少于0.40%。

饮片

【炮制】　未切片者，除去细根，大小分开，浸透，切薄片，干燥。

本品呈类圆形的薄片。外表皮黄棕色或黄褐色。切面黄白色或淡黄棕色，射线放射状，可见年轮环纹。质脆。气香，味微苦、辛，有清凉感。

【鉴别】【检查】【浸出物】【含量测定】　同药材。

【性味与归经】　辛，温。归肺、脾、肾、膀胱经。

【功能】　顺气止痛，温肾散寒。

【主治】　寒凝气滞，胸腹胀痛，膀胱虚冷，尿频数。

【用法与用量】　马、牛30~60g；羊、猪10~15g；犬、猫3~6g；兔、禽1.5~3g。

【贮藏】　置阴凉干燥处，防蛀。

乌 梢 蛇
Wushaoshe
ZAOCYS

本品为游蛇科动物乌梢蛇 *Zaocys dhumnades*（Cantor）的干燥体。多于夏、秋二季捕捉，剖开腹部或先剥皮留头尾，除去内脏，盘成圆盘状，干燥。

【性状】　本品呈圆盘状，盘径约16cm。表面黑褐色或绿黑色，密被菱形鳞片；背鳞行数成双，背中央2~4行鳞片强烈起棱，形成两条纵贯全体的黑线。头盘在中间，扁圆形，眼大而下凹陷，有光泽。上唇鳞8枚，第4、5枚入眶，颊鳞1枚，眼前下鳞1枚，较小，眼后鳞2枚。脊部高耸成屋脊状。腹部剖开边缘向内卷曲，脊肌肉厚，黄白色或淡棕色，可见排列整齐的肋骨。尾部渐细而长，尾下鳞双行。剥皮者仅留头尾之皮鳞，中段较光滑。气腥，味淡。

【鉴别】　本品粉末黄色或淡棕色。角质鳞片近无色或淡黄色，表面具纵向条纹。表皮表面观密布棕色或棕黑色色素颗粒，常连成网状、分枝状或聚集成团。横纹肌纤维淡黄色或近无色。有明暗相间的细密横纹。骨碎片近无色或淡灰色，呈不规则碎块，骨陷窝长梭形，大多同方向排列，骨小管密而较粗。

【浸出物】　照醇溶性浸出物测定法（附录2201）项下的热浸法测定，用稀乙醇作溶剂，不得少于12.0%。

饮片

【炮制】　**乌梢蛇**　去头及鳞片，切寸段。

乌梢蛇肉　去头及鳞片后，用黄酒闷透，除去皮骨，干燥。

酒乌梢蛇　取净乌梢蛇段，照酒炙法（附录0203）炒干。

每100kg乌梢蛇，用黄酒20kg。

本品为段状。棕褐色或黑色，略有酒气。

【鉴别】　聚合酶链式反应法。

模板DNA提取　取本品0.5g，置乳钵中，加液氮适量，充分研磨使成粉末，取0.1g置1.5ml离心管中，加入消化液275μl〔细胞核裂解液200μl，0.5mol/L乙二胺四醋酸二钠溶液50μl，蛋白酶K（20mg/ml）20μl，RNA酶溶液5μl〕，在55℃水浴保温1小时，加入裂解缓冲液250μl，混匀，加到DNA纯化柱中，离心（转速为每分钟10 000转）3分钟；弃去过滤液，加入洗脱液800μl〔5mol/L醋酸钾溶液26μl，1mol/L Tris-盐酸溶液（pH值7.5）18μl，0.5mol/L乙二胺四醋酸二钠溶液（pH值8.0）3μl，无水乙醇480μl，灭菌双蒸水273μl〕，离心（转速为每分钟10 000转）1分钟；弃去过滤液，用上述洗脱液反复洗脱3次，每次离心（转速为每分钟10 000转）1分钟；弃去过滤液，再离心2分钟，将DNA纯化柱转移入另一离心管中，加入无菌双蒸水100μl，室温放置2分钟后，离心（转速为每分钟10 000转）2分钟，取上清液，作为供试品溶液，置零下20℃保存备用。另取乌梢蛇对照药材0.5g，同法制成对照药材模板DNA溶液。

PCR反应　鉴别引物：5′GCGAAAGCTCGACCTAGCAAGGGGACCACA3′和5′CAGGCTCCTCTAGGTTGTTATGGGGTACCG3′。PCR反应体系：在200μl离心管中进行，反应总体积为25μl，反应体系包括10×PCR缓冲液2.5μl，dNTP（2.5mmol/L）2μl，鉴别引物（10μmol/L）各0.5μl，高保真TaqDNA聚合酶（5U/μl）0.2μl，模板0.5μl，无菌双蒸水18.8μl。将离心管置PCR仪，PCR反应参数：95℃预变性5分钟，循环反应30次（95℃30秒，63℃45秒），延伸（72℃）5分钟。

电泳检测　照琼脂糖凝胶电泳法（附录0531），胶浓度为1%，胶中加入核酸凝胶染色剂GelRed；供试品与对照药材PCR反应溶液的上样量分别为8μl，DNA分子量标记上样量为2μl（0.5μg/μl）。电泳结束后，取凝胶片在凝胶成像仪上或紫外透射仪上检视。供试品凝胶电泳图谱中，在与对照药材凝胶电泳图谱相应的位置上，在300～400bp应有单一DNA条带。

【性味与归经】　甘，平。归肝经。

【功能】　祛风，活络，止痉。

【主治】　风寒湿痹，惊痫抽搐，破伤风，口眼歪斜，恶疮。

【用法与用量】　马、牛15～30g；羊、猪3～6g。

【贮藏】　置干燥处，防霉，防蛀。

乌　梅
Wumei
MUME FRUCTUS

本品为蔷薇科植物梅 *Prunus mume*（Sieb.）Sieb. et Zucc. 的干燥近成熟果实。夏季果实近成熟时采收，低温烘干后闷至色变黑。

【性状】　本品呈类球形或扁球形，直径1.5～3cm。表面乌黑色或棕黑色，皱缩不平，基部有圆形果梗痕。果核坚硬，椭圆形，棕黄色，表面有凹点；种子扁卵形，淡黄色。气微，味极酸。

【鉴别】　（1）本品粉末红棕色。内果皮石细胞极多，单个散在或数个成群，几无色或淡绿黄色，类多角形、类圆形或长圆形，直径10～72μm，壁厚，孔沟细密，常内含红棕色物。非腺毛单细胞，稍弯曲或作钩状，胞腔多含黄棕色物。种皮石细胞棕黄色或棕红色，侧面观呈贝壳形、盔帽形或类长方形，底部较宽，外壁呈半月形或圆拱形，层纹细密。果皮表皮细胞淡黄棕色，表面观类多角形，壁稍厚，非腺毛或毛茸脱落后的痕迹多见。

（2）取本品粉末5g，加甲醇30ml，超声处理30分钟，滤过，滤液蒸干，残渣加水20ml使溶解，加乙醚振摇提取2次，每次20ml，合并乙醚液，蒸干，残渣用石油醚（30~60℃）浸泡2次，每次15ml（浸泡约2分钟），倾去石油醚，残渣加无水乙醇2ml使溶解，作为供试品溶液。另取乌梅对照药材5g，同法制成对照药材溶液。再取熊果酸对照品，加无水乙醇制成每1ml含0.5mg的溶液，作为对照品溶液。照薄层色谱法（附录0502）试验，吸取上述三种溶液各1~2μl，分别点于同一硅胶G薄层板上，以环己烷-三氯甲烷-乙酸乙酯-甲酸（20:5:8:0.1）为展开剂，展开，取出，晾干，喷以10%硫酸乙醇溶液，在105℃加热至斑点显色清晰。供试品色谱中，在与对照药材色谱和对照品色谱相应的位置上，显相同颜色的斑点。

【检查】 水分 不得过16.0%（附录0832第一法）。

总灰分 不得过5.0%（附录2302）。

【浸出物】 照水溶性浸出物测定法（附录2201）项下的热浸法测定，不得少于24.0%。

【含量测定】 照高效液相色谱法（附录0512）测定。

色谱条件与系统适用性试验 以十八烷基硅烷键合硅胶为填充剂；以乙腈-0.5%磷酸二氢铵溶液（3:97）（用磷酸调节pH值至3.0）为流动相；检测波长为210nm。理论板数按枸橼酸峰计算应不低于7000。

对照品溶液的制备 取枸橼酸对照品适量，精密称定，加水制成每1ml含0.5mg的溶液，即得。

供试品溶液的制备 取本品最粗粉约0.2g，精密称定，精密加入水50ml，称定重量，加热回流1小时，放冷，再称定重量，用水补足减失的重量，摇匀，离心，取上清液，即得。

测定法 分别精密吸取对照品溶液10μl与供试品溶液5μl，注入液相色谱仪，测定，即得。

本品按干燥品计算，含枸橼酸（$C_6H_8O_7$）不得少于12.0%。

饮片

【炮制】 乌梅 除去杂质，洗净，干燥。

【性状】【鉴别】【浸出物】【含量测定】 同药材。

乌梅肉 取净乌梅，水润使软或蒸软，去核。

乌梅炭 取净乌梅，照炒炭法（附录0203）炒至皮肉鼓起。

本品形如乌梅，皮肉鼓起，表面焦黑色。味酸略有苦味。

【浸出物】 同药材，不得少于18.0%。

【含量测定】 同药材，含枸橼酸（$C_6H_8O_7$）不得少于6.0%。

【鉴别】 （除显微粉末外）同药材。

【性味与归经】 酸、涩，平。归肝、脾、肺、大肠经。

【功能】 敛肺，涩肠，生津，安蛔。

【主治】 久泻久痢，久咳，幼畜奶泻，蛔虫病。

【用法与用量】 马、牛15~60g；羊、猪3~9g；犬、猫2~5g；兔、禽0.6~1.5g。

【贮藏】 置阴凉干燥处，防潮。

火 炭 母

Huotanmu

POLYGONI CHINENSIS HERBA

本品为蓼科植物火炭母 *Polygonum chinense* L. 或粗毛火炭母 *Polygonum chinense* L. var. *hispidum* Hook. f. 的干燥全草。夏、秋二季采挖，除去泥沙，晒干。

【性状】　**火炭母**　根呈须状，褐色。茎扁圆柱形，有分枝，长30～100cm，节稍膨大，下部节上有须根；表面淡绿色或紫褐色，无毛，有细棱；质脆，易折断，断面灰黄色，多中空。叶互生，多卷缩、破碎，完整叶片展平后呈卵状矩圆形，长5～10cm，宽2～4.5cm，先端短尖，基部截形或稍圆，全缘，上表面暗绿色，下表面色较浅，两面近无毛；托叶鞘筒状，膜质，先端偏斜。气微，味酸、微涩。

粗毛火炭母　茎较粗，茎叶均被粗毛。

【鉴别】　（1）本品粉末绿褐色。草酸钙簇晶较多，直径20～90μm，存在于叶肉组织中。腺毛头部扁圆形，由10～17个细胞组成，长径40～48μm，短径32～36μm；柄短，由2个细胞组成。非腺毛由1～3个细胞或13～20个细胞组成，后者粗大，长1600～3200μm，每个细胞顶端向外突出呈乳头状。

（2）取本品粗粉5g，加乙醇50ml，加热回流30分钟，稍冷，加活性炭少量，滤过，滤液浓缩至约5ml，取滤液2ml，加盐酸5滴及镁粉少量，置水浴中加热3分钟，显橙色或橙红色。

（3）火炭母取本品粉末2g，加50%甲醇30ml，加盐酸1ml，加热回流1小时，趁热滤过，滤液放冷，用乙酸乙酯振摇提取2次，每次20ml，合并乙酸乙酯提取液浓缩至1ml，作为供试品溶液。取火炭母对照药材2g，同法制成对照药材溶液。另取槲皮素对照品，加乙酸乙酯制成每1ml含0.5mg的溶液，作为对照品溶液。照薄层色谱法（附录0502）试验，吸取供试品溶液10μl、对照药材溶液10μl和对照品溶液5μl，分别点于同一含0.5%的氢氧化钠的硅胶G薄层板上，以甲苯（水饱和）-甲酸乙酯-甲酸（5:4:1）为展开剂，展开，取出，晾干，喷以5%三氯化铝乙醇溶液，置紫外光灯（365nm）下检视。供试品色谱中，在与对照药材色谱和对照品色谱相应的位置上，显相同颜色的斑点。

饮片

【炮制】　除去杂质，切段。

【性味与归经】　酸、涩，凉。归肝，大肠经。

【功能】　清热解毒，利湿止痒。

【主治】　湿热痢疾，湿疹。

【用法与用量】　马、牛90～150g；羊、猪30～60g。

外用适量。

【贮藏】　置阴凉干燥处。

火 麻 仁

Huomaren

CANNABIS FRUCTUS

本品为桑科植物大麻 *Cannabis sativa* L. 的干燥成熟果实。秋季果实成熟时采收，除去杂质，晒干。

【性状】　本品呈卵圆形，长4～5.5mm，直径2.5～4mm。表面灰绿色或灰黄色，有微细的白色或棕色网纹，两边有棱，顶端略尖，基部有一圆形果梗痕。果皮薄而脆，易破碎。种皮绿色，子叶2，乳白色，富油性。气微，味淡。

【鉴别】　取本品粉末2g，加乙醚50ml，加热回流1小时，滤过，药渣再加乙醚20ml洗涤，弃去乙醚液，药渣加甲醇30ml，加热回流1小时，滤过，滤液蒸干，残渣加甲醇2ml使溶解，作为供试品溶液。另取火麻仁对照药材2g，同法制成对照药材溶液。照薄层色谱法（附录0502）试验，吸取上述两种溶液各2μl，分别点于同一硅胶G薄层板上，以甲苯-乙酸乙酯-甲酸（15:1:0.3）为展开剂，展开，取出，晾干，喷以1%香草醛乙醇溶液-硫酸（1:1）混合溶液，在105℃加热至斑点显色清晰。供试品色谱中，在与对照药材色谱相应的位置上，显相同颜色的斑点。

饮片

【炮制】　**火麻仁**　除去杂质及果皮。

【鉴别】　同药材。

炒火麻仁　取净火麻仁，照清炒法（附录0203）炒至微黄色，有香气。

【性味与归经】　甘，平。归脾、胃、大肠经。

【功能】　润燥滑肠，通便。

【主治】　肠燥便秘，血虚便秘。

【用法与用量】　马、牛120～180g；驼150～200g；羊、猪10～30g；犬、猫2～6g。

【贮藏】　置阴凉干燥处，防热，防蛀。

巴　豆

Badou

CROTONIS FRUCTUS

本品为大戟科植物巴豆 *Croton tiglium* L. 的干燥成熟果实。秋季果实成熟时采收，堆置2～3日，摊开，干燥。

【性状】　本品呈卵圆形，一般具三棱，长1.8～2.2cm，直径1.4～2cm。表面灰黄色或稍深，粗糙，有纵线6条，顶端平截，基部有果梗痕。破开果壳，可见3室，每室含种子1粒。种子呈略扁的椭圆形，长1.2～1.5cm，直径0.7～0.9cm，表面棕色或灰棕色，一端有小点状的种脐及种阜的疤痕，另端有微凹的合点，其间有隆起的种脊；外种皮薄而脆，内种皮呈白色薄膜；种仁黄白色，油质。气微，味辛辣。

【鉴别】　（1）本品横切面：外果皮为表皮细胞1列，外被多细胞星状毛。中果皮外侧为10余列薄壁细胞，散有石细胞、草酸钙方晶或簇晶；中部有约4列纤维状石细胞组成的环带；内侧为数列薄壁细胞。内果皮为3～5列纤维状厚壁细胞。种皮表皮细胞由1列径向延长的长方形细胞组成，其下为1列厚壁性栅状细胞，胞腔线性，外端略膨大。

（2）取本品种仁，研碎，取0.1g，加石油醚（30～60℃）10ml，超声处理20分钟，滤过，滤液作为供试品溶液。另取巴豆对照药材0.1g，同法制成对照药材溶液。照薄层色谱法（附录0502）试验，吸取供试品溶液10μl、对照药材溶液4μl，分别点于同一硅胶G薄层板上，以石油醚（60～90℃）-乙酸乙酯-甲酸（10:1:0.5）为展开剂，展开，取出，晾干，喷以10%硫酸乙醇溶液，在105℃加热至斑点显色清晰。供试品色谱中，在与对照药材色谱相应的位置上，显相同颜色的斑点。

【检查】　水分　不得过12.0%（附录0832第一法）。

总灰分　不得过5.0%（附录2302）。

【含量测定】　脂肪油　取本品粗粉1g，精密称定，置索氏提取器中，加乙醚适量，加热回流提取（8小时）至脂肪油提尽，收集提取液，置已干燥至恒重的蒸发皿中，在水浴上低温蒸干，在100℃干燥1小时，移置干燥器中，冷却30分钟，精密称定，计算，即得。

本品按干燥品计算，含脂肪油不得少于22.0%。

巴豆苷　照高效液相色谱法（附录0512）测定。

色谱条件与系统适用性试验　以十八烷基硅烷键合硅胶为填充剂；以乙腈-甲醇-水（1:4:95）为流动相；检测波长为292nm。理论板数按巴豆苷峰计算应不低于5000。

对照品溶液的制备　取巴豆苷对照品适量，精密称定，加水制成每1ml含60μg的溶液，即得。

供试品溶液的制备　取本品种仁粉末（过三号筛）约0.3g，精密称定，置索氏提取器中，加乙醚50ml，加热回流3小时，弃去乙醚液，药渣挥干溶剂，连同滤纸筒移入具塞锥形瓶中，精密加入水50ml，称定重量，超声处理（功率300W，频率24kHz）20分钟，放冷，再称定重量，用水补足减失的重量，摇匀，滤过，即得。

测定法　分别精密吸取对照品溶液与供试品溶液各10μl，注入液相色谱仪，测定，即得。

本品按干燥品计算，含巴豆苷（$C_{10}H_{13}N_5O_5$）不得少于0.80%。

饮片

【炮制】　生巴豆　去皮取净仁。

【性味与归经】　辛，热；有大毒。归胃、大肠经。

【功能】　蚀疮。

【主治】　恶疮，疥癣。

【用法与用量】　外用适量。

【注意】　孕畜禁用；不宜与牵牛子同用。

【贮藏】　置阴凉干燥处。

巴　豆　霜

Badoushuang

CROTONIS SEMEN PULVERATUM

本品为巴豆的炮制加工品。

【制法】　取巴豆仁，照制霜法（附录0203）制霜，或取仁碾细后，照〔含量测定〕项下的方法，测定脂肪油含量，加适量的淀粉，使脂肪油含量符合规定，混匀，即得。

【性状】　本品为粒度均匀、疏松的淡黄色粉末，显油性。

【鉴别】　（1）本品粉末淡黄棕色。胚乳细胞类圆形，内含脂肪油滴、糊粉粒及草酸钙结晶。

（2）取本品，照巴豆〔鉴别〕（2）项试验，显相同的结果。

【检查】　水分　不得过12.0%（附录0832第一法）。

总灰分　不得过7.0%（附录2302）。

【含量测定】　脂肪油　取本品约5g，精密称定，置索氏提取器中，加乙醚100ml，加热回流提取（6～8小时）至脂肪油提尽，收集提取液，置已干燥至恒重的蒸发皿中，在水浴上低温蒸干，在100℃干燥1小时，移置干燥器中，冷却30分钟，精密称定，计算，即得。

本品含脂肪油应为18.0%～20.0%。

巴豆苷 照高效液相色谱法（附录0512）测定。

色谱条件与系统适用性试验 以十八烷基硅烷键合硅胶为填充剂；以乙腈-甲醇-水（1:4:95）为流动相；检测波长为292nm。理论板数按巴豆苷峰计算应不低于5000。

对照品溶液的制备 取巴豆苷对照品适量，精密称定，加水制成每1ml含60μg的溶液，即得。

供试品溶液的制备 取本品约0.15g，精密称定，置索氏提取器中，加乙醚50ml，加热回流3小时，弃去乙醚液，药渣挥干溶剂，连同滤纸筒移入具塞锥形瓶中，精密加入水50ml，称定重量，超声处理（功率300W，频率24kHz）20分钟，放冷，再称定重量，用水补足减失的重量，摇匀，滤过，即得。

测定法 分别精密吸取对照品溶液与供试品溶液各10μl，注入液相色谱仪，测定，即得。

本品按干燥品计算，含巴豆苷（$C_{10}H_{13}N_5O_5$）不得少于0.80%。

【性味与归经】 辛，热；有大毒。归胃、大肠经。

【功能】 峻下积滞，逐水消肿。

【主治】 寒食积滞，粪便秘结，水肿。

【用法与用量】 马、牛3～9g；羊、猪0.6～3g。

【注意】 孕畜禁用；不宜与牵牛子同用。

【贮藏】 置阴凉干燥处。

巴 戟 天
Bajitian
MORINDAE OFFICINALIS RADIX

本品为茜草科植物巴戟天 *Morinda officinalis* How 的干燥根。全年均可采挖，洗净，除去须根，晒至六七成干，轻轻捶扁，晒干。

【性状】 本品为扁圆柱形，略弯曲，长短不等，直径0.5～2cm。表面灰黄色或暗灰色，具纵纹和横裂纹，有的皮部横向断离露出木部；质韧，断面皮部厚，紫色或淡紫色，易与木部剥离；木部坚硬，黄棕色或黄白色，直径1～5mm。气微，味甘而微涩。

【鉴别】 （1）本品横切面：木栓层为数列细胞。栓内层外侧石细胞单个或数个成群，断续排列成环；薄壁细胞含有草酸钙针晶束，切向排列。韧皮部宽广，内侧薄壁细胞含草酸钙针晶束，轴向排列。形成层明显。木质部导管单个散在或2～3个相聚，呈放射状排列，直径至105μm；木纤维较发达；木射线宽1～3列细胞；偶见非木化的木薄壁细胞群。

粉末淡紫色或紫褐色。石细胞淡黄色，类圆形、类方形、类长方形、长条形或不规则形，有的一端尖，直径21～96μm，壁厚至39μm，有的层纹明显，纹孔及孔沟明显，有的石细胞形大，壁稍厚。草酸钙针晶多成束存在于薄壁细胞中，针晶长至184μm。具缘纹孔导管淡黄色，直径至105μm，具缘纹孔细密。纤维管胞长梭形，具缘纹孔较大，纹孔口斜缝状或相交成人字形、十字形。

（2）取本品粉末2.5g，加乙醇25ml，加热回流1小时，放冷，滤过，滤液浓缩至1ml，作为供试品溶液。另取巴戟天对照药材2.5g，同法制成对照药材溶液。照薄层色谱法（附录0502）试验，吸取上述两种溶液各10μl，分别点于同一硅胶GF$_{254}$薄层板上，以甲苯-乙酸乙酯-甲酸（8:2:0.1）为展开剂，展开，取出，晾干，置紫外光灯（254nm）下检视。供试品色谱中，在与对照药材色谱相应的位置上，显相同颜色的斑点。

【检查】 水分 不得过15.0%（附录0832第一法）。

总灰分 不得过6.0%（附录2302）。

【浸出物】 照水溶性浸出物测定法（附录2201）项下的冷浸法测定，不得少于50.0%。

【含量测定】 照高效液相色谱法（附录0512）测定。

色谱条件与系统适用性试验 以十八烷基硅烷键合硅胶为填充剂；以甲醇-水（3:97）为流动相；蒸发光散射检测器检测。理论板数按耐斯糖峰计算应不低于2000。

对照品溶液的制备 取耐斯糖对照品适量，精密称定，加流动相制成每1ml含0.2mg的溶液，即得。

供试品溶液的制备 取本品粉末（过三号筛）0.5g，精密称定，置具塞锥形瓶中，精密加入流动相50ml，称定重量，沸水浴中加热30分钟，放冷，再称定重量，用流动相补足减失的重量，摇匀，放置，取上清液滤过，取续滤液，即得。

测定法 分别精密吸取对照品溶液10μl、30μl，供试品溶液10μl，注入液相色谱仪，测定，以外标两点法对数方程计算，即得。

本品按干燥品计算，含耐斯糖（C$_{24}$H$_{42}$O$_{21}$）不得少于2.0%。

饮片

【炮制】 巴戟天 除去杂质。

【性状】【鉴别】【检查】【浸出物】【含量测定】 同药材。

巴戟肉 取净巴戟天，照蒸法（附录0203）蒸透，趁热除去木心，切段，干燥。

本品呈扁圆柱形短段或不规则块。表面灰黄色或暗灰色，具纵纹和横裂纹。切面皮部厚，紫色或淡紫色，中空。气微，味甘而微涩。

【鉴别】（除横切面和显微粉末外）【检查】【浸出物】【含量测定】 同药材。

盐巴戟天 取净巴戟天，照盐蒸法（附录0203）蒸透，趁热除去木心，切段，干燥。

本品呈扁圆柱形短段或不规则块。表面灰黄色或暗灰色，具纵纹和横裂纹。切面皮部厚，紫色或淡紫色，中空。气微，味甘、咸而微涩。

【鉴别】（除横切面和显微粉末外）【检查】（水分）【浸出物】【含量测定】同药材。

制巴戟天 取甘草，捣碎，加水煎汤，去渣，加入净巴戟天拌匀，照煮法（附录0203）煮透，趁热除去木心，切段，干燥。

每100kg巴戟天，用甘草6kg。

本品呈扁圆柱形短段或不规则块。表面灰黄色或暗灰色，具纵纹及横裂纹。切面皮部厚，紫色或淡紫色，中空。气微，味甘而微涩。

【鉴别】（除横切面和显微粉末外）【检查】【浸出物】【含量测定】 同药材。

【性味与归经】 甘、辛，微温。归肾、肝经。

【功能】 补肾阳，强筋骨，祛风湿。

【主治】 阳痿滑精，腰膝无力，风寒湿痹。

【用法与用量】 马、牛30~50g；羊、猪10~15g；犬、猫1~5g；兔、禽0.5~1.5g。

【贮藏】 置通风干燥处，防霉，防蛀。

水　牛　角

Shuiniujiao

BUBALI CORNU

本品为牛科动物水牛 *Bubalus bubalis* Linnaeus 的角。取角后，水煮，除去角塞，干燥。

【性状】　本品呈稍扁平而弯曲的锥形，长短不一。表面棕黑色或灰黑色，一侧有数条横向的沟槽，另一侧有密集的横向凹陷条纹。上部渐尖，有纵纹，基部略呈三角形，中空。角质，坚硬。气微腥，味淡。

【鉴别】　本品粉末灰褐色。不规则碎块淡灰白色或灰黄色。纵断面观可见细长梭形纹理，有纵长裂缝，布有微细灰棕色色素颗粒；横断面观梭形纹理平行排列，并弧状弯曲似波峰样，有众多黄棕色色素颗粒。有的碎块表面较平整，色素颗粒及裂隙较小，难于察见。

饮片

【炮制】　洗净，镑片或锉成粗粉。

【性味与归经】　苦，寒。归心、肝经。

【功能】　清热定惊，凉血止血，解毒。

【主治】　高热神昏，惊狂不安，斑疹出血，衄血，便血。

【用法与用量】　马、牛90～150g；羊、猪20～50g；犬、猫3～10g。

【贮藏】　置干燥处，防霉。

水　红　花　子

Shuihonghuazi

POLYGONI ORIENTALIS FRUCTUS

本品为蓼科植物红蓼 *Polygonum orientale* L. 的干燥成熟果实。秋季果实成熟时割取果穗，晒干，打下果实，除去杂质。

【性状】　本品呈扁圆形，直径2～3.5mm，厚1～1.5mm。表面棕黑色，有的红棕色，有光泽，两面微凹，中部略有纵向隆起。顶端有突起的柱基，基部有浅棕色略突起的果梗痕，有的有膜质花被残留。质硬。气微，味淡。

【鉴别】　（1）本品粉末灰棕色或灰褐色。果皮栅状细胞多成片，黄棕色或红棕色，侧面观细胞1列，长100～190μm，宽15～30μm，壁厚约9μm；表面观细胞多角形或类圆形，细胞间隙不明显，胞腔小，稍下胞腔星状；底面观类圆形，内含黄棕色或红棕色物。角质层与种皮细胞碎片易见，与角质层连结的表皮细胞甚扁平；表面观角质层边缘常卷曲，表皮细胞长形，垂周壁深波状弯曲，凸出部分末端较平截，有的与相邻细胞嵌合不全形成类圆或圆锥形间隙；种皮细胞长条形或不规则形，排列疏松，细胞间隙大。

（2）取本品粉末1g，加甲醇20ml，超声处理40分钟，滤过，滤液蒸干，残渣加甲醇1ml使溶解，作为供试品溶液。另取花旗松素对照品，加甲醇制成每1ml含1mg的溶液，作为对照品溶液。照薄层色谱法（附录0502）试验，吸取供试品溶液10μl、对照品溶液5μl，分别点于同一硅胶G薄层板上，以石油醚（60~90℃）-乙酸乙酯-甲酸（10:11:0.5）为展开剂，展开，取出，晾干，喷以10%硫酸乙醇溶液，在105℃加热至斑点显色清晰。供试品色谱中，在与对照品色谱相应的位置上，显相同颜色的斑点。

【检查】 **总灰分** 不得过5.0%（附录2302）。

【含量测定】 照高效液相色谱法（附录0512）测定。

色谱条件与系统适用性试验 以十八烷基硅烷键合硅胶为填充剂；以乙腈为流动相A，以0.1%磷酸溶液为流动相B，按下表中的规定进行梯度洗脱；检测波长为290nm。理论板数按花旗松素峰计算应不低于6000。

时间（分钟）	流动相A（%）	流动相B（%）
0~20	16	84
20~25	16→100	84→0
25~30	100→16	0→84

对照品溶液的制备 取花旗松素对照品适量，精密称定，加甲醇制成每1ml含70μg的溶液，即得。

供试品溶液的制备 取本品粉末（过三号筛）约0.5g，精密称定，置具塞锥形瓶中，精密加入甲醇25ml，称定重量，加热回流40分钟，放冷，再称定重量，用甲醇补足减失的重量，摇匀，滤过，取续滤液，即得。

测定法 分别精密吸取对照品溶液与供试品溶液各10μl，注入液相色谱仪，测定，即得。

本品按干燥品计算，含花旗松素（$C_{15}H_{12}O_7$）不得少于0.15%。

【性味与归经】 咸，微寒。归肝、胃经。

【功能】 软坚散血，消积止痛，利水消肿。

【主治】 食积腹胀，水肿腹水。

【用法与用量】 马、牛30~60g；羊、猪10~15g。

【贮藏】 置干燥处。

水 杨 梅

Shuiyangmei

ADINAE RUBELLA SPICA

本品为茜草科植物水杨梅 *Adina rubella* Hance 的干燥带花的果序。9~11月果实未完全成熟时采摘，除去枝叶及杂质，干燥。

【性状】 本品由多数小花和小果密集而成，呈球形，形似杨梅，直径0.3~1cm。表面棕黄色，粗糙，细刺状。轻搓，小蒴果即脱落，露出球形坚硬的果序轴。小蒴果楔形，长3~4mm，淡黄色，顶端有棕色的花萼，5裂，裂片突出成刺状，内有种子数粒。气微，味微苦涩。

【鉴别】 取本品5g，加乙醇20ml，加热回流10分钟，滤过，滤液供以下试验。

（1）取滤液1ml，置蒸发皿中，挥去乙醇，残渣加醋酐数滴使溶解，再加硫酸1滴，先显桃红色，继转紫红色，最后呈污绿色；置紫外光灯（365nm）下观察，显黄绿色荧光。

（2）取滤液1ml，加1%三氯化铁溶液1滴，显墨绿色。

【性味】 苦、涩，凉。

【功能】 清热解毒。

【主治】 感冒发热，咽喉肿痛，痢疾。

【用法与用量】 马、牛30～90g；羊、猪10～15g。

【贮藏】 置干燥处，防蛀。

水 蛭

Shuizhi
HIRUDO

本品为水蛭科动物蚂蟥 *Whitmania pigra* Whitman、水蛭 *Hirudo nipponica* Whitman 或柳叶蚂蟥 *Whitmania acranulata* Whitman 的干燥全体。夏、秋二季捕捉，用沸水烫死，晒干或低温干燥。

【性状】 **蚂蟥** 呈扁平纺锤形，有多数环节，长4～10cm，宽0.5～2cm。背部黑褐色或黑棕色，稍隆起，用水浸后，可见黑色斑点排成5条纵纹；腹面平坦，棕黄色。两侧棕黄色，前端略尖，后端钝圆，两端各具1吸盘，前吸盘不显著，后吸盘较大。质脆，易折断，断面胶质状。气微腥。

水蛭 扁长圆柱形，体多弯曲扭转，长2～5cm，宽0.2～0.3cm。

柳叶蚂蟥 狭长而扁，长5～12cm，宽0.1～0.5cm。

【鉴别】 取本品粉末1g，加乙醇5ml，超声处理15分钟，滤过，取滤液作为供试品溶液。另取水蛭对照药材1g，同法制成对照药材溶液。照薄层色谱法（附录0502）试验，吸取上述两种溶液各5μl，分别点于同一硅胶G薄层板上，以环己烷-乙酸乙酯（4:1）为展开剂，展开，取出，晾干，喷以10%硫酸乙醇溶液，在105℃加热至斑点显色清晰。供试品色谱中，在与对照药材色谱相应的位置上，显相同的紫红色斑点；紫外光灯（365nm）下显相同的橙红色荧光斑点。

【检查】 **水分** 不得过18.0%（附录0832第一法）。

总灰分 不得过8.0%（附录2302）。

酸不溶性灰分 不得过2.0%（附录2302）。

酸碱度 取本品粉末（过三号筛）约1g，加入0.9%氯化钠溶液10ml，充分搅拌，浸提30分钟，并时时振摇，离心，取上清液，照pH值测定法（附录0631）测定，应为5.0～7.5。

重金属及有害元素 照铅、镉、砷、汞、铜测定法（附录2321）测定，铅不得过10mg/kg，镉不得过1mg/kg，砷不得过5mg/kg，汞不得过1mg/kg。

黄曲霉毒素 照黄曲霉毒素测定法（附录2351）测定。

本品每1000g含黄曲霉毒素B$_1$不得过5μg，黄曲霉毒素G$_2$、黄曲霉毒素G$_1$、黄曲霉毒素B$_2$和黄曲霉毒素B$_1$的总量不得过10μg。

【含量测定】 取本品粉末（过三号筛）约1g，精密称定，精密加入0.9%氯化钠溶液5ml，充分搅拌，浸提30分钟，并时时振摇，离心，精密量取上清液100μl，置试管（8mm×38mm）中，加入含0.5%（牛）纤维蛋白原（以凝固物计）的三羟甲基氨基甲烷盐酸缓冲液[注1]（临用配制）200μl，摇匀，置水浴中（37℃±0.5℃）温浸5分钟，滴加每1ml中含40单位的凝血酶溶液[注2]（每1分钟滴加1次，每次5μl，边滴加边轻轻摇匀）至凝固（水蛭）或滴加每1ml中含10单位的凝血酶溶液[注2]（每4

分钟滴加1次，每次2μl，边滴加边轻轻摇匀）至凝固（蚂蟥、柳叶蚂蟥），记录消耗凝血酶溶液的体积，按下式计算：

$$U = \frac{C_1 V_1}{C_2 V_2}$$

式中 U——每1g含抗凝血酶活性单位，U/g；

      C_1——凝血酶溶液的浓度，μ/ml；

      C_2——供试品溶液的浓度，g/ml；

      V_1——消耗凝血酶溶液的体积，μl；

      V_2——供试品溶液的加入量，μl。

中和一个单位的凝血酶的量，为一个抗凝血酶活性单位。

本品每1g含抗凝血酶活性水蛭应不低于16.0 U；蚂蟥、柳叶蚂蟥应不低于3.0 U。

饮片

【炮制】 **水蛭** 洗净，切段，干燥。

烫水蛭 取净水蛭段，照烫法（附录0203）用滑石粉烫至微鼓起。

本品呈不规则扁块状或扁圆柱形，略鼓起，表面棕黄色至黑褐色，附有少量白色滑石粉。断面松泡，灰白色至焦黄色。气微腥。

【检查】 **水分** 同药材，不得过14.0%。

总灰分 同药材，不得过10.0%

酸不溶性灰分 同药材，不得过3.0%。

【鉴别】【检查】 （酸碱度、重金属及有害元素、黄曲霉毒素）同药材。

【性味与归经】 咸、苦，平；有小毒。归肝经。

【功能】 破血逐瘀，通经活络。

【主治】 跌打损伤，疮黄疔毒。

【用法与用量】 马、牛10～15g；羊、猪1.5～3g。

【注意】 孕畜慎用。

【贮藏】 置干燥处，防蛀。

注：［1］三羟甲基氨基甲烷盐酸缓冲液的配制 取0.2mol/L三羟甲基氨基甲烷溶液25ml与0.1mol/L盐酸溶液约40ml，加水至100ml，调节pH值至7.4。

   ［2］凝血酶溶液的配制 取凝血酶试剂适量，加生理盐水配制成每1ml含凝血酶40个单位或10个单位的溶液（临用配制）。

玉 竹

Yuzhu

POLYGONATI ODORATI RHIZOMA

本品为百合科植物玉竹 *Polygonatum odoratum*（Mill.）Druce 的干燥根茎。秋季采挖，除去须根，洗净，晒至柔软后，反复揉搓、晾晒至无硬心，晒干；或蒸透后，揉至半透明，晒干。

【性状】 本品呈长圆柱形，略扁，少有分枝，长4～18cm，直径0.3～1.6cm。表面黄白色或淡黄棕色，半透明，具纵皱纹和微隆起的环节，有白色圆点状的须根痕和圆盘状茎痕。质硬而脆或稍软，易折断，断面角质样或显颗粒性。气微，味甘，嚼之发黏。

【鉴别】 本品横切面：表皮细胞扁圆形或扁长方形，外壁稍厚，角质化。薄壁组织中散有多数黏液细胞，直径80～140μm，内含草酸钙针晶束。维管束外韧型，稀有周木型，散列。

【检查】 水分 不得过16.0%（附录0832第一法）。

总灰分 不得过3.0%（附录2302）。

【浸出物】 照醇溶性浸出物测定法（附录2201）项下的冷浸法测定，用70%乙醇作溶剂，不得少于50.0%。

【含量测定】 对照品溶液的制备 取无水葡萄糖对照品适量，精密称定，加水制成每1ml含无水葡萄糖0.6mg的溶液，即得。

标准曲线的制备 精密量取对照品溶液1.0ml、1.5ml、2.0ml、2.5ml、3.0ml，分别置50ml量瓶中，加水至刻度，摇匀。精密量取上述各溶液2ml，置具塞试管中，分别加4%苯酚溶液1ml，混匀，迅速加入硫酸7.0ml，摇匀，于40℃水浴中保温30分钟，取出，置冰水浴中5分钟，取出，以相应试剂为空白，照紫外-可见分光光度法（附录0401），在490nm的波长处测定吸光度，以吸光度为纵坐标，浓度为横坐标，绘制标准曲线。

测定法 取本品粗粉约1g，精密称定，置圆底烧瓶中，加水100ml，加热回流1小时，用脱脂棉滤过，如上重复提取1次，两次滤液合并，浓缩至适量，转移至100ml量瓶中，加水至刻度，摇匀，精密量取2ml，加乙醇10ml，搅拌，离心，取沉淀加水溶解，置50ml量瓶中，并稀释至刻度，摇匀，精密量取2ml，照标准曲线的制备项下的方法，自"加4%苯酚溶液1ml"起，依法测定吸光度，从标准曲线上读出供试品溶液中无水葡萄糖的重量（mg），计算，即得。

本品按干燥品计算，含玉竹多糖以葡萄糖（$C_6H_{12}O_6$）计，不得少于6.0%。

饮片

【炮制】 除去杂质，洗净，润透，切厚片或段，干燥。

本品呈不规则厚片或段。外表皮黄白色至淡黄棕色，半透明，有时可见环节。切面角质样或显颗粒性。气微，味甘，嚼之发黏。

【检查】【浸出物】【含量测定】 同药材。

【性味与归经】 甘，微寒。归肺、胃经。

【功能】 滋阴润肺，养胃生津。

【主治】 肺燥干咳，胃热，热病伤阴，虚劳发热。

【用法与用量】 马、牛15～60g；羊、猪5～10g；兔、禽0.5～2g。

【贮藏】 置通风干燥处，防霉，防蛀。

功 劳 木

Gonglaomu

MAHONIAE CAULIS

本品为小檗科植物阔叶十大功劳 Mahonia bealei（Fort.）Carr. 或细叶十大功劳 Mahonia fortunei（Lindl.）Fedde 的干燥茎。全年均可采收，切块片，干燥。

【性状】 本品为不规则的块片，大小不等。外表面灰黄色至棕褐色，有明显的纵沟纹和横向细裂纹，有的外皮较光滑，有光泽，或有叶柄残基。质硬，切面皮部薄，棕褐色，木部黄色，可见数个同心性环纹及排列紧密的放射状纹理，髓部色较深。气微，味苦。

【鉴别】 （1）本品粉末黄色。韧皮纤维淡黄色，直径20~27μm，木化纹孔明显，常2~3个成束。石细胞淡黄色，类方形或圆形，直径20~30μm，壁厚，孔沟明显。网纹导管和具缘纹孔导管，直径15~27μm。

（2）取本品粉末0.3g，加甲醇5ml，超声处理15分钟，滤过，滤液补加甲醇至5ml，作为供试品溶液。另取盐酸小檗碱对照品、盐酸巴马汀对照品、盐酸药根碱对照品，加甲醇制成每1ml各含0.5mg的混合溶液，作为对照品溶液。照薄层色谱法（附录0502）试验，吸取上述两种溶液各1μl，分别点于同一硅胶G薄层板上，以甲苯-乙酸乙酯-甲醇-异丙醇-浓氨试液（6:3:1.5:1.5:0.5）为展开剂，置氨蒸气饱和的展开缸内，展开，取出，晾干，置紫外光灯（365nm）下检视。供试品色谱中，在与对照品色谱相应的位置上，显三个相同的黄色荧光斑点。

【检查】 **水分** 不得过9.0%（附录0832第一法）。

总灰分 不得过2.0%（附录2302）。

【浸出物】 照醇溶性浸出物测定法（附录2201）项下的热浸法测定，用乙醇作溶剂，不得少于3.0%。

【含量测定】 照高效液相色谱法（附录0512）测定。

色谱条件与系统适用性试验 以十八烷基硅烷键合硅胶为填充剂；以乙腈为流动相A，以0.05mol/L磷酸二氢钾缓冲液（磷酸调节pH值至3.0）为流动相B，按下表中的规定进行梯度洗脱；检测波长为345nm。理论板数按盐酸小檗碱峰计算应不低于5000。

时间（分钟）	流动相A（%）	流动相B（%）
0~10	25→28	75→72
10~18	28→50	72→50
18~22	50	50

对照提取物溶液的制备 取功劳木对照提取物（已标示非洲防己碱、药根碱、巴马汀、小檗碱的含量）适量，精密称定，加乙腈-水（25:75）混合溶液制成每1ml含0.4mg的溶液，即得。

供试品溶液的制备 取本品粉末（过三号筛）约0.25g，精密称定，置具塞锥形瓶中，精密加入盐酸-甲醇（1:100）混合溶液50ml，密塞，称定重量，超声处理（功率500W，频率40kHz）45分钟，取出，放冷，再称定重量，用盐酸-甲醇（1:100）混合溶液补足减失的重量，摇匀，滤过，取续滤液，即得。

测定法 分别精密吸取对照提取物溶液与供试品溶液各10~20μl，注入液相色谱仪，测定。计算非洲房己碱、药根碱、巴马汀和小檗碱的含量。

本品按干燥品计算，含非洲防己碱（$C_{20}H_{20}NO_4$）、药根碱（$C_{20}H_{20}NO_4$）、巴马汀（$C_{21}H_{21}NO_4$）、小檗碱（$C_{20}H_{17}NO_4$）的总量，不得少于1.5%。

【性味与归经】 苦，寒。归肝、胃、大肠经。

【功能】 清热燥湿，泻火解毒。

【主治】 肠黄泻痢，湿热黄疸，目赤肿痛，咽喉肿痛，疮毒。

【用法与用量】 马、牛30~60g；羊、猪10~20g；犬、猫3~5g；兔、禽1~3g。

【贮藏】 置干燥处。

甘　松

Gansong

NARDOSTACHYOS RADIX ET RHIZOMA

本品为败酱科植物甘松 *Nardostachys jatamansi* DC. 的干燥根及根茎。春、秋二季采挖，除去泥沙和杂质，晒干或阴干。

【性状】　本品略呈圆锥形，多弯曲，长5～18cm。根茎短小，上端有茎、叶残基，呈狭长的膜质片状或纤维状。外层黑棕色，内层棕色或黄色。根单一或数条交结、分枝或并列，直径0.3～1cm。表面棕褐色，皱缩，有细根和须根。质松脆，易折断，断面粗糙，皮部深棕色，常成裂片状，木部黄白色。气特异，味苦而辛，有清凉感。

【鉴别】　（1）本品粉末暗棕色。石细胞类圆形或不规则多角形，偶见长条形，单个或成群，直径33～64μm，长可至200μm或更长，壁甚厚，无色，胞腔狭小。梯纹导管或网纹导管，直径7～40μm，小型梯纹导管成束，其旁有时可见细长的木纤维。木栓细胞多为不规则多角形，壁暗棕色，较薄，内含黄色至棕黄色挥发油。基生叶残基碎片较多，细胞呈长方形或长多角形，淡黄色至棕色，直径20～31μm，长50～90μm，壁呈念珠状增厚。另一种碎片细胞呈长条形，长可达200μm，壁有时呈念珠状增厚。

（2）取本品粉末0.5g，加石油醚（60～90℃）20ml，超声处理30分钟，滤过，滤液蒸干，残渣加石油醚5ml使溶解，作为供试品溶液。另取甘松对照药材0.5g，同法制成对照药材溶液。再取甘松新酮对照品，加三氯甲烷制成每1ml含2mg的溶液，作为对照品溶液。照薄层色谱法（附录0502）试验，吸取上述三种溶液各10μl，分别点于同一硅胶GF$_{254}$薄层板上，以石油醚（60～90℃）-乙酸乙酯（4:1）为展开剂，展开，取出，晾干，置紫外光灯（254nm）下检视。供试品色谱中，在与对照药材色谱和对照品色谱相应的位置上，显相同颜色的斑点；喷以0.5%香草醛硫酸溶液，在105℃加热至斑点显色清晰。供试品色谱中，在与对照药材色谱和对照品色谱相应的位置上，显相同的橙黄色斑点。

【检查】　水分　不得过12.0%（附录0832第二法）。

【含量测定】　挥发油　照挥发油测定法（附录2204）测定。

本品含挥发油不得少于2.0%（ml/g）。

甘松新酮　照高效液相色谱法（附录0512）测定。

色谱条件与系统适用性试验　以十八烷基硅烷键合硅胶为填充剂；以乙腈-水（65:35）为流动相；检测波长为254nm。理论板数按甘松新酮峰计算应不低于5000。

对照品溶液的制备　取甘松新酮对照品适量，精密称定，置棕色量瓶中，加甲醇制成每1ml含0.28mg的溶液，即得（10℃以下保存）。

供试品溶液的制备　取本品粉末（过二号筛）约0.5g，精密称定，置具塞锥形瓶中，精密加入甲醇20ml，密塞，称定重量，超声处理（功率50W，频率45kHz）15分钟，放冷，再称定重量，用甲醇补足减失的重量，摇匀，滤过，取续滤液，即得。

测定法　分别精密吸取对照品溶液与供试品溶液各10～15μl，注入液相色谱仪，测定，即得。

本品按干燥品计算，含甘松新酮（C$_{15}$H$_{22}$O$_3$）不得少于0.10%。

饮片

【炮制】　除去杂质和泥沙，洗净，切长段，干燥。

本品呈不规则的长段。根呈圆柱形，表面棕褐色。质松脆。切面皮部深棕色，常成裂片状，木部黄白色。气特异，味苦而辛。

【检查】 水分　同药材，不得过10.0%。

【含量测定】 同药材，挥发油不得少于1.8%（ml/g）。

【鉴别】 同药材。

【性味与归经】 辛、甘，温。归脾、胃经。

【功能】 理气止痛，散寒燥湿，醒脾开胃。

【主治】 寒湿困脾，肚腹胀满，疮疡。

【用法与用量】 马、牛15～45g；羊、猪3～6g。外用适量。

【贮藏】 置阴凉干燥处，防潮，防蛀。

甘　草

Gancao

GLYCYRRHIZAE RADIX ET RHIZOMA

本品为豆科植物甘草 *Glycyrrhiza uralensis* Fisch. 、胀果甘草 *Glycyrrhiza inflata* Bat. 或光果甘草 *Glycyrrhiza glabra* L. 的干燥根和根茎。春、秋二季采挖，除去须根，晒干。

【性状】 甘草　根呈圆柱形，长25～100cm，直径0.6～3.5cm。外皮松紧不一。表面红棕色或灰棕色，具显著的纵皱纹、沟纹、皮孔及稀疏的细根痕。质坚实，断面略显纤维性，黄白色，粉性，形成层环明显，射线放射状，有的有裂隙。根茎呈圆柱形，表面有芽痕，断面中部有髓。气微，味甜而特殊。

胀果甘草　根和根茎木质粗壮，有的分枝，外皮粗糙，多灰棕色或灰褐色。质坚硬，木质纤维多，粉性小。根茎不定芽多而粗大。

光果甘草　根和根茎质地较坚实，有的分枝，外皮不粗糙，多灰棕色，皮孔细而不明显。

【鉴别】 （1）本品横切面：木栓层为数列棕色细胞。栓内层较窄。韧皮部射线宽广，多弯曲，常现裂隙；纤维多成束，非木化或微木化，周围薄壁细胞常含草酸钙方晶；筛管群常因压缩而变形。束内形成层明显。木质部射线宽3～5列细胞；导管较多，直径约至160μm；木纤维成束，周围薄壁细胞亦含草酸钙方晶。根中心无髓；根茎中心有髓。

粉末淡棕黄色。纤维成束，直径8～14μm，壁厚，微木化，周围薄壁细胞含草酸钙方晶，形成晶纤维。草酸钙方晶多见。具缘纹孔导管较大，稀有网纹导管。木栓细胞红棕色，多角形，微木化。

（2）取本品粉末1g，加乙醚40ml，加热回流1小时，滤过，弃去醚液，药渣加甲醇30ml，加热回流1小时，滤过，滤液蒸干，残渣加水40ml使溶解，用正丁醇提取3次，每次20ml，合并正丁醇液，用水洗涤3次，弃去水液，正丁醇液蒸干，残渣加甲醇5ml使溶解，作为供试品溶液。另取甘草对照药材1g，同法制成对照药材溶液。再取甘草酸单铵盐对照品，加甲醇制成每1ml含2mg的溶液，作为对照品溶液。照薄层色谱法（附录0502）试验，吸取上述三种溶液各1～2μl，分别点于同一用1%氢氧化钠溶液制备的硅胶G薄层板上，以乙酸乙酯-甲酸-冰醋酸-水（15:1:1:2）为展开剂，展开，取出，晾干，喷以10%硫酸乙醇溶液，在105℃加热至斑点显色清晰，置紫外光灯（365nm）下检视。供试品色谱中，在与对照药材色谱相应的位置上，显相同颜色的荧光斑点；在与对照品色谱相应的位置上，显相同的橙黄色荧光斑点。

【检查】 水分 不得过12.0%（附录0832第一法）。

总灰分 不得过7.0%（附录2302）。

酸不溶性灰分 不得过2.0%（附录2302）。

重金属及有害元素 照铅、镉、砷、汞、铜测定法（附录2321）测定，铅不得过5mg/kg，镉不得过0.3mg/kg，砷不得过2mg/kg，汞不得过0.2mg/kg，铜不得过20mg/kg。

有机氯农药残留量 照农药残留量测定法（附录2341有机氯类农药残留量测定）测定。

含总六六六（α-BHC，β-BHC，γ-BHC，δ-BHC之和）不得过0.2mg/kg；总滴滴涕（pp'-DDE、pp'-DDD、op'-DDT、pp'-DDT之和）不得过0.2mg/kg；五氯硝基苯不得过0.1mg/kg。

【含量测定】 照高效液相色谱法（附录0512）测定。

色谱条件与系统适用性试验 以十八烷基硅烷键合硅胶为填充剂，以乙腈为流动相A，以0.05%磷酸溶液为流动相B，按下表中的规定进行梯度洗脱；检测波长为237nm。理论板数按甘草苷峰计算应不低于5000。

时间（分钟）	流动相A（%）	流动相B（%）
0~8	19	81
8~35	19→50	81→50
35~36	50→100	50→0
36~40	100→19	0→81

对照品溶液的制备 取甘草苷对照品、甘草酸铵对照品适量，精密称定，加70%乙醇分别制成每1ml含甘草苷20μg、甘草酸铵0.2mg的溶液，即得（甘草酸重量=甘草酸铵重量/1.0207）。

供试品溶液的制备 取本品粉末（过三号筛）约0.2g，精密称定，置具塞锥形瓶中，精密加入70%乙醇100ml，密塞，称定重量，超声处理（功率250W，频率40kHz）30分钟，放冷，再称定重量，用70%乙醇补足减失的重量，摇匀，滤过，取续滤液，即得。

测定法 分别精密吸取对照品溶液与供试品溶液各10μl，注入液相色谱仪，测定，即得。

本品按干燥品计算，含甘草苷（$C_{21}H_{22}O_9$）不得少于0.50%，甘草酸（$C_{42}H_{62}O_{16}$）不得少于2.0%。

饮片

【炮制】 除去杂质，洗净，润透，切厚片，干燥。

甘草片 本品呈类圆形或椭圆形的厚片。外表皮红棕色或灰棕色，具纵皱纹。切面略显纤维性，中心黄白色，有明显放射状纹理及形成层环。质坚实，具粉性。气微，味甜而特殊。

【检查】 总灰分 同药材，不得过5.0%。

【含量测定】 同药材，含甘草苷（$C_{21}H_{22}O_9$）不得少于0.45%，甘草酸（$C_{42}H_{62}O_{16}$）不得少于1.8%。

【鉴别】（除横切面外）**【检查】**（水分、重金属及有害元素）同药材。

【性味与归经】 甘，平。归心、肺、脾、胃经。

【功能】 补脾益气，祛痰止咳，和中缓急，解毒，调和诸药，缓解药物毒性、烈性。

【主治】 脾胃虚弱，倦怠无力，咳喘，咽喉肿痛，中毒，疮疡。

【用法与用量】 马、牛15~60g；驼45~100g；羊、猪3~10g；犬、猫1~5g；兔、禽0.6~3g。

【注意】 不宜与海藻、京大戟、红大戟、甘遂、芫花同用。

【贮藏】 置通风干燥处，防蛀。

炙 甘 草

Zhigancao

GLYCYRRHIZAE RADIX ET RHIZOMA PRAEPARATA CUM MELLE

本品为甘草的炮制加工品。

【制法】 取甘草片，照蜜炙法（附录0203）炒至黄色至深黄色，不粘手时取出，晾凉。

【性状】 本品呈类圆形或椭圆形切片。外表皮红棕色或灰棕色，微有光泽。切面黄色至深黄色，形成层环明显，射线放射状。略有黏性。具焦香气，味甜。

【鉴别】 照甘草项下的〔鉴别〕（2）项试验，显相同的结果。

【检查】 水分 不得过10.0%（附录0832第一法）。

总灰分 不得过5.0%（附录2302）。

【含量测定】 同甘草药材，含甘草苷（$C_{21}H_{22}O_9$）不得少于0.50%，甘草酸（$C_{42}H_{62}O_{16}$）不得少于1.0%。

【性味与归经】 甘，平。归心、肺、脾、胃经。

【功能】 补脾和胃，益气复脉，润肺止咳。

【主治】 脾胃虚弱，倦怠无力，脉结代，肺燥咳嗽。

【用法与用量】 马、牛15～60g；驼45～100g；羊、猪3～10g；犬、猫1～5g；兔、禽0.6～3g。

【注意】 不宜与大戟、芫花、甘遂、海藻同用。

【贮藏】 置通风干燥处，防蛀。

甘 遂

Gansui

KANSUI RADIX

本品为大戟科植物甘遂 *Euphorbia kansui* T. N. Liou ex T. P. Wang 的干燥块根。春季开花前或秋末茎叶枯萎后采挖，撞去外皮，晒干。

【性状】 本品呈椭圆形、长圆柱形或连珠形，长1～5cm，直径0.5～2.5cm。表面类白色或黄白色，凹陷处有棕色外皮残留。质脆，易折断，断面粉性，白色，木部微显放射状纹理；长圆柱状者纤维性较强。气微，味微甘而辣。

【鉴别】 （1）本品粉末类白色。淀粉粒甚多，单粒球形或半球形，直径5～34μm，脐点点状、裂缝状或星状；复粒由2～8分粒组成。无节乳管含淡黄色微细颗粒状物。厚壁细胞长方形、梭形、类三角形或多角形，壁微木化或非木化。具缘纹孔导管多见，常伴有纤维束。

（2）取本品粉末1g，加乙醇10ml，超声处理30分钟，滤过，滤液蒸干，残渣加乙醇1ml使溶解，作为供试品溶液。另取甘遂对照药材1g，同法制成对照药材溶液。再取大戟二烯醇对照品，加甲醇制成每1ml含1mg的溶液，作为对照品溶液。照薄层色谱法（附录0502）试验，吸收上述三种溶液各2μl，分别点于同一硅胶G薄层板上，以石油醚（30～60℃）-丙酮（5:1）为展开剂，展开，取出，晾干，喷以10%硫酸乙醇溶液，在105℃加热至斑点显色清晰，分别置日光和紫外光灯（365nm）下检视。供试品色谱中，在与对照药材色谱和对照品色谱相应的位置上，显相同颜色的斑点或荧光斑点。

【检查】 水分 不得过12.0%（附录0832第一法）。

总灰分 不得过3.0%（附录2302）。

【浸出物】 照醇溶性浸出物测定法（附录2201）项下的热浸法测定，用稀乙醇作溶剂，不得少于15.0%。

【含量测定】 照高效液相色谱法（附录0512）测定。

色谱条件与系统适用性试验 以辛基硅烷键合硅胶为填充剂；以乙腈-水（95:5）为流动相；检测波长为210nm。理论板数按大戟二烯醇峰计算应不低于8000。

对照品溶液的制备 取大戟二烯醇对照品适量，精密称定，加甲醇制成每1ml含0.2mg的溶液，即得。

供试品溶液的制备 取本品粉末（过四号筛）2g，精密称定，置具塞锥形瓶中，精密加入乙酸乙酯25ml，密塞，称定重量，超声处理（功率250W，频率50kHz）40分钟，放冷，再称定重量，用乙酸乙酯补足减失的重量，摇匀，滤过，精密量取续滤液10ml，蒸干，残渣加甲醇溶解，转移至10ml量瓶中，加甲醇至刻度，摇匀，即得。

测定法 分别精密吸取对照品溶液与供试品溶液各10μl，注入液相色谱仪，测定，即得。

本品按干燥品计算，含大戟二烯醇（$C_{30}H_{50}O$）不得少于0.12%。

饮片

【炮制】 生甘遂 除去杂质，洗净，干燥。

【性状】【鉴别】【检查】【浸出物】【含量测定】 同药材。

醋甘遂 取净甘遂，照醋炙法（附录0203）炒干。

每100kg甘遂，用醋30kg。

本品形如甘遂，表面黄色至棕黄色，有的可见焦斑，微有醋香气，味微酸而辣。

【鉴别】【检查】【浸出物】【含量测定】 同药材。

【性味与归经】 苦，寒；有毒。归肺、肾、大肠经。

【功能】 泻水逐痰，通利二便。

【主治】 水肿，胸腹积水，痰饮积聚，二便不利。

【用法与用量】 马6～15g；牛10～20g；驼10～30g；羊、猪0.5～1.5g；犬0.1～0.5g。

【注意】 孕畜及体弱家畜忌服。不宜与甘草同用。

【贮藏】 置通风干燥处，防蛀。

艾 叶

Aiye

ARTEMISIAE ARGYI FOLIUM

本品为菊科植物艾 *Artemisia argyi* Lévl.et Vant. 的干燥叶。夏季花未开时采摘，除去杂质，晒干。

【性状】 本品多皱缩、破碎，有短柄。完整叶片展平后呈卵状椭圆形，羽状深裂，裂片椭圆状披针形，边缘有不规则的粗锯齿；上表面灰绿色或深黄绿色，有稀疏的柔毛和腺点；下表面密生灰白色绒毛。质柔软。气清香，味苦。

【鉴别】 （1）本品粉末绿褐色。非腺毛有两种：一种为T形毛，顶端细胞长而弯曲，两臂不等长，柄2~4细胞；另一种为单列性非腺毛，3~5细胞，顶端细胞特长而扭曲，常断落。腺毛表面观鞋底形，由4、6细胞相对叠合而成，无柄。草酸钙簇晶，直径3~7μm，存在于叶肉细胞中。

（2）取本品粉末2g，加石油醚（60~90℃）25ml，置水浴上加热回流30分钟，滤过，滤液挥干，残渣加正己烷1ml使溶解，作为供试品溶液。另取艾叶对照药材1g，同法制成对照药材溶液。照薄层色谱法（附录0502）试验。吸取上述两种溶液各2~5μl，分别点于同一硅胶G薄层板上，以石油醚（60~90℃）-甲苯-丙酮（10:8:0.5）为展开剂，展开，取出，晾干，喷以1%香草醛硫酸溶液，在105℃加热至斑点显色清晰。供试品色谱中，在与对照药材色谱相应的位置上，显相同颜色的主斑点。

【检查】　水分　不得过15.0%（附录0832第二法）。

总灰分　不得过12.0%（附录2302）。

酸不溶性灰分　不得过3.0%（附录2302）。

【含量测定】　照气相色谱法（附录0521）测定。

色谱条件与系统适用性试验　以甲基硅橡胶（SE-30）为固定相，涂布浓度为10%；柱温为110℃。理论板数按桉油精峰计算应不低于1000。

对照品溶液的制备　取桉油精对照品适量，精密称定，加正己烷制成每1ml含0.15mg的溶液，即得。

供试品溶液的制备　取本品粉末（过三号筛）约2.5g，精密称定，置具塞锥形瓶中，精密加入正己烷25ml，称定重量，加热回流1小时，放冷，再称定重量，用正己烷补足减失的重量，摇匀，滤过，取续滤液，即得。

测定法　分别精密吸取对照品溶液与供试品溶液各2μl，注入气相色谱仪，测定，即得。

本品按干燥品计算，含桉油精（$C_{10}H_8O$）不得少于0.050%。

饮片

【炮制】　艾叶　除去杂质及梗，筛去灰屑。

【性状】【鉴别】【检查】【含量测定】　同药材。

醋艾炭　取净艾叶，照炒炭法（附录0203）炒至表面焦黑色，喷醋，炒干。

每100kg艾叶，用醋15kg。

本品呈不规则的碎片，表面黑褐色，有细条状叶柄。具醋香气。

【鉴别】　（除显微粉末外）同药材。

【性味与归经】　辛、苦，温；有小毒。归肝、脾、肾经。

【功能】　散寒止痛，温经止血。

【主治】　风寒湿痹，肚腹冷痛，宫寒不孕，胎动不安。

【用法与用量】　马、牛15~45g；驼30~60g；羊、猪5~15g；犬、猫1~3g；兔、禽1~1.5g。外用适量。

【贮藏】　置阴凉干燥处。

石　韦

Shiwei

PYRROSIAEFOLIUM

本品为水龙骨科植物庐山石韦 *Pyrrosia sheareri*（Bak.）Ching、石韦 *Pyrrosia lingua*（Thunb.）

Farwell或有柄石韦 *Pyrrosia petiolosa*（Christ）Ching 的干燥叶。全年均可采收，除去根茎和根，晒干或阴干。

【性状】 **庐山石韦** 叶片略皱缩，展平后呈披针形，长10~25cm，宽3~5cm。先端渐尖，基部耳状偏斜，全缘，边缘常向内卷曲；上表面黄绿色或灰绿色，散布有黑色圆形小凹点；下表面密生红棕色星状毛，有的侧脉间布满棕色圆点状的孢子囊群。叶柄具四棱，长10~20cm，直径1.5~3mm，略扭曲，有纵槽。叶片革质。气微，味微涩苦。

石韦 叶片披针形或长圆披针形，长8~12cm，宽1~3cm。基部楔形，对称。孢子囊群在侧脉间，排列紧密而整齐。叶柄长5~10cm，直径约1.5mm。

有柄石韦 叶片多卷曲呈筒状，展平后呈长圆形或卵状长圆形，长3~8cm，宽1~2.5cm。基部楔形，对称。下表面侧脉不明显，布满孢子囊群。叶柄长3~12cm，直径约1mm。

【鉴别】 本品粉末黄棕色。星状毛体部7~12细胞，辐射状排列成上、下两轮，每个细胞呈披针形，顶端急尖，有的表面有纵向或不规则网状纹理；柄部1~9细胞。孢子囊环带细胞，表面观扁长方形。孢子极面观椭圆形，赤道面观肾形，外壁具疣状突起。叶下表皮细胞多角形，垂周壁连珠状增厚，气孔类圆形。纤维长梭形，胞腔内充满红棕色或棕色块状物。

【检查】 **杂质** 不得过3%（附录2301）。

水分 不得过13.0%（附录0832第一法）。

总灰分 不得过7.0%（附录2302）。

【浸出物】 照醇溶性浸出物测定法（附录2201）项下的热浸法测定，用稀乙醇作溶剂，不得少于18.0%。

【含量测定】 照高效液相色谱法（附录0512）测定。

色谱条件与系统适用性试验 以十八烷基硅烷键合硅胶为填充剂；以乙腈-0.5%磷酸溶液（11:89）为流动相；检测波长为326nm。理论板数按绿原酸峰计算应不低于2000。

对照品溶液的制备 取绿原酸对照品适量，精密称定，置棕色量瓶中，加50%甲醇制成每1ml含40μg的溶液，即得。

供试品溶液的制备 取本品粉末（过二号筛）约0.2g，精密称定，置具塞锥形瓶中，精密加入50%甲醇25ml，称定重量，超声处理（功率300W，频率25kHz）45分钟，放冷，再称定重量，用50%甲醇补足减失的重量，摇匀，滤过，取续滤液，即得。

测定法 分别精密吸取对照品溶液与供试品溶液各10μl，注入液相色谱仪，测定，即得。

本品按干燥品计算，含绿原酸（$C_{16}H_{18}O_9$）不得少于0.20%。

饮片

【炮制】 除去杂质，洗净，切段，干燥，筛去细屑。

本品呈丝条状。上表面黄绿色或灰褐色，下表面密生红棕色星状毛。袍子囊群着生侧脉间或下表面布满孢子囊群。叶全缘。叶片革质。气微，味微涩苦。

【鉴别】【检查】（水分 总灰分）【浸出物】【含量测定】 同药材。

【性味与归经】 甘、苦，微寒。归肺、膀胱经。

【功能】 利尿通淋，凉血止血，清肺止咳。

【主治】 尿不利，热淋，尿血，衄血，肺热喘咳。

【用法与用量】 马、牛15~45g；驼30~60g；羊、猪6~12g；犬、猫1~5g。

【贮藏】 置通风干燥处。

石 见 穿

Shijianchuan

SALVIAE CHINENSIS HERBA

本品为唇形科植物华鼠尾草 *Salvia chinensis* Benth. 的干燥地上部分。夏、秋二季花期采割，除去杂质，晒干。

【性状】 本品茎呈方柱形，有的有分枝，长20～70cm，直径0.1～0.4cm；表面灰绿色至暗紫色，被白色柔毛；质脆，易折断，断面黄白色。叶对生，有柄，为单叶或三出复叶，叶片多皱缩、破碎，完整者展平后呈卵形至披针形，长1.5～8cm，宽0.8～4.5cm，边缘有钝圆齿，两面被白色柔毛。轮伞花序多轮，每轮有花约6朵，组成假总状花序，萼筒外面脉上有毛，筒内喉部有长硬毛；花冠二唇形，蓝紫色。气微，味微苦涩。

【鉴别】 （1）本品叶的表面观：上表皮细胞多角形，垂周壁略呈连珠状增厚，下表皮细胞垂周壁波状弯曲；上下表皮均有角质线纹。气孔直轴式或不定式。腺毛两种：一为腺鳞，头部4细胞，直径30～45μm，柄单细胞；另一种头部单细胞，直径约19μm，柄单细胞。非腺毛1～10细胞，壁有疣状突起。草酸钙方晶直径5～14μm。

（2）取本品粉末1g，加乙醇10ml，水浴加热5～10分钟，滤过，取滤液2ml，蒸干，加1%三氯化铁的冰醋酸溶液1ml使溶解，移至干燥小试管中，沿管壁加硫酸1ml，两液面交界处呈现棕红色环，上层显绿色至蓝绿色。

饮片

【炮制】 除去杂质，喷淋清水，稍润，切段，干燥。

【性味】 苦、辛，平。

【功能】 清热解毒，活血化瘀，理气止痛。

【主治】 痈肿疮毒，筋骨疼痛，肚腹胀痛。

【用法与用量】 马、牛20～30g；羊、猪10～15g。

【贮藏】 置干燥处。

石 灰

Shihui

CALCAREA

本品为碳酸盐类矿物石灰岩经加热煅烧制成，主含氧化钙（CaO）。

【性状】 本品呈不规则块状。白色或灰白色，条痕白色。质硬。易吸潮分化。

【性味与归经】 辛，温。归肝、脾经。

【功能】 止血，生肌，杀虫，消毒。

【主治】 外伤，疮疡，疥癣，烫伤，气胀。

【用法与用量】 马、牛10～30g；羊、猪3～6g，制成石灰水澄清液。

外用适量，研细末用酒或醋调敷。

【贮藏】 置干燥处。

石 决 明

Shijueming

HALIOTIDIS CONCHA

本品为鲍科动物杂色鲍 *Haliotis diversicolor* Reeve、皱纹盘鲍 *Haliotis discus hannai* Ino、羊鲍 *Haliotis ovina* Gmelin、澳洲鲍 *Haliotis ruber*（Leach）、耳鲍 *Haliotis asinina* Linnaeus 或白鲍 *Haliotis laevigata*（Donovan）的贝壳。夏、秋二季捕捞，去肉，洗净，干燥。

【性状】 **杂色鲍** 呈长卵圆形，内面观略呈耳形，长7～9cm，宽5～6cm，高约2cm。表面暗红色，有多数不规则的螺肋和细密生长线，螺旋部小，体螺部大，从螺旋部顶处开始向右排列有20余个疣状突起，末端6～9个开孔，孔口与壳面平。内面光滑，具珍珠样彩色光泽。壳较厚，质坚硬，不易破碎。气微，味微咸。

皱纹盘鲍 呈长椭圆形，长8～12cm，宽6～8cm，高2～3cm。表面灰棕色，有多数粗糙而不规则的皱纹，生长线明显，常有苔藓类或石灰虫等附着物，末端4～5个开孔，孔口突出壳面，壳较薄。

羊鲍 近圆形，长4～8cm，宽2.5～6cm，高0.8～2cm。壳顶位于近中部而高于壳面，螺旋部与体螺部各占1/2，从螺旋部边缘有2行整齐的突起，尤以上部较为明显，末端4～5个开孔，呈管状。

澳洲鲍 呈扁平卵圆形，长13～17cm，宽11～14cm，高3.5～6cm。表面砖红色，螺旋部约为壳面的1/2，螺肋和生长线呈波状隆起，疣状突起30余个，末端7～9个开孔，孔口突出壳面。

耳鲍 狭长，略扭曲，呈耳状，长5～8cm，宽2.5～3.5cm，高约1cm。表面光滑，具翠绿色、紫色及褐色等多种颜色形成的斑纹，螺旋部小，体螺部大，末端5～7个开孔，孔口与壳平，多为椭圆形，壳薄，质较脆。

白鲍 呈卵圆形，长11～14cm，宽8.5～11cm，高3～6.5cm。表面砖红色，光滑，壳顶高于壳面，生长线颇为明显，螺旋部约为壳面的1/3，疣状突起30余个，末端9个开孔，孔口与壳平。

【含量测定】 取本品细粉约0.15g，精密称定，置锥形瓶中，加稀盐酸10ml，加热使溶解，加水20ml与甲基红指示液1滴，滴加10%氢氧化钾溶液至溶液显黄色，继续多加10ml，加钙黄绿素指示剂少量，用乙二胺四醋酸二钠滴定液（0.05mol/L）滴定至溶液黄绿色荧光消失而显橙色。每1ml乙二胺四醋酸二钠滴定液（0.05mol/L）相当于5.004mg的碳酸钙（CaCO$_3$）。

本品含碳酸钙（CaCO$_3$）不得少于93.0%。

饮片

【炮制】 **石决明** 除去杂质，洗净，干燥，碾碎。

本品为不规则的碎块。灰白色，有珍珠样彩色光泽。质坚硬。气微，味微咸。

【含量测定】 同药材。

煅石决明 取净石决明，照明煅法（附录0203）煅至酥脆。

本品为不规则的碎块或粗粉。灰白色无光泽，质酥脆。断面呈层状。

【含量测定】 同药材，含碳酸钙（CaCO$_3$）不得少于95.0%。

【性味与归经】 咸，寒。归肝经。

【功能】 平肝潜阳，清肝明目。

【主治】 肝经风热，目赤肿痛，目翳内障，肝阳上亢。

【用法与用量】 马、牛30～60g；驼45～100g；羊、猪15～25g；犬、猫3～5g；兔、禽1～2g。

【贮藏】 置干燥处。

石　菖　蒲

Shichangpu

ACORI TATARINOWII RHIZOMA

本品为天南星科植物石菖蒲 *Acorus tatarinowii* Schott 的干燥根茎。秋、冬二季采挖，除去须根和泥沙，晒干。

【性状】 本品呈扁圆柱形，多弯曲，常有分枝，长3～20cm，直径0.3～1cm。表面棕褐色或灰棕色，粗糙，有疏密不匀的环节，节间长0.2～0.8cm，具细纵纹，一面残留须根或圆点状根痕；叶痕呈三角形，左右交互排列，有的其上有毛鳞状的叶基残余。质硬，断面纤维性，类白色或微红色，内皮层环明显，可见多数维管束小点及棕色油细胞。气芳香，味苦、微辛。

【鉴别】 （1）本品横切面：表皮细胞外壁增厚，棕色，有的含红棕色物。皮层宽广，散有纤维束和叶迹维管束；叶迹维管束外韧型，维管束鞘纤维成环，木化；内皮层明显。中柱维管束周木型及外韧型，维管束鞘纤维较少。纤维束和维管束鞘纤维周围细胞中含草酸钙方晶，形成晶纤维。薄壁组织中散有类圆形油细胞；并含淀粉粒。

粉末灰棕色。淀粉粒单粒球形、椭圆形或长卵形，直径2～9μm，复粒由2～20（或更多）分粒组成。纤维束周围细胞中含草酸钙方晶，形成晶纤维。草酸钙方晶呈多面形、类多角形、双锥形，直径4～16μm。分泌细胞呈类圆形或长圆形，胞腔内充满黄绿色、橙红色或红色分泌物。

（2）取本品粉末0.2g，加石油醚（60～90℃）20ml，加热回流1小时，滤过，滤液蒸干，残渣加石油醚（60～90℃）1ml使溶解，作为供试品溶液。另取石菖蒲对照药材0.2g，同法制成对照药材溶液。照薄层色谱法（附录0502）试验，吸取上述两种溶液各2μl，分别点于同一硅胶G薄层板上，以石油醚（60～90℃）-乙酸乙酯（4：1）为展开剂，展开，取出，晾干，放置约1小时，置紫外光灯（365nm）下检视。供试品色谱中，在与对照药材色谱相应的位置上，显相同颜色的荧光斑点；再以碘蒸气熏至斑点显色清晰，供试品色谱中，在与对照药材色谱相应的位置上，显相同颜色的斑点。

【检查】 水分　不得过13.0%（附录0832第二法）。

总灰分　不得过10.0%（附录2302）。

【浸出物】 照醇溶性浸出物测定法（附录2201）项下的冷浸法测定，用稀乙醇作溶剂，不得少于12.0%。

【含量测定】 照挥发油测定法（附录2204）测定。

本品含挥发油不得少于1.0%（ml/g）。

饮片

【炮制】 除去杂质，洗净，润透，切厚片，干燥。

本品呈扁圆形或长条形的厚片。外表皮棕褐色或灰棕色，有的可见环节及根痕。切面纤维性，类白色或微红色，有明显环纹及油点。气芳香，味苦、微辛。

【浸出物】 同药材，不得少于10.0%。

【含量测定】 同药材，含挥发油不得少于0.7%（ml/g）。

【鉴别】（除横切面外）【检查】同药材。

【性味与归经】辛、苦，温。归心、胃经。

【功能】开窍豁痰，化湿和胃。

【主治】神昏，癫痫，寒湿泄泻，肚胀。

【用法与用量】马、牛20~45g；驼30~60g；羊、猪10~15g；犬、猫3~5g；兔、禽1~1.5g。

【贮藏】置干燥处，防霉。

石　斛

Shihu

DENDROBII CAULIS

本品为兰科植物金钗石斛 *Dendrobium nobile* Lindl.、鼓槌石斛 *Dendrobium chrysotoxum* Lindl. 或流苏石斛*Dendrobium fimbriatum* Hook. 的栽培品及其同属植物近似种的新鲜或干燥茎。全年均可采收，鲜用者除去根和泥沙；干用者采收后，除去杂质，用开水略烫或烘软，再边搓边烘晒，至叶鞘搓净，干燥。

【性状】　鲜石斛　呈圆柱形或扁圆柱形，长约30cm，直径0.4~1.2cm。表面黄绿色，光滑或有纵纹，节明显，色较深，节上有膜质叶鞘。肉质多汁，易折断。气微，味微苦而回甜，嚼之有黏性。

金钗石斛　呈扁圆柱形，长20~40cm，直径0.4~0.6cm，节间长2.5~3cm。表面金黄色或黄中带绿色，有深纵沟。质硬而脆，断面较平坦而疏松。气微，味苦。

鼓槌石斛　茎呈粗纺锤形，中部直径1~3cm，具3~7节。表面光滑，金黄色，有明显凸起的棱。质轻而松脆，断面海绵状。气微，味淡，嚼之有黏性。

流苏石斛等　呈长圆柱形，长20~150cm，直径0.4~1.2cm，节明显，节间长2~6cm。表面黄色至暗黄色，有深纵槽。质疏松，断面平坦或呈纤维性。味淡或微苦，嚼之有黏性。

【鉴别】（1）本品横切面：金钗石斛　表皮细胞1列，扁平，外被鲜黄色角质层。基本组织细胞大小较悬殊，有壁孔，散在多数外韧型维管束，排成7~8圈。维管束外侧纤维束新月形或半圆形，其外侧薄壁细胞有的含类圆形硅质块，木质部有1~3个导管直径较大。含草酸钙针晶细胞多见于维管束旁。

鼓槌石斛　表皮细胞扁平，外壁及侧壁增厚，胞腔狭长形；角质层淡黄色。基本组织细胞大小差异较显著。多数外韧型维管束略排成10~12圈。木质部导管大小近似。有的可见含草酸钙针晶束细胞。

流苏石斛等　表皮细胞扁圆形或类方形，壁增厚或不增厚。基本组织细胞大小相近或有差异，散列多数外韧型维管束，略排成数圈。维管束外侧纤维束新月形或呈帽状，其外缘小细胞有的含硅质块；内侧纤维束无或有，有的内外侧纤维束连接成鞘。有的薄壁细胞中含草酸钙针晶束和淀粉粒。

粉末灰绿色或灰黄色。角质层碎片黄色；表皮细胞表面观呈长多角形或类多角形，垂周壁连珠状增厚。束鞘纤维成束或离散，长梭形或细长，壁较厚，纹孔稀少，周围具排成纵行的含硅质块的小细胞。木纤维细长，末端尖或钝圆，壁稍厚。网纹导管、梯纹导管或具缘纹孔导管直径12~50μm。草酸钙针晶成束或散在。

（2）金钗石斛　取本品（鲜品干燥后粉碎）粉末1g，加甲醇10ml，超声处理30分钟，滤过，滤液作为供试品溶液。另取石斛碱对照品，加甲醇制成每1ml含1mg的溶液，作为对照品溶液。照薄层色谱法（附录0502）试验，吸取供试品溶液20μl、对照品溶液5μl，分别点于同一硅胶G薄层板上，以石油醚（60～90℃）-丙酮（7:3）为展开剂，展开，取出，晾干，喷以碘化铋钾试液。供试品色谱中，在与对照品色谱相应的位置上，显相同颜色的斑点。

鼓槌石斛　取鼓槌石斛〔含量测定〕项下的续滤液25ml，蒸干，残渣加甲醇5ml使溶解，作为供试品溶液。另取毛兰素对照品，加甲醇制成每1ml含0.2mg的溶液，作为对照品溶液。照薄层色谱法（附录0502）试验，吸取供试品溶液5～10μl、对照品溶液5μl，分别点于同一高效硅胶G薄层板上，以石油醚（60～90℃）-乙酸乙酯（3:2）为展开剂，展开，展距8cm，取出，晾干，喷以10%硫酸乙醇溶液，在105℃加热至斑点显色清晰。供试品色谱中，在与对照品色谱相应的位置上，显相同颜色的斑点。

流苏石斛等　取本品（鲜品干燥后粉碎）粉末0.5g，加甲醇25ml，超声处理45分钟，滤过，滤液蒸干，残渣加甲醇5ml使溶解，作为供试品溶液。另取石斛酚对照品，加甲醇制成每1ml含0.2mg的溶液，作为对照品溶液。照薄层色谱法（附录0502）试验，吸取供试品溶液5～10μl、对照品溶液5μl，分别点于同一高效硅胶G薄层板上，以石油醚（60～90℃）-乙酸乙酯（3:2）为展开剂，展开，展距8cm，取出，晾干，喷以10%硫酸乙醇溶液，在105℃加热至斑点显色清晰。供试品色谱中，在与对照品色谱相应的位置上，显相同颜色的斑点。

【检查】　水分　干石斛　不得过12.0%（附录0832第一法）。

总灰分　干石斛　不得过5.0%（附录2302）。

【含量测定】　金钗石斛　照气相色谱法（附录0521）测定。

色谱条件与系统适用性试验　DB-1毛细管柱（100%二甲基聚硅氧烷为固定相）（柱长为30m，内径为0.25mm，膜厚度为0.25μm），程序升温：初始温度为80℃，以每分钟10℃的速率升温至250℃，保持5分钟；进样口温度为250℃，检测器温度为250℃。理论板数按石斛碱峰计算应不低于10 000。

校正因子测定　取萘对照品适量，精密称定，加甲醇制成每1ml含25μg的溶液，作为内标溶液。取石斛碱对照品适量，精密称定，加甲醇制成每1ml含50μg的溶液，作为对照品溶液。精密量取对照品溶液2ml，置5ml量瓶中，精密加入内标溶液1ml，加甲醇至刻度，摇匀，吸取1μl，注入气相色谱仪，计算校正因子。

测定法　取本品（鲜品干燥后粉碎）粉末（过三号筛）约0.25g，精密称定，置圆底烧瓶中，精密加入0.05%甲酸的甲醇溶液25ml，称定重量，加热回流3小时，放冷，再称定重量，用0.05%甲酸的甲醇溶液补足减失的重量，摇匀，滤过。精密量取续滤液2ml，置5ml量瓶中，精密加入内标溶液1ml，加甲醇至刻度，摇匀，吸取1μl注入气相色谱仪，测定，即得。

本品按干燥品计算，含石斛碱（$C_{16}H_{25}NO_2$）不得少于0.40%。

鼓槌石斛　照高效液相色谱法（附录0512）测定。

色谱条件与系统适用性试验　以十八烷基硅烷键合硅胶为填充剂；以乙腈-0.05%磷酸溶液（37:63）为流动相；检测波长为230nm。理论板数按毛兰素峰计算应不低于6000。

对照品溶液的制备　取毛兰素对照品适量，精密称定，加甲醇制成每1ml含15μg的溶液，即得。

供试品溶液的制备　取本品（鲜品干燥后粉碎）粉末（过三号筛）约1g，精密称定，置具塞锥形瓶中，精密加入甲醇50ml，密塞，称定重量，浸渍20分钟，超声处理（功率250W，频率40kHz）45分钟，放冷，再称定重量，用甲醇补足减失的重量，摇匀，滤过，取续滤液，即得。

测定法　分别精密吸取对照品溶液与供试品溶液各20μl，注入液相色谱仪，测定，即得。

本品按干燥品计算，含毛兰素（$C_{18}H_{22}O_5$）不得少于0.030%。

饮片

【炮制】　干石斛　除去残根，洗净，切段，干燥。鲜品洗净，切段。

本品呈扁圆柱形或圆柱形的段。表面金黄色、绿黄色或棕黄色，有光泽，有深纵沟或纵棱，有的可见棕褐色的节。切面黄白色至黄褐色，有多数散在的筋脉点。气微，味淡或微苦，嚼之有黏性。

鲜石斛　呈圆柱形或扁圆柱形的段。直径0.4～1.2cm。表面黄绿色，光滑或有纵纹，肉质多汁。气微，味微苦而回甜，嚼之有黏性。

【鉴别】　（除横切面外）【检查】同药材。

【性味与归经】　甘，微寒。归胃、肾经。

【功能】　益胃生津，养阴清热。

【主治】　热病伤津，口渴欲饮，病后虚热。

【用法与用量】　马、牛15～60g；驼30～100g；羊、猪5～15g；犬、猫3～5g；兔、禽1～2g。

【贮藏】　干品置通风干燥处，防潮；鲜品置阴凉潮湿处，防冻。

石　榴　皮

Shiliupi

GRANATI PERICARPIUM

本品为石榴科植物石榴 *Punica granatum* L. 的干燥果皮。秋季果实成熟后收集果皮，晒干。

【性状】　本品呈不规则的片状或瓢状，大小不一，厚1.5～3mm。外表面红棕色、棕黄色或暗棕色，略有光泽，粗糙，有多数疣状突起，有的有突起的筒状宿萼及粗短果梗或果梗痕。内表面黄色或红棕色，有隆起呈网状的果蒂残痕。质硬而脆，断面黄色，略显颗粒状。气微，味苦涩。

【鉴别】　（1）本品横切面：外果皮为1列表皮细胞，排列较紧密，外被角质层。中果皮较厚，薄壁细胞内含淀粉粒和草酸钙簇晶或方晶；石细胞单个散在，类圆形、长方形或不规则形，少数呈分枝状，壁较厚；维管束散在。内果皮薄壁细胞较小，亦含淀粉粒和草酸钙晶体，石细胞较小。

粉末红棕色。石细胞类圆形、长方形或不规则形，少数分枝状，直径27～102μm，壁较厚，孔沟细密，胞腔大，有的含棕色物。表皮细胞类方形或类长方形，壁略厚。草酸钙簇晶直径10～25μm，稀有方晶。螺纹导管和网纹导管直径12～18μm。淀粉粒类圆形，直径2～10μm。

（2）取本品粉末1g，加水10ml，置60℃水浴中加热10分钟，趁热滤过。取滤液1ml，加1%三氯化铁乙醇溶液1滴，即显墨绿色。

（3）取本品3g，加无水乙醇30ml，加热回流1小时，滤过，滤液蒸干，残渣加水20ml使溶解，滤过，滤液用石油醚（60～90℃）振摇提取2次，每次20ml，弃去石油醚液，水液再用乙酸乙酯振摇提取2次，每次20ml，合并乙酸乙酯液，蒸干，残渣加甲醇1ml使溶解，作为供试品溶液。另取没食子酸对照品，加甲醇制成每1ml含1mg的溶液，作为对照品溶液。照薄层色谱法（附录0502）试验，吸取上述两种溶液各5μl，分别点于同一聚酰胺薄膜上，以乙酸乙酯-丁酮-甲酸-水（10:1:1:1）为展开剂，展开，取出，晾干，喷以1%三氯化铁乙醇溶液。供试品色谱中，在与对照品色谱相应的位置上，显相同颜色的斑点。

【检查】　杂质　不得过6%（附录2301）。

水分　不得过17.0%（附录0832第一法）。

总灰分 不得过7.0%（附录2302）。

【浸出物】 照醇溶性浸出物测定法（附录2201）项下的热浸法测定，用乙醇作溶剂，不得少于15.0%。

【含量测定】 **鞣质** 取本品粉末（过三号筛）约0.4g，精密称定，照鞣质含量测定法（附录2202）测定，即得。

本品按干燥品计算，含鞣质不得少于10.0%。

鞣花酸 照高效液相色谱法（附录0512）测定。

色谱条件与系统适用性试验 以十八烷基硅烷键合硅胶为填充剂；以乙腈-0.2%磷酸溶液（21:79）为流动相；检测波长为254nm。理论板数按鞣花酸峰计算应不低于5000。

对照品溶液的制备 取鞣花酸对照品适量，精密称定，加甲醇制成每1ml各含20μg的溶液，即得。

供试品溶液的制备 取本品粉末（过三号筛）约0.2g，精密称定，置具塞锥形瓶中，精密加入甲醇50ml，密塞，称定重量，超声处理（功率150W，频率40kHz）40分钟，放冷，再称定重量，用甲醇补足减失的重量，摇匀，滤过，取续滤液，即得。

测定法 分别精密吸取对照品溶液5μl、10μl，供试品溶液5～10μl，注入液相色谱仪，测定，用外标两点法计算，即得。

本品按干燥品计算，含鞣花酸（$C_{14}H_6O_8$）不得少于0.30%。

饮片

【炮制】 **石榴皮** 除去杂质，洗净，切块，干燥。

本品呈不规则的长条状或不规则的块状。外表面红棕色、棕黄色或暗棕色，略有光泽，有多数疣状突起，有时可见筒状宿萼及果梗痕。内表面黄色或红棕色，有种子脱落后的小凹坑及隔瓤残迹。切面黄色或鲜黄色，略显颗粒状。气微，味苦涩。

【检查】 **水分** 同药材，不得过15.0%（附录0832第一法）。

【鉴别】【检查】 （总灰分）同药材。

石榴皮炭 取净石榴皮块，照炒炭法（附录0203）炒至表面黑黄色、内部棕褐色。

本品形如石榴皮丝或块，表面黑黄色，内部棕褐色。

【性味与归经】 酸、涩，温。归大肠经。

【功能】 涩肠止泻，止血，驱虫。

【主治】 泻痢，便血，脱肛，虫积。

【用法与用量】 马、牛15～30g；驼25～45g；羊、猪3～15g；犬、猫1～5g；兔、禽1～2g。

【贮藏】 置阴凉干燥处。

石　膏

Shigao

GYPSUM FIBROSUM

本品为硫酸盐类矿物硬石膏族石膏，主含含水硫酸钙（$CaSO_4 \cdot 2H_2O$），采挖后，除去杂石及泥沙。

【性状】 本品为纤维状的集合体，呈长块状、板块状或不规则块状。白色、灰白色或淡黄色，有的半透明。体重，质软，纵断面具绢丝样光泽。气微，味淡。

【鉴别】 （1）取本品一小块（约2g），置具有小孔软木塞的试管内，灼烧，管壁有水生成，小块变为不透明体。

（2）取本品粉末0.2g，加稀盐酸10ml，加热使溶解，溶液显钙盐（附录0301）与硫酸盐（附录0301）的鉴别反应。

【检查】 重金属 取本品8g，加冰醋酸4ml与水96ml，煮沸10分钟，放冷，加水至原体积，滤过。取滤液25ml，依法检查（附录0821第一法），含重金属不得过10mg/kg。

砷盐 取本品1g，加盐酸5ml，加水至23ml，加热使溶解，放冷，依法检查（附录0822第二法），含砷量不得过2mg/kg。

【含量测定】 取本品细粉约0.2g，精密称定，置锥形瓶中，加稀盐酸10ml，加热使溶解，加水100ml与甲基红指示液1滴，滴加氢氧化钾试液至溶液显浅黄色，再继续多加5ml，加钙黄绿素指示剂少量，用乙二胺四醋酸二钠滴定液（0.05mol/L）滴定，至溶液的黄绿色荧光消失，并显橙色。每1ml乙二胺四醋酸二钠滴定液（0.05mol/L）相当于8.608mg的含水硫酸钙（$CaSO_4 \cdot 2H_2O$）。

本品含含水硫酸钙（$CaSO_4 \cdot 2H_2O$）不得少于95.0%。

饮片
【炮制】 生石膏 打碎，除去杂石，粉碎成粗粉。
【性味与归经】 甘、辛，大寒。归肺、胃经。
【功能】 清热泻火，生津止渴。
【主治】 外感热病，肺热喘促，胃热贪饮，壮热神昏，狂躁不安。
【用法与用量】 马、牛60~120g；驼90~180g；羊、猪15~30g；犬、猫3~5g；兔、禽1~3g。
【贮藏】 置干燥处。

煅 石 膏
Duanshigao
GYPSUM USTUM

本品为石膏的炮制品。
【制法】 取石膏，照明煅法（附录0203）煅至酥松。
【性状】 本品为白色的粉末或酥松块状物，表面透出微红色的光泽，不透明。体较轻，质软，易碎，捏之成粉。气微，味淡。
【检查】 重金属 照石膏项下的方法检查，不得过10mg/kg。
【含量测定】 取本品细粉约0.15g，精密称定，照石膏项下的方法，自"置锥形瓶中，加稀盐酸10ml"起，依法测定。每1ml乙二胺四醋酸二钠滴定液（0.05mol/L）相当于6.807mg的硫酸钙（$CaSO_4$）。

本品含硫酸钙（$CaSO_4$）不得少于92.0%〔1g硫酸钙（$CaSO_4$）相当于含水硫酸钙（$CaSO_4 \cdot 2H_2O$）1.26g〕。

【性味与归经】 甘、辛、涩，寒。归肺、胃经。
【功能】 收湿，生肌，敛疮，止血。
【主治】 疮疡不敛，湿疹瘙痒，水火烫伤，外伤止血。

【用法与用量】 外用适量。

【贮藏】 置干燥处。

布 渣 叶

Buzhaye

MICROCOTIS FOLIUM

本品为椴树科植物破布叶 *Microcos paniculata* L. 的干燥叶。夏、秋二季采收，除去枝梗和杂质，阴干或晒干。

【性状】 本品多皱缩或破碎，完整叶展平后呈卵状长圆形或卵状矩圆形，长8～18cm，宽4～8cm。表面黄绿色、绿褐色或黄棕色。先端渐尖，基部钝圆，稍偏斜，边缘具细齿。基出脉3条，侧脉羽状，小脉网状。具短柄，叶脉及叶柄被柔毛。纸质，易破碎。气微，味淡、微酸涩。

【鉴别】 （1）本品粉末淡黄绿色。表皮细胞类多角形或类圆形。气孔不定式。分泌细胞类圆形，含黄棕色分泌物。非腺毛有两种：一种星状毛，分枝多数，每分枝有数个分隔；另一种非腺毛单细胞。腺毛头部多细胞，柄单细胞，偶见。纤维细长，成束，壁稍厚，纹孔较清晰。草酸钙方晶多见；草酸钙簇晶直径5～20μm。

（2）取本品粉末1g，加水50ml，加热回流2小时，滤过，滤液浓缩至30ml，用乙酸乙酯提取2次（30ml，25ml），合并乙酸乙酯液，蒸干，残渣加无水乙醇1ml使溶解，作为供试品溶液。另取布渣叶对照药材1g，同法制成对照药材溶液。照薄层色谱法（附录0502）试验，吸取上述两种溶液各2μl，分别点于同一硅胶G薄层板上，以二氯甲烷-丁酮-甲酸-水（10:1:0.1:0.1）为展开剂，展开，取出，晾干，置紫外光灯（365nm）下检视。供试品色谱中，在与对照药材色谱相应的位置上，显相同颜色的荧光斑点。

【检查】 杂质 不得过2%（附录2301）。

水分 不得过12.0%（附录0832第一法）。

总灰分 不得过8.0%（附录2302）。

【浸出物】 照醇溶性浸出物测定法（附录2201）项下的热浸法测定，用稀乙醇作溶剂，不得少于17.0%。

【含量测定】 照高效液相色谱法（附录0512）测定。

色谱条件与系统适用性试验 以十八烷基硅烷键合硅胶为填充剂；以甲醇-0.4%磷酸溶液（30:70）为流动相；检测波长为339nm。理论板数按牡荆苷峰计算应不低于3000。

对照品溶液的制备 取牡荆苷对照品适量，精密称定，加70%甲醇制成每1ml含20μg的溶液，即得。

供试品溶液的制备 取本品粉末（过三号筛）约2.5g，精密称定，置具塞锥形瓶中，精密加入70%甲醇50ml，密塞，称定重量，超声处理（功率250W，频率33kHz）1小时，放冷，再称定重量，用70%甲醇补足减失的重量，摇匀，滤过，取续滤液，即得。

测定法 分别精密吸取对照品溶液与供试品溶液各10μl，注入液相色谱仪，测定，即得。

本品按干燥品计算，含牡荆苷（$C_{21}H_{20}O_{10}$）不得少于0.040%。

【性味与归经】 微酸，凉。归脾、胃经。

【功能】 清热利湿，消食，解暑。

【主治】 风热感冒，黄疸，消化不良，中暑。

【用法与用量】 马、牛90～180g；羊、猪25～60g。

【贮藏】 置干燥处。

龙　　胆

Longdan

GENTIANAE RADIX ET RHIZOMA

本品为龙胆科植物条叶龙胆 *Gentiana manshurica* Kitag.、龙胆 *Gentiana scabra* Bge.、三花龙胆 *Gentiana triflora* Pall. 或坚龙胆 *Gentiana rigescens* Franch. 的干燥根和根茎。前三种习称"龙胆"，后一种习称"坚龙胆"。春、秋二季采挖，洗净，干燥。

【性状】 龙胆 根茎呈不规则的块状，长1～3cm，直径0.3～1cm；表面暗灰棕色或深棕色，上端有茎痕或残留茎基，周围和下端着生多数细长的根。根圆柱形，略扭曲，长10～20cm，直径0.2～0.5cm；表面淡黄色或黄棕色，上部多有显著的横皱纹，下部较细，有纵皱纹及支根痕。质脆，易折断，断面略平坦，皮部黄白色或淡黄棕色，木部色较浅，呈点状环列。气微，味甚苦。

坚龙胆 表面无横皱纹，外皮膜质，易脱落，木部黄白色，易与皮部分离。

【鉴别】 （1）本品横切面：龙胆 表皮细胞有时残存，外壁较厚。皮层窄；外皮层细胞类方形，壁稍厚，木栓化；内皮层细胞切向延长，每一细胞由纵向壁分隔成数个类方形小细胞。韧皮部宽广，有裂隙。形成层不甚明显。木质部导管3～10个群束。髓部明显。薄壁细胞含细小草酸钙针晶。

坚龙胆 内皮层以外组织多已脱落。木质部导管发达，均匀密布。无髓部。

粉末淡黄棕色。龙胆 外皮层细胞表面观类纺锤形，每一细胞由横壁分隔成数个扁方形的小细胞。内皮层细胞表面观类长方形，甚大，平周壁显纤细的横向纹理，每一细胞由纵隔壁分隔成数个栅状小细胞，纵隔壁大多连珠状增厚。薄壁细胞含细小草酸钙针晶。网纹导管及梯纹导管直径约至45μm。

坚龙胆 无外皮层细胞。内皮层细胞类方形或类长方形，平周壁的横向纹理较粗而密，有的粗达3μm，每一细胞分隔成多数栅状小细胞，隔壁稍增厚或呈连珠状。

（2）取〔含量测定〕项下的备用滤液，作为供试品溶液。另取龙胆苦苷对照品，加甲醇制成每1ml含1mg的溶液，作为对照品溶液。照薄层色谱法（附录0502）试验，吸取供试品溶液5μl、对照品溶液1μl，分别点于同一硅胶GF$_{254}$薄层板上，以乙酸乙酯-甲醇-水（10:2:1）为展开剂，展开，取出，晾干，置紫外光灯（254nm）下检视。供试品色谱中，在与对照品色谱相应的位置上，显相同颜色的斑点。

【检查】 水分 不得过9.0%（附录0832第一法）。

总灰分 不得过7.0%（附录2302）。

酸不溶性灰分 不得过3.0%（附录2302）。

【浸出物】 照水溶性浸出物测定法（附录2201）项下的热浸法测定，不得少于36.0%。

【含量测定】 照高效液相色谱法（附录0512）测定。

色谱条件与系统适用性试验 以十八烷基硅烷键合硅胶为填充剂；以甲醇-水（25:75）为流动相；检测波长为270nm。理论板数按龙胆苦苷峰计算应不低于3000。

对照品溶液的制备 取龙胆苦苷对照品适量，精密称定，加甲醇制成每1ml含0.2mg的溶液，即得。

供试品溶液的制备 取本品粉末（过四号筛）约0.5g，精密称定，精密加入甲醇20ml，称定重量，加热回流15分钟，放冷，再称定重量，用甲醇补足减失的重量，摇匀，滤过。滤液备用，精密量取续滤液2ml，置10ml量瓶中，加甲醇至刻度，摇匀，即得。

测定法 分别精密吸取对照品溶液与供试品溶液各10μl，注入液相色谱仪，测定，即得。

本品按干燥品计算，龙胆含龙胆苦苷（$C_{16}H_{20}O_9$）不得少于3.0%；坚龙胆含龙胆苦苷（$C_{16}H_{20}O_9$）不得少于1.5%。

饮片

【炮制】 除去杂质，洗净，润透，切段，干燥。

龙胆 本品呈不规则形的段。根茎呈不规则块片，表面暗灰棕色或深棕色。根圆柱形，表面淡黄色至黄棕色，有的有横皱纹，具纵皱纹。切面皮部黄白色至棕黄色，木部色较浅。气微，味甚苦。

坚龙胆 本品呈不规则形的段。根表面无横皱纹，膜质外皮已脱落，表面黄棕色至深棕色。切面皮部黄棕色，木部色较浅。

【含量测定】 同药材，龙胆含龙胆苦苷（$C_{16}H_{20}O_9$）不得少于2.0%；坚龙胆含龙胆苦苷（$C_{16}H_{20}O_9$）不得少于1.0%。

【鉴别】 （除横切面外）**【检查】【浸出物】** 同药材。

【性味与归经】 苦，寒。归肝、胆经。

【功能】 泻肝胆实火，除下焦湿热。

【主治】 湿热黄疸，目赤肿痛，湿疹瘙痒。

【用法与用量】 马、牛15～45g；驼30～60g；羊、猪6～15g；犬、猫1～5g；兔、禽1.5～3g。

【贮藏】 置干燥处。

北 刘 寄 奴

Beiliujinu

SIPHONOSTEGIAE HERBA

本品为玄参科植物阴行草 *Siphonostegia chinensis* Benth. 的干燥全草。秋季采收，除去杂质，晒干。

【性状】 本品长30～80cm，全体被短毛。根短而弯曲，稍有分枝。茎圆柱形，有棱，有的上部有分枝，表面棕褐色或黑棕色；质脆，易折断，断面黄白色，中空或有白色髓。叶对生，多脱落破碎，完整者羽状深裂，黑绿色。总状花序顶生，花有短梗，花萼长筒状，黄棕色至黑棕色，有明显10条纵棱，先端5裂，花冠棕黄色，多脱落。蒴果狭卵状椭圆形，较萼稍短，棕黑色。种子细小。气微，味淡。

【鉴别】 （1）本品茎横切面：表皮可见非腺毛，非腺毛2～4个细胞。皮层由2～4列细胞组成。中柱鞘纤维成环状。韧皮部较窄。形成层不明显。木质部10余列，由导管和木纤维组成，射线细胞单列。髓薄壁细胞排列紧密，有的细胞具细密的纹孔。

（2）取本品粉末2g，加甲醇20ml，超声处理30分钟，滤过，滤液浓缩至1ml，作为供试品溶液。另取木犀草素对照品，加甲醇制成每1ml含1mg的溶液，作为对照品溶液。照薄层色谱法（附录0502）试验，吸取上述两种溶液各5μl，分别点于同一硅胶G薄层板上，以甲苯-甲酸乙酯-甲酸（5:4:1）为展开剂，展开，取出，晾干，喷以1%三氯化铝试液，在105℃加热数分钟，置紫外光灯（365nm）下检视。供试品色谱中，在与对照品色谱相应的位置上，显相同颜色的荧光斑点。

【检查】 水分 不得过12.0%（附录0832第一法）。

总灰分 不得过8.0%（附录2302）。

【浸出物】 照醇溶性浸出物测定法（附录2201）项下的热浸法测定，用70%乙醇作溶剂，不得少于10.0%。

【含量测定】 照高效液相色谱法（附录0512）测定。

色谱条件与系统适用性试验 以十八烷基硅烷键合硅胶为填充剂，以甲醇为流动相A，以0.05%磷酸溶液为流动相B，按下表中的规定进行梯度洗脱；毛蕊花糖苷检测波长为310nm，木犀草素检测波长为350nm。理论板数按毛蕊花糖苷峰计算应不低于3000。

时间（分钟）	流动相A（%）	流动相B（%）
0～15	33	67
15～30	33→60	67→40
30～40	60	40

对照品溶液的制备 取木犀草素对照品、毛蕊花糖苷对照品适量，精密称定，加甲醇制成每1ml含木犀草素70μg、毛蕊花糖苷0.25mg的混合溶液，即得。

供试品溶液的制备 取本品粉末（过二号筛）约2g，精密称定，置具塞锥形瓶中，精密加入85%甲醇25ml，称定重量，加热回流1.5小时，放冷，再称定重量，用85%甲醇补足减失的重量，摇匀，滤过，取续滤液，即得。

测定法 分别精密吸取对照品溶液与供试品溶液各5μl，注入液相色谱仪，测定，即得。

本品按干燥品计算，含木犀草素（$C_{15}H_{10}O_6$）不得少于0.050%；含毛蕊花糖苷（$C_{29}H_{36}O_{15}$）不得少于0.060%。

饮片

【炮制】 除去杂质，洗净，切段，干燥。

本品呈不规则的段。茎呈圆柱形，有棱，表面棕褐色或黑棕色，被短毛。切面黄白色，中空或有白色髓。花萼长筒状，黄棕色至黑棕色，有明显10条纵棱，先端5裂。蒴果狭卵状椭圆形，较萼稍短，棕黑色，种子细小。

【鉴别】 （除茎横切面外）**【检查】【浸出物】【含量测定】** 同药材。

【性味与归经】 苦，寒。归脾、胃、肝、胆经。

【功能】 活血祛瘀，清热利湿，凉血止血，止痛。

【主治】 湿热黄疸，尿血便血，产后瘀血，跌打损伤。

【用法与用量】 马、牛30～45g；羊、猪9～15g。

外用适量，研末撒或调敷。

【注意】 孕畜忌服。

【贮藏】 置干燥处。

北　豆　根

Beidougen

MENISPERMI RHIZOMA

本品为防己科植物蝙蝠葛 *Menispermum dauricum* DC. 的干燥根茎。春、秋二季采挖，除去须根和泥沙，干燥。

【性状】 本品呈细长圆柱形，弯曲，有分枝，长可达50cm，直径0.3～0.8cm。表面黄棕色至暗棕色，多有弯曲的细根，并可见突起的根痕及纵皱纹，外皮易剥落。质韧，不易折断，断面不整齐，纤维细，木部淡黄色，呈放射状排列，中心有髓。气微，味苦。

【鉴别】 （1）本品横切面：表皮细胞1列，外被棕黄色角质层，木栓层为数列细胞。皮层较宽，老的根茎有石细胞散在。中柱鞘纤维排列成新月形。维管束外韧型，环列。束间形成层不明显。木质部由导管、管胞、木纤维及木薄壁细胞组成，均木化。中央有髓。薄壁细胞含淀粉粒及细小草酸钙结晶。

粉末淡棕黄色。石细胞单个散在，淡黄色，分枝状或不规则形，直径43～147μm（200μm），胞腔较大。中柱鞘纤维多成束，淡黄色，直径18～34μm，常具分隔。木纤维成束，直径10～26μm，壁具斜纹孔或交叉纹孔。具缘纹孔导管。草酸钙结晶细小。淀粉粒单粒直径3～12μm；复粒2～8分粒。

（2）取本品粉末0.5g，加乙酸乙酯15ml，浓氨试液0.5ml，加热回流30分钟，滤过，滤液蒸干，残渣加乙酸乙酯1ml使溶解，作为供试品溶液。另取北豆根对照药材0.5g，同法制成对照药材溶液。照薄层色谱法（附录0502）试验，吸取上述两种溶液各2μl，分别点于同一硅胶G薄层板上，以三氯甲烷-甲醇-浓氨试液（9:1:1滴）为展开剂，展开，取出，晾干，置紫外光灯（365nm）下检视。供试品色谱中，在与对照药材色谱相应的位置上，显相同颜色的荧光斑点。

【检查】 杂质　不得过5%（附录2301）。

水分　不得过12.0%。（附录0832第一法）。

总灰分　不得过7.0%（附录2302）。

酸不溶性灰分　不得过2.0%（附录2302）。

【浸出物】 照醇溶性浸出物测定法（附录2201）项下的热浸法测定，用乙醇作溶剂，不得少于13.0%。

【含量测定】 照高效液相色谱法（附录0512）测定。

色谱条件与系统适用性试验　以十八烷基硅烷键合硅胶为填充剂；以乙腈-0.05%三乙胺溶液（45:55）为流动相；检测波长为284nm。理论板数按蝙蝠葛碱峰计算应不低于6000。

对照品溶液的制备　取经硅胶G减压干燥18小时以上的蝙蝠葛苏林碱、蝙蝠葛碱对照品适量，精密称定，置棕色量瓶中，加甲醇制成每1ml含蝙蝠葛苏林碱20μg，蝙蝠葛碱35μg的混合溶液，即得（本品临用前新制，避光保存）。

供试品溶液的制备　取本品粉末（过三号筛）约0.2g，精密称定，置具塞锥形瓶中，精密加入甲醇25ml，密塞，称定重量，超声处理（功率140W，频率42kHz）30分钟，取出，放冷，再称定重量，用甲醇补足减失的重量，摇匀，滤过，取续滤液，即得。

测定法　分别精密吸取对照品溶液与供试品溶液各10μl，注入液相色谱仪，测定，即得。

本品按干燥品计算，含蝙蝠葛苏林碱（$C_{37}H_{42}N_2O_6$）和蝙蝠葛碱（$C_{38}H_{44}N_2O_6$）的总量不得少于0.60%。

饮片

【炮制】 除去杂质，洗净，润透，切厚片，干燥。

本品为不规则的圆形厚片。表面淡黄色至棕褐色，木部淡黄色，呈放射状排列，纤维性，中心有髓，白色。气微，味苦。

【鉴别】（除横切面外）**【检查】**（除杂质外）**【浸出物】**　同药材。

【含量测定】 同药材，含蝙蝠葛苏林碱（$C_{37}H_{42}N_2O_6$）和蝙蝠葛碱（$C_{38}H_{44}N_2O_6$）的总量不得少于0.45%。

【性味与归经】 苦，寒；有小毒。归肺、胃、大肠经。

【功能】 清热解毒，祛风止痛。

【主治】 咽喉肿痛，疮痈肿毒，热毒痢疾，风湿痹痛。

【用法与用量】 马、牛25～45g；驼30～60g；羊、猪10～15g；犬、猫1～5g；兔、禽1～2g。

【贮藏】 置干燥处。

北 沙 参

Beishashen

GLEHNIAE RADIX

本品为伞形科植物珊瑚菜 *Glehnia littoralis* Fr. Schmidt ex Miq. 的干燥根。夏、秋二季采挖，除去须根，洗净，稍晾，置沸水中烫后，除去外皮，干燥。或洗净直接干燥。

【性状】 本品呈细长圆柱形，偶有分枝，长15～45cm，直径0.4～1.2cm。表面淡黄白色，略粗糙，偶有残存外皮，不去外皮的表面黄棕色。全体有细纵皱纹和纵沟，并有棕黄色点状细根痕；顶端常留有黄棕色根茎残基；上端稍细，中部略粗，下部渐细。质脆，易折断，断面皮部浅黄白色，木部黄色。气特异，味微甘。

【鉴别】 本品横切面：栓内层为数列薄壁细胞，有分泌道散在。不去外皮的可见木栓层。韧皮部宽广，射线明显；外侧筛管群颓废作条状；分泌道散在，直径20～65μm，内含黄棕色分泌物，周围分泌细胞5～8个。形成层成环。木质部射线宽2～5列细胞；导管大多成V形排列；薄壁细胞含糊化淀粉粒。

饮片

【炮制】 除去残茎和杂质，略润，切段，干燥。

【性味与归经】 甘、微苦，微寒。归肺、胃经。

【功能】 滋阴清热，润肺止咳，益胃生津。

【主治】 阴虚肺热，干咳，热病津伤，肺痈鼻脓。

【用法与用量】 马、牛15～30g；驼30～45g；羊、猪3～15g；犬、猫2～5g；兔、禽1～2g。

【注意】 不宜与藜芦同用。

【贮藏】 置通风干燥处，防蛀。

四 叶 参

Siyeshen

CODONOPSIS LANCEOLATAE RADIX

本品为桔梗科植物羊乳 *Codonopsis lanceolata*（Sieb. et Zucc.）Trautv. 的干燥根。秋季采挖，除去须根，晒干，或趁鲜切片，晒干。

【性状】 本品呈纺锤形、倒卵状纺锤形或类圆柱形，有的稍分枝，长6～15cm，直径2～6cm。表面灰棕色或灰黄色，皱缩不平，顶端具根茎（芦头），常见密集的芽痕和茎痕；芦下有多数环纹，密集而明显，向下渐疏浅，环纹间有细纵裂纹。质稍松，易折断，断面不平坦，多裂隙。切片大小不一，断面灰黄色或浅棕色，皮部与木部无明显区分。气微，味甜、微苦。

【鉴别】 （1）取本品粉末1g，加水10ml，温浸30分钟，滤过。取滤液2ml，分置两支试管中，一管加0.1mol/L氢氧化钠溶液2ml，另一管加0.1mol/L盐酸溶液2ml，密闭，用力振摇1分钟，两管均产生持久性泡沫。

（2）取本品粉末2g，加甲醇15ml，温浸30分钟，滤过，取滤液1ml，蒸干，加醋酐1ml与硫酸1～2滴，显红色、紫色，渐变为青色。

【炮制】 除去杂质；未切片者，洗净，润透，切片，晒干。

【性味与归经】 甘，温。归脾、肺经。

【功能】 补虚通乳，养阴润肺，消肿排脓。

【主治】 病后虚弱，乳汁不足，肺痈，痈肿疮疡。

【用法与用量】 马、牛30～150g；羊、猪15～30g。

【贮藏】 置通风干燥处。

四 季 青

Sijiqing

ILICIS CHINENSIS FOLIUM

本品为冬青科植物冬青 *Ilex chinensis* Sims 的干燥叶。秋、冬二季采收，晒干。

【性状】 本品呈椭圆形或狭长椭圆形，长6～12cm，宽2～4cm。先端急尖或渐尖，基部楔形，边缘具疏浅锯齿。上表面棕褐色或灰绿色，有光泽；下表面色较浅；叶柄长0.5～1.8cm。革质。气微清香，味苦、涩。

【鉴别】 （1）本品粉末棕褐色至灰绿色。上表皮细胞多角形，垂周壁平直或微弯曲，壁稍厚；下表皮细胞不规则形或类长方形，细胞较小。气孔不定式。叶肉细胞含草酸钙簇晶及少数方晶，簇晶直径18～55μm。纤维单个散在或成束，多细长，直径9～20μm。

（2）取本品粉末1g，加乙酸乙酯20ml，超声处理30分钟，滤过，滤液蒸干，残渣加甲醇1ml使溶解，作为供试品溶液。另取原儿茶酸对照品、长梗冬青苷对照品，加甲醇制成每1ml各含1mg的混合溶液，作为对照品溶液。照薄层色谱法（附录0502）试验，吸取上述两种溶液各4μl，分别点于同一硅胶GF$_{254}$薄层板上，以三氯甲烷-甲醇-甲酸（7:1:0.2）为展开剂，展开，取出，晾干，置紫外光灯（254nm）下检视。供试品色谱中，在与对照品色谱相应的位置上，显相同颜色的斑点。喷以1%香草醛硫酸溶液，在105℃加热至斑点显色清晰；供试品色谱中，在与对照品色谱相应的位置上，显相同颜色的斑点。

【检查】 水分 不得过12.0%（附录0832第一法）。

总灰分 不得过7.0%（附录2302）。

酸不溶性灰分 不得过3.0%（附录2302）。

【含量测定】 照高效液相色谱法（附录0512）测定。

色谱条件与系统适用性试验 以十八烷基硅烷键合硅胶为填充剂；以甲醇（含10%的异丙醇）

为流动相A，以水（含10%的异丙醇）为流动相B，按下表的规定进行梯度洗脱；用蒸发光散射检测器检测。理论板数按长梗冬青苷峰计算应不低于2000。

时间（分钟）	流动相A（%）	流动相B（%）
0～10	30→35	70→65
10～12	35→43	65→57
12～30	43	57
30～40	43→57	57→43

对照品溶液的制备　取长梗冬青苷对照品适量，精密称定，加80%甲醇制成每1ml含0.3mg的溶液，即得。

供试品溶液的制备　取本品粉末（过四号筛）约1g，精密称定，置具塞锥形瓶中，精密加入80%甲醇50ml，称定重量，超声处理（功率300W，频率40kHz）30分钟，放冷，再称定重量，用80%甲醇补足减失的重量，摇匀，滤过，取续滤液，即得。

测定法　分别精密吸取对照品溶液10μl、20μl，供试品溶液10μl，注入液相色谱仪，测定，用外标两点法对数方程计算，即得。

本品按干燥品计算，含长梗冬青苷（$C_{36}H_{58}O_{10}$）不得少于1.35%。

【**性味与归经**】　苦、涩，凉。归肺、大肠、膀胱经。

【**功能**】　清热解毒，消肿祛瘀。

【**主治**】　肺热咳喘，咽喉肿痛，湿热下痢，热淋。外用治疗烧烫伤，皮肤溃疡。

【**用法与用量**】　马、牛90～180g；羊、猪15～60g。外用适量。

【**贮藏**】　置干燥处。

生　姜

Shengjiang

ZINGIBERIS RHIZOMA RECENS

本品为姜科植物姜 *Zingiber officinale* Rosc. 的新鲜根茎。秋、冬二季采挖，除去须根和泥沙。

【**性状**】　本品呈不规则块状，略扁，具指状分枝，长4～18cm，厚1～3cm。表面黄褐色或灰棕色，有环节，分枝顶端有茎痕或芽。质脆，易折断，断面浅黄色，内皮层环纹明显，维管束散在。气香特异，味辛辣。

【**鉴别**】　（1）本品横切面：木栓层为多列木栓细胞。皮层中散有外韧型叶迹维管束；内皮层明显，可见凯氏带。中柱占根茎大部分，有多数外韧型维管束散列，近中柱鞘部位维管束形小，排列紧密，木质部内侧或周围有非木化的纤维束。薄壁组织中散有多数油细胞；并含淀粉粒。

（2）取本品1g，切成1～2mm的小块，加乙酸乙酯20ml，超声处理10分钟，滤过，滤液蒸干，残渣加乙酸乙酯1ml使溶解，作为供试品溶液。另取6-姜辣素对照品，加甲醇制成每1ml含0.5mg的溶液，作为对照品溶液。照薄层色谱法（附录0502）试验，吸取供试品溶液6μl、对照品溶液4μl，分别点于同一硅胶G薄层板上，以石油醚（60～90℃）-三氯甲烷-乙酸乙酯（2:1:1）为展开剂，展开，取出，晾干，喷以香草醛硫酸试液，在105℃加热至斑点显色清晰。供试品色谱中，在与对照品色谱相应的位置上，显相同颜色的斑点。

【检查】 总灰分　不得过2.0%（附录2302）。

【含量测定】 挥发油　取本品适量，切成1~2mm的小块，加水300ml，照挥发油测定法（附录2204）测定。

本品含挥发油不得少于0.12%（ml/g）。

6-姜辣素　8-姜酚　10-姜酚　照高效液相色谱法（附录0512）测定。

色谱条件与系统适用性试验　以十八烷基硅烷键合硅胶为填充剂；以乙腈为流动相A，0.1%甲酸溶液为流动相B，按下表中的规定进行梯度洗脱；流速为每分钟0.5ml，检测波长为282nm。理论板数按6-姜辣素峰计算应不低于5000。

时间（分钟）	流动相A（%）	流动相B（%）
0~10	45	55
10~15	45→48	55→52
15~17	48→60	52→40
17~43	60	40
43~45	60→67	40→33
45~48	67→69	33→31
48~58	69→71	31→29

对照品溶液的制备　取6-姜辣素对照品适量，精密称定，加甲醇制成每1ml含0.05mg的溶液，即得。

供试品溶液的制备　取本品切成1~2mm的小块，取约1g，精密称定，置100ml圆底烧瓶中，精密加入甲醇50ml，密塞，称定重量，加热回流30分钟，放冷，再称定重量，用甲醇补足减失的重量，摇匀，滤过，取续滤液，即得。

测定法　分别精密吸取对照品溶液与供试品溶液各15μl，注入液相色谱仪，测定，计算6-姜辣素的含量；以6-姜辣素为对照，利用校正因子分别计算8-姜酚和10-姜酚的含量。

供试品色谱中，8-姜酚和10-姜酚色谱峰与6-姜辣素对照品相应色谱峰的相对保留时间应在规定值的±5%范围之内。相对保留时间及校正因子见下表：

待测成分	相对保留时间	校正因子
6-姜辣素	1.00	1.0000
8-姜酚	1.51	0.7708
10-姜酚	2.42	0.7823

本品含6-姜辣素（$C_{17}H_{26}O_4$）不得少于0.050%，8-姜酚（$C_{19}H_{30}O_4$）与10-姜酚（$C_{21}H_{34}O_4$）总量不得少于0.040%。

饮片

【炮制】 生姜　除去杂质，洗净，用时切厚片。

本品呈不规则的厚片，可见指状分枝。切面浅黄色，内皮层环纹明显，维管束散在。气香特异，味辛辣。

【含量测定】 照高效液相色谱法（附录0512）测定。

色谱条件与系统适用性试验　以十八烷基硅烷键合硅胶为填充剂；以乙腈-甲醇-水（40:5:55）

为流动相；检测波长为282nm。理论板数按6-姜辣素峰计算应不低于5000。

对照品溶液的制备 取6-姜辣素对照品适量，精密称定，加甲醇制成每1ml含0.1mg的溶液，即得。

供试品溶液的制备 取本品粉末约0.8g，精密称定，置具塞锥形瓶中，精密加入甲醇25ml，称定重量，加热回流30分钟，放冷，再称定重量，用甲醇补足减失的重量，摇匀，滤过，取续滤液，即得。

测定法 分别精密吸取对照品溶液8μl与供试品溶液20μl，注入液相色谱仪，测定，即得。

本品含6-姜辣素（$C_{17}H_{26}O_4$）不得少于0.050%。

【鉴别】 （除横切面外）【检查】 同药材。

姜皮 取净生姜，削取外皮。

【性味与归经】 辛，微温。归肺、脾、胃经。

【功能】 解表散寒，温中止呕，化痰止咳。

【主治】 外感风寒，胃寒呕吐，寒痰咳嗽。

【用法与用量】 马、牛15～60g；驼30～90g；羊、猪6～15g；犬、猫1～5g；兔、禽1～3g。

【贮藏】 置阴凉潮湿处，或埋于湿沙中，防冻。

仙　茅

Xianmao

CURCULIGINIS RHIZOMA

本品为石蒜科植物仙茅 *Curculigo orchioides* Gaertn. 的干燥根茎。秋、冬二季采挖，除去根头和须根，洗净，干燥。

【性状】 本品呈圆柱形，略弯曲，长3～10cm，直径0.4～1.2cm。表面棕色至褐色，粗糙，有细孔状的须根痕和横皱纹。质硬而脆，易折断，断面不平坦，灰白色至棕褐色，近中心处色较深。气微香，味微苦、辛。

【鉴别】 （1）本品横切面：木栓细胞3～10列。皮层宽广，偶见根迹维管束，皮层外缘有的细胞含草酸钙方晶。内皮层明显。中柱维管束周木型及外韧型，散列。薄壁组织中散有多数黏液细胞，类圆形，直径60～200μm，内含草酸钙针晶束，长50～180μm。薄壁细胞充满淀粉粒。

（2）取本品粉末2g，加乙醇20ml，加热回流30分钟，滤过，滤液蒸干，残渣加乙酸乙酯1ml使溶解，取上清液作为供试品溶液。另取仙茅苷对照品，加乙酸乙酯制成每1ml含0.1mg的溶液，作为对照品溶液。照薄层色谱法（附录0502）试验，吸取上述两种溶液各2μl，分别点于同一硅胶G薄层板上，以乙酸乙酯-甲醇-甲酸（10:1:0.1）为展开剂，展开，取出，晾干，喷以2%铁氰化钾溶液-2%三氯化铁溶液（1:1）的混合溶液。供试品色谱中，在与对照品色谱相应的位置上，显相同的蓝色斑点。

【检查】 杂质（须根、芦头） 不得过4%（附录2301）。

水分 不得过13.0%（附录0832第一法）。

总灰分 不得过10.0%（附录2302）。

酸不溶性灰分 不得过2.0%（附录2302）。

【浸出物】 照醇溶性浸出物测定法（附录2201）项下的热浸法测定，用乙醇作溶剂，不得少于7.0%。

【含量测定】　照高效液相色谱法（附录0512）测定。

色谱条件与系统适用性试验　以十八烷基硅烷键合硅胶为填充剂；以乙腈-0.1%磷酸溶液（21:79）为流动相；检测波长为285nm。理论板数按仙茅苷峰计算应不低于3000。

对照品溶液的制备　取仙茅苷对照品适量，精密称定，加甲醇制成每1ml含70μg的溶液，即得。

供试品溶液的制备　取本品粉末（过三号筛）约1g，精密称定，精密加入甲醇50ml，称定重量，加热回流2小时，取出，放冷，再称定重量，用甲醇补足减失的重量，摇匀，滤过。精密量取续滤液20ml，蒸干，残渣加甲醇溶解，移至10ml量瓶中，加甲醇至刻度，摇匀，滤过，取续滤液，即得。

测定法　分别精密吸取对照品溶液与供试品溶液各10μl，注入液相色谱仪，测定，即得。

本品按干燥品计算，含仙茅苷（$C_{22}H_{26}O_{11}$）不得少于0.10%。

饮片

【炮制】　除去杂质，洗净，切段，干燥。

本品呈类圆形或不规则形的厚片或段，外表皮棕色至褐色，粗糙，有的可见横皱纹和细小圆孔状的须根痕。切面灰白色至棕褐色，有多数棕色小点，中间有深色环纹。气微香，味微苦、辛。

【含量测定】　同药材，含仙茅苷（$C_{22}H_{26}O_{11}$）不得少于0.080%。

【鉴别】（除横切面外）【检查】（除杂质外）【浸出物】　同药材。

【性味与归经】　辛，热；有毒。归肾、肝、脾经。

【功能】　补肾阳，强筋骨，祛风湿。

【主治】　阳痿滑精，风寒湿痹。

【用法与用量】　马、牛15~45g；驼30~60g；羊、猪6~15g；犬、猫1~5g。

【贮藏】　置干燥处，防霉，防蛀。

仙　鹤　草

Xianhecao

AGRIMONIAE HERBA

本品为蔷薇科植物龙芽草 *Agrimonia pilosa* Ledeb. 的干燥地上部分。夏、秋二季茎叶茂盛时采割，除去杂质，干燥。

【性状】　本品长50~100cm，全体被白色柔毛。茎下部圆柱形，直径4~6mm，红棕色，上部方柱形，四面略凹陷，绿褐色，有纵沟和棱线，有节；体轻，质硬，易折断，断面中空。单数羽状复叶互生，暗绿色，皱缩卷曲；质脆，易碎；叶片有大小2种，相间生于叶轴上，顶端小叶较大，完整小叶片展平后呈卵形或长椭圆形，先端尖，基部楔形，边缘有锯齿；托叶2，抱茎，斜卵形。总状花序细长，花萼下部呈筒状，萼筒上部有钩刺，先端5裂，花瓣黄色。气微，味微苦。

【鉴别】（1）本品叶的粉末暗绿色。上表皮细胞多角形；下表皮细胞壁波状弯曲，气孔不定式或不等式。非腺毛单细胞，长短不一，壁厚，木化，具疣状突起，少数有螺旋纹理。小腺毛头部1~4细胞，卵圆形，柄1~2细胞；另有少数腺鳞，头部单细胞，直径约至68μm，含油滴，柄单细胞。草酸钙簇晶甚多，直径9~50μm。

（2）取本品粉末2g，加石油醚（60~90℃）40ml，超声处理30分钟，滤过，滤液蒸干。残渣加三氯甲烷10ml溶解，用5%氢氧化钠溶液10ml振摇提取，弃去三氯甲烷液，氢氧化钠液用稀盐酸调节pH值至1~2，用三氯甲烷振摇提取2次，每次10ml，合并三氯甲烷液，加水10ml洗涤，弃去水液，三氯甲烷液浓缩至1ml，作为供试品溶液。另取仙鹤草对照药材2g，同法制成对照药材溶液。再取仙鹤草酚B对照品，加三氯甲烷制成每1ml含0.5mg的溶液，作为对照品溶液。照薄层色谱法（附录0502）试验，吸取上述三种溶液各10μl，分别点于同一硅胶G薄层板上，以石油醚（60~90℃）-乙酸乙酯-醋酸（100:9:5）的上层溶液为展开剂，展开，取出，晾干，喷以10%硫酸乙醇溶液，在105℃加热至斑点显色清晰。供试品色谱中，在与对照药材色谱和对照品色谱相应的位置上，显相同颜色的斑点。

【检查】 **水分** 不得过12.0%。（附录0832第一法）。

总灰分 不得过10.0%（附录2302）。

饮片

【炮制】 除去残根和杂质，洗净，稍润，切段，干燥。

本品为不规则的段，茎多数方柱形，有纵沟和棱线，有节。切面中空。叶多破碎，暗绿色，边缘有锯齿；托叶抱茎。有时可见黄色花或带钩刺的果实。气微，味微苦。

【检查】 **水分** 同药材，不得过10.0%。

【鉴别】 同药材。

【性味与归经】 苦、涩，平。归心、肝经。

【功能】 收敛止血，止痢，解毒。

【主治】 便血，尿血，吐血，衄血，血痢，痈肿疮毒。

【用法与用量】 马、牛15~60g；驼30~100g；羊、猪6~15g；犬、猫1~5g；兔、禽1~1.5g。

外用适量。

【贮藏】 置通风干燥处。

白 及

Baiji

BLETILLAE RHIZOMA

本品为兰科植物白及 *Bletilla striata*（Thunb.） Reichb. f. 的干燥块茎。夏、秋二季采挖，除去须根，洗净，置沸水中煮或蒸至无白心，晒至半干，除去外皮，晒干。

【性状】 本品呈不规则扁圆形，多有2~3个爪状分枝，长1.5~5cm，厚0.5~1.5cm。表面灰白色或黄白色，有数圈同心环节和棕色点状须根痕，上面有突起的茎痕，下面有连接另一块茎的痕迹。质坚硬，不易折断，断面类白色，角质样。气微，味苦，嚼之有黏性。

【鉴别】 （1）本品粉末淡黄白色。表皮细胞表面观垂周壁波状弯曲，略增厚，木化，孔沟明显。草酸钙针晶束存在于大的类圆形黏液细胞中，或随处散在，针晶长18~88μm。纤维成束，直径11~30μm，壁木化，具人字形或椭圆形纹孔；含硅质块细胞小，位于纤维周围，排列纵行。梯纹导管、具缘纹孔导管及螺纹导管直径10~32μm。糊化淀粉粒团块无色。

（2）取本品粉末2g，加70%甲醇20ml，超声处理30分钟，滤过，滤液蒸干，残渣加水10ml使溶解，用乙醚振摇提取2次，每次20ml，合并乙醚液，挥至1ml，作为供试品溶液。另取白及对照药材1g，同法制成对照药材溶液。照薄层色谱法（附录0502）试验，吸取供试品溶液5～10μl、对照药材溶液5μl，分别点于同一硅胶G薄层板上，以环己烷-乙酸乙酯-甲醇（6:2.5:1）为展开剂，展开，取出，晾干，喷以10%硫酸乙醇溶液，在105℃加热数分钟，放置30～60分钟。供试品色谱中，在与对照药材色谱相应的位置上，显相同颜色的斑点；置紫外光灯（365nm）下检视，显相同的棕红色荧光斑点。

【检查】　水分　不得过15.0%（附录0832第一法）。

总灰分　不得过5.0%（附录2302）。

二氧化硫残留量　照二氧化硫残留量测定法（附录2331）测定，不得过400mg/kg。

饮片

【炮制】　洗净，润透，切薄片，晒干。

本品呈不规则的薄片。外表皮灰白色或黄白色。切面类白色，角质样，半透明，维管束小点状，散生。质脆。气微，味苦，嚼之有黏性。

【鉴别】【检查】　同药材。

【性味与归经】　苦、甘、涩，微寒。归肺、肝、胃经。

【功能】　收敛止血，消肿生肌，补肺止咳。

【主治】　肺胃出血，肺虚咳喘，外伤出血，烧伤，痈肿。

【用法与用量】　马、牛25～60g；驼30～80g；羊、猪6～12g；犬、猫1～5g；兔、禽0.5～1.5g。

【注意】　不宜与川乌、制川乌、草乌、制草乌、附子同用。

【贮藏】　置通风干燥处。

白　术

Baizhu

ATRACTYLODIS MACROCEPHALAE RHIZOMA

本品为菊科植物白术 *Atractylodes macrocephala* Koidz. 的干燥根茎。冬季下部叶枯黄、上部叶变脆时采挖，除去泥沙，烘干或晒干，再除去须根。

【性状】　本品为不规则的肥厚团块，长3～13cm，直径1.5～7cm。表面灰黄色或灰棕色，有瘤状突起及断续的纵皱和沟纹，并有须根痕，顶端有残留茎基和芽痕。质坚硬不易折断，断面不平坦，黄白色至淡棕色，有棕黄色的点状油室散在；烘干者断面角质样，色较深或有裂隙。气清香，味甘、微辛，嚼之略带黏性。

【鉴别】　（1）本品粉末淡黄棕色。草酸钙针晶细小，长10～32μm，存在于薄壁细胞中，少数针晶直径至4μm。纤维黄色，大多成束，长梭形，直径约至40μm，壁甚厚，木化，孔沟明显。石细胞淡黄色，类圆形、多角形、长方形或少数纺锤形，直径37～64μm。薄壁细胞含菊糖，表面显放射状纹理。导管分子短小，为网纹导管及具缘纹孔导管，直径至48μm。

（2）取本品粉末0.5g，加正己烷2ml，超声处理15分钟，滤过，滤液作为供试品溶液。另取白术对照药材0.5g，同法制成对照药材溶液。照薄层色谱法（附录0502）试验，吸取上述新制备的两种溶液各10μl，分别点于同一硅胶G薄层板上，以石油醚（60～90℃）-乙酸乙酯（50:1）为展开剂，展开，取出，晾干，喷以5%香草醛硫酸溶液，加热至斑点显色清晰。供试品色谱中，在与对照药材色谱相应的位置上，显相同颜色的斑点，并应显有一桃红色主斑点（苍术酮）。

【检查】 **水分** 不得过15.0%（附录0832第一法）。

总灰分 不得过5.0%（附录2302）。

二氧化硫残留量 照二氧化硫残留量测定法（附录2331）测定，不得过400mg/kg。

色度 取本品最粗粉1g，精密称定，置具塞锥形烧瓶中，加55%乙醇200ml，用稀盐酸调节pH值至2～3，连续振摇1小时，滤过，吸取滤液10ml，置比色管中，照溶液颜色检查法（附录0901第一法）试验，与黄色9号标准比色液比较，不得更深。

【浸出物】 照醇溶性浸出物测定法（附录2201）项下的热浸法测定，用60%乙醇作溶剂，不得少于35.0%。

饮片

【炮制】 **白术** 除去杂质，洗净，润透，切厚片，干燥。

本品呈不规则的厚片。外表皮灰黄色或灰棕色。切面黄白色至淡棕色，散生棕黄色的点状油室，木部具放射状纹理；烘干者切面角质样，色较深或有裂隙。气清香，味甘、微辛，嚼之略带黏性。

【鉴别】（除显微粉末外）**【检查】【浸出物】** 同药材。

麸炒白术 将蜜炙麸皮撒入热锅内，待冒烟时加入白术片，炒至黄棕色、逸出焦香气，取出，筛去蜜炙麸皮。

每100kg白术片，用蜜炙麸皮10kg。

本品形如白术片，表面黄棕色，偶见焦斑。略有焦香气。

【检查】 **色度** 同药材，与黄色10号比色液比较，不得更深。

【鉴别】（除显微粉末外）**【检查】**（水分 总灰分 二氧化硫残留量）**【浸出物】** 同药材。

【性味与归经】 苦、甘，温。归脾、胃经。

【功能】 补脾益气，燥湿利水，安胎，止汗。

【主治】 脾虚泄泻，水肿，胎动不安，虚汗。

【用法与用量】 马、牛15～60g；驼30～90g；羊、猪6～12g；犬、猫1～5g；兔、禽1～2g。

【贮藏】 置阴凉干燥处，防蛀。

白 头 翁

Baitouweng

PULSATILLAE RADIX

本品为毛茛科植物白头翁 *Pulsatilla chinensis*（Bge.）Regel 的干燥根。春、秋二季采挖，除去泥沙，干燥。

【性状】 本品呈类圆柱形或圆锥形，稍扭曲，长6～20cm，直径0.5～2cm。表面黄棕色或棕褐色，具不规则纵皱纹或纵沟，皮部易脱落，露出黄色的木部，有的有网状裂纹或裂隙，近根头处常有朽状凹洞。根头部稍膨大，有白色绒毛，有的可见鞘状叶柄残基。质硬而脆，断面皮部黄白色或淡黄棕色，木部淡黄色。气微，味微苦涩。

【鉴别】（1）本品粉末灰棕色。韧皮纤维梭形或纺锤形，长100～390μm，直径16～42μm，壁木化。非腺毛单细胞，直径13～33μm，基部稍膨大，壁大多木化，有的可见螺状或双螺状纹理。具缘纹孔导管、网纹导管及螺纹导管，直径10～72μm。

（2）取本品1g，研细，加甲醇10ml，超声处理10分钟，滤过，滤液作为供试品溶液。另取白头翁对照药材1g，同法制成对照药材溶液。照薄层色谱法（附录0502）试验，吸取上述两种溶液各5μl，分别点于同一硅胶G薄层板上，以正丁醇-醋酸-水（4∶1∶2）的上层溶液为展开剂，展开，取出，晾干，喷以10%硫酸乙醇溶液，105℃加热至斑点显色清晰。供试品色谱中，在与对照药材色谱相应的位置上，显相同颜色的斑点。

【检查】 **水分** 不得过13.0%（附录0832第一法）。

总灰分 不得过11.0%（附录2302）。

酸不溶性灰分 不得过6.0%（附录2302）。

【浸出物】 照醇溶性浸出物测定法（附录2201）项下的冷浸法测定，用水饱和的正丁醇作溶剂，不得少于17.0%。

【含量测定】 照高效液相色谱法（附录0512）测定。

色谱条件及系统适用性试验 以十八烷基硅烷键合硅胶为填充剂；以甲醇-水（64∶36）为流动相；检测波长为201nm。理论板数按白头翁皂苷B$_4$峰计算应不低于3000。

对照品溶液的制备 取白头翁皂苷B$_4$对照品适量，精密称定，加甲醇制成每1ml含0.1mg的溶液，即得。

供试品溶液的制备 取本品粉末（过三号筛）0.2g，精密称定，置具塞锥形瓶中，加甲醇10ml，密塞，超声处理（功率150W，频率40kHz）25分钟，放冷，滤过，滤液置250ml量瓶中，用少量流动相洗涤容器及残渣，洗液并入同一量瓶中，加流动相至刻度，摇匀，即得。

测定法 分别精密吸取对照品溶液与供试品溶液各20μl，注入液相色谱仪，测定，即得。

本品按干燥品计算，含白头翁皂苷B$_4$（C$_{59}$H$_{96}$O$_{26}$）不得少于4.6%。

饮片

【炮制】 除去杂质，洗净，润透，切薄片，干燥。

本品呈类圆形的片。外表皮黄棕色或棕褐色，具不规则纵皱纹或纵沟，近根头部有白色绒毛。切面皮部黄白色或淡黄棕色，木部淡黄色。气微，味微苦涩。

【鉴别】【检查】【浸出物】【含量测定】 同药材。

【性味与归经】 苦，寒。归胃、大肠经。

【功能】 清热解毒，凉血止痢。

【主治】 热毒血痢，湿热肠黄。

【用法与用量】 马、牛15～60g；驼30～100g；羊、猪6～15g；犬、猫1～5g；兔、禽1.5～3g。

【贮藏】 置通风干燥处。

白　芍

Baishao

PAEONIAE RADIX ALBA

本品为毛茛科植物芍药 *Paeonia lactiflora* Pall. 的干燥根。夏、秋二季采挖，洗净，除去头尾及细根，置沸水中煮后除去外皮或去皮后再煮，晒干。

【性状】 本品呈圆柱形，平直或稍弯曲，两端平截，长5～18cm，直径1～2.5cm。表面类白色或淡棕红色，光洁或有纵皱纹及细根痕，偶有残存的棕褐色外皮。质坚实，不易折断，断面较平坦，类白色或微带棕红色，形成层环明显，射线放射状。气微，味微苦、酸。

【鉴别】 （1）本品粉末黄白色。糊化淀粉团块甚多。草酸钙簇晶直径11～35μm，存在于薄壁细胞中，常排列成行，或一个细胞中含数个簇晶。具缘纹孔导管和网纹导管直径20～65μm。纤维长梭形，直径15～40μm，壁厚，微木化，具大的圆形纹孔。

（2）取本品粉末0.5g，加乙醇10ml，振摇5分钟，滤过，滤液蒸干，残渣加乙醇1ml使溶解，作为供试品溶液。另取芍药苷对照品，加乙醇制成每1ml含1mg的溶液，作为对照品溶液。照薄层色谱法（附录0502）试验，吸取上述两种溶液各10μl，分别点于同一硅胶G薄层板上，以三氯甲烷-乙酸乙酯-甲醇-甲酸（40:5:10:0.2）为展开剂，展开，取出，晾干，喷以5%香草醛硫酸溶液，加热至斑点显色清晰。供试品色谱中，在与对照品色谱相应的位置上，显相同的蓝紫色斑点。

【检查】 水分 不得过14.0%（附录0832第一法）。

总灰分 不得过4.0%（附录2302）。

重金属及有害元素 照铅、镉、砷、汞、铜测定法（附录2321）测定，铅不得过5mg/kg；镉不得过0.3mg/kg；砷不得过2mg/kg；汞不得过0.2mg/kg；铜不得过20mg/kg。

二氧化硫残留量 照二氧化硫残留量测定法（附录2331）测定，不得过400mg/kg。

【浸出物】 照水溶性浸出物测定法（附录2201）项下的热浸法测定，不得少于22.0%。

【含量测定】 照高效液相色谱法（附录0512）测定。

色谱条件与系统适用性试验 以十八烷基硅烷键合硅胶为填充剂；以乙腈-0.1%磷酸溶液（14:86）为流动相；检测波长为230nm。理论板数按芍药苷峰计算应不低于2000。

对照品溶液的制备 取芍药苷对照品适量，精密称定，加甲醇制成每1ml含60μg的溶液，即得。

供试品溶液的制备 取本品中粉约0.1g，精密称定，置50ml量瓶中，加稀乙醇35ml，超声处理（功率240W，频率45kHz）30分钟，放冷，加稀乙醇至刻度，摇匀，滤过，取续滤液，即得。

测定法 分别精密吸取对照品溶液与供试品溶液各10μl，注入液相色谱仪，测定，即得。

本品按干燥品计算，含芍药苷（$C_{23}H_{28}O_{11}$）不得少于1.6%。

饮片

【炮制】 白芍 洗净，润透，切薄片，干燥。

本品呈类圆形的薄片。表面淡棕红色或类白色，平滑。切面类白色或微带棕红色，形成层环明显，可见稍隆起的筋脉纹呈放射状排列。气微，味微苦、酸。

【含量测定】 同药材，含芍药苷（$C_{23}H_{28}O_{11}$）不得少于1.2%。

【鉴别】【检查】（水分 总灰分 二氧化硫残留量）【浸出物】 同药材。

炒白芍 取净白芍片，照清炒法（附录0203）炒至微黄色。

本品形如白芍片。表面微黄色或淡棕黄色，有的可见焦斑。气微香。

【检查】 水分 同药材，不得过10.0%。

【含量测定】 同药材，含芍药苷（$C_{23}H_{28}O_{11}$）不得少于1.2%。

【鉴别】【检查】（总灰分 二氧化硫残留量）【浸出物】 同药材。

酒白芍 取净白芍片，照酒炙法（附录0203）炒至微黄色。

本品形如白芍片。表面微黄色或淡棕黄色，有的可见焦斑。微有酒香气。

【浸出物】 同药材，不得少于20.5%。

【含量测定】 同药材，含芍药苷（$C_{23}H_{28}O_{11}$）不得少于1.2%。

【鉴别】【检查】（水分 总灰分 二氧化硫残留量）同药材。

【性味与归经】 苦、酸，微寒。归肝、脾经。

【功能】 平肝止痛，养血敛阴。

【主治】 肝阴不足，虚热，泻痢腹痛，四肢拘挛。

【用法与用量】 马、牛15～60g；驼30～100g；羊、猪6～15g；犬、猫1～5g；兔、禽1～2g。

【注意】 不宜与藜芦同用。

【贮藏】 置干燥处，防蛀。

白 芷

Baizhi

ANGELICAE DAHURICAE RADIX

本品为伞形科植物白芷 *Angelica dahurica*（Fisch. ex Hoffm.）Benth. et Hook. f. 或杭白芷 *Angelica dahurica*（Fisch. ex Hoffm.）Benth. et Hook. f. var. *formosana*（Boiss.）Shan et Yuan 的干燥根。夏、秋间叶黄时采挖，除去须根和泥沙，晒干或低温干燥。

【性状】 本品呈长圆锥形，长10～25cm，直径1.5～2.5cm。表面灰棕色或黄棕色，根头部钝四棱形或近圆形，具纵皱纹、支根痕及皮孔样的横向突起，有的排列成四纵行。顶端有凹陷的茎痕。质坚实，断面白色或灰白色，粉性，形成层环棕色，近方形或近圆形，皮部散有多数棕色油点。气芳香，味辛、微苦。

【鉴别】 （1）本品粉末黄白色。淀粉粒甚多，单粒圆球形、多角形、椭圆形或盔帽形，直径3～25μm，脐点点状、裂缝状、十字状、三叉状、星状或人字状；复粒多由2～12分粒组成。网纹导管、螺纹导管直径10～85μm。木栓细胞多角形或类长方形，淡黄棕色。油管多已破碎，含淡黄棕色分泌物。

（2）取本品粉末0.5g，加乙醚10ml，浸泡1小时，时时振摇，滤过，滤液挥干，残渣加乙酸乙酯1ml使溶解，作为供试品溶液。另取白芷对照药材0.5g，同法制成对照药材溶液。再取欧前胡素对照品、异欧前胡素对照品，加乙酸乙酯制成每1ml各含1mg的混合溶液，作为对照品溶液。照薄层色谱法（附录0502）试验，吸取上述三种溶液各4μl，分别点于同一硅胶G薄层板上，以石油醚（30～60℃）-乙醚（3:2）为展开剂，在25℃以下展开，取出，晾干，置紫外光灯（365nm）下检视。供试品色谱中，在与对照药材色谱和对照品色谱相应的位置上，显相同颜色的荧光斑点。

【检查】 水分 不得过14.0%（附录0832第二法）。

总灰分 不得过6.0%（附录2302）。

【浸出物】 照醇溶性浸出物测定法（附录2201）项下的热浸法，用稀乙醇作溶剂，不得少于15.0%。

【含量测定】 照高效液相色谱法（附录0512）测定。

色谱条件与系统适用性试验 以十八烷基硅烷键合硅胶为填充剂；以甲醇-水（55:45）为流动相；检测波长为300nm。理论板数按欧前胡素峰计算应不低于3000。

对照品溶液的制备 取欧前胡素对照品适量，精密称定，加甲醇制成每1ml含10μg的溶液，即得。

供试品溶液的制备 取本品粉末（过三号筛）约0.4g，精密称定，置50ml量瓶中，加甲醇45ml，超声处理（功率300W，频率50kHz）1小时，取出，放冷，加甲醇稀释至刻度，摇匀，滤过，取续滤液，即得。

测定法 分别精密吸取对照品溶液与供试品溶液各20μl，注入液相色谱仪，测定，即得。

本品按干燥品计算，含欧前胡素（$C_{16}H_{14}O_4$）不得少于0.080%。

饮片

【炮制】 除去杂质，大小分开，略浸，润透，切厚片，干燥。

本品呈类圆形的厚片。外表皮灰棕色或黄棕色。切面白色或灰白色，具粉性，形成层环棕色，近方形或近圆形，皮部散有多数棕色油点。气芳香，味辛、微苦。

【检查】 **总灰分** 同药材，不得过5.0%。

【鉴别】【检查】（水分）【浸出物】【含量测定】 同药材。

【性味与归经】 辛，温。归胃、大肠、肺经。

【功能】 散风祛湿，消肿排脓，通窍止痛。

【主治】 外感风寒，风湿痹痛，疮黄疔毒，鼻窍不通。

【用法与用量】 马、牛15～30g；驼25～45g；羊、猪3～9g；犬、猫0.5～3g。

【贮藏】 置阴凉干燥处，防蛀。

白 附 子

Baifuzi

TYPHONII RHIZOMA

本品为天南星科植物独角莲 *Typhonium giganteum* Engl. 的干燥块茎。秋季采挖，除去须根和外皮，晒干。

【性状】 本品呈椭圆形或卵圆形，长2～5cm，直径1～3cm。表面白色至黄白色，略粗糙，有环纹及须根痕，顶端有茎痕或芽痕。质坚硬，断面白色，粉性。气微，味淡、麻辣刺舌。

【鉴别】 （1）本品横切面：木栓细胞有时残存。内皮层不明显。薄壁组织中散有大型黏液腔，外侧较大，常环状排列，向中心渐小而少，黏液细胞随处可见，内含草酸钙针晶束。维管束散列，外韧型及周木型。薄壁细胞含众多淀粉粒。

粉末黄白色。淀粉粒甚多，单粒球形或类球形，直径2～29μm，脐点点状、裂缝状或人字状；复粒由2～12分粒组成，以2～4分粒者为多见。草酸钙针晶散在或成束存在于黏液细胞中，针晶长约至97（136）μm，螺纹导管、环纹导管直径9～45μm。

（2）取本品粉末10g，置索氏提取器中，加三氯甲烷-甲醇（3:1）混合溶液100ml，加热回流2小时，提取液蒸干，残渣加丙酮2ml使溶解，作为供试品溶液。另取白附子对照药材10g，同法制成对照药材溶液。再取β-谷甾醇对照品，加丙酮制成每1ml含1mg的溶液，作为对照品溶液。照薄层色谱法（附录0502）试验，吸取上述三种溶液各2～3μl，分别点于同一硅胶GF$_{254}$薄层板上，以三氯甲烷-丙酮（25:1）为展开剂，展开，取出，晾干，喷以10%硫酸乙醇溶液，在105℃加热至斑点显色清晰，分别置日光和紫外光灯（365nm）下检视。供试品色谱中，在与对照药材色谱和对照品色谱相应的位置上，显相同颜色的斑点或荧光斑点。

【检查】 **水分** 不得过15.0%（附录0832第一法）。

总灰分 不得过4.0%（附录2302）。

【浸出物】 照醇溶性浸出物测定法（附录2201）项下的热浸法测定，用70%乙醇作溶剂，不得少于7.0%。

饮片

【炮制】 生白附子 除去杂质。

【性状】【鉴别】【检查】【浸出物】 同药材。

制白附子 取净白附子，分开大小个，浸泡，每日换水2～3次，数日后如起黏沫，换水后加白矾（每100kg白附子，用白矾2kg），泡1日后再进行换水，至口尝微有麻舌感为度，取出。将生姜片、白矾粉置锅内加适量水，煮沸后，倒入白附子共煮至无白心，捞出，除去生姜片，晾至六七成干，切厚片，干燥。

每100kg白附子，用生姜、白矾各12.5kg。

本品为类圆形或椭圆形厚片，外表皮淡棕色，切面黄色，角质。味淡，微有麻舌感。

【鉴别】 （1）粉末黄棕色。糊化淀粉粒团块类白色。草酸钙针晶成束或散在，针晶长97～136μm，螺纹导管、环纹导管直径9～45μm。

（2）同药材〔鉴别〕（2）。

【检查】 水分 同药材，不得过13.0%。

【浸出物】 照醇溶性浸出物测定法（附录2201）项下的热浸法测定，用稀乙醇作溶剂，不得少于15.0%。

【检查】 （总灰分） 同药材。

【性味与归经】 辛，温；有毒。归胃、肝经。

【功能】 祛风痰，逐寒湿，定惊止痛，散瘀消肿。

【主治】 口眼歪斜，破伤风，咽喉肿痛。

【用法与用量】 马、牛15～30g；驼30～45g；羊、猪5～10g；犬、猫0.5～3g。外用适量。

【注意】 孕畜慎用；生品内服宜慎。

【贮藏】 置通风干燥处，防蛀。

白 茅 根

Baimaogen

IMPERATAE RHIZOMA

本品为禾本科植物白茅 Imperata cylindrica Beauv. var. major（Nees）C. E. Hubb. 的干燥根茎。春、秋二季采挖，洗净，晒干，除去须根和膜质叶鞘，捆成小把。

【性状】 本品呈长圆柱形，长30～60cm，直径0.2～0.4cm。表面黄白色或淡黄色，微有光泽，具纵皱纹，节明显，稍突起，节间长短不等，通常长1.5～3cm。体轻，质略脆，断面皮部白色，多有裂隙，放射状排列，中柱淡黄色，易与皮部剥离。气微，味微甜。

【鉴别】 （1）本品横切面：表皮细胞1列，类方形，形小，有的含硅质块。下皮纤维1～3列，壁厚，木化。皮层较宽广，有10余个叶迹维管束，有限外韧型，其旁常有裂隙；内皮层细胞内壁增厚，有的含硅质块。中柱内散有多数有限外韧型维管束，维管束鞘纤维环列，木化，外侧的维管束与纤维连接成环。中央常成空洞。

粉末黄白色。表皮细胞平行排列，每纵行常由1个长细胞和2个短细胞相间排列，长细胞壁波状弯曲。内皮层细胞长方形，一侧壁增厚，层纹和壁孔明显，壁上有硅质块。下皮纤维壁厚，木化，常具横隔。

（2）取本品粉末1g，加乙醚20ml，超声处理10分钟，滤过，滤液蒸干，残渣加乙醚1ml使溶解，作为供试品溶液。另取白茅根对照药材1g，同法制成对照药材溶液。照薄层色谱法（附录0502）试验，吸取上述两种溶液各10μl，分别点于同一硅胶G薄层板上，以二氯甲烷为展开剂，展开，取出，晾干，喷以10%硫酸乙醇溶液，在105℃加热至斑点显色清晰。供试品色谱中，在与对照药材色谱相应的位置上，显相同颜色的斑点。

【检查】　水分　不得过12.0%（附录0832第一法）。

总灰分　不得过5.0%（附录2302）。

【浸出物】　照水溶性浸出物测定法（附录2201）项下的热浸法测定，不得少于24.0%。

饮片

【炮制】　白茅根　洗净，微润，切段，干燥，除去碎屑。

本品呈圆柱形的段。外表皮黄白色或淡黄色，微有光泽，具纵皱纹，有的可见稍隆起的节。切面皮部白色，多有裂隙，放射状排列，中柱淡黄色或中空，易与皮部剥离。气微，味微甜。

【浸出物】　同药材，不得少于28.0%。

【鉴别】【检查】　同药材。

茅根炭　取净白茅根段，照炒炭法（附录0203）炒至焦褐色。

本品形如白茅根。表面黑褐色至黑色，具纵皱纹，有的可见淡棕色稍隆起的节。略具焦香气，味苦。

【浸出物】　同药材，不得少于7.0%。

【鉴别】　（2）同药材。

【性味与归经】　甘，寒。归肺、胃、膀胱经。

【功能】　凉血止血，清热利尿。

【主治】　衄血，尿血，热淋，水肿。

【用法与用量】　马、牛30～100g；驼50～100g；羊、猪10～20g。

【贮藏】　置干燥处。

白　矾

Baifan

ALUMEN

本品为硫酸盐类矿物明矾石经加工提炼制成。主含含水硫酸铝钾〔$KAl(SO_4)_2 \cdot 12H_2O$〕。

【性状】　本品呈不规则的块状或粒状。无色或淡黄白色，透明或半透明。表面略平滑或凹凸不平，具细密纵棱，有玻璃样光泽。质硬而脆。气微，味酸、微甘而极涩。

【鉴别】　本品水溶液显铝盐（附录0301）、钾盐（附录0301）与硫酸盐（附录0301）的鉴别反应。

【检查】　铵盐　取本品0.1g，加无氨蒸馏水100ml使溶解，取10ml，置比色管中，加无氨水40ml与碱性碘化汞钾试液2ml，如显色，与氯化铵溶液（取氯化铵31.5mg，加无氨蒸馏水使成1000ml）1ml、碱性碘化汞钾试液2ml及无氨蒸馏水49ml的混合液比较，不得更深。

铜盐与锌盐　取本品1g，加水100ml与稍过量的氨试液，煮沸，滤过，滤液不得显蓝色，滤液中加醋酸使成酸性后，再加硫化氢试液，不得发生浑浊。

铁盐　取本品0.35g，加水20ml溶解后，加硝酸2滴，煮沸5分钟，滴加氢氧化钠试液中和至微显浑浊，加稀盐酸1ml、亚铁氰化钾试液1ml与水适量使成50ml，摇匀，1小时内不得显蓝色。

重金属 取本品1g，加稀醋酸2ml与水适量使溶解成25ml，依法检查（附录0821第一法），含重金属不得过20mg/kg。

【含量测定】 取本品约0.3g，精密称定，加水20ml溶解后，加醋酸-醋酸铵缓冲液（pH6.0）20ml，精密加乙二胺四醋酸二钠滴定液（0.05mol/L）25ml，煮沸3~5分钟，放冷，加二甲酚橙指示液1ml，用锌滴定液（0.05mol/L）滴定至溶液自黄色转变为红色，并将滴定的结果用空白试验校正。每1ml的乙二胺四醋酸二钠滴定液（0.05mol/L）相当于23.72mg的含水硫酸铝钾〔$KAl(SO_4)_2 \cdot 12H_2O$〕。

本品含含水硫酸铝钾〔$KAl(SO_4)_2 \cdot 12H_2O$〕不得少于99.0%。

饮片

【炮制】 **白矾** 除去杂质。用时捣碎。

【鉴别】【检查】【含量测定】 同药材。

枯矾 取净白矾，照明煅法（附录0203）煅至松脆。

【性味与归经】 酸、涩，寒。归肺、脾、肝、大肠经。

【功能】 燥湿祛痰，止血，止泻。外用解毒杀虫，止痒，敛疮。

【主治】 喉痹，癫痫，久泻，便血，口舌生疮，湿疹，疥癣，疮疡。

【用法与用量】 马、牛15~30g；驼30~45g；羊、猪5~10g；犬、猫1~3g；兔、禽0.5~1g。外用适量。

【贮藏】 置干燥处。

白　果

Baiguo

GINKGO SEMEN

本品为银杏科植物银杏 *Ginkgo biloba* L. 的干燥成熟种子。秋季种子成熟时采收，除去肉质外种皮，洗净，稍蒸或略煮后，烘干。

【性状】 本品略呈椭圆形，一端稍尖，另端钝，长1.5~2.5cm，宽1~2cm，厚约1cm。表面黄白色或淡棕黄色，平滑，具2~3条棱线。中种皮（壳）骨质，坚硬。内种皮膜质，种仁宽卵球形或椭圆形，一端淡棕色，另一端金黄色，横断面外层黄色，胶质样，内层淡黄色或淡绿色，粉性，中间有空隙。气微，味甘、微苦。

【鉴别】 （1）本品粉末浅黄棕色。石细胞单个散在或数个成群，类圆形、长圆形、类长方形或不规则形，有的具突起，长60~322μm，直径27~125μm，壁厚，孔沟较细密。内种皮薄壁细胞浅黄棕色至红棕色，类方形、长方形或类多角形。胚乳薄壁细胞多类长方形，内充满糊化淀粉粒。具缘纹孔管胞多破碎，直径33~72μm。

（2）取本品粉末10g，加甲醇40ml，加热回流1小时，滤过，滤液蒸干，残渣加水15ml使溶解，通过少量棉花滤过，滤液通过聚酰胺柱（80~100目，3g，内径为10~15mm），用水70ml洗脱，收集洗脱液，用乙酸乙酯振摇提取2次，每次40ml，合并乙酸乙酯液，蒸干，残渣加甲醇1ml使溶解，作为供试品溶液。另取银杏内酯A对照品、银杏内酯C对照品，加甲醇制成每1ml各含0.5mg的混合溶液，作为对照品溶液。照薄层色谱法（附录0502）试验，吸取上述两种溶液各10μl，分别点于同一以含4%醋酸钠的羧甲基纤维素钠溶液为黏合剂的硅胶G薄层板上，以甲苯-乙酸乙酯-丙酮-

甲醇（10:5:5:0.6）为展开剂，展开，取出，晾干，喷以醋酐，在140～160℃加热30分钟，置紫外光灯（365nm）下检视。供试品色谱中，在与对照品色谱相应的位置上，显相同颜色的荧光斑点。

饮片

【炮制】 **白果仁** 取白果，除去杂质及硬壳，用时捣碎。

炒白果仁 取净白果仁，照清炒法（附录0203）炒至有香气。用时捣碎。

【性味与归经】 甘、苦、涩，平；有毒。归肺经。

【功能】 敛肺定喘，除湿。

【主治】 劳伤肺气，喘咳痰多，尿浊。

【用法与用量】 马、牛15～45g；驼30～60g；羊、猪5～10g；犬、猫1～5g。

【注意】 生食有毒。

【贮藏】 置通风干燥处。

白 屈 菜

Baiqucai

CHELIDONII HERBA

本品为罂粟科植物白屈菜 *Chelidonium majus* L. 的干燥全草。夏、秋二季采挖，除去泥沙，阴干或晒干。

【性状】 本品根呈圆锥状，多有分枝，密生须根。茎干瘪中空，表面黄绿色至绿褐色，有的可见白粉。叶互生，多皱缩、破碎，完整者为一至二回羽状分裂，裂片近对生，先端钝，边缘具不整齐的缺刻；上表面黄绿色，下表面绿灰色，具白色柔毛，脉上尤多。花瓣4片，卵圆形，黄色，雄蕊多数，雌蕊1。蒴果细圆柱形；种子多数，卵形，细小，黑色。气微，味微苦。

【鉴别】 （1）本品粉末绿褐色或黄褐色。纤维多成束，细长，两端平截，直径25～40μm，壁薄。导管多为网纹导管、梯纹导管及螺纹导管，直径25～45μm。叶上表皮细胞多角形；叶下表皮细胞壁波状弯曲，气孔为不定式。非腺毛由1～10余个细胞组成，表面有细密的疣状突起，顶端细胞较尖，中部常有一至数个细胞缢缩。花粉粒类球形，直径20～38μm，表面具细密的点状纹理，具3个萌发孔。果皮表皮细胞长方形或长梭形，长60～100μm，宽25～40μm，有的细胞中含草酸钙方晶，细胞壁呈连珠状增厚。淀粉粒单粒，直径3～10μm；复粒由2～10分粒组成。

（2）取本品粉末1g，加盐酸-甲醇（0.5:100）混合溶液20ml，加热回流45分钟，滤过，滤液蒸干，残渣加水10ml使溶解，用石油醚（60～90℃）振摇提取2次，每次10ml，弃去石油醚液，用0.1mol/L氢氧化钠溶液调节pH值至7～8，用二氯甲烷振摇提取2次，每次20ml，合并二氯甲烷液，蒸干，残渣加甲醇1ml使溶解，作为供试品溶液。另取白屈菜对照药材1g，同法制成对照药材溶液。再取白屈菜红碱对照品，加甲醇制成每1ml含0.1mg的溶液，作为对照品溶液。照薄层色谱法（附录0502）试验，吸取上述三种溶液各2μl，分别点于同一硅胶G薄层板上，以甲苯-乙酸乙酯-甲醇（10:2:0.2）为展开剂，展开，取出，晾干，置紫外光灯（365nm）下检视。供试品色谱中，在与对照药材色谱和对照品色谱相应的位置上，显相同颜色的荧光斑点。

【检查】 **水分** 不得过13.0%（附录0832第一法）。

总灰分 不得过12.0%（附录2302）。

【浸出物】 照醇溶性浸出物测定法（附录2201）项下的热浸法测定，以稀乙醇作溶剂，不得少于17.0%。

【含量测定】 照高效液相色谱法（附录0512）测定。

色谱条件与系统适用性试验 以十八烷基硅烷键合硅胶为填充剂；以乙腈-1%三乙胺溶液（磷酸调节pH值至3.0）（26:74）为流动相；检测波长为269nm。理论板数按白屈菜红碱峰计算应不低于2000。

对照品溶液的制备 取白屈菜红碱对照品适量，精密称定，加甲醇制成每1ml含50μg的溶液，即得。

供试品溶液的制备 取本品粉末（过三号筛）约2g，精密称定，置圆底烧瓶中，精密加盐酸-甲醇（0.5:100）混合溶液40ml，称定重量，加热回流1.5小时，放冷，再称定重量，用盐酸-甲醇（0.5:100）混合溶液补足减失的重量，摇匀，滤过，精密量取续滤液20ml，蒸干，残渣加50%甲醇使溶解，转移至10ml量瓶中，加50%甲醇至刻度，摇匀，滤过，取续滤液，即得。

测定法 分别精密吸取对照品溶液与供试品溶液各10μl，注入液相色谱仪，测定，即得。

本品按干燥品计算，含白屈菜红碱（$C_{21}H_{18}NO_4^+$）不得少于0.020%。

饮片

【炮制】 除去杂质，喷淋清水，稍润，切段，干燥。

【性味与归经】 苦，凉；有毒。归肺、胃经。

【功能】 解痉止痛，止咳平喘。

【主治】 腹痛，咳嗽气喘。

【用法与用量】 马、牛25～50g；羊、猪15～25g。

【贮藏】 置通风干燥处。

白 药 子

Baiyaozi

STEPHANIAE CEPHARANTHAE RADIX

本品为防己科植物头花千金藤 *Stephania cepharantha* Hayata. 的干燥块根。秋、冬二季采挖，除去须根，洗净，趁鲜切片，干燥。

【性状】 本品为不规则的片块，直径2～7cm，厚0.2～1.5cm。外皮暗褐色，有皱纹和须根痕。切面类白色或灰白色，可见筋脉纹（维管束），有的略呈环状排列。质硬而脆，易折断，断面显粉性。气微，味苦。

【鉴别】 （1）本品横切面：木栓层为10余列细胞，含棕色物。外有落皮层。皮层散有少数石细胞。维管束外韧型，略呈轮状排列，木质部不发达；中心木质部可见纤维束。薄壁细胞含草酸钙方晶及细小针晶，并含多数淀粉粒。

（2）取本品粗粉5g，加乙醇25ml，加热回流10分钟，滤过，滤液蒸干，残渣加稀盐酸2ml使溶解，滤过，取滤液1ml，加碘化汞钾试液2滴，有大量黄白色沉淀。

饮片

【炮制】 去除杂质，洗净，润透后切成小块，干燥。

【性味与归经】 苦，寒。归肺、心、脾经。

【功能】 清热解毒，凉血散瘀，消肿止痛。

【主治】 风热咳嗽，咽喉肿痛，湿热下痢，疮黄肿毒，毒蛇咬伤。

【用法与用量】 马、牛30～60g；羊、猪5～15g；兔、禽1～3g。

【贮藏】 置干燥处，防蛀。

白 前

Baiqian

CYNANCHI STAUNTONII RHIZOMA ET RADIX

本品为萝藦科植物柳叶白前 *Cynanchum stauntonii*（Decne.）Schltr. ex Lévl. 或芫花叶白前 *Cynanchum glaucescens*（Decne.）Hand. -Mazz. 的干燥根茎和根。秋季采挖，洗净，晒干。

【性状】 柳叶白前 根茎呈细长圆柱形，有分枝，稍弯曲，长4～15cm，直径1.5～4mm。表面黄白色或黄棕色，节明显，节间长1.5～4.5cm，顶端有残茎。质脆，断面中空。节处簇生纤细弯曲的根，长可达10cm，直径不及1mm，有多次分枝呈毛须状，常盘曲成团。气微，味微甜。

芫花叶白前 根茎较短小或略呈块状；表面灰绿色或灰黄色，节间长1～2cm。质较硬。根稍弯曲，直径约1mm，分枝少。

【鉴别】 取本品粗粉1g，加70%乙醇10ml，加热回流1小时，滤过。取滤液1ml，蒸干，残渣加醋酐1ml使溶解，再加硫酸1滴，柳叶白前显红紫色，放置后变为污绿色；芫花叶白前显棕红色，放置后不变色。

饮片

【炮制】 白前 除去杂质，洗净，润透，切段，干燥。

蜜白前 取净白前，照蜜炙法（附录0203）炒至不粘手。

【性味与归经】 辛、苦，微温。归肺经。

【功能】 降气，消痰，止咳。

【主治】 肺气壅滞，痰多咳喘。

【用法与用量】 马、牛15～45g；羊、猪5～10g；兔、禽1～2g。

【贮藏】 置干燥通风处。

白 扁 豆

Baibiandou

LABLAB SEMEN ALBUM

本品为豆科植物扁豆 *Dolichos lablab* L. 的干燥成熟种子。秋、冬二季采收成熟果实，晒干，取出种子，再晒干。

【性状】 本品呈扁椭圆形或扁卵圆形，长8～13mm，宽6～9mm，厚约7mm。表面淡黄白色或淡黄色，平滑，略有光泽，一侧边缘有隆起的白色眉状种阜。质坚硬。种皮薄而脆，子叶2，肥厚，黄白色。气微，味淡，嚼之有豆腥气。

【鉴别】 本品横切面：表皮为1列栅状细胞，种脐处2列，光辉带明显。支持细胞1列，呈哑铃状，种脐部位为3～5列。其下为10列薄壁细胞，内侧细胞呈颓废状。子叶细胞含众多淀粉粒。种脐部位栅状细胞的外侧有种阜，内侧有管胞岛，椭圆形，细胞壁网状增厚，其两侧为星状组织，细胞星芒状，有大型的细胞间隙，有的胞腔含棕色物。

【检查】 水分 不得过14.0%（附录0832第一法）。

饮片

【炮制】 白扁豆 除去杂质。用时捣碎。

【性状】【鉴别】【检查】 同药材。

炒白扁豆 取净白扁豆，照清炒法（附录0203）炒至微黄色具焦斑。用时捣碎。

【性味与归经】 甘，微温。归脾、胃经。

【功能】 健脾和中，消暑化湿。

【主治】 暑湿腹泻，尿短少，脾胃虚弱。

【用法与用量】 马、牛15~45g；羊、猪5~15g；兔、禽1.5~3g。

【贮藏】 置干燥处，防蛀。

白 硇 砂

Bainaosha

SAL AMMONIACUS

本品为卤化物类矿物硇砂，主含氯化铵（NH_4Cl）。

【性状】 本品呈不规则块状，大小不一。全体白色，有的稍带淡黄色。质较脆，易碎。断面显束针状纹理，有光泽。气微臭，味咸、苦。

【鉴别】 取本品粉末约0.1g，加水5ml，使溶解，滤过。滤液加稀硝酸使成酸性后，加硝酸银试液，即生成白色凝乳状沉淀。分离，沉淀加氨试液即溶解，再加稀硝酸，沉淀复生成。

饮片

【炮制】 白硇砂 除去杂质，研成小块。

制白硇砂 取白硇砂碎块，置沸水中溶化，澄清后，滤过，取滤液置锅中，加入定量的醋，加热蒸发至干，取出。

每100kg白硇砂，用醋50kg。

【性味与归经】 咸、苦、辛，温；有毒。归肝、脾、胃经。

【功能】 祛痰，消积，破瘀，软坚，去翳。

【主治】 咳嗽痰喘，翻胃吐草，疔疮痈肿，目翳，胬肉。

【用法与用量】 马、牛3~6g；羊、猪0.5~1.5g。外用适量。

【贮藏】 置干燥处。

白 蔹

Bailian

AMPELOPSIS RADIX

本品为葡萄科植物白蔹 *Ampelopsis japonica*（Thunb.）Makino 的干燥块根。春、秋二季采挖，除去泥沙及细根，切成纵瓣或斜片，晒干。

【性状】　本品纵瓣呈长圆形或近纺锤形，长4～10cm，直径1～2cm。切面周边常向内卷曲，中部有1突起的棱线；外皮红棕色或红褐色，有纵皱纹、细横纹及横长皮孔，易层层脱落，脱落处呈淡红棕色。斜片呈卵圆形，长2.5～5cm，宽2～3cm。切面类白色或浅红棕色，可见放射状纹理，周边较厚，微翘起或略弯曲。体轻，质硬脆，易折断，折断时，有粉尘飞出。气微，味甘。

【鉴别】　（1）粉末淡红棕色。淀粉粒单粒，长圆形、长卵形、肾形或不规则形，直径3～13μm，脐点不明显；复粒少数。草酸钙针晶长86～169μm，散在或成束存在于黏液细胞中。草酸钙簇晶直径25～78μm，棱角宽大。具缘纹孔导管，直径35～60μm。

（2）取本品粉末2g，加乙醇30ml，加热回流1小时，滤过，滤液蒸干，残渣加乙醇2ml使溶解，作为供试品溶液。另取白蔹对照药材2g，同法制成对照药材溶液。照薄层色谱法（附录0502）试验，吸取上述两种溶液各5μl，分别点于同一硅胶G薄层板上，以三氯甲烷-甲醇（6∶1）为展开剂，展开，取出，晾干，喷以10%硫酸乙醇溶液，在105℃加热至斑点显色清晰。供试品色谱中，在与对照药材色谱相应的位置上，显相同颜色的斑点。

【检查】　**杂质**　不得过3%（附录2301）。

水分　不得过15.0%（附录0832第一法）。

总灰分　不得过12.0%（附录2302）。

酸不溶性灰分　不得过3.0%（附录2302）。

【浸出物】　照醇溶性浸出物测定法（附录2201）项下的冷浸法测定，用25%乙醇作溶剂，不得少于18.0%。

饮片

【炮制】　除去杂质，洗净，润透，切厚片，干燥。

【性味与归经】　苦，微寒。归心、胃经。

【功能】　清热解毒，消肿散结，敛疮生肌。

【主治】　热痢便血，疮痈肿痛，烫伤，烧伤。

【用法与用量】　马、牛15～30g；羊、猪5～10g；兔、禽0.5～1g。外用适量，煎汤洗或研成极细粉敷患处。

【注意】　不宜与川乌、制川乌、草乌、制草乌、附子同用。

【贮藏】　置通风干燥处，防蛀。

白　鲜　皮

Baixianpi

DICTAMNI CORTEX

本品为芸香科植物白鲜 *Dictamnus dasycarpus* Turcz. 的干燥根皮。春、秋二季采挖根部，除去泥沙和粗皮，剥取根皮，干燥。

【性状】　本品呈卷筒状，长5～15cm，直径1～2cm，厚0.2～0.5cm。外表面灰白色或淡灰黄色，具细纵皱纹和细根痕，常有突起的颗粒状小点；内表面类白色，有细纵纹。质脆，折断时有粉尘飞扬，断面不平坦，略呈层片状，剥去外层，迎光可见闪烁的小亮点。有羊膻气，味微苦。

【鉴别】　（1）本品横切面：木栓层为10余列细胞。栓内层狭窄，纤维多单个散在，黄色，直径25~100μm，壁厚，层纹明显。韧皮部宽广，射线宽1~3列细胞；纤维单个散在。薄壁组织中有多数草酸钙簇晶，直径5~30μm。

（2）取本品粉末1g，加甲醇20ml，超声处理30分钟，滤过，滤液蒸干，残渣加甲醇1ml使溶解，作为供试品溶液。另取黄柏酮对照品和梣酮对照品，加甲醇制成每1ml各含1mg的混合溶液，作为对照品溶液。照薄层色谱法（附录0502）试验，吸取上述两种溶液各5μl，分别点于同一硅胶G薄层板上，以甲苯-环己烷-乙酸乙酯（3:3:3）为展开剂，展开，取出，晾干，喷以5%香草醛硫酸溶液，在105℃加热至斑点显色清晰。供试品色谱中，在与对照品色谱相应的位置上，显相同颜色的斑点。

【检查】 水分 不得过14.0%（附录0832第一法）。

【浸出物】 照水溶性浸出物测定法（附录2201）项下的冷浸法测定，不得少于20.0%。

【含量测定】 照高效液相色谱法（附录0512）测定。

色谱条件与系统适用性试验 以十八烷基硅烷键合硅胶为填充剂；以甲醇-水（60:40）为流动相；检测波长为236nm。理论板数以梣酮峰计算应不低于3000。

对照品溶液的制备 取梣酮对照品、黄柏酮对照品适量，精密称定，加甲醇分别制成每1ml含梣酮60μg、黄柏酮0.1mg的溶液，即得。

供试品溶液的制备 取本品粗粉（过四号筛）约1g，精密称定，置具塞锥形瓶中，精密加入甲醇25ml，称定重量，加热回流1小时，放冷，再称定重量，加甲醇补足减失的重量，摇匀，滤过，取续滤液，即得。

测定法 分别精密吸取对照品溶液与供试品溶液各10μl，注入液相色谱仪，测定，即得。

本品按干燥品计算，含梣酮（$C_{14}H_{16}O_3$）不得少于0.050%，黄柏酮（$C_{26}H_{34}O_7$）不得少于0.15%。

饮片

【炮制】 除去杂质，洗净，稍润，切厚片，干燥。

本品呈不规则的厚片。外表皮灰白色或淡灰黄色，具细纵皱纹及细根痕，常有突起的颗粒状小点；内表面类白色，有细纵纹。切面类白色，略呈层片状。有羊膻气，味微苦。

【鉴别】 （除横切面外）【检查】【浸出物】【含量测定】 同药材。

【性味与归经】 苦，寒。归脾、胃、膀胱经。

【功能】 清热解毒，祛风燥湿。

【主治】 湿热疮毒，湿疹，风疹，疥癣，湿痹，黄疸，尿赤。

【用法与用量】 马、牛15~30g；羊、猪5~10g；兔、禽0.5~1.5g。外用适量，煎汤洗或研粉敷。

【贮藏】 置通风干燥处。

白 薇

Baiwei

CYNANCHI ATRATI RADIX ET RHIZOMA

本品为萝藦科植物白薇 *Cynanchum atratum* Bge. 或蔓生白薇 *Cynanchum versicolor* Bge. 的干燥根和根茎。春、秋二季采挖，洗净，干燥。

【性状】 本品根茎粗短，有结节，多弯曲。上面有圆形的茎痕，下面及两侧簇生多数细长的根。根长10~25cm，直径0.1~0.2cm。表面棕黄色。质脆，易折断，断面皮部黄白色，木部黄色。

气微，味微苦。

【鉴别】 （1）根横切面：表皮细胞1列，通常仅部分残留。下皮细胞1列，径向稍延长；分泌细胞长方形或略弯曲，内含黄色分泌物。皮层宽广，内皮层明显。木质部细胞均木化，导管大多位于两侧，木纤维位于中央。薄壁细胞含草酸钙簇晶及大量淀粉粒。

粉末灰棕色。草酸钙簇晶较多，直径7～45μm。分泌细胞类长方形，常内含黄色分泌物。木纤维长160～480μm，直径14～24μm。石细胞长40～50μm，直径10～30μm。导管以网纹导管、具缘纹孔导管为主。淀粉粒单粒脐点点状、裂缝状或三叉状，直径4～10μm；复粒由2～6分粒组成。

（2）取本品粉末1g，加甲醇30ml，超声处理20分钟，放冷，滤过，滤液蒸干，残渣加甲醇1ml使溶解，作为供试品溶液。另取白薇对照药材1g，同法制成对照药材溶液。照薄层色谱法（附录0502）试验，吸取上述两种溶液各2μl，分别点于同一硅胶G薄层板上，以正丁醇-乙酸乙酯-水（4:1:5）的上层溶液为展开剂，展开，取出，晾干，喷以硫酸乙醇溶液（1→10），在105℃加热至斑点显色清晰。供试品色谱中，在与对照药材色谱相应的位置上，显相同颜色的斑点。

【检查】 杂质 不得过4%（附录2301）。

水分 不得过11.0%（附录0832第一法）。

总灰分 不得过13.0%（附录2302）。

酸不溶性灰分 不得过4.0%（附录2302）。

【浸出物】 照醇溶性浸出物测定法（附录2201）项下的热浸法测定，用稀乙醇作溶剂，不得少于19.0%。

饮片

【炮制】 除去杂质，洗净，润透，切段，干燥。

【性味与归经】 苦、咸，寒。归胃、肝、肾经。

【功能】 清热凉血，利尿通淋，解毒疗疮。

【主治】 阴虚发热，热淋，血淋，血虚发热，疮黄疔毒。

【用法与用量】 马、牛15～30g；羊、猪5～10g。

【贮藏】 置通风干燥处。

瓜　蒌

Gualou

TRICHOSANTHIS FRUCTUS

本品为葫芦科植物栝楼*Trichosanthes kirilowii* Maxim. 或双边栝楼*Trichosanthes rosthornii* Harms 的干燥成熟果实。秋季果实成熟时，连果梗剪下，置通风处阴干。

【性状】 本品呈类球形或宽椭圆形，长7～15cm，直径6～10cm。表面橙红色或橙黄色，皱缩或较光滑，顶端有圆形的花柱残基，基部略尖，具残存的果梗。轻重不一。质脆，易破开，内表面黄白色，有红黄色丝络，果瓤橙黄色，黏稠，与多数种子粘结成团。具焦糖气，味微酸、甜。

【鉴别】 （1）本品粉末黄棕色至棕褐色。石细胞较多，数个成群或单个散在，黄绿色或淡黄色，呈类方形，圆多角形，纹孔细密，孔沟细而明显。果皮表皮细胞，表面观类方形或类多角形，垂周壁厚度不一。种皮表皮细胞表面观类多角形或不规则形，平周壁具稍弯曲或平直的角质条纹。厚壁细胞较大，多单个散在，棕色，形状多样。螺纹导管，网纹导管多见。

（2）取本品粉末2g，加甲醇20ml，超声处理20分钟，滤过，滤液挥干，残渣加水5ml使溶解，用水饱和的正丁醇振摇提取4次，每次5ml，合并正丁醇液，蒸干，残渣加甲醇2ml使溶解，作为供试品溶液。另取瓜蒌对照药材2g，同法制成对照药材溶液。照薄层色谱法（附录0502）试验，吸取上述两种溶液各4μl，分别点于同一硅胶G薄层板上，以乙酸乙酯-甲醇-甲酸-水（12∶1∶0.1∶0.1）为展开剂，展开，取出，晾干，喷以10%硫酸乙醇溶液，在105℃加热至斑点显色清晰。分别置日光和紫外光灯（365nm）下检视。供试品色谱中，在与对照药材色谱相应的位置上，显相同颜色的斑点或荧光斑点。

【检查】　**水分**　不得过16.0%（附录0832第一法）。

总灰分　不得过7.0%（附录2302）。

【浸出物】　照水溶性浸出物测定法（附录2201）项下的热浸法测定，不得少于31.0%。

饮片

【炮制】　压扁，切丝或切块。

本品呈不规则的丝状或块状。外表面橙红色或橙黄色，皱缩或较光滑；内表面黄白色，有红黄色丝络。果瓤橙黄色，与多数种子粘结成团。具焦糖气，味微酸、甜。

【鉴别】【检查】【浸出物】　同药材。

【性味与归经】　甘、微苦，寒。归肺、胃、大肠经。

【功能】　清热化痰，利气散结，润燥通便。

【主治】　肺热咳嗽，胸膈疼痛，乳痈，粪便干燥。

【用法与用量】　马、牛30～60g；羊、猪10～20g；兔、禽0.5～1.5g。

【注意】　不宜与川乌、制川乌、草乌、制草乌、附子同用。

【贮藏】　置阴凉干燥处，防霉，防蛀。

瓜　蒌　子

Gualouzi

TRICHOSANTHIS SEMEN

本品为葫芦科植物栝楼 *Trichosanthes kirilowii* Maxim. 或双边栝楼 *Trichosanthes rosthornii* Harms 的干燥成熟种子。秋季采摘成熟果实，剖开，取出种子，洗净，晒干。

【性状】　**栝楼**　呈扁平椭圆形，长12～15mm，宽6～10mm，厚约3.5mm。表面浅棕色至棕褐色，平滑，沿边缘有1圈沟纹。顶端较尖，有种脐，基部钝圆或较狭。种皮坚硬；内种皮膜质，灰绿色，子叶2，黄白色，富油性。气微，味淡。

双边栝楼　较大而扁，长15～19mm，宽8～10mm，厚约2.5mm。表面棕褐色，沟纹明显而环边较宽。顶端平截。

【鉴别】　（1）本品粉末暗红棕色。种皮表皮细胞表面观呈类多角形或不规则形，平周壁具稍弯曲或平直的角质条纹。石细胞单个散在或数个成群，棕色，呈长条形、长圆形、类三角形或不规则形，壁波状弯曲或呈短分枝状。星状细胞淡棕色、淡绿色或几无色，呈不规则长方形或长圆形，壁弯曲，具数个短分枝或突起，枝端钝圆。螺纹导管直径20～40μm。

（2）取本品粉末1g，加石油醚（60～90℃）10ml，超声处理10分钟，滤过，滤液作为供试品溶液。另取3，29-二苯甲酰基栝楼仁三醇对照品，加三氯甲烷制成每1ml含0.12mg的溶液，作为对照品溶液。照薄层色谱法（附录0502）试验，吸取上述两种溶液各10μl，分别点于同一硅胶G薄层板上，以环己烷-乙酸乙酯（5:1）为展开剂，展开，取出，晾干，喷以10%硫酸乙醇溶液，在105℃加热至斑点显色清晰。供试品色谱中，在与对照品色谱相应的位置上，显相同颜色的斑点。

【检查】　水分　不得过10.0%（附录0832第一法）。

总灰分　不得过3.0%（附录2302）。

【浸出物】　照醇溶性浸出物测定法（附录2201）项下的冷浸法测定，用石油醚（60~90℃）作溶剂，不得少于4.0%。

【含量测定】　照高效液相色谱法（附录0512）测定。

色谱条件与系统适用性试验　以十八烷基硅烷键合硅胶为填充剂；以甲醇-水（93:7）为流动相；检测波长为230nm。理论板数按3,29-二苯甲酰基栝楼仁三醇峰计算应不低于2000。

对照品溶液的制备　取3,29-二苯甲酰基栝楼仁三醇对照品适量，精密称定，加二氯甲烷制成每1ml含0.1mg的溶液，即得（临用配制）。

供试品溶液的制备　取本品粗粉（40℃干燥6小时）约1g，精密称定，置具塞锥形瓶中，精密加入二氯甲烷10ml，密塞，称定重量，超声处理（功率250W，频率40kHz）30分钟，放冷，再称定重量，用二氯甲烷补足减失的重量，摇匀，滤过，取续滤液，即得。

测定法　分别精密吸取对照品溶液与供试品溶液各5μl，注入液相色谱仪，测定，即得。

本品按干燥品计算，含3,29-二苯甲酰基栝楼仁三醇（$C_{44}H_{58}O_5$）不得少于0.080%。

饮片

【炮制】　除去杂质和干瘪的种子，洗净，晒干。用时捣碎。

【性状】【鉴别】【检查】【浸出物】【含量测定】　同药材。

【性味与归经】　甘、寒。归肺、胃、大肠经。

【功能】　清热化痰，润肠通便。

【主治】　肺燥咳喘，粪便秘结。

【用法与用量】　马、牛15~45g；羊、猪5~15g。

【注意】　不宜与川乌、制川乌、草乌、制草乌、附子同用。

【贮藏】　置阴凉干燥处，防霉，防蛀。

炒 瓜 蒌 子

Chaogualouzi

TRICHOSANTHIS SEMEN TOSTUM

本品为瓜蒌子的炮制加工品。

【制法】　取瓜蒌子，照炒法（附录0203），用文火炒至微鼓起，取出，放凉。

【性状】　本品呈扁平椭圆形，长12~15mm，宽6~10mm，厚度约3.5mm。表面浅褐色至棕褐色，平滑，偶有焦斑，沿边缘有1圈沟纹，顶端较尖，有种脐，基部钝圆或较狭。种皮坚硬；内种皮膜质，灰绿色，子叶2，黄白色，富油性。气略焦香，味淡。

【鉴别】　取本品粉末1g，置具塞锥形瓶中，加石油醚（60~90℃）10ml，超声处理10分钟，滤过，滤液作为供试品溶液。照薄层色谱法（附录0502）试验，吸取上述供试品溶液及〔含量测定〕项下的对照品溶液各10μl，分别点于同一硅胶G薄层板上，以环己烷-乙酸乙酯（5:1）为展开剂，展开，取出，晾干，喷以10%硫酸乙醇溶液，在105℃加热至斑点显色清晰。供试品色谱中，在与对照品色谱相应的位置上，显相同颜色的斑点。

【检查】 **水分** 不得过10.0%（附录0832第一法）。

总灰分 不得过5.0%（附录2302）。

【含量测定】 照高效液相色谱法（附录0512）测定。

色谱条件与系统适用性试验 以十八烷基硅烷键合硅胶为填充剂；以甲醇-水（93:7）为流动相；检测波长为230nm。理论板数按3,29-二苯甲酰基栝楼仁三醇峰计算应不低于2000。

对照品溶液的制备 取3,29-二苯甲酰基栝楼仁三醇对照品适量，精密称定，加二氯甲烷制成每1ml含0.12mg的溶液，即得（临用配制）。

供试品溶液的制备 取本品粗粉（40℃干燥6小时）约1g，精密称定，置50ml具塞锥形瓶中，精密加入二氯甲烷10ml，密塞，称定重量，超声处理（功率250W，频率40kHz）30分钟，放冷，再称定重量，用二氯甲烷补足减失的重量，摇匀，静置，取上清液，即得。

测定法 分别精密吸取对照品溶液与供试品溶液各5μl，注入液相色谱仪，测定，即得。

本品按干燥品计算，含3,29-二苯甲酰基栝楼仁三醇（$C_{44}H_{58}O_5$）不得少于0.060%。

【性味与归经】 甘，寒。归肺、胃、大肠经。

【功能】 清热化痰，润肠通便。

【主治】 肺燥咳喘，粪便秘结。

【用法与用量】 马、牛15～45g；羊、猪5～15g。

【注意】 不宜与川乌、制川乌、草乌、制草乌、附子同用。

【贮藏】 密闭，置阴凉干燥处，防霉，防蛀。

瓜 蒌 皮

Gualoupi

TRICHOSANTHIS PERICARPIUM

本品为葫芦科植物栝楼 *Trichosanthes kirilowii* Maxim. 或双边栝楼 *Trichosanthes rosthornii* Harms 的干燥成熟果皮。秋季采摘成熟果实，剖开，除去果瓤和种子，阴干。

【性状】 本品常切成2至数瓣，边缘向内卷曲，长6～12cm。外表面橙红色或橙黄色，皱缩，有的有残存果梗；内表面黄白色。质较脆，易折断。具焦糖气，味淡、微酸。

【鉴别】 （1）本品粉末淡黄棕色或黄棕色。石细胞较多，数个成群或单个散在，黄绿色或淡黄色，类方形、圆多角形，孔沟细密而明显。果皮表皮细胞，表面观类方形或类多角形，垂周壁厚薄不一；气孔不定式或近环式，副卫细胞4～7个。

（2）取本品，在60℃烘干，粉碎，取粗粉2g，加乙醇20ml，超声处理15分钟，滤过，滤液蒸干，残渣加甲醇2ml使溶解，作为供试品溶液。另取瓜蒌皮对照药材2g，同法制成对照药材溶液。照薄层色谱法（附录0502）试验，吸取上述两种溶液各5μl，分别点于同一硅胶G薄层板上，以石油醚（60～90℃）-乙酸乙酯（4:1）为展开剂，展开，取出，晾干，喷以5%香草醛硫酸溶液，加热至斑点显色清晰。供试品色谱中，在与对照药材色谱相应的位置上，显相同颜色的斑点。

饮片

【炮制】 洗净，稍晾，切丝，晒干。

【**性味与归经**】 甘，寒。归肺、胃经。

【**功能**】 清热化痰，利气散结。

【**主治**】 肺热喘咳，胸膈作痛。

【**用法与用量**】 马、牛25～35g；羊、猪5～10g；兔、禽0.5～1.5g。

【**注意**】 不易与川乌、制川乌、草乌、制草乌、附子同用。

【**贮藏**】 置阴凉干燥处，防霉，防蛀。

玄 明 粉

Xuanmingfen

NATRII SULFAS EXSICCATUS

本品为芒硝经风化干燥制得。主含硫酸钠（Na_2SO_4）。

【**性状**】 本品为白色粉末。气微，味咸。有引湿性。

【**鉴别**】 本品的水溶液显钠盐（附录0301）与硫酸盐（附录0301）的鉴别反应。

【**检查**】 **铁盐与锌盐、镁盐** 照芒硝项下的方法检查，但取用量减半，应符合规定。

重金属 取本品1.0g，加稀醋酸2ml与适量的水溶解使成25ml，依法检查（附录0821第一法），含重金属不得过20mg/kg。

砷盐 取本品0.10g，加水23ml溶解后，加盐酸5ml，依法检查（附录0822），含砷量不得过20mg/kg。

【**含量测定**】 取本品，置105℃干燥至恒重后，取约0.3g，精密称定，照芒硝〔含量测定〕项下的方法测定，即得。

本品按干燥品计算，含硫酸钠（Na_2SO_4）不得少于99.0%。

【**性味与归经**】 咸、苦，寒。归胃、大肠经。

【**功能**】 泻热通便，润燥软坚，清火消肿。

【**主治**】 实热便秘，粪便秘结，积滞腹痛，咽喉肿痛，口舌生疮，目赤，痈肿。

【**用法与用量**】 马100～250g；牛150～250g；羊20～50g；猪15～25g；犬、猫3～15g；兔、禽1～2g。外用适量。

【**注意**】 孕畜禁服；不宜与三棱、硫黄同用。

【**贮藏**】 密封，防潮。

玄 参

Xuanshen

SCROPHULARIAE RADIX

本品为玄参科植物玄参 *Scrophularia ningpoensis* Hemsl. 的干燥根。冬季茎叶枯萎时采挖，除去根茎、幼芽、须根和泥沙，晒或烘至半干，堆放3～6天，反复数次至干燥。

【**性状**】 本品呈类圆柱形，中间略粗或上粗下细，有的微弯曲，长6～20cm，直径1～3cm。表面灰黄色或灰褐色，有不规则的纵沟、横长皮孔样突起和稀疏的横裂纹和须根痕。质坚实，不易折断，断面黑色，微有光泽。气特异似焦糖，味甘、微苦。

【鉴别】 （1）本品横切面：皮层较宽，石细胞单个散在或2～5个成群，多角形、类圆形或类方形，壁较厚，层纹明显。韧皮射线多裂隙。形成层成环。木质部射线宽广，亦多裂隙；导管少数，类多角形，直径约至113μm，伴有木纤维。薄壁细胞含核状物。

（2）取本品粉末2g，加甲醇25ml，浸泡1小时，超声处理30分钟，滤过，滤液蒸干，残渣加水25ml使溶解，用水饱和的正丁醇振摇提取2次，每次30ml，合并正丁醇液，蒸干，残渣加甲醇5ml使溶解，作为供试品溶液。另取玄参对照药材2g，同法制成对照药材溶液。再取哈巴俄苷对照品，加甲醇制成每1ml含1mg的溶液，作为对照品溶液。照薄层色谱法（附录0502）试验，吸取上述三种溶液各4μl，分别点于同一硅胶G薄层板上，以三氯甲烷-甲醇-水（12:4:1）的下层溶液为展开剂，置用展开剂预饱和15分钟的展开缸内，展开，取出，晾干，喷以5%香草醛硫酸溶液，热风吹至斑点显色清晰。供试品色谱中，在与对照药材色谱和对照品色谱相应的位置上，显相同颜色的斑点。

【检查】 **水分** 不得过16.0%（附录0832第一法）。

总灰分 不得过5.0%（附录2302）。

酸不溶性灰分 不得过2.0%（附录2302）。

【浸出物】 照水溶性浸出物测定法（附录2201）项下的热浸法测定，不得少于60.0%。

【含量测定】 照高效液相色谱法（附录0512）测定。

色谱条件与系统适用性试验 以十八烷基硅烷键合硅胶为填充剂；以乙腈为流动相A，以0.03%磷酸溶液为流动相B，按下表中的规定进行梯度洗脱；检测波长为210nm。理论板数按哈巴俄苷与哈巴苷峰计算均应不低于5000。

时间（分钟）	流动相A（%）	流动相B（%）
0～10	3→10	97→90
10～20	10→33	90→67
20～25	33→50	67→50
25～30	50→80	50→20
30～35	80	20
35～37	80→3	20→97

对照品溶液的制备 取哈巴苷对照品、哈巴俄苷对照品适量，精密称定，加30%甲醇制成每1ml含哈巴苷60μg、哈巴俄苷20μg的混合溶液，即得。

供试品溶液的制备 取本品粉末（过三号筛）约0.5g，精密称定，置具塞锥形瓶中，精密加入50%甲醇50ml，密塞，称定重量，浸泡1小时，超声处理（功率500W，频率40kHz）45分钟，放冷，再称定重量，用50%甲醇补足减失的重量，摇匀，滤过，取续滤液，即得。

测定法 分别精密吸取对照品溶液与供试品溶液各10μl，注入液相色谱仪，测定，即得。

本品按干燥品计算，含哈巴苷（$C_{15}H_{24}O_{10}$）和哈巴俄苷（$C_{24}H_{30}O_{11}$）的总量不得少于0.45%。

饮片

【炮制】 除去残留根茎和杂质，洗净，润透，切薄片，干燥；或微泡，蒸透，稍晾，切薄片，干燥。

本品呈类圆形或椭圆形的薄片。外表皮灰黄色或灰褐色。切面黑色，微有光泽，有的具裂隙。

气特异似焦糖，味甘，微苦。

【鉴别】（除横切面外）**【检查】【浸出物】【含量测定】** 同药材。

【性味与归经】 甘、苦、咸，微寒。归肺、胃、肾经。

【功能】 滋阴降火，凉血解毒。

【主治】 热病伤阴，咽喉肿痛，疮黄疔毒，阴虚便秘。

【用法与用量】 马、牛15~45g；驼30~60g；羊、猪5~15g；犬、猫2~5g；兔、禽1~3g。

【注意】 不宜与藜芦同用。

【贮藏】 置干燥处，防霉，防蛀。

半 边 莲

Banbianlian

LOBELIAE CHINENSIS HERBA

本品为桔梗科植物半边莲 *Lobelia chinensis* Lour. 的干燥全草。夏季采收，除去泥沙，洗净，晒干。

【性状】 本品常缠结成团。根茎极短，直径1~2mm；表面淡棕黄色，平滑或有细纵纹。根细小，黄色，侧生纤细须根。茎细长，有分枝，灰绿色，节明显，有的可见附生的细根。叶互生，无柄，叶片多皱缩，绿褐色，展平后叶片呈狭披针形，长1~2.5cm，宽0.2~0.5cm，边缘具疏而浅的齿或全缘。花梗细长，花小，单生于叶腋，花冠基部筒状，上部5裂，偏向一边，浅紫红色，花冠筒内有白色茸毛。气微特异，味微甘而辛。

【鉴别】（1）本品粉末灰绿黄色或淡棕黄色。叶表皮细胞垂周壁微波状，气孔不定式，副卫细胞3~7个。螺纹导管和网纹导管多见，直径7~34μm。草酸钙簇晶常存在于导管旁，有时排列成行。导管旁可见乳汁管，内含颗粒状物和油滴状物。薄壁细胞中含菊糖。薄壁细胞长方形，细胞壁螺纹状增厚。

（2）取本品粉末1g，加甲醇50ml，超声处理30分钟，放冷，滤过，滤液蒸干，残渣加甲醇2ml使溶解，作为供试品溶液。另取半边莲对照药材1g，同法制成对照药材溶液。照薄层色谱法（附录0502）试验，吸取上述两种溶液各5μl，分别点于同一硅胶G薄层板上，以三氯甲烷-甲醇（9:1）为展开剂，展开，取出，晾干，喷以10%硫酸乙醇溶液，在105℃加热至斑点显色清晰，分别置日光和紫外光灯（365nm）下检视。供试品色谱中，在与对照药材色谱相应的位置上，显相同颜色的斑点或荧光斑点。

【检查】 水分 不得过10.0%（附录0832）。

【浸出物】 照醇溶性浸出物测定法（附录2201）项下的热浸法测定，用乙醇作溶剂，不得少于12.0%。

饮片

【炮制】 除去杂质，洗净，切段，干燥。

本品呈不规整的段。根及根茎细小，表面淡棕黄色或黄色。茎细，灰绿色，节明显。叶无柄，叶片多皱缩，绿褐色，狭披针形，边缘具疏而浅的齿或全缘。气味特异，味微甘而辛。

【鉴别】【检查】【浸出物】 同药材。

【性味与归经】 辛，平。归心、小肠、肺经。

【功能】 清热解毒，利水消肿。

【主治】 水肿，毒蛇咬伤，痈肿疔疮。

【用法与用量】　马、牛30～60g；驼45～100g；羊、猪10～15g；犬、猫3～6g；兔、禽1～3g。

【贮藏】　置干燥处。

半　枝　莲

Banzhilian

SCUTELLARIAEBARBATAEHERBA

本品为唇形科植物半枝莲 *Scutellaria barbata* D.Don 的干燥全草。夏、秋二季茎叶茂盛时采挖，洗净，晒干。

【性状】　本品长15～35cm，无毛或花轴上疏被毛。根纤细。茎丛生，较细，方柱形；表面暗紫色或棕绿色。叶对生，有短柄；叶片多皱缩，展平后呈三角状卵形或披针形，长1.5～3cm，宽0.5～1cm；先端钝，基部宽楔形，全缘或有少数不明显的钝齿；上表面暗绿色，下表面灰绿色。花单生于茎枝上部叶腋，花萼裂片钝或较圆；花冠二唇形，棕黄色或浅蓝紫色，长约1.2cm，被毛。果实扁球形，浅棕色。气微，味微苦。

【含量测定】　**总黄酮**　对照品溶液的制备　取野黄芩苷对照品适量，精密称定，加甲醇制成每1ml含0.2mg的溶液，即得。

标准曲线的制备　精密量取对照品溶液0.4ml、0.8ml、1.2ml、1.6ml、2.0ml，分别置25ml量瓶中，加甲醇至刻度，摇匀。以甲醇为空白，照紫外-可见分光光度法（附录0401），在335nm的波长处分别测定吸光度，以吸光度为纵坐标，浓度为横坐标，绘制标准曲线。

测定法　精密量取〔含量测定〕项野黄芩苷项下经索氏提取并稀释至100ml的甲醇溶液1ml，置50ml量瓶中，加甲醇至刻度，摇匀，照标准曲线制备项下方法，自"以甲醇为空白"起，依法测定吸光度，从标准曲线上读出供试品溶液中野黄芩苷的重量（mg），计算，即得。

本品按干燥品计算，含总黄酮以野黄芩苷（$C_{21}H_{18}O_{12}$）计，不得少于1.50%。

野黄芩苷　照高效液相色谱法（附录0512）测定。

色谱条件与系统适用性试验　以十八烷基硅烷键合硅胶为填充剂；以甲醇-水-醋酸（35∶61∶4）为流动相；检测波长为335nm。理论板数按野黄芩苷峰计算应不低于1500。

对照品溶液的制备　取野黄芩苷对照品适量，精密称定，加流动相制成每1ml含80μg的溶液，即得。

供试品溶液的制备　取本品粉末（过三号筛）约1g，精密称定，置索氏提取器中，加石油醚（60～90℃）提取至无色，弃去醚液，药渣挥去石油醚，加甲醇继续提取至无色，转移至100ml量瓶中，加甲醇至刻度，摇匀，精密量取25ml，蒸干，残渣用20%甲醇溶解，转移至25ml量瓶中，并稀释至刻度，摇匀，滤过，取续滤液，即得。

测定法　分别精密吸取对照品溶液与供试品溶液各10μl，注入液相色谱仪，测定，即得。

本品按干燥品计算，含野黄芩苷（$C_{21}H_{18}O_{12}$）不得少于0.20%。

饮片

【炮制】　除去杂质，洗净，切段，干燥。

本品呈不规则的段。茎方柱形，中空，表面暗紫色或棕绿色。叶对生，多破碎，上表面暗绿色，下表面灰绿色。花萼下唇裂片钝或较圆；花冠唇形，棕黄色或浅蓝紫色，被毛。果实扁球形，浅棕色。气微，味微苦。

【含量测定】 同药材。

【性味与归经】 辛、苦，寒。归肺、肝、肾经。

【功能】 清热解毒，化瘀消肿，利尿。

【主治】 湿热泄泻，疔疮肿毒，咽喉肿痛，水肿，黄疸，跌打损伤，毒蛇咬伤。

【用法与用量】 马、牛60～120g；驼100～150g；羊、猪30～60g；犬、猫5～15g。外用鲜品适量，捣敷患处。

【贮藏】 置干燥处。

半　夏

Banxia

PINELLIAE RHIZOMA

本品为天南星科植物半夏*Pinellia ternata*（Thunb.）Breit. 的干燥块茎。夏、秋二季采挖，洗净，除去外皮和须根，晒干。

【性状】 本品呈类球形，有的稍偏斜，直径1～1.5cm。表面白色或浅黄色，顶端有凹陷的茎痕，周围密布麻点状根痕；下面钝圆，较光滑。质坚实，断面洁白，富粉性。气微，味辛辣、麻舌而刺喉。

【鉴别】 （1）本品粉末类白色。淀粉粒甚多，单粒类圆形、半圆形或圆多角形，直径2～20μm，脐点裂缝状、人字状或星状；复粒由2～6分粒组成。草酸钙针晶束存在于椭圆形黏液细胞中，或随处散在，针晶长20～144μm。螺纹导管直径10～24μm。

（2）取本品粉末1g，加甲醇10ml，加热回流30分钟，滤过，滤液挥至0.5ml，作为供试品溶液。另取精氨酸对照品、丙氨酸对照品、缬氨酸对照品、亮氨酸对照品，加70%甲醇制成每1ml各含1mg的混合溶液，作为对照品溶液。照薄层色谱法（附录0502）试验，吸取供试品溶液5μl、对照品溶液1μl，分别点于同一硅胶G薄层板上，以正丁醇-冰醋酸-水（8:3:1）为展开剂，展开，取出，晾干，喷以茚三酮试液，在105℃加热至斑点显色清晰。供试品色谱中，在与对照品色谱相应的位置上，显相同颜色的斑点。

（3）取本品粉末1g，加乙醇10ml，加热回流1小时，滤过，滤液浓缩至0.5ml，作为供试品溶液。另取半夏对照药材1g，同法制成对照药材溶液。照薄层色谱法（附录0502）试验，吸取上述两种溶液各5μl，分别点于同一硅胶G薄层板上，以石油醚（60～90℃）-乙酸乙酯-丙酮-甲酸（30:6:4:0.5）为展开剂，展开，取出，晾干，喷以10%硫酸乙醇溶液，在105℃加热至斑点显色清晰。供试品色谱中，在与对照药材色谱相应的位置上，显相同颜色的斑点。

【检查】 水分 不得过14.0%（附录0832第一法）。

总灰分 不得过4.0%（附录2302）。

【浸出物】 照水溶性浸出物测定法（附录2201）项下的冷浸法测定，不得少于9.0%。

【含量测定】 取本品粉末（过四号筛）约5g，精密称定，置锥形瓶中，加乙醇50ml，加热回流1小时，同上操作，再重复提取2次，放冷，滤过，合并滤液，蒸干，残渣精密加入氢氧化钠滴定液（0.1mol/L）10ml，超声处理（功率500W，频率40kHz）30分钟，转移至50ml量瓶中，加新沸过的冷水至刻度，摇匀，精密量取25ml，照电位滴定法（附录0701）测定，用盐酸滴定液（0.1mol/L）滴定，并将滴定的结果用空白试验校正。每1ml氢氧化钠滴定液（0.1mol/L）相当于5.904mg的琥珀酸（$C_4H_6O_4$）。

本品按干燥品计算，含总酸以琥珀酸（$C_4H_6O_4$）计，不得少于0.25%。

饮片

【炮制】 生半夏　用时捣碎。

【性味与归经】 辛，温；有毒。归脾、胃、肺经。

【功能】 消肿散结。

【主治】 痈肿。

【用法与用量】 外用适量。

【贮藏】 置通风干燥处，防蛀。

法　半　夏

Fabanxia

PINELLIAE RHIZOMA PRAEPARATUM

本品为半夏的炮制加工品。

【制法】 取半夏，大小分开，用水浸泡至内无干心时，取出；另取甘草适量，加水煎煮二次，合并煎液，倒入用适量水制成的石灰液中，搅匀，加入上述已浸透的半夏，浸泡，每日搅拌1~2次，并保持浸泡液pH值12以上，至剖面黄色均匀，口尝微有麻舌感时，取出，洗净，阴干或烘干，即得。

每100kg净半夏，用甘草15kg、生石灰10kg。

【性状】 本品呈类球形或破碎成不规则颗粒状。表面淡黄白色、黄色或棕黄色。质较松脆或硬脆，断面黄色或淡黄色，颗粒者质稍硬脆。气微，味淡略甘、微有麻舌感。

【鉴别】 （1）本品粉末淡黄色至黄色。照半夏项下的〔鉴别〕（1）项试验，显相同的结果。

（2）取本品粉末2g，加盐酸2ml，三氯甲烷20ml，加热回流1小时，放冷，滤过，滤液蒸干，残渣加无水乙醇0.5ml使溶解，作为供试品溶液。另取半夏对照药材2g，同法制成对照药材溶液。再取甘草次酸对照品，加无水乙醇制成每1ml含1mg的溶液，作为对照品溶液。照薄层色谱法（附录0502）试验，吸取供试品溶液和对照药材溶液各5μl、对照品溶液2μl，分别点于同一硅胶GF_{254}薄层板上，以石油醚（30~60℃）-乙酸乙酯-丙酮-甲酸（30:6:5:0.5）为展开剂，展开，取出，晾干，置紫外光灯（254nm）下检视。供试品色谱中，在与对照药材色谱和对照品色谱相应的位置上，显相同颜色的斑点。

【检查】 水分　不得过13.0%（附录0832第一法）。

总灰分　不得过9.0%（附录2302）。

【浸出物】 照水溶性浸出物测定法（附录2201）项下的冷浸法测定，不得少于5.0%。

【性味与归经】 辛，温。归脾、胃、肺经。

【功能】 燥湿化痰。

【主治】 湿痰咳喘。

【用法与用量】 马、牛15~45g；驼30~60g；羊、猪3~9g；犬、猫1~5g。

【注意】 不宜与川乌、制川乌、草乌、制草乌、附子同用。

【贮藏】 置通风干燥处，防蛀。

姜 半 夏

Jiangbanxia

PINELLIAE RHIZOMA PRAEPARATUM
CUM ZINGBERE ET ALUMINE

本品为半夏的炮制加工品。

【制法】 取净半夏，大小分开，用水浸泡至内无干心时，取出；另取生姜切片煎汤，加白矾与半夏共煮透，取出，晾干，或晾至半干，干燥；或切薄片，干燥。

每100kg净半夏，用生姜25kg、白矾12.5kg。

【性状】 本品呈片状、不规则颗粒状或类球形。表面棕色至棕褐色。质硬脆，断面淡黄棕色，常具角质样光泽。气微香，味淡、微有麻舌感，嚼之略粘牙。

【鉴别】 （1）本品粉末黄褐色至黄棕色。薄壁细胞可见淡黄色糊化淀粉粒。草酸钙针晶束存在于椭圆形黏液细胞中，或随处散在，针晶长20～144μm。螺纹导管直径10～24μm。

（2）取本品粉末5g，加甲醇50ml，加热回流1小时，放冷，滤过，滤液蒸干，残渣加乙醚30ml使溶解，滤过，滤液挥干，残渣加甲醇0.5ml使溶解，作为供试品溶液。另取半夏对照药材5g、干姜对照药材0.1g，同法分别制成对照药材溶液。照薄层色谱法（附录0502）试验，吸取上述三种溶液各10μl，分别点于同一硅胶G薄层板上，以石油醚（60～90℃）-乙酸乙酯-冰醋酸（10:7:0.1）为展开剂，展开，取出，晾干，喷以10%硫酸乙醇溶液，在105℃加热至斑点显色清晰。供试品色谱中，在与半夏对照药材色谱相应的位置上，显相同颜色的主斑点；在与干姜对照药材色谱相应的位置上，显一个相同颜色的斑点。

【检查】 水分 不得过13.0%（附录0832第一法）。

总灰分 不得过7.5%（附录2302）。

白矾限量 取本品粉末（过四号筛）约5g，精密称定，照清半夏白矾限量项下的方法测定。本品按干燥品计算，含白矾以含水硫酸铝钾〔KAl(SO$_4$)$_2$·12H$_2$O〕计，不得过8.5%。

【浸出物】 照水溶性浸出物测定法（附录2201）项下的冷浸法测定，不得少于10.0%。

【性味与归经】 辛，温。归脾、胃、肺经。

【功能】 温中化痰，降逆止呕。

【主治】 痰饮呕吐，肚腹胀满。

【用法与用量】 马、牛15～45g；驼30～60g；羊、猪3～9g；犬、猫1～5g。

【注意】 不宜与川乌、制川乌、草乌、制草乌、附子同用。

【贮藏】 置通风干燥处，防蛀。

清 半 夏

Qingbanxia

PINELLIAE RHIZOMA PRAEPARATUM CUM ALUMINE

本品为半夏的炮制加工品。

【制法】 取净半夏，大小分开，用8%白矾溶液浸泡至内无干心，口尝微有麻舌感，取出，洗净，切厚片，干燥。

每100kg净半夏，用白矾20kg。

【性状】 本品呈椭圆形、类圆形或不规则的片。切面淡灰色至灰白色，可见灰白色点状或短线状维管束迹，有的残留栓皮处下方显淡紫红色斑纹。质脆，易折断，断面略呈角质样。气微，味微涩、微有麻舌感。

【鉴别】 照半夏项下的〔鉴别〕试验，显相同的结果。

【检查】 水分 不得过13.0%（附录0832第一法）。

总灰分 不得过4.0%（附录2302）。

白矾限量 取本品粉末（过四号筛）约5g，精密称定，置坩埚中，缓缓炽热，至完全炭化时，逐渐升高温度至450℃，灰化4小时，取出，放冷，在坩埚中小心加入稀盐酸约10ml，用表面皿覆盖坩埚，置水浴上加热10分钟，表面皿用热水5ml冲洗，洗液并入坩埚中，滤过，用水50ml分次洗涤坩埚及滤渣，合并滤液及洗液，加0.025%甲基红乙醇溶液1滴，滴加氨试液至溶液显微黄色。加醋酸-醋酸铵缓冲液（pH6.0）20ml，精密加乙二胺四醋酸二钠滴定液（0.05mol/L）25ml，煮沸3~5分钟，放冷，加二甲酚橙指示液1ml，用锌滴定液（0.05mol/L）滴定至溶液自黄色转变为红色，并将滴定的结果用空白试验校正。每1ml的乙二胺四醋酸二钠滴定液（0.05mol/L）相当于23.72mg的含水硫酸铝钾〔$KAl(SO_4)_2 \cdot 12H_2O$〕。

本品按干燥品计算，含白矾以含水硫酸铝钾〔$KAl(SO_4)_2 \cdot 12H_2O$〕计，不得过10.0%。

【浸出物】 照水溶性浸出物测定法（附录2201）项下的冷浸法测定，不得少于7.0%。

【含量测定】 取本品粉末（过四号筛）约5g，精密称定，照半夏〔含量测定〕项下的方法测定。

本品按干燥品计算，含总酸以琥珀酸（$C_4H_6O_4$）计，不得少于0.30%。

【性味与归经】 辛，温。归脾、胃、肺经。

【功能】 燥湿化痰。

【主治】 湿痰咳嗽。

【用法与用量】 马、牛105~45g；驼30~60g；羊、猪3~9g；犬、猫1~5g。

【注意】 不宜与川乌、制川乌、草乌、制草乌、附子同用。

【贮藏】 置通风干燥处，防蛀。

丝 瓜 络

Sigualuo

LUFFAE FRUCTUS RETINERVUS

本品为葫芦科植物丝瓜*Luffa cylindrica*（L.）Roem. 的干燥成熟果实的维管束。夏、秋二季果实成熟、果皮变黄、内部干枯时采摘，除去外皮和果肉，洗净，晒干，除去种子。

【性状】 本品为丝状维管束交织而成，多呈长棱形或长圆筒形，略弯曲，长30~70cm，直径7~10cm。表面黄白色。体轻，质韧，有弹性，不能折断。横切面可见子房3室，呈空洞状。气微，味淡。

【鉴别】 本品粉末灰白色。木纤维单个散在或成束，细长，稍弯曲，末端斜尖，有分叉或呈短分枝，直径7~39μm，壁薄。螺纹导管和网纹导管直径8~28μm。

【检查】　水分　不得过9.5%（附录0832第一法）。

总灰分　不得过2.5%（附录2302）。

饮片

【炮制】　除去残留种子及外皮，切段。

【鉴别】　同药材。

【性味与归经】　甘，平。归肺、胃、肝经。

【功能】　通络，活血，祛风。

【主治】　风湿痹痛，肢体拘挛，乳汁不通。

【用法与用量】　马、牛30～120g；羊、猪15～30g。

【贮藏】　置干燥处。

老　鹳　草

Laoguancao
ERODII HERBA
GERANII HERBA

本品为牻牛儿苗科植物牻牛儿苗*Erodium stephanianum* Willd.、老鹳草*Geranium wilfordii* Maxim. 或野老鹳草*Geranium carolinianum* L. 的干燥地上部分，前者习称"长嘴老鹳草"，后两者习称"短嘴老鹳草"，夏、秋二季果实近成熟时采割，捆成把，晒干。

【性状】　长嘴老鹳草　茎长30～50cm，直径0.3～0.7cm，多分枝，节膨大。表面灰绿色或带紫色，有纵沟纹和稀疏茸毛。质脆，断面黄白色，有的中空。叶对生，具细长叶柄；叶片卷曲皱缩，质脆易碎，完整者为二回羽状深裂，裂片披针线形。果实长圆形，长0.5～1cm。宿存花柱长2.5～4cm，形似鹳喙，有的裂成5瓣，呈螺旋形卷曲。气微，味淡。

短嘴老鹳草　茎较细，略短。叶片圆形，3或5深裂，裂片较宽，边缘具缺刻。果实球形，长0.3～0.5cm。花柱长1～1.5cm，有的5裂向上卷曲呈伞形。野老鹳草叶片掌状5～7深裂，裂片条形，每裂片又3～5深裂。

【鉴别】　本品叶表面观：牻牛儿苗　上表皮细胞垂周壁近平直或稍弯曲，少数波状弯曲。单细胞非腺毛多见，直立或弯曲，壁具细小疣状突起。腺毛较少，头部单细胞，类圆形，柄部1～4细胞。叶肉中含草酸钙簇晶。下表皮细胞垂周壁波状弯曲，气孔多为不定式，少见不等式。

老鹳草　上、下表皮细胞垂周壁均波状弯曲，下表皮细胞有时可见连柱状增厚。非腺毛单细胞，硬锥形，基部膨大。腺毛头部卵圆形，柄部多单细胞。

野老鹳草　叶肉中偶见草酸钙簇晶。腺毛头部长卵圆形，柄部多单细胞。

【检查】　杂质　不得过2%（附录2301）。

水分　不得过12.0%（附录0832第一法）。

总灰分　不得过10.0%（附录2302）。

【浸出物】　照水溶性浸出物测定法（附录2201）项下的热浸法测定，不得少于18.0%。

饮片

【炮制】　除去残根及杂质，略洗，切段，干燥。

本品为不规则的段。茎表面灰绿色或带紫色，节膨大。切面黄白色，有时中空。叶对生，卷曲皱缩，灰褐色，具细长叶柄。果实长圆形或球形，宿存花柱形似鹳喙。气微，味淡。

【检查】（除杂质外） 同药材。

【性味与归经】 辛、苦，平。归肝、肾、脾经。

【功能】 祛风湿，通经络，止泻痢。

【主治】 风寒湿痹，跌打损伤，筋骨疼痛，泄泻，痢疾。

【用法与用量】 马、牛30~60g；羊、猪10~15g。

【贮藏】 置阴凉干燥处。

地 龙

Dilong

PHERETIMA

本品为钜蚓科动物参环毛蚓 *Pheretima aspergillum*（E. Perrier）、通俗环毛蚓 *Pheretima vulgaris* Chen、威廉环毛蚓 *Pheretima guillelmi*（Michaelsen）或栉盲环毛蚓 *Pheretima pectinifera* Michaelsen 的干燥体。前一种习称"广地龙"，后三种习称"沪地龙"。广地龙春季至秋季捕捉，沪地龙夏季捕捉，及时剖开腹部，除去内脏和泥沙，洗净，晒干或低温干燥。

【性状】 **广地龙** 呈长条状薄片，弯曲，边缘略卷，长15~20cm，宽1~2cm。全体具环节，背部棕褐色至紫灰色，腹部浅黄棕色；第14~16环节为生殖带，习称"白颈"，较光亮。体前端稍尖，尾端钝圆，刚毛圈粗糙而硬，色稍浅。雄生殖孔在第18环节腹侧刚毛圈一小孔突上，外缘有数环绕的浅皮褶，内侧刚毛圈隆起，前面两边有横排（一排或二排）小乳突，每边10~20个不等。受精囊孔2对，位于7/8至8/9环间一椭圆形突起上，约占节周5/11。体轻，略呈革质，不易折断。气腥，味微咸。

沪地龙 长8~15cm，宽0.5~1.5cm。全体具环节，背部棕褐色至黄褐色，腹部浅黄棕色；第14~16环节为生殖带，较光亮。第18环节有一对雄生殖孔。通俗环毛蚓的雄交配腔能全部翻出，呈花菜状或阴茎状；威廉环毛蚓的雄交配腔孔呈纵向裂缝状；栉盲环毛蚓的雄生殖孔内侧有1或多个小乳突。受精囊孔3对，在6/7至8/9环间。

【鉴别】（1）本品粉末淡灰色或灰黄色。斜纹肌纤维无色或淡棕色，肌纤维散在或相互绞结成片状，多稍弯曲，直径4~26μm，边缘常不平整。表皮细胞呈棕黄色，细胞界限不明显，布有暗棕色的色素颗粒。刚毛少见，常碎断散在，淡棕色或黄棕色，直径24~32μm，先端多钝圆，有的表面可见纵裂纹。

（2）取本品粉末1g，加水10ml，加热至沸，放冷，离心，取上清液作为供试品溶液。另取赖氨酸对照品、亮氨酸对照品、缬氨酸对照品，加水制成每1ml各含1mg、1mg和0.5mg的溶液，作为对照品溶液。照薄层色谱法（附录0502）试验，吸取上述四种溶液各3μl，分别点于同一硅胶G薄层板上，以正丁醇-冰醋酸-水（4:1:1）为展开剂，展开，取出，晾干，喷以茚三酮试液，在105℃加热至斑点显色清晰。供试品色谱中，在与对照品色谱相应的位置上，显相同颜色的斑点。

（3）取本品粉末1g，加三氯甲烷20ml，超声处理20分钟，滤过，滤液蒸干，残渣加三氯甲烷1ml使溶解，作为供试品溶液。另取地龙对照药材1g，同法制成对照药材溶液。照薄层色谱法（附录0502）试验，吸取上述两种溶液各5μl，分别点于同一硅胶G薄层板上，以甲苯-丙酮（9:1）为展开剂，展开，取出，晾干，置紫外光灯（365nm）下检视。供试品色谱中，在与对照药材色谱相应的位置上，显相同颜色的荧光斑点。

【检查】 杂质 不得过6%（附录2301）。

水分 不得过12.0%（附录0832第一法）。

总灰分 不得过10.0%（附录2302）。

酸不溶性灰分 不得过5.0%（附录2302）。

重金属 取本品1.0g，依法检查（附录0821第二法），含重金属不得过30mg/kg。

黄曲霉毒素 照黄曲霉毒素测定法（附录2351）测定。

本品每1000g含黄曲霉毒素B_1不得过5μg，黄曲霉毒素G_2、黄曲霉毒素G_1、黄曲霉毒素B_2和黄曲霉毒素B_1的总量不得过10μg。

【浸出物】 照水溶性浸出物测定法（附录2201）项下的热浸法测定，不得少于16.0%。

饮片

【炮制】 除去杂质，洗净，切段，干燥。

【性味与归经】 咸，寒。归肝、脾、膀胱经。

【功能】 清热定惊，通络，平喘，利尿。

【主治】 热病抽搐，拘挛痹痛，气喘，水肿。

【用法与用量】 马、牛30～60g；羊、猪10～15g；犬、猫1～3g；兔、禽0.5～1g。外用适量。

【贮藏】 置通风干燥处，防霉，防蛀。

地耳草（田基黄）

Di'ercao

HYPERICI JAPONICI HERBA

本品为藤黄科植物地耳草 *Hypericum japonicum* Thunb. 的干燥全草。春、夏二季花开时采挖，除去杂质，晒干。

【性状】 本品长10～40cm。根须状，黄褐色。茎单一或基部分枝，有4棱，表面黄绿色或黄棕色；质脆，易折断，断面中空。叶对生，无柄；叶片卵形或卵圆形，长0.4～1.6cm，全缘，具腺点，基出脉3～5条。聚伞花序顶生，花小，橙黄色或黄色，萼片、花瓣均为5片。气微，味微苦。

【鉴别】 取本品粉末1g，加水20ml，煮沸10分钟，趁热滤过，取滤液0.5ml，加镁粉少量与盐酸4～5滴，置水浴上加热数分钟，显红色。

饮片

【炮制】 除去杂质，切段。

【性味与归经】 苦、辛，平。归肝、肺经。

【功能】 清热利湿，散瘀消肿。

【主治】 湿热黄疸，跌打损伤，疮痈。

【用法与用量】 马、牛90～180g；羊、猪30～60g。外用鲜品适量，捣烂敷患处。

【贮藏】 置干燥处。

地 肤 子

Difuzi

KOCHIAE FRUCTUS

本品为藜科植物地肤 *Kochia scoparia*（L.）Schrad. 的干燥成熟果实。秋季果实成熟时采收植株，晒干，打下果实，除去杂质。

【性状】　本品呈扁球状五角星形，直径1~3mm。外被宿存花被，表面灰绿色或浅棕色，周围具膜质小翅5枚，背面中心有微突起的点状果梗痕及放射状脉纹5~10条；剥离花被，可见膜质果皮，半透明。种子扁卵形，长约1mm，黑色。气微，味微苦。

【鉴别】　（1）本品粉末棕褐色。花被表皮细胞多角形，气孔不定式，薄壁细胞中含草酸钙簇晶。果皮细胞呈类长方形或多边形，壁薄，波状弯曲，含众多草酸钙小方晶。种皮细胞棕褐色，呈多角形或类方形，多皱缩。

（2）取本品粉末1g，加甲醇10ml，超声处理30分钟，滤过，滤液作为供试品溶液。另取地肤子皂苷Ⅰc对照品，加甲醇制成每1ml含0.5mg的溶液，作为对照品溶液。照薄层色谱法（附录0502）试验，吸取上述两种溶液各5μl，分别点于同一硅胶G薄层板上，以三氯甲烷-甲醇-水（16:9:2）为展开剂，展开，取出，晾干，喷以10%硫酸乙醇溶液，热风吹至斑点显色清晰。供试品色谱中，在与对照品色谱相应的位置上，显相同的紫红色斑点。

【检查】　**水分**　不得过14.0%（附录0832第一法）。

总灰分　不得过10.0%（附录2302）。

酸不溶性灰分　不得过3.0%（附录2302）。

【含量测定】　照高效液相色谱法（附录0512）测定。

色谱条件与系统适用性试验　以十八烷基硅烷键合硅胶为填充剂；以甲醇-水-冰醋酸（85:15:0.2）为流动相；蒸发光散射检测器检测。理论板数按地肤子皂苷Ⅰc峰计算应不低于3000。

对照品溶液的制备　取地肤子皂苷Ⅰc对照品适量，精密称定，加甲醇制成1ml含0.5mg的溶液，即得。

供试品溶液的制备　取本品粉末（过三号筛）约0.5g，精密称定，置具塞锥形瓶中，精密加入甲醇50ml，密塞，称定重量，放置过夜，超声处理30分钟，放冷，再称定重量，用甲醇补足减失的重量，摇匀，滤过，取续滤液，即得。

测定法　分别精密吸取对照品溶液10μl、20μl，供试品溶液20μl，注入液相色谱仪，测定，以外标两点法对数方程计算，即得。

本品按干燥品计算，含地肤子皂苷Ⅰc（$C_{41}H_{64}O_{13}$）不得少于1.8%。

【性味与归经】　辛、苦，寒。归肾、膀胱经。

【功能】　清热利湿，祛风止痒。

【主治】　湿热淋浊，皮肤瘙痒，风疹，湿疹。

【用法与用量】　马、牛15~45g；羊、猪5~10g；兔、禽1~3g。外用适量，煎汤洗患处。

【贮藏】　置通风干燥处，防蛀。

地 骨 皮

Digupi

LYCII CORTEX

本品为茄科植物枸杞 *Lycium chinense* Mill. 或宁夏枸杞*Lycium barbarum* L. 的干燥根皮。春初或秋后采挖根部，洗净，剥取根皮，晒干。

【性状】 本品呈筒状或槽状，长3～10cm，宽0.5～1.5cm，厚0.1～0.3cm。外表面灰黄色至棕黄色，粗糙，有不规则纵裂纹，易成鳞片状剥落。内表面黄白色至灰黄色，较平坦，有细纵纹。体轻，质脆，易折断，断面不平坦，外层黄棕色，内层灰白色。气微，味微甘而后苦。

【鉴别】 （1）本品横切面：木栓层为4～10余列细胞，其外有较厚的落皮层。韧皮射线大多宽1列细胞；纤维单个散在或2至数个成束。薄壁细胞含草酸钙砂晶，并含多数淀粉粒。

（2）取本品粉末1.5g，加甲醇15ml，超声处理30分钟，滤过，滤液蒸干，残渣加甲醇1ml使溶解，作为供试品溶液。另取地骨皮对照药材1.5g，同法制成对照药材溶液。照薄层色谱法（附录0502）试验，吸取上述两种溶液各5μl，分别点于同一硅胶G薄层板上，以甲苯-丙酮-甲酸（10:1:0.1）为展开剂，展开，取出，晾干，置紫外光灯（365nm）下检视。供试品色谱中，在与对照药材色谱相应的位置上，显相同颜色的荧光斑点。

【检查】 水分 不得过11.0%（附录0832第一法）。

总灰分 不得过11.0%（附录2302）。

酸不溶性灰分 不得过3.0%（附录2302）。

饮片

【炮制】 除去杂质及残余木心，洗净，晒干或低温干燥。

【性状】 本品呈筒状或槽状，长短不一。外表面灰黄色至棕黄色，粗糙，有不规则纵裂纹，易成鳞片状剥落。内表面黄白色至灰黄色，较平坦，有细纵纹。体轻，质脆，易折断，断面不平坦，外层黄棕色，内层灰白色。气微，味微甘而后苦。

【鉴别】【检查】 同药材。

【性味与归经】 甘，寒。归肺、肝、肾经。

【功能】 凉血退热，清肺降火。

【主治】 阴虚血热，肺热咳喘。

【用法与用量】 马、牛15～60g；羊、猪5～15g；兔、禽1～2g。

【贮藏】 置干燥处。

地 黄

Dihuang

REHMANNIAE RADIX

本品为玄参科植物地黄 *Rehmannia glutinosa* Libosch. 的新鲜或干燥块根。秋季采挖，除去芦头、须根和泥沙，鲜用；或将地黄缓缓烘焙至约八成干。前者习称"鲜地黄"，后者习称"生地黄"。

【性状】　鲜地黄　呈纺锤形或条状，长8～24cm，直径2～9cm。外皮薄，表面浅红黄色，具弯曲的纵皱纹、芽痕、横长皮孔样突起及不规则疤痕。肉质，易断，断面皮部淡黄白色，可见橘红色油点，木部黄白色，导管呈放射状排列。气微，味微甜、微苦。

生地黄　多呈不规则的团块状或长圆形，中间膨大，两端稍细，有的细小，长条状，稍扁而扭曲，长6～12cm，直径2～6cm。表面棕黑色或棕灰色，极皱缩，具不规则的横曲纹。体重，质较软而韧，不易折断，断面棕黑色或乌黑色，有光泽，具黏性。气微，味微甜。

【鉴别】　（1）本品横切面：木栓细胞数列。栓内层薄壁细胞排列疏松；散有较多分泌细胞，含橙黄色油滴；偶有石细胞。韧皮部较宽，分泌细胞较少。形成层成环。木质部射线宽广；导管稀疏，排列成放射状。

生地黄粉末深棕色。木栓细胞淡棕色。薄壁细胞类圆形，内含类圆形核状物。分泌细胞形状与一般薄壁细胞相似，内含橙黄色或橙红色油滴状物。具缘纹孔导管和网纹导管直径约至92μm。

（2）取本品粉末2g，加甲醇20ml，加热回流1小时，放冷，滤过，滤液浓缩至5ml，作为供试品溶液。另取梓醇对照品，加甲醇制成每1ml含0.5mg的溶液，作为对照品溶液。照薄层色谱法（附录0502）试验，吸取上述两种溶液各5μl，分别点于同一硅胶G薄层板上，以三氯甲烷-甲醇-水（14:6:1）为展开剂，展开，取出，晾干，喷以茴香醛试液，在105℃加热至斑点显色清晰。供试品色谱中，在与对照品色谱相应的位置上，显相同颜色的斑点。

（3）取本品粉末1g，加80%甲醇50ml，超声处理30分钟，滤过，滤液蒸干，残渣加水5ml使溶解，用水饱和的正丁醇振摇提取4次，每次10ml，合并正丁醇液，蒸干，残渣加甲醇2ml使溶解，作为供试品溶液。另取毛蕊花糖苷对照品，加甲醇制成每1ml含1mg的溶液，作为对照品溶液。照薄层色谱法（附录0502）试验，吸取上述供试品溶液5μl、对照品溶液2μl，分别点于同一硅胶G薄层板上，以乙酸乙酯-甲醇-甲酸（16:0.5:2）为展开剂，展开，取出，晾干，再用0.1%的2,2-二苯基-1-苦肼基无水乙醇溶液浸板，晾干。供试品色谱中，在与对照品色谱相应的位置上，显相同颜色的斑点。

【检查】　水分　生地黄　不得过15.0%（附录0832第一法）。

总灰分　不得过8.0%（附录2302）。

酸不溶性灰分　不得过3.0%（附录2302）。

【浸出物】　照水溶性浸出物测定法（附录2201）项下的冷浸法测定，不得少于65.0%。

【含量测定】　梓醇　照高效液相色谱法（附录0512）测定。

色谱条件与系统适用性试验　以十八烷基硅烷键合硅胶为填充剂；以乙腈-0.1%磷酸溶液（1:99）为流动相；检测波长为210nm。理论板数按梓醇峰计算应不低于5000。

对照品溶液的制备　取梓醇对照品适量，精密称定，加流动相制成每1ml含10μg的溶液，即得。

供试品溶液的制备　取本品（生地黄）切成约5mm的小块，经80℃减压干燥24小时后，磨成粗粉，取约0.8g，精密称定，置具塞锥形瓶中，精密加入甲醇50ml，称定重量，加热回流提取1.5小时，放冷，再称定重量，用甲醇补足减失的重量，摇匀，滤过。精密量取续滤液10ml，浓缩至近干，残渣用流动相溶解，转移至10ml量瓶中，并用流动相稀释至刻度，摇匀，滤过，取续滤液，即得。

测定法　分别精密吸取对照品溶液与供试品溶液各10μl，注入液相色谱仪，测定，即得。

生地黄按干燥品计算，含梓醇（$C_{15}H_{22}O_{10}$）不得少于0.20%。

毛蕊花糖苷　照高效液相色谱法（附录0512）测定。

色谱条件与系统适用性试验　以十八烷基硅烷键合硅胶为填充剂；以乙腈-0.1%冰醋酸溶液

（16:84）为流动相；检测波长为334nm。理论板数按毛蕊花糖苷峰计算应不低于5000。

对照品溶液制备 取毛蕊花糖苷对照品适量，精密称定，加流动相制成每1ml含10μg的溶液，即得。

供试品溶液制备 精密量取〔含量测定〕项梓醇项下续滤液20ml，减压回收溶剂近干，残渣用流动相溶解，转移至5ml量瓶中，并用流动相稀释至刻度，摇匀，滤过，取续滤液，即得。

测定法 分别精密吸取对照品溶液与供试品溶液各20μl，注入液相色谱仪，测定，即得。

生地黄按干燥品计算，含毛蕊花糖苷（$C_{29}H_{36}O_{15}$）不得少于0.020%。

饮片

【炮制】 除去杂质，洗净，闷润，切厚片，干燥。

本品呈类圆形或不规则的厚片。外表皮棕黑色或棕灰色，极皱缩，具不规则的横曲纹。切面棕黑色或乌黑色，有光泽，具黏性。气微，味微甜。

【鉴别】（除横切面外）【检查】【浸出物】【含量测定】 同药材。

【性味与归经】 鲜地黄 甘、苦，寒。归心、肝、肾经。

生地黄 甘，寒。归心、肝、肾经。

【功能】 鲜地黄 清热生津，凉血，止血。

生地黄 滋阴生津，清热凉血。

【主治】 鲜地黄 热病伤阴，高热口渴，热性出血。

生地黄 阴虚发热，鼻衄，尿血，咽喉肿痛。

【用法与用量】 鲜地黄 马、牛30～90g；羊、猪10～25g。

生地黄 马、牛30～60g；羊、猪5～15g；兔、禽1～2g。

【贮藏】 鲜地黄埋在沙土中，防冻；生地黄置通风干燥处，防霉，防蛀。

熟 地 黄

Shudihuang

REHMANNIAE RADIX PRAEPARATA

本品为生地黄的炮制加工品。

【制法】（1）取生地黄，照酒炖法（附录0203）炖至酒吸尽，取出，晾晒至外皮黏液稍干时，切厚片或块，干燥，即得。

每100kg生地黄，用黄酒30～50kg。

（2）取生地黄，照蒸法（附录0203）蒸至黑润，取出，晒至约八成干时，切厚片或块，干燥，即得。

【性状】 本品为不规则的块片、碎块，大小、厚薄不一。表面乌黑色，有光泽，黏性大。质柔软而带韧性，不易折断，断面乌黑色，有光泽。气微，味甜。

【鉴别】 取本品粉末1g，加80%甲醇50ml，超声处理30分钟，滤过，滤液蒸干，残渣加水5ml使溶解，用水饱和正丁醇振摇提取4次，每次10ml，合并正丁醇液，蒸干，残渣加甲醇2ml使溶解，作为供试品溶液。另取毛蕊花糖苷对照品，加甲醇制成每1ml含1mg的溶液，作为对照品溶液。照薄层色谱法（附录0502）试验，吸取供试品溶液5μl、对照品溶液2μl，分别点于同一硅胶G薄层板上，以乙酸乙酯-甲醇-甲酸（16:0.5:2）为展开剂，展开，取出，晾干，用0.1%的2,2-二苯基-1-苦肼基无水乙醇溶液浸渍，晾干。供试品色谱中，在与对照品色谱相应的位置上，显相同颜色的斑点。

【检查】【浸出物】 同地黄。

【含量测定】 照高效液相色谱法（附录0512）测定。

色谱条件与系统适用性试验 以十八烷基硅烷键合硅胶为填充剂；以乙腈-0.1%醋酸溶液（16∶84）为流动相；检测波长为334nm。理论板数按毛蕊花糖苷峰计算应不低于5000。

对照品溶液制备 取毛蕊花糖苷对照品适量，精密称定，加流动相制成每1ml含10μg的溶液，即得。

供试品溶液制备 取本品最粗粉约2g，精密称定，置圆底烧瓶中，精密加入甲醇100ml，称定重量，加热回流30分钟，放冷，再称定重量，用甲醇补足减失的重量，摇匀，滤过，精密量取续滤液50ml，减压回收溶剂近干，残渣用流动相溶解，转移至10ml量瓶中，加流动相至刻度，摇匀，滤过，取续滤液，即得。

测定法 分别精密吸取对照品溶液与供试品溶液各20μl，注入液相色谱仪，测定，即得。

本品按干燥品计算，含毛蕊花糖苷（$C_{29}H_{36}O_{15}$）不得少于0.020%。

【性味与归经】 甘，微温。归肝、肾经。

【功能】 滋阴补血，益精填髓。

【主治】 肝肾阴虚，血虚精亏，腰胯痿软，虚喘久咳，虚热盗汗。

【用法与用量】 马、牛30～60g；羊、猪5～15g。

【贮藏】 置通风干燥处。

地　榆

Diyü

SANGUISORBAE RADIX

本品为蔷薇科植物地榆 *Sanguisorba officinalis* L. 或长叶地榆*Sanguisorba officinalis* L. var. *longifolia*（Bert.）*Yü et Li* 的干燥根。后者习称"绵地榆"。春季将发芽时或秋季植株枯萎后采挖，除去须根，洗净，干燥，或趁鲜切片，干燥。

【性状】 地榆 本品呈不规则纺锤形或圆柱形，稍弯曲，长5～25cm，直径0.5～2cm。表面灰褐色至暗棕色，粗糙，有纵纹。质硬，断面较平坦，粉红色或淡黄色，木部略呈放射状排列。气微，味微苦涩。

绵地榆 本品呈长圆柱形，稍弯曲，着生于短粗的根茎上；表面红棕色或棕紫色，有细纵纹。质坚韧，断面黄棕色或红棕色，皮部有多数黄白色或黄棕色绵状纤维。气微，味微苦涩。

【鉴别】 （1）本品根的横切面：地榆　木栓层为数列棕色细胞。栓内层细胞长圆形。韧皮部有裂隙，形成层环明显。木质部导管径向排列，纤维非木化，初生木质部明显。薄壁细胞内含多数草酸钙簇晶、细小方晶及淀粉粒。

绵地榆　栓内层内侧与韧皮部有众多的单个或成束的纤维，韧皮射线明显；木质部纤维少。

地榆粉末灰黄色至土黄色。草酸钙簇晶众多，棱角较钝，直径18～65μm。淀粉粒众多，多单粒，长11～25μm，直径3～9μm，类圆形、广卵形或不规则形，脐点多为裂缝状，层纹不明显。木栓细胞黄棕色，长方形，有的胞腔内含黄棕色块状物或油滴状物。导管多为网纹导管和具缘纹孔导管，直径13～60μm。纤维较少，单个散在或成束，细长，直径5～9μm，非木化，孔沟不明显。草酸钙方晶直径5～20μm。

绵地榆粉末红棕色。韧皮纤维众多，单个散在或成束，壁厚，直径7～26μm，较长，非木化。

（2）取本品粉末2g，加10%盐酸的50%甲醇溶液50ml，加热回流2小时，放冷，滤过，滤液用盐酸饱和的乙醚振摇提取2次，每次25ml，合并乙醚液，挥干，残渣加甲醇1ml使溶解，作为供试品溶液。另取没食子酸对照品，加甲醇制成每1ml含0.5mg的溶液，作为对照品溶液。照薄层色谱法（附录0502）试验，吸取供试品溶液5～10μl、对照品溶液5μl，分别点于同一硅胶G薄层板上，以甲苯（用水饱和）-乙酸乙酯-甲酸（6：3：1）为展开剂，展开，取出，晾干，喷以1%三氯化铁乙醇溶液。供试品色谱中，在与对照品色谱相应的位置上，显相同颜色的斑点。

【检查】　水分　不得过14.0%（附录0832第一法）。

总灰分　不得过10.0%（附录2302）。

酸不溶性灰分　不得过2.0%（附录2302）。

【浸出物】　照醇溶性浸出物测定法（附录2201）项下的热浸法测定，用稀乙醇作溶剂，不得少于23.0%。

【含量测定】　鞣质　取本品粉末（过四号筛）约0.4g，精密称定，照鞣质含量测定法（附录2202）测定，在"不被吸附的多酚"测定中，同时作空白试验校正，计算，即得。

按干燥品计算，不得少于8.0%。

没食子酸　照高效液相色谱法（附录0512）测定。

色谱条件与系统适用性试验　以十八烷基硅烷键合硅胶为填充剂；以甲醇-0.05%磷酸溶液（5：95）为流动相；检测波长为272nm。理论板数按没食子酸峰计算应不低于2000。

对照品溶液的制备　取没食子酸对照品适量，精密称定，加水制成每1ml含30μg的溶液，即得。

供试品溶液的制备　取本品粉末（过四号筛）约0.2g，精密称定，置具塞锥形瓶中，加10%盐酸溶液10ml，加热回流3小时，放冷，滤过，滤液置100ml量瓶中，用水适量分数次洗涤容器和残渣，洗液滤入同一量瓶中，加水至刻度，摇匀，滤过，取续滤液，即得。

测定法　分别精密吸取对照品溶液与供试品溶液各10μl，注入液相色谱仪，测定，即得。

本品按干燥品计算，含没食子酸（$C_7H_6O_5$）不得少于1.0%。

饮片

【炮制】　地榆　除去杂质；未切片者，洗净，除去残茎，润透，切厚片，干燥。

本品呈不规则的类圆形片或斜切片。外表皮灰褐色至深褐色。切面较平坦，粉红色、淡黄色或黄棕色，木部略呈放射状排列；或皮部有多数黄棕色绵状纤维。气微，味微苦涩。

【检查】　水分　同药材，不得过12.0%。

【鉴别】（除横切面外）【检查】（总灰分　酸不溶性灰分）【浸出物】【含量测定】　同药材。

地榆炭　取净地榆片，照炒炭法（附录0203）炒至表面焦黑色、内部棕褐色。

本品形如地榆片，表面焦黑色，内部棕褐色。具焦香气，味微苦涩。

【鉴别】（2）　同药材。

【浸出物】　同药材，不得少于20.0%。

【含量测定】　同药材，鞣质不得少于2.0%；没食子酸不得少于0.60%。

【性味与归经】　苦、酸、涩，微寒。归肝、大肠经。

【功能】　凉血解毒，止血敛疮。

【主治】　血痢，衄血，子宫出血，疮黄疔毒，烫伤。

【用法与用量】 马、牛15～60g；羊、猪6～12g；兔、禽1～2g。外用适量。

【贮藏】 置通风干燥处，防蛀。

地　锦　草

Dijincao

EUPHORBIAE HUMIFUSAE HERBA

本品为大戟科植物地锦 *Euphorbia humifusa* Willd. 或斑地锦 *Euphorbia maculata* L. 的干燥全草。夏、秋二季采收，除去杂质，晒干。

【性状】 **地锦** 常皱缩卷曲，根细小。茎细，呈叉状分枝，表面带紫红色，光滑无毛或疏生白色细柔毛；质脆，易折断，断面黄白色，中空。单叶对生，具淡红色短柄或几无柄；叶片多皱缩或已脱落，展平后呈长椭圆形，长5～10mm，宽4～6mm；绿色或带紫红色，通常无毛或疏生细柔毛；先端钝圆，基部偏斜，边缘具小锯齿或呈微波状。杯状聚伞花序腋生，细小。蒴果三棱状球形，表面光滑。种子细小，卵形，褐色。气微，味微涩。

斑地锦 叶上表面具红斑。蒴果被稀疏白色短柔毛。

【鉴别】 （1）本品粉末绿褐色。叶表皮细胞外壁呈乳头状突起。叶肉组织中，细脉末端周围的细胞放射状排列。非腺毛3～8细胞，直径约14μm，多碎断。

（2）取本品粉末1g，加80%甲醇50ml，加热回流1小时，放冷，滤过，滤液蒸干，残渣加水-乙醚（1:1）混合溶液60ml使溶解，静置分层，弃去乙醚液，水液加乙醚提取2次，每次20ml，弃去乙醚液，水液加盐酸5ml，置水浴中水解1小时，取出，迅速冷却，用乙醚提取2次，每次20ml，合并乙醚液，用水30ml洗涤，弃去水液，乙醚液挥干，残渣加乙醇1ml使溶解，作为供试品溶液。另取槲皮素对照品，加乙醇制成每1ml含1mg的溶液，作为对照品溶液。照薄层色谱法（附录0502）试验，吸取供试品溶液10μl、对照品溶液2μl，分别点于同一硅胶G薄层板上，以甲苯-乙酸乙酯-甲酸（5:4.5:0.5）为展开剂，展开，取出，晾干，喷以3%三氯化铝乙醇溶液，在105℃加热数分钟，置紫外光灯（365nm）下检视。供试品色谱中，在与对照品色谱相应的位置上，显相同颜色的荧光斑点。

【检查】 **杂质** 不得过3%（附录2301）。

水分 不得过10.0%（附录0832第一法）。

总灰分 不得过12.0%（附录2302）。

酸不溶性灰分 不得过3.0%（附录2302）。

【浸出物】 照醇溶性浸出物测定法（附录2201）项下的热浸法测定，用75%乙醇作溶剂，不得少于18.0%。

【含量测定】 照高效液相色谱法（附录0512）测定。

色谱条件与系统适用性试验 以十八烷基硅烷键合硅胶为填充剂；以甲醇-0.4%磷酸溶液（50:50）为流动相；检测波长为360nm。理论板数按槲皮素峰计算应不低于2500。

对照品溶液的制备 取槲皮素对照品适量，精密称定，加80%甲醇制成每1ml含20μg的溶液，即得。

供试品溶液的制备 取本品粉末（过三号筛）约1.5g，精密称定，置具塞锥形瓶中，精密加入80%甲醇50ml，称定重量，加热回流1.5小时，放冷，再称定重量，用80%甲醇补足减失的重量，摇匀，滤过，精密量取续滤液20ml，精密加入25%盐酸溶液7ml，置85℃水浴中水解30分钟，取出，迅速冷却，转移至50ml量瓶中，加甲醇稀释至刻度，摇匀，滤过，取续滤液，即得。

测定法 分别精密吸取对照品溶液与供试品溶液各10μl，注入液相色谱仪，测定，即得。

本品按干燥品计算，含槲皮素（$C_{15}H_{10}O_7$）不得少于0.10%。

饮片

【炮制】 除去杂质，喷淋清水，稍润，切段，干燥。

【鉴别】【检查】 （水分　总灰分　酸不溶性灰分）同药材。

【性味与归经】 辛，平。归肝、大肠经。

【功能】 清热解毒，凉血止血。

【主治】 下痢，肠黄，便血，尿血，咳血，跌打损伤，痈肿恶疮。

【用法与用量】 马、牛60～150g；羊、猪30～60g。外用鲜品适量，捣敷患处。

【贮藏】 置通风干燥处。

芒　硝

Mangxiao

NATRII SULFAS

本品为硫酸盐类矿物芒硝族芒硝，经加工精制而成的结晶体。主含含水硫酸钠（$Na_2SO_4 \cdot 10H_2O$）。

【性状】 本品为棱柱状、长方形或不规则块状及粒状。无色透明或类白色半透明。质脆，易碎，断面呈玻璃样光泽。气微，味咸。

【鉴别】 本品的水溶液显钠盐（附录0301）与硫酸盐（附录0301）的鉴别反应。

【检查】 **铁盐与锌盐** 取本品5g，加水20ml溶解后，加硝酸2滴，煮沸5分钟，滴加氢氧化钠试液中和，加稀盐酸1ml、亚铁氰化钾试液1ml与适量的水使成50ml，摇匀，放置10分钟，不得发生浑浊或显蓝色。

镁盐 取本品2g，加水20ml溶解后，加氨试液与磷酸氢二钠试液各1ml，5分钟内不得发生浑浊。

干燥失重 取本品，在105℃干燥至恒重，减失重量应为51.0%～57.0%（附录0831）。

重金属 取本品2.0g，加稀醋酸试液2ml与适量的水溶解使成25ml，依法检查（附录0821第一法），含重金属不得过10mg/kg。

砷盐 取本品0.20g，加水23ml溶解后，加盐酸5ml，依法检查（附录0822），含砷量不得过10mg/kg。

【含量测定】 取本品约0.4g，精密称定，加水200ml溶解后，加盐酸1ml，煮沸，不断搅拌，并缓缓加入热氯化钡试液（20ml），至不再生成沉淀，置水浴上加热30分钟，静置1小时，用无灰滤纸或称定重量的古氏坩埚滤过，沉淀用水分次洗涤，至洗液不再显氯化物的反应，干燥，并炽灼至恒重，精密称定，与0.6086相乘，即得供试品中含有硫酸钠（Na_2SO_4）的重量。

本品按干燥品计算，含硫酸钠（Na_2SO_4）不得少于99.0%。

【性味与归经】 咸、苦，寒。归胃、大肠经。

【功能】 泻热通便，润燥软坚，清火消肿。

【主治】 实热便秘，粪便燥结，乳痈肿痛。

【用法与用量】 马200～500g；牛300～800g；羊40～100g；猪25～50g；犬、猫5～15g；兔、禽2～4g。外用适量。

【注意】 孕畜禁用。

【贮藏】 密闭，30℃以下保存，防风化。

百 合

Baihe

LILII BULBUS

本品为百合科植物卷丹 *Lilium lancifolium* Thunb. 、百合 *Lilium brownii* F. E. Brown var. *viridulum* Baker 或细叶百合 *Lilium pumilum* DC. 的干燥肉质鳞叶。秋季采挖，洗净，剥取鳞叶，置沸水中略烫，干燥。

【性状】 本品呈长椭圆形，长2～5cm，宽1～2cm，中部厚1.3～4mm。表面黄白色至淡棕黄色，有的微带紫色，有数条纵直平行的白色维管束。顶端稍尖，基部较宽，边缘薄，微波状，略向内弯曲。质硬而脆，断面较平坦，角质样。气微，味微苦。

【鉴别】 取本品粉末1g，加甲醇10ml，超声处理20分钟，滤过，滤液浓缩至1ml，作为供试品溶液。另取百合对照药材1g，同法制成对照药材溶液。照薄层色谱法（附录0502）试验，吸取上述两种溶液各10μl，分别点于同一硅胶G薄层板上，以石油醚（60～90℃）-乙酸乙酯-甲酸（15:5:1）的上层溶液为展开剂，展开，取出，晾干，喷以10%磷钼酸乙醇溶液，加热至斑点显色清晰。供试品色谱中，在与对照药材色谱相应的位置上，显相同颜色的斑点。

【浸出物】 照水溶性浸出物测定法（附录2201）项下的冷浸法测定，不得少于18.0%。

饮片

【炮制】 百合 除去杂质。

蜜百合 取净百合，照蜜炙法（附录0203）炒至不粘手。

每100kg百合，用炼蜜5kg。

【性味与归经】 甘，寒。归心、肺经。

【功能】 养阴润肺，清心安神。

【主治】 肺燥咳喘，阴虚久咳，心神不宁。

【用法与用量】 马、牛18～60g；羊、猪6～12g。

【贮藏】 置通风干燥处。

百 部

Baibu

STEMONAE RADIX

本品为百部科植物直立百部 *Stemona sessilifolia* （Miq.）Miq. 、蔓生百部 *Stemona japonica* （Bl.）Miq. 或对叶百部 *Stemona tuberosa* Lour. 的干燥块根。春、秋二季采挖，除去须根，洗净，置沸水中略烫或蒸至无白心，取出，晒干。

【性状】 直立百部 呈纺锤形，上端较细长，皱缩弯曲，长5～12cm，直径0.5～1cm。表面黄白色或淡棕黄色，有不规则深纵沟，间或有横皱纹。质脆，易折断，断面平坦，角质样，淡黄棕色或黄白色，皮部较宽，中柱扁缩。气微，味甘、苦。

蔓生百部 两端稍狭细，表面多不规则皱褶和横皱纹。

对叶百部 呈长纺锤形或长条形，长8~24cm，直径0.8~2cm。表面浅黄棕色至灰棕色，具浅纵皱纹或不规则纵槽。质坚实，断面黄白色至暗棕色，中柱较大，髓部类白色。

【鉴别】 （1）本品横切面：直立百部 根被为3~4列细胞，壁木栓化及木化，具致密的细条纹。皮层较宽。中柱韧皮部束与木质部束各19~27个，间隔排列，韧皮部束内侧有少数非木化纤维；木质部束导管2~5个，并有木纤维和管胞，导管类多角形，径向直径约至48μm，偶有导管深入至髓部。髓部散有少数细小纤维。

蔓生百部 根被为3~6列细胞。韧皮部纤维木化。导管径向直径约至184μm，通常深入至髓部，与外侧导管束作2~3轮排列。

对叶百部 根被为3列细胞，细胞壁无细条纹，其最内层细胞的内壁特厚。皮层外侧散有纤维，类方形，壁微木化。中柱韧皮部束与木质部束各32~40个。木质部束导管圆多角形，直径至107μm，其内侧与木纤维和微木化的薄壁细胞连接成环层。

（2）取本品粉末5g，加70%乙醇50ml，加热回流1小时，滤过，滤液蒸去乙醇，残渣加浓氨试液调节pH值至10~11，再加三氯甲烷5ml振摇提取，分取三氯甲烷层，蒸干，残渣加1%盐酸溶液5ml使溶解，滤过。滤液分为两份：一份中滴加碘化铋钾试液，生成橙红色沉淀；另一份中滴加硅钨酸试液，生成乳白色沉淀。

【浸出物】 照水溶性浸出物测定法（附录2201）项下热浸法测定，不得少于50.0%。

饮片

【炮制】 百部 除去杂质，洗净，润透，切厚片，干燥。

本品呈不规则厚片或不规则条形斜片；表面灰白色、棕黄色，有深纵皱纹；切面灰白色、淡黄棕色或黄白色，角质样；皮部较厚、中柱扁缩。质韧软。气微，味甘、苦。

蜜百部 取百部片，照蜜炙法（附录0203）炒至不黏手。

每100kg百部，用炼蜜12.5kg。

本品形同百部片，表面棕黄色或褐棕色，略带焦斑，稍有黏性。味甜。

【性味与归经】 甘、苦，微温。归肺经。

【功能】 润肺止咳，杀虫。

【主治】 咳嗽，蛲虫病，蛔虫病，疥癣，体虱。

【用法与用量】 马、牛15~30g；羊、猪6~12g；犬、猫3~5g。外用适量。

【贮藏】 置通风干燥处，防潮。

列　当

Liedang

OROBANCHES HERBA

本品为列当科植物列当 *Orobanche coerulescens* Steph. 或黄花列当 *Orobanche pycnostachya* Hance 的干燥全草。春、夏二季采收，晒干。

【性状】 本品长至35cm，全株被白色绒毛。茎单一，肥厚，肉质，表面红褐色至暗褐色，具纵皱纹。叶鳞片状，互生，披针形，黄褐色。穗状花序，长5～10cm，暗黄褐色。蒴果卵状椭圆形，具多数种子。气微，味微苦。

【鉴别】 本品粉末黄褐色。淀粉粒极多，单粒大、类圆形。导管散在或与薄壁细胞相连接，主为网纹导管，少数为螺纹、具缘纹孔导管。表皮细胞淡黄色或无色。非腺毛少见散在，多碎断。

【炮制】 切段，晒干。

【性味】 甘、微苦，温。

【功能】 补肾壮阳，强筋骨，润肠通便。

【主治】 阳痿，滑精，腰肢无力，肠燥便秘。

【用法与用量】 马、牛15～30g；羊、猪5～15g。

【贮藏】 置通风干燥处。

当　归

Danggui

ANGELICAE SINENSIS RADIX

本品为伞形科植物当归 *Angelica sinensis*（Oliv.）Diels 的干燥根。秋末采挖，除去须根和泥沙，待水分稍蒸发后，捆成小把，上棚，用烟火慢慢熏干。

【性状】 本品略呈圆柱形，下部有支根3～5条或更多，长15～25cm。表面浅棕色至棕褐色，具纵皱纹和横长皮孔样突起。根头（归头）直径1.5～4cm，具环纹，上端圆钝，或具数个明显突出的根茎痕，有紫色或黄绿色的茎及叶鞘的残基；主根（归身）表面凹凸不平；支根（归尾）直径0.3～1cm，上粗下细，多扭曲，有少数须根痕。质柔韧，断面黄白色或淡黄棕色，皮部厚，有裂隙及多数棕色点状分泌腔，木部色较淡，形成层环黄棕色。有浓郁的香气，味甘、辛、微苦。

柴性大、干枯无油或断面呈绿褐色者不可供药用。

【鉴别】 （1）本品横切面：木栓层为数列细胞。栓内层窄，有少数油室。韧皮部宽广，多裂隙，油室和油管类圆形，直径25～160μm，外侧较大，向内渐小，周围分泌细胞6～9个。形成层成环。木质部射线宽3～5列细胞；导管单个散在或2～3个相聚，呈放射状排列；薄壁细胞含淀粉粒。

粉末淡黄棕色。韧皮薄壁细胞纺锤形，壁略厚，表面有极微细的斜向交错纹理，有时可见菲薄的横隔。梯纹导管及网纹导管多见，直径约至80μm。有时可见油室碎片。

（2）取本品粉末0.5g，加乙醚20ml，超声处理10分钟，滤过，滤液蒸干，残渣加乙醇1ml使溶解，作为供试品溶液。另取当归对照药材0.5g，同法制成对照药材溶液。照薄层色谱法（附录0502）试验，吸取上述两种溶液各10μl，分别点于同一硅胶G薄层板上，以正己烷-乙酸乙酯（4:1）为展开剂，展开，取出，晾干，置紫外光灯（365nm）下检视。供试品色谱中，在与对照药材色谱相应的位置上，显相同颜色的荧光斑点。

（3）取本品粉末3g，加1%碳酸氢钠溶液50ml，超声处理10分钟，离心，取上清液用稀盐酸调节pH值至2～3，用乙醚振摇提取2次，每次20ml，合并乙醚液，挥干，残渣加甲醇1ml使溶解，作为供试品溶液。另取阿魏酸对照品、藁本内酯对照品，加甲醇制成每1ml各含1mg的溶液，作为对照品溶液。照薄层色谱法（附录0502）试验，吸取上述三种溶液各10μl，分别点于同一硅胶G薄层板上，以环己烷-二氯甲烷-乙酸乙酯-甲酸（4:1:1:0.1）为展开剂，展开，取出，晾干，置紫外光灯（365nm）下检视。供试品色谱中，在与对照品色谱相应的位置上，显相同颜色的荧光斑点。

【检查】 水分 不得过15.0%（附录0832第二法）。

总灰分 不得过7.0%（附录2302）。

酸不溶性灰分 不得过2.0%（附录2302）。

【浸出物】 照醇溶性浸出物测定法（附录2201）项下的热浸法测定，用70%乙醇作溶剂，不得少于45.0%。

【含量测定】 挥发油 照挥发油测定法（附录2204）项下乙法测定。

本品含挥发油不得少于0.4%（ml/g）。

阿魏酸 照高效液相色谱法（附录0512）测定。

色谱条件与系统适用性试验 以十八烷基硅烷键合硅胶为填充剂；以乙腈-0.085%磷酸溶液（17:83）为流动相；检测波长为316nm；柱温35℃。理论板数按阿魏酸峰计算应不低于5000。

对照品溶液的制备 取阿魏酸对照品适量，精密称定，置棕色量瓶中，加70%甲醇制成每1ml含12μg的溶液，即得。

供试品溶液的制备 取本品粉末（过三号筛）约0.2g，精密称定，置具塞锥形瓶中，精密加入70%甲醇20ml，密塞，称定重量，加热回流30分钟，放冷，再称定重量，用70%甲醇补足减失的重量，摇匀，静置，取上清液滤过，取续滤液，即得。

测定法 分别精密吸取对照品溶液与供试品溶液各10μl，注入液相色谱仪，测定，即得。

本品按干燥品计算，含阿魏酸（$C_{10}H_{10}O_4$）不得少于0.050%。

饮片

【炮制】 当归 除去杂质，洗净，润透，切薄片，晒干或低温干燥。

本品呈类圆形、椭圆形或不规则薄片。外表皮浅棕色至棕褐色。切面浅棕黄色或黄白色，平坦，有裂隙，中间有浅棕色的形成层环，并有多数棕色的油点。香气浓郁，味甘、辛、微苦。

【鉴别】（除横切面外）【检查】【浸出物】 同药材。

酒当归 取净当归片，照酒炙法（附录0203）炒干。

本品形如当归片，切面有深黄色或浅棕黄色，略有焦斑。香气浓郁，并略有酒香气。

【检查】 水分 同药材，不得过10.0%（附录0832第二法）。

【浸出物】 同药材，不得少于50.0%。

【鉴别】（除横切面外）【检查】（总灰分 酸不溶性灰分）同药材。

【性味与归经】 甘、辛，温。归肝、心、脾经。

【功能】 补血养血，活血止痛，润燥通便。

【主治】 血虚劳伤，血瘀疼痛，跌打损伤，痈肿疮疡，肠燥便秘，胎产诸病。

【用法与用量】 马、牛15～60g；驼35～75g；羊、猪5～15g；犬、猫2～5g；兔、禽1～2g。

【贮藏】 置阴凉干燥处，防潮，防蛀。

肉 苁 蓉

Roucongrong

CISTANCHES HERBA

本品为列当科植物肉苁蓉 *Cistanche deserticola* Y. C. Ma 或管花肉苁蓉 *Cistanche tubulosa* （Schrenk） Wight的干燥带鳞叶的肉质茎。春季苗刚出土时或秋季冻土之前采挖，除去茎尖。切段，晒干。

【性状】 肉苁蓉 呈扁圆柱形，稍弯曲，长3～15cm，直径2～8cm。表面棕褐色或灰棕色，密被覆瓦状排列的肉质鳞叶，通常鳞叶先端已断，体重，质硬，微有柔性，不易折断，断面棕褐色，有淡棕色点状维管束，排列成波状环纹。气微，味甜、微苦。

管花肉苁蓉 呈类纺锤形、扁纺锤形或扁柱形，稍弯曲，长5～25cm，直径2.5～9cm。表面棕褐色至黑褐色。断面颗粒状，灰棕色至灰褐色，散生点状维管束。

【鉴别】 取本品粉末1g，加甲醇20ml，超声处理15分钟，滤过，滤液浓缩至近干，残渣加甲醇2ml使溶解，作为供试品溶液。另取松果菊苷对照品、毛蕊花糖苷对照品，加甲醇分别制成每1ml含1mg的溶液，作为对照品溶液。照薄层色谱法（附录0502）试验，吸取上述三种溶液各2μl，分别点于同一聚酰胺薄层板上，以甲醇-醋酸-水（2:1:7）为展开剂，展开，取出，晾干，置紫外光灯（365nm）下检视。供试品色谱中，在与对照品色谱相应的位置上，显相同颜色的荧光斑点。

【检查】 水分 不得过10.0%（附录0832第一法）。

总灰分 不得过8.0%（附录2302）。

【浸出物】 照醇溶性浸出物测定法（附录2201）项下的冷浸法测定，用稀乙醇作溶剂，肉苁蓉不得少于35.0%，管花肉苁蓉不得少于25.0%。

【含量测定】 照高效液相色谱法（附录0512）测定。

色谱条件与系统适用性试验 以十八烷基硅烷键合硅胶为填充剂；以甲醇为流动相A，以0.1%甲酸溶液为流动相B，按下表中的规定进行梯度洗脱；检测波长为330nm。理论板数按松果菊苷峰计算应不低于3000。

时间（分钟）	流动相A（%）	流动相B（%）
0～17	26.5	73.5
17～20	26.5→29.5	73.5→70.5
20～27	29.5	70.5

对照品溶液的制备 取松果菊苷和毛蕊花糖苷对照品适量，精密称定，加50%甲醇制成每1ml各含0.2mg的混合对照品溶液，即得。

供试品溶液的制备 取本品粉末（过四号筛）约1g，精密称定，置100ml棕色量瓶中，精密加入50%甲醇50ml，密塞，摇匀，称定重量，浸泡30分钟，超声处理40分钟（功率250W，频率35kHz），放冷，再称定重量，加50%甲醇补足减失的重量，摇匀，静置，取上清液，滤过，取续滤液，即得。

测定法 分别精密吸取对照品溶液与供试品溶液各10μl，注入液相色谱仪，测定，即得。

本品按干燥品计算，肉苁蓉含松果菊苷（$C_{35}H_{46}O_{20}$）和毛蕊花糖苷（$C_{29}H_{36}O_{15}$）的总量不得少于0.30%；管花肉苁蓉含松果菊苷（$C_{35}H_{46}O_{20}$）和毛蕊花糖苷（$C_{29}H_{36}O_{15}$）的总量不得少于1.5%。

饮片

【炮制】 肉苁蓉片 除去杂质，洗净，润透，切厚片，干燥。

肉苁蓉呈不规则形的厚片。表面棕褐色或灰棕色。有的可见肉质鳞叶。切面有淡棕色或棕黄色点状维管束，排列成波状环纹。气微，味甜、微苦。

管花肉苁蓉片 切面散生点状维管束。

【鉴别】 【检查】 【浸出物】 【含量测定】 同药材。

酒苁蓉 取净肉苁蓉片，照酒炖或酒蒸法（附录0203）炖或蒸至酒吸尽。

酒苁蓉形如肉苁蓉片。表面黑棕色，切面点状维管束，排列成波状环纹。质柔润。略有酒香气，味甜、微苦。

酒管花苁蓉切面散生点状维管束。

【鉴别】【检查】【浸出物】【含量测定】 同药材。

【性味与归经】 甘、咸，温。归肾、大肠经。

【功能】 补肾阳，益精血，润肠通便。

【主治】 滑精，阳痿，垂缕不收，宫寒不孕，腰胯疼痛，肠燥便秘。

【用法与用量】 马、牛15~45g；羊、猪5~10g；兔、禽1~2g。

【贮藏】 置通风干燥处，防蛀。

肉 豆 蔻

Roudoukou

MYRISTICAE SEMEN

本品为肉豆蔻科植物肉豆蔻 *Myristica fragrans* Houtt. 的干燥种仁。

【性状】 本品呈卵圆形或椭圆形，长2~3cm，直径1.5~2.5cm。表面灰棕色或灰黄色，有时外被白粉（石灰粉末）。全体有浅色纵行沟纹及不规则网状沟纹。种脐位于宽端，呈浅色圆形突起，合点呈暗凹陷。种脊呈纵沟状，连接两端。质坚，断面显棕黄色相杂的大理石花纹，宽端可见干燥皱缩的胚，富油性。气香浓烈，味辛。

【鉴别】 （1）本品横切面：外层外胚乳组织，由10余列扁平皱缩细胞组成，内含棕色物，偶见小方晶，错入组织有小维管束，暗棕色的外胚乳深入于浅黄色的内胚乳中，形成大理石样花纹，内含多数油细胞。内胚乳细胞壁薄，类圆形，充满淀粉粒、脂肪油及糊粉粒，内有疏散的浅黄色细胞。淀粉粒多为单粒，直径10~20μm，少数为2~6分粒组成的复粒，直径25~30μm，脐点明显。以碘液染色，甘油装置立即观察，可见在众多蓝黑色淀粉粒中杂有较大的糊粉粒。以水合氯醛装置观察，可见脂肪油常呈块片状、鳞片状，加热即成油滴状。

（2）取本品粉末2g，加石油醚（60~90℃）10ml，超声处理30分钟，滤过，滤液作为供试品溶液。另取肉豆蔻对照药材2g，同法制成对照药材溶液。照薄层色谱法（附录0502）试验，吸取上述两种溶液各5μl，分别点于同一硅胶G薄层板上，以石油醚（60~90℃）-乙酸乙酯（9:1）为展开剂，展开缸中预饱和15分钟，展开，取出，晾干，喷以5%香草醛硫酸溶液，在105℃加热至斑点显色清晰。供试品色谱中，在与对照药材色谱相应的位置上，显相同颜色的斑点。

【检查】 水分 不得过10.0%（附录0832第二法）。

黄曲霉毒素 照黄曲霉毒素测定法（附录2351）测定。

本品每1000g含黄曲霉毒素B1不得过5μg，黄曲霉毒素G$_2$、黄曲霉毒素G$_1$、黄曲霉毒素B$_2$和黄曲霉毒素B$_1$的总量不得过10μg。

【含量测定】 挥发油 取本品粗粉约20g，精密称定，照挥发油测定法（附录2204）测定。

本品含挥发油不得少于6.0%（ml/g）。

去氢二异丁香酚 照高效液相色谱法（附录0512）测定。

色谱条件与系统适用性试验 以十八烷基硅烷键合硅胶为填充剂；以甲醇-水（75:25）为流动相；检测波长为274nm。理论板数按去氢二异丁香酚峰计算应不低于3000。

对照品溶液的制备　取去氢二异丁香酚对照品适量，精密称定，加甲醇制成每1ml含30μg的溶液，即得。

供试品溶液的制备　取本品粉末（过二号筛）约0.5g，精密称定，置具塞锥形瓶中，精密加入甲醇50ml，称定重量，超声处理（功率250W，频率40kHz）30分钟，放冷，再称定重量，用甲醇补足减失的重量，摇匀，滤过，取续滤液，即得。

测定法　分别精密吸取对照品溶液与供试品溶液各10μl，注入液相色谱仪，测定，即得。

本品按干燥品计算，含去氢二异丁香酚（$C_{20}H_{22}O_4$）不得少于0.10%。

饮片

【炮制】　肉豆蔻　除去杂质，洗净，干燥。

【性状】【鉴别】【检查】【含量测定】　同药材。

麸煨肉豆蔻　取净肉豆蔻，加入麸皮，麸煨温度150～160℃，约15分钟，至麸皮呈焦黄色，肉豆蔻呈棕褐色，表面有裂隙时取出，筛去麸皮，放凉。用时捣碎。

每100kg肉豆蔻，用麸皮40kg。

本品形如肉豆蔻，表面为棕褐色，有裂隙。气香，味辛。

【含量测定】　同药材，含挥发油不得少于4.0%（ml/g）；含去氢二异丁香酚（$C_{20}H_{22}O_4$）不得少于0.080%。

【鉴别】【检查】　同药材。

【性味与归经】　辛，温。归脾、胃、大肠经。

【功能】　涩肠止泻，温中行气。

【主治】　脾胃虚寒，久泻不止，肚腹胀痛。

【用法与用量】　马、牛15～30g；羊、猪5～10g。

【贮藏】　置阴凉干燥处，防蛀。

肉　　桂

Rougui

CINNAMOMI CORTEX

本品为樟科植物肉桂 *Cinnamomum cassia* Presl 的干燥树皮。多于秋季剥取，阴干。

【性状】　本品呈槽状或卷筒状，长30～40cm，宽或直径3～10cm，厚0.2～0.8cm。外表面灰棕色，稍粗糙，有不规则的细皱纹及横向突起的皮孔，有的可见灰白色的斑纹；内表面红棕色，略平坦，有细纵纹，划之显油痕。质硬而脆，易折断，断面不平坦，外层棕色而较粗糙，内层红棕色而油润，两层间有1条黄棕色的线纹。气香浓烈，味甜、辣。

【鉴别】　（1）本品横切面：木栓细胞数列，最内层细胞外壁增厚，木化。皮层散有石细胞和分泌细胞。中柱鞘部位有石细胞群，断续排列成环，外侧伴有纤维束，石细胞通常外壁较薄。韧皮部射线宽1～2列细胞，含细小草酸钙针晶；纤维常2～3个成束；油细胞随处可见。薄壁细胞含淀粉粒。

粉末红棕色。纤维大多单个散在，长梭形，长195～920μm，直径约至50μm，壁厚，木化，纹孔不明显。石细胞类方形或类圆形，直径32～88μm，壁厚，有的一面菲薄。油细胞类圆形或长圆形，直径45～108μm。草酸钙针晶细小，散在于射线细胞中。木栓细胞多角形，含红棕色物。

（2）取本品粉末0.5g，加乙醇10ml，冷浸20分钟，时时振摇，滤过，滤液作为供试品溶液。另取桂皮醛对照品，加乙醇制成每1ml含1μl的溶液，作为对照品溶液。照薄层色谱法（附录0502）试验，吸取供试品溶液2～5μl，对照品溶液2μl，分别点于同一硅胶G薄层板上，以石油醚（60～90℃）-乙酸乙酯（17：3）为展开剂，展开，取出，晾干，喷以二硝基苯肼乙醇试液。供试品色谱中，在与对照品色谱相应的位置上，显相同颜色的斑点。

【检查】　水分　不得过15.0%（附录0832第二法）。

总灰分　不得过5.0%（附录2302）。

【含量测定】　挥发油　照挥发油测定法（附录2204第二法）测定。

本品含挥发油不得少于1.2%（ml/g）。

桂皮醛　照高效液相色谱法（附录0512）测定。

色谱条件与系统适用性试验　以十八烷基硅烷键合硅胶为填充剂；以乙腈-水（35：75）为流动相；检测波长为290nm。理论板数按桂皮醛峰计算应不低于3000。

对照品溶液的制备　取桂皮醛对照品适量，精密称定，加甲醇制成每1ml含10μg的溶液，即得。

供试品溶液的制备　取本品粉末（过三号筛）约0.5g，精密称定，置具塞锥形瓶中，精密加入甲醇25ml，称定重量，超声处理（功率350W，频率35kHz）10分钟，放置过夜，同法超声处理一次，再称定重量，用甲醇补足减失的重量，摇匀，滤过。精密量取续滤液1ml，置25ml量瓶中，加甲醇至刻度，摇匀，即得。

测定法　分别精密吸取对照品溶液与供试品溶液各10μl，注入液相色谱仪，测定，即得。

本品按干燥品计算，含桂皮醛（C_9H_8O）不得少于1.5%。

饮片

【炮制】　除去杂质及粗皮。用时捣碎。

【鉴别】【检查】　同药材。

【性味与归经】　辛、甘，大热。归肾、脾、心、肝经。

【功能】　补火助阳，温中除寒。

【主治】　脾胃虚寒，冷痛，肾阳不足，风寒痹痛，阳痿，宫冷。

【用法与用量】　马、牛15～30g；羊、猪5～10g；兔、禽1～2g。

【注意】　孕畜禁用。

【贮藏】　置阴凉干燥处，密闭。

朱　砂

Zhusha

CINNABARIS

本品为硫化物类矿物辰砂族辰砂，主含硫化汞（HgS）。采挖后，选取纯净者，用磁铁吸净含铁的杂质，再用水淘去杂石和泥沙。

【性状】　本品为粒状或块状集合体，呈颗粒状或块片状。鲜红色或暗红色，条痕红色至褐红色，具光泽。体重，质脆，片状者易破碎，粉末状者有闪烁的光泽。气微，味淡。

【鉴别】　（1）取本品粉末，用盐酸湿润后，在光洁的铜片上摩擦，铜片表面显银白色光泽，加热烘烤后，银白色即消失。

（2）取本品粉末2g，加盐酸-硝酸（3：1）的混合溶液2ml使溶解，蒸干，加水2ml使溶解，滤过，滤液显汞盐（附录0301）与硫酸盐（附录0301）的鉴别反应。

【检查】 铁 取本品1g，加稀盐酸20ml，加热煮沸10分钟，放冷，滤过，滤液置250ml量瓶中，加氢氧化钠试液中和后，加水至刻度。取10ml，照铁盐检查法（附录0802）检查，如显颜色，与标准铁溶液4ml制成的对照液比较，不得更深（0.1%）。

【含量测定】 取本品粉末约0.3g，精密称定，置锥形瓶中，加硫酸10ml与硝酸钾1.5g，加热使溶解，放冷，加水50ml，并加1%高锰酸钾溶液至显粉红色，再滴加2%硫酸亚铁溶液至红色消失后，加硫酸铁铵指示液2ml，用硫氰酸铵滴定液（0.1mol/L）滴定。每1ml硫氰酸铵滴定液（0.1mol/L）相当于11.63mg的硫化汞（HgS）。

本品含硫化汞（HgS）不得少于96.0%。

饮片

【炮制】 朱砂粉 取朱砂，用磁铁吸去铁屑，或照水飞法（附录0203）水飞，晾干或40℃以下干燥。

本品为朱红色极细粉末，体轻，以手指撮之无粒状物，以磁铁吸之，无铁末。气微、味淡。照上述〔鉴别〕（1）、（2）和〔检查〕项下试验，应显相同的结果。

可溶性汞盐 取本品1g，加水10ml，搅匀，滤过，静置，滤液不得显汞盐（附录0301）的鉴别反应。

取本品约0.20g，精密称定，照上述〔含量测定〕项下的方法测定，含硫化汞（HgS）不得少于98.0%。

【性味与归经】 甘，微寒；有毒。归心经。

【功能】 清心镇惊，安神，解毒。

【主治】 心热风邪，躁动不安，热病癫狂，脑黄，疮疡肿毒。

【用法与用量】 马、牛3～6g；羊、猪0.3～1.5g。外用适量。

【注意】 本品有毒，不宜大量服用，也不宜少量久服；孕畜禁用。

【贮藏】 置干燥处。

竹　　叶

Zhuye

PHYLLOSTACHYDIS FOLIUM

本品为禾本科植物淡竹 *Phyllostachys nigra*（Lodd.）Munro var. *henonis*（Mitf.）Stapf ex Rendle 或苦竹 *Pleioblastus amarus*（Keng）Keng f. 的干燥嫩叶。全年均可采收，晒干。

【性状】 淡竹的叶 本品呈狭长披针形，长7.5～16cm，宽1～2cm，先端渐尖，基部钝形，叶柄长约5mm，边缘一侧较平滑，另一侧具小锯齿；平行脉，次脉6～8对，小横脉甚显著；叶上表面深绿色，无毛，背面色较淡，基部具微毛。质薄而较脆。气弱，味淡。

苦竹的叶 本品多呈细长卷筒状。展平后呈披针形，长6～12cm，宽1～1.5cm，先端尖锐，基部圆形，叶柄长0.6～1cm，上表面灰绿色，光滑，下表面粗糙有毛，主脉较粗，两侧细脉8～16条，边缘一侧有细锯齿。质脆而有弹性。气弱，味微苦。

【炮制】 除去杂质，切段。

【性味与归经】 苦，寒。归心、胃、胆、肺经。

【功能】 清热降火，利尿，生津。

【主治】 热病口渴，目翳，口疮，热淋。

【用法与用量】　马、牛30～60g；羊、猪10～20g。

【贮藏】　置通风干燥处。

竹 叶 柴 胡

Zhuyechaihu

BUPLEURI HERBA

本品为伞形科膜缘柴胡 *Bupleurum marginatum* Wall. ex DC.、马尾柴胡 *Buplerum microcephalum* Diels.、马尔康柴胡 *Buplerum malconense* Shan et Y. Li 或小柴胡 *Buplerum tenue* Buch-Han. ex D. Don 的干燥全草。夏、秋季花初开时采收，除去泥沙，干燥。

【性状】　长50～120cm。根圆锥形或圆柱形，微有分枝，直伸或稍弯曲，外表棕褐色或黄棕色，具细纵皱纹及稀疏小横突起。茎单生或丛生，上部分枝，基部常残存多数棕红色或黑棕色枯叶纤维。叶易破碎，脱落，完整叶展平后呈披针形，线形或线状形，长6～16cm，宽0.8～1.5cm，顶端具有硬尖头，叶缘软骨质，具5～9脉；有的基生叶基部下延呈长柄状。复伞形花序，伞幅3～9；小总苞披针形或线状披针形；花黄色。质稍软，易折断。气清香，味微苦。

小柴胡　本品较短，长30～80cm。根细瘦，多分枝，土黄色。茎直立，基部多分枝，紫褐色。叶多破碎，呈长圆状披针形，长3～8cm，宽4～8mm，顶端钝或圆，有尖突，基部抱茎，7～9脉，细脉上常有油脂聚积。伞幅2～4；小总苞披针形或长椭圆形，花黄色。

【鉴别】　（1）取本品粉末0.5g，加水10ml，用力振摇，发生持久性泡沫。

（2）取本品粉末0.5g，加甲醇10ml，用力振摇，放置30分钟，滤过。取滤液0.5ml，加对二甲氨基苯甲醛的甲醇溶液（1→30）0.5ml，混匀，加磷酸2ml，混匀，置热水浴中，溶液略显淡红色至淡红紫色。

【浸出物】　照水溶性浸出物测定法（附录2201）项下的热浸法测定，不得少于12.0%。

【炮制】　除去杂质，切断，干燥。

【性味与归经】　苦，寒。归肝、胆经。

【功能】　清热解表，疏肝止痛，升阳举陷。

【主治】　感冒发热，寒热往来，脾虚久泻，垂脱症。

【用法与用量】　马、牛15～45g；羊、猪5～15g；兔、禽1.5～3g。

【贮藏】　置通风干燥处，防蛀。

延胡索（元胡）

Yanhusuo

CORYDALIS RHIZOMA

本品为罂粟科植物延胡索 *Corydalis yanhusuo* W. T. Wang的干燥块茎。夏初茎叶枯萎时采挖，除去须根，洗净，置沸水中煮至恰无白心时，取出，晒干。

【性状】　本品呈不规则的扁球形，直径0.5～1.5cm。表面黄色或黄褐色，有不规则网状皱纹。顶端有略凹陷的茎痕，底部常有疙瘩状突起。质硬而脆，断面黄色，角质样，有蜡样光泽。气微，味苦。

【鉴别】 （1）本品粉末绿黄色。糊化淀粉粒团块淡黄色或近无色。下皮厚壁细胞绿黄色，细胞多角形、类方形或长条形，壁稍弯曲，木化，有的成连珠状增厚，纹孔细密。螺纹导管直径$16\sim32\mu m$。

（2）取本品粉末1g，加甲醇50ml，超声处理30分钟，滤过，滤液蒸干，残渣加水10ml使溶解，加浓氨试液调至碱性，用乙醚振摇提取3次，每次10ml，合并乙醚液，蒸干，残渣加甲醇1ml使溶解，作为供试品溶液。另取延胡索对照药材1g，同法制成对照药材溶液。再取延胡索乙素对照品，加甲醇制成每1ml含0.5mg的溶液，作为对照品溶液。照薄层色谱法（附录0502）试验，吸取上述三种溶液各$2\sim3\mu l$，分别点于同一用1%氢氧化钠溶液制备的硅胶G薄层板上，以甲苯-丙酮（9:2）为展开剂，展开，取出，晾干，置碘缸中约3分钟后取出，挥尽板上吸附的碘后，置紫外光灯（365nm）下检视。供试品色谱中，在与对照药材和对照品色谱相应的位置上，显相同颜色的荧光斑点。

【检查】 **水分** 不得过15.0%（附录0832第一法）。

总灰分 不得过4.0%（附录2302）。

【浸出物】 照醇溶性浸出物测定法（附录2201）项下的热浸法测定，用稀乙醇作溶剂，不得少于13.0%。

【含量测定】 照高效液相色谱法（附录0512）测定。

色谱条件与系统适用性试验 以十八烷基硅烷键合硅胶为填充剂；以甲醇-0.1%磷酸溶液（三乙胺调pH值至6.0）（55:45）为流动相；检测波长为280nm。理论板数按延胡索乙素峰计算应不低于3000。

对照品溶液的制备 取延胡索乙素对照品适量，精密称定，加甲醇制成每1ml含$46\mu g$的溶液，即得。

供试品溶液的制备 取本品粉末（过三号筛）约0.5g，精密称定，置平底烧瓶中，精密加入浓氨试液-甲醇（1:20）混合溶液50ml，称定重量，冷浸1小时后加热回流1小时，放冷，再称定重量，用浓氨试液-甲醇（1:20）混合溶液补足减失的重量，摇匀，滤过。精密吸取续滤液25ml，蒸干，残渣加甲醇溶解，转移至5ml量瓶中，并稀释至刻度，摇匀，滤过，取续滤液，即得。

测定法 精密吸取对照品溶液与供试品溶液各$10\mu l$，注入液相色谱仪，测定，即得。

本品按干燥品计算，含延胡索乙素（$C_{21}H_{25}NO_4$）不得少于0.050%。

饮片

【炮制】 **延胡索** 除去杂质，洗净，干燥，切厚片或用时捣碎。

本品呈不规则的圆形厚片。外表皮黄色或黄褐色，有不规则细皱纹。切面黄色，角质样，具蜡样光泽。气微，味苦。

【含量测定】 同药材，含延胡索乙素（$C_{21}H_{25}NO_4$）不得少于0.040%。

【鉴别】 【检查】 【浸出物】 同药材。

醋延胡索 取净延胡索，照醋炙法（附录0203）炒干，或照醋煮法（附录0203）煮至醋吸尽，切厚片或用时捣碎。

本品形如延胡索或片，表面和切面黄褐色，质较硬。微具醋香气。

【含量测定】 同药材，含延胡索乙素（$C_{21}H_{25}NO_4$）不得少于0.040%。

【鉴别】 【检查】 【浸出物】 同药材。

【性味与归经】 辛、苦，温。归肝、脾经。

【功能】 活血散瘀，行气止痛。

【主治】 气滞血瘀，跌打损伤，产后瘀阻，风湿痹痛。

【用法与用量】 马、牛15～30g；驼35～75g；羊、猪3～10g；兔、禽0.5～1.5g。

【贮藏】 置干燥处，防蛀。

自 然 铜

Zirantong

PYRITUM

本品为硫化物类矿物黄铁矿族黄铁矿，主含二硫化铁（FeS_2）。采挖后，除去杂石。

【性状】 本品晶形多为立方体，集合体呈致密块状。表面亮淡黄色，有金属光泽；有的黄棕色或棕褐色，无金属光泽。具条纹，条痕绿黑色或棕红色。体重，质坚硬或稍脆，易砸碎，断面黄白色，有金属光泽；或断面棕褐色，可见银白色亮星。

【鉴别】 取本品粉末1g，加稀盐酸4ml，振摇，滤过，滤液显铁盐（附录0301）的鉴别反应。

饮片

【炮制】 **自然铜** 除去杂质，洗净，干燥。用时砸碎。

煅自然铜 取净自然铜，照煅淬法（附录0203）煅至暗红，醋淬至表面呈黑褐色，光泽消失并酥松。

每100kg自然铜，用醋30kg。

【性味与归经】 辛，平。归肝经。

【功能】 散瘀止痛，续筋接骨。

【主治】 跌打损伤，筋断骨折，血瘀肿痛。

【用法与用量】 马、牛15～45g；羊、猪5～10g。外用适量。

【贮藏】 置干燥处。

伊 贝 母

Yibeimu

FRITILLARIAE PALLIDIFLORAE BULBUS

本品为百合科植物新疆贝母 *Fritillaria walujewii* Regel 或伊犁贝母 *Fritillaria pallidiflora* Schrenk 的干燥鳞茎。5～7月间采挖，除去泥沙，晒干，再去须根和外皮。

【性状】 **新疆贝母** 呈扁球形，高0.5～1.5cm。表面类白色，光滑。外层鳞叶2瓣，月牙形，肥厚，大小相近而紧靠。顶端平展而开裂，基部圆钝，内有较大的鳞片和残茎、心芽各1枚。质硬而脆，断面白色，富粉性。气微，味微苦。

伊犁贝母 呈圆锥形，较大。表面稍粗糙，淡黄白色。外层鳞叶两瓣，心脏形，肥大，一片较大或近等大，抱合。顶端稍尖，少有开裂，基部微凹陷。

【鉴别】 （1）本品粉末类白色，以淀粉粒为主体。

新疆贝母 淀粉粒单粒广卵形、卵形或贝壳形、直径5～54μm，脐点点状、人字状或短缝状，层纹明显；复粒少，由2分粒组成。表皮细胞类长方形，垂周壁微波状弯曲，细胞内含细小草酸钙方晶。气孔不定式，副卫细胞4～6。螺纹导管及环纹导管直径9～56μm。

伊犁贝母　淀粉粒单粒广卵形、三角状卵形、贝壳形或不规则圆形，直径约60μm，脐点点状、人字状或十字状。导管直径约50μm。

（2）取本品粉末5g，加浓氨试液2ml与三氯甲烷20ml，振摇，放置过夜，滤过，滤液蒸干，残渣加三氯甲烷0.5ml使溶解，作为供试品溶液。另取伊贝母对照药材5g，同法制成对照药材溶液。再取西贝母碱对照品，加三氯甲烷制成每1ml含0.5mg的溶液，作为对照品溶液。照薄层色谱法（附录0502）试验，吸取上述三种溶液各2~4μl，分别点于同一用2%氢氧化钠溶液制备的硅胶G薄层板上，以三氯甲烷-乙酸乙酯-甲醇-水（8∶8∶3∶2）10℃以下放置的下层溶液为展开剂，展开，取出，晾干，依次喷以稀碘化铋钾试液和亚硝酸钠试液。供试品色谱中，在与对照药材色谱相应的位置上，显相同颜色的斑点；在与对照品色谱相应的位置上，显相同的棕色斑点。

【检查】　水分　不得过15.0%（附录0832第一法）。

总灰分　不得过4.5%（附录2302）。

【浸出物】　照醇溶性浸出物测定法（附录2201）项下的冷浸法测定，用70%乙醇作溶剂，不得少于9.0%。

【含量测定】　照高效液相色谱法（附录0512）测定。

色谱条件与系统适用性试验　以十八烷基硅烷键合硅胶为填充剂；以乙腈-水-二乙胺（55∶45∶0.03）为流动相；蒸发光检测器检测。理论板数按西贝素苷峰计算应不低于3000。

对照品溶液的制备　取西贝母碱苷对照品、西贝母碱对照品适量，精密称定，加甲醇制成每1ml各含0.2mg的混合溶液，即得。

供试品溶液的制备　取本品粉末（过四号筛）约1g，精密称定，置圆底烧瓶中，加浓氨试液2ml浸润1小时，精密加入三氯甲烷-甲醇（4∶1）的混合溶液20ml，称定重量，混匀，置80℃水浴上加热回流2小时，放冷，再称定重量，用三氯甲烷-甲醇（4∶1）的混合溶液补足减失的重量，摇匀，滤过，精密量取续滤液10ml，蒸干，残渣加甲醇溶解，转移至2ml量瓶中，加甲醇至刻度，摇匀，即得。

测定法　分别精密吸取对照品溶液10μl、20μl，供试品溶液20μl，注入液相色谱仪，测定，用外标两点法对数方程计算，即得。

本品按干燥品计算，含西贝母碱苷（$C_{33}H_{53}NO_8$）和西贝母碱（$C_{27}H_{43}NO_3$）的总量不得少于0.070%。

【性味与归经】　苦、甘，微寒。归肺、心经。

【功能】　清肺，化痰，散结。

【主治】　肺热咳嗽，瘰疬，痈肿。

【用法与用量】　马、牛20~45g；羊、猪10~15g；兔、禽1~2g。

【注意】　不宜与乌头类同用。

【贮藏】　置通风干燥处，防蛀。

血　余　炭
Xueyutan
CRINIS CARBONISATUS

本品为人发制成的炭化物。取头发，除去杂质，碱水洗去油垢，清水漂净，晒干，焖煅成炭，放凉。

【性状】　本品呈不规则块状，乌黑光亮，有多数细孔。体轻，质脆。用火烧之有焦发气，味苦。

【检查】　酸不溶性灰分　不得过10.0%（附录2302）。

【性味与归经】 苦，平。归肝、胃经。

【功能】 收敛止血，化瘀。

【主治】 尿血，便血，衄血，子宫出血，外伤出血。

【用法与用量】 马、牛15～30g；驼25～50g；羊、猪6～12g。外用适量。

【贮藏】 置干燥处。

血　竭

Xuejie

DRACONIS SANGUIS

本品为棕榈科植物麒麟竭 *Daemonorops draco* Bl. 果实渗出的树脂经加工制成。

【性状】 本品略呈类圆四方形或方砖形，表面暗红，有光泽，附有因摩擦而成的红粉。质硬而脆，破碎面红色，研粉为砖红色。气微，味淡。在水中不溶，在热水中软化。

【鉴别】 （1）取本品粉末，置白纸上，用火隔纸烘烤即熔化，但无扩散的油迹，对光照视呈鲜艳的红色。以火燃烧则产生呛鼻的烟气。

（2）取本品粉末0.1g，加乙醚10ml，密塞，振摇10分钟，滤过，滤液作为供试品溶液。另取血竭对照药材0.1g，同法制成对照药材溶液。照薄层色谱法（附录0502）试验，吸取供试品溶液、对照药材溶液及〔含量测定〕项下血竭素高氯酸盐对照品溶液各10～20μl，分别点于同一硅胶G薄层板上，以三氯甲烷-甲醇（19：1）为展开剂，展开，取出，晾干。供试品色谱中，在与对照药材色谱和对照品色谱相应的位置上，显相同的橙色斑点。

（3）取本品粉末0.5g，加乙醇10ml，密塞，振摇10分钟，滤过，滤液加稀盐酸5ml，混匀，析出棕黄色沉淀，放置后逐渐凝成棕黑色树脂状物。取树脂状物，用稀盐酸10ml分次充分洗涤，弃去洗液，加20%氢氧化钾溶液10ml，研磨，加三氯甲烷5ml振摇提取，三氯甲烷层显红色，取三氯甲烷液作为供试品溶液。另取血竭对照药材0.5g，同法制成对照药材溶液。照薄层色谱法（附录0502）试验，吸取上述两种溶液各10～20μl，分别点于同一硅胶G薄层板上，以三氯甲烷-甲醇（19：1）为展开剂，展开，取出，晾干。供试品色谱中，在与对照药材色谱相应的位置上，显相同的橙色斑点。

【检查】 **总灰分** 不得过6.0%（附录2302）。

松香 取本品粉末0.1g，置具塞试管中，加石油醚（60～90℃）10ml，振摇数分钟，滤过，取滤液5ml，置另一试管中，加新配制的0.5%醋酸铜溶液5ml，振摇后，静置分层，石油醚层不得显绿色。

醇不溶物 取本品粉末约2g，精密称定，置于已知重量的滤纸筒中，置索氏提取器内，加乙醇200～400ml，回流提取至提取液无色，取出滤纸筒，挥去乙醇，在105℃干燥4小时，精密称定，计算，不得过25.0%。

【含量测定】 照高效液相色谱法（附录0512）测定。

色谱条件与系统适用性试验 以十八烷基硅烷键合硅胶为填充剂；以乙腈-0.05mol/L磷酸二氢钠溶液（50：50）为流动相；检测波长为440nm；柱温40℃。理论板数按血竭素峰计算应不低于4000。

对照品溶液的制备 取血竭素高氯酸盐对照品9mg，精密称定，置50ml棕色量瓶中，加3%磷酸甲醇溶液使溶解，并稀释至刻度，摇匀，精密量取1ml，置5ml棕色量瓶中，加甲醇至刻度，摇匀，即得（每1ml中含血竭素26μg）（血竭素重量=血竭素高氯酸盐重量/1.377）。

供试品溶液的制备 取本品适量，研细，取0.05～0.15g，精密称定，置具塞试管中，精密加入3%磷酸甲醇溶液10ml，密塞，振摇3分钟，滤过，精密量取续滤液1ml，置5ml棕色量瓶中，加甲醇至刻度，摇匀，即得。

测定法 分别精密吸取对照品溶液与供试品溶液各10μl，注入液相色谱仪，测定，即得。

本品含血竭素（$C_{17}H_{14}O_3$）不得少于1.0%。

饮片

【炮制】 除去杂质，打成碎粒或研成细末。

【性味与归经】 甘、咸，平。归心、肝经。

【功能】 祛瘀定痛，止血生肌。

【主治】 跌打损伤，瘀血腹痛，外伤出血，疮疡久不收口。

【用法与用量】 马、牛15～25g；羊、猪3～6g；犬、猫1～3g。外用研末撒布或入膏药用。

【贮藏】 置阴凉干燥处。

全　蝎

Quanxie

SCORPIO

本品为钳蝎科动物东亚钳蝎 *Buthus martensii* Karsch 的干燥体。春末至秋初捕捉，除去泥沙，置沸水或沸盐水中，煮至全身僵硬，捞出，置通风处，阴干。

【性状】 本品头胸部与前腹部呈扁平长椭圆形，后腹部呈尾状，皱缩弯曲，完整者体长约6cm。头胸部呈绿褐色，前面有1对短小的螯肢和1对较长大的钳状脚须，形似蟹螯，背面覆有梯形背甲，腹面有足4对，均为7节，末端各具2爪钩；前腹部由7节组成，第七节色深，背甲上有5条隆脊线。背面绿褐色，后腹部棕黄色，6节，节上均有纵沟，末节有锐钩状毒刺，毒刺下方无距。气微腥，味咸。

【鉴别】 本品粉末黄棕色或淡棕色。体壁碎片外表皮表面观呈多角形网格样纹理，表面密布细小颗粒，可见毛窝、细小圆孔和淡棕色或近无色的瘤状突起；内表皮无色，有横向条纹，内、外表皮纵贯较多长短不一的微细孔道。刚毛红棕色，多碎断，先端锐尖或钝圆，具纵直纹理，髓腔细窄。横纹肌纤维多碎断，明带较暗带宽，明带中有一暗线，暗带有致密的短纵纹理。

【检查】 **黄曲霉毒素** 照黄曲霉毒素测定法（附录2351）测定。

本品每1000g含黄曲霉毒素B_1不得过5μg，黄曲霉毒素G_2、黄曲霉毒素G_1、黄曲霉毒素B_2和黄曲霉毒素B_1的总量不得过10μg。

【浸出物】 照醇溶性浸出物测定法（附录2201）项下的热浸法测定，用稀乙醇作溶剂，不得少于20.0%。

饮片

【炮制】 除去杂质，洗净，干燥。

【性状】【鉴别】【检查】（黄曲霉毒素）【浸出物】 同药材。

【性味与归经】 辛，平；有毒。归肝经。

【功能】 熄风解痉，攻毒散结，通络止痛。

【主治】 痉挛抽搐，口眼歪斜，风湿痹痛，破伤风，疮疡肿毒。

【用法与用量】 马、牛15～30g；羊、猪3～9g；犬、猫1～3g；兔、禽0.5～1g。

【贮藏】 置干燥处，防蛀。

合 欢 皮

Hehuanpi

ALBIZIAE CORTEX

本品为豆科植物合欢 *Albizia julibrissin* Durazz. 的干燥树皮。夏、秋二季剥取，晒干。

【性状】 本品呈卷曲筒状或半筒状，长40～80cm，厚0.1～0.3cm。外表面灰棕色至灰褐色，稍有纵皱纹，有的成浅裂纹，密生明显的椭圆形横向皮孔，棕色或棕红色，偶有突起的横棱或较大的圆形枝痕，常附有地衣斑；内表面淡黄棕色或黄白色，平滑，有细密纵纹。质硬而脆，易折断，断面呈纤维性片状，淡黄棕色或黄白色。气微香，味淡、微涩、稍刺舌，而后喉头有不适感。

【鉴别】 （1）本品粉末灰黄色。石细胞类长圆形、类圆形、长方形、长条形或不规则形，直径16～58μm，壁较厚，孔沟明显，有的分枝。纤维细长，直径7～22μm，常成束，周围细胞含草酸钙方晶，形成晶纤维，含晶细胞壁不均匀增厚，木化或微木化。草酸钙方晶直径5～26μm。

（2）取本品粉末1g，加50%甲醇10ml，浸泡1小时，超声处理30分钟，滤过，滤液蒸干，残渣加水5ml使溶解，用正丁醇振摇提取2次，每次5ml，合并正丁醇液，蒸干，残渣加甲醇0.5ml使溶解，作为供试品溶液。另取合欢皮对照药材1g，同法制成对照药材溶液。照薄层色谱法（附录0502）试验，吸取上述两种溶液各3μl，分别点于同一高效硅胶G薄层板上，以三氯甲烷-甲醇-水（13:5:2）的下层溶液（每10ml加甲酸0.1ml）为展开剂，展开，取出，晾干，喷以5%磷钼酸乙醇试液，在90℃加热至斑点显色清晰。供试品色谱中，在与对照药材色谱相应的位置上，显相同颜色的斑点。

【检查】 水分 不得过10.0%（附录0832第一法）。

总灰分 不得过6.0%（附录2302）。

【浸出物】 照醇溶性浸出物测定法（附录2201）项下的热浸法测定，用稀乙醇作溶剂，不得少于12.0%。

【含量测定】 照高效液相色谱法（附录0512）测定。

色谱条件与系统适用性试验 以十八烷基硅烷键合硅胶为填充剂；以乙腈-0.04%磷酸溶液（18:82）为流动相；检测波长为204nm。理论板数按（－）-丁香树脂酚-4-*O*-β-D-呋喃芹糖基-（1→2）-β-D-吡喃葡萄糖苷峰计算应不低于3000。

对照品溶液的制备 取（－）-丁香树脂酚-4-*O*-β-D-呋喃芹糖基-（1→2）-β-D-吡喃葡萄糖苷对照品适量，精密称定，加甲醇制成每1ml含25μg的溶液，即得。

供试品溶液的制备 取本品粉末（过三号筛）约0.5g，精密称定，置具塞锥形瓶中，精密加入50%甲醇20ml，密塞，称定重量，浸泡1小时，超声处理（功率250W，频率40kHz）30分钟，放冷，再称定重量，用50%甲醇补足减失的重量，摇匀，滤过，取续滤液，即得。

测定法 分别精密吸取对照品溶液与供试品溶液各20μl，注入液相色谱仪，测定，即得。

按干燥品计算，含（－）-丁香树脂酚-4-*O*-β-D-呋喃芹糖基-（1→2）-β-D-吡喃葡萄糖苷（C$_{33}$H$_{44}$O$_{17}$）不得少于0.030%。

饮片

【炮制】　除去杂质，洗净，润透，切丝或块，干燥。

本品呈弯曲的丝或块片状。外表面灰棕色至灰褐色，稍有纵皱纹，密生明显的椭圆形横向皮孔，棕色或棕红色。内表面淡黄棕色或黄白色，平滑，具细密纵纹。切面呈纤维性片状，淡黄棕色或黄白色。气微香，味淡、微涩、稍刺心，而后喉头有不适感。

【浸出物】　同药材，不得少于10.0%。

【鉴别】【检查】【含量测定】　同药材。

【性味与归经】　甘，平。归心、肝、肺经。

【功能】　安神解郁，活血消肿。

【主治】　心神不宁，躁动不安，跌打损伤，疮黄疔毒。

【用法与用量】　马、牛25～60g；羊、猪10～15g。

【贮藏】　置通风干燥处。

刘寄奴（奇蒿）

Liujinu

ARTEMISIAE ANOMALAE HERBA

本品为菊科植物奇蒿 Artemisia anomala S. Moore 的干燥全草。夏季采收，除去泥沙，晒干。

【性状】　本品根须状。茎圆柱形，有明显纵肋，外表棕色，被有灰白色的毛茸；质脆，易断，断面边缘纤维性，中央白色而疏松，具光泽。叶皱缩，破碎，上表面暗绿色，下表面灰绿色，均有稀疏的毛茸。头状花序小，淡黄色，长约2mm，直径约0.5mm。气芳香，味苦。

【炮制】　除去杂质，润软，切段，晒干。

【性味与归经】　辛、苦，平。归心、肝、脾经。

【功能】　清暑利湿，活血行瘀，止痛。

【主治】　中暑，肠炎，痢疾，风湿痹痛，跌扑损伤，创伤出血。

【用法与用量】　马、牛15～60g；羊、猪10～15g。外用适量。

【注意】　孕畜慎用。

【贮藏】　置通风干燥处。

羊 红 膻

Yanghongshan

PIMPINELLAE THELLUGIANAE HERBA

本品为伞形科植物缺刻叶茴芹 Pimpinella thellugiana Wolff 的干燥全草。秋季采挖，除净泥土，干燥。

【性状】　本品根呈细圆锥形，不分枝，长5～13cm，直径0.3～1cm，表面土黄色，有纵皱；质脆，易折断，断面黄白色。茎直立，茎下部四棱形，上部圆柱形，有细条纹，分枝。基生叶有长柄，柄四棱形，有细条纹，一回羽状复叶，长6～12cm，小叶3～5对，无柄，卵形至长圆状披针形，长2～7cm，先端尖，基部宽楔形，边缘有粗锯齿至缺刻；顶生小叶常3裂，下面脉上有短柔毛，叶柄长5～10cm，上部茎生叶简化成三出复叶或单叶。有时可见果，为卵状长圆形双悬果。气特异，有羊膻味；味辛、辣。

【鉴别】 取本品粉末0.1g，加1%氢氧化钾溶液5ml，滤过，滤液加2%的4-氨基安替比林水溶液数滴及8%铁氰化钾溶液2～3滴，生成棕红色。

【性味与归经】 辛，温。归脾、胃、心、大肠、膀胱经。

【功能】 温中健脾，壮阳催情。

【主治】 气短乏力，咳嗽，仔猪白痢，骨痿，阳痿，不孕。

【用法与用量】 马、牛60～150g；羊、猪10～30g。

【贮藏】 置阴凉干燥处。

羊 蹄

Yangti

RUMICIS RADIX

本品为蓼科植物羊蹄 *Rumex japonicus* Houtt. 或巴天酸模 *Rumex patientia* L.的干燥根。春秋两季采挖，洗净，切片，晒干。

【性状】 **羊蹄** 根呈类圆锥形，长6～18cm，直径0.8～1.8cm。根头部有茎基残余及支根痕。根部表面棕灰色，具纵纹及横向突起的皮孔样疤痕。质硬，易折断，折断面黄灰色，颗粒状。有特殊香气，味微苦涩。

巴天酸模 根呈类圆锥形，长达15cm，直径达5cm。根头部有茎残余及棕黑色鳞片状物和须根，其下有密集的横纹。根部有分支，表面棕灰色。具纵皱纹与点状突起的须根痕及横向延长的皮孔样疤痕。质坚韧，难折断，折断面黄灰色，纤维性强。气微，味苦。

【鉴别】 （1）本品横切面：**羊蹄** 木栓层稍厚，皮层无机械组织，韧皮部细胞压缩。形成层呈环状。木质部导管单个散在或数个成群，少数伴有纤维束，呈半径向排列，较稀疏。薄壁组织中含有众多淀粉粒及草酸钙簇晶，淀粉粒均为单粒，呈长圆形或类球形，长3.5～27μm；皮层有众多的草酸钙簇晶，有的直径长38～115μm，此外尚有黄棕色物质。根头部分中心髓部有薄壁组织。

巴天酸模 木栓层薄，皮层中有2～6个成束或单个散在的纤维。韧皮部外侧多有纤维束或纤维。形成层明显成环。木质部纤维束呈半径向排列。薄壁组织中有众多淀粉粒，均为单粒，长圆形或类球形，长3～35μm。少数根中含有少量草酸钙簇晶，直径25～60μm。根头部中心髓部有薄壁组织，偶见分泌道组织。

（2）取本品粉末0.5g，加稀盐酸5ml，煮沸2分钟，趁热滤过，滤液冷后加乙醚5ml振摇，乙醚液即染成黄色。分取乙醚液，加氨试液2ml振摇，氨液层即染成红色，醚层仍显黄色。

（3）取本品粉末1g，加甲醇50ml，超声45分钟，滤过，滤液作为供试品溶液。另取大黄酚对照品、大黄素对照品、大黄素甲醚对照品，加甲醇分别制成每1ml含0.25mg、0.1mg、0.1mg的溶液，作为对照品溶液。照薄层色谱法（附录0502）试验，吸取上述四种溶液各2μl，分别点于同一硅胶G薄层板上，以石油醚（30～60℃）-正己烷-甲酸乙酯-甲酸（1.5:2.5:1.5:0.1）为展开剂，展开，取出，晾干，置紫外光灯（365nm）下检视。供试品色谱中，在与对照品色谱相应的位置上，显相同颜色的荧光斑点。

【性味】 苦、酸，寒。

【功能】 凉血，止血，通便，杀虫。

【主治】 出血诸症，粪便燥结；外治顽癣，疮疡肿毒。

【用法与用量】 马、牛90~150g；羊、猪15~45g。外用适量，煎汤洗患处或酒浸泡1周后涂患处，鲜品加倍。

【贮藏】 置通风干燥处。

关 木 通
Guanmutong
ARISTOLOCHIAE MANSHURIENSIS CAULIS

本品为马兜铃科植物东北马兜铃 *Aristolochia manshuriensis* Kom. 的干燥藤茎。秋、冬二季采截，除去粗皮，晒干。

【性状】 本品呈长圆柱形，稍扭曲，长1~2m，直径1~6cm。表面灰黄色或棕黄色，有浅纵沟及棕褐色残余粗皮的斑点。节部稍膨大，有1枝痕。体轻，质硬，不易折断，断面黄色或淡黄色，皮部薄，木部宽广，有多层整齐环状排列的导管，射线放射状，髓部不明显。摩擦残余粗皮，有樟脑样臭。气微，味苦。

【鉴别】 （1）本品粉末淡黄色。纤维管胞大多呈束，长梭形，直径11~20μm，壁有明显的具缘纹孔，纹孔口斜裂缝状或相交成十字形。分隔纤维直径21~42μm，斜纹孔明显。石细胞少见，类方形或类多角形，壁较厚。草酸钙簇晶直径约至40μm。具缘纹孔导管大，直径约至328μm，多破碎，具缘纹孔类圆形，排列紧密；具缘纹孔管胞少见。

（2）取本品粉末1g，加70%乙醇20ml，加热回流15分钟，放冷，滤过。取滤液点于滤纸上，干后置紫外光灯（365nm）下观察，显天蓝色荧光；于点样处加稀盐酸1滴，干后显黄绿色荧光，用氨蒸气熏后复显天蓝色荧光。

（3）取本品粉末1g，加乙醇50ml，加热回流1小时，滤过，滤液蒸干，残渣加乙醇1ml使溶解，作为供试品溶液。另取关木通对照药材1g，同法制成对照药材溶液。再取马兜铃酸对照品，加乙醇制成每1ml含0.5mg的溶液，作为对照品溶液。照薄层色谱法（附录0502）试验，吸取上述三种溶液各3μl，分别点于同一硅胶G薄层板上，使成条状，以甲苯-乙酸乙酯-水-甲酸（20:10:1:1）的上层溶液为展开剂，展开，取出，晾干，分别置日光和紫外光灯（365nm）下检视。供试品色谱中，分别在与对照药材色谱及对照品色谱相应的位置上显相同颜色的条斑。

【浸出物】 照水溶性浸出物测定法（附录2201）项下的冷浸法测定，不得少于16.0%。

饮片

【炮制】 洗净，略泡，润透，切薄片，晒干。

本品为圆形薄片，表面黄色或黄白色。木部宽广，导管孔大，多层环形排列呈筛网状，射线色浅，髓部不明显。周边灰黄色，粗糙。体轻，质硬。气微，味苦。

【浸出物】 同药材，不得少于12.0%。

【性味与归经】 苦，寒。归心、小肠、膀胱经。

【功能】 清心火，利尿，通经下乳。

【主治】 口舌生疮，尿赤涩痛，水肿，湿热带下，乳汁不通。

【用法与用量】 马、牛15~30g；羊、猪3~10g。

【注意】 不宜大量服用或少量久服；孕畜慎用。

【贮藏】 置通风干燥处。

关 黄 柏

Guanhuangbo

PHELLODENDRI AMURENSIS CORTEX

本品为芸香科植物黄檗 *Phellodendron amurense* Rupr. 的干燥树皮。剥取树皮，除去粗皮，晒干。

【性状】 本品呈板片状或浅槽状，长宽不一，厚2~4mm。外表面黄绿色或淡棕黄色，较平坦，有不规则的纵裂纹，皮孔痕小而少见，偶有灰白色的粗皮残留；内表面黄色或黄棕色。体轻，质较硬，断面纤维性，有的呈裂片状分层，鲜黄色或黄绿色。气微，味极苦，嚼之有黏性。

【鉴别】 （1）本品粉末绿黄色或黄色。纤维鲜黄色，直径16~38μm，常成束，周围细胞含草酸钙方晶，形成晶纤维；含晶细胞壁木化增厚。石细胞鲜黄色，类圆形或纺锤形，直径35~80μm，有的呈分枝状，壁厚，层纹明显。草酸钙方晶直径约24μm。

（2）取本品粉末0.2g，加乙酸乙酯20ml，超声处理30分钟，滤过，滤液浓缩至1ml，作为供试品溶液。另取关黄柏对照药材0.2g，同法制成对照药材溶液。再取黄柏酮对照品，加乙酸乙酯制成每1ml含0.6mg的溶液，作为对照品溶液。照薄层色谱法（附录0502）试验，吸取上述三种溶液各5μl，分别点于同一硅胶G薄层板上，以石油醚（60~90℃）-乙酸乙酯（1:1）为展开剂，展开，取出，晾干，喷以10%硫酸乙醇溶液，在105℃加热至斑点显色清晰。供试品色谱中，在与对照药材色谱和对照品色谱相应的位置上，显相同颜色的斑点。

【检查】 **水分** 不得过11.0%（附录0832第一法）。

总灰分 不得过9.0%（附录2302）。

【浸出物】 照醇溶性浸出物测定法（附录2201）项下的热浸法测定，用60%乙醇作溶剂，不得少于17.0%。

【含量测定】 照高效液相色谱法（附录0512）测定。

色谱条件与系统适用性试验 以十八烷基硅烷键合硅胶为填充剂；以乙腈为流动相A，以0.1%磷酸溶液（加入磷酸二氢钠使其达到0.02mol/L的浓度）为流动相B，按下表中的规定进行梯度洗脱；检测波长为345nm。理论板数按盐酸小檗碱峰计算应不低于4000。

时间（分钟）	流动相A（%）	流动相B（%）
0~20	25	75
20~40	25→65	75→35
40~45	65→90	35→10
45~65	90	10
50~55	25	75

对照品溶液的制备 取盐酸小檗碱对照品、盐酸巴马汀对照品适量，精密称定，加60%乙醇制成每1ml各含50μg的混合溶液，即得。

供试品溶液的制备 取本品粉末（过三号筛）约0.2g，精密称定，置50ml量瓶中，加入60%乙醇40ml，超声处理（功率250W，频率40kHz）45分钟，放冷，加60%乙醇至刻度，摇匀，滤过，取续滤液，即得。

测定法　分别精密吸取对照品溶液与供试品溶液各10μl，注入液相色谱仪，测定，即得。

本品按干燥品计算，含盐酸小檗碱（$C_{20}H_{17}NO_4 \cdot HCl$）不得少于0.60%，盐酸巴马汀（$C_{21}H_{21}NO_4 \cdot HCl$）不得少于0.30%。

饮片

【炮制】　关黄柏　除去杂质，喷淋清水，润透，切丝，干燥。

本品呈丝状。外表面黄绿色或淡棕黄色，较平坦。内表面黄色或黄棕色。切面鲜黄色或黄绿色，有的呈片状分层。气微，味极苦。

【鉴别】【检查】【浸出物】【含量测定】　同药材。

盐关黄柏　取关黄柏丝，照盐水炙法（附录0203）炒干。

本品形如关黄柏丝，深黄色，偶有焦斑。略具咸味。

【检查】　水分　同药材，不得过10.0%。

总灰分　同药材，不得过14.0%。

【鉴别】（除显微粉末外）【浸出物】【含量测定】　同药材。

关黄柏炭　取关黄柏丝，照炒炭法（附录0203）炒至表面焦黑色。

本品形如关黄柏丝，表面焦黑色，断面焦褐色。质轻而脆。味微苦、涩。

【鉴别】（除显微粉末外）同药材。

【性味与归经】　苦，寒。归肾、膀胱经。

【功能】　关黄柏　清热燥湿，泻火解毒，退虚热。

盐关黄柏　滋阴降火。

【主治】　关黄柏　湿热泻痢，黄疸，带下，热淋，疮疡肿毒，湿疹。

盐关黄柏　用于阴虚火旺，盗汗。鱼肠炎，出血。

【用法与用量】　马、牛15~45g；驼20~50g；羊、猪5~10g；兔、禽0.5~2g。外用适量。鱼每1kg体重3~6g，拌饵投喂。

【贮藏】　置通风干燥处，防潮。

灯 心 草
Dengxincao
JUNCI MEDULLA

本品为灯心草科植物灯心草 *Juncus effusus* L. 的干燥茎髓。夏末至秋季割取茎，晒干，取出茎髓，理直，扎成小把。

【性状】　本品呈细圆柱形，长达90cm，直径0.1~0.3cm。表面白色或淡黄白色，有细纵纹。体轻，质软，略有弹性，易拉断，断面白色。气微，味淡。

【鉴别】（1）本品粉末类白色。全部为星状薄壁细胞，彼此以星芒相接，形成大的三角形或四边形气腔，星芒4~8，长5~51μm，宽5~12μm，壁稍厚，有的可见细小纹孔，星芒相接的壁菲薄，有的可见1~2个念珠状增厚。

（2）取本品粉末1g，加甲醇100ml，加热回流1小时，放冷，滤过，滤液蒸干，残渣用乙醚2ml洗涤，弃去乙醚液，加甲醇1ml使溶解，作为供试品溶液。另取灯心草对照药材1g，同法制成对照药材溶液。照薄层色谱法（附录0502）试验，吸取供试品溶液3~5μl、对照药材溶液3μl，分别点于同一硅胶G薄层板上，以环己烷-乙酸乙酯（10:7）为展开剂，展开，取出，晾干，喷以10%磷钼酸乙醇试液，在105℃加热至斑点显色清晰。供试品色谱中，在与对照药材色谱相应的位置上，显相同颜色的主斑点。

【检查】　水分　不得过11.0%（附录0832第一法）。

总灰分　不得过5.0%（附录2302）。

【浸出物】　取本品0.5g，照醇溶性浸出物测定法（附录2201）项下的热浸法测定，用稀乙醇作溶剂，不得少于5.0%。

饮片

【炮制】　灯心草　除去杂质，剪段。

灯心炭　取净灯心草，照煅炭法（附录0203）制炭。

本品呈细圆柱形的段。表面黑色。体轻，质松脆，易碎。气微，味微涩。

【性味与归经】　甘、淡，微寒。归心、肺、小肠经。

【功能】　清心火，利尿。

【主治】　尿不利，水肿，口舌生疮。

【用法与用量】　马、牛10~20g；羊、猪3~10g；兔、禽1~2g。外用适量，炒炭敷患处。

【贮藏】　置干燥处。

决 明 子

Juemingzi

CASSIAE SEMEN

本品为豆科植物决明 *Cassia obtusifolia* L. 或小决明 *Cassia tora* L. 的干燥成熟种子。秋季采收成熟果实，晒干，打下种子，除去杂质。

【性状】　决明　略呈菱方形或短圆柱形，两端平行倾斜，长3~7mm，宽2~4mm。表面绿棕色或暗棕色，平滑有光泽。一端较平坦，另端斜尖，背腹面各有1条突起的棱线，棱线两侧各有1条斜向对称而色较浅的线形凹纹。质坚硬，不易破碎。种皮薄，子叶2，黄色，呈S形折曲并重叠。气微，味微苦。

小决明　呈短圆柱形，较小，长3~5mm，宽2~3mm。表面棱线两侧各有1片宽广的浅黄棕色带。

【鉴别】　（1）本品粉末黄棕色。种皮栅状细胞无色或淡黄色，侧面观细胞1列，呈长方形，排列稍不平整，长42~53μm，壁较厚，光辉带2条；表面观呈类多角形，壁稍皱缩。种皮支持细胞表面观呈类圆形，直径10~35（55）μm，可见两个同心圆圈；侧面观呈哑铃状或葫芦状。角质层碎片厚11~19μm。草酸钙簇晶众多，多存在于薄壁细胞中，直径8~21μm。

（2）取本品粉末1g，加甲醇10ml，浸渍1小时，滤过，滤液蒸干，残渣加水10ml使溶解，再加盐酸1ml，置水浴上加热30分钟，立即冷却，用乙醚提取2次，每次20ml，合并乙醚液，蒸干，残渣加三氯甲烷1ml使溶解，作为供试品溶液。另取橙黄决明素对照品、大黄酚对照品，加无水乙醇-乙酸乙酯（2:1）制成每1ml各含1mg的混合溶液，作为对照品溶液。照薄层色谱法（附录0502）试验，吸取上述两种溶液各2μl，分别点于同一硅胶H薄层板上，以石油醚

（30～60℃）-丙酮（2:1）为展开剂，展开，取出，晾干。供试品色谱中，在与对照品色谱相应的位置上，显相同颜色的斑点；置氨蒸气中熏后，斑点变为亮黄色（橙黄决明素）和粉红色（大黄酚）。

【检查】 **水分** 不得过15.0%（附录0832第一法）。

总灰分 不得过5.0%（附录2302）。

黄曲霉毒素 照黄曲霉毒素测定法（附录2351）测定。

本品每1000g含黄曲霉毒素B_1不得过5μg，黄曲霉毒素G_2、黄曲霉毒素G_1、黄曲霉毒素B_2和黄曲霉毒素B_1的总量不得过10μg。

【含量测定】 照高效液相色谱法（附录0512）测定。

色谱条件与系统适用性试验 以十八烷基硅烷键合硅胶为填充剂；以乙腈为流动相A，以0.1%磷酸溶液为流动相B，按下表中的规定进行梯度洗脱；检测波长为284nm。理论板数按橙黄决明素峰计算应不低于3000。

时间（分钟）	流动相A（%）	流动相B（%）
0～15	40	60
15～30	40→90	60→10
30～40	90	10

对照品溶液的制备 取大黄酚对照品、橙黄决明素对照品适量，精密称定，加无水乙醇-乙酸乙酯（2:1）混合溶液制成每1ml含大黄酚30μg、橙黄决明素20μg的混合溶液，即得。

供试品溶液的制备 取本品粉末（过三号筛）约0.5g，精密称定，置具塞锥形瓶中，精密加入甲醇50ml，称定重量，加热回流2小时，放冷，再称定重量，用甲醇补足减失的重量，摇匀，滤过，精密量取续滤液25ml，蒸干，加稀盐酸30ml，置水浴中加热水解1小时，立即冷却，用三氯甲烷振摇提取4次，每次30ml，合并三氯甲烷液，回收溶剂至干，残渣用无水乙醇-乙酸乙酯（2:1）混合溶液使溶解，转移至25ml量瓶中，并稀释至刻度，摇匀，滤过，取续滤液，即得。

测定法 分别精密吸取对照品溶液与供试品溶液各10μl，注入液相色谱仪，测定，即得。

本品按干燥品计算，含大黄酚（$C_{15}H_{10}O_4$）不得少于0.20%，含橙黄决明素（$C_{17}H_{14}O_7$）不得少于0.080%。

饮片

【炮制】 **决明子** 除去杂质，洗净，干燥。用时捣碎。

【性状】【鉴别】【检查】【含量测定】 同药材。

炒决明子 取净决明子，照清炒法（附录0203）炒至微鼓起、有香气。用时捣碎。

本品形如决明子，微鼓起，表面绿褐色或暗棕色，偶见焦斑。微有香气。

【检查】 **水分** 同药材，不得过12.0%。

总灰分 同药材，不得过6.0%。

【含量测定】 同药材，含大黄酚（$C_{15}H_{10}O_4$）不得少于0.12%，含橙黄决明素（$C_{17}H_{14}O_7$）不得少于0.080%。

【鉴别】 同药材。

【性味与归经】 甘、苦、咸，微寒。归肝、大肠经。

【功能】 清肝明目，润肠通便。

【主治】 肝经风热，目赤肿痛，粪便燥结。

【用法与用量】 马、牛20～60g；羊、猪10～15g；兔、禽1.5～3g。

【贮藏】 置干燥处。

冰片（合成龙脑）
Bingpian
BORNEOLUM SYNTHETICUM

$C_{10}H_{18}O$　154.25

【性状】 本品为无色透明或白色半透明的片状松脆结晶；气清香，味辛、凉；具挥发性，点燃发生浓烟，并有带光的火焰。

本品在乙醇、三氯甲烷或乙醚中易溶，在水中几乎不溶。

熔点 应为205～210℃（附录0611）。

【鉴别】 （1）取本品10mg，加乙醇数滴使溶解，加新制的1%香草醛硫酸溶液1～2滴，即显紫色。

（2）取本品3g，加硝酸10ml，即产生红棕色的气体，待气体产生停止后，加水20ml，振摇，滤过，滤渣用水洗净后，有樟脑臭。

【检查】 pH值 取本品2.5g，研细，加水25ml，振摇，滤过，分取滤液两份，每份10ml，一份加甲基红指示液2滴，另一份加酚酞指示液2滴，均不得显红色。

不挥发物 取本品10g，置称定重量的蒸发皿中，置水浴上加热挥发后，在105℃干燥至恒重，遗留残渣不得过3.5mg（0.035%）。

水分 取本品1g，加石油醚10ml，振摇使溶解，溶液应澄清。

重金属 取本品2g，加乙醇23ml溶解后，加稀醋酸2ml，依法检查（附录0821第一法），含重金属不得过5mg/kg。

砷盐 取本品1g，加氢氧化钙0.5g与水2ml，混匀，置水浴上加热使本品挥发后，放冷，加盐酸中和，再加盐酸5ml与水适量使成28ml，依法检查（附录0822），含砷量不得过2mg/kg。

樟脑 取本品细粉约0.15g，精密称定，置10ml量瓶中，加乙酸乙酯溶解并稀释至刻度，摇匀，滤过，取续滤液作为供试品溶液。另取樟脑对照品适量，精密称定，加乙酸乙酯制成每1ml含0.3mg的溶液，作为对照品溶液。照〔含量测定〕项下的方法测定，计算，即得。

本品含樟脑（$C_{10}H_{16}O$）不得过0.50%。

【含量测定】 照气相色谱法（附录0521）测定。

色谱条件与系统适用性试验 以聚乙二醇20 000（PEG-20M）为固定相，涂布浓度为10%；柱温为140℃。理论板数按龙脑峰计算应不低于2000。

对照品溶液的制备 取龙脑对照品适量，精密称定，加乙酸乙酯制成每1ml含5mg的溶液，即得。

供试品溶液的制备 取本品细粉约50mg，精密称定，置10ml量瓶中，加乙酸乙酯溶解并稀释至刻度，摇匀，即得。

测定法 分别精密吸取对照品溶液与供试品溶液各1μl，注入气相色谱仪，测定，即得。

本品含龙脑（$C_{10}H_{18}O$）不得少于55.0%。

【**性味与归经**】 辛、苦，微寒。归心、脾、肺经。

【**功能**】 通窍醒脑，清热止痛。

【**主治**】 神昏惊厥，咽喉肿痛，心热舌疮，目赤翳障，疮疡肿毒。

【**用法与用量**】 马、牛3～6g；羊、猪1～1.5g。外用适量。

【**注意**】 孕畜慎用。

【**贮藏**】 密封，置凉处。

寻 骨 风
Xungufeng
ARISTOLOCHIAE MOLLISSIMAE HERBA

本品为马兜铃科植物绵毛马兜铃 *Aristolochia mollissima* Hance 的干燥全草。夏、秋二季采挖，除去泥沙，干燥。

【**性状**】 本品根茎呈细圆柱形，多分枝，长短不一，直径2～5mm；表面棕黄色，有细纵纹及节，节处有须根，有的有芽痕；质韧，断面黄白色，有放射状纹理。茎细长，淡绿色，密被白柔毛。叶互生，叶柄长1.5～3cm；叶片灰绿色，皱缩，展平后呈卵圆形或卵状心形，先端钝圆或短尖，基部心脏形，两面密被白柔毛，下表面更多，全缘，脉网状。气微香，味苦而辛。

【**鉴别**】 （1）本品茎横切面：表皮细胞类方形，外壁稍突出，被角质层；多细胞非腺毛甚多。皮层较窄。中柱鞘纤维6～10余列连接成环带，壁木化。维管束6～8个，大小不等。韧皮部细胞皱缩。形成层成环。木质部导管类圆形，直径17～72μm。髓部明显。薄壁细胞含草酸钙簇晶，并含淀粉粒。

（2）取本品粉末1g，加乙醚30ml，浸渍过夜，滤过，取滤液5ml，蒸干，残渣加乙醇1ml使溶解，再加2%间二硝基苯的乙醇溶液与10%氢氧化钾的乙醇溶液各1ml，加热2分钟，显红色。

【**炮制**】 除去杂质，洗净，切段，干燥。

【**性味与归经**】 辛、苦，平。归肝、肺经。

【**功能**】 祛风活络，行气止痛。

【**主治**】 风湿痹痛，肚腹疼痛。

【**用法与用量**】 马、牛30～60g；羊、猪15～30g。

【**贮藏**】 置通风干燥处。

防 己
Fangji
STEPHANIAE TETRANDRAE RADIX

本品为防己科植物粉防己 *Stephania tetrandra* S. Moore 的干燥根。秋季采挖，洗净，除去粗皮，晒至半干，切段，个大者再纵切，干燥。

【性状】 本品呈不规则圆柱形、半圆柱形或块状，多弯曲，长5～10cm，直径1～5cm。表面淡灰黄色，在弯曲处常有深陷横沟而成结节状的瘤块样。体重，质坚实，断面平坦，灰白色，富粉性，有排列较稀疏的放射状纹理。气微，味苦。

【鉴别】 （1）本品横切面：木栓层有时残存。栓内层散有石细胞群，常切向排列。韧皮部较宽。形成层成环。木质部占大部分，射线较宽；导管稀少，呈放射状排列；导管旁有木纤维。薄壁细胞充满淀粉粒，并可见细小杆状草酸钙结晶。

（2）取本品粉末1g，加乙醇15ml，加热回流1小时，放冷，滤过，滤液蒸干，残渣加乙醇5ml使溶解，作为供试品溶液。另取粉防己碱对照品、防己诺林碱对照品，加三氯甲烷制成每1ml各含1mg的混合溶液，作为对照品溶液。照薄层色谱法（附录0502）试验，吸取上述两种溶液各5μl，分别点于同一硅胶G薄层板上，以三氯甲烷-丙酮-甲醇-5%浓氨试液（6∶1∶1∶0.1）为展开剂，展开，取出，晾干，喷以稀碘化铋钾试液。供试品色谱中，在与对照品色谱相应的位置上，显相同颜色的斑点。

【检查】 水分 不得过12.0%（附录0832第一法）。

总灰分 不得过4.0%（附录2302）。

【浸出物】 照醇溶性浸出物测定法（附录2201）项下的热浸法测定，用甲醇作溶剂，不得少于5.0%。

【含量测定】 照高效液相色谱法（附录0512）测定。

色谱条件与系统适用性试验 以十八烷基硅烷键合硅胶为填充剂，以乙腈-甲醇-水-冰醋酸（40∶30∶30∶1）（每100ml含十二烷基磺酸钠0.41g）为流动相，检测波长为280nm。理论板数按粉防己碱峰计算应不低于4000。

对照品溶液的制备 取粉防己碱对照品、防己诺林碱对照品适量，精密称定，加甲醇制成每1ml分别含粉防己碱0.1mg、防己诺林碱0.05mg的混合溶液，即得。

供试品溶液的制备 取本品粉末（过三号筛）约0.5g，精密称定，精密加入2%盐酸甲醇溶液25ml，称定重量，加热回流30分钟，放冷，再称定重量，用2%盐酸甲醇溶液补足减失的重量，摇匀，滤过，精密量取续滤液5ml，置10ml量瓶中，加流动相至刻度，摇匀，即得。

测定法 分别精密吸取对照品溶液与供试品溶液各10μl，注入液相色谱仪，测定，即得。

本品按干燥品计算，含粉防己碱（$C_{38}H_{42}N_2O_6$）和防己诺林碱（$C_{37}H_{40}N_2O_6$）的总量不得少于1.6%。

饮片

【炮制】 除去杂质，稍浸，洗净，润透，切厚片，干燥。

本品呈类圆形或半圆形的厚片。外表皮淡灰黄色。切面灰白色，粉性，有稀疏的放射状纹理。气微，味苦。

【含量测定】 同药材，含粉防己碱（$C_{38}H_{42}N_2O_6$）和防己诺林碱（$C_{37}H_{40}N_2O_6$）的总量不得少于1.4%。

【鉴别】（除横切面外）【检查】【浸出物】 同药材。

【性味与归经】 苦，寒。归膀胱、肺经。

【功能】 利水消肿，祛风止痛。

【主治】 尿不利，水肿，风湿痹痛，关节肿痛。

【用法与用量】 马、牛15～45g；羊、猪5～10g；兔、禽1～2g。

【贮藏】 置干燥处，防霉，防蛀。

防　风

Fangfeng

SAPOSHNIKOVIAE RADIX

本品为伞形科植物防风 *Saposhnikovia divaricata*（Turcz.）Schischk. 的干燥根。春、秋二季采挖未抽花茎植株的根，除去须根和泥沙，晒干。

【性状】　本品呈长圆锥形或长圆柱形，下部渐细，有的略弯曲，长15～30cm，直径0.5～2cm。表面灰棕色或棕褐色，粗糙，有纵皱纹、多数横长皮孔样突起及点状的细根痕。根头部有明显密集的环纹，有的环纹上残存棕褐色毛状叶基。体轻，质松，易折断，断面不平坦，皮部棕黄色至棕色，有裂隙，木部黄色。气特异，味微甘。

【鉴别】　（1）本品横切面：木栓层为5～30列细胞。栓内层窄，有较大的椭圆形油管。韧皮部较宽，有多数类圆形油管，周围分泌细胞4～8个，管内可见金黄色分泌物；射线多弯曲，外侧常成裂隙。形成层明显。木质部导管甚多，呈放射状排列。根头处有髓，薄壁组织中偶见石细胞。

粉末淡棕色。油管直径17～60μm，充满金黄色分泌物。叶基维管束常伴有纤维束。网纹导管直径14～85μm。石细胞少见，黄绿色，长圆形或类长方形，壁较厚。

（2）取本品粉末1g，加丙酮20ml，超声处理20分钟，滤过，滤液蒸干，残渣加乙醇1ml使溶解，作为供试品溶液。另取防风对照药材1g，同法制成对照药材溶液。再取升麻素苷对照品、5-*O*-甲基维斯阿米醇苷对照品，加乙醇制成每1ml各含1mg的混合溶液，作为对照品溶液。照薄层色谱法（附录0502）试验，吸取上述三种溶液各10μl，分别点于同一硅胶GF$_{254}$薄层板上，以三氯甲烷-甲醇（4:1）为展开剂，展开，取出，晾干，置紫外光灯（254nm）下检视。供试品色谱中，在与对照药材色谱和对照品色谱相应的位置上，显相同颜色的斑点。

【检查】　**水分**　不得过10.0%（附录0832第一法）。

总灰分　不得过6.5%（附录2302）。

酸不溶性灰分　不得过1.5%（附录2302）。

【浸出物】　照醇溶性浸出物测定法（附录2201）项下的热浸法测定，用乙醇作溶剂，不得少于13.0%。

【含量测定】　照高效液相色谱法（附录0512）测定。

色谱条件与系统适用性试验　以十八烷基硅烷键合硅胶为填充剂；以甲醇-水（40:60）为流动相；检测波长为254nm。理论板数按升麻素苷峰计算应不低于2000。

对照品溶液的制备　取升麻素苷对照品及5-*O*-甲基维斯阿米醇苷对照品适量，精密称定，分别加甲醇制成每1ml各含60μg的溶液，即得。

供试品溶液的制备　取本品细粉约0.25g，精密称定，置具塞锥形瓶中，精密加入甲醇10ml，称定重量，水浴回流2小时，放冷，再称定重量，用甲醇补足减失的重量，摇匀，滤过，取续滤液，即得。

测定法　分别精密吸取对照品溶液各3μl与供试品溶液2μl，注入液相色谱仪，测定，即得。

本品按干燥品计算，含升麻素苷（$C_{22}H_{28}O_{11}$）和5-*O*-甲基维斯阿米醇苷（$C_{22}H_{28}O_{10}$）的总量不得少于0.24%。

饮片

【炮制】　除去杂质，洗净，润透，切厚片，干燥。

本品呈圆形或椭圆形的厚片。外表皮灰棕色，有纵皱纹、有的可见横长皮孔样突起、密集的环纹或残存的毛状叶基。切面皮部棕黄色至棕色，有裂隙，木部黄色，具放射状纹理。气特异，味微甘。

【鉴别】【检查】【浸出物】【含量测定】 同药材。

【性味与归经】 辛、甘，温。归膀胱、肝、脾经。

【功能】 解表祛风，胜湿，解痉。

【主治】 外感风寒，风寒湿痹，风疹瘙痒，破伤风。

【用法与用量】 马、牛15～60g；驼45～100g；羊、猪5～15g；兔、禽1.5～3g。

【贮藏】 置阴凉干燥处，防蛀。

红 大 戟

Hongdaji

KNOXIAE RADIX

本品为茜草科植物红大戟 *Knoxia valerianoides* Thorel et Pitard的干燥块根。秋、冬二季采挖，除去须根，洗净，置沸水中略烫，干燥。

【性状】 本品略呈纺锤形，偶有分枝，稍弯曲，长3～10cm，直径0.6～1.2cm。表面红褐色或红棕色，粗糙，有扭曲的纵皱纹。上端常有细小的茎痕。质坚实，断面皮部红褐色，木部棕黄色。气微，味甘、微辛。

【鉴别】 （1）本品横切面：木栓细胞数列。韧皮部宽广。形成层成环。木质部导管束断续径向排列，近形成层处者由数列导管组成，渐向内呈单列或单个散在。射线较宽。薄壁组织中散在含草酸钙针晶束的黏液细胞及含红棕色物的分泌细胞。

粉末红棕色。草酸钙针晶散在或成束存在于黏液细胞中，长50～153μm。导管主为具缘纹孔，直径12～74μm。木纤维多成束，长梭形，直径16～24μm，纹孔口斜裂缝状或人字状。木栓细胞表面观呈类长方形或类多角形，微木化，有的细胞中充满红棕色或棕色物。色素块散在，淡黄色、棕黄色或红棕色。

（2）取本品粉末1g，置试管中，加水10ml，煮沸10分钟，滤过，滤液加氢氧化钠试液1滴，显樱红色，再滴加盐酸酸化后，变为橙黄色。

（3）取本品粉末0.1g，加甲醇1ml，超声处理30分钟，静置或离心，取上清液作为供试品溶液。另取红大戟对照药材0.1g，同法制成对照药材溶液。再取3-羟基巴戟醌对照品、芦西定对照品，加甲醇分别制成每1ml各含0.1mg的溶液，作为对照品溶液。照薄层色谱法（附录0502）试验，吸取上述四种溶液各5μl，分别点于同一硅胶G薄层板上，以三氯甲烷-丙酮-甲酸（8:1:0.1）为展开剂，展开，取出，晾干，置紫外光灯（365nm）下检视。供试品色谱中，在与对照药材色谱和对照品色谱相应的位置上，显相同颜色的荧光斑点；在氢氧化钠试液中快速浸渍后，日光下检视，显相同颜色的斑点。

【检查】 水分 不得过11.0%（附录0832）。

总灰分 不得过15.0%（附录2302）。

酸不溶性灰分 不得过4.0%（附录2302）。

【浸出物】 照醇溶性浸出物测定法（附录2201）项下的冷浸法测定，用乙醇作溶剂，不得少于7.0%。

【含量测定】 3-羟基巴戟醌 照高效液相色谱法（附录0512）测定。

色谱条件与系统适应性试验 以十八烷基键合硅胶为填充剂；以甲醇-1%冰醋酸溶液（75:25）为流动相；检测波长为276nm。理论塔板数按3-羟基巴戟醌峰计算应不低于3000。

对照品溶液的制备 取3-羟基巴戟醌对照品适量，精密称定，加甲醇制成每1ml含30μg的溶液，即得。

供试品溶液的制备 取本品粉末（过四号筛）约1g，精密称定，置具塞锥形瓶中，精密加入甲醇20ml，称定重量，超声处理（功率300W，频率40kHz）30分钟，放冷，再称定重量，用甲醇补足减失的重量，摇匀，滤过，取续滤液，即得。

测定法 分别精密吸取对照品溶液与供试品溶液各20μl，注入液相色谱仪，测定，即得。

按干燥品计算，含3-羟基巴戟醌（$C_{15}H_9O_6$）不得少于0.030%。

芦西定 照高效液相色谱法（附录0512）测定。

色谱条件与系统适应性试验 以十八烷基硅烷键合硅胶为填充剂；以甲醇-1%冰醋酸溶液（60:40）为流动相；检测波长为280nm。理论板数按芦西定峰计算应不低于3000。

对照品溶液的制备 取芦西定对照品适量，精密称定，甲醇超声处理使溶解制成每1ml含50μg的溶液，即得。

供试品溶液的制备 取本品粉末（过四号筛）约1g，精密称定，置具塞锥形瓶中，精密加入甲醇20ml，称定重量，超声处理（功率300W，频率40kHz）1小时，放冷，再称定重量，用甲醇补足减失的重量，摇匀，滤过，取续滤液，即得。

测定法 分别精密吸取对照品溶液与供试品溶液各20μl，注入液相色谱仪，测定，即得。

本品按干燥品计算，含芦西定（$C_{15}H_{10}O_5$）应为0.040%~0.15%。

饮片

【炮制】 除去杂质，洗净，润透，切厚片，干燥。

本品呈不规则长圆形或圆形厚片。外表皮红褐色或棕黄色，切面棕黄色。气微，味甘、微辛。

【鉴别】【检查】【浸出物】【含量测定】 同药材。

【性味与归经】 苦，寒；有小毒。归肺、脾、肾经。

【功能】 逐水饮，通二便，散结消肿。

【主治】 宿草不转，宿水停脐，二便不利，痈肿疮毒，瘰疬。

【用法与用量】 马5~15g；牛10~25g；羊、猪2~5g。

【注意】 孕畜禁用。

【贮藏】 置阴凉干燥处。

红 花

Honghua

CARTHAMI FLOS

本品为菊科植物红花 *Carthamus tinctorius* L. 的干燥花。夏季花由黄变红时采摘，阴干或晒干。

【性状】 本品为不带子房的管状花，长1~2cm。表面红黄色或红色。花冠筒细长，先端5裂，裂片呈狭条形，长5~8mm；雄蕊5，花药聚合成筒状，黄白色；柱头长圆柱形，顶端微分叉。质柔软。气微香，味微苦。

【鉴别】 （1）本品粉末橙黄色。花冠、花丝、柱头碎片多见，有长管状分泌细胞常位于导管旁，直径约至66μm，含黄棕色至红棕色分泌物。花冠裂片顶端表皮细胞外壁突起呈短绒毛状。柱头及花柱上部表皮细胞分化成圆锥形单细胞毛，先端尖或稍钝。花粉粒类圆形、椭圆形或橄榄形，直径约至60μm，具3个萌发孔，外壁有齿状突起。草酸钙方晶存在于薄壁细胞中，直径2～6μm。

（2）取本品粉末0.5g，加80%丙酮溶液5ml，密塞，振摇15分钟，静置，取上清液作为供试品溶液。另取红花对照药材0.5g，同法制成对照药材溶液。照薄层色谱法（附录0502）试验，吸取上述两种溶液各5μl，分别点于同一硅胶H薄层板上，以乙酸乙酯-甲酸-水-甲醇（7:2:3:0.4）为展开剂，展开，取出，晾干。供试品色谱中，在与对照药材色谱相应的位置上，显相同颜色的斑点。

【检查】 **杂质** 不得过2%（附录2301）。

水分 不得过13.0%（附录0832第一法）。

总灰分 不得过15.0%（附录2302）。

酸不溶性灰分 不得过5.0%（附录2302）。

吸光度 红色素取本品，置硅胶干燥器中干燥24小时，研成细粉，取约0.25g，精密称定，置锥形瓶中，加80%丙酮溶液50ml，连接冷凝器，置50℃水浴上温浸90分钟，放冷，用3号垂熔玻璃漏斗滤过，收集滤液于100ml量瓶中，用80%丙酮溶液25ml分次洗涤，洗液并入量瓶中，加80%丙酮溶液至刻度，摇匀，照紫外-可见分光光度法（附录0401），在518nm的波长处测定吸光度，不得低于0.20。

【浸出物】 照水溶性浸出物测定法（附录2201）项下的冷浸法测定，不得少于30.0%。

【含量测定】 **羟基红花黄色素A** 照高效液相色谱法（附录0512）测定。

色谱条件与系统适用性试验 以十八烷基硅烷键合硅胶为填充剂；以甲醇-乙腈-0.7%磷酸溶液（26:2:72）为流动相；检测波长为403nm。理论板数按羟基红花黄色素A峰计算应不低于3000。

对照品溶液的制备 取羟基红花黄色素A对照品适量，精密称定，加25%甲醇制成每1ml中含0.13mg的溶液，即得。

供试品溶液的制备 取本品粉末（过三号筛）约0.4g，精密称定，置具塞锥形瓶中，精密加入25%甲醇50ml，称定重量，超声处理（功率300W，频率50kHz）40分钟，放冷，再称定重量，用25%甲醇补足减失的重量，摇匀，滤过，取续滤液，即得。

测定法 分别精密吸取对照品溶液与供试品溶液各10μl，注入液相色谱仪，测定，即得。

本品按干燥品计算，含羟基红花黄色素A（$C_{27}H_{32}O_{16}$）不得少于1.0%。

山奈素 照高效液相色谱法（附录0512）测定。

色谱条件与系统适用性试验 以十八烷基硅烷键合硅胶为填充剂；以甲醇-0.4%磷酸溶液（52:48）为流动相；检测波长为367nm。理论板数按山奈素峰计算应不低于3000。

对照品溶液的制备 取山奈素对照品适量，精密称定，加甲醇制成每1ml含9μg的溶液，即得。

供试品溶液的制备 取本品粉末（过三号筛）约0.5g，精密称定，置具塞锥形瓶中，精密加入甲醇25ml，称定重量，加热回流30分钟，放冷，再称定重量，用甲醇补足减失的重量，摇匀，滤过，精密量取续滤液15ml，置平底烧瓶中，加盐酸溶液（15→37）5ml，摇匀，置水浴中加热水解30分钟，立即冷却，转移至25ml量瓶中，用甲醇稀释至刻度，摇匀，滤过，取续滤液，即得。

测定法 分别精密吸取对照品溶液与供试品溶液各10μl，注入液相色谱仪，测定，即得。

本品按干燥品计算，含山奈素（$C_{15}H_{10}O_6$）不得少于0.050%。

【性味与归经】 辛，温。归心、肝经。

【功能】 活血，散瘀，止痛。

【主治】 跌打损伤，瘀血疼痛，胎衣不下，恶露不尽。

【用法与用量】 马、牛15～30g；羊、猪3～10g。

【注意】 孕畜慎用。

【贮藏】 置阴凉干燥处，防潮，防蛀。

红　芪

Hongqi

HEDYSARI RADIX

本品为豆科植物多序岩黄芪 *Hedysarum polybotrys* Hand.-Mazz. 的干燥根。春、秋二季采挖，除去须根和根头，晒干。

【性状】 本品呈圆柱形，少有分枝，上端略粗，长10～50cm，直径0.6～2cm。表面灰红棕色，有纵皱纹、横长皮孔样突起及少数支根痕，外皮易脱落，剥落处淡黄色。质硬而韧，不易折断，断面纤维性，并显粉性，皮部黄白色，木部淡黄棕色，射线放射状，形成层环浅棕色。气微，味微甜，嚼之有豆腥味。

【鉴别】 （1）本品横切面：木栓层为6～8列细胞。栓内层狭窄，外侧有2～4列厚角细胞。韧皮部较宽，外侧有裂隙，纤维成束散在，纤维壁厚，微木化；韧皮射线外侧常弯曲。形成层成环。木质部导管单个散在或2～3个相聚，其周围有木纤维。纤维束周围的薄壁细胞含草酸钙方晶。

粉末黄棕色。纤维成束，直径5～22μm，壁厚，微木化，周围细胞含草酸钙方晶，形成晶纤维，含晶细胞壁不均匀增厚。草酸钙方晶直径7～14μm，长约至22μm。具缘纹孔导管直径至145μm。淀粉粒单粒类圆形或卵圆形，直径2～19μm；复粒由2～8分粒组成。

（2）取本品粉末1g，加甲醇10ml，超声处理30分钟，滤过，滤液浓缩至1ml，作为供试品溶液。另取红芪对照药材1g，同法制成对照药材溶液。照薄层色谱法（附录0502）试验，吸取上述两种溶液各5μl，分别点于同一硅胶G$_{254}$薄层板上，以二氯甲烷-丙酮（15∶1）为展开剂，展开，取出，晾干，置紫外光灯（254nm）下检视。供试品色谱中，在与对照药材色谱相应的位置上，显相同颜色的斑点；喷以1%香草醛硫酸溶液。供试品色谱中，在与对照药材色谱相应的位置上，显相同颜色的斑点。

【检查】 水分 不得过10.0%（附录0832第一法）。

总灰分 不得过6.0%（附录2302）。

【浸出物】 照醇溶性浸出物测定法（附录2201）项下的热浸法测定，用45%乙醇作溶剂，不得少于25.0%。

饮片

【炮制】 除去杂质，大小分开，洗净，润透，切厚片，干燥。

本品呈类圆形或椭圆形的厚片。外表皮红棕色或黄棕色。切面皮部黄白色，形成层环浅棕色，木质部淡黄棕色，呈放射状纹理。气微，味微甜，嚼之有豆腥味。

【鉴别】【检查】【浸出物】 同药材。

【性味与归经】 甘，温。归肺、脾经。

【功能】 补气固表，托疮生肌，利尿消肿。

【主治】 表虚自汗，脾虚泄泻，疮疡难溃，中气下陷，久痢，脱肛，子宫脱垂，阴道脱垂，水肿。

【用法与用量】 马、牛15～60g；羊、猪5～15g；犬、猫3～6g；兔、禽1～2g。

【贮藏】 置通风干燥处，防潮，防蛀。

炙 红 芪
Zhihongqi
HEDYSARI RADIX PRAEPARATA CUM MELLE

本品为红芪的炮制加工品。

【制法】 取红芪片，照蜜炙法（附录0203）炒至不粘手。

【性状】 本品呈圆形或椭圆形的厚片，直径0.4～1.5cm，厚0.2～0.4cm。外表皮红棕色，略有光泽，可见纵皱纹和残留少数支根痕。切面皮部浅黄色，形成层环浅棕色，木质部浅黄棕色至浅棕色，可见放射状纹理。具蜜香气，味甜，略带黏性，嚼之有豆腥味。

【鉴别】 取本品粉末1g，照红芪项下的〔鉴别〕（2）项试验，显相同的结果。

【检查】 水分 不得过10.0%（附录0832第一法）。

总灰分 不得过5.0%（附录2302）。

【浸出物】 照红芪〔浸出物〕项下测定法测定，不得少于35.0%。

【性味与归经】 甘，温。归肺、脾经。

【功能】 补中益气。

【主治】 脾胃虚弱，气虚乏力，食少便溏。

【用法与用量】 马、牛15～60g；羊、猪5～15g；犬、猫3～6g；兔、禽1～2g。

【贮藏】 置阴凉干燥处，防潮，防蛀。

红 豆 蔻
Hongdoukou
GALANGAE FRUCTUS

本品为姜科植物大高良姜 *Alpinia galanga* Willd. 的干燥成熟果实。秋季果实变红时采收，除去杂质，阴干。

【性状】 本品呈长球形，中部略细，长0.7～1.2cm，直径0.5～0.7cm。表面红棕色或暗红色，略皱缩，顶端有黄白色管状宿萼，基部有果梗痕。果皮薄，易破碎。种子6，扁圆形或三角状多面形，黑棕色或红棕色，外被黄白色膜质假种皮，胚乳灰白色。气香，味辛辣。

【鉴别】 （1）种子横切面：假种皮细胞4～7列，圆形或切向延长，壁稍厚。种皮的外层为1～5列非木化厚壁纤维，呈圆形或多角形，直径13～45μm，其下为1列扁平的黄棕色或深棕色色素细胞；油细胞1列，方形或长方形，直径16～54μm；色素层细胞3～5列，含红棕色物；内种皮为1列栅状厚壁细胞，长约65μm，宽约30μm，黄棕色或红棕色，内壁及靠内方的侧壁极厚，胞腔偏外侧，内含硅质块。外胚乳细胞充满淀粉粒团，偶见草酸钙小方晶。内胚乳细胞含糊粉粒和脂肪油滴。

（2）取本品粉末1g，加乙醚20ml，超声处理10分钟，滤过，残渣再加乙醚10ml洗涤一次，滤过，合并乙醚液，蒸干，残渣加乙酸乙酯1ml使溶解，作为供试品溶液。另取红豆蔻对照药材1g，同法制成对照药材溶液。照薄层色谱法（附录0502）试验，吸取上述两种溶液各5~10μl，分别点于同一硅胶GF$_{254}$薄层板上，以环己烷-乙酸乙酯（17:3）为展开剂，展开，取出，晾干，置紫外光灯（254nm）下检视。供试品色谱中，在与对照药材色谱相应的位置上，显三个相同颜色的斑点。喷以5%香草醛硫酸溶液，在105℃加热至斑点显色清晰。供试品色谱中，在与对照药材色谱相应的位置上，显三个相同颜色的斑点。

【含量测定】 取本品种子，照挥发油测定法（附录2204）测定。

本品种子含挥发油不得少于0.40%（ml/g）。

饮片

【炮制】 除去杂质。用时捣碎。

【性味与归经】 辛，温。归脾、肺经。

【功能】 燥湿散寒，醒脾消食。

【主治】 脾胃虚寒，泄泻，冷痛，食积腹胀。

【用法与用量】 马、牛15~30g；羊、猪10~15g。

【贮藏】 置阴凉干燥处。

红　　粉

Hongfen

HYDRARGYRI OXYDUM RUBRUM

本品为红氧化汞（HgO）。

【性状】 本品为橙红色片状或粉状结晶，片状的一面光滑略具光泽，另一面较粗糙。粉末橙色。质硬，性脆；遇光颜色逐渐变深。气微。

【鉴别】 取本品0.5g，加水10ml，搅匀，缓缓滴加适量的盐酸溶解，溶液显汞盐（附录0301）的鉴别反应。

【检查】 亚汞化合物 取本品0.5g，加稀盐酸25ml，溶解后，溶液允许显微浊。

氯化物 取本品0.5g，加水适量与硝酸3ml，溶解后，加水稀释使至40ml，依法检查（附录0801）。如显浑浊，与标准氯化钠溶液3ml制成的对照液比较，不得更浓（0.006%）。

【含量测定】 取本品约0.2g，精密称定，加稀硝酸25ml溶解后，加水80ml与硫酸铁铵指示液2ml，用硫氰酸铵滴定液（0.1mol/L）滴定。每1ml硫氰酸铵滴定液（0.1mol/L）相当于10.83mg的氧化汞（HgO）。

本品含氧化汞（HgO）不得少于99.0%。

【性味与归经】 辛，热；有大毒。归肺、脾经。

【功能】 拔毒，除脓，去腐，生肌。

【主治】 痈疽疮毒，窦道瘘管久不收口。

【用法与用量】 外用适量。

【注意】 不可内服，不宜久用。

【贮藏】 置干燥处，避光，密闭。

麦 冬

Maidong

OPHIOPOGONIS RADIX

本品为百合科植物麦冬 *Ophiopogon japonicus*（L. f）Ker-Gawl. 的干燥块根。夏季采挖，洗净，反复曝晒、堆置，至七八成干，除去须根，干燥。

【性状】 本品呈纺锤形，两端略尖，长1.5～3cm，直径0.3～0.6cm。表面淡黄色或灰黄色，有细纵纹。质柔韧，断面黄白色，半透明，中柱细小。气微香，味甘、微苦。

【鉴别】 （1）本品横切面：表皮细胞1列或脱落，根被为3～5列木化细胞。皮层宽广，散有含草酸钙针晶束的黏液细胞，有的针晶直径至10μm；内皮层细胞壁均匀增厚，木化，有通道细胞，外侧为1列石细胞，其内壁及侧壁增厚，纹孔细密。中柱较小，韧皮部束16～22个，木质部由导管、管胞、木纤维以及内侧的木化细胞连结成环层。髓小，薄壁细胞类圆形。

（2）取本品2g，剪碎，加三氯甲烷-甲醇（7:3）混合溶液20ml，浸泡3小时，超声处理30分钟，放冷，滤过，滤液蒸干，残渣加三氯甲烷0.5ml使溶解，作为供试品溶液。另取麦冬对照药材2g，同法制成对照药材溶液。照薄层色谱法（附录0502）试验，吸取上述两种溶液各6μl，分别点于同一硅胶GF$_{254}$薄层板上，以甲苯-甲醇-冰醋酸（80:5:0.1）为展开剂，展开，取出，晾干，置紫外光灯（254nm）下检视。供试品色谱中，在与对照药材色谱相应的位置上，显相同颜色的斑点。

【检查】 水分 不得过18.0%（附录0832第一法）。

总灰分 不得过5.0%（附录2302）。

【浸出物】 照水溶性浸出物测定法（附录2201）项下的冷浸法测定，不得少于60.0%。

【含量测定】 对照品溶液的制备 取鲁斯可皂苷元对照品适量，精密称定，加甲醇制成每1ml含50μg的溶液，即得。

标准曲线的制备 精密量取对照品溶液0.5ml、1ml、2ml、3ml、4ml、5ml、6ml，分别置具塞试管中，于水浴中挥干溶剂，精密加入高氯酸10ml，摇匀，置热水中保温15分钟，取出，冰水冷却，以相应的试剂为空白，照紫外-可见光分光光度法（附录0401），在397nm波长处测定吸光度，以吸光度为纵坐标，浓度为横坐标，绘制标准曲线。

测定法 取本品细粉约3g，精密称定，置具塞锥形瓶中，精密加入甲醇50ml，称定重量，加热回流2小时，放冷，再称定重量，用甲醇补足减失的重量，摇匀，滤过，精密量取续滤液25ml，回收溶剂至干，残渣加水10ml使溶解，用水饱和正丁醇振摇提取5次，每次10ml，合并正丁醇液，用氨试液洗涤2次，每次5ml，弃去氨液，正丁醇液蒸干。残渣用80%甲醇溶解，转移至50ml量瓶中，加80%甲醇至刻度，摇匀。精密量取供试品溶液2～5ml，置10ml具塞试管中，照标准曲线的制备项下的方法，自"于水浴中挥干溶剂"起，依法测定吸光度，从标准曲线上读出供试品溶液中鲁斯可皂苷元的重量，计算，即得。

本品按干燥品计算，含麦冬总皂苷以鲁斯可皂苷元（C$_{27}$H$_{42}$O$_4$）计，不得少于0.12%。

饮片

【炮制】 除去杂质，洗净，润透，轧扁，干燥。

本品形如麦冬，或为轧扁的纺锤形块片。表面淡黄色或灰黄色，有细纵纹。质柔韧，断面黄白色，半透明，中柱细小。气微香，味甘、微苦。

【性状】【鉴别】【检查】【含量测定】 同药材。

【性味与归经】 甘、微苦，微寒。归心、肺、胃经。

【功能】 养阴生津，润肺清心。

【主治】 阴虚内热，肺燥干咳，肠燥便秘。

【用法与用量】 马、牛20～60g；羊、猪10～15g；兔、禽0.6～1.5g。

【贮藏】 置阴凉干燥处，防潮。

麦　芽

Maiya

HORDEI FRUCTUS GERMINATUS

本品为禾本科植物大麦 *Hordeum vulgare* L. 的成熟果实经发芽干燥的炮制加工品。将麦粒用水浸泡后，保持适宜温、湿度，待幼芽长至约5mm时，晒干或低温干燥。

【性状】 本品呈梭形，长8～12mm，直径3～4mm。表面淡黄色，背面为外稃包围，具5脉；腹面为内稃包围。除去内外稃后，腹面有1条纵沟；基部胚根处生出幼芽和须根，幼芽长披针状条形，长约5mm。须根数条，纤细而弯曲。质硬，断面白色，粉性。气微，味微甘。

【鉴别】 （1）本品粉末灰白色。淀粉粒单粒类圆形，直径3～60μm，脐点人字形或裂缝状。稃片外表皮表面观长细胞与2个短细胞（栓化细胞、硅质细胞）交互排列；长细胞壁厚，紧密深波状弯曲，短细胞类圆形，有稀疏壁孔。麦芒非腺毛细长，多碎断；稃片表皮非腺毛壁较薄，长80～230μm；鳞片非腺毛锥形，壁较厚，长30～110μm。

（2）取本品粉末5g，加无水乙醇30ml，超声处理40分钟，滤过，滤液加50%氢氧化钾溶液1.5ml，加热回流15分钟，置冰浴中冷却5分钟，用石油醚（30～60℃）振摇提取3次，每次10ml，合并石油醚液，挥干，残渣加乙酸乙酯1ml使溶解，作为供试品溶液。另取麦芽对照药材5g，同法制成对照药材溶液。照薄层色谱法（附录0502）试验，吸取上述两种溶液各2μl，分别点于同一硅胶G薄层板上，使成条状，以甲苯-三氯甲烷-乙酸乙酯（10:10:2）为展开剂，展开，取出，晾干，再以甲苯-三氯甲烷-乙酸乙酯（10:10:1）为展开剂，展开，取出，晾干，喷以含15%硝酸乙醇溶液，在100℃加热至斑点显色清晰，置紫外光灯（365nm）下检视。供试品色谱中，在与对照药材色谱相应的位置上，显相同颜色的荧光斑点。

【检查】 **水分** 不得过13.0%（附录0832第一法）。

总灰分 不得过5.0%（附录2302）。

出芽率 取本品10g，照药材取样法（附录0201），取对角两份供试品，检查出芽粒数与总粒数，计算出芽率（%）。

本品出芽率不得少于85%。

黄曲霉毒素 照黄曲霉毒素测定法（附录2351）测定。

本品每1000g含黄曲霉毒素B$_1$不得过5μg，黄曲霉毒素G$_2$、黄曲霉毒素G$_1$、黄曲霉毒素B$_2$和黄曲霉毒素B$_1$总量不得过10μg。

饮片

【炮制】 **麦芽** 除去杂质。

【性状】【鉴别】【检查】同药材。

炒麦芽　取净麦芽，照清炒法（附录0203）炒至棕黄色，放凉，筛去灰屑。

本品形如麦芽，表面棕黄色，偶有焦斑。有香气，味微苦。

【检查】　水分　同药材，不得过12.0%。

总灰分　同药材，不得过4.0%。

【鉴别】　同药材。

焦麦芽　取净麦芽，照清炒法（附录0203）炒至焦褐色，放凉，筛去灰屑。

本品形如麦芽，表面焦褐色，有焦斑。有焦香气，味微苦。

【检查】　水分　同药材，不得过10.0%。

总灰分　同药材，不得过4.0%。

【鉴别】　同药材。

【性味与归经】　甘，平。归脾、胃经。

【功能】　生用行气消食，健脾开胃；炒用回乳消胀。

【主治】　生麦芽：食积不消，肚胀，乳房胀痛；炒麦芽：断乳。

【用法与用量】　马、牛20～60g；羊、猪10～15g；兔、禽1.5～5g。

【贮藏】　置通风干燥处，防蛀。

远　志

Yuanzhi

POLYGALAE RADIX

本品为远志科植物远志 *Polygala tenuifolia* Willd. 或卵叶远志 *Polygala sibirica* L. 的干燥根。春、秋二季采挖，除去须根和泥沙，晒干。

【性状】　本品呈圆柱形，略弯曲，长3～15cm，直径0.3～0.8cm。表面灰黄色至灰棕色，有较密并深陷的横皱纹、纵皱纹及裂纹，老根的横皱纹较密更深陷，略呈结节状。质硬而脆，易折断，断面皮部棕黄色，木部黄白色，皮部易与木部剥离。气微，味苦、微辛，嚼之有刺喉感。

【鉴别】　（1）本品横切面：木栓细胞10余列。栓内层为20余列薄壁细胞，有切向裂隙。韧皮部较宽广，常现径向裂隙。形成层成环。木质部发达，均木化，射线宽1～3列细胞。薄壁细胞大多含脂肪油滴；有的含草酸钙簇晶和方晶。

（2）取本品粉末0.5g，加70%甲醇20ml，超声处理30分钟，滤过，滤液蒸干，残渣加甲醇1ml使溶解，作为供试品溶液。另取远志𥔲酮Ⅲ对照品，加甲醇制成每1ml含0.5mg的溶液，作为对照品溶液。照薄层色谱法（附录0502）试验，吸取上述两种溶液各2μl，分别点于同一硅胶G薄层板上，以三氯甲烷-甲醇-水（7:3:1）的下层溶液为展开剂，展开，取出，晾干，置紫外光灯（365nm）下检视。供试品色谱中，在与对照品色谱相应的位置上，显相同颜色的荧光斑点。

（3）取细叶远志皂苷〔含量测定〕项下的供试品溶液20μl和对照品溶液4μl，分别点于同一硅胶G薄层板上，以三氯甲烷-甲醇-水（6:3:0.5）为展开剂，展开，取出，晾干，喷以10%硫酸乙醇溶液，在105℃加热至斑点显色清晰。供试品色谱中，在与对照品色谱相应的位置上，显相同颜色的斑点。

【检查】　水分　不得过12.0%（附录0832第一法）。

总灰分　不得过6.0%（附录2302）。

黄曲霉毒素　照黄曲霉毒素测定法（附录2351）测定。

本品每1000g含黄曲霉毒素B_1不得过$5\mu g$，黄曲霉毒素G_2、黄曲霉毒素G_1、黄曲霉毒素B_2和黄曲霉毒素B_1的总量不得过$10\mu g$。

【浸出物】　照醇溶性浸出物测定法（附录2201）项下的热浸法测定，用70%乙醇作溶剂，不得少于30.0%。

【含量测定】　**细叶远志皂苷**　照高效液相色谱法（附录0512）测定。

色谱条件与系统适用性试验　以十八烷基硅烷键合硅胶为填充剂；以甲醇-0.05%磷酸溶液（70:30）为流动相；检测波长为210nm。理论板数按细叶远志皂苷峰计算应不低于3000。

对照品溶液的制备　取细叶远志皂苷对照品适量，精密称定，加甲醇制成每1ml含1mg的溶液，即得。

供试品溶液的制备　取本品粉末（过三号筛）约1g，精密称定，置具塞锥形瓶中，精密加入70%甲醇50ml，称定重量，超声处理（功率400W，频率40kHz）1小时，放冷，再称定重量，用70%甲醇补足减失的重量，摇匀，滤过，精密量取续滤液25ml，置圆底烧瓶中，蒸干，残渣加10%氢氧化钠溶液50ml，加热回流2小时，放冷，用盐酸调节pH值为4~5，用水饱和的正丁醇振摇提取3次，每次50ml，合并正丁醇液，回收溶剂至干，残渣加甲醇适量使溶解，转移至25ml量瓶中，加甲醇至刻度，摇匀，即得。

测定法　分别精密吸取对照品溶液与供试品溶液各$10\mu l$，注入液相色谱仪，测定，即得。

本品按干燥品计算，含细叶远志皂苷（$C_{36}H_{56}O_{12}$）不得少于2.0%。

远志𡒊酮Ⅲ和3,6'-二芥子酰基蔗糖　照高效液相色谱法（附录0512）测定。

色谱条件与系统适用性试验　以十八烷基硅烷键合硅胶为填充剂；以乙腈-0.05%磷酸溶液（18:82）为流动相；检测波长为320nm。理论板数按3,6'-二芥子酰基蔗糖峰计算应不低于3000。

对照品溶液的制备　取远志𡒊酮Ⅲ对照品、3,6'-二芥子酰基蔗糖对照品适量，精密称定，加甲醇制成每1ml含远志𡒊酮Ⅲ0.15mg、含3,6'-二芥子酰基蔗糖0.2mg的混合溶液，即得。

供试品溶液的制备　取本品粉末（过三号筛）约1g，精密称定，置具塞锥形瓶中，精密加入70%甲醇25ml，称定重量，加热回流1.5小时，放冷，再称定重量，用70%甲醇补足减失的重量，摇匀，滤过，取续滤液，即得。

测定法　分别精密吸取对照品溶液与供试品溶液各$10\mu l$，注入液相色谱仪，测定，即得。

本品按干燥品计算，含远志𡒊酮Ⅲ（$C_{25}H_{28}O_{15}$）不得少于0.15%，含3,6'-二芥子酰基蔗糖（$C_{36}H_{46}O_{17}$）不得少于0.50%。

饮片

【炮制】　**远志**　除去杂质，略洗，润透，切段，干燥。

本品呈圆柱形的段。外表皮灰黄色至灰棕色，有横皱纹。切面棕黄色，中空。气微，味苦、微辛，嚼之有刺喉感。

【鉴别】（除横切面外）【检查】【浸出物】【含量测定】　同药材。

制远志　取甘草，加适量水煎汤，去渣，加入净远志，用文火煮至汤吸尽，取出，干燥。

每100kg远志，用甘草6kg。

本品形如远志段，表面黄棕色。味微甜。

【检查】　**酸不溶性灰分**　不得过3.0%（附录2302）。

【含量测定】　同药材，含远志𡒊酮Ⅲ（$C_{25}H_{28}O_{15}$）不得少于0.10%，含3,6'-二芥子酰基蔗糖（$C_{36}H_{46}O_{17}$）不得少于0.30%。含细叶远志皂苷（$C_{36}H_{56}O_{12}$）不得少于2.0%。

【鉴别】（除横切面外）【检查】【浸出物】 同药材。

【性味与归经】 苦、辛，温。归心、肾、肺经。

【功能】 安神，祛痰，消肿。

【主治】 心虚惊恐，咳嗽痰多，疮疡肿毒。

【用法与用量】 马、牛10～30g；驼45～90g；羊、猪5～10g；兔、禽0.5～1.5g。

【贮藏】 置通风干燥处。

赤 小 豆

Chixiaodou

VIGNAE SEMEN

本品为豆科植物赤小豆 *Vigna umbellata* Ohwi et Ohashi 或赤豆 *Vigna angularis* Ohwi et Ohashi 的干燥成熟种子。秋季果实成熟而未开裂时拔取全株，晒干，打下种子，除去杂质，再晒干。

【性状】 赤小豆 呈长圆形而稍扁，长5～8mm，直径3～5mm。表面紫红色，无光泽或微有光泽；一侧有线形突起的种脐，偏向一端，白色，约为全长2/3，中间凹陷成纵沟；另侧有1条不明显的棱脊。质硬，不易破碎。子叶2，乳白色。气微，味微甘。

赤豆 呈短圆柱形，两端较平截或钝圆，直径4～6mm。表面暗棕红色，有光泽，种脐不突起。

【鉴别】 （1）本品横切面：赤小豆 种皮表皮为1列栅状细胞，种脐处2列，细胞内含淡红棕色物，光辉带明显。支持细胞1列，呈哑铃状，其下为10列薄壁细胞，内侧细胞呈颓废状。子叶细胞含众多淀粉粒，并含有细小草酸钙方晶和簇晶。种脐部位栅状细胞的外侧有种阜，内侧有管胞岛，椭圆形，细胞壁网状增厚，其两侧为星状组织，细胞呈星芒状，有大型细胞间隙。

赤豆 子叶细胞偶见细小草酸钙方晶，不含簇晶。

（2）取本品粉末2g，加75%乙醇10ml，超声处理30分钟，滤过，滤液作为供试品溶液。另取赤小豆对照药材2g，同法制成对照药材溶液。照薄层色谱法（附录0502）试验，吸取上述两种溶液各5μl，分别点于同一硅胶G薄层板上，以三氯甲烷-冰醋酸-甲醇-水（70:35:10:8）为展开剂，展开，取出，晾干，喷以2%香草醛硫酸溶液，在105℃加热至斑点显色清晰。供试品色谱中，在与对照药材色谱相应的位置上，显相同颜色的斑点。

【检查】 水分 不得过14.0%（附录0832第一法）。

总灰分 不得过5.0%（附录2302）。

【浸出物】 照醇溶性浸出物测定法（附录2201）项下的热浸法测定，用75%乙醇作溶剂，不得少于7.0%。

饮片

【炮制】 除去杂质，筛去灰屑。

【性状】【鉴别】【检查】【浸出物】 同药材。

【性味与归经】 甘、酸，平。归心、小肠经。

【功能】 利水消肿，解毒，排脓。

【主治】 水肿，湿热泻痢，黄疸，尿赤，疮黄肿毒。

【用法与用量】 马、牛15～30g；羊、猪6～12g；兔、禽1～2g。外用适量。

【贮藏】 置干燥处，防蛀。

赤 石 脂

Chishizhi

HALLOYSITUM RUBRUM

本品为硅酸盐类矿物多水高岭石族多水高岭石，主含四水硅酸铝〔$Al_4(Si_4O_{10})(OH)_8 \cdot 4H_2O$〕。采挖后，除去杂石。

【性状】 本品为块状集合体，呈不规则的块状。粉红色、红色至紫红色，或有红白相间的花纹。质软，易碎，断面有的具蜡样光泽。吸水性强。具黏土气，味淡，嚼之无沙粒感。

饮片

【炮制】 **赤石脂** 除去杂质，打碎或研细粉。

煅赤石脂 取赤石脂细粉，用醋调匀，搓条，切段，干燥，照明煅法（附录0203）煅至红透。用时捣碎。

【性味与归经】 甘、酸、涩，温。归胃、大肠经。

【功能】 涩肠止泻，止血，生肌敛疮。

【主治】 久泻，久痢，便血，疮疡不敛。

【用法与用量】 马、牛15～45g；驼30～75g；羊、猪10～15g；兔、禽1～2g。外用适量。

【贮藏】 置干燥处，防潮。

赤 芍

Chishao

PAEONIAE RADIX RUBRA

本品为毛茛科植物芍药 *Paeonia lactiflora* Pall. 或川赤芍 *Paeonia veitchii* Lynch 的干燥根。春、秋二季采挖，除去根茎、须根及泥沙，晒干。

【性状】 本品呈圆柱形，稍弯曲，长5～40cm，直径0.5～3cm。表面棕褐色，粗糙，有纵沟和皱纹，并有须根痕和横长的皮孔样突起，有的外皮易脱落。质硬而脆，易折断，断面粉白色或粉红色，皮部窄，木部放射状纹理明显，有的有裂隙。气微香，味微苦、酸涩。

【鉴别】 （1）本品横切面：木栓层为数列棕色细胞。栓内层薄壁细胞切向延长。韧皮部较窄。形成层成环。木质部射线较宽，导管群作放射状排列，导管旁有木纤维。薄壁细胞含草酸钙簇晶，并含淀粉粒。

（2）取本品粉末0.5g，加乙醇10ml，振摇5分钟，滤过，滤液蒸干，残渣加乙醇2ml使溶解，作为供试品溶液。另取芍药苷对照品，加乙醇制成每1ml含2mg的溶液，作为对照品溶液。照薄层色谱法（附录0502）试验，吸取上述两种溶液各4μl，分别点于同一硅胶G薄层板上，以三氯甲烷-乙酸乙酯-甲醇-甲酸（40:5:10:0.2）为展开剂，展开，取出，晾干，喷以5%香草醛硫酸溶液，加热至斑点显色清晰。供试品色谱中，在与对照品色谱相应的位置上，显相同的蓝紫色斑点。

【含量测定】 照高效液相色谱法（附录0512）测定。

色谱条件与系统适用性试验 以十八烷基硅烷键合硅胶为填充剂；甲醇-0.05mol/L磷酸二氢钾

溶液（40:65）为流动相；检测波长为230nm。理论板数按芍药苷峰计算应不低于3000。

对照品溶液的制备　取经五氧化二磷减压干燥器中干燥36小时的芍药苷对照品适量，精密称定，加甲醇制成每1ml含0.5mg的溶液，即得。

供试品溶液的制备　取本品粗粉约0.5g，精密称定，置具塞锥形瓶中，精密加入甲醇25ml，称定重量，浸泡4小时，超声处理20分钟，放冷，再称定重量，用甲醇补足减失的重量，摇匀，滤过，取续滤液，即得。

测定法　分别精密吸取对照品溶液与供试品溶液各10μl，注入液相色谱仪，测定，即得。

本品含芍药苷（$C_{23}H_{28}O_{11}$）不得少于1.8%。

饮片

【炮制】　除去杂质，分开大小，洗净，润透，切厚片，干燥。

本品为类圆形切片，外表皮棕褐色。切面粉白色或粉红色，皮部窄，木部放射状纹理明显，有的有裂隙。

【含量测定】　同药材，含芍药苷（$C_{23}H_{28}O_{11}$）不得少于1.5%。

【鉴别】　同药材。

【性味与归经】　苦，微寒。归肝经。

【功能】　清热凉血，散瘀止痛。

【主治】　温毒发斑，肠热下血，目赤肿痛，痈肿疮疡，跌打损伤。

【用法与用量】　马、牛15~45g；羊、猪3~10g；兔、禽1~2g。

【注意】　不宜与藜芦同用。

【贮藏】　置通风干燥处。

芫　花

Yuanhua

GENKWA FLOS

本品为瑞香科植物芫花 *Daphne genkwa* Sied. et Zucc. 的干燥花蕾。春季花未开放时采收，除去杂质，干燥。

【性状】　本品常3~7朵簇生于短花轴上，基部有苞片1~2片，多脱落为单朵。单朵呈棒槌状，多弯曲，长1~1.7cm，直径约1.5mm；花被筒表面淡紫色或灰绿色，密被短柔毛，先端4裂，裂片淡紫色或黄棕色。质软。气微，味甘、微辛。

【鉴别】　（1）本品粉末：灰褐色。花粉粒黄色，类球形，直径23~45μm，表面有较明显的网状雕纹，萌发孔多数，散在。花被下表面有非腺毛，单细胞，多弯曲，长88~780μm，直径15~23μm，壁较厚，微具疣状突起。

（2）取本品粉末1g，加甲醇25ml，超声处理10分钟，滤过，滤液蒸干，残渣加乙醇1ml使溶解，作为供试品溶液。另取芫花对照药材1g，同法制成对照药材溶液。再取芫花素对照品，加甲醇制成每1ml含2mg的溶液，作为对照品溶液。照薄层色谱法（附录0502）试验，吸取上述三种溶液各4μl，分别点于同一硅胶G薄层板上，以甲苯-乙酸乙酯-甲酸（8:4:0.2）为展开剂，展开，取出，晾干，置紫外光灯（365nm）下检视。供试品色谱中，在与对照药材色谱和对照品色谱相应的位置上，显相同颜色的荧光斑点。

【浸出物】 照醇溶性浸出物测定法（附录2201）项下的热浸法测定，用稀乙醇作溶剂，不得少于20.0%。

【含量测定】 照高效液相色谱法（附录0512）测定。

色谱条件与系统适用性试验 以十八烷基硅烷键合硅胶为填充剂；以甲醇-水-冰醋酸（65:35:0.8）为流动相；检测波长为338nm。理论板数按芫花素峰计算应不低于6000。

对照品溶液的制备 取芫花素对照品适量，精密称定，加甲醇制成每1ml含90μg的溶液，即得。

供试品溶液的制备 取本品粉末（过四号筛）约0.5g，精密称定，置具塞锥形瓶中，精密加入甲醇25ml，称定重量，加热回流1小时，放冷，再称定重量，用甲醇补足减失的重量，摇匀，滤过，取续滤液，即得。

测定法 分别精密吸取对照品溶液与供试品溶液各10μl，注入液相色谱仪，测定，即得。

本品按干燥品计算，含芫花素（$C_{16}H_{12}O_5$）不得少于0.20%。

饮片

【炮制】 芫花 除去杂质。

【性状】【鉴别】【检查】【浸出物】【含量测定】同药材。

醋芫花 取净芫花，照醋炙法（附录0203）炒至醋吸尽。

每100kg芫花，用醋30kg。

本品形如芫花，表面微黄色。微有醋香气。

【性味与归经】 苦、辛，温；有毒。归肺、脾、肾经。

【功能】 泻水逐饮，通利二便，解毒杀虫。

【主治】 胸腹积水，痰饮喘急，二便不利，痈疽肿毒；外治疥癣，鞭虱。

【用法与用量】 马、牛6～15g；羊、猪1.5～3g。

外用适量。

【注意】 孕畜禁用。不宜与甘草同用。

【贮藏】 置通风干燥处，防霉，防蛀。

花　　椒

Huajiao

ZANTHOXYLI PERICARPIUM

本品为芸香科植物青椒 *Zanthoxylum schinifolium* Sieb. et Zucc. 或花椒 *Zanthoxylum bungeanum* Maxim. 的干燥成熟果皮。秋季采收成熟果实，晒干，除去种子和杂质。

【性状】 **青椒** 多为2～3个上部离生的小蓇葖果，集生于小果梗上，蓇葖果球形，沿腹缝线开裂，直径3～4mm。外表面灰绿色或暗绿色，散有多数油点和细密的网状隆起皱纹；内表面类白色，光滑。内果皮常由基部与外果皮分离。残存种子呈卵形，长3～4mm，直径2～3mm，表面黑色，有光泽。气香，味微甜而辛。

花椒 蓇葖果多单生，直径4～5mm。外表面紫红色或棕红色，散有多数疣状突起的油点，直径0.5～1mm，对光观察半透明；内表面淡黄色。香气浓，味麻辣而持久。

【鉴别】 **青椒** 粉末暗棕色。外果皮表皮细胞表面观类多角形，垂周壁平直，外平周壁具细密的角质纹理，细胞内含橙皮苷结晶。内果皮细胞多呈长条形或类长方形，壁增厚，孔沟明显，镶嵌排列或上下交错排列。草酸钙簇晶偶见，直径15～28μm。

花椒　粉末黄棕色。外果皮表皮细胞垂周壁连珠状增厚。草酸钙簇晶较多见，直径10～40μm。

取本品粉末2g，加乙醚10ml，充分振摇，浸渍过夜，滤过，滤液挥至1ml，作为供试品溶液。另取花椒对照药材2g，同法制成对照药材溶液。照薄层色谱法（附录0502）试验，吸取上述两种溶液各5μl，分别点于同一硅胶G薄层板上，以正己烷-乙酸乙酯（4:1）为展开剂，展开，取出，晾干，置紫外光灯（365nm）下检视。供试品色谱中，在与对照药材色谱相应的位置上，显相同的红色荧光主斑点。

【含量测定】　照挥发油测定法（附录2204）测定。

本品含挥发油不得少于1.5%（ml/g）。

饮片

【炮制】　花椒　除去椒目、果柄等杂质。

炒花椒　取净花椒，照清炒法（附录0203）炒至有香气。

【性味与归经】　辛，温。归脾、胃、肾经。

【功能】　温中止痛，杀虫止痒。

【主治】　冷痛，冷肠泄泻，虫积；外治湿疮，疥癣。

【用法与用量】　马、牛10～20g；羊、猪3～9g。

外用适量。

【贮藏】　置通风干燥处。

芥　子

Jiezi

SINAPIS SEMEN

本品为十字花科植物白芥 *Sinapis alba* L. 或芥 *Brassica juncea*（L.）Czern. et Coss. 的干燥成熟种子。前者习称"白芥子"，后者习称"黄芥子"。夏末秋初果实成熟时采割植株，晒干，打下种子，除去杂质。

【性状】　白芥子　呈球形，直径1.5～2.5mm。表面灰白色至淡黄色，具细微的网纹，有明显的点状种脐。种皮薄而脆，破开后内有白色折叠的子叶，有油性。气微，味辛辣。

黄芥子　较小，直径1～2mm。表面黄色至棕黄色，少数呈暗红棕色。研碎后加水浸湿，则产生辛烈的特异臭气。

【鉴别】　（1）本品横切面：白芥子　种皮表皮为黏液细胞，有黏液质纹理；下皮为2列厚角细胞；栅状细胞1列，内壁及侧壁增厚，外壁菲薄。内胚乳为1列类方形细胞，含糊粉粒。子叶及胚根薄壁细胞含脂肪油滴和糊粉粒。

黄芥子　种皮表皮细胞切向延长；下皮为1列菲薄的细胞。

（2）取本品粉末1g，加甲醇50ml，超声处理1小时，滤过，滤液蒸干，残渣加甲醇5ml使溶解，作为供试品溶液。另取芥子碱硫氰酸盐对照品，加甲醇制成每1ml含1mg的溶液，作为对照品溶液。照薄层色谱法（附录0502）试验，吸取上述两种溶液各5～10μl，分别点于同一硅胶G薄层板上，以乙酸乙酯-丙酮-甲酸-水（3.5:5:1:0.5）为展开剂，展开，取出，晾干，喷以稀碘化铋钾试液。供试品色谱中，在与对照品色谱相应的位置上，显相同颜色的斑点。

【检查】　水分　不得过14.0%（附录0832第一法）。

总灰分　不得过6.0%（附录2302）。

【浸出物】　照水溶性浸出物测定法（附录2201）项下的冷浸法测定，不得少于12.0%。

【含量测定】　照高效液相色谱法（附录0512）测定。

色谱条件与系统适用性试验　以十八烷基硅烷键合硅胶为填充剂；以乙腈-0.08mol/L磷酸二氢钾溶液（10:90）为流动相；检测波长为326nm。理论板数按芥子碱峰计算应不低于3000。

对照品溶液的制备　取芥子碱硫氰酸盐对照品适量，精密称定，加流动相制成每1ml含0.2mg的溶液，即得。

供试品溶液的制备　取本品细粉约1g，精密称定，置具塞锥形瓶中，加甲醇50ml，超声处理（功率250W，频率20kHz）20分钟，滤过，残渣再用甲醇同法提取三次，滤液合并，减压回收溶剂至干，残渣加流动相溶解，转移至50ml量瓶中，用流动相稀释至刻度，摇匀，滤过，取续滤液，即得。

测定法　分别精密吸取对照品溶液与供试品溶液各10μl，注入液相色谱仪，测定，即得。

本品按干燥品计算，含芥子碱以芥子碱硫氰酸盐（$C_{16}H_{24}NO_5 \cdot SCN$）计，不得少于0.50%。

饮片

【炮制】　芥子　除去杂质。用时捣碎。

【性状】【鉴别】【检查】【浸出物】【含量测定】　同药材。

炒芥子　取净芥子，照清炒法（附录0203）炒至淡黄色至深黄色（炒白芥子）或深黄色至棕褐色（炒黄芥子），有香辣气。用时捣碎。

本品形如芥子，表面淡黄色至深黄色（炒白芥子）或深黄色至棕褐色（炒黄芥子），偶有焦斑，有香辣气。

【检查】　水分　同药材，不得过8.0%。

【含量测定】　同药材，含芥子碱以芥子碱硫氰酸盐（$C_{16}H_{24}NO_5 \cdot SCN$）计，不得少于0.40%。

【鉴别】【检查】（总灰分）【浸出物】　同药材。

【性味与归经】　辛，温。归肺经。

【功能】　利气化痰，温中散寒，消肿止痛。

【主治】　寒痰咳喘，肚腹胀痛，阴疽肿毒。

【用法与用量】　马、牛15～45g；羊、猪3～9g。外用适量。

【贮藏】　置通风干燥处，防潮。

苍　术

Cangzhu

ATRACTYLODIS RHIZOMA

本品为菊科植物茅苍术 *Atractylodes lancea*（Thunb.）DC. 或北苍术 *Atractylodes chinensis*（DC.）Koidz. 的干燥根茎。春、秋二季采挖，除去泥沙，晒干，撞去须根。

【性状】　茅苍术　呈不规则连珠状或结节状圆柱形，略弯曲，偶有分枝，长3～10cm，直径1～2cm。表面灰棕色，有皱纹、横曲纹及残留须根，顶端具茎痕或残留茎基。质坚实，断面黄白色或灰白色，散有多数橙黄色或棕红色油室，暴露稍久，可析出白色细针状结晶。气香特异，味微甘、辛、苦。

北苍术　呈疙瘩块状或结节状圆柱形，长4～9cm，直径1～4cm。表面黑棕色，除去外皮者黄棕色。质较疏松，断面散有黄棕色油室。香气较淡，味辛、苦。

【鉴别】　（1）本品粉末棕色。草酸钙针晶细小，长5～30μm，不规则地充塞于薄壁细胞中。纤维大多成束，长梭形，直径约至40μm，壁甚厚，木化。石细胞甚多，有时与木栓细胞连结，多角形、类圆形或类长方形，直径20～80μm，壁极厚。菊糖多见，表面呈放射状纹理。

（2）取本品粉末0.8g，加甲醇10ml，超声处理15分钟，滤过，取滤液作为供试品溶液。另取苍术对照药材0.8g，同法制成对照药材溶液。再取苍术素对照品，加甲醇制成每1ml含0.2mg的溶液，作为对照品溶液。照薄层色谱法（附录0502）试验，吸取供试品溶液和对照药材溶液各6μl、对照品溶液2μl，分别点于同一硅胶G薄层板上，以石油醚（60～90℃）-丙酮（9:2）为展开剂，展开，取出，晾干，喷以10%硫酸乙醇溶液，加热至斑点显色清晰。供试品色谱中，在与对照药材色谱和对照品色谱相应的位置上，显相同颜色的斑点。

【检查】　水分　不得过13.0%（附录0832第二法）。

总灰分　不得过7.0%（附录2302）。

【含量测定】　避光操作，照高效液相色谱法（附录0512）测定。

色谱条件与系统适用性试验　以十八烷基硅烷键合硅胶为填充剂；甲醇-水（79:21）为流动相；检测波长为340nm。理论板数按苍术素峰计算应不低于5000。

对照品溶液的制备　取苍术素对照品适量，精密称定，加甲醇制成每1ml含20μl的溶液，即得。

供试品溶液的制备　取本品粉末（过三号筛）约0.2g，精密称定，置具塞锥形瓶中，精密加入甲醇50ml，密塞，称定重量，超声处理（功率250W，频率40kHz）1小时，放冷，再称定重量，用甲醇补足减失的重量，摇匀，滤过，取续滤液，即得。

测定法　分别精密吸取对照品溶液与供试品溶液各10μl，注入液相色谱仪，测定，即得。

本品按干燥品计算，含苍术素（$C_{13}H_{10}O$）计，不得少于0.30%。

饮片

【炮制】　**苍术**　除去杂质，洗净，润透，切厚片，干燥。

本品呈不规则类圆形或条形厚片。外表面灰棕色至黄棕色，有皱纹，有时可见根痕。切面黄白色或灰白色，散有多数橙黄色或棕红色油室，有的可析出白色细针状结晶。气香特异，味微甘、辛、苦。

【检查】　水分　同药材，不得过11.0%。

总灰分　同药材，不得过5.0%。

【鉴别】【含量测定】　同药材。

麸炒苍术　取苍术片，照麸炒法（附录0203）炒至表面深黄色。

本品形如苍术片，表面深黄色，散有多数棕褐色油室。有焦香气。

【检查】　水分　同药材，不得过10.0%。

总灰分　同药材，不得过5.0%。

【含量测定】　同药材，含苍术素（$C_{13}H_{10}O$）计，不得少于0.20%。

【鉴别】　（除显微粉末外）同药材。

【性味与归经】　辛、苦，温。归脾、胃、肝经。

【功能】　燥湿健脾，祛风散寒，明目。

【主治】　泄泻，水肿，风寒湿痹，风寒感冒，夜盲。

【用法与用量】 马、牛15～60g；羊、猪3～15g；兔、禽1～3g。

【贮藏】 置阴凉干燥处。

苍 耳 子

Cang'erzi

XANTHII FRUCTUS

本品为菊科植物苍耳 *Xanthium sibiricum* Patr. 的干燥成熟带总苞的果实。秋季果实成熟时采收，干燥，除去梗、叶等杂质。

【性状】 本品呈纺锤形或卵圆形，长1～1.5cm，直径0.4～0.7cm。表面黄棕色或黄绿色，全体有钩刺，顶端有2枚较粗的刺，分离或相连，基部有果梗痕。质硬而韧，横切面中央有纵隔膜，2室，各有1枚瘦果。瘦果略呈纺锤形，一面较平坦，顶端具1突起的花柱基，果皮薄，灰黑色，具纵纹。种皮膜质，浅灰色，子叶2，有油性。气微，味微苦。

【鉴别】 （1）本品粉末淡黄棕色至淡黄绿色。总苞纤维成束，常呈纵横交叉排列。果皮表皮细胞棕色，类长方形，常与下层纤维相连。果皮纤维成束或单个散在，细长梭形，纹孔和孔沟明显或不明显。种皮细胞淡黄色，外层细胞类多角形，壁稍厚；内层细胞具乳头状突起。木薄壁细胞类长方形，具纹孔。子叶细胞含糊粉粒和油滴。

（2）取本品粉末2g，加甲醇25ml，超声处理20分钟，滤过，滤液浓缩至2ml，作为供试品溶液。另取苍耳子对照药材2g，同法制成对照药材溶液。照薄层色谱法（附录0502）试验，吸取上述两种溶液各4μl，分别点于同一硅胶G薄层板上，以正丁醇-冰醋酸-水（4:1:5）上层溶液为展开剂，展开，取出，晾干，置氨蒸气中熏至斑点显色清晰。供试品色谱中，在与对照药材色谱相应的位置上，显相同颜色的斑点。

【检查】 水分 不得过12.0%（附录0832第一法）。

总灰分 不得过5.0%（附录2302）。

羧基苍术苷 照高效液相色谱法（附录0512）测定。

色谱条件与系统适用性试验 以苯基键合硅胶为填充剂；以乙腈-0.01mol/L磷酸二氢钠溶液（用4%氢氧化钠溶液调节pH值至5.4）（10:90）为流动相。检测波长为203nm。理论板数按羧基苍术苷峰计算应不低于5000。

对照品溶液的制备 取羧基苍术苷三钾盐对照品适量，精密称定，加水制成每1ml含0.1mg的溶液，即得（羧基苍术苷重量=羧基苍术苷三钾盐重量/1.1482）。

供试品溶液的制备 取本品粉末（过三号筛）约1g，精密称定，置具塞锥形瓶中，精密加入水20ml，称定重量，超声处理（功率300W，频率40kHz）40分钟，放冷，再称定重量，用水补足减失的重量，摇匀，离心（转速为每分钟12 000转，5分钟），取上清液滤过，取续滤液，即得。

测定法 分别精密吸取对照品溶液与供试品溶液各5μl，注入液相色谱仪，测定，即得。

本品按干燥品计算，含羧基苍术苷（$C_{31}H_{46}O_{18}S_2$）不得过0.35%。

【含量测定】 照高效液相色谱法（附录0512）测定。

色谱条件与系统适用性试验 以十八烷基硅烷键合硅胶为填充剂；以乙腈-0.4%磷酸溶液（10:90）为流动相；检测波长为327nm。理论板数按绿原酸峰计算应不低于3000。

对照品溶液的制备 取绿原酸对照品适量，精密称定，置棕色量瓶中，加50%甲醇制成每1ml

含50μg的溶液，即得（10℃以下保存）。

供试品溶液的制备 取本品粉末（过三号筛）约0.5g，精密称定，置具塞锥形瓶中，精密加入5%甲酸的50%甲醇溶液25ml，称定重量，超声处理（功率300W，频率40kHz）40分钟，放冷，再称定重量，用5%甲酸的50%甲醇补足减失的重量，摇匀，滤过，取续滤液（置棕色瓶中），即得。

测定法 分别精密吸取对照品溶液与供试品溶液各5μl，注入液相色谱仪，测定，即得。

本品按干燥品计算，含绿原酸（$C_{16}H_{18}O_9$）不少于0.25%。

饮片

【炮制】 苍耳子 除去杂质。

【性状】【鉴别】【检查】【含量测定】 同药材。

炒苍耳子 取净苍耳子，照清炒法（附录0203）炒至黄褐色，去刺，筛净。

本品形如苍耳子，表面黄褐色，有刺痕。微有香气。

【检查】 水分 同药材，不得过10.0%。

苍术苷 照高效液相色谱法（附录0512）测定。

色谱条件与系统适用性试验 以苯基键合相硅胶为填充剂；以乙腈-0.01mol/L磷酸二氢钠溶液（用4%氢氧化钠溶液调节pH值至5.4）（20:80）为流动相；检测波长为203nm。理论板数按苍术苷峰计算应不低于5000。

对照品溶液的制备 取苍术苷二钾盐对照品适量，精密称定，加20%甲醇制成每1ml含0.1mg的溶液，即得（苍术苷重量=苍术苷二钾盐重量/1.1048）。

供试品溶液的制备 取本品粉末（过三号筛）约1g，精密称定，置具塞锥形瓶中，精密加水20ml，称定重量，超声处理（功率300W，频率40kHz）40分钟，放冷，再称定重量，用水补足减失的重量，摇匀，离心（转速为每分钟12 000转，5分钟），取上清液滤过，取续滤液，即得。

测定法 分别精密吸取对照品溶液与供试品溶液各5μl，注入液相色谱仪，测定，即得。

本品按干燥品计算，含苍术苷（$C_{30}H_{46}O_{16}S_2$）应为0.10%~0.30%。

【鉴别】【检查】（总灰分）**【含量测定】** 同药材。

【性味与归经】 辛、苦，温；有毒。归肺经。

【功能】 散风湿，通鼻窍，解疮毒。

【主治】 风湿痹痛，脑颡鼻脓，疮疥。

【用法与用量】 马、牛15~45g；羊、猪3~15g；兔、禽1~2g。

【贮藏】 置干燥处。

芡 实

Qianshi

EURYALES SEMEN

本品为睡莲科植物芡 *Euryale ferox* Salisb. 的干燥成熟种仁。秋末冬初采收成熟果实，除去果皮，取出种子，洗净，再除去硬壳（外种皮），晒干。

【性状】 本品呈类球形，多为破粒，完整者直径5~8mm。表面有棕红色或红褐色内种皮，一端黄白色，约占全体1/3，有凹点状的种脐痕，除去内种皮显白色。质较硬，断面白色，粉性。气微，味淡。

【鉴别】 （1）本品粉末类白色。主为淀粉粒，单粒类圆形，直径1～4μm，大粒脐点隐约可见；复粒多数由百余分粒组成，类球形，直径13～35μm，少数由2～3分粒组成。

（2）取本品粉末2g，加二氯甲烷30ml，超声处理15分钟，滤过，滤液蒸干，残渣加乙酸乙酯2ml使溶解，作为供试品溶液。另取芡实对照药材2g，同法制成对照药材溶液。照薄层色谱法（附录0502）试验，吸取上述两种溶液各10μl，分别点于同一硅胶G薄层板上，以正己烷-丙酮（5:1）为展开剂，展开，取出，晾干，喷以10%硫酸乙醇溶液，在105℃加热至斑点显色清晰。供试品色谱中，在与对照药材色谱相应的位置上，显相同颜色的斑点。

【检查】 水分 不得过14.0%（附录0832第一法）。

总灰分 不得过1.0%（附录2302）。

饮片

【炮制】 芡实 除去杂质。

【性状】【鉴别】【检查】 同药材。

麸炒芡实 取净芡实，照麸炒法（附录0203）炒至微黄色。

本品形如芡实，表面黄色或微黄色。味淡、微酸。

【检查】 水分 同药材，不得过10.0%。

【鉴别】 （2）【检查】 （总灰分）同药材。

【性味与归经】 甘、涩，平。归脾、肾经。

【功能】 益肾涩精，补脾祛湿。

【主治】 滑精，尿频数，脾虚泄泻，腰肢痹痛，带下。

【用法与用量】 马、牛20～45g；羊、猪10～20g。

【贮藏】 置通风干燥处，防蛀。

芦　荟

Luhui

ALOE

本品为百合科植物库拉索芦荟 *Aloe barbadensis* Miller、好望角芦荟 *Aloe ferox* Miller 或其他同属近缘植物叶的汁液浓缩干燥物，前者习称"老芦荟"，后者习称"新芦荟"。

【性状】 **库拉索芦荟** 呈不规则块状，常破裂为多角形，大小不一。表面呈暗红褐色或深褐色，无光泽。体轻，质硬，不易破碎，断面粗糙或显麻纹，富吸湿性，有特殊臭气，味极苦。

好望角芦荟 表面呈暗褐色，略显绿色，有光泽。体轻，质松，易碎，断面玻璃样而有层纹。

【鉴别】 （1）取本品粉末0.5g，加水50ml，振摇，滤过。取滤液5ml，加硼砂0.2g，加热使溶解，取溶液数滴，加水30ml，摇匀，显绿色荧光，置紫外光灯（365nm）下观察，显亮黄色荧光；再取滤液2ml，加硝酸2ml，摇匀，库拉索芦荟显棕红色，好望角芦荟显黄绿色；再取滤液2ml，加等量饱和溴水，生成黄色沉淀。

（2）取本品粉末0.5g，加甲醇20ml，置水浴上加热至沸，振摇数分钟，滤过，滤液作为供试品溶液。另取芦荟苷对照品，加甲醇制成每1ml含5mg的溶液，作为对照品溶液。照薄层色谱法（附录0502）试验，吸取上述两种溶液各5μl，分别点于同一硅胶G薄层板上，以乙酸乙酯-甲醇-水（100:17:13）为展开剂，展开，取出，晾干，喷以10%氢氧化钾甲醇溶液，置紫外光灯（365nm）

下检视。供试品色谱中，在与对照品色谱相应的位置上，显相同颜色的荧光斑点。

【检查】 **水分** 不得过12.0%（附录0832第一法）。

总灰分 不得过4.0%（附录2302）。

【含量测定】 照高效液相色谱法（附录0512）测定。

色谱条件与系统适用性试验 以十八烷基硅烷键合硅胶为填充剂；以乙腈-水（25:75）为流动相；检测波长为355nm。理论板数按芦荟苷峰计算应不低于2000。

对照品溶液的制备 取芦荟苷对照品适量，精密称定，加甲醇制成每1ml含0.2mg的溶液，即得。

供试品溶液的制备 取库拉索芦荟粉末（过五号筛）约0.1g（或好望角芦荟粉末约0.2g），精密称定，置100ml量瓶中，加入甲醇适量，超声处理（功率250W，频率33kHz）30分钟，放冷，加甲醇稀释至刻度，摇匀，滤过，取续滤液，即得。

测定法 分别精密吸取对照品溶液与供试品溶液各10μl，注入液相色谱仪，测定，即得。

本品按干燥品计算，含芦荟苷（$C_{21}H_{22}O_9$）库拉索芦荟不得少于16.0%，好望角芦荟不得少于6.0%。

饮片

【炮制】 砸成小块。

【鉴别】【检查】【含量测定】 同药材。

【性味与归经】 苦，寒。归肝、脾、胃、大肠经。

【功能】 清热凉肝，健脾，通肠。

【主治】 肝经实热，消化不良，大便不通，食积肚胀。

【用法与用量】 马、牛15～30g；羊、猪3～9g。

【注意】 孕畜慎用。

【贮藏】 置阴凉干燥处。

芦　根

Lugen

PHRAGMITIS RHIZOMA

本品为禾本科植物芦苇 *Phragmites communis* Trin. 的新鲜或干燥根茎。全年均可采挖，除去芽、须根和膜状叶，鲜用或晒干。

【性状】 **鲜芦根** 呈长圆柱形，有的略扁，长短不一，直径1～2cm。表面黄白色，有光泽，外皮疏松可剥离，节呈环状，有残根及芽痕。体轻，质韧，不易折断。切断面黄白色，中空，壁厚1～2mm，有小孔排列成环。气微，味甘。

芦根 呈扁圆柱形。节处较硬，节间有纵皱纹。

【鉴别】 （1）本品粉末浅灰棕色。表皮细胞表面观有长细胞与两个短细胞（栓质细胞、硅质细胞）相间排列；长细胞长条形，壁厚并波状弯曲，纹孔细小；栓质细胞新月形，硅质细胞较栓质细胞小，扁圆形。纤维成束或单根散在，直径6～33μm，壁厚不均，有的一边厚一边薄，孔沟较密。石细胞多单个散在，形状不规则，有的作纤维状，有的具短分支，大小悬殊，直径5～40μm，壁薄厚不等。厚壁细胞类长方形或长圆形，壁较厚，孔沟和纹孔较密。

（2）取本品粉末（鲜品干燥后粉碎）1g，加三氯甲烷10ml，超声处理20分钟，滤过，滤液作为供试品溶液。另取芦根对照药材1g，同法制成对照药材溶液。照薄层色谱法（附录0502）试验，吸取上述两种溶液各10μl，分别点于同一硅胶G薄层板上，以石油醚（30～60℃）-甲酸乙酯-甲酸（15:5:1）的上层溶液为展开剂，展开，取出，晾干，喷以磷钼酸试液，在110℃加热至斑点显色清晰。供试品色谱中，在与对照药材色谱相应的位置上，显相同颜色的荧光斑点。

【检查】 水分　不得过12.0%（附录0832第一法）。

总灰分　不得过11.0%（附录2302）。

酸不溶性灰分　不得过8.0%（附录2302）。

饮片

【炮制】 鲜芦根　除去杂质，洗净，切段。

本品呈圆柱形段。表面黄白色，有光泽，节呈环状。切面黄白色，中空，有小孔排列成环。气微，味甘。

芦根　除去杂质，洗净，切段，干燥。

本品呈扁圆柱形段。表面黄白色，节间有纵皱纹。切面中空，有小孔排列成环。

【浸出物】 照水溶性浸出物测定法（附录2201）项下的热浸法测定，不得少于12.0%。

【鉴别】【检查】 同药材。

【性味与归经】 甘，寒。归肺、胃经。

【功能】 清热生津，止呕，利尿。

【主治】 内热口渴，肺痈，胃热呕吐，热淋涩痛。

【用法与用量】 马、牛30～60g；羊、猪10～20g；犬、猫5～10g。鲜品用量加倍，捣汁用。

【贮藏】 干芦根置干燥处；鲜芦根埋于湿沙中。

苏　木

Sumu

SAPPAN LIGNUM

本品为豆科植物苏木 Caesalpinia sappan L. 的干燥心材。多于秋季采伐，除去白色边材，干燥。

【性状】 本品呈长圆柱形或对剖半圆柱形，长10～100cm，直径3～12cm。表面黄红色至棕红色，具刀削痕，常见纵向裂缝，质坚硬。断面略具光泽，年轮明显，有的可见暗棕色、质松、带亮星的髓部。气微，味微涩。

【鉴别】 （1）本品横切面：射线宽1～2列细胞。导管直径约至160μm，常含黄棕色或红棕色物。木纤维多角形，壁极厚。木薄壁细胞壁厚，木化，有的含草酸钙方晶。髓部薄壁细胞不规则多角形，大小不一，壁微木化，具纹孔。

（2）取本品粉末1g，加甲醇10ml，超声处理30分钟，滤过，取滤液作为供试品溶液。另取苏木对照药材1g，同法制成对照药材溶液。照薄层色谱法（附录0502）试验，吸取上述两种溶液各2μl，分别点于同一硅胶GF₂₅₄薄层板上，以三氯甲烷-丙酮-甲酸（8:4:1）为展开剂，展开，取出，晾干，立即置干燥器内放置12小时，置紫外光灯（254nm）下检视。供试品色谱中，在与对照药材色谱相应的位置上，显相同颜色的斑点。

【检查】 水分　不得过12.0%（附录0832第一法）。

【浸出物】 照醇溶性浸出物测定法（附录2201）项下的热浸法测定，用乙醇作溶剂，不得少于7.0%。

饮片

【炮制】 锯成长约3cm的段，再劈成片或碾成粗粉。

【性味与归经】 甘、咸，平。归心、肝、脾经。

【功能】 行血破瘀，消肿止痛。

【主治】 跌打血瘀，产后血瘀，痈肿。

【用法与用量】 马、牛15~30g；羊、猪3~9g。

【注意】 孕畜忌服。

【贮藏】 置干燥处。

杜　仲

Duzhong

EUCOMMIAE CORTEX

本品为杜仲科植物杜仲 *Eucommia ulmoides* Oliv. 的干燥树皮。4~6月剥取，刮去粗皮，堆置"发汗"至内皮呈紫褐色，晒干。

【性状】 本品呈板片状或两边稍向内卷，大小不一，厚3~7mm。外表面淡棕色或灰褐色，有明显的皱纹或纵裂槽纹，有的树皮较薄，未去粗皮，可见明显的皮孔。内表面暗紫色，光滑。质脆，易折断，断面有细密、银白色、富弹性的橡胶丝相连。气微，味稍苦。

【鉴别】 （1）本品粉末棕色。橡胶丝成条或扭曲成团，表面显颗粒性。石细胞甚多，大多成群，类长方形、类圆形、长条形或形状不规则，长约至180μm，直径20~80μm，壁厚，有的胞腔内含橡胶团块。木栓细胞表面观多角形，直径15~40μm，壁不均匀增厚，木化，有细小纹孔；侧面观长方形，壁三面增厚，一面薄，孔沟明显。

（2）取本品粉末1g，加三氯甲烷10ml，浸渍2小时，滤过。滤液挥干，加乙醇1ml，产生具弹性的胶膜。

【浸出物】 照醇溶性浸出物测定法（附录2201）项下的热浸法测定，用75%乙醇作溶剂，不得少于11.0%。

【含量测定】 照高效液相色谱法（附录0512）测定。

色谱条件与系统适用性试验 以十八烷基硅烷键合硅胶为填充剂；以甲醇-水（25:75）为流动相；检测波长为277nm。理论板数按松脂醇二葡萄糖苷峰计算应不低于1000。

对照品溶液的制备 取松脂醇二葡萄糖苷对照品适量，精密称定，加甲醇制成每1ml含0.5mg的溶液，即得。

供试品溶液的制备 取本品约3g，剪成碎片，揉成絮状，取约2g，精密称定，置索氏提取器中，加入三氯甲烷适量，加热回流6小时，弃去三氯甲烷液，药渣挥去三氯甲烷，再置索氏提取器中，加入甲醇适量，加热回流6小时，提取液回收甲醇至适量，转移至10ml量瓶中，加甲醇至刻度，摇匀，滤过，取续滤液，即得。

测定法 分别精密吸取对照品溶液与供试品溶液各10μl，注入液相色谱仪，测定，即得。

本品含松脂醇二葡萄糖苷（$C_{32}H_{42}O_{16}$）不得少于0.10%。

饮片

【炮制】 **杜仲** 刮去残留粗皮，洗净，切块或丝，干燥。

本品呈小方块或丝状。外表面淡棕色或灰褐色，有明显的皱纹。内表面暗紫色，光滑。断面有细密、银白色、富弹性的橡胶丝相连。气微，味稍苦。

【鉴别】【浸出物】【含量测定】 同药材。

盐杜仲 取杜仲块或丝，照盐炙法（附录0203）炒至断丝、表面焦黑色。

本品形如杜仲块或丝，表面黑褐色，内表面褐色，折断时橡胶丝弹性较差。味微咸。

【浸出物】 同药材，不得少于12.0%。

【鉴别】【含量测定】 同药材。

【性味与归经】 甘，温。归肝、肾经。

【功能】 补肝肾，强筋骨，安胎。

【主治】 肾虚腰痛，腰肢无力，风湿痹痛，胎动不安。

【用法与用量】 马、牛15～60g；羊、猪6～15g；犬、猫3～5g。

【贮藏】 置通风干燥处。

杠 板 归

Gangbangui

POLYGONI PERFOLIATI HERBA

本品为蓼科植物杠板归 *Polygonum Perfoliatum* L. 的干燥地上部分，夏季花开时采割，晒干。

【性状】 本品茎略呈方柱形，有棱角，多分枝，直径可达0.2cm；表面紫红色或紫棕色，棱角上有倒生钩刺，节略膨大，节间长2～6cm，断面纤维性，黄白色，有髓或中空。叶互生，有长柄，盾状着生；叶片多皱缩，展平后呈近等边三角形，灰绿色至红棕色，下表面叶脉及叶柄均有倒生钩刺；托叶鞘包于茎节上或脱落。短穗状花序顶生或生于上部叶腋，苞片圆形，花小，多萎缩或脱落。气微，茎味淡，叶味酸。

【鉴别】 （1）本品茎横切面：表皮为1列细胞。皮层薄，为3～5列细胞。中柱鞘纤维束连续成环，细胞壁厚，木化。韧皮部老茎具韧皮纤维，壁厚，木化。形成层明显。木质部导管大，单个或3～5个成群。髓部细胞大，有时成空腔。老茎在皮层、韧皮部、射线及髓部可见多数草酸钙簇晶，嫩茎则少见或无。老茎的表皮和皮层细胞含红棕色物。

叶表面观：上表皮细胞不规则多角形，垂周壁近平直或微弯曲。下表皮细胞垂周壁波状弯曲；气孔不等式。主脉和叶缘疏生由多列斜方形或长方形细胞组成的钩状刺。叶肉细胞中含草酸钙簇晶，直径17～62μm。

（2）取本品粉末2g，加石油醚（60～90℃）50ml，超声处理30分钟，滤过，弃去石油醚液，药渣挥干溶剂，加热水25ml，置80℃水浴上热浸30分钟，不时振摇，取出，趁热滤过，滤液加稀盐酸1滴，用乙酸乙酯振摇提取2次，每次30ml，合并乙酸乙酯液，蒸干，残渣加甲醇1ml使溶解，作为供试品溶液。另取咖啡酸对照品，加甲醇制成每1ml含0.5mg的溶液，作为对照品溶液。照薄层色谱法（附录0502）试验，吸取供试品溶液5～10μl、对照品溶液5μl，分别点于同一硅胶G薄层板上，以甲苯-乙酸乙酯-甲酸（5:3:1）为展开剂，展开，取出，晾干，置紫外光灯（365nm）下检视。供试品色谱中，在与对照品色谱相应的位置上，显相同颜色的荧光斑点。

【检查】 **水分** 不得过13.0%（附录0832第一法）。

总灰分 不得过10.0%（附录2302）。

【浸出物】 照水溶性浸出物测定法（附录2201）项下的热浸法测定，不得少于15.0%。

【含量测定】 照高效液相色谱法（附录0512）测定。

色谱条件与系统适用性试验 以十八烷基硅烷键合硅胶为填充剂；以甲醇-0.4%磷酸溶液（50:50）为流动相；检测波长为360nm。理论板数按槲皮素峰计算应不低于3000。

对照品溶液的制备 取槲皮素对照品适量，精密称定，加甲醇制成每1ml含30μg的溶液，即得。

供试品溶液的制备 取本品粉末（过三号筛）约0.7g，精密称定，置具塞锥形瓶中，精密加入甲醇-盐酸（4:1）混合溶液50ml，称定重量，置90℃水浴中加热回流1小时，放冷，再称定重量，用甲醇补足减失的重量，摇匀，滤过，取续滤液，即得。

测定法 分别精密吸取对照品溶液与供试品溶液各10μl，注入液相色谱仪，测定，即得。

本品按干燥品计算，含槲皮素（$C_{15}H_{10}O_7$）不得少于0.15%。

饮片

【炮制】 除去杂质，略洗，切断，干燥。

【性味与归经】 酸，微寒。归肺、膀胱经。

【功能】 清热解毒，利水消肿，杀虫止痒。

【主治】 感冒发热，湿热下痢，毒蛇咬伤，水肿，尿淋浊，疥疮，湿疹，疮毒。

【用法与用量】 马、牛60～150g；羊、猪25～45g。

外用适量。

【贮藏】 置干燥处。

杨 树 花

Yangshuhua

POPULI FLOS

本品为杨柳科植物毛白杨 *Populus tomentosa* Carr. 、加拿大杨 *Populus canadensis* Moench 或同属数种植物的干燥雄花序。春季花开时采收，除去杂质，晒干。

【性状】 **毛白杨雄花序** 呈长条状圆柱形，长6～15cm，直径0.4～1cm。表面棕红色或红褐色，多破碎。芽鳞片多紧抱，有光泽，鳞片边缘有细毛，单个鳞片长0.3～1.3cm。花序轴上残存的花盘呈深褐色。苞片卵圆形，灰褐色，边缘有不规则粗齿，或呈撕裂状，有绒毛。体轻。气微，味微苦。

加拿大杨花序 呈长条状近似圆柱形，长7～14cm。表面黄绿色或黄褐色。芽鳞片分离成棱形，长0.5～2.5cm，光滑无毛。花序轴上残存的花盘为黄棕色。苞片宽菱形或倒三角形，边缘条裂，有长毛。

【鉴别】 （1）取本品2g，加甲醇10ml及活性炭少许，水浴加热3分钟，滤过，取滤液2ml，置试管中加锌粉少量与盐酸0.5ml，加热，显红色。

（2）取本品1g，加水15ml，加热回流1小时，滤过，滤液用乙酸乙酯振摇提取2次，每次10ml，弃去乙酸乙酯层，取下层溶液，蒸干，残渣加甲醇2ml使溶解，作为供试品溶液。另取杨树花对照药材1g，同法制成对照药材溶液。照薄层色谱法（附录0502）试验，吸取上述两种溶液各5μl，分别点于同一硅胶H薄层板上，以乙酸乙酯-丙酮-甲醇-水（6.5:4:0.8:0.8）为展开剂，展开，取出，晾干，喷以三氯化铝试液，105℃加热1分钟，置紫外光灯（365nm）下检视。供试品色谱中，在与对照药材色谱相应的位置上，显相同颜色的荧光主斑点。

【性味与归经】 苦，寒。归肝、胆、大肠经。

【功能】 清热解毒，化湿止泻。

【主治】 湿热下痢，幼畜泄泻。

【用法与用量】 马、牛60～120g；羊、猪30～60g；犬、猫5～10g。

【贮藏】 置通风干燥处。

【制剂】 杨树花口服液。

豆　蔻

Doukou

AMOMI FRUCTUS ROTUNDUS

本品为姜科植物白豆蔻 *Amomum kravanh* Pierre ex Gagnep. 或爪哇白豆蔻 *Amomum compactum* Soland ex Maton 的干燥成熟果实。按产地不同分为"原豆蔻"和"印尼白蔻"。

【性状】 **原豆蔻** 呈类球形，直径1.2～1.8cm。表面黄白色至淡黄棕色，有3条较深的纵向槽纹，顶端有突起的柱基，基部有凹下的果柄痕，两端均具有浅棕色绒毛。果皮体轻，质脆，易纵向裂开，内分3室，每室含种子约10粒；种子呈不规则多面体，背面略隆起，直径3～4mm，表面暗棕色，有皱纹，并被有残留的假种皮。气芳香，味辛凉略似樟脑。

印尼白蔻 个略小。表面黄白色，有的微显紫棕色。果皮较薄，种子瘦瘪。气味较弱。

【鉴别】 （1）本品粉末灰棕色至棕色。种皮表皮细胞淡黄色，表面观呈长条形，常与下皮细胞上下层垂直排列。下皮细胞含棕色或红棕色物。色素层细胞多皱缩，内含深红棕色物。油细胞类圆形或长圆形，含黄绿色油滴。内种皮厚壁细胞黄棕色、红棕色或深棕色，表面观多角形，壁厚，胞腔内含硅质块；断面观为1列栅状细胞。外胚乳细胞类长方形或不规则形，充满细小淀粉粒集结成的淀粉团，有的含细小草酸钙方晶。

（2）照薄层色谱法（附录0502）试验，吸取〔含量测定〕桉油精项下的供试品溶液和对照品溶液各10μl，分别点于同一硅胶G薄层板上，以环己烷-二氯甲烷-乙酸乙酯（15∶5∶0.5）为展开剂，展开，取出，晾干，喷以5%香草醛硫酸溶液，在105℃加热至斑点显色清晰，立即检视。供试品色谱中，在与对照品色谱相应的位置上，显相同颜色的斑点。

【检查】 **杂质** 原豆蔻不得过1%；印尼白蔻不得过2%（附录2301）。

水分 原豆蔻不得过11.0%；印尼白蔻不得过12.0%（附录0832第二法）。

【含量测定】 **挥发油** 取豆蔻仁适量，捣碎后称取30～50g，照挥发油测定法（附录2204）测定。

原豆蔻仁含挥发油不得少于5.0%（ml/g）；印尼白蔻仁不得少于4.0%（ml/g）。

桉油精 照气相色谱法（附录0521）测定。

色谱条件与系统适用性试验 以甲基硅橡胶（SE-54）为固定相。涂布浓度10%，柱温110℃，理论板数按桉油精峰计算应不低于1000。

对照品溶液的制备 取桉油精对照品适量，精密称定，加正己烷制成每1ml含25mg的溶液，即得。

供试品溶液的制备 取豆蔻仁粉末（过三号筛）约5g，精密称定，置圆底烧瓶中，加水200ml，连接挥发油测定器，自测定器上端加水至刻度3ml，再加正己烷2～3ml，连接回流冷凝管，加热至微沸，并保持2小时，放冷，分取正己烷液，通过铺有无水硫酸钠约1g的漏斗滤过，滤液置

5ml量瓶中，挥发油测定器内壁用正己烷少量洗涤，洗液并入同一量瓶中，用正己烷稀释至刻度，摇匀，滤过，取续滤液，即得。

测定法　分别精密吸取对照品溶液与供试品溶液各1μl，注入气相色谱仪，测定，即得。

本品按干燥品计算，豆蔻仁含桉油精（$C_{10}H_{18}O$）不得少于3.0%。

饮片

【炮制】　除去杂质。用时捣碎。

【性状】【鉴别】【检查】【含量测定】　同药材。

【性味与归经】　辛，温。归肺、脾、胃经。

【功能】　醒脾化湿，行气温中，开胃消食。

【主治】　脾寒食滞，腹胀，食欲不振，冷痛，呕吐，虚寒泄泻。

【用法与用量】　马、牛15～30g；羊、猪3～6g；兔、禽0.5～1.5g。

【贮藏】　密闭，置阴凉干燥处，防蛀。

两　面　针

Liangmianzhen

ZANTHOXYLI RADIX

本品为芸香科植物两面针 *Zanthoxylum nitidum*（Roxb.）DC. 的干燥根。全年均可采挖，洗净，切片或段，晒干。

【性状】　本品为厚片或圆柱形短段，长2～20cm，厚0.5～6（10）cm。表面淡棕黄色或淡黄色，有鲜黄色或黄褐色类圆形皮孔样斑痕。切面较光滑，皮部淡棕色，木部淡黄色，可见同心性环纹和密集的小孔。质坚硬。气微香，味辛辣麻舌而苦。

【鉴别】　（1）本品横切面：木栓层为10～15列木栓细胞，韧皮部有少数草酸钙方晶和油细胞散在，油细胞长径52～122μm，短径28～87μm；韧皮部外缘有木化的纤维，单个或2～5个成群。木质部导管直径35～98μm，周围有纤维束；木射线宽1～3列细胞，有单纹孔。薄壁细胞充满淀粉粒。

（2）取本品粉末1g，加乙醇40ml，超声处理1小时，滤过，滤液蒸干，残渣加乙醇1ml使溶解，作为供试品溶液。另取两面针对照药材1g，同法制成对照药材溶液。再取氯化两面针碱对照品，加乙醇制成每1ml含1mg的溶液，作为对照品溶液。照薄层色谱法（附录0502）试验，吸取上述三种溶液各2μl，分别点于同一硅胶G薄层板上，以三氯甲烷-甲醇-浓氨试液（30:1:0.2）为展开剂，展开，取出，晾干，喷以10%硫酸乙醇溶液，在105℃加热至斑点显色清晰，置紫外光灯（365nm）下检视。供试品色谱中，在与对照药材色谱相应的位置上，显相同颜色的荧光斑点；在与对照品色谱相应的位置上，显相同的浅黄色荧光斑点。

（3）取乙氧基白屈菜红碱对照品，加乙醇制成每1ml含1mg的溶液，作为对照品溶液。照薄层色谱法（附录0502）试验，吸取〔鉴别〕（2）项下的供试品溶液、对照药材溶液和上述对照品溶液各2μl，分别点于同一硅胶G薄层板上，以三氯甲烷-甲醇（25:1）为展开剂，展开，取出，晾干，置紫外光灯（365nm）下检视。供试品色谱中，在与对照药材色谱相应的位置上，显相同颜色的荧光斑点；在与对照品色谱相应的位置上，显相同的浅黄色荧光斑点。

【检查】　水分　不得过10.0%（附录0832第一法）。

总灰分　不得过7.0%（附录2302）。

毛两面针 取毛两面针素对照品，加乙醇制成每1ml含1mg的溶液，作为对照品溶液。另取〔含量测定〕项下的供试品溶液4ml，浓缩至2ml，作为供试品溶液。照薄层色谱法（附录0502）试验，吸取上述两种溶液各2μl，分别点于同一硅胶G薄层板上，以石油醚（60～90℃）-三氯甲烷-甲醇（2∶13∶1）为展开剂，预饱和20分钟，展开，取出，晾干，置紫外光灯（365nm）下检视。供试品色谱中，在与对照品色谱相应的位置上，应不得显相同颜色的荧光斑点。

【浸出物】 照醇溶性浸出物测定法（附录2201）项下的热浸法测定，用乙醇作溶剂，不得少于5.5%。

【含量测定】 照高效液相色谱法（附录0512）测定。

色谱条件与系统适用性试验 以十八烷基硅烷键合硅胶为填充剂；以乙腈为流动相A，以0.1%甲酸-三乙胺（pH4.5）为流动相B，按下表的规定进行梯度洗脱；检测波长为273nm。理论板数按两面针碱峰计算应不低于2500。

时间（分钟）	流动相A（%）	流动相B（%）
0～30	20→50	80→50
30～35	50→100	50→0

对照品溶液的制备 取氯化两面针碱对照品适量，精密称定，加70%甲醇制成每1ml含50μg的溶液，即得。

供试品溶液的制备 取本品粉末（过三号筛）约1g，精密称定，置具塞锥形瓶中，加入70%甲醇20ml，超声处理（功率200W，频率59kHz）30分钟，放冷，滤过，滤液置50ml量瓶中，滤渣和滤纸再加70%甲醇20ml，同法超声处理30分钟，放冷，滤过，滤液置同一量瓶中，加适量70%甲醇洗涤2次，洗液并入同一量瓶中，加70%甲醇至刻度，摇匀，即得。

测定法 分别精密吸取对照品溶液与供试品溶液各10μl，注入液相色谱仪，测定，即得。

本品按干燥品计算，含氯化两面针碱（$C_{21}H_{18}NO_4 \cdot Cl$）不得少于0.13%。

【性味与归经】 辛、苦，平；有小毒。归肝、胃经。

【功能】 祛风胜湿，活血止痛，解毒消肿。

【主治】 风湿痹痛，跌打瘀肿，咽喉肿痛，毒蛇咬伤。

【用法与用量】 马、牛30～60g；羊、猪15～30g。

【贮藏】 置干燥处，防潮，防蛀。

连　翘

Lianqiao

FORSYTHIAE FRUCTUS

本品为木犀科植物连翘 *Forsythia suspensa*（Thunb.）Vahl 的干燥果实。秋季果实初熟尚带绿色时采收，除去杂质，蒸熟，晒干，习称"青翘"；果实熟透时采收，晒干，除去杂质，习称"老翘"。

【性状】 本品呈长卵形至卵形，稍扁，长1.5～2.5cm，直径0.5～1.3cm。表面有不规则的纵皱纹和多数突起的小斑点，两面各有1条明显的纵沟。顶端锐尖，基部有小果梗或已脱落。青翘多不开裂，表面绿褐色，突起的灰白色小斑点较少；质硬；种子多数，黄绿色，细长，一侧有翅。老翘自顶端开裂或裂成两瓣，表面黄棕色或红棕色，内表面多为浅黄棕色，平滑，具一纵隔；质脆；种子棕色，多已脱落。气微香，味苦。

【鉴别】 （1）本品果皮横切面：外果皮为1列扁平细胞，外壁及侧壁增厚，被角质层。中果皮外侧薄壁组织中散有维管束；中果皮内侧为多列石细胞，长条形、类圆形或长圆形，壁厚薄不一，多切向镶嵌状排列，内果皮为1列薄壁细胞。

（2）取本品粉末1g，加石油醚（30～60℃）20ml，密塞，超声处理15分钟，滤过，弃去石油醚液，残渣挥干石油醚，加甲醇20ml，密塞，超声处理20分钟，滤过，滤液蒸干，残渣加甲醇5ml使溶解，作为供试品溶液。另取连翘对照药材1g，同法制成对照药材溶液。再取连翘苷对照品，加甲醇制成每1ml含0.25mg的溶液，作为对照品溶液。照薄层色谱法（附录0502）试验，吸取上述三种溶液各3μl，分别点于同一硅胶G薄层板上，以三氯甲烷-甲醇（8:1）为展开剂，展开，取出，晾干，喷以10%硫酸乙醇溶液，在105℃加热至斑点显色清晰。供试品色谱中，在与对照药材色谱和对照品色谱相应的位置上，显相同颜色的斑点。

【检查】 杂质 青翘不得过3%；老翘不得过9%（附录2301）。

水分 不得过10.0%（附录0832第二法）。

总灰分 不得过4.0%（附录2302）。

【浸出物】 照醇溶性浸出物测定法（附录2201）项下的冷浸法测定，用65%乙醇作溶剂，青翘不得少于30.0%；老翘不得少于16.0%。

【含量测定】 连翘苷 照高效液相色谱法（附录0512）测定。

色谱条件与系统适用性试验 以十八烷基硅烷键合硅胶为填充剂；以乙腈-水（25:75）为流动相；检测波长为277nm。理论板数按连翘苷峰计算应不低于3000。

对照品溶液的制备 取连翘苷对照品适量，精密称定，加甲醇制成每1ml含0.2mg的溶液，即得。

供试品溶液的制备 取本品粉末（过5号筛）约1g，精密称定，置具塞锥形瓶中，精密加入甲醇15ml，称定重量，浸渍过夜，超声处理（功率250W，频率40kHz）25分钟，放冷，再称定重量，用甲醇补足减失的重量，摇匀，滤过，精密量取续滤液5ml，蒸至近干，加中性氧化铝0.5g拌匀，加在中性氧化铝柱（100～120目，1g，内径为1～1.5cm）上，用70%乙醇80ml洗脱，收集洗脱液，浓缩至干，残渣用50%甲醇溶解，转移至5ml量瓶中，并稀释至刻度，摇匀，滤过，取续滤液，即得。

测定法 分别精密吸取对照品溶液与供试品溶液各10μl，注入液相色谱仪，测定，即得。

本品按干燥品计算，含连翘苷（$C_{27}H_{34}O_{11}$）不得少于0.15%。

连翘酯苷A 照高效液相色谱法（附录0512）测定。

色谱条件与系统适用性试验 以十八烷基硅烷键合硅胶为填充剂；以乙腈-0.4%冰醋酸溶液（15:85）为流动相；检测波长为330nm。理论板数按连翘酯苷A峰计算应不低于5000。

对照品溶液的制备 取连翘酯苷A对照品适量，精密称定，加甲醇制成每1ml含0.1mg的溶液，即得（临用配制）。

供试品溶液的制备 取本品粉末（过五号筛）约0.5g，精密称定，置具塞锥形瓶中，精密加入70%甲醇15ml，密塞，称定重量，超声处理（功率250W，频率40kHz）30分钟，放冷，再称定重量，用70%甲醇补足减失的重量，摇匀，滤过，取续滤液，即得。

测定法 分别精密吸取对照品溶液与供试品溶液各10μl，注入液相色谱仪，测定，即得。

本品按干燥品计算，含连翘酯苷A（$C_{29}H_{36}O_{15}$）不得少于0.25%。

【性味与归经】 苦，微寒。归肺、心、小肠经。

【功能】 清热解毒，消肿散结。

【主治】 温病发热，疮黄肿毒。

【用法与用量】 马、牛20～30g；羊、猪10～15g；兔、禽1～2g。

【贮藏】 置干燥处。

吴 茱 萸
Wuzhuyu
EUODIAE FRUCTUS

本品为芸香科植物吴茱萸 *Euodia rutaecarpa*（Juss.）Benth.、石虎 *Euodia rutaecarpa*（Juss.）Benth. var. *officinalis*（Dode）Huang 或疏毛吴茱萸 *Euodia rutaecarpa*（Juss.）Benth. var. *bodinieri*（Dode）Huang 的干燥近成熟果实。8～11月果实尚未开裂时，剪下果枝，晒干或低温干燥，除去枝、叶、果梗等杂质。

【性状】 本品呈球形或略呈五角状扁球形，直径2～5mm。表面暗黄绿色至褐色，粗糙，有多数点状突起或凹下的油点。顶端有五角星状的裂隙，基部残留被有黄色茸毛的果梗。质硬而脆，横切面可见子房5室，每室有淡黄色种子1粒。气芳香浓郁，味辛辣而苦。

【鉴别】（1）本品粉末褐色。非腺毛2～6细胞，长140～350μm，壁疣明显，有的胞腔内含棕黄色至棕红色物。腺毛头部7～14细胞，椭圆形，常含黄棕色内含物；柄2～5细胞。草酸钙簇晶较多，直径10～25μm；偶有方晶。石细胞类圆形或长方形，直径35～70μm，胞腔大。油室碎片有时可见，淡黄色。

（2）取本品粉末0.4g，加乙醇10ml，静置30分钟，超声处理30分钟，滤过，取滤液作为供试品溶液。另取吴茱萸次碱对照品、吴茱萸碱对照品，加乙醇分别制成每1ml含0.2mg和1.5mg的溶液，作为对照品溶液。照薄层色谱法（附录0502）试验，吸取上述三种溶液各2μl，分别点于同一硅胶G薄层板上，以石油醚（60～90℃）-乙酸乙酯-三乙胺（7:3:0.1）为展开剂，展开，取出，晾干，置紫外光灯（365nm）下检视。供试品色谱中，在与对照品色谱相应的位置上，显相同颜色的荧光斑点。

【检查】 杂质 不得过7%（附录2301）。

水分 不得过15.0%（附录0832第一法）。

总灰分 不得过10.0%（附录2302）。

【浸出物】 照醇溶性浸出物测定法（附录2201）项下的热浸法测定，用稀乙醇作溶剂，不得少于30.0%。

【含量测定】 照高效液相色谱法（附录0512）测定。

色谱条件与系统适用性试验 以十八烷基硅烷键合硅胶为填充剂；以[乙腈-四氢呋喃（25:15）]-0.02%磷酸溶液（35:65）为流动相；检测波长为215nm。理论板数按柠檬苦素峰计算应不低于3000。

对照品溶液的制备 取吴茱萸碱对照品、吴茱萸次碱对照品、柠檬苦素对照品适量，精密称定，加甲醇制成每1ml含吴茱萸碱80μg和吴茱萸次碱50μg、柠檬苦素0.1mg的混合溶液，即得。

供试品溶液的制备 取本品粉末（过三号筛）约0.3g，精密称定，置具塞锥形瓶中，精密加入70%乙醇25ml，称定重量，浸泡1小时，超声处理（功率300W，频率40kHz）40分钟，放冷，再称定重量，用70%乙醇补足减失的重量，摇匀，滤过，取续滤液，即得。

测定法 分别精密吸取对照品溶液与供试品溶液各10μl，注入液相色谱仪，测定，即得。

本品按干燥品计算，含吴茱萸碱（$C_{19}H_{17}N_3O$）和吴茱萸次碱（$C_{18}H_{13}N_3O$）的总量不得少于

0.15%，柠檬苦素（$C_{26}H_{30}O_8$）不得少于0.20%。

饮片

【炮制】 吴茱萸 除去杂质。

【性状】【鉴别】【检查】（水分总灰分）【浸出物】【含量测定】 同药材。

制吴茱萸 取甘草捣碎，加适量水，煎汤，去渣，加入净吴茱萸，闷润吸尽后，炒至微干，取出，干燥。

每100kg吴茱萸，用甘草6kg。

本品形如吴茱萸，表面棕褐色至暗褐色。

【鉴别】【检查】（水分总灰分）【浸出物】【含量测定】 同药材。

【性味与归经】 辛、苦，热；有小毒。归肝、脾、胃、肾经。

【功能】 温中止痛，理气止呕。

【主治】 脾胃虚寒，冷肠泄泻，胃冷吐涎。

【用法与用量】 马、牛15～30g；羊、猪3～10g；犬、猫2～5g。

【贮藏】 置阴凉干燥处。

岗　梅

Gangmei

ILICIS ASPRELLAE RADIX

本品为冬青科植物岗梅 Ilex asprella（Hook. et Arn.）Champ. ex Benth. 的干燥根。全年均可采挖，洗净，切片、段或劈成小块，晒干。

【性状】 本品为近圆形片、段或类长方形块，直径1.5～5cm。外皮浅棕褐色或浅棕红色，稍粗糙，有细纵皱纹、细根痕及皮孔。外皮薄，不易剥落，剥去外皮处显灰白色至灰黄色，可见较密的点状或短条状突起。质坚硬，不易折断，断面有微细的放射状纹理。气微，味苦而后甘。

【鉴别】 （1）本品横切面：木栓层为10余列木栓细胞。中柱鞘为多数石细胞，断续排列成环，石细胞呈长圆形或类方形，直径20～50μm，壁较厚，有壁孔。韧皮部狭窄，束内形成层明显。木质部导管呈单行或2～3个排列，直径40～70μm；木纤维发达；射线宽2～10数列细胞，径向延长，有壁孔；整个木质部可见由1～2列扁平细胞形成的生长轮。薄壁组织中含淀粉粒。

（2）取本品粉末0.5g，加稀乙醇10ml，加热回流30分钟，滤过，滤液蒸干，残渣加冰醋酸1ml及醋酐1ml使溶解，加硫酸1～2滴，即显紫色，放置4小时，不应褪色。

（3）取本品粉末1g，加水10ml，加热至沸，并保持微沸数分钟，滤过，取滤液1ml，加5% α-萘酚乙醇溶液2～3滴，摇匀，沿壁缓缓加入硫酸，界面即显紫色。

【炮制】 除去杂质；未切片者，洗净，润透，切片，晒干。

【性味】 苦、微甘，凉。

【功能】 清热解毒，生津止渴，散瘀消肿。

【主治】 感冒，中暑，咽喉肿痛，高热口渴，跌打损伤。

【用法与用量】 马、牛90～120g；羊、猪15～45g；兔、禽1～3g。

【贮藏】 置干燥处。

牡 丹 皮

Mudanpi

MOUTAN CORTEX

本品为毛茛科植物牡丹 *Paeonia suffruticosa* Andr. 的干燥根皮。秋季采挖根部,除去细根和泥沙,剥取根皮,晒干或刮去粗皮,除去木心,晒干。前者习称连丹皮,后者习称刮丹皮。

【性状】 连丹皮 呈筒状或半筒状,有纵剖开的裂缝,略向内卷曲或张开,长5~20cm,直径0.5~1.2cm,厚0.1~0.4cm。外表面灰褐色或黄褐色,有多数横长皮孔样突起和细根痕,栓皮脱落处粉红色;内表面淡灰黄色或浅棕色,有明显的细纵纹,常见发亮的结晶。质硬而脆,易折断,断面较平坦,淡粉红色,粉性。气芳香,味微苦而涩。

刮丹皮 外表皮有刮刀削痕,外表面红棕色或灰黄色,有时可见灰褐色斑点状残存外皮。

【鉴别】 (1)本品粉末淡红棕色。淀粉粒甚多,单粒类圆形或多角形,直径3~16μm,脐点点状、裂缝状或飞鸟状;复粒由2~6分粒组成。草酸钙簇晶直径9~45μm,有时含晶细胞连接,簇晶排列成行,或一个细胞含数个簇晶。连丹皮可见木栓细胞长方形,壁稍厚,浅红色。

(2)取本品粉末1g,加乙醚10ml,密塞,振摇10分钟,滤过,滤液挥干,残渣加丙酮2ml使溶解,作为供试品溶液。另取丹皮酚对照品,加丙酮制成每1ml含2mg的溶液,作为对照品溶液。照薄层色谱法(附录0502)试验,吸取上述两种溶液各10μl,分别点于同一硅胶G薄层板上,以环己烷-乙酸乙酯-冰醋酸(4:1:0.1)为展开剂,展开,取出,晾干,喷以2%香草醛硫酸乙醇溶液(1→10),在105℃加热至斑点显色清晰。供试品色谱中,在与对照品色谱相应的位置上,显相同颜色的斑点。

【检查】 水分 不得过13.0%(附录0832第二法)。

总灰分 不得过5.0%(附录2302)。

【浸出物】 照醇溶性浸出物测定法(附录2201)项下的热浸法测定,用乙醇作溶剂,不得少于15.0%。

【含量测定】 照高效液相色谱法(附录0512)测定。

色谱条件与系统适用性试验 以十八烷基硅烷键合硅胶为填充剂;以甲醇-水(45:55)为流动相;检测波长为274nm。理论板数按丹皮酚峰计算应不低于5000。

对照品溶液的制备 取丹皮酚对照品适量,精密称定,加甲醇制成每1ml含20μg的溶液,即得。

供试品溶液的制备 取本品粗粉约0.5g,精密称定,置具塞锥形瓶中,精密加入甲醇50ml,密塞,称定重量,超声处理(功率300W,频率50kHz)30分钟,放冷,再称定重量,用甲醇补足减失的重量,摇匀,滤过。精密量取续滤液1ml,置10ml量瓶中,加甲醇稀释至刻度,摇匀,即得。

测定法 分别精密吸取对照品溶液与供试品溶液各10μl,注入液相色谱仪,测定,即得。

本品按干燥品计算,含丹皮酚($C_9H_{10}O_3$)不得少于1.2%。

饮片

【炮制】 迅速洗净,润后切薄片,晒干。

本品呈圆形或卷曲形的薄片。连丹皮外表面灰褐色或黄褐色,栓皮脱落处粉红色;刮丹皮外表面红棕色或淡灰黄色。内表面有时可见发亮的结晶。切面淡粉红色,粉性。气芳香,味微苦而涩。

【鉴别】【检查】【浸出物】【含量测定】 同药材。

【性味与归经】 苦、辛,微寒。归心、肝、肾经。

【功能】　清热凉血，活血化瘀。

【主治】　温毒发斑，衄血，便血，尿血，跌打损伤，痈肿疮毒。

【用法与用量】　马、牛15～30g；羊、猪3～10g；兔、禽1～2g。

【注意】　孕畜慎用。

【贮藏】　置阴凉干燥处。

牡　蛎

Muli

OSTREAE CONCHA

本品为牡蛎科动物长牡蛎 *Ostrea gigas* Thunberg、大连湾牡蛎 *Ostrea talienwhanensis* Crosse 或近江牡蛎 *Ostrea rivularis* Gould 的贝壳。全年均可捕捞，去肉，洗净，晒干。

【性状】　**长牡蛎**　呈长片状，背腹缘几平行，长10～50cm，高4～15cm。右壳较小，鳞片坚厚，层状或层纹状排列。壳外面平坦或具数个凹陷，淡紫色、灰白色或黄褐色；内面瓷白色，壳顶二侧无小齿。左壳凹陷深，鳞片较右壳粗大，壳顶附着面小。质硬，断面层状，洁白。气微，味微咸。

大连湾牡蛎　呈类三角形，背腹缘呈八字形。右壳外面淡黄色，具疏松的同心鳞片，鳞片起伏成波浪状，内面白色。左壳同心鳞片坚厚，自壳顶部放射肋数个，明显，内面凹下呈盒状，铰合面小。

近江牡蛎　呈圆形、卵圆形或三角形等。右壳外面稍不平，有灰、紫、棕、黄等色，环生同心鳞片，幼体者鳞片薄而脆，多年生长后鳞片层层相叠，内面白色，边缘有的淡紫色。

【鉴别】　（1）本品粉末灰白色。珍珠层呈不规则碎块，较大碎块呈条状或片状，表面隐约可见细小条纹。棱柱层少见，断面观呈棱柱状，断端平截，长29～130μm，宽10～36μm，有的一端渐尖，亦可见数个并列成排；表面观呈类多角形、方形或三角形。

（2）取本品粉末2g，加稀盐酸15ml，即产生大量气泡，滤过，滤液用氢氧化钠试液调节pH值至10，静置，离心（转速为每分钟12 000转）10分钟，取沉淀置15ml安瓿中，加6.0mol/L盐酸10ml，150℃水解1小时，水解液蒸干，残渣加10%异丙醇-0.1mol/L盐酸溶液1ml使溶解，作为供试品溶液。另取牡蛎对照药材2g，同法制成对照药材溶液。照薄层色谱法（附录0502）试验，吸取上述两种溶液各2μl，分别点于同一硅胶G薄层板上，以正丁醇-冰醋酸-水-丙酮-无水乙醇-0.5%茚三酮丙酮溶液（40：14：12：5：4：4）为展开剂，展开，取出，晾干，在105℃加热至斑点显色清晰。供试品色谱中，在与对照药材色谱相应的位置上，显相同颜色的斑点。

【检查】　**酸不溶性灰分**　不得过5.0%（附录2302）。

重金属及有害元素　照铅、镉、砷、汞、铜测定法（附录2321）测定，铅不得过5mg/kg；镉不得过0.3mg/kg；砷不得过2mg/kg；汞不得过0.2mg/kg；铜不得过20mg/kg。

【含量测定】　取本品细粉约0.15g，精密称定，置锥形瓶中，加稀盐酸10ml，加热使溶解，加水20ml与甲基红指示液1滴，滴加10%氢氧化钾溶液至溶液显黄色，继续多加10ml，再加钙黄绿素指示剂少量，用乙二胺四醋酸二钠滴定液（0.05mol/L）滴定至溶液的黄绿色荧光消失而显橙色。每1ml乙二胺四醋酸二钠滴定液（0.05mol/L）相当于5.004mg的碳酸钙（$CaCO_3$）。

本品含碳酸钙（$CaCO_3$）不得少于94.0%。

饮片

【炮制】　**牡蛎**　洗净，干燥，碾碎。

本品为不规则的碎块。白色，质硬，断面层状。气微，味微咸。

【含量测定】 同药材。

煅牡蛎 取净牡蛎，照明煅法（附录0203）煅至酥脆。

本品为不规则的碎块或粗粉。灰白色。质酥脆，断面层状。

【含量测定】 同药材。

【性味与归经】 咸，微寒。归肝、胆、肾经。

【功能】 滋阴潜阳，敛汗固涩，软坚散结。

【主治】 阴虚内热，虚汗，滑精，带下，骨软症。

【用法与用量】 马、牛30～90g；羊、猪10～30g；兔、禽1～3g。

【贮藏】 置干燥处。

何 首 乌

Heshouwu

POLYGONI MULTIFLORI RADIX

本品为蓼科植物何首乌 *Polygonum multiflorum* Thunb. 的干燥块根。秋、冬二季叶枯萎时采挖，削去两端，洗净，个大的切成块，干燥。

【性状】 本品呈团块状或不规则纺锤形，长6～15cm，直径4～12cm。表面红棕色或红褐色，皱缩不平，有浅沟，并有横长皮孔样突起和细根痕。体重，质坚实，不易折断，断面浅黄棕色或浅红棕色，显粉性，皮部有4～11个类圆形异型维管束环列，形成云锦状花纹，中央木部较大，有的呈木心。气微，味微苦而甘涩。

【鉴别】 （1）本品横切面：木栓层为数列细胞，充满棕色物。韧皮部较宽，散有类圆形异型维管束4～11个，为外韧型，导管稀少。根的中央形成层成环；木质部导管较少，周围有管胞和少数木纤维。薄壁细胞含草酸钙簇晶和淀粉粒。

粉末黄棕色。淀粉粒单粒类圆形，直径4～50μm，脐点人字形、星状或三叉状，大粒者隐约可见层纹；复粒由2～9分粒组成。草酸钙簇晶直径10～80（160）μm，偶见簇晶与较大的方形结晶合生。棕色细胞类圆形或椭圆形，壁稍厚，胞腔内充满淡黄棕色、棕色或红棕色物质，并含淀粉粒。具缘纹孔导管直径17～178μm。棕色块散在，形状、大小及颜色深浅不一。

（2）取本品粉末0.25g，加乙醇50ml，加热回流1小时，滤过，滤液浓缩至3ml，作为供试品溶液。另取何首乌对照药材0.25g，同法制成对照药材溶液。照薄层色谱法（附录0502）试验，吸取上述两种溶液各2μl，分别点于同一硅胶H薄层板上使成条状，以三氯甲烷-甲醇（7:3）为展开剂，展开约3.5cm，取出，晾干，再以三氯甲烷-甲醇（20:1）为展开剂，展至约7cm，取出，晾干，置紫外光灯（365nm）下检视。供试品色谱中，在与对照药材色谱相应的位置上，显相同颜色的荧光斑点。

【检查】 水分 不得过10.0%（附录0832第一法）。

总灰分 不得过5.0%（附录2302）。

【含量测定】 二苯乙烯苷 避光操作。照高效液相色谱法（附录0512）测定。

色谱条件与系统适用性试验 以十八烷基硅烷键合硅胶为填充剂；以乙腈-水（25:75）为流动相；检测波长为320nm。理论板数按2,3,5,4'-四羟基二苯乙烯-2-*O*-β-D-葡萄糖苷峰计算应不低于2000。

对照品溶液的制备　取2,3,5,4'-四羟基二苯乙烯-2-*O*-β-D-葡萄糖苷对照品适量，精密称定，加稀乙醇制成每1ml含0.2mg的溶液，即得。

供试品溶液的制备　取本品粉末（过四号筛）0.2g，精密称定，置具塞锥形瓶中，精密加入稀乙醇25ml，称定重量，加热回流30分钟，放冷，再称定重量，用稀乙醇补足减失的重量，摇匀，静置，上清液滤过，取续滤液，即得。

测定法　分别精密吸取对照品溶液与供试品溶液各10μl，注入液相色谱仪，测定，即得。

本品按干燥品计算，含2,3,5,4'-四羟基二苯乙烯-2-*O*-β-D-葡萄糖苷（$C_{20}H_{22}O_9$）不得少于1.0%。

结合蒽醌　照高效液相色谱法（附录0512）测定。

色谱条件与系统适用性试验　以十八烷基硅烷键合硅胶为填充剂；以甲醇-0.1%磷酸溶液（80:20）为流动相；检测波长为254nm。理论板数按大黄素峰计算应不低于3000。

对照品溶液的制备　取大黄素对照品、大黄素甲醚对照品适量，精密称定，加甲醇分别制成每1ml含大黄素80μg，大黄素甲醚40μg的溶液，即得。

供试品溶液的制备　取本品粉末（过四号筛）约1g，精密称定，置具塞锥形瓶中，精密加入甲醇50ml，称定重量，加热回流1小时，取出，放冷，再称定重量，用甲醇补足减失的重量，摇匀，滤过，取续滤液5ml作为供试品溶液A（测游离蒽醌用）。另精密量取续滤液25ml，置具塞锥形瓶中，水浴蒸干，精密加8%的盐酸溶液20ml，超声处理（功率100W，频率40kHz）5分钟，加三氯甲烷20ml，水浴中加热回流1小时，取出，立即冷却，置分液漏斗中，用少量三氯甲烷洗涤容器，洗液并入分液漏斗中，分取三氯甲烷液，酸液再用三氯甲烷振摇提取3次，每次15ml，合并三氯甲烷液，回收溶剂至干，残渣加甲醇使溶解，转移至10ml量瓶中，加甲醇至刻度，摇匀，滤过，取续滤液，作为供试品溶液B（测总蒽醌用）。

测定法　分别精密吸取对照品溶液与上述两种供试品溶液各10μl，注入液相色谱仪，测定，即得。

结合蒽醌含量＝总蒽醌含量－游离蒽醌含量

本品按干燥品计算，含结合蒽醌以大黄素（$C_{15}H_{10}O_5$）和大黄素甲醚（$C_{16}H_{12}O_5$）的总量计，不得少于0.10%。

饮片

【炮制】　除去杂质，洗净，稍浸，润透，切厚片或块，干燥。

本品呈不规则的厚片或块。外表皮红棕色或红褐色，皱缩不平，有浅沟，并有横长皮孔样突起及细根痕。切面浅黄棕色或浅红棕色，显粉性；横切面有的皮部可见云锦状花纹，中央木部较大，有的呈木心。气微，味微苦而甘涩。

【含量测定】　**结合蒽醌**　同药材，含结合蒽醌以大黄素（$C_{15}H_{10}O_5$）和大黄素甲醚（$C_{16}H_{12}O_5$）的总量计，不得少于0.05%。

【鉴别】（除横切面外）**【检查】【含量测定】**（二苯乙烯苷）同药材。

【性味与归经】　苦、甘、涩，微温。归肝、心、肾经。

【功能】　润肠通便，解毒疗疮。

【主治】　肠燥便秘，疮黄疔毒。

【用法与用量】　马、牛30～100g；羊、猪10～15g；犬、猫2～6g；兔、禽1～3g。

【贮藏】　置干燥处，防蛀。

制 何 首 乌

Zhiheshouwu

POLYGONI MULTIFLORI RADIX PRAEPARATA

本品为何首乌的炮制加工品。

【制法】 取何首乌片或块，照炖法（附录0203）用黑豆汁拌匀，置非铁质的适宜容器内，炖至汁液吸尽；或照蒸法（附录0203），清蒸或用黑豆汁拌匀后蒸，蒸至内外均呈棕褐色，或晒至半干，切片，干燥。

每100kg何首乌片（块），用黑豆10kg。

黑豆汁制法 取黑豆10kg，加水适量，煮约4小时，熬汁约15kg，豆渣再加水煮约3小时，熬汁约10kg，合并得黑豆汁约25kg。

【性状】 本品为不规则皱缩状的块片，厚约1cm。表面黑褐色或棕褐色，凹凸不平。质坚硬，断面角质样，棕褐色或黑色。气微，味微甘而苦涩。

【鉴别】 照何首乌项下的〔鉴别〕（2）项试验，显相同的结果。

【检查】 水分 不得过12.0%（附录0832第一法）。

总灰分 不得过9.0%（附录2302）。

【浸出物】 照醇溶性浸出物测定法（附录2201）项下的热浸法测定，用乙醇作溶剂，不得少于5.0%。

【含量测定】 二苯乙烯苷 避光操作。

取本品粉末（过四号筛）0.2g，精密称定，照何首乌药材〔含量测定〕项下的方法测定。

本品按干燥品计算，含2,3,5,4'-四羟基二苯乙烯-2-O-β-D-葡萄糖苷（$C_{20}H_{22}O_9$）不得少于0.70%。

游离蒽醌 照高效液相色谱法（附录0512）测定。

色谱条件与系统适用性试验 以十八烷基硅烷键合硅胶为填充剂；以甲醇-0.1%磷酸溶液（80:20）为流动相；检测波长为254nm。理论板数按大黄素峰计算应不低于3000。

对照品溶液的制备 取大黄素对照品、大黄素甲醚对照品适量，精密称定，加甲醇分别制成每1ml含大黄素80μg，大黄素甲醚40μg的溶液，即得。

供试品溶液的制备 取本品粉末（过四号筛）约1g，精密称定，置具塞锥形瓶中，精密加入甲醇50ml，称定重量，加热回流1小时，取出，放冷，再称定重量，用甲醇补足减失的重量，摇匀，滤过，取续滤液，即得。

测定法 分别精密吸取对照品溶液与供试品溶液各10μl，注入液相色谱仪，测定，即得。

本品按干燥品计算，含游离蒽醌以大黄素（$C_{15}H_{10}O_5$）和大黄素甲醚（$C_{16}H_{12}O_5$）的总量计，不得少于0.10%。

【性味与归经】 苦、甘、涩，微温。归肝、心、肾经。

【功能】 补肝肾，益精血，壮筋骨。

【主治】 肝肾阴虚，血虚，久病体虚。

【用法与用量】 马、牛30~100g；羊、猪10~15g；犬、猫2~6g；兔、禽1~3g。

【贮藏】 置干燥处，防蛀。

伸　筋　草

Shenjincao

LYCOPODII HERBA

本品为石松科植物石松 *Lycopodium japonicum* Thunb. 的干燥全草。夏、秋二季茎叶茂盛时采收，除去杂质，晒干。

【性状】　本品匍匐茎呈细圆柱形，略弯曲，长可达2m，直径1～3mm，其下有黄白色细根；直立茎作二叉状分枝。叶密生茎上，螺旋状排列，皱缩弯曲，线形或针形，长3～5mm，黄绿色至淡黄棕色，无毛，先端芒状，全缘，易碎断。质柔软，断面皮部浅黄色，木部类白色。气微，味淡。

【鉴别】　（1）本品茎横切面：表皮细胞1列。皮层宽广，有叶迹维管束散在，表皮下方和中柱外侧各有10～20余列厚壁细胞，其间有3～5列细胞壁略增厚；内皮层不明显。中柱鞘为数列薄壁细胞，木质部束呈不规则的带状或分枝状，韧皮部束交错其间，有的细胞含黄棕色物。

（2）取本品粉末1g，加乙醚15ml，浸泡过夜，滤过，滤液挥干，残渣加无水乙醇1ml使溶解，作为供试品溶液。另取伸筋草对照药材1g，同法制成对照药材溶液。照薄层色谱法（附录0502）试验，吸取上述两种溶液各5μl，分别点于同一硅胶G薄层板上，以三氯甲烷-甲醇（40∶1）为展开剂，展开，取出，晾干，喷以5%硫酸乙醇溶液，在105℃加热至斑点显色清晰。供试品色谱中，在与对照药材色谱相应的位置上，显相同颜色的斑点。

【检查】　**水分**　不得过10.0%（附录0832第一法）。

总灰分　不得过6.0%（附录2302）。

饮片

【炮制】　除去杂质，洗净，切段，干燥。

本品呈不规则的段，茎呈圆柱形，略弯曲。叶密生茎上，螺旋状排列，皱缩弯曲，线形或针形，黄绿色至淡黄棕色，先端芒状，全缘。切面皮部浅黄色，木部类白色。气微，味淡。

【鉴别】　（除横切面外）【检查】　同药材。

【性味与归经】　微苦、辛，温。归肝、脾、肾经。

【功能】　祛风除湿，舒筋活络。

【主治】　风寒湿痹，关节肿痛，跌打损伤。

【用法与用量】　马、牛25～40g；羊、猪5～10g；兔、禽0.5～1.5g。

【贮藏】　置干燥处。

皂　角　刺

Zaojiaoci

GLEDITSIAE SPINA

本品为豆科植物皂荚 *Gleditsia sinensis* Lam. 的干燥棘刺。全年均可采收，干燥，或趁鲜切片，干燥。

【性状】　本品为主刺和1～2次分枝的棘刺。主刺长圆锥形，长3～15cm或更长，直径0.3～1cm；

分枝刺长1~6cm，刺端锐尖。表面紫棕色或棕褐色。体轻，质坚硬，不易折断。切片厚0.1~0.3cm，常带有尖细的刺端；木部黄白色，髓部疏松，淡红棕色；质脆，易折断。气微，味淡。

【鉴别】 （1）本品横切面：表皮细胞1列，外被角质层，有时可见单细胞非腺毛。皮层为2~3列薄壁细胞，细胞中有的含棕红色物。中柱鞘纤维束断续排列成环，纤维束周围的细胞有的含草酸钙方晶，偶见簇晶，纤维束旁常有单个或2~3个相聚的石细胞，壁薄。韧皮部狭窄。形成层成环。木质部连接成环，木射线宽1~2列细胞。髓部宽广，薄壁细胞含少量淀粉粒。

（2）取本品粉末1g，加甲醇10ml，超声处理30分钟，滤过，滤液蒸干，残渣加水10ml使溶解，加乙酸乙酯10ml，振摇提取，取乙酸乙酯液，蒸干，残渣加甲醇1ml使溶解，作为供试品溶液。另取皂角刺对照药材1g，同法制成对照药材溶液。照薄层色谱法（附录0502）试验，吸取供试品溶液5~10μl、对照药材溶液5μl，分别点于同一硅胶G薄层板上，以二氯甲烷-甲醇-浓氨试液（9:1:0.2）的下层溶液为展开剂，展开，取出，晾干，置紫外光灯（365nm）下检视。供试品色谱中，在与对照药材色谱相应的位置上，显相同颜色的荧光斑点。

饮片

【炮制】 除去杂质；未切片者略泡，润透，切厚片，干燥。

【鉴别】 同药材。

【性味与归经】 辛，温。归肝、胃经。

【功能】 托毒，消肿，杀虫，排脓。

【主治】 痈肿初起，脓成不溃，疥癣。

【用法与用量】 马、牛15~30g；羊、猪3~10g。外用适量。

【贮藏】 置干燥处。

佛 手

Foshou

CITRI SARCODACTYLIS FRUCTUS

本品为芸香科植物佛手 *Citrus medica* L. var. *sarcodactylis* Swingle 的干燥果实。秋季果实尚未变黄或变黄时采收，纵切成薄片，晒干或低温干燥。

【性状】 本品为类椭圆形或卵圆形的薄片，常皱缩或卷曲，长6~10cm，宽3~7cm，厚0.2~0.4cm。顶端稍宽，常有3~5个手指状的裂瓣，基部略窄，有的可见果梗痕。外皮黄绿色或橙黄色，有皱纹和油点。果肉浅黄白色或浅黄色，散有凹凸不平的线状或点状维管束。质硬而脆，受潮后柔韧。气香，味微甜后苦。

【鉴别】 （1）本品粉末淡棕黄色。中果皮薄壁组织众多，细胞呈不规则形或类圆形，壁不均匀增厚。果皮表皮细胞表面观呈不规则多角形，偶见类圆形气孔。草酸钙方晶成片存于多角形的薄壁细胞中，呈多面形、菱形或双锥形。

（2）取本品粉末1g，加无水乙醇10ml，超声处理20分钟，滤过，滤液浓缩至干，残渣加无水乙醇0.5ml使溶解，作为供试品溶液。另取佛手对照药材1g，同法制成对照药材溶液。照薄层色谱法（附录0502）试验，吸取上述两种溶液各2μl，分别点于同一硅胶G薄层板上，以环己烷-乙酸乙酯（3:1）为展开剂，展开，取出，晾干，置紫外光灯（365nm）下检视。供试品色谱中，在与对照药材色谱相应的位置上，显相同颜色的荧光斑点。

【检查】　水分　不得过15.0%（附录0832第一法）。

【浸出物】　照醇溶性浸出物测定法（附录2201）项下的热浸法测定，用乙醇作溶剂，不得少于10.0%。

【含量测定】　照高效液相色谱法（附录0512）测定。

色谱条件与系统适用性试验　以十八烷基硅烷键合硅胶为填充剂；以甲醇-水-冰醋酸（33:63:2）为流动相；检测波长为284nm。理论板数按橙皮苷峰计算应不低于5000。

对照品溶液的制备　取橙皮苷对照品适量，精密称定，加甲醇制成每1ml含15μg的溶液，即得。

供试品溶液的制备　取本品粉末（过五号筛）约0.5g，精密称定，置具塞锥形瓶中，精密加入甲醇25ml，称定重量，加热回流1小时，放冷，再称定重量，用甲醇补足减失的重量，摇匀，滤过，取续滤液，即得。

测定法　分别精密吸取对照品溶液与供试品溶液各10μl，注入液相色谱仪，测定，即得。

本品按干燥品计算，含橙皮苷（$C_{28}H_{34}O_{15}$）不得少于0.030%。

【性味与归经】　辛、苦、酸，温。归肝、脾、胃、肺经。

【功能】　疏肝理气，和胃止痛，消食。

【主治】　脾胃气滞，肚腹胀痛，食欲不振，消化不良。

【用法与用量】　马、牛15～30g；羊、猪3～10g。

【贮藏】　置阴凉干燥处，防霉，防蛀。

谷　芽

Guya

SETARIAE FRUCTUS GERMINATUS

本品为禾本科植物粟 Setaria italica（L.）Beauv. 的成熟果实经发芽干燥的炮制加工品。将粟谷用水浸泡后，保持适宜的温、湿度，待须根长至约6mm时，晒干或低温干燥。

【性状】　本品呈类圆球形，直径约2mm，顶端钝圆，基部略尖。外壳为革质的稃片，淡黄色，具点状皱纹，下端有初生的细须根，长3～6mm，剥去稃片，内含淡黄色或黄白色颖果（小米）1粒。气微，味微甘。

【鉴别】　本品粉末类白色。淀粉粒单粒，类圆形，直径约30μm；脐点星状深裂。稃片表皮细胞淡黄色，回行弯曲，壁较厚，微木化，孔沟明显。下皮纤维成片长条形，壁稍厚，木化。

【检查】　水分　不得过14.0%（附录0832第一法）。

总灰分　不得过5.0%（附录2302）。

酸不溶性灰分　不得过3.0%（附录2302）。

出芽率　取本品5g，照药材取样法（附录0201）取对角两份供试品，检查出芽粒数与总粒数，计算出芽率（%）。

本品出芽率不得少于85%。

饮片

【炮制】　谷芽　除去杂质。

【性状】【鉴别】【检查】　同药材。

炒谷芽　取净谷芽，照清炒法（附录0203）炒至深黄色。

本品形如谷芽，表面深黄色。有香气，味微苦。

【检查】　水分　同药材，不得过13.0%。

总灰分　同药材，不得过4.0%。

酸不溶性灰分　同药材，不得过2.0%。

焦谷芽　取净谷芽，照清炒法（附录0203）炒至焦褐色。

本品形如谷芽，表面焦褐色，有焦香味。

【性味与归经】　甘，温。归脾、胃经。

【功能】　消食和中，健脾开胃。

【主治】　脾胃虚弱，宿食不化，肚胀。

【用法与用量】　马、牛20～60g；羊、猪10～15g；兔、禽2～6g。

【贮藏】　置通风干燥处，防蛀。

谷　精　草

Gujingcao

ERIOCAULI FLOS

本品为谷精草科植物谷精草 *Eriocaulon buergerianum* Koern. 的干燥带花茎的头状花序。秋季采收，将花序连同花茎拔出，晒干。

【性状】　本品头状花序呈半球形，直径4～5mm。底部有苞片层层紧密排列，苞片淡黄绿色，有光泽，上部边缘密生白色短毛；花序顶部灰白色。揉碎花序，可见多数黑色花药和细小黄绿色未成熟的果实。花茎纤细，长短不一，直径不及1mm，淡黄绿色，有数条扭曲的棱线。质柔软。气微，味淡。

【鉴别】　（1）本品粉末黄绿色。腺毛头部长椭圆形，1～4细胞，顶端细胞较长，表面有细密网状纹理；柄单细胞。非腺毛甚长，2～4细胞。种皮表皮细胞表面观扁长六角形，壁上衍生伞形支柱。花茎表皮细胞表面观长条形，表面有纵直角质纹理，气孔类长方形。果皮细胞表面观类多角形，垂周壁念珠状增厚。花粉粒类圆形，具螺旋状萌发孔。

（2）取本品粉末1g，加乙醇30ml，超声处理30分钟，滤过，滤液蒸干，残渣加乙醇1ml使溶解，作为供试品溶液。另取谷精草对照药材1g，同法制成对照药材溶液。照薄层色谱法（附录0502）试验，吸取上述两种溶液各5μl，分别点于同一硅胶G薄层板上，以甲苯-丙酮（10:0.6）为展开剂，展开，取出，晾干，置紫外光灯（365nm）下检视。供试品色谱中，在与对照药材色谱相应的位置上，显相同颜色的荧光主斑点。

饮片

【炮制】　除去杂质，切段。

【鉴别】　同药材。

【性味与归经】　辛、甘，平。归肝、肺经。

【功能】　疏散风热，明目退翳。

【主治】　风热目赤，翳膜遮睛。

【用法与用量】　马、牛30～60g；羊、猪10～15g；兔、禽1～3g。

【贮藏】　置通风干燥处。

辛　夷

Xinyi

MAGNOLIAE FLOS

本品为木兰科植物望春花 *Magnolia biondii* Pamp.、玉兰 *Magnolia denudata* Desr. 或武当玉兰 *Magnolia sprengeri* Pamp. 的干燥花蕾。冬末春初花未开放时采收，除去枝梗，阴干。

【性状】　**望春花**　呈长卵形，似毛笔头，长1.2～2.5cm，直径0.8～1.5cm。基部常具短梗，长约5mm，梗上有类白色点状皮孔。苞片2～3层，每层2片，两层苞片间有小鳞芽，苞片外表面密被灰白色或灰绿色茸毛，内表面类棕色，无毛。花被片9，棕色，外轮花被片3，条形，约为内两轮长的1/4，呈萼片状，内两轮花被片6，每轮3，轮状排列。雄蕊和雌蕊多数，螺旋状排列。体轻，质脆。气芳香，味辛凉而稍苦。

玉兰　长1.5～3cm，直径1～1.5cm。基部枝梗较粗壮，皮孔浅棕色。苞片外表面密被灰白色或灰绿色茸毛。花被片9，内外轮同型。

武当玉兰　长2～4cm，直径1～2cm。基部枝梗粗壮，皮孔红棕色。苞片外表面密被淡黄色或淡黄绿色茸毛，有的最外层苞片茸毛已脱落而呈黑褐色。花被片10～12（15），内外轮无显著差异。

【鉴别】　（1）本品粉末灰绿色或淡黄绿色。非腺毛甚多，散在，多碎断；完整者2～4细胞，亦有单细胞，壁厚4～13μm，基部细胞短粗膨大，细胞壁极度增厚似石细胞。石细胞多成群，呈椭圆形、不规则形或分枝状，壁厚4～20μm，孔沟不甚明显，胞腔中可见棕黄色分泌物。油细胞较多，类圆形，有的可见微小油滴。苞片表皮细胞扁方形，垂周壁连珠状。

（2）取本品粗粉1g，加三氯甲烷10ml，密塞，超声处理30分钟，滤过，滤液蒸干，残渣加三氯甲烷2ml使溶解，作为供试品溶液。另取木兰脂素对照品，加甲醇制成每1ml含1mg的溶液，作为对照品溶液。照薄层色谱法（附录0502）试验，吸取上述两种溶液各2～10μl，分别点于同一硅胶H薄层板上，以三氯甲烷-乙醚（5:1）为展开剂，展开，取出，晾干，喷以10%硫酸乙醇溶液，在90℃加热至斑点显色清晰。供试品色谱中，在与对照品色谱相应的位置上，显相同的紫红色斑点。

【检查】　**水分**　不得过18.0%（附录0832第四法）。

【含量测定】　**挥发油**　照挥发油测定法（附录2204）测定。

本品含挥发油不得少于1.0%（ml/g）。

木兰脂素照高效液相色谱法（附录0512）测定。

色谱条件与系统适用性试验　以辛基键合硅胶为填充剂；以乙腈-四氢呋喃-水（35:1:64）为流动相；检测波长为278nm。理论板数按木兰脂素峰计算应不低于9000。

对照品溶液的制备　取木兰脂素对照品适量，精密称定，加甲醇制成每1ml含木兰脂素0.1mg的溶液，即得。

供试品溶液的制备　取本品粗粉约1g，精密称定，置具塞锥形瓶中，精密加乙酸乙酯20ml，称定重量，浸泡30分钟，超声处理（功率250W，频率33kHz）30分钟，放冷，再称定重量，用甲醇补足减失的重量，摇匀，滤过，精密量取续滤液3ml，加在中性氧化铝柱（100～200目，2g，内径9mm，湿法装柱，用乙酸乙酯5ml预洗）上，用甲醇15ml洗脱，收集洗脱液，置25ml量瓶中，加甲醇至刻度，摇匀，滤过，取续滤液，即得。

测定法　分别精密吸取对照品溶液与供试品溶液各4～10μl，注入液相色谱仪，测定，即得。

本品按干燥品计算，含木兰脂素（$C_{23}H_{28}O_7$）不得少于0.40%。

【性味与归经】 辛，温。归肺、胃经。

【功能】 散风寒，通鼻窍。

【主治】 风寒鼻塞，脑颏鼻脓。

【用法与用量】 马、牛15～60g；羊、猪3～9g；犬、猫2～5g。

【贮藏】 置阴凉干燥处。

羌　活
Qianghuo
NOTOPTERYGII RHIZOMA ET RADIX

本品为伞形科植物羌活 *Notopterygium incisum* Ting ex H. T. Chang 或宽叶羌活 *Notopterygium franchetii* H. de Boiss. 的干燥根茎和根。春、秋二季采挖，除去须根和泥沙，晒干。

【性状】 **羌活** 为圆柱状略弯曲的根茎，长4～13cm，直径0.6～2.5cm，顶端具茎痕。表面棕褐色至黑褐色，外皮脱落处呈黄色。节间缩短，呈紧密隆起的环状，形似蚕，习称"蚕羌"；节间延长，形如竹节状，习称"竹节羌"。节上有多数点状或瘤状突起的根痕及棕色破碎鳞片。体轻，质脆，易折断，断面不平整，有多数裂隙，皮部黄棕色至暗棕色，油润，有棕色油点，木部黄白色，射线明显，髓部黄色至黄棕色。气香，味微苦而辛。

宽叶羌活 为根茎和根。根茎类圆柱形，顶端具茎和叶鞘残基，根类圆锥形，有纵皱纹和皮孔；表面棕褐色，近根茎处有较密的环纹，长8～15cm，直径1～3cm，习称"条羌"。有的根茎粗大，不规则结节状，顶部具数个茎基，根较细，习称"大头羌"。质松脆，易折断，断面略平坦，皮部浅棕色，木部黄白色。气味较淡。

【鉴别】 取本品粉末1g，加甲醇5ml，超声处理20分钟，静置，取上清液作为供试品溶液。另取紫花前胡苷对照品，加甲醇制成每1ml含0.5mg的溶液，作为对照品溶液。照薄层色谱法（附录0502）试验，吸取上述两种溶液各2～4μl，分别点于同一用3%醋酸钠溶液制备的硅胶G薄层板上，以三氯甲烷-甲醇（8:2）为展开剂，展开，取出，晾干，置紫外光灯（365nm）下检视。供试品色谱中，在与对照品色谱相应的位置上，显相同的蓝色荧光斑点。

【检查】 **总灰分** 不得过8.0%（附录2302）。

酸不溶性灰分 不得过3.0%（附录2302）。

【特征图谱】 照高效液相色谱法（附录0512）测定。

色谱条件与系统适用性试验 以十八烷基硅烷键合硅胶（非亲水性）为填充剂（柱长为250mm，内径为4.6mm，粒度为5μm）；以乙腈为流动相A，以0.1%磷酸溶液为流动相B，按下表中的规定进行梯度洗脱；柱温为25℃；检测波长为246nm。理论板数按羌活醇峰计算应不低于18 000。

时间（分钟）	流动相A（%）	流动相B（%）
0～6	48→53	52→47
6～12	53	47
12～20	53→80	47→20
20～30	80	20

对照提取物溶液的制备　取羌活对照提取物10mg，精密称定，置5ml量瓶中，加甲醇溶解并稀释至刻度，摇匀，即得。

供试品溶液的制备　取〔含量测定〕项下的供试品溶液，即得。

测定法　分别精密吸取对照提取物溶液与供试品溶液各10μl，注入液相色谱仪，测定，记录色谱图，即得。

供试品特征图谱中应呈现与对照物提取物中的4个主要特征峰保留时间相对应的色谱峰。

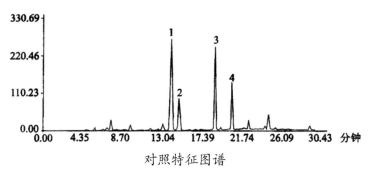

对照特征图谱

峰1：羌活醇　峰2：阿魏酸苯乙醇酯　峰3：异欧前胡素　峰4：镰叶芹二醇

【浸出物】　照醇溶性浸出物测定法（附录2201）项下的热浸法测定，用乙醇作溶剂，不得少于15.0%。

【含量测定】挥发油　照挥发油测定法（附录2204）测定。

本品含挥发油不得少于1.4%（ml/g）。

羌活醇和异欧前胡素　照高效液相色谱法（附录0512）测定。

色谱条件与系统适用性试验　以十八烷基硅烷键合硅胶为填充剂；以乙腈-水（44：56）为流动相；检测波长为310nm。理论板数按羌活醇峰计算应不低于5000。

对照品溶液的制备　取羌活醇对照品、异欧前胡素对照品适量，精密称定，加甲醇制成每1ml含羌活醇60μg、异欧前胡素30μg的混合溶液，即得。

供试品溶液的制备　取本品粉末（过三号筛）约0.4g，精密称定，置具塞锥形瓶中，精密加入甲醇50ml，称定重量，超声处理（功率250W，频率50kHz）30分钟，放冷，再称定重量，用甲醇补足减失的重量，摇匀，滤过，取续滤液，即得。

测定法　分别精密吸取对照品溶液5μl与供试品溶液5～10μl，注入液相色谱仪，测定，即得。

本品按干燥品计算，含羌活醇（$C_{21}H_{22}O_5$）和异欧前胡素（$C_{16}H_{14}O_4$）的总量不得少于0.40%。

饮片

【炮制】　除去杂质，洗净，润透，切厚片，干燥。

本品呈类圆形、不规则形横切或斜切片，表皮棕褐色至黑褐色，切面外侧棕褐色，木部黄白色，有的可见放射状纹理。体轻，质脆。气香，味微苦而辛。

【鉴别】【检查】【特征图谱】【浸出物】【含量测定】　同药材。

【性味与归经】　辛、苦，温。归膀胱、肾经。

【功能】　解表散寒，祛风胜湿，止痛。

【主治】　外感风寒，风湿痹痛。

【用法与用量】　马、牛15～45g；羊、猪3～10g；兔、禽0.5～1.5g。

【贮藏】　置阴凉干燥处，防蛀。

没　药

Moyao

MYRRHA

本品为橄榄科植物地丁树 *Commiphora myrrha* Engl. 和哈地丁树 *Commiphora molmol* Engl. 的干燥树脂。分为天然没药和胶质没药。

【性状】　天然没药　呈不规则颗粒状团块，大小不等，大者直径长达6cm以上。表面黄棕色或红棕色，近半透明部分呈棕黑色，被有黄色粉尘。质坚脆，破碎面不整齐，无光泽。有特异香气，味苦而微辛。

胶质没药　呈不规则块状和颗粒，多黏结成大小不等的团块，大者直径长达6cm以上，表面棕黄色至棕褐色，不透明，质坚实或疏松，有特异香气，味苦而有黏性。

【鉴别】　（1）取本品粉末0.1g，加乙醚3ml，振摇，滤过，滤液置蒸发皿中，挥尽乙醚，残留的黄色液体滴加硝酸，显褐紫色。

（2）取本品粉末少量，加香草醛试液数滴，天然没药立即显红色，继而变为红紫色，胶质没药立即显紫红色，继而变为蓝紫色。

（3）取〔含量测定〕项下的挥发油适量，加环己烷制成每1ml含天然没药10mg或胶质没药50mg的溶液，作为供试品溶液。另取天然没药对照药材或胶质没药对照药材各2g，照挥发油测定法（附录2204乙法）加环己烷2ml，缓缓加热至沸，并保持微沸约2.5小时，放置后，取环己烷溶液作为对照药材溶液。照薄层色谱法（附录0502）试验，吸取上述两种溶液各4μl，分别点于同一硅胶G薄层板上，以环己烷-乙醚（4:1）为展开剂，展开，取出，晾干，立即喷以10%硫酸乙醇溶液，在105℃加热至斑点显色清晰。供试品色谱中，在与对照药材色谱相应的位置上，显相同颜色的斑点。

【检查】　杂质　天然没药不得过10%，胶质没药不得过15%（附录2301）。

总灰分　不得过15.0%（附录2302）。

酸不溶性灰分　不得过10.0%（附录2302）。

【含量测定】　取本品20g（除去杂质），照挥发油测定法（附录2204乙法）测定。

本品含挥发油天然没药不得少于4.0%（ml/g），胶质没药不得少于2.0%（ml/g）。

饮片

【炮制】　醋没药　取净没药，照醋炙法（附录0203），炒至表面光亮。

每100kg没药，用醋5kg。

本品呈不规则小块状或类圆形颗粒状，表面棕褐色或黑褐色，有光泽。具特异香气，略有醋香气，味苦而微辛。

【检查】　酸不溶性灰分　不得过8.0%（附录2302）。

【含量测定】　同药材，含挥发油不得少于2.0%（ml/g）。

【鉴别】　同药材。

【性味与归经】　辛、苦，平。归心、肝、脾经。

【功能】　行气活血，消肿定痛，敛疮生肌。

【主治】　跌打损伤，痈疽肿痛。外用治疮疡不敛。

【用法与用量】　马、牛25～45g；羊、猪6～10g；犬1～3g。外用研末调敷患处。

【贮藏】　置阴凉干燥处。

沙 苑 子

Shayuanzi

ASTRAGALI COMPLANATI SEMEN

本品为豆科植物扁茎黄芪 *Astragalus complanatus* R. Br. 的干燥成熟种子。秋末冬初果实成熟尚未开裂时采割植株，晒干，打下种子，除去杂质，晒干。

【性状】 本品略呈肾形而稍扁，长2~2.5mm，宽1.5~2mm，厚约1mm。表面光滑，褐绿色或灰褐色，边缘一侧微凹处具圆形种脐。质坚硬，不易破碎。子叶2，淡黄色，胚根弯曲，长约1mm。气微，味淡，嚼之有豆腥味。

【鉴别】 （1）本品粉末灰白色。种皮栅状细胞断面观1列，外被角质层；近外侧1/5~1/8处有一条光辉带；表面观呈多角形，壁极厚，胞腔小，孔沟细密。种皮支持细胞侧面观呈短哑铃形；表面观呈3个类圆形或椭圆形的同心环。子叶细胞含脂肪油。

（2）取本品粉末0.2g，加甲醇10ml，超声处理30分钟，放冷，滤过，滤液蒸干，残渣加甲醇2ml使溶解，作为供试品溶液。另取沙苑子对照药材0.2g，同法制成对照药材溶液。再取沙苑子苷对照品，加60%乙醇制成每1ml含0.05mg的溶液，作为对照品溶液。照薄层色谱法（附录0502）试验，吸取上述三种溶液各2μl，分别点于同一聚酰胺薄膜上，以乙醇-丁酮-乙酰丙酮-水（3:3:1:13）为展开剂，展开，取出，晾干，喷以三氯化铝试液，置紫外光灯（365nm）下检视。供试品色谱中，在与对照药材色谱和对照品色谱相应的位置上，显相同颜色的荧光斑点。

【检查】 水分 不得过13.0%（附录0832第一法）。

总灰分 不得过5.0%（附录2302）。

酸不溶性灰分 不得过2.0%（附录2302）。

【含量测定】 照高效液相色谱法（附录0512）测定。

色谱条件与系统适用性试验 以十八烷基硅烷键合硅胶为填充剂；以乙腈-0.1%磷酸溶液（21:79）为流动相；检测波长为266nm。理论板数按沙苑子苷峰计算应不低于4000。

对照品溶液的制备 取沙苑子苷对照品适量，精密称定，加60%乙醇制成每1ml含15μg的溶液，即得。

供试品溶液的制备 取本品粉末（过三号筛）约0.5g，精密称定，置具塞锥形瓶中，精密加入60%乙醇25ml，称定重量，加热回流1小时，放冷，再称定重量，用60%乙醇补足减失的重量，摇匀，滤过，取续滤液，即得。

测定法 分别精密吸取对照品溶液与供试品溶液各10μl，注入液相色谱仪，测定，即得。

本品按干燥品计算，含沙苑子苷（$C_{28}H_{32}O_{16}$）不得少于0.060%。

饮片

【炮制】 沙苑子 除去杂质，洗净，干燥。

【性状】【鉴别】【检查】【含量测定】 同药材。

盐沙苑子 取净沙苑子，照盐水炙法（附录0203）炒干。

本品形如沙苑子，表面鼓起，深褐绿色或深灰褐色。气微，味微咸，嚼之有豆腥味。

【检查】 水分 同药材，不得过10.0%。

总灰分 同药材，不得过6.0%。

【含量测定】 同药材，含沙苑子苷（$C_{28}H_{32}O_{16}$）不得少于0.050%。

【鉴别】 【检查】 （酸不溶性灰分） 同药材。

【性味与归经】 甘，温。归肝、肾经。

【功能】 温补肝肾，固精缩尿。

【主治】 肝肾不足，腰肢无力，滑精早泄，尿频数。

【用法与用量】 马、牛20～45g；羊、猪10～15g。

【贮藏】 置通风干燥处。

沙 枣 叶

Shazaoye

ELAEAGNI ANGUSTIFOLIAE FOLIUM

本品为胡颓子科植物沙枣 *Elaeagnus angustifolia* L. 的干燥叶。夏、秋二季采收，除去杂质，干燥。

【性状】 本品多卷曲、皱缩，展平叶片呈广披针形至卵圆形，长2～10cm，宽0.5～4cm。先端锐或钝，基部楔形至阔楔形，全缘，上表面灰绿色有稀疏的鳞毛，下表面密被银白色鳞毛。叶柄短，具鳞毛。质脆。气微香，味微辛、涩。

【鉴别】 本品粉末灰绿色。盾状毛较多，单个散在，淡黄或无色，有的破碎；完整者一面呈质片状，直径86～680μm，由数至百余个细胞连结而成；每个细胞呈披针形，下半部或大部细胞排列成圆形。具螺纹导管。上表皮细胞表面观呈类方形或多角形，垂周壁较厚，微波状弯曲。

【性味与归经】 甘，凉。归肝、肾、大肠经。

【功能】 清热解毒，助心阳，通血脉。

【主治】 湿热下痢，心悸。

【用法与用量】 马、牛200～300g；羊、猪30～60g。

【贮藏】 置通风干燥处。

沙 棘

Shaji

HIPPOPHAE FRUCTUS

本品系蒙古族、藏族习用药材。为胡颓子科植物沙棘 *Hippophae rhamnoides* L. 的干燥成熟果实。秋、冬二季果实成熟或冻硬时采收，除去杂质，干燥或蒸后干燥。

【性状】 本品呈类球形或扁球形，有的数个粘连，单个直径5～8mm。表面橙黄色或棕红色，皱缩，顶端有残存花柱，基部具短小果梗或果梗痕。果肉油润，质柔软。种子斜卵形，长约4mm，宽约2mm；表面褐色，有光泽，中间有一纵沟；种皮较硬，种仁乳白色，有油性。气微，味酸、涩。

【鉴别】 （1）果皮表面观：果皮表皮细胞表面观多角形，垂周壁稍厚。表皮上盾状毛较多，由100多个单细胞毛毗连而成，末端分离，单个细胞长80～220μm，直径约5μm，毛脱落后的疤痕由7～8个圆形细胞聚集而成，细胞壁稍厚。果肉薄壁细胞含多数橙红色或橙黄色颗粒状物。鲜黄色油滴甚多。

（2）取〔含量测定〕异鼠李素项下的供试品溶液30ml，浓缩至5ml，加水25ml，用乙酸乙酯提取2次，每次20ml，合并乙酸乙酯液，蒸干，残渣加甲醇1ml使溶解，作为供试品溶液。另取异鼠李素对照品、槲皮素对照品，加甲醇制成每1ml各含1mg的混合溶液，作为对照品溶液。照薄层色谱法（附录0502）试验，吸取上述两种溶液各2μl，分别点于同一含3%醋酸钠溶液制备的硅胶G薄层板上，以甲苯-乙酸乙酯-甲酸（5:2:1）为展开剂，展开，取出，晾干，喷以三氯化铝试液，置紫外光灯（365nm）下检视。供试品色谱中，在与对照品色谱相应的位置上，显相同颜色的荧光斑点。

【检查】　杂质　不得过4%（附录2301）。

水分　不得过15.0%（附录0832第一法）。

总灰分　不得过6.0%（附录2302）。

酸不溶性灰分　不得过3.0%（附录2302）。

【浸出物】　照醇溶性浸出物测定法（附录2201）项下的热浸法测定，用乙醇作溶剂，不得少于25.0%。

【含量测定】　总黄酮　对照品溶液的制备取芦丁对照品20mg，精密称定，置50ml量瓶中，加60%乙醇适量，置水浴上微热使溶解，放冷，加60%乙醇至刻度，摇匀。精密量取25ml，置50ml量瓶中，加水稀释至刻度，摇匀，即得（每1ml含芦丁0.2mg）。

标准曲线的制备　精密量取对照品溶液1ml、2ml、3ml、4ml、5ml、6ml，分别置25ml量瓶中，各加30%乙醇至6.0ml，加5%亚硝酸钠溶液1ml，混匀，放置6分钟，再加10%硝酸铝溶液1ml，摇匀，放置6分钟。加氢氧化钠试液10ml，再加30%乙醇至刻度，摇匀，放置15分钟，以相应试剂为空白，照紫外-可见分光光度法（附录0401），在500nm的波长处测定吸光度，以吸光度为纵坐标，浓度为横坐标，绘制标准曲线。

测定法　取本品粗粉约2g，精密称定，加60%乙醇30ml，加热回流2小时，放冷，滤过，残渣再分别加60%乙醇25ml，加热回流2次，每次1小时，滤过，合并滤液，置100ml量瓶中，残渣用60%乙醇洗涤，洗液并入同一量瓶中，用60%乙醇稀释至刻度，摇匀。精密量取25ml，置50ml量瓶中，加水至刻度，摇匀，作为供试品溶液。精密量取供试品溶液3ml，置25ml量瓶中，加30%乙醇至6.0ml，照标准曲线制备项下的方法，自"加亚硝酸钠溶液1ml"起，依法测定吸光度，同时取供试品溶液3ml，除不加氢氧化钠试液外，其余同上操作，作为空白。从标准曲线上读出供试品溶液中含芦丁的重量（mg），计算，即得。

本品按干燥品计算，含总黄酮以芦丁（$C_{27}H_{30}O_{16}$）计，不得少于1.5%。

异鼠李素　照高效液相色谱法（附录0512）测定。

色谱条件与系统适用性试验　以十八烷基硅烷键合硅胶为填充剂；以甲醇-0.4%磷酸溶液（58:42）为流动相；检测波长为370nm。理论板数按异鼠李素峰计算应不低于3000。

对照品溶液的制备　取异鼠李素对照品适量，精密称定，加甲醇制成每1ml含10μg的溶液，即得。

供试品溶液的制备　取本品粉末（过三号筛）0.5g，精密称定，置具塞锥形瓶中，精密加入乙醇50ml，称定重量，加热回流1小时，放冷，再称定重量，用乙醇补足减失的重量，摇匀，滤过。精密量取续滤液25ml，置具塞锥形瓶中，加盐酸3.5ml，在75℃水浴中加热水解1小时，立即冷却，转移至50ml量瓶中，用适量乙醇洗涤容器，洗液并入同一量瓶中，加乙醇至刻度，摇匀，滤过，取续滤液，即得。

测定法　分别精密吸取对照品与供试品溶液各10μl，注入液相色谱仪，测定，即得。

本品按干燥品计算，含异鼠李素（$C_{16}H_{12}O_7$）不得少于0.10%。

【性味与归经】　酸、涩，温。归脾、胃、肺、心经。

【功能】　祛痰止咳，消食化滞，活血散瘀。

【主治】 咳喘痰多，消化不良，食积腹胀，跌打瘀肿。

【用法与用量】 马、牛60～120g；羊、猪15～30g；犬、猫5～10g。

【贮藏】 置通风干燥处，防霉，防蛀。

沉 香

Chenxiang

AQUILARIAE LIGNUM RESINATUM

本品为瑞香科植物白木香 *Aquilaria sinensis*（Lour.）Gilg 含有树脂的木材。全年均可采收，割取含树脂的木材，除去不含树脂的部分，阴干。

【性状】 本品呈不规则块、片状或盔帽状，有的为小碎块。表面凹凸不平，有刀痕，偶有孔洞，可见黑褐色树脂与黄白色木部相间的斑纹，孔洞及凹窝表面多呈朽木状。质较坚实，断面刺状。气芳香，味苦。

【鉴别】 （1）本品横切面：射线宽1～2列细胞，充满棕色树脂。导管圆多角形，直径42～128μm，有的含棕色树脂。木纤维多角形，直径20～45μm，壁稍厚，木化。木间韧皮部扁长椭圆状或条带状，常与射线相交，细胞壁薄，非木化，内含棕色树脂；其间散有少数纤维，有的薄壁细胞含草酸钙柱晶。

（2）取〔浸出物〕项下醇溶性浸出物，进行微量升华，得黄褐色油状物，香气浓郁；于油状物上加盐酸1滴与香草醛少量，再滴加乙醇1～2滴，渐显樱红色，放置后颜色加深。

（3）取本品粉末0.5g，加乙醚30ml，超声处理60分钟，滤过，滤液蒸干，残渣加三氯甲烷2ml使溶解，作为供试品溶液。另取沉香对照药材0.5g，同法制成对照药材溶液。照薄层色谱法（附录0502）试验，吸取上述两种溶液各10μl，分别点于同一硅胶G薄层板上，以三氯甲烷-乙醚（10:1）为展开剂，展开，取出，晾干，置紫外光灯（365nm）下检视。供试品色谱中，在与对照药材色谱相应的位置上，显相同颜色的荧光斑点。

【特征图谱】 照高效液相色谱法（附录0512）测定。

色谱条件与系统适用性试验 以十八烷基硅烷键合硅胶为填充剂（柱长为25cm，内径为4.6mm，粒度为5μm，Diamonsil C18或Phenomenexluna C18色谱柱）；以乙腈为流动相A，以0.1%甲酸溶液为流动相B，按下表中的规定进行梯度洗脱；流速为每分钟0.7ml；柱温为30℃；检测波长为252nm。理论板数按沉香四醇峰计算应不低于6000。

时间（分钟）	流动相A（%）	流动相B（%）
0～10	15→20	85→80
10～19	20→23	80→77
19～21	23→33	77→67
21～39	33	67
39～40	33→35	67→65
40～50	35	65
50.1～60	95	5

参照物溶液的制备 取沉香对照药材约0.2g，精密称定，置具塞锥形瓶中，精密加入乙醇

10ml，称定重量，超声处理（功率250W，频率40kHz）1小时，放冷，再称定重量，用乙醇补足减失的重量，摇匀，静置，取上清液滤过，取续滤液，作为对照药材参照物溶液。另取〔含量测定〕项下的对照品溶液，作为对照品参照物溶液。

供试品溶液的制备 取〔含量测定〕项下的供试品溶液，即得。

测定法 分别精密吸取参照物溶液与供试品溶液各10μl，注入液相色谱仪，测定，即得。

供试品特征图谱中应呈现6个特征峰，并应与对照药材参照物色谱峰中的6个特征峰相对应，其中峰1应与对照品参照物峰保留时间相一致。

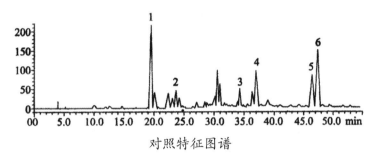

对照特征图谱

峰1：沉香四醇　峰3：8-氯-2-（2-苯乙基）-5,6,7-三羟基-5,6,7,8-四氢色酮

峰5：6,4′-二羟基-3′-甲氧基-2-（2-苯乙基）色酮

【浸出物】 照醇溶性浸出物测定法（附录2201）项下的热浸法测定，用乙醇作溶剂，不得少于10.0%。

【含量测定】 照高效液相色谱法（附录0512）测定。

色谱条件与系统适用性试验 以十八烷基硅烷键合硅胶为填充剂；以乙腈为流动相A，以0.1%甲酸溶液为流动相B，按下表中的规定进行梯度洗脱；柱温为30℃；检测波长为252nm。理论板数按沉香四醇峰计算应不低于6000。

时间（分钟）	流动相A（%）	流动相B（%）
0～10	15→20	85→80
10～19	20→23	80→77
19～21	23→33	77→67
21～25	33	67
25.1～35	95	5

对照品溶液的制备 取沉香四醇对照品适量，精密称定，加乙醇制成每1ml含60μg的溶液，即得。

供试品溶液的制备 取本品粉末（过三号筛）约0.2g，精密称定，置具塞锥形瓶中，精密加入乙醇10ml，称定重量，浸泡0.5小时，超声处理（功率250W，频率40kHz）1小时，放冷，再称定重量，用乙醇补足减失的重量，摇匀，静置，取上清液滤过，取续滤液，即得。

测定法 分别精密吸取对照品溶液与供试品溶液各10μl，注入液相色谱仪，测定，即得。

本品按干燥品计算，含沉香四醇（$C_{17}H_{18}O_6$）不得少于0.10%。

饮片

【炮制】 除去枯废白木，劈成小块。用时捣碎或研成细粉。

【性味与归经】 辛、苦，微温。归脾、胃、肾经。

【功能】 行气止痛，纳气平喘，温中暖肾。

【主治】 胸腹胀痛，跳胰，胃寒呕吐，肾虚喘急，寒伤腰胯。

【用法与用量】 马、牛5~15g；羊、猪1.5~4.5g。

【贮藏】 密闭，置阴凉干燥处。

诃 子

Hezi

CHEBULAE FRUCTUS

本品为使君子科植物诃子 *Terminalia chebula* Retz. 或绒毛诃子 *Terminalia chebula* Retz. var. *tomentella* Kurt. 的干燥成熟果实。秋、冬二季果实成熟时采收，除去杂质，晒干。

【性状】 本品为长圆形或卵圆形，长2~4cm，直径2~2.5cm。表面黄棕色或暗棕色，略具光泽，有5~6条纵棱线和不规则的皱纹，基部有圆形果梗痕。质坚实。果肉厚0.2~0.4cm，黄棕色或黄褐色。果核长1.5~2.5cm，直径1~1.5cm，浅黄色，粗糙，坚硬。种子狭长纺锤形，长约1cm，直径0.2~0.4cm，种皮黄棕色，子叶2，白色，相互重叠卷旋。气微，味酸涩后甜。

【鉴别】 （1）本品粉末黄白色或黄褐色。

诃子 纤维淡黄色，成束，纵横交错排列或与石细胞、木化厚壁细胞相连结。石细胞类方形、类多角形或呈纤维状，直径14~40μm，长至130μm，壁厚，孔沟细密；胞腔内偶见草酸钙方晶和砂晶。木化厚壁细胞淡黄色或无色，呈长方形、多角形或不规则形，有的一端膨大成靴状；细胞壁上纹孔密集；有的含草酸钙簇晶或砂晶。草酸钙簇晶直径5~40μm，单个散在或成行排列于细胞中。

绒毛诃子 非腺毛，2~3细胞，含黄棕色分泌物。

（2）取本品（去核）粉末0.5g，加无水乙醇30ml，加热回流30分钟，滤过，滤液蒸干，残渣用甲醇5ml溶解，通过中性氧化铝柱（100~200目，5g，内径为2cm），用稀乙醇50ml洗脱，收集洗脱液，蒸干，残渣用水5ml溶解后通过C18（300mg）固相萃取小柱，用30%甲醇10ml洗脱，弃去30%甲醇液，再用甲醇10ml洗脱，收集洗脱液，蒸干，残渣加甲醇1ml使溶解，作为供试品溶液。另取诃子对照药材（去核）0.5g，同法制成对照药材溶液。照薄层色谱法（附录0502）试验，吸取上述两种溶液各4μl，分别点于同一硅胶G薄层板上，以甲苯-冰醋酸-水（12：10：0.4）为展开剂，展开，取出，晾干，喷以10%硫酸乙醇溶液，在105℃加热至斑点显色清晰，置紫外光灯（365nm）下检视。供试品色谱中，在与对照药材色谱相应的位置上，显相同颜色的荧光斑点。

【检查】 水分 不得过13.0%（附录0832第一法）。

总灰分 不得过5.0%（附录2302）。

【浸出物】 照水溶性浸出物测定法（附录2201）项下的冷浸法测定，不得少于30.0%。

饮片

【炮制】 诃子 除去杂质，洗净，干燥。用时打碎。

诃子肉 取净诃子，稍浸，闷润，去核，干燥。

【性味与归经】 苦、酸、涩，平。归肺、大肠经。

【功能】 涩肠，敛肺。

【主治】 久泻久痢，便血，脱肛，肺虚咳喘。

【用法与用量】 马、牛15~60g；羊、猪3~10g；犬、猫1~3g；兔、禽0.5~1.5g。

【贮藏】 置干燥处。

补 骨 脂

Buguzhi

PSORALEAE FRUCTUS

本品为豆科植物补骨脂 *Psoralea corylifolia* L. 的干燥成熟果实。秋季果实成熟时采收果序，晒干，搓出果实，除去杂质。

【性状】 本品呈肾形，略扁，长3～5mm，宽2～4mm，厚约1.5mm。表面黑色、黑褐色或灰褐色，具细微网状皱纹。顶端圆钝，有一小突起，凹侧有果梗痕。质硬。果皮薄，与种子不易分离；种子1枚，子叶2，黄白色，有油性。气香，味辛、微苦。

【鉴别】 （1）本品粉末灰黄色。种皮栅状细胞侧面观有纵沟纹，光辉带1条，位于上侧近边缘处，顶面观多角形，胞腔极小，孔沟细，底面观呈圆多角形，胞腔含红棕色物。支持细胞侧面观哑铃形，表面观类圆形。壁内腺（内生腺体）多破碎，完整者类圆形，由十数个至数十个纵向延长呈放射状排列的细胞构成。草酸钙柱晶细小，成片存在于中果皮细胞中。

（2）取本品粉末0.5g，加乙酸乙酯20ml，超声处理15分钟，滤过，滤液蒸干，残渣加乙酸乙酯1ml使溶解，作为供试品溶液。另取补骨脂素对照品、异补骨脂素对照品，加乙酸乙酯制成每1ml各含2mg的混合溶液，作为对照品溶液。照薄层色谱法（附录0502）试验，吸取上述两种溶液各2～4μl，分别点于同一硅胶G薄层板上，以正己烷-乙酸乙酯（4:1）为展开剂，展开，取出，晾干，喷以10%氢氧化钾甲醇溶液，置紫外光灯（365nm）下检视。供试品色谱中，在与对照品色谱相应的位置上，显相同的两个荧光斑点。

【检查】 **杂质** 不得过5%（附录2301）。

水分 不得过9.0%（附录0832第一法）。

总灰分 不得过8.0%（附录2302）。

酸不溶性灰分 不得过2.0%（附录2302）。

【含量测定】 照高效液相色谱法（附录0512）测定。

色谱条件与系统适用性试验 以十八烷基硅烷键合硅胶为填充剂；以甲醇-水（55:45）为流动相；检测波长为246nm。理论板数按补骨脂素峰计算应不低于3000。

对照品溶液的制备 取补骨脂素对照品、异补骨脂素对照品适量，精密称定，分别加甲醇制成每1ml各含20μg的溶液，即得。

供试品溶液的制备 取本品粉末（过三号筛）约0.5g，精密称定，置索氏提取器中，加甲醇适量，加热回流提取2小时，放冷，转移至100ml量瓶中，加甲醇至刻度，摇匀，滤过，取续滤液，即得。

测定法 分别精密吸取对照品溶液与供试品溶液各5～10μl，注入液相色谱仪，测定，即得。

本品按干燥品计算，含补骨脂素（$C_{11}H_6O_3$）和异补骨脂素（$C_{11}H_6O_3$）的总量不得少于0.70%。

饮片

【炮制】 **补骨脂** 除去杂质。

【性状】【鉴别】【检查】（水分、总灰分、酸不溶性灰分）【含量测定】 同药材。

盐补骨脂 取净补骨脂，照盐炙法（附录0203）炒至微鼓起。

本品形如补骨脂。表面黑色或黑褐色，微鼓起。气微香，味微咸。

【检查】 **水分** 同药材，不得过7.5%。

总灰分 同药材，不得过8.5%。

【鉴别】【含量测定】 同药材。

【性味与归经】 辛、苦，温。归肾、脾经。

【功能】 温肾壮阳，纳气平喘，温脾止泻。

【主治】 阳痿，滑精，尿频数，腰胯寒痛，肾虚冷泻，肾虚喘。

【用法与用量】 马、牛15～45g；羊、猪5～10g；兔、禽1～2g。

【贮藏】 置干燥处。

灵　芝

Lingzhi

GANODERMA

本品为多孔菌科真菌赤芝 *Ganoderma lucidum*（Leyss. ex Fr.） Karst. 或紫芝 *Ganoderma sinense* Zhao，Xu et Zhang的干燥子实体。全年采收，除去杂质，剪除附有朽木、泥沙或培养基质的下端菌柄，阴干或在40～50℃烘干。

【性状】 **赤芝** 外形呈伞状，菌盖肾形、半圆形或近圆形，直径10～18cm，厚1～2cm。皮壳坚硬，黄褐色至红褐色，有光泽，具环状棱纹和辐射状皱纹，边缘薄而平截，常稍内卷。菌肉白色至淡棕色。菌柄圆柱形，侧生，少偏生，长7～15cm，直径1～3.5cm，红褐色至紫褐色，光亮。孢子细小，黄褐色。气微香，味苦涩。

紫芝 皮壳紫黑色，有漆样光泽。菌肉锈褐色。菌柄长17～23cm。

栽培品 子实体较粗壮、肥厚，直径12～22cm，厚1.5～4cm。皮壳外常被有大量粉尘样的黄褐色孢子。

【鉴别】 （1）本品粉末浅棕色、棕褐色至紫褐色。菌丝散在或粘结成团，无色或淡棕色，细长，稍弯曲，有分枝，直径2.5～6.5μm。孢子褐色，卵形，顶端平截，外壁无色，内壁有疣状突起，长8～12μm，宽5～8μm。

（2）取本品粉末2g，加乙醇30ml，加热回流30分钟，滤过，滤液蒸干，残渣加甲醇2ml使溶解，作为供试品溶液。另取灵芝对照药材2g，同法制成对照药材溶液。照薄层色谱法（附录0502）试验，吸取上述两种溶液各4μl，分别点于同一硅胶G薄层板上，以石油醚（60～90℃）-甲酸乙酯-甲酸（15:5:1）的上层溶液为展开剂，展开，取出，晾干，置紫外光灯（365nm）下检视。供试品色谱中，在与对照药材色谱相应的位置上，显相同颜色的荧光斑点。

（3）取本品粉末1g，加水50ml，加热回流1小时，趁热滤过，滤液置蒸发皿中，用少量水分次洗涤容器，合并洗液并入蒸发皿中，置水浴上蒸干，残渣用水5ml溶解，置50ml离心管中，缓缓加入乙醇25ml，不断搅拌，静置1小时，离心（转速为每分钟4000转），取沉淀物，用乙醇10ml洗涤，离心，取沉淀物，烘干，放冷，加4mol/L三氟乙酸溶液2ml，置10ml安瓿瓶或顶空瓶中，封口，混匀，在120℃水解3小时，放冷，水解液转移至50ml烧瓶中，用2ml水洗涤容器，洗涤液并入烧瓶中，60℃减压蒸干，用70%乙醇2ml溶解，置离心管中，离心，取上清液作为供试品溶液。另取半乳糖对照品、葡萄糖对照品、甘露糖对照品和木糖对照品适量，精密称定，加70%乙醇制成每1ml各含0.1mg的混合溶液，作为对照品溶液。照薄层色谱法（附录0502）试验，吸取上述两种溶液各3μl，分别点于同一硅胶G薄层板上，以正丁醇-丙酮-水（5:1:1）为展开剂，展开，取出，晾干，喷以对氨基苯甲酸溶液（取4-氨基苯甲酸0.5g，溶于冰醋酸9ml中，加水10ml和85%磷酸溶液

0.5ml，混匀），在105℃加热约10分钟，在紫外光灯（365nm）下检视。供试品色谱中，在与对照品色谱相应的位置上，显相同颜色的荧光斑点。其中最强荧光斑点为葡萄糖，甘露糖和半乳糖荧光斑点强度相近，位于葡萄糖斑点上、下两侧，木糖斑点在甘露糖上，荧光斑点强度最弱。

【检查】 水分 不得过17.0%（附录0832第一法）。

总灰分 不得过3.2%（附录2302）。

【浸出物】 照水溶性浸出物测定法（附录2201）项下的热浸法测定，不得少于3.0%。

【含量测定】 多糖 对照品溶液的制备 取无水葡萄糖对照品适量，精密称定，加水制成每1ml含0.12mg的溶液，即得。

标准曲线的制备 精密量取对照品溶液0.2ml、0.4ml、0.6ml、0.8ml、1.0ml、1.2ml，分别置10ml具塞试管中，各加水至2.0ml，迅速精密加入硫酸蒽酮溶液（精密称取蒽酮0.1g，加硫酸100ml使溶解，摇匀）6ml，立即摇匀，放置15分钟后，立即置冰浴中冷却15分钟，取出，以相应的试剂为空白，照紫外-可见分光光度法（附录0401），在625nm波长处测定吸光度，以吸光度为纵坐标，浓度为横坐标，绘制标准曲线。

供试品溶液的制备 取本品粉末约2g，精密称定，置圆底烧瓶中，加水60ml，静置1小时，加热回流4小时，趁热滤过，用少量热水洗涤滤器和滤渣，将滤渣及滤纸置烧瓶中，加水60ml，加热回流3小时，趁热滤过，合并滤液，置水浴上蒸干，残渣用水5ml溶解，边搅拌边缓慢滴加乙醇75ml，摇匀，在4℃放置12小时，离心，弃去上清液，沉淀物用热水溶解并转移至50ml量瓶中，放冷，加水至刻度，摇匀，取溶液适量，离心，精密量取上清液3ml，置25ml量瓶中，加水至刻度，摇匀，即得。

测定法 精密量取供试品溶液2ml，置10ml具塞试管中，照标准曲线制备项下的方法，自"迅速精密加入硫酸蒽酮溶液6ml"起，同法操作，测定吸光度，从标准曲线上读出供试品溶液中无水葡萄糖的含量，计算，即得。

本品按干燥品计算，含灵芝多糖以无水葡萄糖（$C_6H_{12}O_6$）计，不得少于0.90%。

三萜及甾醇 对照品溶液的制备 取齐墩果酸对照品适量，精密称定，加甲醇制成每1ml含0.2mg的溶液，即得。

标准曲线的制备 精密量取对照品溶液0.1ml、0.2ml、0.3ml、0.4ml、0.5ml，分别置15ml具塞试管中，挥干，放冷，精密加入新配制的香草醛冰醋酸溶液（精密称取香草醛0.5g，加冰醋酸使溶解成10ml，即得）0.2ml、高氯酸0.8ml，摇匀，在70℃水浴中加热15分钟，立即置冰浴中冷却5分钟，取出，精密加入乙酸乙酯4ml，摇匀，以相应试剂为空白，照紫外-可见分光光度法（附录0401），在546nm波长处测定吸光度，以吸光度为纵坐标、浓度为横坐标绘制标准曲线。

供试品溶液的制备 取本品粉末约2g，精密称定，置具塞锥形瓶中，加乙醇50ml，超声处理（功率140W，频率42kHz）45分钟，滤过，滤液置100ml量瓶中，用适量乙醇，分次洗涤滤器和滤渣，洗液并入同一量瓶中，加乙醇至刻度，摇匀，即得。

测定法 精密量取供试品溶液0.2ml，置15ml具塞试管中，照标准曲线制备项下的方法，自"挥干"起，同法操作，测定吸光度，从标准曲线上读出供试品溶液中齐墩果酸的含量，计算，即得。

本品按干燥品计算，含三萜及甾醇以齐墩果酸（$C_{30}H_{48}O_3$）计，不得少于0.50%。

【性味与归经】 甘，平。归心、肺、肝、肾经。

【功能】 补气安神，止咳平喘。

【主治】 心悸气短，虚劳咳喘。

【用法与用量】 马、牛5～15g；羊、猪1.5～3g。

【贮藏】　置干燥处，防霉，防蛀。

阿　胶

Ejiao

COLLA CORII ASINI

本品为马科动物驴 *Equus asinus* L. 的干燥皮或鲜皮经煎煮、浓缩制成的固体胶。

【制法】　将驴皮浸泡去毛，切块洗净，分次水煎，滤过，合并滤液，浓缩（可分别加入适量的黄酒、冰糖及豆油）至稠膏状，冷凝，切块，晾干，即得。

【性状】　本品呈长方形块、方形块或丁状，棕色至黑褐色，有光泽。质硬而脆，断面光亮，碎片对光照视呈棕色半透明状。气微，味微甘。

【鉴别】　取本品粉末0.1g，加1%碳酸氢铵溶液50ml，超声处理30分钟，用微孔滤膜滤过，取续滤液100μl，置微量进样瓶中，加胰蛋白酶溶液10μl（取序列分析用胰蛋白酶，加1%碳酸氢铵溶液制成每1ml中含1mg的溶液，临用时配制），摇匀，37℃恒温酶解12小时，作为供试品溶液。另取阿胶对照药材0.1g，同法制成对照药材溶液。照高效液相色谱-质谱法（附录0421）试验，以十八烷基硅烷键合硅胶为填充剂（色谱柱内径为2.1mm）；以乙腈为流动相A，以0.1%甲酸溶液为流动相B，按下表中的规定进行梯度洗脱；流速为每分钟0.3ml。采用质谱检测器，电喷雾正离子模式（ESI$^+$），进行多反应监测（MRM），选择质荷比m/z539.8（双电荷）→612.4和m/z539.8（双电荷）→923.8作为检测离子对。取阿胶对照药材溶液，进样5μl，按上述检测离子对测定的MRM色谱峰的信噪比均应大于3:1。

时间（分钟）	流动相A（%）	流动相B（%）
0～25	5→20	95→80
25～40	20→50	80→50

吸取供试品溶液5μl，注入高效液相色谱-质谱联用仪，测定。以质荷比（m/z）539.8（双电荷）→612.4和m/z539.8（双电荷）→923.8离子对提取的供试品离子流色谱中，应同时呈现与对照药材色谱保留时间一致的色谱峰。

【检查】　**水分**　取本品1g，精密称定，加水2ml，加热溶解后，置水浴上蒸干，使厚度不超过2mm，照水分测定法（附录0832第一法）测定，不得过15.0%。

重金属及有害元素　照铅、镉、砷、汞、铜测定法（附录2321）测定，铅不得过5mg/kg；镉不得过0.3mg/kg；砷不得过2mg/kg；汞不得过0.2mg/kg；铜不得过20mg/kg。

水不溶物　取本品1.0g，精密称定，加水5ml，加热使溶解，转移至已恒重10ml具塞离心管中，用温水5ml分3次洗涤，洗液并入离心管中，摇匀。置40℃水浴保温15分钟，离心（转速为每分钟2000转）10分钟，去除管壁浮油，倾去上清液，沿管壁加入温水至刻度，离心，如法清洗3次，倾去上清液，离心管在105℃加热2小时，取出，置干燥器中冷却30分钟，精密称定，计算，即得。

本品水不溶物不得过2.0%。

其他　应符合胶剂项下有关的各项规定（附录0102）。

【含量测定】　照高效液相色谱法（附录0512）测定。

色谱条件与系统适用性试验　以十八烷基硅烷键合硅胶为填充剂；以乙腈-0.1mol/L醋酸钠

溶液（用醋酸调节pH值至6.5）（7:93）为流动相A，以乙腈-水（4:1）为流动相B，按下表中的规定进行梯度洗脱；检测波长为254nm；柱温为43℃。理论板数按L-羟脯氨酸峰计算应不低于4000。

时间（分钟）	流动相A（%）	流动相B（%）
0 ~ 11	100→93	0→7
11 ~ 13.9	93→88	7→12
13.9 ~ 14	88→85	12→15
14 ~ 29	85→66	15→34
29 ~ 30	66→0	34→100

对照品溶液的制备　取L-羟脯氨酸对照品、甘氨酸对照品、丙氨酸对照品、L-脯氨酸对照品适量，精密称定，加0.1mol/L盐酸溶液制成每1ml分别含L-羟脯氨酸80μg、甘氨酸0.16mg、丙氨酸70μg、L-脯氨酸0.12mg的混合溶液，即得。

供试品溶液的制备　取本品粗粉约0.25g，精密称定，置25ml量瓶中，加0.1mol/L盐酸溶液20ml，超声处理（功率500W，频率40kHz）30分钟，放冷，加0.1mol/L盐酸溶液至刻度，摇匀。精密量取2ml，置5ml安瓿中，加盐酸2ml，150℃水解1小时，放冷，移至蒸发皿中，用水10ml分次洗涤，洗液并入蒸发皿中，蒸干，残渣加0.1mol/L盐酸溶液溶解，转移至25ml量瓶中，加0.1mol/L盐酸溶液至刻度，摇匀，即得。

精密量取上述对照品溶液和供试品溶液各5ml，分别置25ml量瓶中，各加0.1mol/L异硫氰酸苯酯（PITC）的乙腈溶液2.5ml，1mol/L三乙胺的乙腈溶液2.5ml，摇匀，室温放置1小时后，加50%乙腈至刻度，摇匀。取10ml，加正己烷10ml，振摇，放置10分钟，取下层溶液，滤过，取续滤液，即得。

测定法　分别精密吸取衍生化后的对照品溶液与供试品溶液各5μl，注入液相色谱仪，测定，即得。

本品按干燥品计算，含L-羟脯氨酸不得少于8.0%，甘氨酸不得少于18.0%，丙氨酸不得少于7.0%，L-脯氨酸不得少于10.0%。

饮片

【炮制】　阿胶　捣成碎块。

阿胶珠　取阿胶，烘软，切成1cm左右的丁，照烫法（附录0203）用蛤粉烫至成珠，内无溏心时，取出，筛去蛤粉，放凉。

本品呈类球形。表面棕黄色或灰白色，附有白色粉末。体轻，质酥，易碎。断面中空或多孔状，淡黄色至棕色。气微，味微甜。

【检查】　水分　同药材，不得过10.0%。

总灰分　同药材，不得过4.0%。

【鉴别】【含量测定】　同药材。

【性味与归经】　甘，平。归肺、肝、肾经。

【功能】　滋阴补血，安胎。

【主治】　虚劳咳喘，产后血虚，虚风内动，胎动不安。

【用法与用量】　马、牛15 ~ 60g；羊、猪6 ~ 12g；兔、禽1.2 ~ 3g。

【贮藏】　密闭，置阴凉干燥处。

陈　皮

Chenpi

CITRI RETICULATAE PERICARPIUM

本品为芸香科植物橘 *Citrus reticulata* Blanco 及其栽培变种的干燥成熟果皮。药材分为"陈皮"和"广陈皮"。采摘成熟果实，剥取果皮，晒干或低温干燥。

【性状】　陈皮　常剥成数瓣，基部相连，有的呈不规则的片状，厚1～4mm。外表面橙红色或红棕色，有细皱纹和凹下的点状油室；内表面浅黄白色，粗糙，附黄白色或黄棕色筋络状维管束。质稍硬而脆。气香，味辛、苦。

广陈皮　常3瓣相连，形状整齐，厚度均匀，约1mm。点状油室较大，对光照视，透明清晰。质较柔软。

【鉴别】　（1）本品粉末黄白色至黄棕色。中果皮薄壁组织众多，细胞形状不规则，壁不均匀增厚，有的作成连珠状。果皮表皮细胞表面观多角形、类方形或长方形，垂周壁稍厚，气孔类圆形，直径18～26μm，副卫细胞不清晰；侧面观外被角质层，靠外方的径向壁增厚。草酸钙方晶成片存在于中果皮薄壁细胞中，呈多面体形、菱形或双锥形，直径3～34μm，长5～53μm，有的一个细胞内含有由两个多面体构成的平行双晶或3～5个方晶。橙皮苷结晶大多存在于薄壁细胞中，黄色或无色，呈圆形或无定形团块，有的可见放射状条纹。螺纹导管、孔纹导管和网纹导管及管胞较小。

（2）取本品粉末0.3g，加甲醇10ml，加热回流20分钟，滤过，取滤液5ml，浓缩至1ml，作为供试品溶液。另取橙皮苷对照品，加甲醇制成饱和溶液，作为对照品溶液。照薄层色谱法（附录0502）试验，吸取上述两种溶液各2μl，分别点于同一用0.5%氢氧化钠溶液制备的硅胶G薄层板上，以乙酸乙酯-甲醇-水（100:17:13）为展开剂，展至约3cm，取出，晾干，再以甲苯-乙酸乙酯-甲酸-水（20:10:1:1）的上层溶液为展开剂，展至约8cm，取出，晾干，喷以三氯化铝试液，置紫外光灯（365nm）下检视。供试品色谱中，在与对照品色谱相应的位置上，显相同颜色的荧光斑点。

【检查】　水分　不得过13.0%（附录0832第二法）。

黄曲霉毒素　照黄曲霉毒素测定法（附录2351）测定。

取本品粉末（过二号筛）约5g，精密称定，加入氯化钠3g，照黄曲霉毒素测定法项下供试品的制备方法测定，计算，即得。

本品每1000g含黄曲霉毒素B_1不得过5μg，黄曲霉毒素G_2、黄曲霉毒素G_1、黄曲霉毒素B_2和黄曲霉毒素B_1的总量不得过10μg。

【含量测定】　照高效液相色谱法（附录0512）测定。

色谱条件与系统适用性试验　以十八烷基硅烷键合硅胶为填充剂；以甲醇-醋酸-水（35:4:61）为流动相；检测波长为283nm。理论板数按橙皮苷峰计算应不低于2000。

对照品溶液的制备　取橙皮苷对照品适量，精密称定，加甲醇制成每1ml含0.4mg的溶液，即得。

供试品溶液的制备　取本品粗粉约1g，精密称定，置索氏提取器中，加石油醚（60～90℃）80ml，加热回流2～3小时，弃去石油醚，药渣挥干，加甲醇80ml，再加热回流至提取液无色，放冷，滤过，滤液置100ml量瓶中，用少量甲醇分数次洗涤容器，洗液滤入同一量瓶中，加甲醇至刻度，摇匀，即得。

测定法 分别精密吸取对照品溶液与供试品溶液各5μl，注入液相色谱仪，测定，即得。

本品按干燥品计算，含橙皮苷（$C_{28}H_{34}O_{15}$）不得少于3.5%。

饮片

【炮制】 除去杂质，喷淋水，润透，切丝，干燥。

本品呈不规则的条状或丝状。外表面橙红色或红棕色，有细皱纹和凹下的点状油室。内表面浅黄白色，粗糙，附黄白色或黄棕色筋络状维管束。气香，味辛、苦。

【含量测定】 同药材，含橙皮苷（$C_{28}H_{34}O_{15}$）不得少于2.5%。

【鉴别】【检查】 同药材。

【性味与归经】 苦、辛，温。归肺、脾经。

【功能】 理气健脾，燥湿化痰。

【主治】 食欲减少，腹痛，肚胀，泄泻，痰湿咳嗽。

【用法与用量】 马、牛15～45g；羊、猪5～10g；犬、猫2～5g；兔、禽1～3g。

【贮藏】 置阴凉干燥处，防霉，防蛀。

注：栽培变种主要有茶枝柑 *Citrus reticulata* 'Chachi'（广陈皮）、大红袍 *Citrus reticulata* 'Dahongpao'、温州蜜柑 *Citrus reticulata* 'Unshiu'、福橘 *Citrus reticulata* 'Tangerina'。

附　子

Fuzi

ACONITI LATERALIS RADIX PRAEPARATA

本品为毛茛科植物乌头 *Aconitum carmichaelii* Debx. 的子根的加工品。6月下旬至8月上旬采挖，除去母根、须根及泥沙，习称"泥附子"，加工成下列规格。

（1）选择个大、均匀的泥附子，洗净，浸入胆巴的水溶液中过夜，再加食盐，继续浸泡，每日取出晒晾，并逐渐延长晒晾时间，直至附子表面出现大量结晶盐粒（盐霜）、体质变硬为止，习称"盐附子"。

（2）取泥附子，按大小分别洗净，浸入胆巴的水溶液中数日，连同浸液煮至透心，捞出，水漂，纵切成厚约0.5cm的片，再用水浸漂，用调色液使附片染成浓茶色，取出，蒸至出现油面、光泽后，烘至半干，再晒干或继续烘干，习称"黑顺片"。

（3）选择大小均匀的泥附子，洗净，浸入胆巴的水溶液中数日，连同浸液煮至透心，捞出，剥去外皮，纵切成厚约0.3cm的片，用水浸漂，取出，蒸透，晒干，习称"白附片"。

【性状】 **盐附子** 呈圆锥形，长4～7cm，直径3～5cm。表面灰黑色，被盐霜，顶端有凹陷的芽痕，周围有瘤状突起的支根或支根痕。体重，横切面灰褐色，可见充满盐霜的小空隙和多角形形成层环纹，环纹内侧导管束排列不整齐。气微，味咸而麻，刺舌。

黑顺片 为纵切片，上宽下窄，长1.7～5cm，宽0.9～3cm，厚0.2～0.5cm。外皮黑褐色，切面暗黄色，油润具光泽，半透明状，并有纵向导管束。质硬而脆，断面角质样。气微，味淡。

白附片 无外皮，黄白色，半透明，厚约0.3cm。

【鉴别】 取本品粉末2g，加氨试液3ml湿润，加乙醚25ml，超声处理30分钟，滤过，滤液挥干，残渣加二氯甲烷0.5ml使溶解，作为供试品溶液。另取苯甲酰新乌头原碱对照品、苯甲酰乌头原碱对照品、苯甲酰次乌头原碱对照品，加异丙醇-二氯甲烷（1:1）混合溶液制成每1ml各含1mg的混合溶液，作为对照品溶液（单酯型生物碱）。再取新乌头碱对照品、次乌头碱对照品和乌头碱对照品，加异丙醇-二氯甲烷（1:1）混合溶液制成每1ml各含1mg的混合溶液，作为对照品溶液（双酯型生物碱）。照薄层色谱法（附录0502）试验，吸取供试品溶液和对照品溶液各5～10μl，分别点于同一硅胶G薄层板上，以正己烷-乙酸乙酯-甲醇（6.4:3.6:1）为展开剂，置氨蒸气饱和20分钟的展开缸内，展开，取出，晾干，喷以稀碘化铋钾试液。供试品色谱中，盐附子在与新乌头碱对照品、次乌头碱对照品和乌头碱对照品色谱相应的位置上，显相同颜色的斑点；黑顺片或白附片在与苯甲酰新乌头原碱对照品、苯甲酰乌头原碱对照品、苯甲酰次乌头原碱对照品色谱相应的位置上，显相同颜色的斑点。

【检查】 水分 不得过15.0%（附录0832第一法）。

双酯型生物碱 照〔含量测定〕项下色谱条件，供试品溶液的制备方法试验。

对照品溶液的制备 取新乌头碱对照品、次乌头碱对照品、乌头碱对照品适量，精密称定，加异丙醇-二氯甲烷（1:1）混合溶液制成每1ml各含5μg的混合溶液，即得。

测定法 分别精密吸取上述对照品溶液与〔含量测定〕项下供试品溶液各10μl，注入液相色谱仪，测定，即得。

本品含双酯型生物碱以新乌头碱（$C_{33}H_{45}NO_{11}$）、次乌头碱（$C_{33}H_{45}NO_{10}$）和乌头碱（$C_{34}H_{47}NO_{11}$）的总量计，不得过0.020%。

【含量测定】 照高效液相色谱法（附录0512）测定。

色谱条件与系统适用性试验 以十八烷基硅烷键合硅胶为填充剂；以乙腈-四氢呋喃（25:15）为流动相A；以0.1mol/L醋酸铵溶液（每1000ml加冰醋酸0.5ml）为流动相B，按下表中的规定进行梯度洗脱，检测波长为235nm。理论板数按苯甲酰新乌头原碱峰计算应不低于3000。

时间（分钟）	流动相A（%）	流动相B（%）
0～48	15→26	85→74
48～49	26→35	74→65
49～58	35	65
58～65	35→15	65→85

对照品溶液的制备 取苯甲酰新乌头原碱对照品、苯甲酰乌头原碱对照品、苯甲酰次乌头原碱对照品适量，精密称定，加异丙醇-二氯甲烷（1:1）混合溶液制成每1ml各含10μg的混合溶液，即得。

供试品溶液的制备 取本品粉末（过三号筛）约2g，精密称定，置具塞锥形瓶中，加氨试液3ml，精密加入异丙醇-乙酸乙酯（1:1）混合溶液50ml，称定重量，超声处理（功率300W，频率40kHz，水温在25℃以下）30分钟，放冷，再称定重量，用异丙醇-乙酸乙酯（1:1）混合溶液补足减失的重量，摇匀，滤过。精密量取续滤液25ml，40℃以下减压回收溶剂至干，残渣精密加入异丙醇-二氯甲烷（1:1）混合溶液3ml溶解，滤过，取续滤液，即得。

测定法 分别精密吸取对照品溶液与供试品溶液各10μl，注入液相色谱仪，测定，即得。

本品按干燥品计算，含苯甲酰新乌头原碱（$C_{31}H_{43}NO_{10}$）、苯甲酰乌头原碱（$C_{32}H_{45}NO_{10}$）和苯甲酰次乌头原碱（$C_{31}H_{43}NO_9$）的总量不得少于0.010%。

饮片

【炮制】 附片（黑顺片、白附片）直接入药。

【性状】【鉴别】【检查】【含量测定】 同药材。

淡附片　取盐附子，用清水浸泡，每日换水2～3次，至盐分漂尽，与甘草、黑豆加水共煮透心，至切开后口尝无麻舌感时，取出，除去甘草，黑豆，切薄片，晒干。

每100kg盐附子，用甘草5kg、黑豆10kg。

本品呈纵切片，上宽下窄，长1.7～5cm，宽0.9～3cm，厚0.2～0.5cm。外皮褐色。切面褐色，半透明，有纵向导管束。质硬，断面角质样。气微，味淡，口尝无麻舌感。

【检查】　双酯型生物碱　同药材，含双酯型生物碱以新乌头碱（$C_{33}H_{45}NO_{11}$）、次乌头碱（$C_{33}H_{45}NO_{10}$）和乌头碱（$C_{34}H_{47}NO_{11}$）的总量计，不得过0.010%。

【鉴别】【检查】（水分）【含量测定】　同药材。

炮附片　取附片，照烫法（附录0203）用砂烫至鼓起并微变色。

本品形如黑顺片或白附片，表面鼓起黄棕色，质松脆。气微，味淡。

【鉴别】【检查】　同附片。

【性味与归经】　辛、甘，大热；有毒。归心、肾、脾经。

【功能】　回阳救逆，温中散寒，补火助阳。

【主治】　大汗亡阳，四肢厥冷，伤水冷痛，冷肠泄泻，风寒湿痹。

【用法与用量】　马、牛15～30g；羊、猪3～9g；犬、猫1～3g；兔、禽0.5～1g。

【注意】　孕畜禁用。不宜与半夏、瓜蒌、贝母、白及同用。

【贮藏】　盐附子密闭置阴凉干燥处；黑顺片及白附片置干燥处，防潮。

注：盐附子仅做〔性状〕检测。

忍　冬　藤

Rendongteng

LONICERAE JAPONICAE CAULIS

本品为忍冬科植物忍冬 *Lonicera japonica* Thunb. 的干燥茎枝。秋、冬二季采割，晒干。

【性状】　本品呈长圆柱形，多分枝，常缠绕成束，直径1.5～6mm。表面棕红色至暗棕色，有的灰绿色，光滑或被茸毛；外皮易剥落。枝上多节，节间长6～9cm，有残叶和叶痕。质脆，易折断，断面黄白色，中空。气微，老枝味微苦，嫩枝味淡。

【鉴别】　（1）本品粉末浅棕黄色至黄棕色。非腺毛较多，单细胞，多断碎，壁厚，表面有疣状突起。表皮细胞棕黄色至棕红色，表面观类多角形，常有非腺毛脱落后的痕迹，石细胞状。薄壁细胞内含草酸钙簇晶，常排列成行，也有的单个散在，棱角较钝，直径5～15μm。

（2）取本品粉末1g，加50%甲醇10ml，超声处理30分钟，滤过，取滤液作为供试品溶液。另取忍冬藤对照药材1g，同法制成对照药材溶液。再取马钱苷对照品，加50%甲醇制成每1ml含1mg的溶液，作为对照品溶液。照薄层色谱法（附录0502）试验，吸取供试品溶液和对照药材溶液各10μl、对照品溶液5μl，分别点于同一硅胶G薄层板上，以三氯甲烷-甲醇-水（65:35:10）10℃以下放置的下层溶液为展开剂，展开，取出，晾干，喷以10%硫酸乙醇溶液，在105℃加热至斑点显色清晰。供试品色谱中，在与对照药材色谱和对照品色谱相应的位置上，显相同颜色的斑点。

【检查】　水分　不得过12.0%（附录0832第一法）。

总灰分　不得过4.0%（附录2302）。

【浸出物】　照醇溶性浸出物测定法（附录2201）项下的热浸法测定，用50%乙醇作溶剂，不得少于14.0%。

【含量测定】　**绿原酸**　照高效液相色谱法（附录0512）测定。

色谱条件与系统适用性试验　以十八烷基硅烷键合硅胶为填充剂；以乙腈-0.4%磷酸溶液（10:90）为流动相；检测波长为327nm。理论板数按绿原酸峰计算应不低于1000。

对照品溶液的制备　取绿原酸对照品适量，精密称定，加50%甲醇制成每1ml含40μg的溶液，即得。

供试品溶液的制备　取本品粉末（过三号筛）约1g，精密称定，置具塞锥形瓶中，精密加入50%甲醇25ml，称定重量，超声处理（功率250W，频率30kHz）30分钟，放冷，再称定重量，用50%甲醇补足减失的重量，摇匀，滤过，取续滤液，即得。

测定法　分别精密吸取对照品溶液10μl与供试品溶液5～10μl，注入液相色谱仪，测定，即得。

本品按干燥品计算，含绿原酸（$C_{16}H_{18}O_9$）不得少于0.10%。

马钱苷　照高效液相色谱法（附录0512）测定。

色谱条件与系统适用性试验　以苯基硅烷键合硅胶为填充剂；以乙腈-0.4%磷酸溶液（12:88）为流动相；检测波长为236nm。理论板数按马钱苷峰计算应不低于3000。

对照品溶液的制备　取马钱苷对照品适量，精密称定，加50%甲醇制成每1ml含40μg的溶液，即得。

供试品溶液的制备　取本品粉末（过三号筛）约1g，精密称定，置具塞锥形瓶中，精密加入50%甲醇25ml，称定重量，超声处理（功率500W，频率40kHz）30分钟，放冷，再称定重量，用50%甲醇补足减失的重量，摇匀，滤过，取续滤液，即得。

测定法　分别精密吸取对照品溶液10μl与供试品溶液2～10μl，注入液相色谱仪，测定，即得。

本品按干燥品计算，含马钱苷（$C_{17}H_{26}O_{10}$）不得少于0.10%。

饮片

【炮制】　除去杂质，洗净，闷润，切段，干燥。

本品呈不规则的段。表面棕红色（嫩枝），有的灰绿色，光滑或被茸毛；外皮易脱落。切面黄白色，中空。偶有残叶，暗绿色，略有茸毛。气微，老枝味微苦，嫩枝味淡。

【含量测定】　同药材，含绿原酸（$C_{16}H_{18}O_9$）不得少于0.070%。

【鉴别】【检查】【浸出物】【含量测定】（马钱苷）　同药材。

【性味与归经】　甘，寒。归肺、胃经。

【功能】　清热解毒，疏风通络。

【主治】　温病发热，热毒血痢，疮黄疔毒，风湿热痹。

【用法与用量】　马、牛30～120g；羊、猪15～30g；兔、禽1～2g。

【贮藏】　置干燥处。

鸡　内　金

Jineijin

GALLI GIGERII ENDOTHELIUM CORNEUM

本品为雉科动物家鸡 *Gallus gallus domesticus* Brisson 的干燥沙囊内壁。杀鸡后，取出鸡肫，立即剥下内壁，洗净，干燥。

【性状】　本品为不规则卷片，厚约2mm。表面黄色、黄绿色或黄褐色，薄而半透明，具明显的条状皱纹。质脆，易碎，断面角质样，有光泽。气微腥，味微苦。

【检查】　水分　不得过15.0%（附录0832第一法）。

总灰分　不得过2.0%（附录2302）。

【浸出物】　照醇溶性浸出物测定法（附录2201）项下的热浸法测定，用稀乙醇作溶剂，不得少于7.5%。

饮片

【炮制】　鸡内金　洗净，干燥。

炒鸡内金　取净鸡内金，照清炒或烫法（附录0203）炒至鼓起。

本品表面暗黄褐色或焦黄色，用放大镜观察，显颗粒状或微细泡状。轻折即断，断面有光泽。

醋鸡内金　取净鸡内金，照清炒法（附录0203）炒至鼓起，喷醋，取出，干燥。

每100kg鸡内金，用醋15kg。

【性味与归经】　甘，平。归脾、胃、小肠、膀胱经。

【功能】　健胃消食，化石通淋。

【主治】　食积不消，呕吐，泄泻，砂石淋。

【用法与用量】　马、牛15～30g；羊、猪3～9g；兔、禽1～2g。

【贮藏】　置干燥处，防蛀。

鸡　矢　藤

Jishiteng

PAEDERIAE HERBA

本品为茜草科植物鸡矢藤 *Paederia scandens*（Lour.）Merr. 的干燥地上部分。夏、秋二季采割，阴干。

【性状】　本品茎呈扁圆柱形，直径2～5mm；老茎灰白色，无毛，有纵皱纹或横裂纹，嫩茎黑褐色，被柔毛；质韧，不易折断，断面纤维性，灰白色或浅绿色。叶对生，有柄，多卷缩或破碎，完整叶片展平后呈卵形或椭圆状披针形，长5～10cm，宽3～6cm；先端尖，基部圆形，全缘，两面被柔毛或仅下表面被毛，主脉明显；质脆，易碎。气特异，味甘、涩。

【鉴别】　取本品粉末0.5g，加甲醇10ml，加热回流30分钟，滤过，滤液置水浴上蒸干，加水1ml，滤去不溶性杂质后，加10%硫酸溶液1ml，加热数分钟后呈绿色，最后产生黑色沉淀。

【炮制】　除去杂质，洗净，切段，晒干。

【性味与归经】　甘、涩，平。归脾、胃、肺、肝经。

【功能】　祛风利湿，消食化积，散瘀止痛。

【主治】　风湿痹痛，消化不良，肚胀，腹泻，跌打损伤，疮痈肿痛。

【用法与用量】　马、牛100～150g；羊、猪10～30g。

【贮藏】　置通风干燥处。

鸡　血　藤

Jixueteng

SPATHOLOBI CAULIS

本品为豆科植物密花豆 *Spatholobus suberectus* Dunn 的干燥藤茎。秋、冬二季采收，除去枝叶，切片，晒干。

【性状】　本品为椭圆形、长矩圆形或不规则的斜切片，厚0.3～1cm。栓皮灰棕色，有的可见灰白色斑，栓皮脱落处显红棕色。质坚硬。切面木部红棕色或棕色，导管孔多数；韧皮部有树脂状分泌物呈红棕色至黑棕色，与木部相间排列呈数个同心性椭圆形环或偏心性半圆形环；髓部偏向一侧。气微，味涩。

【鉴别】　（1）本品横切面：木栓细胞数列，含棕红色物。皮层较窄，散有石细胞群，胞腔内充满棕红色物；薄壁细胞含草酸钙方晶。维管束异型，由韧皮部与木质部相间排列成数轮。韧皮部最外侧为石细胞群与纤维束组成的厚壁细胞层；射线多被挤压；分泌细胞甚多，充满棕红色物，常数个至10多个切向排列成带状；纤维束较多，非木化至微木化，周围细胞含草酸钙方晶，形成晶纤维，含晶细胞壁木化增厚；石细胞群散在。木质部射线有的含棕红色物；导管多单个散在，类圆形，直径约至400μm；木纤维束亦均形成晶纤维；木薄壁细胞少数含棕红色物。

（2）本品粉末棕黄色。棕红色块散在，形状、大小及颜色深浅不一。以具缘纹孔导管为主，直径20～400μm，有的含黄棕色物。石细胞单个散在或2～3个成群，淡黄色，呈长方形、类圆形、类三角形或类方形，直径14～75μm，层纹明显。纤维束周围的细胞含草酸钙方晶，形成晶纤维。草酸钙方晶呈类双锥形或不规则形。

（3）取本品粉末2g，加乙醇40ml，超声处理30分钟，滤过，滤液蒸干，残渣加水10ml使溶解，用乙酸乙酯10ml振摇提取，乙酸乙酯液挥干，残渣加甲醇1ml使溶解，作为供试品溶液。另取鸡血藤对照药材2g，同法制成对照药材溶液，照薄层色谱法（附录0502）试验，吸取供试品溶液5～10μl，对照药材溶液5μl，分别点于同一硅胶GF$_{254}$薄层板上，以二氯甲烷-丙酮-甲醇-甲酸（8：1.2：0.3：0.5）为展开剂，展开，取出，晾干，置紫外光灯（254nm）下检视。供试品色谱中，在与对照药材色谱相应的位置上，显相同颜色的斑点；喷以5%香草醛硫酸溶液，在105℃加热至斑点显色清晰。在与对照药材色谱相应的位置上，显相同颜色的斑点。

【检查】　**水分**　不得过13.0%（附录0832第一法）。

总灰分　不得过4.0%（附录2302）。

【浸出物】　照醇溶性浸出物测定法（附录2201）项下的热浸法测定，用乙醇作溶剂，不得少于8.0%。

【性味与归经】　苦、甘，温。归肝、肾经。

【功能】　补血，活血，通络。

【主治】　闪伤，风寒湿痹，劳伤，产后血虚。

【用法与用量】　马、牛60～120g；羊、猪15～30g。

【贮藏】　置通风干燥处，防霉，防蛀。

鸡 冠 花
Jiguanhua
CELOSIAE CRISTATAE FLOS

本品为苋科植物鸡冠花 *Celosia cristata* L. 的干燥花序。秋季花盛开时采收，晒干。

【性状】 本品为穗状花序，多扁平而肥厚，呈鸡冠状，长8～25cm，宽5～20cm，上缘宽，具皱褶，密生线状鳞片；下端渐窄，常残留扁平的茎。表面红色、紫红色或黄白色。中部以下密生多数小花，每花宿存的苞片和花被片均呈膜质。果实盖裂，种子扁圆肾形，黑色，有光泽。体轻，质柔韧。气微，味淡。

【鉴别】 取本品2g，剪碎，加乙醇30ml，加热回流30分钟，滤过，滤液蒸干，残渣加乙醇2ml使溶解，作为供试品溶液。另取鸡冠花对照药材2g，同法制成对照药材溶液。照薄层色谱法（附录0502）试验，吸取上述两种溶液各2μl，分别点于同一硅胶G薄层板上，以环己烷-丙酮（5:1）为展开剂，展开，取出，晾干，喷以5%香草醛硫酸溶液，加热至斑点显色清晰。供试品色谱中，在与对照药材色谱相应的位置上，显相同颜色的斑点。

【检查】 水分 不得过13.0%（附录0832第一法）。

总灰分 不得过13.0%（附录2302）。

酸不溶性灰分 不得过3.0%（附录2302）。

【浸出物】 照水溶性浸出物测定法（附录2201）项下的热浸法测定，用水作溶剂，不得少于17.0%。

饮片

【炮制】 鸡冠花 除去杂质和残茎，切段。

本品为不规则的块段。扁平，有的呈鸡冠状。表面红色、紫红色或黄白色。可见黑色扁圆肾形的种子。气微，味淡。

鸡冠花炭 取净鸡冠花，照炒炭法（附录0203）炒至焦黑色。

本品形如鸡冠花。表面黑褐色，内部焦褐色。可见黑色种子。具焦香气，味苦。

【浸出物】 同药材，不得少于16.0%。

【鉴别】 同药材。

【性味与归经】 甘、涩，凉。归肝、大肠经。

【功能】 收敛止血，止痢止带。

【主治】 鼻衄，肠黄腹泻，赤白带下，子宫出血。

【用法与用量】 马、牛30～60g；羊、猪15～30g。

【贮藏】 置通风干燥处。

青 木 香
Qingmuxiang
ARISTOLOCHIAE RADIX

本品为马兜铃科植物马兜铃 *Aristolochia debilis* Sieb. et Zucc. 的干燥根。春、秋二季采挖，除去须根及泥沙，晒干。

【性状】 本品呈圆柱形或扁圆柱形，略弯曲，长3～15cm，直径0.5～1.5cm。表面黄褐色或灰棕色，粗糙不平，有纵皱纹及须根痕。质脆，易折断，断面不平坦，皮部淡黄色，木部宽广，射线类白色，放射状排列，形成层环明显，黄棕色。气香特异，味苦。

【鉴别】 （1）本品横切面：木栓层为数列棕色木栓细胞。皮层中散有油细胞，内含黄棕色油滴。韧皮部较宽，亦有油细胞。形成层成环。木射线宽广，薄壁组织较发达；木质部常有数个较长大，自中央向外成放射状排列的维管束，由导管、管胞、木纤维组成。

（2）取本品粉末约3g，加乙醇50ml，加热回流1小时，滤过，滤液蒸干，残渣加乙醇5ml使溶解，作为供试品溶液。另取青木香对照药材3g，同法制成对照药材溶液。再取马兜铃酸对照品，加乙醇制成每1ml含0.5mg的溶液，作为对照品溶液。照薄层色谱法（附录0502）试验，吸取上述三种溶液各5μl，分别点于同一硅胶H薄层板上，以苯-甲醇-冰醋酸（5:0.8:0.1）为展开剂，展开，取出，晾干，分别置日光及紫外光灯（365nm）下检视。供试品色谱中，在与对照药材和对照品色谱相应的位置上，分别显相同颜色的斑点或荧光斑点。

【炮制】 除去杂质，洗净，润透，切厚片，晒干。

【性味与归经】 辛、苦，寒。归肺、胃经。

【功能】 行气消积，止痛，消肿解毒。

【主治】 气滞腹胀，胸腹疼痛，疮黄疔毒，蛇虫咬伤。

【用法与用量】 马、牛15～45g；羊、猪6～12g。

外用适量。

【贮藏】 置阴凉干燥处。

青 风 藤

Qingfengteng

SINOMENII CAULIS

本品为防己科植物青藤 Sinomenium acutum （Thunb.）Rehd. et Wils. 和毛青藤 Sinomenium acutum（Thunb.）Rehd. et Wils. var. cinereum Rehd. et Wils. 的干燥藤茎。秋末冬初采割，扎把或切长段，晒干。

【性状】 本品呈长圆柱形，常微弯曲，长20～70cm或更长，直径0.5～2cm。表面绿褐色至棕褐色，有的灰褐色，有细纵纹和皮孔。节部稍膨大，有分枝。体轻，质硬而脆，易折断，断面不平坦，灰黄色或淡灰棕色，皮部窄，木部射线呈放射状排列，髓部淡黄白色或黄棕色。气微，味苦。

【鉴别】 （1）本品横切面：最外层为表皮，外被厚角质层，或为木栓层。皮层散有纤维和石细胞。中柱鞘纤维束新月形，其内侧常为2～5列石细胞，并切向延伸与射线中的石细胞群连接成环。维管束外韧型。韧皮射线向外渐宽，可见锥形或分枝状石细胞；韧皮部细胞大多颓废，有的散有1～3个纤维。木质部导管单个散在或数个切向连接。髓细胞壁稍厚，纹孔明显。薄壁细胞含淀粉粒和草酸钙针晶。

粉末黄褐色或灰褐色。表皮细胞黄色或黄棕色，断面观类圆形或矩圆形，直径24～78μm，被有角质层。石细胞淡黄色或黄色，类方形、梭形、椭圆形或不规则形，壁较厚，孔沟明显。皮层纤维微黄色或黄色，直径27～70μm，壁极厚，胞腔狭窄。草酸钙针晶细小，存在于薄壁细胞中。

（2）取本品粉末2g，加乙醇25ml，加热回流1小时，滤过，滤液蒸干，残渣加乙醇1ml使溶解，作为供试品溶液。另取青藤碱对照品，加乙醇制成每1ml含1mg的溶液，作为对照品溶液。照薄层色谱法（附录0502）试验，吸取上述两种溶液各5μl，分别点于同一硅胶G薄层板上，以甲苯-乙酸乙酯-甲醇-水（2:4:2:1）10℃以下放置的上层溶液为展开剂，置浓氨试液预饱和20分钟的展开缸内展开，取出，晾干，依次喷以碘化铋钾试液和亚硝酸钠乙醇试液。供试品色谱中，在与对照品色谱相应的位置上，显相同颜色的斑点。

【检查】 水分 不得过13.0%（附录0832第一法）。

总灰分 不得过6.0%（附录2302）。

【含量测定】 照高效液相色谱法（附录0512）测定。

色谱条件与系统适用性试验 以十八烷基硅烷键合硅胶为填充剂；以甲醇-磷酸盐缓冲液（0.005mol/L磷酸氢二钠溶液，以0.005mol/L磷酸二氢钠溶液调节pH值至8.0，再以1%三乙胺调节pH值至9.0）（55:45）为流动相；检测波长为262nm。理论板数按青藤碱峰计算应不低于1500。

对照品溶液的制备 取青藤碱对照品适量，精密称定，加甲醇制成每1ml含0.5mg的溶液，即得。

供试品溶液的制备 取本品粉末（过三号筛）约0.5g，精密称定，置具塞锥形瓶中，精密加入70%乙醇20ml，密塞，称定重量，超声处理（功率250W，频率20kHz）20分钟，放冷，再称定重量，用70%乙醇补足减失的重量，摇匀，滤过，取续滤液，即得。

测定法 分别精密吸取对照品溶液与供试品溶液各5μl，注入液相色谱仪，测定，即得。

本品按干燥品计算，含青藤碱（$C_{19}H_{23}NO_4$）不得少于0.50%。

饮片

【炮制】 除去杂质，略泡，润透，切厚片，干燥。

本品呈类圆形的厚片。外表面绿褐色至棕褐色，有的灰褐色，有纵纹，有的可见皮孔。切面灰黄色至淡灰黄色，皮部窄，木部有明显的放射状纹理，其间具有多数小孔，髓部淡黄白色至棕黄色。气微，味苦。

【检查】 水分 同药材，不得过9.0%。

【鉴别】 （除横切面外）【检查】 （总灰分）【含量测定】 同药材。

【性味与归经】 苦、辛，平。归肝、脾经。

【功能】 祛风湿，通经络，利尿。

【主治】 风寒湿痹，腰胯疼痛，关节肿胀，小便不利。

【用法与用量】 马、牛60～120g；羊、猪15～30g。

【贮藏】 置干燥处。

青 皮

Qingpi

CITRI RETICULATAE PERICARPIUM VIRIDE

本品为芸香科植物橘 *Citrus reticulata* Blanco 及其栽培变种的干燥幼果或未成熟果实的果皮。5～6月收集自落的幼果，晒干，习称"个青皮"；7～8月采收未成熟的果实，在果皮上纵剖成四瓣至基部，除尽瓤瓣，晒干，习称"四花青皮"。

【性状】 四花青皮 果皮剖成4裂片，裂片长椭圆形，长4～6cm，厚0.1～0.2cm。外表面灰绿色或黑绿色，密生多数油室；内表面类白色或黄白色，粗糙，附黄白色或黄棕色小筋络。质稍硬，易折断，断面外缘有油室1~2列。气香，味苦、辛。

个青皮 呈类球形，直径0.5~2cm。表面灰绿色或黑绿色，微粗糙，有细密凹下的油室，顶端有稍突起的柱基，基部有圆形果梗痕。质硬，断面果皮黄白色或淡黄棕色，厚0.1~0.2cm，外缘有油室1~2列。瓤囊8~10瓣，淡棕色。气清香，味酸、苦、辛。

【鉴别】（1）四花青皮 本品粉末灰绿色或淡灰棕色。中果皮薄壁组织众多，细胞形状不规则，壁稍增厚，有的成连珠状。果皮表皮细胞表面观多角形或类方形，垂周壁增厚，气孔长圆形，直径20~28μm，副卫细胞5~7个；侧面观外被角质层，靠外方的径向壁稍增厚。草酸钙方晶存在于近表皮的薄壁细胞中，呈多面体形、菱形或方形，直径3~28μm，长至32μm。橙皮苷结晶棕黄色，呈半圆形、类圆形或无定形团块。螺纹导管、网纹导管细小。

个青皮 瓤囊表皮细胞狭长，壁薄，有的呈微波状，细胞中含有草酸钙方晶，并含橙皮苷结晶。

（2）取本品粉末0.3g，加甲醇10ml，加热回流20分钟，滤过，取滤液5ml，浓缩至1ml，作为供试品溶液。另取橙皮苷对照品，加甲醇制成饱和溶液，作为对照品溶液。照薄层色谱法（附录0502）试验，吸取上述两种溶液各2μl，分别点于同一用0.5%氢氧化钠溶液制备的硅胶G薄层板上，以乙酸乙酯-甲醇-水（100:17:13）为展开剂，展至约3cm，取出，晾干，再以甲苯-乙酸乙酯-甲酸-水（20:10:1:1）的上层溶液为展开剂，展至约8cm，取出，晾干，喷以三氯化铝试液，置紫外光灯（365nm）下检视。供试品色谱中，在与对照品色谱相应的位置上，显相同颜色的荧光斑点。

【检查】 水分 不得过13.0%（附录0832第二法）。

总灰分 不得过6.0%（附录2302）。

【含量测定】 照高效液相色谱法（附录0512）测定。

色谱条件与系统适用性试验 以十八烷基硅烷键合硅胶为填充剂；以甲醇-水（25:75）为流动相；检测波长为284nm。理论板数按橙皮苷峰计算应不低于1000。

对照品溶液的制备 取橙皮苷对照品适量，精密称定，加甲醇制成每1ml含0.1mg的溶液，即得。

供试品溶液的制备 取本品细粉约0.2g，精密称定，置50ml量瓶中，加甲醇30ml，超声处理30分钟，放冷，加甲醇至刻度，摇匀，滤过，精密量取续滤液2ml，置5ml量瓶中，加甲醇至刻度，摇匀，即得。

测定法 分别精密吸取对照品溶液与供试品溶液各10μl，注入液相色谱仪，测定，即得。

本品含橙皮苷（$C_{28}H_{34}O_{15}$）不得少于5.0%。

饮片

【炮制】 青皮 除去杂质，洗净，闷润，切厚片或丝，晒干。

本品呈类圆形厚片或不规则丝状。表面灰绿色或黑绿色，密生多数油室，切面黄白色或淡黄棕色，有时可见瓤囊8~10瓣，淡棕色。气香，味苦、辛。

【检查】 水分 同药材，不得过11.0%。

【含量测定】 同药材，含橙皮苷（$C_{28}H_{34}O_{15}$）不得少于4.0%。

【鉴别】【检查】（总灰分） 同药材。

醋青皮 取青皮片或丝，照醋炙法（附录0203）炒至微黄色。

每100kg青皮，用醋15kg。

本品形如青皮片或丝，色泽加深，略有醋香气，味苦、辛。

【检查】 水分 同药材，不得过11.0%。

【含量测定】 同药材，含橙皮苷（$C_{28}H_{34}O_{15}$）不得少于3.0%。

【鉴别】【检查】（总灰分）同药材。

【性味与归经】苦、辛，温。归肝、胆、胃经。

【功能】疏肝破气，消积化滞。

【主治】胸腹胀痛，气胀，食积不化，气血郁结，乳痈。

【用法与用量】马、牛15～30g；羊、猪5～10g；兔、禽1.5～3g。

【贮藏】置阴凉干燥处。

青 葙 子

Qingxiangzi

CELOSIAE SEMEN

本品为苋科植物青葙 *Celosia argentea* L. 的干燥成熟种子。秋季果实成熟时采割植株或摘取果穗，晒干，收集种子，除去杂质。

【性状】本品呈扁圆形，少数呈圆肾形，直径1～1.5mm。表面黑色或红黑色，光亮，中间微隆起，侧边微凹处有种脐。种皮薄而脆。气微，味淡。

【鉴别】本品粉末灰黑色。种皮外表皮细胞暗红棕色，表面观多角形至长多角形，有多角形网格状增厚纹理。种皮内层细胞淡黄色或无色，表面观多角形，密布细直纹理。胚乳细胞充满淀粉粒和糊粉粒，并含有脂肪油滴和草酸钙方晶。

【检查】杂质 不得过2%（附录2301）。

【性味与归经】苦，微寒。归肝经。

【功能】清肝，明目，退翳。

【主治】肝热目赤，睛生翳膜。

【用法与用量】马、牛30～60g；羊、猪5～15g；兔、禽0.5～1.5g。

【贮藏】置干燥处。

青 蒿

Qinghao

ARTEMISIAE ANNUAE HERBA

本品为菊科植物黄花蒿 *Artemisia annua* L. 的干燥地上部分。秋季花盛开时采割，除去老茎，阴干。

【性状】本品茎呈圆柱形，上部多分枝，长30～80cm，直径0.2～0.6cm；表面黄绿色或棕黄色，具纵棱线；质略硬，易折断，断面中部有髓。叶互生，暗绿色或棕绿色，卷缩易碎，完整者展平后为三回羽状深裂，裂片和小裂片矩圆形或长椭圆形，两面被短毛。气香特异，味微苦。

【鉴别】取本品粉末3g，加石油醚（60～90℃）50ml，加热回流1小时，滤过，滤液蒸干，残渣加正己烷30ml使溶解，用20%乙腈溶液振摇提取3次，每次10ml，合并乙腈液，蒸干，残渣加乙醇0.5ml使溶解，作为供试品溶液。另取青蒿素对照品，加乙醇制成每1ml含1mg的溶液，作为对照品溶液。照薄层色谱法（附录0502）试验，吸取上述两种溶液各5μl，分别点于同一硅胶G薄层板上，以石油醚（60～90℃）-乙醚（4:5）为展开剂，展开，取出，晾干，喷以2%香草醛的10%硫酸乙醇溶液，在105℃加热至斑点显色清晰，置紫外光灯（365nm）下检视。供试品色谱中，在与对照品色谱相应的位置上，显相同颜色的荧光斑点。

【检查】 水分 不得过14.0%（附录0832第一法）。

总灰分 不得过8.0%（附录2302）。

【浸出物】 照醇溶性浸出物测定法（附录2201）项下的冷浸法测定，用无水乙醇作溶剂，不得少于1.9%。

饮片

【炮制】 除去杂质，喷淋清水，稍润，切段，干燥。

【性味与归经】 苦、辛，寒。归肝、胆经。

【功能】 清热解暑，退虚热，杀原虫。

【主治】 外感暑热，阴虚发热，湿热黄疸，焦虫病，球虫病。

【用法与用量】 马、牛15～60g；驼30～100g；羊、猪5～15g；兔、禽1～2g。

【贮藏】 置阴凉干燥处。

青　黛

Qingdai

INDIGO NATURALIS

本品为爵床科植物马蓝 *Baphicacanthus cusia*（Nees）Bremek.、蓼科植物蓼蓝 *Polygonum tinctorium* Ait. 或十字花科植物菘蓝 *Isatis indigotica* Fort. 的叶或茎叶经加工制得的干燥粉末、团块或颗粒。

【性状】 本品为深蓝色的粉末，体轻，易飞扬；或呈不规则多孔性的团块、颗粒，用手搓捻即成细末。微有草腥气，味淡。

【鉴别】 （1）取本品少量，用微火灼烧，有紫红色的烟雾产生。

（2）取本品少量，滴加硝酸，产生气泡并显棕红色或黄棕色。

（3）取本品50mg，加三氯甲烷5ml充分搅拌，滤过，滤液作为供试品溶液。另取靛蓝对照品、靛玉红对照品，加三氯甲烷分别制成每1ml含1mg和0.5mg的溶液，作为对照品溶液。照薄层色谱法（附录0502）试验，吸取上述三种溶液各5μl，分别点于同一硅胶G薄层板上，以甲苯-三氯甲烷-丙酮（5:4:1）为展开剂，展开，取出，晾干。供试品色谱中，在与对照品色谱相应的位置上，显相同的蓝色和浅紫红色的斑点。

【检查】 水分 不得过7.0%（附录0832第一法）。

水溶性色素 取本品0.5g，加水10ml，振摇后放置片刻，水层不得显深蓝色。

【含量测定】 靛蓝 照高效液相色谱法（附录0512）测定。

色谱条件与系统适用性试验 以十八烷基硅烷键合硅胶为填充剂；以甲醇-水（75:25）为流动相；检测波长为606nm。理论板数按靛蓝峰计算应不低于1800。

对照品溶液的制备 取靛蓝对照品2.5mg，精密称定，置250ml量瓶中，加2%水合氯醛的三氯甲烷溶液（取水合氯醛，置硅胶干燥器中放置24小时，称取2.0g，加三氯甲烷至100ml，放置，出现浑浊，以无水硫酸钠脱水，滤过，即得）约220ml，超声处理（功率250W，频率33kHz）1.5小时，放冷，加2%水合氯醛的三氯甲烷溶液至刻度，摇匀，即得（每1ml中含靛蓝10μg）。

供试品溶液的制备　取本品细粉约50mg，精密称定，置250ml量瓶中，加2%水合氯醛的三氯甲烷溶液约220ml，超声处理（功率250W，频率33kHz）30分钟，放冷，加2%水合氯醛的三氯甲烷溶液至刻度，摇匀，滤过，取续滤液，即得。

测定法　分别精密吸取对照品溶液与供试品溶液各10μl，注入液相色谱仪，测定，即得。

本品按干燥品计算，含靛蓝（$C_{16}H_{10}N_2O_2$）不得少于2.0%。

靛玉红　照高效液相色谱法（附录0512）测定。

色谱条件与系统适用性试验　以十八烷基硅烷键合硅胶为填充剂；以甲醇-水（70∶30）为流动相；检测波长为292nm。理论板数按靛玉红峰计算应不低于3000。

对照品溶液的制备　取靛玉红对照品2.5mg，精密称定，置50ml量瓶中，加N, N-二甲基甲酰胺约45ml，超声处理（功率250W，频率33kHz）使溶解，放冷，加N, N-二甲基甲酰胺至刻度，摇匀；精密量取10ml，置100ml量瓶中，加N, N-二甲基甲酰胺至刻度，摇匀，即得（每1ml中含靛玉红5μg）。

供试品溶液的制备　取本品细粉约50mg，精密称定，置25ml量瓶中，加N, N-二甲基甲酰胺约20ml，超声处理（功率250W，频率33kHz）30分钟，放冷，加N, N-二甲基甲酰胺至刻度，摇匀，滤过，取续滤液，即得。

测定法　分别精密吸取对照品溶液与供试品溶液各10μl，注入液相色谱仪，测定，即得。

本品按干燥品计算，含靛玉红（$C_{16}H_{10}N_2O_2$）不得少于0.13%。

【**性味与归经**】　咸，寒。归肝经。

【**功能**】　清热解毒，凉血消斑。

【**主治**】　热毒发斑，血热吐衄，热痈疮毒，咽喉肿痛，口舌生疮。

【**用法与用量**】　马、牛12～24g；羊、猪3～9g；兔、禽0.3～0.6g。

外用适量。

【**贮藏**】　置干燥处。

苦　木

Kumu

PICRASMAE RAMULUS ET FOLIUM

本品为苦木科植物苦木 *Picrasma quassioides*（D. Don）Benn. 的干燥枝和叶。夏、秋二季采收，干燥。

【**性状**】　本品枝呈圆柱形，长短不一，直径0.5～2cm；表面灰绿色或棕绿色，有细密的纵纹和多数点状皮孔；质脆，易折断，断面不平整，淡黄色，嫩枝色较浅且髓部较大。叶为单数羽状复叶，易脱落；小叶卵状长椭圆形或卵状披针形，近无柄，长4～16cm，宽1.5～6cm；先端锐尖，基部偏斜或稍圆，边缘具钝齿；两面通常绿色，有的下表面淡紫红色，沿中脉有柔毛。气微，味极苦。

【**鉴别**】　（1）本品粉末黄绿色。叶上表皮细胞呈多边形；下表皮气孔甚多，气孔不定式。叶肉细胞中含众多草酸钙簇晶。纤维成束，细长，周围薄壁细胞含草酸钙簇晶，偶见方晶。网纹导管和具缘纹孔导管巨大，多破碎。木射线细胞高1～8列细胞，细胞壁稍厚，纹孔较明显。

（2）取本品粉末1g，加甲醇10ml，冷浸过夜，滤过，滤液蒸干，残渣加甲醇1ml使溶解，作为供试品溶液。另取苦木对照药材1g，同法制成对照药材溶液。照薄层色谱法（附录0502）试验，吸取上述两种溶液各10μl，分别点于同一硅胶G薄层板上，以三氯甲烷-甲醇（17:3）为展开剂，展开，取出，晾干，喷以改良碘化铋钾试液。供试品色谱中，在与对照药材色谱相应的位置上，显相同颜色的斑点。

饮片

【炮制】 除去杂质，枝洗净，润透，切片，干燥；叶喷淋清水，稍润，切丝，干燥。

【性味与归经】 苦，寒；有小毒。归肺、大肠经。

【功能】 清热，解毒，祛湿。

【主治】 风热感冒，腹泻下痢，湿疹，疮黄肿毒，跌打损伤。

【用法与用量】 马、牛20～40g；羊、猪15～30g；兔、禽2～5g。
外用适量。

【贮藏】 置干燥处。

苦 杏 仁
Kuxingren
ARMENIACAE SEMEN AMARUM

本品为蔷薇科植物山杏 *Prunus armeniaca* L.var. *ansu* Maxim.、西伯利亚杏 *Prunus sibirica* L.、东北杏 *Prunus mandshurica*（Maxim.）Koehne 或杏 *Prunus armeniaca* L. 的干燥成熟种子。夏季采收成熟果实，除去果肉和核壳，取出种子，晒干。

【性状】 本品呈扁心形，长1～1.9cm，宽0.8～1.5cm，厚0.5～0.8cm。表面黄棕色至深棕色，一端尖，另端钝圆，肥厚，左右不对称，尖端一侧有短线形种脐，圆端合点处向上具多数深棕色的脉纹。种皮薄，子叶2，乳白色，富油性。气微，味苦。

【鉴别】 （1）种皮表面观：种皮石细胞单个散在或数个相连，黄棕色至棕色，表面观类多角形、类长圆形或贝壳形，直径25～150μm。种皮外表皮细胞浅橙黄色至棕黄色，常与种皮石细胞相连，类圆形，壁常皱缩。

（2）取本品粉末2g，置索氏提取器中，加二氯甲烷适量，加热回流2小时，弃去二氯甲烷液，药渣挥干，加甲醇30ml，加热回流30分钟，放冷，滤过，滤液作为供试品溶液。另取苦杏仁苷对照品，加甲醇制成每1ml含2mg的溶液，作为对照品溶液。照薄层色谱法（附录0502）试验，吸取上述两种溶液各3μl，分别点于同一硅胶G薄层板上，以三氯甲烷-乙酸乙酯-甲醇-水（15:40:22:10）5～10℃放置12小时的下层溶液为展开剂，展开，取出，立即用0.8%磷钼酸的15%硫酸乙醇溶液浸板，在105℃加热至斑点显色清晰。供试品色谱中，在与对照品色谱相应的位置上，显相同颜色的斑点。

【检查】 **过氧化值** 不得过0.11（附录2303）。

【含量测定】 照高效液相色谱法（附录0512）测定。

色谱条件与系统适用性试验 以十八烷基硅烷键合硅胶为填充剂；以乙腈-0.1%磷酸溶液（8:92）为流动相；检测波长为207nm。理论板数按苦杏仁苷峰计算应不低于7000。

对照品溶液的制备 取苦杏仁苷对照品适量，精密称定，加甲醇制成每1ml含40μg的溶液，即得。

供试品溶液的制备 取本品粉末（过二号筛）约0.25g，精密称定，置具塞锥形瓶中，精密加入甲醇25ml，密塞，称定重量，超声处理（功率250W，频率50kHz）30分钟，放冷，再称定重量，用甲醇补足减失的重量，摇匀，过滤，精密量取续滤液5ml，置50ml量瓶中，加50%甲醇稀释至刻度，摇匀，滤过，取续滤液，即得。

测定法　分别精密吸取对照品溶液与供试品溶液各10～20μl，注入液相色谱仪，测定，即得。

本品含苦杏仁苷（$C_{20}H_{27}NO_{11}$）不得少于3.0%。

饮片

【炮制】　苦杏仁　用时捣碎。

【性状】【鉴别】【检查】【含量测定】　同药材。

燀苦杏仁　取净苦杏仁，照燀法（附录0203）去皮。用时捣碎。

本品呈扁心形。表面乳白色或黄白色，一端尖，另端钝圆，肥厚，左右不对称，富油性。有特异的香气，味苦。

【含量测定】　同药材，含苦杏仁苷（$C_{20}H_{27}NO_{11}$）不得少于2.4%。

【鉴别】【检查】　同药材。

炒苦杏仁　取燀苦杏仁，照清炒法（附录0203）炒至黄色。用时捣碎。

本品形如燀苦杏仁，表面黄色至棕黄色，微带焦斑。有香气，味苦。

【含量测定】　同药材，含苦杏仁苷（$C_{20}H_{27}NO_{11}$）不得少于2.1%。

【鉴别】【检查】　同药材。

【性味与归经】　苦，微温；有小毒，归肺、大肠经。

【功能】　止咳平喘，润肠通便。

【主治】　咳嗽气喘，肠燥便秘。

【用法与用量】　马、牛15～30g；羊、猪3～10g。

【注意】　有毒，内服不宜过量。

【贮藏】　置阴凉干燥处，防蛀。

苦　参

Kushen

SOPHORAE FLAVESCENTIS RADIX

本品为豆科植物苦参 *Sophora flavescens* Ait. 的干燥根。春、秋二季采挖，除去根头和小支根，洗净，干燥，或趁鲜切片，干燥。

【性状】　本品呈长圆柱形，下部常有分枝，长10～30cm，直径1～6.5cm。表面灰棕色或棕黄色，具纵皱纹和横长皮孔样突起，外皮薄，多破裂反卷，易剥落，剥落处显黄色，光滑。质硬，不易折断，断面纤维性；切片厚3～6mm；切面黄白色，具放射状纹理和裂隙，有的具异型维管束呈同心性环列或不规则散在。气微，味极苦。

【鉴别】　（1）本品粉末淡黄色。木栓细胞淡棕色，横断面观呈扁长方形，壁微弯曲；表面观呈类多角形，平周壁表面有不规则细裂纹，垂周壁有纹孔呈断续状。纤维和晶纤维，多成束；纤维细长，直径11～27μm，壁厚，非木化；纤维束周围的细胞含草酸钙方晶，形成晶纤维，含晶细胞的壁不均匀增厚。草酸钙方晶，呈类双锥形、菱形或多面形，直径约至237μm。淀粉粒，单粒类圆形或长圆形，直径2～20μm，脐点裂缝状，大粒层纹隐约可见；复粒较多，由2～12分粒组成。

（2）取本品横切片，加氢氧化钠试液数滴，栓皮即呈橙红色，渐变为血红色，久置不消失。木质部不呈现颜色反应。

（3）取本品粉末0.5g，加浓氨试液0.3ml、三氯甲烷25ml，放置过夜，滤过，滤液蒸干，残渣加三氯甲烷0.5ml使溶解，作为供试品溶液。另取苦参碱对照品、槐定碱对照品，加乙醇制成每1ml各含0.2mg的混合溶液，作为对照品溶液。照薄层色谱法（附录0502）试验，吸取上述两种溶液各4μl，分别点于同一用2%氢氧化钠溶液制备的硅胶G薄层板上，以甲苯-丙酮-甲醇（8:3:0.5）为展开剂，展开，展距8cm，取出，晾干，再以甲苯-乙酸乙酯-甲醇-水（2:4:2:1）10℃以下放置的上层溶液为展开剂，展开，取出，晾干，依次喷以碘化铋钾试液和亚硝酸钠乙醇试液。供试品色谱中，在与对照品色谱相应的位置上，显相同的橙色斑点。

（4）取氧化苦参碱对照品，加乙醇制成每1ml含0.2mg的溶液，作为对照品溶液。照薄层色谱法（附录0502）试验，吸取〔鉴别〕（3）项下的供试品溶液和上述对照品溶液各4μl，分别点于同一用2%氢氧化钠溶液制备的硅胶G薄层板上，以三氯甲烷-甲醇-浓氨试液（5:0.6:0.3）10℃以下放置的下层溶液为展开剂，展开，取出，晾干，依次喷以碘化铋钾试液和亚硝酸钠乙醇试液。供试品色谱中，在与对照品色谱相应的位置上，显相同的橙色斑点。

【检查】　水分　不得过11.0%（附录0832第一法）。

总灰分　不得过8.0%（附录2302）。

【浸出物】　照水溶性浸出物测定法（附录2201）项下的冷浸法测定，不得少于20.0%。

【含量测定】　照高效液相色谱法（附录0512）测定。

色谱条件与系统适用性试验　以氨基键合硅胶为填充剂；以乙腈-无水乙醇-3%磷酸溶液（80:10:10）为流动相；检测波长为220nm。理论板数按氧化苦参碱峰计算应不低于2000。

对照品溶液的制备　取苦参碱对照品、氧化苦参碱对照品适量，精密称定，加乙腈-无水乙醇（80:20）混合溶液分别制成每1ml含苦参碱50μg、氧化苦参碱0.15mg的溶液，即得。

供试品溶液的制备　取本品粉末（过三号筛）约0.3g，精密称定，置具塞锥形瓶中，加浓氨试液0.5ml，精密加入三氯甲烷20ml，密塞，称定重量，超声处理（功率250W，频率33kHz）30分钟，放冷，再称定重量，用三氯甲烷补足减失的重量，摇匀，滤过，精密量取续滤液5ml，加在中性氧化铝柱（100~200目，5g，内径1cm）上，依次以三氯甲烷、三氯甲烷-甲醇（7:3）混合溶液各20ml洗脱，合并收集洗脱液，回收溶剂至干，残渣加无水乙醇适量使溶解，转移至10ml量瓶中，加无水乙醇至刻度，摇匀，即得。

测定法　分别精密吸取上述两种对照品溶液各5μl与供试品溶液5~10μl，注入液相色谱仪，测定，即得。

本品按干燥品计算，含苦参碱（$C_{15}H_{24}N_2O$）和氧化苦参碱（$C_{15}H_{24}N_2O_2$）的总量不得少于1.2%。

饮片

【炮制】　除去残留根头，大小分开，洗净，浸泡至约六成透时，润透，切厚片，干燥。

本品呈类圆形或不规则形的厚片。外表皮灰棕色或棕黄色，有时可见横长皮孔样突起，外皮薄，常破裂反卷或脱落，脱落处显黄色或棕黄色，光滑。切面黄白色，纤维性，具放射状纹理和裂隙，有的可见同心性环纹。气微，味极苦。

【含量测定】　同药材，含苦参碱（$C_{15}H_{24}N_2O$）和氧化苦参碱（$C_{15}H_{24}N_2O_2$）的总量不得少于1.0%。

【鉴别】【检查】【浸出物】　同药材。

【性味与归经】　苦，寒。归心、肝、胃、大肠、膀胱经。

【功能】 清热燥湿，杀虫去积，利水。

【主治】 湿热泻痢，黄疸，水肿，疥癣。

鱼肠炎，竖鳞。

【用法与用量】 马、牛15~60g；羊、猪6~15g；兔、禽0.3~1.5g。外用适量。鱼，每1kg体重1~2g，拌饵投喂；每1m³水体1~1.5g，泼洒鱼池。

【注意】 不宜与藜芦同用。

【贮藏】 置干燥处。

苦　楝　皮

Kulianpi

MELIAE CORTEX

本品为楝科植物川楝 *Melia toosendan* Sieb. et Zucc. 或楝 *Melia azedarach* L. 的干燥树皮和根皮。春、秋二季剥取，晒干，或除去粗皮，晒干。

【性状】 本品呈不规则板片状、槽状或半卷筒状，长宽不一，厚2~6mm。外表面灰棕色或灰褐色，粗糙，有交织的纵皱纹和点状灰棕色皮孔，除去粗皮者淡黄色；内表面类白色或淡黄色。质韧，不易折断，断面纤维性，呈层片状，易剥离。气微，味苦。

【鉴别】 （1）取本品一段，用手折叠揉搓，可分为多层薄片，层层黄白相间，每层薄片有极细的网纹。

（2）本品粉末红棕色。纤维多成束，周围薄壁细胞含草酸钙方晶，形成晶鞘纤维。草酸钙方晶较多，呈正方形、多面形或类双锥形，直径14~25μm。木栓细胞多角形，内含红棕色物。

（3）取本品粉末2g，加水40ml，超声处理1小时，放冷，离心，取上清液，用乙酸乙酯振摇提取3次，每次25ml，合并乙酸乙酯液，蒸干，残渣加甲醇2ml使溶解，作为供试品溶液。另取苦楝皮对照药材2g，同法制成对照药材溶液。再取儿茶素对照品，加甲醇制成每1ml含1mg的溶液，作为对照品溶液。照薄层色谱法（附录0502）试验，吸取上述三种溶液各10μl，分别点于同一硅胶GF$_{254}$薄层板上，以二氯甲烷-甲醇-甲酸（4:1:1）为展开剂，展开，取出，晾干，置紫外光灯（254nm）下检视。供试品色谱中，在与对照药材色谱和对照品色谱相应的位置上，显相同颜色的斑点；喷以10%硫酸乙醇溶液，在105℃加热至斑点显色清晰。供试品色谱中，在与对照药材色谱和对照品色谱相应的位置上，显相同颜色的斑点。

【检查】 水分 不得过12.0%（附录0832第一法）。

总灰分 不得过10.0%（附录2302）。

【含量测定】 照高效液相色谱-质谱法（附录0421）测定。

色谱、质谱条件与系统适用性试验 以十八烷基硅烷键合硅胶为填充剂；以乙腈-0.01%甲酸溶液（31:69）为流动相；采用单级四极杆质谱检测器，电喷雾离子化（ESI）负离子模式下选择质荷比（*m/z*）为573离子进行检测。理论板数按川楝素峰计算应不低于8000。

对照品溶液的制备 取川楝素对照品适量，精密称定，加甲醇制成每1ml含1μg的溶液。即得。

供试品溶液制备 取本品粉末（过四号筛）约0.25g，精密称定，置圆底烧瓶中，精密加入甲醇50ml，称定重量，加热回流1小时，放冷，再称定重量，用甲醇补足减失的重量，摇匀，滤过，取续滤液，即得。

测定法 分别精密吸取对照品溶液2μl与供试品溶液1~2μl，注入液相色谱-质谱联用仪，测定，以川楝素两个峰面积之和计算，即得。

本品按干燥品计算，含川楝素（$C_{30}H_{38}O_{11}$）应为0.010%~0.20%。

饮片

【炮制】 除去杂质、粗皮，洗净，润透，切丝，干燥。

本品呈不规则的丝状。外表面灰棕色或灰褐色，除去粗皮者呈淡黄色。内表面类白色或淡黄色。切面纤维性，略呈层片状，易剥离。气微，味苦。

【鉴别】【检查】【含量测定】 同药材。

【性味与归经】 苦，寒；有毒。归肝、脾、胃经。

【功能】 杀虫，疗癣。

【主治】 虫积腹痛，疥癣。

【用法与用量】 马、牛15~45g；羊、猪6~10g。外用适量。

【注意】 猪慎用，孕畜慎用。

【贮藏】 置通风干燥处，防潮。

苘　麻　子

Qingmazi

ABUTILI SEMEN

本品为锦葵科植物苘麻 *Abutilon theophrasti* Medic. 的干燥成熟种子。秋季采收成熟果实，晒干，打下种子，除去杂质。

【性状】 本品呈三角状肾形，长3.5~6mm，宽2.5~4.5mm，厚1~2mm。表面灰黑色或暗褐色，有白色稀疏绒毛，凹陷处有类椭圆状种脐，淡棕色，四周有放射状细纹。种皮坚硬，子叶2，重叠折曲，富油性。气微，味淡。

【鉴别】 （1）本品横切面：表皮细胞1列，扁长方形，有的分化成单细胞非腺毛。下皮细胞1列，略径向延长。栅状细胞1列，长柱形，长约至88μm，壁极厚，上部可见线形胞腔，其末端膨大，内含细小球状结晶。色素层4~5列细胞，含黄棕色或红棕色物。胚乳和子叶细胞含脂肪油和糊粉粒，子叶细胞还含少数细小草酸钙簇晶。

（2）取本品粉末2g，置索氏提取器中，加石油醚（60~90℃）适量，加热回流至提取液无色，放冷，弃去石油醚液，药渣挥干，加乙醇30ml，超声处理30分钟，放冷，滤过，滤液浓缩至2ml。作为供试品溶液。另取苘麻子对照药材2g，同法制成对照药材溶液。照薄层色谱法（附录0502）试验，吸取上述两种溶液5μl，分别点于同一硅胶G薄层板上，以三氯甲烷-丙酮-甲醇-甲酸（3:1:0.5:0.1）为展开剂，展开，取出，晾干，喷以10%硫酸乙醇溶液，在110℃加热至斑点显色清晰，置紫外光灯（365nm）下检视。供试品色谱中，在与对照药材色谱相应的位置上，显相同颜色的荧光斑点。

【检查】 杂质　不得过1%（附录2301）。

水分　不得过10.0%（附录0832第二法）。

总灰分　不得过7.0%（附录2302）。

【浸出物】 照醇溶性浸出物测定法（附录2201）项下的热浸法测定，用乙醇作溶剂，不得少于17.0%。

【性味与归经】 苦，平。归大肠、小肠、膀胱经。

【功能】 清热解毒，利湿，退翳。

【主治】 赤白痢疾，尿不利，痈肿，目翳。

【用法与用量】 马、牛30～45g；羊、猪15～20g。

【贮藏】 置阴凉干燥处。

枇 杷 叶
Pipaye
ERIOBOTRYAE FOLIUM

本品为蔷薇科植物枇杷 *Eriobotrya japonica*（Thunb.）Lindl. 的干燥叶。全年均可采收，晒至七八成干时，扎成小把，再晒干。

【性状】 本品呈长圆形或倒卵形，长12～30cm，宽4～9cm。先端尖，基部楔形，边缘有疏锯齿，近基部全缘。上表面灰绿色、黄棕色或红棕色，较光滑；下表面密被黄色绒毛，主脉于下表面显著突起，侧脉羽状；叶柄极短，被棕黄色绒毛。革质而脆，易折断。气微，味微苦。

【鉴别】 （1）本品横切面：上表皮细胞扁方形，外被厚角质层；下表皮有多数单细胞非腺毛，常弯曲，近主脉处多弯成人字形，气孔可见。栅栏组织为3～4列细胞，海绵组织疏松，均含草酸钙方晶和簇晶。主脉维管束外韧型，近环状；束鞘纤维束排列成不连续的环，壁木化，其周围薄壁细胞含草酸钙方晶，形成晶纤维；薄壁组织中散有黏液细胞，并含草酸钙方晶。

（2）取本品粉末1g，加甲醇20ml，超声处理20分钟，滤过，滤液蒸干，残渣加甲醇5ml使溶解，作为供试品溶液。另取枇杷叶对照药材1g，同法制成对照药材溶液。再取熊果酸对照品，加甲醇制成每1ml含1mg的溶液，作为对照品溶液。照薄层色谱法（附录0502）试验，吸取上述三种溶液各1μl，分别点于同一硅胶G薄层板上，以甲苯-丙酮（5：1）为展开剂，展开，取出，晾干，喷以10%硫酸乙醇溶液，在105℃加热至斑点显色清晰。供试品色谱中，在与对照药材色谱和对照品色谱相应的位置上，显相同颜色的斑点。

【检查】 水分 不得过13.0%（附录0832第一法）。

总灰分 不得过9.0%（附录2302）。

【浸出物】 照醇溶性浸出物测定法（附录2201）项下的热浸法测定，用75%乙醇作溶剂，不得少于18.0%。

【含量测定】 照高效液相色谱法（附录0512）测定。

色谱条件与系统适用性试验 以十八烷基硅烷键合硅胶为填充剂；以乙腈-甲醇-0.5%醋酸铵溶液（67：12：21）为流动相；检测波长为210nm。理论板数按熊果酸峰计算应不低于5000。

对照品溶液的制备 取齐墩果酸对照品、熊果酸对照品适量，精密称定，加乙醇制成每1ml含齐墩果酸50μg、熊果酸0.2mg的混合溶液，即得。

供试品溶液的制备 取本品粗粉约1g，精密称定，置具塞锥形瓶中，精密加入乙醇50ml，称定重量，超声处理（功率250W，频率50kHz）30分钟，放冷，再称定重量，加乙醇补足减失的重量，摇匀，滤过，取续滤液，即得。

测定法 分别精密吸取对照品溶液与供试品溶液各10μl，注入液相色谱仪，测定，即得。

本品按干燥品计算，含齐墩果酸（$C_{30}H_{48}O_3$）和熊果酸（$C_{30}H_{48}O_3$）的总量不得少于0.70%。

饮片

【炮制】　枇杷叶　除去绒毛，用水喷润，切丝，干燥。

本品呈丝条状。表面灰绿色、黄棕色或红棕色，较光滑。下表面可见绒毛，主脉突出。革质而脆。气微，味微苦。

【检查】　水分　同药材，不得过10.0%。

总灰分　同药材，不得过7.0%。

【浸出物】　同药材，不得少于16.0%。

【鉴别】（除横切面外）【含量测定】　同药材。

蜜枇杷叶　取枇杷叶丝，照蜜炙法（附录0203）炒至不粘手。

每100kg枇杷叶丝，用炼蜜20kg。

本品形如枇杷叶丝，表面黄棕色或红棕色，微显光泽，略带黏性。具蜜香气，味微甜。

【检查】　水分　同药材，不得过10.0%。

总灰分　同药材，不得过7.0%。

【鉴别】（除横切面外）【含量测定】　同药材。

【性味与归经】　苦，微寒。归肺、胃经。

【功能】　清肺止咳，和中降逆。

【主治】　肺热咳喘，胃热呕吐。

【用法与用量】　马、牛30～60g；羊、猪10～20g；兔、禽1～2g。

【贮藏】　置干燥处。

板　蓝　根
Banlangen
ISATIDIS RADIX

本品为十字花科植物菘蓝 *Isatis indigotica* Fort. 的干燥根。秋季采挖，除去泥沙，晒干。

【性状】　本品呈圆柱形，稍扭曲，长10～20cm，直径0.5～1cm。表面淡灰黄色或淡棕黄色，有纵皱纹、横长皮孔样突起及支根痕。根头略膨大，可见暗绿色或暗棕色轮状排列的叶柄残基和密集的疣状突起。体实，质略软，断面皮部黄白色，木部黄色。气微，味微甜后苦涩。

【鉴别】（1）本品横切面：木栓层为数列细胞。栓内层狭。韧皮部宽广，射线明显。形成层成环。木质部导管黄色，类圆形，直径约至80μm；有木纤维束。薄壁细胞含淀粉粒。

（2）取本品粉末0.5g，加稀乙醇20ml，超声处理20分钟，滤过，滤液蒸干，残渣加稀乙醇1ml使溶解，作为供试品溶液。另取板蓝根对照药材0.5g，同法制成对照药材溶液。再取精氨酸对照品，加稀乙醇制成每1ml含0.5mg的溶液，作为对照品溶液。照薄层色谱法（附录0502）试验，吸取上述三种溶液各1～2μl，分别点于同一硅胶G薄层板上，以正丁醇-冰醋酸-水（19:5:5）为展开剂，展开，取出，热风吹干，喷以茚三酮试液，在105℃加热至斑点显色清晰。供试品色谱中，在与对照药材色谱和对照品色谱相应的位置上，显相同颜色的斑点。

（3）取本品粉末1g，加80%甲醇20ml，超声处理30分钟，滤过，滤液蒸干，残渣加甲醇1ml使溶解，作为供试品溶液。另取板蓝根对照药材1g，同法制成对照药材溶液。再取（R,S）-告依春对照品,加甲醇制成每1ml含0.5mg的溶液,作为对照品的溶液。照薄层色谱法(附录0502)试验,吸取上述三种溶液各5~10μl,分别点于同一硅胶GF$_{254}$薄层板上,以石油醚(60~90℃)-乙酸乙酯(1:1)为展开剂,展开,取出,晾干,置紫外光灯(254nm)下检视。供试品色谱中,在与对照药材色谱和对照品色谱相应的位置上,显相同颜色的斑点。

【检查】 水分 不得过15.0%(附录0832第一法)。

总灰分 不得过9.0%(附录2302)。

酸不溶性灰分 不得过2.0%(附录2302)。

【浸出物】 照醇溶性浸出物测定法(附录2201)项下的热浸法测定,用45%乙醇作溶剂,不得少于25.0%。

【含量测定】 照高效液相色谱法(附录0512)测定。

色谱条件与系统适用性试验 以十八烷基硅烷键合硅胶为填充剂;以甲醇-0.02%磷酸溶液(7:93)为流动相;检测波长为245nm。理论板数按(R,S)-告依春峰计算应不低于5000。

对照品溶液的制备 取(R,S)-告依春对照品适量,精密称定,加甲醇制成每1ml含40μg的溶液,即得。

供试品溶液的制备 取本品粉末(过四号筛)约1g,精密称定,置圆底瓶中,精密加入水50ml,称定重量,煎煮2小时,放冷,再称定重量,用水补足减失的重量,摇匀,滤过,取续滤液,即得。

测定法 分别精密吸取对照品溶液与供试品溶液各10~20μl,注入液相色谱仪,测定,即得。

本品按干燥品计算,含(R,S)-告依春(C$_5$H$_7$NOS)不得少于0.020%。

饮片

【炮制】 除去杂质,洗净,润透,切厚片,干燥。

本品呈圆形的厚片。外表皮淡灰黄色至淡棕黄色,有纵皱纹。切面皮部黄白色,木部黄色。气微,味微甜后苦涩。

【检查】 水分 同药材,不得过13.0%。

总灰分 同药材,不得过8.0%。

【含量测定】 同药材,含(R,S)-告依春(C$_5$H$_7$NOS)不得少于0.030%。

【鉴别】 (除横切面外)【检查】(酸不溶性灰分)【浸出物】 同药材。

【性味与归经】 苦,寒。归心、胃经。

【功能】 清热解毒,凉血利咽。

【主治】 风热感冒,咽喉肿痛,口舌生疮,疮黄肿毒。

【用法与用量】 马、牛30~100g;羊、猪15~30g;犬、猫3~5g;兔、鸡1~2g。

【贮藏】 置干燥处,防霉,防蛀。

松 花 粉

Songhuafen

PINI POLLEN

本品为松科植物马尾松 *Pinus massoniana* Lamb.、油松 *Pinus tabuliformis* Carr. 或同属数种植物的干燥花粉。春季花刚开时,采摘花穗,晒干,收集花粉,除去杂质。

【性状】　本品为淡黄色的细粉。体轻，易飞扬，手捻有滑润感。气微，味淡。

【鉴别】　本品粉末淡黄色。花粉粒椭圆形，长45~55μm，直径29~40μm，表面光滑，两侧各有一膨大的气囊，气囊有明显的网状纹理，网眼多角形。

【检查】　水分　不得过13.0%（附录0832第一法）。

总灰分　不得过8.0%（附录2302）。

【性味与归经】　甘，温。归肝、脾经。

【功能】　燥湿敛疮，收敛止血。

【主治】　诸疮湿烂，外伤出血。

【用法与用量】　外用适量，撒敷患处。

【贮藏】　置干燥处，防潮。

松　　针

Songzhen

FOLIUM PINI

本品为松科植物马尾松 *Pinus massoniana* Lamb.、油松 *Pinus tabuliformis* Carr. 或同属数种植物的叶。全年均可采收，晒干。

【性状】　本品呈针状，长3~25cm，直径1~2mm。表面光滑，暗绿色。2、3或5针并成一束，针叶中央有长细沟。质轻脆。气微。

【性味与归经】　苦、涩、温。归心、脾经。

【功能】　健脾理气，祛风燥湿。

【主治】　食积肚胀，风湿痹痛。

【用法与用量】　马、牛60~100g；猪15~30g；禽2~3g。

【贮藏】　置阴凉干燥处。

刺　五　加

Ciwujia

ACANTHOPANACIS SENTICOSI RADIX ET RHIZOMA SEU CAULIS

本品为五加科植物刺五加 *Acanthopanax senticosus* （Rupr. et Maxim.）Harms 的干燥根和根茎或茎。春、秋二季采收，洗净，干燥。

【性状】　本品根茎呈结节状不规则圆柱形，直径1.4~4.2cm。根呈圆柱形，多扭曲，长3.5~12cm，直径0.3~1.5cm；表面灰褐色或黑褐色，粗糙，有细纵沟和皱纹，皮较薄，有的剥落，剥落处呈灰黄色。质硬，断面黄白色，纤维性。有特异香气，味微辛、稍苦、涩。

本品茎呈长圆柱形，多分枝，长短不一，直径0.5~2cm。表面浅灰色，老枝灰褐色，具纵裂沟，无刺；幼枝黄褐色，密生细刺。质坚硬，不易折断，断面皮部薄，黄白色，木部宽广，淡黄色，中心有髓。气微，味微辛。

【鉴别】　（1）本品根横切面：木栓细胞数10列。栓内层菲薄，散有分泌道；薄壁细胞大多含草酸钙簇晶，直径11~64μm。韧皮部外侧散有较多纤维束，向内渐稀少；分泌道类圆形或椭圆形，径向径25~51μm，切向径48~97μm；薄壁细胞含簇晶。形成层成环。木质部占大部分，射线宽1~3列细胞；导管壁较薄，多数个相聚；木纤维发达。

根茎横切面：韧皮部纤维束较根为多；有髓。

茎横切面：髓部较发达。

（2）取本品粉末5g，加75%乙醇50ml，加热回流1小时，滤过，滤液蒸干，残渣加水10ml使溶解，用三氯甲烷振摇提取2次，每次5ml，合并三氯甲烷液，蒸干，残渣加甲醇1ml使溶解，作为供试品溶液。另取刺五加对照药材5g，同法制成对照药材溶液。再取异嗪皮啶对照品，加甲醇制成每1ml含1mg的溶液，作为对照品溶液。照薄层色谱法（附录0502）试验，吸取上述三种溶液各10μl，分别点于同一硅胶G薄层板上，以三氯甲烷-甲醇（19:1）为展开剂，展开，取出，晾干，置紫外光灯（365nm）下检视。供试品色谱中，在与对照药材色谱相应的位置上，显相同颜色的荧光斑点；在与对照品色谱相应的位置上，显相同的蓝色荧光斑点。

【检查】　水分　不得过10.0%（附录0832第一法）。

总灰分　不得过9.0%（附录2302）。

【浸出物】　照醇溶性浸出物测定法（附录2201）项下热浸法测定，用甲醇作溶剂，不得少于3.0%。

【含量测定】　照高效液相色谱法（附录0512）测定。

色谱条件与系统适用性试验　以十八烷基硅烷键合硅胶为填充剂；以甲醇-水（20:80）为流动相；检测波长为265nm。理论板数按紫丁香苷峰计算应不低于2000。

对照品溶液的制备　取紫丁香苷对照品适量，精密称定，加甲醇制成每1ml含80μg的溶液，即得。

供试品溶液的制备　取本品粗粉约2g，精密称定，置具塞锥形瓶中，精密加入甲醇25ml，称定重量，超声处理（功率250W，频率33kHz）30分钟，放冷，再称定重量，用甲醇补足减失的重量，摇匀，滤过，取续滤液，即得。

测定法　分别精密吸取对照品溶液与供试品溶液各10μl，注入液相色谱仪，测定，即得。

本品按干燥品计算，含紫丁香苷（$C_{17}H_{24}O_9$）不得少于0.050%。

饮片

【炮制】　除去杂质，洗净，稍泡，润透，切厚片，干燥。

本品呈类圆形或不规则形的厚片。根和根茎外表皮灰褐色或黑褐色，粗糙，有细纵沟和皱纹，皮较薄，有的剥落，剥落处呈灰黄色；茎外表皮浅灰色或灰褐色，无刺，幼枝黄褐色，密生细刺。切面黄白色，纤维性，茎的皮部薄，木部宽广，中心有髓。根和根茎有特异香气，味微辛、稍苦、涩；茎气微，味微辛。

【检查】　水分　同药材，不得过8.0%（附录0832第一法）。

总灰分　同药材，不得过7.0%（附录2302）。

【鉴别】（除横切面外）【浸出物】【含量测定】　同药材。

【性味与归经】　辛、微苦，温。归脾、肾、心经。

【功能】　益气健脾，补肾安神。

【主治】　脾肺气虚，四肢乏力，腰膝酸痛，躁动不安。

【用法与用量】　马、牛60~100g；羊、猪20~40g；犬、猫3~10g；兔、禽1~3g。

【贮藏】　置通风干燥处，防潮。

郁 李 仁

Yuliren

PRUNI SEMEN

本品为蔷薇科植物欧李 *Prunus humilis* Bge.、郁李 *Prunus japonica* Thunb. 或长柄扁桃 *Prunus pedunculata* Maxim. 的干燥成熟种子。前二种习称"小李仁",后一种习称"大李仁"。夏、秋二季采收成熟果实,除去果肉和核壳,取出种子,干燥。

【性状】 **小李仁** 呈卵形,长5~8mm,直径3~5mm。表面黄白色或浅棕色,一端尖,另端钝圆。尖端一侧有线形种脐,圆端中央有深色合点,自合点处向上具多条纵向维管束脉纹。种皮薄,子叶2,乳白色,富油性。气微,味微苦。

大李仁 长6~10mm,直径5~7mm。表面黄棕色。

【鉴别】 取本品粉末0.5g,加甲醇10ml,超声处理15分钟,滤过,滤液蒸干,残渣加甲醇2ml使溶解,作为供试品溶液。另取苦杏仁苷对照品,加甲醇制成每1ml含4mg的溶液,作为对照品溶液。照薄层色谱法(附录0502)试验,吸取上述两种溶液各2μl,分别点于同一硅胶G薄层板上,以三氯甲烷-乙酸乙酯-甲醇-水(3:8:5:2)10℃以下放置的下层溶液为展开剂,展开,取出,晾干,喷以磷钼酸硫酸溶液(磷钼酸2g,加水20ml使溶解,再缓缓加入硫酸30ml,混匀),在105℃加热至斑点显色清晰。供试品色谱中,在与对照品色谱相应的位置上,显相同颜色的斑点。

【检查】 **水分** 不得过6.0%(附录0832第一法)。

酸败度 照酸败度测定法(附录2303)测定。

酸值 不得过10.0。

羰基值 不得过3.0。

过氧化值 不得过0.050。

【含量测定】 照高效液相色谱法(附录0512)测定。

色谱条件与系统适用性试验 以十八烷基硅烷键合硅胶为填充剂,以乙腈-水(12:88)为流动相;检测波长为210nm。理论板数按苦杏仁苷峰计算应不低于3000。

对照品溶液制备 取苦杏仁苷对照品适量,精密称定,加甲醇制成每1ml含20μg的溶液,即得。

供试品溶液制备 取本品粉末(过二号筛)约0.2g,精密称定,置具塞锥形瓶中,精密加入甲醇20ml,称定重量,加热回流1小时,放冷,再称定重量,用甲醇补足减失的重量,摇匀,滤过,精密量取续滤液1ml,置10ml量瓶中,加甲醇至刻度,摇匀,滤过,取续滤液,即得。

测定法 分别精密吸取对照品溶液与供试品溶液各10μl,注入液相色谱仪,测定,即得。

本品按干燥品计算,含苦杏仁苷($C_{20}H_{27}NO_{11}$)不得少于2.0%。

饮片

【炮制】 除去杂质。用时捣碎。

【性状】【鉴别】【检查】【含量测定】 同药材。

【性味与归经】 辛、苦、甘,平。归脾、大肠、小肠经。

【功能】 润肠通便,下气,利水。

【主治】 肠燥便秘,宿草不转,水肿,腹水。

【用法与用量】 马、牛15~60g;羊、猪5~10g;兔、禽1~2g。

【注意】 孕畜慎用。

【贮藏】 置阴凉干燥处，防蛀。

郁　金

Yujin

CURCUMAE RADIX

本品为姜科植物温郁金 *Curcuma wenyujin* Y. H. Chen et C.Ling、姜黄 *Curcuma longa* L.、广西莪术 *Curcuma kwangsiensis* S. G. Lee et C. F. Liang 或蓬莪术 *Curcuma phaeocaulis* Val. 的干燥块根。前两者分别习称"温郁金"和"黄丝郁金"，其余按性状不同习称"桂郁金"或"绿丝郁金"。冬季茎叶枯萎后采挖，除去泥沙和细根，蒸或煮至透心，干燥。

【性状】 **温郁金**　呈长圆形或卵圆形，稍扁，有的微弯曲，两端渐尖，长3.5～7cm，直径1.2～2.5cm。表面灰褐色或灰棕色，具不规则的纵皱纹，纵纹隆起处色较浅。质坚实，断面灰棕色，角质样；内皮层环明显。气微香，味微苦。

黄丝郁金　呈纺锤形，有的一端细长，长2.5～4.5cm，直径1～1.5cm。表面棕灰色或灰黄色，具细皱纹。断面橙黄色，外周棕黄色至棕红色。气芳香，味辛辣。

桂郁金　呈长圆锥形或长圆形，长2～6.5cm，直径1～1.8cm。表面具疏浅纵纹或较粗糙网状皱纹。气微，味微辛苦。

绿丝郁金　呈长椭圆形，较粗壮，长1.5～3.5cm，直径1～1.2cm。气微，味淡。

【鉴别】 （1）本品横切面：**温郁金**　表皮细胞有时残存，外壁稍厚。根被狭窄，为4～8列细胞，壁薄，略呈波状，排列整齐。皮层宽约为根直径的1/2，油细胞难察见，内皮层明显。中柱韧皮部束与本质部束各40～55个，间隔排列；木质部束导管2～4个，并有微木化的纤维，导管多角形，壁薄，直径20～90μm。薄壁细胞中可见糊化淀粉粒。

黄丝郁金　根被最内层细胞壁增厚。中柱韧皮部束与木质部束各22～29个，间隔排列；有的木质部导管与纤维连接成环。油细胞众多。薄壁组织中随处散有色素细胞。

桂郁金　根被细胞偶有增厚，根被内方有1～2列厚壁细胞，成环，层纹明显。中柱韧皮部束与木质部束各42～48个，间隔排列；导管类圆形，直径可达160μm。

绿丝郁金　根被细胞无增厚。中柱外侧的皮层处常有色素细胞。韧皮部皱缩，木质部束64～72个，导管扁圆形。

（2）取本品粉末2g，加无水乙醇25ml，超声处理30分钟，滤过，滤液蒸干，残渣加乙醇1ml使溶解，作为供试品溶液。另取郁金对照药材2g，同法制成对照药材溶液。照薄层色谱法（附录0502）试验，吸取上述两种溶液各5μl，分别点于同一硅胶G薄层板上，以正己烷-乙酸乙酯（17:3）为展开剂，预饱和30分钟，展开，取出，晾干，喷以10%硫酸乙醇溶液，在105℃加热至斑点显色清晰。置日光和紫外光灯（365nm）下检视。供试品色谱中，在与对照药材色谱相应的位置上，显相同颜色的主斑点或荧光斑点。

【检查】 **水分**　不得过15.0%（附录0832第二法）。

总灰分　不得过9.0%（附录2302）。

饮片

【炮制】 洗净，润透，切薄片，干燥。

本品呈椭圆形或长条形薄片。外表皮灰黄色、灰褐色至灰棕色，具不规则的纵皱纹。切面灰棕色、橙黄色至灰黑色。角质样,内皮层环明显。

【鉴别】 (除横切面外)【检查】 同药材。

【性味与归经】 辛、苦,寒。归肝、心、肺经。

【功能】 行气解郁,凉血活血,利胆退黄。

【主治】 胸腹胀满,肠黄泄泻,热病神昏,湿热黄疸。

【用法与用量】 马、牛15~45g;驼30~60g;羊、猪3~10g;兔、禽0.3~1.5g。

【注意】 不宜与丁香、母丁香同用。

【贮藏】 置干燥处,防蛀。

虎 杖

Huzhang

POLYGONI CUSPIDATI RHIZOMA ET RADIX

本品为蓼科植物虎杖 *Polygonum cuspidatum* Sieb. et Zucc. 的干燥根茎和根。春、秋二季采挖,除去须根,洗净,趁鲜切短段或厚片,晒干。

【性状】 本品多为圆柱形短段或不规则厚片,长1~7cm,直径0.5~2.5cm。外皮棕褐色,有纵皱纹和须根痕,切面皮部较薄,木部宽广,棕黄色,射线放射状,皮部与木部较易分离。根茎髓中有隔或呈空洞状。质坚硬。气微,味微苦、涩。

【鉴别】 (1)本品粉末橙黄色。草酸钙簇晶极多,较大,直径30~100μm。石细胞淡黄色,类方形或类圆形,有的呈分枝状,分枝状石细胞常2~3个相连,直径24~74μm,有纹孔,胞腔内充满淀粉粒。木栓细胞多角形或不规则形,胞腔充满红棕色物。具缘纹孔导管直径56~150μm。

(2)取本品粉末0.1g,加甲醇10ml,超声处理15分钟,滤过,滤液蒸干,残渣加2.5mol/L硫酸溶液5ml,水浴加热30分钟,放冷,用三氯甲烷振摇提取2次,每次5ml,合并三氯甲烷液,蒸干,残渣加三氯甲烷1ml使溶解,作为供试品溶液。另取虎杖对照药材0.1g,同法制成对照药材溶液。再取大黄素对照品、大黄素甲醚对照品,加甲醇制成每1ml各含1mg的溶液,作为对照品溶液。照薄层色谱法(附录0502)试验,吸取供试品溶液和对照药材溶液各4μl、对照品溶液各1μl,分别点于同一硅胶G薄层板上,以石油醚(30~60℃)-甲酸乙酯-甲酸(15:5:1)的上层溶液为展开剂,展开,取出,晾干,置紫外光灯(365nm)下检视。供试品色谱中,在与对照药材色谱和对照品色谱相应的位置上,显相同颜色的荧光斑点;置氨蒸气中熏后,斑点变为红色。

【检查】 水分 不得过12.0%(附录0832第一法)。

总灰分 不得过5.0%(附录2302)。

酸不溶性灰分 不得过1.0%(附录2302)。

【浸出物】 照醇溶性浸出物测定法(附录2201)项下的冷浸法测定,用乙醇作为溶剂,不得少于9.0%。

【含量测定】 大黄素 照高效液相色谱法(附录0512)测定。

色谱条件与系统适用性试验 以十八烷基硅烷键合硅胶为填充剂;以甲醇-0.1%磷酸溶液(80:20)为流动相;检测波长为254nm。理论板数按大黄素峰计算应不低于3000。

对照品溶液的制备 取经五氧化二磷为干燥剂减压干燥24小时的大黄素对照品适量,精密称定,加甲醇制成每1ml含48μg的溶液,即得。

供试品溶液的制备 取本品粉末（过三号筛）约0.1g，精密称定，精密加入三氯甲烷25ml和2.5mol/L硫酸溶液20ml，称定重量，置80℃水浴中加热回流2小时，冷却至室温，再称定重量，用三氯甲烷补足减失的重量，摇匀。分取三氯甲烷液，精密量取10ml，蒸干，残渣加甲醇使溶解，转移至10ml量瓶中，加甲醇稀释至刻度，摇匀，滤过，取续滤液，即得。

测定法 分别精密吸取对照品溶液与供试品溶液各5μl，注入液相色谱仪，测定，即得。

本品按干燥品计算，含大黄素（$C_{15}H_{10}O_5$）不得少于0.60%。

虎杖苷 避光操作。照高效液相色谱法（附录0512）测定。

色谱条件与系统适用性试验 以十八烷基硅烷键合硅胶为填充剂；以乙腈-水（23:77）为流动相；检测波长为306nm。理论板数按虎杖苷峰计算应不低于3000。

对照品溶液的制备 取经五氧化二磷为干燥剂减压干燥24小时的虎杖苷对照品适量，精密称定，加稀乙醇制成每1ml含15μg的溶液，即得。

供试品溶液的制备 取本品粉末（过三号筛）约0.1g，精密称定，精密加入稀乙醇25ml，称定重量，加热回流30分钟，冷却至室温，再称定重量，用稀乙醇补足减失的重量，摇匀，取上清液，滤过，取续滤液，即得。

测定法 分别精密吸取对照品溶液与供试品溶液各10μl，注入液相色谱仪，测定，即得。

本品按干燥品计算，含虎杖苷（$C_{20}H_{22}O_8$）不得少于0.15%。

饮片

【炮制】 除去杂质，洗净，润透，切厚片，干燥。

【性味与归经】 微苦，微寒。归肝、胆、肺经。

【功能】 利湿退黄，清热解毒，活血定痛，止咳化痰。

【主治】 湿热黄疸，产后血瘀，淋浊，风湿痹痛，痈肿疮毒，烫火伤，跌打损伤，肺热咳嗽。

【用法与用量】 马、牛30~100g；羊、猪15~30g；兔、禽1~2g。

外用适量。

【注意】 孕畜慎用。

【贮藏】 置干燥处，防霉，防蛀。

昆　布

Kunbu

LAMINARIAE THALLUS

ECKLONIAE THALLUS

本品为海带科植物海带 *Laminaria japonica* Aresch. 或翅藻科植物昆布 *Ecklonia kurome* Okam. 的干燥叶状体。夏、秋二季采捞，晒干。

【性状】 **海带** 卷曲折叠成团状，或缠结成把。全体呈黑褐色或绿褐色，表面附有白霜。用水浸软则膨胀成扁平长带状，长50~150cm，宽10~40cm，中部较厚，边缘较薄而呈波状。类革质，残存柄部扁圆柱状。气腥，味咸。

昆布 卷曲皱缩成不规则团状。全体呈黑色，较薄。用水浸软则膨胀呈扁平的叶状，长宽为16~26cm，厚约1.6mm，两侧呈羽状深裂，裂片呈长舌状，边缘有小齿或全缘。质柔滑。

【鉴别】 （1）本品体厚，以水浸泡即膨胀，表面黏滑，附着透明黏液质。手捻不分层者为海带，分层者为昆布。

（2）取本品约10g，剪碎，加水200ml，浸泡数小时，滤过，滤液浓缩至约100ml。取浓缩液2~3ml，加硝酸1滴与硝酸银试液数滴，即生成黄色乳状沉淀，在氨试液中微溶解，在硝酸中不溶解。

【检查】 水分　不得过16.0%（附录0832第一法）。

总灰分　不得过46%（附录2302）。

重金属及有害元素　照铅、镉、砷、汞、铜测定法（附录2321）测定，铅不得过5mg/kg；镉不得过4mg/kg；汞不得过0.1mg/kg；铜不得过20mg/kg。

【浸出物】 照醇溶性浸出物测定法（附录2201）项下的热浸法测定，用乙醇作溶剂，不得少于7.0%。

【含量测定】 碘　取本品约10g，剪碎，精密称定，置瓷皿中，缓缓加热炽灼，温度每上升100℃维持10分钟，升温至400~500℃时维持40分钟，取出，放冷。炽灼残渣置烧杯中，加水100ml，煮沸约5分钟，滤过，残渣用水重复处理2次，每次100ml，滤过，合并滤液，残渣再用热水洗涤3次，洗液与滤液合并，加热浓缩至约80ml，放冷，浓缩液转移至100ml量瓶中，加水至刻度，摇匀，精密量取5ml，置具塞锥形瓶中，加水50ml与甲基橙指示液2滴，滴加稀硫酸至显红色，加新制的溴试液5ml，加热至沸，沿瓶壁加20%甲酸钠溶液5ml，再加热10~15分钟，用热水洗瓶壁，放冷，加稀硫酸5ml与15%碘化钾溶液5ml，立即用硫代硫酸钠滴定液（0.01mol/L）滴定至淡黄色，加淀粉指示液1ml，继续滴定至蓝色消失。每1ml硫代硫酸钠滴定液（0.01mol/L）相当于0.2115mg的碘（I）。

本品按干燥品计算，海带含碘（I）不得少于0.35%；昆布含碘（I）不得少于0.20%。

多糖　对照品溶液的制备　取岩藻糖对照品适量，精密称定，加水制成每1ml含0.12mg的溶液，即得。

标准曲线的制备　精密吸取对照品溶液0.2ml、0.4ml、0.6ml、0.8ml、1.0ml、1.2ml，分别置15ml具塞试管中，各加水至2.0ml，迅速精密加入0.1%蒽酮硫酸溶液6ml，立即摇匀，放置15分钟，立即置冰浴中冷却15分钟，取出，以相应试剂为空白，照紫外-可见分光光度法（附录0401），在580nm波长处测定吸光度，以吸光度为纵坐标，浓度为横坐标，绘制标准曲线。

测定法　取本品粉末（过三号筛）约1g，精密称定，置圆底烧瓶中，加水200ml，静置1小时，加热回流4小时，放冷，转移至250ml的离心杯中离心（转速为每分钟9000转）30分钟。吸取上清液，转移至250ml量瓶中，沉淀用少量水分次洗涤，移置50ml离心管中，离心（转速为每分钟9000转）30分钟。吸取上清液，置同一量瓶中，加水至刻度，摇匀。精密量取上清液5ml，置100ml离心管中，边搅拌边缓慢滴加乙醇75ml，摇匀，4℃放置12小时，取出，离心（转速为每分钟9000转）30分钟，弃去上清液，沉淀加沸水适量溶解，放冷，转移至20ml量瓶中，加水至刻度，摇匀，离心，精密量取上清液2ml，置15ml具塞试管中，照标准曲线的制备项下的方法，自"迅速精密加入0.1%蒽酮硫酸溶液6ml"起，依法测定吸光度，从标准曲线上读出供试品溶液中含岩藻糖的重量（mg），计算，即得。

本品按干燥品计算，含昆布多糖以岩藻糖（$C_6H_{12}O_5$）计，不得少于2.0%。

饮片

【炮制】 除去杂质，漂净，稍晾，切宽丝，晒干。

【鉴别】【检查】【含量测定】 同药材。

【性味与归经】 咸，寒。归肝、胃、肾经。

【功能】 软坚散结，消痰，利水。

【主治】 水肿积聚，瘰疬，睾丸肿痛。

【用法与用量】 马、牛15~60g；羊、猪3~15g。

【贮藏】 置干燥处。

岩　陀

Yantuo

RODGERSIAE RHIZOMA

　　本品系傈僳族、苗族习用药材，为虎耳草科植物羽状鬼灯檠 *Rodgersia pinnata* Franch. 或西南鬼灯檠 *Rodgersia sanbucifolia* Hemsl. 的干燥根茎。秋季采挖，除去粗皮及须根，晒干。

　　【性状】 本品呈扁圆柱形，长8~30cm，直径1.5~6cm。表面暗褐色，常有纵皱纹，上侧有数个黄褐色茎痕，其周围有棕褐色鳞片及残留叶基，下侧有残存须状根及根痕。质硬，不易折断，断面粉红色或黄白色，有纤维状突起及多数白色闪亮小点。气微，味涩、苦。

　　【鉴别】 （1）本品横切面：木栓层为15~25列细胞。皮层中偶有根迹维管束。维管束外韧型，大小不一，断续环列，有的韧皮部外侧有纤维束，木质部内侧的导管中常含黄棕色物质，束内形成层明显。射线宽窄不一。髓部宽大，髓周有维管束散在，其韧皮部位于内侧，木质部位于外侧。薄壁细胞中含淀粉及草酸钙针晶束。

　　（2）取本品粉末0.5g，加甲醇15ml，超声提取15分钟，滤过，取滤液作为供试品溶液。取岩白菜素对照品，加甲醇制成每1ml含1mg的溶液，作为对照品溶液。照薄层色谱法（附录0502）试验，吸取上述两种溶液各2μl，分别点于同一硅胶G薄层板上，以石油醚（60~90℃）-乙酸乙酯-甲醇（9:8:4）为展开剂，展开，取出，晾干，喷以2%三氯化铁-2%铁氰化钾（临用时等量混合）的混合溶液。供试品色谱中，在与对照品色谱相应的位置上，显相同颜色的斑点。

　　【检查】 水分 应不得过13.0%（附录0832）。

饮片

【炮制】 除去杂质，洗净，润透，切薄片，晒干。

【性味】 苦、微涩，凉。

【功能】 解热，祛风除湿，舒经活血，收敛止血。

【主治】 风湿痹痛，肠黄，痢疾，跌打损伤，外伤出血。

【用法与用量】 马、牛30~100g；羊、猪10~15g。外用适量。

【贮藏】 置干燥处。

败　酱　草

Baijiangcao

PATRINIAE HERBA

　　本品为败酱科植物黄花龙牙 *Patrinia scabiosaefolia* Fisch. 或白花败酱 *Patrinia villosa* Juss. 的干燥全草。夏季花开前采挖，晒至半干，扎成束，再阴干。

【性状】 黄花龙牙 全长50～100cm。根茎呈圆柱形，多向一侧弯曲，直径0.3～1cm；表面暗棕色至紫棕色，有节，节间长多不超过2cm；节上有细根。茎圆柱形，直径2～8mm；表面黄绿色至黄棕色，节明显，常有倒生粗毛；质脆，断面有髓或呈细小空洞。叶对生，叶片薄，多蜷缩或破碎；完整叶片羽状深裂至全裂，裂片5～11，先端裂片较大，长椭圆形或卵形，两侧裂片狭椭圆形至条形，边缘有粗锯齿，上表面深绿色或黄棕色，下表面色较浅，两面疏生白毛，有短柄或近无柄，基部略苞茎；茎上部叶较小，常3裂，裂片狭长，有的枝端带有伞房状聚伞圆锥花序。气特异，味微苦。

白花败酱 根茎节间长3～6cm，着生数条粗壮的根。茎无分枝，表面有倒生的白色长毛及纵向纹理，断面中空。茎生叶多不分裂，基生叶常有1～4对侧裂片；叶柄长1～4cm，有翼。

【鉴别】 （1）叶的表面观：黄花龙牙 上表皮细胞表面有角质线纹，垂周壁多平直，略呈连珠状增厚；下表皮细胞垂周壁略弯曲。气孔不定式。非腺毛多存在于叶缘及脉，单细胞长200～1250μm，壁厚，表面有细小粒状突起；腺毛多存在于下表皮，头部4个细胞，近球形，直径25～40μm，柄短，单细胞。草酸钙簇晶存在于海绵组织中，直径30μm。

白花败酱 非腺毛长不超过550μm，壁较薄，无草酸钙簇晶。

（2）取本品叶的粗粉0.5g，加水10ml，置水浴上加热10分钟，滤过，取滤液2ml置具塞试管中，密闭，强力振摇1分钟，产生持久性泡沫，放置10分钟不消失。

（3）取〔鉴别〕（2）项下的滤液，点于滤纸上，干后置紫外光灯（365nm）下检视，显浅紫蓝色荧光；再加1%氢氧化钠溶液1滴，则显绿黄色荧光。

（4）黄花龙牙取本品粉末4g，加甲醇20ml，超声处理15分钟，离心，取上清液作为供试品溶液。另取齐墩果酸对照品和常春藤皂苷元对照品，用甲醇分别制成每1ml含1mg的溶液，作为对照品溶液。照薄层色谱法（附录0502）试验，吸取供试品溶液10～20μl、齐墩果酸对照品溶液10μl、常春藤皂苷元对照品溶液2μl，分别点于同一硅胶G薄层板上，以甲苯-乙酸乙酯-冰醋酸（14:4:0.5）为展开剂，置展开缸中预饱和15分钟，展开，取出，晾干，喷以10%硫酸乙醇溶液，在105℃加热至斑点显色清晰。供试品色谱中，在与对照品色谱相应的位置上，显相同颜色的斑点；置紫外光灯（365nm）下检视，显相同颜色的荧光斑点。

饮片

【炮制】 除去杂质，喷淋清水，稍润，切断，晒干。

【性味与归经】 辛、苦、凉。归胃、大肠、肝经。

【功能】 清热解毒，祛瘀止痛，消肿排脓。

【主治】 肠黄痢疾，目赤肿痛，疮黄疔毒。

【用法与用量】 马、牛30～120g；羊、猪15～30g。

【贮藏】 置阴凉干燥处。

知 母

Zhimu

ANEMARRHENAE RHIZOMA

本品为百合科植物知母 *Anemarrhena asphodeloides* Bge. 的干燥根茎。春、秋二季采挖，除去须根和泥沙，晒干，习称"毛知母"；或除去外皮，晒干。

【性状】 本品呈长条状，微弯曲，略扁，偶有分枝，长3～15cm，直径0.8～1.5cm，一端有浅黄色的茎叶残痕。表面黄棕色至棕色，上面有一凹沟，具紧密排列的环状节，节上密生黄棕色的残存叶基，由两侧向根茎上方生长；下面隆起而略皱缩，并有凹陷或突起的点状根痕。质硬，易折断，断面黄白色。气微，味微甜、略苦，嚼之带黏性。

【鉴别】　（1）本品粉末黄白色。黏液细胞类圆形、椭圆形或梭形，直径53～247μm，胞腔内含草酸钙针晶束。草酸钙针晶成束或散在，长26～110μm。

（2）取本品粉末0.5g，加稀乙醇10ml，超声处理20分钟，取上清液作为供试品溶液。另取芒果苷对照品，加稀乙醇制成每1ml含0.5mg的溶液，作为对照品溶液。照薄层色谱法（附录0502）试验，吸取上述两种溶液各4μl，分别点于同一聚酰胺薄膜上，以乙醇-水（1：1）为展开剂，展开，取出，晾干，置紫外光灯（365nm）下检视。供试品色谱中，在与对照品色谱相应的位置上，显相同颜色的荧光斑点。

（3）取本品粉末0.2g，加30%丙酮10ml，超声处理20分钟，取上清液作为供试品溶液。另取知母皂苷B II 对照品，加30%丙酮制成每1ml含1mg的溶液，作为对照品溶液。照薄层色谱法（附录0502）试验，吸取上述两种溶液各4μl，分别点于同一硅胶G薄层板上，以正丁醇-冰醋酸-水（4：1：5）的上层溶液为展开剂，展开，取出，晾干，喷以香草醛硫酸试液，在105℃加热至斑点显色清晰。供试品色谱中，在与对照品色谱相应的位置上，显相同颜色的斑点。

【检查】　**水分**　不得过12.0%（附录0832第一法）。

总灰分　不得过9.0%（附录2302）。

酸不溶性灰分　不得过4.0%（附录2302）。

【含量测定】　**芒果苷**　照高效液相色谱法（附录0512）测定。

色谱条件与系统适用性试验　以十八烷基硅烷键合硅胶为填充剂；以乙腈-0.2%冰醋酸水溶液（15：85）为流动相；检测波长为258nm。理论板数按芒果苷峰计算应不低于6000。

对照品溶液的制备　取芒果苷对照品适量，精密称定，加稀乙醇制成每1ml含50μg的溶液，即得。

供试品溶液的制备　取本品粉末（过三号筛）约0.1g，精密称定，置具塞锥形瓶中，精密加入稀乙醇25ml，称定重量，超声处理（功率400W，频率40kHz）30分钟，放冷，再称定重量，用稀乙醇补足减失的重量，摇匀。滤过，取续滤液，即得。

测定法　分别精密吸取对照品溶液和供试品溶液各10μl，注入液相色谱仪，测定，即得。

本品按干燥品计算，含芒果苷（$C_{19}H_{18}O_{11}$）不得少于0.70%。

知母皂苷B II　照高效液相色谱法（附录0512）测定。

色谱条件与系统适用性试验　以辛烷基硅烷键合硅胶为填充剂；以乙腈-水（25：75）为流动相；蒸发光散射检测器检测。理论板数按知母皂苷B II 峰计算应不低于10 000。

对照品溶液的制备　取知母皂苷B II 对照品适量，精密称定，加30%丙酮制成每1ml含0.50mg的溶液，即得。

供试品溶液的制备　取本品粉末（过三号筛）约0.15g，精密称定，置具塞锥形瓶中，精密加入30%丙酮25ml，称定重量，超声处理（功率400W，频率40kHz）30分钟，取出，放冷，再称定重量，用30%丙酮补足减失的重量，摇匀。滤过，取续滤液，即得。

测定法　分别精密吸取对照品溶液5μl、10μl，供试品溶液5～10μl，注入液相色谱仪，测定，用外标两点法对数方程计算，即得。

本品按干燥品计算，含知母皂苷B II（$C_{45}H_{76}O_{19}$）不得少于3.0%。

饮片

【炮制】　**知母**　除去杂质，洗净，润透，切厚片，干燥，去毛屑。

本品呈不规则类圆形的厚片。外表皮黄棕色或棕色，可见少量残存的黄棕色叶基纤维和凹陷或突起的点状根痕。切面黄白色至黄色。气微，味微甜、略苦，嚼之带黏性。

【检查】　酸不溶性灰分　同药材，不得过2.0%。

【含量测定】　同药材，含芒果苷（$C_{19}H_{18}O_{11}$）不得少于0.50%，含知母皂苷B II（$C_{45}H_{76}O_{19}$）不得少3.0%。

【鉴别】【检查】　（水分总灰分）同药材。

盐知母　取知母片，照盐水炙法（附录0203）炒干。

本品形如知母片，色黄或微带焦斑，味微咸。

【检查】　酸不溶性灰分　同药材，不得过2.0%。

【含量测定】　同药材，含芒果苷（$C_{19}H_{18}O_{11}$）不得少于0.40%，含知母皂苷B II（$C_{45}H_{76}O_{19}$）不得少于2.0%。

【鉴别】【检查】　（水分总灰分）同药材。

【性味与归经】　苦、甘，寒。归肺、胃、肾经。

【功能】　清热泻火，滋阴润燥。

【主治】　外感热病，胃热，肺热咳嗽，肠燥便秘，阴虚内热。

【用法与用量】　马、牛20～60g；驼45～100g；羊、猪5～15g；兔、禽1～2g。

【贮藏】　置通风干燥处，防潮。

委　陵　菜

Weilingcai

POTENTILLAE CHINENSIS HERBA

本品为蔷薇科植物委陵菜 *Potentilla chinensis* Ser. 的干燥全草。春季未抽茎时采挖，除去泥沙，晒干。

【性状】　本品根呈圆柱形或类圆锥形，略扭曲，有的有分枝，长5～17cm，直径0.5～1.5cm；表面暗棕色或暗紫红色，有纵纹，粗皮易成片状剥落；根茎部稍膨大；质硬，易折断，断面皮部薄，暗棕色，常与木部分离，射线呈放射状排列。叶基生，单数羽状复叶，有柄；小叶12～31对，狭长椭圆形，边缘羽状深裂，下表面和叶柄均灰白色，密被灰白色绒毛。气微，味涩、微苦。

【鉴别】　（1）本品粉末灰褐色。非腺毛极多，单细胞两种：一种薄壁，极细长，长约4000μm，直径3～6μm，缠结成团；另一种厚壁，长短不一，长者多碎断，平直或略有弯曲，胞腔较大，短者多弯曲或扭曲，或成钩状或平直，长多在20～200μm，直径6～72μm。草酸钙簇晶存在于叶肉组织或薄壁组织中，直径6～65μm。木纤维长梭形，直径7～14μm，壁稍厚，孔沟明显。木栓细胞类多角形或扁长方形，内含黄棕色物。

（2）取本品粉末2g，加乙醇20ml，浸润10分钟，加热回流1小时，放冷，滤过，滤液浓缩至3ml，作为供试品溶液。另取委陵菜对照药材2g，同法制成对照药材溶液。再取没食子酸对照品，加乙醇制成每1ml含0.5mg的溶液，作为对照品溶液。照薄层色谱法（附录0502）试验，吸取上述三种溶液各2～4μl，分别点于同一硅胶G薄层板上，以甲苯-甲酸乙酯-甲酸（5:4:1）为展开剂，展开，取出，晾干，喷以2%三氯化铁溶液与铁氰化钾试液等量的混合溶液。供试品色谱中，在与对照药材色谱和对照品色谱相应的位置上，显相同的蓝色斑点。

【检查】 **水分** 不得过13.0%（附录0832第一法）。

总灰分 不得过14.0%（附录2302）。

酸不溶性灰分 不得过4.0%（附录2302）。

【浸出物】 照醇溶性浸出物测定法（附录2201）项下的热浸法测定，用稀乙醇作溶剂，不得少于19.0%。

【含量测定】 照高效液相色谱法（附录0512）测定。

色谱条件与系统适用性试验 以十八烷基硅烷键合硅胶为填充剂；以甲醇-0.1%的磷酸溶液（6:94）为流动相；检测波长为272nm。理论板数按没食子酸峰计算应不低于5000。

对照品溶液的制备 取没食子酸对照品适量，精密称定，加50%甲醇制成每1ml含10μg的溶液，即得。

供试品溶液的制备 取本品粉末（过四号筛）约0.5g，精密称定，置具塞锥形瓶中，精密加入4mol/L盐酸溶液50ml。称定重量，加热回流4小时，放冷，再称定重量，用4mol/L盐酸溶液补足减失的重量，摇匀，滤过，取续滤液，即得。

测定法 精密吸取对照品溶液与供试品溶液各10μl，注入液相色谱仪，测定，即得。

本品按干燥品计算，含没食子酸（$C_7H_6O_5$）不得少于0.030%。

饮片

【炮制】 除去杂质，洗净，润透，切段，干燥。

本品为不规则的段。根表面暗棕色或暗紫红色，栓皮易成片状剥落。切面皮部薄，暗棕色，常与木质部分离，射线呈放射状排列。叶边缘羽状深裂，下表面和叶柄均密被灰白色绒毛。气微，味涩、微苦。

【浸出物】 同药材，不得少于17.0%。

【含量测定】 同药材，含没食子酸（$C_7H_6O_5$）不得少于0.024%。

【鉴别】【检查】 同药材。

【性味与归经】 苦，寒。归肝、大肠经。

【功能】 清热解毒，凉血止痢。

【主治】 痢疾，便血，鼻衄，疮疡肿毒。

【用法与用量】 马、牛30～120g；羊、猪15～30g。

【贮藏】 置通风干燥处。

使 君 子

Shijunzi

QUISQUALIS FRUCTUS

本品为使君子科植物使君子 *Quisqualis indica* L. 的干燥成熟果实。秋季果皮变紫黑色时采收，除去杂质，干燥。

【性状】 本品呈椭圆形或卵圆形，具5条纵棱，偶有4～9棱，长2.5～4cm，直径约2cm。表面黑褐色至紫黑色，平滑，微具光泽。顶端狭尖，基部钝圆，有明显圆形的果梗痕。质坚硬，横切面多呈五角星形，棱角处壳较厚，中间呈类圆形空腔。种子长椭圆形或纺锤形，长约2cm，直径约

1cm；表面棕褐色或黑褐色，有多数纵皱纹；种皮薄，易剥离；子叶2，黄白色，有油性，断面有裂隙。气微香，味微甜。

【鉴别】 （1）本品粉末棕色。种皮网纹细胞较多，椭圆形或不规则形，壁稍厚，具密集网状纹孔。果皮木化细胞众多，纺锤状，类椭圆形或不规则形，多破碎，壁稍厚，具密集纹孔。果皮表皮细胞黄棕色，表面观呈多角形。种皮表皮细胞黄色至黄棕色，表面观呈类长方形或多角形，有的含黄棕色物。纤维直径7~34μm，多成束。草酸钙簇晶，直径5~49μm，散在或存在于子叶细胞中。

（2）取本品粉末1g，加乙醚20ml，超声处理10分钟，滤过，滤液挥干，残渣加乙酸乙酯2ml使溶解，作为供试品溶液。另取使君子仁对照药材1g，同法制成对照药材溶液。照薄层色谱法（附录0502）试验，吸取上述两种溶液各1~2μl，分别点于同一硅胶G薄层板上，以石油醚（30~60℃）-乙酸乙酯（4:1）为展开剂，展开，取出，晾干，喷以10%硫酸乙醇溶液，在105℃加热至斑点显色清晰。供试品色谱中，在与对照药材色谱相应的位置上，显相同颜色的斑点。

【检查】 黄曲霉毒素 照黄曲霉毒素测定法（附录2351）测定。

本品每1000g含黄曲霉毒素B$_1$不得过5μg，黄曲霉毒素G$_2$、黄曲霉毒素G$_1$、黄曲霉毒素B$_2$和黄曲霉毒素B$_1$的总量不得过10μg。

【含量测定】 照高效液相色谱法（附录0512）测定。

色谱条件与系统适用性试验 以氨基键合硅胶为填充剂；以乙腈-水（80:20）为流动相；检测波长为265nm。理论板数按胡芦巴碱峰计算应不低于4000。

对照品溶液的制备 取胡芦巴碱对照品适量，精密称定，加50%甲醇制成每1ml含0.1mg的溶液，即得。

供试品溶液的制备 取本品种子粉末（过二号筛）约0.5g，精密称定，置具塞锥形瓶中，精密加入50%甲醇20ml，称定重量，超声处理（功率250W，频率33kHz）30分钟，放冷，再称定重量，用50%甲醇补足减失的重量，摇匀，滤过，取续滤液，即得。

测定法 分别精密吸取对照品溶液与供试品溶液各10μl，注入液相色谱仪，测定，即得。

本品种子含胡芦巴碱（C$_7$H$_7$NO$_2$）不得少于0.20%。

饮片
【炮制】 使君子 除去杂质。用时捣碎。

【性状】【鉴别】【检查】【含量测定】 同药材。

使君子仁 取净使君子，除去外壳。

本品呈长椭圆形或纺锤形，长约2cm，直径约1cm。表面棕褐色或黑褐色，有多数纵皱纹。种皮易剥离，子叶2，黄白色，有油性，断面有裂隙。气微香，味微甜。

【鉴别】【含量测定】 同药材。

炒使君子仁 取使君子仁，照清炒法（附录0203）炒至有香气。

本品形如使君子仁，表面黄白色，有多数纵皱纹；有时可见残留有棕褐色种皮。气香，味微甜。

【鉴别】【含量测定】 同药材。

【性味与归经】 甘，温。归脾、胃经。

【功能】 杀虫消积。

【主治】 虫积腹痛，蛔虫病，蛲虫病。

【用法与用量】 马、牛30~90g；羊、猪6~12g；兔、禽1.5~3g。

【贮藏】 置通风干燥处，防霉，防蛀。

侧　柏　叶

Cebaiye

PLATYCLADI CACUMEN

本品为柏科植物侧柏 *Platycladus orientalis*（L.）Franco的干燥枝梢和叶。多在夏、秋二季采收，阴干。

【性状】　本品多分枝，小枝扁平。叶细小鳞片状，交互对生，贴伏于枝上，深绿色或黄绿色。质脆，易折断。气清香，味苦涩、微辛。

【鉴别】　（1）本品粉末黄绿色。叶上表皮细胞长方形，壁略厚。下表皮细胞类方形；气孔甚多，凹陷型，保卫细胞较大，侧面观呈哑铃状。薄壁细胞含油滴。纤维细长，直径约18μm。具缘纹孔管胞有时可见。

（2）取本品粉末3g，置索氏提取器中，加乙醚适量，加热回流至提取液无色，弃去乙醚液，药渣挥干乙醚，加70%乙醇50ml，加热回流1小时，趁热滤过，滤液蒸干，残渣加水25ml使溶解，加盐酸3ml，加热水解30分钟，立即冷却，用乙酸乙酯振摇提取2次，每次20ml，合并乙酸乙酯液，用水洗涤3次，每次10ml，水浴蒸干，残渣加甲醇5ml溶解，作为供试品溶液。另取槲皮素对照品，加乙醇制成每1ml含0.1mg的溶液，作为对照品溶液。照薄层色谱法（附录0502）试验，吸取供试品溶液和对照品溶液各3μl，分别点于同一高效硅胶G薄层板上，以甲苯-乙酸乙酯-甲酸（5:2:1）的上层溶液为展开剂，展开，取出，晾干，喷以1%三氯化铝乙醇溶液，置紫外光灯（365nm）下检视。供试品色谱中，在与对照品色谱相应的位置上，显相同颜色的荧光斑点。

【检查】　杂质　不得过6%（附录2301）。

水分　不得过11.0%（附录0832第二法）。

总灰分　不得过10.0%（附录2302）。

酸不溶性灰分　不得过3.0%（附录2302）。

【浸出物】　照醇溶性浸出物测定法（附录2201）项下的热浸法测定，用乙醇作溶剂，不得少于15.0%。

【含量测定】　照高效液相色谱法（附录0512）测定。

色谱条件与系统适用性试验　以十八烷基硅烷键合硅胶为填充剂；以甲醇-0.01mol/L磷酸二氢钾溶液-冰醋酸（40:60:1.5）为流动相；检测波长为254nm。理论板数按槲皮苷峰计算应不低于1500。

对照品溶液的制备　取槲皮苷对照品适量，精密称定，加甲醇制成每1ml含50μg的溶液，即得。

供试品溶液的制备　取本品粉末约0.5g，精密称定，置具塞锥形瓶中，精密加入甲醇20ml，密塞，称定重量，超声处理30分钟，放冷，再称定重量，用甲醇补足减失的重量，摇匀，滤过，取续滤液，即得。

测定法　分别精密吸取对照品溶液与供试品溶液各10μl，注入液相色谱仪，测定，即得。

本品按干燥品计算，含槲皮苷（$C_{21}H_{20}O_{11}$）不得少于0.10%。

饮片

【炮制】　侧柏叶　除去硬梗及杂质。

【性状】【鉴别】【检查】（水分）【浸出物】【含量测定】　同药材。

侧柏炭　取净侧柏叶，照炒炭法（附录0203）炒至表面黑褐色，内部焦黄色。’

本品形如侧柏叶，表面黑褐色。质脆，易折断；断面焦黄色。气香，味微苦涩。

【鉴别】 取本品粉末4g，加甲醇20ml，超声处理1小时，放冷，滤过，滤液蒸干，残渣加甲醇1ml使溶解，作为供试品溶液。另取槲皮素对照品，加甲醇制成每1ml含0.3mg的溶液，作为对照品溶液。照薄层色谱法（附录0502）试验，吸取上述两种溶液各10μl，分别点于同一硅胶G薄层板上，以甲苯-乙酸乙酯-甲酸（5∶2∶1）为展开剂，展开，取出，晾干，喷以1%三氯化铝乙醇溶液，置紫外光灯（365nm）下检视。供试品色谱中，在与对照品色谱相应的位置上，显相同颜色的荧光斑点。

【浸出物】 同药材。

【性味与归经】 苦、涩，寒。归肺、肝、脾经。

【功能】 凉血止血。

【主治】 衄血，咯血，便血，尿血，子宫出血。

【用法与用量】 马、牛15～60g；羊、猪5～15g；兔、禽0.5～1.5g。

【贮藏】 置干燥处。

佩 兰

Peilan

EUPATORII HERBA

本品为菊科植物佩兰 *Eupatorium fortunei* Turcz. 的干燥地上部分。夏、秋二季分两次采割，除去杂质，晒干。

【性状】 本品茎呈圆柱形，长30～100cm，直径0.2～0.5cm；表面黄棕色或黄绿色，有的带紫色，有明显的节和纵棱线；质脆，断面髓部白色或中空。叶对生，有柄，叶片多皱缩、破碎，绿褐色；完整叶片3裂或不分裂，分裂者中间裂片较大，展平后呈披针形或长圆状披针形，基部狭窄，边缘有锯齿；不分裂者展平后呈卵圆形、卵状披针形或椭圆形。气芳香，味微苦。

【鉴别】 （1）本品叶表面观：上表皮细胞垂周壁略弯曲；下表皮细胞垂周壁波状弯曲，偶见非腺毛，由3～6细胞组成，长可达105μm；叶脉上非腺毛较长，由7～8细胞组成，长120～160μm。气孔不定式。

（2）取本品粉末1g，加石油醚（30～60℃）15ml，超声处理10分钟，滤过，滤液挥干，残渣加石油醚（30～60℃）1ml使溶解，作为供试品溶液。另取佩兰对照药材1g，同法制成对照药材溶液。照薄层色谱法（附录0502）试验，吸取上述两种溶液各5μl，分别点于同一硅胶G薄层板上，以石油醚（30～60℃）-乙酸乙酯（19∶1）为展开剂，展开，取出，晾干，喷以香草醛硫酸试液，加热至斑点显色清晰。供试品色谱中，在与对照药材色谱相应的位置上，显相同颜色的斑点。

【检查】 水分 不得过11.0%（附录0832第二法）。

总灰分 不得过11.0%（附录2302）。

酸不溶性灰分 不得过2.0%（附录2302）。

【含量测定】 照挥发油测定法（附录2204甲法）测定。

本品含挥发油不得少于0.30%（ml/g）。

饮片

【炮制】 除去杂质，洗净，稍润，切段，干燥。

本品呈不规则的段。茎圆柱形，表面黄棕色或黄绿色，有的带紫色，有明显的节和纵棱线。切面髓部白色或中空。叶对生，叶片多皱缩、破碎，绿褐色。气芳香，味微苦。

【含量测定】 同药材，含挥发油不得少于0.25%（ml/g）。

【鉴别】【检查】 同药材。

【性味与归经】 辛，平。归脾、胃、肺经。

【功能】 芳香化湿，醒脾开胃，发表解暑。

【主治】 伤暑，食欲不振。

【用法与用量】 马、牛15～40g；羊、猪5～15g。

【贮藏】 置阴凉干燥处。

金　果　榄

Jinguolan

TINOSPORAE RADIX

本品为防己科植物青牛胆 *Tinospora sagittata*（Oliv.）Gagnep. 或金果榄 *Tinospora capillipes* Gagnep. 的干燥块根。秋、冬二季采挖，除去须根，洗净，晒干。

【性状】 本品呈不规则圆块状，长5～10cm，直径3～6cm。表面棕黄色或淡褐色，粗糙不平，有深皱纹。质坚硬，不易击碎、破开，横断面淡黄白色，导管束略呈放射状排列，色较深。气微，味苦。

【鉴别】 （1）本品粉末黄白色或灰白色。石细胞众多，淡黄色或黄色，类长方形或多角形，直径18～66μm，壁多三面增厚，胞腔内含草酸钙方晶。草酸钙方晶呈方形或长方形，直径4～28μm。木栓细胞黄棕色或金黄色，表面观呈多角形，微木化。淀粉粒甚多，类球形、盔帽形或多角状圆形，直径4～40μm，脐点人字形、短弧状或点状；复粒由2～5分粒组成。

（2）取本品粉末1g，加甲醇20ml，超声处理30分钟，滤过，滤液蒸干，残渣加甲醇2ml使溶解，作为供试品溶液。另取古伦宾对照品，加甲醇制成每1ml含0.5mg的溶液，作为对照品溶液。照薄层色谱法（附录0502）试验，吸取上述两种溶液各2～3μl，分别点于同一硅胶G薄层板上，以环己烷-乙酸乙酯-甲醇-浓氨试液（10∶9∶6∶1）的上层溶液为展开剂，展开，取出，晾干，喷以10%硫酸乙醇溶液，在105℃加热至斑点显色清晰，置日光和紫外光灯（365nm）下检视。供试品色谱中，在与对照品色谱相应的位置上，显相同颜色的斑点或荧光斑点。

【检查】 **水分** 不得过13.0%（附录0832第一法）。

总灰分 不得过7.0%（附录2302）。

【浸出物】 照醇溶性浸出物测定法（附录2201）项下的热浸法测定，用乙醇作溶剂，不得少于7.0%。

【含量测定】 照高效液相色谱法（附录0512）测定。

色谱条件与系统适用性试验 以十八烷基硅烷键合硅胶为填充剂；以乙腈-水（40∶60）为流动相；检测波长为210nm。理论板数按古伦宾峰计算应不低于2500。

对照品溶液的制备 取古伦宾对照品适量，精密称定，用70%甲醇制成每1ml含0.25mg的溶液，即得。

供试品溶液的制备 取本品粉末（过三号筛）约0.5g，精密称定，精密加入70%甲醇10ml，称定重量，超声处理（功率200W，频率59kHz）20分钟，放冷，再称定重量，用70%甲醇补足减失的重量，摇匀，滤过，精密量取续滤液1ml，置10ml量瓶中，加70%甲醇至刻度，摇匀，即得。

测定法 分别精密吸取对照品溶液与供试品溶液各10μl，注入液相色谱仪，测定，即得。

本品按干燥品计算，含古伦宾（$C_{20}H_{22}O_6$）不得少于1.0%。

饮片

【炮制】 除去杂质，浸泡，润透，切厚片，干燥。

本品呈类圆形或不规则形的厚片。外表皮棕黄色至暗褐色，皱缩，凹凸不平。切面淡黄白色，有时可见灰褐色排列稀疏的放射状纹理，有的具裂隙。气微，味苦。

【鉴别】【检查】【浸出物】【含量测定】 同药材。

【性味与归经】 苦，寒。归肺、大肠经。

【功能】 清热解毒，利咽消肿，止痛。

【主治】 肺热咳喘，咽喉肿痛，痢疾，瘰疬，疮疡肿毒，毒蛇咬伤。

【用法与用量】 马、牛30～45g；羊、猪10～20g。

外用适量，研末吹喉或醋磨涂敷患处。

【贮藏】 置干燥处，防蛀。

金 荞 麦

Jinqiaomai

FAGOPYRI DIBOTRYIS RHIZOMA

本品为蓼科植物金荞麦 *Fagopyrum dibotrys*（D. Don）Hara 的干燥根茎。冬季采挖，除去茎和须根，洗净，晒干。

【性状】 本品呈不规则团块或圆柱状，常有瘤状分枝，顶端有的有茎残基，长3～15cm，直径1～4cm。表面棕褐色，有横向环节和纵皱纹，密布点状皮孔，并有凹陷的圆形根痕和残存须根。质坚硬，不易折断，断面淡黄白色或淡棕红色，有放射状纹理，中央髓部色较深。气微，味微涩。

【鉴别】 （1）本品粉末淡棕色。淀粉粒甚多，单粒类球形、椭圆形或卵圆形，直径5～48μm，脐点点状、星状、裂缝状或飞鸟状，位于中央或偏于一端，大粒可见层纹；复粒由2～4分粒组成；半复粒可见。木纤维成束，直径10～38μm，具单斜纹孔或十字形纹孔。草酸钙簇晶直径10～62μm。木薄壁细胞类方形或椭圆形，直径28～37μm，长约至100μm，壁稍厚，可见稀疏的纹孔。具缘纹孔导管和网纹导管直径21～83μm。

（2）取本品2.5g，加甲醇20ml，放置1小时，加热回流1小时，放冷，滤过，滤液浓缩至5ml，作为供试品溶液。另取金荞麦对照药材1g，同法制成对照药材溶液。再取表儿茶素对照品，加甲醇制成每1ml含1mg的溶液，作为对照品溶液。照薄层色谱法（附录0502）试验，吸取供试品溶液5～10μl、对照药材溶液和对照品溶液各5μl，分别点于同一硅胶G薄层板上，以甲苯-乙酸乙酯-甲醇-甲酸（1:2:0.2:0.1）为展开剂，展开，取出，晾干，喷以25%磷钼酸乙醇溶液，在110℃加热至斑点显色清晰。供试品色谱中，在与对照药材色谱和对照品色谱相应的位置上，显相同颜色的斑点。

【检查】 **水分** 不得过15.0%（附录0832第一法）。

总灰分 不得过5.0%（附录2302）。

【浸出物】 照醇溶性浸出物测定法（附录2201）项下的热浸法测定，用稀乙醇作溶剂，不得少于14.0%。

【含量测定】 照高效液相色谱法（附录0512）测定。

色谱条件与系统适用性试验 以十八烷基硅烷键合硅胶为填充剂；以乙腈-0.004%磷酸溶液（10:90）为流动相；检测波长为280nm。理论板数按表儿茶素峰计算应不低于6000。

对照品溶液的制备 取表儿茶素对照品适量，精密称定，加流动相制成每1ml含25μg的溶液，即得。

供试品溶液的制备 取本品粗粉约2g，精密称定，置具塞锥形瓶中，精密加入稀乙醇50ml，密塞，精密称定，放置1小时，加热回流1小时，放冷，再称定重量，用稀乙醇补足减失的重量，摇匀，滤过，精密量取续滤液25ml，减压浓缩（50~70℃）至近干，残渣加乙腈-水（10:90）混合溶液分次洗涤，洗液转移至10ml量瓶中，加乙腈-水（10:90）混合溶液至刻度，摇匀，离心（转速为每分钟3000转）5分钟，精密量取上清液5ml，加于聚酰胺柱（30~60目，内径为1.0cm，柱长为15cm，湿法装柱）上，以水50ml洗脱，弃去水液，再用乙醇100ml洗脱，收集洗脱液，减压浓缩（50~70℃）至近干，残渣用乙腈-水（10:90）混合溶液溶解，转移至10ml量瓶中，加乙腈-水（10:90）混合溶液稀释至刻度，摇匀，即得。

测定法 分别精密吸取对照品溶液与供试品溶液各20μl，注入液相色谱仪，测定，即得。

本品按干燥品计算，含表儿茶素（$C_{15}H_{14}O_6$）不得少于0.030%。

饮片

【炮制】 除去杂质，洗净，润透，切厚片，干燥。

本品呈不规则的厚片。外表皮棕褐色，或有时脱落。切面淡黄白色或淡棕红色，有放射状纹理，有的可见髓部，颜色较深。气微，味微涩。

【含量测定】 同药材，含表儿茶素（$C_{15}H_{14}O_6$）不得少于0.020%。

【鉴别】【检查】【浸出物】 同药材。

【性味与归经】 微辛、涩，凉。归肺经。

【功能】 清热解毒，清肺排脓，活血祛瘀。

【主治】 咽喉肿痛，肺痈鼻脓，乳痈，下痢，痈疮肿毒。

【用法与用量】 马、牛60~150g；羊、猪15~60g；兔、禽1~3g。外用鲜品适量。

【贮藏】 置干燥处，防霉，防蛀。

金钱白花蛇

Jinqianbaihuashe

BUNGARUS PARVUS

本品为眼镜蛇科动物银环蛇 *Bungarus multicinctus* Blyth 的幼蛇干燥体。夏、秋二季捕捉，剖开腹部，除去内脏，擦净血迹，用乙醇浸泡处理后，盘成圆形，用竹签固定，干燥。

【性状】 本品呈圆盘状，盘径3~6cm，蛇体直径0.2~0.4cm。头盘在中间，尾细，常纳口内，口腔内上颌骨前端有毒沟牙1对，鼻间鳞2片，无颊鳞，上下唇鳞通常各为7片。背部黑色或灰黑色，有白色环纹45~58个，黑白相间，白环纹在背部宽1~2行鳞片，向腹面渐增宽，黑环纹宽3~5行鳞片，背正中明显突起一条脊棱，脊鳞扩大呈六角形，背鳞细密，通身15行，尾下鳞单行。气微腥，味微咸。

【浸出物】 照醇溶性浸出物测定法（附录2201）项下的热浸法测定，用稀乙醇作溶剂，不得少于15.0%。

【性味与归经】 甘、咸，温；有毒。归肝经。

【功能】 祛湿，通络，止痉。

【主治】 风湿痹痛，四肢抽搐，口眼歪斜，破伤风。

【用法与用量】 马、牛10～15g；羊、猪2～6g。

【贮藏】 置干燥处，防霉，防蛀。

金 钱 草
Jinqiancao
LYSIMACHIAE HERBA

本品为报春花科植物过路黄 *Lysimachia christinae* Hance 的干燥全草。夏、秋二季采收，除去杂质，晒干。

【性状】 本品常缠结成团，无毛或被疏柔毛。茎扭曲，表面棕色或暗棕红色，有纵纹，下部茎节上有时具须根，断面实心。叶对生，多皱缩，展平后呈宽卵形或心形，长1～4cm，宽1～5cm，基部微凹，全缘；上表面灰绿色或棕褐色，下表面色较浅，主脉明显突起，用水浸后，对光透视可见黑色或褐色条纹；叶柄长1～4cm。有的带花，花黄色，单生叶腋，具长梗。蒴果球形。气微，味淡。

【鉴别】 （1）本品茎横切面：表皮细胞外被角质层，有时可见腺毛，头部单细胞，柄部1～2细胞。栓内层宽广，细胞中有的含红棕色分泌物；分泌道散在，周围分泌细胞5～10个，内含红棕色块状分泌物；内皮层明显。中柱鞘纤维断续排列成环，壁微木化。韧皮部狭窄。木质部连接成环。髓常成空腔。薄壁细胞含淀粉粒。

叶表面观：腺毛红棕色，头部单细胞，类圆形，直径25μm，柄单细胞。分泌道散在于叶肉组织内，直径45μm，含红棕色分泌物。被疏毛者茎、叶表面可见非腺毛，1～17细胞，平直或弯曲，有的细胞呈缢缩状，长59～1070μm，基部直径13～53μm，表面可见细条纹，胞腔内含黄棕色物。

（2）取本品粉末1g，加80%甲醇50ml，加热回流1小时，放冷，滤过，滤液蒸干，残渣加水10ml使溶解，用乙醚振摇提取2次，每次10ml，弃去乙醚液，水液加稀盐酸10ml，置水浴中加热1小时，取出，迅速冷却，用乙酸乙酯振摇提取2次，每次20ml，合并乙酸乙酯液，用水30ml洗涤，弃去水液，乙酸乙酯液蒸干，残渣加甲醇1ml使溶解，作为供试品溶液。另取槲皮素对照品、山柰素对照品，加甲醇制成每1ml各含0.5mg的溶液，作为对照品溶液。照薄层色谱法（附录0502）试验，吸取供试品溶液5μl、对照品溶液各2μl，分别点于同一硅胶G薄层板上，以甲苯-甲酸乙酯-甲酸（10:8:1）为展开剂，展开，取出，晾干，喷以3%三氯化铝乙醇溶液，在105℃加热数分钟，置紫外光灯（365nm）下检视。供试品色谱中，在与对照品色谱相应的位置上，显相同颜色的荧光斑点。

【检查】 **杂质** 不得过8%（附录2301）。

水分 不得过13.0%（附录0832第一法）。

总灰分 不得过13.0%（附录2302）。

酸不溶性灰分 不得过5.0%（附录2302）。

【浸出物】 照醇溶性浸出物测定法（附录2201）项下的热浸法测定，用75%乙醇作溶剂，不得少于8.0%。

【含量测定】 照高效液相色谱法（附录0512）测定。

色谱条件与系统适用性试验 以十八烷基硅烷键合硅胶为填充剂；以甲醇-0.4%磷酸溶液（50:50）为流动相；检测波长为360nm。理论板数按槲皮素峰计算应不低于2500。

对照品溶液的制备 取槲皮素对照品、山奈素对照品适量，精密称定，加80%甲醇制成每1ml各含槲皮素4μg、山奈素20μg的溶液，即得。

供试品溶液的制备 取本品粉末（过三号筛）约1.5g，精密称定，置具塞锥形瓶中，精密加入80%甲醇50ml，密塞，称定重量，加热回流1小时，放冷，再称定重量，用80%甲醇补足减失的重量，摇匀，滤过。精密量取续滤液25ml，精密加入盐酸5ml，置90℃水浴中加热水解1小时，取出，迅速冷却，转移至50ml量瓶中，用80%甲醇稀释至刻度，摇匀，滤过，取续滤液，即得。

测定法 分别精密吸取对照品溶液与供试品溶液各10μl，注入液相色谱仪，测定，即得。

本品按干燥品计算，含槲皮素（$C_{15}H_{10}O_7$）和山奈素（$C_{15}H_{10}O_6$）的总量不得少于0.10%。

饮片

【炮制】 除去杂质，抢水洗，切段，干燥。

本品为不规则的段。茎棕色或暗棕红色，有纵纹，实心。叶对生，展平后呈宽卵形或心形，上表面灰绿色或棕褐色，下表面色较浅，主脉明显突出，用水浸后，对光透视可见黑色或褐色的条纹。偶见黄色花，单生叶腋。气微，味淡。

【鉴别】 【检查】 （水分总灰分酸不溶性灰分）**【浸出物】 【含量测定】** 同药材。

【性味与归经】 甘、咸，微寒。归肝、胆、肾、膀胱经。

【功能】 清热利湿，利水通淋，排石止痛，解毒消肿。

【主治】 湿热黄疸，热淋，石淋，水肿，肿毒，毒蛇咬伤。

【用法与用量】 马、牛60～150g；羊、猪15～60g；犬、猫2～12g。

【贮藏】 置干燥处。

金 银 花

Jinyinhua

LONICERAE JAPONICAE FLOS

本品为忍冬科植物忍冬 *Lonicera japonica* Thunb. 的干燥花蕾或带初开的花。夏初花开放前采收，干燥。

【性状】 本品呈棒状，上粗下细，略弯曲，长2～3cm，上部直径约3mm，下部直径约1.5mm。表面黄白色或绿白色（贮久色渐深），密被短柔毛。偶见叶状苞片。花萼绿色，先端5裂，裂片有毛；长约2mm。开放者花冠筒状，先端二唇形；雄蕊5，附于筒壁，黄色；雌蕊1，子房无毛。气清香，味淡、微苦。

【鉴别】 （1）本品粉末浅黄棕色或黄绿色。腺毛较多，头部倒圆锥形、类圆形或略扁圆形，4～33细胞，排成2～4层，直径30～64～108μm，柄部1～5细胞，长可达700μm。非腺毛有两种：一种为厚壁非腺毛，单细胞，长可达900μm，表面有微细疣状或泡状突起，有的具螺纹；另一种为薄壁非腺毛，单细胞，甚长，弯曲或皱缩，表面有微细疣状突起。草酸钙簇晶直径6~45μm。花粉粒类圆形或三角形，表面具细密短刺及细颗粒状雕纹，具3孔沟。

（2）取本品粉末0.2g，加甲醇5ml，放置12小时，滤过，取滤液作为供试品溶液。另取绿原酸对照品，加甲醇制成每1ml含1mg的溶液，作为对照品溶液。照薄层色谱法（附录0502）试验，吸取供试品溶液10~20μl、对照品溶液10μl，分别点于同一硅胶H薄层板上，以乙酸丁酯-甲酸-水（7:2.5:2.5）的上层溶液为展开剂，展开，取出，晾干，置紫外光灯（365nm）下检视。供试品色谱中，在与对照品色谱相应的位置上，显相同颜色的荧光斑点。

【检查】　**水分**　不得过12.0%（附录0832第二法）。

总灰分　不得过10.0%（附录2302）。

酸不溶性灰分　不得过3.0%（附录2302）。

重金属及有害元素　照铅、镉、砷、汞、铜测定法（附录2321）测定，铅不得过5mg/kg；镉不得过0.3mg/kg；砷不得过2mg/kg；汞不得过0.2mg/kg；铜不得过20mg/kg。

【含量测定】　**绿原酸**　照高效液相色谱法（附录0512）测定。

色谱条件与系统适用性试验　以十八烷基硅烷键合硅胶为填充剂；以乙腈-0.4%磷酸溶液（13:87）为流动相；检测波长为327nm。理论板数按绿原酸峰计算应不低于1000。

对照品溶液的制备　取绿原酸对照品适量，精密称定，置棕色量瓶中，加50%甲醇制成每1ml含40μg的溶液，即得（10℃以下保存）。

供试品溶液的制备　取本品粉末（过四号筛）约0.5g，精密称定，置具塞锥形瓶中，精密加入50%甲醇50ml，称定重量，超声处理（功率250W，频率35kHz）30分钟，放冷，再称定重量，用50%甲醇补足减失的重量，摇匀，滤过，精密量取续滤液5ml，置25ml棕色量瓶中，加50%甲醇至刻度，摇匀，即得。

测定法　分别精密吸取对照品溶液与供试品溶液各5~10μl，注入液相色谱仪，测定，即得。

本品按干燥品计算，含绿原酸（$C_{16}H_{18}O_9$）不得少于1.5%。

木犀草苷　照高效液相色谱法（附录0512）测定。

色谱条件与系统适用性试验　用苯基硅烷键合硅胶为填充剂（Agilent ZORBAX SB-phenyl4.6mm×250mm，5μm），以乙腈为流动相A，以0.5%冰醋酸溶液为流动相B，按下表中的规定进行梯度洗脱；检测波长为350nm。理论板数按木犀草苷峰计算应不低于20 000。

时间（分钟）	流动相A（%）	流动相B（%）
0~15	10→20	90→80
15~30	20	80
30~40	20→30	80→70

对照品溶液的制备　取木犀草苷对照品适量，精密称定，加70%乙醇制成每1ml含40μg的溶液，即得。

供试品溶液的制备　取本品细粉末（过四号筛）约2g，精密称定，置具塞锥形瓶中，精密加入70%乙醇50ml，称定重量，超声处理（功率250W，频率35kHz）1小时，放冷，再称定重量，用70%乙醇补足减失的重量，摇匀，滤过。精密量取续滤液10ml，回收溶剂至干，残渣用70%乙醇溶解，转移至5ml量瓶中，加70%乙醇至刻度，即得。

测定法　分别精密吸取对照品溶液与供试品溶液各10μl，注入液相色谱仪，测定，即得。

本品按干燥品计算，含木犀草苷（$C_{21}H_{20}O_{11}$）不得少于0.050%。

【性味与归经】 甘，寒。归肺、心、胃经。

【功能】 清热解毒，疏散风热。

【主治】 温病发热，风热感冒，肺热咳嗽，咽喉肿痛，热毒血痢，乳房肿痛，痈肿疮毒。

【用法与用量】 马、牛15～60g；羊、猪5～10g；犬、猫3～5g；兔、禽1～3g。

【贮藏】 置阴凉干燥处，防潮，防蛀。

金 樱 子

Jinyingzi

ROSAE LAEVIGATAE FRUCTUS

本品为蔷薇科植物金樱子 *Rosa laevigata* Michx. 的干燥成熟果实。10～11月果实成熟变红时采收，干燥，除去毛刺。

【性状】 本品为花托发育而成的假果，呈倒卵形，长2～3.5cm，直径1～2cm。表面红黄色或红棕色，有突起的棕色小点，系毛刺脱落后的残基。顶端有盘状花萼残基，中央有黄色柱基，下部渐尖。质硬。切开后，花托壁厚1～2mm，内有多数坚硬的小瘦果，内壁及瘦果均有淡黄色绒毛。气微，味甘、微涩。

【鉴别】 （1）花托壁横切面：外表皮细胞类方形或略径向延长，外壁及侧壁增厚，角质化；表皮上的刺痕纵切面细胞径向延长。皮层薄壁细胞壁稍厚，纹孔明显；含有油滴，并含橙黄色物，有的含草酸钙方晶和簇晶；纤维束散生于近皮层外侧；维管束多存在于皮层中部和内侧，外韧型，韧皮部外侧有纤维束，导管散在或呈放射状排列。内表皮细胞长方形，内壁增厚，角质化；有木化的非腺毛或具残基。

花托粉末淡肉红色。非腺毛单细胞或多细胞，长505～1836μm，直径16～31μm，壁木化或微木化，表面常有螺旋状条纹，胞腔内含黄棕色物。表皮细胞多角形，壁厚，内含黄棕色物。草酸钙方晶多见，长方形或不规则形，直径16～39μm；簇晶少见，直径27～66μm。螺纹导管、网纹导管、环纹导管及具缘纹孔导管直径8～20μm。薄壁细胞多角形，木化，具纹孔，含黄棕色物。纤维梭形或条形，黄色，长至1071μm，直径16～20μm，壁木化。树脂块不规则形，黄棕色，半透明。

（2）取本品粉末2g，加乙醇30ml，超声处理30分钟，滤过，滤液蒸干，残渣加水20ml使溶解，用乙酸乙酯振摇提取2次，每次30ml，合并乙酸乙酯液，蒸干，残渣加甲醇2ml使溶解，作为供试品溶液。另取金樱子对照药材2g，同法制成对照药材溶液。照薄层色谱法（附录0502）试验，吸取上述两种溶液各2μl，分别点于同一硅胶G薄层板上，以三氯甲烷-乙酸乙酯-甲醇-甲酸（5:5:1:0.1）为展开剂，展开，取出，晾干，喷以10%硫酸乙醇溶液，在105℃加热至斑点显色清晰。供试品色谱中，在与对照药材色谱相应的位置上，显相同颜色的斑点。

【检查】 **水分** 不得过18.0%（附录0832第一法）。

总灰分 不得过5.0%（附录2302）。

【含量测定】 **对照品溶液的制备** 取经105℃干燥至恒重的无水葡萄糖60mg，精密称定，置100ml量瓶中，加水溶解并稀释至刻度，摇匀，即得（每1ml中含无水葡萄糖0.6mg）。

标准曲线的制备 精密量取对照品溶液0.5ml、1.0ml、1.5ml、2.0ml、2.5ml，分别置50ml量瓶中，各加水至刻度，摇匀。分别精密量取上述溶液2ml，置具塞试管中，各精密加4%苯酚溶液1ml，混匀，迅速精密加入硫酸7ml，摇匀，置40℃水浴中保温30分钟，取出，置冰水浴中放置5分钟，取出，以相应试剂为空白，照紫外-可见分光光度法（附录0401），在490nm的波长处测定吸光度，以吸光度为纵坐标，浓度为横坐标，绘制标准曲线。

测定法 取金樱子肉粗粉约0.5g，精密称定，置具塞锥形瓶中，精密加水50ml，称定重量，静置1小时，加热回流1小时，放冷，再称定重量，用水补足减失的重量，摇匀，滤过，精密量取续滤液1ml，置100ml量瓶中，加水至刻度，摇匀，精密量取25ml，置50ml量瓶中，加水至刻度，摇匀，精密量取2ml，置具塞试管中，照标准曲线的制备项下的方法，自"各精密加4%苯酚溶液1ml"起，依法测定吸光度，从标准曲线上读出供试品溶液中金樱子多糖的重量（μg），计算，即得。

本品金樱子肉按干燥品计算，含金樱子多糖以无水葡萄糖（$C_6H_{12}O_6$）计，不得少于25.0%。

饮片

【炮制】 金樱子肉 取净金樱子，略浸，润透，纵切两瓣，除去毛、核，干燥。

本品呈倒卵形纵剖瓣。表面红黄色或红棕色，有突起的棕色小点。顶端有花萼残基，下部渐尖。花托壁厚1~2mm，内面淡黄色，残存淡黄色绒毛。气微，味甘、微涩。

【检查】 水分 同药材，不得过16.0%。

【鉴别】【含量测定】 同药材。

【性味与归经】 酸、甘、涩，平。归肾、膀胱、大肠经。

【功能】 固精缩尿，涩肠止泻。

【主治】 滑精，脾虚久泻，久痢，尿频数，带下。

【用法与用量】 马、牛15~45g；羊、猪5~10g。

【贮藏】 置通风干燥处，防蛀。

乳 香

Ruxiang

OLIBANUM

本品为橄榄科植物乳香树 *Boswellia carterii* Birdw. 及同属植物 *Boswellia bhaw-dajiana* Birdw. 树皮渗出的树脂。分为索马里乳香和埃塞俄比亚乳香，每种乳香又分为乳香珠和原乳香。

【性状】 本品呈长卵形滴乳状、类圆形颗粒或粘合成大小不等的不规则块状物。大者长达2cm（乳香珠）或5cm（原乳香）。表面黄白色，半透明，被有黄白色粉末，久存则颜色加深。质脆，遇热软化。破碎面有玻璃样或蜡样光泽。具特异香气，味微苦。

【鉴别】 （1）本品燃烧时显油性，冒黑烟，有香气；加水研磨成白色或黄白色乳状液。

（2）索马里乳香取〔含量测定〕项下挥发油适量，加无水乙醇制成每1ml含2.5mg的溶液，作为供试品溶液。另取α-蒎烯对照品，加无水乙醇制成每1ml含0.8mg的溶液，作为对照品溶液。照气相色谱法（附录0521）试验，以聚乙二醇（PEG-20M）毛细管柱，程序升温；初始温度50℃，保持3分钟，以每分钟25℃的速率升温至200℃，保持1分钟；进样口温度200℃，检测器温度为220℃，分流比为20:1。理论板数按α-蒎烯峰计算应不低于7000。分别取对照品溶液与取供试品溶液各1μl，注入气相色谱仪。供试品溶液色谱中应呈现与对照品溶液色谱峰保留时间相一致的色谱峰。

埃塞俄比亚乳香 取乙酸辛酯对照品适量，加无水乙醇制成每1ml含0.8mg的溶液，作为对照品溶液。同索马里乳香鉴别方法试验，供试品溶液色谱中应呈现与对照品溶液色谱峰保留时间一致的色谱峰。

【检查】 杂质 乳香珠不得过2%，原乳香不得过10%（附录2301）。

【含量测定】 取本品20g，精密称定，照挥发油测定法（附录2204甲法）测定。

索马里乳香 含挥发油不得少于6.0%（ml/g）。

埃塞俄比亚乳香 含挥发油不得少于2.0%（ml/g）。

饮片

【炮制】 醋乳香 取净乳香，照醋炙法（附录0203）炒至表面光亮。

每100kg乳香，用醋5kg。

【性味与归经】 辛、苦，温。归心、肝、脾经。

【功能】 活血祛瘀，消肿止痛，敛疮生肌。

【主治】 跌打损伤，气滞血瘀，痈肿疮疡。外用治疮疡不敛。

【用法与用量】 马、牛15～30g；羊、猪3～6g；犬1～3g。外用研末调敷患处。

【贮藏】 置阴凉干燥处。

肿 节 风

Zhongjiefeng

SARCANDRAE HERBA

本品为金粟兰科植物草珊瑚 Sarcandra glabra（Thunb.）Nakai 的干燥全草。夏、秋二季采收，除去杂质，晒干。

【性状】 本品长50～120cm。根茎较粗大，密生细根。茎圆柱形，多分枝，直径0.3～1.3cm；表面暗绿色至暗褐色，有明显细纵纹，散有纵向皮孔，节膨大；质脆，易折断，断面有髓或中空。叶对生，叶片卵状披针形至卵状椭圆形，长5～15cm，宽3～6cm；表面绿色、绿褐色至棕褐色或棕红色，光滑；边缘有粗锯齿，齿尖腺体黑褐色；叶柄长约1cm；近革质。穗状花序顶生，常分枝。气微香，味微辛。

【鉴别】 （1）本品茎横切面：表皮细胞类长方形或长圆形，外被角质层，外缘呈钝齿状。皮层细胞10余列，外侧为2～3列厚角细胞，内侧薄壁细胞内含棕黄色色素，石细胞单个或成群散在。中柱鞘纤维束呈新月形，断续环列，木化。韧皮部狭窄。木质部管胞多数，射线宽2～8列细胞。髓部薄壁细胞较大，有时可见石细胞单个或成群散在。

粉末黄绿色至绿棕色。木薄壁细胞类方形或长方形，内含棕黄色色素。石细胞类方形、类圆形或不规则多角形，单个或成群，直径40～60μm，胞腔较大，内含分泌物，孔沟明显。纤维狭长梭形或长条形，直径6～30μm，壁厚，木化。叶上表皮细胞方形或长方形，垂周壁微波状弯曲或稍平直，外被厚角质层。叶下表皮细胞类多角形，垂周壁微波状弯曲或稍平直，气孔稍下陷，不定式，副卫细胞3～5个。网纹导管、螺纹导管及环纹导管易见，非木化。

（2）取本品粉末2g，加水50ml，超声处理30分钟，滤过，滤液加乙酸乙酯振摇提取2次，每次25ml，合并乙酸乙酯液，蒸干，残渣加甲醇1ml使溶解，作为供试品溶液。另取肿节风对照药材2g，同法制成对照药材溶液。再取异嗪皮啶对照品，加甲醇制成每1ml含0.5mg的溶液，作为对照品溶液。照薄层色谱法（附录0502）试验，吸取上述三种溶液各4μl，分别点于同一硅胶G薄层板上，以甲苯-乙酸乙酯-甲酸（9:4:1）为展开剂，展开，取出，晾干，置紫外光灯（365nm）下检视。供试品色谱中，在与对照药材色谱和对照品色谱相应的位置上，显相同颜色的荧光斑点；置氨蒸气中熏10分钟，与对照品色谱相应的斑点变为黄绿色。

【检查】 水分 不得过15.0%（附录0832第一法）。

总灰分 不得过10.0%（附录2302）。

酸不溶性灰分 不得过2.0%（附录2302）。

【浸出物】 照水溶性浸出物测定法（附录2201）项下的热浸法测定，不得少于10.0%。

【含量测定】 避光操作。照高效液相色谱法（附录0512）测定。

色谱条件与系统适用性试验 以十八烷基硅烷键合硅胶为填充剂；以乙腈-0.1%磷酸溶液（20:80）为流动相；检测波长为342nm。理论板数按异嗪皮啶峰计算应不低于4000。

对照品溶液的制备 取异嗪皮啶对照品、迷迭香酸对照品适量，精密称定，加甲醇制成每1ml各含10μg的溶液，即得。

供试品溶液的制备 取本品粉末（过三号筛）约0.4g，精密称定，置具塞锥形瓶中，精密加入甲醇25ml，密塞，称定重量，加热回流1小时，放冷，再称定重量，用甲醇补足减失的重量，摇匀，滤过，取续滤液，即得。

测定法 分别精密吸取对照品溶液与供试品溶液各10μl，注入液相色谱仪，测定，即得。

本品按干燥品计算，含异嗪皮啶（$C_{11}H_{10}O_5$）不得少于0.020%，含迷迭香酸（$C_{18}H_{16}O_8$）不得少于0.020%。

饮片

【炮制】 除去杂质，洗净，润透，切段，干燥。

本品呈不规则的段。根茎密生细根。茎圆柱形，表面暗绿色至暗褐色，有明显细纵纹，散有纵向皮孔，节膨大。切面有髓或中空。叶多破碎，表面绿色、绿褐色至棕褐色或棕红色，光滑；边缘有粗锯齿，齿尖腺体黑褐色，近革质。气微香，味微辛。

【鉴别】（除横切面外）**【检查】【浸出物】【含量测定】** 同药材。

【性味与归经】 苦、辛，平。归心、肝经。

【功能】 清热凉血，通经接骨。

【主治】 血热紫斑，跌打损伤，关节风湿，骨折肿痛。

【用法与用量】 马、牛60～100g；羊、猪15～45g。

【贮藏】 置通风干燥处。

鱼 腥 草

Yuxingcao

HOUTTUYNIAE HERBA

本品为三白草科植物蕺菜 *Houttuynia cordata* Thunb. 的新鲜全草或干燥地上部分。鲜品全年均可采割；干品夏季茎叶茂盛花穗多时采割，除去杂质，晒干。

【性状】 鲜鱼腥草 茎呈圆柱形，长20～45cm，直径0.25～0.45cm；上部绿色或紫红色，下部白色，节明显，下部节上生有须根，无毛或被疏毛。叶互生，叶片心形，长3～10cm，宽3～11cm；先端渐尖，全缘；上表面绿色，密生腺点，下表面常紫红色；叶柄细长，基部与托叶合生成鞘状。穗状花序顶生。具鱼腥气，味涩。

干鱼腥草　茎呈扁圆柱形，扭曲，表面黄棕色，具纵棱数条；质脆，易折断。叶片卷折皱缩，展平后呈心形，上表面暗黄绿色至暗棕色，下表面灰绿色或灰棕色。穗状花序黄棕色。

【鉴别】　（1）本品粉末灰绿色至棕色。油细胞类圆形或椭圆形，直径28～104μm，内含黄色油滴。非腺毛1～16细胞，基部直径12～104μm，表面具线状纹理。腺毛头部2～5细胞，内含淡棕色物，直径9～34μm。叶表皮细胞表面具波状条纹，气孔不定式。草酸钙簇晶直径可达57μm。

（2）取干鱼腥草粉末适量，置小试管中，用玻棒压紧，滴加品红亚硫酸试液少量至上层粉末湿润，放置片刻，自侧壁观察，湿粉末显粉红色或红紫色。

（3）取干鱼腥草25g（鲜鱼腥草125g）剪碎，照挥发油测定法（附录2204）加乙酸乙酯1ml，缓缓加热至沸，并保持微沸4小时，放置半小时，取乙酸乙酯液作为供试品溶液。另取甲基正壬酮对照品，加乙酸乙酯制成每1ml含10μl的溶液，作为对照品溶液。照薄层色谱法（附录0502）试验，吸取供试品溶液5μl、对照品溶液2μl，分别点于同一硅胶G薄层板上，以环己烷-乙酸乙酯（9:1）为展开剂，展开，取出，晾干，喷以二硝基苯肼试液。供试品色谱中，在与对照品色谱相应的位置上，显相同的黄色斑点。

【检查】　**水分**（干鱼腥草）　不得过15.0%（附录0832第一法）。

酸不溶性灰分（干鱼腥草）　不得过2.5%（附录2302）。

【浸出物】　**干鱼腥草**　照水溶性浸出物测定法（附录2201）项下的冷浸法测定，不得少于10.0%。

饮片

【炮制】　**鲜鱼腥草**　除去杂质。

干鱼腥草　除去杂质，迅速洗净，切段，干燥。

本品为不规则的段。茎呈扁圆柱形，表面淡红棕色至黄棕色，有纵棱。叶片多破碎，黄棕色至暗棕色。穗状花序黄棕色。搓碎具鱼腥气，味涩。

【鉴别】【检查】【浸出物】　同药材（干鱼腥草）。

【性味与归经】　辛，微寒。归肺经。

【功能】　清热解毒，消肿排脓，利尿通淋。

【主治】　肺痈，肠黄，痢疾，乳痈，淋浊。

【用法与用量】　马、牛30～120g；羊、猪15～30g；犬、猫3～5g；兔、禽1～3g。

外用适量。

【贮藏】　干鱼腥草置干燥处；鲜鱼腥草置阴凉潮湿处。

狗　肝　菜

Gougancai

DICLIPTERAE CHINENSIS HERBA

本品为爵床科植物狗肝菜 *Dicliptera chinensis*（L.）Ness 的干燥全草。夏、秋二季采收，洗净，晒干。

【性状】　本品根呈须状，淡黄色。茎多分枝，折曲状，长30～80cm，直径2～3mm；表面灰绿色，被疏柔毛，有4～6条钝棱，节稍膨大。叶对生，叶片多皱缩、破碎，完整者展平后呈卵形或宽卵形，长2.5～6cm，宽1.5～3.5cm；暗绿色或灰绿色，先端渐尖，基部宽楔形或稍下延，全缘；两面近无毛或下表面中脉上被疏柔毛；叶柄长0.2～2.5cm。有的带花，花腋生，由数个头状花序组成聚伞状或圆锥状花序；总苞片对生，叶状，宽卵形或近圆形，大小不等，长0.6~1cm，其内有数朵二唇形的花。气微，味淡、微甘。

【鉴别】 （1）本品茎横切：表皮由一列近方形的细胞组成，并夹有含钟乳体的大型细胞，偶见气孔及腺鳞。皮层较宽广，含有钟乳体的大型细胞，棱角处为厚角组织。内皮层凯式点明显。维管束外韧型；韧皮部狭小；木质部导管径向排列，少单个散生。髓部大，薄壁细胞偶见小型柱状结晶或针晶。

叶的粉末绿褐色。非腺毛较多，由2~6细胞组成，有的中部细胞皱缩，表面有疣状突起。上下表皮细胞含大型钟乳体，形似卧蚕。偶见腺毛，腺头由4个细胞组成，腺柄单细胞。

（2）取本品粗粉1g，加水20ml，冷浸24小时，滤过，取滤液1ml，加0.2%茚三酮乙醇溶液4~5滴，置沸水浴上加热5~10分钟，显紫色。

（3）取〔鉴别〕（2）项下的滤液1ml，加5%α-萘酚乙醇溶液4~5滴，沿试管壁加入硫酸数滴，产生红色环。

【炮制】 除去杂质，洗净，切段，晒干。

【性味与归经】 甘、淡、凉。归心、肝、肾经。

【功能】 清热解毒，凉血，祛湿，利水。

【主治】 外感高热，目赤肿痛，疮疖热毒，鼻出血，尿血，热淋。

【用法与用量】 马、牛120~240g；羊、猪60~120g。

【贮藏】 置干燥处。

狗 脊

Gouji

CIBOTII RHIZOMA

本品为蚌壳蕨科植物金毛狗脊 *Cibotium barometz*（L.）J. Sm. 的干燥根茎。秋、冬二季采挖，除去泥沙，干燥；或去硬根、叶柄及金黄色绒毛，切厚片，干燥，为"生狗脊片"；蒸后晒至六七成干，切厚片，干燥，为"熟狗脊片"。

【性状】 本品呈不规则的长块状，长10~30cm，直径2~10cm。表面深棕色，残留金黄色绒毛；上面有数个红棕色的木质叶柄，下面残存黑色细根。质坚硬，不易折断。无臭，味淡、微涩。生狗脊片呈不规则长条形或圆形，长5~20cm，直径2~10cm，厚1.5~5mm；切面浅棕色，较平滑，近边缘1~4mm处有1条棕黄色隆起的木质部环纹或条纹，边缘不整齐，偶有金黄色绒毛残留；质脆，易折断，有粉性。熟狗脊片呈黑棕色，质坚硬。

【鉴别】 （1）本品横切面：表皮细胞1列，残存金黄色的非腺毛。其内有10余列棕黄色厚壁细胞，壁孔明显。木质部排列成环，由管胞组成，其内外均有韧皮部和内皮层。皮层和髓均由薄壁细胞组成，细胞充满淀粉粒，有的含黄棕色物。

（2）取本品粉末2g，加甲醇50ml，超声处理30分钟，滤过，滤液蒸干，残渣加甲醇1ml使溶解，作为供试品溶液。另取狗脊对照药材2g，同法制成对照药材溶液。照薄层色谱法（附录0502）试验，吸取供试品溶液3~6μl、对照药材溶液4μl，分别点于同一硅胶G薄层板上，使成条状，以甲苯-三氯甲烷-乙酸乙酯-甲酸（3:5:6:1）为展开剂，展开，取出，晾干，喷以2%三氯化铁溶液-1%铁氰化钾溶液（1:1）（临用配制），放置至斑点显色清晰。供试品色谱中，在与对照药材色谱相应的位置上，显相同颜色的斑点。

【检查】　水分　不得过13.0%（附录0832第一法）。

总灰分　不得过3.0%（附录2302）。

【浸出物】　照醇溶性浸出物测定法（附录2201）项下的热浸法测定，用稀乙醇作溶剂，不得少于20.0%。

饮片

【炮制】　狗脊　除去杂质；未切片者，洗净，润透，切厚片，干燥。

【性状】【鉴别】【检查】【浸出物】　同药材。

烫狗脊　取生狗脊片，照烫法（附录0203）用砂烫至鼓起，放凉后除去残存绒毛。

本品形如狗脊片，表面略鼓起。棕褐色。气微，味淡、微涩。

【鉴别】　取本品粉末2g，加甲醇50ml，超声处理30分钟，滤过，滤液蒸干，残渣加甲醇1ml使溶解，作为供试品溶液。另取原儿茶醛对照品、原儿茶酸对照品，加甲醇制成每1ml各含0.5mg的混合溶液，作为对照品溶液。照薄层色谱法（附录0502）试验，吸取供试品溶液3~6μl、对照品溶液2μl，分别点于同一硅胶G薄层板上，使成条状，以三氯甲烷-乙酸乙酯-甲醇-甲酸（12:2:1:0.8）为展开剂，展开，取出，晾干，喷以2%三氯化铁溶液-1%铁氰化钾溶液（1:1）（临用配制）。供试品色谱中，在与对照品色谱相应的位置上，显相同颜色的斑点。

【含量测定】　照高效液相色谱法（附录0512）测定。

色谱条件与系统适用性试验　以十八烷基硅烷键合硅胶为填充剂；以乙腈-1%冰醋酸溶液（5:95）为流动相；检测波长为260nm。理论板数按原儿茶酸峰计算应不低于3000。

对照品溶液的制备　取原儿茶酸对照品适量，精密称定，加甲醇-1%冰醋酸溶液（70:30）混合溶液制成每1ml含50μg的溶液，即得。

供试品溶液的制备　取本品粉末（过三号筛）约1g，精密称定，置具塞锥形瓶中，精密加入甲醇-1%冰醋酸溶液（70:30）混合溶液25ml，称定重量，超声处理（功率250W，频率40kHz）30分钟，放冷，再称定重量，用甲醇-1%冰醋酸溶液（70:30）混合溶液补足减失的重量，摇匀，滤过，取续滤液，即得。

测定法　分别精密吸取对照品溶液与供试品溶液各10μl，注入液相色谱仪，测定，即得。

本品按干燥品计算，含原儿茶酸（$C_7H_6O_4$）不得少于0.020%。

【检查】【浸出物】　同药材。

【性味与归经】　苦、甘，温。归肝、肾经。

【功能】　补肝肾，强腰膝，祛风湿。

【主治】　风湿痹痛，腰肢无力，肾虚尿频。

【用法与用量】　马、牛15~45g；羊、猪5~10g。

【贮藏】　置通风干燥处，防潮。

京　大　戟

Jingdaji

EUPHORBIAE PEKINENSIS RADIX

本品为大戟科植物大戟 *Euphorbia pekinensis* Rupr. 的干燥根。秋、冬二季采挖，洗净，晒干。

【性状】 本品呈不整齐的长圆锥形，略弯曲，常有分枝，长10～20cm，直径1.5～4cm。表面灰棕色或棕褐色，粗糙，有纵皱纹、横向皮孔样突起及支根痕。顶端略膨大，有多数茎基及芽痕。质坚硬，不易折断，断面类白色或淡黄色，纤维性。气微，味微苦涩。

【鉴别】 （1）本品粉末淡黄色。淀粉粒单粒类圆形或卵圆形，直径3～15μm；脐点点状或裂缝状；复粒由2～3分粒组成。草酸钙簇晶直径19～40μm。具缘纹孔导管和网纹导管较多见，直径26～50μm。纤维单个或成束，壁较厚，非木化。无节乳管多碎断，内含黄色微细颗粒状乳汁。

（2）取本品手切薄片2片，一片加冰醋酸与硫酸各1滴，置显微镜下观察，在韧皮部乳管群处呈现红色，5分钟后渐褪去；另一片加氢氧化钾试液，呈棕黄色。

（3）取本品粉末0.5g，加石油醚（60～90℃）5ml，浸渍1小时，滤过，滤液浓缩至1ml，作为供试品溶液。另取京大戟对照药材1g，同法制成对照药材溶液。另取大戟二烯醇对照品，加甲醇制成每1ml含1mg的溶液，作为对照品溶液。照薄层色谱法（附录0502）试验，吸取上述三种溶液各2μl，分别点于同一硅胶G薄层板上，以石油醚（30～60℃）-丙酮（5:1）为展开剂，展开，取出，晾干，喷以10%硫酸乙醇溶液，在105℃加热至斑点显色清晰。分别置日光及紫外光灯（365nm）下检视。供试品色谱中，在与对照药材和对照品色谱相应的位置上，显相同颜色的斑点或荧光斑点。

【检查】 水分　不得过11.0%（附录0832第二法）。

【浸出物】 照醇溶性浸出物测定法（附录2201）项下的冷浸法测定，用乙醇作溶剂，不得少于8.0%。

【含量测定】 照高效液相色谱法（附录0512）测定。

色谱条件与系统适用性试验　以辛烷基硅烷键合硅胶为填充剂；以乙腈-水（92:8）为流动相；检测波长为210nm。理论板数按大戟二烯醇峰计算应不低于5000。

对照品溶液的制备　取大戟二烯醇对照品适量，精密称定，加甲醇制成每1ml各含0.2mg的溶液，即得。

供试品溶液的制备　取本品粉末（过四号筛）约1g，精密称定，置具塞锥形瓶中，精密加入乙醇50ml，密塞，称定重量，超声处理（功率200W，频率40kHz）30分钟，放冷，再称定重量，用乙醇补足减失的重量，摇匀，滤过，精密量取续滤液10ml，蒸干，残渣加甲醇溶解，转移至5ml量瓶中，加甲醇稀释至刻度，摇匀，滤过，取续滤液，即得。

测定法　分别精密吸取对照品溶液10μl，供试品溶液5～10μl，注入液相色谱仪，测定，即得。

本品按干燥品计算，含大戟二烯醇（$C_{30}H_{50}O$）不得少于0.60%。

饮片

【炮制】 京大戟　除去杂质，洗净，润透，切厚片，干燥。

醋京大戟　取净京大戟，照醋煮法（附录0203）煮至醋吸尽。

每100kg京大戟，用醋30kg。

【性味与归经】 苦，寒；有毒。归肺、脾、肾经。

【功能】 泻水通便，消肿。

【主治】 胸腹积水，水草胀肚，宿草不转，二便不利，胎衣不下。

【用法与用量】 马、牛10～15g；羊、猪2～5g。

【注意】 孕畜禁用。不宜与甘草同用。

【贮藏】 置干燥处，防蛀。

卷　柏

Juanbai

SELAGINELLAE HERBA

本品为卷柏科植物卷柏 *Selaginella tamariscina*（Beauv.）Spring 或垫状卷柏 *Selaginella pulvinata*（Hook. et Grev.）Maxim. 的干燥全草。全年均可采收，除去须根和泥沙，晒干。

【性状】 **卷柏**　本品卷缩似拳状，长3～10cm。枝丛生，扁而有分枝，绿色或棕黄色，向内卷曲，枝上密生鳞片状小叶，叶先端具长芒。中叶（腹叶）两行，卵状矩圆形，斜向上排列，叶缘膜质，有不整齐的细锯齿；背叶（侧叶）背面的膜质边缘常呈棕黑色。基部残留棕色至棕褐色须根，散生或聚生成短干状。质脆，易折断。气微，味淡。

垫状卷柏　须根多散生，中叶（腹叶）两行，卵状披针形，直向上排列。叶片左右两侧不等，内缘较平直，外缘常因内折而加厚，呈全缘状。

【鉴别】 （1）本品粉末绿色至黄褐色。叶缘细胞狭长，向外突出呈齿状或长毛状。叶表皮细胞类方形或类长方形，垂周壁近平直，气孔不定式，多同向排列。孢子棕黄色或红棕色，类圆形或类三角形，直径17～77μm，表面具不规则瘤状突起。管胞为梯纹。

（2）取本品粉末2g，加甲醇50ml，加热回流1小时，滤过，滤液蒸干，残渣加无水乙醇3ml使溶解，作为供试品溶液。另取卷柏对照药材2g，同法制成对照药材溶液。照薄层色谱法（附录0502）试验，吸取上述两种溶液各3μl，分别点于同一硅胶G薄层板上，以异丙醇-浓氨试液-水（13:1:1）为展开剂，展开，取出，晾干，喷以2%三氯化铝甲醇溶液，置紫外光灯（365nm）下检视。供试品色谱中，在与对照药材色谱相应的位置上，显相同颜色的荧光斑点。

【检查】 **水分**　不得过10.0%（附录0832第一法）。

【含量测定】　照高效液相色谱法（附录0512）测定。

色谱条件与系统适用性试验　以十八烷基硅烷键合硅胶为填充剂；以甲醇为流动相A，以0.1%磷酸溶液为流动相B，按下表中的规定进行梯度洗脱；检测波长为330nm。理论板数按穗花杉双黄酮峰计算应不低于3000。

时间（分钟）	流动相A（%）	流动相B（%）
0～30	60	40
30～45	60→85	40→15

对照品溶液的制备　取穗花杉双黄酮对照品适量，精密称定，加甲醇制成每1ml含0.1mg的溶液，即得。

供试品溶液的制备　取本品粉末（过三号筛）约0.2g，精密称定，置具塞锥形瓶中，精密加入甲醇50ml，称定重量，加热回流5小时，放冷，再称定重量，用甲醇补足减失的重量，摇匀，滤过，取续滤液，即得。

测定法　分别精密吸取对照品溶液10μl与供试品溶液20μl，注入液相色谱仪，测定，即得。

本品按干燥品计算，含穗花杉双黄酮（$C_{30}H_{18}O_{10}$）不得少于0.30%。

饮片

【炮制】 **卷柏**　除去残留须根及杂质，洗净，切段，干燥。

本品呈卷缩的段状，枝扁而有分枝，绿色或棕黄色，向内卷曲，枝上密生鳞片状小叶。叶先端具长芒。中叶（腹叶）两行，卵状矩圆形或卵状披针形，斜向或直向上排列，叶缘膜质，有不整齐的细锯齿或全缘；背叶（侧叶）背面的膜质边缘常呈棕黑色。气微，味淡。

【鉴别】【检查】【含量测定】 同药材。

卷柏炭 取净卷柏，照炒炭法（附录0203）炒至表面显焦黑色。

【性味与归经】 辛，平。归肝、心经。

【功能】 生用破血；炒用止血。

【主治】 生用治跌打损伤；炒炭治便血，尿血，脱肛。

【用法与用量】 马、牛30～60g；羊、猪5～15g。

【注意】 孕畜慎用。

【贮藏】 置干燥处。

炉 甘 石

Luganshi

CALAMINA

本品为碳酸盐类矿物方解石族菱锌矿，主含碳酸锌（$ZnCO_3$）。采挖后，洗净，晒干，除去杂石。

【性状】 本品为块状集合体，呈不规则的块状。灰白色或淡红色，表面粉性，无光泽，凹凸不平，多孔，似蜂窝状。体轻，易碎。气微，味微涩。

【鉴别】 （1）取本品粗粉1g，加稀盐酸10ml，即泡沸，发生二氧化碳气，导入氢氧化钙试液中，即生成白色沉淀。

（2）取本品粗粉1g，加稀盐酸10ml使溶解，滤过，滤液加亚铁氰化钾试液，即生成白色沉淀，或杂有微量的蓝色沉淀。

【含量测定】 取本品粉末约0.1g，在105℃干燥1小时，精密称定，置锥形瓶中，加稀盐酸10ml，振摇使锌盐溶解，加浓氨试液与氨-氯化铵缓冲液（pH10.0）各10ml，摇匀，加磷酸氢二钠试液10ml，振摇，滤过。锥形瓶与残渣用氨-氯化铵缓冲液（pH10.0）1份与水4份的混合液洗涤3次，每次10ml，合并洗液与滤液，加30%三乙醇胺溶液15ml与铬黑T指示剂少量，用乙二胺四醋酸二钠滴定液（0.05mol/L）滴定至溶液由紫红色变为纯蓝色。每1ml乙二胺四醋酸二钠滴定液（0.05mol/L）相当于4.069mg的氧化锌（ZnO）。

本品按干燥品计算，含氧化锌（ZnO）不得少于40.0%。

饮片

【炮制】 炉甘石 除去杂质，打碎。

煅炉甘石 取净炉甘石，照明煅法（附录0203）煅至红透，再照水飞法（附录0203）水飞，干燥。

本品呈白色、淡黄色或粉红色的粉末；体轻，质松软而细腻光滑。气微，味微涩。

【含量测定】 同药材，含氧化锌（ZnO）不得少于56.0%。

【性味与归经】 甘，平。归肝、脾经。

【功能】 退翳明目，敛疮生肌。

【主治】 目赤翳障，疮疡不敛。

【用法与用量】　外用适量。

【贮藏】　置干燥处。

泡 桐 叶
Paotongye
PAULOWNIAE FOLIUM

本品为玄参科植物兰考泡桐 *Paulownia elongata* S. Y.Hu 或同属数种植物的干燥叶。秋季叶落时采收，除去杂质，干燥。

【性状】　本品呈心脏形至长卵状心脏形，长可至20cm，基部心形，全缘、波状或3～5浅裂，嫩叶常具锯齿，多毛、无托叶，脉光滑，有长柄。气微，味苦。

【鉴别】　兰考泡桐　取本品粉末2g，加乙酸乙酯10ml，超声处理15分钟，滤过，滤液蒸干，残渣加乙酸乙酯2ml使溶解，作为供试品溶液，另取熊果酸对照品加甲醇制成每1ml含1mg的溶液，作为对照品溶液。照薄层色谱法（附录0502）试验，吸取上述两溶液各4μl，分别点于同一硅胶G薄层板上，以甲苯-乙酸乙酯-甲酸（20:4:0.5）为展开剂，展开，取出，晾干，喷以10%硫酸乙醇溶液，105℃加热至斑点显色清晰。供试品色谱中，在对照品色谱相应的位置上，显相同的紫红色斑点；置紫外光灯（365nm）下检视，显相同的橙黄色荧光斑点。

【性味】　苦，寒。

【功能】　清热解毒；促生长。

【主治】　痈疽，疔疮，咽喉肿痛，疮黄。

【用法与用量】　马、牛250～750g；羊、猪50～150g。

【贮藏】　置阴凉干燥处。

泡 桐 花
Paotonghua
PAULOWNIAE FLOS

本品为玄参科植物兰考泡桐 *Paulownia elongata* S. Y.Hu 或同属数种植物的干燥花。春季花落时采收，除去杂质，干燥。

【性状】　本品花1～8朵成小聚伞花序，花序枝的侧枝长短不一，使花序成圆锥形、金字塔形或圆柱形；萼钟形或基部渐狭而为倒圆锥形，被毛，萼齿5，花冠大，呈漏斗状钟形至管状漏斗形，紫色或白色，花冠基部狭缩，通常在离基部5～6mm处向前驼曲或弓曲；曲以上突然膨大或逐渐扩大，腹部有两条纵褶（白花泡桐除外），内面常有深紫色斑点或块，檐部二唇形，雄蕊4枚，二强，子房二室。气微，味苦。

【鉴别】　兰考泡桐　取本品粉末2g，加乙酸乙酯10ml，超声处理15分钟，滤过，滤液蒸干，残渣加乙酸乙酯2ml使溶解，作为供试品溶液。另取熊果酸对照品加甲醇制成每1ml含1mg的溶液，作为对照品溶液。照薄层色谱法（附录0502）试验，吸取上述两种溶液各4μl，分别点于同一硅胶G薄层板上，以甲苯-乙酸乙酯-甲酸（20:4:0.5）为展开剂，展开，取出，晾干，喷以10%硫酸乙醇溶液，105℃加热至斑点显色清晰。供试品色谱中，在与对照品色谱相应的位置上，显相同的紫红色斑点；置紫外光灯（365nm）下检视，显相同的橙黄色荧光斑点。

【性味】 苦，寒。

【功能】 清热解毒；促生长。

【主治】 痈疽，疔疮，咽喉肿痛，疮黄。

【用法与用量】 马、牛150~450g；羊、猪30~80g。

【贮藏】 置阴凉干燥处。

泽　兰

Zelan

LYCOPI HERBA

本品为唇形科植物毛叶地瓜儿苗 *Lycopus lucidus Turcz. var. hirtus* Regel 的干燥地上部分。夏、秋二季茎叶茂盛时采割，晒干。

【性状】 本品茎呈方柱形，少分枝，四面均有浅纵沟，长50~100cm，直径0.2~0.6cm；表面黄绿色或带紫色，节处紫色明显，有白色茸毛；质脆，断面黄白色，髓部中空。叶对生，有短柄或近无柄；叶片多皱缩，展平后呈披针形或长圆形，长5~10cm；上表面黑绿色或暗绿色，下表面灰绿色，密具腺点，两面均有短毛；先端尖，基部渐狭，边缘有锯齿。轮伞花序腋生，花冠多脱落，苞片和花萼宿存，小包片披针形，有缘毛，花萼钟形，5齿。气微，味淡。

【鉴别】 （1）叶表面观：上表皮细胞垂周壁近平直，非腺毛较多，由1~5细胞组成，表面有疣状突起。下表皮细胞垂周壁波状弯曲，角质线纹明显，气孔直轴式，主脉和侧脉上非腺毛较多，由3~6细胞组成，表面有疣状突起。腺鳞头部类圆形，8细胞，直径66~83μm。

（2）取本品粉末1g，加丙酮30ml，加热回流30分钟，滤过，滤液蒸干，残渣加石油醚（30~60℃）10ml，浸泡约2分钟，倾去石油醚液，蒸干，残渣加无水乙醇2ml使溶解，作为供试品溶液。另取熊果酸对照品，加无水乙醇制成每1ml含0.5mg的溶液，作为对照品溶液。照薄层色谱法（附录0502）试验，吸取供试品溶液2~4μl、对照品溶液2μl，分别点于同一硅胶G薄层板上，以环己烷-三氯甲烷-乙酸乙酯-甲酸（20:5:8:0.1）为展开剂，展开，取出，晾干，喷以10%硫酸乙醇溶液，在105℃加热至斑点显色清晰。供试品色谱中，在与对照品色谱相应的位置上，显相同颜色的斑点。

【检查】 水分　不得过13.0%（附录0832第一法）。

总灰分　不得过10.0%（附录2302）。

【浸出物】 照醇溶性浸出物测定法（附录2201）项下的热浸法测定，用乙醇作溶剂，不得少于7.0%。

饮片

【炮制】 除去杂质，略洗，润透，切段，干燥。

本品呈不规则的段。茎方柱形，四面均有浅纵沟，表面黄绿色或带紫色，节处紫色明显，有白色茸毛。切面黄白色，中空。叶多破碎，展平后呈披针形或长圆形，边缘有锯齿。有时可见轮伞花序。气微，味淡。

【鉴别】【检查】【浸出物】 同药材。

【性味与归经】 苦、辛，微温。归肝、脾经。

【功能】 活血祛瘀，利水消肿。

【主治】 产后瘀血腹痛，胎衣不下，疮痈肿毒，水肿腹水。

【用法与用量】 马、牛15～45g；羊、猪10～15g；兔、禽0.5～1.5g。

【贮藏】 置通风干燥处。

泽 泻

Zexie

ALISMATIS RHIZOMA

本品为泽泻科植物泽泻 *Alisma orientale*（Sam.）Juzep. 的干燥块茎。冬季茎叶开始枯萎时采挖，洗净，干燥，除去须根和粗皮。

【性状】 本品呈类球形、椭圆形或卵圆形，长2～7cm，直径2～6cm。表面淡黄色至淡黄棕色，有不规则的横向环状浅沟纹和多数细小突起的须根痕，底部有的有瘤状芽痕。质坚实，断面黄白色，粉性，有多数细孔。气微，味微苦。

【鉴别】 （1）本品粉末淡黄棕色。淀粉粒甚多，单粒长卵形、类球形或椭圆形，直径3～14μm，脐点人字状、短缝状或三叉状；复粒由2～3分粒组成。薄壁细胞类圆形，具多数椭圆形纹孔，集成纹孔群。内皮层细胞垂周壁波状弯曲，较厚，木化，有稀疏细孔沟。油室大多破碎，完整者类圆形，直径54～110μm，分泌细胞中有时可见油滴。

（2）取本品粉末2g，加乙酸乙酯20ml，超声处理30分钟，滤过，滤液加于氧化铝柱（200～300目，5g，内径为1cm，干法装柱）上，用乙酸乙酯10ml洗脱，收集洗脱液，蒸干，残渣加乙酸乙酯1ml使溶解，作为供试品溶液。另取23-乙酰泽泻醇B对照品，加乙酸乙酯制成每1ml含2mg的溶液，作为对照品溶液。照薄层色谱法（附录0502）试验，吸取上述两种溶液各5μl，分别点于同一硅胶H薄层板上，以环己烷-乙酸乙酯（1:1）为展开剂，展开，取出，晾干，喷以5%硅钨酸乙醇溶液，在105℃加热至斑点显色清晰。供试品色谱中，在与对照品色谱相应的位置上，显相同颜色的斑点。

【检查】 水分 不得过14.0%（附录0832第一法）。

总灰分 不得过5.0%（附录2302）。

【浸出物】 照醇溶性浸出物测定法（附录2201）项下的热浸法测定，用乙醇作溶剂，不得少于10.0%。

【含量测定】 照高效液相色谱法（附录0512）测定。

色谱条件与系统适用性试验 以十八烷基硅烷键合硅胶为填充剂；以乙腈-水（73:27）为流动相；检测波长为208nm。理论板数按23-乙酰泽泻醇B峰计算应不低于3000。

对照品溶液的制备 取23-乙酰泽泻醇B对照品适量，精密称定，加乙腈制成每1ml含20μg的溶液，即得。

供试品溶液的制备 取本品粉末（过五号筛）约0.5g，精密称定，置具塞锥形瓶中，精密加入乙腈25ml，密塞，称定重量，超声处理（功率250W，频率50kHz）30分钟，放冷，再称定重量，用乙腈补足减失的重量，摇匀，滤过，取续滤液，即得。

测定法 分别精密吸取对照品溶液与供试品溶液各10μl，注入液相色谱仪，测定，即得。

本品按干燥品计算，含23-乙酰泽泻醇B（C$_{32}$H$_{50}$O$_5$）不得少于0.050%。

饮片

【炮制】　**泽泻**　除去杂质，稍浸，润透，切厚片，干燥。

本品呈圆形或椭圆形厚片。外表皮淡黄色至淡黄棕色，可见细小突起的须根痕。切面黄白色至淡黄色，粉性，有多数细孔。气微，味微苦。

【检查】　水分　同药材，不得过12.0%。

【鉴别】【检查】（总灰分）【浸出物】【含量测定】　同药材。

盐泽泻　取泽泻片，照盐水炙法（附录0203）炒干。

本品形如泽泻片，表面淡黄棕色或黄褐色，偶见焦斑。味微咸。

【检查】　水分　同药材，不得过13.0%。

总灰分　同药材，不得过6.0%。

【含量测定】　同药材，含23-乙酰泽泻醇B（C$_{32}$H$_{50}$O$_5$）不得少于0.040%。

【鉴别】（除显微粉末外）【浸出物】　同药材。

【性味与归经】　甘、淡，寒。归肾、膀胱经。

【功能】　利小便，清湿热。

【主治】　小便不利，水肿胀满，湿热泄泻。

【用法与用量】　马、牛20～45g；羊、猪10～15g；犬、猫2～8g；兔、禽0.5～1g。

【贮藏】　置干燥处，防蛀。

降　香

Jiangxiang

DALBERGIAE ODORIFERAE LIGNUM

本品为豆科植物降香檀 *Dalbergia odorifera* T. Chen 树干和根的干燥心材。全年均可采收，除去边材，阴干。

【性状】　本品呈类圆柱形或不规则块状。表面紫红色或红褐色，切面有致密的纹理。质硬，有油性。气微香，味微苦。

【鉴别】　（1）本品粉末棕紫色或黄棕色。具缘纹孔导管巨大，完整者直径约至300μm，多破碎，具缘纹孔大而清晰，管腔内含红棕色或黄棕色物。纤维成束，棕红色，直径8～26μm，壁甚厚，有的纤维束周围细胞含草酸钙方晶，形成晶纤维，含晶细胞的壁不均匀木化增厚。草酸钙方晶直径6～22μm。木射线宽1～2列细胞，高至15细胞，壁稍厚，纹孔较密。色素块红棕色、黄棕色或淡黄色。

（2）取本品粉末1g，加甲醇10ml，超声处理30分钟，放置，取上清液作为供试品溶液。另取降香对照药材1g，同法制成对照药材溶液。照薄层色谱法（附录0502）试验，吸取上述两种溶液各2μl，分别点于同一硅胶G薄层板上，以甲苯-乙醚-三氯甲烷（7:2:1）为展开剂，展开，取出，晾干，喷以1%香草醛硫酸溶液与无水乙醇（1:9）的混合溶液，在105℃加热至斑点显色清晰。供试品色谱中，在与对照药材色谱相应的位置上，显相同颜色的斑点。

（3）取〔鉴别〕（2）项下供试品溶液和对照药材溶液，照薄层色谱法（附录0502）试验，吸取上述两种溶液各2μl，分别点于同一硅胶G薄层板上，以甲苯-乙酸乙酯（2:1）为展开剂，展开，取出，晾干，置紫外光灯（365nm）下检视。供试品色谱中，在与对照药材色谱相应的位置上，显相同颜色的荧光斑点。

【浸出物】 照醇溶性浸出物测定法项下的热浸法（附录2201）测定，用乙醇作溶剂，不得少于8.0%。

【含量测定】 挥发油 照挥发油测定法（附录2204甲法）测定。

本品含挥发油不得少于1.0%（ml/g）。

饮片

【炮制】 除去杂质，劈成小块，碾成细粉或镑片。

【性味与归经】 辛，温。归肝、脾经。

【功能】 化瘀止血，理气止痛。

【主治】 吐血，衄血，外伤出血，肝郁胁痛，跌扑伤痛，呕吐腹痛。

【用法与用量】 马、牛30~60g；羊、猪15~30g。后下。外用适量，研细末敷患处。

【贮藏】 置阴凉干燥处。

细　辛

Xixin

ASARI RADIX ET RHIZOMA

本品为马兜铃科植物北细辛 *Asarum heterotropoides* Fr. Schmidt var. *mandshuricum*（Maxim.）Kitag.、汉城细辛 *Asarum sieboldii* Miq. var. *seoulense* Nakai 或华细辛 *Asarum sieboldii* Miq. 的干燥根和根茎。前二种习称"辽细辛"。夏季果熟期或初秋采挖，除净地上部分和泥沙，阴干。

【性状】 北细辛 常卷缩成团。根茎横生呈不规则圆柱状，具短分枝，长1~10cm，直径0.2~0.4cm；表面灰棕色，粗糙，有环形的节，节间长0.2~0.3cm，分枝顶端有碗状的茎痕。根细长，密生节上，长10~20cm，直径0.1cm；表面灰黄色，平滑或具纵皱纹，有须根及须根痕；质脆，易折断，断面平坦，黄白色或白色。气辛香，味辛辣、麻舌。

汉城细辛 根茎直径0.1~0.5cm，节间长0.1~1cm。

华细辛 根茎长5~20cm，直径0.1~0.2cm，节间长0.2~1cm。气味较弱。

【鉴别】 （1）根横切面：表皮细胞1列，部分残存。皮层宽，有众多油细胞散在；外皮层细胞1列，类长方形，木栓化并微木化；内皮层明显，可见凯氏点。中柱鞘细胞1~2层，初生木质部2~4原型。韧皮部束中央可见1~3个明显较其周围韧皮部细胞大的薄壁细胞，但其长径显著小于最大导管直径，或者韧皮部中无明显的大型薄壁细胞。薄壁细胞含淀粉粒。

（2）取本品粉末0.5g，加甲醇20ml，超声处理45分钟，滤过，滤液蒸干，残渣加甲醇2ml使溶解，作为供试品溶液。另取细辛对照药材0.5g，同法制成对照药材溶液。再取细辛脂素对照品，加甲醇制成每1ml含1mg的溶液，作为对照品溶液。照薄层色谱法（附录0502）试验，吸取上述三种溶液各10μl，分别点于同一硅胶G薄层板上，以石油醚（60~90℃）-乙酸乙酯（3:1）为展开剂，展开，取出，晾干，喷以1%香草醛硫酸溶液，热风吹至斑点显色清晰。供试品色谱中，在与对照药材色谱和对照品色谱相应的位置上，显相同颜色的斑点。

【检查】 水分 不得过10.0%（附录0832第三法）。

总灰分 不得过12.0%（附录2302）。

酸不溶性灰分 不得过5.0%（附录2302）。

马兜铃酸Ⅰ 照高效液相色谱法（附录0512）测定。

色谱条件与系统适应性试验 以十八烷基硅烷键合硅胶为填充剂；以乙腈为流动相A，以0.05%磷酸溶液为流动相B，按下表中的规定进行梯度洗脱；检测波长为260nm。理论板数按马兜铃酸Ⅰ峰计算应不低于5000。

时间（分钟）	流动相A（%）	流动相B（%）
0~10	30→34	70→66
10~18	34→35	66→65
18~20	35→45	65→55
20~30	45	55
30~31	45→53	55→47
31~35	53	47
35~40	53→100	47→0

对照品溶液的制备 取马兜铃酸Ⅰ对照品适量，精密称定，加甲醇制成每1ml含0.2μg的溶液，即得。

供试品溶液的制备 取本品中粉约0.5g，精密称定，置具塞锥形瓶中，精密加入70%甲醇25ml，密塞，称定重量，超声处理（功率500W，频率40kHz）40分钟，放冷，再称定重量，用70%甲醇补足减失的重量，摇匀，滤过，取续滤液，即得。

测定法 分别精密吸取对照品溶液与供试品溶液各10μl，注入液相色谱仪，测定，即得。

本品按干燥品计算，含马兜铃酸Ⅰ（$C_{17}H_{11}NO_7$）不得过0.001%。

【浸出物】 照醇溶性浸出物测定法（附录2201）项下的热浸法测定，用乙醇作溶剂，不得少于9.0%。

【含量测定】 **挥发油** 照挥发油测定法（附录2204）测定。

本品含挥发油不得少于2.0%（ml/g）。

细辛脂素 照高效液相色谱法（附录0512）测定。

色谱条件与系统适应性试验 以十八烷基硅烷键合硅胶为填充剂；以乙腈为流动相A，以水为流动相B，按下表中的规定进行梯度洗脱；柱温40℃，检测波长为287nm。理论板数按细辛脂素峰计算均应不低于10 000。

时间（分钟）	流动相A（%）	流动相B（%）
0~20	50	50
21~26	50→100	50→0

对照品溶液的制备 取细辛脂素对照品适量，精密称定，加甲醇制成每1ml含50μg的溶液，即得。

供试品溶液的制备 取本品粉末（过三号筛）约0.5g，精密称定，置具塞锥形瓶中，精密加入甲醇15ml，密塞，称定重量，超声处理（功率500W，频率40kHz）45分钟，放冷，再称定重量，用甲醇补足减失的重量，摇匀，滤过，取续滤液，即得。

测定法 分别精密吸取对照品溶液与供试品溶液各10μl，注入液相色谱仪，测定，即得。

本品按干燥品计算，含细辛脂素（$C_{20}H_{18}O_6$）不得少于0.050%。

饮片

【炮制】 除去杂质，喷淋清水，稍润，切段，阴干。

本品呈不规则的段。根茎呈不规则圆形,外表皮灰棕色,有时可见环形的节。根细,表面灰黄色,平滑或具纵皱纹。切面黄白色或白色。气辛香,味辛辣、麻舌。

【检查】 **总灰分** 同药材,不得过8.0%。

【鉴别】 (除根横切面外) **【检查】** (马兜铃酸Ⅰ) **【浸出物】** **【含量测定】** 同药材。

【性味与归经】 辛,温。归心、肺、肾经。

【功能】 解表散寒,通窍止痛,温肺化饮。

【主治】 风寒感冒,冷痛,风湿痹痛,肺寒咳嗽。

【用法与用量】 马、牛9~15g;驼15~30g;羊、猪1.5~3g;犬0.5~1.0g。

【注意】 不宜与藜芦同用。

【贮藏】 置阴凉干燥处。

珍　珠

Zhenzhu

MARGARITA

本品为珍珠贝科动物马氏珍珠贝 *Pteria martensii*(Dunker)、蚌科动物三角帆蚌 *Hyriopsis cumingii*(Lea)或褶纹冠蚌 *Cristaria plicata*(Leach)等双壳类动物受刺激形成的珍珠。自动物体内取出,洗净,干燥。

【性状】 本品呈类球形、长圆形、卵圆形或棒形,直径1.5~8mm。表面类白色、浅粉红色、浅黄绿色或浅蓝色,半透明,光滑或微有凹凸,具特有的彩色光泽。质坚硬,破碎面显层纹。气微,味淡。

【鉴别】 (1)本品粉末类白色。不规则碎块,半透明,具彩虹样光泽。表面显颗粒性,由数至十数薄层重叠,片层结构排列紧密,可见致密的成层线条或极细密的微波状纹理。

本品磨片具同心层纹。

(2)取本品粉末,加稀盐酸,即产生大量气泡,滤过,滤液显钙盐(附录0301)的鉴别反应。

(3)取本品,置紫外光灯(365nm)下观察,显浅蓝紫色或亮黄绿色荧光,通常环周部分较明亮。

【检查】 **酸不溶性灰分** 取本品粉末2g,置炽灼至恒重的坩埚中,炽灼至完全灰化,加入稀盐酸约20ml,照酸不溶性灰分测定法(附录2302)测定,不得过4.0%。

重金属及有害元素 照铅、镉、砷、汞、铜测定法(附录2321)测定,铅不得过5mg/kg;镉不得过0.3mg/kg;砷不得过2mg/kg;汞不得过0.2mg/kg;铜不得过20mg/kg。

饮片

【炮制】 **珍珠** 洗净,晾干。

珍珠粉 取净珍珠,碾细,照水飞法(附录0203)制成最细粉。

【性味与归经】 甘、咸,寒。归心、肝经。

【功能】 安神定惊,明目消翳;外用解毒生肌。

【主治】 惊风癫痫,睛生云翳,疮疡不敛。

【用法与用量】 马、牛3~5g;羊、猪0.3~1g;犬、猫0.1~0.2g;兔、禽0.05~0.1g。

外用适量。

【贮藏】 密闭。

珍　珠　母

Zhenzhumu

MARGARITIFERA CONCHA

本品为蚌科动物三角帆蚌 *Hyriopsis cumingii*（Lea）、褶纹冠蚌 *Cristaria plicata*（Leach）或珍珠贝科动物马氏珍珠贝 *Pteria martensii*（Dunker）的贝壳。去肉，洗净，干燥。

【性状】 **三角帆蚌** 略呈不等边四角形。壳面生长轮呈同心环状排列。后背缘向上突起，形成大的三角形帆状后翼。壳内面外套痕明显；前闭壳肌痕呈卵圆形，后闭壳肌痕略呈三角形。左右壳均具两枚拟主齿，左壳具两枚长条形侧齿，右壳具一枚长条形侧齿；具光泽。质坚硬。气微腥，味淡。

褶纹冠蚌 呈不等边三角形。后背缘向上伸展成大形的冠。壳内面外套痕略明显；前闭壳肌痕大呈楔形，后闭壳肌痕呈不规则卵圆形，在后侧齿下方有与壳面相应的纵肋和凹沟。左、右壳均具一枚短而略粗后侧齿及一枚细弱的前侧齿，均无拟主齿。

马氏珍珠贝 呈斜四方形，后耳大，前耳小，背缘平直，腹缘圆，生长线极细密，成片状。闭壳肌痕大，长圆形，具一凸起的长形主齿。

【鉴别】 （1）本品粉末类白色。不规则碎块，表面多不平整，呈明显的颗粒性，有的呈层状结构，边缘多数为不规则锯齿状。棱柱形碎块少见，断面观呈棱柱状，断面大多平截，有明显的横向条纹，少数条纹不明显。

（2）取本品粉末，加稀盐酸，即产生大量气泡，滤过，滤液显钙盐（附录0301）的鉴别反应。

【检查】 **酸不溶性灰分** 取本品粉末2g，置炽灼至恒重的坩埚中，炽灼至完全灰化，加入稀盐酸约20ml，照酸不溶性灰分测定法（附录2302）测定，不得过4.0%。

饮片

【炮制】 **珍珠母** 除去杂质，打碎。

煅珍珠母 取净珍珠母，照明煅法（附录0203）煅至酥脆。

【性味与归经】 咸，寒。归肝、心经。

【功能】 平肝潜阳，安神定惊，明目退翳。

【主治】 惊痫抽搐，惊悸不安，目赤翳障。

【用法与用量】 马、牛30～60g；羊、猪15～30g。

【贮藏】 置干燥处，防尘。

珍珠透骨草

Zhenzhutougucao

SPERANSKIAE TUBERCULATAE HERBA

本品为大戟科植物地构叶 *Speranskia tuberculata*（Bge.）Baill. 的干燥全草。夏、秋二季采收，晒干。

【性状】 本品根茎圆柱形，长约10cm，表面黄棕色；质较坚硬，断面淡黄白色，微呈刺状。茎多分枝，呈圆柱形或微有棱，长10～30cm，直径1～4mm；表面淡绿色至灰绿色，被有灰白色柔毛，具互生叶或叶痕；质脆，断面黄白色。叶多卷曲而皱缩，灰绿色，被白色细柔毛。枝梢有时可见总状花序或果序；花形小；蒴果三角状扁圆形。气微，味淡而后微苦。

【鉴别】 （1）本品茎的横切面：有非腺毛及少数气孔。部分细胞内含草酸钙簇晶，直径14～24μm。导管单个散在或2～5成群。木纤维多数。

叶表面观：气孔稀少，主为平轴式，次为不定式和不等式，副卫细胞2～4个，下表皮细胞垂周壁稍弯曲。上下表面均有非腺毛。

（2）取本品粉末0.5g，加甲醇5ml，浸渍2小时，时时振摇，滤过，取滤液2ml，加2%铁氰化钾-2%三氯化铁溶液（临用时，将两种溶液等量混合）2～3滴，应显绿蓝色。

【性味与归经】 辛，温。归心、肝经。

【功能】 祛风散寒，活血止痛。

【主治】 风湿痹痛，跌打损伤，瘀血疼痛。

【用法与用量】 马、牛30～60g；羊、猪10～20g。

【注意】 孕畜慎用。

【贮藏】 置通风干燥处。

荆　芥

Jingjie

SCHIZONEPETAE HERBA

本品为唇形科植物荆芥 Schizonepeta tenuifolia Briq. 的干燥地上部分。夏、秋二季花开到顶、穗绿时采割，除去杂质，晒干。

【性状】 本品茎呈方柱形，上部有分枝，长50～80cm，直径0.2～0.4cm；表面淡黄绿色或淡紫红色，被短柔毛；体轻，质脆，断面类白色。叶对生，多已脱落，叶片3～5羽状分裂，裂片细长。穗状轮伞花序顶生，长2～9cm，直径约0.7cm。花冠多脱落，宿萼钟状，先端5齿裂，淡棕色或黄绿色，被短柔毛；小坚果棕黑色。气芳香，味微涩而辛凉。

【鉴别】 （1）本品粉末黄棕色。宿萼表皮细胞垂周壁深波状弯曲。腺鳞头部8细胞，直径96～112μm，柄单细胞，棕黄色。小腺毛头部1～2细胞，柄单细胞。非腺毛1～6细胞，大多具壁疣。外果皮细胞表面观多角形，壁黏液化，胞腔含棕色物；断面观细胞类方形或类长方形，胞腔小。内果皮石细胞淡棕色，表面观垂周壁深波状弯曲，密具纹孔。纤维直径14～43μm，壁平直或微波状。

（2）取本品粗粉0.8g，加石油醚（60～90℃）20ml，密塞，时时振摇，放置过夜，滤过，滤液挥至1ml，作为供试品溶液。另取荆芥对照药材0.8g，同法制成对照药材溶液。照薄层色谱法（附录0502）试验，吸取上述两种溶液各10μl，分别点于同一硅胶H薄层板上，以正己烷-乙酸乙酯（17:3）为展开剂，展开，取出，晾干，喷以5%香草醛的5%硫酸乙醇溶液，在105℃加热至斑点显色清晰。供试品色谱中，在与对照药材色谱相应的位置上，显相同颜色的斑点。

【检查】 **水分** 不得过12.0%（附录0832第三法）。

总灰分 不得过10.0%（附录2302）。

酸不溶性灰分 不得过3.0%（附录2302）。

【含量测定】 **挥发油** 照挥发油测定法（附录2204）测定。

本品含挥发油不得少于0.60%（ml/g）。

胡薄荷酮 照高效液相色谱法（附录0512）测定。

色谱条件与系统适用性试验 以十八烷基硅烷键合硅胶为填充剂；以甲醇-水（80：20）为流动相；检测波长为252nm。理论板数按胡薄荷酮峰计算应不低于3000。

对照品溶液的制备 取胡薄荷酮对照品适量，精密称定，加甲醇制成每1ml含10μg的溶液，即得。

供试品溶液的制备 取本品粉末（过二号筛）约0.5g，精密称定，置具塞锥形瓶中，加甲醇10ml，超声处理（功率250W，频率50kHz）20分钟，滤过，滤渣和滤纸再加甲醇10ml，同法超声处理一次，滤过，加甲醇适量洗涤2次，合并滤液和洗液，转移至25ml量瓶中，加甲醇至刻度，摇匀，即得。

测定法 分别精密吸取对照品溶液与供试品溶液各10μl，注入液相色谱仪，测定，即得。

本品按干燥品计算，含胡薄荷酮（$C_{10}H_{16}O$）不得少于0.020%。

饮片

【炮制】 除去杂质，喷淋清水，洗净，润透，于50℃烘1小时，切段，干燥。

本品呈不规则的段。茎呈方柱形，表面淡黄绿色或淡紫红色，被短柔毛。切面类白色。叶多已脱落。穗状轮伞花序。气芳香，味微涩而辛凉。

【含量测定】 同药材，含挥发油不得少于0.30%（ml/g），胡薄荷酮（$C_{10}H_{16}O$）不得少于0.020%。

【鉴别】 同药材。

【性味与归经】 辛，微温。归肺、肝经。

【功能】 解表散风，透疹，消疮。

【主治】 感冒，风疹，疮疡初起。

【用法与用量】 马、牛15～60g；羊、猪6～12g；犬、猫2～5g；兔、禽1.5～3g。

【贮藏】 置阴凉干燥处。

荆 芥 炭

Jingjietan

SCHIZONEPETAE HERBA CARBONISATA

本品为荆芥的炮制加工品。

【制法】 取荆芥段，照炒炭法（附录0203）炒至表面焦黑色，内部焦黄色，喷淋清水少许，熄灭火星，取出，晾干。

【性状】 本品呈不规则段，长5mm。全体黑褐色。茎方柱形，体轻，质脆，断面焦褐色。叶对生，多已脱落。花冠多脱落，宿萼钟状。略具焦香气，味苦而辛。

【鉴别】 本品粉末黑色。外果皮细胞表面观多角形，壁黏液化多不明显，胞腔含棕色物。内果皮石细胞淡棕色，表观垂周壁深波状弯曲，密具纹孔。纤维成束，壁平直或微波状。宿萼表皮细胞垂周壁深波状弯曲。腺鳞头部8细胞，直径95～110μm，柄单细胞。非腺毛1～6细胞，大多具壁疣。

【浸出物】 照醇溶性浸出物测定法（附录2201）项下的热浸法测定，用70%乙醇作溶剂，不得少于8.0%。

【性味与归经】　辛、涩，微温。归肺、肝经。

【功能】　收敛止血。

【主治】　便血，子宫出血。

【用法与用量】　马、牛15～60g；羊、猪6～12g；犬、猫2～5g；兔、禽1.5～3g。

【贮藏】　置阴凉干燥处。

荆　芥　穗

Jingjiesui

SCHIZONEPETAE SPICA

本品为唇形科植物荆芥 *Schizonepeta tenuifolia* Briq. 的干燥花穗。夏、秋二季花开到顶、穗绿时采摘，除去杂质，晒干。

【性状】　本品穗状轮伞花序呈圆柱形，长3～15cm，直径约7mm。花冠多脱落，宿萼黄绿色，钟形，质脆易碎，内有棕黑色小坚果。气芳香，味微涩而辛凉。

【鉴别】　（1）本品粉末黄棕色。宿萼表皮细胞垂周壁深波状弯曲。腺鳞头部8细胞，直径95～110μm，柄单细胞，棕黄色。小腺毛头部1～2细胞，柄单细胞。非腺毛1～6细胞，大多具壁疣。外果皮细胞表面观多角形，壁黏液化，胞腔含棕色物；断面观细胞类方形或类长方形，胞腔小。内果皮石细胞淡棕色，表面观垂周壁深波状弯曲，密具纹孔。纤维成束，壁平直或微波状。

（2）取本品粗粉0.8g，加石油醚（60～90℃）20ml，密塞，时时振摇，放置过夜，滤过，滤液挥至约1ml，作为供试品溶液。另取荆芥穗对照药材0.8g，同法制成对照药材溶液。再取胡薄荷酮对照品，加石油醚（60～90℃）制成每1ml含4mg的溶液，作为对照品溶液。照薄层色谱法（附录0502）试验，吸取供试品溶液3μl、对照药材和对照品溶液各10μl，分别点于同一硅胶G薄层板上，以石油醚（60～90℃）-乙酸乙酯（37:3）为展开剂，展开，取出，晾干，喷以1%香草醛硫酸溶液，加热至斑点显色清晰。供试品色谱中，在与对照药材色谱和对照品色谱相应的位置上，显相同颜色的斑点。

【检查】　**水分**　不得过12.0%（附录0832第二法）。

总灰分　不得过12.0%（附录2302）。

酸不溶性灰分　不得过3.0%（附录2302）。

【浸出物】　照醇溶性浸出物测定法（附录2201）项下的冷浸法测定，用乙醇作溶剂，不得少于8.0%。

【含量测定】　**挥发油**　照挥发油测定法（附录2204）测定。

本品含挥发油不得少于0.40%（ml/g）。

胡薄荷酮　照高效液相色谱法（附录0512）测定。

色谱条件与系统适用性试验　以十八烷基硅烷键合硅胶为填充剂；以甲醇-水（80:20）为流动相；检测波长为252nm。理论板数按胡薄荷酮峰计算应不低于3000。

对照品溶液的制备　取胡薄荷酮对照品适量，精密称定，加甲醇制成每1ml含20μg的溶液，即得。

供试品溶液的制备　取本品粉末（过二号筛）约0.5g，精密称定，置具塞锥形瓶中，加甲醇10ml，超声处理（功率250W，频率50kHz）20分钟，滤过，滤渣和滤纸再加甲醇10ml，再超声处理一次，滤过，加适量甲醇洗涤2次，合并滤液和洗液，转移至25ml量瓶中，加甲醇至刻度，摇匀，即得。

测定法　分别精密吸取对照品溶液与供试品溶液各10μl，注入液相色谱仪，测定，即得。

本品按干燥品计算，含胡薄荷酮（$C_{10}H_{16}O$）不得少于0.080%。

【性味与归经】　辛，微温。归肺、肝经。

【功能】　解表散风，透疹，消疮。

【主治】　感冒，风疹，疮疡初起。

【用法与用量】　马、牛15~60g；羊、猪6~12g；犬、猫2~5g；兔、禽1.5~3g。

【贮藏】　置阴凉干燥处。

荆 芥 穗 炭

Jingjiesuitan

SCHIZONEPETAE SPICA CARBONISATA

本品为荆芥穗的炮制加工品。

【制法】　取荆芥穗段，照炒炭法（附录0203）炒至表面黑褐色，内部焦黄色，喷淋清水少许，熄灭火星，取出，晾干。

【性状】　本品为不规则段，长约15mm。表面黑褐色。花冠多脱落，宿萼钟状，先端5齿裂，黑褐色。小坚果棕黑色。具焦香气，味苦而辛。

【鉴别】　外果皮细胞表面观多角形，壁黏液化，胞腔含棕色物。内果皮石细胞淡棕色，垂周壁深波状弯曲，密具纹孔。纤维成束。

【浸出物】　照醇溶性浸出物测定法（附录2201）项下的热浸法测定，用70%乙醇作溶剂，不得少于13.0%。

【性味与归经】　辛、涩，微温。归肺、肝经。

【功能】　收敛止血。

【主治】　便血，子宫出血。

【用法与用量】　马、牛15~60g；羊、猪6~12g；犬、猫2~5g；兔、禽1.5~3g。

【贮藏】　置阴凉干燥处。

茜 草

Qiancao

RUBIAE RADIX ET RHIZOMA

本品为茜草科植物茜草 *Rubia cordifolia* L. 的干燥根和根茎。春、秋二季采挖，除去泥沙，干燥。

【性状】　本品根茎呈结节状，丛生粗细不等的根。根呈圆柱形，略弯曲，长10~25cm，直径0.2~1cm；表面红棕色或暗棕色，具细纵皱纹和少数细根痕；皮部脱落处呈黄红色。质脆，易折断，断面平坦皮部狭，紫红色；木部宽广，浅黄红色，导管孔多数。气微，味微苦，久嚼刺舌。

【鉴别】 （1）本品根横切面：木栓细胞6~12列，含棕色物。栓内层薄壁细胞有的含红棕色颗粒。韧皮部细胞较小。形成层不甚明显。木质部占根的主要部分，全部木化，射线不明显。薄壁细胞含草酸钙针晶束。

（2）取本品粉末0.2g，加乙醚5ml，振摇数分钟，滤过，滤液加氢氧化钠试液1ml，振摇，静置使分层，水层显红色；醚层无色，置紫外光灯（365nm）下观察，显天蓝色荧光。

（3）取本品粉末0.5g，加甲醇10ml，超声处理30分钟，滤过，滤液浓缩至1ml，作为供试品溶液。另取茜草对照药材0.5g，同法制成对照药材溶液。再取大叶茜草素对照品，加甲醇制成每1ml含2.5mg的溶液，作为对照品溶液。照薄层色谱法（附录0502）试验，吸取上述三种溶液各5μl，分别点于同一硅胶G薄层板上，以石油醚（60~90℃）-丙酮（4:1）为展开剂，展开，取出，晾干，置紫外光灯（365nm）下检视。供试品色谱中，在与对照药材色谱和对照品色谱相应的位置上，显相同颜色的荧光斑点。

【检查】 水分 不得过12.0%（附录0832第一法）。

总灰分 不得过15.0%（附录2302）。

酸不溶性灰分 不得过5.0%（附录2302）。

【浸出物】 照醇溶性浸出物测定法（附录2201）项下的热浸法测定，用乙醇作溶剂，不得少于9.0%。

【含量测定】 照高效液相色谱法（附录0512）测定。

色谱条件与系统适用性试验 以十八烷基硅烷键合硅胶为填充剂；以甲醇-乙腈-0.2%磷酸溶液（25:50:25）为流动相；检测波长为250nm。理论板数以大叶茜草素、羟基茜草素峰计算均应不低于4000。

对照品溶液的制备 取大叶茜草素对照品、羟基茜草素对照品适量，精密称定，加甲醇分别制成每1ml含大叶茜草素0.1mg、含羟基茜草素40μg的溶液，即得。

供试品溶液的制备 取本品粉末（过二号筛）约0.5g，精密称定，置具塞锥形瓶中，精密加入甲醇100ml，密塞，称定重量，放置过夜，超声处理（功率250W，频率40kHz）30分钟，放冷，再称定重量，用甲醇补足减失的重量，摇匀，滤过，精密量取续滤液50ml，蒸干，残渣加甲醇-25%盐酸（4:1）混合溶液20ml溶解，置水浴中加热水解30分钟，立即冷却，加入三乙胺3ml，混匀，转移至25ml量瓶中，加甲醇至刻度，摇匀，滤过，取续滤液，即得。

测定法 分别精密吸取对照品溶液10μl与供试品溶液20μl，注入液相色谱仪，测定，即得。

本品按干燥品计算，含大叶茜草素（$C_{17}H_{15}O_4$）不得少于0.40%，羟基茜草素（$C_{14}H_8O_5$）不得少于0.10%。

饮片

【炮制】 茜草 除去杂质，洗净，润透，切厚片或段，干燥。

本品呈不规则的厚片或段。根呈圆柱形，外表皮红棕色或暗棕色，具细纵纹；皮部脱落处呈黄红色。切面皮部狭，紫红色，木部宽广，淡黄红色，导管孔多数。气微，味微苦，久嚼刺舌。

【含量测定】 同药材，含大叶茜草素（$C_{17}H_{15}O_4$）不得少于0.20%，羟基茜草素（$C_{14}H_8O_5$）不得少于0.080%。

【鉴别】【检查】【浸出物】 同药材。

茜草炭 取茜草片或段，照炒炭法（附录0203）炒至表面焦黑色。

本品形如茜草片或段，表面黑褐色，内部棕褐色。气微，味苦、涩。

【鉴别】 取本品粉末0.4g，加乙醚5ml，振摇数分钟，滤过，滤液加氢氧化钠试液1ml，振摇，静置使分层，水层显红色，醚层无色，置紫外光灯（365nm）下观察，显天蓝色荧光。

【检查】 **水分** 同药材，不得过8.0%。

【浸出物】 同药材，不得少于10.0%。

【性味与归经】 苦，寒。归肝经。

【功能】 凉血止血，祛瘀通经。

【主治】 鼻衄，便血，尿血，外伤出血，跌打损伤，产后恶露不尽。

【用法与用量】 马、牛15～60g；羊、猪6～12g。

【贮藏】 置干燥处。

草 乌

Caowu

ACONITI KUSNEZOFFII RADIX

本品为毛茛科植物北乌头 *Aconitum kusnezoffii* Reichb. 的干燥块根。秋季茎叶枯萎时采挖，除去须根和泥沙，干燥。

【性状】 本品呈不规则长圆锥形，略弯曲，长2～7cm，直径0.6～1.8cm。顶端常有残茎和少数不定根残基，有的顶端一侧有一枯萎的芽，一侧有一圆形或扁圆形不定根残基。表面灰褐色至黑棕褐色，皱缩，有纵皱纹、点状须根痕和数个瘤状侧根。质硬，断面灰白色或暗灰色，有裂隙，形成层环纹多角形或类圆形，髓部较大或中空。气微，味辛辣、麻舌。

【鉴别】 （1）本品横切面：后生皮层为7～8列棕黄色栓化细胞；皮层有石细胞，单个散在或2～5个成群，类长方形、方形或长圆形，胞腔大；内皮层明显。韧皮部宽广，常有不规则裂隙，筛管群随处可见。形成层环呈不规则多角形或类圆形。木质部导管1～4列或数个相聚，位于形成层角隅的内侧，有的内含棕黄色物。髓部较大。薄壁细胞充满淀粉粒。

粉末灰棕色。淀粉粒单粒类圆形，直径2～23μm；复粒由2～16分粒组成。石细胞无色，与后生皮层细胞连结的显棕色，呈类方形、类长方形、类圆形、梭形或长条形，直径20～133（234）μm，长至465μm，壁厚薄不一，壁厚者层纹明显，纹孔细，有的含棕色物。后生皮层细胞棕色，表面观呈类方形或长多角形，壁不均匀增厚，有的呈瘤状突入细胞腔。

（2）取本品粉末2g，加氨试液2ml润湿，加乙醚20ml，超声处理30分钟，滤过，滤液挥干，残渣加二氯甲烷1ml使溶解，作为供试品溶液。另取乌头碱对照品、次乌头碱对照品、新乌头碱对照品，加异丙醇-三氯甲烷（1:1）混合溶液制成每1ml各含1mg的混合溶液，作为对照品溶液。照薄层色谱法（附录0502）试验，吸取上述两种溶液各5μl，分别点于同一硅胶G薄层板上，以正己烷-乙酸乙酯-甲醇（6.4:3.6:1）为展开剂，置氨蒸气饱和20分钟的展开缸内，展开，取出，晾干，喷以稀碘化铋钾试液。供试品色谱中，在与对照品色谱相应的位置上，显相同颜色的斑点。

【检查】 **杂质**（残茎） 不得过5%（附录2301）。

水分 不得过12.0%（附录0832第一法）。

总灰分 不得过6.0%（附录2302）。

【含量测定】 照高效液相色谱法（附录0512）测定。

色谱条件与系统适用性试验 以十八烷基硅烷键合硅胶为填充剂；以乙腈-四氢呋喃（25:15）为流动相A，0.1mol/L醋酸铵（每1000ml加冰醋酸0.5ml）为流动相B，按下表中的规定进行梯度洗脱；检测波长为235nm。理论板数按新乌头碱峰计算应不低于2000。

时间（分钟）	流动相A（%）	流动相B（%）
0～48	15→26	85→74
48～48.1	26→35	74→65
48.1～58	35	65
58～65	35→15	65→85

对照品溶液的制备　取乌头碱对照品、次乌头碱对照品、新乌头碱对照品适量，精密称定，加异丙醇-三氯甲烷（1:1）混合溶液分别制成每1ml含乌头碱0.3mg、次乌头碱0.18mg、新乌头碱1mg的混合溶液，即得。

供试品溶液的制备　取本品粉末（过三号筛）约2g，精密称定，置具塞锥形瓶中，加氨试液3ml，精密加入异丙醇-乙酸乙酯（1:1）混合溶液50ml，称定重量，超声处理（功率300W，频率40kHz；水温在25℃以下）30分钟，放冷，再称定重量，用异丙醇-乙酸乙酯（1:1）混合溶液补足减失的重量，摇匀，滤过。精密量取续滤液25ml，40℃以下减压回收溶剂至干，残渣精密加入异丙醇-三氯甲烷（1:1）混合溶液3ml溶解，密塞，摇匀，滤过，取续滤液，即得。

测定法　分别精密吸取对照品溶液与供试品溶液各10μl，注入液相色谱仪，测定，即得。

本品按干燥品计算，含乌头碱（$C_{34}H_{47}NO_{11}$）、次乌头碱（$C_{33}H_{45}NO_{10}$）和新乌头碱（$C_{33}H_{45}NO_{11}$）的总量应为0.10%～0.50%。

饮片

【炮制】　生草乌　除去杂质，洗净，干燥。

【性状】【鉴别】【检查】【含量测定】　同药材。

【性味与归经】　辛、苦，热；有大毒。归心、肝、肾、脾经。

【功能】　祛风除湿，温经止痛。

【主治】　风寒湿痹，关节疼痛，寒疝作痛。

【用法与用量】　一般炮制后用。

【注意】　生品内服宜慎。不宜与贝母、半夏、白及、白蔹、天花粉、瓜蒌同用。

【贮藏】　置通风干燥处，防蛀。

制　草　乌

Zhicaowu

ACONITI KUSNEZOFFII RADIX COCTA

本品为草乌的炮制加工品。

【制法】　取草乌，大小个分开，用水浸泡至内无干心，取出，加水煮至取大个切开内无白心、口尝微有麻舌感时，取出，晾至六成干后切薄片，干燥。

【性状】　本品为不规则圆形或近三角形的片。表面黑褐色，有灰白色多角形形成层环和点状维管束，并有空隙，周边皱缩或弯曲。质脆。气微，味微辛辣，稍有麻舌感。

【鉴别】　取本品粉末2g，加氨试液2ml润湿，加乙醚20ml，超声处理30分钟，滤过，滤液挥干，残渣加二氯甲烷1ml使溶解，作为供试品溶液。另取苯甲酰乌头原碱对照品、苯甲酰次乌头原碱对照品、苯甲酰新乌头原碱对照品，加异丙醇-三氯甲烷（1:1）混合溶液制成每1ml各含1mg的混合溶液，作为对照品溶液。照薄层色谱法（附录0502）试验，吸取上述两种溶液各5μl，分别点于同一硅胶G薄层板上，以正己烷-乙酸乙酯-甲醇（6.4:3.6:1）为展开剂，置氨蒸气饱和20分钟的展开缸内，展开，取出，晾干，喷以稀碘化铋钾试液。供试品色谱中，在与对照品色谱相应位置上，显相同颜色的斑点。

【检查】 水分　不得过12.0%（附录0832第一法）。

双酯型生物碱　照〔含量测定〕项下色谱条件和供试品溶液的制备方法试验。

对照品溶液的制备　取乌头碱对照品、次乌头碱对照品及新乌头碱对照品适量，精密称定，加异丙醇-三氯甲烷（1:1）混合溶液制成每ml分别含乌头碱30μg、次乌头碱10μg、新乌头碱50μg的溶液，即得。

测定法　精密吸取对照品溶液与〔含量测定〕项下供试品溶液各10μl，注入液相色谱仪，测定，即得。

本品含双酯型生物碱以乌头碱（$C_{34}H_{47}NO_{11}$）、次乌头碱（$C_{33}H_{45}NO_{10}$）和新乌头碱（$C_{33}H_{45}NO_{11}$）的总量计，不得过0.040%。

【含量测定】 照高效液相色谱法（附录0512）测定。

色谱条件与系统适用性试验　以十八烷基硅烷键合硅胶为填充剂；以乙腈-四氢呋喃（25:15）为流动相A，0.1mol/L醋酸铵（每1000ml加冰醋酸0.5ml）为流动相B，按下表中的规定进行梯度洗脱；检测波长为235nm。理论板数按苯甲酰新乌头原碱峰计算应不低于2000。

时间（分钟）	流动相A（%）	流动相B（%）
0～48	15→26	85→74
48～48.1	26→35	74→65
48.1～58	35	65
58～65	35→15	65→85

对照品溶液的制备　取苯甲酰乌头原碱对照品、苯甲酰次乌头原碱对照品、苯甲酰新乌头原碱对照品适量，精密称定，加异丙醇-三氯甲烷（1:1）混合溶液分别制成每1ml含苯甲酰乌头原碱20μg、苯甲酰次乌头原碱0.1mg、苯甲酰新乌头原碱80μg的混合溶液，即得。

供试品溶液的制备　取本品粉末（过三号筛）约2g，精密称定，置具塞锥形瓶中，加氨试液3ml，精密加入异丙醇-乙酸乙酯（1:1）混合溶液50ml，称定重量，超声处理（功率300W，频率40kHz；水温在25℃以下）30分钟，放冷，再称定重量，用异丙醇-乙酸乙酯（1:1）混合溶液补足减失的重量，摇匀，滤过。精密量取续滤液25ml，40℃以下减压回收溶剂至干，残渣精密加入异丙醇-三氯甲烷（1:1）混合溶液3ml溶解，滤过，取续滤液，即得。

测定法　分别精密吸取对照品溶液与供试品溶液各10μl，注入液相色谱仪，测定，即得。

本品按干燥品计算，含苯甲酰乌头原碱（$C_{32}H_{45}NO_{10}$）、苯甲酰次乌头原碱（$C_{31}H_{43}NO_9$）、苯甲酰新乌头原碱（$C_{31}H_{43}NO_{10}$）的总量应为0.020%～0.070%。

【性味与归经】 辛、苦、热；有毒。归心、肝、肾、脾经。

【功能】 祛风除湿，温经散寒。

【主治】 风湿痹痛，拘挛疼痛，疮疡初起，痈疽未溃。

【用法与用量】 马、牛9～18g；羊、猪1.5～3g。宜先煎、久煎。

【注意】 孕畜禁用；不宜与贝母、半夏、白及、白蔹、天花粉、瓜蒌同用。

【贮藏】 置通风干燥处，防蛀。

草 乌 叶

Caowuye

ACONITI KUSNEZOFFII FOLIUM

本品系蒙古族习用药材。为毛茛科植物北乌头 *Aconitum kusnezoffii* Reichb. 的干燥叶。夏季叶茂盛花未开时采收，除去杂质，及时干燥。

【性状】 本品多皱缩卷曲、破碎。完整叶片展平后呈卵圆形，3全裂，长5～12cm，宽10～17cm；灰绿色或黄绿色；中间裂片菱形，渐尖，近羽状深裂；侧裂片2深裂；小裂片披针形或卵状披针形。上表面微被柔毛，下表面无毛；叶柄长2～6cm。质脆。气微，味微咸、辛。

【鉴别】 （1）本品表面观：上表皮细胞垂周壁微波状弯曲，外平周壁有的可见稀疏角质纹理；非腺毛单细胞，多呈镰刀状弯曲，长约至468μm，直径44μm，壁具疣状突起。下表皮细胞垂周壁深波状弯曲；气孔较多，不定式，副卫细胞3～5个。

（2）取本品粉末5g，加三氯甲烷25ml，摇匀，加碳酸钠试液2ml，振摇30分钟，滤过，取滤液加稀盐酸4ml，振摇，分取酸液，滤过，将滤液分置两支试管中，一管中加碘化铋钾试液2滴，生成棕黄色沉淀；另一管中加硅钨酸试液2滴，生成灰白色沉淀。

【性味】 辛、涩，平；有小毒。

【功能】 清热、解毒，止痛。

【主治】 温病发热，泄泻，腹痛。

【用法与用量】 马、牛6～9g；羊、猪2～3g。

【注意】 孕畜慎用。

【贮藏】 置干燥处。

草 血 竭

Caoxuejie

POLYGONI PALEACEI RHIZOMA

本品为蓼科植物草血竭 *Polygonum Paleaceum* Wall. 的干燥根茎。秋季采挖，除去须根及泥沙，干燥。

【性状】 本品呈扁圆柱形，常弯曲，两端略尖，长2～6cm，直径1～2cm。表面紫褐色至黑褐色，一面隆起，另一面稍有凹槽，通体密具粗环纹，有残留须根或根痕。质硬，不易折断，断面不平坦，红棕色或灰棕色，筋脉点排列成环。气微，味涩。

【鉴别】 取本品粉末1g，加水10ml，置水浴上加热2分钟，滤过。取滤液2ml，加三氯化铁试液1滴，即生成蓝黑色；另取滤液2ml，加醋酸铅试液2滴，即生成白色沉淀。

【炮制】 除去杂质，洗净，润透，切片，晒干。

【性味】 辛、苦，微温。

【功能】 活血散瘀，止痛，止血。

【主治】 痢疾，肠黄，创伤出血。

【用法与用量】 马、牛50～150g；羊、猪10～15g。外用适量。

【贮藏】 置干燥处。

草 豆 蔻
Caodoukou
ALPINIAE KATSUMADAI SEMEN

本品为姜科植物草豆蔻 *Alpinia katsumadai* Hayata 的干燥近成熟种子。夏、秋二季采收，晒至九成干，或用水略烫，晒至半干，除去果皮，取出种子团，晒干。

【性状】 本品为类球形的种子团，直径1.5～2.7cm。表面灰褐色，中间有黄白色的隔膜，将种子团分成3瓣，每瓣有种子多数，粘连紧密，种子团略光滑。种子为卵圆状多面体，长3～5mm，直径约3mm，外被淡棕色膜质假种皮，种脊为一条纵沟，一端有种脐；质硬，将种子沿种脊纵剖两瓣，纵断面观呈斜心形，种皮沿种脊向内伸入部分约占整个表面积的1/2；胚乳灰白色。气香，味辛、微苦。

【鉴别】 （1）本品横切面：假种皮有时残存，为多角形薄壁细胞。种皮表皮细胞类圆形，壁较厚；下皮为1～3列薄壁细胞，略切向延长；色素层为数列棕色细胞，其间散有类圆形油细胞1～2列，直径约50μm；内种皮为1列栅状厚壁细胞，棕红色，内壁与侧壁极厚，胞腔小，内含硅质块。外胚乳细胞含淀粉粒和草酸钙方晶及少数细小簇晶。内胚乳细胞含糊粉粒。

粉末黄棕色。种皮表皮细胞表面观呈长条形，直径约至30μm，壁稍厚，常与下皮细胞上下层垂直排列；下皮细胞表面观长多角形或类长方形。色素层细胞皱缩，界限不清楚，含红棕色物，易碎裂成不规则色素块。油细胞散生于色素层细胞间，呈类圆形或长圆形，含黄绿色油状物。内种皮厚壁细胞黄棕色或红棕色，表面观多角形，壁厚，非木化，胞腔内含硅质块；断面观细胞1列，栅状，内壁及侧壁极厚，胞腔偏外侧，内含硅质块。外胚乳细胞充满淀粉粒集结成的淀粉团，有的包埋有细小草酸钙方晶。内胚乳细胞含糊粉粒和脂肪油滴。

（2）取本品粉末1g，加甲醇5ml，置水浴中加热振摇5分钟，滤过，滤液作为供试品溶液。另取山姜素对照品、小豆蔻明对照品，加甲醇制成每1ml各含2mg的混合溶液，作为对照品溶液。照薄层色谱法（附录0502）试验，吸取上述两种溶液各5μl，分别点于同一硅胶G薄层板上，以甲苯-乙酸乙酯-甲醇（15：4：1）为展开剂，展开，取出，晾干，在100℃加热至斑点显色清晰，置紫外光灯（365nm）下检视。供试品色谱中，在与山姜素对照品色谱相应的位置上，显相同的浅蓝色荧光斑点；喷以5%三氯化铁乙醇溶液，供试品色谱中，在与小豆蔻明对照品色谱相应的位置上，显相同的褐色斑点。

【含量测定】 **挥发油** 照挥发油测定法（附录2204）测定。

本品含挥发油不得少于1.0%（ml/g）。

山姜素、乔松素、小豆蔻明和桤木酮 照高效液相色谱法（附录0512）测定。

色谱条件与系统适用性试验 以十八烷基硅烷键合硅胶为填充剂；以甲醇为流动相A，以水为流动相B，按下表中的规定进行梯度洗脱，检测波长为300nm。理论板数按小豆蔻明峰计算应不低于5000。

时间（分钟）	流动相A（%）	流动相B（%）
0～20	60	40
20～21	60→74	40→26
21～31	74	26
31～32	74→80	26→20
32～42	80	20
42～45	80→95	20→5

对照品溶液的制备　取山姜素对照品、乔松素对照品、小豆蔻明对照品、桤木酮对照品适量，精密称定，加甲醇分别制成每1ml含山姜素、乔松素、小豆蔻明各40μg，桤木酮80μg的溶液，即得。

供试品溶液的制备　取本品粉末（过三号筛）0.5g，精密称定，置具塞锥形瓶中，精密加入甲醇50ml，称定重量，超声处理（功率250W，频率40kHz）30分钟，放冷，再称定重量，用甲醇补足减失的重量，摇匀，滤过，取续滤液，即得。

测定法　分别精密吸取对照品溶液与供试品溶液各5μl，注入液相色谱仪，测定，即得。

本品按干燥品计算，含山姜素（$C_{16}H_{14}O_4$）、乔松素（$C_{15}H_{12}O_4$）和小豆蔻明（$C_{16}H_{14}O_4$）的总量不得少于1.35%，桤木酮（$C_{19}H_{18}O$）不得少于0.50%。

饮片

【炮制】　除去杂质。用时捣碎。

【性状】【鉴别】【含量测定】　同药材。

【性味与归经】　辛，温。归脾、胃经。

【功能】　燥湿健脾，温胃止呕。

【主治】　脾胃虚寒，冷痛，寒湿泄泻，呕吐。

【用法与用量】　马、牛15～30g；羊、猪3～6g；犬、猫2～5g。

【贮藏】　置阴凉干燥处。

草　果

Caoguo

TSAOKO FRUCTUS

本品为姜科植物草果 *Amomum tsaoko* Crevost et Lemaire 的干燥成熟果实。秋季果实成熟时采收，除去杂质，晒干或低温干燥。

【性状】　本品呈长椭圆形，具三钝棱，长2～4cm，直径1～2.5cm。表面灰棕色至红棕色，具纵沟及棱线，顶端有圆形突起的柱基，基部有果梗或果梗痕。果皮质坚韧，易纵向撕裂。剥去外皮，中间有黄棕色隔膜，将种子团分成3瓣，每瓣有种子多为8～11粒。种子呈圆锥状多面体，直径约5mm；表面红棕色，外被灰白色膜质的假种皮，种脊为一条纵沟，尖端有凹状的种脐；质硬，胚乳灰白色。有特异香气，味辛、微苦。

【鉴别】　（1）本品种子横切面：假种皮薄壁细胞含淀粉粒。种皮表皮细胞棕色，长方形，壁较厚；下皮细胞1列，含黄色物；油细胞层为1列油细胞，类方形或长方形，切向42～162μm，径向48～68μm，含黄色油滴；色素层为数列棕色细胞，皱缩。内种皮为1列栅状厚壁细胞，棕红色，内壁与侧壁极厚，胞腔小，内含硅质块。外胚乳细胞含淀粉粒和少数细小草酸钙簇晶及方晶。内胚乳细胞含糊粉粒和淀粉粒。

（2）取〔含量测定〕项下的挥发油，加乙醇制成每1ml含50μl的溶液，作为供试品溶液。另取桉油精对照品，加乙醇制成每1ml含20μl的溶液，作为对照品溶液。照薄层色谱法（附录0502）试验，吸取上述两种溶液各1μl，分别点于同一硅胶G薄层板上，以正己烷-乙酸乙酯（17:3）为展开剂，展开，取出，晾干，喷以5%香草醛硫酸溶液，在105℃加热至斑点显色清晰。供试品色谱中，在与对照品色谱相应的位置上，显相同的蓝色斑点。

【检查】　水分　不得过15.0%（附录0832第二法）。

总灰分　不得过8.0%（附录2302）。

【含量测定】　照挥发油测定法（附录2204）测定。

本品种子团含挥发油不得少于1.4%（ml/g）。

饮片

【炮制】　草果仁　取草果，照清炒法（附录0203）炒至焦黄色并微鼓起，去壳，取仁。用时捣碎。

本品呈圆锥状多面体，直径约5mm；表面棕色至红棕色，有的可见外被残留灰白色膜质的假种皮。种脊为一条纵沟，尖端有凹状的种脐。胚乳灰白色至黄白色。有特异香气，味辛、微苦。

【检查】　水分　同药材，不得过10.0%。

总灰分　同药材，不得过6.0%。

【含量测定】　同药材，含挥发油不得少于1.0%（ml/g）。

【鉴别】　同药材。

姜草果仁　取净草果仁，照姜汁炙法（附录0203）炒干。用时捣碎。

本品形如草果仁，棕褐色，偶见焦斑。有特异香气，味辛辣、微苦。

【检查】　水分　同药材，不得过10.0%。

总灰分　同药材，不得过6.0%。

【含量测定】　同药材，含挥发油不得少于0.7%（ml/g）。

【鉴别】　同药材。

【性味与归经】　辛，温。归脾、胃经。

【功能】　温中燥湿，行气消胀。

【主治】　脾胃虚寒，食积不消，肚腹胀满，反胃吐食。

【用法与用量】　马、牛20～45g；羊、猪3～10g。

【贮藏】　置阴凉干燥处。

茵　陈

Yinchen

ARTEMISIAE SCOPARIAE HERBA

本品为菊科植物滨蒿 *Artemisia scoparia* Waldst. et Kit. 或茵陈蒿 *Artemisia capillaris* Thunb. 的干燥地上部分。春季幼苗高6～10 cm时采收或秋季花蕾长成至花初开时采割，除去杂质和老茎，晒干。春季采收的习称"绵茵陈"，秋季采割的称"花茵陈"。

【性状】 绵茵陈 多卷曲成团状,灰白色或灰绿色,全体密被白色茸毛,绵软如绒。茎细小,长1.5~2.5cm,直径0.1~0.2cm,除去表面白色茸毛后可见明显纵纹;质脆,易折断。叶具柄;展平后叶片呈一至三回羽状分裂,叶片长1~3cm,宽约1cm;小裂片卵形或稍呈倒披针形、条形,先端锐尖。气清香,味微苦。

花茵陈 茎呈圆柱形,多分枝,长30~100cm,直径2~8mm;表面淡紫色或紫色,有纵条纹,被短柔毛;体轻,质脆,断面类白色。叶密集,或多脱落;下部叶二至三回羽状深裂,裂片条形或细条形,两面密被白色柔毛;茎生叶一至二回羽状全裂,基部抱茎,裂片细丝状。头状花序卵形,多数集成圆锥状,长1.2~1.5mm,直径1~0.2mm,有短梗;总苞片3~4层,卵形,苞片3裂;外层雌花6~10个,可多达15个,内层两性花2~10个。瘦果长圆形,黄棕色。气芳香,味微苦。

【鉴别】 绵茵陈 (1)本品粉末灰绿色。非腺毛T形,长600~1700μm,中部略折成V形,两臂不等长,细胞壁极厚,胞腔多呈细缝状,柄1~2细胞。

(2)取本品粉末0.5g,加50%甲醇20ml,超声处理30分钟,离心,取上清液作为供试品溶液。另取绿原酸对照品,加甲醇制成每1ml含0.1mg的溶液,作为对照品溶液。照薄层色谱法(附录0502)试验,吸取上述两种溶液各2μl,分别点于同一硅胶G薄层板上,以乙酸丁酯-甲酸-水(7:2.5:2.5)的上层溶液为展开剂,展开,取出,晾干,置紫外光灯(365nm)下检视。供试品色谱中,在与对照品色谱相应的位置上,显相同颜色的荧光斑点。

花茵陈 取本品粉末0.4g,加甲醇10ml,超声处理30分钟,滤过,滤液蒸干,残渣加甲醇2ml使溶解,作为供试品溶液。另取滨蒿内酯对照品,加甲醇制成每1ml含0.4mg的溶液,作为对照品溶液。照薄层色谱法(附录0502)试验,吸取上述两种溶液各5μl,分别点于同一硅胶G薄层板上,以石油醚(60~90℃)-乙酸乙酯-丙酮(6:3:0.5)为展开剂,展开,取出,晾干,置紫外光灯(365nm)下检视。供试品色谱中,在与对照品色谱相应的位置上,显相同颜色的荧光斑点。

【检查】 水分 不得过12.0%(附录0832第一法)。

【浸出物】 绵茵陈 照水溶性浸出物测定法(附录2201)项下的热浸法测定,不得少于25.0%。

【含量测定】 绵茵陈 照高效液相色谱法(附录0512)测定。

色谱条件与系统适用性试验 以十八烷基硅烷键合硅胶为填充剂;以乙腈-0.05%磷酸溶液(10:90)为流动相;检测波长为327nm。理论板数按绿原酸峰计算应不低于5000。

对照品溶液的制备 取绿原酸对照品适量,精密称定,置棕色瓶中,加50%甲醇溶液制成每1ml含40μg的溶液,即得。

供试品溶液的制备 取本品粉末(过二号筛)约1g,精密称定,置具塞锥形瓶中,精密加入50%甲醇50ml,称定重量,超声处理(功率180W,频率42kHz)30分钟,放冷,再称定重量,用50%甲醇补足减失的重量,摇匀,离心,精密量取上清液5ml,置25ml棕色量瓶中,加50%甲醇至刻度,摇匀,滤过,取续滤液,即得。

测定法 分别精密吸取对照品溶液10μl与供试品溶液各5~20μl,注入液相色谱仪,测定,即得。

本品按干燥品计算,含绿原酸(C$_{16}$H$_{18}$O$_9$)不得少于0.50%。

花茵陈 照高效液相色谱法(附录0512)测定。

色谱条件与系统适用性试验 以十八烷基硅烷键合硅胶为填充剂;以乙腈-水(20:80)为流动

相；检测波长为345nm。理论板数按滨蒿内酯峰计算应不低于2000。

对照品溶液的制备 取滨蒿内酯对照品适量，精密称定，加甲醇溶液制成每1ml含20μg的溶液，即得。

供试品溶液的制备 取本品粉末（过二号筛）约0.2g，精密称定，置具塞锥形瓶中，精密加入甲醇50ml，称定重量，加热回流40分钟，放冷，再称定重量，用甲醇补足减失的重量，摇匀，离心，取上清液，即得。

测定法 分别精密吸取对照品溶液与供试品溶液各10μl，注入液相色谱仪，测定，即得。

本品按干燥品计算，含滨蒿内酯（$C_{11}H_{10}O_4$）不得少于0.20%。

饮片

【炮制】 除去残根和杂质，搓碎或切碎。绵茵陈筛去灰屑。

【性味与归经】 苦、辛，微寒。归脾、胃、肝、胆经。

【功能】 清利湿热，利胆退黄。

【主治】 黄疸，尿少，湿疮瘙痒。

【用法与用量】 马、牛20~45g；羊、猪5~15g；犬、猫3~8g；兔、禽1~2g。

【贮藏】 置阴凉干燥处，防潮。

茯　苓

Fuling

PORIA

本品为多孔菌科真菌茯苓 *Poria cocos*（Schw.）Wolf 的干燥菌核。多于 7~9 月采挖，挖出后除去泥沙，堆置"发汗"后，摊开晾至表面干燥，再"发汗"，反复数次至现皱纹、内部水分大部散失后，阴干，称为"茯苓个"；或将鲜茯苓按不同部位切制，阴干，分别称为"茯苓块"和"茯苓片"。

【性状】 茯苓个 呈类球形、椭圆形、扁圆形或不规则团块，大小不一。外皮厚而粗糙，棕褐色至黑褐色，有明显的皱缩纹理。体重，质坚实，断面颗粒性，有的具裂隙，外层淡棕色，内部白色，少数淡红色，有的中间抱有松根。气微、味淡，嚼之粘牙。

茯苓块 为去皮后切制的茯苓，呈立方体块状或方块状厚片，大小不一。白色、淡红色或淡棕色。

茯苓片 为去皮后切制的茯苓，呈不规则厚片，厚薄不一。白色、淡红色或淡棕色。

【鉴别】 （1）本品粉末灰白色。不规则颗粒状团块和分枝状团块无色，遇水合氯醛液渐溶化。菌丝无色或淡棕色，细长，稍弯曲，有分枝，直径3~8μm，少数至16μm。

（2）取本品粉末少量，加碘化钾碘试液1滴，显深红色。

（3）取本品粉末1g，加乙醚50ml，超声处理10分钟，滤过，滤液蒸干，残渣加甲醇1ml使溶解，作为供试品溶液。另取茯苓对照药材1g，同法制成对照药材溶液。照薄层色谱法（附录0502）试验，吸取上述两种溶液各2μl，分别点于同一硅胶G薄层板上，以甲苯-乙酸乙酯-甲酸（20:5:0.5）为展开剂，展开，取出，晾干，喷以2%香草醛硫酸溶液-乙醇（4:1）混合溶液，在105℃加热至斑点显色清晰。供试品色谱中，在与对照药材色谱相应的位置上，显相同颜色的主斑点。

【检查】 水分 不得过18.0%（附录0832第一法）。

总灰分　不得过2.0%（附录2302）。

【浸出物】　照醇溶性浸出物测定法（附录2201）项下的热浸法测定，用稀乙醇作溶剂，不得少于2.5%。

饮片

【炮制】　取茯苓个，浸泡，洗净，润后稍蒸，及时削去外皮，切制成块或切厚片，晒干。

【性状】【鉴别】【检查】【浸出物】　同药材。

【性味与归经】　甘、淡，平。归心、肺、脾、肾经。

【功能】　利水渗湿，健脾，宁心。

【主治】　水肿尿少，脾虚食少，便溏泄泻，心神不宁。

【用法与用量】　马、牛20～60g；驼45～90g；羊、猪5～10g；犬、猫3～6g；兔、禽1.5～3g。

【贮藏】　置干燥处，防潮。

茯　苓　皮

Fulingpi

PORIAE CUTIS

本品为多孔菌科真菌茯苓 *Poria cocos*（Schw.）Wolf 菌核的干燥外皮。多于7～9月采挖，加工"茯苓片""茯苓块"时，收集削下得外皮，阴干。

【性状】　本品呈长条形或不规则块片，大小不一。外表面棕褐色至黑褐色，有疣状突起，内面淡棕色并常带有白色或淡红色的皮下部分。质较松软，略具弹性。气微、味淡，嚼之粘牙。

【鉴别】　（1）本品粉末棕褐色。菌丝淡棕色，细长，直径3～8μm，密集交结成团。

（2）取本品0.5g，照茯苓项下的〔鉴别〕（3）项试验，显相同的结果。

【检查】　水分　不得过15.0%（附录0832第一法）。

总灰分　不得过5.5%（附录2302）。

酸不溶性灰分　不得过4.0%（附录2302）。

【浸出物】　照醇溶性浸出物测定法（附录2201）项下的热浸法测定，用稀乙醇作溶剂，不得少于6.0%。

【性味与归经】　甘、淡，平。归肾、膀胱经。

【功能】　利水消肿。

【主治】　水肿，小便不利。

【用法与用量】　马、牛30～60g；驼60～90g；羊、猪10～15g；犬、猫3～9g；兔、禽3～6g。

【贮藏】　置干燥处，防潮。

茺　蔚　子

Chongweizi

LEONURI FRUCTUS

本品为唇形科植物益母草 *Leonurus japonicus* Houtt. 的干燥成熟果实。秋季果实成熟时采割地上部分，晒干，打下果实，除去杂质。

【性状】 本品呈三棱形，长2~3mm，宽约1.5mm。表面灰棕色至灰褐色，有深色斑点，一端稍宽，平截状，另一端渐窄而钝尖。果皮薄，子叶类白色，富油性。气微，味苦。

【鉴别】 （1）本品粉末黄棕色至深棕色。外果皮细胞横断面观略径向延长，长度不一，形成多数隆起的脊，脊中央为黄色网纹细胞，壁非木化；表面观类多角形，有条状角质纹理，网纹细胞具条状增厚壁。内果皮厚壁细胞断面观略切向延长，内壁极厚，外壁薄，胞腔偏靠外侧，内含草酸钙方晶；表面观呈星状或细胞界限不明显，方晶明显。中果皮细胞表面观类多角形，壁薄，细波状弯曲。种皮表皮细胞类方形，壁稍厚，略波状弯曲，胞腔内含淡黄棕色物。内胚乳细胞含脂肪油滴和糊粉粒。

（2）取本品粉末3g，加乙醇30ml，加热回流1小时，放冷，滤过，滤液浓缩至约5ml，加在活性炭-氧化铝柱（活性炭0.5g；中性氧化铝100~120目，2g；内径为10mm）上，用乙醇30ml洗脱，收集洗脱液，蒸干，残渣加乙醇0.5ml使溶解，作为供试品溶液。另取盐酸水苏碱对照品，加乙醇制成每1ml含5mg的溶液，作为对照品溶液。照薄层色谱法（附录0502）试验，吸取上述两种溶液各10μl，分别点于同一硅胶G薄层板上，以正丁醇-盐酸-水（4：1：0.5）为展开剂，展开，取出，晾干，喷以稀碘化铋钾试液。供试品色谱中，在与对照品色谱相应的位置上，显相同颜色的斑点。

【检查】 水分 不得过7.0%（附录0832第一法）。

总灰分 不得过10.0%（附录2302）。

【浸出物】 照醇溶性浸出物测定法（附录2201）项下的热浸法测定，用乙醇作溶剂，不得少于17.0%。

【含量测定】 照高效液相色谱法（附录0512）测定。

色谱条件与系统适用性试验 强阳离子交换（SCX）色谱柱；以15mmol/L磷酸二氢钾溶液（含0.06%三乙胺和0.14%磷酸）为流动相；检测波长为192nm。理论板数按盐酸水苏碱峰计算应不低于3000。

对照品溶液的制备 取盐酸水苏碱对照品适量，精密称定，加流动相制成每1ml含40μg的溶液，即得。

供试品溶液的制备 取本品粉末（过三号筛）约1g，精密称定，置具塞锥形瓶中，精密加入乙醇25ml，密塞，称定重量，加热回流1.5小时，放冷，再称定重量，用乙醇补足减失的重量，摇匀，滤过，精密量取续滤液5ml，加在中性氧化铝柱（100~200目，3g，内径为1cm，湿法装柱，用乙醇预洗）上，用乙醇100ml洗脱，收集洗脱液，回收溶剂至干，残渣加流动相溶解，转移至5ml量瓶中，并稀释到刻度，摇匀，滤过，取续滤液，即得。

测定法 分别精密吸取对照品溶液与供试品溶液各10μl，注入液相色谱仪，测定，即得。

本品按干燥品计算，含盐酸水苏碱（$C_7H_{13}NO_2 \cdot HCl$）不得少于0.050%。

饮片

【炮制】 炒茺蔚子 取净茺蔚子，照清炒法（附录0203）炒至有爆声。

【性味与归经】 辛，苦，微寒。归心包、肝经。

【功能】 活血祛瘀，清肝明目。

【主治】 血瘀腹痛，胎衣不下，目赤肿痛。

【用法与用量】 马、牛15~30g；羊、猪5~15g。

【贮藏】 置通风干燥处。

荜 茇

Bibo

PIPERIS LONGI FRUCTUS

本品为胡椒科植物荜茇 *Piper longum* L. 的干燥近成熟或成熟果穗。果穗由绿变黑时采收，除去杂质，晒干。

【性状】 本品呈圆柱形，稍弯曲，由多数小浆果集合而成，长1.5～3.5cm，直径0.3～0.5cm。表面黑褐色或棕色，有斜向排列整齐的小突起，基部有果穗梗残存或脱落。质硬而脆，易折断，断面不整齐，颗粒状。小浆果球形，直径约0.1cm。有特异香气，味辛辣。

【鉴别】 （1）本品粉末灰褐色。石细胞类圆形、长卵形或多角形，直径25～61μm，长至170μm，壁较厚，有的层纹明显。油细胞类圆形，直径25～66μm。内果皮细胞表面观呈长多角形，垂周壁不规则连珠状增厚，常与棕色种皮细胞连结。种皮细胞红棕色，表面观呈长多角形。淀粉粒细小，常聚集成团块。

（2）取本品粉末少量，加硫酸1滴，显鲜红色，渐变红棕色，后转棕褐色。

（3）取本品粉末0.8g，加无水乙醇5ml，超声处理30分钟，滤过，滤液作为供试品溶液。另取胡椒碱对照品，置棕色量瓶中，加无水乙醇制成每1ml含4mg的溶液，作为对照品溶液。照薄层色谱法（附录0502）试验，吸取上述两种溶液各2μl，分别点于同一硅胶G薄层板上，以甲苯-乙酸乙酯-丙酮（7:2:1）为展开剂，展开，取出，晾干，置紫外光灯（365nm）下检视。供试品色谱中，在与对照品色谱相应的位置上，显相同的蓝色荧光斑点；喷以10%硫酸乙醇溶液，加热至斑点显色清晰。供试品色谱中，在与对照品色谱相应的位置上，显相同的褐黄色斑点。

【检查】 杂质 不得过3%（附录2301）。

水分 不得过11.0%（附录0832第二法）。

总灰分 不得过5.0%（附录2302）。

【含量测定】 照高效液相色谱法（附录0512）测定。

色谱条件与系统适用性试验 以十八烷基硅烷键合硅胶为填充剂；以甲醇-水（77:23）为流动相；检测波长为343nm。理论板数按胡椒碱峰计算应不低于1500。

对照品溶液的制备 取胡椒碱对照品适量，精密称定，置棕色量瓶中，加无水乙醇制成每1ml含20μg的溶液，即得。

供试品溶液的制备 取本品中粉约0.1g，精密称定，置50ml棕色量瓶中，加无水乙醇40ml，超声处理（功率250W，频率20kHz）30分钟，放冷，加无水乙醇至刻度，摇匀，滤过，精密量取续滤液10ml，置25ml棕色量瓶中，加无水乙醇至刻度，摇匀，滤过，取续滤液，即得。

测定法 分别精密吸取对照品溶液与供试品溶液各10μl，注入液相色谱仪，测定，即得。

本品按干燥品计算，含胡椒碱（$C_{17}H_{19}NO_3$）不得少于2.5%。

饮片

【炮制】 除去杂质。用时捣碎。

【性状】【鉴别】【检查】【含量测定】 同药材。

【性味与归经】 辛，热。归胃、大肠经。

【功能】 温中散寒，下气止痛。

【主治】 胃冷吐食，肠鸣腹泻，冷痛，风湿痹痛。

【用法与用量】　马、牛15～30g；羊、猪3～6g；兔、禽0.3～0.6g。

【贮藏】　置阴凉干燥处，防蛀。

荜　澄　茄

Bichengqie

LITSEAE FRUCTUS

本品为樟科植物山鸡椒 *Litsea cubeba*（Lour.）Pers. 的干燥成熟果实。秋季果实成熟时采收，除去杂质，晒干。

【性状】　本品呈类球形，直径4～6mm。表面棕褐色至黑褐色，有网状皱纹。基部偶有宿萼和细果梗。除去外皮可见硬脆的果核，种子1，子叶2，黄棕色，富油性。气芳香，味稍辣而微苦。

【鉴别】　取本品粉末0.25g，加石油醚（60～90℃）10ml，超声处理15分钟，放冷，滤过，取滤液作为供试品溶液。另取荜澄茄对照药材0.25g，同法制成对照药材溶液。照薄层色谱法（附录0502）试验，吸取上述两种溶液各5μl，分别点于同一高效硅胶G薄层板上，以石油醚（60～90℃）-乙醚（3:2）为展开剂，展开，取出，晾干，喷以10%硫酸乙醇溶液，在105℃加热至斑点显色清晰，分别置日光及紫外光灯（365nm）下检视。供试品色谱中，在与对照药材色谱相应的位置上，显相同颜色的斑点或荧光斑点。

【检查】　水分　不得过10.0%（附录0832第二法）。

总灰分　不得过5.0%（附录2302）。

【浸出物】　照醇溶性浸出物测定法（附录2201）项下的热浸法测定，用乙醇作溶剂，不得少于28.0%。

【性味与归经】　辛，温。归脾、胃、肾、膀胱经。

【功能】　温中散寒，行气止痛。

【主治】　胃寒呕逆，肚腹冷痛，肠鸣泄泻，尿浊。

【用法与用量】　马、牛15～30g；羊、猪3～6g；兔、禽0.3～0.9g。

【贮藏】　置阴凉干燥处。

胡　芦　巴

Huluba

TRIGONELLAE SEMEN

本品为豆科植物胡芦巴 *Trigonella foenum-graecum* L. 的干燥成熟种子。夏季果实成熟时采割植株，晒干，打下种子，除去杂质。

【性状】　本品略呈斜方形或矩形，长3～4mm，宽2～3mm，厚约2mm。表面黄绿色或黄棕色，平滑，两侧各具一深斜沟，相交处有点状种脐。质坚硬，不易破碎。种皮薄，胚乳呈半透明状，具黏性；子叶2，淡黄色，胚根弯曲，肥大而长。气香，味微苦。

【鉴别】　（1）本品粉末棕黄色。表皮栅状细胞1列，外壁及侧壁上部较厚，有细密纵沟纹，下部胞腔较大，具光辉带；表面观类多角形，壁较厚，胞腔较小。支持细胞1列，略呈哑铃状，上端稍窄，下端较宽，垂周壁显条状纹理；底面观呈类圆形或六角形，有密集的放射状条纹增厚，似菊花纹状，胞腔明显。子叶细胞含糊粉粒和脂肪油滴。

（2）取本品粉末1g，加石油醚（30~60℃）30ml，超声处理30分钟，静置，弃去上清液，残渣挥干，加甲醇30ml，超声处理30分钟，滤过，滤液蒸干，残渣加甲醇1ml使溶解，作为供试品溶液。另取胡芦巴碱对照品，加甲醇制成每1ml含2mg的溶液，作为对照品溶液。照薄层色谱法（附录0502）试验，吸取上述两种溶液各1μl，分别点于同一硅胶G薄层板上，以正丁醇-盐酸-乙酸乙酯（8:3:1）为展开剂，展开，取出，晾干，在105℃加热1小时，放冷，喷以稀碘化铋钾试液-三氯化铁试液（2:1）混合溶液。供试品色谱中，在与对照品色谱相应的位置上，显相同颜色的斑点。

（3）取〔鉴别〕（2）项下的供试品溶液，加甲醇稀释至10ml，作为供试品溶液。另取胡芦巴对照药材0.1g，按〔鉴别〕（2）供试品溶液制备方法制成对照药材溶液。照薄层色谱法（附录0502）试验，吸取上述两种溶液各1μl，分别点于同一聚酰胺薄膜上，以乙醇-丁酮-乙酰丙酮-水（3:3:1:13）为展开剂，展开，取出，晾干，喷以三氯化铝试液，热风加热5分钟，置紫外光灯（365nm）下检视。供试品色谱中，在与对照药材色谱相应的位置上，显相同颜色的荧光斑点。

【检查】 水分　不得过15.0%（附录0832第一法）。

总灰分　不得过5.0%（附录2302）。

酸不溶性灰分　不得过1.0%（附录2302）。

【浸出物】　照醇溶性浸出物测定法（附录2201）项下的热浸法测定，用稀乙醇作溶剂，不得少于18.0%。

【含量测定】　照高效液相色谱法（附录0512）测定。

色谱条件与系统适用性试验　以十八烷基硅烷键合硅胶为填充剂；以甲醇-0.05%十二烷基磺酸钠溶液-冰醋酸（20:80:0.1）为流动相；检测波长为265nm。理论板数按胡芦巴碱峰计算应不低于4000。

对照品溶液的制备　取胡芦巴碱对照品适量，精密称定，加50%甲醇制成每1ml含60μg的溶液，即得。

供试品溶液的制备　取本品粉末（过三号筛）约0.5g，精密称定，置具塞锥形瓶中，精密加入50%甲醇50ml，密塞，称定重量，放置1小时，超声处理（功率300W，频率50kHz）45分钟，放冷，密塞，再称定重量，用50%甲醇补足减失的重量，摇匀，滤过，取续滤液，即得。

测定法　分别精密吸取对照品溶液与供试品溶液各10μl，注入液相色谱仪，测定，即得。

本品按干燥品计算，含胡芦巴碱（$C_7H_7NO_2$）不得少于0.45%。

饮片

【炮制】　胡芦巴　除去杂质，洗净，干燥。

【性状】【鉴别】【检查】【浸出物】【含量测定】　同药材。

盐胡芦巴　取净胡芦巴，照盐水炙法（附录0203）炒至鼓起，微具焦斑，有香气溢出时，取出，晾凉。用时捣碎。

本品形如胡芦巴，表面黄棕色至棕色，偶见焦斑。略具香气，味微咸。

【检查】　水分　同药材，不得过11.0%。

总灰分　同药材，不得过7.5%。

【鉴别】【浸出物】【含量测定】 同药材。

【性味与归经】 苦，温。归肾经。

【功能】 温肾助阳，祛寒止痛。

【主治】 阳痿，滑精，外肾浮肿，肚腹冷痛，寒伤腰胯。

【用法与用量】 马、牛15～45g；羊、猪3～10g；犬、猫3～5g；兔、禽0.3～1.5g。

【贮藏】 置干燥处。

胡　黄　连

Huhuanglian

PICRORHIZAE RHIZOMA

本品为玄参科植物胡黄连 *Picrorhiza scrophulariiflora* Pennell 的干燥根茎。秋季采挖，除去须根和泥沙，晒干。

【性状】 本品呈圆柱形，略弯曲，偶有分枝，长3～12cm，直径0.3～1cm。表面灰棕色至暗棕色，粗糙，有较密的环状节，具稍隆起的芽痕或根痕，上端密被暗棕色鳞片状的叶柄残基。体轻，质硬而脆，易折断，断面略平坦，淡棕色至暗棕色，木部有4～10个类白色点状维管束排列成环。气微，味极苦。

【鉴别】 （1）取本品粉末0.5g，置适宜器皿中，60～80℃升华4小时，置显微镜下观察，可见针状、针簇状、棒状、板状结晶及黄色球状物。

（2）取〔鉴别〕（1）项下的升华物，加三氯甲烷数滴使溶解，作为供试品溶液。另取香草酸对照品、肉桂酸对照品，加三氯甲烷制成每1ml各含1mg的混合溶液，作为对照品溶液。照薄层色谱法（附录0502）试验，吸取上述两种溶液各5µl，分别点于同一硅胶GF$_{254}$薄层板上，以正己烷-乙醚-冰醋酸（5:5:0.1）为展开剂，展开，取出，晾干，置紫外光灯（254nm）下检视。供试品色谱中，在与对照品色谱相应的位置上，显相同颜色的斑点。

【检查】 **水分** 不得过13.0%（附录0832第一法）。

总灰分 不得过7.0%（附录2302）。

酸不溶性灰分 不得过3.0%（附录2302）。

【浸出物】 照醇溶性浸出物测定法（附录2201）项下的热浸法测定，用乙醇作溶剂，不得少于30.0%。

【含量测定】 照高效液相色谱法（附录0512）测定。

色谱条件与系统适用性试验 以十八烷基硅烷键合硅胶为填充剂；以甲醇-水-磷酸（35:65:0.1）为流动相；检测波长为275nm。理论板数按胡黄连苷Ⅱ峰计算应不低于3000。

对照品溶液的制备 取胡黄连苷Ⅰ对照品、胡黄连苷Ⅱ对照品适量，精密称定，加甲醇制成每1ml中各含40µg的混合溶液，即得。

供试品溶液的制备 取本品粉末（过三号筛）约0.1g，精密称定，置具塞锥形瓶中，精密加入甲醇50ml，密塞，称定重量，超声处理（功率250W，频率33kHz）30分钟，放冷，再称定重量，用甲醇补足减失的重量，摇匀，滤过，精密量取续滤液1ml，置5ml量瓶中，加甲醇至刻度，摇匀，即得。

测定法 分别精密吸取对照品溶液与供试品溶液各10µl，注入液相色谱仪，测定，即得。

本品按干燥品计算，含胡黄连苷 I（$C_{24}H_{28}O_{11}$）与胡黄连苷 II（$C_{23}H_{28}O_{13}$）的总量不得少于9.0%。

饮片

【炮制】 除去杂质，洗净，润透，切薄片干燥或用时捣碎。

本品呈不规则的圆形薄片，外表皮灰棕色至暗棕色。切面灰黑色或棕黑色，木部有4～10个类白色点状维管束排列成环。气微，味极苦。

【鉴别】【检查】【浸出物】【含量测定】 同药材。

【性味与归经】 苦，寒。归肝、胃、大肠经。

【功能】 清湿热，退虚热。

【主治】 湿热泻痢，目赤黄疸，疮痈肿毒，阴虚发热。

【用法与用量】 马、牛15～30g；羊、猪3～10g；兔、禽0.5～1.5g。

【贮藏】 置干燥处。

胡 椒

Hujiao

PIPERIS FRUCTUS

本品为胡椒科植物胡椒 *Piper nigrum* L. 的干燥近成熟或成熟果实。秋末至次春果实呈暗绿色时采收，晒干，为黑胡椒；果实变红时采收，用水浸渍数日，擦去果肉，晒干，为白胡椒。

【性状】黑胡椒 呈球形，直径3.5～5mm。表面黑褐色，具隆起网状皱纹，顶端有细小花柱残迹，基部有自果轴脱落的疤痕。质硬，外果皮可剥离，内果皮灰白色或淡黄色。断面黄白色，粉性，中有小空隙。气芳香，味辛辣。

白胡椒 表面灰白色或淡黄白色，平滑，顶端与基部间有多数浅色线状条纹。

【鉴别】 （1）黑胡椒 粉末暗灰色。外果皮石细胞类方形、长方形或形状不规则，直径19～66μm，壁较厚。内果皮石细胞表面观类多角形，直径20～30μm；侧面观方形，壁一面薄。种皮细胞棕色，多角形，壁连珠状增厚。油细胞较少，类圆形，直径51～75μm。淀粉粒细小，常聚集成团块。

白胡椒 粉末黄白色。种皮细胞、油细胞、淀粉粒同黑胡椒。

（2）取本品粉末少量，加硫酸1滴，显红色，渐变红棕色，后转棕褐色。

（3）取本品粉末0.5g，加无水乙醇5ml，超声处理30分钟，滤过，滤液作为供试品溶液。另取胡椒碱对照品，置棕色量瓶中，加无水乙醇制成每1ml含4mg的溶液，作为对照品溶液。照薄层色谱法（附录0502）试验，吸取上述两种溶液各2μl，分别点于同一硅胶G薄层板上，以甲苯-乙酸乙酯-丙酮（7:2:1）为展开剂，展开，取出，晾干，喷以10%硫酸乙醇溶液，加热至斑点显色清晰。分别置日光和紫外光灯（365nm）下检视。供试品色谱中，在与对照品色谱相应的位置上，显相同颜色的斑点或荧光斑点。

【检查】 水分 不得过14.0%（附录0832第二法）。

【含量测定】 照高效液相色谱法（附录0512）测定。

色谱条件与系统适用性试验 以十八烷基硅烷键合硅胶为填充剂；以甲醇-水（77:23）为流动相；检测波长为343nm。理论板数按胡椒碱峰计算应不低于1500。

对照品溶液的制备 取胡椒碱对照品适量，精密称定，置棕色量瓶中，加无水乙醇制成每1ml

含20μg的溶液，即得。

供试品溶液的制备 取本品中粉约0.1g，精密称定，置50ml棕色量瓶中，加无水乙醇40ml，超声处理（功率250W，频率20kHz）30分钟，放冷，加无水乙醇至刻度，摇匀，滤过，精密量取续滤液10ml，置25ml棕色量瓶中，加无水乙醇至刻度，摇匀，滤过，取续滤液，即得。

测定法 分别精密吸取对照品溶液与供试品溶液各10μl，注入液相色谱仪，测定，即得。

本品按干燥品计算，含胡椒碱（$C_{17}H_{19}NO_3$）不得少于3.3%。

【**性味与归经**】 辛，热。归胃、大肠经。

【**功能**】 温中散寒，下气，消痰。

【**主治**】 胃寒，呕吐，冷痛，冷肠泄泻，寒咳。

【**用法与用量**】 马、牛25～60g；羊、猪10～15g。

【**贮藏**】 密闭，置阴凉干燥处。

南 五 味 子

Nanwuweizi

SCHISANDRAE SPHENANTHERAE FRUCTUS

本品为木兰科植物华中五味子 *Schisandra sphenanthera* Rehd. et Wils. 的干燥成熟果实。秋季果实成熟时采摘，晒干，除去果梗和杂质。

【**性状**】 本品呈球形或扁球形，直径4～6mm。表面棕红色至暗棕色，干瘪，皱缩，果肉常紧贴于种子上。种子1～2，肾形，表面棕黄色，有光泽，种皮薄而脆。果肉气微，味微酸。

【**鉴别**】 取本品粉末1g，加环己烷10ml，超声处理30分钟，滤过，滤液蒸干，残渣加甲醇2ml使溶解，离心，取上清液蒸干，残渣加环己烷1ml使溶解，作为供试品溶液。另取南五味子对照药材1g，同法制成对照药材溶液。再取安五脂素对照品，加环己烷制成每1ml含2mg的溶液，作为对照品溶液。照薄层色谱法（附录0502）试验，吸取上述三种溶液各2μl，分别点于同一硅胶G薄层板上，以三氯甲烷-丙酮（60:1）为展开剂，展开，取出，晾干，喷以磷钼酸试液，在105℃加热至斑点显色清晰。供试品谱中，在与对照药材和对照品色谱相应的位置上，显相同的深蓝色斑点。

【**检查**】 **杂质** 不得过1%（附录2301）。

水分 不得过12.0%（附录0832第二法）。

总灰分 不得过6.0%（附录2302）。

【**含量测定**】 照高效液相色谱法（附录0512）测定。

色谱条件与系统适用性试验 以十八烷基硅烷键合硅胶为填充剂；四氢呋喃-水（38:62）为流动相；检测波长为254nm。理论板数按五味子酯甲峰计算应不低于3000。

对照品溶液的制备 取五味子酯甲对照品适量，精密称定，加甲醇制成每1ml含40μg的溶液，即得。

供试品溶液的制备 取本品粉末（过三号筛）约0.5g，精密称定，置具塞锥形瓶中，精密加甲醇50ml，称定重量，超声处理（功率250W，频率40kHz）30分钟，放冷，再称定重量，用甲醇补足减失的重量，摇匀，滤过，取续滤液，即得。

测定法 分别精密吸取对照品溶液与供试品溶液各20μl，注入液相色谱仪，测定，即得。

本品按干燥品计算，含五味子酯甲（$C_{30}H_{32}O_9$）不得少于0.20%。

饮片

【炮制】 南五味子 除去杂质。用时捣碎。

【性状】【鉴别】【检查】（水分 总灰分）【含量测定】 同药材。

醋南五味子 取净南五味子，照醋蒸法（附录0203）蒸至黑色。用时捣碎。

本品形如南五味子，表面棕黑色，油润，稍有光泽。微有醋香气。

【鉴别】【检查】（水分 总灰分）【含量测定】 同药材。

【性味与归经】 酸、甘，温。归肺、心、肾经。

【功能】 收敛固涩，生津敛汗，固肾涩精。

【主治】 肺虚咳喘，久泻不止，自汗盗汗，滑精，尿频。

【用法与用量】 马、牛15～30g；羊、猪3～10g；犬、猫1～2g；兔、禽0.5～1.5g。

【贮藏】 置通风干燥处，防霉。

南 瓜 子

Nanguazi

CUCURBITAE SEMEN

本品为葫芦科植物南瓜 *Cucurbita moschata*（Duch.）Poiret 的干燥成熟种子。夏秋二季果实成熟时采收，除去果肉，收集种子，晒干。

【性状】 本品呈扁椭圆形，一端稍尖，长1.2～2cm，宽0.6～1.2cm。外表黄白色，边缘稍有棱，种脐位于尖的一端。种皮较厚，除去种皮，可见绿色菲薄胚乳，内有两枚黄色肥厚子叶，胚根小。气香，味微甘。

【性味与归经】 甘，温。入胃、大肠经。

【功能】 驱虫。

【主治】 绦虫病，蛔虫病。

【用法与用量】 马、牛60～150g；羊、猪60～90g；犬、猫5～10g。

【贮藏】 置阴凉干燥处。

南 沙 参

Nanshashen

ADENOPHORAE RADIX

本品为桔梗科植物轮叶沙参 *Adenophora tetraphylla*（Thunb.）Fisch. 或沙参 *Adenophora stricta* Miq. 的干燥根。春、秋二季采挖，除去须根，洗后趁鲜刮去粗皮，洗净，干燥。

【性状】 本品呈圆锥形或圆柱形，略弯曲，长7～27cm，直径0.8～3cm。表面黄白色或淡棕黄色，凹陷处常有残留粗皮，上部多有深陷横纹，呈断续的环状，下部有纵纹和纵沟。顶端具1或2个根茎。体轻，质松泡，易折断，断面不平坦，黄白色，多裂隙。气微，味微甘。

【鉴别】 （1）本品粉末灰黄色。木栓石细胞类长方形、长条形、类椭圆形、类多边形，长18～155μm，宽18～61μm，有的垂周壁连珠状增厚。有节乳管常连接成网状。菊糖结晶扇形、类圆形或不规则形。

（2）取本品粗粉2g，加水20ml，置水浴中加热10分钟，滤过。取滤液2ml，加5%α-萘酚乙醇溶液2～3滴，摇匀，沿管壁缓缓加入硫酸0.5ml，两液接界处即显紫红色环。另取滤液2ml，加碱性酒石酸铜试液4～5滴，置水浴中加热5分钟，生成红棕色沉淀。

（3）取本品粉末2g，加入二氯甲烷60ml，超声处理30分钟，滤过，滤液蒸干，残渣加二氯甲烷1ml使溶解，作为供试品溶液。另取南沙参对照药材2g，同法制成对照药材溶液。再取蒲公英萜酮对照品，加二氯甲烷制成每1ml含0.2mg的溶液，作为对照品溶液。照薄层色谱法（附录0502）试验，吸取上述三种溶液各5µl，分别点于同一硅胶G薄层板上，以正己烷-丙酮-甲酸（25:1:0.05）为展开剂，置用展开剂预饱和20分钟的展开缸内，展开，取出，晾干，喷以2%香草醛硫酸溶液，在105℃加热至斑点显色清晰。供试品色谱中，在与对照药材色谱和对照品色谱相应的位置上，显相同颜色的斑点。

【检查】　水分　不得过15.0%（附录0832第一法）。

总灰分　不得过6.0%（附录2302）。

酸不溶性灰分　不得过2.0%（附录2302）。

【浸出物】　照醇溶性浸出物测定（附录2201）项下的热浸法测定，用稀乙醇作溶剂，不得少于30.0%。

饮　片

【炮制】　除去根茎，洗净，润透，切厚片，干燥。

本品呈圆形、类圆形或不规则形厚片。外表皮黄白色或淡黄棕色，切面黄白色，有不规则裂隙。气微，味微甘。

【鉴别】【检查】【浸出物】　同药材。

【性味与归经】　甘，微寒。归肺、胃经。

【功能】　养阴清肺，益胃生津，化痰，益气。

【主治】　肺热燥咳，热病伤津，干咳痰黏，胃阴不足，口渴欲饮。

【用法与用量】　马、牛15～45g；羊、猪5～10g；犬、猫2～5g；兔、禽1～2g。

【注意】　不宜与藜芦同用。

【贮藏】　置通风干燥处，防蛀。

南 板 蓝 根

Nanbanlangen

BAPHICACANTHIS CUSIAE RHIZOMA ET RADIX

本品为爵床科植物马蓝 Baphicacanthus cusia（Nees）Bremek. 的干燥根茎和根。夏、秋二季采挖，除去地上茎，洗净，晒干。

【性状】　本品根茎呈类圆形，多弯曲，有分枝，长10～30cm，直径0.1～1cm。表面灰棕色，具细纵纹；节膨大，节上长有细根或茎残基；外皮易剥落，呈蓝灰色。质硬而脆，易折断，断面不平坦，皮部蓝灰色，木部灰蓝色至淡黄褐色，中央有髓。根粗细不一，弯曲有分枝，细根细长而柔韧。气微，味淡。

【鉴别】　（1）本品根茎的横切面：木栓层为数列细胞，内含棕色物。皮层宽广，外侧为数列厚角细胞；内皮层明显；可见石细胞。韧皮部较窄，韧皮纤维众多。木质部宽广，细胞均木化；导管单个或2~4个径向排列，木射线宽广，髓部细胞类圆形或多角形，偶见石细胞。薄壁细胞中含有椭圆形的钟乳体。

（2）取本品粉末2g，加三氯甲烷20ml，加热回流1小时，滤过，滤液浓缩至2ml，作为供试品溶液。另取靛蓝对照品、靛玉红对照品，加三氯甲烷制成每1ml各含0.1mg的混合溶液，作为对照品溶液。照薄层色谱法（附录0502）试验，吸取上述两种溶液各20μl，分别点于同一硅胶G薄层板上，以石油醚（60~90℃）-三氯甲烷-乙酸乙酯（1:8:1）为展开剂，展开，取出，晾干，立即检视。供试品色谱中，在与对照品色谱相应的位置上，显相同的蓝色和紫红色斑点。

【检查】　水分　不得过12.0%（附录0832第一法）。

总灰分　不得过10.0%（附录2302）。

【浸出物】　照醇溶性浸出物（附录2201）项下的热浸法测定，用稀乙醇作溶剂，不得少于13.0%。

饮片

【炮制】　除去杂质，洗净，润透，切厚片，干燥。

本品呈类圆形的厚片。外表皮灰棕色或暗棕色。切面灰蓝色至淡黄褐色，中央有类白色或灰蓝色海绵状的髓。气微，味淡。

【鉴别】　（除横切面外）【检查】【浸出物】　同药材。

【性味与归经】　苦，寒。归心、胃经。

【功能】　清热解毒，凉血消斑。

【主治】　温疫时毒，发热咽痛，温病发斑。

【用法与用量】　马、牛30~90g；羊、猪15~30g；犬、猫3~5g；兔、禽1~2g。

【贮藏】　置干燥处，防霉、防蛀。

南　鹤　虱

Nanheshi

CAROTAE FRUCTUS

本品为伞形科植物野胡萝卜 *Daucus carota* L. 的干燥成熟果实。秋季果实成熟时割取果枝，晒干，打下果实，除去杂质。

【性状】　本品为双悬果，呈椭圆形，多裂为分果。分果长3~4mm，宽1.5~2.5mm。表面淡绿棕色或棕黄色，顶端有花柱残基，基部钝圆，背面隆起，具4条窄翅状次棱，翅上密生1列黄白色钩刺，刺长约1.5mm，次棱间的凹下处有不明显的主棱，其上散生短柔毛，接合面平坦，有3条脉纹，上具柔毛。种仁类白色，有油性。体轻。搓碎时有特异香气，味微辛、苦。

【鉴别】　（1）本品分果横切面：外果皮细胞1列，主棱处有分化成单细胞的非腺毛，长86~390μm。中果皮有大型油管，在次棱基部各1个，接合面2个，扁长圆形，直径50~120μm，内含黄棕色油滴；主棱内侧有细小维管束。内果皮为1列扁平薄壁细胞。种皮细胞含红棕色物质。胚乳丰富，薄壁细胞多角形，壁稍厚，含脂肪油和糊粉粒，糊粉粒中含有细小草酸钙簇晶。

（2）取本品粉末1g，加乙醚20ml，浸渍过夜，滤过，滤液挥干，残渣加乙醚1ml使溶解，作为供试品溶液。另取南鹤虱对照药材1g，同法制成对照药材溶液。照薄层色谱法（附录0502）试验，吸取上述两种溶液各1~2μl，分别点于同一硅胶G薄层板上，以甲苯-乙酸乙酯-甲酸（8:1:1）为展开剂，展开，取出，晾干，置紫外光灯（365nm）下检视。供试品色谱中，在与对照药材色谱相应的位置上，显相同颜色的荧光斑点；再喷以5%香草醛硫酸溶液，加热至斑点显色清晰。供试品色谱中，在与对照药材色谱相应的位置上，显相同颜色的斑点。

【性味与归经】 苦、辛，平；有小毒。归脾、胃经。

【功能】 杀虫消积。

【主治】 蛔虫病，蛲虫病，绦虫病，虫积腹痛。

【用法与用量】 马、牛30~45g；羊、猪5~10g；兔、禽1~2g。

【贮藏】 置通风干燥处。

枳　　壳

Zhiqiao

AURANTII FRUCTUS

本品为芸香科植物酸橙 *Citrus aurantium* L. 及其栽培变种的干燥未成熟果实。7月果皮尚绿时采收，自中部横切为两半，晒干或低温干燥。

【性状】 本品呈半球形，直径3~5cm。外果皮棕褐色至褐色，有颗粒状突起，突起的顶端有凹点状油室；有明显的花柱残迹或果梗痕。切面中果皮黄白色，光滑而稍隆起，厚0.4~1.3cm，边缘散有1~2列油室，瓤囊7~12瓣，少数至15瓣，汁囊干缩呈棕色至棕褐色，内藏种子。质坚硬，不易折断。气清香，味苦、微酸。

【鉴别】 （1）本品粉末黄白色或棕黄色。中果皮细胞类圆形或形状不规则，壁大多呈不均匀增厚。果皮表皮细胞表面观多角形、类方形或长方形，气孔环式，直径16~34μm，副卫细胞5~9个；侧面观外被角质层。汁囊组织淡黄色或无色，细胞多皱缩，并与下层细胞交错排列。草酸钙方晶存在于果皮和汁囊细胞中，呈斜方形、多面体形或双锥形，直径3~30μm。螺纹导管、网纹导管及管胞细小。

（2）取本品粉末0.2g，加甲醇10ml，超声处理30分钟，滤过，滤液蒸干，残渣加甲醇5ml使溶解，作为供试品溶液。另取柚皮苷对照品、新橙皮苷对照品，加甲醇制成每1ml各含0.5mg的混合溶液，作为对照品溶液。照薄层色谱法（附录0502）试验，吸取上述供试品溶液10μl、对照品溶液20μl，分别点于同一硅胶G薄层板上，以三氯甲烷-甲醇-水（13:6:2）下层溶液为展开剂，展开，取出，晾干，喷以3%三氯化铝乙醇溶液，在105℃加热约5分钟，置紫外光灯（365nm）下检视。供试品色谱中，在与对照品色谱相应的位置上，显相同颜色的荧光斑点。

【检查】 水分　不得过12.0%（附录0832第二法）。

总灰分　不得过7.0%（附录2302）。

【含量测定】 照高效液相色谱法（附录0512）测定。

色谱条件与系统适用性试验　以十八烷基硅烷键合硅胶为填充剂；以乙腈-水（20:80）（用磷酸调节pH值至3）为流动相；检测波长为283nm。理论板数按柚皮苷峰计算应不低于3000。

对照品溶液的制备　取柚皮苷对照品、新橙皮苷对照品适量，精密称定，加甲醇分别制成每1ml含柚皮苷和新橙皮苷各80μg的溶液，即得。

供试品溶液的制备　取本品粗粉约0.2g，精密称定，置具塞锥形瓶中，精密加甲醇50ml，密塞，称定重量，加热回流1.5小时，放冷，再称定重量，用甲醇补足减失的重量，摇匀，滤过，精密量取续滤液10ml，置25ml量瓶中，加甲醇至刻度，摇匀，即得。

测定法 分别精密吸取对照品溶液与供试品溶液各10μl，注入液相色谱仪，测定，即得。

本品按干燥品计算，含柚皮苷（ $C_{27}H_{32}O_{14}$ ）不得少于4.0%，新橙皮苷（ $C_{28}H_{34}O_{15}$ ）不得少于3.0%。

饮片

【炮制】 枳壳 除去杂质，洗净，润透，切薄片，干燥后筛去碎落的瓤核。

本品呈不规则弧状条形薄片。切面外果皮棕褐色至褐色，中果皮黄白色至黄棕色，近外缘有1~2列点状油室，内侧有的有少量紫褐色瓤囊。

【鉴别】【检查】【含量测定】 同药材。

麸炒枳壳 取枳壳片，照麸炒法（附录0203）炒至色变深。

本品形如枳壳片，色较深，偶有焦斑。

【鉴别】【检查】【含量测定】 同药材。

【性味与归经】 苦、辛、酸，温。归脾、胃经。

【功能】 行气宽中，化痰，消食。

【主治】 宿食不消，肚胀，粪便干燥，垂脱症，痰滞气阻。

【用法与用量】 马、牛15~45g；驼40~80g；羊、猪5~10g。

【注意】 孕畜慎用。

【贮藏】 置阴凉干燥处，防蛀。

注：栽培变种主要有黄皮酸橙 *Citrus aurantium* 'Huangpi'、代代花 *Citrus aurantium* 'Daidai'、朱栾 *Citrus aurantium* 'Chuluan'、塘橙 *Citrus aurantium* 'Tangcheng'。

枳　实

Zhishi

AURANTII FRUCTUS IMMATURUS

本品为芸香科植物酸橙 *Citrus aurantium* L. 及其栽培变种或甜橙 *Citrus sinensis* Osbeck 的干燥幼果。5~6月收集自落的果实，除去杂质，自中部横切为两半，晒干或低温干燥，较小者直接晒干或低温干燥。

【性状】 本品呈半球形，少数为球形，直径0.5~2.5cm。外果皮黑绿色或暗棕绿色，具颗粒状突起和皱纹，有明显的花柱残迹或果梗痕。切面中果皮略隆起，厚0.3~1.2cm，黄白色或黄褐色，边缘有1~2列油室，瓤囊棕褐色。质坚硬。气清香，味苦、微酸。

【鉴别】 （1）本品粉末淡黄色或棕黄色。中果皮细胞类圆形或形状不规则，壁大多呈不均匀增厚。果皮表皮细胞表面观多角形、类方形或长方形，气孔环式，直径18~26μm，副卫细胞5~9个；侧面观外被角质层。草酸钙方晶存在于果皮和汁囊细胞中，呈斜方形、多面形或双锥形，直径2~24μm。橙皮苷结晶存在于薄壁细胞中，黄色或无色，呈圆形或无定形团块，有的显放射状纹理。油室碎片多见，分泌细胞狭长而弯曲。螺纹导管、网纹导管和管胞细小。

（2）取本品粉末0.5g，加甲醇10ml，超声处理20分钟，滤过，滤液蒸干，残渣加甲醇0.5ml使溶解，作为供试品溶液。另取辛弗林对照品，加甲醇制成每1ml含0.5mg的溶液，作为对照品溶液。照薄层色谱法（附录0502）试验，吸取上述两种溶液各2μl，分别点于同一硅胶G薄层板上，以正丁醇-冰醋酸-水（4:1:5）的上层溶液为展开剂，展开，取出，晾干，喷以0.5%茚三酮乙醇溶液，在105℃加热至斑点显色清晰。供试品色谱中，在与对照品色谱相应的位置上，显相同颜色的斑点。

【检查】　水分　不得过15.0%（附录0832第二法）。

总灰分　不得过7.0%（附录2302）。

【浸出物】　照醇溶性浸出物测定法（附录2201）项下的热浸法测定，用70%乙醇作溶剂，不得少于12.0%。

【含量测定】　照高效液相色谱法（附录0512）测定。

色谱条件与系统适用性试验　以十八烷基硅烷键合硅胶为填充剂；以甲醇-磷酸二氢钾溶液（取磷酸二氢钾0.6g，十二烷基磺酸钠1.0g，冰醋酸1ml，加水溶解并稀释至1000ml）（50：50）为流动相；检测波长为275nm。理论板数按辛弗林峰计算应不低于2000。

对照品溶液的制备　取辛弗林对照品适量，精密称定，加水制成每1ml含30μg的溶液，即得。

供试品溶液的制备　取本品中粉约1g，精密称定，置具塞锥形瓶中，精密加入甲醇50ml，称定重量，加热回流1.5小时，放冷，再称定重量，用甲醇补足减失的重量，摇匀，滤过，精密量取续滤液10ml，蒸干，残渣加水10ml使溶解，通过聚酰胺柱（60～90目，2.5g，内径为1.5cm，干法装柱），用水25ml洗脱，收集洗脱液，转移至25ml量瓶中，加水至刻度，摇匀，即得。

测定法　分别精密吸取对照品溶液与供试品溶液各10～20μl，注入液相色谱仪，测定，即得。

本品按干燥品计算，含辛弗林（$C_9H_{13}NO_2$）不得少于0.30%。

饮片

【炮制】　枳实　除去杂质，洗净，润透，切薄片，干燥。

本品为不规则弧状条形或圆形薄片。切面外果皮黑绿色至暗棕绿色，中果皮部分黄白色至黄棕色，近外缘有1～2列点状油室，条片内侧或圆片中央具棕褐色瓤囊。气清香，味苦、微酸。

【鉴别】【检查】【浸出物】【含量测定】　同药材。

麸炒枳实　取枳实片，照麸炒法（附录0203）炒至色变深。

本品形如枳实片，色较深，有的有焦斑。气焦香，味微苦、微酸。

【检查】　水分　同药材，不得过12.0%。

【鉴别】【检查】（总灰分）【含量测定】　同药材。

【性味与归经】　苦、辛、酸，温。归脾、胃经。

【功能】　破气消积，化痰，除胀。

【主治】　食积不消，肚胀，粪便秘结，垂脱症，痰滞气阻。

【用法与用量】　马、牛15～45g；羊、猪5～10g；犬2～4g；兔、禽1～3g。

【注意】　孕畜慎用。

【贮藏】　置阴凉干燥处，防蛀。

注：栽培变种同枳壳。

柏　子　仁

Baiziren

PLATYCLADI SEMEN

本品为柏科植物侧柏 *Platycladus orientalis*（L.）Franco 的干燥成熟种仁。秋、冬二季采收成熟种子，晒干，除去种皮，收集种仁。

【性状】 本品呈长卵形或长椭圆形，长4～7mm，直径1.5～3mm。表面黄白色或淡黄棕色，外包膜质内种皮，顶端略尖，有深褐色的小点，基部钝圆。质软，富油性。气微香，味淡。

【鉴别】 本品粉末深黄色至棕色。种皮表皮细胞长条形，常与含棕色色素的下皮细胞相连。内胚乳细胞类多角形或类圆形，胞腔内充满较大的糊粉粒和脂肪油滴，糊粉粒溶化后留有网格样痕迹。子叶细胞呈长方形，胞腔内充满较小的糊粉粒和脂肪油滴。

【检查】 酸败度 照酸败度检查法（附录2303）测定。

酸值 不得过40.0。

羰基值 不得过30.0。

过氧化值 不得过0.26。

黄曲霉毒素 照黄曲霉毒素测定法（附录2351）测定。

本品每1000g含黄曲霉毒素B_1不得过5μg，黄曲霉毒素G_2、黄曲霉毒素G_1、黄曲霉毒素B_2和黄曲霉毒素B_1的总量不得过10μg。

饮片

【炮制】 柏子仁 除去杂质和残留的种皮。

【性状】【鉴别】【检查】 同药材。

柏子仁霜 取净柏子仁，照制霜法（附录0203）制霜。

本品为均匀、疏松的淡黄色粉末，微显油性，气微香。

【检查】 同药材。

【性味与归经】 甘，平。归心、肾、大肠经。

【功能】 养心安神，止汗，润肠。

【主治】 心神不宁，阴虚盗汗，肠燥便秘。

【用法与用量】 马、牛25～60g；驼40～80g；羊、猪10～15g；犬、猫2～5g。

【贮藏】 置阴凉干燥处，防热，防蛀。

栀　子

Zhizi

GARDENIAE FRUCTUS

本品为茜草科植物栀子 *Gardenia jasminoides* Ellis 的干燥成熟果实。9～11月果实成熟呈红黄色时采收，除去果梗和杂质，蒸至上气或置沸水中略烫，取出，干燥。

【性状】 本品呈长卵圆形或椭圆形，长1.5～3.5cm，直径1～1.5cm。表面红黄色或棕红色，具6条翅状纵棱，棱间常有1条明显的纵脉纹，并有分枝。顶端残存萼片，基部稍尖，有残留果梗。果皮薄而脆，略有光泽；内表面色较浅，有光泽，具2～3条隆起的假隔膜。种子多数，扁卵圆形，集结成团，深红色或红黄色，表面密具细小疣状突起。气微，味微酸而苦。

【鉴别】 （1）本品粉末红棕色。内果皮石细胞类长方形、类圆形或类三角形，常上下层交错排列或与纤维连结，直径14～34μm，长约至75μm，壁厚4～13μm；胞腔内常含草酸钙方晶。内果皮纤维细长，梭形，直径约10μm，长约至110μm，常交错、斜向镶嵌状排列。种皮石细胞黄色或淡棕色，长多角形、长方形或形状不规则，直径60～112μm，长至230μm，壁厚，纹孔甚大，胞腔棕红色。草酸钙簇晶直径19～34μm。

（2）取本品粉末1g，加50%甲醇10ml，超声处理40分钟，滤过，滤液作为供试品溶液。另取栀子对照药材1g，同法制成对照药材溶液。再取栀子苷对照品，加乙醇制成每1ml含4mg的溶液，作为对照品溶液。照薄层色谱法（附录0502）试验，吸取上述三种溶液各2μl，分别点于同一硅胶G薄层板上，以乙酸乙酯-丙酮-甲酸-水（5∶5∶1∶1）为展开剂，展开，取出，晾干。供试品色谱中，在与对照药材色谱相应的位置上，显相同颜色的黄色斑点；再喷以10%硫酸乙醇溶液，在110℃加热至斑点显色清晰。供试品色谱中，在与对照药材及对照品色谱相应的位置上，显相同颜色的斑点。

【检查】 水分 不得过8.5%（附录0832第一法）。

总灰分 不得过6.0%（附录2302）。

【含量测定】 照高效液相色谱法（附录0512）测定。

色谱条件与系统适用性试验 以十八烷基硅烷键合硅胶为填充剂；以乙腈-水（15∶85）为流动相；检测波长为238nm。理论板数按栀子苷峰计算应不低于1500。

对照品溶液的制备 取栀子苷对照品适量，精密称定，加甲醇制成每1ml含30μg的溶液，即得。

供试品溶液的制备 取本品粉末（过四号筛）约0.1g，精密称定，置具塞锥形瓶中，精密加入甲醇25ml，称定重量，超声处理20分钟，放冷，再称定重量，用甲醇补足减失的重量，摇匀，滤过。精密量取续滤液10ml，置25ml量瓶中，加甲醇至刻度，摇匀，即得。

测定法 分别精密吸取对照品溶液与供试品溶液各10μl，注入液相色谱仪，测定，即得。

本品按干燥品计算，含栀子苷（$C_{17}H_{24}O_{10}$）不得少于1.8%。

饮片

【炮制】 栀子 除去杂质，碾碎。

本品呈不规则的碎块。果皮表面红黄色或棕红色，有的可见翅状纵棱。种子多数，扁卵圆形，深红色或红黄色。气微，味微酸而苦。

【鉴别】【检查】【含量测定】 同药材。

炒栀子 取净栀子，照清炒法（附录0203）炒至黄褐色。

本品形如栀子碎块。黄褐色。

【含量测定】 同药材，含栀子苷（$C_{17}H_{24}O_{10}$）不得少于1.5%。

【鉴别】【检查】 同药材。

【性味与归经】 苦，寒。归心、肺、三焦经。

【功能】 泻火解毒，清热利尿，凉血。外用消肿止痛。

【主治】 三焦热盛，湿热黄疸，热淋，口舌生疮，目赤肿痛，血热鼻衄，闪伤疼痛。

【用法与用量】 马、牛15～60g；驼45～90g；羊、猪5～10g；犬、猫3～6g；兔、禽1～2g。外用适量，研末调敷。

【贮藏】 置通风干燥处。

焦 栀 子

Jiaozhizi

GARDENIAE FRUCTUS PRAEPARATUS

本品为栀子的炮制加工品。

【制法】 取栀子，或碾碎，照清炒法（附录0203）用中火炒至表面焦褐色或焦黑色，果皮内表面和种子表面为黄棕色或棕褐色。取出，放凉。

【性状】 本品形状同栀子或为不规则的碎块，表面焦褐色或焦黑色。果皮内表面棕色，种子表面为黄棕色或棕褐色。气微，味微酸而苦。

【含量测定】 同栀子药材，含栀子苷（$C_{17}H_{24}O_{10}$）不得少于1.0%。

【鉴别】【检查】 同栀子药材。

【性味与归经】 苦，寒。归心、肺、三焦经。

【功能】 凉血止血。

【主治】 血热鼻衄，尿血，子宫出血。

【用法与用量】 马、牛15～60g；驼45～90g；羊、猪5～10g；犬、猫3～6g；兔、禽1～2g。外用适量。

【贮藏】 置通风干燥处。

枸 杞 子
Gouqizi
LYCII FRUCTUS

本品为茄科植物宁夏枸杞 *Lycium barbarum* L. 的干燥成熟果实。夏、秋二季果实呈红色时采收，热风烘干，除去果梗；或晾至皮皱后，晒干，除去果梗。

【性状】 本品呈类纺锤形或椭圆形，长6～20mm，直径3～10mm。表面红色或暗红色，顶端有小突起状的花柱痕，基部有白色的果梗痕。果皮柔韧，皱缩；果肉肉质，柔润。种子20～50粒，类肾形，扁而翘，长1.5～1.9mm，宽1～1.7mm，表面浅黄色或棕黄色。气微，味甜。

【鉴别】 （1）本品粉末黄橙色或红棕色。外果皮表皮细胞表面观呈类多角形或长多角形，垂周壁平直或细波状弯曲，外平周壁表面有平行的角质条纹。中果皮薄壁细胞呈类多角形，壁薄，胞腔内含橙红色或红棕色球形颗粒。种皮石细胞表面观不规则多角形，壁厚，波状弯曲，层纹清晰。

（2）取本品0.5g，加水35ml，加热煮沸15分钟，放冷，滤过，滤液用乙酸乙酯15ml振摇提取，分取乙酸乙酯液，浓缩至1ml，作为供试品溶液。另取枸杞子对照药材0.5g，同法制成对照药材溶液。照薄层色谱法（附录0502）试验，吸取上述两种溶液各5μl，分别点于同一硅胶G薄层板上，以乙酸乙酯-三氯甲烷-甲酸（3:2:1）为展开剂，展开，取出，晾干，置紫外光灯（365nm）下检视。供试品色谱中，在与对照药材色谱相应的位置上，显相同颜色的荧光斑点。

【检查】 水分 不得过13.0%（附录0832第一法，温度为80℃）。

总灰分 不得过5.0%（附录2302）。

重金属及有害元素 照铅、镉、砷、汞、铜测定法（附录2321）测定，铅不得过5mg/kg；镉不得过0.3mg/kg；砷不得过2mg/kg；汞不得过0.2mg/kg；铜不得过20mg/kg。

【浸出物】 照水溶性浸出物测定法（附录2201）项下的热浸法测定，不得少于55.0%。

【含量测定】 枸杞多糖 对照品溶液的制备 取无水葡萄糖对照品25mg，精密称定，置250ml量瓶中，加水适量溶解，稀释至刻度，摇匀，即得（每1ml中含无水葡萄糖0.1mg）。

标准曲线的制备 精密量取对照品溶液0.2ml，0.4ml，0.6ml，0.8ml，1.0ml，分别置具塞试管中，分别加水补至2.0ml，各精密加入5%苯酚溶液1ml，摇匀，迅速精密加入硫酸5ml，摇匀，放置10分钟，置40℃水浴中保温15分钟，取出，迅速冷却至室温，以相应的试剂为空白。照紫外-可见分光光度法（附录0401），在490nm的波长处测定吸光度，以吸光度为纵坐标，浓度为横坐标，绘制标准曲线。

测定法　取本品粗粉约0.5g，精密称定，加乙醚100ml，加热回流1小时，静置，放冷，小心弃去乙醚液，残渣置水浴上挥尽乙醚。加入80%乙醇100ml，加热回流1小时，趁热滤过，滤渣与滤器用热80%乙醇30ml分次洗涤，滤渣连同滤纸置烧瓶中，加水150ml，加热回流2小时。趁热滤过，用少量热水洗涤滤器，合并滤液与洗液，放冷，移至250ml量瓶中，用水稀释至刻度，摇匀。精密量取1ml，置具塞试管中，加水1.0ml，照标准曲线的制备项下的方法，自"各精密加入5%苯酚溶液1ml"起，依法测定吸光度，从标准曲线上读出供试品溶液中含葡萄糖的重量（mg），计算，即得。

本品按干燥品计算，含枸杞多糖以葡萄糖（$C_6H_{12}O_6$）计，不得少于1.8%。

甜菜碱　取本品剪碎，取约2g，精密称定，加80%甲醇50ml，加热回流1小时，放冷，滤过，用80%甲醇30ml分次洗涤残渣和滤器，合并洗液与滤液，浓缩至10ml，用盐酸调节pH值至1，加入活性炭1g，加热煮沸，放冷，滤过，用水15ml分次洗涤，合并洗液与滤液，加入新配制的2.5%硫氰酸铬铵溶液20ml，搅匀，10℃以下放置3小时。用G_4垂熔漏斗滤过，沉淀用少量冰水洗涤，抽干，残渣加丙酮溶解，转移至5ml量瓶中，加丙酮至刻度，摇匀，作为供试品溶液。另取甜菜碱对照品适量，精密称定，加盐酸甲醇溶液（0.5→100）制成每1ml含4mg的溶液，作为对照品溶液。照薄层色谱法（附录0502）试验，精密吸取供试品溶液5μl、对照品溶液3μl与6μl，分别交叉点于同一硅胶G薄层板上，以丙酮-无水乙醇-盐酸（10:6:1）为展开剂，预饱和30分钟，展开，取出，挥干溶剂，立即喷以新配制的改良碘化铋钾试液，放置1～3小时至斑点清晰，照薄层色谱法（附录0502薄层色谱扫描法）进行扫描，波长：λ_S=515nm，λ_R=590nm，测量供试品吸光度积分值与对照品吸光度积分值，计算，即得。

本品按干燥品计算，含甜菜碱（$C_5H_{11}NO_2$）不得少于0.30%。

【性味与归经】　甘，平。归肝、肾经。

【功能】　补益肝肾，益精明目。

【主治】　肝肾阴虚，腰肢无力，迎风流泪，阳痿滑精。

【用法与用量】　马、牛15～60g；羊、猪10～15g；犬、猫3～8g。

【贮藏】　置阴凉干燥处，防闷热，防潮，防蛀。

枸　骨　叶

Gouguye

ILICIS CORNUTAE FOLIUM

本品为冬青科植物枸骨 *Ilex cornuta* Lindl. ex Paxt. 的干燥叶。秋季采收，除去杂质，晒干。

【性状】　本品呈类长方形或矩圆状长方形，偶有长卵圆形，长3～8cm，宽1.5～4cm。先端具3枚较大的硬刺齿，顶端1枚常反曲，基部平截或宽楔形，两侧有时各具刺齿1～3枚，边缘稍反卷；长卵圆形叶常无刺齿。上表面黄绿色或绿褐色，有光泽，下表面灰黄色或灰绿色。叶脉羽状，叶柄较短。革质，硬而厚。气微，味微苦。

【鉴别】　（1）本品叶片近基部横切面：上表皮细胞类方形，壁厚，外被厚的角质层，主脉处有单细胞非腺毛；下表皮细胞略小，可见气孔。栅栏组织为2～4列细胞，海绵组织疏松；主脉处上、下表皮内为1至数列厚角细胞。主脉维管束外韧型，其上、下方均具木化纤维群。叶缘表皮内常依次为厚角细胞和石细胞半环带，再内为木化纤维群；叶缘近叶柄处仅有数列厚角细胞，近基部以上渐无厚角组织。叶缘表皮内和主脉处下表皮内厚角组织中偶有石细胞，韧皮部下方的纤维群外亦偶见。薄壁组织和下表皮细胞常含草酸钙簇晶。

（2）取本品粉末2g，加70%乙醇40ml，超声处理30分钟，滤过，滤液蒸干，残渣加水40ml使溶解，加三氯甲烷40ml振摇提取，弃去三氯甲烷液，水层加浓氨试液2ml，摇匀，再加水饱和的正丁醇40ml振摇提取，分取正丁醇液，浓缩至干，残渣加甲醇2ml使溶解，作为供试品溶液。另取枸骨叶对照药材2g，同法制成对照药材溶液。照薄层色谱法（附录0502）试验，吸取上述两种溶液各1μl，分别点于同一硅胶G薄层板上，以三氯甲烷-乙酸乙酯-甲醇-水（1:3:2:0.3）为展开剂，展开，取出，晾干，喷以10%硫酸乙醇溶液，在105℃加热至斑点显色清晰。供试品色谱中，在与对照药材色谱相应的位置上，显相同颜色的斑点。

【检查】　水分　不得过8.0%（附录0832第一法）。

总灰分　不得过6.0%（附录2302）。

【性味与归经】　苦，凉。归肝、肾经。

【功能】　养阴清热，益肾壮骨。

【主治】　阴虚内热，咳嗽，腰胯无力。

【用法与用量】　马、牛60～120g；羊、猪15～60g。

【贮藏】　置干燥处。

柿　蒂

Shidi

KAKI CALYX

本品为柿树科植物柿 *Diospyros kaki* Thunb. 的干燥宿萼。冬季果实成熟时采摘，食用时收集，洗净，晒干。

【性状】　本品呈扁圆形，直径1.5～2.5cm。中央较厚，微隆起，有果实脱落后的圆形疤痕，边缘较薄，4裂，裂片多反卷，易碎；基部有果梗或圆孔状的果梗痕。外表面黄褐色或红棕色，内表面黄棕色，密被细绒毛。质硬而脆。气微，味涩。

【鉴别】　（1）本品粉末棕色。石细胞长条形、类方形、类三角形或不规则形，直径约至80μm，壁不均匀增厚，外侧有瘤状突起或略呈短分枝状，孔沟极细密。非腺毛单细胞，直径20～26μm，壁厚约至8μm，胞腔内含棕色物。外表皮细胞类方形或多角形，气孔不定式，副卫细胞5～7。草酸钙方晶直径5～20μm。

（2）取本品粗粉2g，加70%乙醇10ml，温浸2小时，滤过，滤液蒸干，残渣加甲醇1ml使溶解，作为供试品溶液。另取没食子酸对照品，加甲醇制成每1ml含0.5mg的溶液，作为对照品溶液。照薄层色谱法（附录0502）试验，吸取供试品溶液5μl、对照品溶液2μl，分别点于同一硅胶G薄层板上，以甲苯（用水饱和）-甲酸乙酯-甲酸（5:4:1）为展开剂，展开，取出，晾干，喷以1%三氯化铁乙醇溶液。供试品色谱中，在与对照品色谱相应的位置上，显相同颜色的斑点。

【检查】　水分　不得过14.0%（附录0832第一法）。

总灰分　不得过8.0%（附录2302）。

饮片

【炮制】　除去杂质，洗净，去柄，干燥或打碎。

【鉴别】 【检查】 同药材。

【性味与归经】 苦、涩，平。归胃经。

【功能】 降气止呕。

【主治】 反胃吐食。

【用法与用量】 马、牛15~45g；羊、猪10~15g。

【贮藏】 置通风干燥处，防蛀。

威 灵 仙

Weilingxian

CLEMATIDIS RADIX ET RHIZOMA

本品为毛茛科植物威灵仙 *Clematis chinensis* Osbeck、棉团铁线莲 *Clematis hexapetala* Pall. 或东北铁线莲 *Clematis manshurica* Rupr. 的干燥根和根茎。秋季采挖，除去泥沙，晒干。

【性状】 **威灵仙** 根茎呈柱状，长1.5~10cm，直径0.3~1.5cm；表面淡棕黄色；顶端残留茎基；质较坚韧，断面纤维性；下侧着生多数细根。根呈细长圆柱形，稍弯曲，长7~15cm，直径0.1~0.3cm；表面黑褐色，有细纵纹，有的皮部脱落，露出黄白色木部；质硬脆，易折断，断面皮部较广，木部淡黄色，略呈方形，皮部与木部间常有裂隙。气微，味淡。

棉团铁线莲 根茎呈短柱状，长1~4cm，直径0.5~1cm。根长4~20cm，直径0.1~0.2cm；表面棕褐色至棕黑色；断面木部圆形。味咸。

东北铁线莲 根茎呈柱状，长1~11cm，直径0.5~2.5cm。根较密集，长5~23cm，直径0.1~0.4cm；表面棕黑色；断面木部近圆形。味辛辣。

【鉴别】 （1）本品根横切面：**威灵仙** 表皮细胞外壁增厚，棕黑色。皮层宽，均为薄壁细胞，外皮层细胞切向延长；内皮层明显。韧皮部外侧常有纤维束和石细胞，纤维直径18~43μm。形成层明显。木质部全部木化。薄壁细胞含淀粉粒。

棉团铁线莲 外皮层细胞多径向延长，紧接外皮层的1~2列细胞壁稍增厚。韧皮部外侧无纤维束和石细胞。

东北铁线莲 外皮层细胞径向延长，老根略切向延长。韧皮部外侧偶有纤维和石细胞。

（2）取本品粉末1g，加乙醇50ml，加热回流2小时，滤过，滤液浓缩至20ml，加盐酸3ml，加热回流1小时，加水10ml，放冷，加石油醚（60~90℃）25ml振摇提取，石油醚蒸干，残渣用无水乙醇10ml使溶解，作为供试品溶液。另取齐墩果酸对照品，加无水乙醇制成每1ml含0.45mg的溶液，作为对照品溶液。照薄层色谱法（附录0502）试验，吸取上述两种溶液各3μl，分别点于同一硅胶G薄层板上，以甲苯-乙酸乙酯-甲酸（20:3:0.2）为展开剂，薄层板置展开缸中预饱和30分钟，展开，取出，晾干，喷以10%硫酸乙醇溶液，在105℃加热至斑点显色清晰。供试品色谱中，在与对照品色谱相应位置上，显相同颜色的斑点。

【检查】 水分 不得过15.0%（附录0832第一法）。

总灰分 不得过10.0%（附录2302）。

酸不溶性灰分 不得过4.0%（附录2302）。

【浸出物】 照醇溶性浸出物测定法（附录2201）项下的热浸法测定，用乙醇作溶剂，不得少于15.0%。

【含量测定】 照高效液相色谱法（附录0512）测定。

色谱条件与系统适用性试验 以十八烷基硅烷键合硅胶为填充剂；乙腈-水（90:10）为流动相；检测波长为205nm。理论板数按齐墩果酸峰计算应不低于3000。

对照品溶液的制备 取齐墩果酸对照品适量，精密称定，加甲醇制成每1ml含1mg的溶液，即得。

供试品溶液的制备 取本品粉末（过四号筛）约4g，精密称定，置索氏提取器中，加乙酸乙酯适量，加热回流3小时，弃去乙酸乙酯液，药渣挥干溶剂，连同滤纸筒转移至锥形瓶中。精密加入稀乙醇50ml，称定重量，加热回流1小时，放冷，再称定重量，用稀乙醇补足减失的重量，摇匀，滤过，精密量取续滤液25ml，置水浴上蒸干，残渣加2mol/L盐酸溶液30ml使溶解，加热回流2小时。立即冷却，移入分液漏斗中，用10ml水分次洗涤容器，洗液并入分液漏斗中。加乙酸乙酯振摇提取3次，每次15ml，合并乙酸乙酯液，70℃以下浓缩至近干，加甲醇溶解，转移至10ml量瓶中，加甲醇至刻度，摇匀，即得。

测定法 分别精密吸取对照品溶液和供试品溶液各10μl，注入液相色谱仪，测定，即得。

本品按干燥品计算，含齐墩果酸（$C_{30}H_{48}O_3$）不得低于0.30%。

饮片

【炮制】 除去杂质，洗净，润透，切段，干燥。

本品呈不规则的段。表面黑褐色、棕褐色或棕黑色，有细纵纹，有的皮部脱落，露出黄白色木部。切面皮部较广，木部淡黄色，略呈方形或近圆形，皮部与木部间常有裂隙。

【鉴别】（除横切面外）【检查】【浸出物】【含量测定】 同药材。

【性味与归经】 辛，咸，温。归膀胱经。

【功能】 祛风湿，通经络。

【主治】 风湿痹痛，筋脉拘挛，屈伸不利。

【用法与用量】 马、牛15～60g；羊、猪3～10g；犬、猫3～5g；兔、禽0.5～1.5g。

【贮藏】 置干燥处。

厚　朴

Houpo

MAGNOLIAE OFFICINALIS CORTEX

本品为木兰科植物厚朴 *Magnolia officinalis* Rehd. et Wils. 或凹叶厚朴 *Magnolia officinalis* Rehd. et Wils. var. *biloba* Rehd. et Wils. 的干燥干皮、根皮及枝皮。4～6月剥取，根皮和枝皮直接阴干；干皮置沸水中微煮后，堆置阴湿处，"发汗"至内表面变紫褐色或棕褐色时，蒸软，取出，卷成筒状，干燥。

【性状】 **干皮** 呈卷筒状或双卷筒状，长30～35cm，厚0.2～0.7cm，习称"筒朴"；近根部的干皮一端展开如喇叭口，长13～25cm，厚0.3～0.8cm，习称"靴筒朴"。外表面灰棕色或灰褐色，粗糙，有时呈鳞片状，较易剥落，有明显椭圆形皮孔和纵皱纹，刮去粗皮者显黄棕色。内表面紫棕色或深紫褐色，较平滑，具细密纵纹，划之显油痕。质坚硬，不易折断，断面颗粒性，外层灰棕色，内层紫褐色或棕色，有油性，有的可见多数小亮星。气香，味辛辣、微苦。

根皮（根朴） 呈单筒状或不规则块片；有的弯曲似鸡肠，习称"鸡肠朴"。质硬，较易折断，断面纤维性。

枝皮（枝朴）　呈单筒状，长10～20cm，厚0.1～0.2cm。质脆，易折断，断面纤维性。

【鉴别】　（1）本品横切面：木栓层为10余列细胞；有的可见落皮层。皮层外侧有石细胞环带，内侧散有多数油细胞和石细胞群。韧皮部射线宽1～3列细胞；纤维多数个成束；亦有油细胞散在。

粉末棕色。纤维甚多，直径15～32μm，壁甚厚，有的呈波浪形或一边呈锯齿状，木化，孔沟不明显。石细胞类方形、椭圆形、卵圆形或不规则分枝状，直径11～65μm，有时可见层纹。油细胞椭圆形或类圆形，直径50～85μm，含黄棕色油状物。

（2）取本品粉末0.5g，加甲醇5ml，密塞，振摇30分钟，滤过，取滤液作为供试品溶液。另取厚朴酚对照品、和厚朴酚对照品，加甲醇制成每1ml各含1mg的混合溶液，作为对照品溶液。照薄层色谱法（附录0502）试验，吸取上述两种溶液各5μl，分别点于同一硅胶G薄层板上，以甲苯-甲醇（17:1）为展开剂，展开，取出，晾干，喷以1%香草醛硫酸溶液，在100℃加热至斑点显色清晰。供试品色谱中，在与对照品色谱相应的位置上，显相同颜色的斑点。

【检查】　水分　不得过15.0%（附录0832第二法）。

总灰分　不得过7.0%（附录2302）。

酸不溶性灰分　不得过3.0%（附录2302）。

【含量测定】　照高效液相色谱法（附录0512）测定。

色谱条件与系统适用性试验　以十八烷基硅烷键合硅胶为填充剂；甲醇-水（78:22）为流动相；检测波长为294nm。理论板数按厚朴酚峰计算应不低于3800。

对照品溶液的制备　取厚朴酚对照品、和厚朴酚对照品适量，精密称定，加甲醇分别制成每1ml含厚朴酚40μg、和厚朴酚24μg的溶液，即得。

供试品溶液的制备　取本品粉末（过三号筛）约0.2g，精密称定，置具塞锥形瓶中，精密加入甲醇25ml，摇匀，密塞，浸渍24小时，滤过，精密量取续滤液5ml，置25ml量瓶中，加甲醇至刻度，摇匀，即得。

测定法　分别精密吸取上述两种对照品溶液各4μl与供试品溶液3～5μl，注入液相色谱仪，测定，即得。

本品按干燥品计算，含厚朴酚（$C_{18}H_{18}O_2$）与和厚朴酚（$C_{18}H_{18}O_2$）的总量不得少于2.0%。

饮片

【炮制】　**厚朴**　刮去粗皮，洗净，润透，切丝，干燥。

本品呈弯曲的丝条状或单、双卷筒状。外表面灰褐色，有时可见椭圆形皮孔或纵皱纹。内表面紫棕色或深紫褐色，较平滑，具细密纵纹，划之显油痕。切面颗粒性，有油性，有的可见小亮星。气香，味辛辣、微苦。

【检查】　水分　同药材，不得过10.0%。

总灰分　同药材，不得过5.0%。

【鉴别】（除横切面外）【检查】（酸不溶性灰分）【含量测定】　同药材。

姜厚朴　取厚朴丝，照姜汁炙法（附录0203）炒干。

本品形如厚朴丝，表面灰褐色，偶见焦斑。略有姜辣气。

【检查】　水分　同药材，不得过10.0%。

总灰分　同药材，不得过5.0%。

【含量测定】　同药材，含厚朴酚（$C_{18}H_{18}O_2$）与和厚朴酚（$C_{18}H_{18}O_2$）的总量不得少于1.6%。

【鉴别】（除横切面外）【检查】（酸不溶性灰分）同药材。

【性味与归经】　苦、辛，温。归脾、胃、肺、大肠经。

【功能】 下气消胀，燥湿消痰。

【主治】 宿食不消，食积气滞，肚胀便秘，痰饮咳喘。

【用法与用量】 马、牛15~45g；驼30~60g；羊、猪5~15g；兔、禽1.5~3g。

【贮藏】 置通风干燥处。

厚 朴 花

Houpohua

MAGNOLIAE OFFICINALIS FLOS

本品为木兰科植物厚朴 *Magnolia officinalis* Rehd. et Wils. 或凹叶厚朴 *Magnolia officinalis* Rehd. et Wils. var. *biloba* Rehd. et Wils. 的干燥花蕾。春季花未开放时采摘，稍蒸后，晒干或低温干燥。

【性状】 本品呈长圆锥形，长4~7cm，基部直径1.5~2.5cm。红棕色至棕褐色。花被多为12片，肉质，外层的呈长方倒卵形，内层的呈匙形。雄蕊多数，花药条形，淡黄棕色，花丝宽而短。心皮多数，分离，螺旋状排列于圆锥形的花托上。花梗长0.5~2cm，密被灰黄色绒毛，偶无毛。质脆，易破碎。气香，味淡。

【鉴别】 （1）本品粉末红棕色。花被表皮细胞多角形或椭圆形，表面有密集的疣状突起，有的具细条状纹理。石细胞众多，呈不规则分枝状，壁厚7~13μm，孔沟明显，胞腔大。油细胞类圆形或椭圆形，直径37~85μm，壁稍厚，内含黄棕色物。花粉粒椭圆形，长径48~68μm，短径37~48μm，具一远极沟，表面有细网状雕纹。非腺毛1~3细胞，长820~2300μm，壁极厚，有的表面具螺状角质纹理，单细胞者先端长尖，基部稍膨大，多细胞者基部细胞较短或明显膨大，壁薄。

（2）取本品粉末1g，加甲醇8ml，密塞，振摇30分钟，滤过，取滤液作为供试品溶液。另取厚朴酚对照品、和厚朴酚对照品，加甲醇制成每1ml各含1mg的混合溶液，作为对照品溶液。照薄层色谱法（附录0502）试验，吸取供试品溶液10μl、对照品溶液5μl，分别点于同一硅胶G薄层板上，以环己烷-二氯甲烷-乙酸乙酯-浓氨试液（5:2:4:0.5）为展开剂，展开，取出，晾干，喷以1%香草醛硫酸溶液，在100℃加热至斑点显色清晰。供试品色谱中，在与对照品色谱相应的位置上，显相同颜色的斑点。

【检查】 **水分** 不得过10.0%（附录0832第三法）。

总灰分 不得过7.0%（附录2302）。

【含量测定】 照高效液相色谱法（附录0512）测定。

色谱条件与系统适用性试验 以十八烷基硅烷键合硅胶为填充剂；甲醇-乙腈-水（50:20:30）为流动相；检测波长为294nm。理论板数按厚朴酚峰计算应不低于1500。

对照品溶液的制备 取厚朴酚对照品、和厚朴酚对照品适量，精密称定，加甲醇分别制成每1ml含厚朴酚60μg、和厚朴酚40μg的溶液，即得。

供试品溶液的制备 取本品粗粉约1g，精密称定，置具塞锥形瓶中，精密加入甲醇25ml，密塞，称定重量，超声处理30分钟，放冷，再称定重量，用甲醇补足减失的重量，摇匀，放置30分钟，取上清液，滤过，取续滤液，即得。

测定法 分别精密吸取上述两种对照品溶液与供试品溶液各10μl，注入液相色谱仪，测定，即得。

本品含厚朴酚（$C_{18}H_{18}O_2$）与和厚朴酚（$C_{18}H_{18}O_2$）的总量不得少于0.20%。

【性味与归经】 苦、微温。归脾、胃经。

【功能】 芳香化湿，理气宽中。

【主治】 湿阻脾胃，肚腹胀满，食少。

【用法与用量】 马、牛15~45g；驼30~60g；羊、猪5~15g；兔、禽1.5~3g。

【贮藏】 置干燥处，防霉，防蛀。

砂 仁

Sharen

AMOMI FRUCTUS

本品为姜科植物阳春砂 Amomum villosum Lour.、绿壳砂 Amomum villosum Lour. var. xanthioides T. L. Wu et Senjen 或海南砂 Amomum longiligulare T. L. Wu 的干燥成熟果实。夏、秋二季果实成熟时采收，晒干或低温干燥。

【性状】 **阳春砂、绿壳砂** 呈椭圆形或卵圆形，有不明显的三棱，长1.5~2cm，直径1~1.5cm。表面棕褐色，密生刺状突起，顶端有花被残基，基部常有果梗。果皮薄而软。种子集结成团，具三钝棱，中有白色隔膜，将种子团分成3瓣，每瓣有种子5~26粒。种子为不规则多面体，直径2~3mm；表面棕红色或暗褐色，有细皱纹，外被淡棕色膜质假种皮；质硬，胚乳灰白色。气芳香而浓烈，味辛凉、微苦。

海南砂 呈长椭圆形或卵圆形，有明显的三棱，长1.5~2cm，直径0.8~1.2cm。表面被片状、分枝的软刺，基部具果梗痕。果皮厚而硬。种子团较小，每瓣有种子3~24粒；种子直径1.5~2mm。气味稍淡。

【鉴别】 （1）阳春砂 种子横切面：假种皮有时残存。种皮表皮细胞1列，径向延长，壁稍厚；下皮细胞1列，含棕色或红棕色物。油细胞层为1列油细胞，长76~106μm，宽16~25μm，含黄色油滴。色素层为数列棕色细胞，细胞多角形，排列不规则。内种皮为1列栅状厚壁细胞，黄棕色，内壁及侧壁极厚，细胞小，内含硅质块。外胚乳细胞含淀粉粒，并有少数细小草酸钙方晶。内胚乳细胞含细小糊粉粒和脂肪油滴。

粉末灰棕色。内种皮厚壁细胞红棕色或黄棕色，表面观多角形，壁厚，非木化，胞腔内含硅质块；断面观为1列栅状细胞，内壁及侧壁极厚，胞腔偏外侧，内含硅质块。种皮表皮细胞淡黄色，表面观长条形，常与下皮细胞上下层垂直排列；下皮细胞含棕色或红棕色物。色素层细胞皱缩，界限不清楚，含红棕色或深棕色物。外胚乳细胞类长方形或不规则形，充满细小淀粉粒集结成的淀粉团，有的包埋有细小草酸钙方晶。内胚乳细胞含细小糊粉粒及脂肪油滴。油细胞无色，壁薄，偶见油滴散在。

（2）取〔含量测定〕项下的挥发油，加乙醇制成每1ml含20μl的溶液，作为供试品溶液。另取乙酸龙脑酯对照品，加乙醇制成每1ml含10μl的溶液，作为对照品溶液。照薄层色谱法（附录0502）试验，吸取上述两种溶液各1μl，分别点于同一硅胶G薄层板上，以环己烷-乙酸乙酯（22:1）为展开剂，展开，取出，晾干，喷以5%香草醛硫酸溶液，加热至斑点显色清晰。供试品色谱中，在与对照品色谱相应的位置上，显相同的紫红色斑点。

【检查】 水分 不得过15.0%（附录0832第二法）。

【含量测定】 挥发油 照挥发油测定法（附录2204）测定。

阳春砂、绿壳砂种子团含挥发油不得少于3.0%（ml/g）；海南砂种子团含挥发油不得少于1.0%（ml/g）。

乙酸龙脑酯 照气相色谱测定法（附录0521）测定。

色谱条件与系统适用性试验 DB-1毛细管柱（100%二甲基聚硅氧烷为固定相）（柱长为30m，内径为0.25mm，膜厚度为0.25μm）；柱温100℃，进样口温度230℃，检测器（FID）温度250℃，分流比10:1。理论板数按乙酸龙脑酯峰计算应不低于10 000。

对照品溶液的制备 取乙酸龙脑酯对照品适量，精密称定，加无水乙醇制成每1ml含0.3mg的溶液，即得。

供试品溶液的制备 取本品粉末（过三号筛）约1g，精密称定，置具塞锥形瓶中，精密加入无水乙醇25ml，密塞，称定重量，超声处理（功率300W，频率40kHz）30分钟，放冷，用无水乙醇补足减失的重量，摇匀，滤过，取续滤液，即得。

测定法 分别精密吸取对照品溶液与供试品溶液各1μl，注入气相色谱仪，测定，即得。

本品按干燥品计算，含乙酸龙脑酯（$C_{12}H_{20}O_2$）不得少于0.90%。

饮片

【炮制】 除去杂质。用时捣碎。

【性味与归经】 辛，温。归脾、胃、肾经。

【功能】 化湿开胃，温脾止泻，理气安胎。

【主治】 脾胃气滞，宿食不消，肚胀，反胃吐食，冷痛，肠鸣泄泻，胎动不安。

【用法与用量】 马、牛15～30g；羊、猪3～10g；兔、禽1～2g。

【贮藏】 置阴凉干燥处。

牵 牛 子

Qianniuzi

PHARBITIDIS SEMEN

本品为旋花科植物裂叶牵牛 *Pharbitis nil*（L.）Choisy 或圆叶牵牛 *Pharbitis purpurea*（L.）Voigt 的干燥成熟种子。秋末果实成熟、果壳未开裂时采割植株，晒干，打下种子，除去杂质。

【性状】 本品似橘瓣状，长4～8mm，宽3～5mm。表面灰黑色或淡黄白色，背面有一条浅纵沟，腹面棱线的下端有一点状种脐，微凹。质硬，横切面可见淡黄色或黄绿色皱缩折叠的子叶，微显油性。气微，味辛、苦，有麻感。

【鉴别】 （1）取本品，加水浸泡后种皮呈龟裂状，手捻有明显的黏滑感。

（2）本品粉末淡黄棕色。种皮表皮细胞深棕色，形状不规则，壁波状。非腺毛单细胞，黄棕色，稍弯曲，长50～240μm。子叶碎片中有分泌腔，圆形或椭圆形，直径35～106μm。草酸钙簇晶直径10～25μm。栅状组织碎片和光辉带有时可见。

（3）取本品粉末1g，置索氏提取器中，用石油醚（60～90℃）适量，加热回流提取2小时，弃去石油醚液，药渣挥干溶剂，加入二氯甲烷-甲醇（3:1）混合溶液提取6小时，回收溶剂至5ml，作为供试品溶液。另取牵牛子对照药材1g，同法制成对照药材溶液。再取咖啡酸对照品，加甲醇制成每1ml含1mg的溶液，作为对照品溶液。照薄层色谱法（附录0502）试验，吸取供试品溶液和对照药材溶液各10～20μl、对照品溶液3μl，分别点于同一高效硅胶G薄层板上，以二氯甲烷-甲醇-甲酸（93:9:4）为展开剂，展开，取出，晾干，喷以磷钼酸试液，在110℃加热至斑点显色清晰。供试品色谱中，在与对照药材色谱和对照品色谱相应的位置上，显相同的蓝黑色斑点。

【检查】 水分 不得过10.0%（附录0832第一法）。

总灰分 不得过5.0%（附录2302）。

【浸出物】 照醇溶性浸出物测定法（附录2201）项下的冷浸法测定，用乙醇作溶剂，不得少于15.0%。

饮片

【炮制】 牵牛子 除去杂质。用时捣碎。

【性状】【鉴别】【检查】【浸出物】 同药材。

炒牵牛子 取净牵牛子，照清炒法（附录0203）炒至稍鼓起。用时捣碎。

本品形如牵牛子，表面黑褐色或黄棕色，稍鼓起。微具香气。

【检查】 水分 同药材，不得过8.0%。

【浸出物】 同药材，不得少于12.0%。

【鉴别】 （除显微粉末外）【检查】（总灰分） 同药材。

【性味与归经】 苦，寒；有毒。归肺、肾、大肠经。

【功能】 泻下，逐水，攻积，杀虫。

【主治】 小便不利，腹水，宿食不消，粪便秘结，虫积腹痛。

【用法与用量】 马、牛15~60g；驼25~65g；羊、猪3~10g；兔、禽0.5~1.5g。

【注意】 孕畜禁用。不宜与巴豆、巴豆霜同用。

【贮藏】 置干燥处。

轻　　粉

Qingfen

CALOMELAS

本品为氯化亚汞（Hg_2Cl_2）。

【性状】 本品为白色有光泽的鳞片状或雪花状结晶，或结晶性粉末；遇光颜色缓缓变暗。气微。

【鉴别】 （1）本品遇氢氧化钙试液、氨试液或氢氧化钠试液，即变成黑色。

（2）取本品，加等量的无水碳酸钠，混合后，置干燥试管中，加热，即分解析出金属汞，凝集在试管壁上，管中遗留的残渣加稀硝酸溶解后，滤过，滤液显氯化物（附录0301）的鉴别反应。

【检查】 升汞 取本品2g，加乙醚20ml，振摇5分钟后，滤过，滤液挥去乙醚，残渣加水10ml与稀硝酸2滴溶解后，照氯化物检查法（附录0801）检查，如发生浑浊，与标准氯化钠溶液7ml用同一方法制成的对照液比较，不得更浓。

汞珠 取本品约1g，平铺于白纸上，用扩大镜检视，不应有汞珠存在。

炽灼残渣 不得过0.1%（附录0841）。

【含量测定】 取本品约0.5g，精密称定，置碘瓶中，加水10ml，摇匀，再精密加碘滴定液（0.05mol/L）50ml，密塞，强力振摇至供试品大部分溶解后，再加入碘化钾溶液（5→10）8ml，密塞，强力振摇至完全溶解，用硫代硫酸钠滴定液（0.1mol/L）滴定，至近终点时，加淀粉指示液，继续滴定至蓝色消失。每1ml碘滴定液（0.05mol/L）相当于23.61mg的氯化亚汞（Hg_2Cl_2）。

本品含氯化亚汞（Hg_2Cl_2）不得少于99.0%。

【性味与归经】 辛，寒；有毒。归大肠、小肠经。

【功能】 杀虫，攻毒，敛疮。

【主治】 疥癣，睛生翳膜，顽癣，疮疡，湿疹。

【用法与用量】 外用适量。

【贮藏】 遮光，密闭，置干燥处。

鸦 胆 子
Yadanzi
BRUCEAE FRUCTUS

本品为苦木科植物鸦胆子 *Brucea javanica*（L.）Merr. 的干燥成熟果实。秋季果实成熟时采收，除去杂质，晒干。

【性状】 本品呈卵形，长6～10mm，直径4～7mm。表面黑色或棕色，有隆起的网状皱纹，网眼呈不规则的多角形，两侧有明显的棱线，顶端渐尖，基部有凹陷的果梗痕。果壳质硬而脆，种子卵形，长5～6mm，直径3～5mm，表面类白色或黄白色，具网纹；种皮薄，子叶乳白色，富油性。气微，味极苦。

【鉴别】 （1）本品果皮粉末棕褐色。表皮细胞多角形，含棕色物。薄壁细胞多角形，含草酸钙簇晶和方晶，簇晶直径约至30μm。石细胞类圆形或多角形，直径14～38μm。

种子粉末黄白色。种皮细胞略呈多角形，稍延长。胚乳和子叶细胞含糊粉粒。

（2）取本品粗粉1g，加石油醚（60～90℃）20ml，超声处理30分钟，滤过，滤液补加石油醚（60～90℃）至20ml，作为供试品溶液。另取鸦胆子对照药材1g，同法制成对照药材溶液。再取油酸对照品，加石油醚（60～90℃）制成每1ml含3mg的溶液，作为对照品溶液。照薄层色谱法（附录0502）试验，吸取上述三种溶液各1～3μl，分别点于同一硅胶G薄层板上，以石油醚（60～90℃）-乙酸乙酯-冰醋酸（8.5：1.5：0.1）为展开剂，展开，取出，晾干，置碘蒸气中熏至斑点显色清晰。供试品色谱中，在与对照药材色谱和对照品色谱相应的位置上，显相同颜色的斑点。

【检查】 杂质 不得过2.5%（附录2301）。

水分 不得过10.0%（附录0832第一法）。

总灰分 不得过6.5%（附录2302）。

【含量测定】 照气相色谱法（附录0521）测定。

色谱条件与系统适用性试验 聚乙二醇20 000（PEG-20M）毛细管柱（柱长为30m，内径为0.25mm，膜厚度为0.25μm）；检测器温度为250℃（FID）；进样口温度为250℃；柱温为205℃；分流比为20：1。理论板数按油酸峰计算应不低于5000。

校正因子测定 取油酸对照品适量，精密称定，加正己烷制成每1ml中含3mg的溶液。精密量取5ml，置10ml具塞试管中，用氮气吹干，加入0.5mol/L氢氧化钾甲醇溶液2ml，置60℃水浴中皂化25分钟，至油珠全部消失，放冷，加15%三氟化硼乙醚溶液2ml，置60℃水浴中甲酯化2分钟，放冷；精密加入正己烷2ml，振摇，加饱和氯化钠溶液1ml，振摇，静置，取上层溶液作为对照品溶液。精密称取苯甲酸苯酯适量，加正己烷制成每1ml含8mg的溶液，作为内标溶液。精密量取对照品溶液和内标溶液各1ml，摇匀，吸取1μl，注入气相色谱仪，测定，计算校正因子。

测定法 取本品粗粉约3g，精密称定，加入石油醚（60～90℃）30ml，超声处理（功率280W，频率42kHz）30分钟，滤过，滤液置50ml量瓶中，用石油醚（60～90℃）15ml，分次洗涤滤器和残渣，洗液滤入同一量瓶中，加石油醚（60～90℃）至刻度，摇匀。精密量取3ml，自"置10ml具塞试管中，用氮气吹干"起，同对照品溶液制备方法制备供试品溶液。精密量取供试品溶液和内标溶液各1ml，摇匀，吸取1μl注入气相色谱仪，测定，即得。

本品按干燥品计算，含油酸（$C_{18}H_{34}O_2$）不得少于8.0%。

饮片

【炮制】　除去果壳及杂质。

【性味与归经】　苦，寒；有小毒。归大肠、肝经。

【功能】　清热解毒，截疟止痢，外用蚀疣。

【主治】　痢疾，久泻，赘疣。

【用法与用量】　马、牛6～15g；羊、猪1～3g。

外用适量。

【贮藏】　置干燥处。

韭　菜　子

Jiucaizi

ALLII TUBEROSI SEMEN

本品为百合科植物韭菜 *Allium tuberosum* Rottl. ex Spreng. 的干燥成熟种子。秋季果实成熟时采收果序，晒干，搓出种子，除去杂质。

【性状】　本品呈半圆形或半卵圆形，略扁，长2～4mm，宽1.5～3mm。表面黑色，一面突起，粗糙，有细密的网状皱纹，另一面微凹，皱纹不甚明显。顶端钝，基部稍尖，有点状突起的种脐。质硬。气特异，味微辛。

【鉴别】　本品粉末灰黑色。种皮表皮细胞棕色或棕褐色，长条形、多角形或不规则形，表面具有网状纹理。胚乳细胞众多，多破碎，有较多大的类圆形或长圆形纹孔，壁增厚。可见油滴。

饮片

【炮制】　**韭菜子**　除去杂质。

盐韭菜子　取净韭菜子，照盐水炙法（附录0203）炒干。

【性味与归经】　辛，甘，温。归肝、肾经。

【功能】　补肝肾，暖腰膝，壮阳固精。

【主治】　阳痿，滑精，尿频数，腰胯疼痛，白浊带下。

【用法与用量】　马、牛30～60g；羊、猪6～15g。

【贮藏】　置干燥处。

虻　虫

Mengchong

TABANUS

本品为虻科昆虫复带虻 *Tabanus bivittatus* Mats. 或其他同属昆虫的雌性全虫[1]。6～8月间捕捉。用蝇拍轻轻拍取，用线穿起，晒干或阴干。

【性状】 干燥的虫体呈长椭圆形，长15~20mm，宽5~10mm。头部呈黑褐色，复眼大多已经脱落；胸部黑褐色，背面呈壳状而光亮，翅长超过尾部；胸部下面突出，黑棕色，具足3对，多碎断。腹部棕黄色，有6个体节。质松而脆，易破碎。气臭，味苦咸。以个大、完整、无杂质者为佳。

【炮制】 拣净杂质，除去翅、足；或于文火微炒用。

【性味与归经】 苦，凉。有毒。归肝经。

【功能】 破血散瘀，消肿止痛。

【主治】 跌打损伤，产后血瘀，恶露不尽，胎衣不下，肚腹疼痛。

【用法与用量】 马、牛9~30g；羊、猪3~9g。为末，开水冲调，候温灌服或煎汤灌服。外用适量。

【注意】 不宜与麻黄同用；孕畜禁用。

【贮藏】 置通风干燥处，防蛀。

骨 碎 补

Gusuibu

DRYNARIAE RHIZOMA

本品为水龙骨科植物槲蕨 *Drynaria fortunei*（Kunze）J. Sm. 的干燥根茎。全年均可采挖，除去泥沙，干燥，或再燎去茸毛（鳞片）。

【性状】 本品呈扁平长条状，多弯曲，有分枝，长5~15cm，宽1~1.5cm，厚0.2~0.5cm。表面密被深棕色至暗棕色的小鳞片，柔软如毛，经火燎者呈棕褐色或暗褐色，两侧及上表面均具突起或凹下的圆形叶痕，少数有叶柄残基和须根残留。体轻，质脆，易折断，断面红棕色，维管束呈黄色点状，排列成环。气微，味淡、微涩。

【鉴别】 （1）本品横切面：表皮细胞1列，外壁稍厚。鳞片基部着生于表皮凹陷处，由3~4列细胞组成；内含类棕红色色素。维管束周韧型，17~28个排列成环；各维管束外周有内皮层，可见凯氏点；木质部管胞类多角形。

粉末棕褐色。鳞片碎片棕黄色或棕红色，体部细胞呈长条形或不规则形，直径13~86μm，壁稍弯曲或平直，边缘常有毛状物，两细胞并生，先端分离；柄部细胞形状不规则。基本组织细胞微木化，孔沟明显，直径37~101μm。

（2）取本品粉末0.5g，加甲醇30ml，加热回流1小时，放冷，滤过，滤液蒸干，残渣加甲醇1ml使溶解，作为供试品溶液。另取柚皮苷对照品，加甲醇制成每1ml含0.5mg的溶液，作为对照品溶液。照薄层色谱法（附录0502）试验，吸取上述两种溶液各4μl，分别点于同一硅胶G薄层板上，以甲苯-乙酸乙酯-甲酸-水（1:12:2.5:3）的上层溶液为展开剂，展开，取出，晾干，喷以三氯化铝试液，置紫外光灯（365nm）下检视。供试品色谱中，在与对照品色谱相应的位置上，显相同颜色的荧光斑点。

【检查】 **水分** 不得过15.0%（附录0832第一法）。

总灰分 不得过8.0%（附录2302）。

【浸出物】 照醇溶性浸出物测定法（附录2201）项下的热浸法测定，用稀乙醇作溶剂，不得少于16.0%。

【含量测定】　照高效液相色谱法（附录0512）测定。

色谱条件与系统适用性试验　以十八烷基硅烷键合硅胶为填充剂；以甲醇-醋酸-水（35:4:65）为流动相；检测波长为283nm。理论板数按柚皮苷峰计算应不低于3000。

对照品溶液的制备　取柚皮苷对照品适量，精密称定，加甲醇制成每1ml含柚皮苷60μg的溶液，即得。

供试品溶液的制备　取本品粗粉约0.25g，精密称定，置锥形瓶中，加甲醇30ml，加热回流3小时，放冷，滤过，滤液置50ml量瓶中，用少量甲醇分数次洗涤容器，洗液滤入同一量瓶中，加甲醇至刻度，摇匀，即得。

测定法　分别精密吸取对照品溶液与供试品溶液各10μl，注入液相色谱仪，测定，即得。

本品按干燥品计算，含柚皮苷（$C_{27}H_{32}O_{14}$）不得少于0.50%。

饮片

【炮制】　**骨碎补**　除去杂质，洗净，润透，切厚片，干燥。

本品呈不规则的厚片。表面深棕色至棕褐色，常残留细小棕色的鳞片，有的可见圆形的叶痕。切面红棕色，黄色的维管束点状排列成环。气微，味淡、微涩。

【检查】　**水分**　同药材，不得过14.0%。

总灰分　同药材，不得过7.0%。

【鉴别】【浸出物】【含量测定】　同药材。

烫骨碎补　取净骨碎补或片，照烫法（附录0203）用砂烫至鼓起，撞去毛。

本品形如骨碎补或片，体膨大鼓起，质轻、酥松。

【性味与归经】　苦，温。归肾、肝经。

【功能】　补肾壮骨，续筋疗伤，活血止痛。

【主治】　肾虚久泻，腰胯无力，风湿痹痛，跌打闪挫，筋骨折伤。

【用法与用量】　马、牛15~45g；羊、猪5~10g；兔、禽1.5~3g。外用适量。

【贮藏】　置干燥处。

钩　　吻

Gouwen

GELSEMII ELEGANTIS HERBA

本品为马钱科植物胡蔓藤 *Gelsemium elegans*（Gardn. et champ.）Benth. 的干燥全株。全年均可采收，除去杂质，晒干。

【性状】　本品根呈圆柱形，略弯曲。小枝有细纵纹，老枝有厚栓皮，黄色。叶片卵状长圆形至卵状披针形，长5~12cm，宽2~6cm。花黄色，花冠漏斗形，顶端5裂，内皮有淡红色的小斑点，蒴果卵状椭圆形，有宿萼。种子边缘具膜质的翅。

【鉴别】　（1）取本品粉末2g，加乙醇10ml，加热回流10分钟，滤过，滤液蒸干，残渣加2%的醋酸溶液10ml，煮沸，放冷后滤过。取滤液分置3支试管中，一管加碘化铋钾试液，发生橘红色沉淀；一管加碘化汞钾试液，发生黄白色沉淀；一管加硅钨酸试液，发生灰白色沉淀。

（2）取本品粉末0.2g，加甲醇5ml，超声处理20分钟，滤过，滤液补充甲醇至5ml，作为供试品溶液。另取钩吻对照药材0.2g，同法制成对照药材溶液。照薄层色谱法（附录0502）试验，吸取上述两种溶液各1μl，分别点于同一硅胶G薄层板上，以苯-乙酸乙酯-甲醇-异丙醇-浓氨试液（12：6：3：3：1）为展开剂，置氨蒸气饱和的展开缸内，展开、取出，晾干，置紫外光灯（365nm）下检视。供试品色谱中所显主斑点，在与对照药材色谱主斑点相应的位置上，显相同颜色的荧光斑点。

【性味与归经】　辛、苦，温；有大毒（对牛、羊、猪毒性较小）。归心、肺、大肠经。

【功能】　健胃，杀虫，散瘀，止痛，攻毒。

【主治】　消化不良，腹泻，虫积，跌打损伤，湿疹，疥癣，疮疡肿毒。

【用法与用量】　猪10～30g。外用适量。

【注意】　孕畜慎用。

【贮藏】　置干燥处。

钩　藤
Gouteng
UNCARIAE RAMULUS CUM UNCIS

本品为茜草科植物钩藤 *Uncaria rhynchophylla*（Miq.）Miq. ex Havil.、大叶钩藤 *Uncaria macrophylla* Wall.、毛钩藤 *Uncaria hirsuta* Havil.、华钩藤 *Uncaria sinensis*（Oliv.）Havil. 或无柄果钩藤 *Uncaria sessilifructus* Roxb. 的干燥带钩茎枝。秋、冬二季采收，去叶，切段，晒干。

【性状】　本品茎枝呈圆柱形或类方柱形，长2～3cm，直径0.2～0.5cm。表面红棕色至紫红色者具细纵纹，光滑无毛；黄绿色至灰褐色者有的可见白色点状皮孔，被黄褐色柔毛。多数枝节上对生两个向下弯曲的钩（不育花序梗），或仅一侧有钩，另一侧为突起的疤痕；钩略扁或稍圆，先端细尖，基部较阔；钩基部的枝上可见叶柄脱落后的窝点状痕迹和环状的托叶痕。质坚韧，断面黄棕色，皮部纤维性，髓部黄白色或中空。气微，味淡。

【鉴别】　（1）钩藤　粉末淡黄棕色至红棕色。韧皮薄壁细胞成片，细胞延长，界限不明显，次生壁常与初生壁脱离，呈螺旋状或不规则扭曲状。纤维成束或单个散在，多断裂，直径10～26μm，壁厚3～11μm。具缘纹孔导管多破碎，直径可达56μm，纹孔排列较密。表皮细胞棕黄色，表面观呈多角形或稍延长，直径11～34μm。草酸钙砂晶存在于长圆形的薄壁细胞中，密集，有的含砂晶细胞连接成行。

华钩藤　与钩藤相似。

大叶钩藤　单细胞非腺毛多见，多细胞非腺毛2～15细胞。

毛钩藤　非腺毛1～5细胞。

无柄果钩藤　少见非腺毛，1～7细胞。可见厚壁细胞，类长方形，长41～121μm，直径17～32μm。

（2）取本品粉末2g，加入浓氨试液2ml，浸泡30分钟，加入三氯甲烷50ml，加热回流2小时，放冷，滤过，取滤液10ml，挥干，残渣加甲醇1ml使溶解，作为供试品溶液。另取异钩藤碱对照品，加甲醇制成每1ml含0.5mg的溶液，作为对照品溶液。照薄层色谱法（附录0502）试验，吸取供试品溶液10～20μl、对照品溶液5μl，分别点于同一硅胶G薄层板上，以石油醚（60～90℃）-丙酮（6：4）为展开剂，展开，取出，晾干，喷以改良碘化铋钾试液。供试品色谱中，在与对照品色谱相应的位置上，显相同颜色的斑点。

【检查】　水分　不得过10.0%（附录0832第一法）。

总灰分　不得过3.0%（附录2302）。

【浸出物】　照醇溶性浸出物测定法（附录2201）项下的热浸法测定，用乙醇作溶剂，不得少于6.0%。

【性味与归经】　甘，凉。归肝、心包经。

【功能】　清热平肝，熄风定惊。

【主治】　肝经风热，痉挛抽搐，幼畜抽风。

【用法与用量】　马、牛15～60g；羊、猪5～15g；兔、禽1.5～2.5g。

【贮藏】　置干燥处。

香 加 皮

Xiangjiapi

PERIPLOCAE CORTEX

本品为萝藦科植物杠柳 *Periploca sepium* Bge. 的干燥根皮。春、秋二季采挖，剥取根皮，晒干。

【性状】　本品呈卷筒状或槽状，少数呈不规则的块片状，长3～10cm，直径1～2cm，厚0.2～0.4cm。外表面灰棕色或黄棕色，栓皮松软常呈鳞片状，易剥落。内表面淡黄色或淡黄棕色，较平滑，有细纵纹。体轻，质脆，易折断，断面不整齐，黄白色。有特异香气，味苦。

【鉴别】　（1）本品粉末淡棕色。草酸钙方晶直径9～20μm。石细胞长方形或类多角形，直径24～70μm。乳管含无色油滴状颗粒。木栓细胞棕黄色，多角形。淀粉粒甚多，单粒类圆形或长圆形，直径3～11μm；复粒由2～6分粒组成。

（2）取本品粉末10g，置250ml烧瓶中，加水150ml，加热蒸馏，馏出液具特异香气，收集馏出液10ml，分置二支试管中，一管中加1%三氯化铁溶液1滴，即显红棕色；另一管中加硫酸肼饱和溶液5ml与醋酸钠结晶少量，稍加热，放冷，生成淡黄绿色沉淀，置紫外光灯（365nm）下观察，显强烈的黄色荧光。

（3）取本品粉末1g，加乙醇10ml，加热回流1小时，滤过，滤液置25ml量瓶中，加乙醇至刻度，摇匀，精密量取1ml，置20ml量瓶中，加乙醇至刻度，摇匀，照紫外-可见分光光度法（附录0401）测定，在278nm的波长处有最大吸收。

（4）取本品粉末2g，加甲醇30ml，加热回流1小时，滤过，滤液蒸干，残渣加甲醇2ml使溶解，作为供试品溶液。另取4-甲氧基水杨醛对照品，加甲醇制成每1ml含1mg的溶液，作为对照品溶液。照薄层色谱法（附录0502）试验，吸取上述两种溶液各2μl，分别点于同一硅胶G薄层板上，以石油醚（60～90℃）-乙酸乙酯-冰醋酸（20:3:0.5）为展开剂，展开，取出，晾干，喷以二硝基苯肼试液。供试品色谱中，在与对照品色谱相应位置上，显相同颜色的斑点。

【检查】　水分　不得过13.0%（附录0832第一法）。

总灰分　不得过10.0%（附录2302）。

酸不溶性灰分　不得过4.0%（附录2302）。

【浸出物】　照醇溶性浸出物测定法（附录2201）项下的热浸法测定，用稀乙醇做溶剂，不得少于20.0%。

【含量测定】　照高效液相色谱法（附录0512）测定。

色谱条件与系统适用性试验　以十八烷基键合硅胶为填充剂，以甲醇-水-醋酸（70:30:2）为流动相；检测波长为278nm，理论板数按4-甲氧基水杨醛峰计算应不低于1000。

内标溶液的制备　取对羟基苯甲酸丁酯适量，精密称定，加60%甲醇制成每1ml含6mg的溶液，即得。

测定法　取4-甲氧基水杨醛对照品适量，精密称定，置棕色量瓶中，加60%甲醇制成每1ml含1mg的溶液。精密量取该溶液4ml、内标溶液2ml，置25ml量瓶中，加60%甲醇至刻度，摇匀，吸取20μl注入液相色谱仪，记录色谱图；另取本品粗粉0.25～0.5g，60℃干燥4小时，精密称定，置50ml烧瓶中，加60%甲醇15ml，加热回流1.5小时，滤过，滤液置25ml量瓶中，用少量60%甲醇洗涤容器，洗液滤入同一量瓶中，精密加入内标溶液2ml，加60%甲醇至刻度，摇匀，滤过，取续滤液作为供试品溶液。吸取20μl注入液相色谱仪，按内标法以峰面积计算，即得。

本品于60℃干燥4小时，含4-甲氧基水杨醛（$C_8H_8O_3$）不得少于0.20%。

饮片

【炮制】　除去杂质，洗净，润透，切厚片，干燥。

本品呈不规则的厚片。外表面灰棕色或黄棕色，栓皮常呈鳞片状。内表面淡黄色或淡黄棕色，有细纵纹。切面黄白色。有特异香气，味苦。

【鉴别】【检查】【含量测定】　同药材。

【性味与归经】　辛、苦，温；有毒。归肝、肾、心经。

【功能】　祛风湿，壮筋骨，利水消肿。

【主治】　风寒湿痹，腰肢疼痛，四肢拘挛，水肿。

【用法与用量】　马、牛15～45g；羊、猪5～12g；兔、禽1.5～3g。

【注意】　本品有毒，内服不宜过量。

【贮藏】　置阴凉干燥处。

香　附

Xiangfu

CYPERI RHIZOMA

本品为莎草科植物莎草 *Cyperus rotundus* L. 的干燥根茎。秋季采挖，燎去毛须，置沸水中略煮或蒸透后晒干，或燎后直接晒干。

【性状】　本品多呈纺锤形，有的略弯曲，长2～3.5cm，直径0.5～1cm。表面棕褐色或黑褐色，有纵皱纹，并有6～10个略隆起的环节，节上有未除净的棕色毛须及须根断痕；去净毛须者较光滑，环节不明显。质硬，经蒸煮者断面黄棕色或红棕色，角质样；生晒者断面色白而显粉性，内皮层环纹明显，中柱色较深，点状维管束散在。气香，味微苦。

【鉴别】　（1）本品粉末浅棕色。分泌细胞类圆形，直径35～72μm，内含淡黄棕色至红棕色分泌物，其周围5～8个细胞作放射状环列。表皮细胞多角形，常带有下皮纤维及厚壁细胞。下皮纤维成束，深棕色或红棕色，直径7～22μm，壁厚。厚壁细胞类方形、类圆形或形状不规则，壁稍厚，纹孔明显。石细胞少数，类方形、类圆形或类多角形，壁较厚。

（2）取本品粉末1g，加乙醚5ml，放置1小时，时时振摇，滤过，滤液挥干，残渣加乙酸乙酯0.5ml使溶解，作为供试品溶液。另取 α-香附酮对照品，加乙酸乙酯制成每1ml含1mg的溶液，作为对照品溶液。照薄层色谱法（附录0502）试验，吸取上述两种溶液各2μl，分别点于同一硅胶GF$_{254}$

薄层板上，以二氯甲烷-乙酸乙酯-冰醋酸（80∶1∶1）为展开剂，展开，取出，晾干，置紫外光灯（254nm）下检视。供试品色谱中，在与对照品色谱相应的位置上，显相同的深蓝色斑点；喷以二硝基苯肼试液，放置片刻，斑点渐变为橙红色。

【检查】　水分　不得过13.0%（附录0832第二法）。

总灰分　不得过4.0%（附录2302）。

【浸出物】　照醇溶性浸出物测定法（附录2201）项下的热浸法测定，用稀乙醇作溶剂，不得少于15.0%。

【含量测定】　挥发油　照挥发油测定法（附录2204）测定。

本品含挥发油不得少于1.0%（ml/g）。

饮片

【炮制】　香附　除去毛须及杂质，切厚片或碾碎。

本品为不规则厚片或颗粒状。外表皮棕褐色或黑褐色，有时可见环节。切面色白或黄棕色，质硬，内皮层环纹明显。气香，味微苦。

【浸出物】　同药材，不得少于11.5%。

【鉴别】（2）【检查】【含量测定】　同药材。

醋香附　取香附片（粒），照醋炙法（附录0203）炒干。

本品形如香附片（粒），表面黑褐色。微有醋香气，味微苦。

【浸出物】　同药材，不得少于13.0%。

【含量测定】　同药材，含挥发油不得少于0.8%（ml/g）。

【鉴别】【检查】　同药材。

【性味与归经】　辛、微苦、微甘，平。归肝、脾、三焦经。

【功能】　疏肝解郁，理气宽中，活血止痛。

【主治】　气血郁滞，胸腹胀痛，产后腹痛。

【用法与用量】　马、牛15～45g；羊、猪10～15g；兔、禽1～3g。

【贮藏】　置阴凉干燥处，防蛀。

香　青　兰

Xiangqinglan

DRACOCEPHALI HERBA

本品系蒙古族、维吾尔族习用药材，为唇形科植物香青兰 *Dracocephalum moldavica* L. 的干燥地上部分。夏季花盛开时采割，阴干。

【性状】　本品茎呈方柱形，长15～40cm，直径3～5mm；表面紫红色或黄绿色，密被短柔毛；体轻，质脆，易折断，断面中心有髓。叶对生，有柄；叶片多破碎或脱落，完整者呈披针形或条状披针形，长1.5～4cm，宽0.5～1cm，黄绿色，先端钝，基部圆形或宽楔形，边缘具疏三角形锯齿，下表面有黑色腺点。轮伞花序顶生，苞片矩圆形，萼筒具纵纹，密被黄色腺点，先端5齿裂，花冠二唇形，淡蓝紫色。气香，味辛。

【鉴别】　（1）本品粉末棕灰色。气孔直轴式。腺鳞头部尖圆形，12～16细胞组成，直径77～112μm，柄单细胞。腺毛头部2细胞，柄单细胞。非腺毛圆锥形，平直或弯曲，1～3个细胞，具壁疣。石细胞单个散在，类长方形或类三角形。

（2）取本品5g，加无水乙醇20ml，置水浴上温浸30分钟，滤过，取滤液2ml，加5%氢氧化钠溶液调至碱性，加氨制硝酸银试液2.5ml，置水浴中加热1~2分钟，即有明显的银镜生成。

【炮制】 除去杂质，切段。

【性味】 甘、苦，凉。

【功能】 清热，燥湿，止血。

【主治】 黄疸，肠黄，便血，衄血。

【用法与用量】 马、牛30~60g；羊、猪10~15g。

【贮藏】 置阴凉干燥处。

香　薷

Xiangru

MOSLAE HERBA

本品为唇形科植物石香薷 *Mosla chinensis* Maxim. 或江香薷 *Mosla chinensis* 'Jiangxiangru' 的干燥地上部分。前者习称"青香薷"，后者习称"江香薷"。夏季茎叶茂盛、花盛时择晴天采割，除去杂质，阴干。

【性状】 **青香薷** 长30~50cm，基部紫红色，上部黄绿色或淡黄色，全体密被白色茸毛。茎方柱形，基部类圆形，直径1~2mm，节明显，节间长4~7cm；质脆，易折断。叶对生，多皱缩或脱落，叶片展平后呈长卵形或披针形，暗绿色或黄绿色，边缘有3~5疏浅锯齿。穗状花序顶生及腋生，苞片卵形或圆倒卵形，脱落或残存；花萼宿存，钟状，淡紫红色或灰绿色，先端5裂，密被茸毛。小坚果4，直径0.7~1.1mm，近圆球形，具网纹。气清香而浓，味微辛而凉。

江香薷 长55~66cm。表面黄绿色，质较柔软。边缘有5~9疏浅锯齿。果实直径0.9~1.4mm，表面具疏网纹。

【鉴别】 （1）**青香薷** 本品叶表面观：上表皮细胞多角形，垂周壁波状弯曲，略增厚；下表皮细胞壁不增厚，气孔直轴式，以下表皮为多。腺鳞头部8细胞，直径36~80μm，柄单细胞。上下表皮具非腺毛，多碎断，完整者1~6细胞，上部细胞多弯曲呈钩状，疣状突起较明显；小腺毛少见，头部圆形或长圆形，1~2细胞，柄甚短，1~2细胞。

江香薷 上表皮腺鳞直径约90μm，柄单细胞，非腺毛多由2~3个细胞组成，下部细胞长于上部细胞，疣状突起不明显，非腺毛基足细胞5~6个，垂周壁连珠状增厚。

（2）取〔含量测定〕项下的挥发油，加乙醚制成每1ml含3μl的溶液，作为供试品溶液。另取麝香草酚对照品、香荆芥酚对照品，加乙醚分别制成每1ml含1mg的溶液，作为对照品溶液。照薄层色谱法（附录0502）试验，吸取上述三种溶液各5μl，分别点于同一硅胶G薄层板上，以甲苯为展开剂，展开，展距15cm以上，取出，晾干，喷以5%香草醛硫酸溶液，在105℃加热至斑点显色清晰。供试品色谱中，在与对照品色谱相应的位置上，显相同颜色的斑点。

【检查】 **水分** 不得过12.0%（附录0832第二法）。

总灰分 不得过8.0%（附录2302）。

【含量测定】 **挥发油** 取本品约1cm的短段适量，照挥发油测定法（附录2204）测定。

本品含挥发油不得少于0.60%（ml/g）。

麝香草酚与香荆芥酚　照气相色谱法（附录0521）测定。

色谱条件与系统适用性试验　以聚乙二醇（PEG）-20M为固定液，涂布浓度10%，柱温190℃，理论板数按麝香草酚峰计算应不低于1700。

对照品溶液的制备　取麝香草酚对照品、香荆芥酚对照品适量，精密称定，加无水乙醇分别制成每1ml各含0.3mg的溶液，即得。

供试品溶液的制备　取本品粉末（过二号筛）约2g，精密称定，置具塞锥形瓶中，精密加入无水乙醇20ml，密塞，称定重量，振摇5分钟，浸渍过夜，超声处理（功率250W，频率50kHz）15分钟，放冷，再称定重量，用无水乙醇补足减失的重量，摇匀，用铺有活性炭1g的干燥滤器滤过，取续滤液，即得。

测定法　分别精密吸取对照品溶液与供试品溶液各2μl，注入气相色谱仪，测定，即得。

本品按干燥品计算，含麝香草酚（$C_{10}H_{14}O$）与香荆芥酚（$C_{10}H_{14}O$）的总量不得少于0.16%。

饮片

【炮制】　除去残根和杂质，切段。

【性味与归经】　辛，微温。归肺、胃经。

【功能】　发汗解表，和中利湿。

【主治】　伤暑，发热无汗，泄泻腹痛，尿不利，水肿。

【用法与用量】　马、牛15～45g；羊、猪3～10g；兔、禽1～2g。

【贮藏】　置阴凉干燥处。

香　橡

Xiangyuan

CITRI FRUCTUS

本品为芸香科植物枸橼 *Citrus medica* L. 或香圆 *Citrus wilsonii* Tanaka 的干燥成熟果实。秋季果实成熟时采收，趁鲜切片，晒干或低温干燥。香圆亦可整个或对剖两半后，晒干或低温干燥。

【性状】　**枸橼**　本品呈圆形或长圆形片，直径4～10cm，厚0.2～0.5cm。横切片外果皮黄色或黄绿色，边缘呈波状，散有凹入的油点；中果皮厚1～3cm，黄白色或淡棕黄色，有不规则的网状突起的维管束；瓤囊10～17室。纵切片中心柱较粗壮。质柔韧。气清香，味微甜而苦辛。

香圆　本品呈类球形，半球形或圆片，直径4～7cm。表面黑绿色或黄棕色，密被凹陷的小油点及网状隆起的粗皱纹，顶端有花柱残痕及隆起的环圈，基部有果梗残基。质坚硬。剖面或横切薄片，边缘油点明显；中果皮厚约0.5cm；瓤囊9～11室，棕色或淡红棕色，间或有黄白色种子。气香，味酸而苦。

【鉴别】　取本品粉末2g，加石油醚（60～90℃）30ml，浸泡1小时，超声处理20分钟，滤过，滤液挥干，残渣加石油醚（60～90℃）1ml使溶解，作为供试品溶液。另取香橡对照药材1g，同法制成对照药材溶液。照薄层色谱法（附录0502）试验，吸取上述两种溶液各5～10μl，分别点于同一硅胶G薄层板上，以环己烷-乙酸乙酯（5:1）为展开剂，展开，取出，晾干，喷以3%香草醛硫酸溶液，加热至斑点显色清晰。供试品色谱中，在与对照药材色谱相应的位置上，显相同颜色的主斑点。

【含量测定】　**香圆**　照高效液相色谱法（附录0512）测定。

色谱条件与系统适用性试验　以十八烷基硅烷键合硅胶为填充剂；以甲醇-水-冰醋酸（30:63:3）

为流动相；检测波长284nm。理论板数按柚皮苷峰计算应不低于4000。

对照品溶液的制备　取柚皮苷对照品适量，精密称定，加50%甲醇制成每1ml含30μg的溶液，即得。

供试品溶液的制备　取本品粉末（过五号筛）约75mg，精密称定，置具塞锥形瓶中，精密加入50%甲醇25ml，称定重量，加热回流1小时，放冷，再称定重量，用50%甲醇补足减失的重量，摇匀，滤过，精密量取续滤液2ml，置10ml量瓶中，用50%甲醇稀释至刻度，摇匀，滤过，取续滤液，即得。

测定法　分别精密吸取对照品溶液与供试品溶液各20μl，注入液相色谱仪，测定，即得。

本品按干燥品计算，含柚皮苷（$C_{27}H_{32}O_{14}$）不得少于2.5%。

饮片

【炮制】　未切片者，打成小块；切片者润透，切丝，晾干。

【性味与归经】　辛、苦、酸，温。归肝、脾、肺经。

【功能】　理气，宽中，化痰。

【主治】　气滞腹胀，反胃吐食，痰饮咳嗽。

【用法与用量】　马、牛15～30g；羊、猪5～10g。

【贮藏】　置阴凉干燥处，防霉，防蛀。

重　楼

Chonglou

PARIDIS RHIZOMA

本品为百合科植物云南重楼 *Paris polyphylla* Smith var. *yunnanensis*（Franch.）Hand.-Mazz. 或七叶一枝花 *Paris polyphylla* Simth var. *chinensis*（Franch.）Hara 的干燥根茎。秋季采挖，除去须根，洗净，晒干。

【性状】　本品呈结节状扁圆柱形，略弯曲，长5～12cm，直径1.0～4.5cm。表面黄棕色或灰棕色，外皮脱落处呈白色；密具层状突起的粗环纹，一面结节明显，结节上具椭圆形凹陷茎痕，另一面有疏生的须根或疣状须根痕。顶端具鳞叶和茎的残基。质坚实，断面平坦，白色至浅棕色，粉性或角质。气微，味微苦、麻。

【鉴别】　（1）本品粉末白色。淀粉粒甚多，类圆形、长椭圆形或肾形，直径3～18μm。草酸钙针晶成束或散在，长80～250μm。梯纹导管及网纹导管直径10～25μm。

（2）取本品粉末0.5g，加乙醇10ml，加热回流30分钟，滤过，滤液作为供试品溶液。另取重楼对照药材0.5g，同法制成对照药材溶液。照薄层色谱法（附录0502）试验，吸取供试品溶液和对照药材溶液各5μl及〔含量测定〕项下对照品溶液10μl，分别点于同一硅胶G薄层板上，以三氯甲烷-甲醇-水（15:5:1）的下层溶液为展开剂，展开，取出，晾干，喷以10%硫酸乙醇溶液，在105℃加热至斑点显色清晰，分别置日光和紫外光灯（365nm）下检视。供试品色谱中，在与对照药材色谱和对照品色谱相应的位置上，显相同颜色的斑点或荧光斑点。

【检查】　水分　不得过12.0%（附录0832第一法）。

总灰分　不得过6.0%（附录2302）。

酸不溶性灰分　不得过3.0%（附录2302）。

【含量测定】　照高效液相色谱法（附录0512）测定。

色谱条件与系统适用性试验　以十八烷基硅烷键合硅胶为填充剂；以乙腈为流动相A，以水为流动相B，按下表中的规定进行梯度洗脱；检测波长为203nm。理论板数按重楼皂苷I峰计算应不低于4000。

时间（分钟）	流动相A（%）	流动相B（%）
0～40	30→60	70→40
40～50	60→30	40→70

对照品溶液的制备　取重楼皂苷Ⅰ对照品、重楼皂苷Ⅱ对照品、重楼皂苷Ⅵ对照品及重楼皂苷Ⅶ对照品适量，精密称定，加甲醇制成每1ml各含0.4mg的混合溶液，即得。

供试品溶液的制备　取本品粉末（过三号筛）约0.5g，精密称定，置具塞锥形瓶中，精密加入乙醇25ml，称定重量，加热回流30分钟，放冷，再称定重量，用乙醇补足减失的重量，摇匀，滤过，取续滤液，即得。

测定法　分别精密吸取对照品溶液与供试品溶液各10μl，注入液相色谱仪，测定，即得。

本品按干燥品计算，含重楼皂苷Ⅰ（$C_{44}H_{70}O_{16}$）、重楼皂苷Ⅱ（$C_{51}H_{82}O_{20}$）、重楼皂苷Ⅵ（$C_{39}H_{62}O_{13}$）和重楼皂苷Ⅶ（$C_{51}H_{82}O_{21}$）的总量不得少于0.60%。

饮片

【炮制】　除去杂质，洗净，润透，切薄片，晒干。

【性味与归经】　苦，微寒；有小毒。归肝经。

【功能】　清热解毒，消肿止痛，凉肝定惊。

【主治】　疮疡肿毒，咽喉肿痛，蛇虫咬伤，跌打损伤，惊风抽搐。

【用法与用量】　马、牛30～60g；羊、猪15～60g。外用适量。

【贮藏】　置阴凉干燥处，防蛀。

禹　余　粮

Yuyuliang

LIMONITUM

本品为氢氧化物类矿物褐铁矿，主含碱式氧化铁〔FeO（OH）〕。采挖后，除去杂石。

【性状】　本品为块状集合体，呈不规则的斜方块状，长5～10cm，厚1～3cm。表面红棕色、灰棕色或浅棕色，多凹凸不平或附有黄色粉末。断面多显深棕色与淡棕色或浅黄色相间的层纹，各层硬度不同，质松部分指甲可划动。体重，质硬。气微，味淡，嚼之无砂粒感。

【鉴别】　取本品粉末0.1g，加盐酸2ml，振摇，滤过，滤液显铁盐（附录0301）的鉴别反应。

饮片

【炮制】　**禹余粮**　除去杂石，洗净泥土，干燥，即得。

煅禹余粮　取净禹余粮，砸成碎块，照煅淬法（附录0203）煅至红透。

每100kg禹余粮，用醋30kg。

【性味与归经】　甘、涩，微寒。归胃、大肠经。

【功能】　涩肠止泻，收敛止血。

【主治】　泻痢不止，便血。

【用法与用量】 马、牛20～45g；羊、猪10～20g；兔、鸡0.5～1.5g。

【注意】 孕畜慎用。

【贮藏】 置干燥处。

胆　矾

Danfan

CHALCANTHITUM

本品为三斜晶系胆矾的矿石，主含含水硫酸铜（$CuSO_4 \cdot 7H_2O$）。开采铅、锌、铜等矿时选取或用化学法制得。

【性状】 本品呈不规则块状，大小不一。深蓝色或淡蓝色，半透明，似玻璃样光泽。质脆，易碎，碎块呈棱柱状。气微，味涩。

【鉴别】 （1）取本品加热灼烧，变为白色，遇水则又变蓝色。

（2）取本品约1g，加水20ml溶解后，滤过，滤液显铜盐（附录0301）及硫酸盐（附录0301）的鉴别反应。

饮片

【炮制】 除去杂质，砸成小块。

【性味与归经】 酸、辛，寒；有毒。归肝、胆经。

【功能】 催吐，驱虫，化痰，外用去腐蚀疮。

【主治】 风热痰喘，食物中毒，绦虫病，捻转胃虫病，恶疮肿毒。

【用法与用量】 马、牛3～12g；羊、猪0.3～1.5g。

外用适量。

【贮藏】 密闭，置干燥处。

胆　南　星

Dannanxing

ARISAEMA CUM BILE

本品为制天南星的细粉与牛、羊或猪胆汁经加工而成，或为生天南星细粉与牛、羊或猪胆汁经发酵加工而成。

【性状】 本品呈方块状或圆柱状。棕黄色、灰棕色或棕黑色。质硬。气微腥，味苦。

【鉴别】 （1）本品粉末淡黄棕色。薄壁细胞类圆形，充满糊化淀粉粒。草酸钙针晶束长20～90μm。螺纹导管和环纹导管直径8～60μm。

（2）取本品粉末0.2g，加水5ml，振摇，滤过。取滤液2ml置试管中，加新制的糠醛溶液（1→100）0.5ml，沿管壁加硫酸2ml，两液接界处即显棕红色环。

【性味与归经】 苦、微辛，凉。归肺、肝、脾经。

【功能】 清热化痰，熄风镇惊。

【主治】　痰热咳嗽，风痰，惊痫。

【用法与用量】　马15～30g；牛15～45g；羊、猪3～9g。

【贮藏】　置通风干燥处，防蛀。

独　活

Duhuo

ANGELICAE PUBESCENTIS RADIX

本品为伞形科植物重齿毛当归 *Angelica pubescens* Maxim. f. *biserrata* Shan et Yuan 的干燥根。春初苗刚发芽或秋末茎叶枯萎时采挖，除去须根和泥沙，烘至半干，堆置2～3天，发软后再烘至全干。

【性状】　本品根略呈圆柱形，下部2～3分枝或更多，长10～30cm。根头部膨大，圆锥状，多横皱纹，直径1.5～3cm，顶端有茎、叶的残基或凹陷，表面灰褐色或棕褐色，具纵皱纹，有横长皮孔样突起及稍突起的细根痕。质较硬，受潮则变软，断面皮部灰白色，有多数散在的棕色油室，木部灰黄色至黄棕色，形成层环棕色。有特异香气，味苦、辛、微麻舌。

【鉴别】　（1）本品横切面：木栓细胞数列。栓内层窄，有少数油室。韧皮部宽广，约占根的1/2；油室较多，排成数轮，切向径约至153μm，周围分泌细胞6～10个。形成层成环。木质部射线宽1～2列细胞；导管稀少，直径约至84μm，常单个径向排列。薄壁细胞含淀粉粒。

（2）取本品粉末1g，加甲醇10ml，超声处理15分钟，滤过，取滤液作为供试品溶液。另取独活对照药材1g，同法制成对照药材溶液。再取二氢欧山芹醇当归酸酯对照品、蛇床子素对照品，加甲醇分别制成每1ml含0.4mg的溶液，作为对照品溶液。照薄层色谱法（附录0502）试验，吸取供试品溶液和对照药材溶液各8μl，对照品溶液各4μl，分别点于同一硅胶G薄层板上，以石油醚（60～90℃）-乙酸乙酯（7:3）为展开剂，展开，取出，晾干，置紫外光灯（365nm）下检视。供试品色谱中，在与对照药材色谱和对照品色谱相应的位置上，显相同颜色的荧光斑点。

【检查】　水分　不得过10.0%（附录0832第二法）。

总灰分　不得过8.0%（附录2302）。

酸不溶性灰分　不得过3.0%（附录2302）。

【含量测定】　照高效液相色谱法（附录0512）测定。

色谱条件与系统适用性试验　以十八烷基硅烷键合硅胶为填充剂；以乙腈-水（49:51）为流动相；检测波长为330nm。理论板数按二氢欧山芹醇当归酸酯峰计算应不低于6000。

对照品溶液的制备　取蛇床子素对照品、二氢欧山芹醇当归酸酯对照品适量，精密称定，加甲醇分别制成每1ml各含150μg、50μg的溶液，即得。

供试品溶液的制备　取本品粉末（过三号筛）约0.5g，精密称定，置具塞锥形瓶中，精密加入甲醇20ml，密塞，称定重量，超声处理（功率250W，频率40kHz）30分钟，放冷，再称定重量，用甲醇补足减失的重量，摇匀，滤过，精密量取续滤液5ml，置20ml量瓶中，加甲醇至刻度，摇匀，滤过，取续滤液，即得。

测定法　分别精密吸取两种对照品溶液10μl与供试品溶液10～20μl，注入液相色谱仪，测定，即得。

本品按干燥品计算，含蛇床子素（$C_{15}H_{16}O_3$）不得少于0.50%，含二氢欧山芹醇当归酸酯（$C_{19}H_{20}O_5$）不得少于0.080%。

饮片

【炮制】 除去杂质，洗净，润透，切薄片，晒干或低温干燥。

本品呈类圆形薄片。外表皮灰褐色或棕褐色，具皱纹。切面皮部灰白色至灰褐色，有多数散在棕色油点，木部灰黄色至黄棕色，形成层环棕色。有特异香气。味苦、辛、微麻舌。

【检查】 **酸不溶性灰分** 同药材，不得过2.0%。

【鉴别】【检查】（水分、总灰分）【含量测定】 同药材。

【性味与归经】 辛、苦，微温。归肾、膀胱经。

【功能】 祛风除湿，通痹止痛。

【主治】 风寒湿痹，腰肢疼痛。

【用法与用量】 马、牛15～45g；羊、猪3～10g；兔、禽0.5～1.5g。

【贮藏】 置干燥处，防霉，防蛀。

急 性 子

Jixingzi

IMPATIENTIS SEMEN

本品为凤仙花科植物凤仙花 *Impatiens balsamina* L. 的干燥成熟种子。夏、秋季果实即将成熟时采收，晒干，除去果皮和杂质。

【性状】 本品呈椭圆形、扁圆形或卵圆形，长2～3mm，宽1.5～2.5mm。表面棕褐色或灰褐色，粗糙，有稀疏的白色或浅黄棕色小点，种脐位于狭端，稍突出。质坚实，种皮薄，子叶灰白色，半透明，油质。气微，味淡、微苦。

【鉴别】 （1）本品粉末黄棕色或灰褐色。种皮表皮细胞表面观形状不规则，垂周壁波状弯曲。腺鳞头部类球形，4～5（～12）细胞，直径22～60μm，细胞内充满黄棕色物。草酸钙针晶束存在于黏液细胞中，长16～60μm。内胚乳细胞多角形，壁稍厚，内含脂肪油滴，常与种皮颓废组织相连。

（2）取本品粉末4g，加丙酮40ml，加热回流1小时，弃去丙酮液，药渣挥干，加水饱和正丁醇40ml，超声处理30分钟，滤过，滤液回收溶剂至干，残渣加甲醇1ml使溶解，作为供试品溶液。另取急性子对照药材4g，同法制成对照药材溶液。再取凤仙萜四醇皂苷K对照品、凤仙萜四醇皂苷A对照品，加甲醇制成每1ml各含1mg的混合溶液，作为对照品溶液。照薄层色谱法（附录0502）试验，吸取上述三种溶液各2μl，分别点于同一硅胶G薄层板上，以三氯甲烷-甲醇-水-甲酸（7：3：0.5：0.5）为展开剂，展开，取出，晾干，喷以5%香草醛硫酸溶液，在105℃加热至斑点显色清晰，在日光下检视。供试品色谱中，在与对照药材色谱相应的位置上，显相同颜色的斑点。

【检查】 **杂质** 不得过5.0%（附录2301）。

水分 不得过11.0%（附录0832第一法）。

总灰分 不得过6.0%（附录2302）。

【浸出物】 照醇溶性浸出物测定法项下的热浸法（附录2201）测定，用乙醇作溶剂，不得少于10.0%。

【含量测定】 照高效液相色谱法（附录0512）测定。

色谱条件与系统适用性试验 以十八烷基硅烷键合硅胶为填充剂；以乙腈为流动相A，以水为流动相B，按下表中的规定进行梯度洗脱；蒸发光散射检测器检测。理论板数按凤仙萜四醇皂苷K峰计算应不低于3000。

时间（分钟）	流动相A（%）	流动相B（%）
0～15	24→28	76→72
15～25	28	72
25～30	28→40	72→60

对照品溶液的制备　取凤仙萜四醇皂苷K对照品、凤仙萜四醇皂苷A对照品适量，精密称定，加甲醇分别制成每1ml各含凤仙萜四醇皂苷K0.5mg、凤仙萜四醇皂苷A0.25mg的溶液，即得。

供试品溶液的制备　取本品粉末（过三号筛）约1g，精密称定，置索氏提取器中，加石油醚（60～90℃）适量，加热回流2小时，弃去石油醚液，药渣挥去溶剂，转移至具塞锥形瓶中，精密加入80%甲醇50ml，称定重量，加热回流1小时，放冷，再称定重量，用80%甲醇补足减失的重量，摇匀，滤过，精密量取续滤液20ml，回收溶剂至干，残渣加甲醇适量使溶解并转移至2ml量瓶中，加甲醇至刻度，摇匀，滤过，取续滤液，即得。

测定法　分别精密吸取对照品溶液5μl、15μl，供试品溶液10μl，注入液相色谱仪，测定，用外标两点法对数方程计算，即得。

本品按干燥品计算，含凤仙萜四醇皂苷K（$C_{54}H_{92}O_{25}$）和凤仙萜四醇皂苷A（$C_{48}H_{82}O_{20}$）的总量不得少于0.20%。

【性味与归经】　微苦、辛，温；有小毒。归肺、肝经。

【功能】　消积，软坚，破血。

【主治】　肿块积聚，难产。

【用法与用量】　马、牛15～30g；羊、猪5～10g。

【注意】　孕畜慎用。

【贮藏】　置干燥处。

姜　黄

Jianghuang

CURCUMAE LONGAE RHIZOMA

本品为姜科植物姜黄 *Curcuma longa* L. 的干燥根茎。冬季茎叶枯萎时采挖，洗净，煮或蒸至透心，晒干，除去须根。

【性状】　本品呈不规则卵圆形、圆柱形或纺锤形，常弯曲，有的具短叉状分枝，长2～5cm，直径1～3cm。表面深黄色，粗糙，有皱缩纹理和明显环节，并有圆形分枝痕及须根痕。质坚实，不易折断，断面棕黄色至金黄色，角质样，有蜡样光泽，内皮层环纹明显，维管束呈点状散在。气香特异，味苦、辛。

【鉴别】　（1）本品横切面：表皮细胞扁平，壁薄。皮层宽广，有叶迹维管束；外侧近表皮处有6～8列木栓细胞，扁平；内皮层细胞凯氏点明显。中柱鞘为1～2列薄壁细胞；维管束外韧型，散列，近中柱鞘处较多，向内渐减少。薄壁细胞含油滴、淀粉粒及红棕色色素。

（2）取本品粉末0.2g，加无水乙醇20ml，振摇，放置30分钟，滤过，滤液蒸干，残渣加无水乙醇2ml使溶解，作为供试品溶液。另取姜黄对照药材0.2g，同法制成对照药材溶液。再取姜黄素对照品，加无水乙醇制成每1ml含0.5mg的溶液，作为对照品溶液。照薄层色谱法（附录0502）试验，吸取上述三种溶液各4μl，分别点于同一硅胶G薄层板上，以三氯甲烷-甲醇-甲酸（96:4:0.7）为展开剂，展开，取出，晾干，分别置日光和紫外光灯（365nm）下检视。供试品色谱中，在与对照药材色谱和对照品色谱相应的位置上，分别显相同颜色的斑点或荧光斑点。

【检查】 水分 不得过16.0%（附录0832第二法）。

总灰分 不得过7.0%（附录2302）。

【浸出物】 照醇溶性浸出物测定法（附录2201）项下的热浸法测定，用稀乙醇作溶剂，不得少于12.0%。

【含量测定】 挥发油 照挥发油测定法（附录2204）测定。

本品含挥发油不得少于7.0%（ml/g）。

姜黄素 照高效液相色谱法（附录0512）测定。

色谱条件与系统适用性试验 以十八烷基硅烷键合硅胶为填充剂；以乙腈-4%冰醋酸溶液（48:52）为流动相；检测波长为430nm。理论板数按姜黄素峰计算应不低于4000。

对照品溶液的制备 取姜黄素对照品适量，精密称定，加甲醇制成每1ml含10μg的溶液，即得。

供试品溶液的制备 取本品细粉约0.2g，精密称定，置具塞锥形瓶中，精密加入甲醇10ml，称定重量，加热回流30分钟，放冷，再称定重量，用甲醇补足减失的重量，摇匀，离心，精密量取上清液1ml，置20ml量瓶中，加甲醇稀释至刻度，摇匀，即得。

测定法 分别精密吸取对照品溶液与供试品溶液各5μl，注入液相色谱仪，测定，即得。

本品按干燥品计算，含姜黄素（$C_{21}H_{20}O_6$）不得少于1.0%。

饮片

【炮制】 除去杂质，略泡，洗净，润透，切厚片，干燥。

本品为不规则或类圆形的厚片。外表皮深黄色，有时可见环节。切面棕黄色至金黄色，角质样，内皮层环纹明显，维管束呈点状散在。气香特异，味苦、辛。

【检查】 水分 同药材，不得过13.0%。

【含量测定】 同药材，含挥发油不得少于5.0%（ml/g）；含姜黄素（$C_{21}H_{20}O_6$）不得少于0.90%。

【鉴别】【检查】（总灰分）**【浸出物】** 同药材。

【性味与归经】 辛、苦，温。归脾、肝经。

【功能】 破血行气，散结止痛。

【主治】 气滞血瘀，胸腹疼痛，跌扑肿痛，风湿痹痛。

【用法与用量】 马、牛15～30g；羊、猪3～10g；兔、禽0.5～1.5g。

【贮藏】 置阴凉干燥处。

前　胡

Qianhu

PEUCEDANI RADIX

本品为伞形科植物白花前胡 *Peucedanum praeruptorum* Dum的干燥根。冬季至次春茎叶枯萎或未抽花茎时采挖，除去须根，洗净，晒干或低温干燥。

【性状】 本品呈不规则的圆柱形、圆锥形或纺锤形，稍扭曲，下部常有分枝，长3～15cm，直径1～2cm。表面黑褐色或灰黄色，根头部多有茎痕和纤维状叶鞘残基，上端有密集的细环纹，下部有纵沟、纵皱纹及横向皮孔样突起。质较柔软，干者质硬，可折断，断面不整齐，淡黄白色，皮部散有多数棕黄色油点，形成层环纹棕色，射线放射状。气芳香，味微苦、辛。

【鉴别】 （1）本品横切面：木栓层为10～20余列扁平细胞。近栓内层处油管稀疏排列成一轮。韧皮部宽广，外侧可见多数大小不等的裂隙；油管较多，类圆形，散在，韧皮射线近皮层处多弯曲。形成层环状。木质部大导管与小导管相间排列；木射线宽2～10列细胞，有油管零星散在；木纤维少见。薄壁细胞含淀粉粒。

（2）取本品粉末0.5g，加三氯甲烷10ml，超声处理10分钟，滤过，滤液蒸干，残渣加甲醇5ml使溶解，作为供试品溶液。另取白花前胡甲素对照品、白花前胡乙素对照品，加甲醇制成每1ml各含0.5mg的混合溶液，作为对照品溶液。照薄层色谱法（附录0502）试验，吸取上述两种溶液各5μl，分别点于同一硅胶G薄层板上，以石油醚（60～90℃）-乙酸乙酯（3:1）为展开剂，展开，取出，晾干，置紫外光灯（365nm）下检视。供试品色谱中，在与对照品色谱相应的位置上，显相同颜色的荧光斑点。

【检查】 水分 不得过12.0%（附录0832第一法）。

总灰分 不得过8.0%（附录2302）。

酸不溶性灰分 不得过2.0%（附录2302）。

【浸出物】 照醇溶性浸出物测定法（附录2201）项下的冷浸法测定，用稀乙醇作溶剂，不得少于20.0%。

【含量测定】 照高效液相色谱法（附录0512）测定。

色谱条件与系统适用性试验 以十八烷基硅烷键合硅胶为填充剂；以甲醇-水（75:25）为流动相；检测波长为321nm。理论板数按白花前胡甲素峰计算应不低于3000。

对照品溶液的制备 取白花前胡甲素对照品和白花前胡乙素对照品适量，精密称定，加甲醇制成每1ml各含50μg的混合溶液，即得。

供试品溶液的制备 取本品粉末（过三号筛）约0.5g，精密称定，置具塞锥形瓶中，精密加入三氯甲烷25ml，密塞，称定重量，超声处理（功率250W，频率33kHz）10分钟，放冷，再称定重量，用三氯甲烷补足减失的重量，摇匀，滤过；精密量取续滤液5ml，蒸干，残渣加甲醇溶解并转移至25ml量瓶中，加甲醇至刻度，摇匀，即得。

测定法 分别精密吸取对照品溶液与供试品溶液各10μl，注入液相色谱仪，测定，即得。

本品按干燥品计算，含白花前胡甲素（$C_{21}H_{22}O_7$）不得少于0.90%，含白花前胡乙素（$C_{24}H_{26}O_7$）不得少于0.24%。

饮片

【炮制】 前胡 除去杂质，洗净，润透，切薄片，晒干。

本品呈类圆形或不规则形的薄片。外表皮黑褐色或灰黄色，有时可见残留的纤维状叶鞘残基。切面黄白色至淡黄色，皮部散有多数棕黄色油点，可见一棕色环纹及放射状纹理。气芳香，味微苦、辛。

【检查】 总灰分 同药材，不得过6.0%。

【鉴别】 （除横切面外）【检查】（水分）【浸出物】【含量测定】 同药材。

蜜前胡 取前胡片，照蜜炙法（附录0203）炒至不粘手。

本品形如前胡片，表面黄褐色，略具光泽，滋润。味微甜。

【检查】 水分 同药材，不得过13.0%。

【鉴别】 （除横切面外）【检查】（总灰分酸不溶性灰分）【浸出物】【含量测定】 同药材。

【性味与归经】 苦、辛，微寒。归肺经。

【功能】 降气化痰，疏风清热。

【主治】 痰多气喘，风热咳嗽。

【用法与用量】 马、牛15～45g；羊、猪5～10g；兔、禽1～3g。

【贮藏】 置阴凉干燥处，防霉，防蛀。

首 乌 藤

Shouwuteng

POLYGONI MULTIFLORICAULIS

本品为蓼科植物何首乌 *Polygonum multiflorum* Thunb. 的干燥藤茎。秋、冬二季采割，除去残叶，捆成把或趁鲜切段，干燥。

【性状】 本品呈长圆柱形，稍扭曲，具分枝，长短不一，直径4～7mm。表面紫红色至紫褐色，粗糙，具扭曲的纵皱纹，节部略膨大，有侧枝痕，外皮菲薄，可剥离。质脆，易折断，断面皮部紫红色，木部黄白色或淡棕色，导管孔明显，髓部疏松，类白色。切段者呈圆柱形的段。外表面紫红色或紫褐色，切面皮部紫红色，木部黄白色或淡棕色，导管孔明显，髓部疏松，类白色。气微，味微苦涩。

【鉴别】 （1）本品横切面：表皮细胞有时残存。木栓细胞3～4列，含棕色色素。皮层较窄。中柱鞘纤维束断续排列成环，纤维壁甚厚，木化；在纤维束间时有石细胞群。韧皮部较宽。形成层成环。木质部导管类圆形，直径约至204μm，单个散列或数个相聚。髓较小。薄壁细胞含草酸钙簇晶。

（2）取本品粉末0.25g，加乙醇50ml，加热回流1小时，滤过，滤液浓缩至1ml，作为供试品溶液。另取首乌藤对照药材0.25g，同法制成对照药材溶液。再取大黄素对照品，加乙醇制成每1ml含0.5mg的溶液，作为对照品溶液。照薄层色谱法（附录0502）试验，吸取上述三种溶液各2μl，分别点于同一硅胶H薄层板上，以石油醚（30～60℃）-甲酸乙酯-甲酸（15:5:1）的上层溶液为展开剂，展开，取出，晾干，置紫外光灯（365nm）下检视。供试品色谱中，在与对照药材色谱和对照品色谱相应的位置上，显相同颜色的荧光斑点，置氨蒸气中熏后，斑点变为红色。

【检查】 **水分** 不得过12.0%（附录0832第一法）。

总灰分 不得过10.0%（附录2302）。

【浸出物】 照醇溶性浸出物测定法（附录2201）项下的热浸法测定，用乙醇作溶剂，不得少于12.0%。

【含量测定】 避光操作。照高效液相色谱法（附录0512）测定。

色谱条件与系统适用性试验 以十八烷基硅烷键合硅胶为填充剂；以乙腈-水（26:74）为流动相；检测波长为320nm。理论板数按2,3,5,4′-四羟基二苯乙烯-2-O-β-D-葡萄糖苷峰计算应不低于2000。

对照品溶液的制备 取2,3,5,4′-四羟基二苯乙烯-2-O-β-D-葡萄糖苷对照品适量，精密称定，加稀乙醇制成每1ml含50μg的溶液，即得。

供试品溶液的制备 取本品粉末（过四号筛）约0.5g，精密称定，置具塞锥形瓶中，精密加入稀乙醇25ml，称定重量，加热回流30分钟，放冷，再称定重量，用稀乙醇补足减失的重量，摇匀，上清液滤过，取续滤液，即得。

测定法 分别精密吸取对照品溶液与供试品溶液各10μl，注入液相色谱仪，测定，即得。

本品按干燥品计算，含2,3,5,4′-四羟基二苯乙烯-2-O-β-D-葡萄糖苷（$C_{20}H_{22}O_9$）不得少于0.20%。

饮片

【炮制】 除去杂质，洗净，切段，干燥。

本品呈圆柱形的段。外表面紫红色或紫褐色，切面皮部紫红色，木部黄白色或淡棕色，导管孔明显，髓部疏松，类白色。气微，味微苦涩。

【鉴别】【检查】【浸出物】【含量测定】 同药材。

【性味与归经】 甘，平。归心、肝经。

【功能】 养血安神，祛风通络。

【主治】 血虚不安，风湿痹痛，皮肤瘙痒。

【用法与用量】 马、牛30～60g；羊、猪10～20g。外用适量。

【贮藏】 置干燥处。

洋 金 花

Yangjinhua

DATURAE FLOS

本品为茄科植物白花曼陀罗 *Datura metel* L. 的干燥花。4～11月花初开时采收，晒干或低温干燥。

【性状】 本品多皱缩成条状，完整者长9～15cm。花萼呈筒状，长为花冠的2/5，灰绿色或灰黄色，先端5裂，基部具纵脉纹5条，表面微有茸毛；花冠呈喇叭状，淡黄色或黄棕色，先端5浅裂，裂片有短尖，短尖下有明显的纵脉纹3条，两裂片之间微凹；雄蕊5，花丝贴生于花冠筒内，长为花冠的3/4；雌蕊1，柱头棒状。烘干品质柔韧，气特异；晒干品质脆，气微，味微苦。

【鉴别】 （1）本品粉末淡黄色。花粉粒类球形或长圆形，直径42～65μm，表面有条纹状雕纹。花萼非腺毛1～3细胞，壁具疣突；腺毛头部1～5细胞，柄1～5细胞。花冠裂片边缘非腺毛1～10细胞，壁微具疣突。花丝基部非腺毛粗大，1～5细胞，基部直径约至128μm，顶端钝圆。花萼、花冠薄壁细胞中有草酸钙砂晶、方晶及簇晶。

（2）取本品粉末1g，加浓氨试液1ml，混匀，加三氯甲烷25ml，摇匀，放置过夜，滤过，滤液蒸干，残渣加三氯甲烷1ml使溶解，作为供试品溶液。另取硫酸阿托品对照品、氢溴酸东莨菪碱对照品，加甲醇制成每1ml各含4mg的混合溶液，作为对照品溶液。照薄层色谱法（附录0502）试验，吸取上述两种溶液各10μl，分别点于同一硅胶G薄层板上，以乙酸乙酯-甲醇-浓氨试液（17:2:1）为展开剂，展开，取出，晾干，喷以稀碘化铋钾试液。供试品色谱中，在与对照品色谱相应的位置上，显相同颜色的斑点。

【检查】 水分 不得过11.0%（附录0832第一法）。

总灰分 不得过11.0%（附录2302）。

酸不溶性灰分 不得过2.0%（附录2302）。

【浸出物】 照醇溶性浸出物测定法（附录2201）项下的热浸法测定，用乙醇作溶剂，不得少于9.0%。

【含量测定】 照高效液相色谱法（附录0512）测定。

色谱条件与系统适用性试验 以十八烷基硅烷键合硅胶为填充剂；以乙腈-0.07mol/L磷酸钠溶

液（含0.0175mol/L十二烷基硫酸钠，用磷酸调节pH值至6.0）（50∶100）为流动相；检测波长为216nm。理论板数按氢溴酸东莨菪碱峰计算应不低于3000。

对照品溶液的制备　取氢溴酸东莨菪碱对照品适量，精密称定，加流动相制成每1ml含0.5mg的溶液，即得（东莨菪碱重量=氢溴酸东莨菪碱/1.445）。

供试品溶液的制备　取本品粉末（过三号筛）约1g，精密称定，置锥形瓶中，加入2mol/L盐酸溶液10ml，超声处理（功率250W，频率40kHz）30分钟，放冷，滤过，滤渣和滤器用2mol/L盐酸溶液10ml分数次洗涤，合并滤液和洗液，用浓氨试液调节pH值至9，用三氯甲烷振摇提取4次，每次10ml，合并三氯甲烷液，回收溶剂至干，残渣用流动相溶解，转移至5ml量瓶中，加流动相至刻度，摇匀，滤过，取续滤液，即得。

测定法　分别精密吸取对照品溶液与供试品溶液各10μl，注入液相色谱仪，测定，即得。

本品按干燥品计算，含东莨菪碱（$C_{17}H_{21}NO_4$）不得少于0.15%。

【性味与归经】　辛，温；有毒。归肺、肝经。

【功能】　平喘止咳，镇痛解痉。

【主治】　咳嗽喘急，肚腹冷痛，寒湿痹痛。

【用法与用量】　马、牛15～30g；羊、猪1.5～3g。

【注意】　孕畜慎用，痰热咳喘、青光眼禁用。

【贮藏】　置干燥处，防霉，防蛀。

穿 山 龙

Chuanshanlong

DIOSCOREAE NIPPONICAE RHIZOMA

本品为薯蓣科植物穿龙薯蓣 *Dioscorea nipponica* Makino 的干燥根茎。春、秋二季采挖，洗净，除去须根和外皮，晒干。

【性状】　根茎呈类圆柱形，稍弯曲，长15～20cm，直径1.0～1.5cm。表面黄白色或棕黄色，有不规则纵沟、刺状残根及偏于一侧的突起茎痕。质坚硬，断面平坦，白色或黄白色，散有淡棕色维管束小点。气微，味苦涩。

【鉴别】　（1）本品粉末淡黄色。淀粉粒单粒椭圆形、类三角形、圆锥形或不规则形，直径3～17μm，长至33μm，脐点长缝状。草酸钙针晶散在，或成束存在于黏液细胞中，长约至110μm。木化薄壁细胞淡黄色或黄色，呈长椭圆形、长方形或棱形，纹孔较小而稀疏。具缘纹孔导管直径17～56μm，纹孔细密，椭圆形。

（2）取本品粉末0.5g，加甲醇25ml，超声处理30分钟，滤过，滤液蒸干，残渣加3mol/L盐酸溶液20ml使溶解，置水浴中加热水解30分钟，放冷，再加入三氯甲烷30ml，加热回流15分钟，滤过，取三氯甲烷液蒸干，残渣加三氯甲烷-甲醇（1∶1）的混合溶液2ml使溶解，作为供试品溶液。另取薯蓣皂苷元对照品，加甲醇制成每1ml含1mg的溶液，作为对照品溶液。照薄层色谱法（附录0502）试验，吸取上述两种溶液各3μl，分别点于同一硅胶G薄层板上，以三氯甲烷-甲醇（20∶0.2）为展开剂，展开，取出，晾干，喷以10%磷钼酸乙醇溶液，在105℃加热10分钟。供试品色谱中，在与对照品色谱相应的位置上，显相同颜色的斑点。

【检查】　水分　不得过12.0%（附录0832第一法）。

总灰分　不得过5.0%（附录2302）。

【浸出物】　照醇溶性浸出物测定法（附录2201）项下的热浸法测定，用65%乙醇作溶剂，不得少于20.0%。

【含量测定】　照高效液相色谱法（附录0512）测定。

色谱条件与系统适用性试验　以十八烷基硅烷键合硅胶为填充剂；以乙腈-水（55:45）为流动相；检测波长为203nm。理论板数按薯蓣皂苷峰计算应不低于3000。

对照品溶液的制备　取薯蓣皂苷对照品适量，精密称定，加甲醇制成每1ml含0.3mg的溶液，即得。

供试品溶液的制备　取本品粉末（过四号筛）约0.25g，精密称定，置具塞锥形瓶中，精密加入65%乙醇25ml，称定重量，超声处理（功率120W，频率40kHz）30分钟，放冷，再称定重量，用65%乙醇补足减失的重量，摇匀，滤过，取续滤液，即得。

测定法　分别精密吸取对照品溶液与供试品溶液各10μl，注入液相色谱仪，测定，即得。

本品按干燥品计算，含薯蓣皂苷（$C_{45}H_{72}O_{16}$）不得少于1.3%。

饮片

【炮制】　除去杂质，洗净，润透，切厚片，干燥。

本品呈圆形或椭圆形的厚片。外表皮黄白色或棕黄色，有时可见刺状残根。切面白色或黄白色，有淡棕色的点状维管束。气微，味苦涩。

【鉴别】【检查】【浸出物】【含量测定】　同药材。

【性味与归经】　甘、苦，温。归脾、肺经。

【功能】　祛风除湿，舒筋通络，活血止痛，止咳平喘。

【主治】　风湿痹痛，关节肿痛，跌打损伤，咳嗽气喘。

【用法与用量】　马、牛20～60g；羊、猪5～10g。外用适量。

【注意】　粉碎加工时，注意保护，以免发生过敏反应。

【贮藏】　置干燥处。

穿　心　莲

Chuanxinlian

ANDROGRAPHIS HERBA

本品为爵床科植物穿心莲 *Andrographis paniculata*（Burm. f.）Nees 的干燥地上部分。秋初茎叶茂盛时采割，晒干。

【性状】　本品茎呈方柱形，多分枝，长50～70cm，节稍膨大；质脆，易折断。单叶对生，叶柄短或近无柄；叶片皱缩、易碎，完整者展平后呈披针形或卵状披针形，长3～12cm，宽2～5cm，先端渐尖，基部楔形下延，全缘或波状；上表面绿色，下表面灰绿色，两面光滑。气微，味极苦。

【鉴别】　（1）本品叶横切面：上表皮细胞类方形或长方形，下表皮细胞较小，上、下表皮均有含圆形、长椭圆形或棒状钟乳体的晶细胞；并有腺鳞，有的可见非腺毛。栅栏组织为1～2列细胞，贯穿于主脉上方；海绵组织排列疏松。主脉维管束外韧型，呈凹槽状，木质部上方亦有晶细胞。

叶表面观：上下表皮均有增大的晶细胞，内含大型螺状钟乳体，直径约至36µm，长约至180µm，较大端有脐样点痕，层纹波状。下表皮气孔密布，直轴式，副卫细胞大小悬殊，也有不定式。腺鳞头部扁球形，4、6（8）细胞，直径至40µm，柄极短。非腺毛1~4细胞，长约至160µm，基部直径约至40µm，表面有角质纹理。

（2）取穿心莲对照药材0.5g，加乙醇30ml，超声处理30分钟，滤过，滤液浓缩至约5ml，作为对照药材溶液。再取脱水穿心莲内酯对照品、穿心莲内酯对照品，加无水乙醇制成每1ml各含1mg的混合溶液，作为对照品溶液。照薄层色谱法（附录0502）试验，吸取〔含量测定〕项下的供试品溶液、上述对照药材溶液各6µl和对照品溶液4µl，分别点于同一硅胶GF$_{254}$薄层板上，以三氯甲烷-乙酸乙酯-甲醇（4:3:0.4）为展开剂，展开，取出，晾干，置紫外光灯（254nm）下检视。供试品色谱中，在与对照药材色谱和对照品色谱相应的位置上，分别显相同颜色的斑点；喷以2% 3,5-二硝基苯甲酸乙醇溶液-2mol/L氢氧化钾溶液（1:1）混合溶液（临用时配制），立即在日光下检视。供试品色谱中，在与对照药材色谱和对照品色谱相应的位置上，分别显相同颜色的斑点。

【检查】 叶 不得少于30%。

【浸出物】 照醇溶性浸出物测定法（附录2201）项下的热浸法测定，用乙醇作溶剂，不得少于8.0%。

【含量测定】 照高效液相色谱法（附录0512）测定。

色谱条件与系统适用性试验 以十八烷基硅烷键合硅胶为填充剂；以甲醇-水（52:48）为流动相；穿心莲内酯检测波长为225nm，脱水穿心莲内酯检测波长为254nm。理论板数按穿心莲内酯和脱水穿心莲内酯峰计算均应不低于2000。

对照品溶液的制备 取穿心莲内酯对照品、脱水穿心莲内酯对照品适量，精密称定，加甲醇制成每1ml各含0.1mg的混合溶液，即得。

供试品溶液的制备 取本品粉末（过四号筛）约0.5g，精密称定，置具塞锥形瓶中，精密加入40%甲醇25ml，称定重量，浸泡1小时，超声处理（功率250W，频率33kHz）30分钟，放冷，再称定重量，用40%甲醇补足减失的重量，摇匀，滤过。精密量取续滤液10ml，置中性氧化铝柱（200~300目，5g，内径为1.5cm）上，用甲醇15ml洗脱，收集洗脱液，置50ml量瓶中，加甲醇至刻度，摇匀，即得。

测定法 分别精密吸取对照品溶液与供试品溶液各5µl，注入液相色谱仪，测定，即得。

本品按干燥品计算，含穿心莲内酯（C$_{20}$H$_{30}$O$_5$）和脱水穿心莲内酯（C$_{20}$H$_{28}$O$_4$）的总量不得少于0.80%。

饮片

【炮制】 除去杂质，洗净，切段，干燥。

本品呈不规则的段。茎方柱形，节稍膨大；切面不平坦，具类白色髓。叶片多皱缩或破碎，完整者展平后呈披针形或卵状披针形，先端渐尖，基部楔形下延，全缘或波状；上表面绿色，下表面灰绿色，两面光滑。气微，味极苦。

【鉴别】 （除叶横切面外）同药材。

【性味与归经】 苦，寒。归心、肺、大肠、膀胱经。

【功能】 清热解毒，消肿止痛。

【主治】 感冒发热，湿热下痢，蛇虫咬伤，疮痈疔毒。

【用法与用量】 马、牛60~120g；羊、猪30~60g；犬、猫3~10g；兔、禽1~3g。

【贮藏】 置干燥处。

络 石 藤

Luoshiteng

TRACHELOSPERMI CAULIS ET FOLIUM

本品为夹竹桃科植物络石 *Trachelospermum jasminoides*（Lindl.）Lem. 的干燥带叶藤茎。冬季至次春采割，除去杂质，晒干。

【性状】 本品茎呈圆柱形，弯曲，多分枝，长短不一，直径1～5mm；表面红褐色，有点状皮孔和不定根；质硬，断面淡黄白色，常中空。叶对生，有短柄；展平后叶片呈椭圆形或卵状披针形，长1～8cm，宽0.7～3.5cm；全缘，略反卷，上表面暗绿色或棕绿色，下表面色较淡；革质。气微，味微苦。

【鉴别】 （1）本品茎横切面：木栓层为棕红色数列木栓细胞；表面可见单细胞非腺毛，壁厚，具壁疣。木栓层内侧为石细胞环带，木栓层与石细胞环带之间有草酸钙方晶分布。皮层狭窄。韧皮部薄，外侧有非木化的纤维束，断续排列成环。形成层成环。木质部均由木化细胞组成，导管多单个散在。木质部内方尚有形成层和内生韧皮部。髓部木化纤维成束，周围薄壁细胞内含草酸钙方晶。髓部常破裂。

（2）取本品粉末1g，加甲醇10ml，超声处理30分钟，滤过，取滤液作为供试品溶液。另取络石藤对照药材1g，同法制成对照药材溶液。再取络石苷对照品，加甲醇制成每1ml含2mg的溶液，作为对照品溶液。照薄层色谱法（附录0502）试验，吸取上述三种溶液各20μl，分别点于同一硅胶G薄层板上，以三氯甲烷-甲醇-醋酸（8:1:0.2）为展开剂，展开，取出，晾干，置碘蒸气中熏至斑点显色清晰。供试品色谱中，在与对照药材色谱和对照品色谱相应的位置上，显相同颜色的斑点。

【检查】 水分 不得过8.0%（附录0832第一法）。

总灰分 不得过11.0%（附录2302）。

酸不溶性灰分 不得过4.5%（附录2302）。

【含量测定】 照高效液相色谱法（附录0512）测定。

色谱条件与系统适用性试验 以十八烷基硅烷键合硅胶为填充剂；以乙腈-水（30:70）为流动相；检测波长为280nm。理论板数按络石苷峰计算应不低于4500。

对照品溶液的制备 取络石苷对照品适量，精密称定，加甲醇制成每1ml含0.2mg的溶液，即得。

供试品溶液的制备 取本品粉末（过三号筛）约1g，精密称定，置具塞锥形瓶中，精密加入甲醇50ml，称定重量，浸泡过夜，超声处理（功率250W，频率35kHz）30分钟，放冷，再称定重量，用甲醇补足减失的重量，摇匀，滤过，取续滤液，即得。

测定法 分别精密吸取对照品溶液与供试品溶液各10～20μl，注入液相色谱仪，测定，即得。

本品按干燥品计算，含络石苷（$C_{27}H_{34}O_{12}$）不得少于0.45%。

饮片

【炮制】 除去杂质，洗净，稍润，切段，干燥。

本品呈不规则的段。茎圆柱形，表面红褐色，可见点状皮孔。切面黄白色，中空。叶全缘，略反卷；革质。气微，味微苦。

【含量测定】 同药材，含络石苷（$C_{27}H_{34}O_{12}$）不得少于0.40%。

【鉴别】【检查】 同药材。

【性味与归经】 苦，微寒。归心、肝、肾经。

【功能】 祛风通络，凉血消肿。

【主治】 风湿热痹，筋脉拘挛，肢体疼痛，疮黄痈肿，跌打损伤。

【用法与用量】 马、牛30～60g；羊、猪10～15g。

外用适量。

【贮藏】 置干燥处。

秦 艽

Qinjiao

GENTIANAE MACROPHYLLAE RADIX

本品为龙胆科植物秦艽 *Gentiana macrophylla* Pall. 、麻花秦艽 *Gentiana straminea* Maxim. 、粗茎秦艽 *Gentiana crassicaulis* Duthie ex Burk. 或小秦艽 *Gentiana dahurica* Fisch. 的干燥根。前三种按性状不同分别习称"秦艽"和"麻花艽"，后一种习称"小秦艽"。春、秋二季采挖，除去泥沙；秦艽和麻花艽晒软，堆置"发汗"至表面呈红黄色或灰黄色时，摊开晒干，或不经"发汗"直接晒干；小秦艽趁鲜时搓去黑皮，晒干。

【性状】 秦艽 呈类圆柱形，上粗下细，扭曲不直，长10～30cm，直径1～3cm。表面黄棕色或灰黄色，有纵向或扭曲的纵皱纹，顶端有残存茎基及纤维状叶鞘。质硬而脆，易折断，断面略显油性，皮部黄色或棕黄色，木部黄色。气特异，味苦、微涩。

麻花艽 呈类圆锥形，多由数个小根纠聚而膨大，直径可达7cm。表面棕褐色，粗糙，有裂隙呈网状孔纹。质松脆，易折断，断面多呈枯朽状。

小秦艽 呈类圆锥形或类圆柱形，长8～15cm，直径0.2～1cm。表面棕黄色。主根通常1个，残存的茎基有纤维状叶鞘，下部多分枝。断面黄白色。

【鉴别】 （1）取本品粉末0.5g，加甲醇10ml，超声处理15分钟，滤过，滤液作为供试品溶液。另取龙胆苦苷对照品，加甲醇制成每1ml含1mg的溶液，作为对照品溶液。照薄层色谱法（附录0502）试验，吸取供试品溶液5μl、对照品溶液1μl，分别点于同一硅胶GF$_{254}$薄层板上，以乙酸乙酯-甲醇-水（10:2:1）为展开剂，展开，取出，晾干，置紫外光灯（254nm）下检视。供试品色谱中，在与对照品色谱相应的位置上，显相同颜色的斑点。

（2）取栎瘿酸对照品，加三氯甲烷制成每1ml含0.5mg的溶液，作为对照品溶液。照薄层色谱法（附录0502）试验，吸取〔鉴别〕（1）项下的供试品溶液5μl和上述对照品溶液1μl，分别点于同一硅胶G薄层板上，以三氯甲烷-甲醇-甲酸（50:1:0.5）为展开剂，展开，取出，晾干，喷以10%的硫酸乙醇溶液，在105℃加热至斑点显色清晰。供试品色谱中，在与对照品色谱相应的位置上，显相同颜色的斑点。

【检查】 水分 不得过9.0%（附录0832第一法）。

总灰分 不得过8.0%（附录2302）。

酸不溶性灰分 不得过3.0%（附录2302）。

【浸出物】 照醇溶性浸出物测定法（附录2201）项下的热浸法测定，用乙醇作溶剂，不得少于24.0%。

【含量测定】 照高效液相色谱法（附录0512）测定。

色谱条件与系统适用性试验 以十八烷基硅烷键合硅胶为填充剂；以乙腈-0.1%醋酸溶液（9:91）为流动相；检测波长为254nm。理论板数按龙胆苦苷峰计算应不低于3000。

对照品溶液的制备 取龙胆苦苷对照品、马钱苷酸对照品适量，精密称定，加甲醇分别制成每1ml含龙胆苦苷0.5mg、马钱苷酸0.3mg的溶液，即得。

供试品溶液的制备 取本品粉末（过三号筛）约0.5g，精密称定，置具塞锥形瓶中，精密加入甲醇20ml，超声处理（功率500W，频率40kHz）30分钟，放冷，再称定重量，用甲醇补足减失的重量，摇匀，滤过，取续滤液，即得。

测定法 分别精密吸取对照品溶液与供试品溶液各5～10μl，注入液相色谱仪，测定，即得。

本品按干燥品计算，含龙胆苦苷（$C_{16}H_{20}O_9$）和马钱苷酸（$C_{16}H_{24}O_{10}$）的总量不得少于2.5%。

饮片

【炮制】 除去杂质，洗净，润透，切厚片，干燥。

本品呈类圆形的厚片。外表皮黄棕色、灰黄色或棕褐色，粗糙，有扭曲纵纹或网状孔纹。切面皮部黄色或棕黄色，木部黄色，有的中心呈枯朽状。气特异，味苦、微涩。

【浸出物】 同药材，不得少于20.0%。

【鉴别】【检查】【含量测定】 同药材。

【性味与归经】 辛、苦，平。归胃、肝、胆经。

【功能】 祛风湿，止痹痛，退虚热。

【主治】 风湿痹痛，筋脉拘挛，阴虚发热，尿血。

【用法与用量】 马、牛15～45g；羊、猪3～10g；兔、禽1～1.5g。

【贮藏】 置通风干燥处。

秦 皮

Qinpi

FRAXINI CORTEX

本品为木犀科植物苦枥白蜡树 *Fraxinus rhynchophylla* Hance、白蜡树 *Fraxinus chinensis* Roxb.、尖叶白蜡树 *Fraxinus szaboana* Lingelsh. 或宿柱白蜡树 *Fraxinus stylosa* Lingelsh. 的干燥枝皮或干皮。春、秋二季剥取，晒干。

【性状】 **枝皮** 呈卷筒状或槽状，长10～60cm，厚1.5～3mm。外表面灰白色、灰棕色至黑棕色或相间呈斑状，平坦或稍粗糙，并有灰白色圆点状皮孔及细斜皱纹，有的具分枝痕。内表面黄白色或棕色，平滑。质硬而脆，断面纤维性，黄白色。气微，味苦。

干皮 为长条状块片，厚3～6mm。外表面灰棕色，具龟裂状沟纹及红棕色圆形或横长的皮孔。质坚硬，断面纤维性较强。

【鉴别】 （1）取本品，加热水浸泡，浸出液在日光下可见碧蓝色荧光。

（2）本品横切面：木栓层为5～10余列细胞。栓内层为数列多角形厚角细胞。皮层较宽，纤维及石细胞单个散在或成群。中柱鞘部位有石细胞及纤维束组成的环带，偶有间断。韧皮部射线宽1～3列细胞；纤维束及少数石细胞成层状排列，中间贯穿射线，形成"井"字形。薄壁细胞含草酸钙砂晶。

（3）取本品粉末1g，加甲醇10ml，加热回流10分钟，放冷，滤过，滤液作为供试品溶液。另取秦皮甲素对照品、秦皮乙素对照品及秦皮素对照品，加甲醇制成每1ml各含2mg的混合溶液，作为对照品溶液。照薄层色谱法（附录0502）试验，吸取上述两种溶液各10μl，分别点于同一硅胶G薄层板上或GF$_{254}$薄层板上，以三氯甲烷-甲醇-甲酸（6:1:0.5）为展开剂，展开，取出，晾干，硅胶GF$_{254}$板置紫外光灯（254nm）下检视；硅胶G板置紫外光灯（365nm）下检视。供试品色谱中，在与对照品色谱相应的位置上，显相同颜色的斑点或荧光斑点；硅胶GF$_{254}$板喷以三氯化铁试液-铁氰化钾试液（1:1）的混合溶液，斑点变为蓝色。

【检查】 **水分** 不得过7.0%（附录0832第一法）。

总灰分 不得过8.0%（附录2302）。

【浸出物】 照醇溶性浸出物测定法（附录2201）项下的热浸法测定，用乙醇作溶剂，不得少于8.0%。

【含量测定】 照高效液相色谱法（附录0512）测定。

色谱条件与系统适用性试验 以十八烷基硅烷键合硅胶为填充剂；以乙腈-0.1%磷酸溶液（8:92）为流动相；检测波长为334nm。理论板数按秦皮乙素峰计算应不低于5000。

对照品溶液的制备 取秦皮甲素对照品、秦皮乙素对照品适量，精密称定，加甲醇制成每1ml含秦皮甲素0.1mg、秦皮乙素60μg的混合溶液，即得。

供试品溶液的制备 取本品粉末（过三号筛）约0.5g，精密称定，置具塞锥形瓶中，精密加入甲醇50ml，密塞，称定重量，加热回流1小时，放冷，再称定重量，用甲醇补足减失的重量，摇匀，滤过，取续滤液，即得。

测定法 分别精密吸取对照品溶液与供试品溶液各10μl，注入液相色谱仪，测定，即得。

本品按干燥品计算，含秦皮甲素（$C_{15}H_{16}O_9$）和秦皮乙素（$C_9H_6O_4$）的总量，不得少于1.0%。

饮片

【炮制】 除去杂质，洗净，润透，切丝，干燥。

本品为长短不一的丝条状。外表面灰白色、灰棕色或黑棕色。内表面黄白色或棕色，平滑。切面纤维性。质硬。气微，味苦。

【检查】 **总灰分** 同药材，不得过6.0%。

【浸出物】 同药材，不得少于10.0%。

【含量测定】 同药材，含秦皮甲素（$C_{15}H_{16}O_9$）和秦皮乙素（$C_9H_6O_4$）的总量，不得少于0.80%。

【鉴别】 （1）、（3）【检查】 （水分）同药材。

【性味与归经】 苦、涩，寒。归肝、胆、大肠经。

【功能】 清热燥湿，收涩止痢，明目。

【主治】 湿热下痢，目赤肿痛，云翳。

【用法与用量】 马、牛15～60g；羊、猪5～10g；兔、禽1～1.5g。外用适量。

【贮藏】 置通风干燥处。

珠 芽 蓼

Zhuyaliao

POLYGONI RHIZOMA

本品为蓼科植物珠芽蓼 *Polygonum viviparum* L. 的干燥根茎。夏、秋二季采挖，除去杂质，晒干。

【性状】 本品呈块状，扭曲，有时呈钩状。表面棕红色至棕黑色，有皱纹及多数疣状突起。其下附有多数细长须根，红棕色或灰棕色。质坚，断面扁圆形，浅红色，颗粒状，中心部分色深，沿中心部分外围有维管束一圈。气微臭，味苦涩。

【鉴别】 取本品粉末1g，加水10ml，置水浴上加热2分钟，滤过。取滤液2ml，加三氯化铁试液1滴，即生成蓝黑色；另取滤液2ml，加醋酸铅试液2滴，即生成白色沉淀。

【炮制】 洗净，润透，切片，晒干。

【性味】 苦、涩、凉。

【功能】 清热解毒，散瘀止血。

【主治】 咽喉肿痛，肠黄，痢疾，跌打损伤，疮痈肿毒，外伤出血。

【用法与用量】 马、牛50～150g；羊、猪10～15g。外用适量。

【贮藏】 置干燥处，防蛀。

莱 菔 子

Laifuzi

RAPHANI SEMEN

本品为十字花科植物萝卜 *Raphanus sativus* L. 的干燥成熟种子。夏季果实成熟时采割植株，晒干，搓出种子，除去杂质，再晒干。

【性状】 本品呈类卵圆形或椭圆形，稍扁，长2.5～4mm，宽2～3mm。表面黄棕色、红棕色或灰棕色。一端有深棕色圆形种脐，一侧有数条纵沟。种皮薄而脆，子叶2，黄白色，有油性。气微，味淡、微苦辛。

【鉴别】 （1）本品粉末淡黄色至棕黄色。种皮栅状细胞成片，淡黄色、橙黄色、黄棕色或红棕色，表面观呈多角形或长多角形，直径约至15μm，常与种皮大形下皮细胞重叠，可见类多角形或长多角形暗影。内胚乳细胞表面观呈类多角形，含糊粉粒和脂肪油滴。子叶细胞无色或淡灰绿色，壁薄，含糊粉粒及脂肪油滴。

（2）取本品粉末1g，加乙醚30ml，加热回流1小时，弃去乙醚液，药渣挥干，加甲醇20ml，加热回流1小时，滤过，滤液蒸干，残渣加甲醇2ml使溶解，作为供试品溶液。另取莱菔子对照药材1g，同法制成对照药材溶液。再取芥子碱硫氰酸盐对照品，加甲醇制成每1ml含1mg的溶液，作为对照品溶液。照薄层色谱法（附录0502）试验，吸取上述三种溶液各3～5μl，分别点于同一硅胶G薄层板上，以乙酸乙酯-甲酸-水（10：2：3）的上层溶液为展开剂，展开，取出，晾干，置紫外光灯（365nm）下检视。供试品色谱中，在与对照药材色谱和对照品色谱相应的位置上，显相同颜色的荧光斑点；喷以1%香草醛的10%硫酸乙醇溶液，加热至斑点显色清晰，显相同颜色的斑点。

【检查】 **水分** 不得过8.0%（附录0832第二法）。

总灰分 不得过6.0%（附录2302）。

酸不溶性灰分 不得过2.0%（附录2302）。

【浸出物】 照醇溶性浸出物测定法（附录2201）项下的热浸法测定，用乙醇作溶剂，不得少于10.0%。

【含量测定】 照高效液相色谱法（附录0512）测定。

色谱条件与系统适用性试验 以苯基硅烷键合硅胶为填充剂；以乙腈-3%冰醋酸溶液（15:85）为流动相；检测波长为326nm。理论板数按芥子碱峰计算应不低于5000。

对照品溶液的制备 取芥子碱硫氰酸盐对照品适量，精密称定，置棕色量瓶中，加甲醇制成每1ml含40μg的溶液，即得。

供试品溶液的制备 取本品粉末（过三号筛）约0.5g，精密称定，置具塞锥形瓶中，精密加入70%甲醇50ml，密塞，称定重量，超声处理（功率250W，频率50kHz）30分钟，放冷，再称定重量，用70%甲醇补足减失的重量，摇匀，滤过，取续滤液，置棕色瓶中，即得。

测定法 分别精密吸取对照品溶液与供试品溶液各5μl，注入液相色谱仪，测定，即得。

本品按干燥品计算，含芥子碱以芥子碱硫氰酸盐（$C_{16}H_{24}NO_5 \cdot SCN$）计，不得少于0.40%。

饮片

【炮制】 莱菔子 除去杂质，洗净，干燥。用时捣碎。

【性状】【鉴别】【检查】【浸出物】【含量测定】 同药材。

炒莱菔子 取净莱菔子，照清炒法（附录0203）炒至微鼓起。用时捣碎。

本品形如莱菔子，表面微鼓起，色泽加深，质酥脆，气微香。

【鉴别】【检查】【浸出物】【含量测定】 同药材。

【性味与归经】 辛、甘，平。归肺、脾、胃经。

【功能】 消食导滞，降气化痰。

【主治】 气滞食积，腹胀，痰饮咳喘。

【用法与用量】 马、牛20～60g；驼45～100g；羊、猪5～15g；兔、禽1.5～2g。

【贮藏】 置通风干燥处，防蛀。

莲　子

Lianzi

NELUMBINIS SEMEN

本品为睡莲科植物莲 *Nelumbo nucifera* Gaertn. 的干燥成熟种子。秋季果实成熟时采割莲房，取出果实，除去果皮，干燥。

【性状】 本品略呈椭圆形或类球形，长1.2～1.8cm，直径0.8～1.4cm。表面红棕色，有细纵纹和较宽的脉纹。一端中心呈乳头状突起，棕褐色，多有裂口，其周边略下陷。质硬，种皮薄，不易剥离。子叶2，黄白色，肥厚，中有空隙，具绿色莲子心。气微，味甘、微涩；莲子心味苦。

【鉴别】 （1）本品粉末类白色。主为淀粉粒，单粒长圆形、类圆形、卵圆形或类三角形，有的具小尖突，直径4～25μm，脐点少数可见，裂缝状或点状；复粒稀少，由2～3分粒组成。色素层细胞黄棕色或红棕色，表面观呈类长方形、类长多角形或类圆形，有的可见草酸钙簇晶。子叶细胞呈长圆形，壁稍厚，有的呈连珠状，隐约可见纹孔域。可见螺纹和环纹导管。

（2）取本品粉末少许，加水适量，混匀，加碘试液数滴，呈蓝紫色，加热后逐渐褪色，放冷，蓝紫色复现。

（3）取本品粉末0.5g，加水5ml，浸泡，滤过，滤液置试管中，加α-萘酚试液数滴，摇匀，沿管壁缓缓滴加硫酸1ml，两液接界处出现紫色环。

（4）取本品粗粉5g，加三氯甲烷30ml，振摇，放置过夜，滤过，滤液蒸干，残渣加乙酸乙酯

2ml使溶解，作为供试品溶液。另取莲子对照药材5g，同法制成对照药材溶液。照薄层色谱法（附录0502）试验，吸取上述两种溶液各2μl，分别点于同一硅胶G薄层板上，以正己烷-丙酮（7:2）为展开剂，展开，取出，晾干，喷以5%香草醛的10%硫酸乙醇溶液，在105℃加热至斑点显色清晰。供试品色谱中，在与对照药材色谱相应的位置上，显相同颜色的斑点。

【检查】 **水分** 不得过14.0%（附录0832第一法）。

总灰分 不得过5.0%（附录2302）。

黄曲霉毒素 照黄曲霉毒素测定法（附录2351）测定。

本品每1000g含黄曲霉毒素B_1不得过5μg，黄曲霉毒素G_2、黄曲霉毒素G_1、黄曲霉毒素B_2和黄曲霉毒素B_1总量不得过10μg。

饮片

【炮制】 略浸，润透，切开，去心，干燥。

本品略呈类半球形。表面红棕色，有细纵纹和较宽的脉纹。一端中心呈乳头状突起，棕褐色，多有裂口，其周边略下陷。质硬，种皮薄，不易剥离。子叶黄白色，肥厚，中有空隙。气微，味微甘、微涩。

【检查】 **黄曲霉毒素** 同药材。

【性味与归经】 甘、涩，平。归脾、肾、心经。

【功能】 补脾止泻，益肾涩精，养心安神。

【主治】 脾虚泄泻，滑精，带下，心神不宁。

【用法与用量】 马、牛50~100g；羊、猪10~20g；犬、猫5~10g。

【贮藏】 置干燥处，防蛀。

莲 须

Lianxu

NELUMBINIS STAMEN

本品为睡莲科植物莲 *Nelumbo nucifera* Gaertn. 的干燥雄蕊。夏季花开时选晴天采收，盖纸晒干或阴干。

【性状】 本品呈线形。花药扭转，纵裂，长1.2~1.5cm，直径约0.1cm，淡黄色或棕黄色。花丝纤细，稍弯曲，长1.5~1.8cm，淡紫色。气微香，味涩。

【鉴别】 本品粉末黄棕色。花粉粒类球形或长圆形，直径45~86μm，具3孔沟，表面有颗粒网纹。表皮细胞呈长方形、多角形或不规则形，垂周壁微波状弯曲；侧面观外壁乳头状突起。花粉囊内壁细胞成片，呈长条形，壁稍厚，胞腔内充满黄棕色或红棕色物。可见螺纹导管。

【性味与归经】 甘、涩，平。归心、肾经。

【功能】 固肾涩精。

【主治】 肾虚滑精，尿频，尿失禁。

【用法与用量】 马、牛15~25g；羊、猪5~10g。

【贮藏】 置干燥处，防霉。

莪　术

Ezhu

CURCUMAE RHIZOMA

本品为姜科植物蓬莪术 *Curcuma phaeocaulis* Val. 、广西莪术 *Curcuma kwangsiensis* S. G. Lee et C. F. Liang 或温郁金 *Curcuma wenyujin* Y. H. Chen et C. Ling 的干燥根茎。后者习称"温莪术"。冬季茎叶枯萎后采挖，洗净，蒸或煮至透心，晒干或低温干燥后除去须根和杂质。

【性状】 蓬莪术　呈卵圆形、长卵形、圆锥形或长纺锤形，顶端多钝尖，基部钝圆，长2～8cm，直径1.5～4cm。表面灰黄色至灰棕色，上部环节突起，有圆形微凹的须根痕或残留的须根，有的两侧各有1列下陷的芽痕和类圆形的侧生根茎痕，有的可见刀削痕。体重，质坚实，断面灰褐色至蓝褐色，蜡样，常附有灰棕色粉末，皮层与中柱易分离，内皮层环纹棕褐色。气微香，味微苦而辛。

广西莪术　环节稍突起，断面黄棕色至棕色，常附有淡黄色粉末，内皮层环纹黄白色。

温莪术　断面黄棕色至棕褐色，常附有淡黄色至黄棕色粉末。气香或微香。

【鉴别】 （1）本品横切面：木栓细胞数列，有时已除去。皮层散有叶迹维管束；内皮层明显。中柱较宽，维管束外韧型，散在，沿中柱鞘部位的维管束较小，排列较密。薄壁细胞充满糊化的淀粉粒团块，薄壁组织中有含金黄色油状物的细胞散在。

粉末黄色或棕黄色。油细胞多破碎，完整者直径62～110μm，内含黄色油状分泌物。导管多为螺纹导管、梯纹导管，直径20～65μm。纤维孔沟明显，直径15～35μm。淀粉粒大多糊化。

（2）取本品粉末0.5g，置具塞离心管中，加石油醚（30～60℃）10ml，超声处理20分钟，滤过，滤液挥干，残渣加无水乙醇1ml使溶解，作为供试品溶液。另取吉马酮对照品，加无水乙醇制成每1ml含0.4mg的溶液，作为对照品溶液。照薄层色谱法（附录0502）试验，吸取上述两种溶液各10μl，分别点于同一硅胶G薄层板上，以石油醚（30～60℃）-丙酮-乙酸乙酯（94:5:1）为展开剂，展开，取出，晾干，喷以1%香草醛硫酸溶液，在105℃加热至斑点显色清晰。供试品色谱中，在与对照品色谱相应的位置上，显相同颜色的斑点。

【检查】 吸光度　取本品中粉30mg，精密称定，置具塞锥形瓶中，加三氯甲烷10ml，超声处理40分钟或浸泡24小时，滤过，滤液转移至10ml量瓶中，加三氯甲烷至刻度，摇匀，照紫外-可见分光光度法（附录0401）测定，在242nm的波长处有最大吸收，吸光度不得低于0.45。

水分　不得过14.0%（附录0832第二法）。

总灰分　不得过7.0%（附录2302）。

酸不溶性灰分　不得过2.0%（附录2302）。

【浸出物】 照醇溶性浸出物测定法（附录2201）项下的热浸法测定，用稀乙醇作溶剂，不得少于7.0%。

【含量测定】 照挥发油测定法（附录2204）测定。

本品含挥发油不得少于1.5%（ml/g）。

饮片

【炮制】 莪术　除去杂质，略泡，洗净，蒸软，切厚片，干燥。

本品呈类圆形或椭圆形的厚片。外表面灰黄色或灰棕色，有时可见环节或须根痕。切面黄绿色、黄棕色或棕褐色，内皮层环纹明显，散在"筋脉"小点。气微香，味微苦而辛。

【含量测定】 同药材，含挥发油不得少于1.0%（ml/g）。

【鉴别】（除横切面外）【检查】【浸出物】 同药材。

醋莪术 取净莪术，照醋煮法（附录0203）煮至透心，取出，稍凉，切厚片，干燥。

本品形如莪术片，色泽加深，角质样，微有醋香气。

【含量测定】 同药材，含挥发油不得少于1.0%（ml/g）。

【鉴别】（除横切面外）【检查】【浸出物】 同药材。

【性味与归经】 辛、苦，温。归肝、脾经。

【功能】 破瘀消积，行气止痛。

【主治】 气血瘀滞，肚腹胀痛，食积不化，跌打损伤。

【用法与用量】 马、牛15~60g；羊、猪5~10g。

【注意】 孕畜禁用。

【贮藏】 置干燥处，防蛀。

荷 叶

Heye

NELUMBINIS FOLIUM

本品为睡莲科植物莲 Nelumbo nucifera Gaertn. 的干燥叶。夏、秋二季采收，晒至七八成干时，除去叶柄，折成半圆形或折扇形，干燥。

【性状】 本品呈半圆形或折扇形，展开后呈类圆形，全缘或稍呈波状，直径20~50cm。上表面深绿色或黄绿色，较粗糙；下表面淡灰棕色，较光滑，有粗脉21~22条，自中心向四周射出；中心有突起的叶柄残基。质脆，易破碎。稍有清香气，味微苦。

【鉴别】 本品粉末灰绿色。上表皮细胞表面观多角形，外壁乳头状或短绒毛状突起，呈双圆圈状；断面观长方形，外壁呈乳头状突起；气孔不定式，副卫细胞5~8个。下表皮细胞表面观垂周壁略波状弯曲，有时可见连珠状增厚。草酸钙簇晶多见，直径约至40μm。

【检查】 水分 不得过15.0%（附录0832第一法）。

总灰分 不得过12.0%（附录2302）。

【浸出物】 照醇溶性浸出物测定法（附录2201）项下的热浸法测定，用70%乙醇作溶剂，不得少于10.0%。

【含量测定】 照高效液相色谱法（附录0512）测定。

色谱条件与系统适用性试验 以十八烷基硅烷键合硅胶为填充剂；以乙腈-水-三乙胺-冰醋酸（27:70.6:1.6:0.78）为流动相；检测波长为270nm。理论板数按荷叶碱峰计算应不低于2000。

对照品溶液的制备 取荷叶碱对照品适量，精密称定，加甲醇制成每1ml含16μg的溶液，即得。

供试品溶液的制备 取本品粗粉约0.5g，精密称定，置具塞锥形瓶中，精密加入甲醇50ml，称定重量，加热回流2.5小时，放冷，再称定重量，用甲醇补足减失的重量，摇匀，滤过，精密量取续滤液5ml，置10ml量瓶中，加水至刻度，摇匀，即得。

测定法 分别精密吸取对照品溶液与供试品溶液各20μl，注入液相色谱仪，测定，即得。

本品按干燥品计算，含荷叶碱（$C_{19}H_{21}NO_2$）不得少于0.10%。

饮片

【炮制】 荷叶 喷水，稍润，切丝，干燥。

本品呈不规则的丝状。上表面深绿色或黄绿色，较粗糙；下表面淡灰棕色，较光滑，叶脉明显突起。质脆，易破碎。稍有清香气，味微苦。

【含量测定】 同药材，含荷叶碱（$C_{19}H_{21}NO_2$）不得少于0.070%。

【鉴别】【检查】【浸出物】 同药材。

荷叶炭 取净荷叶，照煅炭法（附录0203）煅成炭。

本品呈不规则的片状，表面棕褐色或黑褐色。气焦香，味涩。

【性味与归经】 苦，平。归肝、脾、胃经。

【功能】 清暑化湿，凉血止血。

【主治】 暑湿泄泻，脾虚泄泻，血热吐衄，便血，子宫出血。

【用法与用量】 马、牛30～90g；羊、猪10～30g。

【贮藏】 置通风干燥处，防蛀。

桂　枝

Guizhi

CINNAMOMI RAMULUS

本品为樟科植物肉桂 *Cinnamomum cassia* Presl 的干燥嫩枝。春、夏二季采收，除去叶，晒干，或切片晒干。

【性状】 本品呈长圆柱形，多分枝，长30～75cm，粗端直径0.3～1cm。表面红棕色至棕色，有纵棱线、细皱纹及小疙瘩状的叶痕、枝痕和芽痕，皮孔点状。质硬而脆，易折断。切片厚2～4mm，切面皮部红棕色，木部黄白色至浅黄棕色，髓部略呈方形。有特异香气，味甜、微辛，皮部味较浓。

【鉴别】（1）本品横切面：表皮细胞1列，嫩枝有时可见单细胞非腺毛。木栓细胞3～5列，最内1列细胞外壁增厚。皮层有油细胞和石细胞散在。中柱鞘石细胞群断续排列成环，并伴有纤维束。韧皮部有分泌细胞及纤维散在。形成层明显。木质部射线宽1～2列细胞，含棕色物；导管单个散列或2至数个相聚；木纤维壁较薄，与木薄壁细胞不易区别。髓部细胞壁略厚，木化。射线细胞含细小草酸钙针晶。

粉末红棕色。石细胞类方形或类圆形，直径30～64μm，壁厚，有的一面菲薄。韧皮纤维大多成束或单个散离，无色或棕色，梭状，有的边缘齿状突出，直径12～40μm，壁甚厚，木化，孔沟不明显。油细胞类圆形或椭圆形，直径41～104μm。木纤维众多，常成束，具斜纹孔或相交成十字形。木栓细胞黄棕色，表面观多角形，含红棕色物。导管主为具缘纹孔，直径约至76μm。

（2）取本品粉末0.5g，加乙醇10ml，密塞，浸泡20分钟，时时振摇，滤过，取滤液作为供试品溶液。另取桂皮醛对照品，加乙醇制成每1ml含1μl的溶液，作为对照品溶液。照薄层色谱法（附录0502）试验，吸取供试品溶液10～15μl、对照品溶液2μl，分别点于同一硅胶G薄层板上，以石油醚（60～90℃）-乙酸乙酯（17:3）为展开剂，展开，取出，晾干，喷以二硝基苯肼乙醇试液。供试品色谱中，在与对照品色谱相应的位置上，显相同的橙红色斑点。

（3）取本品粉末2g，加乙醚10ml，浸泡30分钟，时时振摇，滤过，滤液挥干，残渣加三氯甲烷1ml使溶解，作为供试品溶液。另取桂枝对照药材2g，同法制成对照药材溶液。照薄层色谱法（附录0502）试验，吸取上述两种溶液各15μl，分别点于同一硅胶G薄层板上，使成条状，以石油醚（60~90℃）-乙酸乙酯（17:3）为展开剂，展开，取出，晾干，喷以香草醛硫酸试液，在105℃加热至斑点显色清晰。供试品色谱中，在与对照药材色谱相应的位置上，显相同颜色的斑点。

【检查】 水分 不得过12.0%（附录0832第二法）。

总灰分 不得过3.0%（附录2302）。

【浸出物】 照醇溶性浸出物测定法（附录2201）项下的热浸法测定，用乙醇作溶剂，不得少于6.0%。

【含量测定】 照高效液相色谱法（附录0512）测定。

色谱条件与系统适用性试验 以十八烷基硅烷键合硅胶为填充剂；以乙腈-水（32:68）为流动相；检测波长为290nm。理论板数按桂皮醛峰计算应不低于3000。

对照品溶液的制备 取桂皮醛对照品适量，精密称定，加甲醇制成每1ml含10μg的溶液，即得。

供试品溶液的制备 取本品粉末（过四号筛）约0.5g，精密称定，置具塞锥形瓶中，精密加入甲醇25ml，称定重量，超声处理（功率250W，频率40kHz）30分钟，放冷，再称定重量，用甲醇补足减失的重量，摇匀，滤过，精密量取续滤液1ml，置25ml量瓶中，加甲醇至刻度，摇匀，即得。

测定法 分别精密吸取对照品溶液与供试品溶液各10μl，注入液相色谱仪，测定，即得。

本品按干燥品计算，含桂皮醛（C_9H_8O）不得少于1.0%。

饮片

【炮制】 除去杂质，洗净，润透，切厚片，干燥。

本品呈类圆形或椭圆形的厚片。表面红棕色至棕色，有时可见点状皮孔或纵棱线。切面皮部红棕色，木部黄白色或浅黄棕色，髓部类圆形或略呈方形。有特异香气，味甜，微辛。

【鉴别】（除横切面外）【检查】【浸出物】【含量测定】 同药材。

【性味与归经】 辛、甘，温。归心、肺、膀胱经。

【功能】 发汗解肌，温经通阳。

【主治】 风寒表证，关节痹痛，水湿停滞。

【用法与用量】 马、牛15~45g；驼30~60g；羊、猪3~10g；兔、禽0.5~1.5g。

【贮藏】 置阴凉干燥处。

桔　梗

Jiegeng

PLATYCODONIS RADIX

本品为桔梗科植物桔梗 *Platycodon grandiflorum*（Jacq.）A. DC. 的干燥根。春、秋二季采挖，洗净，除去须根，趁鲜剥去外皮或不去外皮，干燥。

【性状】 本品呈圆柱形或略呈纺锤形，下部渐细，有的有分枝，略扭曲，长7~20cm，直径0.7~2cm。表面淡黄白色至黄色，不去外皮者表面黄棕色至灰棕色，具纵扭皱沟，并有横长的皮孔样斑痕及支根痕，上部有横纹。有的顶端有较短的根茎或不明显，其上有数个半月形茎痕。质脆，断面不平坦，形成层环棕色，皮部黄白色，有裂隙，木部淡黄色。气微，味微甜后苦。

【鉴别】（1）本品横切面：木栓细胞有时残存，不去外皮者有木栓层，细胞中含草酸钙小棱晶。栓内层窄。韧皮部乳管群散在，乳管壁略厚，内含微细颗粒状黄棕色物。形成层成环。木质部导管单个散在或数个相聚，呈放射状排列。薄壁细胞含菊糖。

（2）取本品，切片，用稀甘油装片，置显微镜下观察，可见扇形或类圆形的菊糖结晶。

（3）取本品粉末1g，加7%硫酸乙醇-水（1:3）混合溶液20ml，加热回流3小时，放冷，用三氯甲烷振摇提取2次，每次20ml，合并三氯甲烷液，加水洗涤2次，每次30ml，弃去洗液，三氯甲烷液用无水硫酸钠脱水，滤过，滤液蒸干，残渣加甲醇1ml使溶解，作为供试品溶液。另取桔梗对照药材1g，同法制成对照药材溶液。照薄层色谱法（附录0502）试验，吸取上述两种溶液各10μl，分别点于同一硅胶G薄层板上，以三氯甲烷-乙醚（2:1）为展开剂，展开，取出，晾干，喷以10%硫酸乙醇溶液，在105℃加热至斑点显色清晰。供试品色谱中，在与对照药材色谱相应的位置上，显相同颜色的斑点。

【检查】　水分　不得过15.0%（附录0832第一法）。

总灰分　不得过6.0%（附录2302）。

【浸出物】　照醇溶性浸出物测定法（附录2201）项下的热浸法测定，用乙醇作溶剂，不得少于17.0%。

【含量测定】　照高效液相色谱法（附录0512）测定。

色谱条件与系统适用性试验　以十八烷基硅烷键合硅胶为填充剂；以乙腈-水（25:75）为流动相；蒸发光散射检测器检测。理论板数按桔梗皂苷D峰计算应不低于3000。

对照品溶液的制备　取桔梗皂苷D对照品适量，精密称定，加甲醇制成每1ml含0.5mg的溶液，即得。

供试品溶液的制备　取本品粉末（过二号筛）约2g，精密称定，精密加入50%甲醇50ml，称定重量，超声处理（功率250W，频率40kHz）30分钟，放冷，再称定重量，用50%甲醇补足减失的重量，摇匀，滤过，精密量取续滤液25ml，置水浴上蒸干，残渣加水20ml，微热使溶解，用水饱和的正丁醇振摇提取3次，每次20ml，合并正丁醇液，用氨试液50ml洗涤，弃去氨液，再用正丁醇饱和的水50ml洗涤，弃去水液，正丁醇液蒸干，残渣加甲醇3ml使溶解，加硅胶0.5g拌匀，置水浴上蒸干，加于硅胶柱［100～200目，10g，内径为2cm，用三氯甲烷-甲醇（9:1）混合溶液湿法装柱］上，以三氯甲烷-甲醇（9:1）混合溶液50ml洗脱，弃去洗脱液，再用三氯甲烷-甲醇-水（60:20:3）混合溶液100ml洗脱，弃去洗脱液，继用三氯甲烷-甲醇-水（60:29:6）混合溶液100ml洗脱，收集洗脱液，蒸干，残渣加甲醇使溶解，转移至5ml量瓶中，加甲醇至刻度，摇匀，滤过，即得。

测定法　分别精密吸取对照品溶液5μl、10μl，供试品溶液10～15μl，注入液相色谱仪，测定，用外标两点法对数方程计算，即得。

本品按干燥品计算，含桔梗皂苷D（$C_{57}H_{92}O_{28}$）不得少于0.10%。

饮片

【炮制】　除去杂质，洗净，润透，切厚片，干燥。

本品呈椭圆形或不规则厚片。外皮多已除去或偶有残留。切面皮部黄白色，较窄；形成层环纹明显，棕色；木部宽，有较多裂隙。气微，味微甜后苦。

【检查】　水分　不得过12.0%。

总灰分　不得过5.0%。

【鉴别】（除横切面外）【浸出物】【含量测定】　同药材。

【性味与归经】　苦、辛，平。归肺经。

【功能】　宣肺，祛痰，利咽，排脓。

【主治】 咳嗽痰多，咽喉肿痛，肺痈。

【用法与用量】 马、牛15～45g；羊、猪3～10g；兔、禽1～1.5g。

【贮藏】 置通风干燥处，防蛀。

桃 仁

Taoren
PERSICAE SEMEN

本品为蔷薇科植物桃 *Prunus persica* (L.) Batsch 或山桃 *Prunus davidiana* (Carr.) Franch. 的干燥成熟种子。果实成熟后采收，除去果肉和核壳，取出种子，晒干。

【性状】 **桃仁** 呈扁长卵形，长1.2～1.8cm，宽0.8～1.2cm，厚0.2～0.4cm。表面黄棕色至红棕色，密布颗粒状突起。一端尖，中部膨大，另端钝圆稍偏斜，边缘较薄。尖端一侧有短线形种脐，圆端有颜色略深不甚明显的合点，自合点处散出多数纵向维管束。种皮薄，子叶2，类白色，富油性。气微，味微苦。

山桃仁 呈类卵圆形，较小而肥厚，长约0.9cm，宽约0.7cm，厚约0.5cm。

【鉴别】 （1）本品种皮粉末（或解离）片：**桃仁** 石细胞黄色或黄棕色，侧面观贝壳形、盔帽形、弓形或椭圆形，高54～153μm，底部宽约至180μm，壁一边较厚，层纹细密；表面观类圆形、圆多角形或类方形，底部壁上纹孔大而较密。

山桃仁 石细胞淡黄色、橙黄色或橙红色，侧面观贝壳形、矩圆形、椭圆形或长条形，高81～198（279）μm，宽约至128（198）μm；表面观类圆形、类六角形、长多角形或类方形，底部壁厚薄不匀，纹孔较小。

（2）取本品粗粉2g，加石油醚（60～90℃）50ml，加热回流1小时，滤过，弃去石油醚液，药渣再用石油醚25ml洗涤，弃去石油醚，药渣挥干，加甲醇30ml，加热回流1小时，放冷，滤过，取滤液作为供试品溶液。另取苦杏仁苷对照品，加甲醇制成每1ml含2mg的溶液，作为对照品溶液。照薄层色谱法（附录0502）试验，吸取上述两种溶液各5μl，分别点于同一硅胶G薄层板上，以三氯甲烷-乙酸乙酯-甲醇-水（15:40:22:10）5～10℃放置12小时的下层溶液为展开剂，展开，取出，立即喷以磷钼酸硫酸溶液（磷钼酸2g，加水20ml使溶解，再缓缓加入硫酸30ml，混匀），在105℃加热至斑点显色清晰。供试品色谱中，在与对照品色谱相应的位置上，显相同颜色的斑点。

【检查】 **酸败度** 照酸败度测定法（附录2303）测定。

酸值 不得过10.0。

羰基值 不得过11.0。

黄曲霉毒素 照黄曲霉毒素测定法（附录2351）测定。

本品每1000g含黄曲霉毒素B$_1$不得过5μg，含黄曲霉毒素G$_2$、黄曲霉毒素G$_1$、黄曲霉毒素B$_2$和黄曲霉毒素B$_1$的总量不得过10μg。

【含量测定】 照高效液相色谱法（附录0512）测定。

色谱条件与系统适用性试验 以十八烷基硅烷键合硅胶为填充剂；以甲醇-水（20:80）为流动相；检测波长为210nm。理论板数按苦杏仁苷峰计算应不低于3000。

对照品溶液的制备 取苦杏仁苷对照品适量，精密称定，加70%甲醇制成每1ml含80μg的溶液，即得。

供试品溶液的制备　取本品粗粉约0.3g，精密称定，置具塞锥形瓶中，加石油醚（60～90℃）50ml，加热回流1小时，放冷，滤过，弃去石油醚液，药渣及滤纸挥干溶剂，放入原锥形瓶中，精密加入70%甲醇50ml，称定重量，加热回流1小时，放冷，再称定重量，用70%甲醇补足减失的重量，摇匀，滤过。精密量取续滤液5ml，置10ml量瓶中，加50%甲醇至刻度，摇匀，即得。

测定法　分别精密吸取对照品溶液与供试品溶液各10μl，注入液相色谱仪，测定，即得。

本品按干燥品计算，含苦杏仁苷（$C_{20}H_{27}NO_{11}$）不得少于2.0%。

饮片

【炮制】　**桃仁**　除去杂质。用时捣碎。

【性状】【鉴别】【检查】【含量测定】　同药材。

燁桃仁　取净桃仁，照燁法（附录0203）去皮。用时捣碎。

本品呈扁长卵形，长1.2～1.8cm，宽0.8～1.2cm，厚0.2～0.4cm。表面浅黄白色，一端尖，中部膨大，另端钝圆稍偏斜，边缘较薄。子叶2，富油性。气微香，味微苦。

燁山桃仁　呈类卵圆形，较小而肥厚，长约1cm，宽约0.7cm，厚约0.5cm。

【鉴别】　（1）本品横切面：内胚乳细胞1～3列，呈类方形。子叶细胞较大，内含糊粉粒和脂肪油滴，有的可见细小拟晶体。

【鉴别】（2）【检查】　同药材。

【含量测定】　同药材，含苦杏仁苷（$C_{20}H_{27}NO_{11}$）不得少于1.50%。

炒桃仁　取燁桃仁，照清炒法（附录0203）炒至黄色。用时捣碎。

本品呈扁长卵形，长1.2～1.8cm，宽0.8～1.2cm，厚0.2～0.4cm。表面黄色至棕黄色，可见焦斑。一端尖，中部膨大，另端钝圆稍偏斜，边缘较薄。子叶2，富油性。气微香，味微苦。

炒山桃仁　2枚子叶多分离，完整者呈类卵圆形，较小而肥厚。长约1cm，宽约0.7cm，厚约0.5cm。

【鉴别】　（1）本品横切面：内胚乳细胞1～3列，呈类方形。子叶细胞较大，内含糊粉粒和脂肪油滴，有的可见细小拟晶体。

【鉴别】（2）【检查】　同药材。

【含量测定】　同药材，含苦杏仁苷（$C_{20}H_{27}NO_{11}$）不得少于1.60%。

【性味与归经】　苦、甘，平。归心、肝、大肠经。

【功能】　活血祛瘀，润肠通便。

【主治】　产后血瘀，胎衣不下，膀胱蓄血，跌打损伤，肠燥便秘。

【用法与用量】　马、牛15～30g；羊、猪3～10g。

【注意】　孕畜慎用。

【贮藏】　置阴凉干燥处，防蛀。

桉　油

Anyou

EUCALYPTUS OIL

本品为桃金娘科植物蓝桉 *Eucalyptus globulus* Labill.、樟科植物樟 *Cinnamomum camphora*（L.）Presl. 或上述两科同属其他植物经水蒸气蒸馏提取的挥发油。

【性状】 本品为无色或微黄色的澄清液体；有特异的芳香气，微似樟脑，味辛、凉。贮存日久，色稍变深。

本品在70%乙醇中易溶。

相对密度 应为0.895～0.920（附录0601）。

折光率 应为1.458～1.468（附录0622）。

【鉴别】 取本品0.1ml，加无水乙醇使成1ml，振摇使溶解，作为供试品溶液。另取桉油精对照品，同法制成对照品溶液。照薄层色谱法（附录0502）试验，吸取上述两种溶液各2μl，分别点于同一硅胶G薄层板上，以环己烷-乙酸乙酯（9.5：0.5）为展开剂，展开，取出，晾干，喷以1%香草醛硫酸溶液。供试品色谱中，在与对照品色谱相应的位置上，显相同颜色的斑点。

【检查】 **水茴香烃** 取本品2.5ml，加石油醚（60～90℃）12.5ml，摇匀，加亚硝酸钠溶液（5→8）5ml，再缓缓加入冰醋酸5ml，搅匀，10分钟内不得析出结晶。

重金属 取本品1g，依法检查（附录0821第二法），不得过10mg/kg。

【含量测定】 取本品，照桉油精含量测定法（附录2203）测定，即得。

本品含桉油精（$C_{10}H_{18}O$）不得少于70.0%（g/g）。

【功能】 活血，止痛。

【主治】 跌打损伤，瘀血肿痛。

【用法与用量】 外用适量。

【贮藏】 遮光，密封，置阴凉处。

夏　枯　草
Xiakucao
PRUNELLAE SPICA

本品为唇形科植物夏枯草 *Prunella vulgaris* L. 的干燥果穗。夏季果穗呈棕红色时采收，除去杂质，晒干。

【性状】 本品呈圆柱形，略扁，长1.5～8cm，直径0.8～1.5cm；淡棕色至棕红色。全穗由数轮至10数轮宿萼与苞片组成，每轮有对生苞片2片，呈扇形，先端尖尾状，脉纹明显，外表面有白毛。每一苞片内有花3朵，花冠多已脱落，宿萼二唇形，内有小坚果4枚，卵圆形，棕色，尖端有白色突起。体轻。气微，味淡。

【鉴别】 （1）本品粉末灰棕色。非腺毛单细胞多见，呈三角形；多细胞者有时可见中间几个细胞缢缩，表面具细小疣状突起。腺毛有两种：一种单细胞头，双细胞柄；另一种双细胞头，单细胞柄，后者有的胞腔内充满黄色分泌物。腺鳞顶面观头部类圆形，4细胞，直径39～60μm，有的内含黄色分泌物。宿存花萼异形细胞表面观垂周壁深波状弯曲，直径19～63μm，胞腔内有时含淡黄色或黄棕色物。

（2）取本品粉末2.5g，加70%乙醇30ml，超声处理30分钟，滤过，滤液蒸干，残渣加乙醇5ml使溶解，作为供试品溶液。另取迷迭香酸对照品，加乙醇制成每1ml含0.1mg的溶液，作为对照品溶液。照薄层色谱法（附录0502）试验，吸取供试品溶液2μl、对照品溶液5μl，分别点于同一硅胶G薄层板上，以环己烷-乙酸乙酯-异丙醇-甲酸（15：3：3.5：0.5）为展开剂，展开，取出，晾干，置紫外光灯（365nm）下检视。供试品色谱中，在与对照品色谱相应的位置上，显相同颜色的荧光斑点。

【检查】 水分 不得过14.0%（附录0832第一法）。

总灰分 不得过12.0%（附录2302）。

酸不溶性灰分 不得过4.0%（附录2302）。

【浸出物】 照水溶性浸出物测定法（附录2201）项下的热浸法测定，不得少于10.0%。

【含量测定】 照高效液相色谱法（附录0512）测定。

色谱条件与系统适用性试验 以十八烷基硅烷键合硅胶为填充剂；以甲醇-0.1%三氟乙酸溶液（42∶58）为流动相；检测波长为330nm。理论板数按迷迭香酸峰计算应不低于6000。

对照品溶液的制备 取迷迭香酸对照品适量，精密称定，加稀乙醇制成每1ml含0.5mg的溶液，即得。

供试品溶液的制备 取本品粉末（过二号筛）约0.5g，精密称定，置具塞锥形瓶中，精密加入稀乙醇50ml，超声处理（功率90W，频率59kHz）30分钟，放冷，再称定重量，用稀乙醇补足减失的重量，摇匀，滤过，取续滤液，即得。

测定法 分别精密吸取对照品溶液与供试品溶液各5μl，注入液相色谱议，测定，即得。

本品按干燥品计算，含迷迭香酸（$C_{18}H_{16}O_8$）不得少于0.20%。

【性味与归经】 辛、苦，寒。归肝、胆经。

【功能】 清肝泻火，明目，散结消肿。

【主治】 目赤肿痛，乳痈，疮肿。

【用法与用量】 马、牛15～60g；羊、猪5～10g；兔、禽1～3g。

【贮藏】 置干燥处。

柴 胡

Chaihu

BUPLEURI RADIX

本品为伞形科植物柴胡 *Bupleurum chinense* DC. 或狭叶柴胡 *Bupleurum scorzonerifolium* Willd. 的干燥根。按性状不同，分别习称"北柴胡"和"南柴胡"。春、秋二季采挖，除去茎叶和泥沙，干燥。

【性状】 北柴胡 呈圆柱形或长圆锥形，长6～15cm，直径0.3～0.8cm。根头膨大，顶端残留3～15个茎基或短纤维状叶基，下部分枝。表面黑褐色或浅棕色，具纵皱纹、支根痕及皮孔。质硬而韧，不易折断，断面显纤维性，皮部浅棕色，木部黄白色。气微香，味微苦。

南柴胡 根较细，圆锥形，顶端有多数细毛状枯叶纤维，下部多不分枝或稍分枝。表面红棕色或黑棕色，靠近根头处多具细密环纹。质稍软，易折断，断面略平坦，不显纤维性。具败油气。

【鉴别】 北柴胡 取本品粉末0.5g，加甲醇20ml，超声处理10分钟，滤过，滤液浓缩至5ml，作为供试品溶液。另取北柴胡对照药材0.5g，同法制成对照药材溶液。再取柴胡皂苷a对照品、柴胡皂苷d对照品，加甲醇制成每1ml各含0.5mg的混合溶液，作为对照品溶液。照薄层色谱法（附录0502）试验，吸取上述三种溶液各5μl，分别点于同一硅胶G薄层板上，以乙酸乙酯-乙醇-水（8∶2∶1）为展开剂，展开，取出，晾干，喷以2%对二甲氨基苯甲醛的40%硫酸溶液，在60℃加热至斑点显色清晰，分别置日光和紫外光灯（365nm）下检视。供试品色谱中，在与对照药材色谱和对照品色谱相应的位置上，显相同颜色的斑点或荧光斑点。

【检查】 水分 不得过10.0%（附录0832第一法）。

总灰分 不得过8.0%（附录2302）。

酸不溶性灰分 不得过3.0%（附录2302）。

【浸出物】 照醇溶性浸出物测定法（附录2201）项下的热浸法测定，用乙醇作溶剂，不得少于11.0%。

【含量测定】 **北柴胡** 照高效液相色谱法（附录0512）测定。

色谱条件与系统适用性试验 以十八烷基硅烷键合硅胶为填充剂；以乙腈为流动相A，以水为流动相B，按下表中的规定进行梯度洗脱；检测波长为210nm。理诊板数按柴胡皂苷a峰计算应不低于10 000。

时间（分钟）	流动相A（%）	流动相B（%）
0～50	25→90	75→10
50～55	90	10

对照品溶液的制备 取柴胡皂苷a对照品、柴胡皂苷d对照品适量，精密称定，加甲醇制成每1ml含柴胡皂苷a0.4mg、柴胡皂苷d0.5mg的溶液，摇匀，即得。

供试品溶液的制备 取本品粉末（过四号筛）约0.5g，精密称定，置具塞锥形瓶中，加入含5%浓氨试液的甲醇溶液25ml，密塞，30℃水温超声处理（功率200W，频率40kHz）30分钟，滤过，用甲醇20ml分2次洗涤容器及药渣，洗液与滤液合并，回收溶剂至干。残渣加甲醇溶解，转移至5ml量瓶中，加甲醇至刻度，摇匀，滤过，取续滤液，即得。

测定法 分别精密吸取对照品溶液20μl与供试品溶液10～20μl，注入液相色谱仪，测定，即得。

本品按干燥品计算，含柴胡皂苷a（$C_{42}H_{68}O_{13}$）和柴胡皂苷d（$C_{42}H_{68}O_{13}$）的总量不得少于0.30%。

饮片

【炮制】 **北柴胡** 除去杂质和残茎，洗净，润透，切厚片，干燥。

本品呈不规则厚片。外表皮黑褐色或浅棕色，具纵皱纹和支根痕。切面淡黄白色，纤维性。质硬。气微香，味微苦。

【鉴别】【检查】【浸出物】【含量测定】 同北柴胡。

醋北柴胡 取北柴胡片，照醋炙法（附录0203）炒干。

本品形如北柴胡片，表面淡棕黄色，微有醋香气，味微苦。

【浸出物】 照醇溶性浸出物测定法（附录2201）项下的热浸法测定，用乙醇作溶剂，不得少于12.0%。

【鉴别】【检查】【含量测定】 同北柴胡。

南柴胡 除去杂质，洗净，润透，切厚片，干燥。

本品呈类圆形或不规则片。外表皮红棕色或黑褐色。有时可见根头处具细密环纹或有细毛状枯叶纤维。切面黄白色，平坦。具败油气。

醋南柴胡 取南柴胡片，照醋炙法（附录0203）炒干。

本品形如南柴胡片，微有醋香气。

【性味与归经】 辛、苦，微寒。归肝、胆、肺经。

【功能】 发表和里，升举阳气，舒肝解郁。

【主治】 感冒发热，寒热往来，脾虚久泻，子宫垂脱，脱肛。

【用法与用量】 马、牛15～45g；羊、猪3～10g；兔、禽1～3g。

【注意】 大叶柴胡 *Bupleurum longiradiatum* Turcz. 的干燥根茎，表面密生环节，有毒，不可当柴胡用。

【贮藏】 置通风干燥处，防蛀。

党 参

Dangshen
CODONOPSIS RADIX

本品为桔梗科植物党参 *Codonopsis pilosula*（Franch.）Nannf.、素花党参 *Codonopsis pilosula* Nannf. var. *modesta*（Nannf.）L. T. Shen 或川党参 *Codonopsis tangshen* Oliv. 的干燥根。秋季采挖，洗净，晒干。

【性状】 **党参** 呈长圆柱形，稍弯曲，长10～35cm，直径0.4～2cm。表面灰黄色、黄棕色至灰棕色，根头部有多数疣状突起的茎痕及芽，每个茎痕的顶端呈凹下的圆点状；根头下有致密的环状横纹，向下渐稀疏，有的达全长的一半，栽培品环状横纹少或无；全体有纵皱纹和散在的横长皮孔样突起，支根断落处常有黑褐色胶状物。质稍硬或略带韧性，断面稍平坦，有裂隙或放射状纹理，皮部淡黄棕色至黄棕色，木部淡黄色至黄色。有特殊香气，味微甜。

素花党参（西党参） 长10～35cm，直径0.5～2.5cm。表面黄白色至灰黄色，根头下致密的环状横纹常达全长的一半以上。断面裂隙较多，皮部灰白色至淡棕色。

川党参 长10～45cm，直径0.5～2cm。表面灰黄色至黄棕色，有明显不规则的纵沟。质较软而结实，断面裂隙较少，皮部黄白色。

【鉴别】 （1）本品横切面：木栓细胞数列至10数列，外侧有石细胞，单个或成群。栓内层窄。韧皮部宽广，外侧常现裂隙，散有淡黄色乳管群，并常与筛管群交互排列。形成层成环。木质部导管单个散在或数个相聚，呈放射状排列。薄壁细胞含菊糖。

（2）取本品粉末1g，加甲醇25ml，超声处理30分钟，滤过，滤液蒸干，残渣加水15ml使溶解，通过D101型大孔吸附树脂柱（内径为1.5cm，柱高为10cm），用水50ml洗脱，弃去水液，再用50%乙醇50ml洗脱，收集洗脱液，蒸干，残渣加甲醇1ml使溶解，作为供试品溶液。另取党参炔苷对照品，加甲醇制成每1ml含1mg的溶液，作为对照品溶液。照薄层色谱法（附录0502）试验，吸取供试品溶液2～4μl、对照品溶液2μl，分别点于同一高效硅胶G薄层板上，以正丁醇-冰醋酸-水（7：1：0.5）为展开剂，展开，取出，晾干，喷以10%硫酸乙醇溶液，在100℃加热至斑点显色清晰，分别置日光和紫外光灯（365nm）下检视。供试品色谱中，在与对照品色谱相应的位置上，显相同颜色的斑点或荧光斑点。

【检查】 **水分** 不得过16.0%（附录0832第一法）。

总灰分 不得过5.0%（附录2302）。

二氧化硫残留量 照二氧化硫残留量测定法（附录2331）测定，不得过400mg/kg。

【浸出物】 照醇溶性浸出物测定法项下的热浸法（附录2201）测定，用45%乙醇作溶剂，不得少于55.0%。

饮片

【炮制】 **党参片** 除去杂质，洗净，润透，切厚片，干燥。

本品呈类圆形的厚片。外表皮灰黄色、黄棕色至灰棕色，有时可见根头部有多数疣状突起的茎痕和芽。切面皮部淡棕黄色至棕黄色，木部淡黄色至黄色，有裂隙或放射状纹理。有特殊香气，味微甜。

【鉴别】【检查】【浸出物】　同药材。

米炒党参　取党参片，照炒法（附录0203）用米拌炒至表面深黄色，取出，筛去米，放凉。每100kg党参片，用米20kg。

本品形如党参片，表面深黄色，偶有焦斑。

【检查】　水分　同药材，不得过10.0%。

【鉴别】【检查】（总灰分二氧化硫残留量）【浸出物】　同药材。

【性味与归经】　甘，平。归脾、肺经。

【功能】　补中益气，健脾益肺。

【主治】　脾胃虚弱，少食腹泻，肺虚咳喘，体倦无力，气虚垂脱。

【用法与用量】　马、牛20～60g；羊、猪5～10g；兔、禽0.5～1.5g。

【注意】　不宜与藜芦同用。

【贮藏】　置通风干燥处，防蛀。

鸭　跖　草

Yazhicao

COMMELINAE HERBA

本品为鸭跖草科植物鸭跖草 *Commelina communis* L. 的干燥地上部分。夏、秋二季采收，晒干。

【性状】　本品长可达60cm，黄绿色或黄白色，较光滑。茎有纵棱，直径约0.2cm，多有分枝或须根，节稍膨大，节间长3～9cm；质柔软，断面中心有髓。叶互生，多皱缩、破碎，完整叶片展平后呈卵状披针形或披针形，长3～9cm，宽1～2.5cm；先端尖，全缘，基部下延成膜质叶鞘，抱茎，叶脉平行。花多脱落，总苞佛焰苞状，心形，两边不相连；花瓣皱缩，蓝色。气微，味淡。

【鉴别】　（1）本品叶表面观：非腺毛有两种，均为2细胞，一种短锥形，长45～60μm，壁较厚，基部细胞直径约45μm，顶端细胞短尖；另一种棒形，基部细胞长45～60μm，壁稍厚，顶端细胞较长，先端钝圆，壁薄，常脱落。草酸钙针晶较多，长至74μm。

（2）取本品粉末0.5g，加乙醇25ml，加热回流30分钟，滤过，滤液蒸干，残渣加乙醇2ml使溶解，作为供试品溶液。另取鸭跖草对照药材0.5g，同法制成对照药材溶液。照薄层色谱法（附录0502）试验，吸取上述两种溶液各5μl，分别点于同一硅胶G薄层板上，以三氯甲烷-甲醇-水（5:1:0.05）为展开剂，薄层板置展开缸中预平衡30分钟，展开，取出，晾干，置紫外光灯（365nm）下检视。供试品色谱中，在与对照药材色谱相应的位置上，显相同颜色的荧光斑点；再置碘蒸气中熏至斑点显色清晰，供试品色谱中，在与对照药材色谱相应的位置上，显相同颜色的斑点。

【检查】　水分　不得过12.0%（附录0832第一法）。

【浸出物】　照水溶性浸出物测定法（附录2201）项下的热浸法测定，不得少于16.0%。

饮片

【炮制】　除去杂质，洗净，切段，干燥。

本品呈不规则的段。茎有纵棱，节稍膨大。切面中心有髓。叶互生，多皱缩、破碎，完整叶片展平后呈卵状披针形或披针形，全缘，基部下延成膜质叶鞘，抱茎，叶脉平行。总苞佛焰苞状，心形。气微，味淡。

【鉴别】【检查】【浸出物】　同药材。

【性味与归经】 甘、淡，寒。归肺、胃、小肠经。

【功能】 清热解毒，利水消肿。

【主治】 外感发热，咽喉肿痛，水肿尿少，热淋涩痛，痈肿疔毒。

【用法与用量】 马、牛30～60g；羊、猪15～30g。外用适量。

【贮藏】 置通风干燥处，防霉。

铁 皮 石 斛
Tiepishihu
DENDROBII OFFICINALIS CAULIS

本品为兰科植物铁皮石斛 *Dendrobium officinale* Kimura et Migo 的干燥茎。11月至翌年3月采收，除去杂质，剪去部分须根，边加热边扭成螺旋形或弹簧状，烘干；或切成段，干燥或低温烘干，前者习称"铁皮枫斗"（耳环石斛）；后者习称"铁皮石斛"。

【性状】 **铁皮枫斗** 本品呈螺旋形或弹簧状，通常为2～6个旋纹，拉直后长3.5～8cm，直径0.2～0.4cm。表面灰绿色或略带金黄色，有细纵皱纹，节明显，节上有时可见残留的灰白色叶鞘；一端可见茎基部留下的短须根。质坚实，易折断，断面平坦，灰白色至灰绿色，略角质状。气微，味淡，嚼之有黏性。

铁皮石斛 本品为圆柱形的段，长短不等。

【鉴别】 （1）本品横切面：表皮细胞1列，扁平，外壁及侧壁稍增厚、微木化，外被黄色角质层，有的外层可见无色的薄壁细胞组成的叶鞘层。基本薄壁组织细胞多角形，大小相似，其间散在多数维管束，略排成4～5圈，维管束外韧型，外围排列有厚壁的纤维束，有的外侧小型薄壁细胞中含有硅质块。含草酸钙针晶束的黏液细胞多见于近表皮处。

（2）取本品粉末1g，加三氯甲烷-甲醇（9:1）混合溶液15ml，超声处理20分钟，滤过，滤液作为供试品溶液。另取铁皮石斛对照药材1g，同法制成对照药材溶液。照薄层色谱法（附录0502）试验，吸取上述两种溶液各2～5μl，分别点于同一硅胶G薄层板上，以甲苯-甲酸乙酯-甲酸（6:3:1）为展开剂，展开，取出，烘干，喷以10%硫酸乙醇溶液，在95℃加热约3分钟，置紫外光灯（365nm）下检视。供试品色谱中，在与对照药材色谱相应的位置上，显相同颜色的荧光斑点。

【检查】 **甘露糖与葡萄糖峰面积比** 取葡萄糖对照品适量，精密称定，加水制成每1ml含50μg的溶液，作为对照品溶液。精密吸取0.4ml，按〔含量测定〕甘露糖项下方法依法测定。供试品色谱中，甘露糖与葡萄糖的峰面积比应为2.4～8.0。

水分 不得过12.0%（附录0832第一法）。

总灰分 不得过6.0%（附录2302）。

【浸出物】 照醇溶性浸出物测定法（附录2201）项下的热浸法测定，用乙醇作溶剂，不得少于6.5%。

【含量测定】 **多糖** 对照品溶液的制备 取无水葡萄糖对照品适量，精密称定，加水制成每1ml中含90μg的溶液，即得。

标准曲线的制备 精密量取对照品溶液0.2ml、0.4ml、0.6ml、0.8ml、1.0ml，分别置10ml具塞试管中，各加水补至1.0ml，精密加5%苯酚溶液1ml（临用配置），摇匀，再精密加硫酸5ml，摇匀，置沸水浴中加热20分钟，取出，置冰浴中冷却5分钟，以相应试剂为空白，照紫外-可见分光光度法（附录0401），在488nm的波长处测定吸光度，以吸光度为纵坐标，浓度为横坐标，绘制标准曲线。

供试品溶液的制备　取本品粉末（过三号筛）约0.3g，精密称定，加水200ml，加热回流2小时，放冷，转移至250ml量瓶中，用少量水分次洗涤容器，洗液并入同一量瓶中，加水至刻度，摇匀，滤过，精密量取续滤液2ml，置15ml离心管中，精密加入无水乙醇10ml，摇匀，冷藏1小时，取出，离心（转速为每分钟4000转）20分钟，弃去上清液（必要时滤过），沉淀加80%乙醇洗涤2次，每次8ml，离心，弃去上清液，沉淀加热水溶解，转移至25ml量瓶中，放冷，用水加至刻度，摇匀，即得。

测定法　精密量取供试品溶液1ml，置10ml具塞试管中，照标准曲线制备项下的方法，自"精密加5%苯酚溶液1ml"起，依法测定吸光度，从标准曲线上读出供试品溶液中无水葡萄糖的量，计算，即得。

本品按干燥品计算，含铁皮石斛多糖以无水葡萄糖（$C_6H_{12}O_6$）计，不得少于25.0%。

甘露糖　照高效液相色谱法（附录0512）测定。

色谱条件与系统适用性试验　以十八烷基硅烷键合硅胶为填充剂；以乙腈-0.02mol/L的乙酸铵溶液（20∶80）为流动相；检测波长为250nm。理论板数按甘露糖峰计算应不低于4000。

校正因子测定　取盐酸氨基葡萄糖适量，精密称定，加水制成每1ml含12mg的溶液，作为内标溶液。另取甘露糖对照品约10mg，精密称定，置100ml量瓶中，精密加入内标溶液1ml，加水适量使溶解并稀释至刻度，摇匀，吸取400μl，加0.5mol/L的PMP（1-苯基-3-甲基-5-吡唑啉酮）甲醇溶液与0.3mol/L的氢氧化钠溶液各400μl，混匀，70℃水浴反应100分钟。再加0.3mol/L的盐酸溶液500μl，混匀，用三氯甲烷洗涤3次，每次2ml，弃去三氯甲烷液，水层离心后，取上清液10μl，注入液相色谱仪，测定，计算校正因子。

测定法　取本品粉末（过三号筛）约0.12g，精密称定，置索氏提取器中，加80%乙醇适量，加热回流提取4小时，弃去乙醇液，药渣挥干乙醇，滤纸筒拆开置于烧杯中，加水100ml，再精密加入内标溶液2ml，煎煮1小时并时时搅拌，放冷，加水补至约100ml，混匀，离心，吸取上清液1ml，置安瓿或顶空瓶中，加3.0mol/L的盐酸溶液0.5ml，封口，混匀，110℃水解1小时，放冷，用3.0mol/L的氢氧化钠溶液调节pH值至中性，吸取400μl，照校正因子测定方法，自"加0.5mol/L的PMP甲醇溶液"起，依法操作，取上清液10μl，注入液相色谱仪，测定，即得。

本品按干燥品计算，含甘露糖（$C_6H_{12}O_6$）应为13.0%～38.0%。

【性味与归经】　甘，微寒。归胃、肾经。

【功能】　益胃生津，养阴清热。

【主治】　热病伤津，口渴欲饮，病后虚热，阴亏目暗。

【用法与用量】　马、牛15～60g；驼30～100g；羊、猪5～15g；犬、猫3～5g；兔、禽1～2g。

【贮藏】　置通风干燥处，防潮。

铁　苋　菜

Tiexiancai

ACALYPHAE AUSTRALIS HERBA

本品为大戟科植物铁苋菜 *Acalypha australis* L. 的干燥全草。夏、秋二季采收，除去杂质，晒干。

【性状】 本品长20~40cm，全体被灰色细柔毛，粗茎近无毛。根多分枝，淡黄棕色。茎类圆柱形，有分枝，表面黄棕色或黄绿色，有纵条纹；质硬，易折断，断面黄白色，有髓或中空。叶片多皱缩、破碎，完整者展平后呈卵形或卵状菱形，长2.5~5.5cm，宽1.2~3cm，黄绿色，边缘有钝齿，两面略粗糙。花序腋生，苞片三角状肾形，合时如蚌。蒴果小，三角状扁圆形。气微，味淡。

【鉴别】 （1）本品茎的横切面：表皮细胞1列，内有草酸钙簇晶，断续排列成环；表面有非腺毛，1~4（5）个细胞。皮层细胞中散有多数乳管，呈长方形或不定形。韧皮部狭窄。形成层成环。木质部由导管和木纤维组成，导管由2~5个相连，径向排列。髓部细胞较大或破碎成空洞。薄壁细胞中可见草酸钙簇晶。

本品叶表面观：表皮细胞垂周壁波状弯曲，气孔平轴式。非腺毛3~4（5）细胞。叶肉组织中散有六棱角的草酸钙簇晶，直径26~56μm。

（2）取本品5g，加甲醇35ml，加热回流10分钟，滤过，滤液蒸干，残渣加热水3ml使溶解，滤过。取滤液1ml，加醋酸铅试液，发生浅黄色沉淀；剩余的滤液蒸干，残渣加甲醇3ml使溶解，滤过，取滤液1ml，加镁粉少量与盐酸4~5滴，置水浴中加热，显红色。

【炮制】 除去杂质，喷淋清水，稍润，切段，晒干。

【性味与归经】 苦、涩，凉。归心、肺、大肠、小肠经。

【功能】 收敛止血，清热解毒。

【主治】 便血，泻痢，衄血，尿血，痈肿，湿疹，外伤出血。

【用法与用量】 马、牛60~120g；羊、猪30~60g。

外用适量。

【贮藏】 置干燥处。

积 雪 草

Jixuecao

CENTELLAE HERBA

本品为伞形科植物积雪草 *Centella asiatica*（L.）Urb. 的干燥全草。夏、秋二季采收，除去泥沙，晒干。

【性状】 本品常卷缩成团状。根圆柱形，长2~4cm，直径1~1.5mm，表面浅黄色或灰黄色。茎细长弯曲，黄棕色，有细纵皱纹，节上常着生须状根。叶片多皱缩、破碎，完整者展平后呈近圆形或肾形，直径1~4cm；灰绿色，边缘有粗钝齿；叶柄长3~6cm，扭曲。伞形花序腋生，短小。双悬果扁圆形，有明显隆起的纵棱及细网纹，果梗甚短。气微，味淡。

【鉴别】 （1）本品茎的横切面：表皮细胞类圆形或近方形。下方为2~4列厚角细胞。外韧型维管束6~8个；韧皮部外侧为微木化的纤维群，束内形成层明显，木质部导管径向排列。髓部较大。皮层和射线中可见分泌道，直径23~34μm，周围分泌细胞5~7个。

叶表面观：上、下表皮细胞均呈多边形；气孔不定式或不等式，上表皮较少，下表皮较多。

（2）取本品粉末1g，用乙醇25ml，加热回流30分钟，滤过，滤液蒸干，残渣加水20ml使溶解，用水饱和的正丁醇振摇提取2次，每次15ml，合并正丁醇液，用正丁醇饱和的水15ml洗涤，弃去水液，正丁醇液蒸干，残渣加甲醇1ml使溶解，作为供试品溶液。另取积雪草苷对照品、羟基积雪草苷对照品，加甲醇制成每1ml各含1mg的溶液，作为对照品溶液。照薄层色谱法（附录

0502）试验，吸取上述三种溶液各5～10μl，分别点于同一硅胶G薄层板上，以三氯甲烷-甲醇-水（7:3:0.5）为展开剂，展开，取出，晾干，喷以10%硫酸乙醇溶液，在105℃加热至斑点显色清晰。供试品色谱中，在与对照品色谱相应的位置上，显相同颜色的斑点。

【检查】 水分 不得过12.0%（附录0832第一法）

总灰分 不得过13.0%（附录2302）。

酸不溶性灰分 不得过3.5%（附录2302）。

【浸出物】 照醇溶性浸出物测定法（附录2201）项下的热浸法测定，用稀乙醇作溶剂，不得少于25.0%。

【含量测定】 照高效液相色谱法（附录0512）测定。

色谱条件与系统适用性试验 以十八烷基硅烷键合硅胶为填充剂；以乙腈-2mmol/L倍他环糊精溶液（24:76）为流动相；检测波长为205nm。理论板数按积雪草苷峰计算应不低于5000。

对照品溶液的制备 取积雪草苷对照品、羟基积雪草苷对照品适量，精密称定，加甲醇制成每1ml各含0.2mg的溶液，即得。

供试品溶液的制备 取本品粉末（过二号筛）约0.5g，精密称定，置具塞锥形瓶中，精密加入80%甲醇20ml，密塞，称定重量，超声处理（功率180W，频率42kHz）30分钟，放冷，再称定重量，80%甲醇补足减失的重量，摇匀，离心，取上清液，即得。

测定法 分别精密吸取对照品溶液10μl与供试品溶液10～20μl，注入液相色谱仪，测定，即得。

本品按干燥品计算，含积雪草苷（$C_{48}H_{78}O_{19}$）和羟基积雪草苷（$C_{48}H_{78}O_{20}$）的总量不得少于0.80%。

饮片

【炮制】 除去杂质，洗净，切段，干燥。

本品呈不规则的段。根圆柱形，表面浅黄色或灰黄色。茎细，黄棕色，有细纵皱纹，可见节，节上常着生须状根。叶片多皱缩、破碎，完整者展平后呈近圆形或肾形，灰绿色，边缘有粗钝齿。伞形花序短小。双悬果扁圆形，有明显隆起的纵棱及细网纹。气微，味淡。

【含量测定】 同药材，含积雪草苷（$C_{48}H_{78}O_{19}$）和羟基积雪草苷（$C_{48}H_{78}O_{20}$）的总量不得少于0.70%。

【鉴别】（除茎横切面外）【检查】【浸出物】 同药材。

【性味与归经】 苦、辛，寒。归肝、脾、肾经。

【功能】 清热利湿，解毒消肿。

【主治】 感冒发热，中暑，湿热黄疸，咽喉肿痛，排尿不利，跌打损伤，疮黄肿毒。

【用法与用量】 马、牛60～120g；羊、猪30～60g。外用适量。

【贮藏】 置干燥处。

射 干

Shegan

BELAMCANDAE RHIZOMA

本品为鸢尾科植物射干 *Belamcanda chinensis*（L.）DC. 的干燥根茎。春初刚发芽或秋末茎叶枯萎时采挖，除去须根和泥沙，干燥。

【性状】 本品呈不规则结节状，长3~10cm，直径1~2cm。表面黄褐色、棕褐色或黑褐色，皱缩，有较密的环纹。上面有数个圆盘状凹陷的茎痕，偶有茎基残存；下面有残留细根及根痕。质硬，断面黄色，颗粒性。气微，味苦、微辛。

【鉴别】 （1）本品横切面：表皮有时残存。木栓细胞多列。皮层稀有叶迹维管束；内皮层不明显。中柱维管束为周木型和外韧型，靠外侧排列较紧密。薄壁组织中含有草酸钙柱晶、淀粉粒及油滴。

粉末橙黄色。草酸钙柱晶较多，棱柱形，多已破碎，完整者长49~240（315）μm，直径约至49μm。淀粉粒单粒圆形或椭圆形，直径2~17μm，脐点点状；复粒极少，由2~5分粒组成。薄壁细胞类圆形或椭圆形，壁稍厚或连珠状增厚，有单纹孔。木栓细胞棕色，垂周壁微波状弯曲，有的含棕色物。

（2）取本品粉末1g，加甲醇10ml，超声处理30分钟，滤过，滤液浓缩至1.5ml，作为供试品溶液。另取射干对照药材1g，同法制成对照药材溶液。照薄层色谱法（附录0502）试验，吸取上述两种溶液各1μl，分别点于同一聚酰胺薄膜上，以三氯甲烷-丁酮-甲醇（3:1:1）为展开剂，展开，取出，晾干，喷以三氯化铝试液，置紫外光灯（365nm）下检视。供试品色谱中，在与对照药材色谱相应的位置上，显相同颜色的荧光斑点。

【检查】 **水分** 不得过10.0%（附录0832第一法）。

总灰分 不得过7.0%（附录2302）。

【浸出物】 照醇溶性浸出物测定法（附录2201）项下的热浸法测定，用乙醇作溶剂，不得少于18.0%。

【含量测定】 照高效液相色谱法（附录0512）测定。

色谱条件与系统适用性试验 以十八烷基硅烷键合硅胶为填充剂；以甲醇-0.2%磷酸溶液（53:47）为流动相；检测波长为266nm。理论板数按次野鸢尾黄素峰计算应不低于8000。

对照品溶液的制备 取次野鸢尾黄素对照品适量，精密称定，加甲醇制成每1ml含10μg的溶液，即得。

供试品溶液的制备 取本品粉末（过四号筛）约0.1g，精密称定，置具塞锥形瓶中，精密加入甲醇25ml，称定重量，加热回流1小时，放冷，再称定重量，用甲醇补足减失的重量，摇匀，滤过，取续滤液，即得。

测定法 分别精密吸取对照品溶液10μl与供试品溶液10~20μl，注入液相色谱仪，测定，即得。

本品按干燥品计算，含次野鸢尾黄素（$C_{20}H_{18}O_8$）不得少于0.10%。

饮片

【炮制】 除去杂质，洗净，润透，切薄片，干燥。

本品呈不规则形或长条形的薄片。外表皮黄褐色、棕褐色或黑褐色，皱缩，可见残留的须根和须根痕，有的可见环纹。切面淡黄色或鲜黄色，具散在筋脉小点或筋脉纹，有的可见环纹。气微，味苦、微辛。

【鉴别】（除横切面外）**【检查】** **【浸出物】** **【含量测定】** 同药材。

【性味与归经】 苦，寒。归肺经。

【功能】 清热解毒，消痰，利咽。

【主治】 肺热咳喘，痰涎壅盛，咽喉肿痛。

【用法与用量】 马、牛15~45g；羊、猪5~10g。

【贮藏】 置干燥处。

徐 长 卿

Xuchangqing

CYNANCHI PANICULATI RADIX ET RHIZOMA

本品为萝藦科植物徐长卿 *Cynanchum paniculatum*（Bge.）Kitag. 的干燥根和根茎。秋季采挖，除去杂质，阴干。

【性状】 本品根茎呈不规则柱状，有盘节，长0.5～3.5cm，直径2～4mm。有的顶端带有残茎，细圆柱形，长约2cm，直径1～2mm，断面中空；根茎节处周围着生多数根。根呈细长圆柱形，弯曲，长10～16cm，直径1～1.5mm。表面淡黄白色至淡棕黄色或棕色，具微细的纵皱纹，并有纤细的须根。质脆，易折断，断面粉性，皮部类白色或黄白色，形成层环淡棕色，木部细小。气香，味微辛凉。

【鉴别】 （1）本品粉末浅灰棕色。外皮层细胞表面观类多角形，垂周壁细波状弯曲，细胞间有一类方形小细胞，木化；侧面观呈类长方形，有的细胞径向壁有增厚的细条纹。草酸钙簇晶直径7～45μm。分泌细胞类圆形或长椭圆形，内含淡黄棕色分泌物。内皮层细胞类长方形，垂周壁细波状弯曲。

（2）取本品粉末1g，加乙醚10ml，密塞，振摇10分钟，滤过，滤液挥干，残渣加丙酮1ml使溶解，作为供试品溶液。另取丹皮酚对照品，加丙酮制成每1ml含2mg的溶液，作为对照品溶液。照薄层色谱法（附录0502）试验，吸取供试品溶液5μl、对照品溶液10μl，分别点于同一硅胶G薄层板上，以环己烷-乙酸乙酯（3：1）为展开剂，展开，取出，晾干，喷以盐酸酸性5%的三氯化铁乙醇溶液，加热至斑点显色清晰。供试品色谱中，在与对照品色谱相应的位置上，显相同的蓝褐色斑点。

（3）取本品粉末1g，加乙醚10ml，密塞，振摇10分钟，滤过，滤液蒸干，残渣加丙酮1ml使溶解，作为供试品溶液。另取徐长卿对照药材1g，同法制成对照药材溶液。照薄层色谱法（附录0502）试验，吸取上述两种溶液各5μl，分别点于同一硅胶G薄层板上，以环己烷-三氯甲烷-乙酸乙酯（10：2：0.8）为展开剂，展开，取出，晾干，喷以10%硫酸乙醇溶液，在105℃加热至斑点显色清晰，分别置日光和紫外光灯（365nm）下检视。供试品色谱中，在与对照药材色谱相应的位置上，显相同颜色的斑点或荧光斑点。

【检查】 **水分** 不得过15.0%。（附录0832第二法）。

总灰分 不得过10.0%（附录2302）。

酸不溶性灰分 不得过5.0%（附录2302）。

【浸出物】 照醇溶性浸出物测定法项下的热浸法（附录2201）测定，用乙醇作溶剂，不得少于10.0%。

【含量测定】 照高效液相色谱法（附录0512）测定

色谱条件与系统适用性试验 以十八烷基硅烷键合硅胶为填充剂；以甲醇-水（45：55）为流动相；检测波长为274nm。理论板数按丹皮酚峰计算应不低于3000。

对照品溶液的制备 取丹皮酚对照品适量，精密称定，加甲醇制成每1ml含20μg的溶液，即得。

供试品溶液的制备 取本品粗粉约0.5g，精密称定，置具塞锥形瓶中，精密加入甲醇50ml，称定重量，超声处理（功率250W，频率33kHz）30分钟，放冷，再称定重量，用甲醇补足减失的重量，摇匀，滤过。精密量取续滤液1ml，置10ml量瓶中，加甲醇至刻度，摇匀，即得。

测定法 分别精密吸取对照品溶液与供试品溶液各10μl，注入液相色谱仪，测定，即得。

本品按干燥品计算，含丹皮酚（$C_9H_{10}O_3$）不得少于1.3%。

饮片

【炮制】 除去杂质，迅速洗净，切段，阴干。

本品呈不规则的段。根茎有节，四周着生多数根。根圆柱形，表面淡黄白色至淡棕黄色或棕色，有细纵皱纹。切面粉性，皮部类白色或黄白色，形成层环淡棕色，木部细小。气香，味微辛凉。

【鉴别】 同药材。

【性味与归经】 辛，温。归肝、胃经。

【功能】 祛风化湿，行气通络。

【主治】 风湿痹痛，肚腹胀痛，跌打损伤，湿疹，遍身黄。

【用法与用量】 马、牛30～60g；羊、猪5～15g。

【贮藏】 置阴凉干燥处。

狼　　毒

Langdu

EUPHORBIAE EBRACTEOLATAE RADIX

本品为大戟科植物月腺大戟 *Euphorbia ebractelata* Hayata或狼毒大戟 *Euphorbia fischeriana* Steud. 的干燥根。春、秋二季采挖，洗净，切片，晒干。

【性状】 **月腺大戟** 为类圆形或长圆形块片，直径1.5～8cm，厚0.3～4cm。外皮薄，黄棕色或灰棕色，易剥落而露出黄色皮部。切面黄白色，有黄色不规则大理石样纹理或环纹。体轻，质脆，易折断，断面有粉性。气微，味微辛。

狼毒大戟 外皮棕黄色，切面纹理或环纹显黑褐色。水浸后有黏性，撕开可见黏丝。

【鉴别】 （1）**月腺大戟** 粉末黄白色。淀粉粒甚多，单粒球形、长圆形或半圆形，直径3～34μm，脐点裂隙状、人字状或星状，大粒层纹隐约可见；复粒由2～5粒组成；半复粒易见。网状具缘纹孔导管18～80μm。无节乳管多碎断，所含的油滴状分泌物散在；有时可见乳管内充满黄色分泌物。

狼毒大戟 粉末黄棕色。淀粉粒单粒直径至24μm，复粒由2～7粒组成，半复粒少见。网状具缘纹孔导管102μm，乳汁无色。

（2）取本品粗粉2g，加乙醇30ml，加热回流1小时，放冷，滤过，滤液蒸干，残渣加甲醇2ml使溶解，作为供试品溶液。另取狼毒对照药材2g，同法制成对照药材溶液。照薄层色谱法（附录0502）试验，吸取上述两种溶液各2μl，分别点于同一硅胶G薄层板上，以环己烷-乙酸乙酯（8.5∶1.5）为展开剂，展开，取出，晾干，喷以10%硫酸乙醇溶液，在105℃加热至斑点显色清晰，置紫外光灯（365nm）下检视。供试品色谱中，在与对照药材色谱相应的位置上，显相同颜色的荧光斑点。

【检查】 **杂质** 不得过2%（附录2301）。

水分 不得过13.0%（附录0832第一法）。

总灰分 不得过9.0%（附录2302）。

酸不溶性灰分 不得过4.0%（附录2302）。

【浸出物】 照醇溶性浸出物测定法（附录2201）项下热浸法测定，用稀乙醇作溶剂，不得少于18.0%。

饮片

【炮制】　**生狼毒**　除去杂质，洗净，润透，切片，晒干。

醋狼毒　取净狼毒片，照醋制法（附录0203）炒干。

每100kg狼毒片，用醋30～50kg。

本品形如狼毒。颜色略深，闻之微有醋香气。

【检查】　**总灰分**　同药材，不得过7.0%。

酸不溶性灰　分同药材，不得过1.0%。

【浸出物】　同药材，不得少于20.0%。

【鉴别】　【检查】（水分）同药材。

【性味与归经】　辛，平；有毒。归肝、脾经。

【功能】　杀虫，破积，祛痰。

【主治】　疥癣，虫积，咳喘气急，痰饮积聚。

【用法与用量】　马、牛6～15g；羊、猪3～6g。

外用适量。

【注意】　不宜与密陀僧同用。

【贮藏】　置通风干燥处，防蛀。

高 良 姜

Gaoliangjiang

ALPINIAE OFFICINARUM RHIZOMA

本品为姜科植物高良姜 *Alpinia officinarum* Hance 的干燥根茎。夏末秋初采挖，除去须根和残留的鳞片，洗净，切段，晒干。

【性状】　本品呈圆柱形，多弯曲，有分枝，长5～9cm，直径1～1.5cm。表面棕红色至暗褐色，有细密的纵皱纹和灰棕色的波状环节，节间长0.2～1cm，一面有圆形的根痕。质坚韧，不易折断，断面灰棕色或红棕色，纤维性，中柱约占1/3。气香，味辛辣。

【鉴别】　（1）本品横切面：表皮细胞外壁增厚，有的含红棕色物。皮层中叶迹维管束较多，外韧型。内皮层明显。中柱外韧型维管束甚多，束鞘纤维成环，木化。皮层及中柱薄壁组织中散有多数分泌细胞，内含黄色或红棕色树脂状物；薄壁细胞充满淀粉粒。

（2）取本品粉末5g，置圆底烧瓶中，加水200ml，连接挥发油测定器，自测定器上端加水使充满刻度部分，并溢流入烧瓶为止，加正己烷3ml，连接回流冷凝管加热至微沸，并保持2小时，放冷，取正己烷液作为供试品溶液。另取高良姜对照药材5g，同法制成对照药材溶液。照薄层色谱法（附录0502）试验，吸取上述两种溶液各10μl，分别点于同一硅胶G薄层板上，以甲苯-乙酸乙酯（19:1）为展开剂，展开，取出，晾干，喷以5%香草醛硫酸溶液，在105℃加热至斑点显色清晰。供试品色谱中，在与对照药材色谱相应的位置上，显相同颜色的斑点。

【检查】　**水分**　不得过16.0%。（附录0832第二法）。

总灰分　不得过4.0%（附录2302）。

【含量测定】　照高效液相色谱法（附录0512）测定。

色谱条件与系统适用性试验　以十八烷基硅烷键合硅胶为填充剂；以甲醇-0.2%磷酸溶液（55:45）为流动相；检测波长为266nm。理论板数按高良姜素峰计算应不低于6000。

对照品溶液的制备　取高良姜素对照品适量，精密称定，加甲醇制成每1ml含40μg的溶液，即得。

供试品溶液的制备　取本品粉末（过四号筛）约0.2g，精密称定，置具塞锥形瓶中，精密加入甲醇50ml，密塞，称定重量，加热回流1小时，放冷，再称定重量，用甲醇补足减失的重量，摇匀，滤过，取续滤液，即得。

测定法　分别精密吸取对照品溶液与供试品溶液各10μl，注入液相色谱仪，测定，即得。

本品按干燥品计算，含高良姜素（$C_{15}H_{10}O_5$）不得少于0.70%。

饮片

【炮制】　除去杂质，洗净，润透，切薄片，晒干。

本品呈类圆形或不规则形的薄片。外表皮棕红色至暗棕色，有的可见环节和须根痕。切面灰棕色至红棕色，外周色较淡，具多数散在的筋脉小点，中心圆形，约占1/3。气香，味辛辣。

【水分】　同药材，不得过13.0%。

【鉴别】　（除横切面外）【检查】（总灰分）【含量测定】　同药材。

【性味与归经】　辛，热。归脾、胃经。

【功能】　温中散寒，止痛，消食。

【主治】　冷痛，反胃吐食，冷肠泄泻，胃寒少食。

【用法与用量】　马、牛15~30g；羊、猪3~10g；兔、禽0.3~1g。

【贮藏】　置阴凉干燥处。

拳　参

Quanshen

BISTORTAE RHIZOMA

本品为蓼科植物拳参 *Polygonum bistorta* L. 的干燥根茎。春初发芽时或秋季茎叶将枯萎时采挖，除去泥沙，晒干，去须根。

【性状】　本品呈扁长条形或扁圆柱形，弯曲，有的对卷弯曲，两端略尖，或一端渐细，长6~13cm，直径1~2.5cm。表面紫褐色或紫黑色，粗糙，一面隆起，一面稍平坦或略具凹槽，全体密具粗环纹，有残留须根或根痕。质硬，断面浅棕红色或棕红色，维管束呈黄白色点状，排列成环。气微，味苦、涩。

【鉴别】　（1）本品粉末淡棕红色。木栓细胞多角形，含棕红色物。草酸钙簇晶甚多，直径15~65μm。具缘纹孔导管直径20~55μm，亦有网纹导管和螺纹导管。纤维长梭形，直径10~20μm，壁较厚，木化，孔沟明显。淀粉粒单粒椭圆形、卵形或类圆形，直径5~12μm。

（2）取本品粉末0.5g，加甲醇20ml，超声处理15分钟，滤过，滤液蒸干，残渣加甲醇5ml使溶解，作为供试品溶液。另取拳参对照药材0.5g，同法制成对照药材溶液。再取没食子酸对照品，加甲醇制成每1ml含1mg的溶液，作为对照品溶液。照薄层色谱法（附录0502）试验，吸取上述三种溶液各5μl，分别点于同一硅胶G薄层板上，以二氯甲烷-乙酸乙酯-甲酸（5:4:1）为展开剂，展开，取出，晾干，置氨蒸气中熏至斑点显色清晰。供试品色谱中，在与对照药材色谱和对照品色谱相应的位置上，显相同颜色的斑点。

【检查】　水分　不得过15.0%（附录0832第一法）。

总灰分　不得过9.0%（附录2302）。

【浸出物】　照醇溶性浸出物测定法（附录2201）项下的冷浸法测定，用乙醇作溶剂，不得少于15.0%。

【含量测定】　照高效液相色谱法（附录0512）测定。

色谱条件与系统适用性试验　以十八烷基硅烷键合硅胶为填充剂；以0.05%磷酸甲醇溶液为流动相A，以0.05%磷酸溶液为流动相B，按下表中的规定进行梯度洗脱；检测波长为272nm。理论板数按没食子酸峰计算应不低于6000。

时间（分钟）	流动相A（%）	流动相B（%）
0～7	10→5	90→95
7～15	5→18	95→82
15～20	18	82

对照品溶液的制备　取没食子酸对照品适量，精密称定，加30%甲醇制成每1ml含20μg的溶液，即得。

供试品溶液的制备　取本品粉末（过五号筛）约0.25g，精密称定，置具塞锥形瓶中，精密加入30%甲醇25ml，密塞，称定重量，浸泡1小时，超声处理（功率250W，频率45kHz）20分钟，放冷，再称定重量，用30%甲醇补足减失的重量，摇匀，滤过，取续滤液，即得。

测定法　分别精密吸取对照品溶液与供试品溶液各20μl，注入液相色谱仪，测定，即得。

本品按干燥品计算，含没食子酸（C_7H_6O_5）不得少于0.12%。

饮片

【炮制】　除去杂质，洗净，略泡，润透，切薄片，干燥。

本品呈类圆形或近肾形的薄片。外表皮紫褐色或紫黑色。切面棕红色或浅棕红色，平坦，近边缘有一圈黄白色小点（维管束），气微，味苦、涩。

【鉴别】【检查】【浸出物】【含量测定】　同药材。

【性味与归经】　苦、涩、微寒。归肺、肝、大肠经。

【功能】　清热解毒，消肿，止血。

【主治】　赤痢热泻，肺热咳嗽，痈肿，口舌生疮，血热吐衄，蛇虫咬伤。

【用法与用量】　马、牛15～45g；羊、猪5～10g；兔、禽1～3g。

【贮藏】　置干燥处。

粉　萆　薢

Fenbixie

DIOSCOREAE HYPOGLAUCAE RHIZOMA

本品为薯蓣科植物粉背薯蓣 *Dioscorea hypoglauca* Palibin 的干燥根茎。秋、冬二季采挖，除去须根，洗净，切片，晒干。

【性状】　本品为不规则的薄片，边缘不整齐，大小不一，厚约0.5mm。有的有棕黑色或灰棕色的外皮。切面黄白色或淡灰棕色，维管束呈小点状散在。质松，略有弹性，易折断，新断面近外皮处显淡黄色。气微，味辛、微苦。

【鉴别】 （1）本品横切面：外层为多列木栓化细胞。皮层较窄，细胞多切向延长，壁略增厚，木化壁纹孔明显；黏液细胞散在，内含草酸钙针晶束。中柱散生外韧型维管束和周木型维管束。薄壁细胞壁略增厚，具纹孔，细胞中含淀粉粒。

本品粉末黄白色。淀粉粒单粒圆形、卵圆形或长椭圆形，直径5~32μm，长至40μm，脐点点状或裂缝状；复粒少数，多由2分粒组成。厚壁细胞众多，壁木化，孔沟明显，有的类似石细胞，多角形、梭形或类长方形，直径40~80μm，长至224μm。草酸钙针晶束长64~84μm。

（2）取本品粉末0.5g，加甲醇25ml，超声处理30分钟，滤过，滤液蒸干，残渣加甲醇2ml使溶解，作为供试品溶液。另取粉草薢对照药材0.5g，同法制成对照药材溶液。照薄层色谱法（附录0502）试验，吸取上述两种溶液各1~2μl，分别点于同一硅胶G薄层板上，以三氯甲烷-甲醇-水（13:7:2）10℃以下放置的下层溶液为展开剂，展开，取出，晾干，喷以10%硫酸乙醇溶液，在105℃加热至斑点显色清晰，分别置日光和紫外光灯（365nm）下检视。供试品色谱中，在与对照药材色谱相应的位置上，显相同颜色的斑点或荧光斑点。

【检查】 水分 不得过11.0%（附录0832第一法）。

总灰分 不得过3.0%（附录2302）。

【浸出物】 照醇溶性浸出物测定法（附录2201）项下的热浸法测定，用稀乙醇作溶剂，不得少于20.0%。

【性味与归经】 苦，平。归肾、胃经。

【功能】 利湿去浊，祛风除痹。

【主治】 淋浊，带下，风湿痹痛。

【用法与用量】 马、牛25~45g；羊、猪5~15g。

【贮藏】 置通风干燥处。

粉　葛

Fenge

PUERARIAE THOMSONII RADIX

本品为豆科植物甘葛藤 *Pueraria thomsonii* Benth. 的干燥根。秋、冬二季采挖，除去外皮，稍干，截段或再纵切两半或斜切成厚片，干燥。

【性状】 本品呈圆柱形、类纺锤形或半圆柱形，长12~15cm，直径4~8cm；有的为纵切或斜切的厚片，大小不一。表面黄白色或淡棕色，未去外皮的呈灰棕色。体重，质硬，富粉性，横切面可见由纤维形成的浅棕色同心性环纹，纵切面可见由纤维形成的数条纵纹。气微，味微甜。

【鉴别】 （1）本品粉末黄白色。淀粉粒甚多，单粒少见，圆球形，直径8~15μm，脐点隐约可见；复粒多，由2~20多个分粒组成。纤维多成束，壁厚，木化，周围细胞大多含草酸钙方晶，形成晶纤维，含晶细胞壁木化增厚。石细胞少见，类圆形或多角形，直径25~43μm。具缘纹孔导管较大，纹孔排列极为紧密。

（2）取本品粉末0.8g，加甲醇10ml，放置2小时，滤过，滤液蒸干，残渣加甲醇0.5ml使溶解，作为供试品溶液。另取葛根素对照品，加甲醇制成每1ml含1mg的溶液，作为对照品溶液。照薄层色谱法（附录0502）试验，吸取上述两种溶液各10μl，分别点于同一硅胶G薄层板上，使成条状，以二氯甲烷-甲醇-水（7:2.5:0.25）为展开剂，展开，取出，晾干，置紫外光灯（365nm）下检视。

供试品色谱中，在与对照品色谱相应的位置上，显相同颜色的荧光斑点。

【检查】 水分 不得过14.0%（附录0832第一法）。

总灰分 不得过5.0%（附录2302）。

二氧化硫残留量 照二氧化硫残留量测定法（附录2331）测定，不得过400mg/kg。

【浸出物】 照醇溶性浸出物测定法（附录2201）项下的热浸法测定，用70%乙醇作溶剂，不得少于10.0%。

【含量测定】 照高效液相色谱法（附录0512）测定。

色谱条件与系统适用性试验 以十八烷基硅烷键合硅胶为填充剂；以甲醇-水（25∶75）为流动相；检测波长为250nm。理论板数按葛根素峰计算应不低于4000。

对照品溶液的制备 取葛根素对照品适量，精密称定，加30%乙醇制成每1ml含80μg的溶液，即得。

供试品溶液的制备 取本品粉末（过三号筛）约0.8g，精密称定，置具塞锥形瓶中，精密加入30%乙醇50ml，密塞，称定重量，加热回流30分钟，放冷，再称定重量，用30%乙醇补足减失的重量，摇匀，滤过，取续滤液，即得。

测定法 分别精密吸取对照品溶液与供试品溶液各10μl，注入液相色谱仪，测定，即得。

本品按干燥品计算，含葛根素（$C_{21}H_{20}O_9$）不得少于0.30%。

饮片

【炮制】 除去杂质，洗净，润透，切厚片或切块，干燥。

本品呈不规则的厚片或立方块状。外表面黄白色或淡棕色。切面黄白色，横切面有时可见由纤维形成的浅棕色同心性环纹，纵切面可见由纤维形成的数条纵纹。体重，质硬，富粉性。气微，味微甜。

【检查】 水分 同药材，不得过12.0%。

【鉴别】【检查】（总灰分二氧化硫残留量）**【浸出物】【含量测定】** 同药材。

【性味与归经】 甘、辛，凉。归脾、胃经。

【功能】 解肌退热，生津，透疹，升阳止泻。

【主治】 外感发热，胃热口渴，痘疹，脾虚泄泻。

【用法与用量】 马、牛20～60g；羊、猪5～15g；兔、禽1.5～3g。

【贮藏】 置通风干燥处，防蛀。

益 母 草

Yimucao

LEONURI HERBA

本品为唇形科植物益母草 Leonurus japonicus Houtt. 的新鲜或干燥地上部分。鲜品春季幼苗期至初夏花前期采割；干品夏季茎叶茂盛、花未开或初开时采割，晒干，或切段晒干。

【性状】 鲜益母草 幼苗期无茎，基生叶圆心形，5～9浅裂，每裂片有2～3钝齿。花前期茎呈方柱形，上部多分枝，四面凹下成纵沟，长30～60cm，直径0.2～0.5cm；表面青绿色；质鲜嫩，断面中部有髓。叶交互对生，有柄；叶片青绿色，质鲜嫩，揉之有汁；下部茎生叶掌状3裂，上部叶羽状深裂或浅裂成3片，裂片全缘或具少数锯齿。气微，味微苦。

干益母草 茎表面灰绿色或黄绿色；体轻，质韧，断面中部有髓。叶片灰绿色，多皱缩、破碎，易脱落。轮伞花序腋生，小花淡紫色，花萼筒状，花冠二唇形。切段者长约2cm。

【鉴别】 （1）本品茎横切面：表皮细胞外被角质层，有茸毛；腺鳞头部4、6细胞或8细胞，柄单细胞；非腺毛1~4细胞。下皮厚角细胞在棱角处较多。皮层为数列薄壁细胞；内皮层明显。中柱鞘纤维束微木化。韧皮部较窄。木质部在棱角处较发达。髓部薄壁细胞较大。薄壁细胞含细小草酸钙针晶和小方晶。鲜品近表皮部分皮层薄壁细胞含叶绿体。

（2）取盐酸水苏碱〔含量测定〕项下的供试品溶液10ml，蒸干，残渣加无水乙醇1ml使溶解，离心，取上清液作为供试品溶液（鲜品干燥后粉碎，同法制成）。另取盐酸水苏碱对照品，加无水乙醇制成每1ml含1mg的溶液，作为对照品溶液。照薄层色谱法（附录0502）试验，吸取上述两种溶液各5~10μl，分别点于同一硅胶G薄层板上，以丙酮-无水乙醇-盐酸（10:6:1）为展开剂，展开，取出，晾干，在105℃加热15分钟，放冷，喷以稀碘化铋钾试液-三氯化铁试液（10:1）混合溶液至斑点显色清晰。供试品色谱中，在与对照品色谱相应的位置上，显相同颜色的斑点。

【检查】 **水分** 干益母草 不得过13.0%（附录0832第一法）。

总灰分 干益母草 不得过11.0%（附录2302）。

【浸出物】 干益母草 照水溶性浸出物测定法（附录2201）项下的热浸法测定，不得少于15.0%。

【含量测定】 干益母草 **盐酸水苏碱** 照高效液相色谱法（附录0512）测定。

色谱条件与系统适用性试验 以丙基酰胺键合硅胶为填充剂；以乙腈-0.2%冰醋酸溶液（80:20）为流动相；用蒸发光散射检测器检测。理论板数按盐酸水苏碱峰计算应不低于6000。

对照品溶液的制备 取盐酸水苏碱对照品适量，精密称定，加70%乙醇制成每1ml含0.5mg的溶液，即得。

供试品溶液的制备 取本品粉末（过三号筛）约1g，精密称定，置具塞锥形瓶中，精密加入70%乙醇25ml，称定重量，加热回流2小时，放冷，再称定重量，用70%乙醇补足减失的重量，摇匀，滤过，取续滤液，即得。

测定法 分别精密吸取对照品溶液5μl、10μl，供试品溶液10~20μl，注入液相色谱仪，测定，用外标两点法对数方程计算，即得。

本品按干燥品计算，含盐酸水苏碱（$C_7H_{13}NO_2 \cdot HCl$）不得少于0.50%。

盐酸益母草碱 照高效液相色谱法（附录0512）测定。

色谱条件与系统适用性试验 以十八烷基硅烷键合硅胶为填充剂；以乙腈-0.4%辛烷磺酸钠的0.1%磷酸溶液（24:76）为流动相；检测波长为277nm。理论板数按盐酸益母草碱峰计算应不低于6000。

对照品溶液的制备 取盐酸益母草碱对照品适量，精密称定，加70%乙醇制成每1ml含30μg的溶液，即得。

测定法 分别精密吸取对照品溶液与盐酸水苏碱〔含量测定〕项下供试品溶液各10μl，注入液相色谱仪，测定，即得。

本品按干燥品计算，含盐酸益母草碱（$C_{14}H_{21}O_5N_3 \cdot HCl$）不得少于0.05%。

饮片

【炮制】 **鲜益母草** 除去杂质，迅速洗净。

干益母草 除去杂质，迅速洗净，略润，切段，干燥。

本品呈不规则的段。茎方形，四面凹下成纵沟，灰绿色或黄绿色。切面中部有白髓。叶片灰绿色，多皱缩、破碎。轮伞花序腋生，花黄棕色，花萼筒状，花冠二唇形。气微，味微苦。

【浸出物】 同药材，不得少于12.0%。

【含量测定】 同药材，含盐酸水苏碱（$C_7H_{13}NO_2 \cdot HCl$）不得少于0.40%，含盐酸益母草碱（$C_{14}H_{21}O_5N_3 \cdot HCl$）不得少于0.04%。

【鉴别】 （除茎横切面外）【检查】 同药材。

【性味与归经】 苦、辛，微寒。归肝、心包、膀胱经。

【功能】 活血通经，利尿消肿。

【主治】 胎衣不下，恶露不尽，带下，水肿尿少。

【用法与用量】 马、牛30~60g；羊、猪10~30g；兔、禽0.5~1.5g。

【注意】 孕畜慎用。

【贮藏】 干益母草置干燥处；鲜益母草置阴凉潮湿处。

益　智

Yizhi

ALPINIAE OXYPHYLLAE FRUCTUS

本品为姜科植物益智 *Alpinia oxyphylla* Miq. 的干燥成熟果实。夏、秋间果实由绿变红时采收，晒干或低温干燥。

【性状】 本品呈椭圆形，两端略尖，长1.2~2cm，直径1~1.3cm。表面棕色或灰棕色，有纵向凹凸不平的突起棱线13~20条，顶端有花被残基，基部常残存果梗。果皮薄而稍韧，与种子紧贴，种子集结成团，中有隔膜将种子团分为3瓣，每瓣有种子6~11粒。种子呈不规则的扁圆形，略有钝棱，直径约3mm，表面灰褐色或灰黄色，外被淡棕色膜质的假种皮；质硬，胚乳白色。有特异香气，味辛、微苦。

【鉴别】 （1）本品种子横切面：假种皮薄壁细胞有时残存。种皮表皮细胞类圆形、类方形或长方形，略径向延长，壁较厚；下皮为1列薄壁细胞，含黄棕色物；油细胞1列，类方形或长方形，含黄色油滴；色素层为数列黄棕色细胞，其间散有较大的类圆形油细胞1~3列，含黄色油滴；内种皮为1列栅状厚壁细胞，黄棕色或红棕色，内壁与侧壁极厚，胞腔小，内含硅质块。外胚乳细胞充满细小淀粉粒集结成的淀粉团。内胚乳细胞含糊粉粒和脂肪油滴。

粉末黄棕色。种皮表皮细胞表面观呈长条形，直径约至29μm，壁稍厚，常与下皮细胞上下层垂直排列。色素层细胞皱缩，界限不清楚，含红棕色或深棕色物，常碎裂成不规则色素块。油细胞类方形、长方形，或散列于色素层细胞间。内种皮厚壁细胞黄棕色或棕色，表面观多角形，壁厚，非木化，胞腔内含硅质块；断面观细胞1列，栅状，内壁和侧壁极厚，胞腔偏外侧，内含硅质块。外胚乳细胞充满细小淀粉粒集结成的淀粉团。内胚乳细胞含糊粉粒和脂肪油滴。

（2）取本品粉末1g，加无水乙醇5ml，超声处理30分钟，滤过，滤液作为供试品溶液。另取益智对照药材1g，同法制成对照药材溶液。照薄层色谱法（附录0502）试验，吸取上述两种溶液各10μl，分别点于同一硅胶G薄层板上，以石油醚（60~90℃）-丙酮（5:2）为展开剂，展开，取出，晾干，喷以5%香草醛硫酸溶液，在105℃加热至斑点显色清晰。分别置日光和紫外光灯（365nm）下检视。供试品色谱中，在与对照药材色谱相应的位置上，显相同颜色的斑点或荧光斑点。

【检查】 总灰分 不得过8.5%（附录2302）。

酸不溶性灰分　不得过1.5%（附录2302）。

【含量测定】　取本品种子，照挥发油测定法（附录2204）测定。

本品种子含挥发油不得少于1.0%（ml/g）。

饮片

【炮制】　益智仁　除去杂质及外壳。用时捣碎。

【鉴别】　（1）同药材。

（2）除对照药材取益智仁外，同药材。

【含量测定】　同药材。

盐益智仁　取益智仁，照盐水炙法（附录0203）炒干。用时捣碎。

本品呈不规则的扁圆形，略有钝棱，直径约3mm。外表棕褐至黑褐色，质硬，胚乳白色。有特异香气。味辛、微咸。

【鉴别】　（1）除横切面外，同药材。

（2）除对照药材取益智仁外，同药材。

【检查】　同药材。

【性味与归经】　辛，温。归脾、肾经。

【功能】　暖肾固精缩尿，温脾止泻摄唾。

【主治】　肾虚滑精，尿频，脾胃虚寒，冷痛，泄泻，吐涎。

【用法与用量】　马、牛15～45g；羊、猪5～10g；兔、禽1～3g。

【贮藏】　置阴凉干燥处。

浙 贝 母

Zhebeimu

FRITILLARIAE THUNBERGII BULBUS

本品为百合科植物浙贝母 *Fritillaria thunbergii* Miq. 的干燥鳞茎。初夏植株枯萎时采挖，洗净。大小分开，大者除去芯芽，习称"大贝"；小者不去芯芽，习称"珠贝"。分别撞擦，除去外皮，拌以煅过的贝壳粉，吸去擦出的浆汁，干燥；或取鳞茎，大小分开，洗净，除去芯芽，趁鲜切成厚片，洗净，干燥，习称"浙贝片"。

【性状】　大贝　为鳞茎外层的单瓣鳞叶，略呈新月形，高1～2cm，直径2～3.5cm。外表面类白色至淡黄色，内表面白色或淡棕色，被有白色粉末。质硬而脆，易折断，断面白色至黄白色，富粉性。气微，味微苦。

珠贝　为完整的鳞茎，呈扁圆形，高1～1.5cm，直径1～2.5cm，表面类白色，外层鳞叶2瓣，肥厚，略似肾形，互相抱合，内有小鳞叶2～3枚和干缩的残茎。

浙贝片　为鳞茎外层的单瓣鳞叶切成的片。椭圆形或类圆形，直径1～2cm，边缘表面淡黄色，切面平坦，粉白色。质脆，易折断，断面粉白色，富粉性。

【鉴别】　（1）本品粉末淡黄白色。淀粉粒甚多，单粒卵形、广卵形或椭圆形，直径6～56μm，层纹不明显。表皮细胞类多角形或长方形，垂周壁连珠状增厚；气孔少见，副卫细胞4～5个。草酸钙结晶少见，细小，多呈颗粒状，有的呈棱形、方形或细杆状。导管多为螺纹，直径至18μm。

（2）取本品粉末5g，加浓氨试液2ml与三氯甲烷20ml，放置过夜，滤过，取滤液8ml，蒸干，残渣加三氯甲烷1ml使溶解，作为供试品溶液。另取贝母素甲对照品、贝母素乙对照品，加三氯甲烷制成每1ml各含2mg的混合溶液，作为对照品溶液。照薄层色谱法（附录0502）试验，吸取上述供试品溶液10~20μl、对照品溶液10μl，分别点于同一硅胶G薄层板上，以乙酸乙酯-甲醇-浓氨试液（17:2:1）为展开剂，展开，取出，晾干，喷以稀碘化铋钾试液。供试品色谱中，在与对照品色谱相应的位置上，显相同颜色的斑点。

【检查】　水分　不得过18.0%（附录0832第一法）。

总灰分　不得过6.0%（附录2302）。

【浸出物】　照醇溶性浸出物测定法（附录2201）项下的热浸法测定，用稀乙醇作溶剂，不得少于8.0%。

【含量测定】　照高效液相色谱法（附录0512）测定。

色谱条件与系统适用性试验　以十八烷基硅烷键合硅胶为填充剂；以乙腈-水-二乙胺（70:30:0.03）为流动相；蒸发光散射检测器检测。理论板数按贝母素甲峰计算应不低于2000。

对照品溶液的制备　取贝母素甲对照品、贝母素乙对照品适量，精密称定，加甲醇制成每1ml含贝母素甲0.2mg、贝母素乙0.15mg的混合溶液，即得。

供试品溶液的制备　取本品粉末（过四号筛）约2g，精密称定，置烧瓶中，加浓氨试液4ml浸润1小时，精密加入三氯甲烷-甲醇（4:1）的混合溶液40ml，称定重量，混匀，置80℃水浴中加热回流2小时，放冷，再称定重量，加上述混合溶液补足减失的重量，滤过。精密量取续滤液10ml，置蒸发皿中蒸干，残渣加甲醇使溶解并转移至2ml量瓶中，加甲醇至刻度，摇匀，即得。

测定法　分别精密吸取对照品溶液10μl、20μl，供试品溶液5~15μl，注入液相色谱仪，测定，用外标两点法对数方程分别计算贝母素甲、贝母素乙的含量，即得。

本品按干燥品计算，含贝母素甲（$C_{27}H_{45}NO_3$）和贝母素乙（$C_{27}H_{43}NO_3$）的总量，不得少于0.080%。

饮片

【炮制】　除去杂质，洗净，润透，切厚片，干燥；或打成碎块。

【性味与归经】　苦，寒。归肺、心经。

【功能】　清热散结，化痰止咳，

【主治】　肺热咳嗽，肺痈，乳痈，疮疡肿毒。

【用法与用量】　马、牛15~30g；驼35~75g；羊、猪3~10g；兔、禽0.5~1.5g

【注意】　不宜与川乌、制川乌、草乌、制草乌、附子同用。

【贮藏】　置干燥处，防蛀。

娑　罗　子

Suoluozi

AESCULI SEMEN

本品为七叶树科植物七叶树 *Aesculus chinensis* Bge.、浙江七叶树 *Aesculus chinensis* Bge. var. *chekiangensis*（Hu et Fang）Fang 或天师栗*Aesculus wilsonii* Rehd. 的干燥成熟种子。秋季果实成熟时采收，除去果皮，晒干或低温干燥。

【性状】　本品呈扁球形或类球形，似板栗，直径1.5~4cm。表面棕色或棕褐色，多皱缩，凹凸不平，略具光泽；种脐色较浅，近圆形，约占种子面积的1/4至1/2；其一侧有1条突起的种脊，有的不甚明显。种皮硬而脆，子叶2，肥厚，坚硬，形似栗仁，黄白色或淡棕色，粉性。气微，味先苦后甜。

【鉴别】 （1）本品粉末淡红棕色至黄棕色。种皮外表皮细胞黄棕色，表面观多角形，壁略不均匀增厚，角部略有突起。种皮下皮细胞卵圆形、类圆形或类长方形，壁稍厚。种皮分枝细胞较大，常多层重叠；分枝细胞类多角形或不规则形，分枝长短不一，有的可见纹孔域。淀粉粒较多，单粒长圆形或类圆形，直径2～38μm，脐点可见；复粒由2～3分粒组成。

（2）取本品，照〔含量测定〕项下的方法试验，对照品色谱图中4个主成分峰，以出峰前后的顺序分别为七叶皂苷A、七叶皂苷B、七叶皂苷C和七叶皂苷D。供试品色谱中应呈现与七叶皂苷钠对照品4个主峰保留时间相同的色谱峰。

【检查】 水分 不得过13.0%（附录0832第一法）。

总灰分 不得过5.0%（附录2302）。

【含量测定】 照高效液相色谱法（附录0512）测定。

色谱条件与系统适用性试验 以十八烷基硅烷键合硅胶为填充剂；以乙腈-0.2%磷酸溶液（36:64）为流动相；检测波长为220nm。理论板数按七叶皂苷A峰计算应不低于3000。

对照品溶液的制备 取七叶皂苷钠对照品（已标示七叶皂苷A含量）适量，精密称定，加甲醇制成每1ml含1mg的溶液，即得。

供试品溶液的制备 取本品粉末（过三号筛）约1g，精密称定，置索氏提取器中，加乙醚，加热回流1小时，弃去乙醚液，药渣连同滤纸筒挥干溶剂后，置具塞锥形瓶中，精密加入甲醇50ml称定重量，超声处理（功率250W，频率33kHz）30分钟，放冷，再称定重量，用甲醇补足减失的重量，摇匀，滤过，精密量取续滤液25ml，置蒸发皿中，于40℃水浴上浓缩至适量，转移至10ml量瓶中，加甲醇稀释至刻度，摇匀，滤过，取续滤液，即得。

测定法 分别精密吸取对照品溶液与供试品溶液各10μl，注入液相色谱仪，测定，以对照品溶液中七叶皂苷A位置相应峰的峰面积计算，即得。

本品按干燥品计算，含七叶皂苷A（$C_{55}H_{86}O_{24}$）不得少于0.70%。

饮片

【炮制】 除去外壳和杂质。用时打碎。

【鉴别】【含量测定】 同药材。

【性味与归经】 甘，温。归肝、胃经。

【功能】 疏肝理气，和胃止痛。

【主治】 肝胃气滞，脘腹胀痛。

【用法与用量】 马、牛35～45g；羊、猪3～10g。

【贮藏】 置干燥处，防霉，防蛀。

海 风 藤

Haifengteng

PIPERIS KADSURAE CAULIS

本品为胡椒科植物风藤 Piper kadsura （Choisy）Ohwi 的干燥藤茎。夏、秋二季采割，除去根、叶，晒干。

【性状】 本品呈扁圆柱形，微弯曲，长15～60cm，直径0.3～2cm。表面灰褐色或褐色，粗糙，有纵向棱状纹理及明显的节，节间长3～12cm，节部膨大，上生不定根。体轻，质脆，易折断，断面不整齐，皮部窄，木部宽广，灰黄色，导管孔多数，射线灰白色，放射状排列，皮部与木部交界处常有裂隙，中心有灰褐色髓。气香，味微苦、辛。

【鉴别】 （1）粉末灰褐色。石细胞淡黄色或黄绿色，类圆形、类方形、圆多角形或长条形，直径20～50μm，孔沟明显，有的胞腔含暗棕色物。草酸钙砂晶多存在于薄壁细胞中。木纤维多成束，直径12～25μm，具斜纹孔或相交成十字形、人字形。皮层纤维细长，直径12～28μm，微木化，纹孔稀少，有的可见分隔。具缘纹孔导管直径15～90μm，纹孔排列紧密，有的横向延长成梯状，排列整齐。

（2）取粉末2g，加甲醇30ml，超声处理30分钟，滤过，滤液蒸干，残渣加无水乙醇2ml使溶解，加入硅胶G3g，混匀，置水浴上挥干溶剂，加于硅胶G柱（15g，内径为1.5～2cm）上，用环己烷-乙酸乙酯（1:1）混合溶液100ml洗脱，收集洗脱液，蒸干，残渣加乙醇2ml使溶解，作为供试品溶液。另取海风藤对照药材2g，同法制成对照药材溶液。照薄层色谱法（附录0502）试验，吸取上述两种溶液各5μl，分别点于同一硅胶G薄层板上，以三氯甲烷-丙酮-甲醇（7:1:0.5）为展开剂，展开，取出，晾干，置紫外光灯（365nm）下检视。供试品色谱中，在与对照药材色谱相应的位置上，显相同颜色的荧光斑点。

【检查】 水分 不得过12.0%（附录0832第一法）。

总灰分 不得过10.0%（附录2302）。

酸不溶性灰分 不得过2.0%（附录2302）。

【浸出物】 照醇溶性浸出物测定法（附录2201）项下的热浸法测定，用稀乙醇作溶剂，不得少于10.0%。

饮片

【炮制】 除去杂质，浸泡，润透，切厚片，晒干。

【性味与归经】 辛、苦，微温。归肝经。

【功能】 祛风湿，通经络，止痹痛。

【主治】 风寒湿痹，肢节疼痛，筋脉拘挛。

【用法与用量】 马、牛30～45g；羊、猪10～20g。

【贮藏】 置通风干燥处。

海 金 沙

Haijinsha

LYGODII SPORA

本品为海金沙科植物海金沙 *Lygodium japonicum*（Thunb.）Sw. 的干燥成熟孢子。秋季孢子未脱落时采割藤叶，晒干，搓揉或打下孢子，除去藤叶。

【性状】 本品呈粉末状，棕黄色或浅棕黄色。体轻，手捻有光滑感，置手中易由指缝滑落。气微，味淡。

【鉴别】 （1）取本品少量，撒于火上，即发出轻微爆鸣及明亮的火焰。

（2）本品粉末棕黄色或浅棕黄色。孢子为四面体、三角状圆锥形，顶面观三面锥形，可见三叉状裂隙，侧面观类三角形，底面观类圆形，直径60～85μm，外壁有颗粒状雕纹。

（3）取本品1g，加甲醇25ml，超声处理30分钟，滤过，滤液蒸干，残渣加甲醇0.5ml使溶解，作为供试品溶液。另取海金沙对照药材1g，同法制成对照药材溶液。照薄层色谱法（附录0502）试验，吸取上述两种溶液各5μl，分别点于同一聚酰胺薄膜上，以甲醇-冰醋酸-水（4:1:5）为展开剂，展开，取出，晾干，喷以三氯化铝试液，晾干，置紫外光灯（365nm）下检视。供试品色谱中，在与对照药材色谱相应的位置上，显相同颜色的荧光斑点。

【检查】　总灰分　不得过16.0%（附录2302）。

【性味与归经】　甘、咸，寒。归膀胱、小肠经。

【功能】　清利湿热，通淋止痛。

【主治】　膀胱湿热，尿淋，尿石，尿痛。

【用法与用量】　马、牛30~45g；羊、猪10~20g；兔、禽1~2g。

【贮藏】　置干燥处。

海　桐　皮

Haitongpi

ERYTHRINAE CORTEX

本品为豆科植物刺桐 *Erythrina uariegata* L. var. *orientalis*（L.）Merr. 或刺木通（乔木刺桐）*Erythrina arborescens* Roxb. 的干燥树皮。初夏剥取有钉刺的树皮，晒干。

【性状】　本品呈板片状，两边略卷曲，厚0.3~1cm。外表皮淡棕色，常见宽狭不同的纵凹纹，并散布钉刺；钉刺长圆锥形，高水平5~8mm，顶锐尖，基部直径0.5~1cm。内表面黄棕色，较平坦，有细密网纹。质硬而韧，断面裂片状。气微香，味微苦。

【炮制】　洗净，润透，切块，干燥。

【性味与归经】　苦，平。归肝、肾经。

【功能】　祛风除湿，舒筋通络。

【主治】　风湿痹痛，腰膝疼痛，跌打损伤。

【用法与用量】　马、牛20~60g；羊、猪5~10g；兔、禽1.5~2.5g。外用适量。

【贮藏】　置通风干燥处。

海　螵　蛸

Haipiaoxiao

SEPIAE ENDOCONCHA

本品为乌贼科动物无针乌贼 *Sepiella maindroni* de Rochebrune 或金乌贼 *Sepia esculenta* Hoyle 的干燥内壳。收集乌贼鱼的骨状内壳，洗净，干燥。

【性状】　**无针乌贼**　呈扁长椭圆形，中间厚，边缘薄，长9~14cm，宽2.5~3.5cm，厚约1.3cm。背面有磁白色脊状隆起，两侧略显微红色，有不甚明显的细小疣点；腹面白色，自尾端到中部有细密波状横层纹；角质缘半透明，尾部较宽平，无骨针。体轻，质松，易折断，断面粉质，显疏松层纹。气微腥，味微咸。

金乌贼长 13~23cm，宽约6.5cm。背面疣点明显，略呈层状排列；腹面的细密波状横层纹占全体大部分，中间有纵向浅槽；尾部角质缘渐宽，向腹面翘起，末端有1骨针，多已断落。

【鉴别】 （1）本品粉末类白色。角质层碎块类四边形，表面具横裂纹和细密纵纹交织成的网状纹理，亦可见只有纵纹的碎块。石灰质碎块呈条形、正方形或不规则状，多具细条纹或分枝状蛇形笈道。

（2）取本品粉末，滴加稀盐酸，产生气泡。

【检查】 重金属及有害元素 照铅、镉、砷、汞、铜测定法（附录2321）测定，铅不得过5mg/kg；镉不得过5mg/kg；砷不得过10mg/kg；汞不得过0.2mg/kg；铜不得过20mg/kg。

【含量测定】 取本品细粉约0.12g，精密称定，置锥形瓶中，加稀盐酸10ml，沸水浴加热使溶解，加水20ml与甲基红指示液1滴，滴加10%氢氧化钾溶液至溶液显黄色，再继续多加10ml，加钙黄绿素指示剂少量，用乙二胺四醋酸二钠滴定液（0.05mol/L）滴定，至溶液的黄绿色荧光消失，并显橙色。每1ml乙二胺四醋酸二钠滴定液（0.05mol/L）相当于5.004mg碳酸钙（$CaCO_3$）。

本品含碳酸钙（$CaCO_3$）不得少于86.0%。

饮片

【炮制】 除去杂质，洗净，干燥，砸成小块。

本品为不规则形或类方形小块，类白色或微黄色，气微腥，味微咸。

【鉴别】【检查】【含量测定】同药材。

【性味与归经】 咸、涩，温。归脾、肾经。

【功能】 收敛止血，涩精止带，制酸止痛，收湿敛疮。

【主治】 吐血，衄血，便血，子宫出血，遗精滑精，赤白带下，胃痛吞酸；外伤出血，湿疹湿疮，溃疡不敛。

【用法与用量】 马、牛30~60g；羊、猪10~15g。外用适量。

【贮藏】 置干燥处。

海 藻

Haizao

SARGASSUM

本品为马尾藻科植物海蒿子 *Sargassum pallidum*（Turn.）C. Ag. 或羊栖菜 *Sargassum fusiforme*（Harv.）Setch. 的干燥藻体。前者习称"大叶海藻"，后者习称"小叶海藻"。夏、秋二季采捞，除去杂质，洗净，晒干。

【性状】 大叶海藻 皱缩卷曲，黑褐色，有的被白霜，长30~60cm。主干呈圆柱状，具圆锥形突起，主枝自主干两侧生出，侧枝自主枝叶腋生出，具短小的刺状突起。初生叶披针形或倒卵形，长5~7cm，宽约1cm，全缘或具粗锯齿；次生叶条形或披针形，叶腋间有着生条状叶的小枝。气囊黑褐色，球形或卵圆形，有的有柄，顶端钝圆，有的具细短尖。质脆，潮润时柔软；水浸后膨胀，肉质，黏滑。气腥，味微咸。

小叶海藻 较小，长15~40cm。分枝互生，无刺状突起。叶条形或细匙形，先端稍膨大，中空。气囊腋生，纺锤形或球形，囊柄较长。质较硬。

【鉴别】 取本品1g，剪碎，加水20ml，冷浸数小时，滤过，滤液浓缩至3~5ml，加三氯化铁试液3滴，生成棕色沉淀。

【检查】 水分 不得过19.0%（附录0832）。

重金属及有害元素 照铅、镉、砷、汞、铜测定法（附录2321）测定，铅不得过5mg/kg；镉不得过4mg/kg；汞不得过0.1mg/kg；铜不得过20mg/kg。

【浸出物】 照醇溶性浸出物测定法（附录2201）项下的热浸法测定，用乙醇作溶剂，不得少于6.5%。

【含量测定】 对照品溶液的制备 取岩藻糖对照品适量，精密称定，加水制成每1ml含0.12mg的溶液，即得。

标准曲线的制备 精密吸取对照品溶液0.2ml、0.4ml、0.6ml、0.8ml、1.0ml、1.2ml，分别置15ml具塞试管中，各加水至2.0ml，迅速精密加入0.1%蒽酮-硫酸溶液6ml，立即摇匀，放置15分钟，立即置冰浴中冷却15分钟，取出，以相应试剂为空白，照紫外-可见分光光度法（附录0401），在580nm波长处测定吸光度，以吸光度为纵坐标，浓度为横坐标，绘制标准曲线。

测定法 取本品粉末（过三号筛）约1g，精密称定，置圆底烧瓶中，加水200ml，静置1小时，加热回流4小时，放冷，转移至250ml的离心杯中离心（转速为每分钟9000转）30分钟。吸取上清液，转移至250ml量瓶中，沉淀用少量水分次洗涤，移至50ml离心管中，离心（转速为每分钟9000转）30分钟。吸取上清液，置同一量瓶中，加水至刻度，摇匀。精密量取上清液5ml，置100ml离心管中，边搅拌边缓慢滴加乙醇75ml，摇匀，4℃放置12小时，取出，离心（转速为每分钟9000转）30分钟，弃去上清液，沉淀加沸水适量溶解，放冷，转移至10ml量瓶中，加水至刻度，摇匀，离心，精密量取上清液2ml，置15ml具塞试管中，照标准曲线的制备项下的方法，自"迅速精密加入0.1%蒽酮-硫酸溶液6ml"起，依法测定吸光度，从标准曲线上读出供试品溶液中含岩藻糖的重量（mg），计算，即得。

本品按干燥品计算，含海藻多糖以岩藻糖（$C_6H_{12}O_5$）计，不得少于1.70%。

饮片

【炮制】 除去杂质，洗净，稍晾，切段，干燥。

【鉴别】【检查】【含量测定】同药材。

【性味与归经】 苦、咸，寒。归肝、胃、肾经。

【功能】 软坚散结，利水消肿。

【主治】 睾丸肿痛，痰饮水肿。

【用法与用量】 马、牛15～60g；羊、猪3～15g。

【注意】 不宜与甘草同用。

【贮藏】 置干燥处。

浮 小 麦

Fuxiaomai

TRITICI LEVIS FRUCTUS

本品为禾本科植物小麦 *Triticum aestivum* L. 的干燥轻浮瘪瘦的果实。麦收后，选取轻浮瘪瘦的及未脱净皮的麦皮粒，晒干。

【性状】 本品呈长圆形，长约6mm，直径1.5～2.5mm。表面浅黄棕色或黄白色，略皱缩，腹面中央有一纵行深沟，顶端钝形，具黄白色柔毛，另一端略尖。质较硬，断面白色，粉性。气微，味淡。

【鉴别】　本品粉末类白色。具棕色果皮碎片。淀粉粒以单粒为主，呈扁平圆形、椭圆形或三角形，直径30～40μm，侧面观椭圆形，两端稍尖，直径12～20μm，脐点长裂缝状，层纹少数隐约可见；复粒少，由2～4细胞或更多分粒组成。果皮表皮细胞呈类长方形或长多角形，壁念珠状增厚。果皮中层细胞长条形或不规则形，壁念珠状增厚。管细胞呈长管状，各细胞以侧面短分枝相连结，有较大间隙，成熟时细胞彼此分离。非腺毛单细胞长43～950μm，直径11～29μm，壁厚5～11μm。

【炮制】　除去杂质，洗净，晒干。

【性味与归经】　甘、咸，凉。归心经。

【功能】　敛汗，益气，退虚热。

【主治】　阴虚，内热，虚汗。

【用法与用量】　马、牛30～120g；羊、猪10～20g。

【贮藏】　置通风干燥处，防蛀。

浮　萍

Fuping

SPIRODELAE HERBA

本品为浮萍科植物紫萍 *Spirodela polyrrhiza*（L.）Schleid. 的干燥全草。6～9月采收，洗净，除去杂质，晒干。

【性状】　本品为扁平叶状体，呈卵形或卵圆形，长径2～5mm。上表面淡绿色至灰绿色，偏侧有一小凹陷，边缘整齐或微卷曲。下表面紫绿色至紫棕色，着生数条须根。体轻，手捻易碎。气微，味淡。

【鉴别】　（1）本品粉末黄绿色。上表皮细胞垂周壁呈波状弯曲，气孔不定式。下表皮细胞垂周壁平直，无气孔。通气组织多破碎，由薄壁细胞组成，细胞间隙较大。草酸钙簇晶较小。草酸钙针晶成束。

（2）取本品粉末1g，加甲醇10ml，超声处理30分钟，放置，取上清液作为供试品溶液。另取浮萍对照药材1g，同法制成对照药材溶液。照薄层色谱法（附录0502）试验，吸取上述两种溶液各2μl，分别点于同一硅胶G薄层板上，以乙酸乙酯-丁酮-甲酸-水（6:3:1:1）为展开剂，展开，取出，晾干，喷以1%三氯化铝无水乙醇溶液，置紫外光灯（365nm）下检视。供试品色谱中，在与对照药材色谱相应的位置上，显相同颜色的荧光斑点。

【检查】　水分　不得过8.0%（附录0832第一法）。

【性味与归经】　辛，寒。归肺经。

【功能】　宣散风热，发汗利尿。

【主治】　风热感冒，风疹瘙痒，水肿尿少。

【用法与用量】　马、牛60～90g；羊、猪5～10g。

外用适量。

【贮藏】　置通风干燥处，防潮。

通　草

Tongcao

TETRAPANACIS MEDULLA

本品为五加科植物通脱木 *Tetrapanax papyrifer*（Hook.）K. Koch 的干燥茎髓。秋季割取茎，截成段，趁鲜取出髓部，理直，晒干。

【性状】　本品呈圆柱形，长20～40cm，直径1～2.5cm，表面白色或淡黄色，有浅纵沟纹。体轻，质松软，稍有弹性，易折断，断面平坦，显银白色光泽，中部有直径0.3～1.5cm的空心或半透明的薄膜，纵剖面呈梯状排列，实心者少见。气微，味淡。

【鉴别】　本品横切面：全部为薄壁细胞，椭圆形、类圆形或近多角形，外侧的细胞较小，纹孔明显，有的细胞含草酸钙簇晶，直径15～64μm。

【检查】　**水分**　不得过16.0%（附录0832第一法）。

总灰分　不得过8.0%（附录2302）。

饮片

【炮制】　除去杂质，切厚片。

【性味与归经】　甘、淡，微寒。归肺、胃经。

【功能】　清热利尿，通气下乳。

【主治】　湿热尿淋，尿短赤，水肿，乳汁不下。

【用法与用量】　马、牛15～30g；驼30～60g；羊、猪3～10g；兔、禽0.5～2g。

【贮藏】　置干燥处。

桑　叶

Sangye

MORI FOLIUM

本品为桑科植物桑 *Morus alba* L. 的干燥叶。初霜后采收，除去杂质，晒干。

【性状】　本品多皱缩、破碎。完整者有柄，叶片展平后呈卵形或宽卵形，长8～15cm，宽7～13cm。先端渐尖，基部截形、圆形或心形，边缘有锯齿或钝锯齿，有的不规则分裂。上表面黄绿色或浅黄棕色，有的有小疣状突起；下表面颜色稍浅，叶脉突出，小脉网状，脉上被疏毛，脉基具簇毛。质脆。气微，味淡、微苦涩。

【鉴别】　（1）本品粉末黄绿色或黄棕色。上表皮有含钟乳体的大型晶细胞，钟乳体直径47～77μm。下表皮气孔不定式，副卫细胞4～6个。非腺毛单细胞，长50～230μm。草酸钙簇晶直径5～16μm；偶见方晶。

（2）取本品粉末2g，加石油醚（60～90℃）30ml，加热回流30分钟，弃去石油醚液，药渣挥干，加乙醇30ml，超声处理20分钟，滤过，滤液蒸干，残渣加热水10ml，置60℃水浴上搅拌使溶解，滤过，滤液蒸干，残渣加甲醇1ml使溶解，作为供试品溶液。另取桑叶对照药材2g，同法制成对照药材溶液。照薄层色谱法（附录0502）试验，吸取上述两种溶液各5μl，分别点于同一硅胶G薄层板上，以甲苯-乙酸乙酯-甲酸（5:2:1）的上层溶液为展开剂，置用展开剂预饱和10分钟的展开缸内，展开约至8cm，取出，晾干，置紫外光灯（365nm）下检视。供试品色谱中，在与对照药材色谱相应的位置上，显相同颜色的荧光斑点。

【检查】 **水分** 不得过15.0%（附录0832第一法）。

总灰分 不得过13.0%（附录2302）。

酸不溶性灰分 不得过4.5%（附录2302）。

【浸出物】 照醇溶性浸出物测定法（附录2201）项下的热浸法测定，用无水乙醇作溶剂，不得少于5.0%。

【含量测定】 照高效液相色谱法（附录0512）测定。

色谱条件与系统适用性试验 以十八烷基硅烷键合硅胶为填充剂；以甲醇为流动相A，以0.5%磷酸溶液为流动相B，按下表中的规定进行梯度洗脱；检测波长为358nm。理论板数按芦丁峰计算应不低于5000。

时间（分钟）	流动相A（%）	流动相B（%）
0～5	30	70
5～10	30→35	70→65
10～15	35→40	65→60
15～18	40→50	60→50

对照品溶液的制备 取芦丁对照品适量，精密称定，用甲醇制成每1ml含0.1mg的溶液，即得。

供试品溶液的制备 取本品粉末（过三号筛）约1g，精密称定，置圆底烧瓶中，加甲醇50ml，加热回流30分钟，滤过，滤渣再用甲醇50ml，同法提取2次，合并滤液，减压回收溶剂，残渣用甲醇溶解，转移至25ml量瓶中，加甲醇至刻度，摇匀，滤过，取续滤液，即得。

测定法 分别精密吸取对照品溶液与供试品溶液各10μl，注入液相色谱仪，测定，即得。

本品按干燥品计算，含芦丁（$C_{27}H_{30}O_{16}$）不得少于0.10%。

饮片

【炮制】 除去杂质，搓碎，去柄，筛去灰屑。

【性味与归经】 甘、苦，寒。归肺、肝经。

【功能】 疏散风热，清肺润燥，清肝明目。

【主治】 风热感冒，肺热燥咳，目赤流泪。

【用法与用量】 马、牛15～30g；羊、猪5～10g；兔、禽1.5～2.5g。

【贮藏】 置干燥处。

桑 白 皮

Sangbaipi

MORI CORTEX

本品为桑科植物桑 *Morus alba* L. 的干燥根皮。秋末叶落时至次春发芽前采挖根部，刮去黄棕色粗皮，纵向剖开，剥取根皮，晒干。

【性状】 本品呈扭曲的卷筒状、槽状或板片状，长短宽窄不一，厚1～4mm。外表面白色或淡黄白色，较平坦，有的残留橙黄色或棕黄色鳞片状粗皮；内表面黄白色或灰黄色，有细纵纹。体轻，质韧，纤维性强，难折断，易纵向撕裂，撕裂时有粉尘飞扬。气微，味微甘。

【鉴别】 （1）本品横切面：韧皮部射线宽2～6列细胞；散有乳管；纤维单个散在或成束，非木化或微木化；薄壁细胞含淀粉粒，有的细胞含草酸钙方晶。较老的根皮中，散在夹有石细胞的厚壁细胞群，胞腔大多含方晶。

粉末淡灰黄色。纤维甚多，多碎断，直径13～26μm，壁厚，非木化至微木化。草酸钙方晶直径11～32μm。石细胞类圆形、类方形或形状不规则，直径22～52μm，壁较厚或极厚，纹孔和孔沟明显，胞腔内有的含方晶。另有含晶厚壁细胞。淀粉粒甚多，单粒类圆形，直径4～16μm；复粒由2～8分粒组成。

（2）取本品粉末2g，加饱和碳酸钠溶液20ml，超声处理20分钟，滤过，滤液加稀盐酸调节pH值至1～2，静置30分钟，滤过，滤液用乙酸乙酯振摇提取2次，每次10ml，合并乙酸乙酯液，蒸干，残渣加甲醇1ml使溶解。作为供试品溶液。另取桑白皮对照药材2g，同法制成对照药材溶液。照薄层色谱法（附录0502）试验，吸取上述两种溶液各5μl，分别点于同一聚酰胺薄膜上，以醋酸为展开剂，展开约10cm，取出，晾干，置紫外光灯（365nm）下检视。供试品色谱中，在与对照药材色谱相应位的位置上，显相同的两个荧光主斑点。

饮片

【炮制】 **桑白皮** 洗净，稍润，切丝，干燥。

【鉴别】 同药材。

蜜桑白皮 取桑白皮丝，照蜜炙法（附录0203）炒至不粘手。

本品呈不规则的丝条状。表面深黄色或棕黄色，略具光泽，滋润，纤维性强，易纵向撕裂。气微，味甜。

【鉴别】 （除横切面外）同药材。

【性味与归经】 甘，寒。归肺经。

【功能】 泻肺平喘，利水消肿。

【主治】 肺热喘咳，水肿腹胀，尿少。

【用法与用量】 马、牛15～30g；羊、猪5～10g；兔、禽1～2g。

【贮藏】 置通风干燥处，防潮，防蛀。

桑　枝

Sangzhi

MORI RAMULUS

本品为桑科植物桑 *Morus alba* L. 的干燥嫩枝。春末夏初采收，去叶，晒干，或趁鲜切片，晒干。

【性状】 本品呈长圆柱形，少有分枝，长短不一，直径0.5～1.5cm。表面灰黄色或黄褐色，有多数黄褐色点状皮孔及细纵纹，并有灰白色略呈半圆形的叶痕和黄棕色的腋芽。质坚韧，不易折断，断面纤维性。切片厚0.2～0.5cm，皮部较薄，木部黄白色，射线放射状，髓部白色或黄白色。气微，味淡。

【鉴别】 本品粉末灰黄色。纤维较多，成束或散在，淡黄色或无色，略弯曲，直径10～30μm，壁厚5～15μm，弯曲处呈皱襞，胞腔甚细。石细胞淡黄色，呈类圆形、类方形，直径

15~40μm，壁厚5~20μm，胞腔小。含晶厚壁细胞成群或散在，形状、大小与石细胞近似，胞腔内含草酸钙方晶1~2个。草酸钙方晶存在于厚壁细胞中或散在，直径5~20μm。木栓细胞表面观多角形，垂周壁平直或弯曲。

【检查】　水分　不得过11.0%（附录0832第一法）。

总灰分　不得过4.0%（附录2302）。

【浸出物】　照醇溶性浸出物测定法（附录2201）项下的热浸法测定，用乙醇作溶剂，不得少于3.0%。

饮片

【炮制】　桑枝　未切片者，洗净，润透，切厚片，干燥。

本品呈类圆形或椭圆形的厚片。外表皮灰黄色或黄褐色，有点状皮孔。切面皮部较薄，木部黄白色，射线放射状，髓部白色或黄白色。气微，味淡。

【检查】　水分　同药材，不得过10.0%。

【鉴别】【检查】（总灰分）【浸出物】　同药材。

炒桑枝　取桑枝片，照清炒法（附录0203）炒至微黄色。

本品形如桑枝片，切面深黄色。微有香气。

【检查】　水分　同药材，不得过10.0%。

【鉴别】【检查】（总灰分）【浸出物】　同药材。

【性味与归经】　微苦，平。归肝经。

【功能】　祛风湿，利关节。用于肩臂、关节酸痛麻木。

【主治】　风湿痹痛，四肢拘挛。

【用法与用量】　马、牛30~60g；羊、猪15~30g。

【贮藏】　置干燥处。

桑　寄　生

Sangjisheng

TAXILLI HERBA

本品为桑寄生科植物桑寄生 *Taxillus chinensis*（DC.）Danser 的干燥带叶茎枝。冬季至次春采割，除去粗茎，切段，干燥，或蒸后干燥。

【性状】　本品茎枝呈圆柱形，长3~4cm，直径0.2~1cm；表面红褐色或灰褐色，具细纵纹，并有多数细小突起的棕色皮孔，嫩枝有的可见棕褐色茸毛；质坚硬，断面不整齐，皮部红棕色，木部色较浅。叶多卷曲，具短柄；叶片展平后呈卵形或椭圆形，长3~8cm，宽2~5cm；表面黄褐色，幼叶被细茸毛，先端钝圆，基部圆形或宽楔形，全缘；革质。气微，味涩。

【鉴别】　（1）本品茎横切面：表皮细胞有时残存。木栓层为10余列细胞，有的含棕色物。皮层窄，老茎有石细胞群，薄壁细胞含棕色物。中柱鞘部位有石细胞群和纤维束，断续环列。韧皮部甚窄，射线散有石细胞。束内形成层明显。木质部射线宽1~4列细胞，近髓部也可见石细胞；导管单个散列或2~3个相聚。髓部有石细胞群，薄壁细胞含棕色物。有的石细胞含草酸钙方晶或棕色物。

粉末淡黄棕色。石细胞类方形、类圆形，偶有分枝，有的壁三面厚，一面薄，含草酸钙方晶。

纤维成束，直径约17μm。具缘纹孔导管、网纹导管及螺纹导管多见。星状毛分枝碎片少见。

（2）取本品粉末5g，加甲醇-水（1∶1）60ml，加热回流1小时，趁热滤过，滤液浓缩至约20ml，加水10ml，再加稀硫酸约0.5ml，煮沸回流1小时，用乙酸乙酯振摇提取2次，每次30ml，合并乙酸乙酯液，浓缩至1ml，作为供试品溶液。另取槲皮素对照品，加乙酸乙酯制成每1ml含0.5mg的溶液，作为对照品溶液。照薄层色谱法（附录0502）试验，吸取上述两种溶液各10μl，分别点于同一用0.5%氢氧化钠溶液制备的硅胶G薄层板上，以甲苯（水饱和）-甲酸乙酯-甲酸（5∶4∶1）为展开剂，展开，取出，晾干，喷以5%三氯化铝乙醇溶液，置紫外光灯（365nm）下检视。供试品色谱中，在与对照品色谱相应的位置上，显相同颜色的荧光斑点。

【检查】　强心苷　取本品粗粉10g，加80%乙醇50ml，加热回流30分钟，滤过，滤液蒸干，残渣加热水10ml使溶解，滤过，滤液加乙醚振摇提取4次，每次15ml，弃去乙醚层，取下层水溶液，加醋酸铅饱和溶液至沉淀完全，滤过，滤液加乙醇10ml，加硫酸钠饱和溶液脱铅，滤过，滤液加三氯甲烷振摇提取3次，每次15ml，合并三氯甲烷液，浓缩至1ml。取浓缩液点于滤纸上，干后，滴加碱性3,5-二硝基苯甲酸溶液（取二硝基苯甲酸试液与氢氧化钠试液各1ml，混合），不得显紫红色。

饮片

【炮制】　除去杂质，略洗，润透，切厚片或短段，干燥。

本品为厚片或不规则短段。外表皮红褐色或灰褐色，具细纵纹，并有多数细小突起的棕色皮孔，嫩枝有的可见棕褐色茸毛。切面皮部红棕色，木部色较浅。叶多卷曲或破碎，完整者展平后呈卵形或椭圆形，表面黄褐色，幼叶被细茸毛，先端钝圆，基部圆形或宽楔形，全缘；革质。气微，味涩。

【鉴别】　【检查】　同药材。

【性味与归经】　苦、甘，平。归肝、肾经。

【功能】　祛风湿，补肝肾，强筋骨，安胎元。

【主治】　风湿痹痛，腰胯无力，胎动不安。

【用法与用量】　马、牛30～60g；羊、猪5～15g。

【贮藏】　置干燥处，防蛀。

桑　螵　蛸

Sangpiaoxiao

MANTIDIS OÖTHECA

本品为螳螂科昆虫大刀螂 *Tenodera sinensis* Saussure、小刀螂 *Statilia maculata*（Thunberg）或巨斧螳螂 *Hierodula patellifera*（Serville）的干燥卵鞘。以上三种分别习称"团螵蛸""长螵蛸"及"黑螵蛸"。深秋至次春收集，除去杂质，蒸至虫卵死后，干燥。

【性状】　团螵蛸　略呈圆柱形或半圆形，由多层膜状薄片叠成，长2.5～4cm，宽2～3cm。表面浅黄褐色，上面带状隆起不明显，底面平坦或有凹沟。体轻，质松而韧，横断面可见外层为海绵状，内层为许多放射状排列的小室，室内各有一细小椭圆形卵，深棕色，有光泽。气微腥，味淡或微咸。

长螵蛸　略呈长条形，一端较细，长2.5～5cm，宽1～1.5cm。表面灰黄色，上面带状隆起明显，带的两侧各有一条暗棕色浅沟和斜向纹理。质硬而脆。

黑螵蛸 略呈平行四边形，长2~4cm，宽1.5~2cm。表面灰褐色，上面带状隆起明显，两侧有斜向纹理，近尾端微向上翘。质硬而韧。

【鉴别】 本品粉末浅黄棕色。斯氏液装片，卵黄颗粒较多，淡黄色，类圆形，直径40~150μm，表面具不规则颗粒状物或凹孔。水合氯醛装片，卵鞘外壁碎片不规则，淡黄棕色至淡红棕色，表面具大小不等的圆形空腔，并有少量枸橼酸钙柱晶；卵鞘内层碎片淡黄色或淡黄棕色，密布大量枸橼酸钙柱晶，柱晶直径2~10μm，长至20μm。

【检查】 **水分** 不得过15.0%（附录0832第一法）。

总灰分 不得过8.0%（附录2302）。

酸不溶性灰分 不得过3.0%（附录2302）。

饮片

【炮制】 除去杂质，蒸透，干燥。用时剪碎。

【性味与归经】 甘、咸，平。归肝、肾经。

【功能】 补肾助阳，固精缩尿，止淋浊。

【主治】 阳痿，滑精，尿频数，尿浊，带下。

【用法与用量】 马、牛15~30g；羊、猪5~15g；兔、禽0.5~1g。

【贮藏】 置通风干燥处，防蛀。

黄 芩

Huangqin

SCUTELLARIAE RADIX

本品为唇形科植物黄芩 *Scutellaria baicalensis* Georgi 的干燥根。春、秋二季采挖，除去须根和泥沙，晒后撞去粗皮，晒干。

【性状】 本品呈圆锥形，扭曲，长8~25cm，直径1~3cm，表面棕黄色或深黄色，有稀疏的疣状细根痕，上部较粗糙，有扭曲的纵皱纹或不规则的网纹，下部有顺纹和细皱纹。质硬而脆，易折断，断面黄色，中心红棕色；老根中心呈枯朽状或中空，暗棕色或棕黑色。气微，味苦。

栽培品较细长，多有分枝。表面浅黄棕色，外皮紧贴，纵皱纹较细腻。断面黄色或浅黄色，略呈角质样。味微苦。

【鉴别】 （1）本品粉末黄色。韧皮纤维单个散在或数个成束，梭形，长60~250μm，直径9~33μm，壁厚，孔沟细。石细胞类圆形、类方形或长方形，壁较厚或甚厚。木栓细胞棕黄色，多角形。网纹导管多见，直径24~72μm。木纤维多碎断，直径约12μm，有稀疏斜纹孔。淀粉粒甚多，单粒类球形，直径2~10μm，脐点明显，复粒由2~3分粒组成。

（2）取本品粉末1g，加乙酸乙酯-甲醇（3:1）的混合溶液30ml，加热回流30分钟，放冷，滤过，滤液蒸干，残渣加甲醇5ml使溶解，取上清液作为供试品溶液。另取黄芩对照药材1g，同法制成对照药材溶液。再取黄芩苷对照品、黄芩素对照品、汉黄芩素对照品，加甲醇分别制成每1ml含1mg、0.5mg、0.5mg的溶液，作为对照品溶液。照薄层色谱法（附录0502）试验，吸取上述供试品溶液、对照药材溶液各2μl及上述三种对照品溶液各1μl，分别点于同一聚酰胺薄膜上，以甲苯-乙酸乙酯-甲醇-甲酸（10:3:1:2）为展开剂，预饱和30分钟，展开，取出，晾干，置紫外光灯

（365nm）下检视。供试品色谱中，在与对照药材色谱相应的位置上，显相同颜色的斑点；在与对照品色谱相应的位置上，显三个相同的暗色斑点。

【检查】 水分 不得过12.0%（附录0832第一法）。

总灰分 不得过6.0%（附录2302）。

【浸出物】 照醇溶性浸出物测定法（附录2201）项下的热浸法测定，用稀乙醇作溶剂，不得少于40.0%。

【含量测定】 照高效液相色谱法（附录0512）测定。

色谱条件与系统适用性试验 以十八烷基硅烷键合硅胶为填充剂；以甲醇-水-磷酸（47:53:0.2）为流动相；检测波长为280nm。理论板数按黄芩苷峰计算应不低于2500。

对照品溶液的制备 取在60℃减压干燥4小时的黄芩苷对照品适量，精密称定，加甲醇制成每1ml含60μg的溶液，即得。

供试品溶液的制备 取本品中粉约0.3g，精密称定，加70%乙醇40ml，加热回流3小时，放冷，滤过，滤液置100ml量瓶中，用少量70%乙醇分次洗涤容器和残渣，洗液滤入同一量瓶中，加70%乙醇至刻度，摇匀。精密量取1ml，置10ml量瓶中，加甲醇至刻度，摇匀，即得。

测定法 分别精密吸取对照品溶液与供试品溶液各10μl，注入液相色谱仪，测定，即得。

本品按干燥品计算，含黄芩苷（$C_{21}H_{18}O_{11}$）不得少于9.0%。

饮片

【炮制】 黄芩片 除去杂质，置沸水中煮10分钟，取出，闷透，切薄片，干燥；或蒸半小时，取出，切薄片，干燥（注意避免暴晒）。

本品为类圆形或不规则形薄片。外表皮黄棕色或棕褐色。切面黄棕色或黄绿色，具放射状纹理。

【含量测定】 同药材，含黄芩苷（$C_{21}H_{18}O_{11}$）不得少于8.0%。

【鉴别】 同药材。

酒黄芩 取黄芩片，照酒炙法（附录0203）炒干。

本品形如黄芩片。略带焦斑，微有酒香气。

【含量测定】 同药材，含黄芩苷（$C_{21}H_{18}O_{11}$）不得少于8.0%。

【鉴别】 同药材。

【性味与归经】 苦，寒。归肺、胆、脾、大肠、小肠经。

【功能】 清热燥湿，泻火解毒，止血，安胎。

【主治】 肺热咳嗽，胃肠湿热，泻痢，黄疸，高热贪饮，便血，衄血，目赤肿痛，痈肿疮毒，胎动不安。

【用法与用量】 马、牛20~60g；羊、猪5~15g；兔、禽1.5~2.5g。

【贮藏】 置通风干燥处，防潮。

黄　芪

Huangqi

ASTRAGALI RADIX

本品为豆科植物蒙古黄芪 *Astragalus membranaceus*（Fisch.）Bge. var. *mongholicus*（Bge.）Hsiao 或膜荚黄芪 *Astragalus membranaceus*（Fisch.）Bge. 的干燥根。春、秋二季采挖，除去须根和

根头，晒干。

【性状】 本品呈圆柱形，有的有分枝，上端较粗，长30～90cm，直径1～3.5cm。表面淡棕黄色或淡棕褐色，有不整齐的纵皱纹或纵沟。质硬而韧，不易折断，断面纤维性强，并显粉性，皮部黄白色，木部淡黄色，有放射状纹理和裂隙，老根中心偶呈枯朽状，黑褐色或呈空洞。气微，味微甜，嚼之微有豆腥味。

【鉴别】 （1）本品横切面：木栓细胞多列；栓内层为3～5列厚角细胞。韧皮部射线外侧常弯曲，有裂隙；纤维成束，壁厚，木化或微木化，与筛管群交互排列；近栓内层处有时可见石细胞。形成层成环。木质部导管单个散在或2～3个相聚；导管间有木纤维；射线中有时可见单个或2～4个成群的石细胞。薄壁细胞含淀粉粒。

粉末黄白色。纤维成束或散离，直径8～30μm，壁厚，表面有纵裂纹，初生壁常与次生壁分离，两端常断裂成须状，或较平截。具缘纹孔导管无色或橙黄色，具缘纹孔排列紧密。石细胞少见，圆形、长圆形或形状不规则，壁较厚。

（2）取本品粉末3g，加甲醇20ml，加热回流1小时，滤过，滤液加于中性氧化铝柱（100～120目，5g，内径为10～15mm）上，用40%甲醇100ml洗脱，收集洗脱液，蒸干，残渣加水30ml使溶解，用水饱和的正丁醇振摇提取2次，每次20ml，合并正丁醇液，用水洗涤2次，每次20ml，弃去水液，正丁醇液蒸干，残渣加甲醇0.5ml使溶解，作为供试品溶液。另取黄芪甲苷对照品，加甲醇制成每1ml含1mg的溶液，作为对照品溶液。照薄层色谱法（附录0502）试验，吸取上述两种溶液各2μl，分别点于同一硅胶G薄层板上，以三氯甲烷-甲醇-水（13:7:2）的下层溶液为展开剂，展开，取出，晾干，喷以10%硫酸乙醇溶液，在105℃加热至斑点显色清晰。供试品色谱中，在与对照品色谱相应的位置上，日光下显相同的棕褐色斑点；紫外光灯（365nm）下显相同的橙黄色荧光斑点。

（3）取本品粉末2g，加乙醇30ml加热回流20分钟，滤过，滤液蒸干，残渣加0.3%氢氧化钠溶液15ml使溶解，滤过，滤液用稀盐酸调节pH值至5～6，用乙酸乙酯15ml振摇提取，分取乙酸乙酯液，用铺有适量无水硫酸钠的滤纸滤过，滤液蒸干。残渣加乙酸乙酯1ml使溶解，作为供试品溶液。另取黄芪对照药材2g，同法制成对照药材溶液。照薄层色谱法（附录0502）试验，吸取上述两种溶液各10μl，分别点于同一硅胶G薄层板上，以三氯甲烷-甲醇（10:1）为展开剂，展开，取出，晾干，置氨蒸气中熏后，置紫外光灯（365nm）下检视。供试品色谱中，在与对照药材色谱相应的位置上，显相同颜色的荧光主斑点。

【检查】 水分 不得过10.0%（附录0832第一法）。

总灰分 不得过5.0%（附录2302）。

重金属及有害元素 照铅、镉、砷、汞、铜测定法（附录2321）测定，铅不得过5mg/kg；镉不得过0.3mg/kg；砷不得过2mg/kg；汞不得过0.2mg/kg；铜不得过20mg/kg。

有机氯农药残留量 照农药残留量测定法（附录2341 有机氯类农药残留量测定法第一法）测定。

含总六六六（α-BHC、β-BHC、γ-BHC、δ-BHC之和）不得过0.2mg/kg；总滴滴涕（pp'-DDE、pp'-DDD、op'-DDT、pp'-DDT之和）不得过0.2mg/kg；五氯硝基苯不得过0.1mg/kg。

【浸出物】 照水溶性浸出物测定法（附录2201）项下的冷浸法测定，不得少于17.0%。

【含量测定】 黄芪甲苷 照高效液相色谱法（附录0512）测定。

色谱条件与系统适用性试验 以十八烷基硅烷键合硅胶为填充剂；以乙腈-水（32:68）为流动相；蒸发光散射检测器检测。理论板数按黄芪甲苷峰计算应不低于4000。

对照品溶液的制备　取黄芪甲苷对照品适量，精密称定，加甲醇制成每1ml含0.5mg的溶液，即得。

供试品溶液的制备　取本品中粉约4g，精密称定，置索氏提取器中，加甲醇40ml，冷浸过夜，再加甲醇适量，加热回流4小时，提取液回收溶剂并浓缩至干，残渣加水10ml，微热使溶解，用水饱和的正丁醇振摇提取4次，每次40ml，合并正丁醇液，用氨试液充分洗涤2次，每次约40ml，弃去氨液，正丁醇液蒸干，残渣加水5ml使溶解，放冷，通过D101型大孔吸附树脂柱（内径为1.5cm，柱高为12cm），以水50ml洗脱，弃去水液，再用40%乙醇30ml洗脱，弃去洗脱液，继用70%乙醇80ml洗脱，收集洗脱液，蒸干，残渣加甲醇溶解，转移至5ml量瓶中，加甲醇至刻度，摇匀，即得。

测定法　分别精密吸取对照品溶液10μl、20μl，供试品溶液20μl，注入液相色谱仪，测定，用外标两点法对数方程计算，即得。

本品按干燥品计算，含黄芪甲苷（$C_{41}H_{68}O_{14}$）不得少于0.040%。

毛蕊异黄酮葡萄糖苷　照高效液相色谱法（附录0512）测定。

色谱条件与系统适用性试验　以十八烷基硅烷键合硅胶为填充剂；以乙腈为流动性A，以0.2%甲酸溶液为流动相B，按下表中的规定进行梯度洗脱；检测波长为260nm。理论板数按毛蕊异黄酮葡萄糖苷峰计算应不低于3000。

时间（分钟）	流动相A（%）	流动相B（%）
0～20	20→40	80→60
20～30	40	60

对照品溶液的制备　取毛蕊异黄酮葡萄糖苷对照品适量，精密称定，加甲醇制成每1ml含50μg的溶液，即得。

供试品溶液的制备　取本品粉末（过四号筛）约1g，精密称定，置圆底烧瓶中，加甲醇50ml，称定重量，加热回流4小时，放冷，再称定重量，用甲醇补足减失的重量，摇匀，滤过，精密量取续滤液25ml，回收溶剂至干，残渣加甲醇溶解，转移至5ml量瓶中，加甲醇至刻度，摇匀，即得。

测定法　分别精密吸取对照品溶液与供试品溶液各10μl，注入液相色谱仪，测定，即得。

本品按干燥品计算，含毛蕊异黄酮葡萄糖苷（$C_{22}H_{22}O_{10}$）不得少于0.020%。

饮片

【炮制】　除去杂质，大小分开，洗净，润透，切厚片，干燥。

本品呈类圆形或椭圆形的厚片，外表皮黄白色至淡棕褐色，可见纵皱纹或纵沟。切面皮部黄白色，木部淡黄色，有放射状纹理及裂隙，有的中心偶有枯朽状，黑褐色或呈空洞。气微，味微甜，嚼之有豆腥味。

【鉴别】　（除横切面外）**【检查】【浸出物】【含量测定】**　同药材。

【性味与归经】　甘，微温。归肺、脾经。

【功能】　补气升阳，固表止汗，利水消肿，托毒排脓，敛疮生肌。

【主治】　肺脾气虚，中气下陷，表虚自汗，气虚水肿，疮痈难溃，久溃不敛。

【用法与用量】　马、牛20～60g；驼30～80g；羊、猪5～15g；兔、禽1～2g。

【贮藏】　置通风干燥处，防潮，防蛀。

炙 黄 芪
Zhihuangqi
ASTRAGALI RADIX PRAEPARATA CUM MELLE

本品为黄芪的炮制加工品。

【制法】 取黄芪片，照蜜炙法（附录0203）炒至不粘手。

【性状】 本品呈圆形或椭圆形的厚片，直径0.8～3.5cm，厚0.1～0.4cm。外表皮淡棕黄色或淡棕褐色，略有光泽，可见纵皱纹或纵沟。切面皮部黄白色，木部淡黄色，有放射状纹理和裂隙，有的中心偶有枯朽状，黑褐色或呈空洞。具蜜香气，味甜，略带黏性，嚼之微有豆腥味。

【鉴别】 照黄芪项下的〔鉴别〕（2）、（3）试验，显相同的结果。

【检查】 水分 不得过10.0%（附录0832第一法）。

总灰分 不得过4.0%（附录2302）。

【含量测定】 黄芪甲苷 取本品中粉约4g，精密称定，照黄芪〔含量测定〕项下的方法测定。

本品按干燥品计算，含黄芪甲苷（$C_{41}H_{68}O_{14}$）不得少于0.030%。

毛蕊异黄酮葡萄糖苷 取本品粉末（过四号筛）约2g，精密称定，照黄芪〔含量测定〕项下的方法测定。

本品按干燥品计算，含毛蕊异黄酮葡萄糖苷（$C_{22}H_{22}O_{10}$）不得少于0.020%。

【性味与归经】 甘，温。归肺、脾经。

【功能】 益气补中。

【主治】 气虚乏力，便溏。

【用法与用量】 马、牛20～60g；驼30～80g；羊、猪5～15g；兔、禽1～2g。

【贮藏】 置通风干燥处，防潮，防蛀。

黄 连
Huanglian
COPTIDIS RHIZOMA

本品为毛茛科植物黄连 *Coptis chinensis* Franch.、三角叶黄连 *Coptis deltoidea* C. Y. Cheng et Hsiao 或云连 *Coptis teeta* Wall. 的干燥根茎。以上三种分别习称"味连""雅连"和"云连"。秋季采挖，除去须根和泥沙，干燥，撞去残留须根。

【性状】 味连 多集聚成簇，常弯曲，形如鸡爪，单枝根茎长3～6cm，直径0.3～0.8mm。表面灰黄色或黄褐色，粗糙，有不规则结节状隆起、须根及须根残基，有的节间表面平滑如茎秆，习称"过桥"。上部多残留褐色鳞叶，顶端常留有残余的茎或叶柄。质硬，断面不整齐，皮部橙红色或暗棕色，木部鲜黄色或橙黄色，呈放射状排列，髓部有的中空。气微，味极苦。

雅连 多为单枝，略呈圆柱形，微弯曲，长4～8cm，直径0.5～1cm。"过桥"较长。顶端有少许残茎。

云连 弯曲呈钩状，多为单枝，较细小。

【鉴别】　（1）本品横切面：**味连**　木栓层为数列细胞。其外有表皮，常脱落。皮层较宽，石细胞单个或成群散在。中柱鞘纤维成束或伴有少数石细胞，均显黄色。维管束外韧型，环列。木质部黄色，均木化，木纤维较发达。髓部均为薄壁细胞，无石细胞。

雅连　髓部有石细胞。

云连　皮层、中柱鞘及髓部均无石细胞。

（2）取本品粉末0.25g，加甲醇25ml，超声处理30分钟，滤过，滤液作为供试品溶液。另取黄连对照药材0.25g，同法制成对照药材溶液。再取盐酸小檗碱对照品，加甲醇制成每1ml含0.5mg的溶液，作为对照品溶液。照薄层色谱法（附录0502）试验，吸取上述三种溶液各1μl，分别点于同一高效硅胶G薄层板上，以环己烷-乙酸乙酯-异丙醇-甲醇-水-三乙胺（3：3.5：1：1.5：0.5：1）为展开剂，置用浓氨试液预饱和20分钟的展开缸内，展开，取出，晾干，置紫外光灯（365nm）下检视。供试品色谱中，在与对照药材色谱相应位置上，显4个以上相同颜色的荧光斑点；在与对照品色谱相应的位置上，显相同颜色的荧光斑点。

【检查】　**水分**　不得过14.0%（附录0832第一法）。

总灰分　不得过5.0%（附录2302）。

【浸出物】　照醇溶性浸出物测定法（附录2201）项下的热浸法测定，用稀乙醇作溶剂，不得少于15.0%。

【含量测定】　**味连**　照高效液相色谱法（附录0512）测定。

色谱条件与系统适用性试验　以十八烷基硅烷键合硅胶为填充剂；以乙腈-0.05mol/L磷酸二氢钾溶液（50：50）（每100ml中加十二烷基硫酸钠0.4g，再以磷酸调节pH值为4.0）为流动相；检测波长为345nm。理论板数按盐酸小檗碱峰计算应不低于5000。

对照品溶液的制备　取盐酸小檗碱对照品适量，精密称定，加甲醇制成每1ml含90.5μg的溶液，即得。

供试品溶液的制备　取本品粉末（过二号筛）约0.2g，精密称定，置具塞锥形瓶中，精密加入甲醇-盐酸（100：1）的混合溶液50ml，密塞，称定重量，超声处理（功率250W，频率40kHz）30分钟，放冷，再称定重量，用甲醇补足减失的重量，摇匀，滤过，精密量取续滤液2ml，置10ml量瓶中，加甲醇至刻度，摇匀，滤过，取续滤液，即得。

测定法　分别精密吸取对照品溶液与供试品溶液各10μl，注入液相色谱仪，测定，以盐酸小檗碱对照品的峰面积为对照，分别计算表小檗碱、黄连碱、巴马汀、小檗碱的含量，用待测成分色谱峰与盐酸小檗碱色谱峰的相对保留时间确定。

表小檗碱、黄连碱、巴马汀、小檗碱的峰位，其相对保留时间应在规定值的±5%范围之内，即得。相对保留时间见下表：

待测成分（峰）	相对保留时间
表小檗碱	0.71
黄连碱	0.78
巴马汀	0.91
小檗碱	1.00

本品按干燥品计算，以盐酸小檗碱（$C_{20}H_{18}ClNO_4$）计，含小檗碱（$C_{20}H_{17}NO_4$）不得少于5.5%，表小檗碱（$C_{20}H_{17}NO_4$）不得少于0.80%、黄连碱（$C_{19}H_{13}NO_4$）不得少于1.6%，巴马汀

（$C_{21}H_{21}NO_4$）不得少于1.5%。

雅连按干燥品计算，以盐酸小檗碱（$C_{20}H_{18}ClNO_4$）计，含小檗碱（$C_{20}H_{17}NO_4$）不得少于4.5%。

云连按干燥品计算，以盐酸小檗碱（$C_{20}H_{18}ClNO_4$）计，含小檗碱（$C_{20}H_{17}NO_4$）不得少于7.0%。

饮片（味连）

【炮制】 黄连片 除去杂质，润透后切薄片，晾干，或用时捣碎。

本品呈不规则的薄片。外表皮灰黄色或黄褐色，粗糙，有细小的须根。切面或碎断面鲜黄色或红黄色，具放射状纹理，气微，味极苦。

【检查】 水分 同药材，不得过12.0%。

总灰分 同药材，不得过3.5%。

【含量测定】 同药材，以盐酸小檗碱计，含小檗碱（$C_{20}H_{17}NO_4$）不得少于5.0%，含表小檗碱（$C_{20}H_{17}NO_4$）、黄连碱（$C_{19}H_{13}NO_4$）和巴马汀（$C_{21}H_{21}NO_4$）的总量不得少于3.3%。

【鉴别】 （除横切面外）【浸出物】 同药材。

酒黄连 取净黄连，照酒炙法（附录0203）炒干。

每100kg黄连，用黄酒12.5kg。

本品形如黄连片，色泽加深，略有酒香气。

【鉴别】【检查】【浸出物】【含量测定】 同黄连片。

姜黄连 取净黄连，照姜汁炙法（附录0203）炒干。

每100kg黄连，用生姜12.5kg。

本品形如黄连片，表面棕黄色。有姜的辛辣味。

【鉴别】【检查】【浸出物】【含量测定】 同黄连片。

萸黄连 取吴茱萸加适量水煎煮，煎液与净黄连拌匀，待液吸尽，炒干。

每100kg黄连，用吴茱萸10kg。

本品形如黄连片，表面棕黄色，有吴茱萸的辛辣香气。

【鉴别】 取本品粉末2g，加三氯甲烷20ml，超声处理30分钟，滤过，滤渣同法处理两次，合并滤液，减压回收溶剂至干，加三氯甲烷1ml使溶解，作为供试品溶液。另取吴茱萸对照药材0.5g，同法制成对照药材溶液。再取柠檬苦素对照品，加三氯甲烷制成每1ml含1mg的溶液，作为对照品溶液。照薄层色谱法（附录0502）试验，吸取供试品溶液6μl，对照药材溶液3μl和对照品溶液2μl，分别点于同一高效硅胶G高效薄层板上，以石油醚（60～90℃）-三氯甲烷-丙酮-甲醇-二乙胺（5:2:2:1:0.2）为展开剂，预饱和30分钟，展开，取出，晾干，喷以2%香草醛硫酸溶液，在105℃加热至斑点显色清晰。供试品色谱中，在与对照药材色谱相应的位置上，显相同颜色的主斑点；在与对照品色谱相应的位置上，显相同颜色的斑点。

【检查】【浸出物】【含量测定】 同黄连片。

【性味与归经】 苦，寒。归心、脾、胃、肝、胆、大肠经。

【功能】 清热燥湿，泻火解毒。

【主治】 湿热泻痢，心火亢盛，胃火炽盛，肝胆湿热，目赤肿痛，火毒疮痈。

【用法与用量】 马、牛15～30g；驼25～45g；羊、猪5～10g；兔、禽0.5～1g。

外用适量。

【贮藏】 置通风干燥处。

黄 药 子

Huangyaozi

DIOSCOREAE BULBIFERAE RHIZOMA

本品为薯蓣科植物黄独 *Diocorea bulbifera* L. 的干燥块茎。秋季采挖，洗去泥沙，除去须根，切片，干燥。

【性状】　本品呈圆形或类圆形的片，大小不一，直径3～6cm，厚0.3～1cm。外皮棕黑色，有皱褶，其上排列许多突起的棕黄色圆形的须根痕，有的尚有未除净的细小硬须根，切面淡黄色或棕黄色，密布许多橙黄色的麻点。质脆，易折断，断面黄白色，平坦或呈颗粒状，有粉性。气微，味苦。

【炮制】　除去杂质及须根，洗净，润透后切小片，干燥。

【性味与归经】　苦，平。归心、肺经。

【功能】　清热凉血，解毒消肿。

【主治】　肺热咳喘，咽喉肿痛，疮黄肿毒。

【用法与用量】　马、牛15～60g；驼20～80g；羊、猪5～15g；兔、禽1～3g。

【贮藏】　置干燥处，防蛀。

黄 柏

Huangbo

PHELLODENDRI CHINENSIS CORTEX

本品为芸香科植物黄皮树 *Phellodendron chinense* Schneid. 的干燥树皮。习称"川黄柏"。剥取树皮后，除去粗皮，晒干。

【性状】　本品呈板片状或浅槽状，长宽不一，厚1～6mm。外表面黄褐色或黄棕色，平坦或具纵沟纹，有的可见皮孔痕及残存的灰褐色粗皮；内表面暗黄色或淡棕色，具细密的纵棱纹。体轻，质硬，断面纤维性，呈裂片状分层，深黄色。气微，味极苦，嚼之有黏性。

【鉴别】　（1）本品粉末鲜黄色。纤维鲜黄色，直径16～38μm，常成束，周围细胞含草酸钙方晶，形成晶纤维；含晶细胞壁木化增厚。石细胞鲜黄色，类圆形或纺锤形，直径35～128μm，有的呈分枝状，枝端锐尖，壁厚，层纹明显；有的可见大型纤维状的石细胞，长可达900μm。草酸钙方晶众多。

（2）取本品粉末0.2g，加1%醋酸甲醇溶液40ml，于60℃超声处理20分钟，滤过，滤液浓缩至2ml，作为供试品溶液。另取黄柏对照药材0.1g，加1%醋酸甲醇溶液20ml，同法制成对照药材溶液。再取盐酸黄柏碱对照品，加甲醇制成每1ml含0.5mg的溶液，作为对照品溶液。照薄层色谱法（附录0502）试验，吸取上述三种溶液各3～5μl，分别点于同一硅胶G薄层板上，以三氯甲烷-甲醇-水（30:15:4）的下层溶液为展开剂，置氨蒸气饱和的展开缸内，展开，取出，晾干，喷以稀碘化铋钾试液。供试品色谱中，在与对照药材色谱和对照品色谱相应的位置上，显相同颜色的斑点。

【检查】　水分　不得过12.0%（附录0832第一法）。

总灰分　不得过8.0%（附录2302）。

【浸出物】 照醇溶性浸出物测定法（附录2201）项下的冷浸法测定，用稀乙醇作溶剂，不得少于14.0%。

【含量测定】 **小檗碱** 照高效液色谱法（附录0512）测定。

色谱条件与系统适用性试验 以十八烷基硅烷键合硅胶为填充剂；以乙腈-0.1%磷酸溶液（50:50）（每100ml加十二烷基磺酸钠0.1g）为流动相；检测波长为265nm。理论板数按盐酸小檗碱峰计算应不低于4000。

对照品溶液的制备 取盐酸小檗碱对照品适量，精密称定，加流动相制成每1ml含0.1mg的溶液，即得。

供试品溶液的制备 取本品粉末（过三号筛）约0.1g，精密称定，置100ml量瓶中，加流动相80ml，超声处理（功率250W，频率40kHz）40分钟，放冷，用流动相稀释至刻度，摇匀，滤过，取续滤液，即得。

测定法 分别精密吸取对照品溶液5μl与供试品溶液各5~20μl，注入液相色谱仪，测定，即得。

本品按干燥品计算，含小檗碱以盐酸小檗碱（$C_{20}H_{17}NO_4 \cdot HCl$）计，不得少于3.0%。

黄柏碱 照高效液色谱法（附录0512）测定。

色谱条件与系统适用性试验 以十八烷基硅烷键合硅胶为填充剂；以乙腈-0.1%磷酸溶液（每100ml加十二烷基磺酸钠0.2g）（36:64）为流动相；检测波长为284nm。理论板数按盐酸黄柏碱峰计算应不低于6000。

对照品溶液的制备 取盐酸黄柏碱对照品适量，精密称定，加流动相制成每1ml含0.1mg的溶液，即得。

供试品溶液得制备 取本品粉末（过四号筛）约0.5g，精密称定，置具塞锥形瓶中，精密加入流动相25ml，称定重量，超声处理（功率250W，频率40kHz）30分钟，放冷，再称定重量，用流动相补足减失的重量，摇匀，滤过，取续滤液，即得。

测定法 分别精密吸取对照品溶液与供试品溶液各5μl，注入液相色谱仪，测定，即得。

本品按干燥品计算，含黄柏碱以盐酸黄柏碱（$C_{20}H_{23}NO_4 \cdot HCl$）计，不得少于0.34%。

饮片

【炮制】 **黄柏** 除去杂质，喷淋清水，润透，切丝，干燥。

本品呈丝条状。外表面黄褐色或黄棕色。内表面暗黄色或淡棕色，具纵棱纹。切面纤维性，呈裂片状分层，深黄色。味极苦。

【鉴别】【检查】【含量测定】 同药材。

盐黄柏 取黄柏丝，照盐水炙法（附录0203）炒干。

本品形如黄柏丝，表面深黄色，偶有焦斑。味极苦，微咸。

【鉴别】【检查】【含量测定】 同药材。

黄柏炭 取黄柏丝，照炒炭法（附录0203）炒至表面焦黑色。

本品形如黄柏丝，表面焦黑色，内部深褐色或棕黑色。体轻，质脆，易折断。味苦涩。

【性味与归经】 苦，寒。归肾、膀胱经。

【功能】 清热燥湿，泻火解毒，退虚热。

【主治】 湿热泻痢，黄疸，带下，热淋，疮疡肿毒，湿疹，阴虚火旺，盗汗。

【用法与用量】 马、牛15~45g；驼20~50g；羊、猪5~10g；兔、禽0.5~2g。

外用适量。

【贮藏】　置通风干燥处，防潮。

黄　精

Huangjing

POLYGONATI RHIZOMA

本品为百合科植物滇黄精 *Polygonatum kingianum* Coll. et Hemsl.、黄精 *Polygonatum sibiricum* Red. 或多花黄精 *Polygonatum cyrtonema* Hua 的干燥根茎。按形状不同，习称"大黄精""鸡头黄精""姜形黄精"。春、秋二季采挖，除去须根，洗净，置沸水中略烫或蒸至透心，干燥。

【性状】　**大黄精**　呈肥厚肉质的结节块状，结节长可达10cm以上，宽3~6cm，厚2~3cm。表面淡黄色至黄棕色，具环节，有皱纹及须根痕，结节上侧茎痕呈圆盘状，圆周凹入，中部突出。质硬而韧，不易折断，断面角质，淡黄色至黄棕色。气微，味甜，嚼之有黏性。

鸡头黄精　呈结节状弯柱形，长3~10cm，直径0.5~1.5cm。结节长2~4cm，略呈圆锥形，常有分枝；表面黄白色或灰黄色，半透明，有纵皱纹，茎痕圆形，直径5~8mm。

姜形黄精　呈长条结节块状，长短不等，常数个块状结节相连。表面灰黄色或黄褐色，粗糙，结节上侧有突出的圆盘状茎痕，直径0.8~1.5cm。

味苦者不可药用。

【鉴别】　（1）本品横切面：**大黄精**　表皮细胞外壁较厚。薄壁组织间散有多数大的黏液细胞，内含草酸钙针晶。维管束散列，大多为周木型。

鸡头黄精、姜形黄精　维管束多为外韧型。

（2）取本品粉末约1g，加70%乙醇20ml，加热回流1小时，抽滤，滤液蒸干，残渣加水10ml使溶解，加正丁醇振摇提取2次，每次20ml，合并正丁醇液，蒸干，残渣加甲醇1ml使溶解，作为供试品溶液。另取黄精对照药材1g，同法制成对照药材溶液。照薄层色谱法（附录0502）试验，吸取上述两种溶液各10μl，分别点于同一硅胶G薄层板上，以石油醚（60~90℃）-乙酸乙酯-甲酸（5:2:0.1）为展开剂，展开，取出，晾干，喷以5%香草醛硫酸溶液，105℃加热至斑点显色清晰。供试品色谱中，在与对照药材色谱相应的位置上，显相同颜色的斑点。

【检查】　**水分**　不得过18.0%（附录0832第二法）。

总灰分　取本品，80℃干燥6小时，粉碎后测定，不得过4.0%（附录2302）。

【浸出物】　照醇溶性浸出物测定法（附录2201）项下的热浸法测定，用稀乙醇作溶剂，不得少于45.0%。

【含量测定】　**对照品溶液的制备**　取经105℃干燥至恒重的无水葡萄糖对照品33mg，精密称定，置100ml量瓶中，加水溶解并稀释至刻度，摇匀，即得（每1ml中含无水葡萄糖0.33mg）。

标准曲线的制备　精密量取对照品溶液0.1ml、0.2ml、0.3ml、0.4ml、0.5ml、0.6ml，分别置10ml具塞刻度试管中，各加水至2.0ml，摇匀，在冰水浴中缓缓滴加0.2%蒽酮-硫酸溶液至刻度，混匀，放冷后置水浴中保温10分钟，取出，立即置冰水浴中冷却10分钟，取出，以相应试剂为空白。照紫外-可见分光光度法（附录0401），在582nm波长处测定吸光度。以吸光度为纵坐标，浓度为横坐标，绘制标准曲线。

测定法　取60℃干燥至恒重的本品细粉约0.25g，精密称定，置圆底烧瓶中，加80%乙醇150ml，置水浴中加热回流1小时，趁热滤过，残渣用80%热乙醇洗涤3次，每次10ml，将残渣及滤纸置烧瓶中，加水150ml，置沸水浴中加热回流1小时，趁热滤过，残渣及烧瓶用热水洗涤4次，每次10ml，合并滤液与洗液，放冷，转移至250ml量瓶中，加水至刻度，摇匀，精密量取1ml，置10ml具塞干燥试管中，照标准曲线的制备项下的方法，自"加水至2.0ml"起，依法测定吸光度，从标准曲线上读出供试品溶液中含无水葡萄糖的重量（mg），计算，即得。

本品按干燥品计算，含黄精多糖以无水葡萄糖（$C_6H_{12}O_6$）计，不得少于7.0%。

饮片

【炮制】 **黄精** 除去杂质，洗净，略润，切厚片，干燥。

本品呈不规则的厚片，外表皮淡黄色至黄棕色。切面略呈角质样，淡黄色至黄棕色，可见多数淡黄色筋脉小点。质稍硬而韧。气微，味甜，嚼之有黏性。

【检查】 **水分** 同药材，不得过15.0%。

【鉴别】 （除横切面外）【检查】（总灰分）【浸出物】【含量测定】 同药材。

酒黄精 取净黄精，照酒炖法或酒蒸法（附录0203）炖透或蒸透，稍晾，切厚片，干燥。

每100kg黄精，用黄酒20kg。

本品呈不规则的厚片。表面棕褐色至黑色，有光泽，中心棕色至浅褐色，可见筋脉小点。质较柔软。味甜，微有酒香气。

【检查】 **水分** 同药材，不得过15.0%

【含量测定】 同药材，含黄精多糖以无水葡萄糖（$C_6H_{12}O_6$）计，不得少于4.0%。

【鉴别】 （除横切面外）【检查】（总灰分）【浸出物】 同药材。

【性味与归经】 甘，平。归脾、肺、肾经。

【功能】 补气养阴，健脾，润肺，益肾。

【主治】 脾胃虚弱，倦怠无力，肺虚燥咳，精血不足，阴虚贪水。

【用法与用量】 马、牛20～60g；驼30～100g；羊、猪5～15g；兔、禽1～3g。

【贮藏】 置通风干燥处，防霉，防蛀。

菟 丝 子
Tusizi
CUSCUTAE SEMEN

本品为旋花科植物南方菟丝子 *Cuscuta australis* R. Br. 或菟丝子 *Cuscuta chinensis* Lam. 的干燥成熟种子。秋季果实成熟时采收植株，晒干，打下种子，除去杂质。

【性状】 本品呈类球形，直径1～2mm。表面灰棕色至棕褐色，粗糙，种脐线形或扁圆形。质坚实，不易以指甲压碎。气微，味淡。

【鉴别】 （1）取本品少量，加沸水浸泡后，表面有黏性；加热煮至种皮破裂时，可露出黄白色卷旋状的胚，形如吐丝。

（2）本品粉末黄褐色或深褐色。种皮表皮细胞断面观呈类方形或类长方形，侧壁增厚；表面观呈圆多角形，角隅处壁明显增厚。种皮栅状细胞成片，断面观2列，外列细胞较内列细胞短，具光辉带，位于内侧细胞的上部；表面观呈多角形，皱缩。胚乳细胞呈多角形或类圆形，胞腔内含糊粉粒。子叶细胞含糊粉粒及脂肪油滴。

（3）取本品粉末0.5g，加甲醇40ml，加热回流30分钟，滤过，滤液浓缩至5ml，作为供试品溶液。另取菟丝子对照药材0.5g，同法制成对照药材溶液。再取金丝桃苷对照品，加甲醇制成每1ml含1mg的溶液，作为对照品溶液。照薄层色谱法（附录0502）试验，吸取上述三种溶液各1~2μl，分别点于同一聚酰胺薄膜上，以甲醇-冰醋酸-水（4:1:5）为展开剂，展开，取出，晾干，喷以三氯化铝试液，置紫外光灯（365nm）下检视。供试品色谱中，在与对照药材色谱和对照品色谱相应的位置上，显相同颜色的荧光斑点。

【检查】 水分 不得过10.0%（附录0832第一法）。

总灰分 不得过10.0%（附录2302）。

酸不溶性灰分 不得过4.0%（附录2302）。

【含量测定】 照高效液相色谱法（附录0512）测定。

色谱条件与系统适用性试验 以十八烷基硅烷键合硅胶为填充剂；以乙腈-0.1%磷酸溶液（17:83）为流动相；检测波长为360nm。理论板数按金丝桃苷峰计算应不低于5000。

对照品溶液的制备 取金丝桃苷对照品适量，精密称定，加甲醇制成每1ml含48μg的溶液，即得。

供试品溶液的制备 取本品粉末（过四号筛）1g，精密称定，置50ml量瓶中，加80%甲醇40ml，超声处理（功率500W，频率40kHz）1小时，放冷，加80%甲醇至刻度，摇匀，滤过，取续滤液，即得。

测定法 分别精密吸取对照品溶液与供试品溶液各10μl，注入液相色谱仪，测定，即得。

本品按干燥品计算，含金丝桃苷（$C_{21}H_{20}O_{12}$）不得少于0.10%。

饮片

【炮制】 菟丝子 除去杂质，洗净，干燥。

【性状】【鉴别】【检查】【含量测定】 同药材。

盐菟丝子 取净菟丝子，照盐炙法（附录0203）炒至微鼓起。

本品形如菟丝子，表面棕黄色，裂开，略有香气。

【鉴别】【检查】【含量测定】 同药材。

【性味与归经】 辛、甘，平。归肝、肾、脾经。

【功能】 滋补肝肾，固精缩尿，安胎，明目，止泻。

【主治】 肾虚滑精，腰胯软弱，尿频，胎动不安，肾虚目昏，脾肾虚泻。

【用法与用量】 马、牛15~45g；羊、猪5~15g。

【贮藏】 置通风干燥处。

菊 花

Juhua

CHRYSANTHEMI FLOS

本品为菊科植物菊 *Chrysanthemum morifolium* Ramat. 的干燥头状花序。9~11月花盛开时分批采收，阴干或焙干，或熏、蒸后晒干。药材按产地和加工方法不同，分为"亳菊""滁菊""贡菊""杭菊""怀菊"。

【性状】 亳菊 呈倒圆锥形或圆筒形，有时稍压扁呈扇形，直径1.5~3cm，离散。总苞碟状；总苞片3~4层，卵形或椭圆形，草质，黄绿色或褐绿色，外面被柔毛，边缘膜质。花托半球形，无托片或托毛。舌状花数层，雌性，位于外围，类白色，劲直，上举，纵向折缩，散生金黄色腺点；

管状花多数，两性，位于中央，为舌状花所隐藏，黄色，顶端5齿裂。瘦果不发育，无冠毛。体轻，质柔润，干时松脆。气清香，味甘、微苦。

滁菊 呈不规则球形或扁球形，直径1.5～2.5cm。舌状花类白色，不规则扭曲，内卷，边缘皱缩，有时可见淡褐色腺点；管状花大多隐藏。

贡菊 呈扁球形或不规则球形，直径1.5～2.5cm。舌状花白色或类白色，斜升，上部反折，边缘稍内卷而皱缩，通常无腺点；管状花少，外露。

杭菊 呈碟形或扁球形，直径2.5～4cm，常数个相连成片。舌状花类白色或黄色，平展或微折叠，彼此粘连，通常无腺点；管状花多数，外露。

怀菊 呈不规则球形或扁球形，直径1.5～2.5cm。多数为舌状花，舌状花类白色或黄色，不规则扭曲，内卷，边缘皱缩，有时可见腺点；管状花大多隐藏。

【鉴别】（1）本品粉末黄白色。花粉粒类球形，直径32～37μm，表面有网孔纹及短刺，具3孔沟。T形毛较多，顶端细胞长大，两臂近等长，柄2～4细胞。腺毛头部鞋底状，6～8细胞两两相对排列。草酸钙簇晶较多，细小。

（2）取本品1g，剪碎，加石油醚（30～60℃）20ml，超声处理10分钟，弃去石油醚，药渣挥干，加稀盐酸1ml与乙酸乙酯50ml，超声处理30分钟，滤过，滤液蒸干，残渣加甲醇2ml使溶解，作为供试品溶液。另取菊花对照药材1g，同法制成对照药材溶液。再取绿原酸对照品，加乙醇制成每1ml含0.5mg的溶液，作为对照品溶液。照薄层色谱法（附录0502）试验，吸取上述三种溶液各0.5～1μl，分别点于同一聚酰胺薄膜上，以甲苯-乙酸乙酯-甲酸-冰醋酸-水（1：15：1：1：2）的上层溶液为展开剂，展开，取出，晾干，置紫外光灯（365nm）下检视。供试品色谱中，在与对照药材色谱和对照品色谱相应的位置上，显相同颜色的荧光斑点。

【检查】 水分 不得过15.0%（附录0832第一法）。

【含量测定】 照高效液相色谱法（附录0512）测定。

色谱条件与系统适用性试验 以十八烷基硅烷键合硅胶为填充剂；以乙腈为流动相A，以0.1%磷酸溶液为流动相B，按下表中的规定进行梯度洗脱；检测波长为348nm。理论板数按3,5-*O*-二咖啡酰基奎宁酸峰计算应不低于8000。

时间（分钟）	流动相A（%）	流动相B（%）
0～11	10→18	90→82
11～30	18→20	82→80
30～40	20	80

对照品溶液的制备 取绿原酸对照品、木樨草苷对照品、3,5-*O*-二咖啡酰基奎宁酸对照品适量，精密称定，置棕色量瓶中，加70%甲醇制成每1ml含绿原酸35μg，木樨草苷25μg，3,5-*O*-二咖啡酰基奎宁酸80μg的混合溶液，即得（10℃以下保存）。

供试品溶液的制备 取本品粉末（过一号筛）约0.25g，精密称定，置具塞锥形瓶中，精密加入70%甲醇25ml，密塞，称定重量，超声处理（功率300W，频率45kHz）40分钟，放冷，再称定重量，用70%甲醇补足减失的重量，摇匀，滤过，取续滤液，即得。

测定法 分别精密吸取对照品溶液与供试品溶液各5μl，注入液相色谱仪，测定，即得。

本品按干燥品计算，含绿原酸（C$_{16}$H$_{18}$O$_9$）不得少于0.20%，含木樨草苷（C$_{21}$H$_{20}$O$_{11}$）不得少于0.080%，含3,5-*O*-二咖啡酰基奎宁酸（C$_{25}$H$_{24}$O$_{12}$）不得少于0.70%

【性味与归经】 甘、苦，微寒。归肺、肝经。

【功能】 散风清热，平肝明目。

【主治】 风热感冒，目赤肿痛，翳膜遮睛。

【用法与用量】 马、牛15~45g；驼30~60g；羊、猪3~10g；兔、禽1.5~3g。

【贮藏】 置阴凉干燥处，密闭保存，防霉，防蛀。

救 必 应

Jiubiying

ILICIS ROTUNDAE CORTEX

本品为冬青科植物铁冬青 *Ilex rotunda* Thunb. 的干燥树皮。夏、秋二季剥取，晒干。

【性状】 本品呈卷筒状、半卷筒状或略卷曲的板状，长短不一，厚1~15mm。外表面灰白色至浅褐色，较粗糙，有皱纹。内表面黄绿色、黄棕色或黑褐色，有细纵纹。质硬而脆，断面略平坦。气微香，味苦、微涩。

【鉴别】 （1）本品粉末浅棕色至棕褐色。石细胞甚多，浅黄绿色或浅黄色，单个散在或成群，直径14~56μm，孔沟明显；有的胞腔内含草酸钙方晶。草酸钙方晶众多，散在或存在于薄壁细胞中，长17~40μm，宽7~25μm。有的薄壁组织中可见草酸钙簇晶。木栓细胞无色或浅棕色。

（2）取本品粉末0.5g，加甲醇25ml，超声处理20分钟，滤过，滤液蒸干，残渣加水20ml使溶解，用水饱和的正丁醇振摇提取2次，每次25ml，合并正丁醇液，用氨试液20ml洗涤，弃去氨液，取正丁醇液，蒸干，残渣加甲醇1ml使溶解，作为供试品溶液。另取救必应对照药材0.5g，同法制成对照药材溶液。再取紫丁香苷对照品，加甲醇制成每1ml含1mg的溶液，作为对照品溶液。照薄层色谱法（附录0502）试验，吸取上述三种溶液各2μl，分别点于同一硅胶G薄层板上，以三氯甲烷-甲醇-无水甲酸（16:4:1）为展开剂，展开，取出，晾干，喷以10%硫酸乙醇溶液，在105℃加热至斑点显色清晰，分别置日光和紫外光灯（365nm）下检视。供试品色谱中，在与对照药材色谱和对照品色谱相应的位置上，显相同颜色的斑点或荧光斑点。

【检查】 水分 不得过11.0%（附录0832第一法）。

总灰分 不得过8.0%（附录2302）。

【浸出物】 照醇溶性浸出物测定法（附录2201）项下的热浸法测定，用乙醇作溶剂，不得少于25.0%。

【含量测定】 照高效液相色谱法（附录0512）测定。

色谱条件与系统适用性试验 以十八烷基硅烷键合硅胶为填充剂；以乙腈为流动相A，以水为流动相B，按下表中的规定进行梯度洗脱；检测波长为210nm。理论板数按紫丁香苷峰计算应不低于3000。

时间（分钟）	流动相A（%）	流动相B（%）
0~10	10	90
10~20	10→40	90→60
20~30	40	60

对照品溶液的制备 取紫丁香苷对照品、长梗冬青苷对照品适量，精密称定，加50%甲醇制成每1ml含紫丁香苷0.1mg、长梗冬青苷0.3mg的混合溶液，即得。

供试品溶液的制备 取本品粉末（过三号筛）约0.1g，精密称定，置具塞锥形瓶中，精密加入

50%甲醇25ml，密塞，称定重量，超声处理（功率250W，频率40kHz）30分钟，放冷，再称定重量，用50%甲醇补足减失的重量，摇匀，滤过，取续滤液，即得。

测定法　分别精密吸取对照品溶液与供试品溶液各10μl，注入液相色谱仪，测定，即得。

本品按干燥品计算，含紫丁香苷（$C_{17}H_{24}O_{9}$）不得少于1.0%，长梗冬青苷（$C_{36}H_{58}O_{10}$）不得少于4.5%。

饮片

【炮制】　除去杂质，洗净，润透，切片，干燥。

【性味与归经】　苦，寒。归肺、胃、大肠、肝经。

【功能】　清热利湿，消肿止痛。

【主治】　外感发热，咽喉肿痛，湿热泄泻，风湿痹痛，跌打损伤。

【用法与用量】　马、牛60～120g；羊、猪15～30g。

外用适量。

【贮藏】　置干燥处。

常　山

Changshan

DICHROAE RADIX

本品为虎耳草科植物常山 *Dichroa febrifuga* Lour. 的干燥根。秋季采挖，除去须根，洗净，晒干。

【性状】　本品呈圆柱形，常弯曲扭转，或有分枝，长9～15cm，直径0.5～2cm。表面棕黄色，具细纵纹，外皮易剥落，剥落处露出淡黄色木部。质坚硬，不易折断，折断时有粉尘飞扬；横切面黄白色，射线类白色，呈放射状。气微，味苦。

【鉴别】　（1）本品横切面：木栓细胞数列。栓内层窄，少数细胞内含树脂块或草酸钙针晶束。韧皮部较窄，草酸钙针晶束较多。形成层显不规则波状环。木质部占主要部分，均木化，射线宽窄不一；导管多角形，单个散在或数个相聚，有的含黄色侵填体。薄壁细胞含淀粉粒。

粉末淡棕黄色。淀粉粒较多，单粒类圆形或长椭圆形，直径3～18μm，复粒少，由2～3分粒组成。草酸钙针晶成束，存在于长圆形细胞中，长10～50μm。导管多为梯状具缘纹孔导管，直径15～45μm。木纤维细长，直径10～43μm，壁稍厚。木薄壁细胞淡黄色，类多角形或类长多角形，壁略呈连珠状。

（2）取本品粉末5g，加2%盐酸溶液50ml，超声处理30分钟，滤过，滤液加浓氨试液调节pH值至10，用三氯甲烷振摇提取3次，每次40ml，合并三氯甲烷液，回收溶剂至干，残渣加甲醇0.5ml使溶解，作为供试品溶液。另取常山对照药材5g，同法制成对照药材溶液。照薄层色谱法（附录0502）试验，吸取上述两种溶液各5μl，分别点于同一硅胶GF_{254}薄层板上，以三氯甲烷-甲醇-浓氨试液（9：1：0.1）为展开剂，展开，取出，晾干，置紫外光灯（254nm）下检视。供试品色谱中，在与对照药材色谱相应的位置上，显相同颜色的主斑点；喷以稀碘化铋钾试液，室温放置30分钟。供试品色谱中，在与对照药材色谱相应的位置上，显相同颜色的主斑点。

【检查】　**水分**　不得过10.0%（附录0832第一法）。

总灰分　不得过4.0%（附录2302）。

饮片

【炮制】 常山 除去杂质，分开大小，浸泡，润透，切薄片，晒干。

本品呈不规则的薄片。外表皮淡黄色，无外皮。切面黄白色，有放射状纹理。质硬。气微，味苦。

【鉴别】（除横切面外）**【检查】** 同药材。

炒常山 取常山片，照清炒法（附录0203）炒至色变深。

本品形如常山片，表面黄色。

【鉴别】（除横切面外）**【检查】** 同药材。

【性味与归经】 苦、辛，寒；有毒。归肺、肝、心经。

【功能】 杀虫，除痰消积。

【主治】 球虫病，宿草不转，痰饮积聚。

【用法与用量】 马、牛30～60g；羊、猪10～15g；兔、禽0.5～3g。

【注意】 有催吐的副作用，剂量不宜过大；孕畜慎用。

【贮藏】 置通风干燥处。

野 马 追

Yemazhui

EUPATORII LINDLEYANI HERBA

本品为菊科植物轮叶泽兰 *Eupatorium lindleyanum* DC. 的干燥地上部分。秋季花初开时采割，晒干。

【性状】 本品茎呈圆柱形，长30～90cm，直径0.2～0.5cm；表面黄绿色或紫褐色，有纵棱，密被灰白色茸毛；质硬，易折断，断面纤维性，髓部白色。叶对生，无柄；叶片多皱缩，展平后叶片3全裂，似轮生，裂片条状披针形，中间裂片较长；先端钝圆，边缘具疏锯齿，上表面绿褐色，下表面黄绿色，两面被毛，有腺点。头状花序顶生。气微，叶味苦、涩。

【鉴别】 （1）本品粉末灰绿色或黄绿色。非腺毛由1～10余个细胞组成，胞腔内常含有紫红色分泌物，中部常有一至数个细胞缢缩。腺毛圆球形，直径约60μm，6或8细胞，侧面观排成3或4层，顶面观成对排列。导管多为孔纹导管、梯纹导管及螺纹导管，直径20～40μm。纤维多成束，淡黄色，两端平截。叶下表面细胞垂周壁波状弯曲，气孔不定式。

（2）取本品粉末2g，加甲醇30ml，浸泡过夜，超声处理1小时，滤过，滤液蒸干，残渣加甲醇5ml使溶解，作为供试品溶液。另取金丝桃苷对照品，加甲醇制成每1ml含20μg的溶液，作为对照品溶液。照薄层色谱法（附录0502）试验，吸取供试品溶液2μl、对照品溶液1μl，分别点于同一聚酰胺薄膜上，以正丁醇-醋酸-水（4:0.1:5）的上层溶液为展开剂，展开，取出，晾干，喷以3%三氯化铝乙醇溶液，热风吹干，置紫外光灯（365nm）下检视。供试品色谱中，在与对照品色谱相应的位置上，显相同颜色的荧光斑点。

（3）取〔鉴别〕（2）项下供试品溶液3ml，置于已处理好的聚酰胺柱（10g，内径为1.5cm，湿法装柱）上，用10%乙醇洗脱，收集洗脱液150ml，蒸干，残渣加甲醇1ml使溶解，作为供试品溶液。另取野马追内酯A对照品，加甲醇制成每1ml含1mg的溶液，作为对照品溶液。照薄层色谱法（附录0502）试验，吸取供试品溶液5μl、对照品溶液2μl，分别点于同一硅胶G薄层板上，以二氯甲烷-甲醇（10:0.4）为展开剂，展开，取出，晾干，喷以10%硫酸乙醇溶液，在105℃加热至斑点显色清晰。供试品色谱中，在与对照品色谱相应的位置上，显相同颜色的斑点。

【检查】 水分 不得过13.0%（附录0832第一法）。

总灰分 不得过13.0%（附录2302）。

酸不溶性灰分 不得过2.5%（附录2302）。

【浸出物】 照醇溶性浸出物测定法（附录2201）项下的热浸法测定，用稀乙醇作溶剂，不得少于9.0%。

【含量测定】 照高效液相色谱法（附录0512）测定。

色谱条件与系统适用性试验 以十八烷基硅烷键合硅胶为填充剂；以乙腈-1%醋酸溶液（10∶90）为流动相；检测波长为255nm。理论板数按金丝桃苷峰计算应不低于8000。

对照品溶液的制备 取金丝桃苷对照品适量，精密称定，加甲醇制成每1ml含50μg的溶液，即得。

供试品溶液的制备 取本品粉末（过三号筛）约1g，精密称定，置圆底烧瓶中，精密加入70%甲醇20ml，称定重量，加热回流1小时，放冷，再称定重量，用70%甲醇补足减失的重量，摇匀，离心（转速为每分钟3000转）15分钟，精密量取上清液10ml，置蒸发皿中，蒸干，残渣加甲醇适量使溶解，转移至5ml量瓶中，加甲醇至刻度，摇匀，滤过，取续滤液，即得。

测定法 分别精密吸取对照品溶液与供试品溶液各10μl，注入液相色谱仪，测定，即得。

本品按干燥品计算，含金丝桃苷（$C_{21}H_{20}O_{12}$）不得少于0.020%。

饮 片

【炮制】 除去杂质，喷淋清水，稍润，切段，干燥。

【性味与归经】 苦，平。归肺经。

【功能】 化痰止咳平喘。

【主治】 痰多，咳嗽，气喘。

【用法与用量】 犬10～20g；猫4～10g。

【贮藏】 置阴凉干燥处。

野 菊 花

Yejuhua

CHRYSANTHEMI INDICI FLOS

本品为菊科植物野菊 *Chrysanthemum indicum* L. 的干燥头状花序。秋、冬二季花初开放时采摘，晒干，或蒸后晒干。

【性状】 本品呈类球形，直径0.3～1cm，棕黄色。总苞由4～5层苞片组成，外层苞片卵形或条形，外表面中部灰绿色或浅棕色，通常被白毛，边缘膜质；内层苞片长椭圆形，膜质，外表面无毛。总苞基部有的残留总花梗。舌状花1轮，黄色至棕黄色，皱缩卷曲；管状花多数，深黄色。体轻。气芳香，味苦。

【鉴别】 取本品粉末0.3g，加甲醇15ml，超声处理30分钟，放冷，滤过，取滤液作为供试品溶液。另取野菊花对照药材0.3g，同法制成对照药材溶液。再取蒙花苷对照品，加甲醇制成每1ml含0.2mg的溶液，作为对照品溶液。照薄层色谱法（附录0502）试验，吸取上述三种溶液各3μl，分别点于同一聚酰胺薄膜上，以乙酸乙酯-丁酮-三氯甲烷-甲酸-水（15∶15∶6∶4∶1）为展开剂，展开，取出，晾干，喷以2%三氯化铝溶液，热风吹干，置紫外光灯（365nm）下检视。供试品色谱中，在与对照药材色谱和对照品色谱相应的位置上，显相同颜色的荧光斑点。

【检查】 水分 不得过14.0%（附录0832第一法）。

总灰分 不得过9.0%（附录2302）。

酸不溶性灰分 不得过2.0%（附录2302）。

【含量测定】 照高效液相色谱法（附录0512）测定。

色谱条件与系统适用性试验 以十八烷基硅烷键合硅胶为填充剂；以甲醇-水-冰醋酸（26∶23∶1）为流动相；检测波长为334nm。理论板数按蒙花苷峰计算应不低于3000。

对照品溶液的制备 取蒙花苷对照品适量，精密称定，加甲醇溶解（必要时加热）制成每1ml含25μg的溶液，即得。

供试品溶液的制备 取本品粉末（过三号筛）约0.25g，精密称定，置具塞锥形瓶中，精密加入甲醇100ml，称定重量，加热回流3小时，放冷，再称定重量，用甲醇补足减失的重量，摇匀，滤过，取续滤液，即得。

测定法 分别精密吸取对照品溶液与供试品溶液各20μl，注入液相色谱仪，测定，即得。

本品按干燥品计算，含蒙花苷（$C_{28}H_{32}O_{14}$）不得少于0.80%。

【性味与归经】 苦、辛，微寒。归肝、心经。

【功能】 清热解毒，平肝明目。

【主治】 痈肿疮毒，目赤肿痛。

【用法与用量】 马、牛15～30g；羊、猪5～10g；兔、禽1.5～3g。外用适量。

【贮藏】 置阴凉干燥处，防潮，防蛀。

蛇 床 子

Shechuangzi

CNIDII FRUCTUS

本品为伞形科植物蛇床 *Cnidium monnieri*（L.）Cuss. 的干燥成熟果实。夏、秋二季果实成熟时采收，除去杂质，晒干。

【性状】 本品为双悬果，呈椭圆形，长2～4mm，直径约2mm。表面灰黄色或灰褐色，顶端有2枚向外弯曲的柱基，基部偶有细梗。分果的背面有薄而突起的纵棱5条，接合面平坦，有2条棕色略突起的纵棱线。果皮松脆，揉搓易脱落。种子细小，灰棕色，显油性。气香，味辛凉，有麻舌感。

【鉴别】 （1）本品粉末黄绿色。油管多破碎，内壁有金黄色分泌物，可见类圆形油滴。内果皮镶嵌层细胞浅黄色，表面观细胞长条形，壁呈连珠状增厚。薄壁细胞类方形或类圆形，无色，壁条状或网状增厚。草酸钙簇晶或方晶，直径3～6μm，内胚乳细胞多角形，细胞内含糊粉粒和细小草酸钙簇晶。

（2）取本品粉末0.3g，加乙醇5ml，超声处理5分钟，放置，取上清液作为供试品溶液。另取蛇床子对照药材0.3g，同法制成对照药材溶液。再取蛇床子素对照品，加乙醇制成每1ml含1mg的溶液，作为对照品溶液。照薄层色谱法（附录0502）试验，吸取上述三种溶液各2μl，分别点于同一硅胶G薄层板上，以甲苯-乙酸乙酯-正己烷（3∶3∶2）为展开剂，展开，取出，晾干，置紫外光灯（365nm）下检视。供试品色谱中，在与对照药材色谱和对照品色谱相应的位置上，显相同颜色的荧光斑点。

【检查】 水分 不得过13.0%（附录0832第一法）。

总灰分 不得过13.0%（附录2302）。

酸不溶性灰分 不得过6.0%（附录2302）。

【浸出物】 照醇溶性浸出物测定法（附录2201）项下的冷浸法测定，用乙醇作溶剂，不得少于7.0%。

【含量测定】 照高效液相色谱法（附录0512）测定。

色谱条件与系统适用性试验 以十八烷基硅烷键合硅胶为填充剂；以乙腈-水（65:35）为流动相；检测波长为322nm。理论板数按蛇床子素峰计算应不低于3000。

对照品溶液的制备 取蛇床子素对照品适量，精密称定，加乙醇制成每1ml含45μg的溶液，即得。

供试品溶液的制备 取本品粉末（过三号筛）约0.1g，精密称定，置具塞锥形瓶中，精密加入无水乙醇25ml，密塞，称定重量，放置2小时，超声处理（功率300W，频率50kHz）30分钟，放冷，再称定重量，用无水乙醇补足减失的重量，摇匀；精密量取上清液5ml，置10ml的量瓶中，加无水乙醇稀释至刻度，摇匀，即得。

测定法 分别精密吸取对照品溶液与供试品溶液各10μl，注入液相色谱仪，测定，即得。

本品按干燥品计算，含蛇床子素（$C_{15}H_{16}O_3$）不得少于1.0%。

【性味与归经】 辛、苦，温；有小毒。归肾经。

【功能】 温肾壮阳，燥湿祛风，杀虫止痒。

【主治】 肾虚阳痿，宫寒不孕，带下，湿疹，瘙痒。

【用法与用量】 马、牛30～60g；羊、猪15～30g。外用适量。

【贮藏】 置干燥处。

蛇　蜕

Shetui

SERPENTIS PERIOSTRACUM

本品为游蛇科动物黑眉锦蛇 *Elaphe taeniura* Cope、锦蛇 *Elaphe carinata*（Guenther）或乌梢蛇 *Zaocys dhumnades*（Cantor）等蜕下的干燥表皮膜。春末夏初或冬初收集，除去泥沙，干燥。

【性状】 本品呈圆筒形，多压扁而皱缩，完整者形似蛇，长可达1m以上。背部银灰色或淡灰棕色，有光泽，鳞迹菱形或椭圆形，衔接处呈白色，略抽皱或凹下；腹部乳白色或略显黄色，鳞迹长方形，呈覆瓦状排列。体轻，质微韧，手捏有润滑感和弹性，轻轻搓揉，沙沙作响。气微腥，味淡或微咸。

【检查】 **酸不溶性灰分** 不得过3.0%（附录2302）。

饮片

【炮制】 **蛇蜕** 除去杂质，切段。

酒蛇蜕 取净蛇蜕，切段，照酒炙法（附录0203）炒干。

每100kg蛇蜕，用黄酒15kg。

【性味与归经】 咸、甘，平。归肝经。

【功能】 祛风，定惊，退翳，止痒。

【主治】 惊痫抽搐，目翳，皮肤瘙痒。

【用法与用量】 马、牛5～15g；羊、猪1.5～3g。

【贮藏】 置干燥处，防蛀。

银 柴 胡

Yinchaihu

STELLARIAE RADIX

本品为石竹科植物银柴胡 *Stellaria dichotoma* L. var. *lanceolata* Bge. 的干燥根。春、夏间植株萌发或秋后茎叶枯萎时采挖；栽培品于种植后第三年9月中旬或第四年4月中旬采挖，除去残茎、须根及泥沙，晒干。

【性状】 本品呈类圆柱形，偶有分枝，长15~40cm，直径0.5~2.5cm。表面浅棕黄色至浅棕色，有扭曲的纵皱纹和支根痕，多具孔穴状或盘状凹陷，习称"砂眼"，从砂眼处折断可见棕色裂隙中有细砂散出。根头部略膨大，有密集的呈疣状突起的芽苞、茎或根茎的残基，习称"珍珠盘"。质硬而脆，易折断，断面不平坦，较疏松，有裂隙，皮部甚薄，木部有黄、白色相间的放射状纹理。气微，味甘。

栽培品有分枝，下部多扭曲，直径0.6~1.2cm。表面浅棕黄色或浅黄棕色，纵皱纹细腻明显，细支根痕多呈点状凹陷。几无砂眼。根头部有多数疣状突起。折断面质地较紧密，几无裂隙，略显粉性，木部放射状纹理不甚明显。味微甜。

【鉴别】 （1）本品横切面：木栓细胞数列至10余列。栓内层较窄。韧皮部筛管群明显。形成层成环。木质部发达，射线宽至10余列细胞。薄壁细胞含草酸钙砂晶，以射线细胞中为多见。

（2）取本品粉末1g，加无水乙醇10ml，浸渍15分钟，滤过。取滤液2ml，置紫外光灯（365nm）下观察，显亮蓝微紫色的荧光。

（3）取本品粉末0.1g，加甲醇25ml，超声处理10分钟，滤过，滤液置50ml量瓶中，加甲醇至刻度。照紫外-可见分光光度法（附录0401）测定，在270nm的波长处有最大吸收。

【检查】 **酸不溶性灰分** 不得过5.0%（附录2302）。

【浸出物】 照醇溶性浸出物测定法（附录2201）项下的冷浸法测定，用甲醇作溶剂，不得少于20.0%。

饮片

【炮制】 除去杂质，洗净，润透，切厚片，干燥。

【性味与归经】 甘，微寒。归肝、胃经。

【功能】 清虚热。

【主治】 阴虚发热。

【用法与用量】 马、牛25~60g；羊、猪3~10g。

【贮藏】 置通风干燥处，防蛀。

甜 地 丁

Tiandiding

GUELDENSTAEDTIAE HERBA

本品为豆科植物米口袋 *Gueldenstaedtia verna* （Georgi） A. Bor. 的干燥全草。夏、秋二季采挖，

除去杂质，晒干。

【性状】 本品根茎簇生或单一，圆柱形，长1~3cm，直径0.2~0.7cm。根呈长圆锥形，有的略扭曲，长9~18cm，直径0.3~0.8cm；表面红棕色或灰黄色，有纵皱纹、横向皮孔及细长的侧根；质硬，断面黄白色，边缘绵毛状。茎短而细，灰绿色，有茸毛。单数羽状复叶，丛生，具托叶，叶多皱缩、破碎，完整小叶片展平后呈椭圆形或长椭圆形，长0.5~2cm，宽0.2~1cm，灰绿色，有茸毛。蝶形花冠紫色。荚果圆柱形，长1.5~2.5cm，棕色，有茸毛；种子黑色，细小。气微，味淡、微甜，嚼之有豆腥味。

【鉴别】 （1）根横切面：木栓细胞数列，壁栓化并木化。栓内层较窄，有裂隙，并有较多纤维素，纤维直径10~25μm，壁厚，可见层纹，不木化或微木化，有些纤维弯曲生长，在横切面可见纵断部分。中柱占根的大部分。射线较宽。韧皮部有裂隙，散有较多的后壁纤维素。形成层成环。木质部导管较大，直径20~70μm，单个存有或2~3个成束。木纤维成束，壁厚，木化或微木化。薄壁细胞含较多淀粉粒，射线及邻近形成层的细胞中更多。叶片表面观：上下表皮细胞均呈多角形，垂周壁平直，气孔内陷，不等式，少数不定式，非腺毛甚多，毛由2细胞组成，基部细胞较小，上接一较长的细胞，壁厚，有疣状突起，长250~1200μm，直径15~20μm。

（2）取本品粉末2g，加甲醇20ml，回流提取1小时，滤过，滤液浓缩至4ml，取浓缩液1ml，加盐酸4~5滴及镁粉少许，在水浴上加热3分钟，溶液呈红棕色。

【性味与归经】 甘、苦，寒。归心、肝经。

【功能】 清热解毒。

【主治】 痈肿疔疮，外耳道疖肿，阑尾炎。

【用法与用量】 马、牛30~80g。

【贮藏】 置通风干燥处。

猪 牙 皂

Zhuyazao

GLEDITSIAE FRUCTUS ABNORMALIS

本品为豆科植物皂荚 *Gleditsia sinensis* Lam. 的干燥不育果实。秋季采收，除去杂质，干燥。

【性状】 本品呈圆柱形，略扁而弯曲，长5~11cm，宽0.7~1.5cm。表面紫棕色或紫褐色，被灰白色蜡质粉霜，擦去后有光泽，并有细小的疣状突起和线状或网状的裂纹。顶端有鸟喙状花柱残基，基部具果梗残痕。质硬而脆，易折断，断面棕黄色，中间疏松，有淡绿色或淡棕黄色的丝状物，偶有发育不全的种子。气微，有刺激性，味先甜而后辣。

【鉴别】 （1）本品粉末棕黄色。石细胞众多，类圆形、长圆形或形状不规则，直径15~53μm。纤维大多成束，直径10~25μm，壁微木化，周围细胞含草酸钙方晶和少数簇晶，形成晶纤维；纤维束旁常伴有类方形厚壁细胞。草酸钙方晶长6~15μm；簇晶直径6~14μm。木化薄壁细胞甚多，纹孔和孔沟明显。果皮表皮细胞红棕色，表面观类多角形，壁较厚，表面可见颗粒状角质纹理。

（2）取本品粉末1g，加乙醇8ml，加热回流5分钟，放冷，滤过。取滤液0.5ml，置小瓷皿中，蒸干，放冷，加醋酐3滴，搅匀，沿皿壁加硫酸2滴，渐显红紫色。

（3）取本品粉末1g，加水10ml，煮沸10分钟，滤过，滤液强烈振摇，即产生持久的泡沫（持续15分钟以上）。

（4）取本品粉末1g，加甲醇10ml，超声处理30分钟，滤过，滤液蒸干，残渣加水10ml使溶解，加乙酸乙酯10ml振摇提取，取乙酸乙酯液，蒸干，残渣加甲醇1ml使溶解，作为供试品溶液。另取猪牙皂对照药材1g，同法制成对照药材溶液。照薄层色谱法（附录0502）试验，吸取上述两种溶液各10μl，分别点于同一硅胶G薄层板上，以三氯甲烷-甲醇-水-冰醋酸（18:1:0.6:0.2）的下层溶液为展开剂，展开，取出，晾干，喷以10%硫酸乙醇溶液，在105℃加热至斑点显色清晰。供试品色谱中，在与对照药材色谱相应的位置上，显相同颜色的斑点。

【检查】 水分　不得过14.0%（附录0832第一法）。

总灰分　不得过5.0%（附录2302）。

饮片

【炮制】 除去杂质，洗净，晒干。用时捣碎。

【性状】【鉴别】【检查】同药材。

【性味与归经】 辛、咸，温；有小毒。归肺、大肠经。

【功能】 祛痰开窍，散结消肿。

【主治】 中风，癫痫，痰喘，窍闭；外治痈肿。

【用法与用量】 马、牛15～30g；羊、猪3～10g。外用适量。

【贮藏】 置干燥处，防蛀。

猪　苓

Zhuling

POLYPORUS

本品为多孔菌科真菌猪苓 *Polyporus umbellatus*（Pers.）Fries的干燥菌核。春、秋二季采挖，除去泥沙，干燥。

【性状】 本品呈条形、类圆形或扁块状，有的有分枝，长5～25cm，直径2～6cm。表面黑色、灰黑色或棕黑色，皱缩或有瘤状突起。体轻，质硬，断面类白色或黄白色，略呈颗粒状。气微，味淡。

【鉴别】 （1）本品切面：全体由菌丝紧密交织而成。外层厚27～54μm，菌丝棕色，不易分离；内部菌丝无色，弯曲，直径2～10μm，有的可见横隔，有分枝或呈结节状膨大。菌丝间有众多草酸钙方晶，大多呈正方八面体形、规则的双锥八面体形或不规则多面体，直径3～60μm，长至68μm，有时数个结晶集合。

（2）取本品粉末1g，加甲醇20ml，超声处理30分钟，滤过，取滤液作为供试品溶液。另取麦角甾醇对照品，加甲醇制成每1ml含1mg的溶液，作为对照品溶液。照薄层色谱法（附录0502）试验，吸取供试品溶液20μl、对照品溶液4μl，分别点于同一硅胶G薄层板上，以石油醚（60～90℃）-乙酸乙酯（3:1）为展开剂，展开，取出，晾干，喷以2%香草醛硫酸溶液，在105℃加热至斑点显色清晰。供试品色谱中，在与对照品色谱相应的位置上，显相同颜色的斑点。

【检查】 水分　不得过14.0%（附录0832第一法）。

总灰分　不得过12.0%（附录2302）。

酸不溶性灰分　不得过5.0%（附录2302）。

【含量测定】 照高效液相色谱法（附录0512）测定。

色谱条件与系统适用性试验 以十八烷基硅烷键合硅胶为填充剂；以甲醇为流动相；检测波长为283nm。理论板数按麦角甾醇峰计算应不低于5000。

对照品溶液的制备 取麦角甾醇对照品适量，精密称定，加甲醇制成每1ml含50μg的溶液，即得。

供试品溶液的制备 取本品粉末（过四号筛）约0.5g，精密称定，置具塞锥形瓶中，精密加入甲醇10ml，称定重量，超声处理（功率220W，频率50kHz）1小时，放冷，再称定重量，加甲醇补足减失的重量，摇匀，滤过，取续滤液，即得。

测定法 分别精密吸取对照品溶液与供试品溶液各20μl，注入液相色谱仪，测定，即得。

本品按干燥品计算，含麦角甾醇（$C_{28}H_{44}O$）不得少于0.070%。

饮片

【炮制】 除去杂质，浸泡，洗净，润透，切厚片，干燥。

本品呈类圆形或不规则的厚片。外表皮黑色或棕黑色，皱缩。切面类白色或黄白色，略呈颗粒状。气微，味淡。

【检查】 水分 同药材，不得过13.0%。

总灰分 同药材，不得过10.0%。

【含量测定】 同药材，含麦角甾醇（$C_{28}H_{44}O$）不得少于0.050%。

【鉴别】 （除切面外）**【检查】** （酸不溶性灰分）同药材。

【性味与归经】 甘、淡，平。归肾、膀胱经。

【功能】 渗湿利水。

【主治】 小便不利，水肿，泄泻，淋浊，带下。

【用法与用量】 马、牛25～60g；羊、猪10～20g。

【贮藏】 置通风干燥处。

猪 胆 粉

Zhudanfen

SUIS FELLIS PULVIS

本品为猪科动物猪 *Sus scrofadomestica* Brisson. 胆汁的干燥品。

【制法】 取猪胆汁，滤过，干燥、粉碎，即得。

【性状】 本品为黄色或灰黄色粉末。气微腥，味苦，易吸潮。

【鉴别】 取本品细粉0.1g，加10%氢氧化钠溶液5ml，120℃加热4小时，放冷，滴加盐酸调节pH值至2～3，摇匀。用乙酸乙酯振摇提取4次，每次10ml，合并提取液，蒸干，残渣加乙醇10ml使溶解，作为供试品溶液。另取猪去氧胆酸对照品适量，加乙醇制成每1ml含1mg的溶液，作为对照品溶液。照薄层色谱法（附录0502）试验，吸取上述两种溶液各2μl，分别点于同一硅胶G薄层板上，以新配制的异辛烷-乙醚-冰醋酸-正丁醇-水（10∶5∶5∶3∶1）的上层溶液为展开剂，展开，取出，晾干，喷以10%硫酸乙醇溶液，在105℃加热至斑点显色清晰，分别置日光和紫外光灯（365nm）下检视。供试品色谱中，在与对照品色谱相应的位置上，显相同颜色的斑点或荧光斑点。

【检查】 牛、羊胆 取牛、羊胆对照药材各0.1g，按〔鉴别〕项下的供试品溶液制备方法，自"加10%氢氧化钠溶液5ml"起，同法制成对照药材溶液。照薄层色谱法（附录0502）试验，吸取〔鉴别〕项下的供试品溶液和上述对照药材溶液各2μl，分别点于同一硅胶G薄层板上，同上述〔鉴别〕项下方法展开，显色。供试品色谱中，不得显与牛、羊胆对照药材相同的斑点。

还原糖 取本品10mg，加水2ml使溶解，滴加α-萘酚乙醇溶液（1→50）数滴，摇匀，沿管壁缓缓加入硫酸约0.5ml，两液接界面不得显紫红色环。

异性有机物 取本品10mg，加水2ml使溶解，离心或滤过，取不溶物，置显微镜下观察，不得有植物组织、动物组织或淀粉等。

水分 取本品约0.3g，精密称定，照水分测定法（附录0832第三法）测定，不得过10.0%。

【含量测定】 照高效液相色谱法（附录0512）测定。

色谱条件与系统适用性试验 以十八烷基硅烷键合硅胶为填充剂（色谱柱长为250mm；内径为4.6mm）；以甲醇-0.03mol/L磷酸二氢钠溶液（70:30）为流动相（用磷酸调节pH值为4.4）；检测波长为200nm。理论板数按牛磺猪去氧胆酸峰计算应不低于3000。

对照品溶液的制备 取牛磺猪去氧胆酸对照品适量，精密称定，加甲醇制成每1ml含0.5mg的溶液，即得。

供试品溶液的制备 取本品粉末约0.5g，精密称定，置50ml量瓶中，加入甲醇20ml，超声处理（功率500W，频率40kHz）20分钟，放冷，加甲醇至刻度，摇匀，滤过，取续滤液，即得。

测定法 分别精密吸取对照品溶液与供试品溶液各20μl，注入液相色谱仪，测定，即得。

本品按干燥品计算，含牛磺猪去氧胆酸（$C_{26}H_{45}O_6NS$）不得少于2.0%。

【性味与归经】 苦，寒。归肝、胆、肺、大肠经。

【功能】 清热解毒，润燥，止咳平喘。

【主治】 热病燥渴，目赤，黄疸，泻痢，肺热咳喘，痈疮肿毒。

【用法与用量】 马、牛10～20g；羊、猪3～6g；犬、猫0.2～1g；兔、禽0.1～0.5g。外用适量研末或水调涂敷患处。

【贮藏】 密封，避光，置阴凉干燥处。

猫 爪 草

Maozhaocao

RANUNCULI TERNATI RADIX

本品为毛茛科植物小毛茛 *Ranunculus ternatus* Thunb. 的干燥块根。春、秋二季采挖，除去须根和泥沙，晒干。

【性状】 本品由数个至数十个纺锤形的块根簇生，形似猫爪，长3～10mm，直径2～3mm，顶端有黄褐色残茎或茎痕。表面黄褐色或灰黄色，久存色泽变深，微有纵皱纹，并有点状须根痕和残留须根。质坚实，断面类白色或黄白色，空心或实心，粉性。气微，味微甘。

【鉴别】 （1）本品横切面：表皮细胞切向延长，黄棕色，有的分化为表皮毛，微木化。皮层为20～30列细胞组成，壁稍厚，有纹孔；内皮层明显。中柱小；木质部、韧皮部各2～3束，间隔排列。薄壁细胞充满淀粉粒。

（2）取本品粉末1g，加稀乙醇10ml，超声处理30分钟，滤过，滤液作为供试品溶液。另取猫爪草对照药材1g，同法制成对照药材溶液。照薄层色谱法（附录0502）试验，吸取上述两种溶液各5~10μl，分别点于同一硅胶G薄层板上，以正丁醇-无水乙醇-冰醋酸-水（8:2:2:3）为展开剂，展开，取出，晾干，喷以茚三酮试液，热风吹至斑点显色清晰。供试品色谱中，在与对照药材色谱相应的位置上，显相同颜色的主斑点。

【检查】 **水分** 不得过13.0%（附录0832第一法）。

总灰分 不得过8.0%（附录2302）。

酸不溶性灰分 不得过4.0%（附录2302）。

【浸出物】 照醇溶性浸出物测定法（附录2201）项下的热浸法测定，用稀乙醇作溶剂，不得少于30.0%。

【性味与归经】 甘、辛，温。归肝、肺经。

【功能】 散瘀消肿，解毒。

【主治】 咽喉肿痛，瘰疬。

【用法与用量】 马、牛45~90g；羊、猪15~30g。

【贮藏】 置通风干燥处，防蛀。

麻　油

Mayou

SESAME OIL

本品为脂麻科植物脂麻 *Sesamum indicum* L. 的成熟种子用压榨法得到的脂肪油。

【性状】 本品为淡黄色或棕黄色的澄明液体；气微或带有熟芝麻的香气，味淡。

本品与三氯甲烷、乙醚、石油醚或二硫化碳能任意混合，在乙醇中微溶。

相对密度 应为0.917~0.923（附录0601）。

折光率 应为1.471~1.475（附录0622）。

【鉴别】 取本品1ml，置试管中，加含蔗糖0.1g的盐酸10ml，振摇半分钟，酸层即染成粉红色，静置后，渐变为红色。

【检查】 **酸值** 应不大于2.5（附录0712）。

皂化值 应为188~195（附录0712）。

碘值 应为103~116（附录0712）。

加热试验 取本品50ml，依法试验（附录0712），不得有沉淀析出。

杂质 不得过0.2%（附录0712）。

水分与挥发油 不得过0.2%（附录0712）。

【性味与归经】 甘，寒。归大肠经。

【功能】 润肠通便，解毒生肌。

【主治】 肠燥便秘，烫火伤。

【用法与用量】 马、牛250~500ml；羊、猪90~120ml。

【贮藏】 避光，密封，置阴凉处。

麻　黄

Mahuang

EPHEDRAE HERBA

本品为麻黄科植物草麻黄 *Ephedra sinica* Stapf、中麻黄 *Ephedra intermedia* Schrenk et C. A. Mey. 或木贼麻黄 *Ephedra equisetina* Bge. 的干燥草质茎。秋季采割绿色的草质茎，晒干。

【性状】 草麻黄　呈细长圆柱形，少分枝，直径1～2mm。有的带少量棕色木质茎。表面淡绿色至黄绿色，有细纵脊线，触之微有粗糙感。节明显，节间长2～6cm。节上有膜质鳞叶，长3～4mm；裂片2（稀3），锐三角形，先端灰白色，反曲，基部联合成筒状，红棕色。体轻，质脆，易折断，断面略呈纤维性，周边绿黄色，髓部红棕色，近圆形。气微香，味涩、微苦。

中麻黄　多分枝，直径1.5～3mm，有粗糙感。节上膜质鳞叶长2～3mm，裂片3（稀2），先端锐尖。断面髓部呈三角状圆形。

木贼麻黄　较多分枝，直径1～1.5mm，无粗糙感。节间长1.5～3cm。膜质鳞叶长1～2mm；裂片2（稀3），上部为短三角形，灰白色，先端多不反曲，基部棕红色至棕黑色。

【鉴别】 （1）本品横切面：草麻黄　表皮细胞外被厚的角质层；脊线较密，有蜡质疣状突起，两脊线间有下陷气孔。下皮纤维束位于脊线处，壁厚，非木化。皮层较宽，纤维成束散在。中柱鞘纤维束新月形。维管束外韧型，8～10个。形成层环类圆形。木质部呈三角状。髓部薄壁细胞含棕色块；偶有环髓纤维。表皮细胞外壁、皮层薄壁细胞及纤维均有多数微小草酸钙砂晶或方晶。

中麻黄　维管束12～15个。形成层环类三角形。环髓纤维成束或单个散在。

木贼麻黄　维管束8～10个。形成层环类圆形。无环髓纤维。

（2）取本品粉末0.2g，加水5ml与稀盐酸1～2滴，煮沸2～3分钟，滤过。滤液置分液漏斗中，加氨试液数滴使呈碱性，再加三氯甲烷5ml，振摇提取。分取三氯甲烷液，置两支试管中，一管加氨制氯化铜试液与二硫化碳各5滴，振摇，静置，三氯甲烷层显深黄色；另一管为空白，以三氯甲烷5滴代替二硫化碳5滴，振摇后三氯甲烷层无色或显微黄色。

（3）取本品粉末1g，加浓氨试液数滴，再加三氯甲烷10ml，加热回流1小时，滤过，滤液蒸干，残渣加甲醇2ml充分振摇，滤过，滤液作为供试品溶液。另取盐酸麻黄碱对照品，加甲醇制成每1ml含1mg的溶液，作为对照品溶液。照薄层色谱法（附录0502）试验，吸取上述两种溶液各5μl，分别点于同一硅胶G薄层板上，以三氯甲烷-甲醇-浓氨试液（20:5:0.5）为展开剂，展开，取出，晾干，喷以茚三酮试液，在105℃加热至斑点显色清晰。供试品色谱中，在与对照品色谱相应的位置上，显相同的红色斑点。

【检查】 杂质　不得过5%（附录2301）。

水分　不得过9.0%（附录0832第一法）。

总灰分　不得过10.0%（附录2302）。

【含量测定】 照高效液相色谱法（附录0512）测定。

色谱条件与系统适用性试验　以极性乙醚连接苯基键合硅胶为填充剂；以甲醇-0.092%磷酸溶液（含0.04%三乙胺和0.02%二正丁胺）（1.5:98.5）为流动相；检测波长为210nm。理论板数按盐酸麻黄碱峰计算应不低于3000。

对照品溶液的制备　取盐酸麻黄碱对照品、盐酸伪麻黄碱对照品适量，精密称定，加甲醇分别制成每1ml各含40μg的混合溶液，即得。

供试品溶液的制备 取本品细粉约0.5g，精密称定，置具塞锥形瓶中，精密加入1.44%磷酸溶液50ml，称定重量，超声处理（功率600W，频率50kHz）20分钟，放冷，再称定重量，用1.44%磷酸溶液补足减失的重量，摇匀，滤过，取续滤液，即得。

测定法 分别精密吸取对照品溶液与供试品溶液各10μl，注入液相色谱仪，测定，即得。

本品按干燥品计算，含盐酸麻黄碱（$C_{10}H_{15}NO \cdot HCl$）和盐酸伪麻黄碱（$C_{10}H_{15}NO \cdot HCl$）的总量不得少于0.80%。

饮片

【炮制】 **麻黄** 除去木质茎、残根及杂质，切段。

本品呈圆柱形的段。表面淡黄绿色至黄绿色，粗糙，有细纵脊线，节上有细小鳞叶。切面中心显红黄色。气微香，味涩、微苦。

【检查】 **总灰分** 同药材，不得过9.0%。

【鉴别】 （除横切面外）**【检查】** （水分）**【含量测定】** 同药材。

蜜麻黄 取麻黄段，照蜜炙法（附录0203）炒至不粘手。

每100kg麻黄，用炼蜜20kg。

本品形如麻黄段。表面深黄色，微有光泽，略具黏性。有蜜香气，味甜。

【检查】 **总灰分** 同药材，不得过8.0%

【鉴别】 （除横切面外）**【检查】** （水分）**【含量测定】** 同药材。

【性味与归经】 辛、微苦，温。归肺、膀胱经。

【功能】 解表散寒，宣肺平喘，利水消肿。

【主治】 外感风寒，咳嗽，气喘，水肿。

【用法与用量】 马、牛15～30g；羊、猪3～9g。

【贮藏】 置通风干燥处，防潮。

麻 黄 根

Mahuanggen

EPHEDRAE RADIX ET RHIZOMA

本品为麻黄科植物草麻黄 *Ephedra sinica* Stapf 或中麻黄 *Ephedra intermedia* Schrenket et C. A. Mey. 的干燥根及根茎。秋末采挖，除去残茎、须根及泥沙，干燥。

【性状】 本品呈圆柱形，略弯曲，长8～25cm，直径0.5～1.5cm。表面红棕色或灰棕色，有纵皱纹及支根痕。外皮粗糙，易成片状剥落。根茎具节，节间长0.7～2cm，表面有横长突起的皮孔。体轻，质硬而脆，断面皮部黄白色，木部淡黄色或黄色，射线放射状，中心有髓。气微，味微苦。

【鉴别】 （1）本品根横切面：木栓细胞10余列，其外有落皮层。栓内层为数列薄壁细胞，含草酸钙砂晶。中柱鞘由纤维及石细胞组成。韧皮部窄。形成层成环。木质部发达，由导管、管胞及木纤维组成；射线宽广，含草酸钙砂晶。有的髓部有纤维；薄壁细胞具纹孔。根茎的射线较窄。

粉末棕红色或棕黄色。木栓细胞呈长方形，棕色，含草酸钙砂晶。纤维多单个散在，直径20～25μm，壁厚，木化，斜纹孔明显。螺纹导管、网纹导管直径30～50μm，导管分子穿孔板上具多数圆形孔。石细胞有的可见，呈长圆形，类纤维状或有分枝，直径20~50μm，壁厚。髓部薄壁细胞类方形、类长方形或类圆形，壁稍厚，具纹孔。薄壁细胞含草酸钙砂晶。

（2）取本品粉末0.5g，加入甲醇10ml，超声处理40分钟，滤过，取滤液作为供试品溶液。另取麻黄根对照药材0.5g，同法制成对照药材溶液。照薄层色谱法（附录0502）试验，吸取上述两种溶液各10μl，分别点于同一硅胶G薄层板上，以三氯甲烷-甲醇-水（40:10:1）为展开剂，展开，取出，晾干，喷以1%香草醛硫酸溶液。供试品色谱中，在与对照药材色谱相应的位置上，显相同颜色的斑点。

【检查】　水分　不得过10.0%（附录0832第一法）。

总灰分　不得过8.0%（附录2302）。

【浸出物】　照水溶性浸出物测定法（附录2201）项下的冷浸法测定，不得少于8.0%。

饮片

【炮制】　除去杂质，洗净，润透，切厚片，干燥。

本品呈类圆形的厚片。外表面红棕色或灰棕色，有纵皱纹及支根痕。切面皮部黄白色，木部淡黄色或黄色，纤维性，具放射状纹，有的中心有髓。气微，味微苦。

【鉴别】　（除横切面外）【检查】【浸出物】　同药材。

【性味与归经】　甘，平。归心、肺经。

【功能】　固表止汗。

【主治】　自汗，盗汗。

【用法与用量】　马、牛15~30g；羊、猪5~10g。

【贮藏】　置干燥处。

鹿　角

Lujiao

CERVI CORNU

本品为鹿科动物马鹿 *Cervus elaphus* Linnaeus 或梅花鹿 *Cervus nippon* Temminck 已骨化的角或锯茸后翌年春季脱落的角基，分别习称"马鹿角""梅花鹿角""鹿角脱盘"。多于春季拾取，除去泥沙，风干。

【性状】　马鹿角　呈分枝状，通常分成4~6枝，全长50~120cm。主枝弯曲，直径3~6cm。基部盘状，上具不规则瘤状突起，习称"珍珠盘"，周边常有稀疏细小的孔洞。侧枝多向一面伸展，第一枝与珍珠盘相距较近，与主干几成直角或钝角伸出，第二枝靠近第一枝伸出，习称"坐地分枝"；第二枝与第三枝相距较远。表面灰褐色或灰黄色，有光泽，角尖平滑，中、下部常具疣状突起，习称"骨钉"，并具长短不等的断续纵棱，习称"苦瓜棱"。质坚硬，断面外圈骨质，灰白色或微带淡褐色，中部多呈灰褐色或青灰色，具蜂窝状孔。气微，味微咸。

梅花鹿角　通常分成3~4枝，全长30~60cm，直径2.5~5cm。侧枝多向两旁伸展，第一枝与珍珠盘相距较近，第二枝与第一枝相距较远，主枝末端分成两小枝。表面黄棕色或灰棕色，枝端灰白色。枝端以下具明显骨钉，纵向排成"苦瓜棱"，顶部灰白色或灰黄色，有光泽。

鹿角脱盘　呈盔状或扁盔状，直径3~6cm（珍珠盘直径4.5~6.5cm），高1.5~4cm。表面灰褐色或灰黄色，有光泽。底面平，蜂窝状，多呈黄白色或黄棕色。珍珠盘周边常有稀疏细小的孔洞。

上面略平或呈不规则的半球形。质坚硬，断面外圈骨质，灰白色或类白色。

【浸出物】 取供试品横切片约10g，粉碎成中粉，混匀，取约4g，精密称定，取置烧杯中，加水90ml，加热至沸，并保持微沸1小时（随时补足减失的水量），趁热滤过，残渣用热水10ml洗涤，滤过，合并滤液，转移至100ml量瓶中，加水至刻度，摇匀；精密量取25ml，置已干燥至恒重的蒸发皿中，照水溶性浸出物测定法（附录2201）项下的热浸法测定，不得少于17.0%。

饮片

【炮制】 洗净，锯段，用温水浸泡，捞出，镑片，晾干；或锉成粗末。

【性味与归经】 咸，温。归肝、肾经。

【功能】 温补肾阳，强筋健骨，行血消肿。

【主治】 阳痿滑精，腰肢无力，阴疽疮疡，乳痈初起，瘀血肿痛。

【用法与用量】 马、牛20~45g；羊、猪5~10g。

【贮藏】 置干燥处。

商　陆

Shanglu

PHYTOLACCAE RADIX

本品为商陆科植物商陆 *Phytolacca acinosa* Roxb. 或垂序商陆 *Phytolacca americana* L. 的干燥根。秋季至次春采挖，除去须根及泥沙，切成块或片，晒干或阴干。

【性状】 本品为横切或纵切的不规则块片，厚薄不等。外皮灰黄色或灰棕色。横切片弯曲不平，边缘皱缩，直径2~8cm；切面浅黄棕色或黄白色，木部隆起，形成数个突起的同心性环轮。纵切片弯曲或卷曲，长5~8cm，宽1~2cm，木部呈平行条状突起。质硬。气微，味稍甜，久嚼麻舌。

【鉴别】 （1）本品横切面：木栓细胞数列至10余列。栓内层较窄。维管组织为三生构造，有数层同心性形成层环，每环有几十个维管束。维管束外侧为韧皮部，内侧为木质部；木纤维较多，常数个相连或围于导管周围。薄壁细胞含草酸钙针晶束，并含淀粉粒。

粉末灰白色。**商陆** 草酸钙针晶成束或散在，针晶纤细，针晶束长40~72μm，尚可见草酸钙方晶或簇晶。木纤维多成束，直径10~20μm，壁厚或稍厚，有多数十字形纹孔。木栓细胞棕黄色，长方形或多角形，有的含颗粒状物。淀粉粒单粒类圆形或长圆形，直径3~28μm，脐点短缝状、点状、星状和人字形，层纹不明显；复粒少数，由2~3分粒组成。

垂序商陆 草酸钙针晶束稍长，约至96μm；无方晶和簇晶。

（2）取本品粉末3g，加稀乙醇25ml，超声处理30分钟，滤过，取滤液作为供试品溶液。照薄层色谱法（附录0502）试验，吸取供试品溶液和〔含量测定〕项下的对照品溶液各10μl，分别点于同一硅胶G薄层板上，以三氯甲烷-甲醇-水（7:3:1）的下层溶液为展开剂，展开，取出，晾干，喷以10%硫酸乙醇溶液，加热至斑点显色清晰。供试品色谱中，在与对照品色谱相应的位置上，显相同颜色的斑点。

【检查】 杂质 不得过2%（附录2301）。

水分 不得过13.0%（附录0832第一法）。

酸不溶性灰分 不得过2.5%（附录2302）。

【浸出物】 照水溶性浸出物测定法（附录2201）项下的冷浸法测定，不得少于10.0%。

【含量测定】 照高效液相色谱法（附录0512）测定。

色谱条件与系统适用性试验 以十八烷基硅烷键合硅胶为填充剂；以甲醇-0.4%冰醋酸溶液（70∶30）为流动相；蒸发光散射检测器检测。理论板数按商陆皂苷甲峰计算应不低于2000。

对照品溶液的制备 取商陆皂苷甲对照品适量，精密称定，加甲醇制成每1ml含0.5mg的溶液，即得。

供试品溶液的制备 取本品粉末（过三号筛）约1g，精密称定，置具塞锥形瓶中，精密加入稀乙醇25ml，称定重量，超声处理（功率500W，频率40kHz）30分钟，放冷，再称定重量，用稀乙醇补足减失的重量，摇匀，滤过，取续滤液，即得。

测定法 分别精密吸取对照品溶液10μl、20μl，供试品溶液20μl，注入液相色谱仪，测定，以外标两点法对数方程计算，即得。

本品按干燥品计算，含商陆皂苷甲（$C_{42}H_{66}O_{16}$）不得少于0.15%。

饮片

【炮制】 生商陆 除去杂质，洗净，润透，切厚片或块，干燥。

醋商陆 取商陆片（块），照醋炙法（附录0203）炒干。

每100kg商陆，用醋30kg。

本品形如商陆片（块），表面黄棕色，微有醋香气，味稍甜，久嚼麻舌。

【检查】 酸不溶性灰分 同药材，不得过2.0%。

【浸出物】 同药材，不得少于15.0%。

【含量测定】 同药材，含商陆皂苷甲（$C_{42}H_{66}O_{16}$）不得少于0.20%。

【鉴别】（2）【检查】（水分）同药材。

【性味与归经】 苦，寒；有毒。归脾、肾、大肠经。

【功能】 逐水消肿，通利二便；外用解毒散结。

【主治】 水肿，宿水停脐，二便不通；外治痈肿疮毒。

【用法与用量】 马、牛15～30g；羊、猪2～5g。

外用鲜品适量。

【注意】 孕畜禁用。

【贮藏】 置干燥处，防霉，防蛀。

旋 覆 花

Xuanfuhua

INULAE FLOS

本品为菊科植物旋覆花 *Inula japonica* Thunb. 或欧亚旋覆花 *Inula britannica* L. 的干燥头状花序。夏、秋二季花开放时采收，除去杂质，阴干或晒干。

【性状】 本品呈扁球形或类球形，直径1～2cm。总苞由多数苞片组成，呈覆瓦状排列，苞片披针形或条形，灰黄色，长4～11mm；总苞基部有时残留花梗，苞片及花梗表面被白色茸毛，舌状花1列，黄色，长约1cm，多卷曲，常脱落，先端3齿裂；管状花多数，棕黄色，长约5mm，先端5齿裂；子房顶端有多数白色冠毛，长5～6mm。有的可见椭圆形小瘦果。体轻，易散碎。气微，味微苦。

【鉴别】 （1）本品表面观：苞片非腺毛1～8细胞，多细胞者基部膨大，顶端细胞特长；内层苞片另有2～3细胞并生的非腺毛。冠毛为多列性非腺毛，边缘细胞稍向外突出。子房表皮细胞含草酸钙柱晶，长约至48μm，直径2～5μm；子房非腺毛2列性，1列为单细胞，另列通常2细胞，长90～220μm。苞片、花冠腺毛棒槌状，头部多细胞，多排成2列，围有角质囊，柄部多细胞，2列。花粉粒类球形，直径22～33μm，外壁有刺，长约3μm，具3个萌发孔。

（2）取本品粉末2g，置具塞锥形瓶中，加石油醚（60～90℃）30ml，密塞，冷浸1小时，加热回流30分钟，放冷，滤过，滤液浓缩至近干，残渣加石油醚（60～90℃）2ml使溶解，作为供试品溶液。另取旋覆花对照药材2g，同法制成对照药材溶液。照薄层色谱法（附录0502）试验，吸取上述两种溶液各5μl，分别点于同一硅胶G薄层板上，以石油醚（60～90℃）-乙酸乙酯（5:1）为展开剂，展开，取出，晾干，喷以5%香草醛硫酸溶液，加热至斑点显色清晰。供试品色谱中，在与对照药材色谱相应的位置上，显相同颜色的主斑点。

饮片

【炮制】 **旋覆花** 除去梗、叶及杂质。

【性状】 【鉴别】 同药材。

蜜旋覆花 取净旋覆花，照蜜炙法（附录0203）炒至不粘手。

本品形如旋覆花，深黄色。手捻稍粘手。具蜜香气，味甜。

【浸出物】 照醇溶性浸出物测定法（附录2201）项下的热浸法测定，用乙醇作溶剂，不得少于16.0%。

【鉴别】 同药材。

【性味与归经】 苦、辛、咸，微温。归肺、脾、胃、大肠经。

【功能】 降气，消痰，行水，止呕。

【主治】 风寒咳喘，痰饮蓄积，呕吐。

【用法与用量】 马、牛15～45g；羊、猪5～10g。

【贮藏】 置干燥处，防潮。

断 血 流

Duanxueliu

CLINOPODII HERBA

本品为唇形科植物灯笼草 *Clinopodium polycephalum*（Vaniot）C. Y. Wu et Hsuan 或风轮菜 *Clinopodium chinense*（Benth.）O. Kuntze 的干燥地上部分。夏季开花前采收，除去泥沙，晒干。

【性状】 本品茎呈方柱形，四面凹下呈槽，分枝对生，长30～90cm，直径1.5～4mm；上部密被灰白色茸毛，下部较稀疏或近于无毛，节间长2～8cm，表面灰绿色或绿褐色；质脆，易折断，断面不平整，中央有髓或中空。叶对生，有柄，叶片多皱缩、破碎，完整者展平后呈卵形，长2～5cm，宽1.5～3.2cm；边缘具疏锯齿，上表面绿褐色，下表面灰绿色，两面均密被白色茸毛。气微香，味涩、微苦。

【鉴别】 （1）本品叶的表面观：下表皮细胞垂周壁呈波状，气孔直轴式。非腺毛细长、众多，由1～9细胞组成，长至1440μm，有的基部细胞膨大，直径至102μm；中部细胞直径

$10 \sim 55\mu m$，有的细胞呈缢缩状，表面具疣状突起。腺鳞头部8细胞，直径至$60\mu m$，柄单细胞，极短。小腺毛头部、柄均为单细胞，头部直径约$20\mu m$。

（2）取本品粉末1g，加甲醇10ml，加热回流30分钟，滤过，滤液蒸干，残渣加水10ml使溶解，加乙醚振摇提取2次，每次10ml，弃去乙醚液，水液加水饱和正丁醇振摇提取2次，每次10ml，合并正丁醇液，蒸干，残渣加甲醇1ml使溶解，置中性氧化铝柱（100～120目，5g，内径1～1.5cm，用水湿法装柱）上，用40%甲醇40ml洗脱，收集洗脱液，蒸干，残渣加甲醇1ml使溶解，作为供试品溶液。另取醉鱼草皂苷Ⅳb对照品，加甲醇制成每1ml含2mg的溶液，作为对照品溶液。照薄层色谱法（附录0502）试验，吸取上述两种溶液各$4\mu l$，分别点于同一硅胶G薄层板上，以三氯甲烷-甲醇-冰醋酸-水（7:2.5:1:0.5）为展开剂，展开，取出，晾干，喷以10%硫酸乙醇溶液，在110℃加热至斑点显色清晰，分别置日光和紫外光灯（365nm）下检视。供试品色谱中，在与对照品色谱相应的位置上，显相同的棕红色斑点或棕红色荧光斑点。

【检查】　**水分**　不得过10.0%（附录0832第一法）。

总灰分　不得过10.0%（附录2302）。

【浸出物】　照醇溶性浸出物测定法（附录2201）项下的热浸法测定，用75%乙醇作溶剂，不得少于10.0%。

饮片

【炮制】　除去杂质，喷淋清水，稍润，切段，干燥。

本品呈不规则的段。茎呈方柱形，四面凹下呈槽，表面灰绿色或绿褐色，有的被灰白色茸毛。切面中央有髓或中空。叶片多皱缩、破碎，完整者展平后呈卵形，边缘具疏锯齿，上表面绿褐色，下表面灰绿色，两面均密被白色茸毛。气微香，味涩、微苦。

【鉴别】【检查】【浸出物】　同药材。

【性味与归经】　微苦、辛，凉。归肝经。

【功能】　收敛止血。

【主治】　鼻衄，尿血，子宫出血，外伤出血。

【用法与用量】　马、牛30～60g；羊、猪10～15g。

【贮藏】　置干燥处，防潮。

淫　羊　藿

Yinyanghuo

EPIMEDII FOLIUM

本品为小檗科植物淫羊藿 *Epimedium brevicornu* Maxim.、箭叶淫羊藿 *Epimedium sagittatum*（Sieb. et Zucc.）Maxim.、柔毛淫羊藿 *Epimedium pubescens* Maxim. 或朝鲜淫羊藿 *Epimedium koreanum* Nakai 的干燥叶。夏、秋季茎叶茂盛时采收，晒干或阴干。

【性状】　**淫羊藿**　三出复叶；小叶片卵圆形，长3～8cm，宽2～6cm；先端微尖，顶生小叶基部心形，两侧小叶较小，偏心形，外侧较大，呈耳状，边缘具黄色刺毛状细锯齿；上表面黄绿色，下表面灰绿色，主脉7～9条，基部有稀疏细长毛，细脉两面突起，网脉明显；小叶柄长1～5cm。叶片近革质。气微，味微苦。

箭叶淫羊藿　三出复叶，小叶片长卵形至卵状披针形，长4～12cm，宽2.5～5cm；先端渐尖，两侧小叶基部明显偏斜，外侧呈箭形。下表面疏被粗短伏毛或近无毛。叶片革质。

柔毛淫羊藿 叶下表面及叶柄密被绒毛状柔毛。

朝鲜淫羊藿 小叶较大，长4～10cm，宽3.5～7cm，先端长尖。叶片较薄。

【鉴别】 （1）本品叶表面观：**淫羊藿** 上、下表皮细胞垂周壁深波状弯曲，沿叶脉均有异细胞纵向排列，内含1至多个草酸钙柱晶；下表皮气孔众多，不定式，有时可见非腺毛。

箭叶淫羊藿 上、下表皮细胞较小；下表皮气孔较密，具有多数非腺毛脱落形成的疣状突起，有时可见非腺毛。

柔毛淫羊藿 下表皮气孔较稀疏，具有多数细长的非腺毛。

朝鲜淫羊藿 下表皮气孔和非腺毛均易见。

（2）取本品粉末0.5g，加乙醇10ml，温浸30分钟，滤过，滤液蒸干，残渣加乙醇1ml使溶解，作为供试品溶液。照薄层色谱法（附录0502）试验，吸取供试品溶液和【含量测定】淫羊藿苷项下的对照品溶液各10μl，分别点于同一硅胶H薄层板上，以乙酸乙酯-丁酮-甲酸-水（10:1:1:1）为展开剂，展开，取出，晾干，置紫外光灯（365nm）下检视。供试品色谱中，在与对照品色谱相应的位置上，显相同的暗红色斑点；喷以三氯化铝试液，再置紫外光灯（365nm）下检视，显相同的橙红色荧光斑点。

【检查】 **杂质** 不得过3.0%（附录2301）。

水分 不得过12.0%（附录0832第一法）。

总灰分 不得过8.0%（附录2302）。

【浸出物】 照醇溶性浸出物测定法（附录2201）项下的冷浸法测定，用稀乙醇作溶剂，不得少于15.0%。

【含量测定】 **总黄酮** 精密量取淫羊藿苷测定项下供试品溶液0.5ml，置50ml量瓶中，加甲醇至刻度，摇匀，作为供试品溶液。另取淫羊藿苷对照品适量，精密称定，加甲醇制成每1ml含10μg的溶液，作为对照品溶液。分别取供试品溶液和对照品溶液，以相应试剂为空白，照紫外-可见分光光度法（附录0401），在270nm波长处测定吸光度，计算，即得。

本品按干燥品计算，含总黄酮以淫羊藿苷（$C_{33}H_{40}O_{15}$）计，不得少于5.0%。

淫羊藿苷 照高效液相色谱法（附录0512）测定。

色谱条件与系统适用性试验 用十八烷基硅烷键合硅胶为填充剂；以乙腈-水（30:70）为流动相；检测波长为270nm。理论板数按淫羊藿苷峰计算应不低于1500。

对照品溶液的制备 取淫羊藿苷对照品适量，精密称定，加甲醇制成每1ml含0.1mg的溶液，即得。

供试品溶液的制备 取本品粉末（过三号筛）约0.2g，精密称定，置具塞锥形瓶中，精密加入稀乙醇20ml，称定重量，超声处理1小时，再称定重量，用稀乙醇补足减失的重量，摇匀，滤过，取续滤液，即得。

测定法 分别精密吸取对照品溶液与供试品溶液各10μl，注入液相色谱仪，测定，即得。

本品按干燥品计算，含淫羊藿苷（$C_{33}H_{40}O_{15}$）不得少于0.50%。

饮片

【炮制】 **淫羊藿** 除去杂质，喷淋清水，稍润，切丝，干燥。

本品呈丝片状。上表面绿色、黄绿色或浅黄色，下表面灰绿色，网脉明显，中脉及细脉凸出，边缘具黄色刺毛状细锯齿。近革质。气微，味微苦。

【含量测定】 同药材，含淫羊藿苷（$C_{33}H_{40}O_{15}$）不得少于0.40%。

【鉴别】 （除叶表面观外）**【检查】**（水分总灰分）同药材。

炙淫羊藿 取羊脂油加热熔化，加入淫羊藿丝，用文火炒至均匀有光泽，取出，放凉。

每100kg淫羊藿，用羊脂油（炼油）20kg。

本品形如淫羊藿丝。表面浅黄色显油亮光泽。微有羊脂油气。

【检查】 水分 同药材，不得过8.0%。

【含量测定】 照高效液相色谱法（附录0512）测定。

色谱条件与系统适应性试验 以十八烷基硅烷键合硅胶为填充剂；以乙腈为流动相A，水为流动相B，按下表中的规定进行梯度洗脱；检测波长为270nm；理论板数按淫羊藿苷峰计算应不低于1500。

时间（分钟）	流动相A（%）	流动相B（%）
0~29	25	75
29~30	25→41	75→59
30~55	41	59

对照品溶液的制备 取淫羊藿苷对照品、宝藿苷I对照品适量，精密称定，加甲醇分别制成每1ml各含0.1mg的溶液，即得。

供试品溶液的制备 取本品粉末（过三号筛）约0.2g，精密称定，置具塞锥形瓶中，精密加入稀乙醇20ml，称定重量，超声处理（功率200W，频率40kHz）1小时，放冷，再称定重量，用稀乙醇补足减失的重量，摇匀，滤过，取续滤液，即得。

测定法 分别精密吸取上述两种对照品溶液与供试品溶液各10μl，注入液相色谱仪，测定，即得。

本品按干燥品计算，含淫羊藿苷（$C_{33}H_{40}O_{15}$）和宝藿苷I（$C_{27}H_{30}O_{10}$）的总量不得少于0.60%。

【鉴别】 （除叶表面观外）**【检查】**（水分总灰分）同药材。

【性味与归经】 辛、甘，温。归肝、肾经。

【功能】 补肾阳，强筋骨，祛风湿。

【主治】 阳痿滑精，母畜乏情，腰胯无力，风湿痹痛。

【用法与用量】 马、牛15~30g；羊、猪10~15g；兔、禽0.5~1g。

【贮藏】 置通风干燥处。

淡 竹 叶

Danzhuye

LOPHATHERI HERBA

本品为禾本科植物淡竹叶 *Lophatherum gracile* Brongn. 的干燥茎叶。夏季末抽花穗前采割，晒干。

【性状】 本品长25~75cm。茎呈圆柱形，有节，表面淡黄绿色，断面中空。叶鞘开裂。叶片披针形，有的皱缩卷曲，长5~20cm，宽1~3.5cm；表面浅绿色或黄绿色。叶脉平行，具横行小脉，形成长方形的网格状，下表面尤为明显。体轻，质柔韧。气微，味淡。

【鉴别】 本品叶的表面观：上表皮细胞长方形或类方形，垂周壁波状弯曲，其下可见圆形栅栏细胞。下表皮长细胞与短细胞交替排列或数个相连，长细胞长方形，垂周壁波状弯曲；短细胞为哑铃形的硅质细胞和类方形的栓质细胞，于叶脉处短细胞成串；气孔较多，保卫细胞哑铃形，副卫细胞近圆三角形；非腺毛有三种：一种单细胞长非腺毛；一种为单细胞短非腺毛，呈短圆锥形；另一种为双细胞短小毛茸，偶见。

【检查】　**水分**　不得过13.0%（附录0832，第一法）。

总灰分　不得过11.0%（附录2302）。

饮片

【炮制】　除去杂质，切段。

【鉴别】【检查】　同药材。

【性味与归经】　甘、淡，寒。归心、胃、小肠经。

【功能】　清热，利尿。

【主治】　心热舌疮，尿短赤，尿血。

【用法与用量】　马、牛15～45g；羊、猪5～15g；兔、禽1～3g。

【贮藏】　置干燥处。

淡　豆　豉

Dandouchi

SOJAE SEMEN PRAEPARATUM

本品为豆科植物大豆 *Glycine max*（L.）Merr. 的成熟种子的发酵加工品。

【制法】　取桑叶、青蒿各70～100g，加水煎煮，滤过，煎液拌入净大豆1000g中，俟吸尽后，蒸透，取出，稍晾，再置容器内，用煎过的桑叶、青蒿渣覆盖，闷使发酵至黄衣上遍时，取出，除去药渣，洗净，置容器内再闷15～20日，至充分发酵、香气溢出时，取出，略蒸，干燥，即得。

【性状】　本品呈椭圆形，略扁，长0.6～1cm，直径0.5～0.7cm。表面黑色，皱缩不平。质柔软，断面棕黑色。气香，味微甘。

【鉴别】　（1）取本品1g，研碎，加水10ml，加热至沸，并保持微沸数分钟，滤过，取滤液0.5ml，点于滤纸上，待干，喷以1%吲哚醌-醋酸（10:1）的混合溶液，干后，在100～110℃加热约10分钟，显紫红色。

（2）取本品15g，研碎，加水适量，煎煮约1个小时，滤过，滤液蒸干，残渣加乙醇1ml使溶解，作为供试品溶液。另取淡豆豉对照药材15g、青蒿对照药材0.2g，同法制成对照药材溶液。照薄层色谱法（附录0502）试验，吸取供试品溶液、淡豆豉对照药材溶液各10～20μl，青蒿对照药材溶液2～5μl，分别点于同一硅胶G薄层板上，以甲苯-甲酸乙酯-甲酸（5:4:1）为展开剂，展开，取出，晾干，置紫外光灯（365nm）下检视。供试品色谱中，分别在与对照药材色谱相应的位置上，显相同颜色的荧光斑点。

【检查】　取本品1g，研碎，加水10ml，在50～60℃水浴中温浸1小时，滤过。取滤液1ml，加1%硫酸铜溶液与40%氢氧化钾溶液各4滴，振摇，应无紫红色出现。

【性味与归经】　苦、辛，凉。归肺、胃经。

【功能】　解表清热。

【主治】　外感发热，躁动不安。

【用法与用量】　马、牛15～60g；驼30～90g；羊、猪10～15g。

【贮藏】　置通风干燥处，防蛀。

密 蒙 花

Mimenghua

BUDDLEJAE FLOS

本品为马钱科植物密蒙花 *Buddleja officinalis* Maxim. 的干燥花蕾和其花序。春季花未开放时采收,除去杂质,干燥。

【性状】 本品多为花蕾密聚的花序小分枝,呈不规则圆锥状,长1.5~3cm。表面灰黄色或棕黄色,密被茸毛。花蕾呈短棒状,上端略大,长0.3~1cm,直径0.1~0.2cm;花萼钟状,先端4齿裂;花冠筒状,与花萼等长或稍长,先端4裂,裂片卵形;雄蕊4,着生在花冠管中部。质柔软。气微香,味微苦、辛。

【鉴别】 本品粉末棕色。非腺毛通常为4细胞,基部2细胞单列;上部2细胞并列,每细胞又分2叉,每分叉50~500μm,壁甚厚,胞腔线形。花冠上表面有少数非腺毛,单细胞,长38~600μm,壁具多数刺状突起。花粉粒球形,直径13~20μm,表面光滑,有3个萌发孔。腺毛头部顶面观(1~)2细胞,2细胞者并列呈哑铃形或蝶形;柄极短。

【含量测定】 照高效液相色谱法(附录0512)测定。

色谱条件与系统适用性试验 以十八烷基硅烷键合硅胶为填充剂;以甲醇-水-醋酸(45:54.5:0.5)为流动相;检测波长为326nm。理论板数按蒙花苷峰计算应不低于1000。

对照品溶液的制备 取蒙花苷对照品适量,精密称定,加甲醇制成每1ml含密蒙花苷0.1mg的溶液,即得。

供试品溶液的制备 取本品粉末约0.5g,精密称定,置索氏提取器中,加石油醚(60~90℃)100ml,加热回流2小时,弃去石油醚,药渣挥干,再加甲醇100ml继续加热回流4小时,提取液置蒸发皿中,浓缩至适量,转移至50ml量瓶中,残渣及容器用少量甲醇洗涤,洗液并入同一量瓶中,加甲醇至刻度,摇匀,滤过,取续滤液,即得。

测定法 分别精密吸取对照品溶液10μl与供试品溶液5~10μl,注入液相色谱仪,测定,即得。

本品含蒙花苷($C_{28}H_{32}O_{14}$)不得少于0.50%。

【性味与归经】 甘,微寒。归肝经。

【功能】 清热泻火,养肝明目,退翳。

【主治】 肝经风热,目赤肿痛,睛生翳膜,肝虚目暗。

【用法与用量】 马、牛20~45g;羊、猪5~15g。

【贮藏】 置通风干燥处,防潮。

续 断

Xuduan

DIPSACI RADIX

本品为川续断科植物川续断 *Dipsacus asper* Wall.exHenry 的干燥根。秋季采挖,除去根头和须根,用微火烘至半干,堆置"发汗"至内部变绿色时,再烘干。

【性状】 本品呈圆柱形，略扁，有的微弯曲，长5～15cm，直径0.5～2cm。表面灰褐色或黄褐色，有稍扭曲或明显扭曲的纵皱及沟纹，可见横列的皮孔样斑痕及少数须根痕。质软，久置后变硬，易折断，断面不平坦，皮部墨绿色或棕色，外缘褐色或淡褐色，木部黄褐色，导管束呈放射状排列。气微香，味苦、微甜而后涩。

【鉴别】 （1）本品横切面：木栓细胞数列。栓内层较窄。韧皮部筛管群稀疏散在。形成层环明显或不甚明显。木质部射线宽广，导管近形成层处分布较密，向内渐稀少，常单个散在或2～4个相聚。髓部小，细根多无髓。薄壁细胞含草酸钙簇晶。

粉末黄棕色。草酸钙簇晶甚多，直径15～50μm，散在或存在于皱缩的薄壁细胞中，有时数个排列成紧密的条状。纺锤形薄壁细胞壁稍厚，有斜向交错的细纹理。具缘纹孔导管和网纹导管直径约至72（90）μm。木栓细胞淡棕色，表面观类长方形、类方形、多角形或长多角形，壁薄。

（2）取本品粉末3g，加浓氨试液4ml，拌匀，放置1小时，加三氯甲烷30ml，超声处理30分钟，滤过，滤液用盐酸溶液（4→100）30ml分次振摇提取，提取液用浓氨试液调节pH值至10，再用三氯甲烷20ml分次振摇提取，合并三氯甲烷液，浓缩至约0.5ml，作为供试品溶液。另取续断对照药材3g，同法制成对照药材溶液。照薄层色谱法（附录0502）试验，吸取上述两种溶液各5μl，分别点于同一硅胶G薄层板上，以乙醚-丙酮（1:1）为展开剂，展开，取出，晾干，喷以改良碘化铋钾试液。供试品色谱中，在与对照药材色谱相应的位置上，显相同颜色的斑点。

（3）取本品粉末0.2g，加甲醇15ml，超声处理30分钟，滤过，滤液蒸干，残渣加甲醇2ml使溶解，作为供试品溶液。另取川续断皂苷Ⅵ对照品，加甲醇制成每1ml含1mg的溶液，作为对照品溶液。照薄层色谱法（附录0502）试验，吸取上述两种溶液各5μl，分别点于同一硅胶G薄层板上，以正丁醇-醋酸-水（4:1:5）的上层溶液为展开剂，展开，取出，晾干，喷以10%硫酸乙醇溶液，加热至斑点显色清晰。供试品色谱中，在与对照品色谱相应的位置上，显相同颜色的斑点。

【检查】 水分 不得过10.0%（附录0832第一法）。

总灰分 不得过12.0%（附录2302）。

酸不溶性灰分 不得过3.0%（附录2302）。

【浸出物】 照水溶性浸出物测定法（附录2201）项下的热浸法测定，不得少于45.0%。

【含量测定】 照高效液相色谱法（附录0512）测定。

色谱条件与系统适用性试验 以十八烷基硅烷键合硅胶为填充剂；以乙腈-水（30:70）为流动相；检测波长为212nm。理论板数按川续断皂苷Ⅵ峰计算应不低于3000。

对照品溶液的制备 取川续断皂苷Ⅵ对照品适量，精密称定，加甲醇制成每1ml含1.5mg的溶液。精密量取1ml，置10ml量瓶中，加流动相稀释至刻度，摇匀，即得。

供试品溶液的制备 取本品细粉约0.5g，精密称定，置具塞锥形瓶中，精密加入甲醇25ml，密塞，称定重量，超声处理（功率100W，频率40kHz）30分钟，放冷，再称定重量，用甲醇补足减失的重量，摇匀，滤过，精密量取续滤液5ml，置50ml量瓶中，加流动相稀释至刻度，摇匀，即得。

测定法 分别精密吸取对照品溶液与供试品溶液各20μl，注入液相色谱仪，测定，即得。

本品按干燥品计算，含川续断皂苷Ⅵ（$C_{47}H_{76}O_{18}$）不得少于2.0%。

饮片

【炮制】 续断片 洗净，润透，切厚片，干燥。

本品呈类圆形或椭圆形的厚片。外表皮灰褐色至黄褐色，有纵皱。切面皮部墨绿色或棕褐色，木部灰黄色或黄褐色，可见放射状排列的导管束纹，形成层部位多有深色环。气微，味苦、微甜而涩。

【含量测定】 同药材，含川续断皂苷Ⅵ（C₄₇H₇₆O₁₈）不得少于1.5%。

【含量测定】 同药材，含川续断皂苷Ⅵ（$C_{47}H_{76}O_{18}$）不得少于1.5%。

【鉴别】 （除横切面外）【检查】【浸出物】 同药材。

酒续断 取续断片，照酒炙法（附录0203）炒至微带黑色。

本品形如续断片，表面浅黑色或灰褐色，略有酒香气。

【含量测定】 同药材，含川续断皂苷Ⅵ（$C_{47}H_{76}O_{18}$）不得少于1.5%。

【鉴别】 （除横切面外）【检查】【浸出物】 同药材。

盐续断 取续断片，照盐炙法（附录0203）炒干。

本品形如续断片，表面黑褐色，味微咸。

【含量测定】 同药材，含川续断皂苷Ⅵ（$C_{47}H_{76}O_{18}$）不得少于1.5%。

【鉴别】 （除横切面外）【检查】【浸出物】 同药材。

【性味与归经】 味苦、辛，微温。归肝、肾经。

【功能】 补肝肾，强筋骨，续折伤，安胎。

【主治】 肝肾不足，腰肢痿软，风寒湿痹，跌打损伤，筋伤骨折，胎动不安。

【用法与用量】 马、牛25~60g；羊、猪5~15g；兔、禽1~2g。

【贮藏】 置干燥处，防蛀。

绵 马 贯 众

Mianmaguanzhong

DRYOPTERIDIS CRASSIRHIZOMATIS RHIZOMA

本品为鳞毛蕨科植物粗茎鳞毛蕨 *Dryopteris crassirhizoma* Nakai 的干燥根茎和叶柄残基。秋季采挖，削去叶柄、须根，除去泥沙，晒干。

【性状】 本品呈长倒卵形，略弯曲，上端钝圆或截形，下端较尖，有的纵剖为两半，长7~20cm，直径4~8cm。表面黄棕色至黑褐色，密被排列整齐的叶柄残基及鳞片，并有弯曲的须根。叶柄残基呈扁圆形，长3~5cm，直径0.5~1.0cm；表面有纵棱线，质硬而脆，断面略平坦，棕色，有黄白色维管束5~13个，环列；每个叶柄残基的外侧常有3条须根，鳞片条状披针形，全缘，常脱落。质坚硬，断面略平坦，深绿色至棕色，有黄白色维管束5~13个，环列，其外散有较多的叶迹维管束。气特异，味初淡而微涩，后渐苦、辛。

【鉴别】 （1）本品叶柄基部横切面：表皮为1列外壁增厚的小形细胞，常脱落。下皮为10余列多角形厚壁细胞，棕色至褐色，基本组织细胞排列疏松，细胞间隙中有单细胞的间隙腺毛，头部呈球形或梨形，内含棕色分泌物；周韧维管束5~13个，环列，每个维管束周围有1列扁小的内皮层细胞，凯氏点明显，有油滴散在，其外有1~2列中柱鞘薄壁细胞，薄壁细胞中含棕色物与淀粉粒。

（2）取本品粉末0.5g，加环己烷20ml，超声处理30分钟，滤过，取续滤液10ml，浓缩至5ml，作为供试品溶液。另取绵马贯众对照药材0.5g，同法制成对照药材溶液。照薄层色谱法（附录0502）试验，吸取供试品溶液4μl、对照药材溶液5μl，分别点于同一硅胶G薄层板上〔取硅胶G10g、枸橼酸-磷酸氢二钠缓冲液（pH7.0）10ml、维生素C60mg、羧甲基纤维素钠溶液20ml，调匀，铺板，室温避光晾干，50℃活化2小时后备用〕，以正己烷-三氯甲烷-甲醇（30:15:1）为展开剂，薄层板置展开缸中预饱和2小时，展开，展距8cm以上，取出，立即喷以0.3%坚牢蓝BB盐的稀乙醇溶液，在40℃放置1小时。供试品色谱中，在与对照药材色谱相应的位置上，显相同颜色的斑点。

【检查】 水分 不得过12.0%（附录0832第一法）。

总灰分 不得过7.0%（附录2302）。

酸不溶性灰分 不得过3.0%（附录2302）。

【浸出物】 照醇溶性浸出物测定法（附录2201）项下的热浸法测定，用稀乙醇作溶剂，不得少于25.0%。

饮片

【炮制】 除去杂质，喷淋清水，洗净，润透，切厚片，干燥，筛去灰屑，即得。

本品呈不规则的厚片或碎块。根茎外表皮黄棕色至黑褐色，多被有叶柄残基，有的可见棕色鳞片，切面淡棕色至红棕色，有黄白色维管束小点，环状排列。气特异，味初淡而微涩，后渐苦、辛。

【鉴别】 本品粉末淡棕色至红棕色。间隙腺毛单细胞，多破碎，完整者呈椭圆形、类圆形，直径15～55μm，内含黄棕色物。梯纹管胞直径10～85μm。下皮纤维成束或单个散在，黄棕色或红棕色。淀粉粒类圆形，直径2～8μm。

【检查】 总灰分 同药材，不得过5.0%。

【鉴别】 （除横切面外）**【检查】**（水分）**【浸出物】** 同药材。

【性味与归经】 苦，微寒；有小毒。归肝、胃经。

【功能】 清热解毒，止血，驱虫。

【主治】 时疫感冒，温毒发斑，疮疡肿毒，衄血，便血，子宫出血，虫积腹痛。

【用法与用量】 马、牛20～60g；羊、猪10～15g。

【贮藏】 置通风干燥处。

绵马贯众炭

Mianmaguanzhongtan

DRYOPTERIDIS CRASSIRHIZOMATIS RHIZOMA CARBONISATUM

本品为绵马贯众的炮制加工品。

【制法】 取绵马贯众片，照炒炭法（附录0203）炒至表面焦黑色，喷淋清水少许，熄灭火星，取出，晾干。

【性状】 本品呈不规则的厚片或碎片。表面焦黑色，内部焦褐色。味涩。

【鉴别】 取本品粉末1g，加环己烷20ml，超声处理30分钟，滤过，取续滤液10ml，浓缩至5ml，作为供试品溶液。另取绵马贯众对照药材0.5g，同法制成对照药材溶液。照薄层色谱法（附录0502）试验，吸取供试品溶液4μl、对照药材溶液5μl，分别点于同一硅胶G薄层板上〔取硅胶G10g、枸橼酸-磷酸氢二钠缓冲液（pH7.0）10ml、维生素C60mg、羧甲基纤维素钠溶液20ml，调匀，铺板，室温避光晾干，50℃活化2小时备用〕，以正己烷-三氯甲烷-甲醇（30:15:1）为展开剂，薄层板置展开缸中预饱和2小时，展开，展距8cm以上，取出，立即喷以0.3%坚牢蓝BB盐的稀乙醇溶液，在40℃放置1小时。供试品色谱中，在与对照药材色谱相应的位置上，显相同颜色的斑点。

【浸出物】 照醇溶性浸出物测定法（附录2201）项下的热浸法测定，用稀乙醇作溶剂，不得少于16.0%。

【性味与归经】 苦，涩，微寒；有小毒。归肝、胃经。

【功能】 收敛止血。

【主治】 子宫出血。

【用法与用量】 马、牛20～60g；羊、猪10～15g。

【贮藏】 置干燥处。

绵 萆 薢

Mianbixie

DIOSCOREAE SPONGIOSAE RHIZOMA

本品为薯蓣科植物绵萆薢 *Dioscorea spongiosa* J. Q. Xi，M.Mizuno et. W. L. Zhao 或福州薯蓣 *Dioscorea futschauensis* Uline ex R. Kunth 的干燥根茎。秋、冬二季采挖，除去须根，洗净，切片，晒干。

【性状】 本品为不规则的斜切片，边缘不整齐，大小不一，厚2～5mm。外皮黄棕色至黄褐色，有稀疏的须根残基，呈圆锥状突起。质疏松，略呈海绵状，切面灰白色至浅灰棕色，黄棕色点状维管束散在。气微，味微苦。

【鉴别】 （1）本品粉末淡黄棕色。淀粉粒众多，单粒卵圆形、椭圆形、类圆形、类三角形或不规则形，有的一端尖突，有的呈瘤状，直径10～70μm，脐点裂缝状、人字状、点状，层纹大多不明显。草酸钙针晶多成束，长90～210μm。薄壁细胞壁略增厚，纹孔明显。具缘纹孔导管直径17～84μm，纹孔明显。木栓细胞棕黄色，多角形。

（2）取本品粉末2g，加甲醇50ml，加热回流1小时，滤过，滤液蒸干，残渣加水25ml使溶解，用乙醚25ml洗涤，弃去乙醚液，水液加盐酸2ml，加热回流1.5小时，放冷，用乙醚振摇提取2次，每次25ml，合并乙醚液，挥干，残渣加三氯甲烷1ml使溶解，作为供试品溶液。另取绵萆薢对照药材2g，同法制成对照药材溶液。照薄层色谱法（附录0502）试验，吸取上述两种溶液各10μl，分别点于同一硅胶G薄层板上，以三氯甲烷-丙酮（9:1）为展开剂，展开，取出，晾干，喷以磷钼酸试液，在105℃加热至斑点显色清晰。供试品色谱中，在与对照药材色谱相应的位置上，显相同颜色的斑点。

【检查】 水分 不得过11.0%（附录0832第一法）。

总灰分 不得过6.0%（附录2302）

【浸出物】 照醇溶性浸出物测定法（附录2201）项下的热浸法测定，用稀乙醇作溶剂，不得少于15.0%。

【性味与归经】 苦，平。归肾、胃经。

【功能】 利湿去浊，祛风通痹。

【主治】 尿淋，尿浊，风湿痹痛。

【用法与用量】 马、牛25～45g；羊、猪5～15g。

【贮藏】 置通风干燥处。

绿 豆

Lüdou

PHASEOLI RADIATI SEMEN

本品为豆科植物绿豆 *Phaseolus radiatus* L. 的种子。秋季果实成熟时采收全株，晒干，打落种子，出去杂质。

【性状】 本品呈椭圆形，外表光滑，绿黄色或暗绿色。种脐白色，呈长圆形槽状。种皮薄而韧，剥离后露出黄白色的种仁，肥厚。质坚硬。气清淡，味甘。

【性味与归经】 甘，寒。归心、胃经。

【功能】 消暑止渴，清热解毒。

【主治】 暑热口渴，痈肿热毒，中毒轻症。

【用法与用量】 马、牛250～500g，羊、猪30～90g。

【贮藏】 置通风干燥处，防蛀。

斑 蝥

Banmao

MYLABRIS

本品为芫青科昆虫南方大斑蝥 *Mylabris phalerata* Pallas 或黄黑小斑蝥 *Mylabris cichorii* Linnaeus 的干燥体。夏、秋二季捕捉，闷死或烫死，晒干。

【性状】 **南方大斑蝥** 呈长圆形，长1.5～2.5cm，宽0.5～1cm。头及口器向下垂，有较大的复眼及触角各1对，触角多已脱落。背部具革质鞘翅1对，黑色，有3条黄色或棕黄色的横纹；鞘翅下面有棕褐色薄膜状透明的内翅2片。胸腹部乌黑色，胸部有足3对。有特殊的臭气。

黄黑小斑蝥 体型较小，长1～1.5cm。

【鉴别】 取本品粉末2g，加三氯甲烷20ml，超声处理15分钟，滤过，滤液蒸干，残渣用石油醚（30～60℃）洗2次，每次5ml，小心倾去上清液，残渣加三氯甲烷1ml使溶解，作为供试品溶液。另取斑蝥素对照品，加三氯甲烷制成每1ml含5mg的溶液，作为对照品溶液。照薄层色谱法（附录0502）试验，吸取上述两种溶液各5μl，分别点于同一硅胶G薄层板上，以三氯甲烷-丙酮（49:1）为展开剂，展开，取出，晾干，喷以0.1%溴甲酚绿乙醇溶液，加热至斑点显色清晰。供试品色谱中，在与对照品色谱相应的位置上，显相同颜色的斑点。

【含量测定】 照高效液相色谱法（附录0512）测定。

色谱条件与系统适用性试验 用十八烷基硅烷键合硅胶为填充剂；以甲醇-水（23:77）为流动相；检测波长为230nm。理论板数按斑蝥素峰计算应不低于3000。

对照品溶液的制备 取斑蝥素对照品适量，精密称定，加甲醇制成每1ml含1mg的溶液，即得。

供试品溶液的制备 取本品粗粉约1g，精密称定，置具塞锥形瓶中，加三氯甲烷超声处理（功率400W，频率40kHz）2次（每次30ml，15分钟）合并三氯甲烷液，滤过，用少量三氯甲烷分次洗涤容器，洗液与滤液合并，回收溶剂至干，残渣加甲醇使溶解，并转移至10ml量瓶中，加甲醇至刻度，摇匀，滤过，取续滤液，即得。

测定法 分别精密吸取对照品溶液与供试品溶液各10μl，注入液相色谱仪，测定，即得。

本品含斑蝥素（$C_{10}H_{12}O_4$）不得少于0.35%。

饮片

【炮制】 **生斑蝥** 除去杂质。

【性状】【鉴别】【含量测定】 同药材。

米斑蝥 取净斑蝥与米拌炒，至米呈黄棕色，取出，除去头、翅、足。

每100kg斑蝥，用米20kg。

南方大斑蝥 体型较大，头足翅偶有残留。色乌黑发亮，头部去除后的断面不整齐，边缘黑色，中心灰黄色。质脆易碎。有焦香气。

黄黑小斑 蝥体型较小。

【含量测定】 同药材，含斑蝥素（$C_{10}H_{12}O_4$）应为0.25%～0.65%。

【鉴别】 同药材。

【性味与归经】 辛，热；有大毒。归肝、胃、肾经。

【功能】 破血逐瘀，散结消癥，攻毒蚀疮。

【主治】 痈疽疔毒，慢性关节及筋腱肿痛。

【用法与用量】 马、牛6～10g；羊、猪2～6g。外用适量。

【注意】 孕畜禁用。

【贮藏】 置通风干燥处，防蛀。

款 冬 花

Kuandonghua

FARFARAE FLOS

本品为菊科植物款冬 *Tussilago farfara* L. 的干燥花蕾。12月或地冻前当花尚未出土时采挖，除去花梗及泥沙，阴干。

【性状】 本品呈长圆棒状。单生或2～3个基部连生，长1～2.5cm，直径0.5～1cm。上端较粗，下端渐细或带有短梗，外面被有多数鱼鳞状苞片。苞片外表面紫红色或淡红色，内表面密被白色絮状茸毛。体轻，撕开后可见白色茸毛。气香，味微苦而辛。

【鉴别】 （1）本品粉末棕色。非腺毛较多，单细胞，扭曲盘绕成团，直径5～24μm。腺毛略呈棒槌形，头部4～8细胞，柄部细胞2列。花粉粒细小，类球形，直径25～48μm，表面具尖刺，3萌发孔。冠毛分枝状，各分枝单细胞，先端渐尖。分泌细胞类圆形或长圆形，含黄色分泌物。

（2）取本品粉末1g，加乙醇20ml，超声处理1小时，滤过，滤液蒸干，残渣加乙酸乙酯1ml使溶解，作为供试品溶液。另取款冬花对照药材1g，同法制成对照药材溶液。另取款冬酮对照品，加乙酸乙酯制成每1ml含1mg的溶液，作为对照品溶液。照薄层色谱法（附录0502）试验，吸取供试品溶液和对照药材溶液各2～5μl，对照品溶液2μl，分别点于同一硅胶GF$_{254}$薄层板上，以石油醚（60～90℃）-丙酮（6:1）为展开剂，展开，取出，晾干，再以同一展开剂展开，取出，晾干，置紫外光灯（254nm）下检视。供试品色谱中，在与对照药材和对照品色谱相应的位置上，显相同颜色的斑点。

【浸出物】 照醇溶性浸出物测定法（附录2201）项下的热浸法测定，用乙醇作溶剂，不得少于20.0%。

【含量测定】 照高效液相色谱法（附录0512）测定。

色谱条件与系统适用性试验 以十八烷基硅烷键合硅胶为填充剂；以甲醇-水（85:15）为流动相；检测波长为220nm。理论板数按款冬酮峰计算应不低于5000。

对照品溶液的制备 取款冬酮对照品适量，精密称定，加流动相制成每1ml含50μg的溶液，即得。

供试品溶液的制备 取本品粉末（过四号筛）约1g，精密称定，置具塞锥形瓶中，精密加入乙醇20ml，称定重量，超声处理（功率200W，频率40kHz）1小时，放冷，再称定重量，用乙醇补足减失的重量，摇匀，滤过，取续滤液，即得。

测定法 分别精密吸取对照品溶液与供试品溶液各20μl，注入液相色谱仪，测定，即得。

本品按干燥品计算，含款冬酮（$C_{23}H_{34}O_5$）不得少于0.070%。

饮片

【炮制】 款冬花 除去杂质及残梗。

【性状】【鉴别】【浸出物】【含量测定】 同药材。

蜜款冬花 取净款冬花，照蜜炙法（附录0203）用蜜水炒至不粘手。

本品形如款冬花。表面棕黄色或棕褐色，稍带黏性。具蜜香气，味微甜。

【浸出物】 同药材，不得少于22.0%。

【鉴别】【含量测定】 同药材。

【性味与归经】 辛、微苦，温。归肺经。

【功能】 润肺下气，止咳化痰。

【主治】 咳嗽，气喘。

【用法与用量】 马、牛15～45g；驼20～60g；羊、猪3～10g；兔、禽0.5～1.5g。

【贮藏】 置干燥处，防潮，防蛀。

葫　芦　茶

Hulucha

DESMODII TRIQUETRI HERBA

本品为豆科植物葫芦茶 *Dcsmodium triquetrum*（L.）DC. 的干燥全草。夏、秋二季采挖，晒干，或趁鲜切段，晒干。

【性状】 本品长40～120cm。根近圆柱形，扭曲，表面灰棕色或棕红色，质硬稍韧，断面黄白色。茎基部圆柱形、灰棕色至暗棕色，木质，上部三棱形，草质，疏被短毛。叶矩状披针形，薄革质，长6～15cm，宽1.5～3cm，灰绿色或棕绿色，先端尖，基部钝圆或浅心形，全缘，两面稍被毛；叶柄长约1.5cm，有阔翅；托叶披针形，与叶柄近等长，淡棕色。有些带有花、果；总状花序腋生，长15～30cm，蝶形花多数，长不及1cm，花梗较长；荚果扁平，长2～4cm，有5～8近方形的荚节。气微，味淡。

【鉴别】 （1）本品叶表面观：表皮细胞垂周壁平直或呈波状弯曲，气孔平轴式。非腺毛两种：一种单细胞，长达1400μm，基部直径30～50μm，壁厚，表面有明显疣状突起；一种2～3细胞，长60～85μm，直径约8μm，壁薄，末端常弯曲呈钩状。

（2）取本品粉末1g，加甲醇20ml，加热回流1小时，滤过，滤液浓缩，取浓缩液少许，用乙醇溶解，加盐酸5滴，镁粉适量，微热，溶液显红色。

【炮制】 除去杂质，未切段者，切段。

【性味】 微苦，凉。

【功能】 清热解暑，消积利湿，杀虫。

【主治】 中暑，感冒，咽喉肿痛，湿热下痢，虫积，疥癣。

【用法与用量】 马、牛90～150g；羊、猪30～60g。

外用适量。

【贮藏】 置通风干燥处。

葛 根

Gegen

PUERARIAE LOBATAE RADIX

本品为豆科植物野葛 *Pueraria lobata*（Willd.）Ohwi的干燥根。习称野葛。秋、冬二季采挖，趁鲜切成厚片或小块，干燥。

【性状】 本品呈纵切的长方形厚片或小方块，长5～35cm，厚0.5～1cm。外皮淡棕色至棕色，有纵皱纹，粗糙。切面黄白色至淡黄棕色，有的纹理明显。质韧，纤维性强。气微，味微甜。

【鉴别】 （1）本品粉末淡棕色。淀粉粒单粒球形，直径3～37μm，脐点点状、裂缝状或星状；复粒由2～10分粒组成。纤维多成束，壁厚，木化，周围细胞大多含草酸钙方晶，形成晶纤维，含晶细胞的壁木化增厚。石细胞少见，类圆形或多角形，直径38～70μm。具缘纹孔导管较大，具缘纹孔六角形或椭圆形，排列极为紧密。

（2）取本品粉末0.8g，加甲醇10ml，放置2小时，滤过，滤液蒸干，残渣加甲醇0.5ml使溶解，作为供试品溶液。另取葛根对照药材0.8g，同法制成对照药材溶液。再取葛根素对照品，加甲醇制成每1ml含1mg的溶液，作为对照品溶液。照薄层色谱法（附录0502）试验，吸取上述三种溶液各10μl，分别点于同一硅胶G薄层板上，使成条状，以三氯甲烷-甲醇-水（7:2.5:0.25）为展开剂，展开，取出，晾干，置紫外光灯（365nm）下检视。供试品色谱中，在与对照药材和对照品色谱相应的位置上，显相同颜色的荧光条斑。

【检查】 **水分** 不得过14.0%（附录0832第一法）。

总灰分 不得过7.0%（附录2302）。

【浸出物】 照醇溶性浸出物测定法（附录2201）项下的热浸法测定，用稀乙醇作溶剂，不得少于24.0%。

【含量测定】 照高效液相色谱法（附录0512）测定。

色谱条件与系统适用性试验 以十八烷基硅烷键合硅胶为填充剂；以甲醇-水（25:75）为流动相；检测波长为250nm。理论板数按葛根素峰计算应不低于4000。

对照品溶液的制备 取葛根素对照品适量，精密称定，加30%乙醇制成每1ml含80μg的溶液，即得。

供试品溶液的制备 取本品粉末（过三号筛）约0.1g，精密称定，置具塞锥形瓶中，精密加入30%乙醇50ml，称定重量，加热回流30分钟，放冷，再称定重量，用30%乙醇补足减失的重量，摇匀，滤过，取续滤液，即得。

测定法 分别精密吸取对照品溶液与供试品溶液各10μl，注入液相色谱仪，测定，即得。

本品按干燥品计算，含葛根素（$C_{21}H_{20}O_9$）不得少于2.4%。

饮片

【炮制】 除去杂质，洗净，润透，切厚片，晒干。

本品呈不规则的厚片、粗丝或边长为5～12mm的方块。切面浅黄棕色至棕黄色。质韧，纤维性强。气微，味微甜。

【检查】水分 同药材，不得过13.0%。

总灰分 同药材，不得过6.0%。

【鉴别】【浸出物】【含量测定】 同药材。

【性味与归经】 甘、辛，凉。归脾、胃经。

【功能】 解肌退热，生津止渴，透疹，升阳止泻。

【主治】 外感发热，胃热口渴，痘疹，脾虚泄泻。

【用法与用量】 马、牛20～60g；羊、猪5～15g；兔、禽1.5～3g。

【贮藏】 置通风干燥处，防蛀。

葶 苈 子

Tinglizi

DESCURAINIAE SEMEN
LEPIDII SEMEN

本品为十字花科植物播娘蒿 *Descurainia sophia*（L.）Webb. ex Prantl. 或独行菜 *Lepidium apetalum* Willd. 的干燥成熟种子。前者习称"南葶苈子"，后者习称"北葶苈子"。夏季果实成熟时采割植株，晒干，搓出种子，除去杂质。

【性状】南葶苈子 呈长圆形略扁，长0.8～1.2mm，宽约0.5mm。表面棕色或红棕色，微有光泽，具纵沟2条，其中1条较明显。一端钝圆，另端微凹或较平截，种脐类白色，位于凹入端或平截处。气微，味微辛、苦，略带黏性。

北葶苈子 呈扁卵形，长1～1.5mm，宽0.5～1mm。一端钝圆，另端尖而微凹，种脐位于凹入端。味微辛辣，黏性较强。

【鉴别】（1）取本品少量，加水浸泡后，用放大镜观察，南葶苈子透明状黏液层薄，厚度为种子宽度的1/5以下。北葶苈子透明状黏液层较厚，厚度可超过种子宽度的1/2以上。

（2）**南葶苈子** 粉末黄棕色。种皮外表皮细胞为黏液细胞，断面观类方形，内壁增厚向外延伸成纤维素柱，纤维素柱长8～18μm，顶端钝圆、偏斜或平截，周围可见黏液质纹理。种皮内表皮细胞为黄色，表面观呈长方多角形，直径15～42μm，壁厚5～8μm。

北葶苈子 种皮外表皮细胞断面观略呈类长方形，纤维素柱较长，长24～34μm，种皮内表皮细胞表面观长方多角形或类方形。

（3）**南葶苈子** 取药材粉末1g，加70%甲醇20ml，加热回流1小时，滤过，取滤液作为供试品溶液。另取槲皮素-3-*O*-β-D-葡萄糖-7-*O*-β-D-龙胆双糖苷对照品，加30%甲醇制成每1ml含90μg的溶液，作为对照品溶液。照薄层色谱法（附录0502）试验，吸取上述两种溶液各1μl，分别点于同一聚酰胺薄膜上，以乙酸乙酯-甲醇-水（7:2:1）为展开剂，展开，取出，晾干，喷以2%三氯化铝乙醇溶液，热风吹干，置紫外光灯（365nm）下检视。供试品色谱中，在与对照品色谱相应的位置上，显相同的黄色荧光斑点。

【检查】水分 不得过9.0%（附录0832第一法）。

总灰分 不得过8.0%（附录2302）。

酸不溶性灰分 不得过3.0%（附录2302）。

膨胀度 取本品0.6g，称定重量，照膨胀度测定法（附录2101）测定。南葶苈子不得低于3，北葶苈子不得低于12。

【含量测定】 南葶苈子 照高效液相色谱法（附录0512）测定。

色谱条件与系统适用性试验 以十八烷基硅烷键合硅胶为填充剂；以乙腈-0.1%醋酸溶液（11:89）为流动相；检测波长为254nm。理论板数按槲皮素-3-O-β-D-葡萄糖-7-O-β-D-龙胆双糖苷峰计算应不低于5800。

对照品溶液的制备 取槲皮素-3-O-β-D-葡萄糖-7-O-β-D-龙胆双糖苷对照品适量，精密称定，加30%甲醇制成每1ml含20μg的溶液，即得。

供试品溶液的制备 取本品粉末（过四号筛）约1g，精密称定，置具塞锥形瓶中，精密加入70%的甲醇溶液50ml，密塞，称定重量，加热回流1小时，放冷，再称定重量，用70%甲醇溶液补足减失的重量，摇匀，滤过，取续滤液，即得。

测定法 分别精密吸取对照品溶液与供试品溶液各25μl，注入液相色谱仪，测定，即得。

本品按干燥品计算，含槲皮素-3-O-β-D-葡萄糖-7-O-β-D-龙胆双糖苷（$C_{33}H_{40}O_{22}$）不得少于0.075%。

饮片

【炮制】 葶苈子 除去杂质及灰屑。

【性状】【鉴别】【检查】【含量测定】 同药材。

炒葶苈子 取净葶苈子，照清炒法（附录0203）炒至有爆声。

本品形如葶苈子，微鼓起。表面棕黄色。有油香气，不带黏性。

【检查】 水分 同药材，不得过5.0%。

【含量测定】 南葶苈子 同药材，含槲皮素-3-O-β-D-葡萄糖-7-O-β-D-龙胆双糖苷（$C_{33}H_{40}O_{22}$）不得少于0.080%。

【鉴别】【检查】（总灰分酸不溶性灰分）同药材。

【性味与归经】 辛、苦，大寒。归肺，膀胱经。

【功能】 泻肺平喘，行水消肿。

【主治】 痰涎壅肺，喘咳痰多，水肿，胸腹积水，小便不利。

【用法与用量】 马、牛15～30g；驼20～45g；羊、猪5～10g；犬、猫3～5g；兔、禽1～2g。

【贮藏】 置干燥处。

萹　蓄

Bianxu

POLYGONI AVICULARIS HERBA

本品为蓼科植物萹蓄 *Polygonum aviculare* L. 的干燥地上部分。夏季叶茂盛时采收，除去根及杂质，晒干。

【性状】 本品茎呈圆柱形而略扁，有分枝，长15～40cm，直径0.2～0.3cm。表面灰绿色或棕红色，有细密微突起的纵纹；节部稍膨大，有浅棕色膜质的托叶鞘，节间长约3cm；质硬，易折断，断面髓部白色。叶互生，近无柄或具短柄，叶片多脱落或皱缩、破碎，完整者展平后呈披针形，全缘，两面均呈棕绿色或灰绿色。气微，味微苦。

【鉴别】 （1）本品茎横切面：表皮细胞1列，长方形，外壁稍厚，内含棕黄色物，外被角质层。皮层为数列薄壁细胞，细胞径向延长，栅栏状排列；角棱处有下皮纤维束。中柱鞘纤维束断续排列成环。韧皮部较窄。形成层成环。木质部导管单个散列；木纤维发达。髓较大。薄壁组织间有分泌细胞。有的细胞含草酸钙簇晶。

叶表面观：上、下表皮细胞均为长多角形、长方形或多角形，垂周壁微弯曲或近平直，呈细小连珠状增厚，外平周壁表面均有角质线纹。气孔不定式，副卫细胞2～4个。叶肉组织中可见众多草酸钙簇晶，直径5～55μm。

（2）取杨梅苷对照品，加60%乙醇制成每1ml含0.2mg的溶液，作为对照品溶液。照薄层色谱法（附录0502）试验，吸取〔含量测定〕项下的供试品溶液及上述对照品溶液各2μl，分别点于同一硅胶G薄层板上，以三氯甲烷-甲醇-甲酸（20:5:2）为展开剂，展开，取出，晾干，喷以三氯化铝试液，热风吹干，置紫外光灯（365nm）下检视。供试品色谱中，在与对照品色谱相应的位置上，显相同颜色的荧光斑点。

【检查】 水分 不得过12.0%（附录0832第一法）。

总灰分 不得过14.0%（附录2302）。

酸不溶性灰分 不得过4.0%（附录2302）。

【浸出物】 照醇溶性浸出物测定法（附录2201）项下的热浸法测定，用稀乙醇作溶剂，不得少于8.0%。

【含量测定】 避光操作。照高效液相色谱法（附录0512）测定。

色谱条件与系统适用性试验 以十八烷基硅烷键合硅胶为填充剂；以乙腈-0.5%磷酸溶液（14:86）为流动相；检测波长为352nm。理论板数按杨梅苷峰计算应不低于2000。

对照品溶液的制备 取杨梅苷对照品适量，精密称定，置棕色量瓶中，加60%乙醇制成每1ml含40μg的溶液，即得。

供试品溶液的制备 取本品粉末（过四号筛）约1g，精密称定，置具塞锥形瓶中，精密加入60%乙醇50ml，称定重量，冷浸8小时，超声处理（功率300W频率40kHz）30分钟，再称定重量，用60%乙醇补足减失的重量，摇匀，滤过，药渣用60%乙醇适量洗涤，合并滤液与洗液，回收溶剂至干，残渣加60%乙醇溶解，转移至5ml量瓶中，加60%乙醇至刻度，摇匀，滤过，取续滤液，即得。

测定法 分别精密吸取对照品溶液与供试品溶液各10μl，注入液相色谱仪，测定，即得。

本品按干燥品计算，含杨梅苷（$C_{21}H_{20}O_{12}$）不得少于0.030%。

饮片

【炮制】 除去杂质，洗净，切段，干燥。

本品呈不规则的段。茎呈圆柱形而略扁，表面灰绿色或棕红色，有细密微突起的纵纹；节部稍膨大，有浅棕色膜质的托叶鞘。切面髓部白色。叶片多破碎，完整者展平后呈披针形，全缘。气微，味微苦。

【浸出物】 同药材，不得少于10.0%。

【鉴别】（除茎横切面外）**【检查】【含量测定】** 同药材。

【性味与归经】 苦，微寒。归膀胱经。

【功能】 利尿通淋，杀虫，止痒。

【主治】 热淋，尿短赤，湿热黄疸，湿疹。

【用法与用量】 马、牛20～60g；驼30～80g；羊、猪5～10g；兔、禽0.5～1.5g。

【贮藏】 置干燥处。

棕　榈

Zonglü

TRACHYCARPI PETIOLUS

本品为棕榈科植物棕榈 *Trachycarpus fortunei*（Hook. f.）H. Wendl. 的干燥叶柄。采棕时割取旧叶柄下延部分和鞘片，除去纤维状的棕毛，晒干。

【性状】　本品呈长条板状，一端较窄而厚，另端较宽而稍薄，大小不等。表面红棕色，粗糙，有纵直皱纹；一面有明显的凸出纤维，纤维的两侧着生多数棕色茸毛。质硬而韧，不易折断，断面纤维性。气微，味淡。

【鉴别】　（1）本品粉末红棕色至褐棕色。纤维成束，细长，直径12～15μm，其外侧薄壁细胞含细小的草酸钙簇晶，形成晶纤维。气孔直轴式或不定式，副卫细胞5～6个。可见网纹导管、螺纹导管及梯纹导管。

（2）取本品粉末1g，加水20ml，加热5分钟，滤过，滤液用水稀释成20ml。取滤液1ml，加三氯化铁试液2～3滴，即生成污绿色絮状沉淀；另取滤液1ml，加氯化钠明胶试液3滴，即显白色浑浊。

饮片

【炮制】　棕榈　除去杂质，洗净，干燥。

【性状】【鉴别】　同药材。

棕榈炭　取净棕榈，照煅炭法（附录0203）制炭。

本品呈不规则块状，大小不一。表面黑褐色至黑色，有光泽，有纵直条纹；触之有黑色炭粉。内部焦黄色，纤维性。略具焦香气，味苦涩。

【鉴别】　（1）本品粉末棕黑色。纤维成束，黑褐色，周围细胞常含草酸钙方晶，形成晶纤维。梯纹导管，直径约25μm。

（2）取本品粉末5g，加甲醇50ml，超声处理20分钟，滤过，滤液蒸干，残渣加甲醇1ml使溶解，作为供试品溶液。另取原儿茶醛对照品、原儿茶酸对照品，加甲醇制成每1ml各含0.2mg的溶液，作为对照品溶液。照薄层色谱法（附录0502）试验，吸取上述三种溶液各5μl，分别点于同一硅胶G薄层板上，以三氯甲烷-正丁醇-冰醋酸（20∶1∶1）为展开剂，展开，取出，晾干，喷以三氯化铁试液。供试品色谱中，在与对照品色谱相应的位置上，显相同的淡墨绿色斑点。

【性味与归经】　苦、涩，平。归肺、肝、大肠经。

【功能】　收涩止血。

【主治】　鼻衄，便血，尿血，子宫出血。

【用法与用量】　马、牛15～45g；驼20～60g；羊、猪5～15g。

【贮藏】　置干燥处。

硫　黄

Liuhuang

SULFUR

本品为自然元素类矿物硫族自然硫，采挖后，加热熔化，除去杂质；或用含硫矿物经加工制得。

【性状】　本品呈不规则块状。黄色或略呈绿黄色。表面不平坦，呈脂肪光泽，常有多数小孔。用手握紧置于耳旁，可闻轻微的爆裂声。体轻，质松，易碎，断面常呈针状结晶形。有特异的臭气，味淡。

【鉴别】　本品燃烧时易熔融，火焰为蓝色，并有二氧化硫的刺激性臭气。

【含量测定】　取本品细粉约0.2g，精密称定，置锥形瓶中，精密加入乙醇制氢氧化钾滴定液（0.5mol/L）50ml，加水10ml，置水浴中加热使溶解，并挥去乙醇（直至无气泡、无醇臭）。加水40ml，于瓶颈插入一小漏斗，微沸10分钟，冷却，小心滴加过氧化氢试液5ml，摇匀，置沸水浴中加热10分钟，冷却至室温，用水冲洗漏斗及瓶内壁，加入甲基橙指示液2滴，用盐酸滴定液（0.5mol/L）滴定，并将滴定结果用空白试验校正。每1ml乙醇制氢氧化钾滴定液（0.5mol/L）相当于8.015mg的硫（S）。

本品含硫（S）不得少于98.5%。

饮片

【炮制】　**硫黄**　除去杂质，敲成碎块。

【鉴别】【含量测定】　同药材。

制硫黄　取净硫黄块，与豆腐同煮，至豆腐显黑绿色时，取出，漂净，阴干。

每100kg硫黄，用豆腐200kg。

【性味与归经】　酸，温；有毒。归肾、大肠经。

【功能】　补火助阳，通便。外用解毒，杀虫，疗疮。

【主治】　阳痿，阳虚便秘，虚寒气喘，疥癣，阴疽恶疮。

蜜蜂巢虫、真菌病（烟熏）。

【用法与用量】　马、牛10～30g；驼15～35g；羊、猪0.3～1g。外用适量。

蜂贮存巢脾每箱体3～5g，点燃，密闭，烟熏8～12小时。

【注意】　孕畜慎用。

【贮藏】　置干燥处，防火。

雄　黄

Xionghuang

REALGAR

本品为硫化物类矿物雄黄族雄黄，主含二硫化二砷（As_2S_2）。采挖后，除去杂质。

【性状】　本品为块状或粒状集合体，呈不规则块状。深红色或橙红色，条痕淡橘红色，晶面有金刚石样光泽。质脆，易碎，断面具树脂样光泽。微有特异的臭气，味淡。精矿粉为粉末状或粉末集合体，质松脆，手捏即成粉，橙黄色，无光泽。

【鉴别】　（1）取本品粉末10mg，加水润湿后，加氯酸钾饱和的硝酸溶液2ml，溶解后，加氯化钡试液，生成大量白色沉淀。放置后，倾出上层酸液，再加水2ml，振摇，沉淀不溶解。

（2）取本品粉末0.2g，置坩埚内，加热熔融，产生白色或黄白色火焰，伴有白色浓烟。取玻片覆盖后，有白色冷凝物，刮取少量，置试管内加水煮沸使溶解，必要时滤过，溶液加硫化氢试液数滴，即显黄色，加稀盐酸后生成黄色絮状沉淀，再加碳酸铵试液，沉淀复溶解。

【检查】　**三氧化二砷**　取本品适量，研细，精密称取0.94g，加稀盐酸20ml，不断搅拌30分钟，滤过，残渣用稀盐酸洗涤2次，每次10ml，搅拌10分钟，洗液与滤液合并，置500ml量瓶中，加水至刻度，摇匀，精密量取10ml，置100ml量瓶中，加水至刻度，摇匀，精密量取2ml，加盐酸5ml与水21ml，照砷盐检查法（附录0822第一法）检查，所显砷斑颜色不得深于标准砷斑。

【含量测定】 取本品粉末约0.1g，精密称定，置锥形瓶中，加硫酸钾1g、硫酸铵2g与硫酸8ml，用直火加热至溶液澄明，放冷，缓缓加水50ml，加热微沸3～5分钟，放冷，加酚酞指示液2滴，用氢氧化钠溶液（40→100）中和至显微红色，放冷，用0.25mol/L硫酸溶液中和至褪色，加碳酸氢钠5g，摇匀后，用碘滴定液（0.05mol/L）滴定，至近终点时，加淀粉指示液2ml，滴定至溶液显紫蓝色。每1ml碘滴定液（0.05mol/L）相当于5.348mg的二硫化二砷（As_2S_2）。

本品含砷量以二硫化二砷（As_2S_2）计，不得少于90.0%。

饮片

【炮制】 **雄黄粉** 取雄黄照水飞法（附录0203）水飞，晾干。

取粉末适量，照上述三氧化二砷检查项下的方法检查，应符合规定。

【性味与归经】 辛，温；有毒。归肝、大肠经。

【功能】 解毒杀虫，燥湿祛痰。

【主治】 痈肿疮毒，虫积腹痛，惊痫，蛇虫咬伤，疥癣。

【用法与用量】 马、牛5～15g；驼10～15g；羊、猪0.5～1.5g；兔、禽0.03～0.1g。

外用适量，涂患处。

【注意】 内服宜慎，不可久用。孕畜禁用。

【贮藏】 置干燥处，密闭。

紫 石 英

Zishiying

FLUORITUM

本品为氟化物类矿物萤石族萤石，主含氟化钙（CaF_2）。采挖后，除去杂石。

【性状】 本品为块状或粒状集合体。呈不规则块状，具棱角。紫色或绿色，深浅不匀，条痕白色。半透明至透明，有玻璃样光泽。表面常有裂纹。质坚脆，易击碎。气微，味淡。

【鉴别】 （1）取本品细粉0.1g，置烧杯中，加盐酸2ml与4%硼酸溶液5ml，加热微沸使溶解。取溶液1滴，置载玻片上，加硫酸溶液（1→4）1滴，静置片刻，置显微镜下观察，可见针状结晶。

（2）取本品，置紫外光灯（365nm）下观察，显亮紫色、紫色至青紫色荧光。

（3）取本品细粉20mg与二氧化硅粉15mg，混匀，置具外包锡纸的橡皮塞的干燥试管中，加硫酸10滴。另取细玻璃管穿过橡皮塞，玻璃管下端沾水一滴，塞置距试管底部约3.5cm处，小心加热（在石棉板上）试管底部，见水滴上下移动时，停止加热约1分钟，再继续加热，至有浓厚的白烟放出为止。放置2～3分钟，取下塞与玻璃管，用2～3滴水冲洗玻璃管下端使流入坩埚内，加钼酸铵溶液〔取钼酸铵3g，加水60ml溶解后，再加入硝酸溶液（1→2）20ml，摇匀〕1滴，稍加热，溶液显淡黄色，放置1～2分钟后，加联苯胺溶液（取联苯胺1g，加入10%醋酸使溶解成100ml）1滴和饱和醋酸钠溶液1～2滴，即显蓝色或生成蓝色沉淀。

【含量测定】 取本品细粉约0.1g，精密称定，置锥形瓶中，加盐酸2ml与4%硼酸溶液5ml，加热溶解后，加水300ml、10%三乙醇胺溶液10ml与甲基红指示剂1滴，滴加10%氢氧化钾溶液至溶液显黄色，再继续多加15ml，并加钙黄绿素指示剂约30mg，用乙二胺四醋酸二钠滴定液（0.05mol/L）滴定至溶液黄绿色荧光消失而显橙色。每1ml乙二胺四醋酸二钠滴定液（0.05mol/L）相当于3.904mg的氟化钙（CaF_2）。

本品含氟化钙（CaF_2）不得少于85.0%。

饮片

【炮制】 紫石英 除去杂石，砸成碎块。

本品为不规则碎块。紫色或绿色，半透明至透明，有玻璃样光泽。气微，味淡。

【鉴别】【含量测定】 同药材。

煅紫石英 取净紫石英块，照煅淬法（附录0203）煅透，醋淬。

每100kg紫石英，用醋30kg。

本品为不规则碎块或粉末。表面黄白色、棕色或紫色，无光泽。质酥脆。有醋香气，味淡。

【鉴别】 （1）、（3）同药材。

【含量测定】 同药材，含氟化钙（CaF_2）不得少于80.0%。

【性味与归经】 甘，温。归心、肺、肾经。

【功能】 镇心安神，温肺，暖宫。

【主治】 易惊不安，肺虚咳喘，宫寒不孕。

【用法与用量】 马、牛20～45g；驼20～60g；羊、猪10～15g；兔、禽1～2g。

【贮藏】 置干燥处。

紫 花 地 丁

Zihuadiding

VIOLAE HERBA

本品为堇菜科植物紫花地丁 *Viola yedoensis* Makino的干燥全草。春、秋二季采收，除去杂质，晒干。

【性状】 本品多皱缩成团。主根长圆锥形，直径1～3mm；淡黄棕色，有细纵皱纹。叶基生，灰绿色，展平后叶片呈披针形或卵状披针形，长1.5～6cm，宽1～2cm；先端钝，基部截形或稍心形，边缘具钝锯齿，两面有毛；叶柄细，长2～6cm，上部具明显狭翅。花茎纤细；花瓣5，紫堇色或淡棕色；花距细管状。蒴果椭圆形或3裂，种子多数，淡棕色。气微，味微苦而稍黏。

【鉴别】 （1）本品叶横切面：上表皮细胞较大，切向延长，外壁较厚，内壁黏液化，常膨胀呈半圆形；下表皮细胞较小，偶有黏液细胞；上、下表皮有单细胞非腺毛，长32～240μm，直径24～32μm，具角质短线纹。栅栏细胞2～3列；海绵细胞类圆形，含草酸钙簇晶，直径11～40μm。主脉维管束外韧形，上、下表皮内方有厚角细胞1～2列。

（2）取本品粉末约2g，加甲醇20ml，超声处理20分钟，滤过，滤液蒸干，残渣加热水10ml，搅拌使溶解，滤过，滤液蒸干，残渣加甲醇1ml使溶解，作为供试品溶液。另取紫花地丁对照药材2g，同法制成对照药材溶液。照薄层色谱法（附录0502）试验，吸取供试品溶液5～10μl、对照药材溶液5μl，分别点于同一硅胶G薄层板上，以甲苯-乙酸乙酯-甲酸（5:3:1）的上层溶液为展开剂，展开，取出，晾干，置紫外光灯（365nm）下检视。供试品色谱中，在与对照药材色谱相应的位置上，显3个相同颜色的荧光主斑点。

饮片

【炮制】 除去杂质，洗净，切碎，干燥。

【性味与归经】 苦、辛，寒。归心、肝经。

【功能】 清热解毒，凉血消肿。

【主治】 疮黄疔毒，目赤肿痛，毒蛇咬伤。

【用法与用量】 马、牛60～80g；驼80～120g；羊、猪15～30g。外用鲜品适量。

【贮藏】 置干燥处。

紫 花 前 胡

Zihuaqianhu

PEUCEDANI DECURSIVI RADIX

本品为伞形科植物紫花前胡 *Peucedanum decursivum*（Miq.）Maxim. 的干燥根。秋、冬二季地上部分枯萎时采挖，除去须根，晒干。

【性状】 本品多呈不规则圆柱形、圆锥形或纺锤形，主根较细，有少数支根，长3～15cm，直径0.8～1.7cm。表面棕色至黑棕色，根头部偶有残留茎基和膜状叶鞘残基，有浅直细纵皱纹，可见灰白色横向皮孔样突起和点状须根痕。质硬，断面类白色，皮部较窄，散有少数黄色油点。气芳香，味微苦、辛。

【鉴别】 （1）本品根横切面：木栓层为数列至10余列扁平细胞，外有落皮层。栓内层极窄，有油管散在。韧皮部宽广；油管多数，类圆形，略呈多轮环状排列，分泌细胞多为5～10个；韧皮射线近皮层处多弯曲且形成大小不等的裂隙。形成层环状。木质部较小，导管径向排列呈放射状；木射线较宽；木纤维少见。薄壁细胞含淀粉粒。

（2）取本品粉末0.5g，加甲醇25ml，超声处理20分钟，滤过，取滤液作为供试品溶液。另取紫花前胡苷对照品，加甲醇制成每1ml含50μg的溶液，作为对照品溶液。照薄层色谱法（附录0502）试验，吸取上述两种溶液各5μl，分别点于同一硅胶G薄层板上，以乙酸乙酯-甲醇-水（8:1:1）为展开剂，展开，取出，晾干，置紫外光灯（365nm）下检视。供试品色谱中，在与对照品色谱相应的位置上，显相同颜色的荧光斑点。

【检查】 水分 不得过12.0%（附录0832第一法）。

总灰分 不得过8.0%（附录2302）。

酸不溶性灰分 不得过4.0%（附录2302）。

【浸出物】 照醇溶性浸出物测定法（附录2201）项下的热浸法测定，用稀乙醇为溶剂，不得少于30.0%。

【含量测定】 照高效液相色谱法（附录0512）测定。

色谱条件与系统适应性试验 以十八烷基硅烷键合硅胶为填充剂；以甲醇-水（40:60）为流动相；检测波长为334nm。理论塔板数按紫花前胡苷峰计算应不低于1500。

对照品溶液的制备 取紫花前胡苷对照品适量，精密称定，加甲醇制成每1ml含50μg的溶液，即得。

供试品溶液的制备 取本品粉末（过三号筛）约0.5g，精密称定，置具塞三角瓶中，精密加入甲醇25ml，称定重量，浸泡1小时后超声处理（功率100W，频率40kHz）20分钟，放冷，再称定重量，用甲醇补足减失的重量，摇匀，滤过，取续滤液1ml，置10ml容量瓶中，加甲醇至刻度，摇匀，即得。

测定法 分别精密吸取对照品溶液与供试品溶液各5μl，注入液相色谱仪，测定，即得。

本品按干燥品计算，含紫花前胡苷（$C_{20}H_{24}O_9$）不得少于0.90%。

【炮制】 除去杂质，洗净，润透，切薄片，晒干。

【性味与归经】 性微寒，味苦、辛。归肺经。

【功能】 降气化痰，散风清热。

【主治】 外感风热，痰热咳喘，呕逆，胸膈胀满。

【用法与用量】 马、牛15～45g；羊、猪5～10g；兔、禽1～3g。

【贮藏】 置阴凉干燥处，防霉，防蛀。

紫 苏 子

Zisuzi

PERILLAE FRUCTUS

本品为唇形科植物紫苏 *Perilla frutescens*（L.）Britt. 的干燥成熟果实。秋季果实成熟时采收，除去杂质，晒干。

【性状】 本品呈卵圆形或类球形，直径约1.5mm。表面灰棕色或灰褐色，有微隆起的暗紫色网纹，基部稍尖，有灰白色点状果梗痕。果皮薄而脆，易压碎。种子黄白色，种皮膜质，子叶2，类白色，有油性。压碎有香气，味微辛。

【鉴别】 （1）本品粉末灰棕色。种皮表皮细胞断面观细胞极扁平，具钩状增厚壁；表面观呈类椭圆形，壁具致密雕花钩纹状增厚。外果皮细胞黄棕色，断面观细胞扁平，外壁呈乳突状；表面观呈类圆形，壁稍弯曲，表面具角质细纹理。内果皮组织断面观主为异形石细胞，呈不规则形；顶面观呈类多角形，细胞间界限不分明，胞腔星状。内胚乳细胞大小不一，含脂肪油滴；有的含细小草酸钙方晶。子叶细胞呈类长方形，充满脂肪油滴。

（2）取本品粉末1g，加甲醇25ml，超声处理30分钟，滤过，滤液蒸干，残渣加甲醇1ml使溶解，作为供试品溶液。另取紫苏子对照药材1g，同法制成对照药材溶液。照薄层色谱法（附录0502）试验，吸取上述两种溶液各2μl，分别点于同一硅胶G薄层板上，以正己烷-甲苯-乙酸乙酯-甲酸（2:5:2.5:0.5）为展开剂，展开，取出，晾干，喷以三氯化铝试液，置紫外光灯（365nm）下检视。供试品色谱中，在与对照药材色谱相应的位置上，显相同颜色的斑点。

【检查】 **水分** 不得过8.0%（附录0832第一法）。

【含量测定】 照高效液相色谱法（附录0512）测定。

色谱条件与系统适用性试验 以十八烷基硅烷键合硅胶为填充剂；以甲醇-0.1％甲酸溶液（40:60）为流动相；检测波长为330nm。理论板数按迷迭香酸峰计算应不低于3000。

对照品溶液的制备 取迷迭香酸对照品适量，精密称定，加甲醇制成每1ml含80μg的溶液，即得。

供试品溶液的制备 取本品粉末（过二号筛）约0.5g，精密称定，置具塞锥形瓶中，精密加入80%甲醇50ml，密塞，称定重量，加热回流2小时，放冷，再称定重量，用80%甲醇补足减失的重量，摇匀，滤过，取续滤液，即得。

测定法　分别精密吸取对照品溶液10μl与供试品溶液20μl，注入液相色谱仪，测定，即得。

本品按干燥品计算，含迷迭香酸（$C_{18}H_{16}O_8$）不得少于0.25%。

饮片

【炮制】　紫苏子　除去杂质，洗净，干燥。

【性状】【鉴别】【检查】【含量测定】　同药材。

炒紫苏子　取净紫苏子，照清炒法（附录0203）炒至有爆声。

本品形如紫苏子，表面灰褐色，有细裂口，有焦香气。

【鉴别】　同药材。

【检查】　水分　同药材，不得过2.0%。

【含量测定】　同药材，含迷迭香酸（$C_{18}H_{16}O_8$）不得少于0.20%。

【性味与归经】　辛，温。归肺经。

【功能】　降气消痰，止咳平喘，润肠通便。

【主治】　痰壅咳喘，肠燥便秘。

【用法与用量】　马、牛15～60g；驼20～80g；羊、猪5～10g；兔、禽0.5～1.5g。

【贮藏】　置通风干燥处，防蛀。

紫　苏　叶

Zisuye

PERILLAE FOLIUM

本品为唇形科植物紫苏 *Perilla frutescens*（L.）Britt. 的干燥叶（或带嫩枝）。夏季枝叶茂盛时采收，除去杂质，晒干。

【性状】　本品叶片多皱缩卷曲、碎破，完整者展平后呈卵圆形，长4～11cm，宽2.5～9cm。先端长尖或急尖，基部圆形或宽楔形，边缘具圆锯齿。两面紫色或上表面绿色，下表面紫色，疏生灰白色毛，下表面有多数凹点状的腺鳞。叶柄长2～7cm，紫色或紫绿色。质脆。带嫩枝者，枝的直径2～5mm，紫绿色，断面中部有髓。气清香，味微辛。

【鉴别】　（1）本品叶表面制片：表皮细胞中某些细胞内含有紫色素，滴加10%盐酸溶液，立即显红色；或滴加5%氢氧化钾溶液，即显鲜绿色，后变为黄绿色。

本品粉末棕绿色。非腺毛1～7细胞，直径16～346μm，表面具线状纹理，有的细胞充满紫红色或粉红色物。腺毛头部多为2细胞，直径17～36μm，柄单细胞。腺鳞常破碎，头部4～8细胞。上、下表皮细胞不规则形，垂周壁波状弯曲，气孔直轴式，下表皮气孔较多。草酸钙簇晶细小，存在于叶肉细胞中。

（2）取〔含量测定〕项下的挥发油，加正己烷制成每1ml含10μl的溶液，作为供试品溶液。另取紫苏醛对照品，加正己烷制成每1ml含10μl的溶液，作为对照品溶液。照薄层色谱法（附录0502）试验，吸取上述两种溶液各2μl，分别点于同一硅胶G薄层板上，以正己烷-乙酸乙酯（15:1）为展开剂，展开，取出，晾干，喷以二硝基苯肼乙醇试液。供试品色谱中，在与对照品色谱相应的位置上，显相同颜色的斑点。

（3）取本品粉末0.5g，加甲醇25ml，超声处理30分钟，滤过，滤液浓缩至干，加甲醇2ml使溶解，作为供试品溶液。另取紫苏叶对照药材0.5g，同法制成对照药材溶液。照薄层色谱法（附录0502）试验，吸取上述两种溶液各3μl，分别点于同一硅胶G薄层板上，以乙酸乙酯-甲醇-甲酸-水（9:0.5:1:0.5）为展开剂，展开，取出，晾干，喷以10%硫酸乙醇溶液，在105℃加热至斑点显色清晰，置紫外光灯（365nm）下检视。供试品色谱中，在与对照药材色谱相应的位置上，显相同颜色的荧光斑点。

【检查】 水分　不得过12.0%（附录0832第二法）。

【含量测定】 照挥发油测定法（附录2204）测定，保持微沸2.5小时。

本品含挥发油不得少于0.40%（ml/g）。

饮片

【炮制】 除去杂质及老梗；或喷淋清水，切碎，干燥。

本品呈不规则的段或未切叶。叶多皱缩卷曲、破碎，完整者展平后呈卵圆形。边缘具圆锯齿。两面紫色或上表面绿色，下表面紫色，疏生灰白色毛。叶柄紫色或紫绿色。带嫩枝者，枝的直径2～5mm，紫绿色，切面中部有髓。气清香，味微辛。

【含量测定】 同药材，含挥发油不得少于0.20%（ml/g）。

【鉴别】【检查】 同药材。

【性味与归经】 辛，温。归肺、脾经。

【功能】 解表散寒，行气和胃，止血。

【主治】 风寒感冒，咳嗽气喘，呕吐，外伤出血。

【用法与用量】 马、牛15～60g；驼25～80g；羊、猪5～15g；兔、禽1.5～3g。外用鲜品适量。

【贮藏】 置阴凉干燥处。

紫 苏 梗

Zisugeng

PERILLAE CAULIS

本品为唇形科植物紫苏 *Perilla frutescens*（L.）Britt. 的干燥茎。秋季果实成熟后采割，除去杂质，晒干，或趁鲜切片，晒干。

【性状】 本品呈方柱形，四棱钝圆，长短不一，直径0.5～1.5cm。表面紫棕色或暗紫色，四面有纵沟和细纵纹，节部稍膨大，有对生的枝痕和叶痕。体轻，质硬，断面裂片状。切片厚2～5mm，常呈斜长方形，木部黄白色，射线细密，呈放射状，髓部白色，疏松或脱落。气微香，味淡。

【鉴别】 （1）本品粉末黄白色至灰绿色。木纤维众多，多成束，直径8～45μm。中柱鞘纤维淡黄色或黄棕色，长梭形，直径10～46μm，有的孔沟明显。表皮细胞棕黄色，表面观呈多角形或类方形，垂周壁连珠状增厚。草酸钙簇晶细小，充塞于薄壁细胞中。

（2）取本品粉末1g，加甲醇25ml，超声处理30分钟，滤过，滤液浓缩至干，残渣加甲醇1ml使溶解，作为供试品溶液。另取迷迭香酸对照品，加甲醇制成每1ml含0.2mg的溶液，作为对照品溶液。照薄层色谱法（附录0502）试验，吸取上述两种溶液各2μl，分别点于同一硅胶G薄层板上，以正己烷-乙酸乙酯-甲酸（3:3:0.2）为展开剂，展开，取出，晾干，置紫外光灯（365nm）下检视。供试品色谱中，在与对照品色谱相应的位置上，显相同颜色的荧光斑点。

【检查】 水分 不得过9.0%（附录0832第一法）。

总灰分 不得过5.0%（附录2302）。

【含量测定】 避光操作。照高效液相色谱法（附录0512）测定。

色谱条件与系统适应性试验 以十八烷基硅烷键合硅胶为填充剂；以甲醇-0.1%甲酸溶液（38:62）为流动相；检测波长为330nm。理论板数按迷迭香酸峰计算应不低于3000。

对照品溶液的制备 取迷迭香酸对照品适量，精密称定，加60%丙酮制成每1ml含40μg的溶液，即得。

供试品溶液的制备 取本品粉末（过三号筛）约0.5g，精密称定，置具塞锥形瓶中，精密加入60%丙酮25ml，密塞，称定重量，超声处理（功率250W，频率40kHz）30分钟，再称定重量，用60%丙酮补足减失的重量，摇匀，滤过，取续滤液，即得。

测定法 分别精密吸取对照品溶液10μl与供试品溶液5~20μl，注入液相色谱仪，测定，即得。

本品按干燥品计算，含迷迭香酸（$C_{18}H_{16}O_8$）不得少于0.10%。

饮片

【炮制】 除去杂质，稍浸，润透，切厚片，干燥。

本品呈类方形的厚片。表面紫棕色或暗紫色，有的可见对生的枝痕和叶痕。切面木部黄白色，有细密的放射状纹理，髓部白色，疏松或脱落。气微香，味淡。

【鉴别】【检查】 同药材。

【性味与归经】 辛，温。归肺、脾经。

【功能】 理气宽中，止痛，安胎。

【主治】 气滞腹胀，呕吐，胎动不安。

【用法与用量】 马、牛15~60g；驼20~70g；羊、猪10~15g。

【贮藏】 置干燥处。

紫 草

Zicao

ARNEBIAE RADIX

本品为紫草科植物新疆紫草 *Arnebia euchroma*（Royle）Johnst. 或内蒙紫草 *Arnebia guttata* Bunge 的干燥根。春、秋二季采挖，除去泥沙，干燥。

【性状】 新疆紫草（软紫草） 呈不规则的长圆柱形，多扭曲，长7~20cm，直径1~2.5cm。表面紫红色或紫褐色，皮部疏松，呈条形片状，常10余层重叠，易剥落。顶端有的可见分歧的茎残基。体轻，质松软，易折断，断面不整齐，木部较小，黄白色或黄色。气特异，味微苦、涩。

内蒙紫草 呈圆锥形或圆柱形，扭曲，长6~20cm，直径0.5~4cm。根头部略粗大，顶端有残茎1或多个，被短硬毛。表面紫红色或暗紫色，皮部略薄，常数层相叠，易剥离。质硬而脆，易折断，断面较整齐，皮部紫红色，木部较小，黄白色。气特异，味涩。

【鉴别】 （1）粉末深紫红色。非腺毛单细胞，直径13~56μm，基部膨大成喇叭状，壁具纵细条纹，有的胞腔内含紫红色色素。栓化细胞红棕色，表面观呈多角形或圆多角形，含紫红色色素。

薄壁细胞较多，淡棕色或无色，大多充满紫红色色素。导管主为网纹导管，少有具缘纹孔导管，直径7~110μm。

（2）取本品粉末0.5g，加石油醚（60~90℃）20ml，超声处理20分钟，滤过，滤液浓缩至1ml，作为供试品溶液。另取紫草对照药材0.5g，同法制成对照药材溶液。照薄层色谱法（附录0502）试验，吸取上述两种溶液各4μl，分别点于同一硅胶G薄层板上，以环己烷-甲苯-乙酸乙酯-甲酸（5:5:0.5:0.1）为展开剂，展开，取出，晾干。供试品色谱中，在与对照药材色谱相应的位置上，显相同的紫红色斑点；再喷以10%氢氧化钾甲醇溶液，斑点变为蓝色。

【检查】 水分 不得过15.0%（附录0832第一法）。

【含量测定】 羟基萘醌总色素 取本品适量，在50℃干燥3小时，粉碎（过三号筛），取约0.5g，精密称定，置100ml量瓶中，加乙醇至刻度，4小时内时时振摇，滤过。精密量取续滤液5ml，置25ml量瓶中，加乙醇至刻度，摇匀。照紫外-可见分光光度法（附录0401），在516nm波长处测定吸光度，按左旋紫草素（$C_{16}H_{16}O_5$）的吸收系数（$E_{1cm}^{1\%}$）为242计算，即得。

本品含羟基萘醌总色素以左旋紫草素（$C_{16}H_{16}O_5$）计，不得少于0.80%。

β,β'-二甲基丙烯酰阿卡宁 照高效液相色谱法（附录0512）测定。

色谱条件与系统适用性试验 以十八烷基硅烷键合硅胶为填充剂；以乙腈-水-甲酸（70:30:0.05）为流动相；检测波长为275nm。理论板数按β,β'-二甲基丙烯酰阿卡宁峰计算应不低于2000。

对照品溶液的制备 取β,β'-二甲基丙烯酰阿卡宁对照品适量，精密称定，加乙醇制成每1ml含0.1mg的溶液，即得。

供试品溶液的制备 取本品粉末（过四号筛）约0.5g，精密称定，置具塞锥形瓶中，精密加入石油醚（60~90℃）25ml，称定重量，超声处理（功率250W，频率33kHz）30分钟，放冷，再称定重量，用石油醚（60~90℃）补足减失的重量，摇匀，滤过。精密量取续滤液10ml，蒸干，残渣用流动相溶解，转移至10ml量瓶中，加流动相至刻度，摇匀，滤过，取续滤液，即得。

测定法 分别精密吸取对照品溶液与供试品溶液各10μl，注入液相色谱仪，测定，即得。

本品按干燥品计算，含β,β'-二甲基丙烯酰阿卡宁（$C_{21}H_{22}O_6$）不得少于0.30%。

饮片

【炮制】 新疆紫草 除去杂质，切厚片或段。

内蒙紫草 除去杂质，洗净，润透，切薄片，干燥。

新疆紫草切片 为不规则的圆柱形切片或条形片状，直径1~2.5cm。紫红色或紫褐色。皮部深紫色。圆柱形切片，木部较小，黄白色或黄色。

内蒙紫草切片 为不规则的圆柱形切片或条形片状，有的可见短硬毛，直径0.5~4cm，质硬而脆。紫红色或紫褐色。皮部深紫色。圆柱形切片，木部较小，黄白色或黄色。

【鉴别】【检查】【含量测定】 同药材。

【性味与归经】 甘、咸，寒。归心、肝经。

【功能】 凉血活血，解毒消斑。

【主治】 血热毒盛，热毒血斑，疮疡，湿疹，烫伤，烧伤。

【用法与用量】 马、牛15~45g；驼20~60g；羊、猪5~10g；兔、禽0.5~1.5g。

外用适量。

【贮藏】 置干燥处。

紫 珠 叶

Zizhuye

CALLICARPAE FORMOSANAE FOLIUM

本品为马鞭草科植物杜虹花 *Callicarpa formosana* Rolfe 的干燥叶。夏、秋二季枝叶茂盛时采摘，干燥。

【性状】 本品多皱缩、卷曲，有的破碎。完整叶片展平后呈卵状椭圆形或椭圆形，长4～19cm，宽2.5～9cm。先端渐尖或钝圆，基部宽楔形或钝圆，边缘有细锯齿，近基部全缘。上表面灰绿色或棕绿色，被星状毛和短粗毛；下表面淡绿色或淡棕绿色，密被黄褐色星状毛和金黄色腺点，主脉和侧脉突出，小脉伸入齿端。叶柄长0.5～1.5cm。气微，味微苦涩。

【鉴别】 （1）本品粉末灰黄色至棕褐色。非腺毛有两种：一种为星状毛，大多碎断，木化，完整者1至数轮，每轮1～6侧生细胞；另一种非腺毛1～3细胞，直径25～33μm，壁较厚。腺鳞头部8～11细胞，扁球形，柄极短。小腺毛头部为2～4细胞，柄1～2细胞。草酸钙簇晶细小，散布于叶肉细胞中。

（2）取本品粉末1g，加乙醚30ml，加热回流30分钟，滤过，滤液蒸干，残渣加甲醇2ml使溶解，取上清液作为供试品溶液。另取熊果酸对照品，加甲醇制成每1ml含1mg的溶液，作为对照品溶液。照薄层色谱法（附录0502）试验，吸取供试品溶液3～5μl、对照品溶液3μl，分别点于同一硅胶G薄层板上，以环己烷-三氯甲烷-乙酸乙酯-冰醋酸（20:5:8:0.1）为展开剂，展开，取出，晾干，喷以10%硫酸乙醇溶液，在105℃加热至斑点显色清晰。供试品色谱中，在与对照品色谱相应的位置上，显相同颜色的斑点。

【检查】 水分 不得过15.0%（附录0832第一法）。

总灰分 不得过11.0%（附录2302）。

【浸出物】 照醇溶性浸出物测定法（附录2201）项下的热浸法测定，用稀乙醇作溶剂，不得少于20.0%。

【含量测定】 照高效液相色谱法（附录0512）测定。

色谱条件与系统适用性试验 以十八烷基硅烷键合硅胶为填充剂；以乙腈-0.5%磷酸溶液（17:83）为流动相；检测波长为332nm。理论板数按毛蕊花糖苷峰计算应不低于3000。

对照品溶液的制备 取毛蕊花糖苷对照品适量，精密称定，加50%甲醇制成每1ml含50μg的溶液，即得。

供试品溶液的制备 取本品粉末（过四号筛）约0.25g，精密称定，置具塞锥形瓶中，精密加入50%甲醇50ml，密塞，称定重量，放置过夜，加热回流1小时，放冷，再称定重量,用50%甲醇补足减失的重量，摇匀，滤过，取续滤液，即得。

测定法 分别精密吸取对照品溶液与供试品溶液各10μl，注入液相色谱仪，测定，即得。

本品按干燥品计算，含毛蕊花糖苷（$C_{29}H_{36}O_{15}$）不得少于0.50%。

饮片

【炮制】 除去杂质，洗净，切段，干燥。

【性味与归经】 苦、涩，凉。归肝、肺、胃经。

【功能】 收敛止血，凉血解毒，散瘀消肿。

【主治】 鼻衄，咳血，吐血，便血，子宫出血，外伤出血，疮黄肿毒。

【用法与用量】 马、牛30～90g；羊、猪15～30g。

外用适量。

【贮藏】 置通风干燥处。

紫 萁 贯 众

Ziqiguanzhong

OSMUNDAE RHIZOMA

本品为紫萁科植物紫萁 *Osmunda japonica* Thunb. 的干燥根茎和叶柄残基。春、秋二季采挖，洗净，除去须根，晒干。

【性状】 本品略呈圆锥形或圆柱形，稍弯曲，长10～20cm，直径3～6cm。根茎横生或斜生，下侧着生黑色而硬的细根；上侧密生叶柄残基，叶柄基部呈扁圆形，斜向上，长4～6cm，直径0.2～0.5cm，表面棕色或棕黑色，切断面有U形筋脉纹（维管束），常与皮部分开。质硬，不易折断。气微，味甘、微涩。

【鉴别】 （1）叶柄基部横切面：表皮黄色，多脱落。下皮为10余列棕色厚壁细胞组成的环带。内皮层明显。周韧维管束U形，韧皮部有红棕色的分泌细胞散在；木质部管胞聚集8～11群，呈半圆形排列；维管束凹入侧有厚壁组织。薄壁细胞含淀粉粒。

（2）取本品粉末3g，加含1%盐酸的稀乙醇50ml，加热回流1小时，放冷，滤过，滤液蒸干，残渣加水30ml使溶解，用乙酸乙酯振摇提取2次，每次20ml，合并乙酸乙酯液，用水洗涤至中性，蒸干，残渣加乙酸乙酯5ml使溶解，加于硅胶柱（160～200目，2g，内径为1.8cm，干法装柱）上，用乙酸乙酯10 ml洗脱，收集洗脱液，蒸干，残渣加甲醇1 ml使溶解，作为供试品溶液。另取紫萁酮对照品，加甲醇制成每1ml含0.2mg的溶液，作为对照品溶液。照薄层色谱法（附录0502）试验，吸取上述两种溶液各5μl，分别点于同一硅胶GF$_{254}$薄层板上，以石油醚（60～90℃）-乙酸乙酯-甲酸（6:4:0.1）为展开剂，展开，取出，晾干，置紫外光灯（254nm）下检视。供试品色谱中，在与对照品色谱相应的位置上，显相同颜色的斑点。

【检查】 水分 不得过10.0%（附录0832第一法）。

总灰分 不得过6.0%（附录2302）。

酸不溶性灰分 不得过4.0%（附录2302）。

【浸出物】 照醇溶性浸出物测定法（附录2201）项下的热浸法测定，用稀乙醇作溶剂，不得少于10.0%。

饮 片

【炮制】 除去杂质，略泡，洗净，润透，切片，干燥。

【性味与归经】 苦，微寒；有小毒。归肺、胃、肝经。

【功能】 清热解毒，止血，杀虫。

【主治】 疫毒感冒，热毒泻痢，痈疮肿毒，衄血，便血，子宫出血，虫积腹痛。

【用法与用量】 马、牛90～150g；羊、猪15～30g。

【贮藏】 置干燥处。

紫　菀

Ziwan

ASTERIS RADIX ET RHIZOMA

本品为菊科植物紫菀 *Aster tataricus* L. f. 的干燥根和根茎。春、秋二季采挖，除去有节的根茎（习称"母根"）和泥沙，编成辫状晒干，或直接晒干。

【性状】　本品根茎呈不规则块状，大小不一，顶端有茎、叶的残基；质稍硬。根茎簇生多数细根，长3~15cm，直径0.1~0.3cm，多编成辫状；表面紫红色或灰红色，有纵皱纹；质较柔韧。气微香，味甜、微苦。

【鉴别】　（1）本品根横切面：表皮细胞多萎缩或有时脱落，内含紫红色色素。下皮细胞1列，略切向延长，侧壁及内壁稍厚，有的含紫红色色素。皮层宽广，有细胞间隙；分泌道4~6个，位于皮层内侧；内皮层明显。中柱小，木质部略呈多角形；韧皮部束位于木质部弧角间；中央通常有髓。

根茎表皮有腺毛，皮层散有石细胞和厚壁细胞。根和根茎薄壁细胞含菊糖，有的含草酸钙簇晶。

（2）取本品粉末1g，加甲醇25ml，超声处理30分钟，滤过，滤液挥干，残渣加乙酸乙酯1ml使溶解，作为供试品溶液。另取紫菀酮对照品，加乙酸乙酯制成每1ml含1mg的溶液，作为对照品溶液。照薄层色谱法（附录0502）试验，吸取上述两种溶液各3μl，分别点于同一硅胶G薄层板上，以石油醚（60~90℃）-乙酸乙酯（9:1）为展开剂，展开，取出，晾干，喷以10%硫酸乙醇溶液，在105℃加热至斑点显色清晰，分别置日光和紫外光灯（365nm）下检视。供试品色谱中，在与对照品色谱相应的位置上，显相同颜色的斑点或荧光斑点。

【检查】　水分　不得过15.0%（附录0832第一法）。

总灰分　不得过15.0%（附录2302）。

酸不溶性灰分　不得过8.0%（附录2302）。

【浸出物】　照水溶性浸出物测定法（附录2201）项下的热浸法测定，不得少于45.0%。

【含量测定】　照高效液相色谱法（附录0512）测定。

色谱条件与系统适用性试验　以十八烷基硅烷键合硅胶为填充剂；以乙腈-水（96:4）为流动相；检测波长为200nm；柱温40℃。理论板数按紫菀酮峰计算应不低于3500。

对照品溶液的制备　取紫菀酮对照品适量，精密称定，加乙腈制成每1ml含0.1mg的溶液，即得。

供试品溶液的制备　取本品粉末（过三号筛）约1g，精密称定，置具塞锥形瓶中，精密加入甲醇20ml，称定重量，40℃温浸1小时，超声处理（功率250W，频率40kHz）15分钟，取出，放冷，再称定重量，用甲醇补足减失的重量，摇匀，滤过，取续滤液，即得。

测定法　分别精密吸取对照品溶液与供试品溶液各20μl，注入液相色谱仪，测定，即得。

本品按干燥品计算，含紫菀酮（$C_{30}H_{50}O$）不得少于0.15%。

饮片

【炮制】　紫菀　除去杂质，洗净，稍润，切厚片或段，干燥。

本品为不规则的厚片或段。根外表皮紫红色或灰红色，有纵皱纹。切面淡棕色，中心具棕黄色的木心。气微香，味甜，微苦。

【鉴别】【检查】（水分）【浸出物】【含量测定】 同药材。

蜜紫菀 取紫菀片（段），照蜜炙法（附录0203）炒至不粘手。

本品形如紫菀片（段），表面棕褐色或紫棕色。有蜜香气，味甜。

【检查】 水分 同药材，不得过16.0%。

【含量测定】 同药材，含紫菀酮（$C_{30}H_{50}O$）不得少于0.10%。

【鉴别】 同药材。

【性味与归经】 辛、苦，温。归肺经。

【功能】 润肺下气，消痰止咳。

【主治】 咳嗽，痰多喘急。

【用法与用量】 马、牛15～45g；驼25～60g；羊、猪3～6g。

【贮藏】 置阴凉干燥处，防潮。

景 天 三 七

Jingtiansanqi

SEDI AIZOON HERBA

本品为景天科植物景天三七 *Sedum aizoon* L. 的干燥全草。夏、秋二季采挖，除去泥沙，晒干。

【性状】 本品根茎短小，略呈块状；表面灰棕色，根数条，粗细不等；质硬，断面呈暗棕色或类灰白色。茎圆柱形，长15～40cm，直径2～5mm；表面暗棕色或紫棕色，有纵棱；质脆，易折断，断面常中空。叶互生或近对生，几无柄；叶片皱缩，展平后呈长披针形至倒披针形，长3～8cm，宽1～2cm，灰绿色或棕褐色，顶端渐尖，基部楔形，叶缘上部有锯齿，下部全缘。聚伞花序顶生，花黄色。气微，味微涩。

【鉴别】 （1）本品根横切面：木栓层为10余列细胞，棕色。皮层较薄；韧皮部宽广。形成层成环。木质部导管类圆形，直径约至56μm，多单个散在，分布较密。薄壁细胞中含草酸钙砂晶。

（2）取本品粉末4g，加水适量，煮沸10分钟，滤过，滤液浓缩至6ml，加等量乙酸乙酯提取，提取液置水浴上蒸干，残渣加水2ml使溶解。溶液分为二份，一份加碳酸钾少量，片刻后显黄绿色；另一份加浓氨溶液2滴，显橙红色。

（3）取本品粉末2g，加水适量，煮沸10分钟，滤过，滤液浓缩至6ml，加等量乙酸乙酯提取，提取液置水浴上蒸干，残渣加甲醇1ml使溶解，作为供试品溶液。另取没食子酸对照品，加甲醇制成每1ml含1mg的溶液，作为对照品溶液。照薄层色谱法（附录0502）试验，吸取上述两种溶液各3μl，分别点于同一硅胶GF$_{254}$薄层板上，以三氯甲烷-甲酸乙酯-甲酸（5:5:1）为展开剂，展开，取出，晾干，置紫外光灯（254nm）下检视。供试品色谱中，在与对照品色谱相应的位置上，显相同颜色的斑点。

饮片

【炮制】 除去杂质，洗净，切段，晒干。

【性味】 甘、微酸，平。

【功能】 止血，止痛，安神。

【主治】 衄血，肺出血，子宫出血，外伤出血，烧烫伤，跌打损伤，躁动不安。

【用法与用量】 马、牛60～120g；羊、猪15～30g。

【贮藏】 置通风干燥处。

蛤　壳

Geqiao

MERETRICIS CONCHA
CYCLINAE CONCHA

本品为帘蛤科动物文蛤 *Meretrix meretrix* Linnaeus 或青蛤 *Cyclina sinensis* Gmelin 的贝壳。夏、秋二季捕捞，去肉，洗净，晒干。

【性状】 **文蛤** 扇形或类圆形，背缘略呈三角形，腹缘呈圆弧形，长3～10cm，高2～8cm。壳顶突出，位于背面，稍靠前方。壳外面光滑，黄褐色，同心生长纹清晰，通常在背部有锯齿状或波纹状褐色花纹。壳内面白色，边缘无齿纹，前后壳缘有时略带紫色，铰合部较宽，右壳有主齿3个和前侧齿2个；左壳有主齿3个和前侧齿1个。质坚硬，断面有层纹。气微，味淡。

青蛤 类圆形，壳顶突出，位于背侧近中部。壳外面淡黄色或棕红色，同心生长纹凸出壳面略呈环肋状。壳内面白色或淡红色，边缘常带紫色并有整齐的小齿纹，铰合部左右两壳均具主齿3个，无侧齿。

【鉴别】 （1）本品粉末类白色。不规则状碎块，呈明显的颗粒性，有的表面可见较细密条纹与较宽条纹交织而成的网状纹理，较宽条纹平直或稍弯曲。

（2）取本品粉末4g，加稀盐酸30ml，即产生大量气泡，滤过，滤液用氢氧化钠试液调节pH值至5，静置，离心（转速为每分钟12 000转）10分钟，取沉淀置15ml安瓿中，加6.0mol/L盐酸10ml，150℃水解1小时。水解液蒸干，残渣加10%异丙醇-0.1mol/L盐酸溶液1ml使溶解，作为供试品溶液。另取蛤壳对照药材4g，同法制成对照药材溶液。照薄层色谱法（附录0502）试验，吸取上述两种溶液各2μl，分别点于同一硅胶G薄层板上，以正丁醇-冰醋酸-水-丙酮-无水乙醇-0.5%茚三酮丙酮溶液（40:14:12:5:4:4）为展开剂，展开，取出，晾干，在105℃加热至斑点显色清晰。供试品色谱中，在与对照药材色谱相应的位置上，显相同颜色的斑点。

【检查】 **酸不溶性灰分** 不得过7.0%（附录2302）。

重金属及有害元素 照铅、镉、砷、汞、铜测定法（附录2321）测定，铅不得过5mg/kg；镉不得过0.3mg/kg；砷不得过2mg/kg；汞不得过0.2mg/kg；铜不得过20mg/kg。

饮片

【炮制】 **蛤壳** 洗净，碾碎，干燥。

本品为不规则碎片。碎片外面黄褐色或棕红色，可见同心生长纹。内面白色。质坚硬。断面有层纹。气微，味淡。

煅蛤壳 取净蛤壳，照明煅法（附录0203）煅至酥脆。

本品为不规则碎片或粗粉。灰白色，碎片外面有时可见同心生长纹。质酥脆。断面有层纹。

【含量测定】 取本品细粉约0.12g，精密称定，置锥形瓶中，加稀盐酸3ml，加热至微沸使溶解，加水100ml与甲基红指示液1滴，滴加氢氧化钾试液至显黄色，继续多加10ml，再加钙黄绿素指示剂少量，用乙二胺四醋酸二钠滴定液（0.05mol/L）滴定至溶液黄绿色荧光消失而显橙色。每1ml乙二胺四醋酸二钠滴定液（0.05mol/L）相当于5.004mg的碳酸钙（$CaCO_3$）。

本品含碳酸钙（$CaCO_3$）不得少于95.0%。

【性味与归经】 苦、咸，寒。归肺、肾、胃经。

【功能】 清热化痰，软坚散结；外用收湿敛疮。

【主治】 肺热咳喘；湿疹，烫火伤。

【用法与用量】 马、牛60～120g；驼80～140g；羊、猪15～30g；兔、禽1～2g。
外用适量。

【贮藏】 置干燥处。

蛤　　蚧

Gejie

GECKO

本品为壁虎科动物蛤蚧 *Gekko gecko* Linnaeus 的干燥体。全年均可捕捉，除去内脏，拭净，用竹片撑开，使全体扁平顺直，低温干燥。

【性状】 本品呈扁片状，头颈部及躯干部长9～18cm，头颈部约占1/3，腹背部宽6～11cm，尾长6～12cm。头略呈扁三角状，两眼多凹陷成窟窿，口内有细齿，生于颚的边缘，无异型大齿。吻部半圆形，吻鳞不切鼻孔，与鼻鳞相连，上鼻鳞左右各1片，上唇鳞12～14对，下唇鳞（包括颏鳞）21片。腹背部呈椭圆形，腹薄。背部呈灰黑色或银灰色，有黄白色、灰绿色或橙红色斑点散在或密集成不显著的斑纹，脊椎骨和两侧肋骨突起。四足均具5趾；趾间仅具蹼迹，足趾底有吸盘。尾细而坚实，微现骨节，与背部颜色相同，有6～7个明显的银灰色环带，有的再生尾较原生尾短，且银灰色环带不明显。全身密被圆形或多角形微有光泽的细鳞。气腥，味微咸。

【鉴别】 （1）本品粉末淡黄色或淡灰黄色。横纹肌纤维侧面观有波峰状或稍平直的细密横纹；横断面观三角形、类圆形或类方形。鳞片近无色，表面可见半圆形或类圆形的隆起，略作覆瓦状排列，布有极细小的粒状物，有的可见圆形孔洞。皮肤碎片表面可见棕色或棕黑色色素颗粒。骨碎片不规则碎块状，表面有细小裂缝状或针状空隙；可见裂缝状骨陷窝。

（2）取本品粉末0.4g，加70%乙醇5ml，超声处理30分钟，滤过，滤液作为供试品溶液。另取蛤蚧对照药材0.4g，同法制成对照药材溶液。照薄层色谱法（附录0502）试验，吸取上述两种溶液各5～8μl，分别点于同一硅胶G薄层板上，以正丁醇-冰醋酸-水（3:1:1）为展开剂，展开15cm，取出，晾干，喷以茚三酮试液，在105℃加热至斑点显色清晰。供试品色谱中，在与对照药材色谱相应的位置上，显相同颜色的斑点。

【浸出物】 照醇溶性浸出物测定法（附录2201）项下的冷浸法测定，用稀乙醇作溶剂，不得少于8.0%。

饮片

【炮制】 蛤蚧 除去鳞片及头足，切成小块。

本品呈不规则的片状小块。表面灰黑色或银灰色，有棕黄色的斑点及鳞甲脱落的痕迹。切面黄白色或灰黄色。脊椎骨和肋骨突起。气腥，味微咸。

【鉴别】 【浸出物】 同药材。

酒蛤蚧 取蛤蚧块，用黄酒浸润后，烘干。

本品形如蛤蚧块，微有酒香气，味微咸。

【鉴别】 同药材。

【性味与归经】 咸，平。归肺、肾经。

【功能】 补肺益肾，纳气定喘，助阳益精。

【主治】 虚喘劳嗽，阳痿。

【用法与用量】 马、牛1～2对。

【贮藏】 用木箱严密封装，常用花椒拌存，置阴凉干燥处，防蛀。

黑 芝 麻
Heizhima
SESAMI SEMEN NIGRUM

本品为脂麻科植物脂麻 *Sesamum indicum* L. 的干燥成熟种子。秋季果实成熟时采割植株，晒干，打下种子，除去杂质，再晒干。

【性状】 本品呈扁卵圆形，长约3mm，宽约2mm。表面黑色，平滑或有网状皱纹。尖端有棕色点状种脐。种皮薄，子叶2，白色，富油性。气微，味甘，有油香气。

【鉴别】 （1）粉末灰褐色或棕黑色。种皮表皮细胞成片，胞腔含黑色色素，表面观呈多角形，内含球状结晶体；断面观呈栅状，外壁和上半部侧壁菲薄，大多破碎，下半部侧壁和内壁增厚。草酸钙结晶常见，球状或半球形结晶散在或存在于种皮表皮细胞中，直径14～38μm；柱晶散在或存在于颓废细胞中，长约至24μm，直径2～12μm。

（2）取本品1g，研碎，加石油醚（60～90℃）10ml，浸泡1小时，倾取上清液，置试管中，加含蔗糖0.1g的盐酸10ml，振摇半分钟，酸层显粉红色，静置后，渐变为红色。

（3）取本品0.5g，捣碎，加无水乙醇20ml，超声处理20分钟，滤过，滤液蒸干，残渣加无水乙醇1ml使溶解，静置，取上清液作为供试品溶液。另取黑芝麻对照药材0.5g，同法制成对照药材溶液。再取芝麻素对照品、β-谷甾醇对照品，加无水乙醇分别制成每1ml含1mg的溶液，作为对照品溶液。照薄层色谱法（附录0502）试验，吸取上述供试品溶液和对照药材溶液各8μl、对照品溶液各4μl，分别点于同一硅胶G薄层板上，以环己烷-乙醚-乙酸乙酯（20:5.5:2.5）为展开剂，展开，取出，晾干，喷以10%硫酸乙醇溶液，加热至斑点显色清晰。供试品色谱中，在与对照药材色谱和对照品色谱相应的位置上，显相同颜色的斑点。

【检查】 杂质 不得过3%（附录2301）。

水分 不得过6.0%（附录0832第一法）。

总灰分 不得过8.0%（附录2302）。

饮片

【炮制】 黑芝麻 除去杂质，洗净，晒干。用时捣碎。

【性状】【鉴别】【检查】 （水分 总灰分）同药材。

炒黑芝麻 取净黑芝麻，照清炒法（附录0203）炒至有爆声。用时捣碎。

本品形如黑芝麻，微鼓起，有的可见爆裂痕，有油香气。

【鉴别】【检查】 （水分 总灰分）同药材。

【性味与归经】 甘，平。归肝、肾、大肠经。

【功能】 补肝肾，益精血，润肠燥。

【主治】 劳伤体瘦，肠燥便秘，百叶干。

【用法与用量】 马、牛30～150g；驼20～250g；羊、猪5～15g。

【贮藏】 置通风干燥处，防蛀。

黑　豆

Heidou

SOJAE SEMEN NIGRUM

本品为豆科植物大豆 *Glycine max*（L.）Merr. 的干燥成熟种子。秋季采收成熟果实，晒干，打下种子，除去杂质。

【性状】　本品呈椭圆形或类球形，稍扁，长6～12mm，直径5～9mm。表面黑色或灰黑色，光滑或有皱纹，具光泽，一侧有淡黄白色长椭圆形种脐。质坚硬。种皮薄而脆，子叶2，肥厚，黄绿色或淡黄色。气微，味淡，嚼之有豆腥味。

【鉴别】　（1）本品粉末黄绿色。种皮栅状细胞紫红色，侧面观细胞1列，长50～80μm，壁厚，具光辉带；表面观呈多角形或长多角形，直径约至18μm。种皮支持细胞1列，侧面观呈哑铃状或骨状，长26～185μm；表面观呈类圆形或扁圆形，直径10～28μm，可见两个同心圆圈。子叶细胞含糊粉粒和脂肪油滴。草酸钙结晶，存在于子叶细胞中，呈柱状、双锥形或方形，长3～33μm，直径3～10μm。

（2）取本品粉末2g，加甲醇20ml，超声处理30分钟，滤过，滤液蒸干，残渣加甲醇1ml使溶解，作为供试品溶液。另取黑豆对照药材2g，同法制成对照药材溶液。再取大豆苷对照品、大豆苷元对照品，加甲醇分别制成每1ml各含1mg的溶液，作为对照品溶液。照薄层色谱法（附录0502）试验，吸取上述四种溶液各5μl，分别点于同一硅胶G薄层板上，以甲苯-甲醇-甲酸（14:6:0.1）为展开剂，展开，取出，晾干，置紫外光灯（254nm）下检视。供试品色谱中，在与对照药材色谱和对照品色谱相应的位置上，显相同颜色的荧光斑点。

【检查】　水分　不得过9.0%（附录0832第一法）。

　总灰分　不得过7.0%（附录2302）。

【浸出物】　照醇溶性浸出物测定法（附录2201）项下的热浸法测定，用乙醇作溶剂，不得少于12.0%。

【性味与归经】　甘、平。归脾、肾经。

【功能】　养血，祛风，利水，解毒。

【主治】　阴虚多汗，风痹痉挛，水肿尿少，痈肿疮毒。

【用法与用量】　马、牛120～250g；羊、猪15～45g；犬10～15g。

【贮藏】　置通风干燥处，防蛀。

锁　阳

Suoyang

CYNOMORII HERBA

本品为锁阳科植物锁阳 *Cynomorium songaricum* Rupr. 的干燥肉质茎。春季采挖，除去花序，切段，晒干。

【性状】　本品呈扁圆柱形，微弯曲，长5～15cm，直径1.5～5cm。表面棕色或棕褐色，粗糙，具明显纵沟和不规则凹陷，有的残存三角形的黑棕色鳞片。体重，质硬，难折断，断面浅棕色或棕褐色，有黄色三角状维管束。气微，味甘而涩。

【鉴别】 （1）本品粉末黄棕色。淀粉粒极多，常存在于含棕色物的薄壁细胞中，或包埋于棕色块中；单粒类球形或椭圆形，直径4~32μm，脐点十字状、裂缝状或点状，大粒层纹隐约可见。栓内层细胞淡棕色，表面观呈类方形或类长方形，壁多细波状弯曲，有的表面有纹理。导管黄棕色或近无色，主为网纹导管，也有螺纹导管，有的导管含淡棕色物。棕色块形状不一，略透明，常可见圆孔状腔隙。

（2）取本品粉末1g，加水10ml，浸渍30分钟，滤过，取滤液作为供试品溶液。另取脯氨酸对照品，加水制成每1ml含2mg的溶液，作为对照品溶液。照薄层色谱法（附录0502）试验，吸取上述两种溶液各5μl，分别点于同一硅胶H薄层板上，以正丙醇-冰醋酸-乙醇-水（4:1:1:2）为展开剂，展开，取出，晾干，喷以吲哚醌试液，晾干，在100℃加热至斑点显色清晰。供试品色谱中，在与对照品色谱相应的位置上，显相同颜色的斑点。

（3）取本品粉末1g，加乙酸乙酯20ml，超声处理30分钟，滤过，滤液浓缩至1ml，作为供试品溶液。另取熊果酸对照品，加甲醇制成每1ml含0.5mg的溶液，作为对照品溶液。照薄层色谱法（附录0502）试验，吸取供试品溶液10μl、对照品溶液4μl，分别点于同一硅胶G薄层板上，以甲苯-乙酸乙酯-甲酸（20:4:0.5）为展开剂，展开，取出，晾干，喷以10%硫酸乙醇溶液，加热至斑点显色清晰。供试品色谱中，在与对照品色谱相应的位置上，显相同的紫红色斑点。

【检查】 杂质 不得过2%（附录2301）。

水分 不得过12.0%（附录0832第一法）。

总灰分 不得过14.0%（附录2302）。

【浸出物】 照醇溶性浸出物测定法（附录2201）项下的热浸法测定，用乙醇作溶剂，不得少于14.0%。

饮片

【炮制】 洗净，润透，切薄片，干燥。

本品为不规则形或类圆形的片。外表皮棕色或棕褐色，粗糙，具明显纵沟及不规则凹陷。切面浅棕色或棕褐色，散在黄色三角状维管束。气微，味甘而涩。

【检查】 总灰分同药材，不得过9.0%（附录2302）

【浸出物】 同药材，不得过12.0%。

【鉴别】【检查】 （水分）同药材。

【性味与归经】 甘，温。归肝、肾、大肠经。

【功能】 补肾阳，益精血，润肠通便。

【主治】 阳痿滑精，腰胯无力，肠燥便秘。

【用法与用量】 马、牛25~45g；驼30~60g；羊、猪5~15g；兔、禽1~3g。

【贮藏】 置通风干燥处。

鹅 不 食 草

Ebushicao

CENTIPEDAE HERBA

本品为菊科植物鹅不食草 *Centipeda minima*（L.）A. Br. et Aschers. 的干燥全草。夏、秋二季花

开时采收，洗去泥沙，晒干。

【性状】 本品缠结成团。须根纤细，淡黄色。茎细，多分枝；质脆，易折断，断面黄白色。叶小，近无柄；叶片多皱缩、破碎，完整者展平后呈匙形，表面灰绿色或棕褐色，边缘有3～5个锯齿。头状花序黄色或黄褐色。气微香，久嗅有刺激感，味苦、微辛。

【鉴别】 （1）本品粉末灰绿色至灰棕色。茎表皮细胞呈长方形或类多角形，壁稍厚，表面隐约可见角质纹理；具气孔。叶表皮细胞呈类多角形，垂周壁薄，波状弯曲；气孔不定式，副卫细胞4～6个。腺毛顶面观呈鞋底形，细胞成对排列，内含黄色物。花冠表皮细胞黄色，表面观呈长方形或类多角形，细胞向外延伸呈绒毛状突起，表面有角质纹理。非腺毛2列性，1列为单细胞，稍短，另列为2细胞，基部细胞较短，先端常呈钩状或卷曲；上部2/3表面有微细角质纹理。花粉粒淡黄色，呈类圆形，直径15～22μm，具3孔沟，表面有刺。

（2）取本品粉末1g，加二氯甲烷20ml，超声处理30分钟，滤过，滤液蒸干，残渣加甲醇2ml使溶解，作为供试品溶液。另取鹅不食草对照药材1g，同法制成对照药材溶液。照薄层色谱法（附录0502）试验，吸取上述两种溶液各2μl，分别点于同一硅胶G薄层板上，以石油醚（60～90℃）-二氯甲烷（3:1）为展开剂，展开，取出，晾干，喷以10%硫酸乙醇溶液，在110℃加热至斑点显色清晰，置紫外光灯（365nm）下检视。供试品色谱中，在与对照药材色谱相应的位置上，显相同颜色的荧光斑点。

【检查】 杂质 不得过2%（附录2301）。

水分 不得过12.0%（附录0832第一法）。

【浸出物】 照水溶性浸出物测定法（附录2201）项下的冷浸法测定，不得少于15.0%。

饮片

【炮制】 除去杂质，切段，干燥。

【鉴别】【检查】（水分）【浸出物】 同药材。

【性味与归经】 辛，温。归肺经。

【功能】 发散风寒，通鼻窍，止咳。

【主治】 感冒鼻塞，脑颡，咳嗽痰多。

【用法与用量】 马、牛30～90g；羊、猪10～25g。

外用适量。

【贮藏】 置通风干燥处。

筋 骨 草

Jingucao

AJUGAE HERBA

本品为唇形科植物筋骨草 *Ajuga decumbens* Thunb. 的干燥全草。春季花开时采收，除去泥沙，晒干。

【性状】 本品长10～35cm。根细小，暗黄色。地上部分灰黄色或黄绿色，密被白色柔毛。细茎丛生，质较柔韧，不易折断。叶对生，多皱缩、破碎，完整叶片展平后呈匙形或倒卵状披针形，长3～6cm，宽1.5～2.5cm，绿褐色，边缘有波状粗齿，叶柄具狭翅。轮伞花序腋生，小花二唇形，黄棕色。气微，味苦。

【鉴别】 取本品粉末1g，加甲醇10ml，超声处理30分钟，滤过，取滤液作为供试品溶液。另取乙酰哈巴苷对照品、哈巴苷对照品，分别加甲醇制成每1ml含1mg的溶液，作为对照品溶液。照薄层色谱法（附录0502）试验，吸取上述三种溶液各2μl，分别点于同一硅胶G薄层板上，以乙酸乙酯-丙酮-甲酸-水（5:5:1:1）为展开剂，预平衡30分钟，展开，取出，晾干，喷以香草醛硫酸试液。供试品色谱中，在与对照品色谱相应的位置上，显相同颜色的斑点。

【检查】 水分 不得过10.0%（附录0832第一法）。

总灰分 不得过11.0%（附录2302）。

酸不溶性灰分 不得过4.0%（附录2302）。

【含量测定】 照高效液相色谱法（附录0512）测定。

色谱条件与系统适用性试验 以十八烷基硅烷键合硅胶为填充剂；以乙腈-水（12:88）为流动相；检测波长为207nm。理论板数按乙酰哈巴苷峰计算应不低于2000。

对照品溶液的制备 取乙酰哈巴苷对照品适量，精密称定，加甲醇制成每1ml含0.2mg的溶液，即得。

供试品溶液的制备 取本品粉末（过三号筛）约0.5g，精密称定，置具塞锥形瓶中，精密加入50%甲醇50ml，称定重量，超声处理（功率250W，频率40kHz）30分钟，放冷，再称定重量，用50%甲醇补足减失的重量，摇匀，滤过，取续滤液，即得。

测定法 分别精密吸取对照品溶液与供试品溶液各5~10μl，注入液相色谱仪，测定，即得。

本品按干燥品计算，含乙酰哈巴苷（$C_{17}H_{26}O_{11}$）不得少于0.40%。

饮片

【炮制】 除去杂质，洗净，切段，干燥。

【性味与归经】 苦，寒。归肺经。

【功能】 祛痰止咳，平喘，清热解毒，散瘀消肿。

【主治】 肺热咳喘，肺痈，目赤肿痛，瘰疬，咽喉肿痛，疮疡肿毒。

【用法与用量】 马、牛30~90g；羊、猪10~20g。

外用适量。

【注意】 孕畜慎用

【贮藏】 置阴凉干燥处。

番 泻 叶

Fanxieye

SENNAE FOLIUM

本品为豆科植物狭叶番泻 *Cassia angustifolia* Vahl或尖叶番泻 *Cassia acutifolia* Delile的干燥小叶。

【性状】 狭叶番泻 呈长卵形或卵状披针形，长1.5~5cm，宽0.4~2cm，叶端急尖，叶基稍不对称，全缘。上表面黄绿色，下表面浅黄绿色，无毛或近无毛，叶脉稍隆起。革质。气微弱而特异，味微苦，稍有黏性。

尖叶番泻 呈披针形或长卵形，略卷曲，叶端短尖或微突，叶基不对称，两面均有细短毛茸。

【鉴别】 （1）本品粉末淡绿色或黄绿色。晶纤维多，草酸钙方晶直径12~15μm。非腺毛单细胞，长100~350μm，直径12~25μm，壁厚，有疣状突起。草酸钙簇晶存在于叶肉薄壁细胞中，直径9~20μm。上下表皮细胞表面观呈多角形，垂周壁平直；上下表皮均有气孔，主为平轴式，副卫细胞大多为2个，也有3个。

（2）取本品粉末25mg，加水50ml和盐酸2ml，置水浴中加热15分钟，放冷，加乙醚40ml，振摇提取，分取醚层，通过无水硫酸钠层脱水，滤过，取滤液5ml，蒸干，放冷，加氨试液5ml，溶液显黄色或橙色，置水浴中加热2分钟后，变为紫红色。

（3）取本品粉末1g，加稀乙醇10ml，超声处理30分钟，离心，取上清液，蒸干，残渣加水10ml使溶解，用石油醚（60～90℃）振摇提取3次，每次15ml，弃去石油醚液，取水液蒸干，残渣加稀乙醇5ml使溶解，作为供试品溶液。另取番泻叶对照药材1g，同法制成对照药材溶液。照薄层色谱法（附录0502）试验，吸取上述两种溶液各3μl，分别点于同一硅胶G薄层板上，使成条状，以乙酸乙酯-正丙醇-水（4:4:3）为展开剂，展开缸预平衡15分钟，展开，取出，晾干，置紫外光灯（365nm）下检视。供试品色谱中，在与对照药材色谱相应的位置上，显相同颜色的荧光斑点；喷以20%硝酸溶液，在120℃加热约10分钟，放冷，再喷以5%氢氧化钾的稀乙醇溶液，供试品色谱中，在与对照药材色谱相应的位置上，显相同颜色的斑点。

【检查】 杂质 不得过6%（附录2301）。

水分 不得过10.0%（附录0832第一法）。

【含量测定】 照高效液相色谱法（附录0512）测定。

色谱条件与系统适用性试验 以十八烷基硅烷键合硅胶为填充剂；以乙腈-5mmol/L四庚基溴化铵的醋酸-醋酸钠缓冲液（pH5.0）（1→10）[注]（35:65）混合溶液1000ml中，加入四庚基溴化铵2.45g为流动相；检测波长为340nm；柱温为40℃。理论板数按番泻苷B峰计算应不低于6500。

对照品溶液的制备 取番泻苷A对照品、番泻苷B对照品适量，置棕色量瓶中，加0.1%碳酸氢钠溶液制成每1ml含番泻苷A50μg、番泻苷B0.1mg的混合溶液，摇匀，即得。

供试品溶液的制备 取本品细粉约0.5g，精密称定，置具塞锥形瓶中，精密加入0.1%碳酸氢钠溶液50ml，称定重量，超声处理15分钟（30～40℃），放冷，再称定重量，用0.1%碳酸氢钠溶液补足减失的重量，摇匀，滤过，取续滤液，即得。

测定法 分别精密吸取对照品溶液与供试品溶液各10μl，注入液相色谱仪，测定，即得。

本品按干燥品计算，含番泻苷A（$C_{42}H_{38}O_{20}$）和番泻苷B（$C_{42}H_{38}O_{20}$）的总量，不得少于1.1%。

【性味与归经】 甘、苦，寒。归大肠经。

【功能】 泻热导滞，通便，利水。

【主治】 热结积滞，便秘腹痛，水肿。

【用法与用量】 马25～40g；牛30～60g；羊、猪5～10g；兔、禽1～2g。

【注意】 孕畜慎用。

【贮藏】 避光，置通风干燥处。

注：1mol/L醋酸-醋酸钠（pH5.0）缓冲液的制备 取1mol/L醋酸钠溶液，用稀醋酸试液调制成pH为5.0的溶液，再稀释10倍，即得。

滑 石

Huashi

TALCUM

本品为硅酸盐类矿物滑石族滑石，主含含水硅酸镁〔$Mg_3(Si_4O_{10})(OH)_2$〕。采挖后，除去泥沙和杂石。

【性状】 本品多为块状集合体。呈不规则的块状。白色、黄白色或淡蓝灰色，有蜡样光泽。质软，细腻，手摸有滑润感，无吸湿性，置水中不崩散。气微，味淡。

【鉴别】 （1）取本品粉末0.2g，置铂坩埚中，加等量氟化钙或氟化钠粉末，搅拌，加硫酸5ml，微热，立即将悬有1滴水的铂坩埚盖盖上，稍等片刻，取下铂坩埚盖，水滴出现白色浑浊。

（2）取本品粉末0.5g，置烧杯中，加入盐酸（4→10）10ml，盖上表面皿，加热至微沸，不时摇动烧杯，并保持微沸40分钟，取下，用快速滤纸滤过，用水洗涤残渣4~5次。取残渣约0.1g，置铂坩埚中，加入硫酸（1→2）10滴和氢氟酸5ml，加热至冒三氧化硫白烟时，取下冷却后，加水10ml使溶解，取溶液2滴。加镁试剂（取对硝基偶氮间苯二酚0.01g溶于4%氢氧化钠溶液1000ml中）1滴，滴加氢氧化钠溶液（4→10）使成碱性，生成天蓝色沉淀。

饮片

【炮制】 除去杂石，洗净，砸成碎块，粉碎成细粉，或照水飞法（附录0203）水飞，晾干。

【性味与归经】 甘、淡，寒。归膀胱、肺、胃经。

【功能】 利尿通淋，清热解暑；外用祛湿敛疮。

【主治】 热淋，石淋，湿热泄泻，暑热；湿疹，湿疮。

【用法与用量】 马、牛25~45g；驼30~60g；羊、猪10~20g；兔、禽1.5~3g。

【贮藏】 置干燥处。

滑 石 粉

Huashi Fen

TALCI PULVIS

本品系滑石经精选净制、粉碎、干燥制成。

【性状】 本品为白色或类白色、微细、无砂性的粉末，手摸有滑腻感。气微，味淡。

本品在水、稀盐酸或稀氢氧化钠溶液中均不溶解。

【鉴别】 取本品，照滑石项下的〔鉴别〕（1）、（2）项试验，显相同的反应。

【检查】 酸碱度 取本品10g，加水50ml，煮沸30分钟，时时补充蒸失的水分，滤过，滤液遇中性石蕊试纸应显中性反应。

水中可溶物 取本品5g，精密称定，置100ml烧杯中，加水30ml，煮沸30分钟，时时补充蒸失的水分，放冷，用慢速滤纸滤过，滤渣加水5ml洗涤，洗液与滤液合并，蒸干，在105℃干燥1小时，遗留残渣不得过5mg（0.1%）。

酸中可溶物 取本品约1g，精密称定，置100ml具塞锥形瓶中，精密加入稀盐酸20ml，称定重量，在50℃浸渍15分钟，放冷，再称定重量，用稀盐酸补足减失的重量，摇匀，用中速滤纸滤过，精密量取续滤液10ml，加稀硫酸1ml，蒸干，炽灼至恒重，遗留残渣不得过10.0mg（2.0%）。

铁盐 取〔酸碱度〕检查项下的滤液1ml，加稀盐酸与亚铁氰化钾试液各1ml，不得即时显蓝色。

炽灼失重 取本品2g，在600~700℃炽灼至恒重，减失重量不得过5.0%。

重金属 取本品5g，精密称定，置锥形瓶中，加0.5mol/L盐酸溶液25ml，摇匀，置水浴加热回流30分钟，放冷，用中速滤纸滤过，滤液置100ml量瓶中，用热水25ml分次洗涤容器及残渣，滤过，洗液并入同一量瓶中，放冷，加水至刻度，摇匀，作为供试品溶液。

取供试品溶液5.0ml，置25ml纳氏比色管中，加醋酸盐缓冲液（pH3.5）2ml，再加水稀释至刻度，依法检查（附录0821第一法），含重金属不得过40mg/kg。

砷盐 取重金属项下的供试品溶液20ml，加盐酸5ml，依法检查（附录0822第一法），含砷盐不得过2mg/kg。

【含量测定】 取本品0.2g，精密称定，置于已盛有无水碳酸钠4g的铂坩埚中，混匀，上面再覆盖无水碳酸钠1g，盖好坩埚盖。1000℃熔融处理40分钟，取出，放冷。在坩埚中加入少量热水使残渣脱落，用2%盐酸溶液5ml分次冲洗坩埚，一并移入250ml烧杯中，于杯口缓慢加入盐酸15ml，立即盖上表面皿，待反应完全后，将烧杯置电炉上加热，浓缩至近干，放冷。加入盐酸10ml，置水浴锅加热溶解，再加入1%明胶溶液5ml，充分搅拌，水浴保温10分钟。取下，加热水30ml，搅拌，趁热滤过，滤液置100ml量瓶中，用热水洗涤容器及残渣，洗液一并移入量瓶中，放冷，加水至刻度，摇匀，作为钙、镁总量测定溶液。

另取本品0.2g，精密称定，置250ml烧杯中，加入40%盐酸溶液（40→100）约40ml，盖上表面皿，置电炉上加热至微沸，用玻璃棒时时搅拌，保持微沸40分钟，用40%盐酸溶液（40→100）冲洗表面皿，浓缩至近干，放冷。加入40%盐酸溶液（40→100）2ml，加水稀释至20ml，并加热煮沸，滤过，滤液置100ml量瓶中，用热水洗涤容器及残渣，洗液一并移入量瓶中，放冷，加水至刻度，摇匀，作为可溶性钙、镁测定溶液。

分别精密量取上述两种溶液各50ml，分别加入酒石酸钾钠-三乙醇胺混合溶液5ml和甲基红指示剂2滴，用氨-氯化铵缓冲溶液中和至黄色并过量6ml，加入酸性铬蓝K-萘酚绿B混合指示剂6滴，用乙二胺四醋酸二钠滴定液（0.05mol/L）滴定至溶液由酒红色变成纯蓝色。按公式（1）分别计算钙、镁总量及可溶性钙、镁含量（X）。计算公式：

$$X = \frac{c \times V \times 24.30}{500 \times \omega} \times 100\% \tag{1}$$

$$\text{硅镁酸含量} = （钙、镁总量 - 可溶性钙镁含量）\times 5.20 \tag{2}$$

式中 5.20为镁换算为硅酸镁的系数；

c为乙二胺四醋酸二钠滴定液的浓度（mol/L）；

V为消耗乙二胺四醋酸二钠滴定液的体积（ml）；

ω为称样量（g）；

24.30为镁的原子量。

本品含硅酸镁〔$Mg_3(Si_4O_{10})(OH)_2$〕，不得少于88.0%。

【性味与归经】 甘、淡、寒。归膀胱、肺、胃经。

【功能】 利尿通淋，清热解暑；外用祛湿敛疮。

【主治】 热淋，石淋，暑热，湿热泄泻；外用湿疹，湿疮。

【用法与用量】 马、牛25~45g；驼30~60g；羊、猪10~20g；兔、禽1.5~3g。外用适量。

【贮藏】 密闭。

注：1%明胶溶液 取明胶1g，加水100ml，加热使溶解（临用时配制），混匀，即得。

酒石酸钾钠-三乙醇胺混合溶液 取酒石酸钾钠80g，加水300ml使溶解，加入三乙醇胺100ml，混匀，即得。

氨-氯化铵缓冲溶液 pH值为10。取氯化铵67.5g，加水300ml使溶解，加入氢氧化铵570ml，用水稀释至1000ml，混匀，即得。

酸性铬蓝K-萘酚绿B混合指示剂 取酸性铬蓝K0.2g和萘酚绿B0.34g，溶解于水中，稀释至

100ml，混匀，即得。

蓍草

Shicao

ACHILLEAE HERBA

本品为菊科植物蓍 *Achillea alpina* L. 的干燥地上部分。夏、秋二季花开时采割，除去杂质，阴干。

【性状】 本品茎呈圆柱形，直径1~5mm。表面黄绿色或黄棕色，具纵棱，被白色柔毛；质脆，易折断，断面白色，中部有髓或中空。叶常卷缩，破碎，完整者展平后为长线状披针形，裂片线形，表面灰绿色至黄棕色，两面被柔毛。头状花序密集成复伞房状，黄棕色；总苞片卵形或长圆形，覆瓦状排列。气微香，味微苦。

【鉴别】 （1）本品粉末灰绿色。非腺毛极多，多为5细胞，顶端细胞细长呈长鞭状。气孔不定式，副卫细胞3~5个。花粉粒类圆形，直径20~40μm，外壁具细小刺状突起，具3个萌发孔。纤维成束或散在，多碎断，细胞壁厚，孔沟明显。

（2）取本品粉末1g，加石油醚（60~90℃）20ml，超声处理10分钟，弃去石油醚，药渣挥干，加稀盐酸1ml、乙酸乙酯50ml，超声处理30分钟，滤过，滤液蒸干，残渣加甲醇2ml使溶解，作为供试品溶液。另取蓍草对照药材1g，同法制成对照药材溶液。再取绿原酸对照品，加甲醇制成每1ml含1mg的溶液，作为对照品溶液。照薄层色谱法（附录0502）试验，吸取供试品溶液及对照药材溶液各2μl、对照品溶液1μl，分别点于同一聚酰胺薄膜上，以甲苯-乙酸乙酯-甲酸-醋酸-水（1:15:1.5:1.5:2）的上层溶液为展开剂，展开，取出，晾干，置紫外光灯（365nm）下检视。供试品色谱中，在与对照药材色谱和对照品色谱相应的位置上，显相同颜色的荧光斑点。

【检查】 **水分** 不得过10.0%（附录0832第一法）。

总灰分 不得过7.0%（附录2302）。

酸不溶性灰分 不得过2.0%（附录2302）。

【浸出物】 照醇溶性浸出物测定法（附录2201）项下的热浸法测定，用乙醇作溶剂，不得少于8.0%。

【含量测定】 照高效液相色谱法（附录0512）测定。

色谱条件与系统适用性试验 以十八烷基硅烷键合硅胶为填充剂；以乙腈-0.4%磷酸溶液（11:89）为流动相；检测波长为327nm。理论板数按绿原酸峰计算应不低于6000。

对照品溶液的制备 取绿原酸对照品适量，精密称定，置棕色量瓶中，加50%甲醇制成每1ml含40μg的溶液，即得。

供试品溶液的制备 取本品粉末（过二号筛）约0.5g，精密称定，置具塞锥形瓶中，精密加入50%甲醇50ml，称定重量，超声处理（功率220W，频率40kHz）30分钟，放冷，再称定重量，用50%甲醇补足减失的重量，摇匀，滤过，精密量取续滤液2ml，置10ml棕色量瓶中，加50%甲醇稀释至刻度，摇匀，滤过，取续滤液，即得。

测定法 分别精密吸取对照品溶液与供试品溶液各20μl，注入液相色谱仪，测定，即得。

本品按干燥品计算，含绿原酸（$C_{16}H_{18}O_9$）不得少于0.40%。

【性味与归经】 苦、酸，平。归肺、脾、膀胱经。

【功能】 解毒利湿，活血止痛。

【主治】 咽喉肿痛，泄泻痢疾，肠痈腹痛，热淋涩痛，湿热带下，蛇虫咬伤。

【用法与用量】 马、牛30～90g；羊、猪15～30g。

【贮藏】 置阴凉干燥处。

蒺 藜
Jili
TRIBULI FRUCTUS

本品为蒺藜科植物蒺藜 *Tribulus terrestris* L. 的干燥成熟果实。秋季果实成熟时采割植株，晒干，打下果实，除去杂质。

【性状】 本品由5个分果瓣组成，呈放射状排列，直径7～12mm。常裂为单一的分果瓣，分果瓣呈斧状，长3～6mm；背部黄绿色，隆起，有纵棱及多数小刺，并有对称的长刺和短刺各1对，两侧面粗糙，有网纹，灰白色。质坚硬。气微，味苦、辛。

【鉴别】 （1）本品粉末黄绿色。内果皮纤维木化，上下层纵横交错排列，少数单个散在，有时纤维束与石细胞群相连结。中果皮纤维多成束，多碎断，直径15～40μm，壁甚厚，胞腔疏具圆形点状纹孔。石细胞长椭圆形或类圆形，黄色，成群。种皮细胞多角形或类方形，直径约30μm，壁网状增厚，木化。草酸钙方晶直径8～20μm。

（2）取本品粉末3g，加三氯甲烷50ml，超声处理30分钟，滤过，弃去三氯甲烷液，药渣挥干，加水1ml，搅匀，加水饱和的正丁醇50ml，超声处理30分钟，分取上清液，加2倍量的氨试液洗涤，弃去洗液，取正丁醇液，蒸干，残渣加甲醇1ml使溶解，作为供试品溶液。另取蒺藜对照药材3g，同法制成对照药材溶液。照薄层色谱法（附录0502）试验，吸取上述两种溶液各5μl，分别点于同一硅胶G薄层板上，以三氯甲烷-甲醇-水（13∶7∶2）10℃以下放置的下层溶液为展开剂，展开，取出，晾干，喷以改良对二甲氨基苯甲醛溶液（取对二甲氨基苯甲醛1g，加盐酸34ml，甲醇100ml，摇匀，即得），在105℃加热至斑点显色清晰。供试品色谱中，在与对照药材色谱相应的位置上，显相同颜色的斑点。

【检查】 水分 不得过9.0%（附录0832第一法）。

总灰分 不得过12.0%（附录2302）。

饮片

【炮制】 蒺藜 除去杂质。

【性状】【鉴别】【检查】 同药材。

炒蒺藜 取净蒺藜，照清炒法（附录0203）炒至微黄色。

本品多为单一的分果瓣，分果瓣呈斧状，长3～6mm；背部棕黄色，隆起，有纵棱，两侧面粗糙，有网纹。气微香，味苦、辛。

【鉴别】【检查】 同药材。

【性味与归经】 辛、苦，微温；有小毒。归肝经。

【功能】 平肝明目，散风行血，止痒。

【主治】 肝经风热，目赤翳障，瘀血积聚，乳闭乳痈，风疹瘙痒。

【用法与用量】 马、牛25～45g；驼30～60g；羊、猪10～20g；兔、禽0.5～1.5g。

【贮藏】 置干燥处，防霉。

蒲 公 英

Pugongying

TARAXACI HERBA

本品为菊科植物蒲公英 *Taraxacum mongolicum Hand.*Mazz.、碱地蒲公英 *Taraxacum borealisinense* Kitam. 或同属数种植物的干燥全草。春至秋季花初开时采挖，除去杂质，洗净，晒干。

【性状】 本品呈皱缩卷曲的团块。根呈圆锥状，多弯曲，长3～7cm；表面棕褐色，抽皱；根头部有棕褐色或黄白色的茸毛，有的已脱落。叶基生，多皱缩破碎，完整叶片呈倒披针形，绿褐色或暗灰绿色，先端尖或钝，边缘浅裂或羽状分裂，基部渐狭，下延呈柄状，下表面主脉明显。花茎1至数条，每条顶生头状花序，总苞片多层，内面一层较长，花冠黄褐色或淡黄白色。有的可见多数具白色冠毛的长椭圆形瘦果。气微，味微苦。

【鉴别】（1）本品叶表面观：上下表皮细胞垂周壁波状弯曲，表面角质纹理明显或稀疏可见。上下表皮均有非腺毛，3～9细胞，直径17～34μm，顶端细胞甚长，皱缩呈鞭状或脱落。下表皮气孔较多，不定式或不等式，副卫细胞3～6个，叶肉细胞含细小草酸钙结晶。叶脉旁可见乳汁管。

根横切面：木栓细胞数列，棕色。韧皮部宽广，乳管群断续排列成数轮。形成层成环。木质部较小，射线不明显；导管较大，散列。

（2）取本品粉末1g，加5%甲酸的甲醇溶液20ml，超声处理20分钟，滤过，滤液蒸干，残渣加水10ml使溶解，滤过，滤液用乙酸乙酯振摇提取2次，每次10ml，合并乙酸乙酯液，蒸干，残渣加甲醇1ml使溶解，作为供试品溶液。另取咖啡酸对照品，加甲醇制成每1ml含0.5mg的溶液，作为对照品溶液。照薄层色谱法（附录0502）试验，吸取上述两种溶液各6μl，分别点于同一硅胶G薄层板上，以乙酸丁酯-甲酸-水（7:2.5:2.5）的上层溶液为展开剂，展开，取出，晾干，置紫外光灯（365nm）下检视。供试品色谱中，在与对照品色谱相应的位置上，显相同颜色的荧光斑点。

【检查】 水分 不得过13.0%（附录0832第一法）。

【含量测定】 照高效液相色谱法（附录0512）测定。

色谱条件与系统适用性试验 以十八烷基硅烷键合硅胶为填充剂；以甲醇-磷酸盐缓冲液（取磷酸二氢钠1.56g，加水使溶解成1000ml，再加1%磷酸溶液调节pH值至3.8～4.0，即得）（23:77）为流动相；检测波长为323nm；柱温40℃。理论板数按咖啡酸峰计算应不低于3000。

对照品溶液的制备 取咖啡酸对照品适量，精密称定，加甲醇制成每1ml含30μg的溶液，即得。

供试品溶液的制备 取本品粗粉约1g，精密称定，置50ml具塞锥形瓶中，精密加5%甲酸的甲醇溶液10ml，密塞，摇匀，称定重量，超声处理（功率250W，频率40kHz）30分钟，取出，放冷，再称定重量，用5%甲酸的甲醇溶液补足减失的重量，摇匀，离心，取上清液，置棕色量瓶中，即得。

测定法 分别精密吸取对照品溶液10μl与供试品溶液5～20μl，注入液相色谱仪，测定，即得。

本品按干燥品计算，含咖啡酸（$C_9H_8O_4$）不得少于0.020%。

饮片

【炮制】 除去杂质，洗净，切段，干燥。

本品为不规则的段。根表面棕褐色，抽皱；根头部有棕褐色或黄白色的茸毛，有的已脱落。叶多皱缩破碎，绿褐色或暗灰绿色，完整者展平后呈倒披针形，先端尖或钝，边缘浅裂或羽状分裂，基部渐狭，下延呈柄状。头状花序，总苞片多层，花冠黄褐色或淡黄白色。有的可见具白色冠毛的长椭圆形瘦果。气微，味微苦。

【检查】　水分　同药材，不得过10.0%。

【浸出物】　照醇溶性浸出物测定法（附录2201）项下的热浸法测定，用75%乙醇作溶剂，不得少于18.0%。

【鉴别】【含量测定】　同药材。

【性味与归经】　苦、甘，寒。归肝、胃经。

【功能】　清热解毒，消肿散结，利尿通淋。

【主治】　疮毒，乳痈，肺痈，目赤，咽痛，湿热黄疸，热淋。

【用法与用量】　马、牛30~90g；驼45~120g；羊、猪15~30g；兔、禽1.5~3g。外用鲜品适量。

【贮藏】　置通风干燥处，防潮，防蛀。

蒲　黄

Puhuang

TYPHAE POLLEN

本品为香蒲科植物水烛香蒲 *Typha angustifolia* L.、东方香蒲 *Typha orientalis* Presl或同属植物的干燥花粉。夏季采收蒲棒上部的黄色雄花序，晒干后碾轧，筛取花粉。剪取雄花后，晒干，成为带有雄花的花粉，即为草蒲黄。

【性状】　本品为黄色粉末。体轻，放水中则飘浮水面。手捻有滑腻感，易附着手指上。气微，味淡。

【鉴别】　（1）本品粉末黄色。花粉粒类圆形或椭圆形，直径17~29μm，表面有网状雕纹，周边轮廓线光滑，呈凸波状或齿轮状，具单孔，不甚明显。

（2）取本品2g，加80%乙醇50ml，冷浸24小时，滤过，滤液蒸干，残渣加水5ml使溶解，滤过，滤液加水饱和的正丁醇振摇提取2次，每次5ml，合并正丁醇液，蒸干，残渣加乙醇2ml使溶解，作为供试品溶液。另取异鼠李素-3-*O*-新橙皮苷对照品、香蒲新苷对照品，加乙醇分别制成每1ml各含1mg的溶液，作为对照品溶液。照薄层色谱法（附录0502）试验，吸取上述三种溶液各2μl，分别点于同一聚酰胺薄膜上，以丙酮-水（1:2）为展开剂，展开，取出，晾干，喷以三氯化铝试液，置紫外光灯（365nm）下检视。供试品色谱中，在与对照品色谱相应的位置上，显相同颜色的荧光斑点。

【检查】　杂质　取本品10g，称定重量，置七号筛中，保持水平状态过筛，左右往返，边筛边轻叩2分钟。取不能通过七号筛的杂质，称定重量，计算，不得过10.0%。

水分　不得过13.0%（附录0832第一法）。

总灰分　不得过10.0%（附录2302）。

酸不溶性灰分　不得过4.0%（附录2302）。

【浸出物】　照醇溶性浸出物测定法（附录2201）项下的热浸法测定，用乙醇作溶剂，不得少于15.0%。

【含量测定】　照高效液相色谱法（附录0512）测定。

色谱条件与系统适用性试验　以十八烷基硅烷键合硅胶为填充剂；以乙腈-0.05%磷酸溶液（15:85）为流动相；检测波长为254nm。理论板数按异鼠李素-3-*O*-新橙皮苷峰计算应不低于5000。

对照品溶液的制备 取异鼠李素-3-O-新橙皮苷对照品、香蒲新苷对照品适量，精密称定，加甲醇分别制成每1ml各含50μg的溶液，即得。

供试品溶液的制备 取本品约0.5g，精密称定，置具塞锥形瓶中，精密加入甲醇50ml，称定重量，冷浸12小时后加热回流1小时，放冷，再称定重量，用甲醇补足减失的重量，摇匀，滤过，取续滤液，即得。

测定法 分别精密吸取上述两种对照品溶液与供试品溶液各20μl，注入液相色谱仪，测定，即得。

本品按干燥品计算，含异鼠李素-3-O-新橙皮苷（$C_{28}H_{32}O_{16}$）和香蒲新苷（$C_{34}H_{42}O_{20}$）的总量不得少于0.50%。

饮片

【炮制】 生蒲黄 揉碎结块，过筛。

【性状】【鉴别】【检查】【浸出物】【含量测定】 同药材。

蒲黄炭 取净蒲黄，照炒炭法（附录0203）炒至棕褐色。

本品形同蒲黄，表面棕褐色或黑褐色。具焦香气，味微苦、涩。

【鉴别】 本品粉末棕褐色。花粉粒类圆形，表面有网状雕纹。

【浸出物】 同药材，不得少于11.0%。

【性味与归经】 甘，平。归肝、心包经。

【功能】 止血，化瘀，通淋。

【主治】 鼻衄，尿血，便血，子宫出血，外伤出血，跌打损伤，瘀血肿痛。

【用法与用量】 马、牛15～45g；驼30～60g；羊、猪5～10g；兔、禽0.5～1.5g。

【注意】 孕畜慎用。

【贮藏】 置通风干燥处，防潮，防蛀。

椿 皮

Chunpi

AILANTHI CORTEX

本品为苦木科植物臭椿 *Ailanthus altissima*（Mill.）Swingle的干燥根皮或干皮。全年均可剥取，晒干，或刮去粗皮晒干。

【性状】 根皮 呈不整齐的片状或卷片状，大小不一，厚0.3～1cm。外表面灰黄色或黄褐色，粗糙，有多数纵向皮孔样突起和不规则纵、横裂纹，除去粗皮者显黄白色；内表面淡黄色，较平坦，密布梭形小孔或小点。质硬而脆，断面外层颗粒性，内层纤维性。气微，味苦。

干皮 呈不规则板片状，大小不一，厚0.5～2cm。外表面灰黑色，极粗糙，有深裂。

【鉴别】 （1）本品根皮粉末淡灰黄色。石细胞甚多，类圆形、类方形或形状不规则，直径24～96μm，壁厚，或三面较厚，一面较薄，有的胞腔内含草酸钙方晶。纤维直径20～40μm，壁极厚，木化。草酸钙方晶直径11～48μm；簇晶直径约至48μm。淀粉粒类球形或卵圆形，直径3～13μm。

干皮粉末灰黄色。木栓细胞碎片较多，草酸钙簇晶偶见，无淀粉粒。

（2）取本品粉末2g，加乙醚20ml，超声处理15分钟，滤过，滤液挥干，残渣加乙醇1ml使溶解，作为供试品溶液。另取椿皮对照药材2g，同法制成对照药材溶液。照薄层色谱法（附录0502）

试验，吸取上述两种溶液各10μl，分别点于同一硅胶G薄层板上，以石油醚（60～90℃）-乙酸乙酯（4：1）为展开剂，展开，取出，晾干，置紫外光灯（365nm）下检视。供试品色谱中，在与对照药材色谱相应的位置上，显相同颜色的荧光斑点。

【检查】　**水分**　不得过13.0%（附录0832第一法）。

总灰分　不得过11.0%（附录2302）。

酸不溶性灰分　不得过2.0%（附录2302）。

【浸出物】　照醇溶性浸出物测定法（附录2201）项下的热浸法测定，用稀乙醇作溶剂，不得少于5.0%。

饮片

【炮制】　**椿皮**　除去杂质，洗净，润透，切丝或段，干燥。

本品呈不规则的丝条状或段状。外表面灰黄色或黄褐色，粗糙，有多数纵向皮孔样突起和不规则纵、横裂纹，除去粗皮者显黄白色。内表面淡黄色，较平坦，密布梭形小孔或小点。气微，味苦。

【检查】　**水分**　同药材，不得过10.0%。

【浸出物】　同药材，不得少于6.0%。

【鉴别】【检查】　（总灰分酸不溶性灰分）同药材。

麸炒椿皮　取椿皮丝（段），照麸炒法（附录0203）炒至微黄色。

本品形如椿皮丝（段），表面黄色或褐色，微有香气。

【检查】　**水分**　同药材，不得过10.0%。

【浸出物】　同药材，不得少于6.0%。

【鉴别】【检查】　（总灰分酸不溶性灰分）同药材。

【性味与归经】　苦、涩，寒。归大肠、胃、肝经。

【功能】　清热燥湿，收涩止带，止泻，止血。

【主治】　湿热泻痢，赤白带下，久泻久痢，肠风便血，子宫出血。

【用法与用量】　马、牛15～60g；驼20～70g；羊、猪9～15g。

【贮藏】　置通风干燥处，防蛀。

槐　花

Huaihua

SOPHORAE FLOS

本品为豆科植物槐 *Sophora japonica* L. 的干燥花及花蕾。夏季花开放或花蕾形成时采收，及时干燥，除去枝、梗及杂质。前者习称"槐花"，后者习称"槐米"。

【性状】　**槐花**　皱缩而卷曲，花瓣多散落。完整者花萼钟状，黄绿色，先端5浅裂；花瓣5，黄色或黄白色，1片较大，近圆形，先端微凹，其余4片长圆形。雄蕊10，其中9个基部连合，花丝细长。雌蕊圆柱形，弯曲。体轻。气微，味微苦。

槐米　呈卵形或椭圆形，长2～6mm，直径约2mm。花萼下部有数条纵纹。萼的上方为黄白色未开放的花瓣。花梗细小。体轻，手捻即碎。气微，味微苦涩。

【鉴别】　（1）本品粉末黄绿色。花粉粒类球形或钝三角形，直径14～19μm，具3个萌发孔。萼片表皮表面观呈多角形；非腺毛1～3细胞，长86～660μm。气孔不定式，副卫细胞4～8个。草酸钙方晶较多。

（2）取本品粉末0.2g，加甲醇5ml，密塞，振摇10分钟，滤过，取滤液作为供试品溶液。另取芦丁对照品，加甲醇制成每1ml含4mg的溶液，作为对照品溶液。照薄层色谱法（附录0502）试验，吸取上述两种溶液各10μl，分别点于同一硅胶G薄层板上，以乙酸乙酯-甲酸-水（8∶1∶1）为展开剂，展开，取出，晾干，喷以三氯化铝试液，待乙醇挥干后，置紫外光灯（365nm）下检视。供试品色谱中，在与对照品色谱相应的位置上，显相同颜色的荧光斑点。

【检查】 水分 不得过11.0%（附录0832第一法）。

总灰分 槐花不得过14.0%；槐米不得过9.0%（附录2302）。

酸不溶性灰分 槐花不得过8.0%；槐米不得过3.0%（附录2302）。

【浸出物】 照醇溶性浸出物测定法（附录2201）项下的热浸法测定，用30%甲醇作溶剂，槐花不得少于37.0%；槐米不得少于43.0%。

【含量测定】 总黄酮 对照品溶液的制备 取芦丁对照品50mg，精密称定，置25ml量瓶中，加甲醇适量，置水浴上微热使溶解，放冷，加甲醇至刻度，摇匀。精密量取10ml，置100ml量瓶中，加水至刻度，摇匀，即得（每1ml中含芦丁0.2mg）。

标准曲线的制备 精密量取对照品溶液1ml、2ml、3ml、4ml、5ml与6ml，分别置25ml量瓶中，各加水至6.0ml，加5%亚硝酸钠溶液1ml，混匀，放置6分钟，加10%硝酸铝溶液1ml，摇匀，放置6分钟，加氢氧化钠试液10ml，再加水至刻度，摇匀，放置15分钟，以相应的试剂为空白，照紫外-可见分光光度法（附录0401），在500nm波长处测定吸光度，以吸光度为纵坐标，浓度为横坐标，绘制标准曲线。

测定法 取本品粗粉约1g，精密称定，置索氏提取器中，加乙醚适量，加热回流至提取液无色，放冷，弃去乙醚液。再加甲醇90ml，加热回流至提取液无色，转移至100ml量瓶中，用甲醇少量洗涤容器，洗液并入同一量瓶中，加甲醇至刻度，摇匀。精密量取10ml，置100ml量瓶中，加水至刻度，摇匀。精密量取3ml，置25ml量瓶中，照标准曲线制备项下的方法，自"加水至6.0ml"起，依法测定吸光度，从标准曲线上读出供试品溶液中含芦丁的重量（μg），计算，即得。

本品按干燥品计算，含总黄酮以芦丁（$C_{27}H_{30}O_{16}$）计，槐花不得少于8.0%；槐米不得少于20.0%。

芦丁 照高效液相色谱法（附录0512）测定。

色谱条件与系统适用性试验 以十八烷基硅烷键合硅胶为填充剂；以甲醇-1%冰醋酸溶液（32∶68）为流动相；检测波长为257nm。理论板数按芦丁峰计算应不低于2000。

对照品溶液的制备 取芦丁对照品适量，精密称定，加甲醇制成每1ml含0.1mg的溶液，即得。

供试品溶液的制备 取本品粗粉（槐花约0.2g、槐米约0.1g），精密称定，置具塞锥形瓶中，精密加入甲醇50ml，称定重量，超声处理（功率250W，频率25kHz）30分钟，放冷，再称定重量，用甲醇补足减失的重量，摇匀，滤过。精密量取续滤液2ml，置10ml量瓶中，加甲醇稀释至刻度，摇匀，即得。

测定法 分别精密吸取对照品溶液与供试品溶液各10μl，注入液相色谱仪，测定，即得。

本品按干燥品计算，含芦丁（$C_{27}H_{30}O_{16}$）槐花不得少于6.0%；槐米不得少于15.0%。

饮片

【炮制】 槐花 除去杂质及灰屑。

【性状】【鉴别】【检查】【浸出物】【含量测定】 同药材。

炒槐花 取净槐花，照清炒法（附录0203）炒至表面深黄色。

槐花炭 取净槐花，照炒炭法（附录0203）炒至表面焦褐色。

【性味与归经】 苦，微寒。归肝、大肠经。

【功能】 凉血止血，清肝泻火。

【主治】 便血，赤白痢疾，子宫出血，肝热目赤。

【用法与用量】 马、牛30~45g；驼40~80g；羊、猪5~15g。

【贮藏】 置干燥处，防潮，防蛀。

槐　角

Huaijiao

SOPHORAE FRUCTUS

本品为豆科植物槐 Sophora japonica L. 的干燥成熟果实。冬季采收，除去杂质，干燥。

【性状】 本品呈连珠状，长1~6cm，直径0.6~1cm。表面黄绿色或黄褐色，皱缩而粗糙，背缝线一侧呈黄色。质柔润，干燥皱缩，易在收缩处折断，断面黄绿色，有黏性。种子1~6粒，肾形，长约8mm，表面光滑，棕黑色，一侧有灰白色圆形种脐；质坚硬，子叶2，黄绿色。果肉气微，味苦，种子嚼之有豆腥气。

【鉴别】 （1）本品粉末深灰棕色。果皮表皮细胞表面观呈多角形，可见环式气孔。种皮栅状细胞侧面观呈柱状，壁较厚，光辉带位于顶端边缘处；顶面观多角形，壁呈紧密连珠状增厚；底面观类圆形，内含灰棕色物。种皮支持细胞侧面观，哑铃状，有的胞腔内含灰棕色物。草酸钙方晶菱形或棱柱形。石细胞类长方形、类圆形、类三角形或贝壳形，孔沟明显。

（2）取本品，照〔含量测定〕项下的方法试验，供试品色谱中应呈现与对照品色谱峰保留时间相一致的色谱峰。

【含量测定】 照高效液相色谱法（附录0512）测定。

色谱条件与系统适用性试验 以十八烷基硅烷键合硅胶为填充剂；以甲醇-乙腈-0.07%磷酸溶液（12:20:68）为流动相；检测波长为260nm。理论板数按槐角苷峰计算应不低于3000。

对照品溶液的制备 取槐角苷对照品适量，精密称定，加甲醇制成每1ml含40μg的溶液，即得。

供试品溶液的制备 取本品粉末（过三号筛）约2g，精密称定，置具塞锥形瓶中，精密加入70%乙醇50ml，称定重量，超声处理（功率300W，频率25kHz）45分钟，放冷，再称定重量，用70%乙醇补足减失的重量，摇匀，滤过。精密量取续滤液0.5ml，置20ml量瓶中，加甲醇至刻度，摇匀，即得。

测定法 分别精密吸取对照品溶液与供试品溶液各10μl，注入液相色谱仪，测定，即得。

本品按干燥品计算，含槐角苷（$C_{21}H_{20}O_{10}$）不得少于4.0%。

饮片

【炮制】 **槐角** 除去杂质。

【性状】【鉴别】【含量测定】 同药材。

蜜槐角 取净槐角，照蜜炙法（附录0203）炒至外皮光亮、不粘手。

每100kg槐角，用炼蜜5kg。

本品形如槐角，表面稍隆起呈黄棕色至黑褐色，有光泽，略有黏性。具蜜香气，味微甜、苦。

【鉴别】 同药材。

【含量测定】 取本品，经80℃烘1~3小时，粉碎（过三号筛），取约2g，精密称定，照槐角

〔含量测定〕项下的方法测定。

本品按干燥品计算，含槐角苷（$C_{21}H_{20}O_{10}$）不得少于3.0%。

【性味与归经】 苦，寒。归肝、大肠经。

【功能】 清热泻火，凉血止血，催生下胎。

【主治】 肠热便血，尿血，难产，风热目赤。

【用法与用量】 马、牛15～40g；羊、猪5～15g；兔、禽0.5～1.5g。

【贮藏】 置通风干燥处，防蛀。

硼　砂

Pengsha

BORAX

本品系从硼砂矿提炼而成的结晶。

【性状】 由菱形、柱形或粒状结晶组成的不整齐块状。大小不一，无色透明，或白色半透明，有玻璃样光泽；日久则风化成白色粉末，不透明，微有脂肪样光泽。体轻，质脆易碎。气无，味咸苦。

【鉴别】 本品的水溶液显钠盐（附录0301）与硼酸盐（附录0301）的鉴别反应。

【检查】 碱度　取本品1.0g，加水25ml溶解后，在20～25℃依法测定（附录0631），pH值应为9.0～9.6。

碳酸盐与碳酸氢盐　取本品0.25g，加水5ml溶解后，加盐酸，不得发生泡沸。

重金属　取本品1.0g，加水16ml溶解后，滴加1mol/L盐酸溶液至遇刚果红试纸变蓝紫色，再加水适量使成25ml，依法检查（附录0821第一法），含重金属不得过10mg/kg。

砷盐　取本品0.4g，加水23ml溶解后，加盐酸5ml，依法检查（附录0822第二法），应符合规定（0.0005%）。

【含量测定】 取本品约0.4g，精密称定，加水25ml溶解后，加0.05%甲基橙溶液1滴，用盐酸滴定液（0.1mol/L）滴定至橙红色，煮沸2分钟，冷却，如溶液呈黄色，继续滴定至溶液呈橙红色，加中性甘油〔取甘油80ml，加水20ml与酚酞指示液1滴，用氢氧化钠滴定液（0.1mol/L）滴定至粉红色〕80ml与酚酞指示液8滴，用氢氧化钠滴定液（0.1mol/L）滴定至显粉红色。每1ml氢氧化钠滴定液（0.1mol/L）相当于9.534mg的$Na_2B_4O_7 \cdot 10H_2O$。

本品含四硼酸钠（$Na_2B_4O_7 \cdot 10H_2O$）应为97.0%～103.0%。

饮片

【炮制】 生用　碾成细粉，即得。

煅用　将硼砂砸成小块，置锅内加热炒至鼓起小泡，取出放凉即得。

【性味与归经】 甘、咸，凉。归肺、胃经。

【功能】 清热，祛痰，解毒。

【主治】 咽喉肿痛，痰热咳喘，口疮，目疾。

【用法与用量】 马、牛10～25g；羊、猪2～5g。

外用适量。

【贮藏】 置干燥处。

雷　丸

Leiwan

OMPHALIA

本品为白蘑科真菌雷丸 *Omphalia lapidescens* Schroet. 的干燥菌核。秋季采挖，洗净，晒干。

【性状】　本品为类球形或不规则团块，直径1～3cm。表面黑褐色或棕褐色，有略隆起的不规则网状细纹。质坚实，不易破裂，断面不平坦，白色或浅灰黄色，常有黄白色大理石样纹理。气微，味微苦，嚼之有颗粒感，微带黏性，久嚼无渣。

断面褐色呈角质样者，不可供药用。

【鉴别】　（1）本品粉末灰黄色、棕色或黑褐色。菌丝黏结成大小不一的不规则团块，无色，少数黄棕色或棕红色。散的菌丝较短，有分枝，直径约4μm。草酸钙方晶细小，直径约至8μm，有的聚集成群。加硫酸后可见多量针状结晶。

（2）取本品粉末6g，加乙醇30ml，超声处理30分钟，滤过，滤液蒸干，残渣加甲醇0.5ml使溶解，作为供试品溶液。另取麦角甾醇对照品，加甲醇制成每1ml含2mg的溶液，作为对照品溶液。照薄层色谱法（附录0502）试验，吸取上述两种溶液各10μl，分别点于同一硅胶G薄层板上，使成条状，以石油醚（60～90℃）-乙酸乙酯-甲酸（7:4:0.3）为展开剂，展开，取出，晾干，喷以10%磷钼酸乙醇溶液，在140℃加热至斑点显色清晰。供试品色谱中，在与对照品色谱相应的位置上，显相同颜色的斑点。

【检查】　水分　不得过15.0%（附录0832第一法）。

总灰分　不得过6.0%（附录2302）。

【浸出物】　照醇溶性浸出物测定法（附录2201）项下的热浸法测定，用稀乙醇作溶剂，不得少于2.0%。

【含量测定】　对照品溶液的制备　取牛血清白蛋白对照品适量，精密称定，加水制成每1ml含0.25mg的溶液，即得。

标准曲线的制备　精密量取对照品溶液0.2ml、0.4ml、0.6ml、0.8ml与1.0ml，置具塞试管中，分别加水至1.0ml，摇匀，各精密加入福林试剂A5ml，摇匀，于20～25℃放置10分钟，再分别加入福林试剂B0.5ml，摇匀，于20～25℃放置30分钟以上，以相应的试剂为空白，照紫外-可见分光光度法（附录0401），在650nm波长处测定吸光度，以吸光度为纵坐标，浓度为横坐标，绘制标准曲线。

测定法　取本品细粉约0.3g，精密称定，置具塞锥形瓶中，精密加入水10ml，称定重量，浸泡30分钟，超声处理（功率250W，频率33kHz）30分钟，放冷，再称定重量，用水补足减少的重量，摇匀，转移至离心管中，离心10分钟（转速为每分钟3000转），精密量取上清液1ml，置具塞试管中，照标准曲线制备项下的方法，自"加入福林试剂A5ml"起，依法测定吸光度，从标准曲线上读出供试品溶液中含牛血清白蛋白的重量（mg），计算，即得。

本品按干燥品计算，含雷丸素以牛血清白蛋白计，不得少于0.60%。

饮片

【炮制】　洗净，晒干，粉碎。不得蒸煮或高温烘烤。

【鉴别】【检查】【含量测定】　同药材。

【性味与归经】　微苦，寒。归胃、大肠经。

【功能】 杀虫消积。

【主治】 绦虫病，钩虫病，蛔虫病，虫积腹痛。

【用法与用量】 马、牛30～60g；驼45～90g；羊、猪10～20g。

【贮藏】 置阴凉干燥处。

路 路 通

Lulutong

LIQUIDAMBARIS FRUCTUS

本品为金缕梅科植物枫香树 *Liquidambar formosana* Hance 的干燥成熟果序。冬季果实成熟后采收，除去杂质，干燥。

【性状】 本品为聚花果，由多数小蒴果集合而成，呈球形，直径2～3cm。基部有总果梗。表面灰棕色或棕褐色，有多数尖刺和喙状小钝刺，长0.5～1mm，常折断，小蒴果顶部开裂，呈蜂窝状小孔。体轻，质硬，不易破开。气微，味淡。

【鉴别】 （1）本品粉末棕褐色。纤维多碎断，直径13～45μm，末端稍钝或钝圆，壁多波状弯曲，木化，胞腔宽或窄，内常含棕黄色物。果皮石细胞类方形、棱形、不规则或分枝状，直径53～398μm，壁极厚，孔沟分枝状。表皮细胞断面观长方形，长34～55μm；表面观多角形，直径6～17μm，壁厚，具孔沟，内含棕黄色物。单细胞非腺毛，常弯曲，长42～126μm，基部宽11～19μm，含棕黄色物。

（2）取本品粉末2g，加乙酸乙酯50ml，超声处理30分钟，滤过，滤液置水浴上浓缩至约2ml，加于中性氧化铝柱（200～300目，2g，内径为10mm）上，用乙酸乙酯25ml洗脱，弃去洗脱液，再以50%甲醇25ml洗脱，收集洗脱液，蒸干，残渣加乙酸乙酯1ml使溶解，作为供试品溶液。另取路路通酸对照品，加乙酸乙酯制成每1ml含1mg的溶液，作为对照品溶液。照薄层色谱法（附录0502）试验，吸取上述两种溶液各6μl，分别点于同一硅胶G薄层板上，使成条状，以甲苯-乙酸乙酯-甲酸（20:2:1）5～10℃放置12小时的上层溶液为展开剂，展开缸预平衡15分钟，展开，取出，晾干，喷以1%香草醛的10%硫酸乙醇溶液，80℃加热至斑点显色清晰。供试品色谱中，在与对照品色谱相应位置上，显相同颜色的条斑。

【检查】 水分 不得过9.0%（附录0832第一法）。

总灰分 不得过5.0%（附录2302）。

酸不溶性灰分 不得过2.5%（附录2302）。

【含量测定】 照高效液相色谱法（附录0512）测定。

色谱条件与系统适用性试验 以十八烷基硅烷键合硅胶为填充剂；以甲醇-水-冰醋酸（87:13:0.1）为流动相；蒸发光散射检测器检测。理论板数按路路通酸峰计算应不低于6000。

对照品溶液的制备 取路路通酸对照品适量，精密称定，置棕色量瓶中，加无水乙醇制成每1ml含0.3mg的溶液，即得。

供试品溶液的制备 取本品粉末（过三号筛）约0.6g，精密称定，置具塞锥形瓶中，精密加入无水乙醇20ml，称定重量，超声处理15分钟，放冷，再称定重量，用无水乙醇补足减失的重量，摇匀，滤过。精密量取续滤液10ml，蒸干，残渣加无水乙醇溶解，转移至2ml量瓶中，加无水乙醇至刻度，摇匀，滤过，取续滤液，即得。

测定法 分别精密吸取对照品溶液5μl、8μl，供试品溶液5μl，注入液相色谱仪，测定，用外标两点法对数方程计算，即得。

本品按干燥品计算，含路路通酸（$C_{30}H_{46}O_3$）不得少于0.15%。

【性味与归经】 苦，平。归肝、肾经。

【功能】 祛风活络，利水通经。

【主治】 关节痹痛，四肢拘挛，乳汁不通，水肿。

【用法与用量】 马、牛30～60g；驼45～90g；羊、猪15～30g；兔1～3g。

【贮藏】 置干燥处。

蜈 蚣

Wugong

SCOLOPENDRA

本品为蜈蚣科动物少棘巨蜈蚣 *Scolopendra subspinipes* mutilans L. Koch的干燥体。春、夏二季捕捉，用竹片插入头尾，绷直，干燥。

【性状】 本品呈扁平长条形，长9～15cm，宽0.5～1cm。由头部和躯干部组成，全体共22个环节。头部暗红色或红褐色，略有光泽，有头板覆盖，头板近圆形，前端稍突出，两侧贴有颚肢一对，前端两侧有触角一对。躯干部第一背板与头板同色，其余20个背板为棕绿色或墨绿色，具光泽，自第四背板至第二十背板上常有两条纵沟线；腹部淡黄色或棕黄色，皱缩；自第二节起，每节两侧有步足一对；步足黄色或红褐色，偶有黄白色，呈弯钩形，最末一对步足尾状，故又称尾足，易脱落。质脆，断面有裂隙。气微腥，有特殊刺鼻的臭气，味辛、微咸。

【检查】 **水分** 不得过15.0%（附录0832第一法）。

总灰分 不得过5.0%（附录2302）。

黄曲霉毒素 照黄曲霉毒素测定法（附录2351）测定。

本品每1000g含黄曲霉毒素B_1不得过5μg，黄曲霉毒素G_2、黄曲霉毒素G_1、黄曲霉毒素B_2和黄曲霉毒素B_1总量不得过10μg。

【浸出物】 照醇溶性浸出物测定法（附录2201）项下的热浸法测定，用稀乙醇作溶剂，不得少于20.0%。

饮片

【炮制】 去竹片，洗净，微火焙黄，剪段。

【检查】 （黄曲霉毒素）同药材。

【性味与归经】 辛，温；有毒。归肝经。

【功能】 熄风解痉，通络止痛，攻毒疗疮，解蛇毒。

【主治】 痉挛抽搐，口眼歪斜，破伤风，风湿痹痛，疮毒，毒蛇咬伤。

【用法与用量】 马、牛5～10g；羊、猪1～1.5g。

【注意事项】 孕畜禁用。

【贮藏】 置干燥处，防霉，防蛀。

蜂 房

Fengfang

VESPAE NIDUS

本品为胡蜂科昆虫果马蜂 *Polistes olivaceous*（DeGeer）、日本长脚胡蜂 *Polistes japonicus* Saussure 或异腹胡蜂 *Parapolybia varia* Fabricius 的巢。秋、冬二季采收，晒干，或略蒸，除去死蜂死蛹，晒干。

【性状】 本品呈圆盘状或不规则的扁块状，有的似莲房状，大小不一。表面灰白色或灰褐色。腹面有多数整齐的六角形房孔，孔径3~4mm或6~8mm；背面有1个或数个黑色短柄。体轻，质韧，略有弹性。气微，味辛淡。

质酥脆或坚硬者不可供药用。

【检查】 水分 不得过12.0%（附录0832第一法）。

总灰分 不得过10.0%（附录2302）。

酸不溶性灰分 不得过5.0%（附录2302）。

饮片

【炮制】 除去杂质，剪块。

【检查】 同药材。

【性味与归经】 甘，平。归胃经。

【功能】 散风，解毒。

【主治】 惊癫，风痹，疮疡肿毒，乳痈。

【用法与用量】 马、牛15~25g；羊、猪3~6g。

外用适量。

【贮藏】 置通风干燥处，防压，防蛀。

蜂 蜜

Fengmi

MEL

本品为蜜蜂科昆虫中华蜜蜂 *Apis cerana* Fabricius 或意大利蜂 *Apis mellifera* Linnaeus 所酿的蜜。春至秋季采收，滤过。

【性状】 本品为半透明、带光泽、浓稠的液体，白色至淡黄色或橘黄色至黄褐色，放久或遇冷渐有白色颗粒状结晶析出。气芳香，味极甜。

相对密度 本品如有结晶析出，可置于不超过60℃的水浴中，待结晶全部融化后，搅匀，冷至25℃，照相对密度测定法（附录0601）项下的韦氏比重秤法测定，相对密度应在1.349以上。

【检查】 水分 不得过24.0%（附录0622折光率测定法进行测定）。取本品（有结晶析出的样品置于不超过60℃的恒温水浴中温热使融化）1~2滴，滴于棱镜上（预先连接阿贝折光计与恒温水浴，并将水浴温度调至40℃±0.1℃至恒温，用新沸过的冷水校正折光计的折光指数为1.3305）测定，读取折光指数，按下式计算：

$$X=100-\left[78+390.7\left(n-1.4768\right)\right]$$

式中　X为样品中的水分含量（%）

　　　　n为样品在40℃时的折光指数

酸度　取本品10g，加新沸过的冷水50ml，混匀，加酚酞指示液2滴与氢氧化钠滴定液（0.1mol/L）4ml，应显粉红色，10秒钟内不消失。

淀粉和糊精　取本品2g，加水10ml，加热煮沸，放冷，加碘试液1滴，不得显蓝色、绿色或红褐色。

寡糖　取本品2g，置烧杯中，加入10ml水溶解后，缓缓加至活性炭固相萃取柱（在固相萃取空柱管底部塞入一个筛板，压紧，置固相萃取装置上。称取硅藻土0.2g，加水适量混匀，用吸管加至固相萃取柱管中，自然沉降形成3mm厚的硅藻土层，打开真空泵吸引，称取活性炭0.5g加10ml水搅拌，混匀，用吸管加入，在真空泵的吸引下使活性炭沉降，当水面接近活性炭层面时，再次注入0.2g用水混匀的硅藻土，在真空泵的吸引下，以1秒/滴的速度用25ml的水预洗，当液面到达柱面上2mm时关掉活塞，再压入上筛板，备用）中，打开活塞，在真空泵的吸引下，使溶液通过柱子，待液面下降到柱面以上2mm时，用7%乙醇25ml洗脱，弃去洗脱液。再用50%乙醇10ml洗脱，收集洗脱液，置65℃水浴中减压浓缩至干，残渣加30%乙醇1ml使溶解，作为供试品溶液。另取麦芽五糖对照品，加30%乙醇制成每1ml含1mg的溶液，作为对照品溶液。照薄层色谱法（附录0502）试验，吸取供试品溶液与对照品溶液各3μl，分别点于同一高效硅胶G薄层板上，以正丙醇-水-三乙胺（60∶30∶0.7）为展开剂，展开，取出，晾干，喷以苯胺-二苯胺-磷酸的混合溶液（取二苯胺1g，苯胺1ml，磷酸5ml，加丙醇至50ml，混匀），加热至斑点显色清晰，在日光下检视。供试品色谱中，在与对照品相应位置的下方，应不得显斑点。

5-羟甲基糠醛　照高效液相色谱法（附录0512）测定。

色谱条件与系统适用性试验　以十八烷基硅烷键合硅胶为填充剂；以乙腈-0.1%甲酸溶液（5∶95）为流动相；5-羟甲基糠醛检测波长为284nm，鸟苷检测波长为254nm。理论板数按鸟苷峰计算应不低于3000。

对照品溶液的制备　取鸟苷对照品适量，精密称定，加10%甲醇制成每1ml含鸟苷0.2mg的溶液，即得。另取5-羟甲基糠醛对照品适量，加10%甲醇制成每1ml含4μg的溶液，作为定位用。

供试品溶液的制备　取本品1g，置烧杯中，精密称定，加10%甲醇适量溶解，并分次转移至50ml量瓶中，精密加入鸟苷对照品溶液1ml，加10%甲醇至刻度，摇匀，即得。

测定法　精密吸取供试品溶液10μl，注入液相色谱仪，测定；另取鸟苷对照品溶液，5-羟甲基糠醛对照品溶液各10μl，注入液相色谱仪，测定，用以确定供试品色谱中5-羟甲基糠醛及鸟苷的色谱峰；以鸟苷对照品计算含量并乘以校正因子0.340进行校正，即得。

本品含5-羟甲基糠醛，不得过0.004%。

蔗糖和麦芽糖　照〔含量测定〕项下方法测定，分别计算含量。本品含蔗糖和麦芽糖分别不得过5.0%。

【含量测定】　照高效液相色谱法（附录0512）测定。

色谱条件与系统适用性试验　以 Prevail Carbohyrate ES 为色谱柱，以乙腈-水（75∶25）为流动相；示差折光检测器检测。理论板数按果糖峰计算应不低于2000。

标准曲线的制备　分别精密称取果糖对照品1.0g，葡萄糖对照品0.8g，置同一具塞锥形瓶中，精密加入40%乙腈20ml，溶解，摇匀，作为果糖、葡萄糖对照品储备液。另精密称取蔗糖对照品0.2g，麦芽糖对照品0.2g，置同一具塞锥形瓶中，精密加入40%乙腈10ml，溶解，摇匀，作为蔗糖、麦芽糖对照品储备液。分别精密量取果糖、葡萄糖对照品储备液和蔗糖、麦芽糖对照品储备液，加40%乙腈配成不同浓度的果糖、葡萄糖、蔗糖、麦芽糖混合对照品溶液。每一浓度溶液配制中，储备液的用量和稀释体积见下表。

序号	果糖、葡萄糖	蔗糖、麦芽糖	稀释体积	混合对照品溶液浓度（mg/ml）			
	对照品储备液体积（ml）	对照品储备液体积（ml）	（ml）	果糖	葡萄糖	蔗糖	麦芽糖
1	1.0	0.125	5	10	8	0.5	0.5
2	3.0	0.5	10	15	12	1.0	1.0
3	2.0	0.5	5	20	16	2.0	2.0
4	5.0	2.0	10	25	20	4.0	4.0
5	3.0	1.5	5	30	24	6.0	6.0

精密吸取混合对照品溶液各15μl，注入液相色谱仪，分别测定。以对照品浓度为横坐标，以峰面积值为纵坐标，绘制标准曲线，计算回归方程。

供试品溶液的制备　取本品约1g，精密称定，置具塞锥形瓶中，精密加入40%乙腈20ml，溶解，摇匀，滤过，取续滤液，即得。

测定法　精密量取供试品溶液15μl，注入液相色谱仪，测定，按标准曲线法计算含量。

本品含果糖（$C_6H_{12}O_6$）和葡萄糖（$C_6H_{12}O_6$）的总量不得少于60.0%，果糖与葡萄糖含量比值不得小于1.0。

【性味与归经】　甘，平。归肺、脾、大肠经。

【功能】　补中，润燥，解毒，止痛；外用生肌敛疮。

【主治】　肺燥咳嗽，肠燥便结；外治疮疡不敛，烫火伤。

【用法与用量】　马、牛120～240g；羊、猪30～90g；兔、禽3～10g。

【贮藏】　置阴凉处。

锦　灯　笼

Jindenglong

PHYSALIS CALYX SEU FRUCTUS

本品为茄科植物酸浆 *Physalis alkekengi* L. var. *franchetii*（Mast.）Makino 的干燥宿萼或带果实的宿萼。秋季果实成熟、宿萼呈红色或橙红色时采收，干燥。

【性状】　本品略呈灯笼状，多压扁，长3～4.5cm，宽2.5～4cm。表面橙红色或橙黄色，有5条明显的纵棱，棱间有网状的细脉纹。顶端渐尖，微5裂，基部略平截，中心凹陷有果梗。体轻，质柔韧，中空，或内有棕红色或橙红色果实。果实球形，多压扁，直径1～1.5cm，果皮皱缩，内含种子多数。气微，宿萼味苦，果实味甘、微酸。

【鉴别】　（1）本品粉末橙红色。表皮毛众多。腺毛头部椭圆形，柄2～4细胞，长95～170μm。非腺毛3～4细胞，长130～170μm，胞腔内含橙红色颗粒状物。宿萼内表皮细胞垂周壁波状弯曲；宿萼外表皮细胞垂周壁平整，气孔不定式。薄壁组织中含多量橙红色颗粒。

（2）取本品粉末0.5g，加甲醇5ml，超声处理10分钟，滤过，取滤液作为供试品溶液。另取酸浆苦味素L对照品，加二氯甲烷制成每1ml含1mg的溶液，作为对照品溶液。照薄层色谱法（附录

0502）试验，吸取供试品溶液各15μl、对照品溶液2μl，分别点于同一高效硅胶G薄层板上，以三氯甲烷-丙酮-甲醇（25：1：1）为展开剂，展开，取出，晾干，喷以5%硫酸乙醇溶液，在105℃加热至斑点显色清晰，置紫外光灯（365nm）下检视。供试品色谱中，在与对照品色谱相应的位置上，显相同颜色的荧光斑点。

【检查】　水分　不得过10.0%（附录0832第一法）。

【含量测定】　照高效液相色谱法（附录0512）测定。

色谱条件与系统适用性试验　以十八烷基硅烷键合硅胶为填充剂；以乙腈-0.2%磷酸溶液（20：80）为流动相；检测波长为350nm。理论板数按木犀草苷峰计算应不低于3000。

对照品溶液的制备　取木犀草苷对照品适量，精密称定，加甲醇制成每1ml含40μg的溶液，即得。

供试品溶液的制备　取本品粉末（过三号筛）约0.4g，精密称定，置具塞锥形瓶中，精密加入70%甲醇20ml，密塞，称定重量，超声处理（功率250W，频率40kHz）1小时，放冷，再称定重量，用70%甲醇补足减失的重量，摇匀，滤过，取续滤液，即得。

测定法　分别精密吸取对照品溶液与供试品溶液各20μl，注入液相色谱仪，测定，即得。

本品按干燥品计算，含木犀草苷（$C_{21}H_{20}O_{11}$）不得少于0.10%。

【性味与归经】　苦，寒。归肺经。

【功能】　清热解毒，利咽化痰，利尿通淋。

【主治】　咽喉肿痛，痰热咳嗽，小便不利；外治疮肿，湿疹。

【用法与用量】　马、牛15～30g；羊、猪5～10g。

外用适量。

【贮藏】　置通风干燥处，防蛀。

矮　地　茶

Aidicha

ARDISIAE JAPONICAE HERBA

本品为紫金牛科植物紫金牛 *Ardisia japonica*（Thunb.）Blume. 的干燥全草。夏、秋二季茎叶茂盛时采挖。除去泥沙，干燥。

【性状】　本品根茎呈圆柱形，疏生须根。茎略呈扁圆柱形，稍扭曲，长10～30cm，直径0.2～0.5cm；表面红棕色，有细纵纹、叶痕及节；质硬，易折断。叶互生，集生于茎梢；叶片略卷曲或破碎，完整者展平后呈椭圆形，长3～7cm，宽1.5～3cm；灰绿色、棕褐色或浅红棕色；先端尖，基部楔形，边缘具细锯齿；近革质。茎顶偶有红色球形核果。气微，味微涩。

【鉴别】　（1）本品茎横切面：表皮细胞壁厚，有腺毛；老茎可见木栓层。皮层较宽，外侧为数列厚角细胞；有的含草酸钙方晶；具分泌腔。内皮层明显。韧皮部甚窄，外侧有少数纤维。形成层环不明显。木质部细胞均木化，导管多单行排列。髓部较大，具分泌腔。薄壁细胞含草酸钙方晶和淀粉粒，有的含棕色物。

本品叶表面观：表皮细胞垂周壁波状弯曲；气孔为不等式，偶见不定式。腺鳞头部8～10个细胞，柄单细胞。

本品粉末棕褐色。螺纹导管较多见，直径7.5～25μm。分泌腔多破碎，有的含黄棕色分泌物，可见内含棕褐色物质的分泌细胞。纤维壁厚。草酸钙方晶直径7.5~26μm。腺毛由单细胞柄和2细胞头组成。气孔为不等式。可见棕色块状物。淀粉粒单粒卵圆形或圆形，直径3.8~23μm，脐点点状或裂缝状；复粒由2~3分粒组成。

（2）取本品粉末0.2g，加甲醇20ml，超声处理30分钟，放冷，滤过，滤液浓缩至约1ml，作为供试品溶液。另取岩白菜素对照品，加甲醇制成每1ml含0.5mg的溶液，作为对照品溶液。照薄层色谱法（附录0502）试验，吸取上述两种溶液各3μl，分别点于同一硅胶G薄层板上，以二氯甲烷-乙酸乙酯-甲醇（5:4:2）为展开剂，展开，取出，晾干，喷以1%三氯化铁-1%铁氰化钾（1:1）的混合溶液。供试品色谱中，在与对照品色谱相应的位置上，显相同颜色的斑点。

【检查】　**水分**　不得过13.0%（附录0832第一法）。

总灰分　不得过8.0%（附录2302）。

【含量测定】　照高效液相色谱法（附录0512）测定。

色谱条件与系统适用性试验　以十八烷基硅烷键合硅胶为填充剂；以甲醇-水（20:80）为流动相；检测波长为275nm。理论板数按岩白菜素峰计算应不低于1500。

对照品溶液的制备　取岩白菜素对照品适量，精密称定，加甲醇制成每1ml含50μg的溶液，即得。

供试品溶液的制备　取本品细粉约0.2g，精密称定，置具塞锥形瓶中，精密加入甲醇20ml，称定重量，超声处理（功率200W，频率40kHz）40分钟，放冷，再称定重量，用甲醇补足减失的重量，摇匀，滤过，取续滤液，即得。

测定法　分别精密吸取对照品溶液与供试品溶液各5μl，注入液相色谱仪，测定，即得。

本品按干燥品计算，含岩白菜素（$C_{14}H_{16}O_9$）不得少于0.50%。

饮片

【炮制】　除去杂质，洗净，切段，干燥。

本品呈不规则的段。根茎圆柱形而弯曲，疏生须根。茎略呈扁圆柱形，表面红棕色，具细纵纹，有的具分枝和互生叶痕。切面中央有淡棕色髓部。叶多破碎，灰绿色至棕绿色，顶端较尖，基部楔形，边缘具细锯齿，近革质。气微，味微涩。

【检查】　**水分**　同药材，不得过11.0%。

【鉴别】　（除茎横切面、叶表面外）【检查】（总灰分）【含量测定】　同药材。

【性味与归经】　辛、微苦，平。归肺经。

【功能】　化痰止咳，清热利湿，活血止痛。

【主治】　咳嗽痰多，湿热黄疸，风湿痹痛，跌打损伤。

【用法与用量】　马、牛45~90g；羊、猪15~40g。

【贮藏】　置阴凉干燥处。

蔓　荆　子

Manjingzi

VITICIS FRUCTUS

本品为马鞭草科植物单叶蔓荆 *Vitex trifolia* L. var. *simplicifolia* Cham. 或蔓荆 *Vitex trifolia* L. 的干燥成熟果实。秋季果实成熟时采收，除去杂质，晒干。

【性状】　本品呈球形，直径4~6mm。表面灰黑色或黑褐色，被灰白色粉霜状茸毛，有纵向浅沟

4条，顶端微凹，基部有灰白色宿萼及短果梗。萼长为果实的1/3～2/3，5齿裂，其中2裂较深，密被茸毛。体轻，质坚韧，不易破碎。横切面可见4室，每室有种子1枚。气特异而芳香，味淡、微辛。

【鉴别】 （1）本品粉末灰褐色。花萼表皮细胞类圆形，壁多弯曲；非腺毛2～3细胞，顶端细胞基部稍粗，有疣突。外果皮细胞多角形，有角质纹理和毛茸脱落后的痕迹，并有腺毛与非腺毛：腺毛分头部单细胞、柄1～2细胞及头部2～6细胞、柄单细胞两种；非腺毛2～4细胞，长14～68μm，多弯曲，有壁疣。中果皮细胞长圆形或类圆形，壁微木化，纹孔明显。油管多破碎，含分泌物，周围细胞有淡黄色油滴。内果皮石细胞椭圆形或近方形，直径10～35μm。种皮细胞圆形或类圆形，直径42～73μm，壁有网状纹理，木化。

（2）取本品粉末5g，加石油醚（60～90℃）50ml，加热回流2小时，滤过，弃去石油醚液，药渣挥干，加丙酮80ml，加热回流1.5小时，滤过，滤液蒸干，残渣加甲醇2ml使溶解，作为供试品溶液。另取蔓荆子黄素对照品，加甲醇制成每1ml含1mg的溶液，作为对照品溶液。照薄层色谱法（附录0502）试验，吸取上述两种溶液各5μl，分别点于同一用1%氢氧化钠溶液制备的硅胶G薄层板上，以环己烷-乙酸乙酯-甲醇（3:2:0.2）为展开剂，展开，取出，晾干，喷以10%三氯化铝乙醇溶液。供试品色谱中，在与对照品色谱相应位置上，显相同颜色的斑点。

【检查】 杂质 不得过2%（附录2301）。

水分 不得过14.0%（附录0832第二法）。

总灰分 不得过7.0%（附录2302）。

【浸出物】 照醇溶性浸出物测定法（附录2201）项下的热浸法测定，用甲醇作溶剂，不得少于8.0%。

【含量测定】 照高效液相色谱法（附录0512）测定。

色谱条件与系统适用性试验 以十八烷基硅烷键合硅胶为填充剂；以甲醇-0.4%磷酸溶液（60:40）为流动相；检测波长为258nm。理论板数按蔓荆子黄素峰计算应不低于2000。

对照品溶液的制备 取蔓荆子黄素对照品适量，精密称定，加甲醇制成每1ml含30μg的溶液，即得。

供试品溶液的制备 取本品粉末（过三号筛）约2g，精密称定，置具塞锥形瓶中，精密加入甲醇50ml，称定重量，加热回流1小时，放冷，再称定重量，用甲醇补足减失的重量，摇匀，滤过，取续滤液，即得。

测定法 分别精密吸取对照品溶液与供试品溶液各10μl，注入液相色谱仪，测定，即得。

本品按干燥品计算，含蔓荆子黄素（$C_{19}H_{18}O_8$）不得少于0.030%。

饮片

【炮制】 蔓荆子 除去杂质。

【性状】【鉴别】【检查】（水分总灰分）【含量测定】 同药材。

炒蔓荆子 取净蔓荆子，照清炒法（附录0203）微炒。用时捣碎。

本品形如蔓荆子，表面黑色或黑褐色，基部有的可见残留宿萼和短果梗。气特异而芳香，味淡、微辛。

【检查】 水分 同药材，不得过7.0%。

【鉴别】（2）【检查】（总灰分）【浸出物】【含量测定】 同药材。

【性味与归经】 辛、苦，微寒。归膀胱、肝、胃经。

【功能】 疏风散热，清利头目。

【主治】 风热感冒，目赤多泪，目暗不明。

【用法与用量】 马、牛15~45g；羊、猪5~10g；兔、禽0.5~2.5g。

【贮藏】 置阴凉干燥处。

蕹　菜

Hancai

RORIPPAE INDICAE HERBA

本品为十字花科植物蕹菜 *Rorippa indica*（L.）Hiern的干燥全草。夏、秋二季花期采挖，除去泥沙，晒干。

【性状】 本品长15~35cm。根细长，弯曲，直径1.5~3cm；表面淡黄色，有不规则纵皱纹及须根痕；质脆，易折断，断面类白色，木部黄色。茎纤细，近基部有分枝，淡绿色，有的带紫色。叶多卷缩或破碎，完整叶片展平后呈长椭圆形至卵形，黄绿色，有的呈大头羽状分裂，有疏齿或全缘。总状花序顶生，小花黄色。长角果细圆柱形，长1.5~2cm。气微，味淡。

【鉴别】 本品茎的横切面：表皮细胞长方形，外被角质层，嫩茎可见非腺毛，1~2细胞。皮层为数列薄壁细胞，内皮层明显，中柱鞘纤维成束。韧皮部窄。形成层不明显。木质部均木化，导管、纤维及薄壁细胞连成环状；导管圆形，直径10~35μm。髓部较大。薄壁细胞含淀粉粒。

【炮制】 除去杂质，切段。

【性味与归经】 辛，温。归肺经。

【功能】 祛痰定喘，清热利水，凉血解毒。

【主治】 肺热咳嗽，水肿，咽喉肿痛，疔疮痈肿。

【用法与用量】 马、牛60~120g；羊、猪30~60g。

外用适量。

【贮藏】 置干燥处。

蓼 大 青 叶

Liaodaqingye

POLYGONI TINCTORII FOLIUM

本品为蓼科植物蓼蓝 *Polygonum tinctorium* Ait. 的干燥叶。夏、秋二季枝叶茂盛时采收两次，除去茎枝和杂质，干燥。

【性状】 本品多皱缩、破碎，完整者展平后呈椭圆形，长3~8cm，宽2~5cm。蓝绿色或黑蓝色，先端钝，基部渐狭，全缘。叶脉浅黄棕色，于下表面略突起。叶柄扁平，偶带膜质托叶鞘。质脆。气微，味微涩而稍苦。

【鉴别】 （1）本品叶表面观：表皮细胞多角形，垂周壁平直或微波状弯曲；气孔平轴式，少数不等式。腺毛头部4~8细胞；柄2个细胞并列，亦有多细胞构成多列的。非腺毛多列性，壁木化增厚，常见于叶片边缘及主脉处。叶肉组织含多量蓝色至蓝黑色色素颗粒。草酸钙簇晶多见，直径12~80μm。

（2）取〔含量测定〕项下三氯甲烷溶液10ml，浓缩至约1ml，作为供试品溶液。另取靛蓝对照品，加三氯甲烷制成每1ml含1mg的溶液，作为对照品溶液。照薄层色谱法（附录0502）试验，吸取上述两种溶液各5μl，分别点于同一硅胶G薄层板上，以苯-三氯甲烷-丙酮（5:4:1）为展开剂，展开，取出，晾干。供试品色谱中，在与对照品色谱相应的位置上，显相同的蓝色斑点。

【含量测定】 照高效液相色谱法（附录0512）测定。

色谱条件与系统适用性试验 用十八烷基硅烷键合硅胶为填充剂；甲醇-水（60:40）为流动相；检测波长604nm。理论板数按靛蓝峰计算应不低于1800。

对照品溶液的制备 取靛蓝对照品2.5mg，精密称定，置250ml量瓶中，加2%水合氯醛的三氯甲烷溶液（取水合氯醛，置硅胶干燥器中放置24小时，称取2.0g，加三氯甲烷至100ml，放置，出现浑浊，以无水硫酸钠脱水，滤过，即得）约200ml，超声处理（功率250W，频率33kHz）1.5小时，取出，放冷至室温，加2%水合氯醛的三氯甲烷溶液至刻度，摇匀，即得（每1ml中含靛蓝10μg）。

供试品溶液的制备 取本品细粉约25mg，精密称定，置25ml量瓶中，加2%水合氯醛的三氯甲烷溶液约20ml，超声处理（功率250W，频率33kHz）1.5小时，取出，放冷，加2%水合氯醛的三氯甲烷溶液至刻度，摇匀，滤过，取续滤液，即得。

测定法 分别精密吸取对照品溶液与供试品溶液各4~10μl，注入液相色谱仪，测定，即得。

本品按干燥品计算，含靛蓝（$C_{16}H_{10}N_2O_2$）不得少于0.55%。

【性味与归经】 苦，寒。归心、胃经。

【功能】 清热解毒，凉血消斑。

【主治】 温病发斑，咽喉肿痛，肺热咳喘，湿热泄泻，脑黄，疮疡肿毒。

【用法与用量】 马、牛60~120g；羊、猪15~30g。

外用适量。

【贮藏】 置通风干燥处。

榧　　子

Feizi

TORREYAE SEMEN

本品为红豆杉科植物榧 *Torreya grandis* Fort. 的干燥成熟种子。秋季种子成熟时采收，除去肉质假种皮，洗净，晒干。

【性状】 本品呈卵圆形或长卵圆形，长2~3.5cm，直径1.3~2cm。表面灰黄色或淡黄棕色，有纵皱纹，一端钝圆，可见椭圆形的种脐，另端稍尖。种皮质硬，厚约1mm。种仁表面皱缩，外胚乳灰褐色，膜质；内胚乳黄白色，肥大，富油性。气微，味微甜而涩。

【鉴别】 取本品粉末3g，加甲醇30ml，超声处理30分钟，滤过，滤液蒸干，残渣加水20ml使溶解，用三氯甲烷30ml振摇提取，分取三氯甲烷液，蒸干，残渣加乙酸乙酯2ml使溶解，作为供试品溶液。另取榧子对照药材3g，同法制成对照药材溶液。照薄层色谱法（附录0502）试验，吸取上述两种溶液各2μl，分别点于同一硅胶G薄层板上，以石油醚（60~90℃）-乙酸乙酯（8:2）为展开剂，展开，取出，晾干，喷以10%硫酸乙醇溶液，在105℃加热至斑点显色清晰，分别置日光和紫外光灯（365nm）下检视。供试品色谱中，在与对照药材色谱相应位置上，显相同颜色的斑点或荧光斑点。

【检查】 **酸败度** 照酸败度测定法（附录2303）测定。

酸值　不得过30.0。

羟基值　不得过20.0。

过氧化值　不得过0.50。

饮片

【炮制】　去壳取仁。用时捣碎。

【性味与归经】　甘，平。归肺、胃、大肠经。

【功能】　杀虫消积，润肺止咳，润燥通便。

【主治】　绦虫病、蛲虫病、钩虫病、蛔虫病，虫积腹痛，肺燥咳嗽，大便秘结。

【用法与用量】　马、牛15～30g；羊、猪5～10g。

【贮藏】　置阴凉干燥处，防蛀。

榜　嘎

Bangga

ACONITI BONGA HERBA

本品系藏族习用药材，为毛茛科植物船形乌头 *Aconitum naviculare* Stapf 或甘青乌头 *Aconitum tanguticum*（Maxim.）Stapf 的干燥全草。夏末秋初花开时采挖，除去杂质，阴干。

【性状】　本品块根细小，纺锤形，长2～4cm；表面棕褐色，断面白色。茎圆柱形，长7～50cm，直径0.15～0.3cm；表面灰绿色至暗绿色，略带光泽，疏被茸毛；质脆，易折断，断面中空。叶柄长3～20cm，叶片多破碎，完整者呈肾形，长1.2～3.5cm，宽1.2～3.8cm，掌状深裂，裂片再浅裂。总状花序顶生，花蓝绿色至蓝紫色，花梗短，花萼5片，上萼片船形，花瓣2片，雄蕊多数。气微，味苦。

【鉴别】　取本品粉末2g，加乙醇20ml，加热回流10分钟，滤过，取滤液1ml，加2%的盐酸溶液3滴，加碘化铋钾试剂数滴，生成橘红色沉淀。

【性味】　苦，凉；有小毒。

【功能】　清热解毒。

【主治】　温病发热。

【用法与用量】　马、牛3～6g；羊、猪1～1.5g。

【贮藏】　置阴凉干燥处。

槟　榔

Binglang

ARECAE SEMEN

本品为棕榈科植物槟榔 *Areca catechu* L. 的干燥成熟种子。春末至秋初采收成熟果实，用水煮后，干燥，除去果皮，取出种子，干燥。

【性状】　本品呈扁球形或圆锥形，高1.5～3.5cm，底部直径1.5～3cm。表面淡黄棕色或淡红棕色，具稍凹下的网状沟纹，底部中心有圆形凹陷的珠孔，其旁有一明显疤痕状种脐。质坚硬，不易破碎，断面可见棕色种皮与白色胚乳相间的大理石样花纹。气微，味涩、微苦。

【鉴别】 （1）本品横切面：种皮组织分内、外层，外层为数列切向延长的扁平石细胞，内含红棕色物，石细胞形状、大小不一，常有细胞间隙；内层为数列薄壁细胞，含棕红色物，并散有少数维管束。外胚乳较狭窄，种皮内层与外胚乳常插入内胚乳中，形成错入组织；内胚乳细胞白色，多角形，壁厚，纹孔大，含油滴及糊粉粒。

（2）取本品粉末1g，加乙醚50ml，再加碳酸盐缓冲液（取碳酸钠1.91g和碳酸氢钠0.56g，加水使溶解成100ml，即得）5ml，放置30分钟，时时振摇，加热回流30分钟，分取乙醚液，挥干，残渣加甲醇1ml使溶解，置具塞离心管中，静置1小时，离心，取上清液作为供试品溶液。另取槟榔对照药材1g，同法制成对照药材溶液。再取氢溴酸槟榔碱对照品，加甲醇制成每1ml含1.5mg的溶液，作为对照品溶液。照薄层色谱法（附录0502）试验，吸取上述三种溶液各5μl，分别点于同一硅胶G薄层板上，以环己烷-乙酸乙酯-浓氨试液（7.5:7.5:0.2）为展开剂，置氨蒸气预饱和的展开缸内，展开，取出，晾干，置碘蒸气中熏至斑点清晰。供试品色谱中，在与对照药材色谱和对照品色谱相应的位置上，显相同颜色斑点。

【检查】 水分 不得过10.0%（附录0832第一法）。

黄曲霉毒素 照黄曲霉毒素测定法（附录2351）测定。

本品每1000g含黄曲霉毒素B_1不得过5μg，含黄曲霉毒素G_2、黄曲霉毒素G_1、黄曲霉毒素B_2和黄曲霉毒素B_1总量不得过10μg。

【含量测定】 照高效液相色谱法（附录0512）测定。

色谱条件与系统适用性试验 以强阳离子交换键合硅胶为填充剂（SCX-强阳离子交换树脂柱）；以乙腈-磷酸溶液（2→1000，浓氨试液调节pH值至3.8）（55:45）为流动相；检测波长为215nm。理论板数按槟榔碱峰计算应不低于3000。

对照品溶液的制备 取氢溴酸槟榔碱对照品适量，精密称定，加流动相制成每1ml含0.1mg的溶液，即得（槟榔碱重量＝氢溴酸槟榔碱重量/1.5214）。

供试品溶液的制备 取本品粉末（过五号筛）约0.3g，精密称定，置具塞锥形瓶中，加乙醚50ml，再加碳酸盐缓冲液（取碳酸钠1.91g和碳酸氢钠0.56g，加水使溶解成100ml，即得）3ml，放置30分钟，时时振摇，加热回流30分钟，分取乙醚液，加入盛有磷酸溶液（5→1000）1ml的蒸发皿中；残渣加乙醚加热回流提取2次（30ml、20ml），每次15分钟，合并乙醚液置同一蒸发皿中，挥去乙醚，残渣加50%乙腈溶液溶解，转移至25ml量瓶中，加50%乙腈至刻度；摇匀，滤过，取续滤液，即得。

测定法 分别精密吸取对照品溶液与供试品溶液各10μl，注入液相色谱仪，测定，即得。

本品按干燥品计算，含槟榔碱（$C_8H_{13}NO_2$）不得少于0.20%。

饮片

【炮制】 槟榔 除去杂质，浸泡，润透，切薄片，阴干。

本品呈类圆形的薄片。切面可见棕色种皮与白色胚乳相间的大理石样花纹。气微，味涩、微苦。

【鉴别】 （1）本品粉末红棕色至棕色。内胚乳细胞极多，多破碎，完整者呈不规则多角形或类方形，直径56～112μm，纹孔较多，甚大，类圆形或矩圆形，外胚乳细胞呈类方形、类多角形或作长条状，胞腔内大多数充满红棕色至深棕色物。种皮石细胞呈纺锤形，多角形或长条形，淡黄棕色，纹孔少数，裂缝状，有的胞腔内充满红棕色物。

【鉴别】（2）【检查】【含量测定】 同药材。

炒槟榔 取槟榔片，照清炒法（附录0203）炒至微黄色。

本品形如槟榔片，表面微黄色，可见大理石样花纹。

【鉴别】（1）同槟榔片　【鉴别】（2）【检查】【含量测定】　同药材。

【性味与归经】　苦、辛，温。归胃、大肠经。

【功能】　驱虫，消积，行气，利水。

【主治】　绦虫病，蛔虫病，姜片虫病，虫积腹痛，宿草不转，食积腹胀，便秘，水肿。

【用法与用量】　马5~15g；牛12~60g；羊、猪6~12g；兔、禽1~3g。

【贮藏】　置通风干燥处，防蛀。

焦　槟　榔

Jiaobinglang

ARECAE SEMEN TOSTUM

本品为槟榔的炮制加工品。

【制法】　取槟榔片，照清炒法（附录0203）炒至焦黄色。

【性状】　本品呈类圆形的薄片，直径1.5~3cm，厚1~2mm。表面焦黄色，可见大理石样花纹。质脆，易碎。气微，味涩、微苦。

【鉴别】　（1）本品粉末焦黄色。内胚乳细胞极多，多破碎，无色，完整者呈不规则多角形或类方形，胞间层不甚明显，直径56~112μm，壁厚6~11μm，纹孔较多，甚大，类圆形或矩圆形，直径8~19μm，外胚乳细胞呈类方形、类多角形或长条状，直径40~72μm，壁稍厚，孔沟可察见，胞腔内大多数充满红棕色至深棕色物。种皮石细胞呈纺锤形，多角形或长条形，直径24~64μm，壁厚5~12μm，淡黄棕色，纹孔少数，裂缝状，有的胞腔内充满红棕色物。螺纹导管和网纹导管偶见，直径8~16μm。

（2）照槟榔项下的〔鉴别〕（2）试验，显相同的结果。

【检查】　水分　不得过9.0%（附录0832第一法）。

总灰分　不得过2.5%（附录2302）。

【含量测定】　照槟榔〔含量测定〕项下方法测定，计算，即得。本品按干燥品计算，含槟榔碱（$C_8H_{13}NO_2$）不得少于0.10%。

【性味与归经】　苦、辛，温。归胃、大肠经。

【功能】　消食导滞。

【主治】　食积不消，泻痢后重。

【用法与用量】　马5~15g；牛12~60g；羊、猪6~12g；兔、禽1~3g。

【贮藏】　同槟榔。

酸　枣　仁

Suanzaoren

ZIZIPHI SPINOSAE SEMEN

本品为鼠李科植物酸枣 *Ziziphus jujuba Mill.* var. *spinosa*（Bunge）Hu ex H. F. Chou的干燥成熟

种子。秋末冬初采收成熟果实，除去果肉及核壳，收集种子，晒干。

【性状】 本品呈扁圆形或扁椭圆形，长5~9mm，宽5~7mm，厚约3mm。表面紫红色或紫褐色，平滑有光泽，有的有裂纹。有的两面均呈圆隆状突起；有的一面较平坦，中间有1条隆起的纵线纹；另一面稍突起。一端凹陷，可见线形种脐；另端有细小突起的合点。种皮较脆，胚乳白色，子叶2，浅黄色，富油性。气微，味淡。

【鉴别】 （1）本品粉末棕红色。种皮栅状细胞棕红色，表面观多角形，直径约15μm，壁厚，木化，胞腔小；侧面观呈长条形，外壁增厚，侧壁上、中部甚厚，下部渐薄；底面观类多角形或圆多角形。种皮内表皮细胞棕黄色，表面观长方形或类方形，垂周壁连珠状增厚，木化。子叶表皮细胞含细小草酸钙簇晶和方晶。

（2）取本品粉末1g，加甲醇30ml，加热回流1小时，滤过，滤液蒸干，残渣加甲醇0.5ml使溶解，作为供试品溶液。另取酸枣仁皂苷A对照品、酸枣仁皂苷B对照品，加甲醇制成每1ml各含1mg的混合溶液，作为对照品溶液。照薄层色谱法（附录0502）试验，吸取上述两种溶液各5μl，分别点于同一硅胶G薄层板上，以水饱和的正丁醇为展开剂，展开，取出，晾干，喷以1%香草醛硫酸溶液，立即检视。供试品色谱中，在与对照品色谱相应的位置上，显相同颜色的斑点。

（3）取本品粉末1g，加石油醚（60~90℃）30ml，加热回流2小时，滤过，弃去石油醚液，药渣挥干，加甲醇30ml，加热回流1小时，滤过，滤液蒸干，残渣加甲醇2ml使溶解，作为供试品溶液。另取酸枣仁对照药材1g，同法制成对照药材溶液。再取斯皮诺素对照品，加甲醇制成每1ml含0.5mg的溶液，作为对照品溶液。照薄层色谱法（附录0502）试验，吸取上述三种溶液各2μl，分别点于同一硅胶G薄层板上，以水饱和的正丁醇为展开剂，展开，取出，晾干，喷以1%香草醛硫酸溶液，置紫外光灯（365nm）下检视。供试品色谱中，在与对照药材色谱和对照品色谱相应的位置上，显相同的蓝色荧光斑点。

【检查】 杂质（核壳等）不得过5%（附录2301）。

水分 不得过9.0%（附录0832第一法）。

总灰分 不得过7.0%（附录2302）。

黄曲霉毒素 照黄曲霉素测定法（附录2351）测定。

取本品粉末（过二号筛）约5g，精密称定，加入氯化钠3g，照黄曲霉素测定法项下供试品的制备方法，测定，计算，即得。

本品每1000g含黄曲霉素B_1不得过5μg，含黄曲霉素G_2、含黄曲霉素G_1、黄曲霉素B_2和黄曲霉素B_1的总量不得过10μg。

【含量测定】 酸枣仁皂苷A 照高效液相色谱法（附录0512）测定。

色谱条件与系统适用性试验 以十八烷基硅烷键合硅胶为填充剂；以乙腈为流动相A，以水为流动相B，按下表中的规定进行梯度洗脱；蒸发光散射检测器检测。理论板数按酸枣仁皂苷A峰计算应不低于2000。

时间（分钟）	流动相A（%）	流动相B（%）
0~15	20→40	80→60
15~28	40	60
28~30	40→70	60→30
30~32	70→100	30→0

对照品溶液的制备 取酸枣仁皂苷A对照品适量，精密称定，加甲醇制成每1ml含0.1mg的溶液，即得。

供试品溶液的制备 取本品粉末（过四号筛）约1g，精密称定，置索氏提取器中，加石油醚（60～90℃）适量，加热回流4小时，弃去石油醚液，药渣挥去溶剂，转移至锥形瓶中，加入70%的乙醇20ml，加热回流2小时，滤过，滤渣用70%的乙醇5ml洗涤，合并洗液与滤液，回收溶剂至干，残渣加甲醇溶解，转移至5ml量瓶中，加甲醇至刻度，摇匀，滤过，取续滤液，即得。

测定法 分别精密吸取对照品溶液5μl、20μl，供试品溶液10μl，注入液相色谱仪，测定，用外标两点法对数方程计算，即得。

本品按干燥品计算，含酸枣仁皂苷A（$C_{58}H_{94}O_{26}$）不得少于0.030%。

斯皮诺素 照高效液相色谱法（附录0512）测定。

色谱条件与系统适用性试验 以十八烷基硅烷键合硅胶为填充剂；以乙腈为流动相A，以水为流动相B，按下表中的规定进行梯度洗脱；检测波长为335nm。理论板数按斯皮诺素峰计算应不低于2000。

时间（分钟）	流动相A（%）	流动相B（%）
0～10	12→19	88→81
10～16	19→20	81→80
16～22	20→100	80→0
22～30	100	0

对照品溶液的制备 取斯皮诺素对照品适量，精密称定，加甲醇制成每1ml含0.2mg的溶液，即得。

供试品溶液的制备 取酸枣仁皂苷A〔含量测定〕项下的续滤液，作为供试品溶液。

测定法 分别精密吸取对照品溶液与供试品溶液各10μl，注入液相色谱仪，测定，即得。

本品按干燥品计算，含斯皮诺素（$C_{28}H_{32}O_{15}$）不得少于0.080%。

饮片

【炮制】 **酸枣仁** 除去残留核壳。用时捣碎。

【性状】【鉴别】【检查】（水分 总灰分）【含量测定】 同药材。

炒酸枣仁 取净酸枣仁，照清炒法（附录0203）炒至鼓起，色微变深。用时捣碎。

本品形如酸枣仁。表面微鼓起，微具焦斑。略有焦香气，味淡。

【检查】 **水分** 同药材，不得过7.0%。

总灰分 同药材，不得过4.0%。

【鉴别】【含量测定】 同药材。

【性味与归经】 甘、酸，平。归肝、胆、心经。

【功能】 宁心安神，养心补肝，敛汗生津。

【主治】 心虚惊恐，烦躁不安，体虚多汗，津伤口渴。

【用法与用量】 马、牛20～60g；羊、猪5～10g；兔、禽1～2g。

【贮藏】 置阴凉干燥处，防蛀。

磁　石

Cishi

MAGNETITUM

本品为氧化物类矿物尖晶石族磁铁矿，主含四氧化三铁（Fe_3O_4）。采挖后，除去杂石。

【性状】　本品为块状集合体，呈不规则块状，或略带方形，多具棱角。灰黑色或棕褐色，条痕黑色，具金属光泽。体重，质坚硬，断面不整齐。具磁性。有土腥气，无味。

【鉴别】　取本品粉末约0.1g，加盐酸2ml，振摇，静置。上清液显铁盐的鉴别反应（附录0301）。

【含量测定】　取本品细粉约0.25g，精密称定，置锥形瓶中，加盐酸15ml与25%氟化钾溶液3ml，盖上表面皿，加热至微沸，滴加6%氯化亚锡溶液，不断摇动，待分解完全，瓶底仅留白色残渣时，取下，用少量水冲洗表面皿及瓶内壁，趁热滴加6%氯化亚锡溶液至显浅黄色（如氯化亚锡加过量，可滴加高锰酸钾试液至显浅黄色），加水100ml与25%钨酸钠溶液15滴，并滴加1%三氯化钛溶液至显蓝色，再小心滴加重铬酸钾滴定液（0.016 67mol/L）至蓝色刚好褪尽，立即加硫酸-磷酸-水（2：3：5）10ml与二苯胺磺酸钠指示液5滴，用重铬酸钾滴定液（0.016 67mol/L）滴定至溶液显稳定的蓝紫色。每1ml重铬酸钾滴定液（0.016 67mol/L）相当于5.585mg的铁（Fe）。

本品含铁（Fe）不得少于50.0%。

饮片

【炮制】　**磁石**　除去杂质，砸碎。

本品为不规则的碎块。灰黑色或褐色。条痕黑色，具金属光泽。质坚硬。具磁性。有土腥气，味淡。

【鉴别】【含量测定】　同药材。

煅磁石　取净磁石，照煅淬法（附录0203）煅至红透，醋淬，碾成粗粉。

每100kg磁石，用醋30kg。

本品为不规则的碎块或颗粒。表面黑色。质硬而酥。无磁性。有醋香气。

【含量测定】　同药材，含铁（Fe）不得少于45.0%。

【鉴别】　同药材。

【性味与归经】　咸，寒。归肝、心、肾经。

【功能】　平肝潜阳，镇心安神，纳气平喘。

【主治】　心神不宁，肾虚气喘。

【用法与用量】　马、牛15~60g；羊、猪5~10g。

【贮藏】　置干燥处。

豨　莶　草

Xixiancao

SIEGESBECKIAE HERBA

本品为菊科植物豨莶 *Siegesbeckia orientalis* L.、腺梗豨莶 *Siegesbeckia pubescens* Makino 或毛梗

豨莶 *Siegesbeckia glabrescens* Makino 的干燥地上部分。夏、秋二季花开前及花期均可采割，除去杂质，晒干。

【性状】 本品茎略呈方柱形，多分枝，长30～110cm，直径0.3～1cm；表面灰绿色、黄棕色或紫棕色，有纵沟及细纵纹，被灰色柔毛；节明显，略膨大；质脆，易折断，断面黄白色或带绿色，髓部宽广，类白色，中空。叶对生，叶片多皱缩、卷曲，展平后呈卵圆形，灰绿色，边缘有钝锯齿，两面皆有白色柔毛，主脉3出。有的可见黄色头状花序，总苞片匙形。气微，味微苦。

【鉴别】 （1）本品粉末黄绿色。叶上表皮细胞垂周壁略平直，可见少数气孔；下表皮细胞垂周壁呈波状弯曲，气孔不定式。叶上、下表皮多见非腺毛，常断裂，完整者1～8细胞，有的细胞缢缩。头状大腺毛，头部类圆形或半圆形，由数十个至百余个细胞组成；柄部常断裂，细胞排成3～7列。叶下表皮可见双列细胞小腺毛，顶面观长圆形或类圆形，两两相对排列似气孔。花粉粒类圆形，直径18～32μm，表明有刺状纹饰，具3孔沟。

（2）取本品粉末1g，加甲醇10ml，超声处理15分钟，滤过，滤液作为供试品溶液。另取奇壬醇对照品，加甲醇制成每1ml含0.1mg的溶液，作为对照品溶液。照薄层色谱法（附录0502）试验，吸取上述两种溶液各5μl，分别点于同一硅胶G薄层板上，以三氯甲烷-甲醇（4∶1）为展开剂，展开，取出，晾干，喷以5%香草醛硫酸溶液，加热至斑点显色清晰。供试品色谱中，在与对照品色谱相应的位置上，显相同颜色的斑点。

【检查】 水分 不得过15.0%（附录0832第一法）。

总灰分 不得过12.0%（附录2302）。

【含量测定】 照高效液相色谱法（附录0512）测定。

色谱条件与系统适用性试验 以十八烷基硅烷键合硅胶为填充剂；以乙腈为流动相A，以水为流动相B，按下表中的规定进行梯度洗脱；检测波长为215nm。理论板数按奇壬醇峰计算应不低于5000。

时间（分钟）	流动相A（%）	流动相B（%）
0～5	5→24	95→76
5～30	24	76

对照品溶液的制备 取奇壬醇对照品适量，精密称定，加甲醇制成每1ml含20μg的溶液，即得。

供试品溶液的制备 取本品粉末（过三号筛）约1g，精密称定，置具塞锥形瓶中，精密加入甲醇50ml，称定重量，加热回流5小时，放冷，再称定重量，用甲醇补足减失的重量，摇匀，滤过，取续滤液，即得。

测定法 分别精密吸取对照品溶液与供试品溶液各20μl，注入液相色谱仪，测定，即得。

本品按干燥品计算，含奇壬醇（$C_{20}H_{34}O_4$）不得少于0.050%。

饮片

【炮制】 豨莶草 除去杂质，洗净，稍润，切段，干燥。

本品呈不规则的段，茎略呈方柱形，表面灰绿色、黄棕色或紫棕色，有纵沟和细纵纹，被灰色柔毛。切面髓部类白色。叶多破碎，灰绿色，边缘有钝锯齿，两面皆具白色柔毛。有时可见黄色头状花序。气微，味微苦。

【鉴别】【检查】【含量测定】 同药材。

酒豨莶草 取净豨莶草段，照酒蒸法（附录0203）蒸透。

每100kg豨莶草，用黄酒20kg。

本品形如豨莶草段，表面褐绿色或黑绿色。微具酒香气。

【鉴别】【检查】【含量测定】 同药材。

【性味与归经】 辛、苦，寒。归肝、肾经。

【功能】 祛风湿，利关节，解毒。

【主治】 风湿痹痛，腰胯无力，风疹湿疮。

【用法与用量】 马、牛20~60g；羊、猪10~15g。

【贮藏】 置通风干燥处。

蜘 蛛 香

Zhizhuxiang

VALERIANAE JATAMANSI RHIZOMA ET RADIX

本品为败酱科植物蜘蛛香 *Valeriana jatamansi* Jones 的干燥根茎和根。秋季采挖，除去泥沙，晒干。

【性状】 本品根茎呈圆柱形，略扁，稍弯曲，少分枝，长1.5~8cm，直径0.5~2cm；表面暗棕色或灰褐色，有紧密隆起的环节和突起的点状根痕，有的顶端略膨大，具茎、叶残基。质坚实，不易折断，折断面略平坦，黄棕色或灰棕色，可见筋脉点（维管束）断续排列成环。根细长，稍弯曲，长3~15cm，直径约0.2cm，有浅纵皱纹，质脆。气特异，味微苦、辛。

【鉴别】 （1）本品根茎横切面：表皮细胞1列，方形或类长方形，淡棕色，外壁增厚，木栓化，有时可见非腺毛或腺毛，有的木栓层外无表皮细胞存在。皮层宽广，常见根迹或叶迹维管束；内皮层明显。外韧型维管束多个，断续排列成环。髓部宽广。薄壁细胞内有众多淡黄棕色针簇状或扇形橙皮苷结晶。

本品粉末灰棕色。淀粉粒甚多，单粒类圆形、长圆形或卵形，有的一端尖突，直径5~39μm，脐点裂缝状、三叉状或点状，有的可见层纹；复粒由2~4粒组成。导管主为网纹导管和单纹孔导管。薄壁细胞内含有淡棕褐色物和橙皮苷结晶。

（2）取本品粉末0.2g，加乙醚5ml，振摇，放置5分钟，滤过，滤液挥去乙醚，残渣加甲醇0.5ml使溶解，作为供试品溶液。另取缬草三酯对照品、乙酰缬草三酯对照品，加甲醇制成每1ml各含1mg的混合溶液，作为对照品溶液。照薄层色谱法（附录0502）试验，吸取供试品溶液5μl、对照品溶液2μl，分别点于同一硅胶GF$_{254}$薄层板上，以石油醚（30~60℃）-丙酮（5:1）为展开剂，展开，取出，晾干，置紫外光灯（254nm）下检视。供试品色谱中，在与对照品色谱相应的位置上，显相同颜色的斑点。

【检查】 水分 不得过13.0%（附录0832第二法）。

总灰分 不得过10.0%（附录2302）。

酸不溶性灰分 不得过3.0%（附录2302）。

【浸出物】 照醇溶性浸出物测定法（附录2201）项下的冷浸法测定，用乙醇作溶剂，不得少于8.0%。

饮片

【炮制】 除去杂质，洗净，润透，切片，晒干。

【性味与归经】 微苦、辛，温。归肺、脾、胃经。

【功能】 理气止痛，消食止泻，祛风除湿。

【主治】 肚腹胀痛，食积不化，腹泻痢疾，风湿痹痛。

【用法与用量】 马、牛30～45g；羊、猪15～20g；鸡1～2g。

【贮藏】 置阴凉干燥处，防尘、防蛀。

蝉　蜕

Chantui

CICADAE PERIOSTRACUM

本品为蝉科昆虫黑蚱 *Cryptotympana pustulata* Fabricius 的若虫羽化时脱落的皮壳。夏、秋二季收集，除去泥沙，晒干。

【性状】 本品略呈椭圆形而弯曲，长约3.5cm，宽约2cm。表面黄棕色，半透明，有光泽。头部有丝状触角1对，多已断落，复眼突出。额部先端突出，口吻发达，上唇宽短，下唇伸长成管状。胸部背面呈十字形裂开，裂口向内卷曲，脊背两旁具小翅2对；腹面有足3对，被黄棕色细毛。腹部钝圆，共9节。体轻，中空，易碎。气微，味淡。

饮片

【炮制】 除去杂质，洗净，晒干。

【性味与归经】 甘，寒。归肺、肝经。

【功能】 散风热，利咽喉，退云翳，解痉。

【主治】 外感风热，咽喉肿痛，皮肤瘙痒，目赤翳障，破伤风。

【用法与用量】 马、牛15～30g；羊、猪3～10g。

【贮藏】 置干燥处，防压。

罂　粟　壳

Yingsuqiao

PAPAVERIS PERICARPIUM

本品为罂粟科植物罂粟 *Papaver somniferum* L. 的干燥成熟果壳。秋季将已成熟果实或割取浆汁后的成熟果实摘下，破开，除去种子和枝梗，干燥。

【性状】 本品呈椭圆形或瓶状卵形，多已破碎成片状，直径1.5～5cm，长3～7cm。外表面黄白色、浅棕色至淡紫色，平滑，略有光泽，无割痕或有纵向或横向的割痕；顶端有6～14条放射状排列呈圆盘状的残留柱头；基部有短柄。内表面淡黄色，微有光泽；有纵向排列的假隔膜，棕黄色，上面密布略突起的棕褐色小点。体轻，质脆。气微清香，味微苦。

【鉴别】 （1）本品粉末黄白色。果皮外表皮细胞表面观类多角形或类方形，直径20～50μm，壁厚，有的胞腔内含淡黄色物。果皮内表皮细胞表面观长多角形、长方形或长条形，直径20～65μm，长25～230μm，垂周壁厚，纹孔及孔沟明显，有的可见层纹。果皮薄壁细胞类圆形或长圆形，壁稍厚。导管多为网纹导管或螺纹导管，直径10～70μm。韧皮纤维长梭形，直径

$20 \sim 30 \mu m$，壁稍厚，斜纹孔明显，有的纹孔相交成人字形或十字形。乳汁管长条形，壁稍厚，内含淡黄色物。

（2）取本品粉末1g，加乙醇10ml，温浸30分钟，滤过，取滤液0.5ml置25ml量瓶中，加乙醇至刻度。照紫外-可见分光光度法（附录0401）测定，在283nm波长处有最大吸收。

（3）取本品粉末2g，加甲醇20ml，加热回流30分钟，趁热滤过，滤液蒸干，残渣加甲醇1ml使溶解，作为供试品溶液。另取吗啡对照品、磷酸可待因对照品和盐酸罂粟碱对照品，加甲醇制成每1ml各含1mg的混合溶液，作为对照品溶液。照薄层色谱法（附录0502）试验，吸取上述两种溶液各2～4μl，分别点于同一用2%氢氧化钠溶液制备的硅胶G薄层板上，以甲苯-丙酮-乙醇-浓氨试液（20:20:3:1）为展开剂，展开，取出，晾干，置紫外光灯（365nm）下检视。供试品色谱中，在与对照品色谱相应的位置上，显相同颜色的荧光斑点；再依次喷以稀碘化铋钾试液和亚硝酸钠乙醇试液，显相同颜色的斑点。

【检查】 杂质（枝梗、种子）不得过2%（附录2301）。

水分 不得过12.0%（附录0832第一法）。

【浸出物】 照醇溶性浸出物测定法（附录2201）项下的热浸法测定，用70%乙醇作溶剂，不得少于13.0%。

【含量测定】 照高效液相色谱法（附录0512）测定。

色谱条件与系统适用性试验 以辛烷基硅烷键合硅胶为填充剂；以乙腈-0.01mol/L磷酸氢二钾溶液-0.005mol/L庚烷磺酸钠溶液（20:40:40）为流动相；检测波长为220nm。理论板数按吗啡峰计算应不低于1000。

对照品溶液的制备 取吗啡对照品适量，精密称定，置棕色量瓶中，加含5%醋酸的20%甲醇溶液制成每1ml含24μg的溶液，即得。

供试品溶液的制备 取本品粉末（过三号筛）约0.5g，精密称定，置50ml量瓶中，精密加入含5%醋酸的20%甲醇溶液25ml，密塞，称定重量，超声处理（功率250W，频率20kHz）30分钟，取出，放冷，再称定重量，用含5%醋酸的20%甲醇溶液补足减失的重量，摇匀，静置，取上清液，即得。

测定法 分别精密吸取对照品溶液与供试品溶液各10μl，注入液相色谱仪，测定，即得。

本品按干燥品计算，含吗啡（$C_{17}H_{19}O_3N$）应为0.06%～0.40%。

饮片

【炮制】 罂粟壳 除去杂质，捣碎或洗净，润透，切丝，干燥。

本品呈不规则的丝或块。外表面黄白色、浅棕色至淡紫色，平滑，偶见残留柱头。内表面淡黄色，有的具棕黄色的假隔膜。气微清香，味微苦。

【鉴别】【检查】（水分）【浸出物】【含量测定】 同药材。

蜜罂粟壳 取净罂粟壳丝，照蜜炙法（附录0203）炒至放凉后不粘手。

本品形如罂粟壳丝，表面微黄色，略有黏性，味甜、微苦。

【浸出物】 同药材，不得少于18.0%。

【鉴别】【检查】（水分）【含量测定】 同药材。

【性味与归经】 酸、涩，平；有毒。归肺、大肠、肾经。

【功能】 敛肺，涩肠，止痛。

【主治】 久咳，久泻，脱肛，肚腹疼痛。

【用法与用量】 马、牛15～30g；羊、猪3～6g；犬、猫1～3g。

【贮藏】 置干燥处，防蛀。

辣　椒

Lajiao

CAPSICI FRUCTUS

本品为茄科植物辣椒 *Capsicum annuum* L. 或其栽培变种的干燥成熟果实。夏、秋二季果皮变红色时采收，除去枝梗，晒干。

【性状】 本品呈圆锥形、类圆锥形，略弯曲。表面橙红色、红色或深红色，光滑或较皱缩，显油性，基部微圆，常有绿棕色、具5裂齿的宿萼及果柄。果肉薄。质较脆，横切面可见中轴胎座，有菲薄的隔膜将果实分为2～3室，内含多数种子。气特异，味辛、辣。

【鉴别】 （1）本品粉末红棕色或红橙色。外果皮细胞方形，多角形或不规则形，壁颇厚，略具壁孔。中果皮薄壁细胞含众多油滴（新鲜粉末）及红色或黄色球形颗粒，亦含草酸钙砂晶。内果皮石细胞壁较薄，波状，半透明，有念珠状壁孔。种皮石细胞较大，壁厚，波状，有较大的壁孔。内胚乳细胞多角形，充满糊粉粒。

（2）取本品粗粉2g，加甲醇-四氢呋喃（1:1）混合溶液25ml，超声处理30分钟，滤过，滤液蒸干，残渣加乙醇2ml使溶解，离心，取上清液作为供试品溶液。另取辣椒素对照品，加甲醇制成每1ml含0.5mg的溶液，作为对照品溶液。照薄层色谱法（附录0502）试验，吸取供试品溶液2～10μl、对照品溶液5μl，分别点于同一硅胶G薄层板上，以石油醚（60～90℃）-乙酸乙酯-二氯甲烷-浓氨试液（10:10:5:0.05）为展开剂，展开，取出，晾干，喷以0.5%2,6-二苯醌-4-氯亚胺甲醇溶液（临用配制），用氨蒸气熏至斑点显色清晰。供试品色谱中，在与对照品色谱相应的位置上，显相同颜色的斑点。

【含量测定】 照高效液相色谱法（附录0512）测定。

色谱条件与系统适用性试验 以十八烷基硅烷键合硅胶为填充剂；以甲醇-水（50:50）为流动相，检测波长为280nm，柱温40℃。理论板数按辣椒素峰计算应不低于3000。

对照品溶液的制备 取辣椒素对照品、二氢辣椒素对照品适量，精密称定，加甲醇制成每1ml含辣椒素50μg、二氢辣椒素20μg的混合溶液，即得。

供试品溶液的制备 取本品粗粉0.5g，精密称定，置具塞锥形瓶中，精密加入甲醇-四氢呋喃（1:1）混合溶液25ml，密塞，称定重量，超声处理（功率250W，频率35kHz）30分钟，放冷，再称定重量，用甲醇-四氢呋喃（1:1）混合溶液补足减失的重量，摇匀，滤过，取续滤液，即得。

测定法 分别精密吸取对照品溶液与供试品溶液各10～20μl，注入液相色谱仪，测定，即得。

本品按干燥品计算，含辣椒素（$C_{18}H_{27}NO_3$）和二氢辣椒素（$C_{18}H_{29}NO_3$）的总量不得少于0.16%。

【性味与归经】 辛，热。归心、脾经。

【功能】 温中散寒，开胃消食，杀虫解毒。

【主治】 寒滞腹痛，呕吐，泻痢，疥癣。

【用法与用量】 马、牛15～30g；羊、猪9～15g。

外用：煎水熏洗或捣敷。

【贮藏】 置干燥处。

辣　蓼

Laliao

POLYGONI HERBA

本品为蓼科植物水辣蓼 *Polygonum hydropiper* L. 或旱辣蓼 *Polygonum flaccidum* Meissn. 的干燥全草。夏、秋二季花开时采收，除去杂质，晒干。

【性状】　**水辣蓼**　根须状，表面紫褐色。茎圆柱形，有分枝，长30~70cm；表面灰绿色或棕红色，有细棱线，节膨大；质脆，易折断，断面浅黄色。叶互生，有柄；叶片皱缩或破碎，完整者展平后呈披针形或卵状披针形，长5~10cm，宽0.7~1.5cm；先端渐尖，基部楔形，全缘；上表面棕褐色，下表面褐绿色，有棕黑色斑点及细小半透明的腺点；托叶鞘筒状，长0.8~1.1cm，紫褐色，缘毛长1~3mm。总状花序顶生或腋生，长5~10cm，稍弯曲，下部间断着花，淡绿色，花被5裂，裂片密被腺点。气微，味辛辣。

旱辣蓼　茎多呈淡红紫色。叶宽披针形，托叶鞘长1.1~1.6cm，缘毛长5~8mm。

【鉴别】　取本品粉末1g，加乙醇15ml，加热回流30分钟，滤过，取滤液2ml，加镁粉约50mg，滴加盐酸数滴，溶液由黄绿色变为樱红色。

【炮制】　除去杂质，洗净，切段，晒干。

【性味与归经】　辛，温；有小毒。归大肠经。

【功能】　祛湿止泻，散瘀止痛，祛风，杀虫。

【主治】　冷肠泄泻，寒痢，跌打损伤，疮疖，湿疹。

【用法与用量】　马、牛60~120g；羊、猪30~60g。

外用适量。

【贮藏】　置干燥处。

【注意】　孕畜慎用。

漏　芦

Loulu

RHAPONTICI RADIX

本品为菊科植物祁州漏芦 *Rhaponticum uniflorum*（L.）DC. 的干燥根。春、秋二季采挖，除去须根和泥沙，晒干。

【性状】　本品呈圆锥形或扁片块状，多扭曲，长短不一，直径1~2.5cm。表面暗棕色、灰褐色或黑褐色，粗糙，具纵沟及菱形的网状裂隙。外层易剥落，根头部膨大，有残茎和鳞片状叶基，顶端有灰白色绒毛。体轻，质脆，易折断，断面不整齐，灰黄色，有裂隙，中心有的呈星状裂隙，灰黑色或棕黑色。气特异，味微苦。

【鉴别】　（1）本品横切面：表皮常已脱落，后生皮层为数层至20余层棕色细胞，壁稍厚，木化及木栓化。韧皮部较宽广，射线宽。形成层成环。木质部导管较多，大型导管群常与小型导管群相间排列；木射线常有径向裂隙，中央有时呈星状裂隙，其周围的细胞壁木栓化。薄壁组织中有分泌管分布，内含红棕色分泌物。

粉末棕色。网纹导管和具缘纹孔导管较多，直径约至133μm。分泌管长条状，直径24~68μm，内含红棕色分泌物。根头部非腺毛细胞甚长，木化，长0.5~4mm，直径20~30μm。后生皮层细胞类方形或长方形，壁稍厚，红棕色，木化和木栓化。

（2）取本品粉末1g，加甲醇20ml，超声处理20分钟，滤过，滤液蒸干，残渣加乙酸乙酯1ml使溶解，作为供试品溶液。另取漏芦对照药材1g，同法制成对照药材溶液。照薄层色谱法（附录0502）试验，吸取上述两种溶液各5μl，分别点于同一硅胶G薄层板上，以环己烷-丁酮（4:1）为展开剂，展开，取出，晾干，置紫外光灯（365nm）下检视。供试品色谱中，在与对照药材色谱相应的位置上，显相同颜色的荧光斑点。

【检查】　水分　不得过15.0%（附录0832第一法）。

酸不溶性灰分　不得过5.0%（附录2302）。

【浸出物】　照醇溶性浸出物测定法（附录2201）项下的热浸法测定，用稀乙醇作溶剂，不得少于8.0%。

【含量测定】　照高效液相色谱法（附录0512）测定。

色谱条件与系统适用性试验　以十八烷基硅烷键合硅胶为填充剂；以甲醇-水（31:69）为流动相，待β-蜕皮甾酮色谱峰出峰后，用甲醇洗脱6分钟；检测波长为247nm。理论板数按β-蜕皮甾酮峰计算应不低于6000。

对照品溶液的制备　取β-蜕皮甾酮对照品适量，精密称定，加甲醇制成每1ml含20μg的溶液，即得。

供试品溶液的制备　取本品粉末（过三号筛）约1g，精密称定，精密加入30%甲醇20ml，称定重量，加热回流1小时，放冷，再称定重量，用30%甲醇补足减失的重量，摇匀，滤过，取续滤液，即得。

测定法　分别精密吸取对照品溶液与供试品溶液各10μl，注入液相色谱仪，测定，即得。

本品按干燥品计算，含β-蜕皮甾酮（$C_{27}H_{44}O_7$）不得少于0.040%。

饮片

【炮制】　除去杂质，洗净，润透，切厚片，晒干。

本品呈类圆形或不规则的厚片。外表皮暗棕色至黑褐色，粗糙，有网状裂纹。切面黄白色至灰黄色，有放射状裂隙。气特异，味微苦。

【检查】　酸不溶性灰分　同药材，不得过4.0%。

【浸出物】　同药材，不少于6.0%。

【鉴别】（除横切面外）【检查】（水分）【含量测定】　同药材。

【性味与归经】　苦，寒。归胃经。

【功能】　清热解毒，通经下乳。

【主治】　乳痈肿痛，乳汁不通，痈疽疮毒。

【用法与用量】　马、牛15~30g；羊、猪3~10g。

【注意】　孕畜慎用。

【贮藏】　置通风干燥处。

赭　石

Zheshi

HAEMATITUM

本品为氧化物类矿物刚玉族赤铁矿，主含三氧化二铁（Fe_2O_3）。采挖后，除去杂石。

【性状】　本品为鲕状、豆状、肾状集合体，多呈不规则的扁平块状。暗棕红色或灰黑色，条痕樱红色或红棕色，有的有金属光泽。一面多有圆形的突起，习称"钉头"；另一面与突起相对应处有同样大小的凹窝。体重，质硬，砸碎后断面显层叠状。气微，味淡。

【鉴别】　取本品粉末0.1g，加盐酸2ml，振摇，滤过，取滤液2滴，加硫氰酸铵试液2滴，溶液即显血红色；另取滤液2滴，加亚铁氰化钾试液1～2滴，即生成蓝色沉淀；再加25%氢氧化钠溶液5～6滴，沉淀变成棕色。

【含量测定】　取本品细粉约0.25g，精密称定，照磁石〔含量测定〕项下的方法测定，即得。

本品含铁（Fe）不得少于45.0%。

饮片

【炮制】　**赭石**　除去杂质，砸成碎块。

煅赭石　取净赭石，砸碎，照煅淬法（附录0203）煅至红透，醋淬，碾成粗粉。

每100kg赭石，用醋30kg。

【性味与归经】　苦，寒。归肝、心经。

【功能】　平肝潜阳，重镇降逆，凉血止血。

【主治】　呃逆，咳喘，呕吐，鼻衄，吐血，肠风便血，子宫出血。

【用法与用量】　马、牛30～120g；羊、猪15～30g。

【注意】　孕畜慎用。

槲　寄　生

Hujisheng

VISCI HERBA

本品为桑寄生科植物槲寄生 *Viscum coloratum*（Komar.）Nakai的干燥带叶茎枝。冬季至次春采割，除去粗茎，切段，干燥，或蒸后干燥。

【性状】　本品茎枝呈圆柱形，2～5叉状分枝，长约30cm，直径0.3～1cm；表面黄绿色、金黄色或黄棕色，有纵皱纹；节膨大，节上有分枝或枝痕；体轻，质脆，易折断，断面不平坦，皮部黄色，木部色较浅，射线放射状，髓部常偏向一边。叶对生于枝梢，易脱落，无柄；叶片呈长椭圆状披针形，长2～7cm，宽0.5～1.5cm；先端钝圆，基部楔形，全缘；表面黄绿色，有细皱纹，主脉5出，中间3条明显；革质。气微，味微苦，嚼之有黏性。

【鉴别】　（1）本品茎横切面：表皮细胞长方形，外被黄绿色角质层，厚19～80μm。皮层较宽广，纤维数十个成束，微木化；老茎石细胞甚多，单个散在或数个成群，韧皮部较窄，老茎散有石细胞。形成层不明显。木质部散有纤维束；导管周围纤维甚多，并有少数异形细胞。髓明显。薄壁细胞含草酸钙簇晶和少数方晶。

本品茎粉末淡黄色。表皮碎片黄绿色，细胞类长方形，可见气孔。纤维成束，直径10～34μm，壁较厚，略成波状，微木化。异形细胞形状不规则，壁较厚，微木化，胞腔大。草酸钙簇晶直径17～45μm；方晶较少，直径8～30μm。石细胞类方形、类多角形或不规则形，直径42～102μm。

（2）取本品粉末1.5g，加乙醇30ml，加热回流30分钟，放冷，滤过，滤液蒸干，残渣加无水乙醇1ml使溶解，作为供试品溶液。另取槲寄生对照药材1.5g，同法制成对照药材溶液。再取齐墩果酸对照品，加无水乙醇制成每1ml含1mg的溶液，作为对照品溶液。照薄层色谱法（附录0502）试验，吸取供试品溶液和对照药材溶液各4μl、对照品溶液2μl，分别点于同一硅胶G薄层板上，以环己烷-乙酸乙酯-冰醋酸（20：6：1）为展开剂，展开，取出，晾干，喷以10%硫酸乙醇溶液，在80℃加热至斑点显色清晰。供试品色谱中，在与对照药材色谱和对照品色谱相应的位置上，显相同颜色的斑点；再置紫外光灯（365nm）下检视，显相同颜色的荧光斑点。

【检查】 杂质 不得过2%（附录2301）。

水分 不得过12.0%（附录0832第一法）。

总灰分 不得过9.0%（附录2302）。

酸不溶性灰分 不得过2.5%（附录2302）。

【浸出物】 照醇溶性浸出物测定法（附录2201）项下的热浸法测定，用乙醇作溶剂，不得少于20.0%。

【含量测定】 照高效液相色谱法（附录0512）测定。

色谱条件与系统适用性试验 以十八烷基硅烷键合硅胶为填充剂；以甲醇-0.1%磷酸溶液（15：85）为流动相；检测波长为264nm。理论板数按紫丁香苷峰计算应不低于5000。

对照品溶液的制备 取紫丁香苷对照品适量，精密称定，加甲醇制成每1ml含50μg的溶液，即得。

供试品溶液的制备 取本品细粉约2g，精密称定，至具塞锥形瓶中，精密加入70%甲醇25ml，密塞，称定重量，超声处理（功率300W，频率25kHz）30分钟，放冷，再称定重量，用70%甲醇补足减失的重量，摇匀，滤过，取续滤液，即得。

测定法 分别精密吸取对照品溶液与供试品溶液各10μl，注入液相色谱仪，测定，即得。

本品按干燥品计算，含紫丁香苷（$C_{17}H_{24}O_9$）不得少于0.040%。

饮片

【炮制】 除去杂质，略洗，润透，切厚片，干燥。

本品呈不规则的厚片。茎外皮黄绿色、黄棕色或棕褐色。切面皮部黄色，木部浅黄色，有放射状纹理，髓部常偏向一边。叶片黄绿色或黄棕色，全缘，有细皱纹；革质。气微，味微苦，嚼之有黏性。

【含量测定】 同药材，含紫丁香苷（$C_{17}H_{24}O_9$）不得少于0.025%。

【鉴别】 （除茎横切面外）【检查】 （水分 总灰分）【浸出物】 同药材。

【性味与归经】 苦，平。归肝、肾经。

【功能】 祛风湿，补肝肾，强筋骨，养血安胎。

【主治】 风湿痹痛，腰肢无力，胎动不安。

【用法与用量】 马、牛30～60g；羊、猪15～25g。

【贮藏】 置干燥处，防蛀。

墨　旱　莲

Mohanlian

ECLIPTAE HERBA

本品为菊科植物鳢肠 *Eclipta prostrata* L. 的干燥地上部分。花开时采割，晒干。

【性状】　本品全体被白色茸毛。茎呈圆柱形，有纵棱，直径2~5mm；表面绿褐色或墨绿色。叶对生，近无柄，叶片皱缩卷曲或破碎，完整者展平后呈长披针形，全缘或具浅齿，墨绿色。头状花序直径2~6mm。瘦果椭圆形而扁，长2~3mm，棕色或浅褐色。气微，味微咸。

【鉴别】　（1）取本品，浸水后，搓其茎叶，显墨绿色。

（2）本品叶表面观：非腺毛多为3细胞，长260~700μm，基部细胞稍膨大，中部细胞较长，壁增厚，有明显疣状突起，顶端细胞急尖而短，近三角形。气孔不定式，副卫细胞3~4个。

（3）取本品粉末2g，加70%甲醇20ml，超声处理45分钟，滤过，取滤液作为供试品溶液。另取墨旱莲对照药材2g，同法制成对照药材溶液。再取旱莲苷A对照品适量，加甲醇制成每1ml含0.5mg的溶液，作为对照品溶液。照薄层色谱法（附录0502）试验，吸取供试品溶液和对照药材溶液各10μl、对照品溶液5μl，分别点于同一硅胶G薄层板上，以二氯甲烷-乙酸乙酯-甲醇-水（30:40:15:3）为展开剂，展开，取出，晾干，喷以香草醛硫酸试液，在105℃加热至斑点显色清晰。供试品色谱中，在与对照药材色谱和对照品色谱相应的位置上，显相同颜色的斑点。

【检查】　水分　不得过13.0%（附录0832第一法）。

总灰分　不得过14.0%（附录2302）。

酸不溶性灰分　不得过3.0%（附录2302）。

【含量测定】　照高效液相色谱法（附录0512）测定。

色谱条件与系统适用性试验　以十八烷基硅烷键合硅胶为填充剂；以甲醇为流动相A，以0.5%醋酸溶液为流动相B，按下表中的规定进行梯度洗脱；检测波长为351nm。理论板数按蟛蜞菊内酯峰计算应不低于6000。

时间（分钟）	流动相A（%）	流动相B（%）
0~10	35→59	65→41
10~20	59	41

对照品溶液的制备　取蟛蜞菊内酯对照品适量，精密称定，加甲醇制成每1ml含10μg的溶液，即得。

供试品溶液的制备　取本品粉末（过三号筛）约1g，精密称定，置具塞锥形瓶中，精密加入70%乙醇50ml，称定重量，加热回流1小时，放冷，再称定重量，用70%乙醇补足减失的重量，摇匀，滤过，取续滤液，即得。

测定法　分别精密吸取对照品溶液与供试品溶液各20μl，注入液相色谱仪，测定，即得。

本品按干燥品计算，含蟛蜞菊内酯（$C_{16}H_{12}O_7$）不得少于0.040%。

饮片

【炮制】　除去杂质，略洗，切段，干燥。

本品呈不规则的段。茎圆柱形，表面绿褐色或墨绿色，具纵棱，有白毛，切面中空或有白色髓。叶多皱缩或破碎，墨绿色，密生白毛，展平后，可见边缘全缘或具浅锯齿。头状花序。气微，味微咸。

【鉴别】【检查】【含量测定】　同药材。

【性味与归经】　甘、酸，寒。归肾、肝经。

【功能】　凉血止血，滋补肝肾。

【主治】　阴虚血热，鼻衄，尿血，便血，血痢，子宫出血，腰胯无力。

【用法与用量】　马、牛20～60g；羊、猪10～15g。外用适量。

【贮藏】　置通风干燥处。

稻　芽

Daoya

ORYZAE FRUCTUS GERMINATUS

本品为禾本科植物稻 *Oryza sativa* L. 的成熟果实经发芽干燥的炮制加工品。将稻谷用水浸泡后，保持适宜的温、湿度，待须根长至约1cm时，干燥。

【性状】　本品呈扁长椭圆形，两端略尖，长7～9mm，直径约3mm。外稃黄色，有白色细茸毛，具5脉。一端有2枚对称的白色条形浆片，长2～3mm，于一个浆片内侧伸出弯曲的须根1～3条，长0.5～1.2cm。质硬，断面白色，粉性。气微，味淡。

【检查】　出芽率　取本品，照药材取样法（附录0201），分取对角两份供试品至约10g，检查出芽粒数与总粒数，计算出芽率（%）。

本品出芽率不得少于85%。

饮片

【炮制】　稻芽　除去杂质。

炒稻芽　取净稻芽，照清炒法（附录0203）炒至深黄色。

焦稻芽　取净稻芽，照清炒法（附录0203）炒至焦黄色。

【性味与归经】　甘，温。归脾、胃经。

【功能】　消食和中，健脾开胃。

【主治】　食积不消，腹胀，脾胃虚弱。

【用法与用量】　马、牛20～60g；羊、猪10～15g；兔、禽2～5g。

【贮藏】　置通风干燥处，防蛀。

僵　蚕

Jiangcan

BOMBYX BATRYTICATUS

本品为蚕蛾科昆虫家蚕 *Bombyx mori* Linnaeus 4～5龄的幼虫感染（或人工接种）白僵菌 *Beauveria bassiana*（Bals.）Vuillant而致死的干燥体。多于春、秋季生产，将感染白僵菌病死的蚕干燥。

【性状】　本品略呈圆柱形，多弯曲皱缩。长2～5cm，直径0.5～0.7cm。表面灰黄色，被有白色粉霜状的气生菌丝和分生孢子。头部较圆，足8对，体节明显，尾部略呈二分歧状。质硬而脆，易折断，断面平坦，外层白色，中间有亮棕色或亮黑色的丝腺环4个。气微腥，味微咸。

【鉴别】　本品粉末灰棕色或灰褐色。菌丝体近无色，细长卷曲缠结在体壁中。气管壁碎片略弯曲或呈弧状，具棕色或深棕色的螺旋丝。表皮组织表面具网格样皱缩纹理以及纹理突起形成的小尖突，有圆形毛窝，边缘黄色；刚毛黄色或黄棕色，表面光滑，壁稍厚。未消化的桑叶组织中大多含草酸钙簇晶或方晶。

【检查】　杂质　不得过3%（附录2301）。

水分　不得过13.0%（附录0832第一法）。

总灰分　不得过7.0%（附录2302）。

酸不溶性灰分　不得过2.0%（附录2302）。

黄曲霉毒素　照黄曲霉毒素测定法（附录2351）测定。

本品每1000g含黄曲霉毒素B_1不得过$5\mu g$，含黄曲霉毒素G_2、含黄曲霉毒素G_1、黄曲霉毒素B_2和黄曲霉毒素B_1的总量不得过$10\mu g$。

【浸出物】　照醇溶性浸出物测定法（附录2201）项下的热浸法测定，用稀乙醇作溶剂，不得少于20.0%。

饮片

【炮制】　僵蚕　淘洗后干燥，除去杂质。

【性状】【鉴别】【浸出物】　同药材。

炒僵蚕　取净僵蚕，照麸炒法（附录0203）炒至表面黄色。

【性味与归经】咸、辛，平。归肝、肺、胃经。

【功能】熄风止痉，祛风止痛，化痰散结。

【主治】肝风抽搐，破伤风，喉痹，皮肤瘙痒。

【用法与用量】马、牛30～60g；羊、猪10～15g。

【贮藏】置干燥处，防蛀。

鹤　　虱

Heshi

CARPESII FRUCTUS

本品为菊科植物天名精 *Carpesium abrotanoides* L. 的干燥成熟果实。秋季果实成熟时采收，晒干，除去杂质。

【性状】　本品呈圆柱状，细小，长3～4mm，直径不及1mm。表面黄褐色或暗褐色，具多数纵棱。顶端收缩呈细喙状，先端扩展成灰白色圆环；基部稍尖，有着生痕迹。果皮薄，纤维性，种皮菲薄透明，子叶2，类白色，稍有油性。气特异，味微苦。

【鉴别】　本品横切面：外果皮细胞1列，均含草酸钙柱晶。中果皮薄壁细胞数列，棕色，细胞皱缩，界限不清楚，棱线处有纤维束，由数十个纤维组成，纤维壁厚，木化。内果皮细胞1列，深棕色。种皮细胞扁平，内胚乳有残存；胚薄壁细胞充满糊粉粒和脂肪油滴，子叶最外层细胞含细小的草酸钙结晶。

【性味与归经】　苦、辛，平；有小毒。归脾、胃经。

【功能】　杀虫消积。

【主治】　蛔虫病，蛲虫病，绦虫病，虫积腹痛。

【用法与用量】　马、牛15～30g；羊、猪3～6g；兔、禽1～2g。

【贮藏】　置阴凉干燥处。

薤　白

Xiebai

ALLII MACROSTEMONIS BULBUS

本品为百合科植物小根蒜 *Allium macrostemon* Bge. 或薤 *Allium chinense* G. Don的干燥鳞茎。夏、秋二季采挖，洗净，除去须根，蒸透或置沸水中烫透，晒干。

【性状】　**小根蒜**　呈不规则卵圆形，高0.5～1.5cm，直径0.5～1.8cm。表面黄白色或淡黄棕色，皱缩，半透明，有类白色膜质鳞片包被，底部有突起的鳞茎盘。质硬，角质样。有蒜臭，味微辣。

薤　呈略扁的长卵形，高1～3cm，直径0.3～1.2cm。表面淡黄棕色或棕褐色，具浅纵皱纹。质较软，断面可见鳞叶2～3层。嚼之粘牙。

【鉴别】　（1）**小根蒜**　粉末黄白色。较老的鳞叶外表皮细胞，细胞壁稍连珠状增厚。鳞叶内表皮细胞呈类长方形，长68～197μm，宽29～76μm，细胞排列紧密。草酸钙柱晶多见，长（7）～17～29μm。气孔少见，多为不定式，副卫细胞4个。螺纹导管直径12～17μm。

薤　鳞叶外表皮细胞，细胞壁无明显增厚。鳞叶内表皮细胞较大，长258～668μm。

（2）取本品粉末4g，加正己烷20ml，超声处理20分钟，滤过，滤液挥干，残渣加正己烷1ml使溶解，作为供试品溶液。另取薤白对照药材4g，同法制成对照药材溶液。照薄层色谱法（附录0502）试验，吸取上述两种溶液各10μl，分别点于同一硅胶G薄层板上，以正己烷-乙酸乙酯（10∶1）为展开剂，展开，取出，晾干，喷以10%硫酸乙醇溶液，在105℃加热至斑点显色清晰，置紫外光灯（365nm）下检视。供试品色谱中，在与对照药材色谱相应的位置上，显相同颜色的荧光斑点。

【检查】　**水分**　不得过10.0%（附录0832第二法）。

总灰分　不得过5.0%（附录2302）。

【浸出物】　照醇溶性浸出物测定法（附录2201）项下的热浸法测定，用75%乙醇作溶剂，不得少于30.0%。

【性味与归经】　辛、苦，温。归肺、胃、大肠经。

【功能】　通阳散结，行气导滞。

【主治】　胸痹，食积腹胀，泻痢。

【用法与用量】　马、牛30～90g；羊、猪10～15g；兔、禽2～5g。

【贮藏】　置干燥处，防蛀。

薏　苡　仁

Yiyiren

COICIS SEMEN

本品为禾本科植物薏苡 *Coix lacryma-jobi* L. var. *mayuen*（Roman.）Stapf 的干燥成熟种仁。秋

季果实成熟时采割植株，晒干，打下果实，再晒干，除去外壳、黄褐色种皮和杂质，收集种仁。

【性状】 本品呈宽卵形或长椭圆形，长4～8mm，宽3～6mm。表面乳白色，光滑，偶有残存的黄褐色种皮；一端钝圆，另端较宽而微凹，有1淡棕色点状种脐；背面圆凸，腹面有1条较宽而深的纵沟。质坚实，断面白色，粉性。气微，味微甜。

【鉴别】 （1）本品粉末淡类白色。主为淀粉粒，单粒类圆形或多面形，直径2～20μm，脐点星状；复粒少见，一般由2～3分粒组成。

（2）取本品粉末1g，加石油醚（60～90℃）30ml，超声处理30分钟，滤过，滤液蒸干，残渣加石油醚（60～90℃）1ml使溶解，作为供试品溶液。另取薏苡仁油对照提取物1g，加石油醚（60～90℃）制成每1ml含2mg的溶液，作为对照提取物溶液。照薄层色谱法（附录0502）试验，吸取上述两种溶液各2μl，分别点于同一硅胶G薄层板上，以石油醚（60～90℃）-乙醚-冰醋酸（83:17:1）为展开剂，展开，取出，晾干，喷以5%香草醛硫酸溶液，在105℃加热至斑点显色清晰。供试品色谱中，在与对照提取物色谱相应的位置上，显相同颜色的荧光斑点。

（3）取薏苡仁油对照提取物、甘油三油酸酯对照品，加〔含量测定〕项下的流动相分别制成每1ml含1mg、0.14mg的溶液，作为对照提取物、对照品溶液。照〔含量测定〕项下的色谱条件试验，分别吸取〔含量测定〕项下的供试品溶液、对照品溶液和上述对照提取物、对照品溶液各10μl，注入液相色谱仪。供试品色谱图中，应呈现与对照品色谱峰保留时间一致的色谱峰；并呈现与对照提取物色谱峰保留时间一致的7个主要色谱峰。

【检查】 杂质 不得过2%（附录2301）。

水分 不得过15.0%（附录0832第一法）。

总灰分 不得过3.0%（附录2302）。

黄曲霉毒素 照黄曲霉毒素测定法（附录2351）测定。

本品每1000g含黄曲霉毒素B_1不得过5μg，黄曲霉毒素G_2、黄曲霉毒素G_1、黄曲霉毒素B_2和黄曲霉毒素B_1的总量不得过10μg。

【浸出物】 照醇溶性浸出物测定法（附录2201）项下的热浸法测定，用无水乙醇作溶剂，不得少于5.5%。

【含量测定】 照高效液相色谱法（附录0512）测定。

色谱条件与系统适用性试验 以十八烷基硅烷键合硅胶为填充剂；乙腈-二氯甲烷（65:35）为流动相；蒸发光散射检测器检测。理论板数按甘油三油酸酯峰计算应不低于5000。

对照品溶液的制备 取甘油三油酸酯对照品适量，精密称定，加流动相制成每1ml含0.14mg的溶液，即得。

供试品溶液的制备 取本品粉末（过三号筛）约0.6g，精密称定，置具塞锥形瓶中，精密加入流动相50ml，称定重量，浸泡2小时，超声处理（功率300W，频率50kHz）30分钟，放冷，再称定重量，用流动相补足减失的重量，摇匀，滤过，取续滤液，即得。

测定法 分别精密吸取对照品溶液5μl、10μl，供试品溶液5～10μl，注入液相色谱仪，测定，用外标两点法对数方程计算，即得。

本品按干燥品计算，含甘油三油酸酯（$C_{57}H_{104}O_6$），不得少于0.50%。

饮片

【炮制】 薏苡仁 除去杂质。

【检查】 杂质 同药材，不得过1%。

总灰分 同药材，不得过2.0%。

【性状】【鉴别】【检查】（水分黄曲霉毒素）【浸出物】【含量测定】 同药材。

麸炒薏苡仁 取净薏苡仁，照麸炒法（附录0203）炒至微黄色。

本品形如薏苡仁，微鼓起，表面微黄色。

【检查】 **水分** 同药材，不得过12.0%。

总灰分 同药材，不得过2.0%。

【含量测定】 同药材，含甘油三油酸酯（$C_{57}H_{104}O_6$）不得少于0.40%。

【鉴别】【浸出物】 同药材。

【性味与归经】 甘、淡，凉。归脾、胃、肺经。

【功能】 利水渗湿，健脾止泻，除痹，排脓。

【主治】 脾虚泄泻，湿痹拘挛，水肿，尿不利，肺痈。

【用法与用量】 马、牛30～60g；羊、猪10～25g；兔、禽3～6g。

【贮藏】 置通风干燥处，防蛀。

薄　荷

Bohe

MENTHAE HAPLOCALYCIS HERBA

本品为唇形科植物薄荷 *Mentha haplocalyx* Briq. 的干燥地上部分。夏、秋二季茎叶茂盛或花开至三轮时，选晴天，分次采割，晒干或阴干。

【性状】 本品茎呈方柱形，有对生分枝，长15～40cm，直径0.2～0.4cm；表面紫棕色或淡绿色，棱角处具茸毛，节间长2～5cm；质脆，断面白色，髓部中空。叶对生，有短柄；叶片皱缩卷曲，完整者展平后呈宽披针形、长椭圆形或卵形，长2～7cm，宽1～3cm；上表面深绿色，下表面灰绿色，稀被茸毛，有凹点状腺鳞。轮伞花序腋生，花萼钟状，先端5齿裂，花冠淡紫色。揉搓后有特殊清凉香气，味辛凉。

【鉴别】 （1）本品叶表面观：腺鳞头部8细胞，直径约至90μm，柄单细胞；小腺毛头部及柄部均为单细胞。非腺毛1～8细胞，常弯曲，壁厚，微具疣突。下表皮气孔多见，直轴式。

（2）取本品叶的粉末少量，经微量升华得油状物，加硫酸2滴及香草醛结晶少量，初显黄色至橙黄色，再加水1滴，即变紫红色。

（3）取本品粉末0.5g，加石油醚（60～90℃）5ml，密塞，振摇数分钟，放置30分钟，滤过，滤液挥至1ml，作为供试品溶液。另取薄荷对照药材0.5g，同法制成对照药材溶液。再取薄荷脑对照品，加石油醚（60～90℃）制成每1ml含2mg的溶液，作为对照品溶液。照薄层色谱法（附录0502）试验，吸取供试品溶液10～20μl，对照药材溶液和对照品溶液各10μl，分别点于同一硅胶G薄层板上，以甲苯-乙酸乙酯（19:1）为展开剂，展开，取出，晾干，喷以香草醛硫酸试液-乙醇（1:4）的混合溶液，在100℃加热至斑点显色清晰。供试品色谱中，在与对照药材色谱和对照品色谱相应的位置上，显相同颜色的斑点。

【检查】 **叶** 不得少于30%。

水分 不得过15.0%（附录0832第二法）。

总灰分 不得过11.0%（附录2302）。

酸不溶性灰分 不得过3.0%（附录2302）。

【含量测定】 取本品约5mm的短段适量，每100g供试品加水600ml，照挥发油测定法（附录2204）保持微沸3小时测定。

本品含挥发油不得少于0.80%（ml/g）。

饮片

【炮制】 除去老茎和杂质，略喷清水，稍润，切短段，及时低温干燥。

本品呈不规则的段。茎方柱形，表面紫棕色或淡绿色，具纵棱线，棱角处具茸毛。切面白色，中空。叶多破碎，上表面深绿色，下表面灰绿色，稀被茸毛。轮伞花序腋生，花萼钟状，先端5齿裂，花冠淡紫色。揉搓后有特殊清凉香气，味辛凉。

【检查】 水分 同药材，不得过13.0%。

【含量测定】 同药材，含挥发油不得少于0.40%（ml/g）。

【鉴别】【检查】 （总灰分 酸不溶性灰分）同药材。

【性味与归经】 辛，凉。归肺、肝经。

【功能】 疏风散热，清利头目，利咽，透疹。

【主治】 外感风热，咽喉肿痛，目赤，风疹。

【用法与用量】 马、牛15～45g；羊、猪3～9g；兔、禽0.5～1.5g。

【贮藏】 置阴凉干燥处。

颠 茄 草

Dianqiecao

BELLADONNAE HERBA

本品为茄科植物颠茄 *Atropa belladonna* L. 的干燥全草。在开花至结果期内采挖，除去粗茎和泥沙，切段干燥。

【性状】 本品根呈圆柱形，直径5～15mm，表面浅灰棕色，具纵皱纹；老根木质，细根易折断，断面平坦，皮部狭，灰白色，木部宽广，棕黄色，形成层环纹明显；髓部白色。茎扁圆柱形，直径3～6mm，表面黄绿色，有细纵皱纹和稀疏的细点状皮孔，中空，幼茎有毛。叶多皱缩破碎，完整叶片卵状椭圆形，黄绿色至深棕色。花萼5裂，花冠钟状。果实球形，直径5～8mm，具长梗，种子多数。气微，味微苦、辛。

【鉴别】 （1）本品粉末浅绿色或浅棕绿色。草酸钙砂晶甚多，直径3～10μm，含砂晶细胞中有的可见簇晶，直径15～28μm。叶表皮细胞垂周壁波状弯曲，具角质条纹；气孔不等式。腺毛头部单细胞、柄2～4细胞或头部5～6细胞、柄单细胞。淀粉粒稀少，直径8～26μm。具缘纹孔导管和网纹导管，直径24～40μm。亦可见木纤维、波状弯曲的种皮石细胞与花粉粒等。

（2）取本品粉末4g，加乙醇15ml，振摇15分钟。滤过，滤液蒸干，加硫酸溶液（1→100）2ml，搅拌后滤过，滤液加氨试液使呈碱性，再用三氯甲烷2ml振摇提取，分取三氯甲烷液，蒸干，残渣显托烷生物碱类（附录0301）的鉴别反应。

（3）取本品粉末2g，加浓氨试液2ml，混匀，再加三氯甲烷25ml，摇匀，放置过夜，滤过，滤液蒸干，残渣加三氯甲烷0.5ml使溶解，作为供试品溶液。另取硫酸阿托品对照品、氢溴酸东莨菪碱对照品，加甲醇制成每1ml各含4mg的混合溶液，作为对照品溶液。照薄层色谱法（附录0502）试验，吸取上述两种溶液各10μl，分别点于同一硅胶G薄层板上，以乙酸乙酯-甲醇-浓氨试液（17:2:1）为展开剂，展开，取出，晾干，喷以稀碘化铋钾试液。供试品色谱中，在与对照品色谱相应的位置上，显相同颜色的斑点。

【检查】　杂质　颜色不正常（黄色、棕色或近黑色）的颠茄叶不得过4%，直径超过1cm的颠茄茎不得过3%（附录2301）。

水分　不得过13.0%（附录0832第一法）。

【含量测定】　取本品中粉约10g，精密称定，置索氏提取器中，加乙醇10ml、浓氨试液8ml与乙醚20ml的混合溶液适量，静置12小时，加乙醚70ml，加热回流3小时，至生物碱提尽，提取液置水浴上蒸去大部分乙醚，移置分液漏斗中，用0.5mol/L硫酸溶液分次振摇提取，每次10ml，至生物碱提尽，合并酸液，用三氯甲烷分次振摇提取，每次10ml，至三氯甲烷层无色，合并三氯甲烷液，用0.5mol/L硫酸溶液10ml振摇提取，弃去三氯甲烷液，合并前后两次得到的酸液，滤过，滤器用0.5mol/L硫酸溶液洗涤，合并洗液与滤液，加过量的浓氨试液使呈碱性，迅速用三氯甲烷分次振摇提取，至生物碱提尽。如发生乳化现象，可加乙醇数滴，每次得到的三氯甲烷液均用同一的水10ml洗涤，弃去洗液，合并三氯甲烷液，蒸干，加乙醇3ml，蒸干，并在80℃干燥2小时，残渣加三氯甲烷2ml，必要时，微热使溶解，精密加硫酸滴定液（0.01mol/L）20ml，置水浴上加热，除去三氯甲烷，放冷，加甲基红指示液1~2滴，用氢氧化钠滴定液（0.02mol/L）滴定。每1ml硫酸滴定液（0.01mol/L）相当于5.788mg的莨菪碱（$C_{17}H_{23}NO_3$）。

本品按干燥品计算，含生物碱以莨菪碱（$C_{17}H_{23}NO_3$）计，不得少于0.30%。

【功能】　解痉止痛。

【主治】　冷痛。

【用法与用量】　马10~30g；牛20~40g；羊、猪2~10g；犬、猫0.2~1g。

【贮藏】　置干燥处。

橘　红

Juhong

CITRI EXOCARPIUM RUBRUM

本品为芸香科植物橘 Citrus reticulata Blanco 及其栽培变种的干燥外层果皮。秋末冬初果实成熟后采收，用刀削下外果皮，晒干或阴干。

【性状】　本品呈长条形或不规则薄片状，边缘皱缩向内卷曲。外表面黄棕色或橙红色，存放后呈棕褐色，密布黄白色突起或凹下的油室。内表面黄白色，密布凹下透光小圆点。质脆易碎。气芳香，味微苦、麻。

【鉴别】　（1）本品粉末淡黄棕色。果皮表皮细胞表面观多角形、类方形或长方形，垂周壁增厚，气孔类圆形，直径18~26μm，副卫细胞不清晰；侧面观外被角质层，径向壁的外侧增厚。油室碎片的外围薄壁细胞壁微增厚。草酸钙方晶成片存在于薄壁组织中。

（2）取本品粉末0.3g，加甲醇10ml，加热回流20分钟，滤过，取滤液5ml，浓缩至1ml，作为供试品溶液。另取橙皮苷对照品，加甲醇制成饱和溶液，作为对照品溶液。照薄层色谱法（附录0502）试验，吸取上述两种溶液各2μl，分别点于同一用0.5%氢氧化钠溶液制备的硅胶G薄层板上，以乙酸乙酯-甲醇-水（100:17:13）为展开剂，展开约3cm，取出，晾干，再以甲苯-乙酸乙酯-甲酸-水（20:10:1:1）的上层溶液为展开剂，展至约8cm，取出，晾干，喷以三氯化铝试液，置紫外光灯（365nm）下检视。供试品色谱中，在与对照品色谱相应的位置上，显相同颜色的荧光斑点。

【检查】　水分　不得过13.0%（附录0832第二法）。

总灰分　不得过5.0%（附录2302）。

【含量测定】　照高效液相色谱法（附录0512）测定。

色谱条件与系统适用性试验　以十八烷基硅烷键合硅胶为填充剂；以甲醇-水（40:60）为流动相；检测波长为284nm。理论板数按橙皮苷峰计算应不低于2000。

对照品溶液的制备　取橙皮苷对照品适量，精密称定，加甲醇制成每1ml含60μg的溶液，即得。

供试品溶液的制备　取本品粉末（过四号筛）约0.2g，精密称定，加甲醇20ml，加热回流1小时，放冷，转移至50ml量瓶中，用少量甲醇分次洗涤容器和残渣，洗液并入同一量瓶中，加甲醇至刻度，摇匀，滤过，取续滤液，即得。

测定法　分别精密吸取对照品溶液与供试品溶液各10μl，注入液相色谱仪，测定，即得。

本品按干燥品计算，含橙皮苷（$C_{28}H_{34}O_{15}$）不得少于1.7%。

饮片

【炮制】　除去杂质，切碎。

【性味与归经】　辛、苦，温。归肺、脾经。

【功能】　燥湿化痰，理气宽中。

【主治】　咳嗽痰多，食积，腹胀。

【用法与用量】　马、牛30～90g；羊、猪15～30g。

【贮藏】　置阴凉干燥处，防蛀。

注：栽培变种主要有大红袍 Citrus reticulata 'Dahongpao'、福橘 Citrus reticulata 'Tangerina'。

藁　本

Gaoben

LIGUSTICI RHIZOMA ET RADIX

本品为伞形科植物藁本 Ligusticum sinense Oliv. 或辽藁本 Ligusticum jeholense Nakai et Kitag. 的干燥根茎和根。秋季茎叶枯萎或次春出苗时采挖，除去泥沙，晒干或烘干。

【性状】　藁本　根茎呈不规则结节状圆柱形，稍扭曲，有分枝，长3～10cm，直径1～2cm。表面棕褐色或暗棕色，粗糙，有纵皱纹，上侧残留数个凹陷的圆形茎基，下侧有多数点状突起的根痕及残根。体轻，质较硬，易折断，断面黄色或黄白色，纤维状。气浓香，味辛、苦、微麻。

辽藁本　较小，根茎呈不规则的团块状或柱状，长1～3cm，直径0.6～2cm。有多数细长弯曲的根。

【鉴别】　取本品粉末1g，加乙醚10ml，冷浸1小时，超声处理20分钟，滤过，滤液浓缩至1ml，作为供试品溶液。另取藁本对照药材1g，同法制成对照药材溶液。照薄层色谱法（附录0502）试验，吸取上述两种溶液各1μl，分别点于同一硅胶G薄层板上，以石油醚（60～90℃）-丙酮（95:5）为展开剂，展开，展距10cm，取出，晾干，置紫外光灯（365nm）下检视。供试品色谱中，在与对照药材色谱相应的位置上，显相同颜色的荧光主斑点。

【检查】　水分　不得过10.0%（附录0832第二法）。

总灰分 不得过15.0%（附录2302）。

酸不溶性灰分 不得过10.0%（附录2302）。

【浸出物】 照醇溶性浸出物测定法（附录2201）项下的热浸法测定，用乙醇作溶剂，不得少于13.0%。

【含量测定】 照高效液相色谱法（附录0512）测定。

色谱条件与系统适用性试验 以十八烷基硅烷键合硅胶为填充剂；以甲醇-水（40:60）（用磷酸调节pH值至3.5）为流动相；检测波长为320nm。理论板数按阿魏酸峰计算应不低于2500。

对照品溶液的制备 取阿魏酸对照品适量，精密称定，加甲醇制成每1ml含15μg的溶液，即得。

供试品溶液的制备 取本品粗粉约0.1g，精密称定，置10ml具塞离心管中，精密加入甲醇5ml，称定重量，冷浸过夜，超声处理（功率250W，频率40kHz）20分钟，再称定重量，用甲醇补足减失的重量，摇匀，离心，吸取上清液，即得。

测定法 分别精密吸取对照品溶液与供试品溶液各10μl，注入液相色谱仪，测定，即得。

本品按干燥品计算，含阿魏酸（$C_{10}H_{10}O_4$）不得少于0.050%。

饮片

【炮制】 除去杂质，洗净，润透，切厚片，晒干。

藁本片 本品呈不规则的厚片。外表皮棕褐色至黑褐色，粗糙。切面黄白色至浅黄褐色，具裂隙或孔洞，纤维性。气浓香，味辛、苦、微麻。

辽藁本片 外表皮可见根痕和残根突起呈毛刺状，或有呈枯朽空洞的老茎残基。切面木部有放射状纹理和裂隙。

【检查】 **总灰分** 同药材，不得过10.0%（附录2302）。

酸不溶性灰分 同药材，不得过5.0%（附录2302）。

【鉴别】【检查】（水分）**【浸出物】【含量测定】** 同药材。

【性味与归经】 辛，温。归膀胱经。

【功能】 祛风散寒，胜湿止痛。

【主治】 外感风寒，颈项强直，风湿痹痛。

【用法与用量】 马、牛15～30g；羊、猪3～10g；兔、禽0.5～1.5g。

【贮藏】 置阴凉干燥处，防潮，防蛀。

藕　节

Oujie

NELUMBINIS RHIZOMATIS NODUS

本品为睡莲科植物莲 *Nelumbo nucifera* Gaertn. 的干燥根茎节部。秋、冬二季采挖根茎（藕），切取节部，洗净，晒干，除去须根。

【性状】 本品呈短圆柱形，中部稍膨大，长2～4cm，直径约2cm。表面灰黄色至灰棕色，有残存的须根和须根痕，偶见暗红棕色的鳞叶残基。两端有残留的藕，表面皱缩有纵纹。质硬，断面有多数类圆形的孔。气微，味微甘、涩。

【鉴别】 取本品粉末1g，加稀乙醇20ml，超声处理20分钟，滤过，取滤液作为供试品溶液。另取藕节对照药材1g，同法制成对照药材溶液。再取丙氨酸对照品，加稀乙醇制成每1ml含0.5mg的溶液，作为对照品溶液。照薄层色谱法（附录0502）试验，吸取供试品溶液及对照药材溶液各10μl、对照品溶液2μl，分别点于同一硅胶G薄层板上，以正丁醇-冰醋酸-水（4:1:1）为展开剂，展开，取出，晾干，喷以茚三酮试液，在105℃加热至斑点显色清晰。供试品色谱中，在与对照药材色谱和对照品色谱相应的位置上，显相同颜色的斑点。

【检查】　水分　不得过15.0%（附录0832第一法）。

总灰分　不得过8.0%（附录2302）。

酸不溶性灰分　不得过3.0%（附录2302）。

【浸出物】　照水溶性浸出物测定法（附录2201）项下的热浸法测定，不得少于15.0%。

饮片

【炮制】　藕节　除去杂质，洗净，干燥。

藕节炭　取净藕节，照炒炭法（附录0203）炒至表面黑褐色或焦黑色，内部黄褐色或棕褐色。

本品形如藕节，表面黑褐色或焦黑色，内部黄褐色或棕褐色。断面可见多数类圆形的孔。气微，味微甘、涩。

【检查】　水分　同药材，不得过10.0%。

【浸出物】　同药材，不得少于20.0%。

【检查】　（酸不溶性灰分）同药材。

【性味与归经】　甘、涩，平。归肝、肺、胃经。

【功能】　收敛止血，化瘀。

【主治】　便血，尿血，鼻衄，咯血，子宫出血。

【用法与用量】　马、牛30～90g；羊、猪15～30g；兔、禽1.5～3g。

【贮藏】　置干燥处，防潮，防蛀。

藜　芦

Lilu

VERATRI RHIZOMA

本品为百合科植物藜芦 *Veratrum nigrum* L. 的干燥根茎。四季均可采集，洗净泥土，晒干。

【性状】　根茎圆柱形，长约2cm，直径约1cm，四周簇生众多的须根。根细长，长10～20cm，直径4mm。外表黄白色或灰褐色，有较密的横皱纹，下端多纵皱纹，微弯曲，须根的四周尚有许多极细的小根。质坚而脆，断面类白色，中心有淡黄色的中柱，易与皮部分离。气微弱，味极苦。

【炮制】　拣去杂质，剁去根，洗净切成顶头片，晒干。

【性味与归经】　苦、辛，寒；有毒。归肝、肺、胃经。

【功能】　催吐，祛风痰，解毒，杀虫。

【主治】　中风痰壅，癫痫，疥癣。

【用法与用量】　马5～15g；牛10～25g；羊、猪2～5g。

外用适量。

【注意】　孕畜忌用。本品不宜与人参、党参、沙参、玄参、紫参、细辛、芍药同用。

【贮藏】　置干燥通风处。

覆　盆　子

Fupenzi

RUBI FRUCTUS

本品为蔷薇科植物华东覆盆子 *Rubus chingii* Hu 的干燥果实。夏初果实由绿变绿黄时采收，除去梗、叶，置沸水中略烫或略蒸，取出，干燥。

【性状】　本品为聚合果，由多数小核果聚合而成，呈圆锥形或扁圆锥形，高0.6～1.3cm，直径0.5～1.2cm。表面黄绿色或淡棕色，顶端钝圆，基部中心凹入。宿萼棕褐色，下有果梗痕。小果易剥落，每个小果呈半月形，背面密被灰白色茸毛，两侧有明显的网纹，腹部有突起的棱线。体轻，质硬。气微，味微酸涩。

【鉴别】　（1）本品粉末棕黄色。非腺毛单细胞，长60～450μm，直径12～20μm，壁甚厚，木化，大多数具双螺纹，有的体部易脱落，足部残留而埋于表皮层，表面观圆多角形或长圆形，直径约至23μm，胞腔分枝，似石细胞状。草酸钙簇晶较多见，直径18～50μm。果皮纤维黄色，上下层纵横或斜向交错排列。

（2）取椴树苷对照品，加甲醇制成每1ml含0.1mg的溶液，作为对照品溶液。照薄层色谱法（附录0502）试验，吸取〔含量测定〕山奈酚-3-*O*-芸香糖苷项下的供试品溶液5μl，及上述对照品溶液2μl，分别点于同一硅胶G薄层板上，以乙酸乙酯-甲醇-水-甲酸（90:4:4:0.5）为展开剂，展开，取出，晾干，喷以三氯化铝试液，在105℃加热5分钟，在紫外光灯（365nm）下检视。供试品色谱中，在与对照品色谱相应的位置上，显相同颜色的荧光斑点。

【检查】　**水分**　不得过12.0%（附录0832第一法）。

总灰分　不得过9.0%（附录2302）。

酸不溶性灰分　不得过2.0%（附录2302）。

【浸出物】　照水溶性浸出物测定法（附录2201）项下的热浸法测定，不得少于9.0%。

【含量测定】　**鞣花酸**　照高效液相色谱法（附录0512）测定。

色谱条件与系统适用性试验　以十八烷基硅烷键合硅胶为填充剂；以乙腈-0.2%磷酸溶液（15:85）为流动相；检测波长为254nm。理论板数按鞣花酸峰计算应不低于3000。

对照品溶液的制备　取鞣花酸对照品适量，精密称定，加70%甲醇制成每1ml含5μg的溶液，即得。

供试品溶液的制备　取本品粉末（过四号筛）约0.5g，精密称定，置具塞锥形瓶中，精密加入70%甲醇50ml，称定重量，加热回流1小时，放冷，再称定重量，用70%甲醇补足减失的重量，摇匀，滤过，精密量取续滤液1ml，置5ml量瓶中，用70%甲醇稀释至刻度，摇匀，滤过，取续滤液，即得。

测定法　分别精密吸取对照品溶液与供试品溶液各10μl，注入液相色谱仪，测定，即得。

本品按干燥品计算，含鞣花酸（$C_{14}H_6O_8$）不得少于0.20%。

山奈酚-3-*O*-芸香糖苷　照高效液相色谱法（附录0512）测定。

色谱条件与系统适用性试验　以十八烷基硅烷键合硅胶为填充剂；以乙腈-0.2%磷酸溶液（15:85）为流动相；检测波长为344nm。理论板数按山奈酚-3-*O*-芸香糖苷峰计算应不低于3000。

对照品溶液的制备　取山奈酚-3-*O*-芸香糖苷对照品适量，精密称定，加甲醇制成每1ml含80μg的溶液，即得。

供试品溶液的制备 取本品粉末（过四号筛）约1g，精密称定，置具塞锥形瓶中，精密加入70%甲醇50ml，称定重量，加热回流提取1小时，放冷，再称定重量，用70%甲醇补足减失的重量，摇匀，滤过，精密量取续滤液25ml，蒸干，残渣加水20ml使溶解，用石油醚振摇提取3次，每次20ml，弃去石油醚液，再用水饱和正丁醇振摇提取3次，每次20ml，合并正丁醇液，蒸干，残渣加甲醇适量使溶解，转移至5ml量瓶中，加甲醇至刻度，摇匀，滤过，取续滤液，即得。

测定法 分别精密吸取对照品溶液与供试品溶液各10μl，注入液相色谱仪，测定，即得。

本品按干燥品计算，含山柰酚-3-O-芸香糖苷（$C_{27}H_{30}O_{15}$）不得少于0.03%。

【性味与归经】 甘、酸，温。归肾、膀胱经。

【功能】 益肾，固精，缩尿。

【主治】 阳痿，滑精，尿频。

【用法与用量】 马、牛15~45g；羊、猪5~15g。

【贮藏】 置干燥处。

瞿　麦

Qumai

DIANTHI HERBA

本品为石竹科植物瞿麦 Dianthus superbus L. 或石竹 Dianthus chinensis L. 的干燥地上部分。夏、秋二季花果期采割，除去杂质，干燥。

【性状】 **瞿麦** 茎圆柱形，上部有分枝，长30~60cm；表面淡绿色或黄绿色，光滑无毛，节明显，略膨大，断面中空。叶对生，多皱缩，展平叶片呈条形至条状披针形。枝端具花及果实，花萼筒状，长2.7~3.7cm；苞片4~6，宽卵形，长约为萼筒的1/4；花瓣棕紫色或棕黄色，卷曲，先端深裂成丝状。蒴果长筒形，与宿萼等长。种子细小，多数。气微，味淡。

石竹 萼筒长1.4~1.8cm，苞片长约为萼筒的1/2；花瓣先端浅齿裂。

【鉴别】 （1）本品粉末绿黄色或浅绿棕色。纤维多成束，边缘平直或波状，直径10~25（~38）μm；有的纤维束外侧的细胞含有草酸钙簇晶，形成晶纤维。草酸钙簇晶较多，直径7~35μm，散在或存于于薄壁细胞中。花粉粒类圆球形，直径31~75μm，具散孔，表面有网状雕纹。

（2）取本品粉末1g，加甲醇10ml，超声处理20分钟，滤过，滤液浓缩至1ml，作为供试品溶液。另取瞿麦对照药材和石竹对照药材各1g，同法制成对照药材溶液。照薄层色谱法（附录0502）试验，吸取上述三种溶液各1μl，分别点于同一聚酰胺薄膜上，以正丁醇-丙酮-醋酸-水（2:2:1:16）为展开剂，展开，取出，晾干，喷以三氯化铝试液，热风吹干，置紫外光灯（365nm）下检视。供试品色谱中，在与瞿麦对照药材或石竹对照药材色谱相应的位置上，显相同颜色的荧光斑点。

【检查】 **水分** 不得过12.0%（附录0832第一法）。

总灰分 不得过10.0%（附录2302）。

饮片

【炮制】 除去杂质，洗净，稍润，切段，干燥。

本品呈不规则段。茎圆柱形，表面淡绿色或黄绿色，节明显，略膨大。切面中空。叶多破碎。花萼筒状，苞片4~6。蒴果长筒形，与宿萼等长。种子细小，多数。气微，味淡。

【鉴别】【检查】 同药材。

【性味与归经】 苦，寒。归心、小肠经。

【功能】 利尿通淋，破血通经。

【主治】 热淋，血淋，石淋，尿不利，胎衣不下。

【用法与用量】 马、牛20~45g；羊、猪10~15g；兔、禽0.5~1.5g。

【注意】 孕畜慎用。

【贮藏】 置通风干燥处。

翻　白　草

Fanbaicao

POTENTILLAE DISCOLORIS HERBA

本品为蔷薇科植物翻白草 *Potentilla discolor* Bge. 的干燥全草。夏、秋二季花开前采挖，除去泥沙和杂质，干燥。

【性状】 本品块根呈纺锤形或圆柱形，长4~8cm，直径0.4~1cm；表面黄棕色或暗褐色，有不规则扭曲沟纹；质硬而脆，折断面平坦，呈灰白色或黄白色。基生叶丛生，单数羽状复叶，多皱缩弯曲，展平后长4~13cm；小叶5~9片，柄短或无，长圆形或长椭圆形，顶端小叶片较大，上表面暗绿色或灰绿色，下表面密被白色绒毛，边缘有粗锯齿。气微，味甘、微涩。

【鉴别】 （1）本品根横切面：有落皮层残存。木栓层由5~10列扁平细胞组成，细胞壁稍厚。韧皮部狭窄，形成层成环。木质部宽广，约占根直径的4/5，内有数列放射状排列的导管。射线宽广。薄壁细胞含草酸钙簇晶。

本品粉末黄棕色。叶上表皮细胞表面观类多角形，垂周壁近平直，可见少数单细胞非腺毛。叶下表皮细胞，垂周壁弯曲，气孔不定式，密被非腺毛。非腺毛有两种：一种极细长，卷曲，或缠绕成团；另一种平直或稍弯曲。草酸钙簇晶较多，直径8~25μm，棱角较钝。

（2）取本品粉末1g，加甲醇20ml，超声处理30分钟，滤过，滤液浓缩至约1ml，作为供试品溶液。另取翻白草对照药材1g，同法制成对照药材溶液。照薄层色谱法（附录0502）试验，吸取上述两种溶液各4μl，分别点于同一硅胶G薄层板上，以甲苯-甲酸乙酯-甲酸（5:4:1）为展开剂，展开，取出，晾干，喷以2%三氯化铝乙醇溶液，置紫外光灯（365nm）下检视。供试品色谱中，在与对照药材色谱相应的位置上，显相同颜色的荧光斑点。

【检查】 **水分** 不得过10.0%（附录0832第一法）。

总灰分 不得过10.0%（附录2302）。

酸不溶性灰分 不得过3.0%（附录2302）。

【浸出物】 照醇溶性浸出物测定法（附录2201）项下的热浸法测定，用乙醇作溶剂，不得少于4.0%。

饮片

【炮制】 除去杂质，洗净，稍润，切段，干燥。

【性味】 甘、微苦，平。

【功能】 清热解毒，止痢，止血。

【主治】 湿热泻痢，便血，子宫出血，疮黄肿毒。

【用法与用量】 马、牛30～120g；羊、猪15～30g。

【贮藏】 置阴凉干燥处，防潮，防蛀。

藿　香

Huoxiang

AGASTACHIS HERBA

本品为唇形科植物藿香 *Agastache rugosus*（Fisch. et Mey.）O. Ktze 的干燥地上部分。夏、秋二季枝叶茂盛或花初开时采割，阴干或趁鲜切段，阴干。

【性状】 本品茎方柱形而直，常有对生的分枝，四面平坦或凹入成宽沟，长30～90cm，直径0.2～1cm；表面绿色或黄绿色；质脆易折断，断面白色，髓部中空。叶对生，叶片较薄，多皱缩或破碎，完整的叶片湿润展开后呈卵形或长卵形，长2～8cm，宽1～5cm；上表面深绿色，先端尖锐或短渐尖，基部圆形或心形，边缘有钝圆或锯齿；叶柄长1～4cm。穗状轮伞花序顶生。气香而特异，味淡而微凉。

【鉴别】 （1）本品叶的表面观：表皮细胞垂周壁波状弯曲。气孔与茸毛较多，气孔直轴式。非腺毛1～4细胞，表面有疣状突起。腺鳞头部8细胞，罕为4细胞，直径60～90μm，柄单细胞，棕色，小腺毛头部1～2细胞，柄单细胞。

（2）本品茎的横切面：表皮细胞外被角质层，并有腺毛及非腺毛。下皮厚角质组织位于棱角处。皮层狭窄。中柱鞘纤维束断续排列成环。壁木化。韧皮部窄。形成层环不明显。木质部棱角处较发达，均木化，射线宽窄不一。髓薄壁细胞纹孔明显，有时可见细小的草酸钙柱晶。

【炮制】 除去杂质及老茎，先抖下叶，筛净另放。茎用水淋洗，润透，切段，晒干。再与叶混匀。

【性味与归经】 辛，微温。归肺、脾、胃经。

【功能】 发表解暑，芳香化湿，和中止呕。

【主治】 夏伤暑湿，暑湿泄泻，反胃呕吐，肚腹胀满。

【用法与用量】 马、牛15～45g；羊、猪5～10g；兔、禽1～2g。

【贮藏】 置阴凉干燥处。

蟾　酥

Chansu

BUFONIS VENENUM

本品为蟾蜍科动物中华大蟾蜍 *Bufo bufo gargarizans* Cantor 或黑眶蟾蜍 *Bufo melanostictus* Schneider 的干燥分泌物。多于夏、秋二季捕捉蟾蜍，洗净，挤取耳后腺和皮肤腺的白色浆液，加工，干燥。

【性状】 本品呈扁圆形团块状或片状。棕褐色或红棕色。团块状者质坚，不易折断，断面棕褐色，角质状，微有光泽；片状者质脆，易碎，断面红棕色，半透明。气微腥，味初甜而后有持久的麻辣感，粉末嗅之作嚏。

【鉴别】 （1）本品断面沾水，即呈乳白色隆起。

（2）取本品粉末0.1g，加甲醇5ml，浸泡1小时，滤过，滤液加对二甲氨基苯甲醛固体少量，滴加硫酸数滴，即显蓝紫色。

（3）取本品粉末0.1g，加三氯甲烷5ml，浸泡1小时，滤过，滤液蒸干，残渣加醋酐少量使溶解，滴加硫酸，初显蓝紫色，渐变为蓝绿色。

（4）取本品粉末0.2g，加乙醇10ml，加热回流30分钟，滤过，滤液置10ml量瓶中，加乙醇至刻度，摇匀，作为供试品溶液。另取蟾酥对照药材0.2g，同法制成对照药材溶液。再取脂蟾毒配基对照品、华蟾酥毒基对照品，加乙醇分别制成每1ml含1mg的溶液，作为对照品溶液。照薄层色谱法（附录0502）试验，吸取上述四种溶液各10μl，分别点于同一硅胶G薄层板上，以环己烷-三氯甲烷-丙酮（4:3:3）为展开剂，展开，取出，晾干，喷以10%硫酸乙醇溶液，加热至斑点显色清晰。供试品色谱中，在与对照药材色谱相应的位置上，显相同颜色的斑点；在与对照品色谱相应的位置上，显相同的一个绿色及一个红色斑点。

【检查】 **水分** 不得过13.0%（附录0832第一法）。

总灰分 不得过5.0%（附录2302）。

酸不溶性灰分 不得过2.0%（附录2302）。

【含量测定】 照高效液相色谱法（附录0512）测定。

色谱条件与系统适用性试验 以十八烷基硅烷键合硅胶为填充剂；以乙腈-0.5%磷酸二氢钾溶液（50:50）（用磷酸调节pH值为3.2）为流动相；检测波长为296nm；柱温40℃。理论板数按华蟾酥毒基峰、脂蟾毒配基峰计算应分别不低于4000。

对照品溶液的制备 取华蟾酥毒基对照品、脂蟾毒配基对照品适量，精密称定，加甲醇分别制成每1ml中各含华蟾酥毒基、脂蟾毒配基50μg的溶液，即得。

供试品溶液的制备 取本品细粉约25mg，精密称定，置具塞锥形瓶中，精密加入甲醇20ml，称定重量，加热回流1小时，放冷，再称定重量，用甲醇补足减失的重量，摇匀，滤过，取续滤液，即得。

测定法 分别精密吸取上述两种对照品溶液与供试品溶液各20μl，注入液相色谱仪，测定，即得。

本品按干燥品计算，含华蟾酥毒基（$C_{26}H_{34}O_6$）与脂蟾毒配基（$C_{24}H_{32}O_4$）的总量不得少于6.0%。

饮片

【炮制】 **蟾酥粉** 取蟾酥，捣碎，加白酒浸渍，时常搅动至呈稠膏状，干燥，粉碎。

每10kg蟾酥，用白酒20kg。

【性味与归经】 辛，温；有毒。归心经。

【功能】 解毒，止痛，开窍。

【主治】 疮黄疔毒，咽喉肿痛，中暑神昏。

【用法与用量】 马、牛0.1～0.2g；羊、猪0.03～0.06g。

外用适量。

【注意】 孕畜慎用。

【贮藏】 置干燥处，防潮。

鳖　甲

Biejia

TRIONYCIS CARAPAX

本品为鳖科动物鳖 *Trionyx sinensis* Wiegmann 的背甲。全年均可捕捉，以秋、冬二季为多，捕捉后杀死，置沸水中烫至背甲上的硬皮能剥落时，取出，剥取背甲，除去残肉，晒干。

【性状】　本品呈椭圆形或卵圆形，背面隆起，长10～15cm，宽9～14cm。外表面黑褐色或墨绿色，略有光泽，具细网状皱纹和灰黄色或灰白色斑点，中间有一条纵棱，两侧各有左右对称的横凹纹8条，外皮脱落后，可见锯齿状嵌接缝。内表面类白色，中部有突起的脊椎骨，颈骨向内卷曲，两侧各有肋骨8条，伸出边缘。质坚硬。气微腥，味淡。

【检查】　水分　不得过12.0%（附录0832第一法）。

【浸出物】　照醇溶性浸出物测定法（附录2201）项下的热浸法测定，用稀乙醇作溶剂，不得少于5.0%。

饮片

【炮制】　鳖甲　置蒸锅内，沸水蒸45分钟，取出，放入热水中，立即用硬刷除去皮肉，洗净，干燥。

醋鳖甲　取净鳖甲，照烫法（附录0203）用砂烫至表面淡黄色，取出，醋淬，干燥。用时捣碎。每100kg鳖甲，用醋20kg。

【性味与归经】　咸，微寒。归肝、肾经。

【功能】　养阴清热，平肝潜阳，软坚散结。

【主治】　阴虚发热，虚汗，热病伤阴，虚风内动。

【用法与用量】　马、牛15～60g；羊、猪5～10g。

【贮藏】　置干燥处，防蛀。

植物油脂和提取物

人参茎叶总皂苷

Renshen Jingye Zongzaogan

TOATAL GINSENOSIDE OF GINSENG STEMS AND LEAVES

本品为五加科植物人参 *Panax ginseng* C. A. Mey. 的干燥茎叶经加工制成的总皂苷。

【制法】 取人参茎叶，切成1~2cm段，加水煎煮二次，第一次2小时，第二次1.5小时，煎液滤过，合并滤液，通过D101型大孔吸附树脂柱，水洗脱至无色，再用60%乙醇洗脱，收集60%乙醇洗脱液，滤液浓缩至相对密度为1.06~1.08（80℃）的清膏，干燥，粉碎，即得。

【性状】 本品为黄白色或淡黄色的粉末；微臭，味苦；具吸湿性。

本品在甲醇或乙醇中易溶，在水中溶解，在乙醚或石油醚中几乎不溶。

【鉴别】 （1）取本品0.1g，置试管中，加水2ml，用力振摇，产生持久性泡沫。

（2）取本品0.1g，加甲醇10ml使溶解，作为供试品溶液；另取人参茎叶对照药材1g，加水100ml，煎煮2小时，滤过，滤液通过D101型大孔吸附树脂柱（内径为1cm，柱高为15cm），用水洗至无色，弃去水液，再用60%乙醇20ml洗脱，收集洗脱液，蒸干，残渣加甲醇10ml使溶解，作为对照药材溶液。再取人参皂苷Rg$_1$对照品与人参皂苷Re对照品，加甲醇溶解制成每1ml各含2mg的混合溶液，作为对照品溶液。照薄层色谱法（附录0502）试验，吸取上述三种溶液各2μl，分别点于同一硅胶G薄层板上，以三氯甲烷-乙酸乙酯-甲醇-水（15:40:22:10）10℃以下放置的下层溶液为展开剂，展开，取出，晾干，喷以10%硫酸乙醇溶液，在105℃加热至斑点显色清晰，分别置日光和紫外光灯（365nm）下检视。供试品色谱中，在与对照药材色谱和对照品色谱相应的位置上，日光下显相同颜色的斑点，紫外光下显相同颜色的荧光斑点。

【检查】 粒度 依法检查（附录0941第二法），能通过120目筛的粉末不少于95%。

干燥失重 取本品，在105℃干燥至恒重，减失重量不得过5.0%（附录0831）。

总灰分 不得过1.5%（附录2302）。

炽灼残渣 不得过1.5%（附录0841）。

重金属及有害元素 照铅、镉、砷、汞、铜测定法（附录2321）测定，铅不得过2mg/kg；镉不得过0.2mg/kg；砷不得过2mg/kg；汞不得过0.2mg/kg；铜不得过20mg/kg。

有机氯农药残留量 照农药残留量测定法（附录2341 有机氯农药残留测定）测定。六六六（总BHC）不得过0.1mg/kg；滴滴涕（总DDT）不得过1mg/kg；五氯硝基苯（PCNB）不得过0.1mg/kg。

【特征图谱】 照高效液相色谱法（附录0512）测定。

色谱条件与系统适用性试验 以十八烷基硅烷键合硅胶为填充剂（柱长为25cm，内径为4.6mm，粒径为5μm，载碳量11%）；以乙腈为流动相A，以0.1%磷酸溶液为流动相B，按下表中的规定进行梯度洗脱；柱温为30℃；流速为每分钟1.3ml，检测波长为203nm。理论板数按人参皂苷Re峰计算应不低于6000，按人参皂苷Rd峰计算应不低于200 000。

时间（分钟）	流动相A（%）	流动相B（%）
0~30	19	81
30~35	19→24	81→76
35~60	24→40	76→60

参照物溶液的制备 取人参皂苷Rg$_1$对照品、人参皂苷Re对照品和人参皂苷Rd对照品适量，精

密称定，加甲醇制成每1ml各含人参皂苷Rg₁0.3mg、人参皂苷Re0.5mg和人参皂苷Rd0.2mg的溶液，即得。

供试品溶液的制备　取本品20mg，精密称定，置10ml量瓶中，加甲醇超声使溶解并稀释至刻度，滤过，取续滤液，即得。

测定法　分别精密吸取参照物溶液和供试品溶液各10μl，注入液相色谱仪，测定，记录60分钟的色谱图，即得。

供试品特征图谱中应有6个特征峰，其中3个峰应分别与相应的参照物峰保留时间相同，与人参皂苷Rd参照物峰相应的峰为S峰，计算特征峰3~6的相对保留时间，其相对保留时间应在规定值的±5%之内。规定值为：0.93（峰3）、0.95（峰4）、0.97（峰5）、1.00（峰6）。

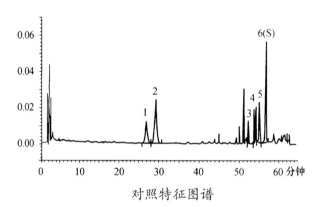

对照特征图谱

峰1：人参皂苷Rg₁　峰2：人参皂苷Re　峰3：人参皂苷Rc
峰4：人参皂苷Rb₂　峰6（S）：人参皂苷Rd

【含量测定】　**人参茎叶总皂苷**　对照品溶液的制备　取人参皂苷Re对照品适量，精密称定，加甲醇制成每1ml含1mg的溶液，即得。

标准曲线的制备　精密吸取对照品溶液20μl、40μl、80μl、120μl、160μl、200μl，分别置于具塞试管中，低温挥去溶剂，加入1%香草醛高氯酸试液0.5ml，置60℃恒温水浴上充分混匀后加热15分钟，立即用冰水冷却2分钟，加入77%硫酸溶液5ml，摇匀；以相应试剂作空白，照紫外-可见分光光度法（附录0401），在540nm波长处测定吸光度，以吸光度为纵坐标，以浓度为横坐标绘制标准曲线。

测定法　取本品约50mg，精密称定，置25ml量瓶中，加甲醇适量使溶解并稀释至刻度，摇匀，精密量取50μl，照标准曲线制备项下的方法，自"置于具塞试管中"起依法操作，测定吸光度，从标准曲线上读出供试品溶液中人参皂苷Re的量，计算结果乘以0.84，即得。

本品按干燥品计算，含人参总皂苷以人参皂苷Re（$C_{48}H_{82}O_{18}$）计，应为75%~95%。

人参皂苷Rg₁、Re、Rd　照高效液相色谱法（附录0512）测定。

色谱条件与系统适用性试验　以十八烷基硅烷键合硅胶为填充剂；以乙腈为流动相A，以0.1%磷酸溶液为流动相B，按〔特征图谱〕项表中梯度进行洗脱；检测波长为203nm。理论板数按人参皂苷Re峰计算应不低于3000。

对照品溶液的制备　取人参皂苷Rg₁对照品、人参皂苷Re对照品和人参皂苷Rd对照品适量，精密称定，加甲醇制成1ml中含人参皂苷Rg₁ 0.30mg、人参皂苷Re 0.50mg和人参皂苷Rd 0.20mg的混合溶液。

供试品溶液的制备　取〔特征图谱〕项下的供试品溶液，即得。

测定法　分别精密吸取上述对照品溶液20μl与供试品溶液5～20μl，注入液相色谱仪，测定，即得。

本品按干燥品计算，含人参皂苷Rg$_1$（C$_{42}$H$_{72}$O$_{14}$）、人参皂苷Re（C$_{48}$H$_{82}$O$_{18}$）和人参皂苷Rd（C$_{48}$H$_{82}$O$_{18}$）的总量应为30%～45%。

【贮藏】　密闭，置干燥处。

【制剂】　口服制剂。

三七总皂苷

Sanqi Zongzaogan

NOTOGINSENG TOTAL SAPONINS

本品为五加科植物三七 *Panax notoginseng*（Burk.）F. H. Chen. 的主根或根茎经加工制成的总皂苷。

【制法】　取三七粉碎成粗粉，用70%的乙醇提取，滤过，滤液减压浓缩，滤过，过苯乙烯非极性或弱极性共聚体大孔吸附树脂柱，用水洗涤，水洗液弃去，以80%的乙醇洗脱，洗脱液减压浓缩，脱色，精制，减压浓缩至浸膏，干燥，即得。

【性状】　本品为类白色至淡黄色的无定形粉末；味苦、微甘。

【鉴别】　取本品，照〔含量测定〕项下的方法试验，供试品色谱图中应呈现与三七总皂苷对照提取物中三七皂苷R$_1$、人参皂苷Rg$_1$、人参皂苷Re、人参皂苷Rb$_1$、人参皂苷Rd色谱峰保留时间相同的色谱峰。

【检查】　干燥失重　取本品，在80℃干燥至恒重，减失重量不得过5.0%（附录0831）。

炽灼残渣　不得过0.5%（附录0841）。

溶液颜色　取本品适量，加水制成每1ml含三七总皂苷25mg的溶液，与黄色4号标准比色液（附录0901）比较，不得更深。

有关物质（注射剂用）

蛋白质　取本品50mg，加水1ml溶解，依法检查（附录2400），应符合规定。

鞣　质　取本品50mg，加水1ml溶解，依法检查（附录2400），应符合规定。

树　脂　取本品250mg，加水5ml溶解，依法检查（附录2400），应符合规定。

草酸盐　取本品200mg，加水4ml溶解，依法检查（附录2400），应符合规定。

钾离子　取本品0.1g，缓缓炽灼至完全炭化，再在500～600℃炽灼使完全灰化，依法检查（附录2400），应符合规定。

重金属及有害元素　照铅、镉、砷、汞、铜测定法（附录0403）测定，铅不得过5mg/kg；镉不得过0.3mg/kg；砷不得过2mg/kg；汞不得过0.2mg/kg；铜不得过20mg/kg。

树脂残留　照残留溶剂测定法（一部附录0861第二法）测定。

色谱条件与系统适用性试验　以键合/交联聚乙二醇为固定相的石英毛细管柱（柱长为30m，内径为0.25mm，膜厚度为0.25μm）；柱温为程序升温，起始温度为60℃，保持16分钟，再以每分钟20℃升温至200℃，保持2分钟；用氢火焰离子化检测器检测，检测器温度300℃；进样口温度240℃；载气为氮气，流速每分钟1.0ml。顶空进样，顶空瓶平衡温度为90℃，平衡时间为30分钟。

理论板数以邻二甲苯峰计算应不低于40 000，各待测峰之间的分离度应符合规定。

对照品溶液的制备 精密称取正己烷、苯、甲苯、对二甲苯、邻二甲苯、苯乙烯、1,2-二乙基苯和二乙烯苯对照品适量，加 N,N-二甲基乙酰胺制成每1ml中分别含20μg、4μg、20μg、20μg、20μg、20μg、20μg、20μg的溶液，作为对照品贮备液。精密吸取上述贮备液2ml，置50ml量瓶中，加25%N,N-二甲基乙酰胺溶液稀释至刻度，摇匀，精密量取5ml，置20ml顶空瓶中，密封，即得。

供试品溶液的制备 取本品约0.1g，精密称定，置20ml顶空瓶中，精密加入25%N,N-二甲基乙酰胺溶液5ml，密封，摇匀，即得。

测定法 分别精密量取顶空气体1ml，注入气相色谱仪，测定，即得。

本品含苯不得过0.0002%，含正己烷、甲苯、对二甲苯、邻二甲苯、苯乙烯、1,2-二乙基苯和二乙烯苯均不得过0.002%（供注射用）。

异常毒性 取本品，加氯化钠注射液制成每1ml含三七总皂苷5.0mg的溶液，作为供试品溶液。取体重为17～20g小鼠5只，在4～5秒内每只小鼠注射供试品溶液0.5ml于尾静脉中，全部小鼠给药后48小时内不得有死亡；如有死亡，另取体重为18～19g的小鼠10只复试，全部小鼠在48小时内不得有死亡（供注射用）。

热原 取本品，加氯化钠注射液制成每1ml含三七总皂苷50mg的溶液，依法检查（附录1112），剂量按家兔体重每1kg注射0.5ml，应符合规定（供注射用）。

【**指纹图谱**】 取本品，照〔含量测定〕项下的方法试验，记录色谱图。

按中药色谱指纹图谱相似度评价系统，供试品指纹图谱与对照指纹图谱经相似度计算，5分钟后的色谱峰，其相似度不得低于0.95。

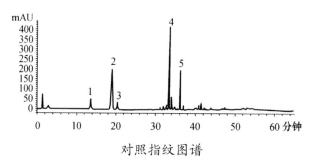

对照指纹图谱

峰1：三七皂苷R$_1$ 峰2：人参皂苷Rg$_1$ 峰3：人参皂苷Re
峰4：人参皂苷Rb$_1$ 峰5：人参皂苷Rd

【**含量测定**】 照高效液相色谱法（附录0512）测定。

色谱条件与系统适用性试验 以十八烷基硅烷键合硅胶为填充剂；以乙腈为流动相A，以水为流动相B，按下表中的规定进行梯度洗脱；流速每分钟1.5ml；检测波长为203nm；柱温25℃。人参皂苷Rg$_1$与人参皂苷Re的分离度应大于1.5。理论板数按人参皂苷Rg$_1$峰计算应不低于6000。

时间（分钟）	流动相A（%）	流动相B（%）
0～20	20	80
20～45	20→46	80→54
45～55	46→55	54→45
55～60	55	45

对照提取物溶液的制备　取三七总皂苷对照提取物适量，精密称定，加70%甲醇溶解并稀释制成每1ml含2.5mg的溶液，即得。

供试品溶液的制备　取本品25mg，精密称定，置10ml量瓶中，加70%甲醇溶解并稀释至刻度，摇匀，即得。

测定法　分别精密吸取对照提取物溶液与供试品溶液各10μl，注入液相色谱仪，测定，即得。

本品按干燥品计算，含三七皂苷R$_1$（C$_{47}$H$_{80}$O$_{18}$）不得少于5.0%、人参皂苷Rg$_1$（C$_{42}$H$_{72}$O$_{14}$）不得少于25.0%、人参皂苷Re（C$_{48}$H$_{82}$O$_{18}$）不得少于2.5%、人参皂苷Rb$_1$（C$_{54}$H$_{92}$O$_{23}$）不得少于30.0%、人参皂苷Rd（C$_{48}$H$_{82}$O$_{18}$）不得少于5.0%，且三七皂苷R$_1$、人参皂苷Rg$_1$、人参皂苷Re、人参皂苷Rb$_1$、人参皂苷Rd总量不得低于75%（供口服用）或85%（供注射用）。

【贮藏】　密封，置干燥处。

【制剂】　口服制剂，注射剂。

大黄流浸膏

Dahuang Liujingao

RHUBARB LIQUID EXTRACT

本品为大黄经加工制成的流浸膏。

【制法】　取大黄（最粗粉）1000g，照流浸膏剂与浸膏剂项下的渗漉法（附录0108），用60%乙醇作溶剂，浸渍24小时后，以每分钟1～3ml的速度缓缓渗漉，收集初漉液850ml，另器保存，继续渗漉，至渗漉液色淡为止，收集续漉液，浓缩至稠膏状，加入初漉液，混合后，用60%乙醇稀释至1000ml，静置，俟澄清，滤过，即得。

【性状】　本品为棕色的液体；味苦而涩。

【鉴别】　（1）取本品1ml，加1%氢氧化钠溶液10ml，煮沸，放冷，滤过。取滤液2ml，加稀盐酸数滴使呈酸性，加乙醚10ml，振摇，乙醚层显黄色，分取乙醚液，加氨试液5ml，振摇，乙醚层仍显黄色，氨液层显持久的樱红色。

（2）取本品1ml，置瓷坩埚中，在水浴上蒸干后，坩埚上覆以载玻片，置石棉网上直火徐徐加热，至载玻片上呈现升华物后，取下载玻片，放冷，置显微镜下观察，有菱形针状、羽状和不规则晶体，滴加氢氧化钠试液，结晶溶解，溶液显紫红色。

（3）取本品0.1ml，蒸干，残渣加水20ml使溶解，滤过，滤液加盐酸2ml，加热回流30分钟，立即冷却，用乙醚20ml分2次振摇提取，合并乙醚液，蒸干，残渣加三氯甲烷1ml使溶解，作为供试品溶液。另取大黄对照药材0.1g，加乙醇20ml，浸渍1小时，滤过，取滤液5ml，蒸干，残渣加水10ml、盐酸1ml，自"加热回流30分钟"起，同法制成对照药材溶液。再取大黄酸对照品，加甲醇制成每1ml含1mg的溶液，作为对照品溶液。照薄层色谱法（附录0502）试验，吸取供试品溶液2μl、对照药材溶液和对照品溶液各4μl，分别点于同一以羧甲基纤维素钠为黏合剂的硅胶H薄层板上，以石油醚（30～60℃）-甲酸乙酯-甲酸（15∶5∶1）的上层溶液为展开剂，展开，取出，晾干，置紫外光灯（365nm）下检视。供试品色谱中，在与对照药材色谱相应的位置上，显相同的五个橙色荧光斑点；在与对照品色谱相应的位置上，显相同的橙色荧光斑点；置氨蒸气中熏后，斑点变为红色。

【检查】　**土大黄苷**　取本品0.2ml，加甲醇2ml，温浸10分钟，放冷，取上清液10μl，点于滤纸上，以45%乙醇展开，取出，晾干，放置10分钟，置紫外光灯（365nm）下观察，不得显持久的亮紫色荧光。

乙醇量 应为40%～50%（附录0711）。

总固体 取本品约1g，置已干燥至恒重的蒸发皿中，精密称定，置水浴上蒸干后，在105℃干燥3小时，移置干燥器中，冷却30分钟，迅速称定重量，遗留残渣不得少于30.0%。

其他 应符合流浸膏剂与浸膏剂项下有关的各项规定（附录0108）。

【含量测定】 照高效液相色谱法（附录0512）测定。

色谱条件与系统适用性试验 以十八烷基硅烷键合硅胶为填充剂；以甲醇-0.1%磷酸溶液（80:20）为流动相；检测波长为254nm。理论板数按大黄素峰计算应不低于1500。

对照品溶液的制备 取大黄素对照品和大黄酚对照品适量，精密称定，加甲醇制成每1ml各含大黄素和大黄酚5μg的溶液，即得。

供试品溶液的制备 取本品约0.2g，精密称定，置锥形瓶中，蒸干，精密加甲醇25ml，称定重量，加热回流30分钟，放冷，再称定重量，用甲醇补足减失的重量，摇匀，滤过。精密量取续滤液5ml，置圆底烧瓶中，挥去甲醇，加2.5mol/L硫酸溶液10ml，超声处理（功率120W，频率45kHz）5分钟，再加三氯甲烷10ml，加热回流1小时，冷却，移至分液漏斗中，用少量三氯甲烷洗涤容器，并入分液漏斗中，分取三氯甲烷层，酸液用三氯甲烷提取2次，每次10ml。三氯甲烷液依次以铺有无水硫酸钠2g的漏斗滤过，合并三氯甲烷液，回收溶剂至干，残渣精密加入甲醇25ml，称定重量，置水浴中微热溶解残渣，放冷，再称定重量，用甲醇补足减失的重量，滤过，取续滤液，即得。

测定法 分别精密吸取对照品溶液与供试品溶液各20μl，注入液相色谱仪，测定，即得。

本品含大黄素（$C_{15}H_{10}O_5$）和大黄酚（$C_{15}H_{10}O_4$）的总量不得少于0.45%。

【贮藏】 密封。

大 黄 浸 膏

Dahuang Jingao

RHUBARB EXTRACT

本品为大黄经加工制成的浸膏。

【制法】 取大黄（最粗粉）1000g，照流浸膏剂与浸膏剂项下的渗漉法（附录0108），用60%乙醇作溶剂，浸渍12小时后，以每分钟1～3ml的速度缓缓渗漉，收集漉液8000ml；或用75%乙醇回流提2次（10 000ml，8000ml），每次1小时，合并提取液。滤过，滤液减压回收乙醇至稠膏状，低温干燥，研细，过四号筛，即得。

【性状】 本品为棕色至棕褐色粉末；味苦，微涩。

【鉴别】 （1）取本品1.0g，加1%氢氧化钠溶液10ml，煮沸，放冷，滤过。取滤液2ml，加稀盐酸数滴使呈酸性，加乙醚10ml，振摇，乙醚层显黄色，分取乙醚液，加氨试液5ml，振摇，乙醚层仍显黄色，氨液层显持久的樱红色。

（2）取本品1.0g，置瓷坩埚中，坩埚上覆以载玻片，置石棉网上直火徐徐加热，至载玻片上呈现升华物后，取下载玻片，放冷，置显微镜下观察，有菱形针状、羽状和不规则晶体，滴加氢氧化钠试液，结晶溶解，溶液显紫红色。

（3）取本品1.0g，加水20ml使溶解，滤过，滤液加盐酸2ml，加热回流30分钟，立即冷却，用乙醚20ml分2次振摇提取，合并乙醚液，蒸干，残渣加三氯甲烷1ml使溶解，作为供试品溶液。另取大黄对照药材0.1g，加乙醇20ml，浸泡1小时，滤过，取滤液5ml，蒸干，残渣加水10ml、盐酸1ml，自"加热回流30分钟"起同法制成对照药材溶液。再取芦荟大黄素、大黄酸、大黄素、大黄酚和大黄素甲醚对照品，加甲醇制成每1ml含1mg的溶液，作为对照品溶液。照薄层色谱法（附录0502）试验，吸取供试品溶液、对照药材溶液和对照品溶液各4μl，分别点于同一以羧甲基纤维素钠为黏合剂的硅胶H薄层板上，以石油醚（30~60℃）-甲酸乙酯-甲酸（15:5:1）的上层溶液为展开剂，展开，取出，晾干。置紫外光灯（365nm）下检视。供试品色谱中，在与对照药材色谱相应的位置上，显相同的五个橙色荧光斑点；在与对照品色谱相应的位置上，显相同的橙色荧光斑点；置氨蒸气中熏后，斑点变为红色。

【检查】　土大黄苷　取本品1.0g，加甲醇2ml，温浸10分钟，放冷，取上清液10μl，点于滤纸上，以45%乙醇展开，取出，晾干，放置10分钟，置紫外光灯（365nm）下观察，不得显持久的亮紫色荧光。

水分　不得过10.0%（附录0832第一法）。

其他　应符合流浸膏剂与浸膏剂项下有关的各项规定（附录0108）。

【含量测定】　照高效液相色谱法（附录0512）测定。

色谱条件与系统适用性试验　以十八烷基硅烷键合硅胶为填充剂；以甲醇-0.1%磷酸溶液（80:20）为流动相；检测波长为254nm。理论板数按大黄素峰计算应不低于1500。

对照品溶液的制备　取大黄素对照品和大黄酚对照品适量，精密称定，加甲醇制成每1ml各含大黄素和大黄酚5μg的溶液，即得。

供试品溶液的制备　取本品约0.1g，精密称定，置锥形瓶中，精密加甲醇25ml，称定重量，超声处理（功率120W，频率45kHz）5~10分钟，使分散均匀，加热回流30分钟，放冷，再称定重量，用甲醇补足减失的重量，摇匀，滤过。精密量取续滤液3ml，置圆底烧瓶中，挥去甲醇，加2.5mol/L硫酸溶液10ml，超声处理（功率120W，频率45kHz）5分钟，再加三氯甲烷10ml，加热回流1小时，冷却，移至分液漏斗中，用少量三氯甲烷洗涤容器，并入分液漏斗中，分取三氯甲烷层，酸液用三氯甲烷提取2次，每次10ml。三氯甲烷液依次以铺有无水硫酸钠2g的漏斗滤过，合并三氯甲烷液，回收溶剂至干，残渣精密加入甲醇25ml，称定重量，置水浴中微热溶解残渣，放冷，再称定重量，用甲醇补足减失的重量，滤过，取续滤液，即得。

测定法　分别精密吸取对照品溶液与供试品溶液各20μl，注入液相色谱仪，测定，即得。

本品含大黄素（$C_{15}H_{10}O_5$）和大黄酚（$C_{15}H_{10}O_4$）的总量不得少于0.8%。

【贮藏】　密封，置干燥处。

马钱子流浸膏

Maqianzi Liujingao

STRYCHNI LIQUID EXTRACT

本品为马钱子经加工制成的流浸膏。

【制法】　取马钱子细粉1000g，照流浸膏剂与浸膏剂项下的渗漉法（附录0108），用70%乙醇作溶剂，浸渍48小时后，以每分钟约1ml的速度缓缓渗漉，俟士的宁完全漉出，收集漉液浓缩至250ml，趁热加石蜡15g融化后，强力振摇，放置，俟冷，穿通凝结的石蜡层，将溶液取出，加70%

乙醇250ml，滤过。取出滤液10ml，测定士的宁的含量后，将余液加45%乙醇稀释，使士的宁和乙醇量均符合规定，静置，俟澄清，滤过，即得。

【性状】 本品为棕色的液体；味极苦。

【鉴别】 取〔含量测定〕项下滴定后的溶液，加氨试液2ml，用三氯甲烷振摇提取2次，每次10ml，合并三氯甲烷液，蒸干，取残渣约0.5mg，置蒸发皿中，加硫酸1滴，溶解后，加重铬酸钾结晶一小粒，周围即显紫色。

【检查】 乙醇量 应为34%～42%（附录0711）。

其他 应符合流浸膏剂与浸膏剂项下有关的各项规定（附录0108）。

【含量测定】 精密量取本品10ml，置蒸发皿中，在水浴上蒸干，残渣中加硫酸溶液（3→100）15ml，硝酸2ml与亚硝酸钠溶液（1→20）2ml，在15～20℃放置30分钟，移置贮有氢氧化钠溶液（1→5）20ml的分液漏斗中，蒸发皿用少量水洗净，洗液并入分液漏斗中，用三氯甲烷分次振摇提取，每次20ml，至士的宁提尽为止。每次得到的三氯甲烷液均先用同一的氢氧化钠溶液（1→5）5ml洗涤，再用同一的水洗涤2次，每次各20ml，合并洗净的三氯甲烷液，置水浴上蒸发至近干，加乙醇5ml，蒸干，并在100℃干燥30分钟，残渣中精密加硫酸滴定液（0.05mol/L）10ml，必要时，微热使溶解，放冷，加甲基红指示液2滴，用氢氧化钠滴定液（0.1mol/L）滴定，并将滴定的结果用空白试验校正。每1ml硫酸滴定液（0.05mol/L）相当于33.44mg的士的宁（$C_{21}H_{22}N_2O_2$）。

本品含士的宁（$C_{21}H_{22}N_2O_2$）应为1.425%～1.575%。

【贮藏】 密封，置阴凉处。

【制剂】 马钱子酊。

广 藿 香 油
Guanghuoxiang You
PATCHOULI OIL

本品为唇形科植物广藿香 *Pogostemon cablin*（Blanco）Benth.的干燥地上部分经水蒸气蒸馏提取的挥发油。

【性状】 本品为红棕色或绿棕色的澄清液体；有特异的芳香气，味辛、微温。

本品与三氯甲烷、乙醚或石油醚任意混溶。

相对密度 应为0.950～0.980（附录0601）。

比旋度 取本品约10g，精密称定，置100ml量瓶中，加90%乙醇适量使溶解，再用90%乙醇稀释至刻度，摇匀，放置10分钟，在25℃依法测定（附录0621），比旋度应为－66º～－43º。

折光率 应为1.503～1.513（附录0622）。

【鉴别】 取本品0.3g，加石油醚（60～90℃）15ml溶解，用2mol/L氢氧化钠溶液3ml提取，用2mol/L盐酸溶液调节pH值至2.0，再用石油醚（60～90℃）6ml振摇提取，分取石油醚层并浓缩至0.5ml，作为供试品溶液。另取百秋李醇对照品和广藿香酮对照品，分别加乙酸乙酯制成每1ml各含4mg的溶液，作为对照品溶液。照薄层色谱法（附录0502）试验，吸取供试品溶液2μl、对照品溶液1μl，分别点于同一硅胶G薄层板上，以石油醚（60～90℃）-乙酸乙酯-甲酸（10:0.7:0.6）为展开剂，展开，取出，晾干，5%三氯化铁乙醇溶液浸渍显色，加热至斑点显色清晰。供试品色谱中，在与百秋李醇对照品相应的位置上，显相同的紫蓝色斑点；在与广藿香酮对照品相应的位置上，显相同颜色的斑点。

【检查】 乙醇中的不溶物 取本品1ml，加90%乙醇10ml，摇匀，溶液应澄清（25℃）。

【含量测定】 照气相色谱法（附录0521）测定。

色谱条件与系统适用性试验 以5%苯基甲基聚硅氧烷为固定相的毛细管柱（柱长为30m，内径为0.25mm，膜厚度为0.25μm）；柱温为程序升温；初始温度180℃，保持10分钟，以每分钟5℃的速率升温至230℃，保持3分钟；检测器温度为280℃；进样口温度为280℃；分流进样，分流比为10:1。理论板数按百秋李醇峰计算应不低于50 000。

对照品溶液的制备 取百秋李醇对照品适量，精密称定，加正己烷制成每1ml含6mg的溶液，即得。

供试品溶液的制备 取本品0.1g，精密称定，置10ml量瓶中，用正己烷溶解并稀释至刻度，摇匀，作为供试品溶液。

测定法 分别精密吸取对照品溶液与供试品溶液各1μl，注入气相色谱仪，测定，即得。

本品含百秋李醇（$C_{15}H_{26}O$）不得少于26%。

【贮藏】 遮光，密封，置阴凉处。

丹参总酚酸提取物

Danshenzongfensuan Tiquwu

SALVIA TOTAL PHENOLIC ACIDS

本品为唇形科植物丹参 *Salvia miltiorrhiza* Bge. 的干燥根及根茎经加工制成的提取物。

【制法】 取丹参，切成小段，加水于80℃提取2次，合并提取液，滤过，滤液于60℃减压浓缩至相对密度为1.18～1.22（50℃）的清膏，放冷，加乙醇使含醇量为70%，静置12小时，取上清液，减压回收乙醇，并浓缩至稠膏，干燥，即得。

【性状】 本品为黄褐色粉末。

【鉴别】 （1）取本品5mg，加水1ml使溶解，加三氯化铁试液1滴，显污绿色。

（2）取本品50mg，加水5ml使溶解（如有不溶物，滤过，取滤液），作为供试品溶液。取丹参对照药材0.5g，加水20ml，加热回流1小时，放冷，滤过，滤液作为对照药材溶液。另取迷迭香酸对照品和丹酚酸B对照品，加水制成每1ml各含1mg的溶液，作为对照品溶液。照薄层色谱法（附录0502）试验，吸取上述四种溶液各5μl，分别点于同一硅胶G薄层板上，以甲苯-三氯甲烷-乙酸乙酯-甲醇-甲酸（2:3:4:0.5:2）为展开剂，展开，取出，晾干，置紫外光灯（365nm）下检视。供试品色谱中，在与对照药材色谱和对照品色谱相应的位置上，显相同颜色的荧光斑点。

【检查】 水分 不得过5.0%（附录0832第一法）。

炽灼残渣 不得过12.0%（附录0841）。

重金属 取炽灼残渣项下残留的残渣，照重金属检查法（附录0821第二法）测定，不得过10mg/kg。

【指纹图谱】 照高效液相色谱法（附录0512）测定。

色谱条件和系统适用性试验 以十八烷基硅烷键合硅胶为填充剂（柱长为25cm，内径为4.6mm，粒径为5μm）；以乙腈为流动相A，以0.05%磷酸溶液为流动相B，按下表中的规定进行梯度洗脱；检测波长为286nm；柱温为30℃；流速为每分钟1.0ml。理论板数按迷迭香酸峰计算应不低于20 000。

时间（分钟）	流动相A（%）	流动相B（%）
0～15	10→20	90→80
15～35	20→25	80→75
35～45	25→30	75→70
45～55	30→90	70→10
55～70	90	10

参照物溶液的制备　取迷迭香酸对照品和丹酚酸B对照品适量，精密称定，加甲醇制成每1ml各含0.2mg的溶液，即得。

供试品溶液的制备　取〔含量测定〕项下的供试品溶液，即得。

测定法　分别精密吸取参照物溶液和供试品溶液各10μl，注入液相色谱仪，测定，记录色谱图，即得。

按中药色谱指纹图谱相似度评价系统，供试品指纹图谱与对照指纹图谱经相似度计算，相似度不得低于0.90。

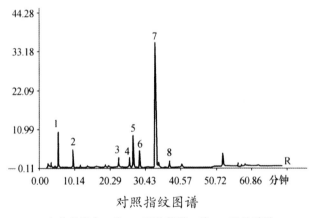

对照指纹图谱

8个共有峰中　峰2：原儿茶醛　峰5：迷迭香酸
峰6：紫草素　峰7：丹酚酸B

【含量测定】　照高效液相色谱法（附录0512）测定。

色谱条件与系统适用性试验　以十八烷基硅烷键合硅胶为填充剂；以乙腈为流动相A，以0.05%磷酸溶液为流动相B，按下表中的规定进行梯度洗脱；检测波长为286nm；柱温为30℃；流速为每分钟1.0ml。理论板数按迷迭香酸峰计算应不低于20 000。

时间（分钟）	流动相A（%）	流动相B（%）
0～15	17→23	83→77
15～30	23→25	77→75
30～40	25→90	75→10
40～50	90	10

对照品溶液的制备　取迷迭香酸对照品和丹酚酸B对照品适量，精密称定，加水制成每1ml含迷迭香酸7μg、丹酚酸B60μg的混合溶液，即得。

供试品溶液的制备 取供试品5mg，精密称定，置5ml量瓶中，加水使溶解，并稀释至刻度，摇匀，滤过，取续滤液，即得。

测定法 分别精密吸取对照品溶液与供试品溶液各10μl，注入液相色谱仪，测定，即得。

本品按干燥品计算，含迷迭香酸（$C_{18}H_{16}O_8$）不得少于0.50%，含丹酚酸B（$C_{36}H_{30}O_{16}$）不得少于5.0%。

【贮藏】 遮光，密封，置阴凉干燥处。

丹参酮提取物
Danshentong Tiquwu
TANSHINONES

本品为唇形科植物丹参 *Salvia miltiorrhiza* Bge. 的干燥根及根茎经加工制成的提取物。

【制法】 取丹参，粉碎成粗粉，加乙醇加热回流提取3次，滤过，合并滤液，减压回收乙醇并浓缩成相对密度为1.30~1.35（60℃）稠膏，用热水洗至洗液无色，80℃干燥，粉碎成细粉，即得。

【性状】 本品为棕红色的粉末；有特殊气味，不具引湿性。

本品易溶于三氯甲烷、二氯甲烷，溶解于丙酮，微溶于甲醇、乙醇、乙酸乙酯。

【鉴别】 取本品35mg，加甲醇5ml使溶解，作为供试品溶液。另取丹参对照药材0.5g，加甲醇20ml，加热回流提取1小时，放冷，滤过，滤液蒸干，残渣加热水洗至洗液无色，残渣加甲醇1ml使溶解，作为对照药材溶液。再取隐丹参酮对照品与丹参酮II$_A$对照品，加甲醇制成每1ml各含1mg的溶液，作为对照品溶液。照薄层色谱法（附录0502）试验，吸取上述四种溶液各5μl，分别点于同一硅胶G薄层板上，以石油醚（60~90℃）-乙酸乙酯（5:1）为展开剂，展开，取出，晾干。供试品色谱中，在与对照药材色谱和对照品色谱相应的位置上，显相同颜色的斑点。

【检查】 水分 不得过5.0%（附录0832第一法）。

炽灼残渣 照炽灼残渣检查法（附录0841）测定，不得过3.0%。

重金属 取炽灼残渣项下遗留的残渣，依法检查（附录0821第二法），不得过10mg/kg。

【指纹图谱】 照高效液相色谱法（附录0512）测定。

色谱条件和系统适用性试验 以十八烷基硅烷键合硅胶为填充剂（柱长为25cm，内径为4.6mm，粒径为5μm）；以乙腈为流动相A，以0.026%磷酸溶液为流动相B，按下表中的规定进行梯度洗脱；检测波长为270nm；柱温为25℃；流速为每分钟0.8ml。理论板数按隐丹参酮峰计算应不低于20 000。

时间（分钟）	流动相A（%）	流动相B（%）
0~20	20→60	80→40
20~50	60→80	40→20

参照物溶液的制备 取隐丹参酮对照品和丹参酮II$_A$对照品适量，精密称定，加甲醇制成每1ml含隐丹参酮30μg和丹参酮II$_A$130μg的混合溶液，即得。

供试品溶液的制备 取本品约5mg，精密称定，置5ml量瓶中，加甲醇使溶解并稀释至刻度，摇匀，滤过，取续滤液，即得。

测定法 分别精密吸取参照物溶液和供试品溶液各10μl，注入液相色谱仪，测定，记录色谱图，即得。

供试品指纹图谱中应分别呈现与参照物色谱峰保留时间相同的色谱峰。按中药色谱指纹图谱相似度评价系统计算，供试品指纹图谱与对照指纹图谱的相似度不得低于0.90；隐丹参酮的峰高值不得低于丹参酮Ⅰ的峰高值。

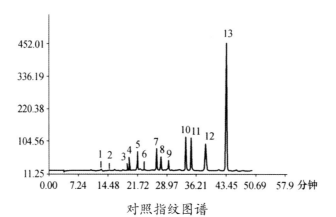

对照指纹图谱

13个共有峰中　峰8：15,16-二氢丹参酮Ⅰ　峰10：隐丹参酮

峰11：丹参酮Ⅰ　峰13：丹参酮ⅡA

【含量测定】　照高效液相色谱法（附录0512）测定。

色谱条件和系统适用性试验　以十八烷基硅烷键合硅胶为填充剂；以乙腈为流动相A，以0.026%磷酸溶液为流动相B，按下表中的规定进行梯度洗脱；检测波长为270nm；柱温为25℃；流速为每分钟1.2ml。理论板数按隐丹参酮峰计算应不低于20 000。

时间（分钟）	流动相A（%）	流动相B（%）
0~20	60→90	40→10
20~30	90	10

对照品溶液的制备　取隐丹参酮对照品和丹参酮ⅡA对照品适量，精密称定，加甲醇制成每1ml含隐丹参酮10μg和丹参酮ⅡA60μg的混合溶液，即得。

供试品溶液的制备　取本品约5mg，精密称定，置10ml量瓶中，加甲醇使溶解，并稀释至刻度，摇匀，滤过，取续滤液，即得。

测定法　分别精密吸取对照品溶液与供试品溶液各10μl，注入液相色谱仪，测定，即得。

本品按干燥品计，含隐丹参酮（$C_{19}H_{20}O_3$）不得少于2.1%，丹参酮ⅡA（$C_{19}H_{18}O_3$）不得少于9.8%。

【贮藏】　遮光，密封，置阴凉干燥处。

水牛角浓缩粉

Shuiniujiao Nongsuofen

POWERDERED BUFFALO HORN EXTRACT

本品为牛科动物水牛 *Bubalus bubalis* Linnaens 的角的半浓缩粉。

【制法】　取水牛角，洗净，锯断，除去角塞，劈成小块。选取尖部实心部分（习称"角尖"），用75%乙醇浸泡或蒸气消毒后，粉碎成细粉。其余部分（习称"角桩"）打成粗颗粒或镑成薄片。取角桩粗颗粒或锉片810g，加10倍量水煎煮2次，每次7~10小时，煎煮过程中随时补充蒸去的水分，合并煎液，滤过，滤液浓缩至80~160ml，加入上述角尖细粉190g，混匀，在80℃以下干燥后，粉碎成细粉，过筛，即得。

【性状】 本品为淡灰色粉末；气微腥，味微咸。

【检查】 水分 不得过11.0%。（附录0832第一法）。

总灰分 不得过3.5%（附录2302）。

酸不溶性灰分 不得过1.5%（附录2302）。

【浸出物】 取本品，用水作溶剂，照浸出物测定法（附录2201水溶性浸出物测定法-热浸法）测定。

本品按干燥品计算，含水溶性浸出物不得少于3.5%。

【含量测定】 取本品约0.18g，精密称定，照氮测定法（附录0703第一法）测定。

本品按干燥品计算，含总氮（N）不得少于15.0%。

【贮藏】 密闭，置干燥处。

甘草流浸膏

Gancao Liujingao

LICORICE LIQUID EXTRACT

本品为甘草浸膏经加工制成的流浸膏。

【制法】 取甘草浸膏300~400g，加水适量，不断搅拌，并加热使溶解，滤过，在滤液中缓缓加入85%乙醇，随加随搅拌，直至溶液中含乙醇量达65%左右，静置过夜，小心取出上清液，遗留沉淀再加65%的乙醇，充分搅拌，静置过夜，小心取出上清液，遗留沉淀再加65%的乙醇，充分搅拌，静置过夜，取出上清液，沉淀再用65%的乙醇提取1次，合并3次提取液，滤过，回收乙醇，测定甘草酸含量后，加水与乙醇适量，使甘草酸和乙醇量均符合规定，加浓氨试液适量调节pH值，静置使澄清，取出上清液，滤过，即得。

【性状】 本品为棕色或红褐色的液体；味甜、略苦、涩。

【鉴别】 取本品1ml，加水40ml，用正丁醇振摇提取3次，每次20ml（必要时离心），合并正丁醇液，用水洗涤3次，每次20ml，正丁醇液蒸干，残渣加甲醇5ml使溶解，作为供试品溶液。另取甘草酸铵对照品，加甲醇制成1ml含2mg的溶液，作为对照品溶液。照薄层色谱法（附录0502）试验，吸取上述两种溶液各5μl，分别点于同一用1%氢氧化钠溶液制备的硅胶G薄层板上，以乙酸乙酯-甲酸-冰醋酸-水（15:1:1:2）为展开剂，展开，取出，晾干，喷以10%的硫酸乙醇溶液，在105℃加热至斑点显色清晰，置紫光灯（365nm）下检视。供试品色谱中，在与对照品色谱相应位置上，显相同的橙黄色荧光斑点。

【检查】 pH值 应为7.5~8.5（附录0631）。

乙醇量 应为20%~25%（附录0711）。

其他 应符合流浸膏剂与浸膏剂项下有关的各项规定（附录0108）。

【含量测定】 照高效液相色谱法（附录0512）测定。

色谱条件与系统适用性试验 以十八烷基硅烷键合硅胶为填充剂；以甲醇-0.2mol/L醋酸铵溶液-冰醋酸（67:33:1）为流动性；检测波长为250nm。理论板数按甘草酸峰计算应不低于2000。

对照品溶液的制备 取甘草酸铵对照品约10mg，精密称定，置50ml量瓶中，加流动相45ml，超声处理使溶解，取出，放冷，加流动相稀释至刻度，摇匀，即得（每1ml含甘草酸铵0.2mg，折合甘草酸为0.1959mg）。

供试品溶液的制备 精密量取本品1ml，置50ml量瓶中，加流动相约20ml，超声处理（功率200W，频率50kHz）30分钟，取出，放冷，加流动相稀释至刻度，摇匀，滤过。精密量取续滤液10ml，置25ml量瓶中，加流动相稀释至刻度，摇匀，即得。

测定法 分别精密吸取对照品溶液与供试品溶液各10μl，注入液相色谱仪，测定，即得。

本品含甘草酸（$C_{42}H_{62}O_{16}$）不得少于1.8%（g/ml）。

【贮藏】 密封，置阴凉处。

甘 草 浸 膏
Gancao Jingao
LICORICE EXTRACT

本品为甘草经加工制成的浸膏。

【制法】 取甘草，润透，切片，加水煎煮3次，每次2小时，合并煎液，放置过夜使沉淀，取上清液浓缩至稠膏状，取出适量，照〔含量测定〕项下的方法，测定甘草酸的含量，调节使符合规定，即得；或干燥，使成细粉，即得。

【性状】 本品为棕褐色的块状固体或粉末；有微弱的特殊臭气和持久的特殊甜味。

【鉴别】 （1）取本品细粉1～2mg，置白瓷板上，加硫酸溶液（4→5）数滴，即显黄色，渐变为橙黄色至橙红色。

（2）取本品1g，加水40ml溶解，用正丁醇振摇提取3次，每次20ml（必要时离心），合并正丁醇液，用水洗涤3次，每次20ml，正丁醇液蒸干，残渣加甲醇5ml使溶解，作为供试品溶液。另取甘草酸铵对照品，加甲醇制成每1ml含2mg的溶液，作为对照品溶液。照薄层色谱法（附录0502）试验，吸取上述两种溶液各5μl，分别点于同一用1%氢氧化钠溶液制备的硅胶G薄层板上，以乙酸乙酯-甲醇-冰醋酸-水（15:1:1:2）为展开剂，展开，取出，晾干，喷以10%硫酸乙醇溶液，在105℃加热至斑点显色清晰，置紫光灯（365nm）下检视。供试品色谱中，在与对照品色谱相应位置上，显相同的橙黄色荧光斑点。

【检查】 水分 照水分测定法（附录0832第一法）测定，块状固体不得过13.5%；粉末不得过10.0%。

总灰分 不得过12.0%（附录2302）。

水中不溶物 精密称取本品1g，加水25ml搅拌溶解后，离心1小时（转速为每分钟1000转；或每分钟2000转，离心30分钟），弃去上清液，沉淀加水25ml，搅匀，再照上法离心洗涤，直至洗液无色澄明为止，沉淀用少量水洗入已干燥至恒重的蒸发皿中，置水浴上蒸干，在105℃干燥至恒重，遗留残渣不得过5.0%。

其他 应符合流浸膏剂与浸膏剂项下有关的各项规定（附录0108）。

【含量测定】 照高效液相色谱法（附录0512）测定。

色谱条件与系统适用性试验 以十八烷基硅烷键合硅胶为填充剂；以乙腈为流动性A，以0.05%磷酸溶液为流动相B，按下表中的规定进行梯度洗脱；检测波长为237nm，理论板数按甘草酸峰计算应不低于5000。

时间（分钟）	流动相A（%）	流动相B（%）
0～8	19	81
8～35	19→50	81→50
35～36	50→100	50→0
36～40	100→19	0→80

对照品溶液的制备 取甘草苷对照品适量，精密称定，用70%乙醇制成每1ml含甘草苷20μg的对照品溶液；取甘草酸铵对照品适量，精密称定，用70%乙醇制成每1ml含甘草酸铵0.2mg（折合甘草酸为0.1959mg）的对照品溶液。

供试品溶液的制备 取本品，研细，取约0.2g，精密称定，置具塞锥形瓶中，精密加入70%乙醇100ml，密塞，称定重量，超声处理（功率250W，频率40kHz）30分钟，取出，放冷，再称定重量，用70%乙醇补足减失的重量，摇匀，滤过，取续滤液，即得。

测定法 分别精密吸取对照品溶液与供试品溶液各10μl，注入液相色谱仪，测定，即得。

本品按干燥品计算，含甘草苷（$C_{21}H_{22}O_9$）不得少于0.5%，甘草酸（$C_{42}H_{62}O_{16}$）不得少于7.0%。

【贮藏】 密封，置阴凉干燥处。

当归流浸膏

Danggui Liujingao

CHINESE ANGELICA LIQUID EXTRACT

本品为当归经加工制成的流浸膏。

【制法】 取当归粗粉1000g，用70%乙醇作溶剂，浸渍48小时，缓缓渗漉，收集初漉液850ml，另器保存，继续渗漉，至渗漉液近无色或微黄色为止，收集续漉液，在60℃以下浓缩至稠膏状，加入初漉液850ml，混匀，用70%乙醇稀释至1000ml，静置数日，滤过，即得。

【性状】 本品为棕褐色的液体；气特异，味先微甜后转苦麻。

【鉴别】 （1）取本品3ml，加1%碳酸氢钠溶液50ml，充分振荡，用稀盐酸调节pH值至2～3，用乙醚振摇提取2次，每次20ml，合并乙醚液，挥干，残渣加甲醇1ml使溶解，作为供试品溶液。另取阿魏酸对照品，加甲醇制成每1ml含1mg的溶液，作为对照品溶液。照薄层色谱法（附录0502）试验，吸取上述两种溶液各10μl，分别点于同一硅胶G薄层板上，以苯-乙酸乙酯-甲酸（4:1:0.1）为展开剂，展开，取出，晾干，置紫外光灯（365nm）下检视。供试品色谱中，在与对照品色谱相应的位置上，显相同颜色的荧光斑点。

（2）取本品2ml，置分液漏斗中，用石油醚（30～60℃）振荡提取5次，每次10ml，合并石油醚液，挥干，残渣加1ml甲醇使溶解，作为供试品溶液。另取藁本内酯对照品，加甲醇制成每1ml含1mg的溶液，作为对照品溶液。照薄层色谱法（附录0502）试验，吸收上述两种溶液各10μl，分别点于同一硅胶G薄层板上，以正己烷-乙酸乙酯（9:1）为展开剂，展开，取出，晾干，置紫外光灯（365nm）下检视。供试品色谱中，在与对照品色谱相应的位置上，显相同颜色的荧光斑点。

【检查】 乙醇量 应为45%～50%（附录0711）。

总固体 精密量取本品10ml，置已干燥至恒重的蒸发皿中，置水浴上蒸干后，在100℃干燥3小时，移置干燥器中，冷却30分钟，称定重量，遗留的残渣不得少于3.6g。

其他 应符合流浸膏剂与浸膏剂项下有关的各项规定（附录0108）。

【含量测定】 照高效液相色谱法（附录0512）测定。

色谱条件与系统适用性试验 以十八烷基硅烷键合硅胶为填充剂；以甲醇（含0.4%醋酸）为流动相A，以0.4%醋酸溶液为流动相B，按下表中的规定进行梯度洗脱；检测波长为323nm；柱温为35℃。理论板数按阿魏酸峰计算应不低于5000。

时间（分钟）	流动相A（%）	流动相B（%）
0~15	38	62
15~20	38→70	62→30
20~40	70	30
40~45	70→38	30→62

对照品溶液的制备 取阿魏酸对照品适量，精密称定，置棕色量瓶中，加甲醇制成每1ml含10μg的溶液，即得。

供试品溶液的制备 精密量取本品1ml，置100ml量瓶中，加甲醇稀释至刻度，摇匀，滤过，取续滤液，即得。

测定法 分别精密吸取对照品溶液与供试品溶液各10μl，注入液相色谱仪，测定，即得。

本品含阿魏酸（$C_{10}H_{10}O_4$）不得少于0.016%（g/ml）。

【贮藏】 密封，置阴凉处。

远志流浸膏

Yuanzhi Liujingao

POLYGALA LIQUID EXTRACT

本品为远志经加工制成的流浸膏。

【制法】 取远志中粉1000g，照流浸膏剂与浸膏剂项下的渗漉法（附录0108），用60%乙醇作溶剂，浸渍24小时后，以每分钟1~3ml的速度缓缓渗漉，收集初漉液850ml，另器保存，继续渗漉，俟有效成分完全漉出，收集续漉液，在60℃以下浓缩至稠膏状，加入初漉液，混合后滴加浓氨溶液适量使微显碱性，并有氨臭，再加60%乙醇调整浓度至每1ml相当于原药材1g，静置，俟澄清，滤过，即得。

【性状】 本品为棕色的液体。

【鉴别】 取本品1ml，加盐酸无水乙醇溶液（10→100）20ml，于水浴中水解30分钟，放冷，滤过，滤液加水30ml，用三氯甲烷振摇提取2次，每次20ml，合并三氯甲烷液，蒸干，残渣加乙酸乙酯1ml使溶解，作为供试品溶液。另取远志对照药材0.5g，加60%乙醇溶液5ml，超声处理30分钟，滤过，滤液加盐酸无水乙醇溶液（10→100）20ml，同法制成对照药材溶液。照薄层色谱法（附录0502）试验，吸取上述两种溶液各5μl，分别点于同一硅胶G薄层板上，以甲苯-乙酸乙酯-甲酸（14:4:0.5）为展开剂，展开，取出，晾干，置紫外光灯（254nm）下检视。供试品色谱中，在与对照药材色谱相应的位置上，显相同颜色的荧光主斑点。喷以10%硫酸乙醇溶液，于105℃加热至显色清晰，供试品色谱图中，在与对照药材色谱相应的位置上，显相同颜色的主斑点。

【检查】 乙醇量 应为38%~48%（附录0711）。

其他 应符合流浸膏剂与浸膏剂项下有关的各项规定（附录0108）。

【贮藏】 密闭，置阴凉处。

连翘提取物

Lianqiao Tiquwu

WEEPING FORSYTHIA EXTRACT

本品为木犀科植物连翘 *Forsythia suspensa*（Thunb.）Vahl的干燥果实经加工制成的提取物。

【制法】 取连翘，粉碎成粗粉，加水煎煮3次，每次1.5小时，滤过，合并滤液，滤液于60℃以下减压浓缩至相对密度为1.10～1.20（室温）的清膏，放冷，加入4倍量乙醇，搅匀，静置2小时，滤过，滤液减压回收乙醇，浓缩液喷雾干燥，即得。

【性状】 本品为棕褐色粉末；气香，味苦。

【鉴别】 取本品粉末0.1g，加甲醇10ml，超声处理20分钟，滤过，滤液作为供试品溶液。另取连翘对照药材1g，同法制成对照药材溶液。照薄层色谱法（附录0502）试验，吸取上述两种溶液各10μl，分别点于同一硅胶G薄层板上，以三氯甲烷-甲醇（5:1）为展开剂，展开，取出，晾干，喷以10%硫酸乙醇溶液，在105℃加热至斑点显色清晰。供试品色谱中，在与对照药材色谱相应的位置上，显相同颜色的斑点。

【检查】 **水分** 不得过5.0%（附录0832第一法）。

重金属 取本品1g，依法检查（附录0821第二法），不得过20mg/kg。

砷盐 取本品5g，置坩埚中，取氧化镁1g覆盖其上，加入硝酸镁溶液（取硝酸镁15g，溶于100ml水中）10ml，浸泡4小时，置水浴上蒸干，缓缓炽灼至完全炭化，逐渐升高温度至500～600℃，使完全灰化，放冷，加水5ml使润湿，加6mol/L盐酸溶液10ml，转移至50ml量瓶中，坩埚用6mol/L盐酸溶液洗涤3次，每次5ml，再用水洗涤3次，每次5ml，洗液并入同一量瓶中，加水至刻度，摇匀，取10ml，加盐酸3.5ml与水12.5ml，依法检查（附录0822第一法），不得过2mg/kg。

【特征图谱】 照高效液相色谱法（附录0512）测定。

色谱条件与系统适用性试验 以十八烷基硅烷键合硅胶为填充剂；以甲醇为流动相A，以水为流动相B，按下表中的规定进行梯度洗脱；检测波长为235nm。理论板数按连翘酯苷A峰计算应不低于4000。

时间（分钟）	流动相A（%）	流动相B（%）
0～10	10→25	90→75
10～40	25→40	75→60
40～60	40→60	60→40

参照物溶液的制备 取连翘苷对照品适量，精密称定，加甲醇制成每1ml含连翘苷30μg的溶液，即得。

供试品溶液的制备 取本品25mg，精密称定，置5ml量瓶中，加甲醇适量使溶解并稀释至刻度，滤过，取续滤液，即得。

测定法 分别精密吸取参照物溶液与供试品溶液各10μl，注入液相色谱仪，测定，即得。

供试品特征图谱中应有4个特征峰，与参照物峰相应的峰为S峰，计算各特征峰与S峰的相对保留时间，其相对保留时间应在规定值的±5%之内。规定值为：0.61（峰1）、0.71（峰2）、1.00（峰S）、1.22（峰3）。

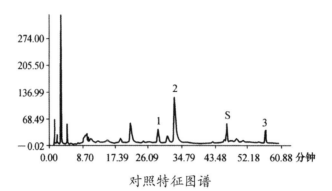

对照特征图谱

峰1：松脂醇-β-D-葡萄糖苷　峰2：连翘酯苷A
峰S：连翘苷　峰3：连翘酯素

积分参数　斜率灵敏度为50；峰宽为0.1；最小峰面积为1.0×10^5；最小峰高为0。

【含量测定】　照高效液相色谱法（附录0512）测定。

色谱条件与系统适用性试验　同〔特征图谱〕项下。

对照品溶液的制备　取连翘酯苷A对照品和连翘苷对照品适量，精密称定，加甲醇制成每1ml含连翘酯苷A300μg和连翘苷30μg的混合溶液，即得。

测定法　分别精密吸取对照品溶液与〔特征图谱〕项下供试品溶液各10μl，注入液相色谱仪，测定，即得。

本品按干燥品计算，含连翘酯苷A（$C_{29}H_{36}O_{15}$）不得少于6.0%，连翘苷（$C_{27}H_{34}O_{11}$）不得少于0.5%。

【贮藏】　密封，置干燥处。

刺五加浸膏

Ciwujia Jingao

ACANTHOPANAX EXTRACT

本品为五加科植物刺五加 *Acanthopanax senticosus*（Rupr. et Maxim.）Harms 的干燥根及根茎或茎用水或乙醇提取加工制成的浸膏。

【制法】　取刺五加1000g，粉碎成粗粉，加水煎煮2次，每次3小时，合并煎液，滤过，滤液浓缩成浸膏50g（水浸膏），即得；或取刺五加1000g，粉碎成粗粉，加75%乙醇，回流提取12小时，滤过，滤液回收乙醇至无醇味，浓缩成浸膏40g（醇浸膏），即得。

【性状】　本品为黑褐色的稠膏状物；气香，味微苦、涩。

【鉴别】　取本品0.5g，加70%乙醇20ml，超声处理30分钟，滤过，滤液蒸干，残渣加甲醇1ml使溶解，作为供试品溶液。另取刺五加对照药材2.5g，加甲醇20ml，加热回流1小时，滤过，滤液蒸干，残渣加甲醇1ml使溶解，作为对照药材溶液。再取异嗪皮啶对照品、紫丁香苷对照品，分别加甲醇制成每1ml含异嗪皮啶0.5mg、紫丁香苷1mg的溶液，作为对照品溶液。照薄层色谱法（附录0502）试验，吸取上述供试品溶液与对照药材溶液各10μl、两种对照品溶液各2μl，分别点于同一硅胶G薄层板上，以三氯甲烷-甲醇-水（6:2:1）的下层溶液为展开剂，展开，取出，晾干，置紫外光灯（365nm）下检视。供试品色谱中，在与对照药材色谱相应的位置上，显相同颜色的荧光主斑点；在与异嗪皮啶对照品色谱相应的位置上，显相同颜色的荧光斑点；喷以10%硫酸乙醇溶液，在105℃加热至斑点显色清晰，在与对照药材色谱相应的位置上，显相同颜色的主斑点；在与紫丁香苷对照品色谱相应的位置上，显相同的蓝紫色斑点。

【检查】 水分 水浸膏不得过30.0%；醇浸膏不得过20.0%。（附录0832第一法）。

总灰分 不得过6.0%（附录2302）。

其他 应符合流浸膏与浸膏项下有关的各项规定（附录0108）。

【浸出物】 取本品水浸膏2.5g，精密称定，置100ml具塞锥形瓶中，精密加水25ml使溶解（必要时以玻璃棒搅拌使溶散），再精密加水25ml冲洗瓶壁及玻璃棒，密塞，称定重量，超声处理30分钟，放冷，再称定重量，用水补足减失的重量，摇匀，滤过，精密量取续滤液25ml，置已干燥至恒重的蒸发皿中，在水浴上蒸干后，于105℃干燥3小时，置干燥器中冷却30分钟，迅速精密称定重量。以干燥品计算供试品中水溶性浸出物的含量，不得少于90.0%。或取本品醇浸膏，照醇溶性浸出物测定法项下的热浸法（附录2201）测定，用甲醇作溶剂，不得少于60.0%。

【特征图谱】 照高效液相色谱法（附录0512）测定。

色谱条件与系统适用性试验 以十八烷基硅烷键合硅胶为填充剂；AgilentZORBAX色谱柱（柱长为25cm，柱内径为4.6mm，粒径为5μm）；以30%乙腈为流动相A，0.2%磷酸溶液为流动相B，按下表中的规定进行梯度洗脱；检测波长为220nm；柱温为20℃；流速为每分钟0.8ml。理论板数按紫丁香苷峰计算应不低于6000。

时间（分钟）	流动相A（%）	流动相B（%）
0～3	15→18	85→82
3～50	18→69	82→31
50～60	69→80	31→20

参照物溶液的制备 取紫丁香苷对照品适量，精密称定，加甲醇制成每1ml含45μg的溶液，即得。

供试品溶液的制备 取本品0.5g，精密称定，置具塞锥形瓶中，精密加入50%甲醇25ml，密塞，称定重量，超声处理（功率250W，频率50kHz）30分钟，放冷，再称定重量，用50%甲醇补足减失的重量，摇匀，滤过，取续滤液，即得。

测定法 分别精密吸取参照物溶液与供试品溶液各10μl，注入液相色谱仪，测定，记录60分钟色谱图，即得。

供试品特征图谱中应呈现9个特征峰，其中与紫丁香苷参照物峰相应的峰为S峰，计算各特征峰与S峰的相对保留时间，其相对保留时间应在规定值的±5%之内。规定值为：0.40（峰1）、0.66（峰2）、0.76（峰3）、1.00（峰S）、1.08（峰5）、1.16（峰6）、1.61（峰7）、1.88（峰8）、2.10（峰9）。

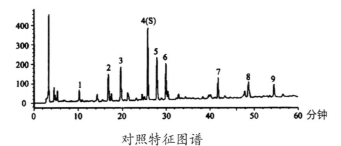

对照特征图谱

峰2：原儿茶酸　峰4（S）：紫丁香苷

峰5：绿原酸　峰7：刺五加苷E　峰8：异嗪皮啶

【含量测定】 照高效液相色谱法（附录0512）测定。

色谱条件与系统适用性试验 以十八烷基硅烷键合硅胶为填充剂；以乙腈为流动相A，以0.1%磷酸溶液为流动相B，按下表中的规定进行梯度洗脱；检测波长为220nm；柱温30℃。理论板数按紫丁香苷峰计算应不低于10 000；异嗪皮啶峰与相邻杂质峰的分离度应不小于1.5。

时间（分钟）	流动相A（%）	流动相B（%）
0～20	10→20	90→80
20～30	20→25	80→75
30～40	40	60
40～50	10	90

对照品溶液的制备 取紫丁香苷对照品、刺五加苷E对照品、异嗪皮啶对照品适量，精密称定，加甲醇（刺五加苷E对照品先加50%甲醇溶解）制成每1ml各含紫丁香苷、刺五加苷E各40μg、异嗪皮啶10μg的混合溶液，即得。

供试品溶液的制备 取本品约0.2g，精密称定，置小烧杯中，用50%甲醇20ml，分次溶解，转移至25ml量瓶中，超声处理（功率250W，频率50kHz）10分钟，取出，放冷，加50%甲醇稀释至刻度，摇匀，滤过，取续滤液，即得。

测定法 分别精密吸取对照品溶液10μl与供试品溶液10～20μl，注入液相色谱仪，测定，即得。

本品按干燥品计算，水浸膏含紫丁香苷（$C_{17}H_{24}O_9$）不得少于0.60%、刺五加苷E（$C_{34}H_{46}O_{18}$）不得少于0.30%、异嗪皮啶（$C_{11}H_{10}O_5$）不得少于0.10%；醇浸膏含紫丁香苷（$C_{17}H_{24}O_9$）不得少于0.50%、刺五加苷E（$C_{34}H_{46}O_{18}$）不得少于0.30%、异嗪皮啶（$C_{11}H_{10}O_5$）不得少于0.12%。

【贮藏】 密封。

茵 陈 提 取 物

Yinchen Tiquwu

CAPILLARY WORMWOOD EXTRACT

本品为菊科植物滨蒿 *Artemisia scopatia* Waldst.et Kit. 或茵陈蒿 *Artemisia capillaris* Thunb. 春季采收的干燥地上部分（绵茵陈）经提取制成的提取物。

【制法】 取绵茵陈，加入90%乙醇作溶剂，浸渍24小时后进行渗漉，收集渗漉液，滤过，滤液减压浓缩至相对密度为1.10～1.15（60～65℃）的清膏，加6～7倍量水，冷藏，静置，滤过，滤液120℃加热1小时，冷藏，静置，加入0.2%活性炭，滤过，滤液减压浓缩至相对密度为1.15～1.20（60～65℃）的清膏，80℃以下真空干燥，即得。

【性状】 本品为棕褐色的块状物或颗粒；气香，味苦。

【鉴别】 （1）取本品0.1g，加甲醇10ml，超声处理15分钟，滤过，滤液作为供试品溶液。另取绿原酸对照品，加甲醇制成每1ml含0.1mg的溶液，作为对照品溶液。照薄层色谱法（附录0502）试验，吸取上述两种溶液各2μl，分别点于同一硅胶G薄层板上，以乙酸丁酯-甲酸-水（7:2.5:2.5）的上层溶液为展开剂，展开，取出，晾干，置紫外光灯（365nm）下检视。供试品色谱中，在与对照品色谱相应的位置上，显相同颜色的荧光斑点。

（2）取本品，照〔含量测定〕对羟基苯乙酮项下的方法试验，供试品色谱中应呈现与对照品色谱峰保留时间相同的色谱峰。

【检查】　水分　取本品1g，照水分测定法（附录0832第一法）测定，不得过10.0%。

重金属及有害元素　照铅、镉、砷、汞、铜测定法（附录2321）测定，铅不得过5mg/kg；镉不得过0.3mg/kg；砷不得过2mg/kg；汞不得过0.2mg/kg；铜不得过20mg/kg。

【特征图谱】　照高效液相色谱法（附录0512）测定。

色谱条件与系统适用性试验　以十八烷基硅烷键合硅胶为填充剂（柱长25cm，内径4.6mm，粒径5μm）；以甲醇为流动相A，以0.05%磷酸溶液为流动相B，按下表进行梯度洗脱；柱温为30℃；检测波长为327nm。理论板数按绿原酸峰计算应不低于50 000。

时间（分钟）	流动相A（%）	流动相B（%）
0	10	90
75	60	40

参照物溶液的制备　取绿原酸对照品适量，精密称定，加60%甲醇制成每1ml含0.1mg的溶液，即得。

供试品溶液的制备　取〔含量测定〕对羟基苯乙酮项下的供试品溶液，即得。

测定法　分别精密吸取参照物溶液和供试品溶液各5μl，注入液相色谱仪，测定，即得。

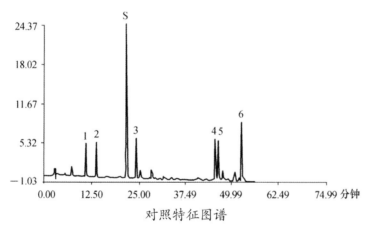

对照特征图谱

峰2：原儿茶酸　峰4(S)：紫丁香苷

峰5：绿原酸　峰7：刺五加苷E　峰8：异嗪皮啶

供试品特征图谱中应有7个特征峰，与参照物峰相应的峰为S峰，计算各特征峰相对保留时间，其相对保留时间应在规定值±5%之内。规定值为0.509（峰1）、0.627（峰2）、1.000（峰S）、1.109（峰3）、2.045（峰4）、2.075（峰5）、2.367（峰6）。

积分参数　斜率灵敏度为1，峰宽为0.1，最小峰面积为10，最小峰高为S峰峰高的1.5%。

【含量测定】　绿原酸　照高效液相色谱法（附录0512）测定。

色谱条件与系统适用性试验　以十八烷基硅烷键合硅胶为填充剂；以乙腈-0.05%磷酸溶液（10:90）为流动相；检测波长为327nm。理论板数按绿原酸峰计算应不低于10 000。

对照品溶液的制备　取绿原酸对照品适量，精密称定，置棕色量瓶中，加50%甲醇制成每1ml含40μg的溶液，即得。

供试品溶液的制备　取本品0.3g，精密称定，置50ml棕色量瓶中，加50%甲醇适量，超声处理使溶解，放冷，加50%甲醇至刻度，摇匀，离心，精密量取上清液3ml，置10ml棕色量瓶中，加

50%甲醇至刻度，摇匀，即得。

测定法　分别精密吸取对照品溶液与供试品溶液各10～20μl，注入液相色谱仪，测定，即得。

本品按干燥品计算，含绿原酸（$C_{16}H_{18}O_9$）不得少于1.0%。

对羟基苯乙酮　照高效液相色谱法（附录0512）测定。

色谱条件与系统适用性试验　以十八烷基硅烷键合硅胶为填充剂；以乙腈-0.05%磷酸溶液（15∶80）为流动相；检测波长为275nm。理论板数按对羟基苯乙酮峰计算应不低于10 000。

对照品溶液的制备　取对羟基苯乙酮对照品适量，精密称定，加50%甲醇制成每1ml含10μg的溶液，即得。

供试品溶液的制备　取〔含量测定〕绿原酸项下离心后的上清液，即得。

测定法　分别精密吸取对照品溶液与供试品溶液各10～20μl，注入液相色谱仪，测定，即得。

本品按干燥品计算，含对羟基苯乙酮（$C_8H_8O_2$）不得少于0.10%。

【贮藏】　密封，置阴凉干燥处。

姜 流 浸 膏

Jiang Liujingao

GINGER LIQUID EXTRACT

本品为姜科植物姜 *Zingiber officinale* Rosc. 的干燥根茎经加工制成的流浸膏。

【制法】　取干姜粉1000g，用90%乙醇作溶剂，浸渍24小时后，以每分钟1～3ml的速度缓缓渗漉，收集初漉液850ml，另器保存，继续渗漉至漉液接近无色、姜的香气和辣味已淡薄为止，收集续漉液，在60℃以下浓缩至稠膏状，加入初漉液，混合，滤过。分取20ml，依法测定含量，余液用90%乙醇稀释，使含量与乙醇量均符合规定，静置，俟澄清，滤过，即得。

【性状】　本品为棕色的液体；有姜的香气，味辣。

【鉴别】　取本品0.5ml，加90%乙醇10ml，摇匀，作为供试品溶液。另取6-姜辣素对照品，加甲醇制成每1ml含0.5mg的对照品溶液。照薄层色谱法（附录0502）试验，吸取上述两种溶液各4μl，分别点于同一硅胶G薄层板上，以石油醚（60～90℃）-三氯甲烷-乙酸乙酯（5∶2.5∶2.5）为展开剂，展开，取出，晾干，喷以2%香草醛硫酸溶液，在105℃加热至斑点显色清晰。供试品色谱中，在与对照品色谱相应的位置上，显相同颜色的斑点。

【检查】　乙醇量　应为72%～80%（附录0711）。

其他　应符合流浸膏剂与浸膏剂项下有关的各项规定（附录0108）。

【含量测定】　精密量取本品20ml，回收乙醇至尽，放冷，加乙醚50ml，用玻璃棒搅拌，使醚溶性物质溶解，倾取乙醚液，滤过，残液继续用乙醚提取3次，每次50ml，滤过，合并乙醚液，低温回收乙醚，残渣置硫酸干燥器中干燥24小时，精密称定，即得供试品中所含醚溶性物质的重量。

本品含醚溶性物质不得少于4.5%。

【贮藏】　遮光，密封，置阴凉处。

穿心莲内酯

Chuanxinlianneizhi

ANDROGRAPHOLIDES

$C_{20}H_{30}O_5$ 350.45

【性状】 本品为无色结晶性粉末；无臭，味苦。

本品在沸乙醇中溶解，在甲醇或乙醇中略溶，在三氯甲烷中极微溶解，在水中几乎不溶。

熔点 应为224~230℃，熔融时同时分解（附录0611）。

【鉴别】 （1）取本品约10mg，加乙醇2ml溶解后，加2% 3,5-二硝基苯甲酸的乙醇溶液与5%氢氧化钾的乙醇溶液各2滴，摇匀后，即显紫红色。

（2）取本品约10mg，加乙醇2ml溶解后，加乙醇制氢氧化钾试液2~3滴，渐显红色，放置后变为黄色。

（3）取本品，加无水乙醇制成每1ml中含10μg的溶液，照紫外-可见分光光度法（附录0401）测定，在224nm的波长处有最大吸收。

【检查】 **其他内酯** 取本品，加无水乙醇制成每1ml含2mg的溶液作为供试品溶液。照薄层色谱法（附录0502）试验，吸取上述溶液10μl，点于硅胶G薄层板上，以三氯甲烷-甲醇（19:1）为展开剂，展开，取出，晾干，喷以2% 3,5-二硝基苯甲酸的乙醇溶液与5%氢氧化钾的乙醇溶液的等量混合液（临用配制）。供试品色谱中，除主斑点外，不得显其他斑点。

干燥失重 取本品，在105℃干燥至恒重，减失重量不得过1.0%（附录0831）。

炽灼残渣 不得过0.1%（附录0841）。

【含量测定】 照高效液相色谱法（附录0512）测定。

色谱条件与系统适用性试验 以十八烷基硅烷键合硅胶为填充剂；以甲醇-水（60:40）为流动相；检测波长为225nm。理论板数按穿心莲内酯峰计算应不低于5000。

对照品溶液的制备 取穿心莲内酯对照品适量，精密称定，加甲醇制成每1ml含0.1mg的溶液，即得。

供试品溶液的制备 取本品约25mg，精密称定，置50ml量瓶中，加甲醇溶解并稀释至刻度，摇匀。精密量取5ml，置25ml量瓶中，加甲醇稀释至刻度，摇匀，即得。

测定法 分别精密吸取对照品溶液与供试品溶液各10μl，注入液相色谱仪，测定，即得。

本品按干燥品计算，含穿心莲内酯（$C_{20}H_{30}O_5$）应为95.0%~101.0%。

【贮藏】 遮光，密闭。

黄芩提取物

Huangqin Tiquwu

SCUTELLARIA EXTRACT

本品为唇形科植物黄芩 *Scutellaria baicalensis* Georgi 的干燥根经加工制成的提取物。

【制法】 取黄芩，加水煎煮，合并煎液，浓缩至适量，用盐酸调节pH值至1.0~2.0，80℃保温，静置，滤过，沉淀物加适量水搅匀，用40%氢氧化钠溶液调pH至7.0，加等量乙醇，搅拌使溶解，滤过，滤液用盐酸调节pH值至1.0~2.0，60℃保温，静置，滤过，沉淀依次用适量水及不同浓度的乙醇洗至pH值至7.0，挥尽乙醇，减压干燥，即得。

【性状】 本品为淡黄色至棕黄色的粉末；味淡，微苦。

【鉴别】 取本品1mg，加甲醇1ml使溶解，作为供试品溶液。另取黄芩苷对照品，加甲醇制成每1ml含1mg溶液，作为对照品溶液。照薄层色谱法（附录0502）试验，吸取上述两种溶液各2μl，分别点于同一聚酰胺薄膜上，以醋酸为展开剂，展开，取出，晾干，置紫外光灯（365nm）下检视。供试品色谱中，在与对照品色谱相应的位置上，显相同颜色的荧光斑点。

【检查】 水分 不得过5.0%（附录0832第一法）

炽灼残渣 不得过0.8%（附录0841）

重金属 取炽灼残渣项下遗留的残渣，依法检查（附录0821第二法），不得过20mg/kg。

【含量测定】 照高效液相色谱法（附录0512）测定。

色谱条件与系统适用性试验 以十八烷基硅烷键合硅胶为填充剂；以甲醇-水-磷酸（47:53:0.2）为流动相；检测波长为280nm。理论板数按黄芩苷峰计算应不低于2500。

对照品溶液的制备 取黄芩苷对照品适量，精密称定，加甲醇制成每1ml含60μg的溶液，即得。

供试品溶液的制备 取本品约10mg，精密称定，置25ml量瓶中，加甲醇适量使溶解，再加甲醇至刻度。摇匀，精密量取5ml，置25ml量瓶中，加甲醇至刻度，摇匀，滤过，取续滤液，即得。

测定法 分别精密吸取对照品溶液与供试品溶液各10μl，注入液相色谱仪，测定，即得。

本品按干燥品计，含黄芩苷（$C_{21}H_{18}O_{11}$）不得少于85.0%。

【贮藏】 密封，置阴凉干燥处。

黄 藤 素

Huangtengsu

FIBRIURETININ

$C_{21}H_{22}ClNO_4$ 387.86

本品为防己科植物黄藤 *Fibraurea recisa* Pierre. 干燥藤茎中提取得到的生物碱。

【制法】 取黄藤粗粉1000g，加0.3%～0.5%硫酸溶液浸泡2次，每次24小时，第一次5倍量，第二次4倍量，合并提取液，滤过，滤液加食盐约800g，搅匀，静置，滤过，滤渣干燥，即得黄藤素粗品。取粗品1000g，加85%乙醇30 000ml及活性炭100g，加热回流30分钟，趁热滤过，滤液浓缩至15 000ml，室温静置48小时使结晶，滤过，结晶置70℃下干燥，粉碎，即得。

【性状】 本品为黄色的针状结晶；无臭，味极苦。

本品在热水中易溶，在水中略溶，在乙醇或三氯甲烷中微溶，在乙醚中几乎不溶。

【鉴别】 （1）取本品粉末50mg，加乙醇10ml，搅拌溶解，滤过，滤液蒸干，残渣加水5ml，缓缓加热溶解后，加氢氧化钠试液2滴，显橙红色，放冷，滤过。取滤液，加丙酮4滴，即发生浑浊，放置后，生成橙黄色沉淀。取上清液，加丙酮1滴，如仍发生浑浊，再加丙酮适量使沉淀完全，滤过，滤液显氯化物的鉴别反应（附录0301）。

（2）取本品粉末1mg，加乙醇10ml，搅拌溶解，滤过，滤液作为供试品溶液。另取盐酸巴马汀对照品，加甲醇制成每1ml含0.1mg的溶液，作为对照品溶液。照薄层色谱法（附录0502）试验，吸取上述两种溶液各2μl，分别点于同一硅胶G薄层板上，以甲苯-乙酸乙酯-异丙醇-甲醇-浓氨试液（6:3:1.5:1.5:0.5）为展开剂，置氨蒸气饱和的展开缸内，展开，取出，晾干，置紫外光灯（365nm）下检视。供试品色谱中，在与对照品色谱相应的位置上，显相同颜色的荧光斑点。

【检查】 **盐酸小檗碱** 取本品粉末5mg，加乙醇10ml，搅拌溶解，滤过，滤液作为供试品溶液。另取盐酸小檗碱对照品，加甲醇制成每1ml含0.1mg的溶液，作为对照品溶液。照薄层色谱法（附录0502）试验，吸取上述两种溶液各2μl，分别点于同一硅胶G薄层板上，以甲苯-乙酸乙酯-异丙醇-甲醇-浓氨试液（6:3:1.5:1.5:0.5）为展开剂，置氨蒸气饱和的展开缸内，展开，取出，晾干，置紫外光灯（365nm）下检视。供试品色谱中，在与对照品色谱相应的位置上，不得显相同颜色的荧光斑点。

水分 不得过15.0%（附录0832第一法）。

炽灼残渣 不得过0.5%（附录0841）。

【含量测定】 照高效液相色谱法（附录0512）测定。

色谱条件与系统适用性试验 以十八烷基硅烷键合硅胶为填充剂；以乙腈-0.4%磷酸溶液（32:68）作流动相；柱温为40℃；检测波长为345nm。理论板数按盐酸巴马汀峰计算应不低于5000。

对照品溶液的制备 取盐酸巴马汀对照品适量，精密称定，加甲醇制成每1ml含盐酸巴马汀40μg的溶液，即得。

供试品溶液的制备 取本品研匀，取100mg，精密称定，置100ml量瓶中，加入甲醇20ml，超声处理（功率300W，频率50kHz）5分钟，放冷，用水稀释至刻度，滤过，精密量取续滤液2ml，置50ml量瓶中，加水稀释至刻度，即得。

测定法 分别精密吸取上述对照品溶液与供试品溶液各5μl，注入液相色谱仪，测定，即得。

本品以干燥品计，含盐酸巴马汀（$C_{21}H_{21}NO_4 \cdot HCl$）不得少于90.0%。

【贮藏】 密闭。

薄　荷　脑

Bohenao

l-MENTHOL

$C_{10}H_{20}O$　156.27

　　本品为唇形科植物薄荷 *Mentha haplocalyx* Briq 的新鲜茎叶经水蒸气蒸馏、冷冻、重结晶得到的一种饱和的环状醇，为*l*-1-甲基-4-异丙基环己醇-3。

　　【性状】　本品为无色针状或棱柱状结晶或白色结晶性粉末；有薄荷的特殊香气，味初灼热后清凉。乙醇溶液显中性反应。

　　本品在乙醇、三氯甲烷、乙醚中极易溶解，在水中极微溶解。

　　熔点　应为42～44℃（附录0611）。

　　比旋度　取本品，精密称定，加乙醇制成每1ml含0.1g的溶液，依法测定（附录0621），比旋度应为－49º～－50º。

　　【鉴别】　（1）取本品1g，加硫酸20ml使溶解，即显橙红色，24小时后析出无薄荷脑香气的无色油层（与麝香草酚的区别）。

　　（2）取本品50mg，加冰醋酸1ml使溶解，加硫酸6滴与硝酸1滴的冷混合液，仅显淡黄色（与麝香草酚的区别）。

　　【检查】　**有关物质**　取本品适量，加无水乙醇稀释制成每1ml含50mg的溶液，作为供试品溶液；精密量取薄荷脑对照品适量，加无水乙醇制成每1ml含薄荷脑0.5mg的溶液，作为对照品溶液。照〔含量测定〕项下的色谱条件，其中柱温为110℃，取对照品溶液1μl注入气相色谱仪，调节检测灵敏度，使主成分色谱峰的峰高为满量程的20%～30%；再精密量取供试品溶液与对照品溶液各1μl，分别注入气相色谱仪，记录色谱图至主成分峰保留时间的2倍。供试品色谱图中如有杂质峰，各杂质峰面积的和不得大于对照品溶液的主峰面积（1.0%）。

　　不挥发物　取本品2g，置已干燥至恒重的蒸发皿中，在水浴上加热，使缓缓挥散后，在105℃干燥至恒重，遗留残渣不得过1mg。

　　重金属及有害元素　照铅、镉、砷、汞、铜测定法（附录2321）测定，铅不得过5mg/kg；镉不得过0.3mg/kg；砷不得过2mg/kg；汞不得过0.2mg/kg；铜不得过20mg/kg。

　　【含量测定】　照气相色谱法（附录0521）测定。

　　色谱条件与系统适用性试验　以交联键合聚乙二醇为固定相的毛细管柱；柱温120℃；进样口温度250℃；检测器温度250℃；分流比10:1。理论板数按薄荷脑峰计算应不低于10 000。

　　对照品溶液的制备　取薄荷脑对照品适量，精密称定，加无水乙醇制成每1ml约含1mg的溶液，即得。

　　供试品溶液的制备　取本品约10mg，精密称定，置10ml量瓶中，加无水乙醇溶解并稀释至刻度，摇匀，即得。

测定法 分别精密吸取对照品溶液与供试品溶液各1μl，注入气相色谱仪，测定，即得。

本品含薄荷脑（$C_{10}H_{20}O$）应为95.0%～105.0%。

【贮藏】 密封，置阴凉处。

露水草提取物

Lushuicao Tiquwu

CYANOTIS HERB EXTRACT

本品为鸭跖草科植物露水草 *Cyanotis arachnoidea* C.B.Clarke全草提取制得。

【性状】 本品为淡黄色的结晶性粉末。

本品在乙醇中易溶，在丙酮中略溶，在乙酸乙酯及热水中微溶，在乙醚中几乎不溶。

【鉴别】 （1）取本品约40mg，加乙醇2ml使溶解，取10滴于白色滴板上，加1～2滴0.1%香甲醛硫酸溶液，即显蓝绿色。

（2）取本品约20mg，精密称定，置100ml量瓶中，加乙醇使溶解并稀释至刻度，摇匀，用干燥滤纸滤过，弃去初滤液，精密量取续滤液5ml，置50ml量瓶中，用乙醇稀释至刻度，摇匀。照紫外-可见分光光度法（附录0401）测定，在242nm±2nm波长处有最大吸收。

（3）取本品适量，加乙醇制成每1ml含10mg的溶液，滤过，滤液作为供试品溶液。另取β-蜕皮激素对照品，加乙醇制成每1ml含5mg的溶液，作为对照品溶液。照薄层色谱法（附录0502）试验。吸取上述两种溶液各5μl，分别点于同一硅胶G薄层板上，以三氯甲烷-乙醇（4:1）为展开剂，展开，取出，晾干，喷以1%香草醛的硫酸乙醇（4→5）溶液（临用新制），在105℃加热至斑点显色清晰。供试品色谱中，在与对照品色谱相应的位置上，显相同颜色的斑点。

（4）取〔含量测定〕下的供试品溶液，照高效液相色谱法（附录0512）测定。供试品主峰的保留时间应与对照品主峰的保留时间一致。

【检查】 水分 不得过5.0%（附录0832第一法）。

炽灼残渣 不得过1.0%（附录0841）。

【含量检测】 照高效液相色谱法（附录0512）测定。

色谱条件与系统适用性试验 以十八烷基键合硅胶为填充剂；乙腈-甲醇-水（1:2:4）为流动相；检测波长为243nm。理论板数按β-蜕皮激素峰计算应不低于2500。

对照品溶液的制备 取β-蜕皮激素对照品适量，精密称定，置量瓶中，加甲醇制成每1ml中含β-蜕皮激素0.3mg的溶液，即得。

供试品溶液的制备 取供试品约30mg，精密称定，置50ml量瓶中，加甲醇溶解，稀释至刻度，摇匀，滤过，即得。

测定法 分别精密吸取对照品溶液和供试品溶液各10μl注入液相色谱仪，测定，即得。

本品按干燥品计算，含β-蜕皮激素（$C_{27}H_{44}O_7$）不得少于50.0%。

【贮藏】 遮光，密封。

成方制剂和单味制剂

二母冬花散

Ermu Donghua San

【处方】　知母30g　　　　　浙贝母30g　　　　　款冬花30g　　　　　桔梗25g
　　　　　苦杏仁20g　　　　马兜铃20g　　　　　黄芩25g　　　　　　桑白皮25g
　　　　　白药子25g　　　　金银花30g　　　　　郁金20g

【制法】　以上11味，粉碎，过筛，混匀，即得。

【性状】　本品为淡棕黄色的粉末；气香，味微苦。

【鉴别】　取本品，置显微镜下观察：草酸钙针晶成束或散在，长26～110μm。淀粉粒卵圆形，直径35～48μm，脐点点状、人字状或马蹄状，位于较小端，层纹细密。花粉粒球形，直径约至32μm，外壁有刺，较尖。联结乳管直径14～25μm，含淡黄色颗粒状物。石细胞橙黄色，贝壳形，壁较厚，较宽一边纹孔明显。纤维淡黄色，梭形，壁厚，孔沟细。纤维无色，直径13～26μm，壁厚，孔沟不明显。花粉粒类圆形，直径约至76μm，外壁有刺状雕纹，具3个萌发孔。

【检查】　应符合散剂项下有关的各项规定（附录0101）。

【含量测定】　照高效液相色谱法（附录0512）测定。

色谱条件与系统适用性试验　以十八烷基硅烷键合硅胶为填充剂；以甲醇-水-磷酸（47:53:0.2）为流动相；检测波长为280nm。理论板数按黄芩苷峰计算应不低于2000。

对照品溶液的制备　取黄芩苷对照品适量，精密称定，加70%乙醇制成每1ml含60μg的溶液，即得。

供试品溶液的制备　取本品约0.5g，精密称定，置100ml容量瓶中，加入70%乙醇70ml，超声处理30分钟，放置至室温，加70%乙醇至刻度，摇匀，滤过，取续滤液，即得。

测定法　分别精密吸取对照品溶液与供试品溶液各10μl，注入液相色谱仪，测定，即得。

本品每1g含黄芩以黄芩苷（$C_{21}H_{18}O_{11}$）计，不得少于6.5mg。

【功能】　清热润肺，止咳化痰。

【主治】　肺热咳嗽。

【用法与用量】　马、牛250～300g；羊、猪40～80g。

【贮藏】　密闭，防潮。

二　陈　散

Erchen San

【处方】　姜半夏45g　　　　陈皮50g　　　　　　茯苓30g　　　　　　甘草15g

【制法】　以上4味，粉碎，过筛，混匀，即得。

【性状】　本品为淡棕黄色的粉末；气微香，味甘、微辛。

【鉴别】　取本品，置显微镜下观察：不规则分枝状团块无色，遇水合氯醛液溶化；菌丝无色或淡棕色，直径4～6μm。草酸钙针晶成束，长32～144μm，存在于黏液细胞中或散在。草酸钙方晶成片存在于薄壁组织中。纤维束周围薄壁细胞含草酸钙方晶，形成晶纤维。

【检查】　应符合散剂项下有关的各项规定（附录0101）。

【功能】 燥湿化痰，理气和胃。

【主治】 湿痰咳嗽，呕吐，腹胀。

【用法与用量】 马、牛150～200g；羊、猪30～45g。

【贮藏】 密闭，防潮。

十 黑 散
Shihei San

【处方】 知母30g　　　　黄柏25g　　　　栀子25g　　　　地榆25g

　　　　槐花20g　　　　蒲黄25g　　　　侧柏叶20g　　　棕榈25g

　　　　杜仲25g　　　　血余炭15g

【制法】 以上前9味，均炒黑，与血余炭共粉碎，过筛，混匀，即得。

【性状】 本品为深褐色的粉末；味焦苦。

【检查】 应符合散剂项下有关的各项规定（附录0101）。

【功能】 清热泻火，凉血止血。

【主治】 膀胱积热，尿血，便血。

【用法与用量】 马、牛200～250g；羊、猪60～90g。

【贮藏】 密闭，防潮。

七 补 散
Qibu San

【处方】 党参30g　　　　白术（炒）30g　　茯苓30g　　　　甘草25g

　　　　炙黄芪30g　　　山药25g　　　　炒酸枣仁25g　　当归30g

　　　　秦艽30g　　　　陈皮20g　　　　川楝子25g　　　醋香附25g

　　　　麦芽30g

【制法】 以上13味，粉碎，过筛，混匀，即得。

【性状】 本品为淡灰褐色的粉末；气清香，味辛、甘。

【鉴别】 取本品，置显微镜下观察：联结乳管直径12～15μm，含细小颗粒状物。不规则分枝状团块无色，遇水合氯醛液溶化；菌丝无色或淡棕色，直径4～6μm。纤维成束或散离，壁厚，表面有纵裂纹，两端断裂成帚状或较平截。草酸钙针晶束存在于黏液细胞中，长80～240μm，直径2～8μm。草酸钙针晶细小，长10～32μm，不规则地充塞于薄壁细胞中。薄壁细胞纺锤形，壁略厚，有极微细的斜向交错纹理。草酸钙方晶成片存在于薄壁组织中。分泌细胞类圆形，含淡黄棕色至红棕色分泌物，其周围细胞作放射状排列。纤维束周围薄壁细胞含草酸钙方晶，形成晶纤维。果皮细胞纵列，常有1个长细胞与2个短细胞相间排列，长细胞壁厚，波状弯曲，木化。

【检查】 应符合散剂项下有关的各项规定（附录0101）。

【功能】 培补脾肾，益气养血。

【主治】 劳伤，虚损，体弱。

【用法与用量】 马、牛250~400g；羊、猪45~80g。

【贮藏】 密闭，防潮。

七味胆膏散

Qiwei Dangao San

本品系蒙古族兽医验方。

【处方】 胆膏50g　　　　连翘150g　　　　木鳖子125g　　　　麦冬100g

香附200g　　　　关木通50g　　　　丹参80g

【制法】 以上7味，除胆膏外，其余6味粉碎成细粉，将胆膏用适量水溶解，混入以上细粉中，充分搅拌，于60℃以下干燥，过筛，混匀，即得。

【性状】 本品为褐黄色的粉末；气腥，味苦。

【鉴别】 （1）取本品，置显微镜下观察：内果皮纤维上下层纵横交错，纤维短梭形。草酸钙针晶成束或散在，长24~50μm，直径约3μm。分泌细胞类圆形，含淡黄棕色至红棕色分泌物，其周围细胞作放射状排列。木栓细胞红棕色，多角形，壁薄。子叶细胞长方形或多角形，含糊粉粒及脂肪油块。具缘纹孔导管大，直径约至328μm，具缘纹孔类圆形，排列紧密。

（2）取本品1g，加40%氢氧化钠20ml，摇匀，加热回流5小时，放冷，滤过，残渣用水洗涤2次，每次30ml，合并滤液与洗液，加盐酸调节pH值至1，用三氯甲烷提取3次，每次30ml，合并三氯甲烷液，加无水硫酸钠脱水，滤过，滤液蒸干，残渣用无水乙醇2ml溶解，作为供试品溶液。另取猪去氧胆酸对照品、胆酸对照品，分别加无水乙醇制成每1ml含1mg的溶液，作为对照品溶液。照薄层色谱法（附录0502）试验，吸取上述三种溶液各5μl，分别点于同一硅胶G薄层板上，以正己烷-乙酸乙酯-甲酸-甲醇（20:25:2:3）为展开剂，展开，取出，晾干，喷以10%硫酸乙醇溶液，在105℃加热至斑点显色清晰，置紫外光灯（365nm）下检视，供试品色谱中，在与对照品色谱相应的位置上，显相同颜色的荧光斑点。

【检查】 应符合散剂项下有关的各项规定（附录0101）。

【功能】 清热解毒，止泻止痢。

【主治】 羔羊腹泻，痢疾。

【用法与用量】 羔羊1~5g。

【贮藏】 密闭，防潮。

七清败毒颗粒

Qiqing Baidu Keli

【处方】 黄芩100g　　　　虎杖100g　　　　白头翁80g　　　　苦参80g

板蓝根100g　　　　绵马贯众60g　　　　大青叶40g

【制法】 以上7味，加水煎煮2次，第一次2小时，第二次1小时，煎液滤过，滤液合并，80℃以下减压浓缩至相对密度为1.30~1.35（55℃），得清膏，加入适量的蔗糖和糊精，混匀，制成颗粒，干燥，制成560g，即得。

【性状】 本品为黄棕色至棕褐色颗粒；味苦。

【鉴别】 （1）取本品研细的粉末15g，加甲醇50ml，超声处理20分钟，滤过，滤液蒸干，残渣加甲醇2ml使溶解，滤过，滤液作为供试品溶液。另取黄芩苷对照品，加甲醇制成每1ml含1mg的溶液，作为对照品溶液。照薄层色谱法（附录0502）试验，吸取上述两种溶液各5μl，分别点于同一以含4%醋酸钠的羧甲基纤维素钠溶液为黏合剂的硅胶G薄层板上，以乙酸乙酯-丁酮-甲酸-水（5:3:1:1）为展开剂，置展开缸内预饱和30分钟，展开，取出，晾干，喷以1%三氯化铁乙醇溶液。供试品色谱中，在与对照品色谱相应的位置上，显相同颜色的斑点。

（2）取本品研细的粉末8g，加三氯甲烷25ml，超声处理20分钟，滤过，滤液蒸干，残渣加甲醇0.5ml使溶解，作为供试品溶液。另取虎杖对照药材0.1g，同法制成对照药材溶液。再取大黄素对照品，加甲醇制成每1ml含1mg的溶液，作为对照品溶液。照薄层色谱法（附录0502）试验，吸取上述三种溶液各5μl，分别点于同一硅胶G薄层板上，以甲苯-乙酸乙酯-甲酸（15:2:1）为展开剂，展开，取出，晾干，置紫外光灯（365nm）下检视。供试品色谱中，在与对照药材和对照品色谱相应的位置上，显相同的橙黄色荧光斑点；置氨蒸气中熏后，日光下检视，斑点变为红色。

（3）取本品研细的粉末15g，加三氯甲烷30ml，加热回流1小时，滤过，滤液浓缩至0.5ml，作为供试品溶液。另取靛蓝对照品、靛玉红对照品，加三氯甲烷制成每1ml各含1mg的混合溶液，作为对照品溶液。照薄层色谱法（附录0502）试验，吸取上述两种溶液各5μl，分别点于同一硅胶G薄层板上，以苯-三氯甲烷-丙酮（5:4:1）为展开剂，展开，取出，立即观察。供试品色谱中，在与对照品色谱相应的位置上，分别显相同的蓝色斑点和浅紫红色斑点。

【检查】 应符合颗粒剂项下有关的各项规定（附录0106）。

【功能】 清热解毒，燥湿止泻。

【主治】 湿热泄泻，雏鸡白痢。

【用法与用量】 每1L水，禽2.5g。

【贮藏】 密封，防潮。

八　正　散

Bazheng San

【处方】

木通30g	瞿麦30g	萹蓄30g	车前子30g
滑石60g	甘草25g	炒栀子30g	酒大黄30g
灯心草15g			

【制法】 以上9味，粉碎，过筛，混匀，即得。

【性状】 本品为淡灰黄色的粉末；气微香，味淡、微苦。

【鉴别】 （1）取本品，置显微镜下观察：纤维管胞大多成束，有明显的具缘纹孔，纹孔口斜裂纹状或十字状。纤维束周围薄壁细胞含草酸钙簇晶，形成晶纤维，含晶细胞纵向成行。种皮下皮细胞表面观狭长，壁稍波状，以数个细胞为一组，略作镶嵌状排列。不规则块片无色，有层层剥落痕迹。纤维束周围薄壁细胞含草酸钙方晶，形成晶纤维。种皮石细胞黄色或淡棕色，多破碎，完整者长多角形、长方形或形状不规则，壁厚，有大的圆形纹孔，胞腔棕红色。草酸钙簇晶大，直径$60 \sim 140 \mu m$。星状薄壁细胞彼此以星芒相接，形成大的三角形或四边形气腔。

（2）取本品1g，加甲醇20ml，浸渍1小时，时时振摇，滤过，取滤液10ml，蒸干，残渣加水10ml使溶解，再加盐酸1ml，置水浴上加热30分钟，立即冷却，用乙醚提取2次，每次10ml，合并乙醚液，蒸干，残渣加三氯甲烷1ml使溶解，作为供试品溶液。另取大黄对照药材0.1g，同法制成对照药材溶液。再取大黄酸对照品，加甲醇制成每1ml含1mg的溶液，作为对照品溶液。照薄层色谱法（附录0502）试验，吸取上述三种溶液各5μl，分别点于同一硅胶H薄层板上，以石油醚（30~60℃）-甲酸乙酯-甲酸（15:5:1）的上层溶液为展开剂，展开，取出，晾干，置紫外光灯（365nm）下检视。供试品色谱中，在与对照药材色谱相应的位置上，显相同的五个橙黄色荧光主斑点；在与对照品色谱相应的位置上，显相同的橙黄色荧光斑点；置氨蒸气中熏后，斑点变为红色。

【检查】　应符合散剂项下有关的各项规定（附录0101）。

【功能】　清热泻火，利尿通淋。

【主治】　湿热下注，热淋，血淋，石淋，尿血。

【用法与用量】　马、牛250~300g；羊、猪30~60g。

【贮藏】　密闭，防潮。

三　子　散

Sanzi San

本品系蒙古族验方。

【处方】　诃子200g　　　　　　川楝子200g　　　　　　栀子200g

【制法】　以上3味，粉碎，过筛，混匀，即得。

【性状】　本品为姜黄色的粉末；气微，味苦、涩、微酸。

【鉴别】　（1）取本品，置显微镜下观察：果皮纤维束旁的细胞中含草酸钙方晶或少数簇晶，形成晶纤维，含晶细胞壁厚薄不一，木化。种皮石细胞黄色或淡棕色，多破碎，完整者长多角形、长方形或形状不规则，壁厚，有大的圆形纹孔，胞腔棕红色。果皮纤维层淡黄色，斜向交错排列，壁较薄，有纹孔。

（2）取本品1g，加乙醚10ml，振摇提取10分钟，弃去乙醚，残渣挥去乙醚，加乙酸乙酯10ml，加热回流1小时，放冷，滤过，滤液蒸干，残渣加乙醇2ml使溶解，作为供试品溶液。另取诃子对照药材0.5g，同法制成对照药材溶液。再取栀子苷对照品，加乙醇制成每1ml含1mg的溶液，作为对照品溶液。照薄层色谱法（附录0502）试验，吸取上述三种溶液各10μl，分别点于同一硅胶G薄层板上，以乙酸乙酯-丙酮-甲酸-水（10:7:2:0.5）为展开剂，展开，取出，晾干，喷以10%硫酸乙醇溶液，加热至斑点显色清晰。供试品色谱中，在与对照药材色谱及对照品色谱相应的位置上，显相同颜色的斑点。

【检查】　应符合散剂项下有关的各项规定（附录0101）。

【含量测定】　照高效液相色谱法（附录0512）测定。

色谱条件与系统适用性试验　以十八烷基硅烷键合硅胶为填充剂，以乙腈-水（15:85）为流动相，检测波长为238nm。理论板数按栀子苷峰计算应不低于4000。

对照品溶液的制备　取栀子苷对照品适量，精密称定，加甲醇制成每1ml含30μg的溶液，即得。

供试品溶液的制备　取本品约0.3g，精密称定，置具塞锥形瓶中，精密加入甲醇25ml，密塞，称定重量，超声处理20分钟（功率200W，频率50kHz），放冷，再称定重量，用甲醇补足减失的重量，摇匀，滤过。精密量取续滤液10ml，置25ml量瓶中，加甲醇至刻度，摇匀，即得。

测定法　分别精密吸取对照品溶液与供试溶液各10μl，注入液相色谱仪，测定，即得。

本品每1g含栀子以栀子苷（$C_{17}H_{24}O_{10}$）计，不得少于5.4mg。

【功能】　清热解毒。

【主治】　三焦热盛，疮黄肿毒，脏腑实热。

【用法与用量】　马、牛120～300g；驼250～450g；羊、猪10～30g。

【贮藏】　密闭，防潮。

三　白　散
Sanbai San

【处方】玄明粉400g　　　　石膏300g　　　　滑石300g

【制法】以上3味，粉碎，过筛，混匀，即得。

【性状】本品为白色的粉末；气微，味咸。

【鉴别】（1）取本品，置显微镜下观察：不规则块片无色，有层层剥落痕迹。不规则片状结晶无色，有平直纹理。用乙醇装片观察，不规则形结晶近无色，边缘不整齐，表面有细长裂隙且现颗粒性。

（2）取本品1g，加稀盐酸20ml，煮沸，充分搅拌，放冷，滤过，滤液显钠盐（附录0301）、钙盐（附录0301）与硫酸盐（附录0301）的鉴别反应。

【检查】重金属　取本品1.0g，加盐酸5ml与水20ml，煮沸，充分搅拌，放冷，滤过，滤液加酚酞指示液1滴，加浓氨试液至溶液显淡红色，加醋酸盐缓冲液（pH3.5）2ml，滤过，滤液加水至30ml，加抗坏血酸0.5g，溶解后，依法检查（附录0821 第一法），含重金属不得过20mg/kg。

砷盐　取本品0.1g，加水20ml，加盐酸5ml，煮沸，充分搅拌，放冷，滤过，滤液加适量水使成25ml，依法检查（附录0822），含砷量不得过20mg/kg。

其他　应符合散剂项下有关的各项规定（附录0101）。

【含量测定】取本品约1g，精密称定，加水200ml、盐酸3ml，煮沸，充分搅拌，滤过，沉淀用水分次洗涤，至洗液不再显硫酸盐反应，将滤液合并，煮沸，在不断搅拌下缓缓加入热氯化钡试液40ml，至不再生成沉淀，置水浴上加热30分钟，静置1小时，用无灰滤纸滤过，沉淀用温水洗涤，至洗液不再显氯化物反应，置炽灼至恒重的坩埚中，干燥并炽灼至恒重，精密称定。所得沉淀重量与0.4116相乘，即得供试品中含有总硫酸盐（SO_4^{2-}）的量。

本品含硫酸盐以硫酸根（SO_4^{2-}）计，应为39.0%～48.0%。

【功能】清胃泻火，通便。

【主治】胃热食少，大便秘结，小便短赤。

【用法与用量】猪30～60g。

【注意】孕畜忌服。

【贮藏】密闭，防潮。

三　香　散

Sanxiang San

【处方】　丁香25g　　　　　　木香45g　　　　　　藿香45g　　　　　　青皮30g
　　　　　陈皮45g　　　　　　槟榔15g　　　　　　炒牵牛子45g

【制法】　以上7味，粉碎，过筛，混匀，即得。

【性状】　本品为黄褐色的粉末；气香，味辛、微苦。

【鉴别】　（1）取本品，置显微镜下观察：花粉粒三角形，直径约16μm。菊糖团块形状不规则，有时可见微细放射状纹理，加热后溶解。草酸钙方晶成片存在于薄壁组织中。内胚乳碎片无色，壁较厚，有较多大的类圆形纹孔。种皮栅状细胞淡棕色或棕色，长48～80μm。非腺毛1～4细胞，壁有疣状突起。

（2）取本品5g，加乙醚20ml，振摇数分钟，滤过，滤液置50～60℃水浴蒸干，残渣加乙醚3ml使溶解，作为供试品溶液。另取丁香酚对照品，加乙醚制成每1ml含10μl的溶液，作为对照品溶液。照薄层色谱法（附录0502）试验，吸取上述两种溶液各3～5μl，分别点于同一硅胶G薄层板上，以石油醚（60～90℃）-乙酸乙酯（9:1）为展开剂，展开，取出，晾干，喷以5%香草醛硫酸溶液，在105℃加热至斑点显色清晰。供试品色谱中，在与对照品色谱相应的位置上，显相同颜色的斑点。

（3）取本品5g，加石油醚（60～90℃）30ml，超声处理20分钟，滤过，滤液浓缩至约1ml，作为供试品溶液。另取木香对照药材0.5g，同法制成对照药材溶液。照薄层色谱法（附录0502）试验，吸取上述两种溶液各10μl，分别点于同一硅胶G薄层板上，以石油醚（30～60℃）-乙酸乙酯（9:1）为展开剂，展开，取出，晾干，喷以5%香草醛硫酸溶液。供试品色谱中，在与对照药材色谱相应的位置上，显相同颜色的斑点。

【检查】　应符合散剂项下有关的各项规定（附录0101）。

【功能】　破气消胀，宽肠通便。

【主治】　胃肠臌气。

【用法与用量】　马、牛200～250g；羊、猪30～60g。

【贮藏】　密闭，防潮。

大　承　气　散

Dachengqi San

【处方】　大黄60g　　　　　　厚朴30g　　　　　　枳实30g　　　　　　玄明粉180g

【制法】　以上4味，粉碎，过筛，混匀，即得。

【性状】　本品为棕褐色的粉末；气微辛香，味咸、微苦、涩。

【鉴别】　（1）取本品，置显微镜下观察：草酸钙簇晶大，直径60～140μm。石细胞分枝状，壁厚，层纹明显。草酸钙方晶成片存在于薄壁组织中。用乙醇装片观察，不规则形结晶近无色，边缘不整齐，表面有细长裂隙且现颗粒性。

（2）取本品0.5g，加甲醇20ml，浸渍1小时，时时振摇，滤过，取滤液10ml，蒸干，残渣加水10ml使溶解，再加盐酸1ml，置水浴上加热30分钟，立即冷却，用乙醚提取2次，每次10ml，合并乙醚液，蒸干，残渣加三氯甲烷1ml使溶解，作为供试品溶液。另取大黄对照药材0.1g，同法制成对照药材溶液。照薄层色谱法（附录0502）试验，吸取上述两种溶液各5μl，分别点于同一硅胶H薄层板上，以石油醚（30～60℃）-甲酸乙酯-甲酸（15：5：1）的上层溶液为展开剂，展开，取出，晾干，置紫外光灯（365nm）下检视。供试品色谱中，在与对照药材色谱相应的位置上，显相同的五个橙黄色荧光主斑点；置氨蒸气中熏后，日光下检视，斑点变为红色。

（3）取本品5g，加甲醇20ml，浸渍30分钟，时时振摇，滤过，滤液浓缩至约5ml，作为供试品溶液。另取厚朴酚对照品与和厚朴酚对照品，加甲醇制成每1ml各含2mg和1mg的混合溶液，作为对照品溶液。照薄层色谱法（附录0502）试验，吸取上述两种溶液各5μl，分别点于同一硅胶GF₂₅₄薄层板上，以三氯甲烷-苯-乙酸乙酯（5：4：1）为展开剂，展开，取出，晾干，置紫外光灯（254nm）下检视。供试品色谱中，在与对照品色谱相应的位置上，显相同颜色的两个斑点。

【检查】 应符合散剂项下有关的各项规定（附录0101）。

【功能】 攻下热结，通肠。

【主治】 结症，便秘。

【用法与用量】 马、牛300～500g；羊、猪60～120g。

【贮藏】 密闭，防潮。

大 黄 末

Dahuang Mo

本品为大黄经加工制成的散剂。

【制法】 取大黄，粉碎，过筛，即得。

【性状】 本品为黄棕色的粉末；气清香，味苦、微涩。

【鉴别】 （1）取本品，置显微镜下观察：草酸钙簇晶直径20～160μm，有的至190μm。具缘纹孔、网纹、螺纹及环纹导管非木化。淀粉粒甚多，单粒类球形或多角形，直径3～45μm，脐点星状；复粒由2～8分粒组成。

（2）取本品少量，进行微量升华，升华物置显微镜下观察，可见菱状针晶或羽状结晶。

（3）取本品0.1g，加甲醇20ml，浸渍1小时，滤过，取滤液5ml，蒸干，加水10ml使溶解，再加盐酸1ml，置水浴上加热30分钟，立即冷却，用乙醚分2次提取，每次20ml，合并乙醚液，蒸干，残渣加三氯甲烷1ml使溶解，作为供试品溶液。另取大黄对照药材0.1g，同法制成对照药材溶液。再取大黄酸对照品，加甲醇制成每1ml含1mg的溶液，作为对照品溶液。照薄层色谱法（附录0502）试验，吸取上述三种溶液各4μl，分别点于同一硅胶H薄层板上，以石油醚（30～60℃）-甲酸乙酯-甲酸（15：5：1）的上层溶液为展开剂，展开，取出，晾干，置紫外光灯（365nm）下检视。供试品色谱中，在与对照药材色谱相应的位置上，显相同的五个橙黄色荧光主斑点；在与对照品色谱相应的位置上，显相同的橙黄色荧光斑点；置氨蒸气中熏后，斑点变为红色。

【检查】 土大黄苷 取本品粉末0.1g，加甲醇10ml，超声处理20分钟，滤过，取滤液1ml，加甲醇至10ml，作为供试品溶液。另取土大黄苷对照品，加甲醇制成每1ml含10μg的溶液，作为对照品溶液（临用新制）。照薄层色谱法（附录0502）试验，吸取上述两种溶液各5μl，分别点于同一聚酰胺薄膜上，以甲苯-甲酸乙酯-丙酮-甲醇-甲酸（30：5：5：20：0.1）为展开剂，展开，取出，晾干，置紫外光灯（365nm）下检视。供试品色谱中，在与对照品色谱相应的位置上，不得显相同的亮蓝色荧光斑点。

其他 应符合散剂项下有关的各项规定（附录0101）。

【含量测定】 照高效液相色谱法（附录0512）测定。

色谱条件与系统适用性试验 以十八烷基硅烷键合硅胶为填充剂；甲醇-0.1%磷酸溶液（85：15）为流动相；检测波长为254nm。理论板数按大黄素峰计算应不低于3000。

对照品溶液的制备 精密称取大黄素对照品、大黄酚对照品各5mg，分别置50ml量瓶中，用甲醇溶解并稀释至刻度，摇匀；分别精密量取大黄素溶液1ml、大黄酚溶液2ml，分别置25ml量瓶中，加甲醇至刻度，摇匀，即得（每1ml中含大黄素$4\mu g$、大黄酚$8\mu g$）。

供试品溶液的制备 取本品约0.1g，精密称定，置50ml锥形瓶中，精密加甲醇25ml，称定重量，加热回流30分钟，放冷，再称定重量，用甲醇补足减失的重量，摇匀，滤过，精密量取续滤液5ml，置50ml圆底烧瓶中，挥去甲醇，加2.5mol/L硫酸溶液10ml，超声处理5分钟，再加三氯甲烷10ml，加热回流1小时，冷却，移置分液漏斗中，用少量三氯甲烷洗涤容器，并入分液漏斗中，分取三氯甲烷层，酸液用三氯甲烷提取2次，每次约8ml，合并三氯甲烷液，以无水硫酸钠脱水，三氯甲烷液移至100ml锥形瓶中，挥去三氯甲烷，残渣精密加甲醇10ml，称定重量，置水浴中微热溶解残渣，放冷后，再称定重量，用甲醇补足减失的重量，摇匀，滤过，取续滤液，即得。

测定法 分别精密吸取上述两种对照品溶液与供试品溶液各$5\mu l$，注入液相色谱仪，测定，即得。

本品按干燥品计算，含大黄素（$C_{15}H_{10}O_5$）和大黄酚（$C_{15}H_{10}O_4$）的总量不得少于0.50%。

【功能】 健胃消食，泻热通肠，凉血解毒，破积行瘀。

【主治】 食欲不振，实热便秘，结症，疮黄疔毒，目赤肿痛，烧伤烫伤，跌打损伤。

鱼肠炎，烂腮，腐皮。

【用法与用量】 马、牛50～150g；驼100～200g；羊、猪10～20g；犬、猫3～10g；兔、禽1～3g。外用适量，调敷患处。

拌饵投喂：每1kg体重，鱼5～10g；泼洒鱼池：每$1m^3$水体，鱼2.5～4g。

【注意】 孕畜慎用。

【贮藏】 密闭，防潮。

大黄芩鱼散

Dahuang Qinyu San

【处方】 鱼腥草135g　　　　大黄540g　　　　黄芩325g

【制法】 以上3味，粉碎，过筛，混匀，即得。

【性状】 本品为黄棕色的粉末；气微香；味苦，微涩。

【鉴别】 （1）取本品，置显微镜下观察：叶表皮细胞中油细胞散在，类圆形，直径70～80μm，周围细胞6～7个，表皮细胞呈放射状排列。草酸钙簇晶大，直径60～140μm。纤维淡黄色，梭形，壁厚，孔沟细。

（2）取本品0.2g，加甲醇20ml，浸渍1小时，滤过，取滤液10ml，蒸干，残渣加水10ml使溶解，再加盐酸1ml，置水浴上加热30分钟，立即冷却，用乙醚提取2次，每次10ml，合并乙醚液，蒸干，残渣加三氯甲烷1ml使溶解，作为供试品溶液。另取大黄对照药材0.1g，同法制成对照药材溶液。再取大黄酸对照品，加甲醇制成每1ml含1mg的溶液，作为对照品溶液。照薄层色谱法（附录0502）试验，吸取上述三种溶液各5μl，分别点于同一硅胶H薄层板上，以石油醚（30～60℃）-甲酸乙酯-甲酸（15:5:1）的上层溶液为展开剂，展开，取出，晾干，置紫外光灯（365nm）下检视。供试品色谱中，在与对照药材色谱相应的位置上，显相同的五个橙黄色荧光主斑点；在与对照品色谱相应的位置上，显相同的橙黄色荧光斑点；置氨蒸气中熏后，日光下检视，斑点变为红色。

（3）取本品3g，加甲醇50ml，超声处理30分钟，滤过，滤液浓缩至10ml，滤过，取滤液作为供试品溶液。另取黄芩苷对照品，加甲醇制成每1ml含1mg的溶液，作为对照品溶液。照薄层色谱法（附录0502）试验，吸取上述供试品溶液2μl，对照品溶液5μl，分别点于同一以含4%醋酸钠的羧甲基纤维素钠为黏合剂的硅胶G薄层板上，以乙酸乙酯-丁酮-甲酸-水（5:3:1:1）为展开剂，置展开缸中预饱和30分钟，展开，取出，晾干，喷以2%三氯化铁乙醇溶液。供试品色谱中，在与对照品色谱相应的位置上，显相同颜色的斑点。

【检查】　应符合散剂项下有关的各项规定（附录0101）。

【含量测定】　照高效液相色谱法（附录0512）测定。

色谱条件与系统适用性试验　以十八烷基硅烷键合硅胶为填充剂；以甲醇-水-磷酸（47:53:0.2）为流动相；检测波长为280nm。理论板数按黄芩苷峰计算应不低于2000。

对照品溶液的制备　取黄芩苷对照品适量，精密称定，加70%乙醇制成每1ml含60μg的溶液，即得。

供试品溶液的制备　取本品约0.15g，精密称定，置100ml容量瓶中，加入70%乙醇70ml，超声处理30分钟，放置至室温，加70%乙醇至刻度，摇匀，滤过，取续滤液，即得。

测定法　分别精密吸取对照品溶液与供试品溶液各10μl，注入液相色谱仪，测定，即得。

本品每1g含黄芩以黄芩苷（$C_{21}H_{18}O_{11}$）计，不得少于20.0mg。

【功能】　清热解毒。

【主治】　烂鳃。

【用法与用量】　拌饵投喂：每1kg体重，鱼、虾1g，连用3日。

【贮藏】　密闭，防潮。

大　黄　酊

Dahuang Ding

本品为大黄经加工制成的酊剂。每1ml相当于原生药0.2g。

【制法】　取大黄最粗粉200g，照酊剂项下的渗漉法（附录0109），用60%乙醇作溶剂，浸渍24小时，以每分钟3～5ml速度缓缓渗漉，收集渗漉液达800ml时，停止渗漉，加入甘油100ml，用60%乙醇稀释至1000ml，即得。

【性状】　本品为红棕色的液体；味苦、涩。

【鉴别】　（1）取本品1ml，加1%氢氧化钠溶液10ml，滤过，取滤液2ml，加稀盐酸数滴，使呈酸性，加乙醚10ml，振摇，乙醚层显黄色，分取乙醚液，加氨试液5ml，振摇，乙醚层仍显黄色，氨液层显持久的樱红色。

（2）取本品1ml，置瓷坩埚中，水浴蒸干，进行微量升华，升华物置显微镜下观察，可见菱状针晶或羽状结晶，滴加氢氧化钠试液，结晶溶解，溶液显紫红色。

（3）取本品0.15ml，水浴蒸干，加水10ml使溶解，滤过，滤液加盐酸1ml，水浴加热30分钟，立即冷却，用乙醚分2次提取，每次20ml，合并乙醚液，蒸干，残渣加三氯甲烷1ml使溶解，作为供试品溶液。另取大黄对照药材0.1g，加乙醇20ml，浸渍1小时，滤过，取滤液5ml，蒸干，残渣加水10ml使溶解，再加盐酸1ml，自"水浴加热30分钟"起同法制成对照药材溶液。照薄层色谱法（附录0502）试验，吸取上述两种溶液各5μl，分别点于同一硅胶H薄层板上，以石油醚（30～60℃）-甲酸乙酯-甲酸（15:5:1）的上层溶液为展开剂，展开，取出，晾干，置紫外光灯（365nm）下检视。供试品色谱中，在与对照药材色谱相应的位置上，显相同的五个橙黄色荧光主斑点；置氨蒸气中熏后，日光下检视，斑点变为红色。

【检查】 **土大黄苷** 取本品0.5ml，加甲醇10ml，超声处理20分钟，滤过，取滤液1ml，加甲醇至10ml，作为供试品溶液。另取土大黄苷对照品，加甲醇制成每1ml含10μg的溶液，作为对照品溶液（临用新制）。照薄层色谱法（附录0502）试验，吸取上述两种溶液各5μl，分别点于同一聚酰胺薄膜上，以甲苯-甲酸乙酯-丙酮-甲醇-甲酸（30:5:5:20:0.1）为展开剂，展开，取出，晾干，置紫外光灯（365nm）下检视。供试品色谱中，在与对照品色谱相应的位置上，不得显相同的亮蓝色荧光斑点。

乙醇量 应为45%～54%（附录0711）。

其他 应符合酊剂项下有关的各项规定（附录0109）。

【功能】 健胃，通便。

【主治】 食欲不振，大便秘结。

【用法与用量】 马、牛30～100ml；羊、猪5～15ml；犬、猫1～3ml。

【贮藏】 密封，置阴凉处。

大黄碳酸氢钠片

Dahuang Tansuanqingna Pian

本品含碳酸氢钠（$NaHCO_3$）应为标示量的90.0%～110.0%。

【处方】 大黄150g　　　　　碳酸氢钠150g

【制法】 取大黄细粉，加碳酸氢钠，混匀，制粒，压制成1000片，即得。

【性状】 本品为黄橙色或棕褐色片。

【鉴别】 取本品研细，取细粉适量（约相当于大黄0.1g），加甲醇20ml，浸渍1小时，时时振摇，滤过，取滤液10ml，蒸干，残渣加水10ml使溶解，再加盐酸1ml，置水浴上加热30分钟，立即冷却，用乙醚提取2次，每次10ml，合并乙醚液，蒸干，残渣加三氯甲烷1ml使溶解，作为供试品溶液。另取大黄对照药材0.1g，同法制成对照药材溶液。再取大黄酸对照品，加甲醇制成每1ml含1mg的溶液，作为对照品溶液。照薄层色谱法（附录0502）试验，吸取上述三种溶液各5μl，分别点于同一硅胶H薄层板上，以石油醚（30～60℃）-甲酸乙酯-甲酸（15:5:1）的上层溶液为展开剂，展开，取出，晾干，置紫外光灯（365nm）下检视。供试品色谱中，在与对照药材色谱相应的位置上，显相同的五个橙黄色荧光主斑点；在与对照品色谱相应的位置上，显相同的橙黄色荧光斑点；置氨蒸气中熏后，日光下检视，斑点变为红色。

【检查】 除崩解时限外，应符合片剂项下有关的各项规定（附录0103）。

【含量测定】 取本品20片，精密称定，研细，精密称取适量（约相当于碳酸氢钠0.7g），置500ml长颈烧瓶中，加水100ml与硫酸铵溶液（1→20）17ml，通蒸汽蒸馏，馏出液导入2%硼酸溶液

40ml中，至接收液总体积约为150ml时，停止蒸馏，加甲基红指示液3滴，用盐酸滴定液（0.5mol/L）滴定。每1ml盐酸滴定液（0.5mol/L）相当于42.00mg的碳酸氢钠（NaHCO₃）。

【功能】 健胃。

【主治】 食欲不振，消化不良。

【用法与用量】 猪、羊15～30片；犬、猫2～5片。

【规格】 每片含碳酸氢钠0.15g。

【贮藏】 密闭，防潮。

大　戟　散

Daji San

【处方】 京大戟30g　　　　滑石90g　　　　　甘遂30g　　　　　牵牛子60g
黄芪45g　　　　　玄明粉200g　　　　大黄60g

【制法】 以上7味，粉碎，过筛，混匀，即得。

【性状】 本品为黄色的粉末；气辛香，味咸、涩。

【鉴别】 取本品，置显微镜下观察：不规则块片无色，有层层剥落痕迹。纤维成束或散离，壁厚，表面有纵裂纹，两端断裂成帚状或较平截。草酸钙簇晶大，直径60～140μm。分泌腔类圆形或长圆形，直径30～150μm，周围子叶细胞扁圆形，腔内含油滴。

【检查】 应符合散剂项下有关的各项规定（附录0101）。

【功能】 泻下，逐水。

【主治】 水草肚胀，宿草不转。

【用法与用量】 牛150～300g，加猪油250g。

【贮藏】 密闭，防潮。

山　大　黄　末

Shandahuang Mo

本品为山大黄经加工制成的散剂。

【制法】 取山大黄，粉碎，过筛，即得。

【性状】 本品为黄棕色的粉末；气香，味苦。

【鉴别】 （1）取本品0.2g，加甲醇2ml，温浸10分钟，放冷，取上清液10μl，点于滤纸上，以45%乙醇展开，取出，晾干，放置10分钟，置紫外光灯（365nm）下检视，显持久的亮紫色荧光。

（2）取本品适量，置滤纸上，加氢氧化钠试液，滤纸即染成红色。

（3）取本品适量，加稀盐酸5ml，煮沸2分钟，趁热滤过，滤液冷后加乙醚5ml振摇，乙醚液显黄色，分取乙醚液，加氨试液2ml，振摇，乙醚层仍显黄色，氨液层显持久的樱红色。

【检查】 应符合散剂项下有关的各项规定（附录0101）。

【功能】 健胃消食，清热解毒，破瘀消肿。

【主治】 食欲不振，胃肠积热，湿热黄疸，热毒痛肿，跌打损伤，瘀血肿痛，烧伤。

【用法与用量】 马、牛30～100g；驼50～150g；羊、猪10～20g。

外用适量，调敷患处。

【贮藏】 密闭，防潮。

千　金　散

Qianjin San

【处方】　蔓荆子20g　　　旋覆花20g　　　僵蚕20g　　　天麻25g

乌梢蛇25g　　　南沙参25g　　　桑螵蛸20g　　　何首乌25g

制天南星25g　　防风25g　　　阿胶20g　　　川芎15g

羌活25g　　　蝉蜕30g　　　细辛10g　　　全蝎20g

升麻25g　　　藿香20g　　　独活25g

【制法】　以上19味，粉碎，过筛，混匀，即得。

【性状】　本品为淡棕黄色至浅灰褐色的粉末；气香窜，味淡、辛、咸。

【鉴别】　取本品，置显微镜下观察：花粉粒类球形，直径22～33μm，外壁有刺，长约3μm，具3个萌发孔。体壁碎片无色，表面有极细的菌丝体。含糊化多糖类物的组织碎片遇碘液显棕色或淡棕紫色。条状肌肉纤维淡黄色，现横波状纹理。草酸钙簇晶直径约至80μm。草酸钙针晶成束或散在，长约至90μm。不规则透明块片微黄色，有圆孔纹及细小孔点，并有油滴渗出，放置久后溶化。几丁质皮壳碎片淡黄棕色，半透明，密布乳头状或短刺状突起。下皮细胞类长方形，壁细波状弯曲，夹有类方形或长圆形分泌细胞。体壁碎片淡黄色至黄色，有网状纹理及圆形毛窝，有的可见棕褐色刚毛。木纤维成束，多碎断，淡黄绿色，末端狭尖或钝圆，有的有分叉，直径14～41μm，壁稍厚，具十字形纹孔对，有的胞腔中含黄棕色物。非腺毛1～4细胞，壁有疣状突起。

【检查】　应符合散剂项下有关的各项规定（附录0101）。

【功能】　熄风解痉。

【主治】　破伤风。

【用法与用量】　马、牛250～450g；羊、猪30～100g。

【贮藏】　密闭，防潮。

小　柴　胡　散

Xiaochaihu San

【处方】　柴胡45g　　　黄芩45g　　　姜半夏30g　　　党参45g

甘草15g

【制法】　以上5味，粉碎，过筛，混匀，即得。

【性状】　本品为黄色的粉末；气微香，味甘、微苦。

【鉴别】　（1）取本品，置显微镜下观察：油管含淡黄色或黄棕色条状分泌物，直径8～25μm。草酸钙针晶成束，长32～144μm，存在于黏液细胞中或散在。联结乳管直径12～15μm，含细小颗粒状物。纤维淡黄色，梭形，壁厚，孔沟细。纤维束周围薄壁细胞含草酸钙方晶，形成晶纤维。

（2）取本品4g，加甲醇50ml，超声处理30分钟，滤过，滤液浓缩至1ml，加甲醇10ml使稀释，滤过，取续滤液作为供试品溶液。另取黄芩对照药材1g，同法制成对照药材溶液。再取黄芩苷对照品，加甲醇制成每1ml含1mg的溶液，作为对照品溶液。照薄层色谱法（附录0502）试验，吸取上述三种溶液各5μl，分别点于同一以含4%醋酸钠的羧甲基纤维素钠为黏合剂的硅胶G薄层板上，以乙酸乙酯-丁酮-甲酸-水（5:3:1:1）为展开剂，置展开缸中预饱和30分钟，展开，取出，晾干，喷以2%三氯化铁乙醇溶液。供试品色谱中，在与对照药材色谱相应的位置上，显相同颜色的斑点；在与对照品色谱相应的位置上，显一相同的暗绿色斑点。

【检查】　应符合散剂项下有关的各项规定（附录0101）。

【含量测定】　照高效液相色谱法（附录0512）测定。

色谱条件与系统适用性试验　以十八烷基硅烷键合硅胶为填充剂；以甲醇-冰醋酸-水（50:1:50）为流动相；检测波长为315nm。理论板数按黄芩苷峰计算应不低于2000。

对照品溶液的制备　取黄芩苷对照品适量，精密称定，加70%乙醇制成每1ml含60μg的溶液，即得。

供试品溶液的制备　取本品约0.3g，精密称定，置100ml量瓶中，加70%乙醇70ml，超声处理30分钟，放置至室温，加70%乙醇至刻度，摇匀，滤过，取续滤液，即得。

测定法　分别精密吸取对照品溶液与供试品溶液各10μl，注入液相色谱仪，测定，即得。

本品每1g含黄芩以黄芩苷（$C_{21}H_{18}O_{11}$）计，不得少于20.0mg。

【功能】　和解少阳，解热。

【主治】　少阳证，寒热往来，不欲饮食，口津少，反胃呕吐。

【用法与用量】　马、牛100～250g；羊、猪30～60g。

【贮藏】　密闭，防潮。

马钱子酊（番木鳖酊）

Maqianzi Ding

本品为马钱子流浸膏经加工制成的酊剂。

【制法】　取马钱子流浸膏83.4ml，加45%乙醇稀释，使成1000ml，搅匀，静置12小时，滤过，即得。

【性状】　本品为棕色的液体；味苦。

【鉴别】　取〔含量测定〕项下滴定后的溶液，加氨试液2ml，用三氯甲烷振摇提取2次，每次10ml，合并三氯甲烷液，蒸干，取残渣约0.5mg，置蒸发皿中，加硫酸1滴，溶解后，加重铬酸钾结晶一小粒，周围即显紫色。

【检查】　乙醇量　应为40%～45%（附录0711）。

其他　应符合酊剂项下有关的各项规定（附录0109）。

【含量测定】　精密量取本品100ml，置蒸发皿中，在水浴上蒸干，残渣加硫酸溶液（3→100）15ml，硝酸2ml与亚硝酸钠溶液（1→20）2ml，在15～20℃放置30分钟，移置贮有氢氧化钠溶液（1→5）20ml的分液漏斗中，蒸发皿用少量水洗净，洗液并入分液漏斗中，用三氯甲烷分次振摇提取，每次20ml，至士的宁提尽为止。每次得到的三氯甲烷液均先用同一氢氧化钠溶液（1→5）5ml洗涤，再用同一的水洗涤2次，每次各20ml，合并洗净的三氯甲烷液，置水浴上蒸发至近干，加乙醇5ml，蒸干，并在100℃干燥30分钟，残渣中精密加硫酸滴定液（0.05mol/L）10ml，必要时，微热使溶解，放冷，加甲基红指示液2滴，用氢氧化钠滴定液（0.1mol/L）滴定，并将滴定的结果用空白试验校正。每1ml硫酸滴定液（0.05mol/L）相当于33.44mg的士的宁（$C_{21}H_{22}N_2O_2$）。

本品含士的宁（$C_{21}H_{22}N_2O_2$）应为0.119%～0.131%。

【功能】健胃。

【主治】脾虚不食，宿草不转。

【用法与用量】马10～20ml；牛10～30ml；羊、猪1～2.5ml；犬、猫0.1～0.6ml。

【贮藏】密封，置阴凉处。

天 麻 散
Tianma San

【处方】 天麻30g　　　党参45g　　　防风25g　　　荆芥30g
薄荷30g　　　制何首乌30g　　茯苓45g　　　甘草25g
川芎25g　　　蝉蜕30g

【制法】 以上10味，粉碎，过筛，混匀，即得。

【性状】 本品为棕黄色的粉末；气微香，味甘、微辛。

【鉴别】 取本品，置显微镜下观察：不规则分枝状团块无色，遇水合氯醛液溶化；菌丝无色或淡棕色，直径4～6μm。石细胞斜方形或多角形，一端稍尖，壁较厚，纹孔稀疏。油管含金黄色分泌物，直径17～60μm。纤维束周围薄壁细胞含草酸钙方晶，形成晶纤维。几丁质皮壳碎片淡黄棕色，半透明，密布乳头状或短刺状突起。草酸钙针晶成束或散在，长25～48μm。草酸钙簇晶直径约至80μm。

【检查】 应符合散剂项下有关的各项规定（附录0101）。

【功能】 疏散风邪，益气和血。

【主治】 脾虚湿邪，慢性脑水肿。

【用法与用量】 马、牛250～300g。

【贮藏】 密闭，防潮。

无 失 散
Wushi San

【处方】 槟榔20g　　　牵牛子45g　　　郁李仁60g　　　木香25g
木通20g　　　青皮30g　　　三棱25g　　　大黄75g
玄明粉200g

【制法】 以上9味，粉碎，过筛，混匀，即得。

【性状】 本品为棕黄色的粉末；气香，味咸。

【鉴别】 （1）取本品，置显微镜下观察：内胚乳碎片无色，壁较厚，有较多大的类圆形纹孔。种皮栅状细胞淡棕色或棕色，长48～80μm。石细胞类圆形或贝壳形，壁较厚，较宽一边纹孔明显，胞腔含橙红色物。菊糖团块形状不规则，有时可见微细放射状纹理，加热后溶解。纤维管胞大多成束，有明显的具缘纹孔，纹孔口斜裂纹状或十字状。草酸钙方晶成片存在于薄壁组织中。草酸钙簇晶大，直径60～140μm。用乙醇装片观察，不规则结晶近无色，边缘不整齐，表面有细长裂隙且显颗粒性。

（2）取本品1g，加甲醇20ml，浸渍1小时，时时振摇，滤过，取滤液10ml，蒸干，残渣加水10ml使溶解，再加盐酸1ml，置水浴上加热30分钟，立即冷却，用乙醚提取2次，每次10ml，合并乙醚液，蒸干，残渣加三氯甲烷1ml使溶解，作为供试品溶液。另取大黄对照药材0.1g，同法制成对照药材溶液。再取大黄酸对照品，加甲醇制成每1ml含1mg的溶液，作为对照品溶液。照薄层色谱法（附录0502）试验，吸取上述三种溶液各5μl，分别点于同一硅胶H薄层板上，以石油醚（30～60℃）-甲酸乙酯-甲酸（15:5:1）的上层溶液为展开剂，展开，取出，晾干，置紫外光灯（365nm）下检视。供试品色谱中，在与对照药材色谱相应的位置上，显相同的五个橙黄色荧光主斑点；在与对照品色谱相应的位置上，显相同的橙黄色荧光斑点；置氨蒸气中熏后，斑点变为红色。

（3）取本品12g，加石油醚（60～90℃）30ml，超声处理20分钟，滤过，滤液浓缩至约1ml，作为供试品溶液。另取木香对照药材0.5g，同法制成对照药材溶液。照薄层色谱法（附录0502）试验，吸取上述两种溶液各10μl，分别点于同一硅胶G薄层板上，以石油醚（30～60℃）-乙酸乙酯（9:1）为展开剂，展开，取出，晾干，喷以5%香草醛硫酸溶液。供试品色谱中，在与对照药材色谱相应的位置上，显相同颜色的斑点。

【检查】 应符合散剂项下有关的各项规定（附录0101）。

【功能】 泻下通肠。

【主治】 结症，便秘。

【用法与用量】 马、牛250～500g；羊、猪50～100g。

【贮藏】 密闭，防潮。

木香槟榔散

Muxiang Binglang San

【处方】
木香15g	槟榔15g	枳壳（炒）15g	陈皮15g
醋青皮50g	醋香附30g	三棱15g	醋莪术15g
黄连15g	黄柏（酒炒）30g	大黄30g	炒牵牛子30g
玄明粉60g			

【制法】 以上13味，粉碎，过筛，混匀，即得。

【性状】 本品为灰棕色的粉末；气香，味苦、微咸。

【鉴别】 （1）取本品，置显微镜下观察：菊糖团块形状不规则，有时可见微细放射状纹理，加热后溶解。内胚乳碎片无色，壁较厚，有较多大的类圆形纹孔。草酸钙方晶成片存在于薄壁组织中。分泌细胞类圆形，含淡黄棕色至红棕色分泌物，其周围细胞作放射状排列。纤维束鲜黄色，壁稍厚，纹孔明显。纤维束鲜黄色，周围细胞含草酸钙方晶，形成晶纤维，含晶细胞的壁木化增厚。草酸钙簇晶大，直径60～140μm。种皮栅状细胞淡棕色或棕色，长48～80μm。用乙醇装片观察，不规则结晶近无色，边缘不整齐，表面有细长裂隙且显颗粒性。

（2）取本品1g，加甲醇20ml，浸渍1小时，滤过，取滤液5ml，蒸干，残渣加水10ml使溶解，加盐酸1ml，水浴加热30分钟，立即冷却，用乙醚20ml分两次提取，合并乙醚提取液，蒸干，残渣加三氯甲烷1ml使溶解，作为供试品溶液。另取大黄对照药材0.1g，同法制成对照药材溶液。照薄层色谱法（附录0502）试验，吸取上述两种溶液各4μl，分别点于同一硅胶H薄层板上，以石油醚（30～60℃)-甲酸乙酯-甲酸（15:5:1）的上层溶液为展开剂，展开，取出，晾干，置紫外光灯（365nm）下检视。供试品色谱中，在与对照药材色谱相应的位置上，显相同的五个橙黄色荧光主斑点；置氨蒸气中熏后，日光下检视，斑点变为红色。

（3）取本品1g，加甲醇10ml，置水浴上加热回流15分钟，滤过，滤液蒸干，残渣加甲醇5ml使溶解，作为供试品溶液。另取黄连对照药材50mg，加甲醇5ml，同法制成对照药材溶液。再取盐酸小檗碱对照品，加甲醇制成每1ml中含0.5mg的溶液，作为对照品溶液。照薄层色谱法（附录0502）试验，吸取上述三种溶液各1μl，分别点于同一硅胶G薄层板上，以苯-乙酸乙酯-甲醇-异丙醇-浓氨试液（12:6:3:3:1）为展开剂，置氨蒸气预饱和的展开缸内，展开，取出，晾干，置紫外光灯（365nm）下检视。供试品色谱中，在与对照药材色谱相应的位置上，显相同的黄色荧光斑点；在与对照品色谱相应的位置上，显相同的一个黄色荧光斑点。

（4）取本品12g，加石油醚（60～90℃）30ml，超声处理20分钟，滤过，滤液浓缩至约1ml，作为供试品溶液。另取木香对照药材0.5g，同法制成对照药材溶液。照薄层色谱法（附录0502）试验，吸取上述两种溶液各10μl，分别点于同一硅胶G薄层板上，以石油醚（30～60℃)-乙酸乙酯（9:1）为展开剂，展开，取出，晾干，喷以5%香草醛硫酸溶液。供试品色谱中，在与对照药材色谱相应的位置上，显相同颜色的斑点。

【检查】 应符合散剂项下有关的各项规定（附录0101）。

【功能】 行气导滞，泻热通便。

【主治】 痢疾腹痛，胃肠积滞，瘤胃臌气。

【用法与用量】 马、牛300～450g；羊、猪60～90g。

【贮藏】 密闭，防潮。

木槟硝黄散

Mubing Xiaohuang San

【处方】 槟榔30g　　　　大黄90g　　　　玄明粉110g　　　　木香30g

【制法】 以上4味，粉碎，过筛，混匀，即得。

【性状】 本品为棕褐色的粉末；气香，味微涩、苦、咸。

【鉴别】 （1）取本品，置显微镜下观察：草酸钙簇晶大，直径60～140μm。内胚乳碎片无色，壁较厚，有较多大的类圆形纹孔。菊糖团块形状不规则，有时可见微细放射状纹理，加热后溶解。用乙醇装片观察，不规则结晶近无色，边缘不整齐，表面有细长裂隙且显颗粒性。

（2）取本品粉末少量，进行微量升华，升华物置显微镜下观察，可见黄色菱状针晶或羽状结晶，加氢氧化钠试液，结晶溶解，溶液显红色。

（3）取本品5g，加水30ml，浸渍1小时，滤过，滤液显硫酸盐（附录0301）的鉴别反应。

（4）取本品0.3g，加甲醇20ml，超声处理20分钟，滤过。取滤液5ml，蒸干，残渣加水10ml

使溶解，再加盐酸1ml，置水浴加热30分钟，立即冷却，用乙醚分2次提取，每次20ml，合并乙醚提取液，蒸干，残渣加三氯甲烷1ml使溶解，作为供试品溶液。另取大黄对照药材0.1g，同法制成对照药材溶液。再取大黄酸对照品，加甲醇制成每1ml含1mg的溶液，作为对照品溶液。照薄层色谱法（附录0502）试验，吸取上述三种溶液各4μl，分别点于同一硅胶H薄层板上，以石油醚（30~60℃）-甲酸乙酯-甲酸（15:5:1）的上层溶液为展开剂，展开，取出，晾干，置紫外光灯（365nm）下检视。供试品色谱中，在与对照药材色谱相应的位置上，显相同的五个橙黄色荧光主斑点；在与对照品色谱相应的位置上，显相同的橙黄色荧光斑点；置氨蒸气中熏后，日光下检视，斑点变为红色。

（5）取本品5g，加石油醚（60~90℃）30ml，超声处理20分钟，滤过，滤液浓缩至约1ml，作为供试品溶液。另取木香对照药材0.5g，同法制成对照药材溶液。照薄层色谱法（附录0502）试验，吸取上述两种溶液各10μl，分别点于同一硅胶G薄层板上，以石油醚（30~60℃）-乙酸乙酯（9:1）为展开剂，展开，取出，晾干，喷以5%香草醛硫酸溶液。供试品色谱中，在与对照药材色谱相应的位置上，显相同颜色的斑点。

【检查】 土大黄苷 取本品粉末0.6g，加甲醇2ml，温浸10分钟，放冷，取上清液10μl，点于滤纸上，以45%乙醇展开，取出，晾干，放置10分钟，置紫外光灯（365nm）下检视，不得显持久的亮紫色荧光。

其他 应符合散剂项下有关的各项规定（附录0101）。

【功能】 泻热通便，理气止痛。

【主治】 实热便秘，胃肠积滞。

【用法与用量】 马150~200g；牛250~400g；羊、猪60~90g。

【贮藏】 密闭，防潮。

五 皮 散

Wupi San

【处方】 桑白皮30g　　　　陈皮30g　　　　大腹皮30g　　　　姜皮15g
茯苓皮30g

【制法】 以上5味，粉碎，过筛，混匀，即得。

【性状】 本品为黄褐色的粉末；气微香，味辛。

【鉴别】 取本品，置显微镜下观察：纤维无色，直径13~26μm，壁厚，孔沟不明显。草酸钙方晶成片存在于薄壁组织中。中果皮纤维成束，细长，直径8~15μm，微木化，纹孔明显，周围细胞中含有圆簇状硅质块，直径约8μm。不规则分枝状团块无色，遇水合氯醛液溶化；菌丝无色或淡棕色，直径4~6μm。

【检查】 应符合散剂项下有关的各项规定（附录0101）。

【功能】 行气，化湿，利水。

【主治】 水肿。

【用法与用量】 马、牛120~240g；羊、猪45~60g。

【贮藏】 密闭，防潮。

五　苓　散

Wuling San

【处方】　茯苓100g　　　　泽泻200g　　　　猪苓100g　　　　肉桂50g
白术（炒）100g

【制法】　以上5味，粉碎，过筛，混匀，即得。

【性状】　本品为淡黄色的粉末；气微香，味甘、淡。

【鉴别】　（1）取本品，置显微镜下观察：不规则分枝状团块无色，遇水合氯醛液溶化；菌丝无色或淡棕色，直径4～6μm。薄壁细胞类圆形，有椭圆形纹孔，集成纹孔群。菌丝黏结成团，大多无色；草酸钙方晶正八面体形，直径32～60μm。草酸钙针晶细小，长10～32μm，不规则地充塞于薄壁细胞中。石细胞类方形或类圆形，壁一面菲薄。

（2）取本品5.5g，加乙醇30ml，冷浸20分钟，时时振摇，滤过，滤液作为供试品溶液。另取桂皮醛对照品，加乙醇制成每1ml含1μl的溶液，作为对照品溶液。照薄层色谱法（附录0502）试验，吸取供试品溶液2～5μl，对照品溶液2μl，分别点于同一硅胶G薄层板上，以石油醚（60～90℃）-乙酸乙酯（17:3）为展开剂，展开，取出，晾干，喷以二硝基苯肼乙醇试液。供试品色谱中，在与对照品色谱相应的位置上，显相同颜色的斑点。

（3）取本品3g，加正己烷10ml，超声处理15分钟，滤过，滤液作为供试品溶液。另取白术对照药材0.5g，同法制成对照药材溶液。照薄层色谱法（附录0502）试验，吸取上述新制备的两种溶液各10μl，分别点于同一硅胶G薄层板上，以石油醚（60～90℃）-乙酸乙酯（50:1）为展开剂，展开，取出，晾干，喷以5%香草醛硫酸溶液，加热至斑点显色清晰。供试品色谱中，在与对照药材色谱相应的位置上，显相同颜色的斑点，并应显一桃红色主斑点（苍术酮）。

【检查】　应符合散剂项下有关的各项规定（附录0101）。

【功能】　温阳化气，利湿行水。

【主治】　水湿内停，排尿不利，泄泻，水肿，宿水停脐。

【用法与用量】　马、牛150～250g；羊、猪30～60g。

【贮藏】　密闭，防潮。

五虎追风散

Wuhu Zhuifeng San

【处方】　僵蚕15g　　　　天麻30g　　　　全蝎15g　　　　蝉蜕150g
制天南星30g

【制法】　以上5味，粉碎，过筛，混匀，即得。

【性状】　本品为淡棕黄色的粉末；气香，味微苦。

【鉴别】　（1）取本品，置显微镜下观察：体壁碎片淡黄色至黄色，有网状纹理及圆形毛窝，有时可见棕褐色刚毛。草酸钙针晶成束或散在，长25～48μm。几丁质皮壳碎片淡黄棕色，半透明，密布乳头状或短刺状突起。体壁碎片无色，表面有极细的菌丝体。草酸钙针晶成束或散在，长约至90μm。

（2）取本品4g，加70%甲醇20ml，超声处理30分钟，滤过，滤液作为供试品溶液。另取天麻素对照品，加甲醇制成每1ml含1mg的溶液，作为对照品溶液。照薄层色谱法（附录0502）试验，吸取上述供试品溶液10μl、对照品溶液5μl，分别点于同一硅胶G薄层板上，以乙酸乙酯-甲醇-水（9:1:0.2）为展开剂，展开，取出，晾干，喷以10%磷钼酸乙醇溶液，在105℃加热至斑点显色清晰。供试品色谱中，在与对照品色谱相应的位置上，显相同颜色的斑点。

【检查】　应符合散剂项下有关的各项规定（附录0101）。

【功能】　熄风解痉。

【主治】　破伤风。

【用法与用量】　马、牛180～240g；羊、猪30～60g。

【贮藏】　密闭，防潮。

五味石榴皮散
Wuwei Shiliupi San

本品系蒙古族验方。

【处方】　石榴皮30g　　　　红花25g　　　　益智仁35g　　　　肉桂30g
荜茇25g

【制法】　以上5味，粉碎，过筛，混匀，即得。

【性状】　本品为棕褐色的粉末；气香，味辛、微酸。

【鉴别】　（1）取本品，置显微镜下观察：花粉粒类圆形或椭圆形，直径43～66μm，外壁具短刺和点状雕纹，有3个萌发孔。石细胞类方形或类圆形，壁一面菲薄。种皮细胞红棕色或黄棕色，长多角形，壁略作波状或连珠状增厚。石细胞无色，椭圆形或类圆形，壁厚，孔沟细密。

（2）取本品1.5g，加80%丙酮溶液5ml，密塞，振摇15分钟，滤过，滤液作为供试品溶液。另取红花对照药材0.5g，同法制成对照药材溶液。照薄层色谱法（附录0502）试验，吸取供试品溶液10μl、对照药材溶液5μl，分别点于同一硅胶G薄层板上，以乙酸乙酯-甲酸-水-甲醇（7:2:3:0.4）为展开剂，展开，取出，晾干。供试品色谱中，在与对照药材色谱相应的位置上，显相同颜色的斑点。

（3）取本品2.4g，加乙醇10ml，冷浸20分钟，时时振摇，滤过，滤液作为供试品溶液。另取桂皮醛对照品，加乙醇制成每1ml含1μl的溶液作为对照品溶液。照薄层色谱法（附录0502）试验，吸取上述供试品溶液2～5μl、对照品溶液2μl，分别点于同一硅胶G薄层板上，以石油醚（60～90℃）-乙酸乙酯（17:3）为展开剂，展开，取出，晾干，喷以二硝基苯肼乙醇试液。供试品色谱中，在与对照品色谱相应的位置上，显相同颜色的斑点。

【检查】　应符合散剂项下有关的各项规定（附录0101）。

【功能】　温脾暖胃。

【主治】　胃寒，冷痛。

【用法与用量】　马、牛60～120g。

【贮藏】　密闭，防潮。

止 咳 散

Zhike San

【处方】 知母25g　　　　枳壳20g　　　　麻黄15g　　　　桔梗30g

苦杏仁25g　　　　葶苈子25g　　　　桑白皮25g　　　　陈皮25g

石膏30g　　　　前胡25g　　　　射干25g　　　　枇杷叶20g

甘草15g

【制法】 以上13味，粉碎，过筛，混匀，即得。

【性状】 本品为棕褐色的粉末；气清香，味甘、微苦。

【鉴别】 （1）取本品，置显微镜下观察：草酸钙针晶成束或散在，长26~110μm。草酸钙方晶成片存在于薄壁组织中。气孔特异，保卫细胞侧面观呈哑铃状。菊糖团块不规则形，有时可见放射状纹理，加热后溶解。石细胞橙黄色，贝壳形，壁较厚，较宽一边纹孔明显。种皮下皮细胞黄色，多角形或长多角形，壁稍厚。不规则片状结晶无色，有平直纹理。草酸钙柱晶直径约至34μm。纤维束周围薄壁细胞含草酸钙方晶，形成晶纤维。非腺毛大型，单细胞，多弯曲，完整者长约至1260μm。

（2）取本品10g，加浓氨试液数滴，再加三氯甲烷20ml，加热回流1小时，滤液蒸干，残渣加甲醇1ml使溶解，滤过，滤液作为供试品溶液。另取盐酸麻黄碱对照品，加甲醇制成每1ml含1mg的溶液，作为对照品溶液。照薄层色谱法（附录0502）试验，吸取上述两种溶液各5μl，分别点于同一硅胶G薄层板上，以三氯甲烷-甲醇-浓氨试液（20:5:0.5）为展开剂，展开，取出，晾干，喷以茚三酮试液，在100℃加热至斑点显色清晰。供试品色谱中，在与对照品色谱相应的位置上，显相同颜色的斑点。

【检查】 应符合散剂项下有关的各项规定（附录0101）。

【功能】 清肺化痰，止咳平喘。

【主治】 肺热咳喘

【用法与用量】 马、牛250~300g；羊、猪45~60g。

【贮藏】 密闭，防潮。

止 痢 散

Zhili San

【处方】 雄黄40g　　　　藿香110g　　　　滑石150g

【制法】 以上3味，粉碎，过筛，混匀，即得。

【性状】 本品为浅棕红色的粉末；气香，味辛、微苦。

【鉴别】 取本品，置显微镜下观察：不规则碎块金黄色或橙黄色，有光泽。非腺毛1~4细胞，壁有疣状突起。不规则块片无色，有层层剥落痕迹。

【检查】 三氧化二砷 取本品1.41g，加稀盐酸20ml，不断搅拌30分钟，滤过，残渣用稀盐酸洗涤2次，每次10ml，搅拌10分钟。洗液与滤液合并，置100ml量瓶中，加水至刻度，摇匀，精密量取10ml，置100ml量瓶中，加水至刻度，摇匀，精密量取2ml，加盐酸5ml与水21ml，照砷盐检查法（附录0822第一法）检查，所显砷斑颜色不得深于标准砷斑。

其他 应符合散剂项下有关的各项规定（附录0101）。

【功能】 清热解毒，化湿止痢。

【主治】 仔猪白痢。

【用法与用量】 仔猪2～4g。

【贮藏】 密闭，防潮。

仁 香 散
Renxiang San

【处方】 艾叶10g　　　　广藿香10g　　　　苦杏仁30g　　　　丁香20g

【制法】 以上4味，粉碎，过筛，混匀，即得。

【性状】 本品为黄棕色至棕色的粉末；气芳香，味辛、苦。

【鉴别】 （1）取本品，置显微镜下观察：T形非腺毛，弯曲，柄2～4细胞。非腺毛1～6细胞，壁有疣状突起。石细胞橙黄色，贝壳型，壁较厚，较宽一边纹孔明显。花粉粒三角形，直径约至16μm。

（2）取本品2g，加乙醚15ml，超声处理5分钟，滤过，滤液挥发至5ml，作为供试品溶液。另取丁香酚对照品，加乙醚制成每1ml含16μl的溶液，作为对照品溶液。照薄层色谱法（附录0502）试验，吸取上述两种溶液各5μl，分别点于同一硅胶G薄层板上，以石油醚（60～90℃）-乙酸乙酯（9:1）为展开剂，展开，取出，晾干，喷以5%香草醛硫酸溶液，在105℃加热至斑点显色清晰。供试品色谱中，在与对照品色谱相应的位置上，显相同颜色的斑点。

【检查】 **粒度** 通过四号筛不得少于90%（附录0941）。

水分 不得过12.0%（附录0832）。

其他 应符合散剂项下有关的各项规定（附录0101）。

【功能与主治】 芳香化浊。用于预防家蚕白僵病、曲霉病。

【用法与用量】 蚕体、蚕座撒布　以80倍量中性陶土粉末稀释，混匀后均匀撒布于蚕体、蚕座，撒布量以覆盖至薄霜状为宜。

【贮藏】 密闭，防潮。

公 英 散
Gongying San

【处方】 蒲公英60g　　　　金银花60g　　　　连翘60g　　　　丝瓜络30g
　　　　通草25g　　　　芙蓉叶25g　　　　浙贝母30g

【制法】 以上7味，粉碎，过筛，混匀，即得。

【性状】 本品为黄棕色的粉末；味微甘、苦。

【鉴别】 取本品，置显微镜下观察：花粉粒类圆形，直径约至76μm，外壁有刺状雕纹，具3个萌发孔。内果皮纤维上下层纵横交错，纤维短梭形。淀粉粒卵圆形，直径35～48μm，脐点点状、人字状或马蹄状，位于较小端，层纹细密。

【检查】 应符合散剂项下有关的各项规定（附录0101）。

【功能】 清热解毒，消肿散痈。

【主治】 乳痈初起，红肿热痛。

【用法与用量】 马、牛250～300g；羊、猪30～60g。

【贮藏】 密闭，防潮。

风湿活血散

Fengshi Huoxue San

【处方】

羌活15g	独活15g	广防己15g	防风10g
荆芥10g	当归10g	红花10g	威灵仙10g
桂枝15g	秦艽10g	槲寄生10g	续断20g
苍术10g	川楝子10g	香加皮15g	

【制法】 以上15味，粉碎，过筛，混匀，即得。

【性状】 本品为红棕色的粉末；气微香，味苦。

【鉴别】 （1）取本品，置显微镜下观察：非腺毛1～6细胞，大多具壁疣。花粉粒类圆形或椭圆形，直径43～66μm，外壁具短刺和点状雕纹，有3个萌发孔。表皮细胞深棕色，表面观呈类长方形，直径22～53μm，显颗粒性。草酸钙簇晶散在，或1至数个存在于壁稍厚的薄壁细胞中，呈类圆形、矩圆形或扇形，直径14～54μm，棱角大小不一，多短钝或细小而密集，似绒球状。草酸钙针晶细小，长5～32μm，不规则地充塞于薄壁细胞中。果皮纤维束旁的细胞中含草酸钙方晶或少数簇晶，形成晶纤维，含晶细胞壁厚薄不一，木化。

（2）取本品12.5g，加乙醚40ml，浸渍过夜，滤过，滤液蒸干，残渣加三氯甲烷1ml使溶解，作为供试品溶液。另取独活对照药材1g，加乙醚10ml，同法制成对照药材溶液。照薄层色谱法（附录0502）试验，吸取上述两种溶液各2μl，分别点于同一硅胶G薄层板上，以正己烷-苯-乙酸乙酯（2:1:1）为展开剂，展开，取出，晾干，置紫外光灯（365nm）下检视。供试品色谱中，在与对照药材色谱相应的位置上，显相同颜色的荧光斑点。

（3）取本品5g，加正己烷10ml，浸渍过夜，滤过，滤液置水浴上浓缩至约1ml，作为供试品溶液。另取苍术对照药材0.5g，加正己烷2ml，浸渍过夜，滤过，滤液作为对照药材溶液。照薄层色谱法（附录0502）试验，吸取上述新制备的两种溶液各2～6μl，分别点于同一硅胶G薄层板上，以石油醚（60～90℃）-乙酸乙酯（20:1）为展开剂，展开，取出，晾干，喷以5%对二甲氨基苯甲醛的10%硫酸乙醇溶液，加热至斑点显色清晰。供试品色谱中，在与对照药材色谱相应的位置上，显相同颜色的斑点，并应显有一相同的污绿色主斑点（苍术素）。

（4）取本品3g，加乙醇20ml，密塞，浸渍20分钟，时时振摇，滤过，滤液浓缩至5ml，作为供试品溶液。另取桂皮醛对照品，加乙醇制成每1ml含1μl的溶液，作为对照品溶液。照薄层色谱法（附录0502）试验，吸取上述供试品溶液10～15μl、对照品溶液2μl，分别点于同一硅胶G薄层板上，以石油醚（60～90℃）-乙酸乙酯（17:3）为展开剂，展开，取出，晾干，喷以二硝基苯肼乙醇试液。供试品色谱中，在与对照品色谱相应的位置上，显相同的橙红色斑点。

（5）取本品9g，加乙醚20ml，超声处理10分钟，滤过，滤液蒸干，残渣加乙醇1ml使溶解，作为供试品溶液。另取当归对照药材0.5g，同法制成对照药材溶液。照薄层色谱法（附录0502）试验，吸取上述两种溶液各10μl，分别点于同一硅胶G薄层板上，以正己烷-乙酸乙酯（4:1）为展开剂，展开，取出，晾干，置紫外光灯（365nm）下检视。供试品色谱中，在与对照药材色谱相应的位置上，显相同颜色的荧光斑点。

（6）取本品4.5g，加80%丙酮溶液20ml，密塞，振摇15分钟，滤过，滤液浓缩至2ml，作为供试品溶液。另取红花对照药材0.5g，加80%丙酮溶液5ml，同法制成对照药材溶液。照薄层色谱法（附录0502）试验，吸取上述两种溶液各5μl，分别点于同一硅胶H薄层板上，以乙酸乙酯-甲酸-水-甲醇（7:2:3:0.4）为展开剂，展开，取出，晾干。供试品色谱中，在与对照药材色谱相应的位置上，显相同颜色的斑点。

【检查】 应符合散剂项下有关的各项规定（附录0101）。

【功能】 祛风除湿，舒筋活络。

【主治】 风寒湿痹，筋骨疼痛。

【用法与用量】 马、牛250～400g。

【注意】 孕畜忌服。

【贮藏】 密闭，防潮。

乌 梅 散

Wumei San

【处方】 乌梅15g　　　　柿饼24g　　　　黄连6g　　　　姜黄6g
诃子9g

【制法】 以上5味，粉碎，过筛，混匀，即得。

【性状】 本品为棕黄色的粉末；气微香，味苦。

【鉴别】 （1）取本品，置显微镜下观察：果皮纤维层淡黄色，斜向交错排列，壁较薄，有纹孔。果皮表皮细胞淡黄棕色，细胞表面观类多角形，壁稍厚，表皮布有单细胞非腺毛或毛茸脱落后的痕迹。纤维束鲜黄色，壁稍厚，纹孔明显。糊化淀粉粒团块黄色。

（2）取本品少许，滴加乙醇及30%硝酸溶液装片，置显微镜下观察，可见淡黄色针簇状结晶。

（3）取本品0.5g，加甲醇10ml，加热回流15分钟，滤过，滤液浓缩至5ml，作为供试品溶液。另取黄连对照药材50mg，加甲醇5ml，同法制成对照药材溶液。再取盐酸小檗碱对照品，加甲醇制成每1ml含0.5mg的溶液，作为对照品溶液。照薄层色谱法（附录0502）试验，吸取上述三种溶液各1μl，分别点于同一硅胶G薄层板上，以苯-乙酸乙酯-异丙醇-甲醇-水（6:3:1.5:1.5:0.3）为展开剂，置氨蒸气饱和的展开缸内，展开，取出，晾干，置紫外光灯（365nm）下检视。供试品色谱中，在与对照药材色谱相应的位置上，显相同的黄色荧光斑点；在与对照品色谱相应的位置上，显相同的一个黄色荧光斑点。

【检查】 应符合散剂项下有关的各项规定（附录0101）。

【功能】 清热解毒，涩肠止泻。

【主治】 幼畜奶泻。

【用法与用量】 驹、犊30～60g；羔羊、仔猪10～15g。

【贮藏】 密闭，防潮。

六味地黄散

Liuwei Dihuang San

【处方】 熟地黄80g　　　　酒萸肉40g　　　　山药40g　　　　牡丹皮30g
　　　　　茯苓30g　　　　　泽泻30g

【制法】 以上6味，粉碎，过筛，混匀，即得。

【性状】 本品为灰棕色的粉末；味甜、酸。

【鉴别】 （1）取本品，置显微镜下观察：淀粉粒三角状卵形或矩圆形，直径24～40μm，脐点短缝状或人字状。不规则分枝状团块无色，遇水合氯醛液溶化；菌丝无色或淡棕色，直径4～6μm。薄壁组织灰棕色至黑棕色，细胞多皱缩，内含棕色核状物。草酸钙簇晶存在于薄壁细胞中，有时数个排列成行。果皮表皮细胞橙黄色，表面观类多角形，垂周壁略连珠状增厚。薄壁细胞类圆形，有椭圆形纹孔，集成纹孔群。

（2）取本品10g，用水蒸气蒸馏，收集馏出液约20ml，取2ml，加重氮苯磺酸试液0.5ml，再加碳酸钠试液1～2滴，溶液渐显橙红色。

（3）取本品10g，加乙醚50ml，回流提取1小时，提取液回收乙醚至干，残渣用石油醚（30～60℃）浸泡2次，每次15ml（约浸泡2分钟），倾去石油醚，残渣加无水乙醇-乙醚（2∶3）混合溶液微热使溶解，定量转移到5ml量瓶中，并稀释至刻度，摇匀，作为供试品溶液。另取熊果酸对照品，加无水乙醇制成每1ml中含0.5mg的溶液，作为对照品溶液。照薄层色谱法（附录0502）试验，吸取上述两种溶液各10μl，分别点于同一硅胶G薄层板上，以甲苯-乙酸乙酯-冰醋酸（12∶4∶0.5）为展开剂，展开，取出，晾干，喷以硫酸乙醇溶液（3→10），在110℃加热至斑点显色清晰。供试品色谱中，在与对照品色谱相应的位置上，显相同颜色的斑点。

（4）取本品4g，加乙醚10ml，密塞，振摇10分钟，滤过，滤液挥干，残渣加丙酮1ml使溶解，作为供试品溶液。另取丹皮酚对照品，加丙酮制成每1ml含5mg的溶液，作为对照品溶液。照薄层色谱法（附录0502）试验，吸取上述两种溶液各10μl，分别点于同一硅胶G薄层板上，以环己烷-乙酸乙酯（3∶1）为展开剂，展开，取出，晾干，喷以盐酸酸性5%三氯化铁乙醇溶液，加热至斑点显色清晰。供试品色谱中，在与对照品色谱相应的位置上，显相同颜色的斑点。

【检查】 应符合散剂项下有关的各项规定（附录0101）。

【含量测定】 山茱萸　照高效液相色谱法（附录0512）测定。

色谱条件与系统适用性试验　以十八烷基硅烷键合硅胶为填充剂；以四氢呋喃-乙腈-甲醇-0.05%磷酸溶液（1∶8∶4∶87）为流动相；检测波长为236nm；柱温40℃。理论板数按马钱苷峰计算应不低于4000。

对照品溶液的制备　取马钱苷对照品适量，精密称定，加50%甲醇制成每1ml含20μg的溶液，即得。

供试品溶液的制备　取本品约0.8g，精密称定，置具塞锥形瓶中，精密加入50%甲醇25ml，密塞，称定重量，超声处理（功率250W，频率33kHz）15分钟使溶散，加热回流1小时，放冷，再称定重量，用50%甲醇补足减失的重量，摇匀，滤过。精密量取续滤液10ml，置中性氧化铝柱（100～200目，4g，内径1cm）上，用40%甲醇50ml洗脱，收集流出液及洗脱液，蒸干，残渣加50%甲醇适量使溶解，并转移至10ml量瓶中，加50%甲醇稀释至刻度，摇匀，即得。

测定法　分别精密吸取对照品溶液与供试品溶液各10μl，注入液相色谱仪，测定，即得。

本品含山茱萸以马钱苷（$C_{17}H_{26}O_{10}$）计，每1g不得少于0.8mg。

【功能】 滋补肝肾。

【主治】 肝肾阴虚，腰胯无力，盗汗，滑精，阴虚发热。

【用法与用量】 马、牛100～300g；羊、猪15～50g。

【贮藏】 密闭，防潮。

巴　戟　散
Baji San

【处方】 巴戟天30g　　　小茴香30g　　　槟榔12g　　　肉桂25g

　　　　 陈皮25g　　　　肉豆蔻（煨）20g　肉苁蓉25g　　川楝子20g

　　　　 补骨脂30g　　　胡芦巴30g　　　木通15g　　　青皮15g

【制法】 以上12味，粉碎，过筛，混匀，即得。

【性状】 本品为褐色的粉末；气香，味甘、苦。

【鉴别】 取本品，置显微镜下观察：草酸钙针晶多成束存在于薄壁细胞中，针晶长至184μm。内果皮镶嵌层细胞表面观狭长，壁菲薄，常数个细胞为一组，以其长轴作不规则方向嵌列，常与较大的多角形中果皮细胞重叠。内胚乳碎片无色，壁较厚，有较多大的类圆形纹孔。石细胞类圆形或类长方形，壁一面菲薄。脂肪油滴众多，放置后析出针簇状结晶。草酸钙结晶成片存在于灰绿色的中果皮碎片中，结晶长方形、长条形或呈骨状，长9～22μm，直径2～4μm。种皮支持细胞底面观呈类圆形或六角形，有密集的放射状条纹增厚，似菊花纹状，胞腔明显。草酸钙方晶成片存在于薄壁组织中。

【检查】 应符合散剂项下有关的各项规定（附录0101）。

【功能】 补肾壮阳，祛寒止痛。

【主治】 腰胯风湿。

【用法与用量】 马、牛250～350g；羊、猪45～60g。

【贮藏】 密闭，防潮。

双黄连口服液
Shuanghuanglian Koufuye

【处方】 金银花375g　　　黄芩375g　　　连翘750g

【制法】 以上3味，黄芩切片，加水煎煮3次，第一次2小时，第二、第三次各1小时，合并煎液，滤过，滤液浓缩并在80℃时加入2mol/L盐酸溶液适量调节pH值至1.0～2.0，保温1小时，静置12小时，滤过，沉淀加6～8倍量水，用40%氢氧化钠溶液调pH值至7.0，再加等量乙醇，搅拌使溶解，滤过，滤液用2mol/L盐酸溶液调pH值至2.0，60℃保温30分钟，静置12小时，滤过，沉淀加乙醇洗至pH值至7.0，挥尽乙醇备用。金银花、连翘加水温浸半小时后，煎煮2次，每次1.5小时，合并煎液，滤过，滤液浓缩至相对密度为1.20～1.25（70～80℃测），冷至40℃时缓慢加入乙醇，使含醇量达75%，充分搅拌，静置12小时，滤取上清液，残渣加75%乙醇适量，搅匀，静置12小时，滤过，合并乙醇液，回收乙醇至无醇味，加入黄芩提取物，并加水适量，以40%氢氧化钠溶液调pH值至7.0，搅匀，冷藏（4~8℃）72小时，滤过，滤液调节pH值至7.0，加水制成1000ml，搅匀，静置12小时，滤过，灌装，灭菌，即得。

【性状】　本品为棕红色的澄清液体；微苦。

【鉴别】　（1）取本品1ml，加75%乙醇溶液5ml，摇匀，作为供试品溶液。另取黄芩苷对照品及绿原酸对照品，分别加75%乙醇制成每1ml含0.1mg的溶液，作为对照品溶液。照薄层色谱法（附录0502）试验，吸取上述三种溶液各1~2μl，分别点于同一聚酰胺薄膜上，以醋酸为展开剂，展开，取出，晾干，置紫外光灯（365nm）下检视。供试品色谱中，在与黄芩苷对照品色谱相应的位置上，显相同颜色的斑点；在与绿原酸对照品色谱相应的位置上，显相同颜色的荧光斑点。

（2）取本品1ml，加甲醇5ml，摇匀，静置，取上清液，作为供试品溶液。另取连翘苷对照品，加甲醇制成每1ml含0.5mg的溶液，作为对照品溶液。照薄层色谱法（附录0502）试验，吸取上述两种溶液各5μl，分别点于同一硅胶G薄层板上，以三氯甲烷-甲醇（5:1）为展开剂，展开，取出，晾干，喷以10%硫酸乙醇溶液，在105℃加热至斑点显色清晰。供试品色谱中，在与对照品色谱相应的位置上，显相同颜色的斑点。

【检查】　相对密度　应不低于1.02（附录0601）。

pH值　应为5.0~7.0（附录0631）。

其他　应符合合剂项下有关的各项规定（附录0110）。

【含量测定】　黄芩、金银花　照高效液相色谱法（附录0512）测定。

色谱条件与系统适用性试验　以十八烷基硅烷键合硅胶为填充剂；以乙腈为流动相A，以0.4%磷酸溶液为流动相B，按下表中的规定进行梯度洗脱；检测波长324nm。理论板数按绿原酸峰计算应不低于6000。

时间（分钟）	流动相A（%）	流动相B（%）
0~10	10	90
10~20	10→40	90→60
20~25	40→50	60→50
25~30	50→10	50→90
30~35	10	90

对照品溶液的制备　取黄芩苷对照品、绿原酸对照品适量，精密称定，加50%甲醇制成每1ml含黄芩苷200μg、绿原酸10μg的混合溶液，即得。

供试品溶液的制备　精密量取本品1ml，置于50ml量瓶中，加50%甲醇适量，超声处理20分钟，放置至室温，加50%甲醇稀释至刻度，摇匀，即得。

测定法　分别精密吸取对照品溶液与供试品溶液各10μl，注入液相色谱仪，测定，即得。

本品每1ml含黄芩以黄芩苷（$C_{21}H_{18}O_{11}$）计，不得少于10.0mg；每1ml含金银花以绿原酸（$C_{16}H_{18}O_9$）计，不得少于0.60mg。

连翘　照高效液相色谱法（附录0512）测定。

色谱条件与系统适用性试验　以十八烷基硅烷键合硅胶为填充剂；以乙腈-水（25:75）为流动相；检测波长为278nm。理论板数按连翘苷峰计算应不低于6000。

对照品溶液的制备　取连翘苷对照品适量，精密称定，加50%甲醇制成每1ml含60μg的溶液，即得。

供试品溶液的制备　精密量取本品1ml，加在中性氧化铝柱（100～120目，6g，内径为1cm）上，用70%乙醇40ml洗脱，收集洗脱液，浓缩至干，残渣加50%甲醇适量，温热使溶解，转移至5ml量瓶中，并稀释至刻度，摇匀，即得。

测定法　分别精密吸取对照品溶液与供试品溶液各10μl，注入液相色谱仪，测定，即得。

本品每1ml含连翘以连翘苷（$C_{27}H_{34}O_{11}$）计，不得少于0.30mg。

【功能】　辛凉解表，清热解毒。

【主治】感冒发热。

【用法与用量】犬、猫1～5ml；鸡0.5～1ml。

【规格】每1ml相当于原生药1.5g。

【贮藏】密封，避光，置阴凉处。

甘 草 颗 粒
Gancao Keli

本品为甘草浸膏经加工制成的颗粒。

【制法】　取甘草浸膏，加入适量蔗糖、糊精，混匀，制粒，干燥，即得。

【性状】　本品为黄棕色至棕褐色的颗粒；味甜、略苦涩。

【鉴别】　取本品2g，加水10ml搅拌溶解，滤过，取滤液，加稀盐酸，产生沉淀，滤过，取沉淀，加氨试液使溶解，蒸干，残渣加水溶解后，强力振摇，产生持久性泡沫。

【检查】　应符合颗粒剂项下有关的各项规定（附录0106）。

【含量测定】　照高效液相色谱法（附录0512）测定。

色谱条件与系统适用性试验　以十八烷基硅烷键合硅胶为填充剂，以甲醇-0.2mol/L醋酸铵溶液-冰醋酸（67:33:1）为流动相；检测波长为250nm。理论板数按甘草酸峰计算应不低于2000。

对照品溶液的制备　取甘草酸铵对照品约10mg，精密称定，置50ml量瓶中，加流动相45ml超声处理使溶解，取出，放冷，加流动相稀释至刻度，摇匀，即得（每1ml含甘草酸铵0.2mg，折合甘草酸为0.1959mg）。

供试品溶液的制备　取本品细粉1.5g，精密称定，置50ml量瓶中，用流动相约45ml，超声处理（功率200W，频率50kHz）30分钟，取出，放冷，加流动相稀释至刻度。摇匀，滤过，精密量取续滤液10ml，置25ml量瓶中，加流动相稀释至刻度，摇匀，即得。

测定法　分别精密吸取对照品溶液与供试品溶液各10μl，注入液相色谱仪，测定，即得。

本品按干燥品计算，含甘草酸（$C_{42}H_{62}O_{16}$）不得少于1.30%。

【功能】　祛痰止咳。

【主治】　咳嗽。

【用法与用量】　猪6～12g；禽0.5～1g。

【贮藏】　密封，置阴凉干燥处。

龙胆泻肝散

Longdan Xiegan San

【处方】 龙胆45g　　　　车前子30g　　　　柴胡30g　　　　当归30g
　　　　　栀子30g　　　　生地黄45g　　　　甘草15g　　　　黄芩30g
　　　　　泽泻45g　　　　木通20g

【制法】 以上10味，粉碎，过筛，混匀，即得。

【性状】 本品为淡黄褐色的粉末；气清香，味苦、微甘。

【鉴别】 （1）取本品，置显微镜下观察：种皮下皮细胞表面观狭长，壁稍波状，以数个细胞为一组，作镶嵌状排列。油管含淡黄色或黄棕色条状分泌物，直径8~25μm。薄壁细胞纺锤形，壁略厚，有极微细的斜向交错纹理。种皮石细胞黄色或淡黄色，多破碎，完整者长多角形、长方形或形状不规则，壁略厚，有大的圆形纹孔，胞腔棕红色。薄壁细胞灰棕色至黑棕色，细胞多皱缩，内含棕色核状物。纤维束周围薄壁细胞含草酸钙方晶，形成晶纤维。纤维淡黄色，梭形，壁厚，孔沟细。薄壁细胞类圆形，有椭圆形纹孔，集成纹孔群。外皮层细胞表面观纺锤形，每个细胞由横壁分隔成数个小细胞。

（2）取本品5g，加正己烷20ml，超声处理30分钟，滤过，滤液蒸干，残渣加正己烷0.5ml使溶解，作为供试品溶液。另取当归对照药材0.5g，加正己烷10ml，同法制成对照药材溶液。照薄层色谱法（附录0502）试验，吸取上述两种溶液各5μl，分别点于同一硅胶G薄层板上，以正己烷-乙酸乙酯（9:1）为展开剂，展开，取出，晾干，置紫外光灯（365nm）下检视。供试品色谱中，在与对照药材色谱相应的位置上，显相同颜色的荧光斑点。

（3）取本品18g，加甲醇50ml，超声处理20分钟，滤过，滤液蒸干，残渣加甲醇2ml使溶解，滤过，滤液作为供试品溶液。另取黄芩苷对照品，加甲醇制成每1ml含黄芩苷2mg的溶液，作为对照品溶液。照薄层色谱法（附录0502）试验，吸取上述两种溶液各5μl，分别点于同一以含4%醋酸钠的羧甲基纤维素钠为黏合剂的硅胶G薄层板上，以乙酸乙酯-丁酮-甲酸-水（5:3:1:1）为展开剂，展开，取出，晾干，喷以1%三氯化铁乙醇溶液。供试品色谱中，在与对照品色谱相应的位置上，显相同颜色的斑点。

【检查】 应符合散剂项下有关的各项规定（附录0101）。

【含量测定】 照高效液相色谱法（附录0512）测定。

色谱条件与系统适用性试验 以十八烷基硅烷键合硅胶为填充剂；以甲醇为流动相A，以0.2%的磷酸溶液为流动相B；检测波长为254nm。理论板数按龙胆苦苷、栀子苷和黄芩苷峰计算应均不低于3000。

时间（分钟）	流动相C（%）	流动相A（%）
0~25	20	80
25~30	20~43	80~57
30~50	43	57

对照品溶液的制备 取龙胆苦苷对照品、栀子苷对照品和黄芩苷对照品适量，精密称定，加甲醇制成每1ml含龙胆苦苷80μg、栀子苷50μg、黄芩苷100μg的混合溶液，即得。

供试品溶液的制备 取本品1g，精密称定，置具塞锥形瓶中，精密加入50%甲醇50ml，密塞，称定重量，超声处理（功率250W，频率50kHz）20分钟，放冷，再称定重量，用50%甲醇补足减失的重量，摇匀，滤过，取续滤液，即得。

测定法 分别精密吸取对照品溶液和供试品溶液各10μl，注入液相色谱仪，测定，即得。

本品每1g含龙胆以龙胆苦苷（$C_{16}H_{20}O_9$）计，不得少于0.80mg；含栀子以栀子苷（$C_{17}H_{24}O_{10}$）计，不得少于1.30mg；含黄芩以黄芩苷（$C_{21}H_{18}O_{11}$）计，不得少于3.80mg。

【功能】 泻肝胆实火，清三焦湿热。

【主治】 目赤肿痛，淋浊，带下。

【用法与用量】 马、牛250～350g；羊、猪30～60g。

【贮藏】 密闭，防潮。

龙　胆　酊

Longdan Ding

本品为龙胆经加工制成的酊剂。

【制法】 取龙胆最粗粉100g，照酊剂项下的渗漉法（附录0109），用40%乙醇作溶剂，浸渍24小时后，以每分钟3～5ml的速度渗漉，收集漉液1000ml，静置，俟澄清，滤过，即得。

【性状】 本品为黄棕色的液体；味苦。

【鉴别】 取本品10ml，蒸干，加甲醇5ml使溶解，滤过，滤液作为供试品溶液。另取龙胆苦苷对照品，加甲醇制成每1ml含2mg的溶液，作为对照品溶液。照薄层色谱法（附录0502）试验，吸取上述两种溶液各5μl，分别点于同一硅胶GF$_{254}$薄层板上，以乙酸乙酯-甲醇-水（20:2:1）为展开剂，展开，取出，晾干，置紫外光灯（254nm）下检视。供试品色谱中，在与对照品色谱相应位置上，显相同颜色斑点。

【检查】乙醇量 应为32%～38%（附录0711）。

总固体 精密量取本品10ml，置已干燥至恒重的蒸发皿中，置水浴上蒸干后，在105℃干燥3小时，移置干燥器中，冷却30分钟，迅速称定重量。遗留残渣不得少于2.7%。

其他 应符合酊剂项下有关的各项规定（附录0109）。

【功能】 健胃。

【主治】 食欲不振。

【用法与用量】 马、牛50～100ml；驼60～150ml；羊、猪5～10ml；犬、猫1～3ml。

【贮藏】 密封，置阴凉处。

龙胆碳酸氢钠片

Longdan Tansuanqingna Pian

本品含碳酸氢钠（$NaHCO_3$）应为标示量的90.0%～110.0%。

【处方】 龙胆100g　　　　　碳酸氢钠150g

【制法】 以上2味，将龙胆粉碎成细粉，过筛，与碳酸氢钠混匀，加辅料适量，制成颗粒，干燥，压制成1000片，即得。

【性状】　本品为棕黄色片；气微，味苦。

【鉴别】　取本品，置显微镜下观察：薄壁细胞类圆形或长圆形，内含细小草酸钙针晶。

【检查】　应符合片剂项下有关的各项规定（附录0103）。

【含量测定】　取本品10片，精密称定，研细，精密称取适量（约相当于碳酸氢钠0.15g），置100ml量瓶中，精密加入硫酸滴定液（0.05mol/L）50ml，振摇使碳酸氢钠溶解，加水至刻度，摇匀，用干燥滤纸滤过，弃去初滤液，精密量取续滤液50ml，加热至沸，放冷，加溴甲酚绿指示液15～20滴，用氢氧化钠滴定液（0.1mol/L）滴定，并将滴定的结果用空白试验校正，即得。每1ml硫酸滴定液（0.05mol/L）相当于8.401mg的碳酸氢钠（$NaHCO_3$）。

【功能】　清热燥湿，健胃。

【主治】　食欲不振。

【用法与用量】　猪、羊10～30片；犬、猫2～5片。

【贮藏】　密闭，置干燥处。

平　胃　散

Pingwei San

【处方】　苍术80g　　　　厚朴50g　　　　陈皮50g　　　　甘草30g

【制法】　以上4味，粉碎，过筛，混匀，即得。

【性状】　本品为棕黄色粉末；气香，味苦、微甜。

【鉴别】　（1）取本品，置显微镜下观察：草酸钙针晶细小，长5～32μm，不规则地充塞于薄壁细胞中。石细胞分枝状，壁厚，层纹明显。草酸钙方晶成片存在于薄壁组织中。纤维束周围薄壁细胞含有草酸钙方晶，形成晶纤维。

（2）取本品1.5g，加乙醚15ml，置具塞烧瓶中，振摇20分钟，滤过，滤液低温挥去乙醚，残渣加乙酸乙酯1ml使溶解，作为供试品溶液。另取苍术对照药材0.5g，同法制成对照药材溶液。照薄层色谱法（附录0502）试验，吸取上述两种溶液各10μl，分别点于同一硅胶G薄层板上，以石油醚（60～90℃）-乙酸乙酯（20:0.5）为展开剂，展开，取出，晾干，喷以5%对二甲氨基苯甲醛的10%硫酸乙醇溶液，加热至斑点显色清晰。供试品色谱中，在与对照药材色谱相应的位置上，显相同的污绿色主斑点（苍术素）。

（3）取本品1.5g，加甲醇5ml，密塞，振摇30分钟，滤过，滤液作供试品溶液。另取厚朴酚对照品与和厚朴酚对照品，加甲醇制成每1ml各含1mg的混合溶液，作为对照品溶液。照薄层色谱法试验（附录0502），吸取上述两种溶液各5～8μl，分别点于同一硅胶GF_{254}薄层板上，以三氯甲烷-苯-乙酸乙酯（5:4:1）为展开剂，展开，取出，晾干，置紫外光灯（254nm）下检视。供试品色谱中，在与对照品色谱相应的位置上，显相同颜色的两个斑点。

【检查】　应符合散剂项下有关的各项规定（附录0101）。

【功能】　燥湿健脾，理气开胃。

【主治】　湿困脾土，食少，粪稀软。

【用法与用量】　马、牛200～250g；羊、猪30～60g。

【贮藏】　密封，防潮。

四 君 子 散

Sijunzi San

【处方】　党参60g　　　　　白术（炒）60g　　　　茯苓60g　　　　甘草（炙）30g

【制法】　以上4味，粉碎，过筛，混匀，即得。

【性状】　本品为灰黄色的粉末；气微香，味甘。

【鉴别】　（1）取本品，置显微镜下观察：联结乳管直径12～15μm，含细小颗粒状物。草酸钙针晶细小，长10～32μm，不规则地充塞于薄壁细胞中。不规则分枝状团块无色，遇水合氯醛液溶化；菌丝无色或淡棕色，直径4～6μm。纤维束周围薄壁细胞中含草酸钙方晶，形成晶纤维。

（2）取本品3.5g，加正己烷10ml，超声处理15分钟，滤过，滤液作为供试品溶液。另取白术对照药材0.2g，加正己烷2ml，同法制成对照药材溶液。照薄层色谱法（附录0502）试验，吸取上述新制备的两种溶液各10μl，分别点于同一硅胶G薄层板上，以石油醚（60～90℃）-乙酸乙酯（20:0.1）为展开剂，展开，取出，晾干，喷以5%香草醛硫酸溶液，加热至斑点显色清晰。供试品色谱中，在与对照药材色谱相应的位置上，显相同颜色的斑点。

【检查】　应符合散剂项下有关的各项规定（附录0101）。

【含量测定】　照高效液相色谱法（附录0512）测定。

色谱条件与系统适用性试验　以十八烷基硅烷键合硅胶为填充剂；以甲醇-0.2mol/L醋酸铵溶液-冰醋酸（60:40:1）为流动相；检测波长为250nm。理论板数按甘草酸峰计算不低于2000。

对照品溶液的制备　取甘草酸铵对照品约10mg，精密称定，加流动相制成每1ml含0.2mg的溶液（相当于每1ml含甘草酸0.1959mg），即得。

供试品溶液的制备　取本品细粉2g，精密称定，置具塞锥形瓶中，精密加流动相50ml，密塞，称定重量，超声处理（功率250W，频率20kHz）30分钟，取出，放冷，再称定重量，用流动相补足减失的重量，摇匀，滤过，取续滤液，即得。

测定法　分别吸取对照品溶液与供试品溶液各20μl，注入液相色谱仪，测定，即得。

本品每1g含甘草以甘草酸（$C_{42}H_{62}O_{16}$）计，不得少于1.5mg。

【功能】　益气健脾。

【主治】　脾胃气虚，食少，体瘦。

【用法与用量】　马、牛200～300g；羊、猪30～45g。

【贮藏】　密闭，防潮。

四味穿心莲散

Siwei Chuanxinlian San

【处方】　穿心莲450g　　　　辣蓼150g　　　　大青叶200g　　　　葫芦茶200g

【制法】　以上4味，粉碎，过筛，混匀，即得。

【性状】　本品为灰绿色的粉末；气微，味苦。

【鉴别】　（1）取本品，置显微镜下观察：叶表皮组织中含钟乳体晶细胞。厚角细胞内含黄棕色物，草酸钙簇晶散在。靛蓝结晶蓝色，存在于叶肉组织和表皮细胞中，呈细小颗粒状或片状，常聚集成堆。

（2）取本品1g，加乙醇5ml，超声处理30分钟，滤过，滤液作为供试品溶液。另取穿心莲对照药材0.5g，同法制成对照药材溶液。再取穿心莲内酯对照品，加无水乙醇制成每1ml含2mg的溶液，作为对照品溶液。照薄层色谱法（附录0502）试验，吸取上述三种溶液各10μl，分别点于同一硅胶GF$_{254}$薄层板上，以三氯甲烷-乙酸乙酯-甲醇（4:3:0.4）为展开剂，展开，取出，晾干，置紫外光灯（254nm）下检视，供试品色谱中，在与对照药材和对照品色谱相应的位置上，显相同颜色的斑点。

【检查】　应符合散剂项下有关的各项规定（附录0101）。

【功能】　清热解毒，除湿化滞。

【主治】　泻痢，积滞。

【用法与用量】　鸡0.5～1.5g。

【贮藏】　密闭，防潮。

四 逆 汤

Sini Tang

【处方】　淡附片300g　　　　　干姜200g　　　　　炙甘草300g

【制法】　以上3味，淡附片、炙甘草加水煎煮2次，第一次2小时，第二次1.5小时，合并煎液，滤过；干姜通水蒸气蒸馏提取挥发油，挥发油和蒸馏后的水溶液备用；姜渣再加水煎煮1小时，煎液与上述水溶液合并，滤过，再与淡附片、炙甘草的煎液合并，浓缩至约400ml，放冷，加乙醇1200ml，搅匀，静置24小时，滤过，减压浓缩至适量，用适量水稀释，冷藏24小时，滤过，加单糖浆300ml、苯甲酸钠3g与上述挥发油，加水至1000ml，搅匀，灌封，灭菌，即得。

【性状】　本品为棕黄色的液体；气香，味甜、辛。

【鉴别】　（1）取本品20ml，用正丁醇20ml振摇提取，取正丁醇液，蒸干，残渣加甲醇2ml使溶解，作为供试品溶液。另取甘草对照药材1g，加乙醚40ml，加热回流1小时，滤过，弃去乙醚液，药渣加甲醇30ml，加热回流1小时，滤过，滤液蒸干，残渣用水20ml溶解，同法制成对照药材溶液。照薄层色谱法（附录0502）试验，吸取上述两种溶液各2μl，分别点于同一用1%氢氧化钠溶液制备的硅胶G薄层板上，以乙酸乙酯-冰醋酸-甲酸-水（15:1:1:2）为展开剂，展开，取出，晾干，喷以10%硫酸乙醇溶液，在105℃加热至斑点显色清晰，置紫外光灯（365nm）下检视。供试品色谱中，在与对照药材色谱相应的位置上，显相同颜色的荧光斑点。

（2）取干姜对照药材5g，加水30ml，加热回流1小时，放冷，滤过，滤液用正丁醇40ml振摇提取，取正丁醇液，蒸干，残渣加甲醇2ml使溶解，作为对照药材溶液。照薄层色谱法（附录0502）试验，吸取〔鉴别〕（1）项下的供试品溶液与上述对照药材溶液各5μl，分别点于同一硅胶G薄层板上，以环己烷-乙醚（1:1）为展开剂，展开，取出，晾干，喷以香草醛硫酸试液，在105℃加热至斑点显色清晰。供试品色谱中，在与对照药材色谱相应的位置上，显相同颜色的斑点。

【检查】　乌头碱　取本品70ml，加浓氨试液调节pH值至10，用乙醚振摇提取3次，每次100ml，合并乙醚液，回收溶剂至干，残渣用无水乙醇溶解使成2ml，作为供试品溶液。另取乌头碱对照品与次乌头碱对照品适量，加无水乙醇制成每1ml各含2mg与1mg的混合溶液，作为对照品溶液。照薄层色谱法（附录0502）试验，吸取供试品溶液6μl，对照品溶液5μl，分别点于同一硅胶

G薄层板上，以三氯甲烷-乙酸乙酯-浓氨试液（5:5:1）的下层溶液为展开剂，展开，取出，晾干，喷以稀碘化铋钾试液。供试品色谱中，在与对照品色谱相应的位置上，出现的斑点应小于对照品斑点，或不出现斑点。

相对密度　应不低于1.08（附录0601）。

pH值　应为4.0～6.0（附录0631）。

其他　应符合合剂项下有关的各项规定（附录0110）。

【含量测定】　照高效液相色谱法（附录0512）测定。

色谱条件与系统适用性试验　以十八烷基硅烷键合硅胶为填充剂；甲醇-0.2mol/L醋酸铵溶液-冰醋酸（67:33:1）为流动相；检测波长为250nm。理论板数按甘草酸峰计算应不低于2000。

对照品溶液的制备　取甘草酸铵对照品适量，精密称定，加流动相制成每1ml含0.40mg的溶液（相当于每1ml含甘草酸0.3918mg）。

供试品溶液的制备　精密量取本品10ml，置50ml容量瓶中，加流动相至刻度，摇匀，滤过，即得。

测定法　分别精密吸取对照品溶液与供试品溶液各10μl，注入液相色谱仪，测定，即得。

本品每1ml含炙甘草以甘草酸（$C_{42}H_{62}O_{16}$）计，不得少于0.50mg。

【功能】　温中祛寒，回阳救逆。

【主治】　四肢厥冷，脉微欲绝，亡阳虚脱。

【用法与用量】　马、牛100～200ml；羊、猪30～50ml。

每1kg体重，禽0.5～1ml。

【贮藏】　密封，置阴凉处。

四黄止痢颗粒

Sihuang Zhili Keli

【处方】　黄连200g　　　黄柏200g　　　　大黄100g　　　　黄芩200g
　　　　　板蓝根200g　　甘草100g

【制法】　以上6味加水煎煮2次，第一次2小时，第二次1小时，合并煎液，滤过，滤液浓缩至相对密度为1.32～1.35的稠膏，加蔗糖和糊精适量，制成颗粒，干燥，制成1000g，即得。

【性状】　本品为黄色至黄棕色的颗粒。

【鉴别】　（1）取本品1g，加甲醇25ml，超声处理30分钟，滤过，滤液作为供试品溶液。另取黄连对照药材0.25g，同法制成对照药材溶液。再取盐酸小檗碱对照品，加甲醇制成每1ml含0.5mg的溶液，作为对照品溶液。照薄层色谱法（附录0502）试验，吸取上述三种溶液各2μl，分别点于同一硅胶G薄层板上，以环己烷-乙酸乙酯-异丙醇-甲醇-水-三乙胺（3:3.5:1:1.5:0.5:1）为展开剂，置氨蒸气预饱和20分钟的展开缸内，展开，取出，晾干，置紫外光灯（365nm）下检视。供试品色谱中，在与对照药材色谱相应的位置上，显相同颜色的荧光斑点；在与对照品色谱相应的位置上，显相同颜色的荧光斑点。

（2）取本品2g，加甲醇50ml，超声处理20分钟，滤过，滤液蒸干，残渣加水10ml使溶解，再加盐酸1ml，置水浴上加热30分钟，立即冷却，用乙醚分2次提取，每次20ml，合并乙醚液，水浴蒸干，残渣加三氯甲烷1ml使溶解，作为供试品溶液。另取大黄对照药材0.1g，同法制成对照药材溶液。照薄层色谱法（附录0502）试验，吸取上述两种溶液各5μl，分别点于同一硅胶H薄层板上，以石油醚（30~60℃）-甲酸乙酯-甲酸（15:5:1）的上层溶液为展开剂，展开，取出，晾干，置紫外光灯（365nm）下检视。供试品色谱中，在与对照药材色谱相应的位置上，显相同的五个橙黄色荧光主斑点；置氨蒸气中熏后，日光下检视，斑点变为红色。

（3）取本品1g，加甲醇25ml，超声处理30分钟，滤过，滤液蒸干，残渣加甲醇1ml使溶解，作为供试品溶液。另取黄芩苷对照品，加甲醇制成每1ml含1mg的溶液，作为对照品溶液。照薄层色谱法（附录0502）试验，吸取上述两种溶液各5μl，分别点于同一以含4%醋酸钠的羧甲基纤维素钠为黏合剂的硅胶G薄层板上，以乙酸乙酯-丁酮-甲酸-水（5:3:1:1）为展开剂，展开，取出，晾干，喷以2%三氯化铁乙醇溶液。供试品色谱中，在与对照品色谱相应的位置上，显相同颜色的斑点。

【检查】　应符合颗粒剂项下有关的各项规定（附录0106）。

【含量测定】　照高效液相色谱法（附录0512）测定。

色谱条件与系统适用性试验　以十八烷基硅烷键合硅胶为填充剂；以甲醇-水-磷酸（43:57:0.2）为流动相；检测波长278nm。理论板数按黄芩苷峰计算应不低于2000。

对照品溶液的制备　取黄芩苷对照品适量，精密称定，加甲醇制成每1ml含60μg的溶液，即得。

供试品溶液的制备　取本品适量，研细。取细粉0.5g，精密称定，置100ml量瓶中，加甲醇适量，超声处理（功率250W，频率40kHz）30分钟，放冷，加甲醇至刻度，摇匀，滤过，取续滤液，即得。

测定法　分别精密吸取对照品溶液与供试溶液各10μl，注入液相色谱仪，测定，即得。

本品每1g含黄芩以黄芩苷（$C_{21}H_{18}O_{11}$）计，不得少于4.8mg。

【功能】　清热泻火，止痢。

【主治】　湿热泻痢，鸡大肠杆菌病。

【用法与用量】　每1L水，鸡0.5~1g。

【贮藏】　密闭，防潮。

生　肌　散
Shengji San

【处方】　血竭30g　　赤石脂30g　　醋乳香30g　　龙骨（煅）30g
　　　　　冰片10g　　醋没药30g　　儿茶30g

【制法】　以上7味，除冰片外，其余6味粉碎成细粉，加冰片研细，过筛，混匀，即得。

【性状】　本品为淡灰红色的粉末；气香，味苦、涩。

【鉴别】　（1）取本品，置显微镜下观察：不规则块片血红色，周围液体显姜黄色，渐变红色。不规则碎块淡黄色，半透明，渗出油滴，加热后油滴溶化，现正方形草酸钙结晶。

（2）取本品0.6g，加乙醚10ml，密塞，振摇10分钟，滤过，滤液作为供试品溶液。另取血竭对照药材0.1g，同法制成对照药材溶液。照薄层色谱法（附录0502）试验，吸取上述两种溶液各10μl，分别点于同一硅胶G薄层板上，以三氯甲烷-甲醇（19:1）为展开剂，展开，取出，晾干。供试品色谱中，在与对照药材色谱相应的位置上，显相同的橙色斑点。

【检查】　应符合散剂项下有关的各项规定（附录0101）。

【功能】　生肌敛疮。

【主治】　疮疡。

【用法与用量】 外用适量，撒布患处。

【贮藏】 密闭，防潮。

生 乳 散
Shengru San

【处方】 黄芪30g   党参30g   当归45g   通草15g

    川芎15g   白术30g   续断25g   木通15g

    甘草15g   王不留行30g   路路通25g

【制法】 以上11味，粉碎，过筛，混匀，即得。

【性状】 本品为淡棕褐色的粉末；气香，味甘、苦。

【鉴别】 （1）取本品，置显微镜下观察：纤维成束或散离，壁厚，表面有纵裂纹，两端断裂成帚状或较平截。草酸钙针晶细小，长10～32μm，不规则地充塞于薄壁细胞中。纤维束周围薄壁细胞含草酸钙方晶，形成晶纤维。种皮表皮细胞红棕色或黄棕色，表面观多角形或长多角形，直径50～120μm，垂周壁增厚，星角状或深波状弯曲。

（2）取本品3g，加乙醚50ml，超声处理10分钟，滤过，滤液挥干，残渣加乙酸乙酯1ml使溶解，作为供试品溶液。另取当归对照药材0.5g，川芎对照药材0.2g，分别加乙醚15ml，同法制成对照药材溶液。照薄层色谱法（附录0502）试验，吸取上述三种溶液各5μl，分别点于同一硅胶G薄层板上，以正己烷-乙酸乙酯（9:1）为展开剂，展开，取出，晾干，置紫外光灯（365nm）下检视。供试品色谱中，在与对照药材色谱相应的位置上，显相同颜色的荧光斑点。

【检查】 应符合散剂项下有关的各项规定（附录0101）。

【功能】 补气养血，通经下乳。

【主治】 气血不足的缺乳和乳少症。

【用法与用量】 马、牛250～300g；羊、猪60～90g。

【贮藏】 密闭，防潮。

白 及 膏
Baiji Gao

【处方】 白及210g   乳香30g   没药30g

【制法】 以上3味，分别研成细粉。取醋适量，入锅加温，再加入白及粉，不断搅拌，直至熬成稠膏，离火候温，再加入乳香、没药细粉，搅匀，即得。

【性状】 本品为灰黄色的软膏。

【检查】 应符合软膏剂项下有关的各项规定（附录0107）。

【功能】 散瘀止痛。

【主治】 骨折，闭合性损伤。

【用法与用量】 外用适量，敷患处。

【贮藏】 密封，置阴凉处。

白 术 散
Baizhu San

【处方】　白术30g　　　　当归25g　　　　川芎15g　　　　党参30g

　　　　　　甘草15g　　　　砂仁20g　　　　熟地黄30g　　　　陈皮25g

　　　　　　紫苏梗25g　　　黄芩25g　　　　白芍20g　　　　阿胶（炒）30g

【制法】　以上12味，粉碎，过筛，混匀，即得。

【性状】　本品为棕褐色的粉末；气微香，味甘、微苦。

【鉴别】　（1）取本品，置显微镜下观察：草酸钙针晶细小，长10～32μm，不规则地充塞于薄壁细胞中。薄壁细胞纺锤形，壁略厚，有极微细的斜向交错纹理。石细胞斜方形或多角形，一端稍尖，壁较厚，纹孔稀疏。纤维束周围薄壁细胞含草酸钙方晶，形成晶纤维。内种皮石细胞黄棕色或棕红色，表面观类多角形，壁厚，胞腔含硅质块。草酸钙方晶成片存在于薄壁组织中。草酸钙簇晶直径18～32μm，存在于薄壁细胞中，常排列成行或一个细胞中含数个簇晶。纤维淡黄色，梭形，壁厚，孔沟细。

（2）取本品3g，加甲醇25ml，超声处理30分钟，滤过，滤液浓缩至近干，加甲醇5ml使溶解，取上清液作为供试品溶液。另取黄芩苷对照品，加甲醇制成每1ml含1mg的溶液，作为对照品溶液。照薄层色谱法（附录0502）试验，吸取上述两种溶液各5μl，分别点于同一以含4%醋酸钠的羧甲基纤维素钠为黏合剂的硅胶G薄层板上，以乙酸乙酯-丁酮-甲酸-水（5:3:1:1）为展开剂，置展开缸中预饱和30分钟，展开，取出，晾干，喷以2%三氯化铁乙醇溶液。供试品色谱中，在与对照品色谱相应的位置上，显一相同的暗绿色斑点。

【检查】　应符合散剂项下有关的各项规定（附录0101）。

【功能】　补气，养血，安胎。

【主治】　胎动不安。

【用法与用量】　马、牛250～350g；羊、猪60～90g。

【贮藏】　密闭，防潮。

白 龙 散
Bailong San

【处方】　白头翁600g　　　　龙胆300g　　　　黄连100g

【制法】　以上3味，粉碎，过筛，混匀，即得。

【性状】　本品为浅棕黄色的粉末；气微，味苦。

【鉴别】　（1）取本品，置显微镜下观察：非腺毛单细胞，直径13～33μm，基部稍膨大，壁大多木化，有的可见螺状或双螺状纹理。纤维束鲜黄色，壁稍厚，纹孔明显。外皮层细胞表面观纺锤形，每个细胞由横壁分隔成数个小细胞。

（2）取本品2g，加甲醇20ml，加热回流15分钟，放冷，滤过，滤液蒸干，残渣加水15ml使溶解，用水饱和的正丁醇振摇提取两次，每次20ml，合并正丁醇液，蒸干，残渣加甲醇2ml使溶解，作为供试品溶液。另取龙胆苦苷对照品，加甲醇制成每1ml含1mg的溶液，作为对照品溶液。照薄层色谱法（附录0502）试验，吸取供试品溶液5μl，对照品溶液1μl，分别点于同一硅胶GF$_{254}$薄层板上，以乙酸乙酯-甲醇-水（10:2:1）为展开剂，取出，晾干，置紫外光灯（254nm）下检视。供试品色谱中，在与对照品色谱相应的位置上，显相同颜色的斑点。

（3）取本品2g，加甲醇10ml，加热回流15分钟，滤过，滤液作为供试品溶液。另取黄连对照药材0.2g，同法制成对照药材溶液。再取盐酸小檗碱对照品，加甲醇制成每1ml含0.5mg的溶液，作为对照品溶液。照薄层色谱法（附录0502）试验，吸取上述三种溶液各2μl，分别点于同一硅胶G薄层板上，以环己烷-乙酸乙酯-异丙醇-甲醇-水-三乙胺（3:3.5:1:1.5:0.5:1）为展开剂，置用氨蒸气预饱和20分钟的展开缸内，展开，取出，晾干，置紫外光灯（365nm）下检视。供试品色谱中，在与对照药材色谱相应的位置上，显相同的黄色荧光斑点；在对照品色谱相应的位置上，显相同的一个黄色荧光斑点。

【检查】　应符合散剂项下有关的各项规定（附录0101）。

【功能】　清热燥湿，凉血止痢。

【主治】　湿热泻痢，热毒血痢。

【用法与用量】　马、牛40~60g；羊、猪10~20g；兔、禽1~3g。

【贮藏】　密闭，防潮。

白 头 翁 散

Baitouweng San

【处方】　白头翁60g　　　　　黄连30g　　　　　黄柏45g　　　　　秦皮60g

【制法】　以上4味，粉碎，过筛，混匀，即得。

【性状】　本品为浅灰黄色的粉末；气香，味苦。

【鉴别】　（1）取本品，置显微镜下观察：纤维束鲜黄色，壁稍厚，纹孔明显。纤维束鲜黄色，周围细胞含草酸钙方晶，形成晶纤维，含晶细胞的壁木化增厚。非腺毛单细胞，直径13~33μm，基部稍膨大，壁大多木化，有的可见螺状或双螺状纹理。薄壁细胞含草酸钙砂晶。

（2）取本品1.6g，加甲醇25ml，超声处理30分钟，滤过，滤液作为供试品溶液。另取黄连对照药材0.25g，同法制成对照药材溶液。再取盐酸小檗碱对照品，加甲醇制成每1ml含0.5mg的溶液，作为对照品溶液。照薄层色谱法（附录0502）试验，吸取上述三种溶液各1μl，分别点于同一硅胶G薄层板上，以环己烷-乙酸乙酯-异丙醇-甲醇-水-三乙胺（3:3.5:1:1.5:0.5:1）为展开剂，置用氨蒸气预饱和20分钟的展开缸内，展开，取出，晾干，置紫外光灯（365nm）下检视。供试品色谱中，在与对照药材色谱相应的位置上，显相同的黄色荧光斑点；在与对照品色谱相应的位置上，显相同的一个黄色荧光斑点。

（3）取本品3.2g，加甲醇10ml，超声处理20分钟，滤过，滤液作为供试品溶液。另取秦皮对照药材1g，同法制成对照药材溶液。照薄层色谱法（附录0502）试验，吸取上述两种溶液各10μl，分别点于同一硅胶G薄层板上，以三氯甲烷-甲醇-甲酸（6:1:0.5）为展开剂，展开，取出，晾干，置紫外光灯（365nm）下检视。供试品色谱中，在与对照药材色谱相应的位置上，显相同颜色的荧光斑点。

【检查】　应符合散剂项下有关的各项规定（附录0101）。

【功能】 清热解毒，凉血止痢。

【主治】 湿热泄泻，下痢脓血。

【用法与用量】 马、牛150～250g；羊、猪30～45g；兔、禽2～3g。

【贮藏】 密闭，防潮。

白 矾 散

Baifan San

【处方】 白矾60g　　　　浙贝母30g　　　　黄连20g　　　　白芷20g
　　　　郁金25g　　　　黄芩45g　　　　　大黄25g　　　　葶苈子30g
　　　　甘草20g

【制法】 以上9味，粉碎，过筛，混匀，即得。

【性状】 本品为黄棕色的粉末；气香，味甘、涩、微苦。

【鉴别】 （1）取本品，置显微镜下观察：淀粉粒卵圆形，直径35～48μm，脐点点状、人字状或马蹄状，位于较小端，层纹细密。纤维淡黄色，梭形，壁厚，孔沟细。草酸钙簇晶大，直径60～140μm。纤维束鲜黄色，壁稍厚，纹孔明显。种皮下皮细胞黄色，多角形或长多角形，壁稍厚。纤维束周围薄壁细胞含草酸钙方晶，形成晶纤维。

（2）取本品6g，加甲醇50ml，超声处理30分钟，滤过，滤液浓缩至1ml，加甲醇10ml使稀释，滤过，取续滤液作为供试品溶液。另取黄芩苷对照品，加甲醇制成每1ml含1mg的溶液，作为对照品溶液。照薄层色谱法（附录0502）试验，吸取上述两种溶液各5μl，分别点于同一以含4%醋酸钠的羧甲基纤维素钠为黏合剂的硅胶G薄层板上，以乙酸乙酯-丁酮-甲酸-水（5:3:1:1）为展开剂，置展开缸中预饱和30分钟，展开，取出，晾干，喷以2%三氯化铁乙醇溶液。供试品色谱中，在与对照品色谱相应的位置上，显一相同的暗绿色斑点。

（3）取本品3g，加甲醇20ml，超声处理15分钟，滤过，滤液作为供试品溶液。另取黄连对照药材0.2g，同法制成对照药材溶液。再取盐酸小檗碱对照品，加甲醇制成每1ml含0.5mg的溶液，作为对照品溶液。照薄层色谱法（附录0502）试验，吸取上述两种溶液各2μl，分别点于同一硅胶G薄层板上，以环己烷-乙酸乙酯-异丙醇-甲醇-水-三乙胺（3:3.5:1:1.5:0.5:1）为展开剂，置氨蒸气饱和的展开缸内，预饱和30分钟，展开，取出，晾干。置紫外光灯（365nm）下检视。供试品色谱中，在与对照药材色谱和对照品色谱相应的位置上，显相同颜色的荧光斑点。

（4）取本品1g，加甲醇20ml，浸渍1小时，滤过，取滤液5ml，蒸干，残渣加水10ml使溶解，再加盐酸1ml，加热回流30分钟，立即冷却，用乙醚分2次振摇提取，每次20ml，合并乙醚液，蒸干，残渣加三氯甲烷1ml使溶解，作为供试品溶液。另取大黄素对照品，加甲醇制成每1ml含1mg的溶液，作为对照品溶液。照薄层色谱法（附录0502）试验，吸取上述两种溶液各4μl，分别点于同一硅胶H薄层板上，以石油醚（30～60℃）-甲酸乙酯-甲酸（15:5:1）的上层溶液为展开剂，展开，取出，晾干，置紫外光灯（365nm）下检视。供试品色谱中，在与对照品色谱相应的位置上，显相同的橙黄色荧光斑点；置氨蒸气中熏后，日光下检视，斑点变为红色。

【检查】 应符合散剂项下有关的各项规定（附录0101）。

【功能】 清热化痰、下气平喘。

【主治】 肺热咳喘。

【用法与用量】　马、牛250～350g；羊、猪40～80g；兔、禽1～3g。

【贮藏】　密闭，防潮。

半　夏　散

Banxia San

【处方】　姜半夏30g　　　　升麻45g　　　　防风25g　　　　枯矾45g

【制法】　以上4味，粉碎，过筛，混匀，即得。

【性状】　本品为灰白色的粉末；气清香，味辛、涩。

【鉴别】　（1）取本品，置显微镜下观察：草酸钙针晶成束，长32～144μm，存在于黏液细胞中或散在。木纤维成束，多碎断，淡黄绿色，末端狭尖或钝圆，有的有分叉，直径14～41μm，壁稍厚，具十字形纹孔对，有的胞腔中含黄棕色物。油管含金黄色分泌物，直径17～60μm。

（2）取本品3.2g，加乙醇50ml，加热回流1小时，滤过，滤液蒸干，残渣加乙醇1ml使溶解，作为供试品溶液。另取阿魏酸对照品、异阿魏酸对照品，加乙醇制成每1ml各含1mg的溶液，作为对照品溶液。照薄层色谱法（附录0502）试验，吸取上述三种溶液各10μl，分别点于同一硅胶G薄层板上，以苯-三氯甲烷-冰醋酸（6:1:0.5）为展开剂，展开，取出，晾干，置紫外光灯（365nm）下检视。供试品色谱中，在与对照品色谱相应的位置上，显相同颜色的荧光斑点。

【检查】　应符合散剂项下有关的各项规定（附录0101）。

【功能】　温肺散寒，燥湿化痰。

【主治】　肺寒吐沫。

【用法与用量】　马150～180g，另用生姜30g、蜂蜜60g为引。

【贮藏】　密闭，防潮。

加味知柏散

Jiawei Zhibo San

【处方】　知母（酒炒）120g　　黄柏（酒炒）120g　　木香20g　　　　醋乳香25g

醋没药25g　　　　连翘20g　　　　桔梗20g　　　　金银花30g

荆芥15g　　　　　防风15g　　　　甘草15g

【制法】　以上11味，粉碎，过筛，混匀，即得。

【性状】　本品为黄色的粉末；气香，味微苦。

【鉴别】　（1）取本品，置显微镜下观察：草酸钙针晶成束或散在，长26～110μm。纤维束鲜黄色，周围细胞含草酸钙方晶，形成晶纤维，含晶细胞的壁木化增厚。木纤维长梭形，直径16～24μm，壁稍厚，纹孔口横裂缝状、十字状或人字状。联结乳管直径14～25μm，含淡黄色颗粒状物。花粉粒类圆形，直径约至76μm，外壁有刺状雕纹，具3个萌发孔。纤维束周围薄壁细胞含草酸钙方晶，形成晶纤维。油管含金黄色分泌物，直径17～60μm。

（2）取本品6g，加甲醇15ml，冷浸过夜，滤过，滤液作为供试品溶液。另取绿原酸对照品，加甲醇制成每1ml含1mg的溶液，作为对照品溶液。照薄层色谱法（附录0502）试验，吸取供试品溶液2μl、对照品溶液1μl，分别点于同一聚酰胺薄膜上，以乙酸丁酯-甲酸-水（14:5:5）的上层溶液为展开剂，展开，取出，晾干，置紫外光灯（365nm）下检视。供试品色谱中，在与对照品色谱相应的位置上，显相同颜色的荧光斑点。

（3）取本品1g，加甲醇15ml，超声处理15分钟，滤过，滤液作为供试品溶液。另取盐酸小檗碱对照品加甲醇制成每1ml含0.5mg的溶液，作为对照品溶液。照薄层色谱法（附录0502）试验，吸取上述两种溶液各1μl，分别点于同一硅胶G薄层板上，以环己烷-乙酸乙酯-异丙醇-甲醇-水-三乙胺（3:3.5:1:1.5:0.5:1）为展开剂，置氨蒸气预饱和20分钟的展开缸内，展开，取出，晾干，置紫外光灯（365nm）下检视。供试品色谱中，在与对照品色谱相应的位置上，显相同颜色的荧光斑点。

【检查】 应符合散剂项下有关的各项规定（附录0101）。

【功能】 滋阴降火，解毒散瘀，化痰止涕。

【主治】 脑颡鼻脓，额窦炎。

【用法与用量】 马、骡250～400g。

【贮藏】 密闭，防潮。

加减消黄散
Jiajian Xiaohuang San

【处方】

大黄30g	玄明粉40g	知母25g	浙贝母30g
黄药子30g	栀子30g	连翘45g	白药子30g
郁金45g	甘草15g		

【制法】 以上10味，粉碎，过筛，混匀，即得。

【性状】 本品为淡黄色的粉末；气微香，味苦、咸。

【鉴别】 （1）取本品，置显微镜下观察：草酸钙簇晶大，直径60～140μm。内果皮纤维上下层纵横交错，纤维短梭形。种皮石细胞黄色或淡棕色，多破碎，完整者长多角形、长方形或形状不规则，壁厚，有大的圆形纹孔，胞腔棕红色。木化厚壁细胞类长方形、长多角形或延长作短纤维状，稍弯曲，略交错排列，直径16～48μm，木化，孔沟较密。纤维束周围薄壁细胞含草酸钙方晶，形成晶纤维。淀粉粒卵圆形，直径35～48μm，脐点点状、人字状或马蹄状，位于较小端，层纹细密。

（2）取本品1.5g，加甲醇20ml，浸渍1小时，滤过，取续滤液5ml，蒸干，加水10ml使溶解，再加盐酸1ml，置水浴上加热30分钟，立即冷却，用乙醚分2次提取，每次20ml，合并乙醚液，蒸干，残渣加三氯甲烷1ml使溶解，作为供试品溶液。另取大黄对照药材0.1g，同法制成对照药材溶液。照薄层色谱法（附录0502）试验，吸取上述两种溶液各5μl，分别点于同一硅胶H薄层板上，以石油醚（30～60℃）-甲酸乙酯-甲酸（15:5:1）的上层溶液为展开剂，展开，取出，晾干，置紫外光灯（365nm）下检视。供试品色谱中，在与对照药材色谱相应的位置上，显相同的五个橙黄色荧光主斑点；置氨蒸气中熏后，日光下检视，斑点变为红色。

（3）取本品7.5g，加乙醚20ml，振摇20分钟，弃去乙醚液，残渣挥干溶剂，加乙酸乙酯30ml，加热回流1小时，滤过，滤液蒸干，残渣加甲醇3ml使溶解，滤过，滤液作为供试品溶液。另取栀子苷对照品，加甲醇制成每1ml含1mg的溶液，作为对照品溶液。照薄层色谱法（附录

0502）试验，吸取上述两种溶液各6µl，分别点于同一硅胶G薄层板上，以乙酸乙酯-丙酮-甲酸-水（10:7:2:0.5）为展开剂，展开，取出，晾干，喷以10%硫酸乙醇溶液，晾干，在110℃加热至斑点显色清晰。供试品色谱中，在与对照品色谱相应的位置上，显相同颜色的斑点。

【检查】 应符合散剂项下有关的各项规定（附录0101）。

【功能】 清热泻火，消肿解毒。

【主治】 脏腑壅热，疮黄肿毒。

【用法与用量】 马、牛250～400g；羊、猪30～60g。

【贮藏】 密闭，防潮。

百合固金散

Baihe Gujin San

【处方】 百合45g　　　白芍25g　　　当归25g　　　甘草20g
　　　　玄参30g　　　川贝母30g　　　生地黄30g　　　熟地黄30g
　　　　桔梗25g　　　麦冬30g

【制法】 以上10味，粉碎，过筛，混匀，即得。

【性状】 本品为黑褐色的粉末；味微甘。

【鉴别】 （1）取本品，置显微镜下观察：草酸钙簇晶直径18～32µm，存在于薄壁细胞中，常排列成行或一个细胞中含有数个簇晶。淀粉粒广卵形或贝壳形，直径40～64µm，脐点短缝状、人字状或马蹄状，层纹可察见。纤维束周围薄壁细胞含草酸钙方晶，形成晶纤维。石细胞黄棕色或无色，类长方形、类圆形或形状不规则，直径约至94µm。草酸钙针晶成束或散在，长24～50µm，直径约3µm。薄壁组织灰棕色至黑棕色，细胞多皱缩，内含棕色核状物。

（2）取本品6g，加正己烷20ml，超声处理30分钟，滤过，滤液挥干，残渣加正己烷0.5ml使溶解，作为供试品溶液。另取当归对照药材1g，加正己烷20ml，同法制成对照药材溶液。照薄层色谱法（附录0502）试验，吸取供试品溶液1µl、对照药材溶液2µl，分别点于同一硅胶G薄层板上，以正己烷-乙酸乙酯（9:1）为展开剂，展开，取出，晾干，置紫外光灯（365nm）下检视。供试品色谱中，在与对照药材色谱相应的位置上，显相同颜色的荧光斑点。

【检查】 应符合散剂项下有关的各项规定（附录0101）。

【功能】 养阴清热，润肺化痰。

【主治】 肺虚咳喘，阴虚火旺，咽喉肿痛。

【用法与用量】 马、牛250～300g；羊、猪45～60g。

【贮藏】 密闭，防潮。

当归苁蓉散

Danggui Congrong San

【处方】 当归（麻油炒）180g　　肉苁蓉90g　　番泻叶45g　　瞿麦15g
　　　　六神曲60g　　木香12g　　厚朴45g　　枳壳30g

醋香附45g　　　　　　通草12g

【制法】　以上10味，粉碎，过筛，混匀，即得。

【性状】　本品为黄棕色的粉末；气香，味甘、微苦。

【鉴别】　（1）取本品，置显微镜下观察：薄壁细胞纺锤形，壁略厚，有极微细的斜向交错纹理。纤维束周围薄壁细胞含草酸钙簇晶，形成晶纤维，含晶细胞纵向成行。菊糖团块形状不规则，有时可见微细放射状纹理，加热后溶解。石细胞分枝状，壁厚，层纹明显。草酸钙方晶成片存在于薄壁组织中。分泌细胞类圆形，含淡黄棕色至红棕色分泌物，其周围细胞作放射状排列。薄壁细胞椭圆形、类圆形或近多角形，纹孔明显。

（2）取本品5g，加乙酸乙酯30ml，超声处理30分钟，滤过，滤液浓缩至约1ml，作为供试品溶液。另取木香对照药材0.1g，同法制成对照药材溶液。再取木香烃内酯对照品，加乙酸乙酯制成每1ml含1mg的溶液，作为对照品溶液。照薄层色谱法（附录0502）试验，吸取上述三种溶液各3μl，分别点于同一硅胶G薄层板上，以环己烷-甲酸乙酯-甲酸（15:5:1）为展开剂，展开，取出，晾干，喷以1%香草醛硫酸溶液，105℃加热至斑点显色清晰。供试品色谱中，在与对照药材色谱和对照品色谱相应的位置上，显相同颜色的斑点。

（3）取本品4.5g，加甲醇15ml，振摇30分钟，滤过，滤液浓缩至约3ml，作为供试品溶液。另取厚朴酚对照品、和厚朴酚对照品，加甲醇制成每1ml分别含2mg和1mg的混合溶液，作为对照品溶液。照薄层色谱法（附录0502）试验，吸取上述两种溶液各5μl，分别点于同一硅胶GF$_{254}$薄层板上，以三氯甲烷-乙酸乙酯（10:1）为展开剂，展开，取出，晾干，置紫外光灯（254nm）下检视。供试品色谱中，在与对照品色谱相应的位置上，显相同颜色的两个斑点。

【检查】　应符合散剂项下有关的各项规定（附录0110）。

【功能】　润燥滑肠，理气通便。

【主治】　老、弱、孕畜便秘。

【用法与用量】　马、骡350～500g，加麻油250g。

【贮藏】　密闭，防潮。

当　归　散
Danggui San

【处方】　当归30g　　　　红花25g　　　　牡丹皮20g　　　　白芍20g

　　　　　醋没药25g　　　大黄30g　　　　天花粉25g　　　　枇杷叶20g

　　　　　黄药子25g　　　白药子25g　　　桔梗25g　　　　　甘草15g

【制法】　以上12味，粉碎，过筛，混匀，即得。

【性状】　本品为淡棕色的粉末；气清香，味辛、苦。

【鉴别】　（1）取本品，置显微镜下观察：非腺毛大型，单细胞，多弯曲，完整者长约至1260μm。具缘纹孔导管大，多破碎，有的具缘纹孔呈六角形或斜方形，排列紧密。木栓细胞淡红色至微紫色，壁稍厚。花粉粒类圆形或椭圆形，直径43～66μm，外壁具短刺和点状雕纹，具3个萌发孔。薄壁细胞纺锤形，壁略厚，有极微细的斜向交错纹理。草酸钙簇晶大，直径60～140μm。草酸钙针晶成束，长约至85μm。

（2）取本品5g，加乙醚20ml，超声处理10分钟，滤过，滤液蒸干，残渣加乙醇1ml使溶解，作为供试品溶液。另取当归对照药材0.5g，同法制成对照药材溶液。照薄层色谱法（附录0502）试验，吸取上述两种溶液各10μl，分别点于同一硅胶G薄层板上，以正己烷-乙酸乙酯（9:1）为展开剂，展开，取出，晾干，置紫外光灯（365nm）下检视。供试品色谱中，在与对照药材色谱相应的位置上，显相同颜色的荧光斑点。

（3）取本品1g，加甲醇20ml，浸渍1小时，滤过，取滤液5ml，蒸干，残渣加水10ml使溶解，再加盐酸1ml，加热回流30分钟，立即冷却，用乙醚分2次振摇提取，每次20ml，合并乙醚液，蒸干，残渣加三氯甲烷1ml使溶解，作为供试品溶液。另取大黄对照药材0.1g，同法制成对照药材溶液。再取大黄酸对照品，加甲醇制成每1ml含1mg的溶液，作为对照品溶液。照薄层色谱法（附录0502）试验，吸取上述三种溶液各4μl，分别点于同一硅胶H薄层板上，以石油醚（30～60℃）-甲酸乙酯-甲酸（15:5:1）的上层溶液为展开剂，展开，取出，晾干，置紫外光灯（365nm）下检视。供试品色谱中，在与对照药材色谱相应的位置上，显相同的五个橙黄色荧光主斑点；在与对照品色谱相应的位置上，显相同的橙黄色荧光斑点；置氨蒸气中熏后，日光下检视，斑点变为红色。

【检查】　应符合散剂项下有关的各项规定（附录0101）。

【功能】　活血止痛，宽胸利气。

【主治】　胸膊痛，束步难行。

【用法与用量】　马、牛250～400g。

【贮藏】　密闭，防潮。

曲　麦　散
Qumai San

【处方】　六神曲60g　　　麦芽30g　　　山楂30g　　　厚朴25g
　　　　　枳壳25g　　　　陈皮25g　　　青皮25g　　　苍术25g
　　　　　甘草15g

【制法】　以上9味，粉碎，过筛，混匀，即得。

【性状】　本品为黄褐色的粉末；气微香，味甜、苦。

【鉴别】　（1）取本品，置显微镜下观察：果皮细胞纵列，常有1个长细胞与2个短细胞相间排列，长细胞壁厚，波状弯曲，木化。果皮石细胞淡紫红色、红色或黄棕色，类圆形或多角形，直径约至125μm。石细胞分枝状，壁厚，层纹明显。草酸钙方晶成片存在于薄壁组织中。草酸钙针晶细小，长5～32μm，不规则地充塞于薄壁细胞中。纤维束周围薄壁细胞含草酸钙方晶，形成晶纤维。

（2）取本品5.2g，加甲醇25ml，超声处理20分钟，滤过，滤液浓缩至5ml，作为供试品溶液；另取厚朴酚对照品、和厚朴酚对照品，加甲醇制成每1ml各含1mg的混合溶液，作为对照品溶液。照薄层色谱法（附录0502）试验，吸取上述两种溶液各5μl，分别点于同一硅胶GF$_{254}$薄层板上，以三氯甲烷-乙酸乙酯（10:1）为展开剂，展开，取出，晾干，置紫外光灯（254nm）下检视。供试品色谱中，在与对照品色谱相应的位置上，显相同颜色的斑点。

（3）取本品5g，加乙醚15ml，超声处理15分钟，滤过，滤液挥干，残渣加乙酸乙酯1ml使溶解，作为供试品溶液。另取苍术对照药材0.5g，同法制成对照药材溶液。照薄层色谱法（附录0502）试验，吸取上述两种溶液各5～10μl，分别点于同一硅胶G薄层板上，以石油醚（60～90℃）

为展开剂，展开，取出，晾干，喷以5%对二甲氨基苯甲醛的10%硫酸乙醇溶液，加热至斑点显色清晰。供试品色谱中，在与对照药材色谱相应的位置上，显相同的暗绿色斑点。

【检查】 应符合散剂项下有关的各项规定（附录0101）。

【功能】 消积破气，化谷宽肠。

【主治】 胃肠积滞，料伤五攒痛。

【用法与用量】 马、牛250～500g；羊、猪40～100g。

【贮藏】 密闭，防潮。

肉 桂 酊
Rougui Ding

本品为肉桂经加工制成的酊剂。

【制法】 取肉桂粗粉200g，照酊剂项下的浸渍法（附录0109），用70%乙醇作溶剂，浸渍5～7天，浸渍液再加70%乙醇至1000ml，即得。

【性状】 本品为黄棕色的液体；气香，味辛。

【鉴别】 取本品3ml，加乙醇10ml，摇匀，作为供试品溶液。另取桂皮醛对照品，加乙醇制成每1ml含1µl的溶液，作为对照品溶液。照薄层色谱法（附录0502）试验，吸取供试品溶液2～5µl，对照品溶液2µl，分别点于同一硅胶G薄层板上，以石油醚（60～90℃）-乙酸乙酯（17:3）为展开剂，展开，取出，晾干，喷以二硝基苯肼乙醇试液。供试品色谱中，在与对照品色谱相应的位置上，显相同颜色的斑点。

【检查】 **乙醇量** 应为65%～70%（附录0711）。

其他 应符合酊剂项下有关的各项规定（附录0109）。

【功能】 温中健胃。

【主治】 食欲不振，胃寒，冷痛。

【用法与用量】 马、牛30～100ml；羊、猪10～20ml。

【贮藏】 密封，置阴凉处。

朱 砂 散
Zhusha San

【处方】 朱砂5g　　　　　党参60g　　　　　茯苓45g　　　　　黄连60g

【制法】 以上4味，除朱砂另研成极细粉外，其余3味粉碎成粉末，过筛，再与朱砂极细粉配研，混匀，即得。

【性状】 本品为淡棕黄色的粉末；味辛、苦。

【鉴别】 （1）取本品，置显微镜下观察：不规则细小颗粒暗棕红色，有光泽，边缘暗黑色。石细胞斜方形或多角形，一端稍尖，壁较厚，纹孔稀疏。不规则分枝状团块无色，遇水合氯醛液溶化；菌丝无色或淡棕色，直径4～6µm。纤维束鲜黄色，壁稍厚，纹孔明显。

（2）取本品0.3g，加甲醇10ml，超声处理15分钟，滤过，滤液作为供试品溶液。另取黄连对照药材0.1g，同法制成对照药材溶液。再取盐酸小檗碱对照品，加甲醇制成每1ml含0.5mg的溶液，作为对照品溶液。照薄层色谱法（附录0502）试验，吸取上述三种溶液各2μl，分别点于同一硅胶G薄层板上，以环己烷-乙酸乙酯-异丙醇-甲醇-水-三乙胺（3:3.5:1:1.5:0.5:1）为展开剂，置氨蒸气预饱和20分钟的展开缸内，展开，取出，晾干，置紫外光灯下（365nm）下检视。供试品色谱中，在与对照药材色谱色谱相应的位置上，显相同颜色的荧光斑点；在与对照品色谱相应的位置上，显相同的一个黄色荧光斑点。

【检查】　应符合散剂项下有关的各项规定（附录0101）。

【含量测定】　取本品约3.4g，精密称定，置250ml凯氏烧瓶中，加硫酸25ml与硝酸钾3g，加热俟溶液至棕色，放冷，再加硫酸5ml与硝酸钾2g，加热俟溶液至近无色，再放冷后，转入250ml锥形瓶中，用水50ml分次洗涤烧瓶，洗液并入溶液中，滴加1%高锰酸钾溶液至显粉红色（以2分钟内不消失为度），再滴加2%硫酸亚铁溶液至红色消失，加硫酸铁铵指示液2ml，用硫氰酸铵滴定（0.1mol/L）滴定。每1ml硫氰酸铵滴定液（0.1mol/L）相当于11.63mg的硫化汞（HgS）。

本品含朱砂以硫化汞（HgS）计，应为2.2%～3.2%。

【功能】　清心安神，扶正祛邪。

【主治】　心热风邪，脑黄。

【用法与用量】　马、牛150～200g；羊、猪10～30g。

【贮藏】　密闭，防潮。

伤　力　散

Shangli San

【处方】　党参50g　　白术（炒焦）40g　　茯苓30g　　黄芪50g

　　　　　山药50g　　当归50g　　　　　陈皮50g　　秦艽30g

　　　　　香附40g　　甘草40g

【制法】　以上10味，粉碎，过筛，混匀，即得。

【性状】　本品为淡黄色的粉末；气香，味辛、微苦。

【鉴别】　取本品，置显微镜下观察：联结乳管直径12～15μm，含细小颗粒状物。草酸钙针晶细小，长10～32μm，不规则地充塞于薄壁细胞中。纤维成束或散离，壁厚，表面有纵裂纹，两端断裂成帚状或较平截。薄壁细胞纺锤形，壁略厚，有极微细的斜向交错纹理。草酸钙方晶成片存于薄壁组织中。纤维束周围薄壁细胞含草酸钙方晶，形成晶纤维。分泌细胞类圆形，含淡黄棕色至红棕色分泌物，其周围细胞作放射状排列。不规则分枝状团块无色，遇水合氯醛融化；菌丝无色或淡棕色，直径长4～6μm。草酸钙针晶成束存在于黏液细胞中，长80～240μm，直径2～8μm。

【检查】　应符合散剂项下有关的各项规定（附录0101）。

【功能】　补虚益气。

【主治】　劳伤气虚。

【用法与用量】　马、牛250～350g。

【贮藏】　密闭，防潮。

多味健胃散

Duowei Jianwei San

【处方】　木香25g　　　　槟榔20g　　　　白芍25g　　　　厚朴20g
　　　　　枳壳30g　　　　黄柏30g　　　　苍术50g　　　　大黄50g
　　　　　龙胆30g　　　　焦山楂40g　　　香附50g　　　　陈皮50g
　　　　　大青盐（炒）40g　苦参40g

【制法】　以上14味，粉碎，过筛，混匀，即得。

【性状】　本品为灰黄至棕黄色的粉末；气香，味苦、咸。

【鉴别】　（1）取本品，置显微镜下观察：内胚乳碎片无色，壁较厚，有较多大的类圆形纹孔。草酸钙簇晶直径18～32μm，存在于薄壁细胞中，常排列成行或一个细胞中含有数个簇晶。石细胞分枝状，壁厚，层纹明显。草酸钙方晶成片存在于薄壁组织中。纤维束鲜黄色，周围细胞含草酸钙方晶，形成晶纤维，含晶细胞的壁木化增厚。草酸钙针晶细小，长5～32μm，不规则地充塞于薄壁细胞中。草酸钙簇晶大，直径60～140μm。分泌细胞类圆形，含淡黄棕色至红棕色分泌物，其周围细胞作放射状排列。纤维束无色，周围薄壁细胞含草酸钙方晶，形成晶纤维。

（2）取本品10g，加甲醇30ml，超声处理30分钟，滤过，取滤液3ml，浓缩至1ml，作为供试品溶液。另取木香对照药材0.5g，加甲醇10ml，同法制成对照药材溶液。照薄层色谱法（附录0502）试验，吸取上述两种溶液各5μl，分别点于同一硅胶G薄层板上，以苯-甲醇（27:1）为展开剂，展开，取出，晾干，喷以5%香草醛硫酸溶液，加热至斑点显色清晰。供试品色谱中，在与对照药材色谱相应的位置上，显相同颜色的斑点。

（3）取〔鉴别〕（2）项下剩余滤液1ml，蒸干，加水10ml使溶解，再加盐酸1ml，水浴加热30分钟，立即冷却，用乙醚分2次提取，每次20ml，合并乙醚液，蒸干，残渣加三氯甲烷1ml使溶解，作为供试品溶液。另取大黄对照药材0.1g，加甲醇20ml，超声处理10分钟，滤过，取滤液5ml，同法制成对照药材溶液。照薄层色谱法（附录0502）试验，吸取上述两种溶液各5μl，分别点于同一硅胶H薄层板上，以石油醚（30～60℃）-甲酸乙酯-甲酸（15:5:1）的上层溶液为展开剂，展开，取出，晾干，置紫外光灯（365nm）下检视。供试品色谱中，在与对照药材色谱相应的位置上，显相同的五个橙黄色荧光主斑点；置氨蒸气中熏后，日光下检视，斑点变为红色。

（4）取〔鉴别〕（2）项下剩余滤液适量，用铺有滤纸与中性氧化铝的滤器滤过，滤液作为供试品溶液。另取黄柏对照药材0.1g，加甲醇5ml，超声处理15分钟，滤过，滤液作为对照药材溶液。再取盐酸小檗碱对照品，加甲醇制成每1ml含0.5mg的溶液，作为对照品溶液。照薄层色谱法（附录0502）试验，吸取上述三种溶液各2μl，分别点于同一硅胶G薄层板上，以苯-乙酸乙酯-甲醇-异丙醇-浓氨试液（6:3:1.5:1.5:0.5）为展开剂，置氨蒸气饱和的层析缸内，展开，取出，晾干。置紫外光灯（365nm）下检视。供试品色谱中，在与对照药材色谱和对照品色谱相应的位置上，显相同颜色的荧光斑点。

【检查】　应符合散剂项下有关的各项规定（附录0101）。

【功能】　健胃理气，宽中除胀。

【主治】　食欲减退，消化不良，肚腹胀满。

【用法与用量】　马、牛200～250g；羊、猪30～50g。

【贮藏】　密闭，防潮。

壮　阳　散

Zhuangyang San

【处方】

熟地黄45g	补骨脂40g	阳起石20g	淫羊藿45g
锁阳45g	菟丝子40g	五味子30g	肉苁蓉40g
山药40g	肉桂25g	车前子25g	续断40g
覆盆子40g			

【制法】 以上13味，粉碎，过筛，混匀，即得。

【性状】 本品为淡灰色的粉末；气香，味辛、甘、咸、微苦。

【鉴别】 （1）取本品，置显微镜下观察：薄壁组织灰棕色至黑棕色，细胞多皱缩，内含棕色核状物。草酸钙结晶成片存在于灰绿色的中果皮碎片中，结晶长方形、长条形或呈骨状，长9～22μm，直径2～4μm。叶表皮细胞壁深波状弯曲。种皮栅状细胞2列，内列较外列长，有光辉带。种皮表皮石细胞淡黄棕色，表面观类多角形，壁较厚，孔沟细密，胞腔含暗棕色物。草酸钙针晶束存在于黏液细胞中，长80～240μm，直径2～8μm。石细胞类圆形或类长方形，壁一面菲薄。种皮下皮细胞表面观狭长，壁稍波状，以数个细胞为一组，略作镶嵌状排列。草酸钙簇晶直径约至45μm，存在于淡黄棕色皱缩的薄壁细胞中，常数个排列成行。非腺毛单细胞，壁厚，木化，脱落后残迹似石细胞。

（2）取本品6g，加乙醇25ml，超声提取25分钟，滤过，滤液蒸干，残渣加乙醇1ml使溶解，作为供试品溶液。另取补骨脂素对照品，加乙酸乙酯制成每1ml含2mg的溶液，作为对照品溶液。照薄层色谱法（附录0502）试验，吸取供试品溶液5μl、对照品溶液2μl，分别点于同一硅胶G薄层板上，以石油醚（60～90℃）-乙酸乙酯（20:10）为展开剂，展开，取出，晾干，置紫外光灯（365nm）下检视。供试品色谱中，在与对照品色谱相应的位置上，显相同颜色的荧光斑点。

【检查】 应符合散剂项下有关的各项规定（附录0101）。

【功能】 温补肾阳。

【主治】 性欲减退，阳痿，滑精。

【用法与用量】 马、牛250～300g；羊、猪50～80g。

【贮藏】 密闭，防潮。

决　明　散

Jueming San

【处方】

煅石决明30g	决明子30g	栀子20g	大黄25g
黄芪30g	郁金20g	黄芩30g	马尾连25g
醋没药20g	白药子20g	黄药子20g	

【制法】 以上11味，粉碎，过筛，混匀，即得。

【性状】 本品为棕黄色的粉末；气香，味苦。

【鉴别】 （1）取本品，置显微镜下观察：不规则团块暗灰色，不透明，加酸发生气泡。种皮栅状细胞1列，长40～72μm，其下数列细胞含草酸钙簇晶及方晶。种皮石细胞黄色或淡棕色，多破碎，完整者长多角形、长方形或形状不规则，壁厚，有大的圆形纹孔，胞腔棕红色。草酸钙簇晶大，直径60～140μm。纤维成束或散离，壁厚，表面有纵裂纹，两端断裂成帚状或较平截。纤维淡黄色，梭形，壁厚，孔沟细。草酸钙针晶成束，长约至85μm。

（2）取本品14g，加甲醇50ml，超声处理40分钟，滤过，滤液浓缩至5ml，作为供试品溶液。取栀子苷对照品，加乙醇制成每1ml含4mg的溶液，作为对照品溶液。照薄层色谱法（附录0502）试验，吸取上述两种溶液各5μl，分别点于同一硅胶G薄层板上，以乙酸乙酯-丙酮-甲酸-水（5:5:1:1）为展开剂，展开，取出，晾干，喷以10%硫酸乙醇溶液，在105℃加热至斑点显色清晰。供试品色谱中，在与对照品色谱相应的位置上，显相同颜色的斑点。

【检查】 应符合散剂项下有关的各项规定（附录0101）。

【功能】 清肝明目，消瘀退翳。

【主治】 肝经积热，云翳遮睛。

【用法与用量】 马、牛250～300g。

【贮藏】 密闭，防潮。

阳　和　散
Yanghe San

【处方】 熟地黄90g　　　　鹿角胶30g　　　　白芥子20g　　　　肉桂20g
　　　　　炮姜20g　　　　　麻黄10g　　　　　甘草20g

【制法】 以上7味，粉碎，过筛，混匀，即得。

【性状】 本品为灰色的粉末；气香，味微苦。

【鉴别】 （1）取本品，置显微镜下观察：薄壁组织灰棕色至黑棕色，细胞多皱缩，内含棕色核状物。种皮栅状细胞表面观细小多角形，壁厚，侧面观类长方形，侧壁及内壁增厚。石细胞类圆形或类长方形，壁一面菲薄。分隔纤维壁稍厚，非木化，斜纹孔明显。气孔特异，保卫细胞侧面观似哑铃状。纤维束周围薄壁细胞含草酸钙方晶，形成晶纤维。

（2）取本品5g，加乙醇20ml，密塞，振摇提取30分钟，滤过，滤液蒸干，残渣加乙醇1ml使溶解，作为供试品溶液。另取甘草对照药材0.5g，同法制成对照药材溶液。照薄层色谱法（附录0502）试验，吸取上述两种溶液各5μl，分别点于同一硅胶G薄层板上，以三氯甲烷-乙酸乙酯（4:1）为展开剂，展开，取出，晾干，置紫外光灯（365nm）下检视。供试品色谱中，在与对照药材色谱相应的位置上，显相同颜色的斑点。

【检查】 应符合散剂项下有关的各项规定（附录0101）。

【功能】 温阳散寒，和血通脉。

【主治】 阴证疮疽。

【用法与用量】 马、牛200～300g；羊、猪30～50g。

【贮藏】 密闭，防潮。

防 己 散
Fangji San

【处方】 防己25g 黄芪30g 茯苓25g 肉桂30g
胡芦巴20g 厚朴15g 补骨脂30g 泽泻45g
猪苓25g 川楝子25g 巴戟天25g

【制法】 以上11味，粉碎，过筛，混匀，即得。

【性状】 本品为淡棕色的粉末；气香，味微苦。

【鉴别】 （1）取本品，置显微镜下观察：纤维成束或散离，壁厚，表面有纵裂纹，两端断裂成帚状或较平截。不规则分枝状团块无色，遇水合氯醛液溶化；菌丝无色或淡棕色，直径4～6μm。石细胞类圆形或类长方形，壁一面菲薄。种皮支持细胞底面观呈类圆形或六角形，有密集的放射状条纹增厚，似菊花纹状，胞腔明显。石细胞分枝状，壁厚，层纹明显。种皮栅状细胞淡棕色或红棕色，表面观类多角形，壁稍厚，胞腔含红棕色物。薄壁细胞类圆形，有椭圆形纹孔，集成纹孔群。菌丝黏结成团，大多无色；草酸钙方晶正八面体形，直径32～60μm。果皮纤维束旁的细胞中含草酸钙方晶或少数簇晶，形成晶纤维，含晶细胞壁厚薄不一，木化。草酸钙针晶多成束，存在于薄壁细胞中，针晶长至184μm。

（2）取本品5g，加乙醇25ml，超声提取25分钟，滤过，滤液蒸干，残渣加乙醇1ml使溶解，作为供试品溶液。另取补骨脂素对照品，加乙酸乙酯制成每1ml含2mg的溶液，作为对照品溶液。照薄层色谱法（附录0502）试验，吸取上述两种溶液各5μl，分别点于同一硅胶G薄层板上，以石油醚（60～90℃）-乙酸乙酯（2:1）为展开剂，展开，取出，晾干，置紫外光灯（365nm）下检视。供试品色谱中，在与对照品色谱相应位置上，显一个蓝色荧光主斑点。

【检查】 应符合散剂项下有关的各项规定（附录0101）。

【功能】 补肾健脾，利尿除湿。

【主治】 肾虚浮肿。

【用法与用量】 马、牛250～300g；羊、猪45～60g。

【贮藏】 密闭，防潮。

防 风 散
Fangfeng San

【处方】 防风30g 独活25g 连翘15g 升麻25g
柴胡20g 淡附片15g 乌药20g 羌活25g
当归25g 甘草15g 葛根20g 山药25g

【制法】 以上12味，粉碎，过筛，混匀，即得。

【性状】 本品为浅灰黄色的粉末；气辛香，味辛、苦、微甘。

【鉴别】 取本品，置显微镜下观察：油管含金黄色分泌物，直径17～60μm。内果皮纤维上下层纵横交错，纤维短梭形。木纤维成束，多碎断，淡黄绿色，末端狭尖或钝圆，有的有分叉，直径

14～41μm，壁稍厚，具十字形纹孔对，有的胞腔中含黄棕色物。油管含淡黄色或黄棕色条状分泌物，直径8～25μm。韧皮纤维近无色，长梭形，多单个散在，直径15～17μm，壁极厚，孔沟不明显。油管含棕黄色分泌物，直径约100μm。薄壁细胞纺锤形，壁略厚，有极微细的斜向交错纹理。草酸钙针晶束存在于黏液细胞中，长80～240μm，直径2～8μm。

【检查】　应符合散剂项下有关的各项规定（附录0101）。

【功能】　祛风湿，调气血。

【主治】　腰胯风湿。

【用法与用量】　马、牛250～300g。

【贮藏】　密闭，防潮。

防腐生肌散

Fangfu Shengji San

【处方】　　枯矾30g　　　　　陈石灰30g　　　　血竭15g　　　　乳香15g
　　　　　　没药25g　　　　　煅石膏25g　　　　铅丹g　　　　　冰片3g
　　　　　　轻粉3g

【制法】　以上9味，粉碎成细粉，过筛，混匀，即得。

【性状】　本品为淡暗红色的粉末；气香，味辛、涩、微苦。

【鉴别】　（1）取本品，置显微镜下观察：不规则块片无色透明，可见棱柱晶体堆积。不规则团块无色或淡黄色，表面及周围扩散出众多细小颗粒，久置溶化。不规则碎块淡黄色，半透明，渗出油滴，加热后油滴溶化，现正方形草酸钙结晶。不规则块片血红色，周围液体显鲜黄色，渐变红色。

（2）取本品0.3g，加乙醚20ml，密塞，振摇10分钟，滤过。取滤液2ml，置具塞试管中，加氢氧化钾试液4ml，振摇，碱液层显橙红色。

（3）取本品3g，加乙醚10ml，密塞，振摇10分钟，滤过，滤液作为供试品溶液。另取血竭对照药材0.2g，同法制成对照药材溶液。再取血竭素高氯酸盐对照品，加甲醇制成每1ml含0.1mg的溶液，作为对照品溶液。照薄层色谱法（附录0502）试验，吸取上述三种溶液各10μl，分别点于同一硅胶G薄层板上，以三氯甲烷-甲醇（19:1）为展开剂，展开，取出，晾干。供试品色谱中，在与对照药材色谱相应的位置上，显相同的橙色斑点。

【检查】　应符合散剂项下有关的各项规定（附录0101）。

【功能】　防腐生肌，收敛止血。

【主治】　痈疽溃烂，疮疡流脓，外伤出血。

【用法与用量】　外用适量，撒布创面。

【贮藏】　密闭，防潮。

如意金黄散

Ruyi Jinhuang San

【处方】　　天花粉60g　　　　黄柏30g　　　　　大黄30g　　　　姜黄30g

白芷30g	厚朴12g	苍术12g	甘草12g
陈皮12g	生天南星12g		

【制法】 以上10味，粉碎，过筛，混匀，即得。

【性状】 本品为黄色的粉末；气微香，味苦、微甘。

【鉴别】 （1）取本品，置显微镜下观察：糊化淀粉粒团块黄色。纤维束鲜黄色，周围细胞含草酸钙方晶，形成晶纤维，含晶细胞的壁木化增厚。草酸钙簇晶大，直径60～140μm。油管碎片含黄棕色分泌物。草酸钙针晶细小，长5～32μm，不规则地充塞于薄壁细胞中。纤维束周围薄壁细胞含草酸钙方晶，形成晶纤维。石细胞分枝状，壁厚，层纹明显。草酸钙针晶成束或散在，长约至90μm。草酸钙方晶成片存在于薄壁组织中。具缘纹孔导管大，多破碎，有的具缘纹孔呈六角形或斜方形，排列紧密。

（2）取本品1g，加甲醇20ml，超声处理20分钟，滤过，滤液蒸干，残渣加水40ml使溶解，再加盐酸4ml，水浴加热30分钟，取出，迅速冷却，用乙醚振摇提取2次，每次20ml，合并乙醚液，挥干，残渣加乙酸乙酯2ml使溶解，作为供试品溶液。另取大黄对照药材0.1g，同法制成对照药材溶液。照薄层色谱法（附录0502）试验，吸取上述两种溶液各1～2μl，分别点于同一硅胶G薄层板上，以石油醚（30～60℃）-甲酸乙酯-甲酸（15:5:1）的上层溶液为展开剂，展开，取出，晾干，置紫外光灯（365nm）下检视。供试品色谱中，在与对照药材色谱相应的位置上，显相同的五个橙黄色荧光主斑点；置氨蒸气中熏后，日光下检视，斑点变为红色。

（3）取本品1g，加甲醇20ml，超声处理20分钟，滤过，滤液作为供试品溶液。另取黄柏对照药材0.1g，同法制成对照药材溶液。再取盐酸小檗碱对照品和盐酸巴马汀对照品，加甲醇制成每1ml各含0.2mg的混合溶液，作为对照品溶液。照薄层色谱法（附录0502）试验，吸取上述三种溶液各1μl，分别点于同一硅胶G薄层板上，以苯-乙酸乙酯-异丙醇-甲醇-浓氨试液（6:3:1.5:1.5:0.3）为展开剂，置氨蒸气饱和15分钟的展开缸内，展开，取出，晾干，置紫外光灯（365nm）下检视。供试品色谱中，在与对照药材色谱和对照品色谱相应的位置上，显相同颜色的荧光斑点。

（4）取本品10g，加甲醇40ml，超声处理15分钟，滤过，滤液蒸干，残渣加稀盐酸溶液40ml使溶解，用三氯甲烷振摇提取3次，每次20ml，合并三氯甲烷液，用2%氢氧化钠溶液振摇提取3次，每次20ml，合并氢氧化钠液，加稀盐酸溶液调节pH值至1～2，用三氯甲烷振摇提取3次，每次20ml，合并三氯甲烷液，用水20ml洗涤，三氯甲烷液用无水硫酸钠脱水后蒸干，残渣加甲醇2ml使溶解，作为供试品溶液。另取厚朴酚对照品与和厚朴酚对照品，加甲醇制成每1ml各含1mg的混合溶液，作为对照品溶液。照薄层色谱法（附录0502）试验，吸取供试品溶液10μl、对照品溶液5μl，分别点于同一硅胶G薄层板上，以苯-甲醇（27:1）为展开剂，置展开缸中预饱和15分钟，展开，取出，晾干，喷以5%香草醛硫酸溶液，加热至斑点显色清晰。供试品色谱中，在与对照品色谱相应的位置上，显相同颜色的斑点。

（5）取本品5g，加石油醚（60～90℃）20ml，超声处理30分钟，滤过，滤液蒸干，残渣加乙酸乙酯1ml使溶解，作为供试品溶液。另取白芷对照药材1g，加石油醚（60～90℃）10ml，同法制成对照药材溶液。再取欧前胡素对照品和异欧前胡素对照品，加乙酸乙酯制成每1ml各含1mg的混合溶液，作为对照品溶液。照薄层色谱法（附录0502）试验，吸取供试品溶液5μl、对照药材及对照品溶液各2μl，分别点于同一硅胶H薄层板上，以石油醚（30～60℃）-乙醚（3:2）为展开剂，展开，取出，晾干，置紫外光灯（365nm）下检视。供试品色谱中，在与对照品药材色谱相应的位置上，显相同颜色的荧光主斑点；在与对照品色谱相应的位置上，显相同颜色的荧光斑点。

【检查】 应符合散剂项下有关的各项规定（附录0101）。

【功能】 清热除湿,消肿止痛。

【主治】 红肿热痛,痈疽黄肿,烫火伤。

【用法与用量】 外用适量。红肿热痛,漫肿无头者,用醋或鸡蛋清调敷;烫火伤,用麻油调敷。

【注意】 不可内服。

【贮藏】 密闭,防潮。

红 花 散

Honghua San

【处方】
红花20g	醋没药20g	桔梗20g	六神曲30g
枳壳30g	当归30g	山楂30g	厚朴20g
陈皮25g	甘草15g	白药子25g	黄药子25g
麦芽30g			

【制法】 以上13味,粉碎,过筛,混匀,即得。

【性状】 本品为灰褐色的粉末;气微香,味甘、微苦。

【鉴别】 (1)取本品,置显微镜下观察:花粉粒类圆形或椭圆形,直径43~66μm,外壁具短刺和点状雕纹,有3个萌发孔。联结乳管直径14~25μm,含淡黄色颗粒状物。草酸钙方晶成片存在于薄壁组织中。薄壁细胞纺锤形,壁略厚,有极微细的斜向交错纹理。果皮石细胞淡紫红色、红色或黄棕色,类圆形或多角形,直径约至125μm。石细胞分枝状,壁厚,层纹明显。纤维束周围薄壁细胞含草酸钙方晶,形成晶纤维。草酸钙针晶成束,长约至85μm。

(2)取本品3g,加乙醇15ml,超声处理10分钟,滤过,滤液作为供试品溶液。另取当归对照药材0.5g,同法制成对照药材溶液。照薄层色谱法(附录0502)试验,吸取供试品溶液1μl、对照药材溶液2μl,分别点于同一硅胶G薄层板上,以石油醚(60~90℃)-乙酸乙酯(4:1)为展开剂,展开,取出,晾干,置紫外光灯(365nm)下检视。供试品色谱中,在与对照药材色谱相应的位置上,显相同颜色的荧光斑点。

【检查】 应符合散剂项下有关的各项规定(附录0101)。

【功能】 活血理气,消食化积。

【主治】 料伤五攒痛。

【用法与用量】 马250~400g。

【贮藏】 密闭,防潮。

远 志 酊

Yuanzhi Ding

本品为远志流浸膏经加工制成的酊剂。

【制法】 取远志流浸膏200ml,加60%乙醇使成1000ml,混合后,静置,滤过,即得。

【性状】 本品为棕色的液体;气香,味甜、微苦、辛。

【鉴别】 取本品5ml,加盐酸无水乙醇溶液(10→100)20ml,于水浴中水解30分钟,放冷,滤过，滤液加水30ml，用三氯甲烷振摇提取2次，每次20ml，合并三氯甲烷液，蒸干，残渣加乙酸乙酯1ml使溶解，作为供试品溶液。另取远志对照药材0.5g，加60%乙醇溶液5ml，超声处理30分钟，滤过，滤液加盐酸无水乙醇溶液（10→100）20ml，同法制成对照药材溶液。照薄层色谱法（附录0502）试验，吸取上述供试品溶液10μl、对照药材溶液5μl，分别点于同一硅胶G薄层板上，以甲苯-乙酸乙酯-甲酸（14:4:0.5）为展开剂，展开，取出，晾干，置紫外光灯（254nm）下检视，供试品色谱中，在与对照药材色谱相应的位置上，显相同颜色的荧光主斑点；喷以10%硫酸乙醇溶液，在105℃加热至斑点显色清晰。供试品色谱中，在与对照药材色谱相应的位置上，显相同颜色的主斑点。

【检查】　乙醇量　应为50%～58%（附录0711）。

　其他　应符合酊剂项下有关的各项规定（附录0109）。

【功能】　祛痰镇咳。

【主治】　痰喘，咳嗽。

【用法与用量】　马、牛10～20ml；羊、猪3～5ml；犬、猫1～5ml。

【贮藏】　密闭，置阴凉处。

苍 术 香 连 散

Cangzhu Xianglian San

【处方】　黄连30g　　　　　　　木香20g　　　　　　　　苍术60g

【制法】　以上3味，粉碎，过筛，混匀，即得。

【性状】　本品为棕黄色的粉末；气香，味苦。

【鉴别】　（1）取本品，置显微镜下观察：纤维束鲜黄色，壁稍厚，纹孔明显。木纤维长梭形，直径16～24μm，壁稍厚，纹孔口横裂缝状、十字状或人字状。草酸钙针晶细小，长5～32μm，不规则地充塞于薄壁细胞中。

（2）取本品1g，加乙醇10ml，加热回流1小时，放冷，滤过，滤液作为供试品溶液。另取黄连对照药材0.5g，同法制成对照药材溶液。再取盐酸小檗碱对照品，加乙醇制成每1ml中含1mg的溶液，作为对照品溶液。照薄层色谱法（附录0502）试验，吸取上述三种溶液各10μl，分别点于同一硅胶G薄层板上，以正丁醇-冰醋酸-水（7:1:2）为展开剂，展开，取出，晾干，置紫外光灯（365nm）下检视。供试品色谱中，在与对照药材色谱和对照品色谱相应的位置上，显相同颜色的荧光斑点。

【检查】　应符合散剂项下有关的各项规定（附录0101）。

【功能】　清热燥湿。

【主治】　下痢，湿热泄泻。

【用法与用量】　马、牛90～120g；羊、猪15～30g。

【贮藏】　密闭，防潮。

杨 树 花 片

Yangshuhua Pian

本品为杨树花经加工制成的片剂。

【制法】 将杨树花处方总量的1/2加水煎煮2次，合并煎液，滤过，减压浓缩至稠膏。将杨树花另1/2粉碎成细粉，与稠膏混匀，制粒，干燥，压片即得。

【性状】 本品为灰褐色片；味苦，微涩。

【鉴别】 （1）取本品10片，研细，取细粉（相当于杨树花）1g，加水20ml，煮沸5分钟，放冷，滤过，滤液作为供试品溶液。取供试品溶液适量，点于滤纸上，斑点为淡黄色，至氨蒸气中熏后，立即观察，斑点颜色加深。

（2）取〔鉴别〕（1）项下供试品溶液适量，加1%的醋酸铅溶液，即生成暗黄色沉淀。

（3）取本品粉末适量（相当于杨树花0.5g），加乙醇15ml，加热回流1小时，滤过，滤液蒸干，残渣加水15ml使溶解，滤过，滤液用乙酸乙酯振摇提取2次，每次10ml，弃去乙酸乙酯层，取下层溶液，蒸干，残渣加甲醇2ml使溶解，滤过，滤液作为供试品溶液。另取杨树花对照药材0.5g，同法制成对照药材溶液。照薄层色谱法（附录0502）试验，吸取上述两种溶液各5μl，分别点于同一硅胶H薄层板上，以乙酸乙酯-丙酮-甲醇-水（6.5:4:0.8:0.8）为展开剂，展开，取出，晾干，喷以三氯化铝试液，105℃加热1分钟，置紫外光灯（365nm）下检视。供试品色谱中，在与对照药材色谱相应的位置上，显相同颜色的荧光主斑点。

【检查】 应符合片剂项下的有关各项规定（附录0103）。

【功能】 化湿止痢。

【主治】 痢疾，肠炎。

【用法与用量】 鸡3～6片。

【规格】 每1片相当于原生药0.3g。

【贮藏】 密闭，防潮。

杨树花口服液

Yangshuhua Koufuye

本品为杨树花经提取制成的合剂。

【性状】 本品为红棕色的澄明液体。

【鉴别】 （1）取本品适量，点于滤纸上，为淡黄色斑点，置氨蒸气中熏后，立即观察，斑点颜色加深。

（2）取本品适量，加1%的醋酸铅溶液，即生成暗黄色沉淀。

（3）取本品5ml，用乙酸乙酯振摇提取2次，每次10ml，弃去乙酸乙酯层，取下层溶液，蒸干，残渣加甲醇2ml使溶解，滤过，滤液作为供试品溶液。另取杨树花对照药材1g，加水15ml，加热回流1小时，滤过，滤液用乙酸乙酯振摇提取2次，每次10ml，弃去乙酸乙酯层，取下层溶液，蒸干，残渣加甲醇2ml使溶解，滤过，滤液作为对照药材溶液。照薄层色谱法（附录0502）试验，吸取上述两种溶液各5μl，分别点于同一硅胶H板上，以乙酸乙酯-丙酮-甲醇-水（6.5:4:0.8:0.8）为展开剂，展开，取出，晾干，喷以三氯化铝试液，105℃加热1分钟，置紫外光灯（365nm）下检视。供试品色谱中，在与对照药材色谱相应的位置上，显相同颜色的荧光主斑点。

【检查】 **pH值** 应为5.0～7.0（附录0631）。

相对密度 应不低于1.02（附录0601）。

其他 应符合合剂项下有关的各项规定（附录0110）。

【功能】 化湿止痢。

【主治】 痢疾，肠炎。

【用法与用量】 马、牛50～100ml；羊、猪10～20ml；兔、禽1～2ml。

【规格】 每1ml相当于原生药1g。

【贮藏】 密闭，置阴凉处。

扶正解毒散

Fuzheng Jiedu San

【处方】 板蓝根60g　　　　黄芪60g　　　　淫羊藿30g

【制法】 以上3味，粉碎，过筛，混匀，即得。

【性状】 本品为灰黄色的粉末；气微香。

【鉴别】 取本品，置显微镜下观察：纤维成束或散离，壁厚，表面有纵裂纹，两端断裂成帚状或较平截。非腺毛3～10细胞，长200～1000μm，顶端细胞长，有的含棕色或黄棕色物。

【检查】 应符合散剂项下有关的各项规定（附录0101）。

【功能】 扶正祛邪，清热解毒。

【主治】 鸡法氏囊病。

【用法与用量】 鸡0.5～1.5g。

【贮藏】 密闭，防潮。

牡　蛎　散

Muli San

【处方】 煅牡蛎60g　　　　黄芪60g　　　　麻黄根30g　　　　浮小麦120g

【制法】 以上4味，粉碎，过筛，混匀，即得。

【性状】 本品为浅黄白色的粉末；气微，味甘、微涩。

【鉴别】 （1）取本品，置显微镜下观察：不规则块片无色或淡黄褐色，表面具细纹理。纤维成束或散离，壁厚，表面有纵裂纹，两端断裂成帚状或较平截。木栓细胞呈长方形或六角形，棕色，含草酸钙砂晶。淀粉粒单粒圆形或广卵形，略扁，直径12～40μm。

（2）取本品2g，加甲醇25ml，加热回流1小时，滤过，滤液蒸干，残渣加水10ml，微热使溶解，用水饱和的正丁醇振摇提取2次，每次20ml，合并正丁醇提取液，用氨试液洗涤2次，每次20ml，再用水洗涤2次，每次20ml，正丁醇液蒸干，残渣加甲醇0.5ml使溶解，作为供试品溶液。另取黄芪对照药材0.5g，同法制成对照药材溶液。再取黄芪甲苷对照品，加甲醇制成每1ml含1mg的溶液，作为对照品溶液。照薄层色谱法（附录0502）试验，吸取上述三种溶液各5μl，分别点于同一硅胶G薄层板上，以三氯甲烷-甲醇-水（13∶7∶2）的下层溶液为展开剂，展开，取出，晾干，喷以10%硫酸乙醇溶液，在105℃加热至斑点显色清晰。供试品色谱中，在与对照药材色谱及对照品色谱相应的位置上，显相同颜色的斑点。

【检查】 应符合散剂项下有关的各项规定（附录0101）。

【功能】　敛汗固表。

【主治】　体虚自汗。

【用法与用量】　马250~300g。

【贮藏】　密闭，防潮。

肝　蛭　散
Ganzhi San

【处方】　绵马贯众60g　　　槟榔24g　　　　苏木25g　　　　肉豆蔻25g

　　　　　茯苓25g　　　　　龙胆25g　　　　木通25g　　　　甘草25g

　　　　　厚朴25g　　　　　泽泻25g

【制法】　以上10味，粉碎，过筛，混匀，即得。

【性状】　本品为黄棕色的粉末；气香，味苦、涩、微甘。

【鉴别】　（1）取本品，置显微镜下观察：间隙腺毛类圆形或长卵形，直径23~48μm，基部延长似柄状，有的含黄色或黄棕色分泌物。内胚乳碎片无色，壁较厚，有较多大的类圆形纹孔。纤维束橙黄色，周围薄壁细胞含草酸钙方晶，形成晶纤维。石细胞分枝状，壁厚，层纹明显。不规则分枝状团块无色，遇水合氯醛液溶化；菌丝无色或淡棕色，直径4~6μm。薄壁细胞类圆形，有椭圆形纹孔，集成纹孔群。外皮层细胞表面观纺锤形，每个细胞由横壁分隔成数个小细胞。脂肪油滴众多，放置后析出针簇状结晶。

（2）取本品5g，加甲醇20ml，超声处理15分钟，滤过，滤液浓缩至5ml，作为供试品溶液。另取厚朴酚对照品、和厚朴酚对照品，加甲醇制成每1ml各含1mg的混合溶液，作为对照品溶液。照薄层色谱法（附录0502）试验，吸取上述两种溶液各5μl，分别点于同一硅胶GF$_{254}$薄层板上，以三氯甲烷-苯-乙酸乙酯（5:4:1）为展开剂，展开，取出，晾干，置紫外光灯（254nm）下检视。供试品色谱中，在与对照品色谱相应的位置上，显相同颜色的斑点。

【检查】　应符合散剂项下有关的各项规定（附录0101）。

【功能】　杀虫，利水。

【主治】　肝片吸虫病。

【用法与用量】　牛250~300g；羊40~60g。

【贮藏】　密闭，防潮。

辛　夷　散
Xinyi San

【处方】　辛夷60g　　　　知母（酒制）30g　　黄柏（酒制）30g　　北沙参30g

　　　　　木香15g　　　　郁金30g　　　　　明矾20g

【制法】　以上7味，粉碎，过筛，混匀，即得。

【性状】　本品为黄色至淡棕黄色的粉末；气香，味微辛、苦、涩。

【鉴别】 （1）取本品，置显微镜下观察：非腺毛1~4细胞，多碎断，先端锐尖，直径10~33μm。草酸钙针晶成束或散在，长26~110μm。纤维束鲜黄色，周围细胞含草酸钙方晶，形成晶纤维，含晶细胞的壁木化增厚。油管含棕黄色分泌物。菊糖团块形状不规则，有时可见微细放射状纹理，加热后溶解。含糊化淀粉粒的薄壁细胞无色透明或半透明。

（2）取本品1.2g，加甲醇10ml，超声处理15分钟，滤过，滤液作为供试品溶液。另取黄柏对照药材0.2g，同法制成对照药材溶液。再取盐酸小檗碱对照品，加甲醇制成每lml含0.5mg的溶液，作为对照品溶液。照薄层色谱法（附录0502）试验，吸取上述三种溶液各2μl，分别点于同一硅胶G薄层板上，以正丁醇-冰醋酸-水（7:1:2）为展开剂，展开，取出，晾干，置紫外光灯（365nm）下检视。供试品色谱中，在与对照药材色谱和对照品色谱相应的位置上，显相同颜色的荧光斑点。

【检查】 应符合散剂项下有关的各项规定（附录0101）。

【功能】 滋阴降火，疏风通窍。

【主治】 脑颡鼻脓。

【用法与用量】 马、牛200~300g；羊、猪40~60g。

【贮藏】 密闭，防潮。

补中益气散

Buzhong Yiqi San

【处方】 炙黄芪75g　　　党参60g　　　白术（炒）60g　　　炙甘草30g
当归30g　　　陈皮20g　　　升麻20g　　　柴胡20g

【制法】 以上8味，粉碎，过筛，混匀，即得。

【性状】 本品为淡黄棕色的粉末；气香，味辛、甘、微苦。

【鉴别】 （1）取本品，置显微镜下观察：纤维成束或散离，壁厚，表面有纵裂纹，两端断裂成帚状或较平截。联结乳管直径12~15μm，含细小颗粒状物。草酸钙针晶细小，长10~32μm，不规则地充塞于薄壁细胞中。纤维束周围薄壁细胞含草酸钙方晶，形成晶纤维。薄壁细胞纺锤形，壁略厚，有极微细的斜向交错纹理。草酸钙方晶成片存在于薄壁组织中。木纤维成束，多碎断，淡黄绿色，末端狭尖或钝圆，有的有分叉，直径14~41μm，壁稍厚，具十字形纹孔对，有的胞腔中含黄棕色物。油管含淡黄色或黄棕色条状分泌物，直径8~25μm。

（2）取本品1g，加正己烷10ml，超声处理15分钟，滤过，滤液低温浓缩至2ml，作为供试品溶液。另取白术对照药材0.2g，加正己烷2ml，同法制成对照药材溶液。照薄层色谱法（附录0502）试验，吸取上述两种新制溶液各10μl，分别点于同一硅胶G薄层板上，以石油醚（60~90℃）-乙酸乙酯（50:1）为展开剂，展开，取出，晾干，喷以5%香草醛硫酸溶液，加热至斑点显色清晰。供试品色谱中，在与对照药材色谱相应的位置上，显相同颜色的斑点。

【检查】 应符合散剂项下有关的各项规定（附录0101）。

【功能】 补中益气，升阳举陷。

【主治】 脾胃气虚，久泻，脱肛，子宫脱垂。

【用法与用量】 马、牛250~400g；羊、猪45~60g。

【贮藏】 密闭，防潮。

补肾壮阳散

Bushen Zhuangyang San

【处方】 淫羊藿35g　　熟地黄30g　　胡芦巴25g　　远志35g

丁香20g　　　巴戟天30g　　锁阳35g　　　菟丝子35g

五味子35g　　蛇床子35g　　韭菜子35g　　覆盆子35g

沙苑子35g　　肉苁蓉30g　　莲须30g　　　补骨脂20g

【制法】 以上16味，粉碎，过筛，混匀，即得。

【性状】 本品为棕色的粉末；气清香，味微苦、涩，有麻舌感。

【鉴别】 （1）取本品，置显微镜下观察：薄壁组织灰棕色至黑棕色，细胞多皱缩，内含棕色核状物。种皮支持细胞底面观呈类圆形或六角形，有密集的放射状条纹增厚，似菊花纹状，胞腔明显。种皮表皮石细胞淡黄棕色，表面观类多角形，壁较厚，孔沟细密，胞腔含暗棕色物。非腺毛单细胞，壁厚，木化，脱落后残迹似石细胞状。花粉粒类球形或长圆形，直径45～86μm，具3孔沟，表面有颗粒网纹。草酸钙结晶成片存在于灰绿色的中果皮碎片中，结晶长方形、长条形或呈骨状，长9～22μm，直径2～4μm。叶表皮细胞壁深波状弯曲。种皮栅状细胞2列，内列较外列长，有光辉带。

（2）取本品15g，加乙酸乙酯30ml，超声处理15分钟，滤过，滤液蒸干，残渣加乙酸乙酯1ml使溶解，作为供试品溶液。另取补骨脂对照药材0.5g，加乙酸乙酯10ml，同法制成对照药材溶液。照薄层色谱法（附录0502）试验，吸取上述两种溶液各2μl，分别点于同一硅胶G薄层板上，以正己烷-乙酸乙酯（5:2）为展开剂，展开，取出，晾干，喷以10%氢氧化钾甲醇溶液，置紫外光灯（365nm）下检视。供试品色谱中，在与对照药材色谱相应的位置上，显相同颜色的荧光斑点。

【检查】 应符合散剂项下有关的各项规定（附录0101）。

【功能】 温补肾阳。

【主治】 性欲减退，阳痿，滑精。

【用法与用量】 马、牛250～350g。

【贮藏】 密闭，防潮。

陈 皮 酊

Chenpi Ding

本品为陈皮经加工制成的酊剂。

【制法】 取陈皮粗粉100g，照酊剂项下渗漉法（附录0109），用60%乙醇作溶剂，浸渍24小时后，以每分钟3～5ml的速度缓缓渗漉，收集漉液1000ml，静置，俟澄清，即得。

【性状】 本品为橙黄色的液体；气香。

【鉴别】 （1）取本品0.3ml，加甲醇1ml，加镁粉少量与盐酸1ml，溶液渐呈红色。

（2）取本品3ml，加甲醇10ml，摇匀，作为供试品溶液。另取橙皮苷对照品，加甲醇制成饱和溶液，作为对照品溶液。照薄层色谱法（附录0502）试验，吸取上述两种溶液各2μl，分别点于同一以0.5%氢氧化钠溶液制备的硅胶G薄层板上,以乙酸乙酯-甲醇-水（100:17:13）为展开剂,预饱和15分钟,展开,展距约3cm,取出,晾干,再以甲苯-乙酸乙酯-甲酸-水（20:10:1:1）的上层溶液为展开剂,展开,展距约8cm,取出,晾干,喷以5%三氯化铝试液,置紫外光灯（365nm）下检视。供试品色谱中,在与对照品色谱相应的位置上,显相同颜色的荧光斑点。

【检查】　乙醇量　应为48%～58%（附录0711）。

其他　应符合酊剂项下有关的各项规定（附录0109）。

【功能】　理气健胃。

【主治】　食欲不振。

【用法与用量】　马、牛30～100ml；羊、猪10～20ml；犬、猫1～5ml。

【贮藏】　密闭,防潮。

鸡 球 虫 散
Jiqiuchong San

【处方】　青蒿3000g　　　仙鹤草500g　　　何首乌500g　　　白头翁300g
肉桂260g

【制法】　以上5味,粉碎,过筛,混匀,即得。

【性状】　本品为浅棕黄色的粉末,气香。

【鉴别】　取本品5g,加乙醇50ml,超声处理10分钟,滤过,滤液浓缩至近干,加三氯甲烷10ml溶解,滤过,滤液浓缩至2ml。另取青蒿对照药材2.5g,同法制成对照药材溶液。照薄层色谱法（附录0502）试验,吸取上述两种溶液各5μl,分别点于同一硅胶G薄层板上,以石油醚（30～60℃）-乙酸乙酯（8:2）为展开剂,展开,取出,晾干,喷以1%香草醛的硫酸溶液,在105℃加热至斑点显色清晰。供试品色谱中,在与对照药材色谱相应的位置上,显相同颜色的斑点。

【检查】　粒度　应全部通过八号筛,并含有能通过九号筛不少于95%的粉末。

其他　应符合散剂项下有关的各项规定（附录0101）。

【功能】　抗球虫,止血。

【主治】　鸡球虫病。

【用法与用量】　每1kg饲料,鸡10～20g。

【贮藏】　密闭,防潮。

鸡 痢 灵 片
Jililing Pian

【处方】　雄黄10g　　　藿香10g　　　白头翁15g　　　滑石10g
马尾连15g　　　诃子15g　　　马齿苋15g　　　黄柏10g

【制法】　以上8味,除雄黄、滑石另研成细粉外,其余6味粉碎成细粉,过筛,余渣煎煮滤过,滤液浓缩,加入以上细粉,混匀,制粒,干燥,压制成400片,即得。

【性状】　本品为棕黄色片；气微，味苦、涩。

【鉴别】　（1）取本品，置显微镜下观察：不规则碎块金黄色或橙黄色，有光泽。非腺毛1~4细胞，壁有疣状突起。非腺毛单细胞，直径13~33μm，基部稍膨大，壁大多木化，有的可见螺状或双螺状纹理。草酸钙簇晶直径7~37μm，存在于叶肉组织中。纤维束鲜黄色，周围细胞含草酸钙方晶，形成晶纤维，含晶细胞的壁木化增厚。果皮纤维层淡黄色，斜向交错排列，壁较薄，有纹孔。不规则块片无色，有层层剥落痕迹。

（2）取本品研细的粉末0.2g，加水湿润后加氯酸钾饱和的硝酸溶液2ml，振摇，滤过，滤液加10%氯化钡溶液，生成白色沉淀。放置后，倾出上层酸液，再加水2ml，振摇，沉淀不溶解。

（3）取本品研细的粉末1g，加甲醇10ml，加热回流15分钟，滤过，取滤液，作为供试品溶液。另取盐酸小檗碱对照品，加甲醇制成每1ml含0.5mg的溶液，作为对照品溶液。照薄层色谱法（附录0502）试验，吸取上述两种溶液各2μl，分别点于同一硅胶G薄层板上，以苯-乙酸乙酯-甲醇-异丙醇-浓氨试液（6∶3∶1.5∶1.5∶0.5）为展开剂，置氨蒸气饱和的展开缸内，展开，取出，晾干，置紫外光灯（365nm）下检视。供试品色谱中，在与对照品色谱相应的位置上，显相同的一个黄色荧光斑点。

【检查】　应符合片剂项下有关的各项规定（附录0103）。

【功能】　清热解毒，涩肠止痢。

【主治】　雏鸡白痢。

【用法与用量】　雏鸡2片。

【规格】　每1片相当于原生药0.25g。

【贮藏】　密闭，防潮。

鸡 痢 灵 散

Jililing San

【处方】　雄黄10g　　　藿香10g　　　白头翁15g　　　滑石10g
　　　　　马尾连15g　　　诃子15g　　　马齿苋15g　　　黄柏10g

【制法】　以上8味，粉碎，过筛，混匀，即得。

【性状】　本品为棕黄色的粉末；气微，味苦。

【鉴别】　（1）取本品，置显微镜下观察：不规则碎块金黄色或橙黄色，有光泽。非腺毛1~4细胞，壁有疣状突起。非腺毛单细胞，直径13~33μm，基部稍膨大，壁大多木化，有的可见螺状或双螺状纹理。草酸钙簇晶直径7~37μm，存在于叶肉组织中。纤维束鲜黄色，周围细胞含草酸钙方晶，形成晶纤维，含晶细胞的壁木化增厚。果皮纤维层淡黄色，斜向交错排列，壁较薄，有纹孔。不规则块片无色，有层层剥落痕迹。

（2）取本品0.2g，加水湿润后加氯酸钾饱和的硝酸溶液2ml，振摇，滤过，滤液加10%氯化钡溶液，生成白色沉淀。放置后，倾出上层酸液，再加水2ml，振摇，沉淀不溶解。

（3）取本品1g，加甲醇10ml，加热回流15分钟，滤过，滤液作为供试品溶液。另取盐酸小檗碱对照品，加甲醇制成每1ml含0.5mg的溶液，作为对照品溶液。照薄层色谱法（附录0502）试验，吸取上述两种溶液各2μl，分别点于同一硅胶G薄层板上，以苯-乙酸乙酯-甲醇-异丙醇-浓氨试液（6∶3∶1.5∶1.5∶0.5）为展开剂，置氨蒸气饱和的展开缸内，展开，取出，晾干，置紫外光灯（365nm）下检视。供试品色谱中，在与对照品色谱相应的位置上，显相同的一个黄色荧光斑点。

【检查】　应符合散剂项下有关的各项规定（附录0101）。

【功能】　清热解毒，涩肠止痢。

【主治】　雏鸡白痢。

【用法与用量】　雏鸡0.5g。

【贮藏】　密闭，防潮。

驱　虫　散
Quchong San

【处方】　鹤虱30g　　　　使君子30g　　　　槟榔30g　　　　芜荑30g

　　　　　雷丸30g　　　　绵马贯众60g　　　干姜（炒）15g　　淡附片15g

　　　　　乌梅30g　　　　诃子30g　　　　　大黄30g　　　　百部30g

　　　　　木香15g　　　　榧子30g

【制法】　以上14味，粉碎，过筛，混匀，即得。

【性状】　本品为褐色的粉末；气香，味苦、涩。

【鉴别】　（1）取本品，置显微镜下观察；种皮表皮细胞淡黄色，多角形，壁薄，下方叠合有网纹细胞。内胚乳碎片无色，壁较厚，有较多大的类圆形纹孔。草酸钙簇晶大，直径60～140μm。不规则菌丝团块多无色，遇水合氯醛黏化成胶冻状，加热后菌丝团块部分溶化，露出菌丝。果皮纤维层淡黄色，斜向交错排列，壁较薄，有纹孔。果皮表皮细胞淡黄棕色，细胞表面观类多角形，壁稍厚，表皮布有单细胞非腺毛或毛茸脱落后的痕迹。

　　　　　（2）取本品1.4g，加甲醇20ml，浸泡1小时，滤过，取滤液5ml，蒸干，加水10ml使溶解，再加盐酸1ml，加热回流30分钟，立即冷却，用乙醚分2次振摇提取，每次20ml，合并乙醚液，蒸干，残渣加三氯甲烷1ml使溶解，作为供试品溶液。另取大黄对照药材0.1g，同法制成对照药材溶液。照薄层色谱法（附录0502）试验，吸取上述溶液各5μl，分别点于同一硅胶H薄层板上，以石油醚（30～60℃）-甲酸乙酯-甲酸（15：5：1）的上层溶液为展开剂，展开，取出，晾干，置紫外光灯（365nm）下检视。供试品色谱中，在与对照药材色谱相应的位置上，显相同的五个橙黄色荧光主斑点；置氨蒸气中熏后，日光下检视，斑点变为红色。

【检查】　应符合散剂项下有关的各项规定（附录0101）。

【功能】　驱虫。

【主治】　胃肠道寄生虫病。

【用法与用量】　马、牛250～350g；羊、猪30～60g。

【贮藏】　密闭，防潮。

青　黛　散
Qingdai San

【处方】　青黛200g　　　　黄连200g　　　　黄柏200g　　　　薄荷200g

　　　　　桔梗200g　　　　儿茶200g

【制法】 以上6味，粉碎，过筛，混匀，即得。

【性状】 本品为灰绿色的粉末；气清香，味苦、微涩。

【鉴别】 （1）取本品，置显微镜下观察；不规则块片或颗粒蓝色。纤维束鲜黄色，壁稍厚，纹孔明显。纤维束鲜黄色，周围细胞含草酸钙方晶，形成晶纤维，含晶细胞的壁木化增厚。联结乳管直径14～25μm，含淡黄色颗粒状物。

（2）取本品3g，加乙醚30ml，超声处理10分钟，滤过，滤液蒸干，残渣加甲醇5ml使溶解，作为供试品溶液。另取儿茶素对照品，加甲醇制成每1ml含0.2mg的溶液，作为对照品溶液。照薄层色谱法（附录0502）试验，吸取上述两种溶液各5μl，分别点于同一纤维素预制板上，以正丁醇-醋酸-水（3:2:1）的上层溶液为展开剂，预饱和30分钟，展开，取出，晾干，喷以10%硫酸乙醇溶液，在75℃加热至斑点显色清晰。供试品色谱中，在与对照品色谱相应的位置上，显相同的红色斑点。

（3）取本品1.3g，加甲醇10ml，加热回流15分钟，放冷，滤过，滤液作为供试品溶液。另取黄连对照药材0.2g，同法制成对照药材溶液。再取盐酸小檗碱对照品，加甲醇制成每1ml含0.5mg的溶液，作为对照品溶液。照薄层色谱法（附录0502）试验，吸取上述三种溶液各1μl，分别点于同一硅胶G薄层板上，以环己烷-乙酸乙酯-异丙醇-甲醇-水-三乙胺（6:7:2:3:1:2）为展开剂，置氨蒸气饱和的展开缸内，展开，取出，晾干，置紫外光灯（365nm）下检视。供试品色谱中，在与对照药材色谱及对照品色谱相应的位置上，显相同颜色的荧光斑点。

【检查】 应符合散剂项下有关的各项规定（附录0101）。

【功能】 清热解毒，消肿止痛。

【主治】 口舌生疮，咽喉肿痛。

【用法与用量】 将药适量装入纱布袋内，噙于马、牛口中。

【贮藏】 密闭，防潮。

板 青 颗 粒

Banqing Keli

【处方】 板蓝根600g　　　　　大青叶900g

【制法】 以上2味，加水煎煮2次，每次1小时，合并煎液，滤过，滤液浓缩至稠膏状，加蔗糖、糊精适量，混匀，制成颗粒，干燥，制成1500g，即得。

【性状】 本品为浅黄色或黄褐色颗粒；味甜，微苦。

【鉴别】 （1）取本品0.5g，加水5ml，使溶解，静置，取上清液点于滤纸上，晾干，置紫外光灯（365nm）下观察，斑点显蓝色荧光。

（2）取本品研细的粉末0.5g，加稀乙醇20ml，超声处理10分钟，滤过，滤液蒸干，残渣加稀乙醇1ml使溶解，作为供试品溶液。另取精氨酸对照品，加稀乙醇制成每1ml含0.5mg的溶液，作为对照品溶液。照薄层色谱法（附录0502）试验，吸取上述两种溶液各2μl，分别点于同一硅胶G薄层板上，以正丁醇-冰醋酸-水（15:7:7）为展开剂，展开，取出，热风吹干，喷以茚三酮试液，在105℃加热至斑点显色清晰。供试品色谱中，在与对照品色谱相应的位置上，显相同颜色的斑点。

【检查】 应符合颗粒剂项下有关的各项规定（附录0106）。

【功能】 清热解毒，凉血。

【主治】 风热感冒，咽喉肿痛，热病发斑。

【用法与用量】 马、牛50g；鸡0.5g。

【贮藏】 密封，防潮。

板 蓝 根 片

Banlangen Pian

【处方】 板蓝根300g　　　茵陈150g　　　甘草50g

【制法】 以上3味，板蓝根粉碎，取细粉155g；其余粗粉与茵陈、甘草加水煎煮3次，合并煎液，滤过，滤液浓缩成稠膏，与上述细粉混匀，制成颗粒，干燥，压制成1000片，即得。

【性状】 本品为棕色片；味微甘、苦。

【鉴别】 （1）取本品20片，研细，置具塞锥形瓶中，加入三氯甲烷20ml，超声提取20分钟，滤过，滤液浓缩至2ml，作为供试品溶液。另取板蓝根对照药材1g，同法制成对照药材溶液。照薄层色谱法（附录0502）试验，吸取上述两种溶液各20μl，分别点于同一硅胶G薄层板上，以苯-三氯甲烷-乙酸乙酯（8:4:1）为展开剂，展开，取出，晾干。供试品色谱中，在与对照药材色谱相应的位置上，显相同颜色的斑点。

（2）取本品12片，研细，加甲醇10ml，超声20分钟，滤过，滤液浓缩至1ml，作为供试品溶液。另取茵陈对照药材2g，同法制成对照药材溶液。照薄层色谱法（附录0502）试验，吸取上述两种溶液各5μl，分别点于同一硅胶G薄层板上，以石油醚（60～90℃）-乙酸乙酯-丙酮（6:3:0.5）为展开剂，置展开缸中预饱和30分钟，展开，取出，晾干，喷以浓氨试液，置紫外光灯（365nm）下检视。供试品色谱中，在与对照药材色谱相应的位置上，显相同的蓝色荧光斑点。

【检查】 应符合片剂项下有关的各项规定（附录0103）。

【功能】 清热解毒，除湿利胆。

【主治】 感冒发热，咽喉肿痛，肝胆湿热。

【用法与用量】 马、牛20～30片；羊、猪10～20片。

【规格】 每1片相当于原生药0.5g。

【贮藏】 密闭，防潮。

郁 金 散

Yujin San

【处方】 郁金30g　　　诃子15g　　　黄芩30g　　　大黄60g
　　　　黄连30g　　　黄柏30g　　　栀子30g　　　白芍15g

【制法】 以上8味，粉碎，过筛，混匀，即得。

【性状】 本品为灰黄色的粉末；气清香，味苦。

【鉴别】 （1）取本品，置显微镜下观察：含糊化淀粉粒的薄壁细胞无色透明或半透明。果皮纤维层淡黄色，斜向交错排列，壁较薄，有纹孔。纤维淡黄色，梭形，壁厚，孔沟细。草酸钙簇晶大，直径60~140μm。纤维束鲜黄色，壁稍厚，纹孔明显。纤维束鲜黄色，周围细胞含草酸钙方晶，形成晶纤维，含晶细胞的壁木化增厚。种皮石细胞黄色或淡棕色，多破碎，完整者长多角形、长方形或形状不规则，壁厚，有大的圆形纹孔，胞腔棕红色。草酸钙簇晶直径18~32μm，存在于薄壁细胞中，常排列成行或一个细胞中有数个簇晶。

（2）取本品1.6g，加甲醇20ml，置水浴上加热回流15分钟，滤过，滤液作为供试品溶液。另取黄连对照药材0.2g，同法制成对照药材溶液。再取盐酸小檗碱对照品，加甲醇制成每1ml含0.5mg的溶液，作为对照品溶液。照薄层色谱法（附录0502）试验，吸取上述三种溶液各1~2μl，分别点于同一硅胶G薄层板上，以环己烷-乙酸乙酯-异丙醇-甲醇-水-三乙胺（6:7:2:3:1:2）为展开剂，置氨蒸气饱和的展开缸内，展开，取出，晾干，置紫外光灯（365nm）下检视。供试品色谱中，在与对照药材色谱和对照品色谱相应的位置上，显相同颜色的荧光斑点。

（3）取本品0.4g，加甲醇20ml，浸泡1小时，滤过，取滤液5ml，蒸干，残渣加水10ml使溶解，再加盐酸1ml，加热回流30分钟，立即冷却，用乙醚分2次提取，每次20ml，合并乙醚液，蒸干，残渣加三氯甲烷1ml使溶解，作为供试溶液。取大黄对照药材0.1g，同法制成对照药材溶液。照薄层色谱法（附录0502）试验，吸取上述两种溶液各5μl，分别点于同一硅胶H薄层板上，以石油醚（30~60℃）-甲酸乙酯-甲酸（15:5:1）的上层溶液为展开剂，展开，取出，晾干，置紫外光灯（365nm）下检视。供试品色谱中，在与对照药材色谱相应的位置上，显相同的五个橙黄色荧光主斑点；置氨蒸气中熏后，日光下检视，斑点变为红色。

【检查】 应符合散剂项下有关的各项规定（附录0101）。

【功能】 清热解毒，燥湿止泻。

【主治】 肠黄，湿热泻痢。

【用法与用量】 马、牛250~350g；羊、猪45~60g。

【贮藏】 密闭，防潮。

拨 云 散
Boyun San

【处方】 炉甘石9g　　　　硼砂9g　　　　大青盐9g　　　　黄连9g
铜绿9g　　　　硇砂3g　　　　冰片3g

【制法】 以上7味，粉碎成极细粉，过筛，混匀，即得。

【性状】 本品为黄色的粉末；气凉窜，味苦、咸、微涩。

【鉴别】 （1）取本品，置显微镜下观察：纤维束鲜黄色，壁稍厚，纹孔明显。

（2）取本品少量，进行微量升华，升华物置显微镜下观察：呈不定形无色片状结晶，加新制的1%香草醛硫酸溶液1滴，渐显紫红色。

（3）取本品1.3g，加甲醇10ml，加热回流15分钟，放冷，滤过，滤液作为供试品溶液。另取黄连对照药材0.2g，同法制成对照药材溶液。再取盐酸小檗碱对照品，加甲醇制成每1ml含0.5mg的溶液，作为对照品溶液。照薄层色谱法（附录0502）试验，吸取上述三种溶液各2μl，分别点于同一硅胶G薄层板上，以环己烷-乙酸乙酯-异丙醇-甲醇-水-三乙胺（6:7:2:3:1:2）为展开剂，置氨蒸气饱和的展开缸内，展开，取出，晾干，置紫外光灯（365nm）下检视。供试品色谱中，在与对照药材色谱及对照品色谱相应的位置上，显相同颜色的荧光斑点。

【检查】 粒度 应全部通过九号筛（附录0941第二法）。

　　其他 应符合散剂项下有关的各项规定（附录0101）。

【功能】 退翳明目。

【主治】 云翳遮睛。

【用法与用量】 外用少许点眼。

【贮藏】 密闭，防潮。

金花平喘散

Jinhua Pingchuan San

【处方】 洋金花200g　　　　麻黄100g　　　　苦杏仁150g　　　　石膏400g

明矾150g

【制法】 以上5味，粉碎，过筛，混匀，即得。

【性状】 本品为浅棕黄色的粉末；气清香，味苦、涩。

【鉴别】 （1）取本品，置显微镜下观察：花粉粒类球形或长圆形，直径42～65μm，表面有条纹状雕纹。气孔特异，保卫细胞侧面观呈哑铃状。不规则片状结晶无色，有平直纹理。种皮石细胞橙黄色，贝壳形，壁较厚，较宽一边纹孔明显。

　　（2）取本品5g，加浓氨试液1.5ml湿润，再加三氯甲烷30ml，摇匀，放置过夜，滤过，滤液蒸干，残渣加甲醇2ml使溶解，滤过，滤液作为供试品溶液。另取氢溴酸东莨菪碱对照品，加甲醇制成每1ml含1.5mg的溶液，作为对照品溶液。照薄层色谱法（附录0502）试验，吸取上述两种溶液各10μl，分别点于同一硅胶G薄层板上，以乙酸乙酯-甲醇-浓氨试液（17:2:1）为展开剂，展开，取出，晾干，喷以稀碘化铋钾试液。供试品色谱中，在与对照品色谱相应的位置上，显相同颜色的斑点。

　　（3）取本品6g，加浓氨试液1.5ml，再加三氯甲烷20ml，加热回流1小时，滤过，滤液蒸干，残渣加甲醇2ml充分振摇，滤过，滤液作为供试品溶液。另取盐酸麻黄碱对照品，加甲醇制成每1ml含1mg的溶液，作为对照品溶液。照薄层色谱法（附录0502）试验，吸取供试品溶液10μl、对照品溶液5μl，分别点于同一硅胶G薄层板上，以三氯甲烷-甲醇-浓氨试液（20:5:0.5）为展开剂，预饱和30分钟，展开，取出，晾干，喷以茚三酮试液，在105℃加热至斑点显色清晰。供试品色谱中，在与对照品色谱相应的位置上，显相同颜色的斑点。

【检查】 除水分外，其他应符合散剂项下有关的各项规定（附录0101）。

【功能】 平喘，止咳。

【主治】 气喘，咳嗽。

【用法与用量】 马、牛100～150g；羊、猪10～30g。

【贮藏】 密闭，防潮。

金 荞 麦 片

Jinqiaomai Pian

【处方】 本品为金荞麦经加工制成的片剂。

【制法】 将金荞麦处方总量的1/2粉碎，煎煮2次，合并煎液，滤过，滤液浓缩成稠膏，将金荞麦另1/2粉碎成细粉，与稠膏混匀，制粒，干燥，压片，即得。

【性状】 本品为棕褐色片；气微，味微涩。

【鉴别】 （1）取本品，置显微镜下观察：木纤维多成束，直径10～38μm，纹孔呈单斜纹孔或十字形纹孔。草酸钙簇晶直径10～62μm。木薄壁细胞类方形、椭圆形，直径28～37μm，长约至100μm，壁厚约5μm，胞腔可见稀疏的纹孔。具缘纹孔导管及网纹导管直径21～83μm。

（2）取本品10片，研细，取粉末2g，加三氯甲烷10ml，超声处理20分钟，滤过，滤液蒸干，残渣加三氯甲烷1ml使溶解，作为供试品溶液。另取金荞麦对照药材1g，同法制成对照药材溶液。照薄层色谱法（附录0502）试验，吸取上述两种溶液各5μl，分别点于同一硅胶G薄层板上，以三氯甲烷-甲醇（19:1）为展开剂，展开，取出，晾干，喷以20%硫酸乙醇溶液，加热至斑点显色清晰，置紫外光灯（365nm）下检视。供试品色谱中，在与对照药材色谱相应的位置上，显相同颜色的荧光斑点。

【检查】 应符合片剂项下有关的各项规定（附录0103）。

【功能】 清热解毒，活血祛瘀，清肺排脓。

【主治】 鸡葡萄球菌病，细菌性下痢，呼吸道感染。

【用法与用量】 鸡3～5片。

【规格】 每1片相当于原生药0.3g。

【贮藏】 密闭，防潮。

金根注射液

Jin'gen Zhusheye

【处方】 金银花1500g　　　　板蓝根750g

【制法】 以上2味，加水煎煮2次，合并煎煮液，浓缩约至200ml。分别加4倍、5倍量95%乙醇沉淀两次，每次静置48小时，滤过，滤液浓缩约至300ml，加注射用水至800ml，调节pH值，加入苯甲醇20ml、吐温-8010ml，混匀，并加注射用水至1000ml，滤过，灌封，灭菌，即得。

【性状】 本品为红棕色澄明液体。

【鉴别】 （1）在〔含量测定〕项下记录的色谱图中，供试品主峰的保留时间应与绿原酸对照品主峰的保留时间一致。

（2）取本品适量，作为供试品溶液。另取精氨酸对照品，加稀乙醇制成每1ml含0.5mg的溶液，作为对照品溶液。照薄层色谱法（附录0502）试验，吸取上述两种溶液1～2μl，分别点于同一硅胶G薄层板上，以正丁醇-冰醋酸-水（19:5:5）为展开剂，展开，取出，热风吹干，喷以茚三酮试液，在105℃加热至斑点显色清晰。供试品色谱中，在与对照品色谱相应的位置上，显相同颜色的斑点。

【检查】 pH值 应为4.0～6.0（附录0631）。

蛋白质 照注射剂有关物质检查法（附录0113）检查，应符合规定。

其他 应符合注射剂项下有关的各项规定（附录0113）。

【含量测定】 照高效液相色谱法（附录0512）测定。

色谱条件与系统适应性试验 以十八烷基硅烷键合硅胶为填充剂；以乙腈-水-冰醋酸

（13：87：0.2）为流动相；检测波长为327nm。理论板数按绿原酸峰计算应不低于1000。

对照品溶液的制备 取绿原酸对照品适量，精密称定，置棕色量瓶中，加50%甲醇制成每1ml含40μg的溶液，即得（10℃以下保存）。

供试品溶液的制备 精密量取本品1ml，置100ml棕色量瓶中，加50%甲醇稀释至刻度，摇匀，即得。

测定法 分别精密吸取对照品溶液与供试品溶液各20μl，注入液相色谱仪，测定，即得。

本品每1ml含金银花以绿原酸（$C_{16}H_{18}O_9$）计，不得少于3.0mg。

【功能】 清热解毒，化湿止痢。

【主治】 湿热泻痢；仔猪黄痢、白痢。

【用法与用量】 肌内注射：一次量，哺乳仔猪2～4ml，断奶仔猪5～10ml，一日2次，连用3日。

【规格】 （1）2ml（相当于原生药4.5g）；（2）5ml（相当于原生药11.25g）；（3）50ml（相当于原生药112.5g）。

【贮藏】 密封，置凉暗处。

金锁固精散

Jinsuo Gujing San

【处方】 沙苑子（炒）60g　　芡实（盐炒）60g　　莲须60g　　　龙骨（煅）30g

煅牡蛎30g　　　莲子30g

【制法】 以上6味，粉碎，过筛，混匀，即得。

【性状】 本品为类白色的粉末；气微，味淡、微涩。

【鉴别】 取本品，置显微镜下观察：表皮栅状细胞为一列，上端有纵向纹理，无色或含棕色物。淀粉粒复粒多由百余分粒组成，类球形，直径13～35μm。花粉粒类球形或长圆形，直径45～86μm，具3孔沟，表面有颗粒网纹。不规则碎块淡灰褐色，有的具凹凸纹理。不规则块片无色或淡黄褐色，表面具细纹理。子叶薄壁细胞类长圆形或类圆形，细胞壁稍厚，部分呈细密连珠状。

【检查】 应符合散剂项下有关的各项规定（附录0101）。

【功能】 固肾涩精。

【主治】 肾虚滑精。

【用法与用量】 马、牛250～350g；羊、猪40～60g。

【贮藏】 密闭，防潮。

肥　猪　菜

Feizhucai

【处方】 白芍20g　　　　前胡20g　　　　陈皮20g　　　　滑石20g

碳酸氢钠20g

【制法】 以上5味，粉碎，过筛，混匀，即得。

【性状】 本品为浅黄色的粉末；气香，味咸、涩。

【鉴别】 （1）取本品，置显微镜下观察：草酸钙簇晶直径18~32μm，存在于薄壁细胞中，常排列成行或一个细胞中含数个簇晶。草酸钙方晶成片存在于薄壁组织中。木栓细胞淡棕黄色，常多层重叠，表面观呈长方形。不规则块片无色，有层层剥落痕迹。

（2）取本品适量，加水振摇，滤过，滤液显钠盐（附录0301）与碳酸氢盐（附录0301）的鉴别反应。

（3）取本品15g，加乙醇50ml，超声处理30分钟，滤过，滤液蒸干，残渣加水20ml使溶解，加乙醚轻摇提取3次，每次20ml，弃去乙醚层，水层加稀盐酸1~2滴，加水饱和正丁醇提取2次，每次30ml，合并正丁醇液，蒸干，残渣加甲醇2ml使溶解，加在中性氧化铝柱（200目，2g，内径1cm）上，用乙酸乙酯-甲醇（1:1）的混合溶液40ml洗脱，收集滤液，蒸干，残渣加乙醇1ml溶解，作为供试品溶液。另取芍药苷对照品，加乙醇制成每1ml含4mg的溶液，作为对照品溶液。照薄层色谱法（附录0502）试验，吸取上述两种溶液各10μl，分别点于同一硅胶G薄层板上，以三氯甲烷-乙酸乙酯-甲醇-甲酸（40:5:10:0.2）为展开剂，展开，取出，晾干，喷以5%香草醛硫酸溶液，加热至斑点显色清晰。供试品色谱中，在与对照品色谱相应的位置上，显相同颜色的斑点。

【检查】 应符合散剂项下有关的各项规定（附录0101）。

【功能】 健脾开胃。

【主治】 消化不良，食欲减退。

【用法与用量】 猪25~50g。

【贮藏】 密闭，防潮。

肥 猪 散
Feizhu San

【处方】 绵马贯众30g　　制何首乌30g　　麦芽500g　　黄豆（炒）500g

【制法】 以上4味，粉碎，过筛，混匀，即得。

【性状】 本品为浅黄色的粉末；气微香，味微甜。

【鉴别】 （1）取本品，置显微镜下观察：间隙腺毛类圆形或长卵形，直径23~48μm，基部延长似柄状，有的含黄色或黄棕色分泌物。草酸钙簇晶直径约至80μm。果皮细胞纵列，常有1个长细胞与2个短细胞相间排列，长细胞壁厚，波状弯曲，木化。种皮支持细胞侧面观呈哑铃状或骨状，长26~170μm，宽20~73μm，缢缩部位宽12~26μm。

（2）取本品10g，加甲醇50ml和0.5%氢氧化钠液5ml，浸渍过夜，滤过，滤液蒸干，残渣加水40ml使溶解，加盐酸4ml，置水浴上加热20分钟，冷却至室温，用乙酸乙酯振摇提取2次，每次20ml，合并乙酸乙酯液，蒸干，残渣加乙酸乙酯1ml使溶解，作为供试品溶液。另取制何首乌对照药材0.3g，同法制成对照药材溶液。照薄层色谱法（附录0502）试验，吸取上述两种溶液各10μl，分别点于同一硅胶H薄层板上，以甲苯-氯仿-乙酸乙酯-甲酸（20:10:2:0.5）为展开剂，展开，取出，晾干，置紫外光灯（365nm）下检视。供试品色谱中，在与对照药材色谱相应的位置上，显相同颜色的斑点；用氨蒸气熏后，日光下检视。

【检查】 应符合散剂项下有关的各项规定（附录0101）。

【功能】 开胃，驱虫，催肥。

【主治】 食少，瘦弱，生长缓慢。

【用法与用量】 猪50~100g。

【贮藏】 密闭，防潮。

鱼腥草注射液

Yuxingcao Zhusheye

本品为鲜鱼腥草经加工制成的灭菌水溶液。

【制法】 取鲜鱼腥草2000g，水蒸气蒸馏，收集初馏液2000ml，再进行重蒸馏，收集重蒸馏液约1000ml，加入7g氯化钠及2.5g聚山梨酯-80，混匀，加注射用水使成1000ml，滤过，灌封，灭菌，即得。

【性状】 本品为无色的澄明液体。

【鉴别】 取本品60ml，置圆底烧瓶中，连接挥发油测定器，自测定器上端加水充满刻度部分，加入正己烷1ml，连接回流冷凝管，加热至沸，保持微沸40分钟，冷却至室温，分取正己烷层作为供试品溶液。另取甲基正壬酮对照品、α-松油醇对照品、4-萜品醇对照品，分别加正己烷制成每1ml含1.0mg、0.5mg、2.0mg的溶液，作为对照品溶液。照薄层色谱法（附录0502）试验，吸取上述对照品溶液各2μl及供试品溶液2~5μl，分别点于同一硅胶G薄层板上，以环己烷-乙酸乙酯（17:3）为展开剂，展开，取出，晾干，喷以5%香草醛的硫酸乙醇（1→10）溶液，加热至斑点显色清晰。供试品色谱中，在与对照品色谱相应的位置上，显相同颜色的斑点。

【检查】 pH值 应为4.0~6.0（附录0631）。

聚山梨酯-80 精密量取本品1ml，置锥形瓶中，加铵钴硫氰酸盐溶液15ml（取硝酸钴6g，硫氰酸铵40g，加水使溶解并稀释至200ml，摇匀，即得），精密加入二氯甲烷10ml，称定重量，用振荡器振荡15分钟，取出再称定重量，用二氯甲烷补足减失的重量，移至分液漏斗中，静置15分钟，分取二氯甲烷液，作为供试品溶液。另取聚山梨酯-80对照品适量，精密称定，加水制成每1ml含2.5mg的溶液，与供试品液同法制成对照品溶液。照紫外-可见分光光度法（附录0401），在623nm波长处分别测定吸收度，计算，即得。

本品含聚山梨酯-80不得过0.27%。

蛋白质、树脂 照注射剂有关物质检查法（附录0113）检查，应符合规定。

炽灼残渣 取本品25ml，依法检查（附录0841），不得过1.2%（g/ml）。

【特征图谱】 照气相色谱法（附录0521）测定。

色谱条件和系统适用性试验 色谱柱：DB-17MS毛细管气相色谱柱（30m×0.25mm，0.25μm）；程序升温：初始75℃，保持5分钟，以5℃/分钟的速率升至150℃，保持5分钟，再以10℃/分钟升至250℃；进样口温度为250℃；检测器（FID）温度为280℃；流速为每分钟1ml，分流进样，分流比：10:1。理论板数按甲基正壬酮峰计算应大于10 000。

参照物溶液的制备 取甲基正壬酮对照品适量，精密称定，加正己烷制成每1ml含0.25mg的溶液，即得。

供试品溶液的制备 精密量取本品60ml，置圆底烧瓶中，连接挥发油测定器，自测定器上端加水充满刻度部分，加入正己烷1ml，连接回流冷凝管，加热至沸，保持微沸40分钟，冷却至室温，分取正己烷层，加无水硫酸钠约0.4g，振摇，正己烷液移至2ml量瓶中，并用正己烷适量洗涤无水硫酸钠，洗液并入同一量瓶中，加正己烷稀释至刻度，摇匀，即得。

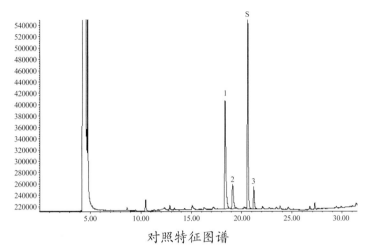

对照特征图谱

峰1：4-萜烯醇　峰2：α-松油醇　峰S：甲基正壬酮　峰3：乙酸龙脑酯

测定法　分别量取参照物溶液和供试品溶液各1μl，注入气相色谱仪，测定，即得。

供试品特征图谱中应有4个特征峰，并出现与甲基正壬酮参照物峰保留时间相同的色谱峰，与参照物峰相应的峰为S峰，计算各特征峰与S峰的相对保留时间，其相对保留时间应在规定值的±8%之内。规定值为0.890（峰1）、0.927（峰2）、1.000（峰S）、1.029（峰3）。其中峰1与参照物（0.25μg/μl）峰峰面积比值应不得低于0.15。

【功能】　清热解毒，消肿排脓，利尿通淋。

【主治】　肺痈，痢疾，乳痈，淋浊。

【用法与用量】　肌内注射：马、牛20～40ml；羊、猪5～10ml；犬2～5ml；猫0.5～2ml。

【规格】　（1）2ml（相当于原生药4g）；（2）5ml（相当于原生药10g）；（3）10ml（相当于原生药20g）；（4）20ml（相当于原生药40g）；（5）50ml（相当于原生药100g）。

【贮藏】　密封，避光，置阴凉处。

定　喘　散

Dingchuan San

【处方】　桑白皮25g　　　炒苦杏仁20g　　　莱菔子30g　　　葶苈子30g
　　　　　紫苏子20g　　　党参30g　　　　　白术（炒）20g　　关木通20g
　　　　　大黄30g　　　　郁金25g　　　　　黄芩25g　　　　栀子25g

【制法】　以上12味，粉碎，过筛，混匀，即得。

【性状】　本品为黄褐色的粉末；气微香，味甘、苦。

【鉴别】　（1）取本品，置显微镜下观察：纤维淡黄色，梭形，壁厚，孔沟细。种皮石细胞黄色或淡棕色，多破碎，完整者长多角形、长方形或形状不规则，壁厚，有大的圆形纹孔，胞腔棕红色。种皮下皮细胞黄色，多角形或长多角形，壁稍厚。种皮细胞类圆形、长圆形或形状不规则，壁网状增厚似花纹样。草酸钙簇晶大，直径60～140μm。草酸钙针晶细小，长10～32μm，不规则地充塞于薄壁细胞中。草酸钙方晶多面形、正立方形或菱形，直径11～32μm。种皮碎片黄色或棕红色，细胞小，多角形，壁厚。具缘纹孔导管大，直径约至328μm，具缘纹孔圆形，排列紧密。

（2）取本品1g，加甲醇20ml，超声处理20分钟，滤过，滤液蒸干，残渣加水10ml使溶解，再加盐酸1ml，置水浴上加热30分钟，立即冷却，用乙醚分2次提取，每次20ml，合并乙醚液，蒸干，残渣加三氯甲烷1ml使溶解，作为供试品溶液。另取大黄对照药材0.1g，同法制成对照药材溶液。照薄层色谱法（附录0502）试验，吸取上述两种溶液各5μl，分别点于同一硅胶H薄层板上，以石油醚（30~60℃）-甲酸乙酯-甲酸（15:5:1）的上层溶液为展开剂，展开，取出，晾干，置紫外光灯（365nm）下检视。供试品色谱中，在与对照药材色谱相应的位置上，显相同的五个橙黄色荧光主斑点；置氨蒸气中熏后，斑点变为红色。

（3）取本品6g，加甲醇50ml，超声处理30分钟，滤过，滤液浓缩至5ml，滤过，取滤液作为供试品溶液。另取黄芩苷对照品，加甲醇制成每1ml含1mg的溶液，作为对照品溶液。照薄层色谱法（附录0502）试验，吸取上述两种溶液各5μl，分别点于硅胶H薄层板上，以乙酸乙酯-丁酮-甲酸-水（5:3:1:1）为展开剂，置展开缸中预饱和30分钟，展开，取出，晾干，喷以2%三氯化铁乙醇溶液。供试品色谱中，在与对照品色谱相应的位置上，显相同的暗绿色斑点。

【检查】 应符合散剂项下有关的各项规定（附录0101）。

【功能】 清肺，止咳，定喘。

【主治】 肺热咳嗽，气喘。

【用法与用量】 马、牛200~350g；羊、猪30~50g；兔、禽1~3g。

【贮藏】 密闭，防潮。

降脂增蛋散

Jiangzhi Zengdan San

【处方】 刺五加50g　　仙茅50g　　何首乌50g　　当归50g
　　　　 艾叶50g　　　党参80g　　白术80g　　　山楂40g
　　　　 六神曲40g　　麦芽40g　　松针200g

【制法】 以上11味，粉碎，过筛，混匀，即得。

【性状】 本品为黄绿色的粉末；气香，味微苦。

【鉴别】 （1）取本品，置显微镜下观察：草酸钙针晶长至180μm。淀粉粒单粒类球形，脐点星状或三叉状，复粒由2~9分粒组成。薄壁细胞纺锤形，壁略厚，有极微细的斜向交错纹理。T形毛弯曲，柄2~4细胞。联结乳管直径12~15μm，内含细小颗粒状物。草酸钙针晶细小，长10~32μm，不规则充塞于薄壁细胞中。果皮石细胞淡紫红色、红色或黄棕色，类圆形或多角形，直径约至125μm。

（2）取本品7g，加乙醚30ml，超声处理30分钟，滤过，滤液挥干，残渣加乙酸乙酯1ml使溶解，作为供试品溶液。另取白术对照药材0.5g，加乙醚15ml，同法制成对照药材溶液。照薄层色谱法（附录0502）试验，吸取上述新制备的两种溶液各2μl，分别点于同一硅胶G薄层板上，以石油醚（60~90℃）-乙酸乙酯（50:1）为展开剂，展开，取出，晾干，喷以5%香草醛硫酸溶液，加热至斑点显色清晰。供试品色谱中，在与对照药材色谱相应的位置上，显相同颜色的斑点。

【检查】 应符合散剂项下有关的各项规定（附录0101）。

【功能】 补肾益脾，暖宫活血；可降低鸡蛋胆固醇。

【主治】 产蛋下降。

【用法与用量】 每1kg饲料鸡5~10g。

【贮藏】 密闭，防潮。

参苓白术散
Shenling Baizhu San

【处方】 党参60g　　　　茯苓30g　　　　白术（炒）60g　　　山药60g

甘草30g　　　　炒白扁豆60g　　　莲子30g　　　　薏苡仁（炒）30g

砂仁15g　　　　桔梗30g　　　　陈皮30g

【制法】 以上11味，粉碎，过筛，混匀，即得。

【性状】 本品为浅棕黄色的粉末；气微香，味甘、淡。

【鉴别】 （1）取本品，置显微镜下观察：石细胞类斜方形或多角形，一端稍尖，壁较厚，纹孔稀疏。不规则分枝状团块无色，遇水合氯醛液溶化；菌丝无色或淡棕色，直径4~6μm。草酸钙针晶细小，长10~32μm，不规则地充塞于薄壁细胞中。草酸钙针晶束存在于黏液细胞中，长80~240μm，直径2~8μm。纤维束周围薄壁细胞含草酸钙方晶，形成晶纤维。种皮栅状细胞成片，无色，长26~213μm，宽5~26μm。内种皮厚壁细胞黄棕色或棕红色，表面观类多角形，壁厚，胞腔含硅质块。草酸钙方晶成片存在于薄壁组织中。色素层细胞黄棕色或红棕色，表面观呈类长方形、类多角形或类圆形，有的可见草酸钙簇晶。

（2）取本品6.5g，加乙醚30ml，超声处理30分钟，滤过，滤液挥干，残渣加乙酸乙酯1ml使溶解，作为供试品溶液。另取白术对照药材0.5g，加乙醚15ml，同法制成对照药材溶液。照薄层色谱法（附录0502）试验，吸取上述新制备的两种溶液各2μl，分别点于同一硅胶G薄层板上，以石油醚（60~90℃）-乙酸乙酯（50:1）为展开剂，展开，取出，晾干，喷以5%香草醛硫酸溶液，加热至斑点显色清晰。供试品色谱中，在与对照药材色谱相应的位置上，显相同颜色的斑点。

【检查】 应符合散剂项下有关的各项规定（附录0101）。

【功能】 补脾胃，益肺气。

【主治】 脾胃虚弱，肺气不足。

【用法与用量】 马、牛250~350g；羊、猪45~60g。

【贮藏】 密闭，防潮。

荆防败毒散
Jingfang Baidu San

【处方】 荆芥45g　　　　防风30g　　　　羌活25g　　　　独活25g

柴胡30g　　　　前胡25g　　　　枳壳30g　　　　茯苓45g

桔梗30g　　　　川芎25g　　　　甘草15g　　　　薄荷15g

【制法】 以上12味，粉碎，过筛，混匀，即得。

【性状】 本品为淡灰黄色至淡灰棕色的粉末；气微香，味甘苦、微辛。

【鉴别】 （1）取本品，置显微镜下观察：外果皮细胞表面观多角形，壁黏液化，胞腔含棕色物。油管含金黄色分泌物，直径17～60μm。油管含淡黄色或黄棕色条状分泌物，直径8～25μm。草酸钙方晶成片存在于薄壁细胞中。不规则分枝状团块无色，遇水合氯醛液溶化；菌丝无色或淡棕色，直径4～6μm。联结乳管直径14～25μm，含淡黄色颗粒状物。纤维束周围薄壁细胞含草酸钙方晶，形成晶纤维。

（2）取本品4g，加三氯甲烷20ml，浓氨试液1ml，加热回流1小时，滤过，滤液蒸干，残渣加甲醇1ml使溶解，作为供试品溶液。另取防风对照药材0.5g，同法制成对照药材溶液。照薄层色谱法（附录0502）试验，吸取上述两种溶液各2μl，分别点于同一硅胶G薄层板上，以石油醚（60～90℃）-乙酸乙酯（4∶1）为展开剂，展开，取出，晾干，置紫外光灯（365nm）下检视。供试品色谱中，在与对照药材色谱相应的位置上，显相同的蓝紫色荧光斑点。

【检查】 应符合散剂项下有关的各项规定（附录0101）。

【功能】 辛温解表，疏风祛湿。

【主治】 风寒感冒，流感。

【用法与用量】 马、牛250～400g；牛、猪40～80g；兔、鸡1～3g。

【贮藏】 密闭，防潮。

荆防解毒散

Jingfang Jiedu San

【处方】 金银花30g　　　　连翘30g　　　　生地黄15g　　　　牡丹皮15g
　　　　 赤芍15g　　　　　荆芥15g　　　　薄荷15g　　　　　防风15g
　　　　 苦参30g　　　　　蝉蜕30g　　　　甘草15g

【制法】 以上11味，粉碎，过筛，混匀，即得。

【性状】 本品为灰褐色的粉末；气香，味苦、辛。

【鉴别】 （1）取本品，置显微镜下观察：花粉粒类圆形，直径约至76μm，外壁有刺状雕纹，具3个萌发孔。内果皮纤维上下层纵横交错，纤维短梭形。薄壁组织灰棕色至黑棕色，细胞多皱缩，内含棕色核状物。草酸钙簇晶存在于无色薄壁细胞中，有时数个排列成行。油管含金黄色分泌物，直径17～60μm。纤维束无色，周围薄壁细胞含草酸钙方晶，形成晶纤维。几丁质皮壳碎片淡黄棕色，半透明，密布乳头状或短刺状突起。

（2）取本品6g，加三氯甲烷20ml，浓氨试液1ml，加热回流1小时，滤过，滤液蒸干，残渣加甲醇1ml使溶解，作为供试品溶液。另取防风对照药材0.5g，同法制成对照药材溶液。照薄层色谱法（附录0502）试验，吸取上述两种溶液各2μl，分别点于同一硅胶G薄层板上，以石油醚（60～90℃）-乙酸乙酯（4∶1）为展开剂，展开，取出，晾干，置紫外光灯（365nm）下检视。供试品色谱中，在与对照药材色谱相应的位置上，显相同的蓝紫色荧光斑点。

（3）取本品4g，加甲醇20ml，摇匀，放置12小时，滤过，滤液作为供试品溶液。另取绿原酸对照品，加甲醇制成每1ml含1mg的溶液，作为对照品溶液。照薄层色谱法（附录0502）试验，吸取上述两种溶液各10μl，分别点于同一硅胶H薄层板上，以乙酸丁酯-甲酸-水（14∶5∶5）的上层溶液为展开剂，展开，取出，晾干，置紫外光灯（365nm）下检视。供试品色谱中，在与对照品色谱相应的位置上，显相同颜色的荧光斑点。

【检查】 应符合散剂项下有关的各项规定（附录0101）。

【功能】 疏风清热，凉血解毒。

【主治】 血热，风疹，遍身黄。

【用法与用量】 马、牛200～300g；牛、猪30～60g。

【贮藏】 密闭，防潮。

茵陈木通散

Yinchen Mutong San

【处方】 茵陈15g　　　　连翘15g　　　　桔梗12g　　　　川木通12g

　　　　苍术18g　　　　柴胡12g　　　　升麻9g　　　　青皮15g

　　　　陈皮15g　　　　泽兰12g　　　　荆芥9g　　　　防风9g

　　　　槟榔15g　　　　当归18g　　　　牵牛子18g

【制法】 以上15味，粉碎，过筛，混匀，即得。

【性状】 本品为暗黄色的粉末；气香，味甘、苦。

【鉴别】 取本品，置显微镜下观察：薄壁细胞纺锤形，壁略厚，有极微细的斜向交错纹理。草酸钙针晶细小，长5～32μm，不规则地充塞于薄壁细胞中。草酸钙方晶成片存在于薄壁组织中。内胚乳碎片无色，壁较厚，有较多大的类圆形纹孔。木纤维成束，多破碎，淡黄绿色，末端狭尖或钝圆，有的有分叉，直径14～41μm，壁稍厚，具十字形纹孔对，有的胞腔中含黄棕色物。T形非腺毛，具柄部及单细胞臂部，两臂不等长，壁厚，柄细胞1～2个。内果皮纤维上下层纵横交错，纤维短梭形。

【检查】 应符合散剂项下有关的各项规定（附录0101）。

【功能】 解表疏肝，清热利湿。

【主治】 温热病初起。

常用作春季调理剂。

【用法与用量】 马、骡150～250g；羊、猪30～60g。

【贮藏】 密闭，防潮。

茵 陈 蒿 散

Yinchenhao San

【处方】 茵陈120g　　　　　　栀子60g　　　　　　大黄45g

【制法】 以上3味，粉碎，过筛，混匀，即得。

【性状】 本品为浅棕黄色的粉末；气微香，味微苦。

【鉴别】 （1）取本品，置显微镜下观察：种皮石细胞黄色或淡棕色，多破碎，完整者长多角形、长方形或形状不规则，壁厚，有大的圆形纹孔，胞腔棕红色。草酸钙簇晶大，直径60～140μm。T形非腺毛，具柄部及单细胞臂部，两臂不等长，壁厚，柄细胞1～2个。

（2）取本品1g，加甲醇20ml，浸渍1小时，时时振摇，滤过，取滤液10ml，蒸干，残渣加水10ml使溶解，再加盐酸1ml，置水浴上加热30分钟，立即冷却，用乙醚提取2次，每次10ml，合并乙醚液，蒸干，残渣加三氯甲烷1ml使溶解，作为供试品溶液。另取大黄对照药材0.2g，同法制成对照药材溶液。照薄层色谱法（附录0502）试验，吸取上述两种溶液各2μl，分别点于同一硅胶H薄层板上，以石油醚（30～60℃）-甲酸乙酯-甲酸（15:5:1）的上层溶液为展开剂，展开，取出，晾干，置紫外光灯（365nm）下检视。供试品色谱中，在与对照药材色谱相应的位置上，显相同的五个橙黄色荧光主斑点；置氨蒸气中熏后，斑点变为红色。

（3）取本品1.5g，加乙醚20ml，振摇20分钟，弃去乙醚，残渣挥干乙醚，加乙酸乙酯30ml，加热回流提取1小时，放冷，滤过，滤液蒸干，残渣加甲醇1ml使溶解，滤过，滤液作为供试品溶液。另取栀子对照药材0.4g，同法制成对照药材溶液。照薄层色谱法（附录0502）试验，吸取上述两种溶液各2μl，分别点于同一硅胶G薄层板上，以乙酸乙酯-丙酮-甲酸-水（10:7:2:0.5）为展开剂，展开，取出，晾干，喷以硫酸乙醇（5→10）溶液，晾干，在110℃加热至斑点显色清晰。供试品色谱中，在与对照药材色谱相应的位置上，显相同颜色的斑点。

【检查】　应符合散剂项下有关的各项规定（附录0101）。

【功能】　清热，利湿，退黄。

【主治】　湿热黄疸。

【用法与用量】　马、牛200～300g；羊、猪30～45g。

【贮藏】　密闭，防潮。

茴　香　散

Huixiang San

【处方】　小茴香30g　　肉桂20g　　槟榔10g　　白术25g

木通10g　　巴戟天20g　　当归20g　　牵牛子10g

藁本20g　　白附子15g　　川楝子20g　　肉豆蔻15g

荜澄茄20g

【制法】　以上13味，粉碎，过筛，混匀，即得。

【性状】　本品为棕黄色的粉末；气香，味微咸。

【鉴别】　取本品，置显微镜下观察：内果皮镶嵌细胞狭长，壁菲薄，常与较大的多角形中果皮细胞重叠。石细胞类圆形或类长方形，壁一面菲薄。内胚乳碎片无色，壁较厚，有较多大的类圆形纹孔。草酸钙针晶细小，长10～32μm，不规则地充塞于薄壁细胞中。薄壁细胞纺锤形，壁略厚，有极微细的斜向交错纹理。分泌腔类圆形或长圆形，直径30～150μm，周围子叶细胞扁圆形，腔内含油滴。草酸钙针晶多成束，存在于薄壁细胞中，针晶长约至184μm。脂肪油滴众多，放置后析出针簇状结晶。

【检查】　应符合散剂项下有关的各项规定（附录0101）。

【功能】　暖腰肾，祛风湿。

【主治】　寒伤腰胯。

【用法与用量】　马、牛200～300g；羊、猪30～60g。

【贮藏】　密闭，防潮。

【注意】　孕畜慎用。

厚　朴　散

Houpo San

【处方】　厚朴30g　　　　陈皮30g　　　　麦芽30g　　　　五味子30g
肉桂30g　　　　砂仁30g　　　　牵牛子15g　　　青皮30g

【制法】　以上8味，粉碎，过筛，混匀，即得。

【性状】　本品为深灰黄色的粉末；气香，味辛、微苦。

【鉴别】　（1）取本品，置显微镜下观察：石细胞分枝状，壁厚，层纹明显。草酸钙方晶成片存在于薄壁组织中。内种皮石细胞黄棕色或棕红色，表面观类多角形，壁厚，胞腔含硅质块。石细胞类圆形或类长方形，壁一面菲薄。果皮细胞纵列，常有1个长细胞与2个短细胞相间排列，长细胞壁厚，波状弯曲，木化。种皮表皮石细胞淡黄棕色，表面观类多角形，壁较厚，孔沟细密，胞腔含暗棕色物。种皮栅状细胞淡棕色或棕色，长48~80μm。

（2）取本品4g，加甲醇20ml，浸渍15分钟，时时振摇，滤过，滤液浓缩至约5ml，作为供试品溶液。另取厚朴酚对照品、和厚朴酚对照品，加甲醇制成每1ml各含1mg的混合溶液，作为对照品溶液。照薄层色谱法（附录0502）试验，吸取上述两种溶液各5μl，分别点于同一硅胶GF$_{254}$薄层板上，以三氯甲烷-乙酸乙酯（10:1）为展开剂，展开，取出，晾干，置紫外光灯（254nm）下检视。供试品色谱中，在与对照品色谱相应的位置上，显相同颜色的两个斑点。

【检查】　应符合散剂项下有关的各项规定（附录0101）。

【功能】　行气消食，温中散寒。

【主治】　脾虚气滞，胃寒少食。

【用法与用量】　马、牛200~350g；羊、猪30~60g。

【贮藏】　密闭，防潮。

胃　肠　活

Weichanghuo

【处方】　黄芩20g　　　　陈皮20g　　　　青皮15g　　　　大黄25g
白术15g　　　　木通15g　　　　槟榔10g　　　　知母20g
玄明粉30g　　　六神曲20g　　　石菖蒲15g　　　乌药15g
牵牛子20g

【制法】　以上13味，粉碎，过筛，混匀，即得。

【性状】　本品为灰褐色的粉末；气清香，味咸、涩、微苦。

【鉴别】　（1）取本品，置显微镜下观察：纤维淡黄色，梭形，壁厚，孔沟细。草酸钙方晶成片存在于薄壁组织中。草酸钙针晶细小，长10~32μm，不规则地充塞于薄壁细胞中。纤维管胞大多成束，有明显的具缘纹孔，纹孔口斜裂缝状或十字状。内胚乳碎片无色，壁厚，有较多大的类圆形纹孔。草酸钙针晶成束或散在，长26~110μm。种皮栅状细胞淡棕色或棕色，长48~80μm。草酸钙簇晶大，直径60~140μm。

（2）取本品4g，加甲醇10ml，超声处理20分钟，取上清液，滤过，滤液作为供试品溶液。另取黄芩苷对照品，加甲醇制成每1ml含1mg的溶液，作为对照品溶液。照薄层色谱法（附录0502）试验，吸取上述两种溶液各5μl，分别点于同一以含4%醋酸钠的羧甲基纤维素钠为黏合剂的硅胶G薄层板上，以乙酸乙酯-丁酮-甲酸-水（5:3:1:1）为展开剂，展开，取出，晾干，喷以1%三氯化铁乙醇溶液。供试品色谱中，在与对照品色谱相应的位置上，显相同颜色的斑点。

（3）取本品2g，加甲醇20ml，浸渍1小时，时时振摇，滤过，取滤液10ml，蒸干，残渣加水10ml使溶解，再加盐酸1ml，置水浴上加热30分钟，立即冷却，用乙醚提取2次，每次10ml，合并乙醚液，蒸干，残渣加三氯甲烷1ml使溶解，作为供试品溶液。另取大黄对照药材0.1g，同法制成对照药材溶液。照薄层色谱法（附录0502）试验，吸取上述两种溶液各5μl，分别点于同一硅胶H薄层板上，以石油醚（30~60℃）-甲酸乙酯-甲酸（15:5:1）的上层溶液为展开剂，展开，取出，晾干，置紫外光灯（365nm）下检视。供试品色谱中，在与对照药材色谱相应的位置上，显相同的五个橙黄色荧光主斑点；置氨蒸气中熏后，斑点变为红色。

【检查】 应符合散剂项下有关的各项规定（附录0101）。

【功能】 理气，消食，清热，通便。

【主治】 消化不良，食欲减少，便秘。

【用法与用量】 猪20~50g。

【贮藏】 密闭，防潮。

虾蟹脱壳促长散

Xiaxie Tuoke Cuzhang San

【处方】 露水草50g   龙胆150g   泽泻100g   沸石350g
        夏枯草100g   筋骨草150g   酵母50g   稀土50g

【制法】 以上8味，粉碎，过筛，混匀，即得。

【性状】 本品为灰棕色的粉末。

【鉴别】 （1）取本品，置显微镜下观察：不规则或类圆形碎片无色，透明或半透明，表面有的有层纹。薄壁细胞含细小草酸钙针晶。

（2）取本品12g，加水70ml，水浴加热30分钟，抽滤，滤液用正丁醇提取2次，每次20ml，合并提取液，蒸干，残渣加乙醇1ml使溶解，作为供试品溶液。另取β-蜕皮激素对照品，加乙醇制成每1ml含5mg的溶液，作为对照品溶液。照薄层色谱法（附录0502）试验，吸取上述两种溶液各5μl，分别点于同一硅胶G薄层板上，以乙酸乙酯-乙醇（4:1）为展开剂，展开，取出，晾干，喷以1%香草醛的硫酸乙醇（4→5）溶液（临用新制）。供试品色谱中，在与对照品色谱相应的位置上，显相同颜色的主斑点。

【检查】 应符合散剂项下有关的各项规定（附录0101）。

【功能】 促脱壳，促生长。

【主治】 虾、蟹脱壳迟缓。

【用法与用量】 每1kg饲料中，虾、蟹0.1g。

【贮藏】 密闭，防潮。

钩 吻 末

Gouwen Mo

本品为钩吻经加工制成的散剂。

【制法】 取钩吻，粉碎，过筛，即得。

【性状】 本品棕褐色的粉末；气微，味辛、苦。

【鉴别】 （1）取本品，置显微镜下观察：纤维状石细胞黄色，呈长梭形，一端或两端钝尖或具短分叉，长400～900μm，直径20～140μm，孔沟明显。

（2）取本品2g，加乙醇10ml，加热回流10分钟，滤过，滤液蒸干，残渣加2%醋酸溶液10ml，煮沸，放冷，滤过。取滤液分置3支试管中，一管加碘化铋钾试液，发生橘红色沉淀；一管加碘化汞钾试液，发生黄白色沉淀；一管加硅钨酸试液，发生灰白色沉淀。

（3）取本品0.2g，加甲醇5ml，超声处理20分钟，滤过，滤液补充甲醇至5ml，作为供试品溶液。另取钩吻对照药材0.2g，同法制成对照药材溶液。照薄层色谱法（附录0502）试验，吸取供试品溶液1～2μl，对照药材溶液1μl，分别点于同一硅胶G薄层板上，以苯-乙酸乙酯-甲醇-异丙醇-浓氨试液（12：6：3：3：1）为展开剂，置氨蒸气饱和的展开缸内，展开，取出，晾干，置紫外光灯（365nm）下检视。供试品色谱中，在与对照药材色谱相应的位置上，显相同颜色的荧光主斑点。

【检查】 应符合散剂项下有关的各项规定（附录0101）。

【功能】 健胃，杀虫。

【主治】 消化不良，虫积。

【用法与用量】 猪10～30g。

【贮藏】 密闭，防潮。

【注意】 有大毒（对牛、羊、猪毒性较小）。孕畜慎用。

香 薷 散

Xiangru San

【处方】
香薷30g　　　　黄芩45g　　　　黄连30g　　　　甘草15g
柴胡25g　　　　当归30g　　　　连翘30g　　　　栀子30g
天花粉30g

【制法】 以上9味，粉碎，过筛，混匀，即得。

【性状】 本品为黄色的粉末；气香，味苦。

【鉴别】 （1）取本品，置显微镜下观察：叶肉组织碎片中散有草酸钙方晶。纤维淡黄色，梭形，壁厚，孔沟细。纤维束鲜黄色，壁稍厚，纹孔明显。纤维束周围薄壁细胞含草酸钙方晶，形成晶纤维。油管含淡黄色或黄棕色条状分泌物，直径8～25μm。薄壁细胞纺锤形，壁略厚，有极微细的斜向交错纹理。内果皮纤维上下层纵横交错，纤维短梭形。具缘纹孔导管大，多破碎，有的具缘纹孔呈六角形或斜方形，排列紧密。种皮石细胞黄色或淡棕色，多破碎，完整者长多角形、长方形或形状不规则，壁厚，有大的圆形纹孔，胞腔棕红色。

（2）取本品2g，加甲醇20ml，超声处理15分钟，滤过，滤液作为供试品溶液。另取黄连对照药材0.2g，同法制成对照药材溶液。再取盐酸小檗碱对照品，加甲醇制成每1ml含0.5mg的溶液，作为对照品溶液。照薄层色谱法（附录0502）试验，吸取上述三种溶液各2μl，分别点于同一硅胶G薄层板上，以环己烷-乙酸乙酯-异丙醇-甲醇-水-三乙胺（3:3.5:1:1.5:0.5:1）为展开剂，置氨蒸气饱和的展开缸内，展开，取出，晾干。置紫外光灯（365nm）下检视。供试品色谱中，在与对照药材和对照品色谱相应的位置上，显相同颜色的荧光斑点。

（3）取本品3g，加甲醇30ml，超声处理30分钟，滤过，滤液浓缩至近干，残渣加甲醇5ml使溶解，滤过，滤液作为供试品溶液。另取黄芩苷对照品，加甲醇制成每1ml含1mg的溶液，作为对照品溶液。照薄层色谱法（附录0502）试验，吸取上述两种溶液各5μl，分别点于同一硅胶G薄层板上，以乙酸乙酯-丁酮-甲酸-水（5:3:1:1）为展开剂，置展开缸中预饱和30分钟，展开，取出，晾干，喷以2%三氯化铁乙醇溶液。供试品色谱中，在与对照品色谱相应的位置上，显一相同的暗绿色斑点。

（4）取本品9g，加正己烷40ml，超声处理30分钟，滤过，滤液水浴蒸干，残渣加正己烷1ml使溶解，作为供试品溶液。另取当归对照药材1g，加正己烷10ml，同法制成对照药材溶液。照薄层色谱法（附录0502）试验，吸取上述两种溶液各2μl，分别点于同一硅胶G薄层板上，以正己烷-乙酸乙酯（9:1）为展开剂，展开，取出，晾干，置紫外光灯（365nm）下检视。供试品色谱中，在与对照药材色谱相应的位置上，显相同颜色的荧光斑点。

【检查】　应符合散剂项下有关的各项规定（附录0101）。

【功能】　清热解暑。

【主治】　伤暑，中暑。

【用法与用量】　马、牛250～300g；羊、猪30～60g；兔、禽1～3g。

【贮藏】　密闭，防潮。

复方大黄酊

Fufang Dahuang Ding

【处方】　大黄100g　　　　　陈皮20g　　　　　草豆蔻20g

【制法】　取大黄、陈皮、草豆蔻粉碎成最粗粉，混匀，照酊剂项下的渗漉法（附录0109），用60%乙醇作溶剂，浸渍24小时后，以每分钟3～5ml的速度缓缓渗漉，收集漉液1000ml，静置，俟澄清，滤过，即得。

【性状】　本品为黄棕色的液体；气香，味苦、微涩。

【鉴别】　（1）取本品2ml，置瓷坩埚中，水浴蒸干，进行微量升华，升华物置显微镜下观察，可见菱状针晶或羽状结晶，滴加氢氧化钠试液，结晶溶解，溶液显紫红色。

（2）取本品1ml，水浴蒸干，残渣加水10ml使溶解，滤过，滤液加盐酸1ml，水浴加热30分钟，立即冷却，用乙醚分2次提取，每次20ml，合并乙醚液，挥干，残渣加三氯甲烷1ml使溶解，作为供试品溶液。另取大黄对照药材0.1g，加乙醇20ml，浸渍1小时，滤过，取滤液5ml，蒸干，残渣加水10ml使溶解，再加盐酸1ml，自"水浴加热30分钟"起同法操作，制成对照药材溶液。照薄层色谱法（附录0502）试验，吸取上述两种溶液各5μl，分别点于同一硅胶H薄层板上，以石油醚（30～60℃）-甲酸乙酯-甲酸（15:5:1）的上层溶液为展开剂，展开，取出，晾干，置紫外光灯（365nm）下检视。供试品色谱中，在与对照药材色谱相应的位置上，显相同的五个橙黄色荧光主斑点；置氨蒸气中熏后，斑点变为红色。

【检查】 土大黄苷 取本品1ml，加甲醇至10ml，超声处理20分钟，滤过，取滤液1ml，加甲醇至10ml，作为供试品溶液。另取土大黄苷对照品，加甲醇制成每1ml含10μg的溶液，作为对照品溶液（临用新制）。照薄层色谱法（附录0502）试验，吸取上述两种溶液各5μl，分别点于同一聚酰胺薄膜上，以甲苯-甲酸乙酯-丙酮-甲醇-甲酸（30:5:5:20:0.1）为展开剂，展开，取出，晾干，置紫外光灯（365nm）下检视。供试品色谱中，在与对照品色谱相应的位置上，不得显相同的亮蓝色荧光斑点。

乙醇量 应为50%~58%（附录0711）。

其他 应符合酊剂项下有关的各项规定（附录0109）。

【功能】 健脾消食，理气开胃。

【主治】 慢草不食，食滞不化。

【用法与用量】 马、牛30~100ml；羊、猪5~20ml；犬、猫1~4ml。

【贮藏】 密封，置阴凉处。

复方龙胆酊（苦味酊）

Fufang Longdan Ding

【处方】 龙胆100g　　　　陈皮40g　　　　草豆蔻10g

【制法】 取龙胆、陈皮、草豆蔻粉碎成最粗粉，混匀，照酊剂项下的渗漉法（附录0109），用60%乙醇作溶剂，浸渍24小时后，以每分钟3~5ml的速度渗漉，收集漉液1000ml，静置，俟澄清，滤过，即得。

【性状】 本品为黄棕色的液体；气香，味苦。

【鉴别】 取本品上清液滤过，取滤液作为供试品溶液。另取龙胆对照药材0.25g，加甲醇5ml，浸渍30分钟，取上清液滤过，滤液作为对照药材溶液。照薄层色谱法（附录0502）试验，吸取上述两种溶液各5μl，分别点于同一硅胶GF$_{254}$薄层板上，以三氯甲烷-甲醇-水（15:5:0.5）的下层溶液为展开剂，展开，取出，晾干，置紫外光灯（254nm）下检视。供试品色谱中，在与对照药材色谱相应的位置上，显相同颜色的斑点。

【检查】 乙醇量 应为50%~58%（附录0711）。

其他 应符合酊剂项下有关的各项规定（附录0109）。

【功能】 健脾开胃。

【主治】 脾不健运，食欲不振，消化不良。

【用法与用量】 马、牛50~100ml；羊、猪5~20ml；犬、猫1~4ml。

【贮藏】 密封，置阴凉处。

复方豆蔻酊

Fufang Doukou Ding

【处方】 草豆蔻20g　　　　小茴香10g　　　　桂皮25g

【制法】 取草豆蔻、茴香、桂皮粉碎成粗粉，混匀，照酊剂项下的浸渍法（附录0109），用60%乙醇900ml，依法浸渍后，加甘油50ml与60%乙醇适量，使成1000ml，即得。

【性状】 本品为黄棕色或红棕色的液体；气香，味微辛。

【鉴别】 取本品滤过，滤液作为供试品溶液。另取桂皮醛对照品，加乙醇制成每1ml含1μl的溶液，作为对照品溶液。照薄层色谱法（附录0502）试验，吸取上述两种溶液各4μl，分别点于同一硅胶G薄层板上，以石油醚（60~90℃）-乙酸乙酯（17:3）为展开剂，展开，取出，晾干，喷以二硝基苯肼乙醇试液。供试品色谱中，在与对照品色谱相应的位置上，显相同颜色的斑点。

【检查】 乙醇量 应为52%~57%（附录0711）。

其他 应符合酊剂项下有关的各项规定（附录0109）。

【功能】 温中健脾，行气止呕。

【主治】 寒湿困脾，翻胃少食，脾胃虚寒，食积腹胀，伤水冷痛。

【用法与用量】 马、牛30~100ml；羊、猪10~20ml；犬、猫2~6ml。

【贮藏】 密封，置阴凉处。

复明蝉蜕散
Fuming Chantui San

【处方】 蝉蜕35g　　龙胆35g　　生地黄25g　　菊花25g
　　　　 珍珠母50g　决明子30g　栀子25g　　　黄芩40g
　　　　 白芷25g　　防风25g　　苍术35g　　　蒺藜25g
　　　　 青葙子25g　木贼35g　　旋覆花25g

【制法】 以上15味，粉碎，过筛，混匀，即得。

【性状】 本品为黄褐色的粉末；气香，味苦。

【鉴别】 （1）取本品，置显微镜下观察：几丁质皮壳碎片淡黄棕色，半透明，密布乳头状或短刺状突起。表皮细胞长方形，壁厚，密波状弯曲，内含砂粒状硅酸盐结晶；气孔特异，保卫细胞壁放射状增厚。草酸钙针晶细小，长5~32μm，不规则地充塞于薄壁细胞中。油管含金黄色分泌物，直径17~60μm。纤维淡黄色，梭形，壁厚，孔沟细。种皮栅状细胞1列，长40~72μm，其下数列细胞含草酸钙簇晶及方晶。种皮石细胞黄色或淡棕色，多破碎，完整者长多角形、长方形或形状不规则，壁厚，有大的圆形纹孔，胞腔棕红色。果皮纤维上下层纵横交错排列。种皮细胞暗棕红色，表面观多角形，有网状增厚纹理。不规则碎片灰白色或近无色，表面呈颗粒性，边缘呈不规则锯齿状。

（2）取本品5g，加乙醚20ml，振摇20分钟，弃去乙醚，残渣挥干乙醚，加乙酸乙酯30ml，加热回流1小时，放冷，滤过，滤液蒸干，残渣加甲醇3ml使溶解，滤过，滤液作为供试品溶液。另取栀子对照药材0.3g，同法制成对照药材溶液。照薄层色谱法（附录0502）试验，吸取上述两种溶液各10μl，分别点于同一硅胶G薄层板上，以乙酸乙酯-丙酮-甲酸-水（10:7:2:0.5）为展开剂，展开，取出，晾干，喷以10%硫酸乙醇溶液，晾干，在110℃加热至斑点显色清晰。供试品色谱中，在与对照药材色谱相应的位置上，显相同颜色的斑点。

【检查】 应符合散剂项下有关的各项规定（附录0101）。

【功能】 清肝明目，退翳消肿。

【主治】 目赤肿痛，睛生云翳。

【用法与用量】 马、牛200～300g。

【贮藏】 密闭，防潮。

保胎无忧散

Baotai Wuyou San

【处方】 当归50g   川芎20g   熟地黄50g   白芍30g

黄芪30g   党参40g   白术（炒焦）60g   枳壳30g

陈皮30g   黄芩30g   紫苏梗30g   艾叶20g

甘草20g

【制法】 以上13味，粉碎，过筛，混匀，即得。

【性状】 本品为淡黄色的粉末；气香，味甘、微苦。

【鉴别】 （1）取本品，置显微镜下观察：薄壁细胞纺锤形，壁略厚，有极微细的斜向交错纹理。薄壁组织灰棕色至黑棕色，细胞多皱缩，内含棕色核状物。纤维淡黄色，梭形，壁厚，孔沟细。联结乳管直径12～15μm，含细小颗粒状物。草酸钙针晶细小，长10～32μm，不规则地充塞于薄壁细胞中。纤维成束或散离，壁厚，表面有纵裂纹，两端断裂成帚状或较平截。草酸钙方晶成片存在于薄壁组织中。纤维束周围薄壁细胞含草酸钙方晶，形成晶纤维。草酸钙簇晶直径18～32μm，存在于薄壁细胞中，常排列成行或一个细胞中含有数个簇晶。T形毛弯曲，柄2～4细胞。

（2）取本品5g，加乙醚50ml，超声处理10分钟，滤过，滤液挥干，残渣加乙酸乙酯1ml使溶解，作为供试品溶液。另取当归对照药材0.5g、川芎对照药材0.25g，分别加乙醚15ml，同法制成对照药材溶液。照薄层色谱法（附录0502）试验，吸取上述三种溶液各5μl，分别点于同一硅胶G薄层板上，以正己烷-乙酸乙酯（9:1）为展开剂，展开，取出，晾干，置紫外光灯（365nm）下检视。供试品色谱中，在与对照药材色谱相应的位置上，显相同颜色的荧光斑点。

（3）取本品4g，加石油醚（60～90℃）15ml，超声处理30分钟，滤过，滤液挥干，残渣加石油醚（60～90℃）3ml使溶解，作为供试品溶液。另取白术对照药材0.5g，加石油醚（60～90℃）5ml，同法制成对照药材溶液。照薄层色谱法（附录0502）试验，吸取上述两种溶液各5μl，分别点于同一硅胶H薄层板上，以石油醚（60～90℃）-乙酸乙酯（100:2）为展开剂，展开，取出，晾干。喷以5%对二甲氨基苯甲醛的10%硫酸溶液，在100℃加热至斑点显色清晰。供试品色谱中，在与对照药材色谱相应的位置上，显相同的桃红色主斑点（苍术酮）。

【检查】 应符合散剂项下有关的各项规定（附录0101）。

【功能】 养血，补气，安胎。

【主治】 胎动不安。

【用法与用量】 马、牛200～300g；羊、猪30～60g。

【贮藏】 密闭，防潮。

保 健 锭
Baojian Ding

【处方】　樟脑30g　　　　薄荷脑5g　　　　　大黄15g　　　　　陈皮8g
　　　　　龙胆15g　　　　甘草7g

【制法】　大黄、陈皮、龙胆、甘草4味粉碎成中粉；将樟脑、薄荷脑溶于适量乙醇中，再加入上述粉末及适量滑石粉、淀粉，总量为100g，混匀，压制成锭，阴干，即得。

【性状】　本品为黄褐色扁圆形的块体；有特殊芳香气，味辛、苦。

【鉴别】　（1）取本品，置显微镜下观察：草酸钙簇晶大，直径60～140μm。外皮层细胞表面观纺锤形，每个细胞由横壁分隔成数个小细胞。纤维束周围薄壁细胞含草酸钙方晶，形成晶纤维。草酸钙方晶成片存在于薄壁组织中。

（2）取本品1g，加甲醇20ml，浸渍1小时，时时振摇，滤过，取滤液10ml，蒸干，残渣加水10ml使溶解，再加盐酸1ml，置水浴上加热30分钟，立即冷却，用乙醚提取2次，每次10ml，合并乙醚液，蒸干，残渣加三氯甲烷1ml使溶解，作为供试品溶液。另取大黄对照药材0.2g，同法制成对照药材溶液。照薄层色谱法（附录0502）试验，吸取上述两种溶液各5μl，分别点于同一硅胶H薄层板上，以石油醚（30～60℃）-甲酸乙酯-甲酸（15:5:1）的上层溶液为展开剂，展开，取出，晾干，置紫外光灯（365nm）下检视。供试品色谱中，在与对照药材色谱相应的位置上，显相同的五个橙黄色荧光主斑点；置氨蒸气中熏后，日光下检视，斑点变为红色。

【检查】　应符合锭剂项下有关的各项规定（附录0105）。

【功能】　健脾开胃，通窍醒神。

【主治】　消化不良，食欲不振。

【用法与用量】　马、牛12～40g；羊、猪4～12g；兔、禽0.5～2g。

【贮藏】　密闭，防潮。

促孕灌注液
Cuyun Guanzhuye

【处方】　淫羊藿400g　　　　益母草400g　　　　红花200g

【制法】　以上3味，加水煎煮提取后，滤过，滤液浓缩，放冷，分别加入乙醇和明胶溶液除去杂质，药液加注射用水至1000ml，煮沸，冷藏，滤过，加葡萄糖50g使溶解，精滤，灌封，灭菌，即得。

【性状】　本品为棕黄色的液体，加热后应澄明。

【鉴别】　（1）取本品10ml，水浴蒸至近干，加甲醇10ml，振摇使溶解，滤过，滤液蒸干，残渣加甲醇2ml使溶解（必要时可微热），作为供试品溶液。另取淫羊藿苷对照品，加乙醇制成每1ml含0.5mg的溶液，作为对照品溶液。照薄层色谱法（附录0502）试验，吸取上述两种溶液各10μl，分别点于同一硅胶H薄层板上，以乙酸乙酯-丁酮-甲酸-水（10:1:1:1）为展开剂，展开，取出，晾干，置紫外光灯（365nm）下检视。供试品色谱中，在与对照品色谱相应的位置上，显相同颜色的斑点；喷以三氯化铝试液，在105℃加热数分钟，置紫外光灯（365nm）下检视，显橙黄色荧光斑点。

（2）取本品10ml，水浴蒸至近干，加甲醇10ml，超声处理5分钟，滤过，滤液蒸干，残渣加70%甲醇5ml使溶解，作为供试品溶液。另取益母草对照药材1g，加70%乙醇25ml，加热回流2小时，放冷，滤过，取滤液10ml，蒸干，残渣加无水乙醇1ml使溶解，取上清液作为对照药材溶液。再取盐酸水苏碱对照品，加70%甲醇制成每1ml含0.5mg的溶液，作为对照品溶液。照薄层色谱法（附录0502）试验，吸取上述三种溶液各10μl，分别点于同一硅胶G薄层板上，以丙酮-无水乙醇-盐酸（10:6:1）为展开剂，展开，取出，晾干，在105℃加热15分钟，放冷，喷以稀碘化铋钾试液-三氯化铁试液（10:1）混合溶液至斑点显色清晰。供试品色谱中，在与对照品和对照药材色谱相应的位置上，显相同颜色的斑点。

【检查】 pH值 应为5.0～7.0（附录0631）。

无菌 取本品，依法检查（附录1101无菌检查项下），应符合规定。

其他 应符合灌注剂项下有关的各项规定（附录0112）。

【功能】 补肾壮阳，活血化瘀，催情促孕。

【主治】 卵巢静止和持久黄体性的不孕症。

【用法与用量】 子宫内灌注：马、牛20～30ml。

【贮藏】 密封，避光。

独活寄生散
Duhuo Jisheng San

【处方】

独活25g	桑寄生45g	秦艽25g	防风25g
细辛10g	当归25g	白芍15g	川芎15g
熟地黄45g	杜仲30g	牛膝30g	党参30g
茯苓30g	肉桂20g	甘草15g	

【制法】 以上15味，粉碎，过筛，混匀，即得。

【性状】 本品为黄褐色的粉末；气香，味辛、甘、微苦。

【鉴别】 （1）取本品，置显微镜下观察：下皮细胞类长方形，壁细波状弯曲，夹有类方形或长圆形分泌细胞。不规则分枝状团块无色，遇水合氯醛液溶化；菌丝无色或淡棕色，直径4～6μm。纤维束周围薄壁细胞含草酸钙方晶，形成晶纤维。联结乳管直径12～15μm，含细小颗粒状物。草酸钙簇晶直径18～32μm，存在于薄壁细胞中，常排列成行或一个细胞中含数个簇晶。薄壁细胞纺锤形，壁略厚，有极微细的斜向交错纹理。薄壁组织灰棕色至黑棕色，细胞多皱缩，内含棕色核状物。石细胞类圆形或类长方形，壁一面菲薄。油管含金黄色分泌物，直径17～60μm。草酸钙砂晶存在于薄壁细胞中。橡胶丝条状或扭曲成团，表面带颗粒性。叠生星状毛，完整者2～5叠生，每叠3～4出分枝，分枝多弯曲，末端渐尖，壁稍厚。

（2）取本品5g，加乙醚50ml，超声处理10分钟，滤过，滤液挥干，残渣加乙酸乙酯1ml使溶解，作为供试品溶液。另取当归对照药材0.3g、川芎对照药材0.25g，分别加乙醚15ml，同法制成对照药材溶液。照薄层色谱法（附录0502）试验，吸取上述三种溶液各5μl，分别点于同一硅胶G薄层板上，以正己烷-乙酸乙酯（9:1）为展开剂，展开，取出，晾干，置紫外光灯（365nm）下检视。

供试品色谱中，在与对照药材色谱相应的位置上，显相同颜色的荧光斑点。

（3）取本品8g，加乙醚25ml，浸渍过夜，滤过，滤液挥干，残渣加三氯甲烷1ml使溶解，作为供试品溶液。另取独活对照药材1g，加乙醚5ml，同法制成对照药材溶液。照薄层色谱法（附录0502）试验，吸取上述两种溶液各4μl，分别点于同一硅胶G薄层板上，以正己烷-苯-乙酸乙酯（2∶1∶1）为展开剂，展开，取出，晾干，置紫外光灯（365nm）下检视。供试品色谱中，在与对照药材色谱相应的位置上，显相同颜色的荧光主斑点。

【检查】　应符合散剂项下有关的各项规定（附录0101）。

【功能】　益肝肾，补气血，祛风湿。

【主治】　痹症日久，肝肾两亏，气血不足。

【用法与用量】　马、牛250～350g；羊、猪60～90g。

【贮藏】　密闭，防潮。

姜　　酊
Jiang Ding

本品为姜流浸膏经加工制成的酊剂。

【制法】　取姜流浸膏200ml，加90%乙醇使成1000ml，混合后，静置，滤过，即得。

【性状】　本品为淡黄色的液体；气香，味辣。

【检查】　乙醇量　应为80%～88%（附录0711）。

　其他　应符合酊剂项下有关的各项规定（附录0109）。

【功能】　温中散寒，健脾和胃。

【主治】　脾胃虚寒，食欲不振，冷痛。

【用法与用量】　马、牛40～60ml；羊、猪15～30ml；犬、猫2～5ml。

【贮藏】　密封，置阴凉处。

洗　心　散
Xixin San

【处方】　天花粉25g　　木通20g　　黄芩45g　　黄连30g
　　　　　连翘30g　　　茯苓20g　　黄柏30g　　桔梗25g
　　　　　白芷15g　　　栀子30g　　牛蒡子45g

【制法】　以上11味，粉碎，过筛，混匀，即得。

【性状】　本品为棕黄色的粉末；气微香，味苦。

【鉴别】　（1）取本品，置显微镜下观察：淀粉粒类球形、半圆形或盔帽形，直径27～48μm，脐点点状、短缝状、人字状或星状，层纹隐约可见。纤维淡黄色，梭形，壁厚，孔沟细。纤维束鲜黄色，壁稍厚，纹孔明显。内果皮纤维上下层纵横交错，纤维短梭形。纤维束鲜黄色，周围细胞含草酸钙方晶，形成晶纤维，含晶细胞的壁木化增厚。不规则分枝状团块无色，遇水合氯醛液溶化；菌丝无色或淡棕色，直径4～6μm。联结乳管直径14～25μm，含淡黄色颗粒状物。油管碎片含黄棕色分泌物。种皮石细胞黄色或淡棕色，多破碎，完整者长多角形、长方形或形状不规则，壁厚，有大的圆形纹孔，胞腔棕红色。

（2）取本品2g，加甲醇20ml，加热回流15分钟，放冷，用铺有滤纸与氧化铝的滤器滤过，滤液作为供试品溶液。另取黄连对照药材0.2g，同法制成对照药材溶液。再取盐酸小檗碱对照品，加甲醇制成每1ml含0.5mg的溶液，作为对照品溶液。照薄层色谱法（附录0502）试验，吸取上述三种溶液各2μl，分别点于同一硅胶G薄层板上，以苯-乙酸乙酯-甲醇-异丙醇-浓氨试液（6:3:1.5:1.5:0.5）为展开剂，置氨蒸气饱和的展开缸内，展开，取出，晾干，置紫外光灯（365nm）下检视。供试品色谱中，在与对照品色谱和对照药材色谱相应的位置上，显相同颜色的荧光斑点。

（3）取本品2g，加甲醇20ml，加热回流1小时，放冷，滤过，滤液作为供试品溶液。另取黄芩苷对照品，加乙醇制成每1ml含0.5mg的溶液，作为对照品溶液。照薄层色谱法（附录0502）试验，吸取供试品溶液20μl、对照品溶液10μl，分别点于用4%醋酸钠溶液制备的硅胶G薄层板上，以乙酸乙酯-丁酮-甲酸-水（5:3:1:1）为展开剂，展开，取出，晾干，喷以2%三氯化铁乙醇溶液。供试品色谱中，在与对照品色谱相应的位置上，显一相同的暗绿色斑点。

【检查】　应符合散剂项下有关的各项规定（附录0101）。

【功能】　清心，泻火，解毒。

【主治】　心经积热，口舌生疮。

【用法与用量】　马、牛250～350g；羊、猪40～60g。

【贮藏】　密闭，防潮。

穿白痢康丸
Chuanbai Likang Wan

【处方】　穿心莲200g　　　白头翁100g　　　黄芩50g　　　功劳木50g
　　　　　秦皮50g　　　　　广藿香50g　　　　陈皮50g

【制法】　以上7味，粉碎成细粉，过筛，混匀，用水泛丸，低温干燥，包衣，打光，干燥，即得。

【性状】　本品为黑色的水丸，除去包衣后显黄棕色至棕褐色，味苦。

【鉴别】　（1）取本品，置显微镜下观察：纤维淡黄色，梭形，壁厚，孔沟细。叶表皮组织中含钟乳体晶细胞。非腺毛单细胞，较平直，多碎断，直径13～33μm，有的表面可见螺状或双螺状纹理。草酸钙方晶成片存在于薄壁组织中。非腺毛1～6细胞，壁有疣状突起。草酸钙砂晶充塞于薄壁细胞中。

（2）取本品3.5g，研细，加甲醇10ml，超声处理20分钟，置铺有滤纸与氧化铝的滤器滤过，滤液作为供试品溶液。另取盐酸小檗碱对照品、盐酸巴马汀对照品，加甲醇制成每1ml各含0.5mg的混合溶液，作为对照品溶液。照薄层色谱法（附录0502）试验，吸取上述供试品溶液2μl，对照品溶液1μl，分别点于同一硅胶G薄层板上，以苯-乙酸乙酯-甲醇-异丙醇-浓氨试液（6:3:1.5:1.5:0.5）为展开剂，置氨蒸气饱和的展开缸中，展开，取出，晾干，置紫外光灯（365nm）下检视。供试品色谱中，在与对照品色谱相应的位置上，显两个相同的黄色荧光斑点。

（3）取本品2g，研细，加甲醇20ml，超声处理20分钟，滤过，滤液置水浴上蒸干，残渣加甲醇5ml使溶解，置铺有滤纸与氧化铝的滤器滤过，滤液浓缩至1ml，作为供试品溶液。另取脱水穿心莲内酯对照品、穿心莲内酯对照品，加乙醇制成每1ml各含1mg的混合溶液，作为对照品溶液。照薄层色谱法（附录0502）试验，吸取上述两种溶液各5μl，分别点于同一硅胶GF$_{254}$薄层板上，以三氯甲烷-乙酸乙酯-甲醇（4∶3∶0.4）为展开剂，展开，取出，晾干，置紫外光灯（254nm）下检视。供试品色谱中，在与对照品色谱相应的位置上，显相同颜色的斑点。

【检查】 应符合丸剂项下有关的各项规定（附录0104）。

【含量测定】 照高效液相色谱法（附录0512）测定。

色谱条件与系统适用性试验 以十八烷基硅烷键合硅胶为填充剂；以甲醇-水（52∶48）为流动相；检测波长为240nm。理论板数按脱水穿心莲内酯峰计算应不低于2000。

对照品溶液的制备 取穿心莲内酯对照品约15mg，脱水穿心莲内酯对照品约10mg，精密称定，置100ml量瓶中，加甲醇溶解并稀释至刻度，精密吸取5ml置25ml量瓶中，加甲醇稀释至刻度，摇匀，即得（每1ml含穿心莲内酯30μg，脱水穿心莲内酯20μg）。

供试品溶液的制备 取本品研细的粉末约1g，精密称定，置具塞锥形瓶中，精密加入甲醇20ml，密塞，称定重量，冷浸30分钟，超声处理（功率250W频率40kHz）30分钟，放冷，再称定重量，用甲醇补足减失的重量，摇匀，滤过，精密量取续滤液10ml，置中性氧化铝柱（200～300目，5g，内径为1.5cm）上，用甲醇15ml洗脱，收集洗脱液，置25ml量瓶中，加甲醇至刻度，摇匀，取滤液，即得。

测定法 分别精密吸取对照品溶液与供试品溶液各10μl，注入液相色谱仪，测定，即得。

本品每1g含穿心莲以穿心莲内酯（$C_{20}H_{30}O_5$）、脱水穿心莲内酯（$C_{20}H_{28}O_4$）的总量计，不得少于3.0mg。

【功能】 清热解毒，祛湿止痢。

【主治】 湿热泻痢，雏鸡白痢。

【用法与用量】 一次量，雏鸡4丸，一日2次。

【规格】 每4丸重0.12g。

【贮藏】 密封。

穿梅三黄散
Chuanmei Sanhuang San

【处方】 大黄50g　　　　　黄芩30g　　　　　黄柏10g　　　　　穿心莲5g
乌梅5g

【制法】 以上5味，粉碎，过筛，混匀，即得。

【性状】 本品为灰黄色粉末；气微香，味微苦。

【鉴别】 （1）取本品，置显微镜下观察：草酸钙簇晶大，直径60～140μm。纤维淡黄色，梭形，壁厚，孔沟细。纤维束鲜黄色，周围细胞含草酸钙方晶，形成晶纤维，含晶细胞的壁木化增厚。叶表皮组织中含钟乳体晶细胞。果皮表皮细胞淡黄棕色，细胞表面观类多角形，壁稍厚，表皮布有单细胞非腺毛或毛茸脱落后的痕迹。

（2）取本品0.3g，加甲醇20ml，浸渍1小时，滤过，取滤液5ml，蒸干，残渣加水10ml使溶解，再加盐酸1ml，加热回流30分钟，立即冷却，用乙醚分2次振摇提取，每次20ml，合并乙醚液，蒸干，残渣加三氯甲烷1ml使溶解，作为供试品溶液。另取大黄对照药材0.1g，同法制成对照药材溶液。再取大黄酸对照品，加甲醇制成每1ml含1mg的溶液，作为对照品溶液。照薄层色谱法（附录0502）试验，吸取上述三种溶液各4μl，分别点于同一硅胶H薄层板上，以石油醚（30~60℃）-甲酸乙酯-甲酸（15:5:1）的上层溶液为展开剂，展开，取出，晾干，置紫外光灯（365nm）下检视。供试品色谱中，在与对照药材色谱相应的位置上，显相同的五个橙黄色荧光主斑点；在与对照品色谱相应的位置上，显相同的橙黄色荧光斑点；置氨蒸气中熏后，日光下检视，斑点变为红色。

【检查】 应符合散剂项下有关的各项规定（附录0101）。

【功能】 清热解毒。

【主治】 细菌性败血症，肠炎，烂鳃与赤皮病。

【用法与用量】 拌饵投喂：每1kg体重，鱼0.6g，连用3~5日。必要时15日后可重复用药。

【不良反应】 尚未见不良反应。

【贮藏】 密闭，防潮。

【有效期】 2年。

泰山盘石散
Taishan Panshi San

【处方】 党参30g　黄芪30g　当归30g　续断30g
黄芩30g　川芎15g　白芍30g　熟地黄45g
白术30g　砂仁15g　炙甘草12g

【制法】 以上11味，粉碎，过筛，混匀，即得。

【性状】 本品为淡棕色的粉末；气微香，味甘。

【鉴别】 （1）取本品，置显微镜下观察：纤维成束或散离，壁厚，表面有纵裂纹，两端断裂成帚状或较平截。薄壁细胞纺锤形，壁略厚，具极微细的斜向交错纹理。纤维淡黄色，梭形，壁厚，孔沟细。草酸钙簇晶直径18~32μm，存在于薄壁细胞中，常排列成行或一个细胞含数个簇晶。草酸钙针晶细小，长10~32μm，不规则地充塞于薄壁细胞中。内种皮石细胞黄棕色或棕红色，表面观类多角形，壁厚，胞腔含硅质块。纤维束周围薄壁细胞含草酸钙方晶，形成晶纤维。

（2）取本品5g，加正己烷20ml，超声处理30分钟，滤过，滤液作为供试品溶液。另取白术对照药材0.5g，加正己烷5ml，同法制成对照药材溶液。照薄层色谱法（附录0502）试验，吸取上述两种溶液各10μl，分别点于同一硅胶G薄层板上，以石油醚（60~90℃）-乙酸乙酯（50:1）为展开剂，展开，取出，晾干，喷以5%香草醛硫酸溶液，加热至斑点显色清晰。供试品色谱中，在与对照药材相应的位置上，显相同颜色的斑点，并应显有一桃红色的主斑点（苍术酮）。

【检查】 应符合散剂项下有关的各项规定（附录0101）。

【功能】 补气血，安胎。

【主治】 气血两虚所致胎动不安，习惯性流产。

【用法与用量】 马、牛250~350g；羊、猪60~90g；犬、猫5~15g。

【贮藏】 密闭，防潮。

秦 艽 散

Qinjiao San

【处方】 秦艽30g　　　　黄芩20g　　　　瞿麦25g　　　　当归25g

红花15g　　　　蒲黄25g　　　　大黄20g　　　　白芍20g

甘草15g　　　　栀子25g　　　　淡竹叶15g　　　天花粉25g

车前子25g

【制法】 以上13味，除蒲黄外，其余12味粉碎，再加入蒲黄，过筛，混匀，即得。

【性状】 本品为灰黄色的粉末；气香，味苦。

【鉴别】 （1）取本品，置显微镜下观察：花粉粒黄棕色、类圆形，直径约至30μm，表面有网状雕纹。纤维淡黄色，梭形，壁厚，孔沟细。纤维束周围薄壁细胞含草酸钙簇晶，形成晶纤维，含晶细胞纵向成行。薄壁细胞纺锤形，壁略厚，有极微细的斜向交错纹理。花粉粒类圆形或椭圆形，直径43～66μm，外壁具短刺和点状雕纹，有3个萌发孔。草酸钙簇晶大，直径60～140μm。草酸钙簇晶直径18～32μm，存在于薄壁细胞中，常排列成行或一个细胞中含有数个簇晶。种皮石细胞黄色或淡棕色，多破碎，完整者长多角形、长方形或形状不规则，壁厚，有大的圆形纹孔，胞腔棕红色。淀粉粒类球形、半圆形或盔帽形，直径27～48μm，脐点点状、短缝状、人字状或星状，层纹隐约可见。表皮细胞狭长，垂周壁深波状弯曲，有气孔，保卫细胞哑铃状。纤维束周围薄壁细胞含草酸钙方晶，形成晶纤维。

（2）取本品1g，加80%丙酮溶液10ml，密塞，超声处理20分钟，滤过，滤液作为供试品溶液。另取红花对照药材0.5g，加80%丙酮溶液5ml，同法制成对照药材溶液。照薄层色谱法（附录0502）试验，吸取上述两种溶液各5μl，分别点于同一硅胶H薄层板上，以乙酸乙酯-甲酸-水-甲醇（7:2:3:0.4）为展开剂，展开，取出，晾干。供试品色谱中，在与对照药材色谱相应的位置上，显相同颜色的斑点。

（3）取本品1.5g，加甲醇20ml，浸泡1小时，滤过，取滤液5ml，蒸干，残渣加水10ml使溶解，再加盐酸1ml，加热回流30分钟，立即冷却，用乙醚分2次振摇提取，每次20ml，合并乙醚液，蒸干，残渣加三氯甲烷1ml使溶解，作为供试品溶液。另取大黄对照药材0.1g，同法制成对照药材溶液。再取大黄酸对照品，加甲醇制成每1ml含1mg的溶液，作为对照品溶液。照薄层色谱法（附录0502）试验，吸取上述三种溶液各4μl，分别点于同一硅胶H薄层板上，以石油醚（30～60℃）-甲酸乙酯-甲酸（15:5:1）的上层溶液为展开剂，展开，取出，晾干，置紫外光灯（365nm）下检视。供试品色谱中，在与对照药材色谱相应的位置上，显相同的五个橙黄色荧光主斑点；在与对照品色谱相应的位置上，显相同的橙黄色荧光斑点；置氨蒸气中熏后，日光下检视，斑点变为红色。

【检查】 应符合散剂项下有关的各项规定（附录0101）。

【功能】 清热利尿，祛瘀止血。

【主治】 膀胱积热，努伤尿血。

【用法与用量】 马、牛250～350g；羊、猪30～60g。

【贮藏】 密闭，防潮。

桂　心　散
Guixin San

【处方】　肉桂25g　　　　　青皮20g　　　　　白术30g　　　　　厚朴30g
　　　　　　益智20g　　　　　干姜25g　　　　　当归20g　　　　　陈皮25g
　　　　　　砂仁25g　　　　　五味子25g　　　　肉豆蔻25g　　　　甘草25g

【制法】　以上12味，粉碎，过筛，混匀，即得。

【性状】　本品为褐色的粉末；气香，味辛、甘。

【鉴别】　（1）取本品，置显微镜下观察：石细胞类圆形或类长方形，壁一面菲薄。草酸钙针晶细小，长10～32μm，不规则地充塞于薄壁细胞中。石细胞分枝状，壁厚，层纹明显。薄壁细胞纺锤形，壁略厚，有极细微的斜向交错纹理。草酸钙方晶成片存在于薄壁细胞中。内种皮厚壁细胞黄棕色或红棕色，表面观类多角形，壁厚，胞腔含硅质块。纤维束周围薄壁细胞含草酸钙方晶，形成晶纤维。脂肪油滴众多，放置后析出针簇状结晶。种皮表皮石细胞淡黄棕色，表面观类多角形，壁较厚，孔沟细密，胞腔含暗棕色物。

　　　　　（2）取本品5g，加甲醇25ml，密塞，振摇30分钟，滤过，滤液浓缩至约5ml，作为供试品溶液。另取厚朴酚对照品与和厚朴酚对照品，加甲醇制成每1ml各含1mg的混合溶液，作为对照品溶液。照薄层色谱法（附录0502）试验，吸取上述两种溶液各5μl，分别点于同一硅胶GF254薄层板上，以三氯甲烷-乙酸乙酯（10:1）为展开剂，展开，取出，晾干，置紫外光灯（254nm）下检视。供试品色谱中，在与对照品色谱相应的位置上，显相同颜色的两个斑点。

【检查】　应符合散剂项下有关的各项规定（附录0101）。

【功能】　温中散寒，理气止痛。

【主治】　胃寒草少，胃冷吐涎，冷痛。

【用法与用量】　马、牛250～350g；羊、猪45～60g。

【贮藏】　密闭，防潮。

桃　花　散
Taohua San

【处方】　陈石灰480g　　　　　大黄90g

【制法】　先将大黄置于锅内，加水300ml，煮沸5～10分钟，加陈石灰（或熟石灰）搅拌，炒干，粉碎成细粉，过筛，混匀，即得。

【性状】　本品为粉红色的细粉。味微苦、涩。

【鉴别】　取本品1g，加甲醇20ml，浸渍1小时，滤过，取滤液5ml，蒸干，残渣加水10ml，再加盐酸1ml，加热回流30分钟，立即冷却，用乙醚分2次振摇提取，每次20ml，合并乙醚液，蒸干，残渣加三氯甲烷1ml使溶解，作为供试品溶液。另取大黄对照药材0.1g，同法制成对照药材溶液。再取大黄酸对照品，加甲醇制成每1ml含1mg的溶液，作为对照品溶液。照薄层色谱法（附录0502）试验，吸取上述三种溶液各4μl，分别点于同一硅胶H薄层板上，以石油醚

（30～60℃）-甲酸乙酯-甲酸（15:5:1）的上层溶液为展开剂，展开，取出，晾干，置紫外光灯下（365nm）下检视。供试品色谱中，在与对照药材色谱相应的位置上，显相同的五个橙黄色荧光主斑点；在与对照品色谱相应的位置上，显相同的橙黄色荧光斑点；置氨蒸气中熏后，日光下检视，斑点变为红色。

【检查】　应符合散剂项下有关的各项规定（附录0101）。

【功能】　收敛，止血。

【主治】　疮疡不敛，外伤出血。

【用法与用量】　外用适量，撒布创面。

【贮藏】　密闭，防潮。

破 伤 风 散
Poshangfeng San

【处方】　甘草500g　　　　蝉蜕120g　　　　钩藤90g　　　　川芎30g
　　　　　荆芥45g　　　　　防风60g　　　　　大黄60g　　　　关木通45g
　　　　　黄芪50g

【制法】　以上9味，粉碎，过筛，混匀，即得。

【性状】　本品为黄褐色的粉末；气香，味甜、微苦。

【鉴别】　（1）取本品，置显微镜下观察：纤维束周围薄壁细胞含草酸钙方晶，形成晶纤维。几丁质皮壳碎片淡黄棕色，半透明，密布乳头状或短刺状突起。油管含金黄色分泌物，直径17～60μm。草酸钙簇晶大，直径60～140μm。纤维成束或散离，壁厚，表面有纵裂纹，两端断裂成帚状或较平截。非腺毛1～6细胞，大多具壁疣。具缘纹孔导管大，直径约至328μm，具缘纹孔类圆形，排列紧密。

（2）取本品2g，加甲醇20ml，浸渍1小时，滤过，取滤液5ml，蒸干，残渣加水10ml使溶解，再加盐酸1ml，加热回流30分钟，立即冷却，用乙醚分2次振摇提取，每次20ml，合并乙醚液，蒸干，残渣加三氯甲烷1ml使溶解，作为供试品溶液。另取大黄对照药材0.1g，同法制成对照药材溶液。再取大黄酸对照品，加甲醇制成每1ml含1mg的溶液，作为对照品溶液。照薄层色谱法（附录0502）试验，吸取上述三种溶液各4μl，分别点于同一硅胶H薄层板上，以石油醚（30～60℃）-甲酸乙酯-甲酸（15:5:1）的上层溶液为展开剂，展开，取出，晾干，置紫外光灯（365nm）下检视。供试品色谱中，在与对照药材色谱相应的位置上，显相同的五个橙黄色荧光主斑点；在与对照品色谱相应的位置上，显相同的橙黄色荧光斑点；置氨气中熏后，日光下检视，斑点变为红色。

【检查】　应符合散剂项下有关的各项规定（附录0101）。

【功能】　祛风止痉。

【主治】　破伤风。

【用法与用量】　马、牛500～700g；羊、猪150～300g。

【贮藏】　密闭，防潮。

柴胡注射液

Chaihu Zhusheye

本品为北柴胡制成的注射液。每1ml相当于原生药1g。

【制法】 取北柴胡1000g，切段，加水11 000ml，70℃温浸8小时。经水蒸气蒸馏（保持提取温度为100℃，避免暴沸），收集初馏液6000ml，再重新蒸馏，收集重馏液约1000ml。加入3g聚山梨酯-80，搅拌使油完全溶解，再加入氯化钠9g，溶解后，滤过，加注射用水至1000ml，用10%氢氧化钠溶液调节pH值至7.0，用微孔滤膜（0.45μm）滤过，灌封，灭菌，即得。

【性状】 本品为无色或微乳白色的澄明液体；气芳香。

【鉴别】 取本品各2ml，分置甲、乙两试管中，乙管置水浴中蒸干后，残渣加水2ml使溶解。两管各加0.05%二硝基苯肼的2mol/L盐酸溶液2滴，混匀，再分别加入10%氢氧化钾溶液4～5滴，甲管所显葡萄酒红色应比乙管深。

【检查】 pH值 应为4.0～7.0（附录0631）。

蛋白质、树脂 照注射剂有关物质检查法（附录0113）检查，应符合规定。

糠醛 照气相色谱法（附录0521）测定。

色谱条件与系统适用性试验 同〔特征图谱〕项下。

对照品溶液的制备 取糠醛对照试剂适量，精密称定，加含0.3%聚山梨酯80与0.9%氯化钠的溶液溶解并稀释，制成每1ml含50μg的溶液，精密量取1ml，置10ml顶空瓶中，密封瓶口，即得。

测定法 分别精密量取对照品溶液和〔特征图谱〕项下的供试品溶液顶空瓶气体，注入气相色谱仪，测定，即得。

本品每1ml含糠醛不得过60μg。

其他 应符合注射剂项下有关的各项规定（附录0113）。

【特征图谱】 照气相色谱法（附录0521）测定。

色谱条件与系统适用性试验 以5%二苯基-95%二甲基聚硅氧烷（HP-5）为固定相的毛细管柱（柱长30m，内径为0.32mm，膜厚度为0.25μm），柱温为程序升温，初始温度为35℃，保持2分钟，以每分钟1℃升温至40℃，保持2分钟，以每分钟3℃升温至60℃，保持3分钟，以每分钟7℃升温至200℃，保持3分钟；用氢火焰离子化检测器检测，检测器温度260℃；进样口温度230℃，分流进样，分流比为20∶1。载气为氮气，流速为每分钟1.0ml。顶空进样，顶空瓶平衡温度85℃，平衡时间为15分钟，进样阀温度100℃，传输线温度115℃；顶空瓶充压时间0.2分钟，定量环填充时间0.2分钟，定量环平衡时间0.5分钟，进样时间1.0分钟。理论板数按正己醛峰计算应不低于40 000。

参照物溶液的制备 取正己醛对照品适量，精密称定，加二甲基甲酰胺制成每1ml含25mg的溶液，再用含0.3%聚山梨酯-80与0.9%氯化钠的溶液稀释至每1ml含5μg的溶液，精密量取1ml，置10ml顶空瓶中，密封瓶口，即得。

供试品溶液的制备 精密量取本品1ml，置10ml顶空瓶中，密封瓶口，即得。

测定法 分别精密量取参照物溶液和供试品溶液顶空瓶气体，注入气相色谱仪，测定，即得。

供试品特征图谱中应有6个特征峰，并出现与正己醛参照物峰保留时间相同的色谱峰，与参照物峰相应的峰为S峰，计算各特征峰与S峰的相对保留时间，其相对保留时间应在规定值的±8%之内。规定值为：0.301（峰1）、0.317（峰2）、0.331（峰3）、0.586（峰4）、1.0000（峰S）、1.593（峰5）。其中峰5与参照物（5.0μg/ml）峰峰面积比值应为0.15～1.5。

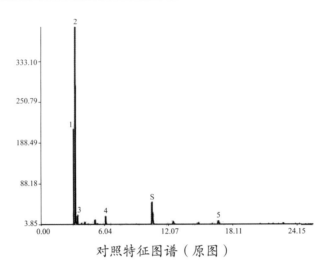

对照特征图谱（原图）

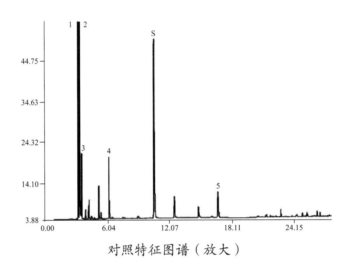

对照特征图谱（放大）

【功能】 解热。

【主治】 感冒发热。

【规格】 （1）2ml（相当于原生药2g）；（2）5ml（相当于原生药5g）；（3）10ml（相当于原生药10g）。

【用法与用量】 肌内注射：马、牛20～40ml；羊、猪5～10ml；犬、猫1～3ml。

【贮藏】 密封，避光，置阴凉处。

柴葛解肌散

Chaige Jieji San

【处方】　柴胡30g　　　　　葛根30g　　　　　甘草15g　　　　　黄芩25g

　　　　　羌活30g　　　　　白芷15g　　　　　白芍30g　　　　　桔梗20g

　　　　　石膏60g

【制法】　以上9味，粉碎，过筛，混匀，即得。

【性状】　本品为灰黄色的粉末；气微香，味辛、甘。

【鉴别】　取本品，置显微镜下观察：油管含淡黄色或黄棕色条状分泌物，直径8～25μm。纤维成束，周围薄壁细胞中含草酸钙方晶，形成晶纤维，含晶细胞的壁木化增厚。纤维束周围薄壁细胞含草酸钙方晶，形成晶纤维。纤维淡黄色、梭形，壁厚，孔沟细。联结乳管直径14～25μm，含淡黄色颗粒状物。草酸钙簇晶直径18～32μm，存在于薄壁细胞中，常排列成行或一个细胞中含有数个小簇晶。不规则片状结晶，有平直纹理。

【检查】　应符合散剂项下有关的各项规定（附录0101）。

【功能】　解肌清热。

【主治】　感冒发热。

【用法与用量】　马、牛200～300g；牛、猪30～60g。

【贮藏】　密闭，防潮。

蚌毒灵散

Bangduling San

【处方】　黄芩60g　　　　黄柏20g　　　　　　大青叶10g　　　　　大黄10g

【制法】　以上4味，粉碎，过筛，混匀，即得。

【性状】　本品为灰黄色的粉末；气微，味苦。

【鉴别】　（1）取本品，置显微镜下观察：纤维淡黄色、梭形，壁厚，孔沟细。纤维束鲜黄色，周围细胞含草酸钙方晶，形成晶纤维，含晶细胞的壁木化增厚。靛蓝结晶蓝色，存在于叶肉组织和表皮细胞中，呈细小颗粒状或片状，常聚集成堆。草酸钙簇晶大，直径60～140μm。

（2）取本品3g，加乙醇20ml，加热回流15分钟，滤过。取滤液1ml，加醋酸铅试液2滴，即生成橘黄色沉淀；另取滤液1ml，加镁粉少量与盐酸3～4滴，显红色。

（3）取本品1g，加甲醇10ml，超声处理15分钟，滤过，滤液作为供试品溶液。另取黄柏对照药材0.2g，同法制成对照药材溶液。再取盐酸小檗碱对照品，加甲醇制成每1ml含0.5mg的溶液，作为对照品溶液。照薄层色谱法（附录0502）试验，吸取上述三种溶液各2μl，分别点于同一硅胶G薄层板上，以环己烷-乙酸乙酯-异丙醇-甲醇-水-三乙胺（3:3.5:1:1.5:0.5:1）为展开剂，置氨蒸气饱和的展开缸内，展开，取出，晾干，置紫外光灯（365nm）下检视。供试品色谱中，在与对照药材色谱相应的位置上，显相同颜色的荧光斑点；在与对照品色谱相应的位置上，显相同颜色的荧光斑点。

【检查】　应符合散剂项下有关的各项规定（附录0101）。

【功能】　清热解毒。

【主治】　蚌瘟病。

【用法与用量】　挟袋法：每10只手术蚌5g；泼洒法：每1m³水体1g。

【贮藏】　密闭，防潮。

蚕用蜕皮液

Canyong Tuipi Ye

本品为筋骨草或紫背金盘经加工制成的水溶液。

【制法】 取筋骨草或紫背金盘5000g，切成小段，加水煎煮2次，每次1小时，合并煎液，滤过，滤液减压浓缩至约8000ml，加入乙醇25 000ml，搅拌后静置24小时，滤过，滤液减压回收乙醇，浓缩至约5000ml，加入乙醇20 000ml，搅拌，静置12小时，滤过，滤液减压回收乙醇，浓缩至约900ml，滤过，加苯甲酸5g，加水适量，调节吸光度至规定范围，灌封，即得。

【性状】 本品为深褐色的液体；气香，味苦。

【鉴别】 （1）取本品2ml，加乙醇25ml，摇匀，滤过，取滤液2ml，置蒸发皿中，水浴蒸干，残渣加醋酐5滴溶解，沿蒸发皿边缘滴加浓硫酸2～3滴，呈紫红色。

（2）取本品5ml，加正丁醇30ml提取，分取正丁醇层，蒸干，残渣加乙醇5ml使溶解，滤过，滤液作为供试品溶液。另取β-蜕皮激素对照品，加乙醇制成每1ml含5mg的溶液，作为对照品溶液。照薄层色谱法（附录0502）试验，吸取上述两种溶液各5μl，分别点于同一硅胶G薄层板上，以三氯甲烷-乙醇（4:1）为展开剂，展开，取出，晾干，喷以1%香草醛的硫酸乙醇（4→5）溶液（临时新制），在105℃加热至斑点显色清晰。供试品色谱中，在与对照品色谱相应的位置上，显相同颜色的斑点。

【检查】 pH值 应为5.0～7.0（附录0631）。

吸光度 精密量取本品10ml，精密加入正丁醇30ml提取，分取正丁醇层，精密量取5ml，置于已处理好的氧化铝柱（内径2cm，中性氧化铝5g，湿法装柱，并先用乙醇30ml预洗）上，用乙醇35ml分次洗脱，收集洗脱液，置50ml量瓶中，加乙醇至刻度，摇匀，精密量取5ml，置50ml量瓶中，加乙醇至刻度，摇匀，照紫外-可见分光光度法（附录0401）测定，在242nm的波长处有最大吸收，吸光度应为0.33～0.50。

装量 照最低装量检查法（附录0931）检查，应符合规定。

【功能】 调节家蚕生长发育。

【主治】 用于促进家蚕上蔟整齐。

【用法与用量】 见有5%熟蚕时，取本品4～5ml，加凉开水750～1000ml，均匀喷洒在5～6kg桑叶上，供1万头蚕采食。

【贮藏】 密封，置阴凉处。

健 鸡 散

Jianji San

【处方】 党参20g　　　　黄芪20g　　　　茯苓20g　　　　六神曲10g
　　　　麦芽10g　　　　甘草5g　　　　炒山楂10g　　　　炒槟榔5g

【制法】 以上8味，粉碎，过筛，混匀，即得。

【性状】 本品为浅黄灰色的粉末；气香，味甘。

【鉴别】 （1）取本品，置显微镜下观察：石细胞类斜方形或多角形，一端稍尖，壁较厚，纹孔稀疏。纤维成束或散离，壁厚，表面有纵裂纹，两端断裂成帚状或较平截。果皮细胞纵列，常有1个长细胞与2个短细胞相间排列，长细胞壁厚、波状弯曲、木化。纤维束周围薄壁细胞含草酸钙方晶，形成晶纤维。内胚乳碎片无色，壁较厚，有较多大的类圆形纹孔。不规则分枝状团块无色，遇水合氯醛溶化；菌丝无色或淡棕色，直径4～6μm。果皮石细胞淡紫红色、红色或黄棕色，类圆形或多角形，直径约至125μm。

（2）取本品2g，加乙酸乙酯8ml，超声处理15分钟，滤过，滤液作为供试品溶液。另取山楂对照药材1g，加乙酸乙酯4ml，同法制成对照药材溶液。再取熊果酸对照品，加甲醇制成每1ml含1mg的溶液，作为对照品溶液。照薄层色谱法（附录0502）试验，吸取上述三种溶液各4μl，分别点于同一硅胶G薄层板上，以甲苯-乙酸乙酯-甲酸（20:4:0.5）为展开剂，展开，取出，晾干，喷以30%硫酸乙醇溶液，在80℃加热至斑点显色清晰。供试品色谱中，在与对照药材色谱和对照品色谱相应的位置上，显相同的紫红色斑点；置紫外光灯（365nm）下检视，显相同的橙黄色荧光斑点。

【检查】 应符合散剂项下有关的各项规定（附录0101）。

【功能】 益气健脾，消食开胃。

【主治】 食欲不振，生长缓慢。

【用法与用量】 每1kg饲料，鸡20g。

【贮藏】 密闭，防潮。

健 胃 散
Jianwei San

【处方】 山楂15g　　　　麦芽15g　　　　六神曲15g　　　　槟榔3g

【制法】 以上4味，粉碎，过筛，混匀，即得。

【性状】 本品为淡棕黄色至淡棕色的粉末；气微香，味微苦。

【鉴别】 （1）取本品，置显微镜下观察：果皮石细胞淡紫红色、红色或黄棕色，类圆形或多角形，直径约至125μm。果皮细胞纵列，常有1个长细胞与2个短细胞相间排列，长细胞壁厚，波状弯曲，木化。内胚乳碎片无色，壁较厚，有较多大的类圆形纹孔。

（2）取本品3.2g，加乙酸乙酯8ml，超声处理15分钟，滤过，滤液作为供试品溶液。另取熊果酸对照品，加甲醇制成每1ml含1mg的溶液，作为对照品溶液。照薄层色谱法（附录0502）试验，吸取供试品溶液8μl、对照品溶液4μl，分别点于同一硅胶G薄层板上，以甲苯-乙酸乙酯-甲酸（20:4:0.5）为展开剂，展开，取出，晾干，喷以30%硫酸乙醇溶液，在80℃加热至斑点显色清晰。供试品色谱中，在与对照品色谱相应的位置上，显相同的紫红色斑点；置紫外光灯（365nm）下检视，显相同的橙黄色荧光斑点。

【检查】 应符合散剂项下有关的各项规定（附录0101）。

【功能】 消食下气，开胃宽肠。

【主治】 伤食积滞，消化不良。

【用法与用量】 马、牛150～250g；羊、猪30～60g。

【贮藏】 密闭，防潮。

健 猪 散
Jianzhu San

【处方】 大黄400g　　　　玄明粉400g　　　　苦参100g　　　　陈皮100g

【制法】 以上4味，粉碎，过筛，混匀，即得。

【性状】 本品为棕黄色至黄棕色的粉末；味苦、咸。

【鉴别】 （1）取本品，置显微镜下观察：草酸钙簇晶大，直径60～140μm。纤维束无色，周围薄壁细胞含草酸钙方晶，形成晶纤维。草酸钙方晶成片存在于薄壁组织之中。用乙醇装片观察，不规则结晶近无色，边缘不整齐，表面有细长裂隙且显颗粒性。

（2）取本品0.25g，加甲醇20ml，浸渍1小时，滤过，取滤液5ml，蒸干，加水10ml使溶解，再加盐酸1ml，置水浴上加热30分钟，立即冷却，用乙醚分2次振摇提取，每次10ml，合并乙醚，蒸干，残渣加三氯甲烷1ml使溶解，作为供试品溶液。另取大黄对照药材0.1g，同法制成对照药材溶液。照薄层色谱法（附录0502）试验，吸取上述两种溶液各5μl，分别点于同一硅胶H薄层板上，以石油醚（30～60℃）-甲酸乙酯-甲酸（15：5：1）的上层溶液为展开剂，展开，取出，晾干，置紫外光灯（365nm）下检视。供试品色谱中，在与对照药材色谱相应的位置上，显相同的五个橙黄色荧光主斑点；置氨蒸气中熏后，日光下检视，斑点变为红色。

（3）取本品5g，加浓氨试液3ml，三氯甲烷25ml，放置过夜，滤过，滤液蒸干，残渣加三氯甲烷2ml使溶解，作为供试品溶液。另取苦参碱对照品，加三氯甲烷制成每1ml含1mg的溶液，作为对照品溶液。照薄层色谱法（附录0502）试验，吸取上述两种溶液各5μl，分别点于同一硅胶G薄层板上，以甲苯-丙酮-甲醇（16：6：1）为展开剂，置氨蒸气饱和的展开缸内，展开，取出，晾干，喷以碘化铋钾试液。供试品色谱中，在与对照品色谱相应的位置上，显相同颜色的斑点。

【检查】 **土大黄苷** 取本品1g，加甲醇2ml，温浸10分钟，放冷，取上清液10μl，点于滤纸上，以45%乙醇展开，取出，晾干，放置10分钟，置紫外光灯（365nm）下检视，不得显持久的亮紫色荧光。

其他 应符合散剂项下有关的各项规定（附录0101）。

【功能】 消食导滞，通便。

【主治】 消化不良，粪干便秘。

【用法与用量】 猪15～30g。

【贮藏】 密闭，防潮。

健　脾　散
Jianpi San

【处方】
当归20g	白术30g	青皮20g	陈皮25g
厚朴30g	肉桂30g	干姜30g	茯苓30g
五味子25g	石菖蒲25g	砂仁20g	泽泻30g
甘草20g			

【制法】 以上13味，粉碎，过筛，混匀，即得。

【性状】 本品为浅棕色的粉末；气香，味辛。

【鉴别】 （1）取本品，置显微镜下观察：薄壁细胞纺锤形，壁略厚，有极微细的斜向交错纹理。草酸钙针晶细小，长10～32μm，不规则地充塞于薄壁细胞中。草酸钙方晶成片存在于薄壁组织中。石细胞分枝状，壁厚，层纹明显。石细胞类圆形或类长方形，壁一面菲薄。不规则分枝状团块无色，遇水合氯醛液溶化；菌丝无色或淡棕色，直径4～6μm。种皮表皮石细胞淡黄棕色，表面观类多角形，壁较厚，孔沟细密，胞腔含暗棕色物。内种皮石细胞黄棕色或棕红色，表面观类多角形，壁厚，胞腔含硅质块。薄壁细胞类圆形，有椭圆形纹孔，集成纹孔群。纤维束周围薄壁细胞含草酸钙方晶，形成晶纤维。

（2）取本品4g，加甲醇10ml，密塞，振摇30分钟，滤过，滤液作为供试品溶液。另取厚朴酚与和厚朴酚对照品，加甲醇制成每1ml各含1mg的混合溶液，作为对照品溶液。照薄层色谱法（附录0502）试验，吸取上述供试品溶液5～10μl、对照品溶液5μl，分别点于同一硅胶GF$_{254}$薄层板上，以三氯甲烷-甲苯-乙酸乙酯（5:3:1）为展开剂，展开，取出，晾干，置紫外光灯（254nm）下检视。供试品色谱中，在与对照品色谱相应的位置上，显相同颜色的两个斑点。

（3）取本品6g，加乙醇10ml，浸渍20分钟，时时振摇，滤过，滤液作为供试品溶液。另取桂皮醛对照品，加乙醇制成每1ml含1μl的溶液，作为对照品溶液。照薄层色谱法（附录0502）试验，吸取上述两种溶液各2μl，分别点于同一硅胶G薄层板上，以石油醚（60～90℃）-乙酸乙酯（17:3）为展开剂，展开，取出，晾干，喷以二硝基苯肼乙醇试液。供试品色谱中，在与对照品色谱相应的位置上，显相同颜色的斑点。

【检查】 应符合散剂项下有关的各项规定（附录0101）。

【功能】 温中健脾，利水止泻。

【主治】 胃寒草少，冷肠泄泻。

【用法与用量】 马、牛250～350g；羊、猪45～60g。

【贮藏】 密闭，防潮。

益母生化散
Yimu Shenghua San

【处方】 益母草120g　　当归75g　　川芎30g　　桃仁30g
炮姜15g　　炙甘草15g

【制法】 以上6味，粉碎，过筛，混匀，即得。

【性状】 本品为黄绿色的粉末；气清香，味甘、微苦。

【鉴别】 （1）取本品，置显微镜下观察：纤维束周围薄壁细胞含草酸钙方晶，形成晶纤维。薄壁细胞纺锤形，壁略厚，有极微细的斜向交错纹理。螺纹导管直径8～23μm，加厚壁互相连接，似网状螺纹导管。非腺毛1～3细胞，稍弯曲，壁有疣状突起。淀粉粒长卵形、广卵形或形状不规则，有的较小端略尖凸，直径25～32μm，长约至50μm，脐点点状，位于较小端。

（2）取本品2.5g，加乙醚20ml，超声处理10分钟，滤过，滤液蒸干，残渣加乙醇2ml使溶解，作为供试品溶液。另取益母草对照药材1g，同法制成对照药材溶液。照薄层色谱法（附录0502）试验，吸取上述两种溶液各5μl，分别点于同一硅胶G薄层板上，以正己烷-乙酸乙酯（8:3）为展开剂，展开，取出，晾干，置紫外光灯（365nm）下检视。供试品色谱中，在与对照药材色谱相应的位置上，显相同颜色的荧光斑点。

（3）取本品2g，加乙醚20ml，超声处理10分钟，滤过，滤液蒸干，残渣加乙醇2ml使溶解，作为供试品溶液。另取当归对照药材0.5g和川芎对照药材0.2g，同法制成对照药材溶液。照薄层色谱法（附录0502）试验，吸取上述三种溶液各10μl，分别点于同一硅胶G薄层板上，以正己烷-乙酸乙酯（4:1）为展开剂，展开，取出，晾干，置紫外光灯（365nm）下检视。供试品色谱中，在与对照药材色谱相应的位置上，显相同颜色的荧光斑点。

【检查】 应符合散剂项下有关的各项规定（附录0101）。

【功能】 活血祛瘀，温经止痛。

【主治】 产后恶露不行，血瘀腹痛。

【用法与用量】 马、牛250～350g；羊、猪30～60g。

【贮藏】 密闭，防潮。

消食平胃散
Xiaoshi Pingwei San

【处方】 槟榔25g　　　　　山楂60g　　　　　　苍术30g　　　　　陈皮30g

厚朴20g　　　　　甘草15g

【制法】 以上6味，粉碎，过筛，混匀，即得。

【性状】 本品为浅黄色至棕色的粉末；气香，味微甜。

【鉴别】 （1）取本品，置显微镜下观察：内胚乳碎片无色，壁较厚，有较多大的类圆形纹孔。果皮石细胞淡紫红色、红色或黄棕色，类圆形或多角形，直径约至125μm。草酸钙针晶细小，长5～32μm，不规则地充塞于薄壁细胞中。石细胞分枝状，壁厚，层纹明显。纤维束周围薄壁细胞含草酸钙方晶，形成晶纤维。草酸钙方晶成片存在于薄壁组织中。

（2）取本品3g，加乙醚15ml，置具塞烧瓶中超声处理15分钟，滤过，滤液低温挥去乙醚，残渣加乙酸乙酯1ml使溶解，作为供试品溶液。另取苍术对照药材0.5g，同法制成对照药材溶液。照薄层色谱法（附录0502）试验，吸取上述两种溶液各5μl，分别点与同一硅胶G薄层板上，以石油醚（60～90℃）-乙酸乙酯（20:0.5）为展开剂，展开，取出，晾干，喷以5%对二甲氨基苯甲醛的10%硫酸乙醇溶液，加热至斑点显色清晰。供试品色谱中，在与对照药材色谱相应的位置上，显相同的污绿色斑点（苍术素）。

（3）取本品5g，加甲醇10ml，密塞，振摇30分钟，滤过，滤液作为供试品溶液。另取厚朴酚对照品与和厚朴酚对照品，加甲醇制成每1ml各含1mg的混合溶液，作为对照品溶液。照薄层色谱法（附录0502）试验，吸取上述供试品溶液8μl、对照品溶液4μl，分别点于同一硅胶G薄层板上，以甲苯-甲醇（17:1）为展开剂，展开，取出，晾干，喷以1%香草醛硫酸溶液，在100℃加热至斑点显色清晰。供试品色谱中，在与对照品色谱相应的位置上，显相同颜色的两个斑点。

【检查】 应符合散剂项下有关的各项规定（附录0101）。

【功能】 消食开胃。

【主治】 寒湿困脾，胃肠积滞。

【用法与用量】 马、牛150～250g；羊、猪30～60g。

【贮藏】 密闭，防潮。

消 疮 散
Xiaochuang San

【处方】 金银花60g　　　　　皂角刺（炒）30g　　　　白芷25g　　　　　天花粉30g

| 当归30g | 甘草15g | 赤芍25g | 乳香25g |
| 没药25g | 防风25g | 浙贝母30g | 陈皮60g |

【制法】 以上12味，粉碎，过筛，混匀，即得。

【性状】 本品为淡黄色至淡黄棕色的粉末；气香，味甘。

【鉴别】 （1）取本品，置显微镜下观察：花粉粒类圆形，直径约至76μm，外壁有刺状雕纹，具3个萌发孔。油管碎片含黄棕色分泌物。淀粉粒类球形、半圆形或盔帽形，直径27～48μm，脐点点状、短缝状、人字状或星状，层纹隐约可见。薄壁细胞纺锤形，壁略厚，有极微细的斜向交错纹理。纤维束周围薄壁细胞含草酸钙方晶，形成晶纤维。草酸钙簇晶直径7～41μm，存在于薄壁细胞中，常排列成行或一个细胞中含有数个簇晶。油管含金黄色分泌物，直径17～60μm。淀粉粒卵圆形，直径35～48μm，脐点点状、人字状或马蹄状，位于较小端，层纹细密。草酸钙方晶成片存在于薄壁组织中。

（2）取本品2.5g，加甲醇10ml，超声处理20分钟，滤过，滤液作为供试品溶液。另取绿原酸对照品，加甲醇制成每1ml含1mg的溶液，作为对照品溶液。照薄层色谱法（附录0502）试验，吸取供试品溶液2～5μl、对照品溶液5μl，分别点于同一硅胶H薄层板上，以乙酸丁酯-甲酸-水（7:2.5:2.5）的上层溶液为展开剂，展开，取出，晾干，置紫外光灯（365nm）下检视。供试品色谱中，在与对照品色谱相应的位置上，显相同颜色的荧光斑点。

（3）取本品6.5g，加乙醚40ml，超声处理10分钟，滤过，滤液蒸干，残渣加乙醇1ml使溶解，作为供试品溶液。另取当归对照药材0.5g，加乙醚20ml，同法制成对照药材溶液。照薄层色谱法（附录0502）试验，吸取供试品溶液5～10μl、对照药材溶液10μl，分别点于同一硅胶G薄层板上，以正己烷-乙酸乙酯（4:1）为展开剂，展开，取出，晾干，置紫外光灯（365nm）下检视。供试品色谱中，在与对照药材色谱相应的位置上，显相同颜色的荧光斑点。

【检查】 应符合散剂项下有关的各项规定（附录0101）。

【功能】 清热解毒，消肿排脓，活血止痛。

【主治】 疮痈肿毒初起，红肿热痛，属于阳证未溃者。

【用法与用量】 马、牛250～400g；羊、猪40～80g；犬、猫5～15g。

【贮藏】 密闭，防潮。

消 积 散

Xiaoji San

| **【处方】** 炒山楂15g | 麦芽30g | 六神曲15g | 炒莱菔子15g |
| 大黄10g | 玄明粉15g | | |

【制法】 以上6味，粉碎，过筛，混匀，即得。

【性状】 本品为黄棕色至红棕色的粉末；气香，味微酸、涩。

【鉴别】 （1）取本品，置显微镜下观察：果皮石细胞淡紫红色、红色或黄棕色，类圆形或多角形，直径约至125μm。果皮细胞纵列，常有1个长细胞与2个短细胞相间排列，长细胞壁厚，波状弯曲，木化。种皮碎片黄色或棕红色，细胞小，多角形，壁厚。草酸钙簇晶大，直径60～140μm。用乙醇装片观察，不规则结晶近无色，边缘不整齐，表面有细长裂隙且显颗粒性。

（2）取本品1.5g，加甲醇20ml，浸渍1小时，滤过，取滤液5ml，蒸干，加水10ml使溶解，再加盐酸1ml，置水浴上加热30分钟，立即冷却，用乙醚分2次提取，每次20ml，合并乙醚液，蒸干，残渣加三氯甲烷1ml使溶解，作为供试品溶液。另取大黄对照药材0.1g，同法制成对照药材溶液。再取大黄酸对照品，加甲醇制成每1ml含1mg的溶液，作为对照品溶液。照薄层色谱法（附录0502）试验，吸取上述三种溶液各4μl，分别点于同一硅胶H薄层板上，以石油醚（30～60℃）-甲酸乙酯-甲酸（15:5:1）的上层溶液为展开剂，展开，取出，晾干，置紫外光灯（365nm）下检视。供试品色谱中，在与对照药材色谱相应的位置上，显相同的五个橙黄色荧光主斑点；在与对照品色谱相应的位置上，显相同的橙黄色荧光斑点；置氨蒸气中熏后，日光下检视，斑点变为红色。

【检查】 应符合散剂项下有关的各项规定（附录0101）。

【功能】 消积导滞，下气消胀。

【主治】 伤食积滞。

【用法与用量】 马、牛250～500g；羊、猪60～90g。

【贮藏】 密闭，防潮。

消 黄 散

Xiaohuang San

【处方】 知母30g　　浙贝母25g　　黄芩45g　　甘草20g
黄药子30g　　白药子30g　　大黄45g　　郁金45g

【制法】 以上8味，粉碎，过筛，混匀，即得。

【性状】 本品为黄色的粉末；气微香，味咸、苦。

【鉴别】 （1）取本品，置显微镜下观察：草酸钙针晶成束或散在，针晶长26～110μm。淀粉粒卵圆形，直径35～48μm，脐点点状、人字状或马蹄状，位于较小端，层纹细密。纤维淡黄色，梭形，壁厚，孔沟细。纤维束周围薄壁细胞含草酸钙方晶，形成晶纤维。薄壁细胞中含细小草酸钙方晶、针晶或棒状结晶。草酸钙簇晶大，直径60～140μm。

（2）取本品1g，加甲醇30ml，浸渍1小时，滤过，取滤液5ml，蒸干，加水10ml使溶解，再加盐酸1ml，置水浴上加热30分钟，立即冷却，用乙醚分2次提取，每次20ml，合并乙醚液，蒸干，残渣加三氯甲烷1ml使溶解，作为供试品溶液。另取大黄对照药材0.15g，同法制成对照药材溶液。再取大黄酸对照品，加甲醇制成每1ml含1mg的溶液，作为对照品溶液。照薄层色谱法（附录0502）试验，吸取上述三种溶液各5μl，分别点于同一硅胶H薄层板上，以石油醚（30～60℃）-甲酸乙酯-甲酸（15:5:1）的上层溶液为展开剂，展开，取出，晾干，置紫外光灯（365nm）下检视。供试品色谱中，在与对照药材色谱相应的位置上，显相同的五个橙黄色荧光主斑点；在与对照品色谱相应的位置上，显相同的橙黄色荧光斑点；置氨蒸气中熏后，日光下检视，斑点变为红色。

（3）取本品6g，加甲醇20ml，超声处理30分钟，滤过，滤液浓缩约至10ml，作为供试品溶液。另取黄芩素对照品，加甲醇制成每1ml含0.5mg的溶液，作为对照品溶液。照薄层色谱法（附录0502）试验，吸取上述两种溶液各1μl，分别点于同一聚酰胺薄膜上，以甲苯-乙酸乙酯-甲醇-甲酸（10:3:1:2）为展开剂，预饱和30分钟，展开，取出，晾干，置紫外光灯（365nm）下检视。供试品色谱中，在与对照品色谱相应的位置上，显相同的暗色斑点。

【检查】 应符合散剂项下有关的各项规定（附录0101）。

【功能】 清热解毒，散瘀消肿。

【主治】 三焦热盛，热毒，黄肿。

【用法与用量】 马、牛250~350g；羊、猪30~60g。

【贮藏】 密闭，防潮。

通 关 散

Tongguan San

【处方】 猪牙皂500g　　　　　　细辛500g

【制法】 以上2味，粉碎成细粉，过筛，混匀，即得。

【性状】 本品为浅黄色的粉末；气香窜，味辛。

【鉴别】 （1）取本品，置显微镜下观察：纤维束淡黄色，周围细胞含草酸钙方晶及少数簇晶，形成晶纤维，并常伴有类方形厚壁细胞。下皮细胞类长方形，壁细波状弯曲，夹有类方形或长圆形分泌细胞。

（2）取本品0.5g，加水适量，煮沸，滤过，滤液放冷，振摇，产生持久性泡沫。

（3）取本品4g，加甲醇20ml，超声处理20分钟，滤过，滤液蒸干，残渣加水15ml使溶解，用乙醚振摇提取2次，每次20ml，合并乙醚提取液，挥干，残渣加乙酸乙酯1ml使溶解，作为供试品溶液。另取细辛对照药材2g，加甲醇20ml，同法制成对照药材溶液。照薄层色谱法（附录0502）试验，吸取上述两种溶液各5μl，分别点于同一硅胶G薄层板上，以正己烷-三氯甲烷-乙酸乙酯（16:3:4）为展开剂，展开，取出，晾干，喷以5%香草醛硫酸溶液，在105℃加热至斑点显色清晰。供试品色谱中，在与对照药材色谱相应的位置上，显相同颜色的主斑点。

【检查】 应符合散剂项下有关的各项规定（附录0101）。

【功能】 通关开窍。

【主治】 中暑，昏迷，冷痛。

【用法与用量】 外用少许，吹入鼻孔取嚏。

【贮藏】 密闭，防潮。

【注意】 孕畜忌用。

通肠芍药散

Tongchang Shaoyao San

【处方】 大黄30g　　　　槟榔20g　　　　山楂45g　　　　枳实25g

　　　　赤芍30g　　　　木香20g　　　　黄芩30g　　　　黄连25g

　　　　玄明粉90g

【制法】 以上9味，粉碎，过筛，混匀，即得。

【性状】 本品为灰黄色至黄棕色的粉末；气微香，味酸、苦、微咸。

【鉴别】 （1）取本品，置显微镜下观察：草酸钙簇晶大，直径60~140μm。内胚乳碎片无色，壁较厚，有较多大的类圆形纹孔。果皮石细胞淡紫红色、红色或黄棕色，类圆形或多角形，直径约至125μm。草酸钙方晶成片存在于薄壁组织中。草酸钙簇晶直径7～41μm，存在于薄壁细胞中，常排列成行或一个细胞中含有数个簇晶。木纤维长梭形，直径16～24μm，壁稍厚，纹孔口横裂缝状、十字状或人字状；菊糖团块形状不规则，有时可见微细放射状纹理，加热后溶解。纤维淡黄色，梭形，壁厚，孔沟细。纤维束鲜黄色，壁稍厚，纹孔明显。用乙醇装片观察，不规则结晶近无色，边缘不整齐，表面有细长裂隙且现颗粒性。

（2）取本品1.2g，加甲醇20ml，浸渍1小时，滤过，取滤液10ml，蒸干，残渣加水10ml使溶解，加盐酸1ml，置水浴上加热30分钟，立即冷却，用乙醚提取2次，每次10ml，合并乙醚液，蒸干，残渣加三氯甲烷1ml使溶解，作为供试品溶液。另取大黄对照药材0.1g，同法制成对照药材溶液。再取大黄酸对照品，加甲醇制成每1ml含1mg的溶液，作为对照品溶液。照薄层色谱法（附录0502）试验，吸取上述三种溶液各5μl，分别点于同一硅胶H薄层板上，以石油醚（30～60℃）-甲酸乙酯-甲酸（15:5:1）的上层溶液为展开剂，展开，取出，晾干，置紫外光灯（365nm）下检视。供试品色谱中，在与对照药材色谱相应的位置上，显相同的五个橙黄色荧光主斑点；在与对照品色谱相应的位置上，显相同的橙黄色荧光斑点；置氨蒸气中熏后，日光下检视，斑点变为红色。

（3）取本品1g，加甲醇10ml，超声处理15分钟，滤过，滤液作为供试品溶液。另取黄连对照药材0.1g，同法制成对照药材溶液。再取盐酸小檗碱对照品，加甲醇制成每1ml含0.5mg的溶液，作为对照品溶液。照薄层色谱法（附录0502）试验，吸取上述三种溶液各2μl，分别点于同一硅胶G薄层板上，以环己烷-乙酸乙酯-异丙醇-甲醇-水-三乙胺（3:3.5:1:1.5:0.5:1）为展开剂，置氨蒸气饱和的展开缸内，展开，取出，晾干，置紫外光灯（365nm）下检视。供试品色谱中，在与对照药材色谱及对照品色谱相应的位置上，显相同颜色的荧光斑点。

【检查】 应符合散剂项下有关的各项规定（附录0101）。

【功能】 清热通肠，行气导滞。

【主治】 湿热积滞，肠黄泻痢。

【用法与用量】 牛300～350g。

【贮藏】 密闭，防潮。

通 肠 散
Tongchang San

【处方】 大黄150g　　　　枳实60g　　　　　厚朴60g　　　　　槟榔30g
玄明粉200g

【制法】 以上5味，粉碎，过筛，混匀，即得。

【性状】 本品为黄色至黄棕色的粉末；气香，味微咸、苦。

【鉴别】 （1）取本品，置显微镜下观察：草酸钙簇晶大，直径60～140μm。石细胞分枝状，壁厚，层纹明显。内胚乳碎片无色，壁较厚，有较多大的类圆形纹孔。草酸钙方晶成片存在于薄壁组织中。用乙醇装片观察，不规则结晶近无色，边缘不整齐，表面有细长裂隙且现颗粒性。

（2）取本品1g，加甲醇20ml，浸渍1小时，时时振摇，滤过，取滤液5ml，蒸干，残渣加水10ml使溶解，再加盐酸1ml，置水浴上加热30分钟，立即冷却，用乙醚提取2次，每次10ml，合并乙醚液，蒸干，残渣加三氯甲烷1ml使溶解，作为供试品溶液。另取大黄对照药材0.1g，同法制成对照药材溶液。照薄层色谱法（附录0502）试验，吸取上述两种溶液各5μl，分别点于同一以硅胶H薄层板上，以石油醚（30~60℃）-甲酸乙酯-甲酸（15:5:1）的上层溶液为展开剂，展开，取出，晾干，置紫外光灯（365nm）下检视。供试品色谱中，在与对照药材色谱相应的位置上，显相同的五个橙黄色荧光主斑点；置氨蒸气中熏后，日光下检视，斑点变为红色。

（3）取本品4g，加甲醇20ml，浸渍30分钟，时时振摇，滤过，滤液浓缩至约5ml，作为供试品溶液。另取厚朴酚对照品与和厚朴酚对照品，加甲醇制成每1ml各含2mg和1mg的混合溶液，作为对照品溶液。照薄层色谱法（附录0502）试验，吸取上述两种溶液各5μl，分别点于同一硅胶GF$_{254}$薄层板上，以三氯甲烷-苯-乙酸乙酯（5:4:1）为展开剂，展开，取出，晾干，置紫外光灯（254nm）下检视。供试品色谱中，在与对照品色谱相应的位置上，显相同颜色的两个斑点。

【检查】　应符合散剂项下有关的各项规定（附录0101）。

【含量测定】　取本品约1g，精密称定，置坩埚中，缓缓炽热，注意避免燃烧，至完全炭化时，逐渐升高温度至500~600℃，使完全灰化，将残渣移至200ml量瓶中，坩埚用100ml水分数次洗涤，洗液并入量瓶中，再加水50ml，使残渣溶解，加水至刻度，摇匀，用干燥滤纸滤过，弃去初滤液，精密量取续滤液100ml，置250ml烧杯中，加盐酸0.5ml，煮沸，不断搅拌，并缓缓加入热氯化钡试液（15~20ml），至不再生成沉淀，置水浴上加热30分钟，静置1小时，用无灰滤纸滤过，沉淀用水分次洗涤，至洗液不再显氯化物的鉴别反应，干燥，炽灼至恒重，精密称定，所得沉淀重量与0.6086相乘，即得供试品中含有硫酸钠（Na$_2$SO$_4$）的重量。

本品含玄明粉以硫酸钠（Na$_2$SO$_4$）计，应为36%~44%。

【功能】　通肠泻热。

【主治】　便秘，结症。

【用法与用量】　马、牛200~350g；羊、猪30~60g。

【贮藏】　密闭，防潮。

【注意】　孕畜慎用。

通　乳　散
Tongru San

【处方】　当归30g　　　　王不留行30g　　　黄芪60g　　　　　路路通30g
　　　　　红花25g　　　　通草20g　　　　　漏芦20g　　　　　瓜蒌25g
　　　　　泽兰20g　　　　丹参20g

【制法】　以上10味，粉碎，过筛，混匀，即得。

【性状】　本品为红棕色至棕色的粉末；气微香，味微苦。

【鉴别】　（1）取本品，置显微镜下观察：薄壁细胞纺锤形，壁略厚，有极微细的斜向交错纹理。纤维成束或散离，壁厚，表面有纵裂纹，两端断裂成帚状或较平截。花粉粒类圆形或椭圆形，直径43~66μm，外壁具短刺和点状雕纹，有3个萌发孔。种皮表皮细胞红棕色或黄棕色，表面观多角形或长多角形，直径50~120μm，垂周壁增厚，星角状或深波状弯曲。

（2）取本品10g，加正己烷50ml，超声处理30分钟，滤过，滤液挥干，残渣加正己烷0.5ml使溶解，作为供试品溶液。另取当归对照药材1g，加正己烷20ml，同法制成对照药材溶液。照薄层色谱法（附录0502）试验，吸取上述两种溶液各1μl，分别点于同一硅胶G薄层板上，以正己烷-乙酸乙酯（9:1）为展开剂，展开，取出，晾干，置紫外光灯（365nm）下检视。供试品色谱中，在与对照药材色谱相应的位置上，显相同颜色的荧光斑点。

（3）取本品2.5g，加70%甲醇20ml，超声处理30分钟，滤过，滤液作为供试品溶液。另取王不留行黄酮苷对照品，加甲醇制成每1ml含0.1mg的溶液，作为对照品溶液。照薄层色谱法（附录0502）试验，吸取上述两种溶液各2μl，分别点于同一聚酰胺薄膜上，以甲醇-水（4:6）为展开剂，展开，取出，晾干，喷以2%三氯化铝乙醇溶液，热风吹干，置紫外光灯（365nm）下检视。供试品色谱中，在与对照品色谱相应的位置上，显相同颜色的荧光斑点。

（4）取本品10g，加甲醇50ml，超声处理30分钟，滤过，滤液蒸干，残渣加水15ml使溶解，用水饱和的正丁醇提取2次，每次20ml，合并正丁醇液，用氨试液30ml洗涤，正丁醇液蒸干，残渣加甲醇1ml使溶解，作为供试品溶液。另取黄芪甲苷对照品，加甲醇制成每1ml含0.3mg的溶液，作为对照品溶液。照薄层色谱法（附录0502）试验，吸取上述两种溶液各4μl，分别点于同一硅胶G薄层板上，以三氯甲烷-甲醇-水（13:6:2）的下层溶液为展开剂，展开，取出，晾干，喷以10%硫酸乙醇溶液，在105℃加热至斑点显色清晰，置紫外光灯（365nm）下检视。供试品色谱中，在与对照品色谱相应的位置上，显相同颜色的荧光斑点。

【检查】　应符合散剂项下有关的各项规定（附录0101）。

【功能】　通经下乳。

【主治】　产后乳少，乳汁不下。

【用法与用量】　马、牛250～350g；羊、猪60～90g。

【贮藏】　密闭，防潮。

桑　菊　散

Sangju San

【处方】　桑叶45g　　　　菊花45g　　　　连翘45g　　　　薄荷30g

　　　　　苦杏仁20g　　　桔梗30g　　　　甘草15g　　　　芦根30g

【制法】　以上8味，粉碎，过筛，混匀，即得。

【性状】　本品为黄棕色至棕褐色的粉末；气微香，味微甜。

【鉴别】　取本品，置显微镜下观察：钟乳体晶细胞甚大，直径47～77μm，周围表皮细胞放射状排列。花粉粒类圆形，直径24～34μm，外壁有刺，长3～5μm，具3个萌发孔。内果皮纤维上下层纵横交错，纤维短梭形。腺鳞头部8细胞，扁球形，直径约至90μm，柄单细胞。石细胞橙黄色，贝壳形，壁较厚，较宽一边纹孔明显。联结乳管直径14～25μm，含淡黄色颗粒状物。纤维束周围薄壁细胞含草酸钙方晶，形成晶纤维。

【检查】　应符合散剂项下有关的各项规定（附录0101）。

【功能】　疏风清热，宣肺止咳。

【主治】　外感风热。

【用法与用量】　马、牛200～300g；羊、猪30～60g；犬、猫5～15g。

【贮藏】　密闭，防潮。

理 中 散

Lizhong San

【处方】　党参60g　　　　　干姜30g　　　　　甘草30g　　　　　白术60g

【制法】　以上4味，粉碎，过筛，混匀，即得。

【性状】　本品为淡黄色至黄色的粉末；气香，味辛、微甜。

【鉴别】　（1）取本品，置显微镜下观察：联结乳管直径12～15μm，含细小颗粒状物。淀粉粒长卵形、广卵形或形状不规则，有的较小端略尖凸，直径25～32μm，长约至50μm，脐点点状，位于较小端。纤维束周围薄壁细胞含草酸钙方晶，形成晶纤维。草酸钙针晶细小，长10～32μm，不规则地充塞于薄壁细胞中。

（2）取本品3g，加正己烷10ml，超声15分钟，滤过，滤液作为供试品溶液，另取白术对照药材1g，加正己烷5ml，同法制成对照药材溶液。照薄层色谱法（附录0502）试验，吸取上述新制备的两种溶液各10μl，分别点于同一硅胶G薄层板上，以石油醚（60～90℃）-乙酸乙酯（50∶1）为展开剂，展开，取出，晾干，喷以5%香草醛硫酸溶液，加热至斑点显色清晰。供试品色谱中，在与对照药材色谱相应的位置上，显相同颜色的斑点，并应显一桃红色主斑点（苍术酮）。

【检查】　应符合散剂项下有关的各项规定（附录0101）。

【功能】　温中散寒，补气健脾。

【主治】　脾胃虚寒，食少，泄泻，腹痛。

【用法与用量】　马、牛200～300g；羊、猪30～60g。

【贮藏】　密闭，防潮。

理肺止咳散

Lifei Zhike San

【处方】　百合45g　　　　　麦冬30g　　　　　清半夏25g　　　　　紫苑30g

　　　　　甘草15g　　　　　远志25g　　　　　知母25g　　　　　北沙参30g

　　　　　陈皮25g　　　　　茯苓25g　　　　　浮石20g

【制法】　以上11味，粉碎，过筛，混匀，即得。

【性状】　本品为浅黄色至黄色的粉末；气微香，味甘。

【鉴别】　取本品，置显微镜下观察：石细胞类方形或长方形，直径30～64μm，壁较厚，有时一边薄，纹孔细密。下皮细胞长方形，垂周壁波状弯曲，有的含紫色色素。纤维束周围薄壁细胞含草酸钙方晶，形成晶纤维。草酸钙方晶成片存在于薄壁组织中。不规则分枝状团块无色，遇水合氯醛溶化；菌丝无色或淡棕色，直径4～6μm。木化厚壁细胞类长方形，长多角形或延长作短纤维状，稍弯曲，略交错排列，直径16～48μm，木化，孔沟较密。油管含棕黄色分泌物。

【检查】　应符合散剂项下有关的各项规定（附录0101）。

【功能】　润肺化痰，止咳。

【主治】　劳伤久咳，阴虚咳嗽。

【用法与用量】 马、牛250~300g；羊、猪40~60g。

【贮藏】 密闭，防潮。

理 肺 散

Lifei San

【处方】 蛤蚧1对　　　　知母20g　　　　浙贝母20g　　　　秦艽20g
紫苏子20g　　　　百合30g　　　　山药20g　　　　天冬20g
马兜铃25g　　　　枇杷叶20g　　　　防己20g　　　　白药子20g
栀子20g　　　　天花粉20g　　　　麦冬25g　　　　升麻20g

【制法】 以上16味，粉碎，过筛，混匀，即得。

【性状】 本品为淡黄褐色的粉末；气微香，味微苦。

【鉴别】 取本品，置显微镜下观察：淀粉粒卵圆形，直径35~48μm，脐点点状、人字形或马蹄状，位于较小端，层纹细密。草酸钙针晶成束或散在，针晶长26~110μm。具缘纹孔导管大，多破碎，有的具缘纹孔呈六角形或斜方形，排列紧密。种皮石细胞黄色或淡棕色，多破碎，完整者长多角形、长方形或形状不规则，壁厚，有大的圆形纹孔，胞腔棕红色。肌肉纤维淡黄色，密布细密横纹，明暗相间，横纹呈平行的波峰状。非腺毛大型，单细胞，多弯曲，完整者长约至1260μm。种皮细胞类圆形、长圆形或形状不规则，壁网状增厚似花纹样。

【检查】 应符合散剂项下有关的各项规定（附录0101）。

【功能】 润肺化痰，止咳定喘。

【主治】 劳伤咳喘，鼻流脓涕。

【用法与用量】 马、牛250~300g。

【贮藏】 密闭，防潮。

黄芪多糖注射液

Huangqi Duotang Zhusheye

本品为豆科植物蒙古黄芪或膜荚黄芪的干燥根经提取制成的灭菌溶液。含黄芪多糖以葡萄糖（$C_6H_{12}O_6$）计，应为标示量的90.0%~110.0%。

【制法】 取黄芪，加水煎煮，滤过，滤液浓缩至相对密度为1.14~1.18（25℃）。浓缩液放至室温，加乙醇使含醇量为约50%，边加边搅拌，静置过夜，除去上清液。沉淀加水搅拌溶解，加乙醇使含醇量为35%，搅拌均匀，静置，离心，除去沉淀，上清液再加乙醇至含醇量为70%，静置，取下层沉淀，干燥，得黄芪多糖粉。取黄芪多糖粉，加水溶解，滤过，调节pH值，灌封，灭菌，即得。

【性状】 本品为黄色至黄褐色澄明液体，长久贮存或冷冻后有沉淀析出。

【鉴别】 取本品10ml，加碱性酒石酸铜试液5ml，水浴加热5分钟，产生氧化亚铜红色沉淀，滤液保持蓝色；取滤液2ml，加硫酸1ml酸化，水浴加热15分钟，加2mol/L氢氧化钠溶液调pH值至12，再加碱性酒石酸铜试液2ml，水浴加热，产生氧化亚铜的红色沉淀。

【检查】 pH值　应为5.0～7.0（附录0631）。

单糖和双糖　以下两种方法任选其一，以方法2为仲裁方法。

方法1　精密量取本品5ml，置10ml量瓶中，加水稀释至刻度，作为供试品溶液。另取葡萄糖、蔗糖、果糖、阿拉伯糖、鼠李糖、麦芽糖对照品适量，分别加水制成每1ml含葡萄糖0.25mg、蔗糖1.0mg、果糖0.5mg、阿拉伯糖1.0mg、鼠李糖1.0mg、麦芽糖1.0mg的溶液，作为对照品溶液。照薄层色谱法（附录0502）试验，吸取上述溶液各1μl，分别点于同一高效硅胶G薄层板上，以乙腈-水（85:15）为展开剂，展开，取出，晾干，喷以二苯胺溶液（取二苯胺2.4g与苯胺盐酸盐2.4g，加甲醇使溶解成200ml，再加20ml磷酸，即得；避光保存），在120℃加热至斑点显色清晰，分别置日光下和紫外光灯（365nm）下检视。供试品色谱中，在与葡萄糖、蔗糖、果糖对照品色谱相应位置的斑点比较，不得更深；在与阿拉伯糖、鼠李糖、麦芽糖对照品色谱相应位置上，不得显相同颜色的斑点。

方法2　精密量取本品2ml，置10ml量瓶中，加乙腈稀释至刻度，摇匀，放置10分钟，离心15分钟（3000转/分钟），取上清液，滤过，滤液作为供试品溶液。另取葡萄糖、蔗糖、果糖、阿拉伯糖、鼠李糖、麦芽糖对照品适量，分别加80%乙腈溶液制成每1ml含葡萄糖0.1mg、蔗糖0.4mg、果糖0.2mg、阿拉伯糖0.4mg、鼠李糖0.4mg、麦芽糖0.4mg的溶液，作为对照品溶液。照高效液相色谱法（附录0512）试验，以氨基键合硅胶为填充剂（Shodex Asahipak NH$_2$P-50 4E色谱柱或等效聚合物型色谱柱），以乙腈-水（80:20）为流动相；用蒸发光散射检测器检测。分别精密吸取对照品溶液和供试品溶液各10μl，注入液相色谱仪。供试品色谱中，若出现与葡萄糖、蔗糖、果糖对照品色谱峰保留时间相同的色谱峰，其峰面积均不得大于对照的峰面积；不得出现与阿拉伯糖、鼠李糖、麦芽糖对照品色谱峰保留时间相同的色谱峰。

生物活性　取体重18～20g的健康小鼠，随机分成两组，每组8～10只，给药组每鼠腹腔注射供试品0.5ml，对照组每鼠腹腔注射生理盐水0.5ml，连续注射7日，每日1次，于最后一次注射24小时后，将动物处死，称体重，取脾称重，计算平均脾指数。给药组与对照组平均脾指数的差值应≥2。

$$脾指数 = \frac{脾重（mg）}{体重（g）}；平均脾指数 = \frac{组内脾指数总和}{组内动物数}$$

异常毒性　取本品，依法（附录1111）检查，按腹腔注射法给药，应符合规定。

蛋白质、鞣质、树脂　照注射剂有关物质检查法（附录0113）检查，应符合规定。

其他　应符合注射剂项下有关的各项规定（附录0113）

【含量测定】对照品溶液的制备　取无水葡萄糖对照品适量，精密称定，加水使溶解，制成每1ml含0.3mg的溶液，摇匀；精密量取5ml，置50ml量瓶中，加水至刻度，摇匀，即得。

供试品溶液的制备　精密量取本品3ml，置100ml量瓶中，加水稀释至刻度，摇匀；精密量取5ml，置50ml量瓶中，加水至刻度，摇匀，即得。

测定法　精密量取对照品溶液与供试品溶液各2ml，分别置25ml量瓶中，精密加入5%的苯酚（新蒸馏）溶液1ml，再迅速精密加入浓硫酸5ml，边加边振摇，放置10分钟，置水浴中加热15分钟，立即置冰水浴中冷却5分钟，取出，放至室温。同时做空白试验校正，照紫外-可见分光光度法（附录0401）在490nm波长处测定吸光度，计算，即得。

【功能】　益气固本，诱导产生干扰素，调节机体免疫功能，促进抗体形成。

【主治】　用于鸡传染性法氏囊等病毒性疾病。

【用法与用量】　肌内、皮下注射：每1kg体重，鸡2ml，连用2日。

【规格】 以葡萄糖（$C_6H_{12}O_6$）计，（1）100ml：1.0g；（2）10ml：0.1g。

【贮藏】 密闭保存。

黄连解毒片

Huanglian Jiedu Pian

【处方】 黄连30g　　　　黄芩60g　　　　黄柏60g　　　　栀子45g

【制法】 以上4味，粉碎，过筛，混匀，制粒，干燥，压制成650片，即得。

【性状】 本品为黄褐色片；味苦。

【鉴别】 （1）取本品，置显微镜下观察：纤维束鲜黄色，壁稍厚，纹孔明显。纤维淡黄色，梭形，壁厚，孔沟细。纤维束鲜黄色，周围细胞含草酸钙方晶，形成晶纤维，含晶细胞的壁木化增厚。种皮石细胞黄色或淡棕色，多破碎，完整者长多角形、长方形或形状不规则，壁厚，有大的圆形纹孔，胞腔棕红色。

（2）取本品适量（相当于黄连0.2g），研细，加甲醇20ml，超声处理15分钟，滤过，滤液作为供试品溶液。另取黄连对照药材0.2g，同法制成对照药材溶液。再取盐酸小檗碱对照品，加甲醇制成每1ml含0.5mg的溶液，作为对照品溶液。照薄层色谱法（附录0502）试验，吸取上述三种溶液各2μl，分别点于同一硅胶G薄层板上，以环己烷-乙酸乙酯-异丙醇-甲醇-水-三乙胺（3：3.5：1：1.5：0.5：1）为展开剂，置氨蒸气的展开缸内，预饱和30分钟，展开，取出，晾干，置紫外光灯（365nm）下检视。供试品色谱中，在与对照药材色谱和对照品色谱相应的位置上，显相同颜色的荧光斑点。

（3）取本品3g，研碎，加乙醚20ml，振摇20分钟，弃去乙醚，残渣挥干乙醚，加乙酸乙酯30ml，加热回流1小时，放冷，滤过，滤液蒸干，残渣加甲醇3ml使溶解，滤过，滤液作为供试品溶液。另取栀子对照药材0.7g，同法制成对照药材溶液。照薄层色谱法（附录0502）试验，吸取上述两种溶液各5μl，分别点于同一硅胶G薄层板上，以乙酸乙酯-丙酮-甲酸-水（10：7：2：0.5）为展开剂，展开，取出，晾干，喷以10%硫酸乙醇溶液，晾干，在110℃加热至斑点显色清晰。供试品色谱中，在与对照药材色谱相应的位置上，显相同颜色的斑点。

（4）取本品1g，研碎，加甲醇20ml，超声处理30分钟，滤过，滤液蒸干，残渣加水25ml使溶解，用稀盐酸调pH值至1～2，用乙酸乙酯25ml振摇提取，分取乙酸乙酯层，蒸干，残渣加甲醇2ml使溶解，作为供试品溶液。另取黄芩对照药材0.3g，同法制成对照药材溶液。照薄层色谱法（附录0502）试验，吸取上述三种溶液各2μl，分别点于同一硅胶G薄层板上，以乙酸乙酯-丁酮-甲酸-水（5：3：1：1）为展开剂，展开，取出，晾干，喷以2%三氯化铁乙醇溶液。供试品色谱中，在与对照药材色谱相应的位置上，显相同颜色的斑点。

【检查】 应符合片剂项下有关的各项规定（附录0103）。

【功能】 泻火解毒。

【主治】 三焦实热。

【用法与用量】 鸡1～2片。

【规格】 每1片相当于原生药0.3g。

【贮藏】 密闭，防潮。

黄连解毒散

Huanglian Jiedu San

【处方】　黄连30g　　　　　黄芩60g　　　　　黄柏60g　　　　　栀子45g

【制法】　以上4味，粉碎，过筛，混匀，即得。

【性状】　本品为黄褐色的粉末；味苦。

【鉴别】　（1）取本品，置显微镜下观察：纤维束鲜黄色，壁稍厚，纹孔明显。纤维淡黄色，梭形，壁厚，孔沟细。纤维束鲜黄色，周围细胞含草酸钙方晶，形成晶纤维，含晶细胞的壁木化增厚。种皮石细胞黄色或淡棕色，多破碎，完整者长多角形、长方形或形状不规则，壁厚，有大的圆形纹孔，胞腔棕红色。

（2）取本品1.3g，加甲醇20ml，超声处理15分钟，滤过，滤液作为供试品溶液。另取黄连对照药材0.2g，同法制成对照药材溶液。再取盐酸小檗碱对照品，加甲醇制成每1ml含0.5mg的溶液，作为对照品溶液。照薄层色谱法（附录0502）试验，吸取上述三种溶液各2μl，分别点于同一硅胶G薄层板上，以环己烷-乙酸乙酯-异丙醇-甲醇-水-三乙胺（3:3.5:1:1.5:0.5:1）为展开剂，置氨蒸气饱和的展开缸内，展开，取出，晾干，置紫外光灯（365nm）下检视。供试品色谱中，在与对照药材色谱和对照品色谱相应的位置上，显相同颜色的荧光斑点。

（3）取本品3g，加乙醚20ml，振摇20分钟，弃去乙醚，残渣挥干乙醚，加乙酸乙酯30ml，加热回流1小时，放冷，滤过，滤液蒸干，残渣加甲醇3ml使溶解，滤过，滤液作为供试品溶液。另取栀子对照药材0.7g，同法制成对照药材溶液。照薄层色谱法（附录0502）试验，吸取上述两种溶液各5μl，分别点于同一硅胶G薄层板上，以乙酸乙酯-丙酮-甲酸-水（10:7:2:0.5）为展开剂，展开，取出，晾干，喷以10%硫酸乙醇溶液，晾干，在110℃加热至斑点显色清晰。供试品色谱中，在与对照药材色谱相应的位置上，显相同颜色的斑点。

（4）取本品1g，加甲醇20ml，超声处理30分钟，滤过，滤液蒸干，残渣加水25ml使溶解，用稀盐酸调pH值至1~2，用乙酸乙酯25ml振摇提取，分取乙酸乙酯层，蒸干，残渣加甲醇2ml使溶解，作为供试品溶液。另取黄芩对照药材0.3g，同法制成对照药材溶液。照薄层色谱法（附录0502）试验，吸取上述三种溶液各2μl，分别点于同一硅胶G薄层板上，以乙酸乙酯-丁酮-甲酸-水（5:3:1:1）为展开剂，展开，取出，晾干，喷以2%三氯化铁乙醇溶液。供试品色谱中，在与对照药材色谱相应的位置上，显相同颜色的斑点。

【检查】　应符合散剂项下有关的各项规定（附录0101）。

【功能】　泻火解毒。

【主治】　三焦实热，疮黄肿毒。

【用法与用量】　马、牛150~250g；羊、猪30~50g；兔、禽1~2g。

【贮藏】　密闭，防潮。

银黄提取物口服液

Yinhuang Tiquwu Koufuye

【处方】　金银花提取物（以绿原酸计）2.4g　　　　　黄芩提取物（以黄芩苷计）24g

【制法】 以上2味，黄芩提取物加水适量使溶解，用8%氢氧化钠溶液调节pH值至8，滤过，滤液与金银花提取物合并，用8%氢氧化钠溶液调节pH值至7.2，煮沸1小时，滤过，加水至近全量，搅匀，用8%氢氧化钠溶液调节pH值至7.2，加水至1000ml，滤过，灌封，灭菌，即得。

【性状】 本品为棕黄色至棕红色的澄清液体。

【鉴别】 取本品1ml，加75%乙醇9ml，摇匀，作为供试品溶液。另取黄芩苷对照品及绿原酸对照品，分别加甲醇制成每1ml含1mg、0.3mg的溶液，作为对照品溶液。照薄层色谱法（附录0502）试验，吸取上述三种溶液各2μl，分别点于同一聚酰胺薄膜上，以醋酸为展开剂，展开，取出，晾干，置紫外光灯（365nm）下检视。供试品色谱中，在与黄芩苷对照品色谱相应的位置上，显相同颜色的斑点，在与绿原酸对照品色谱相应的位置上，显相同颜色的荧光斑点。

【检查】 pH值 应为5.5～7.0（附录0631）。

相对密度 应不低于1.03（附录0601）。

其他 应符合合剂项下有关的各项规定（附录0110）。

【含量测定】 照高效液相色谱法（附录0512）测定。

色谱条件与系统适用性试验 以十八烷基硅烷键合硅胶为填充剂；以乙腈为流动相A，以0.4%磷酸溶液为流动相B，按下表中的规定进行梯度洗脱；检测波长为327nm。理论板数按绿原酸峰计算应不低于2000。

时间（分钟）	流动相A（%）	流动相B（%）
0～10	10	90
10～20	10→40	90→60
20～25	40→50	60→50
25～30	50→10	50→90
30～35	10	90

对照品溶液的制备 取绿原酸对照品10mg，精密称定，置100ml棕色量瓶中，加50%甲醇溶解后稀释至刻度，摇匀，精密量取2ml，置50ml棕色量瓶中，加50%甲醇稀释至刻度，摇匀，制得绿原酸对照品溶液（每1ml含绿原酸4μg）。另取黄芩苷对照品10mg，精密称定，置100ml量瓶中，加甲醇溶解并稀释至刻度，摇匀，精密量取5ml，置10ml量瓶中，加水稀释至刻度，摇匀，制得黄芩苷对照品溶液（每1ml含黄芩苷50μg）。

供试品溶液的制备 精密量取本品1ml，置50ml棕色量瓶中，加50%甲醇稀释至刻度，摇匀，精密量取3ml，置25ml棕色量瓶中，加50%甲醇稀释至刻度，摇匀，滤过，取续滤液，即得。

测定法 分别精密吸取绿原酸对照品溶液、黄芩苷对照品溶液和供试品溶液各10μl，注入液相色谱仪，测定，即得。

本品每1ml含金银花提取物以绿原酸（$C_{16}H_{18}O_9$）计，不得少于1.7mg；每1ml含黄芩提取物以黄芩苷（$C_{21}H_{18}O_{11}$）计，不得少于18.0mg。

【功能】 清热疏风，利咽解毒。

【主治】 风热犯肺，发热咳嗽。

【用法与用量】 每1L水，猪、鸡1ml，连用3日。

【贮藏】 密封，置阴凉处。

注：金银花提取物、黄芩提取物质量标准同银黄提取物注射液项下后附质量标准。

银黄提取物注射液

Yinhuang Tiquwu Zhusheye

【处方】　金银花提取物（以绿原酸计）2.4g　　　黄芩提取物（以黄芩苷计）24g

【制法】　以上2味，分别加注射用水与8%氢氧化钠溶液适量溶解后，混合，加注射用水至约980ml，用8%氢氧化钠溶液调节pH值至7.2，加活性炭适量，微沸1小时，放冷，加入苯甲醇10ml，加注射用水至1000ml，滤过，灌封，灭菌，即得。

【性状】　本品为棕黄色至棕红色的澄明液体。

【鉴别】　取本品1ml，加75%乙醇9ml，摇匀，作为供试品溶液。另取黄芩苷对照品与绿原酸对照品，分别加甲醇制成每1ml含1mg、0.3mg的溶液，作为对照品溶液。照薄层色谱法（附录0502）试验，吸取上述三种溶液各2μl，分别点于同一聚酰胺薄膜上，以乙酸为展开剂，展开，取出，晾干，置紫外光灯（365nm）下检视。供试品色谱中，在与黄芩苷对照品色谱相应的位置上，显相同颜色的斑点；在与绿原酸对照品色谱相应的位置上，显相同颜色的荧光斑点。

【检查】　pH值　应为5.5~7.0（附录061）。

有关物质　照注射剂有关物质检查法（附录0113）检查，应符合规定。

其他　应符合注射剂项下有关的各项规定（附录0113）。

【含量测定】　照高效液相色谱法（附录0512）测定。

色谱条件与系统适用性试验　以十八烷基硅烷键合硅胶为填充剂；以乙腈为流动相A，以0.4%磷酸溶液为流动相B，按下表中的规定进行梯度洗脱；检测波长为327nm。理论板数按绿原酸峰计算应不低于2000。

时间（分钟）	流动相A（%）	流动相B（%）
0~10	10	90
10~20	10→40	90→60
20~25	40→50	60→50
25~30	50→10	50→90
30~35	10	90

对照品溶液的制备　取绿原酸对照品10mg，精密称定，置100ml棕色量瓶中，加50%甲醇溶解后稀释至刻度，摇匀；精密量取2ml，置50ml棕色量瓶中，加50%甲醇稀释至刻度，摇匀，制得绿原酸对照品溶液（每1ml含绿原酸4μg）。另取黄芩苷对照品10mg，精密称定，置100ml棕色量瓶中，加甲醇溶解并稀释至刻度，摇匀；精密量取5ml，置10ml棕色量瓶中，加水稀释至刻度，摇匀，制得黄芩苷对照品溶液（每1ml含黄芩苷50μg）。

供试品溶液的制备　精密量取本品1ml，置50ml棕色量瓶中，加50%甲醇稀释至刻度，摇匀，精密量取3ml，置25ml棕色量瓶中，加50%甲醇稀释至刻度，摇匀，滤过，取续滤液，即得。

测定法　分别精密吸取绿原酸对照品溶液、黄芩苷对照品溶液和供试品溶液各10μl，注入液相色谱仪，测定，即得。

本品每1ml含金银花提取物以绿原酸（$C_{16}H_{18}O_9$）计，不得少于1.7mg；每1ml含黄芩提取物以黄芩苷（$C_{21}H_{18}O_{11}$）计，不得少于18.0mg。

【功能】　清热疏风，利咽解毒。

【主治】 风热犯肺，发热咳嗽。

【用法与用量】 肌内注射，每1kg体重，猪、鸡，0.1ml，连用3日。

【规格】 （1）2ml；（2）10ml。

【贮藏】 密封，遮光，置阴凉处。

附：1.金银花提取物

本品为金银花经提取制成的液体。

【制法】 取金银花，加15%的乙醇回流提取2次，每次各1小时，合并提取液，减压浓缩至相对密度为1.15～1.18（60℃）的清膏，加乙醇使含醇量达65%，静置24小时，取上清液，减压浓缩至相对密度为1.20～1.24（60℃），加水至750g，密闭，冷藏24小时以上，取上清液，即得。

【性状】 本品为红棕色的液体；气微，味微苦。

【鉴别】 取本品1ml，加75%乙醇2ml使溶解，作为供试品溶液，另取绿原酸对照品，加75%的乙醇制成每1ml含1mg的溶液，作为对照品溶液。照薄层色谱法（附录0502）试验，吸取上述两种溶液各2μl，分别点于同一聚酰胺薄膜上，以醋酸为展开剂，展开，取出，晾干，置紫外光灯（365nm）下检视。供试品色谱中，在与对照品色谱相应的位置上，显相同颜色的斑点。

【含量测定】 照高效液相色谱法（附录0512）测定。

色谱条件与系统适用性试验 以十八烷基硅烷键合硅胶为填充剂；以乙腈-0.4%磷酸溶液（10:90）为流动相；检测波长为327nm。理论板数按绿原酸峰计算应不低于2000。

对照品溶液的制备 取绿原酸对照品适量，精密称定，置棕色量瓶中，加50%的甲醇制成每1ml中含40μg的溶液，即得。

供试品溶液的制备 精密量取本品1ml，置100ml量瓶中，加50%的甲醇稀释至刻度，摇匀，滤过，取续滤液，即得。

测定法 分别精密吸取对照品溶液与供试品溶液各10μl，注入液相色谱仪，测定，即得。

本品每1ml含绿原酸（$C_{16}H_{18}O_9$）不得少于3.6mg。

【贮藏】 密闭，遮光。

【制剂】 银黄提取物注射液。

2．黄芩提取物

本品为黄芩经提取干燥制得的粉末。

【制法】 取黄芩，加水煎煮2次，每次1.5小时，滤过，合并滤液，滤液浓缩至适量（与药材量之比10:1），用2mol/L盐酸溶液调pH值至1.8～2.0，60℃保温30分钟，冷却至室温，静置12小时，滤过，沉淀用乙醇洗至pH值至4.0，加10倍量水搅拌均匀，用20%的氢氧化钠溶液调pH值至7.0，溶解后加等量乙醇搅匀，放置12小时，滤过，滤液用2mol/L盐酸溶液调pH值至1.8～2.0，80℃保温30分钟，冷却至室温，滤过，沉淀用乙醇洗至pH值4.0，减压干燥，粉碎成细粉，即得。

【性状】 本品为淡黄色的粉末；气微，味苦。

【鉴别】 取本品少量，加水2ml，滴加氢氧化钠试液1滴，溶液显橙黄色，滴加稀醋酸使溶液颜色基本褪去，然后再滴加5%二氯化氧锆溶液1滴，溶液显黄色，加稀盐酸颜色不褪。

【检查】 水分 照水分测定法（附录0832第一法）测定，不得过5%。

【含量测定】 照高效液相色谱法（附录0512）测定。

色谱条件与系统适用性试验 以十八烷基硅烷键合硅胶为填充剂；以甲醇-水-冰醋酸

（48:52:1）为流动相；检测波长为276nm。理论板数按黄芩苷峰计算应不低于1000。

对照品溶液的制备 取黄芩苷对照品适量，精密称定，加50%的甲醇制成每1ml含0.1mg的溶液，即得。

供试品溶液的制备 取本品10mg，精密称定，置100ml量瓶中，加50%的甲醇稀释至刻度，摇匀，滤过，取续滤液，即得。

测定法 分别精密吸取对照品溶液与供试品溶液各10μl，注入液相色谱仪，测定，即得。

本品按干燥品计算，含黄芩苷（$C_{21}H_{18}O_{11}$）不得少于95.0%。

【贮藏】 密闭，防潮。

【制剂】 银黄提取物注射液、银黄提取物口服液。

银 翘 散
Yinqiao San

【处方】 金银花60g   连翘45g   薄荷30g   荆芥30g

淡豆豉30g   牛蒡子45g   桔梗25g   淡竹叶20g

甘草20g   芦根30g

【制法】 以上10味，粉碎，过筛，混匀，即得。

【性状】 本品为棕褐色粉末；气香，味微甘、苦、辛。

【鉴别】 （1）取本品，置显微镜下观察：花粉粒类圆形，直径约至76μm，外壁有刺状雕纹，具3个萌发孔。内果皮纤维上下层纵横交错，纤维短梭形。联结乳管直径14～25μm，含淡黄色颗粒状物。纤维束周围薄壁细胞含草酸钙方晶，形成晶纤维。表皮细胞狭长，垂周壁深波状弯曲，有气孔，保卫细胞哑铃状。

（2）取本品3g，加甲醇10ml，放置12小时，滤过，滤液作为供试品溶液。另取绿原酸对照品，加甲醇制成每1ml含1mg的溶液，作为对照品溶液。照薄层色谱法（附录0502）试验，吸取供试品溶液10～20μl、对照品溶液10μl，分别点于同一硅胶G薄层板上，以乙酸丁酯-甲酸-水（7:2.5:2.5）的上层溶液为展开剂，展开，取出，晾干，置紫外光灯（365nm）下检视。供试品色谱中，在与对照品色谱相应的位置上，显相同颜色的荧光斑点。

【检查】 应符合散剂项下有关的各项规定（附录0101）。

【功能】 辛凉解表，清热解毒。

【主治】 风热感冒，咽喉肿痛，疮痈初起。

【用法与用量】 马、牛250～400g；羊、猪50～80g；兔、禽1～3g。

【贮藏】 密闭，防潮。

猪 苓 散
Zhuling San

【处方】 猪苓30g   泽泻45g   肉桂45g   干姜60g

天仙子20g

【制法】 以上5味，粉碎，过筛，混匀，即得。

【性状】 本品为淡棕色粉末；气香，味辛。

【鉴别】 取本品，置显微镜下观察：菌丝黏结成团，大多无色；草酸钙方晶正八面体形，直径32～60μm。薄壁细胞类圆形，有椭圆形纹孔，集成纹孔群。石细胞类圆形或类长方形，壁一面菲薄。淀粉粒长卵形、广卵形或形状不规则，有的较小端略尖凸，直径25～32μm，长约至50μm，脐点点状，位于较小端。种皮外表皮细胞淡黄色，椭圆形或类长方形，长100～150μm，直径50～100μm，细胞壁呈波状突起，显透明波状纹理。

【检查】 应符合散剂项下有关的各项规定（附录0101）。

【功能】 利水止泻，温中散寒。

【主治】 冷肠泄泻。

【用法与用量】 马、牛200～250g。

【注意】 孕畜忌服。

【贮藏】 密闭，防潮。

猪 健 散

Zhujian San

【处方】 龙胆草30g　　　　苍术30g　　　　柴胡10g　　　　干姜10g
碳酸氢钠20g

【制法】 以上5味，粉碎，过筛，混匀，即得。

【性状】 本品为浅棕黄色的粉末；气香，味咸、苦。

【鉴别】 （1）取本品，置显微镜下观察：外皮层细胞表面观纺锤形，每个细胞由横壁分隔成数个小细胞。草酸钙针晶细小，长5～32μm，不规则地充塞于薄壁细胞中。油管含淡黄色或黄棕色条状分泌物，直径8～25μm。淀粉粒长卵形、广卵形或形状不规则，有的较小端略尖凸，直径25～32μm，长约至50μm，脐点点状，位于较小端。

（2）取本品3g，置具塞烧瓶中，加乙醚10ml，超声处理15分钟，滤过，滤液低温挥去乙醚，残渣加乙酸乙酯1ml使溶解，作为供试品溶液。另取苍术对照药材0.5g，同法制成对照药材溶液。照薄层色谱法（附录0502）试验，吸取上述新制备的两种溶液各10μl，分别点于同一硅胶G薄层板上，以石油醚（60～90℃）-乙酸乙酯（20:0.5）为展开剂，展开，取出，晾干，喷以5%对二甲氨基苯甲醛的10%硫酸乙醇溶液，105℃加热至斑点显色清晰。供试品色谱中，在与对照药材色谱相应的位置上，显相同的污绿色斑点（苍术素）。

【检查】 应符合散剂项下有关的各项规定（附录0101）。

【功能】 消食健胃。

【主治】 消化不良。

【用法与用量】 猪10～20g。

【贮藏】 密闭，防潮。

麻杏石甘片

Maxing Shigan Pian

【处方】　麻黄30g　　　　苦杏仁30g　　　　石膏150g　　　　甘草30g

【制法】　以上4味，粉碎成细粉，过筛，混匀，制粒，干燥，压制成800片，即得。

【性状】　本品为淡灰黄色片；气微香，味辛、苦、涩。

【鉴别】　（1）取本品，置显微镜下观察：不规则片状结晶无色，有平直纹理。种皮石细胞橙黄色，贝壳形，壁较厚，较宽一边纹孔明显。气孔特异，保卫细胞侧面观呈哑铃状。纤维束周围薄壁细胞含草酸钙方晶，形成晶纤维。

（2）取本品30片，研细，加浓氨试液2ml，三氯甲烷20ml，加热回流1小时，滤过，滤液蒸干，残渣加甲醇2ml，振摇，滤过，滤液作为供试品溶液。另取盐酸麻黄碱对照品，加甲醇制成每1ml含1mg的溶液，作为对照品溶液。照薄层色谱法（附录0502）试验，吸取上述两种溶液各5μl，分别点于同一硅胶G薄层板上，以三氯甲烷-甲醇-浓氨试液（20:5:0.5）为展开剂，展开，取出，晾干，喷以茚三酮试液，在105℃加热至斑点显色清晰。供试品色谱中，在与对照品色谱相应的位置上，显相同颜色的斑点。

【检查】　除水分外，应符合片剂项下有关的各项规定（附录0103）。

【功能】　清热，宣肺，平喘。

【主治】　肺热咳喘。

【用法与用量】　兔5~10片，鸡3~5片。

【规格】　每1片相当于原生药0.3g。

【贮藏】　密闭，防潮。

麻杏石甘散

Maxing Shigan San

【处方】　麻黄30g　　　　苦杏仁30g　　　　石膏150g　　　　甘草30g

【制法】　以上4味，粉碎，过筛，混匀，即得。

【性状】　本品为淡黄色的粉末；气微香，味辛、苦、涩。

【鉴别】　（1）取本品，置显微镜下观察：不规则片状结晶无色，有平直纹理。种皮石细胞橙黄色，贝壳形，壁较厚，较宽一边纹孔明显。气孔特异，保卫细胞侧面观呈哑铃状。纤维束周围薄壁细胞含草酸钙方晶，形成晶纤维。

（2）取本品9g，加浓氨试液2ml，三氯甲烷20ml，加热回流1小时，滤过，滤液蒸干，残渣加甲醇2ml，振摇，滤过，滤液作为供试品溶液。另取盐酸麻黄碱对照品，加甲醇制成每1ml含1mg的溶液，作为对照品溶液。照薄层色谱法（附录0502）试验，吸取上述两种溶液各5μl，分别点于同一硅胶G薄层板上，以三氯甲烷-甲醇-浓氨试液（20:5:0.5）为展开剂，展开，取出，晾干，喷以茚三酮试液，在105℃加热至斑点显色清晰。供试品色谱中，在与对照品色谱相应的位置上，显相同颜色的斑点。

【检查】 除水分外，应符合散剂项下有关的各项规定（附录0103）。

【功能】 清热，宣肺，平喘。

【主治】 肺热咳喘。

【用法与用量】 马、牛200~300g；羊、猪30~60g；兔、禽1~3g。

【贮藏】 密闭，防潮。

麻黄鱼腥草散
Mahuang Yuxingcao San

【处方】 麻黄50g　　　　黄芩50g　　　　鱼腥草100g　　　穿心莲50g
板蓝根50g

【制法】 以上5味，粉碎，过筛，混匀，即得。

【性状】 本品为黄绿色至灰绿色的粉末；气微，味微涩。

【鉴别】 （1）取本品，置显微镜下观察：气孔特异，保卫细胞侧面观呈哑铃状。纤维淡黄色，梭形，壁厚，孔沟细。叶表皮细胞多角形，有较密的波状纹理，有油细胞散在，类圆形，70~80μm，其周围有6~7个表皮细胞呈放射状排列。叶表皮组织中含钟乳体晶细胞。木纤维成束，淡黄色，多碎断，直径14~25μm，微木化，纹孔及孔沟较明显。

（2）取本品6g，加浓氨试液2ml，三氯甲烷30ml，加热回流1小时，滤过，滤液蒸干，残渣加甲醇2ml，振摇，滤过，滤液作为供试品溶液。另取盐酸麻黄碱对照品，加甲醇制成每1ml含1mg的溶液，作为对照品溶液。照薄层色谱法（附录0502）试验，吸取上述供试品溶液8μl、对照品溶液5μl，分别点于同一硅胶G薄层板上，以三氯甲烷-甲醇-浓氨试液（20:5:0.5）为展开剂，展开，取出，晾干，喷以茚三酮试液，在105℃加热至斑点显色清晰。供试品色谱中，在与对照品色谱相应的位置上，显相同颜色的斑点。

【检查】 应符合散剂项下有关的各项规定（附录0101）。

【功能】 宣肺泄热，平喘止咳。

【主治】 肺热咳喘，鸡支原体病。

【用法与用量】 混饲：每1kg饲料，鸡15~20g。

【贮藏】 密闭，防潮。

麻黄桂枝散
Mahuang Guizhi San

【处方】 麻黄45g　　　　桂枝30g　　　　细辛5g　　　　羌活25g
防风25g　　　　桔梗30g　　　　苍术30g　　　　荆芥25g
紫苏叶25g　　　薄荷25g　　　　槟榔20g　　　　甘草15g
皂角20g　　　　枳壳30g

【制法】 以上14味，粉碎，过筛，混匀，即得。

【性状】 本品为黄棕色的粉末；气香，味甘、辛。

【鉴别】 （1）取本品，置显微镜下观察：气孔特异，保卫细胞侧面观哑铃状。石细胞类方形或类圆形，壁一面菲薄。油管内含棕黄色分泌物，直径约100μm。联结乳管直径14～25μm，含淡黄色颗粒状物。叶肉组织中有细小草酸钙簇晶，直径4～8μm。内胚乳碎片无色，壁较厚，有较多大的类圆形纹孔。草酸钙针晶细小，长5～32μm，不规则地充塞于薄壁细胞中。草酸钙方晶成片存在于薄壁组织中。

（2）取本品9g，加浓氨试液2ml，三氯甲烷20ml，加热回流1小时，滤过，滤液蒸干，残渣加甲醇2ml，振荡使溶解，滤过，滤液作为供试品溶液。另取盐酸麻黄碱对照品，加甲醇制成每1ml含1mg的溶液，作为对照品溶液。照薄层色谱法（附录0502）试验，吸取上述两种溶液各5μl，分别点于同一硅胶G薄层板上，以三氯甲烷-甲醇-浓氨试液（20:5:0.5）为展开剂，展开，取出，晾干，喷以茚三酮试液，在105℃加热至斑点显色清晰。供试品色谱中，在与对照品色谱相应的位置上，显相同颜色的斑点。

【检查】 应符合散剂项下有关的各项规定（附录0101）。

【功能】 解表散寒，疏理气机。

【主治】 风寒感冒。

【用法与用量】 牛300～400g。

【贮藏】 密闭，防潮。

清肺止咳散

Qingfei Zhike San

【处方】
桑白皮30g	知母25g	苦杏仁25g	前胡30g
金银花60g	连翘30g	桔梗25g	甘草20g
橘红30g	黄芩45g		

【制法】 以上10味，粉碎，过筛，混匀，即得。

【性状】 本品为黄褐色粉末；气微香，味苦、甘。

【鉴别】 取本品，置显微镜下观察：草酸钙针晶成束或散在，长26～110μm。花粉粒类圆形，直径约至76μm，外壁有刺状雕纹，具3个萌发孔。内果皮纤维上下层纵横交错，纤维短梭形。纤维束周围薄壁细胞含草酸钙方晶，形成晶纤维。纤维淡黄色，梭形，壁厚，孔沟细。纤维无色，直径13～26μm，壁厚，孔沟不明显。木栓细胞淡棕黄色，常多层重叠，表面观呈长方形。

【检查】 应符合散剂项下有关的各项规定（附录0101）。

【功能】 清泻肺热，化痰止痛。

【主治】 肺热咳喘，咽喉肿痛。

【用法与用量】 马、牛200～300g；羊、猪30～50g；兔、禽1～3g。

【贮藏】 密闭，防潮。

清　肺　散

Qingfei San

【处方】　板蓝根90g　　　　　葶苈子50g　　　　　浙贝母50g　　　　　桔梗30g
　　　　　　甘草25g

【制法】　以上5味，粉碎，过筛，混匀，即得。

【性状】　本品为浅棕黄色的粉末；气清香，味微甘。

【鉴别】　取本品，置显微镜下观察：种皮下表皮细胞黄色，多角形或长多角形，壁稍厚。淀粉粒卵圆形，直径35～48μm，脐点点状、人字状或马蹄状，位于较小端，层纹细密。联结乳管直径14～25μm，含淡黄色颗粒状物。木纤维多成束，淡黄色，多碎断，直径14～25μm，微木化，纹孔及孔沟较明显。纤维束周围薄壁细胞含草酸钙方晶，形成晶纤维。

【检查】　应符合散剂项下有关的各项规定（附录0101）。

【功能】　清肺平喘，化痰止咳。

【主治】　肺热咳喘，咽喉肿痛。

【用法与用量】　马、牛200～300g；羊、猪30～50g。

【贮藏】　密闭，防潮。

清　肺　颗　粒

Qingfei Keli

【处方】　板蓝根900g　　　　　葶苈子500g　　　　　浙贝母300g　　　　　桔梗300g
　　　　　　甘草250g

【性状】　本品为黄色至黄棕色颗粒；气香，微苦。

【鉴别】　（1）取本品研细的粉末5g，置具塞锥形瓶中，加浓氨试液2ml与三氯甲烷20ml，密塞，过夜，超声处理30分钟，滤过，滤液蒸干，残渣加三氯甲烷1ml使溶解，作为供试品溶液。另取浙贝母对照药材1g，同法制成对照药材溶液。照薄层色谱法（附录0502）试验，吸取上述两种溶液各10～20μl，分别点于同一羧甲基纤维素钠为黏合剂的硅胶G薄层板上，以乙酸乙酯-甲醇-浓氨试液（17:2:1）为展开剂，展开，取出，晾干，喷以稀碘化铋钾试液。供试品色谱中，在与对照药材色谱相应的位置上，显相同颜色的斑点。

　　（2）取本品10g，加三氯甲烷40ml，超声处理30分钟，滤过，滤液蒸干，残渣加三氯甲烷1ml使溶解，作为供试品溶液。另取靛玉红对照品，加三氯甲烷制成每1ml含0.5mg的溶液，作为对照品溶液。照薄层色谱法（附录0502）试验，吸取上述供试品溶液10μl、对照品溶液5μl，分别点于同一硅胶G薄层板上，以苯-三氯甲烷-丙酮（5:4:1）为展开剂，展开，取出，晾干。供试品色谱中，在与对照品色谱相应的位置上，显相同的浅紫红色斑点。

　　（3）取本品10g，置具塞锥形瓶中，加水40ml，过夜，超声处理30分钟，静置使分层。取上清液滤过，滤液加正丁醇提取2次，每次20ml，合并正丁醇液，加水10ml洗涤，取正丁醇层水浴蒸干，残渣加甲醇1ml使溶解，作为供试品溶液。另取甘草对照药材1g，加水50ml，回流提取30分钟，滤过，滤液用正丁醇振摇提取3次，每次30ml，合并正丁醇液，用水30ml洗涤，取正丁醇层水浴蒸干，残渣加甲醇1ml使溶解，作为对照药材溶液。照薄层色谱法（附录0502）试验，吸取上述两种溶液各8～12μl，分别点于同一硅胶G薄层板上，以乙酸乙酯-甲酸-冰醋酸-水（15:1:1:2）为展开剂，展开，取出，热风吹干，喷以10%硫酸乙醇溶液，在105℃加热至斑点显色清晰。供试品色谱中，在与对照药材色谱相应的位置上，显相同颜色的斑点。

（4）取本品5g，加盐酸3ml，水30ml，加热回流1小时，冷却，滤过，滤液用乙酸乙酯提取3次，每次30ml，合并乙酸乙酯提取液，用铺有无水硫酸钠的滤纸滤过，滤液水浴蒸干，残渣加甲醇1ml使溶解，作为供试品溶液。另取桔梗对照药材0.5g，同法制成对照药材溶液。照薄层色谱法（附录0502）试验，吸取上述两种溶液各8～10μl，分别点于同一硅胶G薄层板上，以三氯甲烷-乙醚（1:1）为展开剂，展开，取出，晾干，喷以10%硫酸乙醇溶液，在105℃加热至斑点显色清晰。供试品色谱中，在与对照药材色谱相应的位置上，显相同颜色的斑点。

【检查】　应符合颗粒剂项下各项规定（附录0106）。

【功能】　清肺平喘，化痰止咳。

【主治】　清热咳嗽，咽喉肿痛。

【用法与用量】　一次量，猪20～40g，一日2次，连用3～5日。

【规格】　每1g相当于原生药1g。

【贮藏】　密封，防潮。

清 胃 散

Qingwei San

【处方】　石膏60g　　　　大黄45g　　　　知母30g　　　　黄芩30g
　　　　　陈皮25g　　　　枳壳25g　　　　天花粉30g　　　甘草30g
　　　　　玄明粉45g　　　麦冬30g

【制法】　以上10味，粉碎，过筛，混匀，即得。

【性状】　本品为浅黄色的粉末；气微香，味咸、微苦。

【鉴别】　（1）取本品，置显微镜下观察：不规则片状结晶无色，有平直纹理。草酸钙簇晶大，直径60～140μm。草酸钙针晶成束或散在，长26～110μm。纤维淡黄色，梭形，壁厚，孔沟细。草酸钙方晶成片存在于薄壁组织中。具缘纹孔导管大，多破碎，有的具缘纹孔呈六角形或斜方形，排列紧密。纤维束周围薄壁细胞含草酸钙方晶，形成晶纤维。用乙醇装片观察，不规则结晶近无色，边缘不整齐，表面有细长裂隙且现颗粒性。石细胞类方形或长方形，直径30～60μm，壁较厚，有时一边薄，纹孔细密。

（2）取本品1g，加甲醇20ml，浸渍过夜，滤过，取滤液5ml，蒸干，残渣加水10ml使溶解，再加盐酸1ml，置水浴上加热10分钟，立即冷却，用乙醚分2次提取，每次20ml，合并乙醚液，蒸干，残渣加三氯甲烷1ml使溶解，作为供试品溶液。另取大黄对照药材0.1g，同法制成对照药材溶液。照薄层色谱法（附录0502）试验，吸取上述两种溶液各5μl，分别点于同一硅胶H薄层板上，以石油醚（30～60℃）-甲酸乙酯-甲酸（15:5:1）的上层溶液为展开剂，展开，取出，晾干，置紫外光灯（365nm）下检视。供试品色谱中，在与对照药材色谱相应的位置上，显相同的五个橙黄色荧光主斑点；置氨蒸气中熏后，日光下检视，斑点变为红色。

【检查】 应符合散剂项下有关的各项规定（附录0101）。

【功能】 清热泻火，理气开胃。

【主治】 胃热食少，粪干。

【用法与用量】 马、牛250～350g；羊、猪50～80g。

【贮藏】 密闭，防潮。

清热健胃散
Qingre Jianwei San

【处方】 龙胆30g   黄柏30g   知母20g   陈皮25g

厚朴20g   大黄20g   山楂20g   六神曲20g

麦芽30g   碳酸氢钠50g

【制法】 以上10味，除碳酸氢钠外，其余龙胆等9味共粉碎成粉末，加碳酸氢钠，过筛，混匀，即得。

【性状】 本品为黄棕色的粉末；气香，味苦。

【鉴别】 （1）取本品，置显微镜下观察：果皮石细胞淡紫红色、红色或黄棕色，类圆形或多角形，胞腔中含红棕色物，直径约至125μm。纤维束鲜黄色，周围细胞含草酸钙方晶，形成晶纤维，含晶细胞的壁木化增厚。草酸钙簇晶大，直径60～140μm。果皮细胞纵列，常有1个长细胞与2个短细胞相间排列，长细胞壁厚，波状弯曲，木化。草酸钙方晶成片存在于薄壁组织中。石细胞分枝状，壁厚，层纹明显。草酸钙针晶成束或散在，长26～110μm。

（2）取本品2g，加甲醇20ml，浸渍过夜，滤过，取滤液5ml，蒸干，残渣加水10ml使溶解，再加盐酸1ml，置水浴上加热10分钟，立即冷却，用乙醚分2次提取，每次20ml，合并乙醚液，蒸干，残渣加三氯甲烷1ml使溶解，作为供试品溶液。另取大黄对照药材0.1g，同法制成对照药材溶液。照薄层色谱法（附录0502）试验，吸取上述两种溶液各5μl，分别点于同一硅胶H薄层板上，以石油醚（30～60℃)-甲酸乙酯-甲酸（15:5:1）的上层溶液为展开剂，展开，取出，晾干，置紫外光灯（365nm）下检视。供试品色谱中，在与对照药材色谱相应的位置上，显相同的五个橙黄色荧光主斑点；置氨蒸气中熏后，日光下检视，斑点变为红色。

【检查】 应符合散剂项下有关的各项规定（附录0101）。

【功能】 清热，燥湿，消食。

【主治】 胃热不食，宿食不化。

【用法与用量】 马、牛200～300g。

【贮藏】 密闭，防潮。

【注意】 孕畜及泌乳期家畜慎用。

清 热 散
Qingre San

【处方】 大青叶60g   板蓝根60g   石膏60g   大黄30g

玄明粉60g

【制法】 以上5味，粉碎，过筛，混匀，即得。

【性状】 本品为黄色的粉末；味苦、微涩。

【鉴别】 （1）取本品，置显微镜下观察：靛蓝结晶蓝色，存在于叶肉组织和表皮细胞中，呈细小颗粒状或片状，常聚集成堆。木纤维多成束，淡黄色，多碎断，直径14～25μm，微木化，纹孔及孔沟较明显。草酸钙簇晶大，直径60～140μm。不规则片状结晶无色，有平直纹理。用乙醇装片观察，不规则结晶近无色，边缘不整齐，表面有细长裂隙且显颗粒性。

（2）取本品1.5g，加甲醇20ml，浸渍过夜，滤过，取滤液5ml，蒸干，残渣加水10ml使溶解，再加盐酸1ml，置水浴上加热10分钟，立即冷却，用乙醚分2次提取，每次20ml，合并乙醚液，蒸干，残渣加三氯甲烷1ml使溶解，作为供试品溶液。另取大黄对照药材0.1g，同法制成对照药材溶液。照薄层色谱法（附录0502）试验，吸取上述两种溶液各5μl，分别点于同一硅胶H薄层板上，以石油醚（30～60℃）-甲酸乙酯-甲酸（15:5:1）的上层溶液为展开剂，展开，取出，晾干，置紫外光灯（365nm）下检视。供试品色谱中，在与对照药材色谱相应的位置上，显相同的五个橙黄色荧光主斑点；置氨蒸气中熏后，日光下检视，斑点变为红色。

【检查】 应符合散剂项下有关的各项规定（附录0101）。

【功能】 清热解毒，泻火通便。

【主治】 发热，粪干。

【用法与用量】 猪30～60g。

【贮藏】 密闭，防潮。

清 暑 散
Qingshu San

【处方】

香薷30g	白扁豆30g	麦冬25g	薄荷30g
木通25g	猪牙皂20g	藿香30g	茵陈25g
菊花30g	石菖蒲25g	金银花60g	茯苓25g
甘草15g			

【制法】 以上13味，粉碎，过筛，混匀，即得。

【性状】 本品为黄棕色的粉末；气香窜，味辛、甘、微苦。

【鉴别】 取本品，置显微镜下观察：叶肉组织碎片中散有草酸钙方晶。种皮栅状细胞长80～150μm。草酸钙针晶成束或散在，长24～50μm，直径约3μm。花粉粒类圆形，直径约至76μm，外壁有刺状雕纹，具3个萌发孔。花粉粒类圆形，直径24～34μm，外壁有刺，长3～5μm，具3个萌发孔。不规则分枝状团块无色，遇水合氯醛液溶化；菌丝无色或淡棕色，直径4～6μm。油细胞圆形，直径约至50μm，含黄色或黄棕色油状物。T形毛众多，多碎断，臂细胞较平直，壁极厚，胞腔常呈细缝状，柄细胞1～2个。纤维束周围薄壁细胞含草酸钙方晶，形成晶纤维。

【检查】 应符合散剂项下有关的各项规定（附录0101）。

【功能】 清热祛暑。

【主治】 伤暑，中暑。

【用法与用量】 马、牛250～350g；羊、猪50～80g；兔、禽1～3g。

【贮藏】 密闭，防潮。

清 解 合 剂

Qingjie Heji

【处方】 石膏670g 金银花140g 玄参100g 黄芩80g
生地黄80g 连翘70g 栀子70g 龙胆60g
甜地丁60g 板蓝根60g 知母60g 麦冬60g

【制法】 以上12味，除金银花、黄芩外，其余10味，加水温浸1小时，再煎煮2次，第一次1小时（煎煮半小时后加入金银花、黄芩），第二次煎煮40分钟，滤过，合并滤液，滤液浓缩至相对密度约为1.17（90℃），加入乙醇，使含醇量达65%~70%，冷藏静置48小时，滤过，滤液回收乙醇，加水调至1000ml，灌装，灭菌，即得。

【性状】 本品为红棕色液体；味甜、微苦。

【鉴别】 （1）取本品10ml，置水浴上蒸发至近干，残渣加甲醇2ml使溶解，取上清液作为供试品溶液。另取绿原酸对照品，加甲醇制成每1ml含1mg的溶液，作为对照品溶液。照薄层色谱法（附录0502）试验，吸取上述两种溶液各10μl，分别点于同一硅胶H薄层板上，以乙酸丁酯-甲酸-水（14:5:5）的上层溶液为展开剂，展开，取出，晾干，在紫外光灯（365nm）下检视。供试品色谱中，在与对照品色谱相应的位置上，显相同颜色的荧光斑点。

（2）取本品10ml，置水浴上蒸至近干，残渣加丙酮2ml使溶解，取上清液作为供试品溶液。另取栀子苷对照品，加丙酮制成每1ml含0.5mg的溶液，作为对照品溶液。照薄层色谱法（附录0502）试验，吸取上述两种溶液各10μl，分别点于同一硅胶G薄层板上，以三氯甲烷-甲醇（3:1）为展开剂，展开，取出，晾干，喷以50%硫酸乙醇溶液，在100℃加热至斑点显色清晰。供试品色谱中，在与对照品色谱相应的位置上，显相同颜色的斑点。

【检查】 pH值 应为4.5~6.5（附录0631）。

相对密度 应为1.05~1.15（附录0601）。

其他 应符合合剂项下的各项规定（附录0110）。

【含量测定】 照高效液相色谱法（附录0512）测定。

色谱条件与系统适用性试验 以十八烷基硅烷键合硅胶为填充剂；甲醇-水-磷酸（50:50:0.3）为流动相；检测波长为276nm。理论板数按黄芩苷峰计算应不低于1000。

对照品溶液的制备 取黄芩苷对照品适量，精密称定，加流动相制成每1ml含20μg的溶液，作为对照品溶液。

供试品溶液的制备 精密量取本品2ml，置100ml量瓶中，加流动相适量，振摇，用流动相稀释至刻度，摇匀，放置，滤过，取续滤液作为供试品溶液。

测定法 分别精密吸取对照品溶液与供试品溶液各10μl，注入液相色谱仪，测定，即得。

本品含黄芩按黄芩苷（$C_{21}H_{18}O_{11}$）计，每1ml不得少于1.1mg。

【功能】 清热解毒。

【主治】 鸡大肠杆菌引起的热毒症。

【用法与用量】 混饮：每1L水，鸡2.5ml。

【贮藏】 密封，置阴凉处。

清瘟败毒片

Qingwen Baidu Pian

【处方】 石膏120g　　　地黄30g　　　水牛角60g　　　黄连20g

　　　　栀子30g　　　牡丹皮20g　　　黄芩25g　　　赤芍25g

　　　　玄参25g　　　知母30g　　　连翘30g　　　桔梗25g

　　　　甘草15g　　　淡竹叶25g

【制法】 以上14味，粉碎，过筛，混匀，制粒，干燥，压制成1600片（包衣），即得。

【性状】 本品为灰黄色片（或糖衣片）；味苦、微甜。

【鉴别】 （1）取本品，置显微镜下观察：不规则片状结晶无色，具平直纹理。薄壁组织灰棕色至黑棕色，细胞多皱缩，内含棕色核状物。纤维束鲜黄色，壁稍厚，纹孔明显。不规则碎片多呈柴片状，稍有光泽，具有规则纵长裂缝。种皮石细胞黄色或淡棕色，多破碎，完整者长多角形、长方形或形状不规则，壁厚，有大的圆形纹孔，胞腔棕红色。纤维淡黄色，梭形，壁厚，孔沟细。石细胞黄棕色或无色，类长方形、类圆形或形状不规则，直径约至94μm。草酸钙针晶成束或散在，长26～110μm。内果皮纤维上下层纵横交错，纤维短梭形。纤维束周围薄壁细胞含草酸钙方晶，形成晶纤维。表皮细胞狭长，垂周壁深波状弯曲，有气孔，保卫细胞哑铃状。

（2）取本品8片，研细，加甲醇10ml，加热回流15分钟，滤过，滤液作为供试品溶液。另取黄连对照药材0.1g，同法制成对照药材溶液。再取盐酸小檗碱对照品，加甲醇制成每1ml含0.5mg的溶液，作为对照品溶液。照薄层色谱法（附录0502）试验，吸取上述三种溶液各3μl，分别点于同一硅胶G薄层板上，以苯-乙酸乙酯-甲醇-异丙醇-浓氨试液（12:6:3:3:1）为展开剂，置氨蒸气饱和的展开缸内，展开，取出，晾干，置紫外光灯（365nm）下检视。供试品色谱中，在与对照药材色谱及对照品色谱相应的位置上，显相同颜色的荧光斑点。

【检查】 应符合片剂项下有关的各项规定（附录0103）。

【功能】 泻火解毒，凉血。

【主治】 热毒发斑，高热神昏。

【用法与用量】 每1kg体重，鸡2～3片；犬、猫2片。

【规格】 每1片相当于原生药0.3g。

【贮藏】 密闭，防潮。

清瘟败毒散

Qingwen Baidu San

【处方】 石膏120g　　　地黄30g　　　水牛角60g　　　黄连20g

　　　　栀子30g　　　牡丹皮20g　　　黄芩25g　　　赤芍25g

　　　　玄参25g　　　知母30g　　　连翘30g　　　桔梗25g

　　　　甘草15g　　　淡竹叶25g

【制法】 以上14味，粉碎，过筛，混匀，即得。

【性状】 本品为灰黄色的粉末；气微香，味苦、微甜。

【鉴别】 （1）取本品，置显微镜下观察：不规则片状结晶无色，具平直纹理。薄壁组织灰棕色至黑棕色，细胞多皱缩，内含棕色核状物。纤维束鲜黄色，壁稍厚，纹孔明显。不规则碎片多呈柴片状，稍有光泽，具有规则纵长裂缝。种皮石细胞黄色或淡棕色，多破碎，完整者长多角形、长方形或形状不规则，壁厚，有大的圆形纹孔，胞腔棕红色。纤维淡黄色，梭形，壁厚，孔沟细。石细胞黄棕色或无色，类长方形、类圆形或形状不规则，直径约至94μm。草酸钙针晶成束或散在，长26～110μm。内果皮纤维上下层纵横交错，纤维短梭形。纤维束周围薄壁细胞含草酸钙方晶，形成晶纤维。表皮细胞狭长，垂周壁深波状弯曲，有气孔，保卫细胞哑铃状。

（2）取本品1g，加甲醇5ml，加热回流15分钟，滤过，滤液补加甲醇使成5ml，作为供试品溶液。另取黄连对照药材0.1g，同法制成对照药材溶液。再取盐酸小檗碱对照品，加甲醇制成每1ml含0.5mg的溶液，作为对照品溶液。照薄层色谱法（附录0502）试验，吸取上述三种溶液各2μl，分别点于同一硅胶G薄层板上，以苯-乙酸乙酯-甲醇-异丙醇-浓氨试液（12:6:3:3:1）为展开剂，置氨蒸气饱和的展开缸内，展开，取出，晾干，置紫外光灯（365nm）下检视。供试品色谱中，在与对照药材色谱及对照品色谱相应的位置上，显相同颜色的荧光斑点。

【检查】 应符合散剂项下有关的各项规定（附录0101）。

【功能】 泻火解毒，凉血。

【主治】 热毒发斑，高热神昏。

【用法与用量】 马、牛300～450g；羊、猪50～100g；兔、禽1～3g。

【贮藏】 密闭，防潮。

蛋 鸡 宝

Danjibao

【处方】
党参100g	黄芪200g	茯苓100g	白术100g
麦芽100g	山楂100g	六神曲100g	菟丝子100g
蛇床子100g	淫羊藿100g		

【制法】 以上10味，粉碎，过筛，混匀，即得。

【性状】 本品为灰棕色的粉末；气微香，味甘、微辛。

【鉴别】 取本品，置显微镜下观察：联结乳管直径12～15μm，含细小颗粒状物。纤维成束或散离，壁厚，表面有纵裂纹，两端断裂成帚状或较平截。不规则分枝状团块无色，遇水合氯醛液溶化；菌丝无色或淡棕色，直径4～6μm。草酸钙针晶细小，长10～32μm，不规则地充塞于薄壁细胞中。非腺毛3～10细胞，长200～1000μm，顶端细胞长，有的含棕色或黄棕色物。果皮细胞纵列，常有1个长细胞与2个短细胞相间排列，长细胞壁厚，波状弯曲，木化。果皮石细胞淡紫红色、红色或黄棕色，类圆形或多角形，直径约至125μm。种皮栅状细胞2列，内列较外列长，有光辉带。

【检查】 应符合散剂项下有关的各项规定（附录0101）。

【功能】 益气健脾，补肾壮阳。

【主治】 用于提高产蛋率，延长产蛋高峰期。

【用法与用量】 混饲：每1kg饲料，鸡20g。

【贮藏】 密闭，防潮。

雄 黄 散
Xionghuang San

【处方】 雄黄200g　　　　白及200g　　　　白蔹200g　　　　龙骨（煅）200g

大黄200g

【制法】 以上5味，粉碎成细粉，过筛，混匀，即得。

【性状】 本品为橙黄色的粉末；气香，味涩、微苦、辛。

【鉴别】 （1）取本品，置显微镜下观察：不规则碎块金黄色或橙黄色，有光泽。草酸钙针晶成束，长86～169μm。草酸钙簇晶大，直径60～140μm。不规则碎块淡灰褐色，有的有凹凸纹理。

（2）取本品1g，加甲醇20ml，浸渍1小时，滤过，取滤液5ml，蒸干，加水10ml使溶解，再加盐酸1ml，置水浴上加热30分钟，立即冷却，用乙醚分2次提取，每次10ml，合并乙醚液，蒸干，残渣加三氯甲烷1ml使溶解，作为供试品溶液。另取大黄对照药材0.1g，同法制成对照药材溶液。照薄层色谱法（附录0502）试验，吸取上述两种溶液各5μl，分别点于同一硅胶H薄层板上，以石油醚（30～60℃)-甲酸乙酯-甲酸（15:5:1）的上层溶液为展开剂，展开，取出，晾干，置紫外光灯（365nm）下检视。供试品色谱中，在与对照药材色谱相应的位置上，显相同的五个橙黄色荧光主斑点；置氨蒸气中熏后，日光下检视，斑点变为红色。

【检查】 应符合散剂项下有关的各项规定（附录0101）。

【功能】 清热解毒，消肿止痛。

【主治】 热性黄肿。

【用法与用量】 外用适量。热醋或热水调成糊状，待温，敷患处。

【贮藏】 密闭，防潮。

紫 草 膏
Zicao Gao

【处方】 紫草60g　　　　金银花60g　　　　当归60g　　　　白芷60g

麻油500g　　　　白蜡25g　　　　冰片6g

【制法】 将紫草、金银花、当归、白芷用麻油在文火上炸枯，去渣后加入白蜡，候温加入冰片，搅匀，即得。

【性状】 本品为棕褐色的软膏；具特殊的油腻气。

【检查】 应符合软膏剂项下有关的各项规定（附录0107）。

【功能】 清热解毒，生肌止痛。

【主治】 烫伤，火伤。

【用法与用量】 外用适量，涂患处。

【贮藏】 密闭，置阴凉处。

跛行镇痛散

Boxing Zhentong San

【处方】　当归80g　　　红花60g　　　桃仁70g　　　丹参80g
桂枝70g　　　牛膝80g　　　土鳖虫20g　　　醋乳香20g
醋没药20g

【制法】　以上9味，粉碎，过筛，混匀，即得。

【性状】　本品为黄褐色至红褐色的粉末；气香窜、微腥，味微苦。

【鉴别】　（1）取本品，置显微镜下观察：薄壁细胞纺锤形，壁略厚，有极细微的斜相交错纹理。花粉粒类圆形或椭圆形，直径43～66μm，外壁具短刺和点状雕纹，有3个萌发孔。石细胞橙黄色，贝壳形，壁较厚，较宽一边纹孔明显。具缘纹孔导管直径29～48μm，具缘纹孔细密。石细胞类方形或类圆形，壁一面菲薄。草酸钙砂晶存在于薄壁细胞中。体壁碎片黄色或棕红色，有圆形毛窝，直径8～24μm，有的具长短不一的刚毛。不规则团块无色或淡黄色，表面及周围扩散出众多细小颗粒，久置溶化。

（2）取本品5g，加乙醚20ml，置具塞三角瓶中，振摇，放置1小时，滤过，滤液挥干，残渣加乙酸乙酯1ml使溶解，作为供试品溶液。另取丹参对照药材1g，同法制成对照药材溶液。再取丹参酮ⅡA对照品，加乙酸乙酯制成每1ml含2mg的溶液，作为对照品溶液。照薄层色谱法（附录0502）试验，吸取上述三种溶液各5μl，分别点于同一硅胶G薄层板上，以苯-乙酸乙酯（19:1），为展开剂，展开，取出，晾干，供试品色谱中，在与对照药材色谱和对照品色谱相应的位置上，显相同颜色的斑点。

【检查】　应符合散剂项下有关的各项规定（附录0101）。

【功能】　活血，散瘀，止痛。

【主治】　跌打损伤，腰肢疼痛。

【用法与用量】　马、牛200～400g。

【贮藏】　密闭，防潮。

喉 炎 净 散

Houyanjing San

【处方】　板蓝根840g　　　蟾酥80g　　　人工牛黄60g　　　胆膏120g
甘草40g　　　青黛24g　　　玄明粉40g　　　冰片28g
雄黄90g

【制法】　以上9味，取蟾酥加倍量白酒，拌匀，放置24小时，挥发去酒，干燥，得制蟾酥；取雄黄水飞或粉碎成极细粉；其余板蓝根等7味共粉碎成粉末，过筛，混匀，再与制蟾酥、雄黄配研，即得。

【性状】　本品为棕褐色的粉末；气特异，味苦，有麻舌感。

【鉴别】　（1）取本品，置显微镜下观察：石细胞类长方形或形状不规则，边缘稍有凹凸，2个并列或单个散在，壁厚，孔沟细，有的一边较稀疏。纤维束周围薄壁细胞含草酸钙方晶，形成晶纤维。不规则碎块金黄色或橙黄色，有光泽。不规则块片或颗粒蓝色。

（2）取本品5g，置白瓷坩埚中，加盖，缓缓加热，待白瓷坩埚盖上有升华物结晶出现时停止加热，取下白瓷坩埚盖，在上面滴加新配制的1%香草醛硫酸溶液1～2滴，显紫红色。

（3）取本品8g，加石油醚（30～60℃）40ml，振摇10分钟。静置，弃去石油醚层，残渣挥去石油醚，加三氯甲烷40ml，超声处理10分钟，滤过，滤液蒸干，残渣加三氯甲烷2ml溶解，作为供试品溶液。另取脂蟾毒配基对照品，加三氯甲烷制成每1ml含1mg的溶液，作为对照品溶液。照薄层色谱法（附录0502）试验，吸取上述两种溶液各2μl，分别点于同一硅胶G薄层板上，以环己烷-三氯甲烷-丙酮（4:3:3）为展开剂，展开，取出，晾干，喷以10%硫酸乙醇溶液，在105℃加热至斑点显色清晰。供试品色谱中，在与对照品色谱相应的位置上，显相同颜色的斑点。

【检查】 应符合散剂项下有关的各项规定（附录0101）。

【功能】 清热解毒，通利咽喉。

【主治】 鸡喉气管炎。

【用法与用量】 鸡0.05～0.15g。

【贮藏】 密闭，防潮。

普济消毒散
Puji Xiaodu San

【处方】 大黄30g　　　黄芩25g　　　黄连20g　　　甘草15g
　　　　 马勃20g　　　薄荷25g　　　玄参25g　　　牛蒡子45g
　　　　 升麻25g　　　柴胡25g　　　桔梗25g　　　陈皮20g
　　　　 连翘30g　　　荆芥25g　　　板蓝根30g　　青黛25g
　　　　 滑石80g

【制法】 以上17味，粉碎，过筛，混匀，即得。

【性状】 本品为灰黄色的粉末；气香，味苦。

【鉴别】 （1）取本品，置显微镜下观察：草酸钙簇晶大，直径60～140μm。纤维淡黄色，梭形，壁厚，孔沟细。纤维束鲜黄色，壁稍厚，纹孔明显。纤维束周围薄壁细胞含草酸钙方晶，形成晶纤维。木纤维成束，多破碎，淡黄绿色，末端狭尖或钝圆，有的有分叉，直径14～41μm，壁稍厚，具十字形纹孔对，有的胞腔中含黄棕色物。油管含淡黄色或黄棕色条状分泌物，直径8～25（～66）μm。联结乳管直径14～25μm，含淡黄色颗粒状物。草酸钙方晶成片存在于薄壁组织中。内果皮纤维上下层纵横交错，纤维短梭形。外果皮细胞表面观多角形，壁黏液化，胞腔含棕色物。不规则块片或颗粒蓝色。不规则块片无色，有层层剥落痕迹。

（2）取本品2g，加甲醇10ml，超声处理20分钟，滤过，滤液蒸干，残渣加甲醇5ml使溶解，作为供试品溶液。另取黄连对照药材0.1g，同法制成对照药材溶液。再取盐酸小檗碱对照品，加甲醇制成每1ml含0.5mg的溶液，作为对照品溶液。照薄层色谱法（附录0502）试验，吸取上述三种溶液各2μl，分别点于同一硅胶G薄层板上，以苯-乙酸乙酯-甲醇-异丙醇-浓氨试液（12:6:3:3:1）为展开剂，置氨蒸气预饱和30分钟的展开缸内，展开，取出，晾干，置紫外光灯（365nm）下检视。供试品色谱中，在与对照药材色谱和对照品色谱相应的位置上，显相同颜色的荧光斑点。

【检查】 应符合散剂项下有关的各项规定（附录0101）。

【功能】　清热解毒，疏风消肿。

【主治】　热毒上冲，头面、腮颊肿痛，疮黄疔毒。

【用法与用量】　马、牛250～400g；羊、猪40～80g；犬、猫5～15g；兔、禽1～3g。

【贮藏】　密闭，防潮。

温 脾 散
Wenpi San

【处方】　当归25g　　　　厚朴30g　　　　青皮25g　　　　陈皮30g

　　　　　益智30g　　　　牵牛子（炒）15g　细辛12g　　　　苍术30g

　　　　　甘草20g

【制法】　以上9味，粉碎，过筛，混匀，即得。

【性状】　本品为黄褐色的粉末；气香，味甘。

【鉴别】　（1）取本品，置显微镜下观察：薄壁细胞纺锤形，壁略厚，有极微细的斜向交错纹理。石细胞分枝状，壁厚，层纹明显。草酸钙方晶成片存在于薄壁组织中。种皮栅状细胞淡棕色或棕色，长48～80μm。草酸钙针晶细小，长5～32μm，不规则地充塞于薄壁细胞中。纤维束周围薄壁细胞含草酸钙方晶，形成晶纤维。

（2）取本品2g，加甲醇5ml，密塞，振摇30分钟，滤过，滤液浓缩至0.5ml，作为供试品溶液。另取厚朴酚对照品与和厚朴酚对照品，加甲醇制成每1ml各含1mg的混合溶液，作为对照品溶液。照薄层色谱法（附录0502）试验，吸取上述两种溶液各5μl，分别点于同一硅胶G薄层板上，以苯-甲醇（27:1）为展开剂，展开，取出，晾干，喷以1%香草醛硫酸溶液，在100℃加热至斑点显色清晰。供试品色谱中，在与对照品色谱相应的位置上，显相同颜色的斑点。

【检查】　应符合散剂项下有关的各项规定（附录0101）。

【功能】　温中散寒，理气止痛。

【主治】　胃寒草少，冷痛。

【用法与用量】　马200～250g。

【贮藏】　密闭，防潮。

滑 石 散
Huashi San

【处方】　滑石60g　　　　泽泻45g　　　　灯芯草15g　　　　茵陈30g

　　　　　知母（酒制）25g　黄柏（酒制）30g　猪苓25g　　　　瞿麦25g

【制法】　以上8味，粉碎，过筛，混匀，即得。

【性状】　本品为淡黄色的粉末；气香，味淡、微苦。

【鉴别】　（1）取本品，置显微镜下观察：不规则块片无色，有层层剥落的痕迹。薄壁细胞类圆形，有椭圆形纹孔，集成纹孔群。草酸钙针晶成束或散在，长26～110μm。纤维束鲜黄色，周围细胞含草酸钙方晶，形成晶纤维，含晶细胞的壁木化增厚。菌丝黏结成团，大多无色；草酸钙方晶正八面体形，直径32～60μm。纤维束周围薄壁细胞含草酸钙簇晶，形成晶纤维，含晶细胞纵向成行。T形非腺毛，具柄部及单细胞臂部，两臂不等长，壁厚，柄细胞1～2个。星状薄壁细胞彼此以星芒相接，形成大的三角形或四边形气腔。

（2）取本品2g，加甲醇20ml，加热，回流15分钟，滤过，滤液浓缩至1ml，作为供试品溶液。另取黄柏对照药材0.1g，同法制成对照药材溶液，再取盐酸小檗碱对照品，加甲醇制成每ml含0.5mg的溶液，作为对照品溶液。照薄层色谱法（附录0502）试验，吸取上述三种溶液各1μl，分别点于同一硅胶G薄层板上，以苯-乙酸乙酯-甲醇-异丙醇-浓氨试液（6：3：1.5：1.5：0.5）为展开剂，置氨蒸气饱和的展开缸内，展开，取出，晾干，置紫外光灯（365nm）下检视。供试品色谱中，在与对照药材色谱和对照品色谱相应的位置上，显相同颜色的荧光斑点。

【检查】　应符合散剂项下有关的各项规定（附录0101）。

【功能】　清热利湿，通淋。

【主治】　膀胱热结，排尿不利。

【用法与用量】　马、牛250～300g；羊、猪40～60g。

【贮藏】　密闭，防潮。

强　壮　散

Qiangzhuang San

【处方】　党参200g　　六神曲70g　　麦芽70g　　山楂（炒）70g
　　　　　黄芪200g　　茯苓150g　　白术100g　　草豆蔻140g

【制法】　以上8味，粉碎，过筛，混匀，即得。

【性状】　本品为浅灰黄色的粉末；气香，味微甘、微苦。

【鉴别】　取本品，置显微镜下观察：石细胞类斜方形或多角形，一端稍尖，壁较厚，纹孔稀疏。果皮细胞纵列，常有1个长细胞与2个短细胞相间排列，长细胞壁厚，波状弯曲，木化。果皮石细胞淡紫红色、红色或黄棕色，类圆形或多角形，直径约至125μm。纤维成束或散离，壁厚，表面有纵裂纹，两端断裂成帚状或较平截。草酸钙针晶细小，长10～32μm，不规则地充塞于薄壁细胞中。不规则分枝状团块无色，遇水合氯醛液溶化；菌丝无色或淡棕色，直径4～6μm。种皮表皮细胞表面观呈长条形，直径约至30μm，壁稍厚，常与下皮细胞上下层垂直排列；下皮细胞表面观长多角形或类长方形。

【检查】　应符合散剂项下有关的各项规定（附录0101）。

【功能】　益气健脾，消积化食。

【主治】　食欲不振，体瘦毛焦，生长迟缓。

【用法与用量】　马、牛250～400g；羊、猪30～50g。

【贮藏】　密闭，防潮。

槐　花　散

Huaihua San

【处方】　炒槐花60g　　侧柏叶（炒）60g　　荆芥炭60g　　枳壳（炒）60g

【制法】 以上4味，粉碎，过筛，混匀，即得。

【性状】 本品为黑棕色的粉末；气香，味苦、涩。

【鉴别】 取本品，置显微镜下观察：花瓣下表皮细胞多角形，有不定式气孔；薄壁细胞含草酸钙方晶。草酸钙方晶成片存在于薄壁组织中。

【检查】 应符合散剂项下有关的各项规定（附录0101）。

【功能】 清肠止血，疏风行气。

【主治】 肠风下血。

【用法与用量】 马、牛200～250g；羊、猪30～50g。

【贮藏】 密闭，防潮。

蜂 螨 酊
Fengman Ding

【处方】 百部1000g　　　　马钱子（制）1000g　　　　烟叶1000g

【制法】 以上3味，粉碎成中粉，混匀。加乙醇适量，浸渍48小时，回流提取2次，每次1.5～2小时，滤过，合并提取液，静置俟沉淀完全，倾出上清液，浓缩至1500ml，滤过，即得。

【性状】 本品为黄棕色的液体。

【鉴别】 取本品10ml，水浴蒸干，残渣分别用稀硫酸5ml、2ml溶解后，并入分液漏斗中，用三氯甲烷提取2次，每次5ml，合并三氯甲烷液，加水3ml振摇洗涤，分取水层，合并于原液中，弃去三氯甲烷液，水溶液用氨水调节pH值至9～10，用三氯甲烷提取2次，每次5ml，合并三氯甲烷液，蒸发至约1ml，作为供试品溶液。另取士的宁对照品和马钱子碱对照品，加三氯甲烷制成每1ml各含2mg的混合液，作为对照品溶液。照薄层色谱法（附录0502）试验，吸取上述两种溶液各5μl，分别点于同一硅胶G薄层板上，以甲苯-丙酮-乙醇-浓氨试液（4:5:0.6:0.4）为展开剂，展开，取出，晾干，喷以稀碘化铋钾试液。供试品色谱中，在与对照品色谱相应的位置上，显相同颜色的斑点。

【检查】 **乙醇量** 应为80%～90%（附录0711）。

　　　其他 应符合酊剂项下有关的各项规定（附录0109）。

【功能】 杀灭蜂螨。

【主治】 蜜蜂寄生螨。

【用法与用量】 加3～5倍水稀释喷雾，每标准群100～200ml。

【注意】 采蜜期禁用。

【贮藏】 密封，置阴凉处。

催 奶 灵 散
Cuinailing San

【处方】 王不留行20g　　　黄芪10g　　　　皂角刺10g　　　当归20g
　　　　　党参10g　　　　　川芎20g　　　　漏芦5g　　　　　路路通5g

【制法】 以上8味，粉碎，过筛，混匀，即得。

【性状】　本品为灰黄色的粉末；气香，味甘。

【鉴别】　（1）取本品，置显微镜下观察：种皮表皮细胞红棕或黄棕色，表面观多角形或长多角形，直径50～120μm，垂周壁增厚，星角状或深波状弯曲。纤维成束或离散，壁厚，表面有纵裂纹，两端断裂成帚状或较平截。薄壁细胞纺锤形，壁略厚，有极细微的斜向交错纹理。石细胞类斜方形或多角形，一端稍尖，壁较厚，纹孔稀疏。果皮石细胞类方形、梭形、不规则形或分枝状，直径53～398μm，壁极厚，孔沟分枝状。

（2）取本品5g，加石油醚（60～90℃）15ml，超声处理15分钟，滤过，滤液蒸干，残渣加无水乙醇1ml使溶解，作为供试品溶液。另取当归对照药材、川芎对照药材各0.5g，同法制成对照药材溶液。照薄层色谱法（附录0502）试验。吸取上述三种溶液各2μl，分别点于同一硅胶G薄层板上，以正己烷-乙酸乙酯（9:1）为展开剂，展开，取出，晾干。置紫外光灯（365nm）下检视。供试品色谱中，在与对照药材色谱相应的位置上，显相同颜色的斑点。

【检查】　应符合散剂项下有关的各项规定（附录0101）。

【功能】　补气养血，通经下乳。

【主治】　产后乳少，乳汁不下。

【用法与用量】　马、牛300～500g；羊、猪40～60g。

【贮藏】　密闭，防潮。

催　情　散
Cuiqing San

【处方】　淫羊藿6g　　　　　阳起石（酒淬）6g　　当归4g　　　　　　　香附5g

　　　　　益母草6g　　　　　菟丝子5g

【制法】　以上6味，粉碎，过筛，混匀，即得。

【性状】　本品为淡灰色的粉末；气香，味微苦、微辛。

【鉴别】　取本品，置显微镜下观察：非腺毛3～10细胞，长200～1000μm，顶端细胞长，有的含棕色或黄棕色物。薄壁细胞纺锤形，壁略厚，有极微细的斜向交错纹理。分泌细胞类圆形，含淡黄棕色至红棕色分泌物，周围细胞作放射状排列。非腺毛1～3细胞，稍弯曲，壁有疣状突起。种皮栅状细胞2列，内列较外列长，有光辉带。

【检查】　应符合散剂项下有关的各项规定（附录0101）。

【功能】　催情。

【主治】　不发情。

【用法与用量】　猪30～60g。

【贮藏】　密闭，防潮。

解暑抗热散
Jieshu Kangre San

本品含碳酸氢钠（$NaHCO_3$）应为标示量的90.0%～110.0%。

【处方】 滑石粉51g　　　　甘草8.6g　　　　碳酸氢钠40g　　　　冰片0.4g

【制法】 甘草粉碎成中粉，过筛，与碳酸氢钠、滑石粉、冰片（另研）混匀，即得。

【性状】 本品为类白色至浅黄色粉末；气清香。

【鉴别】 （1）取本品，置显微镜下观察：不规则碎块片无色，有层层剥落痕迹。纤维束周围薄壁细胞含草酸钙方晶，形成晶纤维。

（2）取本品2.5g，加水50ml，振摇使碳酸氢钠溶解，滤过，滤液显碳酸氢盐（附录0301）的鉴别反应。

（3）取本品5g，置白瓷坩埚中，加盖，缓缓加热，待白瓷坩埚盖上有升华物结晶出现时停止加热，取下白瓷坩埚盖，在上面滴加新配制的1%香草醛硫酸溶液1~2滴，显紫红色。

【检查】 除水分外，应符合散剂项下有关的各项规定（附录0101）。

重金属 取本品1.0g，按重金属检查法（附录0821第二法）检查，不得过20mg/kg。

【含量测定】 取本品适量（约相当于碳酸氢钠2.0g），精密称定，精密加水100ml，振摇使碳酸氢钠溶解，滤过，弃去除滤液，精密量取续滤液50ml，加甲基红-溴甲酚绿混合指示剂10滴，用盐酸滴定液（0.5mol/L）滴定至溶液由绿色转变为紫红色，煮沸2分钟，冷却至室温，继续滴定至溶液由绿色变为暗紫色，即得。每1ml的盐酸滴定液（0.5mol/L）相当于42.00mg的$NaHCO_3$。

【功能】 清热解暑。

【主治】 热应激，中暑。

【用法与用量】 混饲每1kg饲料，鸡10g。

【贮藏】 密闭，防潮。

雏　痢　净

Chulijing

【处方】 白头翁30g　　　　黄连15g　　　　黄柏20g　　　　马齿苋30g
　　　　　乌梅15g　　　　诃子9g　　　　木香20g　　　　苍术60g
　　　　　苦参10g

【制法】 以上9味，粉碎，过筛，混匀，即得。

【性状】 本品为棕黄色的粉末；气微，味苦。

【鉴别】 （1）取本品，置显微镜下观察；非腺毛单细胞，直径13~33μm，基部稍膨大，壁大多木化，有的可见螺状或双螺状纹理。纤维束鲜黄色，壁稍厚，纹孔明显。纤维束鲜黄色，周围细胞含草酸钙方晶，形成晶纤维，含晶细胞的壁木化增厚。草酸钙簇晶直径7~37μm，存在于叶肉组织中。果皮纤维层淡黄色，斜向交错排列，壁较薄，有纹孔。草酸钙针晶细小，长5~32μm，不规则地充塞于薄壁细胞中。纤维束无色，周围薄壁细胞含草酸钙方晶，形成晶纤维。

（2）取本品3g，加甲醇20ml，超声处理15分钟，滤过，滤液作为供试品溶液。另取黄连对照药材0.2g，同法制成对照药材溶液。再取盐酸小檗碱对照品，加甲醇制成每1ml含0.5mg的溶液，作为对照品溶液。照薄层色谱法（附录0502）试验，吸取上述三种溶液各2μl，分别点于同一硅胶G薄层板上，以苯-乙酸乙酯-甲醇-异丙醇-浓氨试液（6:3:1.5:1.5:0.5）为展开剂，置氨蒸气饱和的展开缸内，预饱和30分钟，展开，取出，晾干。置紫外光灯（365nm）下检视。供试品色谱中，在与对照药材色谱和对照品色谱相应的位置上，显相同颜色的荧光斑点。

【检查】 应符合散剂项下有关的各项规定（附录0101）。

【功能】 清热解毒，涩肠止泻。

【主治】 雏鸡白痢。

【用法与用量】 雏鸡0.3～0.5g。

【贮藏】 密闭，防潮。

镇　心　散
Zhenxin San

【处方】　朱砂10g　　　　茯苓25g　　　　党参30g　　　　防风25g

　　　　　甘草15g　　　　远志25g　　　　栀子30g　　　　郁金25g

　　　　　黄芩30g　　　　黄连30g　　　　麻黄15g

【制法】 以上11味除朱砂另研成极细粉外，其余10味共粉碎成粉末，过筛，再与朱砂极细粉配研，混匀，即得。

【性状】 本品为棕褐色的粉末；气微香，味苦、微甜。

【鉴别】 （1）取本品，置显微镜下观察：不规则细小颗粒暗棕红色，有光泽，边缘暗黑色。草酸钙簇晶存在于薄壁细胞中或散在，直径14～55μm，棱角较宽而薄，先端大多较平截。种皮石细胞黄色或淡棕色，多破碎，完整者长多角形、长方形或形状不规则，壁厚，有大的圆形纹孔，胞腔棕红色。不规则分枝状团块，遇水合氯醛液溶化；菌丝无色或淡棕色，直径4～6μm。纤维束鲜黄色，壁稍厚，纹孔明显。纤维淡黄色，梭形，壁厚，孔沟细。气孔特异，保卫细胞侧面观呈哑铃状。

（2）取本品1.5g，加甲醇20ml，加热回流15分钟，放冷，滤过，滤液作为供试品溶液。另取黄连对照药材0.2g，同法制成对照药材溶液。再取盐酸小檗碱对照品，加甲醇制成每1ml含0.5mg的溶液，作为对照品溶液。照薄层色谱法（附录0502）试验，吸取上述三种溶液各2μl，分别点于同一硅胶G薄层板上，以苯-乙酸乙酯-甲醇-异丙醇-浓氨试液（6:3:1.5:1.5:0.5）为展开剂，置氨蒸气饱和的展开缸内，预饱和30分钟，展开，取出，晾干，置紫外光灯（365nm）下检视。供试品色谱中，在与对照药材色谱和对照品色谱相应的位置上，显相同颜色的荧光斑点。

（3）取本品3g，加乙醚20ml，振摇20分钟，弃去乙醚，残渣挥干溶剂，加乙酸乙酯30ml，加热回流1小时，放冷，滤过，滤液蒸干，残渣加甲醇3ml使溶解，滤过，滤液作为供试品溶液。另取栀子对照药材0.7g，同法制成对照药材溶液。照薄层色谱法（附录0502）试验，吸取上述两种溶液各5μl，分别点于同一硅胶G薄层板上，以乙酸乙酯-丙酮-甲酸-水（10:7:2:0.5）为展开剂，展开，取出，晾干，喷以10%硫酸乙醇溶液，晾干，在110℃加热至斑点显色清晰。供试品色谱中，在与对照药材色谱相应的位置上，显相同颜色的斑点。

【检查】 应符合散剂项下有关的各项规定（附录0101）。

【含量测定】 取本品约2.6g，精密称定，置250ml凯氏烧瓶中，加硫酸25ml与硝酸钾3g，加热俟溶液至棕色，放冷，再加硫酸5ml与硝酸钾2g，加热俟溶液至近无色，再放冷后，转入250ml锥形瓶中，用水50ml分次洗涤烧瓶，洗液并入溶液中，滴加1%高锰酸钾溶液至显粉红色（以2分钟内不消失为度），再滴加2%硫酸亚铁溶液至红色消失，加硫酸铁铵指示液2ml，用硫氰酸铵滴定液（0.1mol/L）滴定。每1ml硫氰酸铵滴定液（0.1mol/L）相当于11.63mg的硫化汞（HgS）。

本品含朱砂以硫化汞（HgS）计，应为3.0%～4.2%。

【功能】 镇心安神，清热祛风。

【主治】 惊狂，神昏，脑黄。

【用法与用量】 马、牛250～300g。

【贮藏】 密闭，防潮。

镇 喘 散
Zhenchuan San

【处方】 香附300g　　　黄连200g　　　干姜300g　　　桔梗150g

山豆根100g　　　皂角40g　　　甘草100g　　　人工牛黄40g

蟾酥30g　　　雄黄30g　　　明矾50g

【制法】 以上11味，取蟾酥加倍量白酒，拌匀，放置24小时，挥发去酒，干燥得制蟾酥；取雄黄水飞或粉碎成极细粉；其余黄连等9味粉碎，再与制蟾酥、雄黄配研，过筛，混匀，即得。

【性状】 本品为红棕色的粉末；气特异，味微甘、苦，略带麻舌感。

【鉴别】 （1）取本品，置显微镜下观察：纤维束鲜黄色，壁稍厚，纹孔明显。纤维束周围薄壁细胞含草酸钙方晶，形成晶纤维。联结乳管直径14～25μm，含淡黄色颗粒状物。分泌细胞类圆形，含淡黄棕色至红棕色分泌物，其周围细胞作放射状排列。不规则碎块金黄色或橙黄色，有光泽。

（2）取本品2g，加三氯甲烷30ml，超声处理30分钟，滤过，滤液蒸干，残渣用乙醇2ml使溶解，作为供试品溶液。另取猪去氧胆酸对照品、胆酸对照品，分别加无水乙醇制成每1ml含1mg的溶液，作为对照品溶液。照薄层色谱法（附录0502）试验，吸取上述三种溶液各5μl，分别点于同一硅胶G薄层板上，以正己烷-乙酸乙酯-甲酸-甲醇（20:25:2:3）为展开剂，展开，取出，晾干，喷以10%硫酸乙醇溶液，在105℃加热至斑点显色清晰，置紫外光灯（365nm）下检视。供试品色谱中，在与对照品色谱相应的位置上，显相同颜色的荧光斑点。

【检查】 应符合散剂项下有关的各项规定（附录0101）。

【功能】 清热解毒，止咳平喘，通利咽喉。

【主治】 鸡慢性呼吸道病，喉气管炎。

【用法与用量】 鸡0.5～1.5g。

【贮藏】 密闭，防潮。

镇 痫 散
Zhenxian San

【处方】 当归6g　　　川芎3g　　　白芍6g　　　全蝎1g

蜈蚣1g　　　僵蚕6g　　　钩藤6g　　　朱砂0.5g

【制法】 以上8味，除朱砂另研成细粉外，其余7味共粉碎成粉末，过筛，混匀，再与朱砂配研，即得。

【性状】 本品为褐色的粉末；气微香，味辛、酸、微咸。

【鉴别】 （1）取本品，置显微镜下观察：薄壁细胞纺锤形，壁略厚，有极细微的斜相交错纹理。草酸钙簇晶直径18～32μm，存在于薄壁细胞中，常排列成行或一个细胞中含数个簇晶。体壁碎片淡黄色至黄色，有网状纹理及圆形毛窝，有的可见棕褐色刚毛。不规则块片淡棕色，具有圆突状毛或尖突的毛。体壁碎片无色，表面有极细的菌丝体。不规则细小颗粒暗棕红色，有光泽，边缘暗黑色。

（2）取本品5g，加石油醚（60～90℃）15ml，超声处理15分钟，滤过，滤液蒸干，残渣加无水乙醇1ml使溶解，作为供试品溶液。另取当归对照药材0.5g、川芎对照药材0.5g，同法制成对照药材溶液。照薄层色谱法（附录0502）试验。吸取上述三种溶液各2μl，分别点于同一硅胶G薄层板上，以正己烷-乙酸乙酯（9:1）为展开剂，展开，取出，晾干。置紫外光灯（365nm）下检视。供试品色谱中，在与对照药材色谱相应的位置上，显相同颜色的斑点。

【检查】 应符合散剂项下有关的各项规定（附录0101）。

【功能】 活血熄风，解痉安神。

【主治】 幼畜惊痫。

【用法与用量】 驹、犊30～45g。

【贮藏】 密闭，防潮。

颠 茄 酊

Dianqie Ding

本品为颠茄草经加工制成的酊剂。

【制法】 取颠茄草粗粉1000g，照流浸膏剂与浸膏剂项下的渗漉法（附录0108），用85%乙醇作溶剂，浸渍48小时后，以每分钟1～3ml的速度缓缓渗漉，收集初漉液约3000ml，另器保存，继续渗漉，俟生物碱完全漉出，续漉液作下次渗漉的溶剂用。将初漉液在60℃减压回收乙醇，放冷，分离除去叶绿素，滤过，滤液在60～70℃蒸发至稠膏状，加10倍量的乙醇，搅拌均匀，静置，俟沉淀完全，吸取上清液，在60℃减压回收乙醇后，浓缩至稠膏状，测定生物碱的含量［取本品约3g，精密称定，用稀乙醇12ml，洗入分液漏斗中，时时振摇30分钟，加氨试液2ml，迅速用三氯甲烷振摇提取至少6次，每次25ml，至生物碱提尽为止，合并三氯甲烷液，用0.1mol/L硫酸溶液-乙醇（3:1）分次振摇提取，至生物碱提尽为止，合并酸液，照颠茄草〔含量测定〕项下的方法自"用三氯甲烷分次振摇，每次10ml"起，依法测定。每1ml硫酸滴定液（0.01mol/L）相当于5.788mg的莨菪碱（$C_{17}H_{23}NO_3$）］。本品含生物碱以莨菪碱（$C_{17}H_{23}NO_3$）计，应为0.95%～1.05%。加85%乙醇适量，并用水稀释，使含生物碱和乙醇量均符合规定，静置，俟澄清，滤过，即得。

【性状】 本品为棕红色或棕绿色的液体；气微臭。

【鉴别】 （1）取〔含量测定〕项下滴定后的溶液适量，加氨试液使呈碱性，用三氯甲烷适量振摇提取，取三氯甲烷液，蒸干，残渣显托烷生物碱类的鉴别反应（附录0301）。

（2）取本品10ml，加水和浓氨试液各10ml，用乙醚振摇提取3次，每次10ml，合并乙醚液，挥干，残渣加三氯甲烷1ml使溶解，作为供试品溶液。另取硫酸阿托品对照品，加甲醇制成每1ml含2mg的溶液，作为对照品溶液。照薄层色谱法（附录0502）试验，吸取上述两种溶液各5μl，分别点于同一硅胶G薄层板上，以乙酸乙酯-甲醇-浓氨试液（17:2:1）为展开剂，展开，取出，晾干，喷以稀碘化铋钾试液。供试品色谱中，在与对照品色谱相应的位置上，显相同颜色的斑点。

【检查】　乙醇量　应为60%～70%（附录0711）。

其他　应符合酊剂项下有关的各项规定（附录0109）。

【含量测定】　精密量取本品100ml，置蒸发皿中，在水浴上蒸发至约10ml，如有沉淀析出，可加乙醇适量使溶解，移至分液漏斗中，蒸发皿用0.1mol/L硫酸溶液10ml分次洗涤，洗液并入分液漏斗中，用三氯甲烷分次振摇提取，每次10ml，至三氯甲烷层无色，合并三氯甲烷液，用0.1mol/L硫酸溶液10ml振摇洗涤，洗液并入酸液中，照颠茄草〔含量测定〕项下的方法，自"加过量的浓氨试液使成碱性"起，依法测定。每1ml硫酸滴定液（0.01mol/L）相当于5.788mg的莨菪碱（$C_{17}H_{23}NO_3$）。

本品含生物碱以莨菪碱（$C_{17}H_{23}NO_3$）计，应为0.028%～0.032%。

【功能】　解痉止痛。

【主治】　冷痛。

【用法与用量】　马10～30ml；驹0.5～1ml；牛20～40ml；羊、猪2～5ml；犬、猫0.2～1ml。

【贮藏】　密封，置阴凉处。

橘 皮 散

Jupi San

【处方】　青皮25g　　　陈皮30g　　　厚朴25g　　　肉桂30g
　　　　　细辛12g　　　小茴香45g　　当归25g　　　白芷15g
　　　　　槟榔12g

【制法】　以上9味，粉碎，过筛，混匀，即得。

【性状】　本品为棕褐色的粉末；气香，味甘、淡。

【鉴别】　（1）取本品，置显微镜下观察：草酸钙方晶成片存在于薄壁组织中。石细胞分枝状，壁厚，层纹明显。石细胞类圆形或类长方形，壁一面菲薄。薄壁细胞纺锤形，壁略厚，有极微细的斜向交错纹理。内胚乳碎片无色，壁较厚，有较多大的类圆形纹孔。

（2）取本品3.5g，加乙醇10ml，超声处理15分钟，滤过，滤液作为供试品溶液。另取桂皮醛对照品，加乙醇制成每1ml含2μl的溶液，作为对照品溶液。照薄层色谱法（附录0502）试验，吸取供试液品溶液5μl、对照品溶液2μl，分别点于同一硅胶G薄层板上，以石油醚（60～90℃）-乙酸乙酯（17:3）为展开剂，展开，取出，晾干，喷以二硝基苯肼乙醇试液。供试品色谱中，在与对照品色谱相应的位置上，显相同颜色的斑点。

【检查】　应符合散剂项下有关的各项规定（附录0101）。

【功能】　理气止痛，温中散寒。

【主治】　冷痛。

【用法与用量】　马、牛200～350g。

【贮藏】　密闭，防潮。

激 蛋 散

Jidan San

【处方】 虎杖100g　　　　丹参80g　　　　　菟丝子60g　　　　当归60g

川芎60g　　　　牡蛎60g　　　　　地榆50g　　　　　肉苁蓉60g

丁香20g　　　　白芍50g

【制法】 以上10味，粉碎，过筛，混匀，即得。

【性状】 本品为黄棕色的粉末；气香，味微苦、酸、涩。

【鉴别】 （1）取本品，置显微镜下观察：种皮栅状细胞2列，内列较外列长，有光辉带。薄壁细胞纺锤形，壁略厚，有极微细的斜向交错纹理。不规则块片无色或淡黄褐色，表面具细纹理。草酸钙簇晶直径18～32μm，存在于薄壁细胞中，常排列成行或一个细胞中含有数个簇晶。

（2）取本品3g，加三氯甲烷25ml，超声处理15分钟，滤过，滤液蒸干，残渣加甲醇1ml使溶解，作为供试品溶液。另取虎杖对照药材0.5g，同法制成对照药材溶液。再取大黄素对照品，加甲醇制成每1ml含1mg的溶液，作为对照品溶液。照薄层色谱法（附录0502）试验，吸取供试品溶液、对照药材溶液各5μl，对照品溶液2μl，分别点于同一硅胶G薄层板上，以甲苯-乙酸乙酯-甲酸（15:2:1）为展开剂，展开，取出，晾干，置紫外光灯（365nm）下检视。供试品色谱中，在与对照药材色谱和对照品色谱相应的位置上，显相同的橙黄色荧光斑点；置氨蒸气中熏后，日光下检视，斑点变为红色。

【检查】 应符合散剂项下有关的各项规定（附录0101）。

【功能】 清热解毒，活血祛瘀，补肾强体。

【主治】 输卵管炎，产蛋功能低下。

【用法与用量】 混饲：每1kg饲料，鸡10g。

【贮藏】 密闭，防潮。

擦 疥 散

Cajie San

【处方】 狼毒120g　　　　猪牙皂（炮）120g　　　巴豆30g　　　　雄黄9g

轻粉5g

【制法】 以上5味，粉碎成细粉，过筛，混匀，即得。

【性状】 本品为棕黄色的粉末；气香窜，味苦、辛。

【鉴别】 （1）取本品，置显微镜下观察：无节乳管多碎断，所含的油滴状分泌物散在，有时可见乳管内充满黄色分泌物。草酸钙簇晶直径8～24μm，存在于类圆形薄壁细胞中。纤维束淡黄色，周围细胞含草酸钙方晶及少数簇晶，形成晶纤维，并常伴有类方形厚壁细胞。不规则碎块金黄色或橙黄色，有光泽。

（2）取本品1g，加水润湿后，加氯酸钾饱和的硝酸溶液适量，振摇1分钟，滤过，滤液加10%氯化钡溶液，生成白色沉淀。放置后，倾出上层酸液，再加水2ml，振摇，沉淀不溶解。

【检查】 应符合散剂项下有关的各项规定（附录0101）。

【功能】 杀疥螨。

【主治】 疥癣。

【用法与用量】 外用适量。将植物油烧热，调药成流膏状，涂擦患处。

【注意】 不可内服。如疥癣面积过大，应分区分期涂药，并防止患病动物舐食。

【贮藏】 密闭，防潮。

藿香正气口服液

Huoxiang Zhengqi Koufuye

【处方】 苍术80g　　　　陈皮80g　　　　厚朴（姜制）80g　　白芷120g

茯苓120g　　　　大腹皮120g　　　生半夏80g　　　　甘草浸膏10g

广藿香油0.8 ml　　紫苏叶油0.4 ml

【制法】 以上10味，厚朴加60%乙醇加热回流1小时，取乙醇液备用；苍术、陈皮、白芷加水蒸馏，收集蒸馏液，蒸馏后的水溶液滤过，备用；大腹皮加水煎煮2次，滤过；茯苓加水煮沸后于80℃温浸2次，滤过；生半夏用水泡至透心后，另加干姜6.8g，加水煎煮2次，滤过。合并上述各滤液，浓缩至相对密度为1.10～1.20（50℃）的清膏，加入甘草浸膏，混匀，加入2倍量的乙醇使沉淀，滤过，滤液与厚朴乙醇提取液合并，回收乙醇，加入广藿香油、紫苏叶油及上述蒸馏液，混匀，加水使全量成1025ml，用氢氧化钠溶液调节pH值至5.8～6.2，静置，滤过，灌装，灭菌，即得。

【性状】 本品为棕色的澄清液体；味辛、微甜。

【鉴别】 （1）取本品20ml，用石油醚（30～60℃）振摇提取2次，每次25ml，合并石油醚提取液，低温蒸干，残渣加乙酸乙酯1ml使溶解，作为供试品溶液。另取百秋李醇对照品，加乙酸乙酯制成每1ml含1mg的溶液；再取厚朴酚对照品与和厚朴酚对照品，分别加甲醇制成每1ml含1mg的溶液，作为对照品溶液。照薄层色谱法（附录0502）试验，吸取供试品溶液10μl、对照品溶液各5μl，分别点于同一硅胶G薄层板上，以石油醚（60～90℃）-乙酸乙酯-甲酸（85:15:2）为展开剂，展开，取出，晾干，喷以5%香草醛硫酸溶液，在100℃加热至斑点色显色清晰。供试品色谱中，在与百秋李醇对照品色谱相应的位置上，显相同的紫红色斑点；在与厚朴酚对照品与和厚朴酚对照品色谱相应的位置上，显相同颜色的斑点。

（2）取本品20ml，加乙醚20ml，振摇提取，分取乙醚层，挥至约2ml，作为供试品溶液。另取欧前胡素对照品，加乙醚制成每1ml含1mg的溶液，作为对照品溶液。照薄层色谱法（附录0502）试验，吸取上述两种溶液各10μl，分别点于同一硅胶G薄层板上，以环己烷-乙酸乙酯（4:1）为展开剂，展开，取出，晾干，置紫外光灯（365nm）下检视。供试品色谱中，在与对照品色谱相应的位置上，显相同颜色的荧光斑点。

（3）取苍术对照药材1g，加甲醇10ml，超声处理30分钟，滤过，滤液蒸干，残渣加甲醇1ml使溶解，作为对照药材溶液。照薄层色谱法（附录0502）试验，吸取〔鉴别〕（2）项下供试品溶液以及上述对照药材溶液各10μl，分别点于同一硅胶G薄层板上，以石油醚（60～90℃）-乙酸乙酯（19:1）为展开剂，展开，取出，晾干，喷以5%对二甲氨基苯甲醛的10%硫酸乙醇溶液，加热至斑点显色清晰。供试品色谱中，在与对照药材色谱相应的位置上，显相同的一个污绿色主斑点。

【检查】 相对密度 应不低于1.01（附录0601）。

pH值 应为4.5～6.5（附录0631）。

其他 应符合合剂项下有关的各项规定（附录0110）。

【含量测定】 照高效液相色谱法（附录0512）测定。

色谱条件与系统适应性试验 以十八烷基硅烷键合硅胶为填充剂；以甲醇-异丙醇-水（36：21：36）为流动相；检测波长为294nm。理论板数按厚朴酚峰计算应不低于5000。

对照品溶液的制备 取厚朴酚对照品、和厚朴酚对照品适量，精密称定，分别加甲醇制成每1ml含厚朴酚0.1mg、和厚朴酚0.05mg的溶液，即得。

供试品溶液的制备 精密量取本品5ml，加盐酸2滴，用三氯甲烷振摇提取3次，每次10ml，合并三氯甲烷液，蒸干，残渣用甲醇溶解，转移至10ml量瓶中，加甲醇至刻度，摇匀，滤过，取续滤液，即得。

测定法 分别精密吸取对照品溶液与供试品溶液各10μl，注入液相色谱仪，测定，即得。

本品每1ml含厚朴以厚朴酚（$C_{18}H_{18}O_2$）、和厚朴酚（$C_{18}H_{18}O_2$）的总量计，不得少于0.30mg。

【功能】 解表祛暑，化湿和中。

【主治】 外感风寒，内伤湿滞，夏伤暑湿，胃肠型感冒。

【用法与用量】 每1L饮水，鸡2ml，连用3～5日。

【注意】 用时摇匀。

【贮藏】 密封。

附：紫苏叶油

本品为唇形科植物紫苏*Perillafrutescens*（L.）Britt.的干燥叶（或带嫩枝叶）经水蒸气蒸馏提取的挥发油。

【性状】 本品为浅黄色或黄色的澄清液体，有紫苏的特异香气，味微辛辣。露置空气中或贮存日久，色渐变深，质渐浓稠。

本品在乙醇、乙醚或石油醚中易溶，在水中几乎不溶。

比旋度 取本品5g，精密称定，置100ml量瓶中，加乙醇适量使溶解，摇匀，20℃恒温1小时，定容至刻度，依法测定（附录0621），比旋度应为—180°至—96°。

折光率 应为1.485～1.495（附录0622）。

【鉴别】 取本品约30mg，加无水乙醇-正己烷（1:1）混合溶液1ml，摇匀，作为供试品溶液。另取紫苏叶油对照提取物30mg，同法制成对照提取物溶液。再取紫苏醛对照品适量，加无水乙醇-正己烷（1:1）混合溶液制成每1ml含1mg的溶液，作为对照品溶液。照气相色谱法（附录0521）试验，以交联5%苯基甲基聚硅氧烷为固定相的毛细管柱（柱长为30m，内径为0.32mm，膜厚度为0.25μm）；柱温为程序升温：初始温度为60℃，保持10分钟，以每分钟8℃的速率升温至115℃，保持30分钟，再以每分钟15℃的速率升温至230℃，保持5分钟，分流比30:1。分别吸取以上三种溶液各1μl，注入气相色谱仪，记录色谱图。除溶剂峰外，供试品色谱中应呈现与对照提取物色谱峰保留时间相同的主色谱峰，与对照品色谱峰保留时间相同的色谱峰。

【检查】 乙醇中的不溶物 取本品1ml，加乙醇5ml，摇匀，溶液应澄清（25℃）。

【含量测定】 照气相色谱法（附录0521）测定。

色谱条件与系统适应性试验 以交联5%苯基甲基聚硅氧烷为固定相的毛细管柱（柱长为30m，内径为0.32mm，膜厚度为0.25μm）；柱温为程序升温：初始温度为60℃，保持10分钟，以每分钟

8℃的速率升温至115℃，保持2分钟，再以每分钟30℃的速率升温至230℃，保持4分钟，分流比15:1。理论板数以紫苏醛峰计算应不低于50 000。

对照品溶液的制备 取紫苏醛对照品、紫苏烯对照品适量，精密称定，加无水乙醇-正己烷（1:1）混合溶液制成每1ml分别含紫苏醛1mg、紫苏烯1mg的混合溶液，即得。

供试品溶液的制备 取本品约20mg，精密称定，置10ml量瓶中，加无水乙醇-正己烷（1:1）混合溶液至刻度，摇匀，即得。

测定法 分别精密吸取对照品溶液和供试品溶液各1μl，注入气相色谱仪，测定，即得。

本品含紫苏烯（$C_{10}H_{14}O$）不得少于20%；含紫苏醛（$C_{10}H_{14}O$）不得少于25%。

藿香正气散

Huoxiang Zhengqi San

【处方】 广藿香60g　　　　紫苏叶45g　　　　茯苓30g　　　　白芷15g
　　　　　大腹皮30g　　　　陈皮30g　　　　桔梗25g　　　　白术（炒）30g
　　　　　厚朴30g　　　　　法半夏20g　　　　甘草15g

【制法】 以上11味，粉碎，过筛，混匀，即得。

【性状】 本品为灰黄色的粉末；气香，味甘、微苦。

【鉴别】 （1）取本品，置显微镜下观察：非腺毛1~6细胞，壁有疣状突起。不规则分枝状团块无色，遇水合氯醛液溶化；菌丝无色或淡棕色，直径4~6μm。草酸钙方晶成片存在于薄壁组织中。石细胞分枝状，壁厚，层纹明显。草酸钙针晶成束，长32~144μm，存在于黏液细胞中或散在。纤维束周围薄壁细胞含草酸钙方晶，形成晶纤维。草酸钙针晶细小，长10~32μm，不规则地充塞于薄壁细胞中。中果皮纤维成束，细长，直径8~15μm，微木化，纹孔明显，周围细胞中含有圆簇状硅质块，直径约8μm。

（2）取本品11g，加乙醇40ml，超声处理2次，每次30分钟，滤过，合并滤液，加水70ml，用石油醚（30~60℃）萃取2次，每次25ml，合并石油醚液，低温蒸干，残渣加乙酸乙酯1ml使溶解，作为供试品溶液。另取百秋李醇对照品，加乙酸乙酯制成每1ml含1mg的溶液；再取厚朴酚对照品与和厚朴酚对照品，加甲醇制成每1ml各含1mg的混合溶液，作为对照品溶液。照薄层色谱法（附录0502）试验，吸取上述三种溶液各10μl，分别点于同一硅胶G薄层板上，以石油醚（60~90℃）-乙酸乙酯-甲酸（85:15:2）为展开剂，展开，取出，晾干，喷以5%香草醛硫酸溶液，在100℃加热至斑点显色清晰。供试品色谱中，在与百秋李醇对照品色谱相应的位置上，显相同的紫红色斑点；在与厚朴酚对照品、和厚朴酚对照品色谱相应的位置上，显相同颜色的斑点。

【检查】 应符合散剂项下有关的各项规定（附录0101）。

【功能】 解表化湿，理气和中。

【主治】 外感风寒，内伤食滞，泄泻腹胀。

【用法与用量】 马、牛300~450g；羊、猪60~90g；犬、猫3~10g。

【贮藏】 密闭，防潮。

附　　录

附 录 目 次

0100 制剂通则

0101 散剂

散剂系指饮片或提取物经粉碎、均匀混合制成的粉末状制剂，分为内服散剂和外用散剂。

散剂在生产与贮藏期间应符合下列有关规定。

一、供制散剂的饮片、提取物均应粉碎。除另有规定外，一般散剂应通过二号筛，外用散剂应通过五号筛，眼用散剂应通过九号筛。

二、散剂应干燥、疏松、混合均匀、色泽一致。制备有毒性药或贵重药时，应采用配研法混匀并过筛。

三、用于烧伤或严重创伤的外用散剂，应在清洁避菌环境下配制。

四、除另有规定外，散剂应密闭贮存，含挥发性药物或易吸潮药物的散剂应密封贮存。

除另有规定外，散剂应进行以下相应检查。

【粒度】 用于烧伤及（或）严重创伤的外用散剂，照下述方法检查，应符合规定。

检查法 照粒度测定法（附录0941第二法，单筛分法）测定，除另有规定外，通过五号筛的粉末重量，不得少于95%。

【外观均匀度】 取供试品适量，置光滑纸上，平铺约5cm²，将其表面压平，在明亮处观察，应色泽均匀，无花纹、色斑。

【水分】 照水分测定法（附录0832）测定，除另有规定外，不得过10.0%。

【装量差异】 标示装量在50g以下（包括50g）的内服散剂，照下述方法检查，应符合规定。

检查法 取供试品10袋（瓶），分别称定每袋（瓶）内容物的重量，每袋（瓶）内容物的重量与标示装量相比较，按表中的规定，超出装量差异限度的不得多于2袋（瓶），并不得有1袋（瓶）超出限度1倍。

标示装量	装量差异限度
1g或1g以下	±10%
1g以上至6g	±8%
6g以上至50g	±5%

【装量】 外用散剂和标示装量在50g以上的散剂照最低装量检查法（附录0931）检查，应符合规定。

0102 胶剂

胶剂系指动物皮、骨、甲或角用水煎取胶质，浓缩成稠胶状，经干燥后制成的固体块状内服制剂。

胶剂在生产与贮藏期间应符合下列有关规定。

一、胶剂所用原料应用水漂洗或浸漂，除去非药用部分，切成小块或锯成小段，再次漂净。

二、加水煎煮数次至煎煮液清淡为止，合并煎煮液，静置，滤过，浓缩。浓缩后的胶液在常温下应能凝固。

三、胶凝前，可按各品种制法项下规定加入辅料（如黄酒、冰糖、食用植物油等）。

四、胶凝后，按规定重量切成块状，阴干。

五、胶剂应为色泽均匀、无异常臭味的半透明固体。

六、一般应检查总灰分、重金属、砷盐等。

七、胶剂应密闭贮存，防止受潮。

除另有规定外，胶剂应进行以下相应检查。

【水分】 取供试品1g，置扁形称量瓶中，精密称定，加水2ml，置水浴上加热使溶解后再干燥，使厚度不超过2mm，照水分测定法（附录0832第一法）测定，不得超过15.0%。

【致病菌】 照非无菌产品微生物限度检查：控制菌检查法（附录1103）项下有关规定检查，不得检出大肠埃希菌。

0103 片剂

片剂系指提取物、提取物加饮片细粉或饮片细粉与适宜辅料混匀压制或用其他适宜方法制成的圆片状或异形片状的制剂。片剂包括浸膏片、半浸膏片和全粉片等。

片剂在生产与贮藏期间应符合下列有关规定。

一、用于制片的药粉（膏）与辅料应混合均匀。含药量小的或含有毒性药物的片剂，应根据药物的性质用适宜的方法使药物分散均匀。

二、凡属挥发性或遇热不稳定的药物，在制片过程中应避免受热损失。

三、压片前的颗粒应控制水分，以适应制片工艺的需要，并防止成品在贮存期间发霉、变质。

四、片剂根据需要，可加入矫味剂、芳香剂和着色剂等附加剂。

五、为增加稳定性，掩盖药物不良臭味或改善片剂外观等，可对制成的药片包糖衣或薄膜衣。对一些遇胃液易破坏、刺激胃黏膜或需要在肠道内释放的口服药片，可包肠溶衣。必要时，薄膜包衣片剂应检查残留溶剂。有些药物也可根据需要制成泡腾片等。

六、片剂外观应完整光洁、色泽均匀，有适宜的硬度，以免在包装、贮运过程中发生磨损或破碎。

七、除另有规定外，片剂应密封贮存。

八、片剂应进行微生物限度的控制。

除另有规定外，片剂应进行以下相应检查。

【重量差异】 片剂照下述方法检查，应符合规定。

检查法 取供试品20片，精密称定总重量，求得平均片重后，再分别精密称定每片的重量，每片重量与标示片重相比较（凡无标示片重的片剂应与平均片重相比较），按表中的规定，超出重量差异限度的不得多于2片，并不得有1片超出限度1倍。

标示片重或平均片重	重量差异限度
0.3g以下	± 7.5%
0.3g或0.3g以上	± 5%

糖衣片应在包衣前检查片芯的重量差异，符合上表规定后，方可包衣，包衣后不再检查重量差异。除另有规定外，其他包衣片应在包衣后检查重量差异并符合规定。

【崩解时限】 除另有规定外，照崩解时限检查法（附录0921）检查，应符合规定。

0104 丸剂

丸剂是指饮片细粉或提取物加适宜的黏合剂或其他辅料制成的球形或类球形制剂，常见丸剂类型有水丸、糊丸、浓缩丸等。

水丸 系指饮片细粉以水（或根据制法用黄酒、醋、稀药汁、糖液等）为黏合剂制成的丸剂。

糊丸 系指饮片细粉以米粉、米糊或面糊等为黏合剂制成的丸剂。

浓缩丸 系指饮片或部分饮片提取浓缩后，与适宜的辅料或其余饮片细粉，以水、蜂蜜或蜂蜜和水为黏合剂制成的丸剂。

丸剂在生产与贮藏期间应符合下列有关规定。

一、除另有规定外，供制丸剂用的药粉应为细粉或最细粉。

二、浓缩丸所用提取物应按制法规定，采用一定的方法提取浓缩制成。

三、除另有规定外，水丸应在80℃以下干燥；含挥发性成分或淀粉较多的丸剂（包括糊丸）应在60℃以下干燥；不宜加热干燥的应采用其他适宜的方法干燥。

四、凡需包衣和打光的丸剂，应使用各品种制法项下规定的包衣材料进行包衣和打光。

五、丸剂外观应圆整均匀、色泽一致。

六、除另有规定外，丸剂应密封贮存。

七、丸剂应进行微生物限度的控制。

除另有规定外，丸剂应进行以下相应检查。

【水分】 照水分测定法（附录0832）测定。除另有规定外，不得过9.0%。

【重量差异】 除另有规定外，丸剂照下述方法检查，应符合规定。

检查法 以10丸为1份（丸重1.5g及1.5g以上的以1丸为1份），取供试品10份，分别称定重量，再与每份标示丸重（每丸标示量×称取丸数）相比较（无标示丸重的丸剂，与平均丸重比较），按表中的规定，超出重量差异限度的不得多于2份，并不得有1份超出限度1倍。

标示丸重（或平均丸重）	重量差异限度
0.1g及0.1g以下	±11%
0.1g以上至0.3g	±10%
0.3g以上至1.5g	±9%
1.5g以上	±8%

【装量】 装量以重量标示的丸剂，照最低装量检查法（附录0931）检查，应符合规定。

以丸数标示的丸剂，不检查装量。

【溶散时限】 除另有规定外，取供试品6丸，选择适当孔径筛网的吊篮（丸剂直径在2.5mm以下的用孔径约0.42mm的筛网；在2.5～3.5mm之间的用孔径约1.0mm的筛网；在3.5mm以上的用孔径约2.0mm的筛网），照崩解时限检查法（附录0921）片剂项下的方法加挡板进行检查。除另有规定外，水丸应在1小时内全部溶散；浓缩丸和糊丸应在2小时内全部溶散。操作过程中如供试品黏附挡板妨碍检查时，应另取供试品6丸，以不加挡板进行检查。

上述检查，应在规定时间内全部通过筛网。如有细小颗粒状物未通过筛网，但已软化且无硬心者可按符合规定论。

0105 锭剂

锭剂系指饮片细粉或提取物与适宜黏合剂（或利用饮片本身的黏性）制成不同形状的固体制剂。

锭剂在生产与贮藏期间应符合下列有关规定。

一、作为锭剂黏合剂使用的蜂蜜、糯米粉等应按规定方法进行处理。

二、制备时，应用各品种制法项下规定的黏合剂或利用药材本身的黏性合坨，以模制法或捏搓法成型，整修，阴干。

三、需包衣或打光的锭剂，应用各品种制法项下规定的包衣材料进行包衣或打光。

四、锭剂应平整光滑、色泽一致，无皱缩、飞边、裂隙、变形及空心。

五、除另有规定外，锭剂应密闭，置阴凉干燥处贮存。

六、锭剂应进行微生物限度的控制。

除另有规定外，锭剂应进行以下相应检查。

【重量差异】 锭剂照下述方法检查，应符合规定。

检查法 取供试品20锭，精密称定总重量，求得平均锭重后，再分别精密称定每锭的重量，每锭重量与标示锭重相比较（凡无标示锭重的应与平均锭重相比较），按表中的规定，超出限度的不得多于2锭，并不得有1锭超出限度1倍。

标示锭重或平均锭重	重量差异限度
1g或1g以下	±12%
1g以上至2g	±10%
2g以上至4g	±8%
4g以上至6g	±7%
6g以上至9g	±6%
9g以上	±5%

0106 颗粒剂

颗粒剂系指提取物与适宜的辅料或饮片细粉制成具有一定粒度的颗粒状制剂。颗粒剂可分为可溶颗粒（通称为颗粒）和混悬颗粒。

颗粒剂在生产与贮藏期间应符合下列有关规定。

一、除另有规定外，饮片应按各品种项下规定的方法进行提取、纯化、浓缩成规定相对密度的清膏，采用适宜的方法干燥，并制成细粉，加适量辅料（不超过干膏量的2倍）或饮片细粉，混匀并制成颗粒；也可将清膏加适量辅料（不超过清膏量的5倍）或饮片细粉，混匀并制成颗粒。

二、除另有规定外，挥发油应均匀喷入干燥颗粒中，密闭至规定时间或用包合等技术处理后加入。

三、制备颗粒剂时可加入矫味剂和芳香剂；为防潮、掩盖药物的不良气味也可包薄膜衣。必要时，包衣颗粒剂应检查残留溶剂。

四、颗粒剂应干燥、颗粒均匀、色泽一致，无吸潮、软化、结块、潮解等现象。

五、除另有规定外，颗粒剂应密封，在干燥处贮存，防止受潮。

六、颗粒剂应进行微生物限度的控制。

除另有规定外，颗粒剂应进行以下相应检查。

【粒度】 除另有规定外，照粒度测定法（附录0941第二法，双筛分法）测定，不能通过一号筛与能通过五号筛的总和，不得过15%。

【水分】 照水分测定法（附录0832）测定。除另有规定外，不得过6.0%。

【溶化性】 取供试品10g，加热水200ml，搅拌5分钟，立即观察，应全部溶化或呈混悬状。可溶颗粒应全部溶化，允许有轻微浑浊；混悬颗粒应能混悬均匀。颗粒剂均不得有焦屑等异物。

【装量】 照最低装量检查法（附录0931）检查，应符合规定。

0107 软膏剂

软膏剂系指提取物、饮片细粉与适宜基质均匀混合制成的半固体外用制剂。常用基质分为油脂性、水溶性和乳剂型基质，其中用乳剂型基质制成的软膏又称为乳膏剂。按基质的不同，可分为水包油型乳膏剂与油包水型乳膏剂。

软膏剂在生产与贮藏期间应符合下列有关规定。

一、供制备软膏剂用的固体药物，除能溶解或相互共熔于某一组分者外，应预先用适宜的方法制成细粉。

二、软膏剂应均匀、细腻、具有适当的黏稠性，易涂布在皮肤或黏膜上并无刺激性。

三、油脂性基质常用的有凡士林、石蜡、液状石蜡、硅油、蜂蜡、硬脂酸等；水溶性基质主要有聚乙二醇；乳剂型基质常用的有钠皂、三乙醇胺皂类、脂肪醇硫酸（酯）钠类（十二烷基硫酸钠）、聚山梨酯、羊毛脂、单甘油酯、脂肪醇等。必要时可加入保湿剂、防腐剂、抗氧剂或透皮促进剂。

四、软膏剂应无酸败、变色、变硬、融化、油水分离等变质现象。

五、除另有规定外，软膏剂应遮光，密闭贮存。

除另有规定外，软膏剂应进行以下相应检查。

【装量】 照最低装量检查法（附录0931）检查，应符合规定。

【无菌】 用于烧伤或严重创伤的软膏剂，照无菌检查法（附录1101）检查，应符合规定。

【微生物限度】 除另有规定外，照非无菌产品微生物限度检查：微生物计数法（附录1102）和控制菌检查法（附录1103）检查，应符合规定。

0108 流浸膏剂与浸膏剂

流浸膏剂、浸膏剂系指饮片用适宜的溶剂提取，蒸去部分或全部溶剂，调整至规定浓度而制成的制剂。

除另有规定外，流浸膏剂每1ml相当于原饮片1g；浸膏剂分为稠膏和干膏两种，每1g相当于原饮片2~5g。

流浸膏剂、浸膏剂在生产与贮藏期间应符合下列有关规定。

一、除另有规定外，流浸膏剂用渗漉法制备，也可用浸膏剂稀释制成；浸膏剂用煎煮法、回流法或渗漉法制备，全部提取液应低温浓缩至稠膏状，加稀释剂或继续浓缩至规定的量。

渗漉法的要点如下：

（1）根据饮片的性质可选用圆柱形或圆锥形的渗漉器。

（2）饮片须适当粉碎后，加规定的溶剂均匀湿润，密闭放置一定时间，再装入渗漉器内。

（3）饮片装入渗漉器时应均匀，松紧一致，加入溶剂时应尽量排除饮片间隙中的空气，溶剂应高出药材面，浸渍适当时间后进行渗漉。

（4）渗漉速度应符合各品种项下的规定。

（5）收集85%饮片量的初漉液另器保存，续漉液经低温浓缩后与初漉液合并，调整至规定量，静置，取上清液分装。

二、流浸膏剂久置若产生沉淀时，在乙醇和有效成分含量符合各品种项下规定的情况下，可滤过除去沉淀。

三、除另有规定外，应置遮光容器内密封，流浸膏剂应置阴凉处贮存。

四、浸膏剂和流浸膏剂应进行微生物的控制。

除另有规定外，流浸膏剂、浸膏剂应进行以下相应检查。

【乙醇量】 除另有规定外，含乙醇的流浸膏剂照乙醇量测定法（附录0711）测定，应符合规定。

【甲醇量】 除另有规定外，含乙醇的流浸膏剂照甲醇量测定法（附录0851）测定，应符合各品种项下的规定。

【装量】 照最低装量检查法（附录0931）检查，应符合规定。

【微生物限度】 流浸膏剂照非无菌产品微生物限度检查：微生物计数法（附录1102）和控制菌检查法（附录1103）检查，应符合规定。

0109 酊剂

酊剂系指饮片用规定浓度的乙醇提取或溶解而制成的澄清液体制剂，亦可用流浸膏稀释制成。供口服或外用。

酊剂在生产与贮藏期间应符合下列有关规定。

一、除另有规定外，每100ml相当于原饮片20g。含有毒性药的酊剂，每100ml应相当于原饮片10g；其有效成分明确者，应根据其半成品的含量加以调整，使符合各酊剂项下的规定。

二、酊剂可用溶解、稀释、浸渍或渗漉等法制备。

（1）溶解法或稀释法 取药物粉末或流浸膏，加规定浓度的乙醇适量，溶解或稀释，静置，必要时滤过，即得。

（2）浸渍法 取适当粉碎的饮片，置有盖容器中，加入溶剂适量，密盖，搅拌或振摇，浸渍3~5日或规定的时间，倾取上清液，再加入溶剂适量，依法浸渍至有效成分充分浸出，合并浸出液，加溶剂至规定量后，静置，滤过，即得。

（3）渗漉法　照流浸膏剂项下的方法（附录0108），用适量溶剂渗漉，至流出液达到规定量后，静置，滤过，即得。

三、除另有规定外，酊剂应澄清，久置允许有少量摇之易散的沉淀。

四、除另有规定外，酊剂应置遮光、密封，置阴凉处贮存。

五、酊剂应进行微生物的控制。

除另有规定外，酊剂应进行以下相应检查。

【乙醇量】　照乙醇量测定法（附录0711）测定，应符合各品种项下的规定。

【甲醇量】　照甲醇量检查法（附录0851）检查，应符合规定。

【装量】　照最低装量检查法（附录0931）检查，应符合规定。

【微生物限度】　除另有规定外，照非无菌产品微生物限度检查：微生物计数法（附录1102）检查，应符合规定。

0110 合剂

合剂系指饮片用水或其他溶剂，采用适宜方法提取制成的口服液体制剂，又称口服液。

合剂在生产与贮存期间应符合下列有关规定。

一、饮片应按各品种项下规定的方法提取、纯化、浓缩制成口服液体制剂。

二、根据需要可加入适宜的附加剂，其品种与用量应符合国家标准的有关规定，不影响成品的稳定性，并应避免对检验产生干扰。必要时亦可加入适量的乙醇。

三、合剂若加蔗糖，除另有规定外，含蔗糖量应不高于20%（g/ml）。

四、除另有规定外，合剂应澄清。在贮存期间不得有发霉、酸败、异臭、变色、产生气体或其他变质现象，允许有少量摇之易散的沉淀。

五、一般应检查相对密度、pH值等。

六、除另有规定外，合剂应密封，置阴凉处贮存。

七、合剂应进行微生物的控制。

除另有规定外，合剂应进行以下相应检查。

【装量】　照最低装量检查法（附录0931）检查，应符合规定。

【微生物限度】　照非无菌产品微生物限度检查：微生物计数法（附录1102）和控制菌检查法（附录1103）检查，应符合规定。

0111 胶囊剂

胶囊剂系指将饮片用适宜方法加工后，加入适宜辅料填充于空心胶囊或密封于软质囊材中的制剂，可分为硬胶囊、软胶囊（胶丸）和肠溶胶囊等。主要供口服用。

硬胶囊　系指将提取物、提取物加饮片细粉或饮片细粉或与适宜辅料制成的均匀粉末、细小颗粒、小丸、半固体或液体，充填于空心胶囊中的胶囊剂。

软胶囊　系指将提取物或液体药物或与适宜辅料混匀后用滴制法或压制法密封于软质囊材中的胶囊剂。

肠溶胶囊 系指不溶于胃液，但能在肠液中崩解或释放的胶囊剂。

胶囊剂在生产与贮藏期间应符合下列有关规定。

一、饮片应按各品种项下规定的方法制成填充物料，其不得引起囊壳的变形或变质。

二、小剂量药物应用适宜的稀释剂稀释，并混合均匀。

三、胶囊剂应整洁，不得有黏结、变形、渗漏或囊壳破裂现象，并应无异臭。

四、除另有规定外，胶囊剂应密封贮存，其存放环境温度不高于30℃，湿度应适宜，防止受潮、发霉、变质。

五、胶囊剂应进行微生物的控制。

除另有规定外，胶囊剂应进行以下相应检查。

【水分】 硬胶囊应做水分检查。

取供试品内容物，照水分测定法（附录0832）测定，除另有规定外，不得过9.0%。

硬胶囊内容物为液体或半固体者，不检查水分。

【装量差异】 除另有规定外，取供试品10粒，分别精密称定重量，倾出内容物（不得损失囊壳），硬胶囊囊壳用小刷或其他适宜的用具拭净；软胶囊或内容物为半固体或液体的硬胶囊囊壳用乙醚等易挥发性溶剂洗净，置通风处使溶剂挥尽，再分别精密称定囊壳重量，求出每粒内容物的装量与平均装量。每粒装量与标示装量相比较（无标示装量的胶囊剂，与平均装量比较），装量差异限度应在标示装量（或平均装量）±10%以内，超出装量差异限度的不得多于2粒，并不得有1粒超出限度1倍。

【崩解时限】 除另有规定外，照崩解时限检查法（附录0921）检查，应符合规定。

【微生物限度】 软胶囊剂照非无菌产品微生物限度检查：微生物计数法（附录1102）和控制菌检查法（附录1103）检查，应符合规定。

0112 灌注剂

灌注剂系指饮片提取物、药物以适宜的溶剂制成的供子宫、乳房等灌注的灭菌液体制剂。分为溶液型、混悬型和乳浊型。

灌注剂在生产与贮藏期间应符合下列有关规定。

一、灌注剂应在洁净环境下配制、灌封。灌封后，应根据药物性质选用适宜的方法和条件及时灭菌，以保证制成品无菌。

二、配制灌注剂的溶剂和附加剂应符合注射剂（附录0113）项下对溶剂和附加剂的规定。所用附加剂应不影响药物疗效，使用浓度不得引起毒性或明显的刺激。

三、除另有规定外，灌注剂应适当调节pH值与渗透压，一般pH值应为5.5~7.5。

四、溶液型灌注剂应澄清，不得有沉淀和异物。混悬型灌注剂中的颗粒应细腻，均匀分散，放置后其沉淀物不得结块，振摇后一般应在数分钟内不分层。乳浊型灌注剂应分布均匀。

五、除另有规定外，灌注剂应密封、遮光贮存。

除另有规定外，灌注剂应进行以下相应检查。

【装量】 照最低装量检查法（附录0931）检查，应符合规定。

【无菌】 照无菌检查法（附录1101）检查，应符合规定。

0113 注射剂

注射剂系指饮片经提取、纯化后制成的供注入动物体内的溶液、乳状液及供临用前配制成溶液的粉末或浓溶液的无菌制剂。

注射剂可分为注射液、注射用无菌粉末和注射用浓溶液。

注射液 包括溶液型注射液或乳状液型注射液。可用于肌内注射、静脉注射或静脉滴注等。其中，供静脉滴注用的大体积（除另有规定外，一般不小于100ml）注射液也称静脉输液。

注射用无菌粉末 系指供临用前用适宜的无菌溶液配制成溶液的无菌粉末或无菌块状物。可用适宜的注射用溶剂配制后注射，也可用静脉输液配制后静脉滴注。无菌粉末用冷冻干燥法或喷雾干燥法制得；无菌块状物用冷冻干燥法制得。

注射用浓溶液 系指临用前稀释供静脉滴注用的无菌浓溶液。

注射剂在生产与贮藏期间应符合下列有关规定。

一、除另有规定外，饮片应按各品种项下规定的方法提取、纯化、制成半成品，以半成品投料配制成品。

二、溶剂型注射剂应澄明。乳状液型注射剂应稳定，不得有相分离现象，不得用于椎管注射；静脉用乳状液型注射液中乳滴的粒度90%应在$1\mu m$以下，不得有大于$5\mu m$的乳滴。除另有规定外，静脉输液应尽可能与血液等渗。

三、注射剂所用的原辅料应从来源及工艺等生产环节进行严格控制并应符合注射用的质量要求。注射剂所用溶剂必须安全无害，并不得影响疗效和兽药质量，一般分为水性溶剂和非水性溶剂。水性溶剂最常用的为注射用水，也可用0.9%氯化钠溶液或其他适宜的水溶液。非水性溶剂常用的为植物油，主要为供注射用的大豆油，其他还有乙醇、丙二醇、聚乙二醇等溶剂，供注射用的非水溶性溶剂，应严格限制其用量，并应在品种项下进行相应的检查。

四、配制注射剂时，可根据药物的性质加入适宜的附加剂。如渗透压调节剂、pH值调节剂、增溶剂、抗氧剂、抑菌剂、乳化剂等。所用附加剂应不影响药物疗效，避免对检验产生干扰，使用浓度不得引起毒性或明显的刺激。常用的抗氧剂有亚硫酸钠、亚硫酸氢钠和焦亚硫酸钠，一般浓度为0.1%~0.2%；常用抑菌剂为0.5%苯酚、0.3%甲酚、0.5%三氯叔丁醇等。多剂量包装的注射剂可加适宜的抑菌剂，抑菌剂用量应能抑制注射液中微生物的生长，加有抑菌剂的注射液，仍应采用适宜的方法灭菌。静脉输液不得加抑菌剂。

五、注射剂常用容器有玻璃安瓿、玻璃瓶、塑料安瓿、塑料瓶（袋）等。容器的密封性，须用适宜的方法确证。除另有规定外，容器应符合国家标准中有关注射用玻璃容器和塑料容器的国家标准规定。容器用胶塞特别是多剂量包装注射剂的胶塞应有足够的弹性和稳定性，其质量应符合有关国家标准规定。除另有规定外，容器应足够透明，以便内容物的检视。

六、生产过程中应尽可能缩短注射剂的配制时间，防止微生物与热原的污染及药物变质。静脉输液的配制过程更应严格控制。制备乳状液型注射液过程中，应采取必要的措施，保证粒子大小符合质量标准的要求。注射用无菌粉末应按无菌操作制备。注射剂必要时应进行相应的安全性检查，如异常毒性、过敏反应、溶血与凝集、热源或细菌内毒素等，均应符合要求。

七、灌装标示装量不大于50ml的注射剂时，应按下表适当增加装量。除另有规定外，多剂量包装的注射剂，每一容器的装量不得超过10次注射量，增加装量应能保证每次注射用量。

标示装量（ml）	增加量（ml）	
	易流动液	黏稠液
1	0.10	0.15
2	0.15	0.25
5	0.30	0.50
10	0.50	0.70
20	0.60	0.90
50	1.0	1.5

注射液灌装后应尽快熔封或严封。接触空气易变质的药物，在灌装过程中，应排除容器内空气，可填充二氧化碳或氮等气体，立即熔封或严封。

八、熔封或严封后，一般应根据药物性质选用适宜的方法和条件及时灭菌，以保证制成品无菌。注射剂在灭菌时或灭菌后，应采用减压或其他适宜的方法进行容器检漏。

九、除另有规定外，注射剂应遮光贮存。

十、注射剂的标签或说明书中应标明其中所用辅料的名称，如有抑菌剂还应标明抑菌剂的种类及浓度；注射用无菌粉末应标明配制溶液所用的溶剂种类，必要时还应标注溶剂量。

十一、用于配制注射剂前的半成品，应检查重金属、砷盐，除另有规定外，含重金属不得过百万分之十（附录0821第二法）；含砷盐不得过百万分之二（附录0822第一法）。本检查需进行有机破坏。

除另有规定外，注射剂应进行以下相应检查。

【装量】 注射液和注射用浓溶液照下述方法检查，应符合规定。

检查法 标示装量不大于2ml者取供试品5支（瓶），2ml以上至50ml者取供试品3支（瓶），开启时注意避免损失，将内容物分别用相应体积的干燥注射器及注射针头抽尽，然后注入经标化的量入式量筒内（量筒的大小应使待测体积至少占其额定体积的40%，不排尽针头中的液体），在室温下检视。测定油溶液的装量时，应先加温（如有必要）摇匀，再用干燥注射器及注射针头抽尽后，同前法操作，放冷（加温时），检视。每支（瓶）的装量均不得少于其标示量。

标示装量为50ml以上（至500ml）的注射液及注射用浓溶液照最低装量检查法（附录0931）检查，应符合规定。

【装量差异】 除另有规定外，注射用无菌粉末照下述方法检查，应符合规定。

检查法 取供试品5瓶（支），除去标签、铝盖，容器外壁用乙醇擦净，干燥，开启时注意避免玻璃屑等异物落入容器中，分别迅速精密称定；容器为玻璃瓶的注射用无菌粉末，首先小心开启内塞，使容器内外气压平衡，盖紧后精密称定。然后倾出内容物，容器用水或乙醇洗净，在适宜条件下干燥后，再分别精密称定每一容器的重量，求出每瓶（支）的装量与平均装量。每瓶（支）装量与平均装量相比较，（如有标示装量，则与标示装量相比较），应符合下列规定。如有1瓶（支）不符合规定，应另取10瓶（支）复试，均应符合规定。

平均装量	装量差异限度
0.05g及0.05g以下	±15%
0.05g以上至0.15g	±10%
0.15g以上至0.50g	±7%
0.50g以上	±5%

凡规定检查含量均匀度的注射用无菌粉末，一般不再进行装量差异检查。

【可见异物】 除另有规定外，照可见异物检查法（附录0903）检查，应符合规定。

【不溶性微粒】 除另有规定外，溶液型静脉注射液、溶液型静脉注射用无菌粉末及注射用浓溶液照不溶性微粒检查法（附录0902）检查，应符合规定。

【有关物质】 按各品种项下规定，照注射剂有关物质检查法（附录2400）检查，应符合规定。

【无菌】 照无菌检查法（附录1101）检查，应符合规定。

【热原】或【细菌内毒素】 除另有规定外，静脉用注射剂按各品种项下的规定，照热原检查法（附录1112）或细菌内毒素检查法（附录1113）检查，应符合规定。

0200 其他通则

0201 药材和饮片取样法

药材和饮片取样法系指供检验用药材或饮片样品的取样方法。

取样时均应符合下列有关规定。

一、抽取样品前，应核对品名、产地、规格等级及包件式样，检查包装的完整性、清洁程度以及有无水迹、霉变或其他物质污染等情况，详细记录。凡有异常情况的包件，应单独检验并拍照。

二、从同批药材和饮片包件中抽取供检验用样品的原则：

总包件数不足5件的，逐件取样；

5~99件，随机抽5件取样；

100~1000件，按5%比例取样；

超过1000件的，超过部分按1%比例取样；

贵重药材和饮片，不论包件多少均逐件取样。

三、每一包件至少在2~3个不同部位各取样品1份；包件大的应从10cm以下的深处在不同部位分别抽取；对破碎的、粉末状的或大小在1cm以下的药材和饮片，可用采样器（探子）抽取样品；对包件较大或个体较大的药材，可根据实际情况抽取有代表性的样品。

每一包件的取样量：

一般药材和饮片抽取100~500g；

粉末状药材和饮片抽取25~50g；

贵重药材和饮片抽取5~10g。

四、将抽取的样品混匀，即为抽取样品总量。若抽取样品总量超过检验用量数倍时，可按四分法再取样，即将所有样品摊成正方形，依对角线划"×"，使分为四等份，取用对角两份；再如上操作，反复数次，直至最后剩余量能满足供检验用样品量。

五、最终抽取的供检验用样品量，一般不得少于检验所需用量的3倍，即1/3供实验室分析用，另1/3供复核用，其余1/3留样保存。

0202 药材和饮片检定通则

药材和饮片的检定包括"性状""鉴别""检查""浸出物测定""含量测定"等项目。检定时应注意下列有关的各项规定。

一、检验样品的取样应按药材和饮片取样法（附录0201）的规定进行。

二、为了正确检验，必要时可用符合本版兽药典规定的相应标本作对照。

三、供检验品如已破碎或粉碎，除"性状"、"显微鉴别"项可不完全相同外，其他各项应符合规定。

四、"性状"系指药材和饮片的形状、大小、表面（色泽与特征）、质地、断面（折断面或切断面）及气味等特征。性状的观察方法主要用感官来进行，如眼看（较细小的可借助扩大镜或体视显微镜）、手摸、鼻闻、口尝等方法。

1. 形状是指药材和饮片的外形。观察时一般不需预处理，如观察很皱缩的全草、叶或花类时，可先浸湿使软化后，展平，观察。观察某些果实、种子类时，如有必要可浸软后，取下果皮或种皮，以观察内部特征。

2. 大小是指药材和饮片的长短、粗细（直径）和厚薄。一般应测量较多的供试品，可允许有少量高于或低于规定的数值。测量时应用毫米刻度尺。对细小的种子或果实类，可将每10粒种子紧密排成一行，测量后求其平均值。测量时应用毫米刻度尺。

3. 表面是指在日光灯下观察的药材和饮片的表面色泽（颜色及光泽度）；如用两种色调复合描述颜色时，以后一种色调为主。例如黄棕色，即以棕色为主；以及观察药材和饮片表面的光滑、粗糙、皮孔、皱纹、附属物等外观特征。观察时，供试品一般不作预处理。

4. 质地是指用手折断药材和饮片时的感官感觉。

断面是指在日光下观察药材和饮片的断面色泽（颜色及光泽度），以及断面特征。如折断面不易观察到纹理，可削平后进行观察。

5. 气味是指药材和饮片的嗅感与味感。嗅感可直接嗅闻，或在折断、破碎或搓揉时进行。必要时可用热水湿润后检查。味感可取少量直接口尝，或加热水浸泡后尝浸出液。有毒药材和饮片如需尝味时，应注意防止中毒。

6. 药材和饮片外观不得有虫蛀、发霉、其他物质污染等异常现象。

五、"鉴别"系指检验药材和饮片真实性的方法，包括经验鉴别、显微鉴别、理化鉴别、聚合酶链式反应法。

1. 经验鉴别系指用简便易行的传统方法观察药材和饮片的颜色变化、浮沉情况以及爆鸣、色焰等特征。

2. 显微鉴别系指用显微镜对药材和饮片的切片、粉末、解离组织或表面以及含有饮片粉末的制剂进行观察，并根据组织、细胞或内含物等特征进行相应鉴别的方法。照显微鉴别法（附录2001）项下的方法制片观察。

3. 理化鉴别系指用化学或物理的方法，对药材和饮片中所含某些化学成分进行的鉴别试验。包括一般鉴别、光谱及色谱鉴别等方法。

（1）如用荧光法鉴别，将供试品（包括断面、浸出物等）或经酸、碱处理后，置紫外光灯下约10cm处观察所产生的荧光。除另有规定外，紫外光灯的波长为365nm。

（2）如用微量升华法鉴别，取金属片或载玻片，置石棉网上，金属片或载玻片上放一高约8mm的金属圈，圈内放置适量供试品粉末，圈上覆盖载玻片，在石棉网下用酒精灯缓缓加热，至粉末开始变焦，去火待冷，载玻片上有升华物凝集。将载玻片反转后，置显微镜下观察结晶形状、色泽，或取升华物加试液观察反应。

（3）如用光谱和色谱鉴别，常用的有紫外-可见分光光度法、红外分光光度法、薄层色谱法、高效液相色谱法、气相色谱法等。

4. 聚合酶链反应鉴别法是指通过比较药材、饮片的DNA差异来鉴别药材、饮片的方法。

六、"检查"系指对药材和饮片的纯净程度、可溶性物质、有害或有毒物质进行的限量检查，包括水分、灰分、杂质、毒性成分、重金属及有害元素、二氧化硫残留、农药残留、黄曲霉毒素等。

除另有规定外，饮片水分通常不得过13%，药屑杂质通常不得过3%；药材及饮片（矿物类除外）的二氧化硫残留量不得过150mg/kg。

七、"浸出物测定"系指用水或其他适宜的溶剂对药材和饮片中可溶性物质进行的测定。

八、"含量测定"系指用化学、物理或生物的方法，对供试品含有的有关成分进行检测。

【附注】 （1）进行测定时，需粉碎的药材和饮片，应按正文标准项下规定的要求粉碎过筛，并注意混匀。

（2）检查和测定的方法按正文标准项下规定的方法或指定的有关附录方法进行。

（3）药材炮制项下仅规定除去杂质的炮制品，除另有规定外，应按药材标准检验。

0203 炮制通则

中药炮制是按照中兽医药理论，根据药材自身的性质，以及调剂、制剂和兽医临床应用的需要，所采取的一项独特的制药技术。

药材凡经净制、切制或炮炙等处理后，均称为"饮片"；药材必须净制后方可进行切制或炮炙等处理。

本版兽药典规定的各饮片规格，系指临床配方使用的饮片规格。制剂中使用的饮片规格，应符合相应品种实际工艺的要求。

炮制用水，应为饮用水。

除另有规定外，应符合下列规定。

一、净制 即净选加工。可根据其具体情况，分别使用挑选、筛选、风选、水选、剪、切、刮、削、剔除、酶法、剥离、挤压、焯、刷、擦、火燎、烫、撞、碾串等方法，以达到净度要求。

二、切制 切制时，除鲜切、干切外，均须进行软化处理，其方法有：喷淋、抢水洗、浸泡、润、漂、蒸、煮等。亦可使用回转式减压浸润罐，气相置换式润药箱等软化设备。软化处理应按药材的大小、粗细、质地等分别处理。分别规定温度、水量、时间等条件。应少泡多润，防止有效成分流失。切后应及时干燥，以保证质量。

切制品有片、段、块、丝等。其规格厚度通常为：

片 极薄片0.5mm以下，薄片1～2mm，厚片2～4mm；

段 短段5～10mm，长段10～15mm；

块 8～12mm的方块；

丝 细丝2～3mm，宽丝5～10mm。

其他不宜切制者，一般应捣碎或碾碎使用。

三、炮炙 除另有规定外，常用的炮炙方法和要求如下。

1．炒 炒制分单炒（清炒）和加辅料炒。需炒制者应为干燥品，且大小分档；炒时火力应均匀，不断翻动。应掌握加热温度、炒制时间及程度要求。

单炒（清炒） 取待炮炙品，置炒制容器中，用文火加热至规定程度时，取出，放凉。需炒焦者，一般用中火炒至表面焦褐色，断面焦黄色为度，取出，放凉；炒焦时易燃者，可喷淋清水少许，再炒干。

麸炒 先将炒制容器加热，至撒入麸皮即刻烟起，随即投入待炮炙品，迅速翻动，炒至药材表面呈黄色或深黄色时，取出，筛去麸皮，放凉。

除另有规定外，每100kg待炮炙品，用麸皮10～15kg。

砂炒 取洁净河砂置炒制容器内，用武火加热至滑利状态时，投入待炮炙品，不断翻动，炒至表面鼓起、酥脆或至规定的程度时，取出，筛去河砂，放凉。

除另有规定外，河砂以掩埋待炮炙品为度。

如需醋淬时，筛去河砂后，趁热投入醋液中淬酥。

蛤粉炒 取碾细过筛后的净蛤粉，置锅内，用中火加热至翻动较滑利时，投入待炮炙品，翻炒至鼓起或成珠、内部疏松、外表呈黄色时，迅速取出，筛去蛤粉，放凉。

除另有规定外，每100kg待炮炙品，用蛤粉30～50kg。

滑石粉炒 取滑石粉置炒制容器内，用中火加热至灵活状态时，投入待炮炙品，翻炒至鼓起、酥脆、表面黄色或至规定程度时，迅速取出，筛去滑石粉，放凉。

除另有规定外，每100kg待炮炙品，用滑石粉40～50kg。

2．炙法 是待炮炙品与液体辅料共同拌润，并炒至一定程度的方法。

酒炙 取待炮炙品，加黄酒拌匀，闷透，置炒制容器内，用文火炒至规定的程度时，取出，放凉。

酒炙时，除另有规定外，一般用黄酒。除另有规定外，每100kg待炮炙品用黄酒10～20kg。

醋炙 取待炮炙品，加醋拌匀，闷透，置炒制容器内，炒至规定的程度时，取出，放凉。

醋炙时，用米醋。除另有规定外，每100kg待炮炙品，用米醋20kg。

盐炙 取待炮炙品，加盐水拌匀，闷透，置炒制容器内，以文火加热，炒至规定的程度时，取出，放凉。

盐炙时，用食盐，应先加适量水溶解后，滤过，备用。除另有规定外，每100kg待炮炙品用食盐2kg。

姜炙 姜炙时，应先将生姜洗净，捣烂，加水适量，压榨取汁，姜渣再加水适量重复压榨一次，合并汁液，即为"姜汁"。姜汁与生姜的比例为1:1。

取待炮炙品，加姜汁拌匀，置锅内，用文火炒至姜汁被吸尽，或至规定的程度时，取出，晾干。

除另有规定外，每100kg待炮炙品用生姜10kg。

蜜炙 蜜炙时，应先将炼蜜加适量沸水稀释后，加入待炮炙品中拌匀，闷透，置炒制容器内，用文火炒至规定程度时，取出，放凉。

蜜炙时，用炼蜜。除另有规定外，每100kg待炮炙品用炼蜜25kg。

油炙 羊脂油炙时，先将羊脂油置锅内加热溶化后去渣，加入待炮炙品拌匀，用文火炒至油被吸尽，表面光亮时，摊开，放凉。

3．制炭 制炭时应"存性"，并防止灰化，更要避免复燃。

炒炭 取待炮炙品，置热锅内，用武火炒至表面焦黑色、内部焦褐色或至规定程度时，喷淋清水少许，熄灭火星，取出，晾干。

煅炭 取待炮炙品，置煅锅内，密封，加热至所需程度，放凉，取出。

4．煅　煅制时应注意煅透，使酥脆易碎。

明煅　取待炮炙品，砸成小块，置适宜的容器内，煅至酥脆或红透时，取出，放凉，碾碎。

含有结晶水的盐类药材，不要求煅红，但需使结晶水蒸发至尽，或全部形成蜂窝状的块状固体。

煅淬　将待炮炙品煅至红透时，立即投入规定的液体辅料中，淬酥（若不酥，可反复煅淬至酥），取出，干燥，打碎或研粉。

5．蒸　取待炮炙品，大小分档，照各品种炮制项下的规定，加清水或液体辅料拌匀、润透，置适宜的蒸制容器中，用蒸汽加热至规定程度，取出，稍晾，拌回蒸液，再晾至六成干，切片或段，干燥。

6．煮　取待炮炙品，大小分档，按各品种炮制项下的规定，加清水或液体辅料共煮透，至切开内无白心时，取出，晾至六成干，切片，干燥。

7．炖　取待炮炙品按各品种项下的规定，加入液体辅料，置适宜的容器内，密闭，隔水或用蒸汽加热炖透，或炖至辅料完全被吸尽时，放凉，取出，晾至六成干，切片，干燥。

蒸、煮、炖时，除另有规定外，一般每100kg待炮制品，用水或规定的辅料20～30kg。

8．煨　取待炮炙品用面皮或湿纸包裹，或用吸油纸均匀地隔层分放，进行加热处理；或将其与麸皮同置炒制容器内，用文火炒至规定程度取出，放凉。

除另有规定外，每100kg待炮炙品用麸皮50kg。

四、其他

1．燀　取待炮炙品投入沸水中，翻动片刻，捞出。有的种子类药材，燀至种皮由皱缩至舒展、易搓去时，捞出，放入冷水中浸泡，除去种皮，晒干。

2．制霜　（去油成霜）除另有规定外，取待炮炙品碾碎如泥，经微热，压榨除去大部分油脂，含油量符合要求后，取残渣研制成符合规定的松散粉末。

3．水飞　取待炮炙品，置容器内，加适量水共研成糊状，再加水，搅拌，倾出混悬液。残渣再按上法反复操作数次，合并混悬液，静置，分取沉淀，干燥，研散。

4．发芽　取待炮炙品，置容器内，加适量水浸泡后，取出，在适宜的湿度和温度下使其发芽至规定程度，晒干或低温干燥。注意避免带入油腻，以防烂芽。一般芽长不超过1cm。

5．发酵　取待炮炙品加规定的辅料拌匀后，制成一定形状，置适宜的湿度和温度下，使微生物生长至其中酶含量达到规定程度，晒干或低温干燥，注意发酵过程中，发现有黄曲霉菌，应禁用。

0211 制药用水

水是药物生产中用量大、使用广的一种辅料，用于生产过程及药物制剂的制备。

本版兽药典中所收载的制药用水，因其使用的范围不同而分为饮用水、纯化水、注射用水及灭菌注射用水。一般应根据各生产工序或使用目的与要求选用适宜的制药用水。兽药生产企业应确保制药用水的质量符合预期用途的要求。

制药用水的原水通常为饮用水。

制药用水的制备从系统设计、材质选择、制备过程、贮存、分配和使用均应符合兽药生产质量管理规范的要求。

制水系统应经过验证，并建立日常监控、检测和报告制度，有完善的原始记录备查。制药用水系统应定期进行清洗与消毒，消毒可以采用热处理或化学处理等方法。采用的消毒方法以及化学处理后消毒剂的去除应经过验证。

饮用水 为天然水经净化处理所得的水，其质量必须符合现行中华人民共和国国家标准《生活饮用水卫生标准》。饮用水可作为药材净制时的漂洗、制药用具的粗洗用水。除另有规定外，也可作为饮片的提取溶剂。

纯化水 为饮用水经蒸馏法、离子交换法、反渗透法或其他适宜的方法制备的制药用水。不含任何附加剂，其质量应符合一部纯化水项下的规定。

纯化水可作为配制普通药物制剂的溶剂或试验用水；可作为中药注射剂、滴眼剂等灭菌制剂所用饮片的提取溶剂；口服、外用制剂配制用溶剂或稀释剂；非灭菌制剂用器具的精洗用水。也用作非灭菌制剂所用饮片的提取溶剂。纯化水不得用于注射剂的配制与稀释。

纯化水有多种制备方法，应严格监测各生产环节，防止微生物污染，确保使用点的水质。

注射用水 为纯化水经蒸馏所得的水，应符合细菌内毒素试验要求。注射用水必须在防止细菌内毒素产生的设计条件下生产、贮藏及分装。其质量应符合一部注射用水项下的规定。

注射用水可作为配制注射剂、滴眼剂等的溶剂或稀释剂及容器的精洗。

为保证注射用水的质量，应减少原水中的细菌内毒素，监控蒸馏法制备注射用水的各生产环节，并防止微生物的污染。应定期清洗与消毒注射用水系统。注射用水的贮存方式和静态贮存期限应经过验证确保水质符合质量要求，例如可以在80℃以上保温或70℃以上保温循环或4℃以下的状态下存放。

灭菌注射用水 为注射用水按照注射剂生产工艺制备所得。不含任何添加剂。主要用于注射用无菌粉末的溶剂或注射剂的稀释剂。其质量符合一部灭菌注射用水项下的规定。

灭菌注射用水灌装规格应适应临床需要，避免大规格、多次使用造成的污染。

0231 国家兽药标准物质通则

国家兽药标准物质系指供国家法定兽药标准中兽药的物理、化学及生物学等测试用，具有确定的特性或量值，用于校准设备、评价测量方法、给供试兽药赋值或鉴别用的物质。

国家兽药标准物质应具备稳定性、均匀性和准确性。

国家兽药标准物质在分级分类、建立、使用、稳定性监测、标签说明书、贮存及发放应符合下列有关规定。

一、国家兽药标准物质的分级与分类

国家兽药标准物质共分为两级：

一级国家兽药标准物质：具有很好的质量特性，其特征量值采用定义法或其他精准、可靠的方法进行计量。

二级国家兽药标准物质：具有良好的质量特性，其特征量值采用准确、可靠的方法或直接与一级标准物质相比较的方法进行计量。

国家兽药标准物质分为四类：

标准品，系指含有单一成分或混合组分，用于生物检定、抗生素或生化药品中效价、毒性或含量测定的国家兽药标准物质。其生物学活性以国际单位（IU）、单位（U）或以重量单位（g， mg，μg）表示。

对照品，系指含有单一成分、组合成分或混合组分，用于化学药品、抗生素、部分生化药品、药用辅料、中药材（含饮片）、提取物、中成药、生物制品（理化测定）等检验及仪器校准用的国家兽药标准物质。

对照提取物，系指经特定提取工艺制备的含有多种主要有效成分或指标性成分，用于中药材（含饮片）、提取物、中成药等鉴别或含量测定用的国家药品标准物质。

对照药材，系指基原明确、药用部位准确的优质中药材经适当处理后，用于中药材（含饮片）、提取物、中成药等鉴别用的国家药品标准物质。

二、国家兽药标准物质的建立

建立国家兽药标准物质的工作包括：确定品种、获取候选兽药标准物质、确定标定方案、分析标定、审核批准和分包装。

1. 品种的确定

除另有规定外，根据国家兽药标准制定或修订所提出的使用要求（品种、用途等），确定需要制备的品种。

2. 候选兽药标准物质的获取

候选标准品、对照品及参考品应从正常工艺生产的原料中选取一批质量满意的产品。

3. 国家兽药标准物质的标定

国家兽药标准物质的标定须经 3 家以上实验室协作完成。参加标定单位应采用统一的设计方案、统一的方法和统一的记录格式，标定结果应经统计学处理（需要至少 5 次独立的有效结果）。国家兽药标准物质的标定结果一般采用各参加单位标定结果的均值表示。

国家兽药标准物质的标定包括定性鉴别、结构鉴定、纯度分析、量值确定和稳定性考察等。

4. 分装、包装

国家兽药标准物质的分包装条件参照兽药GMP 要求执行，主要控制分包装环境的温度、湿度、光照及与安全性有关的因素等。

国家兽药标准物质采用单剂量包装形式以保证使用的可靠性。包装容器所使用的材料应保证国家兽药标准物质的质量。

三、国家兽药标准物质的使用

国家兽药标准物质供执行国家法定兽药标准使用，包括校准设备、评价测量方法或者对供试兽药进行鉴别或赋值等。

国家兽药标准物质所赋量值只在规定的用途中使用有效。如果作为其他目的使用，其适用性由使用者自行决定。

国家兽药标准物质单元包装一般供一次使用；标准物质溶液应临用前配制。否则，使用者应证明其适用性。

四、国家兽药标准物质的稳定性监测

国家兽药标准物质的发行单位应建立常规的质量保障体系，对其发行的国家兽药标准物质进行定期监测，确保国家兽药标准物质正常贮存的质量。如果发现国家兽药标准物质发生质量问题，应及时公示停止该批号标准物质的使用。

五、国家兽药标准物质的贮存

国家兽药标准物质的贮存条件根据其理化特性确定。除另有规定外，国家兽药标准物质一般在室温条件下贮存。

六、国家兽药标准物质的标签及说明书

国家兽药标准物质的标签应包括国家兽药标准物质的名称、编号、批号、装量、用途、贮存条件和提供单位等信息；供含量测定用的标准物质还应在标签上标明其含量信息。

国家兽药标准物质的说明书除提供标签所标明的信息外，还应提供有关国家兽药标准物质的组成、结构、来源等信息，必要时应提供对照图谱。

0300

0301 一般鉴别试验

水杨酸盐

（1）取供试品的中性或弱酸性稀溶液，加三氯化铁试液1滴，即显紫色。

（2）取供试品溶液，加稀盐酸，即析出白色水杨酸沉淀；分离，沉淀在醋酸铵试液中溶解。

丙二酰脲类

（1）取供试品约0.1g，加碳酸钠试液1ml与水10ml，振摇2分钟，滤过，滤液中逐滴加入硝酸银试液，即生成白色沉淀，振摇，沉淀即溶解；继续滴加过量的硝酸银试液，沉淀不再溶解。

（2）取供试品约50mg，加吡啶溶液（1→10）5ml，溶解后，加铜吡啶试液1ml，即显紫色或生成紫色沉淀。

有机氟化物

取供试品约7mg，照氧瓶燃烧法（一部附录0841）进行有机破坏，用水20ml与0.01mol/L氢氧化钠溶液6.5ml为吸收液，俟燃烧完毕后，充分振摇；取吸收液2ml，加茜素氟蓝试液0.5ml，再加12%醋酸钠的稀醋酸溶液0.2ml，用水稀释至4ml，加硝酸亚铈试液0.5ml，即显蓝紫色；同时做空白对照试验。

亚硫酸盐或亚硫酸氢盐

（1）取供试品，加盐酸，即发生二氧化硫的气体，有刺激性特臭，并能使硝酸亚汞试液湿润的滤纸显黑色。

（2）取供试品溶液，滴加碘试液，碘的颜色即消褪。

亚锡盐

取供试品的水溶液1滴，点于磷钼酸铵试纸上，试纸应显蓝色。

托烷生物碱类

取供试品约10mg，加发烟硝酸5滴，置水浴上蒸干，得黄色的残渣，放冷，加乙醇2～3滴湿

润，加固体氢氧化钾一小粒，即显深紫色。

汞盐

亚汞盐 （1）取供试品，加氨试液或氢氧化钠试液，即变黑色。

（2）取供试品，加碘化钾试液，振摇，即生成黄绿色沉淀，瞬即变为灰绿色，并逐渐转变为灰黑色。

汞盐 （1）取供试品溶液，加氢氧化钠试液，即生成黄色沉淀。

（2）取供试品的中性溶液，加碘化钾试液，即生成猩红色沉淀，能在过量的碘化钾试液中溶解；再以氢氧化钠试液碱化，加铵盐即生成红棕色的沉淀。

（3）取不含过量硝酸的供试品溶液，涂于光亮的铜箔表面，擦拭后即生成一层光亮似银的沉积物。

芳香第一胺类

取供试品约50mg，加稀盐酸1ml，必要时缓缓煮沸使溶解，放冷，加0.1mol/L亚硝酸钠溶液数滴，加与0.1mol/L亚硝酸钠溶液等体积的1mol/L脲溶液，振摇1分钟，滴加碱性β-萘酚试液数滴，视供试品不同，生成由粉红到猩红色沉淀。

苯甲酸盐

（1）取供试品的中性溶液，滴加三氯化铁试液，即生成赭色沉淀；再加稀盐酸，变为白色沉淀。

（2）取供试品，置干燥试管中，加硫酸后，加热，不炭化，但析出苯甲酸，并在试管内壁凝结成白色升华物。

乳酸盐

取供试品溶液5ml（约相当于乳酸5mg），置试管中，加溴试液1ml与稀硫酸0.5ml，置水浴上加热，并用玻棒小心搅拌至褪色，加硫酸铵4g，混匀，沿管壁逐滴加入10%亚硝基铁氰化钠的稀硫酸溶液0.2ml和浓氨试液1ml，使成两液层；在放置30分钟内，两液层的接界面处出现一暗绿色环。

枸橼酸盐

（1）取供试品溶液2ml（约相当于枸橼酸10mg），加稀硫酸数滴，加热至沸，加高锰酸钾试液数滴，振摇，紫色即消失；溶液分成两份，一份中加硫酸汞试液1滴，另一份中逐滴加入溴试液，均生成白色沉淀。

（2）取供试品约5mg，加吡啶-醋酐（3:1）约5ml，振摇，即生成黄色到红色或紫红色的溶液。

钙盐

（1）取铂丝，用盐酸湿润后，蘸取供试品，在无色火焰中燃烧，火焰即显砖红色。

（2）取供试品溶液（1→20），加甲基红指示液2滴，用氨试液中和，再滴加盐酸至恰呈酸性，加草酸铵试液，即生成白色沉淀；分离，沉淀不溶于醋酸，但可溶于稀盐酸。

钠盐

（1）取铂丝，用盐酸湿润后，蘸取供试品，在无色火焰中燃烧，火焰即显鲜黄色。

（2）取供试品约100mg，置10ml试管中，加水2ml溶解，加15%碳酸钾溶液2ml，加热至沸，应不得有沉淀生成；加焦锑酸钾试液4ml，加热至沸；置冰水中冷却，必要时，用玻棒摩擦试管内壁，应有致密的沉淀生成。

钡盐

（1）取铂丝，用盐酸湿润后，蘸取供试品，在无色火焰中燃烧，火焰即显黄绿色；

通过绿色玻璃透视，火焰显蓝色。

（2）取供试品溶液，滴加稀硫酸，即生成白色沉淀；分离，沉淀在盐酸或硝酸中均不溶解。

酒石酸盐

（1）取供试品的中性溶液，置洁净的试管中，加氨制硝酸银试液数滴，置水浴中加热，银即游离并附在试管的内壁成银镜。

（2）取供试品溶液，加醋酸成酸性后，加硫酸亚铁试液1滴和过氧化氢试液1滴，俟溶液褪色后，用氢氧化钠试液碱化，溶液即显紫色。

铋盐

（1）取供试品溶液，滴加碘化钾试液，即生成红棕色溶液或暗棕色沉淀；分离，沉淀能在过量碘化钾试液中溶解成黄棕色的溶液，再加水稀释，又生成橙色沉淀。

（2）取供试品溶液，用稀硫酸酸化，加10%硫脲溶液，即显深黄色。

钾盐

（1）取铂丝，用盐酸湿润后，蘸取供试品，在无色火焰中燃烧，火焰即显紫色；但有少量的钠盐混存时，须隔蓝色玻璃透视，方能辨认。

（2）取供试品，加热炽灼除去可能杂有的铵盐，放冷后，加水溶解，再加0.1%四苯硼钠溶液与醋酸，即生成白色沉淀。

铁盐

亚铁盐 （1）取供试品溶液，滴加铁氰化钾试液，即生成深蓝色沉淀；分离，沉淀在稀盐酸中不溶，但加氢氧化钠试液，即生成棕色沉淀。

（2）取供试品溶液，加1%邻二氮菲的乙醇溶液数滴，即显深红色。

铁盐 （1）取供试品溶液，滴加亚铁氰化钾试液，即生成深蓝色沉淀；分离，沉淀在稀盐酸中不溶，但加氢氧化钠试液，即生成棕色沉淀。

（2）取供试品溶液，滴加硫氰酸铵试液，即显血红色。

铵盐

（1）取供试品，加过量的氢氧化钠试液后，加热，即分解，发生氨臭；遇用水湿润的红色石蕊试纸，能使之变蓝色，并能使硝酸亚汞试液湿润的滤纸显黑色。

（2）取供试品溶液，加碱性碘化汞钾试液1滴，即生成红棕色沉淀。

银盐

（1）取供试品溶液，加稀盐酸，即生成白色凝乳状沉淀；分离，沉淀能在氨试液中溶解，加稀硝酸酸化后，沉淀复生成。

（2）取供试品的中性溶液，滴加铬酸钾试液，即生成砖红色沉淀；分离，沉淀能在硝酸中溶解。

铜盐

（1）取供试品溶液，滴加氨试液，即生成淡蓝色沉淀；再加过量的氨试液，沉淀即溶解，生成深蓝色溶液。

（2）取供试品溶液，加亚铁氰化钾试液，即显红棕色或生成红棕色沉淀。

锂盐

（1）取供试品溶液，加氢氧化钠试液碱化后，加入碳酸钠试液，煮沸，即生成白色沉淀；分离，沉淀能在氯化铵试液中溶解。

（2）取铂丝，用盐酸湿润后，蘸取供试品，在无色火焰中燃烧，火焰显胭脂红色。

（3）取供试品适量，加入稀硫酸或可溶性硫酸盐溶液，不生成沉淀（与锶盐区别）。

硫酸盐

（1）取供试品溶液，滴加氯化钡试液，即生成白色沉淀；分离，沉淀在盐酸或硝酸中均不溶解。

（2）取供试品溶液，滴加醋酸铅试液，即生成白色沉淀；分离，沉淀在醋酸铵试液或氢氧化钠试液中溶解。

（3）取供试品溶液，加盐酸，不生成白色沉淀（与硫代硫酸盐区别）。

硝酸盐

（1）取供试品溶液，置试管中，加等量的硫酸，小心混合，冷后，沿管壁加硫酸亚铁试液，使成两液层，接界面显棕色。

（2）取供试品溶液，加硫酸与铜丝（或铜屑），加热，即发生红棕色的蒸气。

（3）取供试品溶液，滴加高锰酸钾试液，紫色不应褪去（与亚硝酸盐区别）。

锌盐

（1）取供试品溶液，加亚铁氰化钾试液，即生成白色沉淀；分离，沉淀在稀盐酸中不溶解。

（2）取供试品制成中性或碱性溶液，加硫化钠试液，即生成白色沉淀。

锑盐

（1）取供试品溶液，加醋酸成酸性后，置水浴上加热，趁热加硫代硫酸钠试液数滴，逐渐生成橙红色沉淀。

（2）取供试品溶液，加盐酸成酸性后，通硫化氢，即生成橙色沉淀；分离，沉淀能在硫化铵试液或硫化钠试液中溶解。

铝盐

（1）取供试品溶液，滴加氢氧化钠试液，即生成白色胶状沉淀；分离，沉淀能在过量的氢氧化钠试液中溶解。

（2）取供试品溶液，加氨试液至生成白色胶状沉淀，滴加茜素磺酸钠指示液数滴，沉淀即显樱红色。

氯化物

（1）取供试品溶液，加稀硝酸使成酸性后，滴加硝酸银试液，即生成白色凝乳状沉淀；分离，沉淀加氨试液即溶解，再加稀硝酸酸化后，沉淀复生成。如供试品为生物碱或其他有机碱的盐酸盐，须先加氨试液使成碱性，将析出的沉淀滤过除去，取滤液进行试验。

（2）取供试品少量，置试管中，加等量的二氧化锰，混匀，加硫酸湿润，缓缓加热，即发生氯气，能使用水湿润的碘化钾淀粉试纸显蓝色。

溴化物

（1）取供试品溶液，滴加硝酸银试液，即生成淡黄色凝乳状沉淀；分离，沉淀能在氨试液中微溶，但在硝酸中几乎不溶。

（2）取供试品溶液，滴加氯试液，溴即游离，加三氯甲烷振摇，三氯甲烷层显黄色或红棕色。

碘化物

（1）取供试品溶液，滴加硝酸银试液，即生成黄色凝乳状沉淀；分离，沉淀在硝酸或氨试液中均不溶解。

（2）取供试品溶液，加少量的氯试液，碘即游离；如加三氯甲烷振摇，三氯甲烷层显紫色；如加淀粉指示液，溶液显蓝色。

硼酸盐

（1）取供试品溶液，加盐酸成酸性后，能使姜黄试纸变成棕红色；放置干燥，颜色即变深，用氨试液湿润，即变为绿黑色。

（2）取供试品，加硫酸，混合后，加甲醇，点火燃烧，即发生边缘带绿色的火焰。

碳酸盐与碳酸氢盐

（1）取供试品溶液，加稀酸，即泡沸，发生二氧化碳气，导入氢氧化钙试液中，即生成白色沉淀。

（2）取供试品溶液，加硫酸镁试液，如为碳酸盐溶液，即生成白色沉淀；如为碳酸氢盐溶液，须煮沸，始生成白色沉淀。

（3）取供试品溶液，加酚酞指示液，如为碳酸盐溶液，即显深红色；如为碳酸氢盐溶液，不变色或仅显微红色。

镁盐

（1）取供试品溶液，加氨试液，即生成白色沉淀；滴加氯化铵试液，沉淀溶解；再加磷酸氢二钠试液1滴，振摇，即生成白色沉淀。分离，沉淀在氨试液中不溶解。

（2）取供试品溶液，加氢氧化钠试液，即生成白色沉淀。分离，沉淀分成两份，一份中加过量的氢氧化钠试液，沉淀不溶解；另一份中加碘试液，沉淀转成红棕色。

醋酸盐

（1）取供试品，加硫酸和乙醇后，加热，即分解发生乙酸乙酯的香气。

（2）取供试品的中性溶液，加三氯化铁试液1滴，溶液呈深红色，加稀无机酸，红色即褪去。

磷酸盐

（1）取供试品的中性溶液，加硝酸银试液，即生成浅黄色沉淀；分离，沉淀在氨试液或稀硝酸中均易溶解。

（2）取供试品溶液，加氯化铵镁试液，即生成白色结晶性沉淀。

（3）取供试品溶液，加钼酸铵试液与硝酸后，加热即生成黄色沉淀；分离，沉淀能在氨试液中溶解。

0400 光谱法

光谱法（spectrometry）是基于物质与电磁辐射作用时，测量由物质内部发生量子化的能级之间的跃迁而产生的发射、吸收、或散射辐射的波长和强度进行分析的方法。按不同的分类方式，光谱法可分为发射光谱法、吸收光谱法、散射光谱法；或分为原子光谱法和分子光谱法；或分为能极谱，电子、振动、转动光谱，电子自旋及核自旋谱等。

质谱法（mass spectrometry，MS）是在离子源中将分子解离成气态离子，测定生成离子的质量和强度（质谱），进行定性和定量分析的一种常用谱学分析方法。严格地讲，质谱法不属于光谱法范畴，但基于其谱图表达的特征性与光谱法类似，故通常将其与光谱法归为一类。

分光光度法是光谱法的重要组成部分，通过测定被测物质在特定波长处或一定波长范围内的吸光度或发光强度，对该物质进行定性和定量分析的方法。常用的技术包括紫外-可见分光光度法、红外分光光度法、荧光分光光度法和原子吸收分光光度法等。可见光区的分光光度法在早期被称为比色法。

光散射法是测量由于溶液亚微观的光学密度不均一产生的散射光，这种方法在测量具有1000到数亿分子量的多分散体系的平均分子量方面有重要作用。拉曼光谱是一种非弹性光散射法，是指被测样品在强烈的单色光（通常是激光）照射下光发生散射时，分析被测样品发出的散射光频率位移的方法。上述这些方法所用的波长范围包括从紫外光区至红外光区。为了叙述方便，光谱范围大致分成紫外区（190～400nm），可见区（400～760nm），近红外区（760～2500nm），红外区（2.5～400μm或4000～250cm^{-1}）。所用仪器为紫外分光光度计、可见分光光度计（或比色计）、近红外分光光度计、红外分光光度计、荧光分光光度计或原子吸收分光光度计，以及光散射计和拉曼光谱仪。为保证测量的精密度和准确度，所用仪器应按照国家计量检定规程或兽药典通则中各光谱法的相应规定，定期进行校正检定。

原理和术语

单色光辐射穿过被测物质溶液时，在一定的浓度范围内被该物质吸收的量与该物质的浓度和液层的厚度（光路长度）成正比，其关系可以用朗伯-比尔定律表述如下：

$$A = \lg \frac{1}{T} = Ecl$$

式中　　A为吸光度；

　　　　T为透光率；

　　　　E为吸收系数，采用的表示方法是$E_{1cm}^{1\%}$，其物理意义为当溶液浓度为1%（g/ml），液层厚度为1cm时的吸光度数值；

　　　　c为100ml溶液中所含被测物质的重量（按干燥品或无水物计算），g；

　　　　l为液层厚度，cm。

上述公式中吸收系数也可以用摩尔吸收系数ε来表示，其物理意义为溶液浓度c为1mol/L和液层厚度为1cm时的吸光度数值。在最大吸收波长处摩尔吸收系数表示为ε_{max}。

物质对光的选择性吸收波长，以及相应的吸收系数是该物质的物理常数。在一定条件下，物质的吸收系数是恒定的，且与入射光的强度、吸收池厚度及样品浓度无关。当已知某纯物质在一定条件下的吸收系数后，可用同样条件将该供试品配成溶液，测定其吸光度，即可由上式计算出供试品中该物质的含量。在可见光区，除某些物质对光有吸收外，很多物质本身并没有吸收，但可在一定条件下加入显色试剂或经过处理使其显色后再测定，故又称比色分析。

化学因素或仪器变化可引起朗伯-比尔定律的偏离。由于溶质间或溶质与溶剂的缔合及溶质解离等引起溶质浓度改变，将产生明显的朗伯-比尔定律偏离。非单色入射光、狭缝宽度效应和杂散光等仪器因素都会造成朗伯-比尔定律的偏离。

原子吸收过程基本上遵从朗伯-比尔定律，吸光度与待测元素的原子数目成正比关系。据此，可建立标准曲线并根据溶液的吸收值计算溶液中元素的浓度。

各光谱法相对适用性

对于多数药物，紫外-可见光谱法定量测量的准确度和灵敏度要比近红外和红外光谱法高。物质的紫外-可见光谱通常专属性差，但是很适合做定量分析，对于大多数物质也是有用的辅助鉴别方法。近年来，近红外光谱法的应用日益广泛，特别是在大量样品的快速鉴别和水分测定方面。近红外光谱特别适合测定羟基和氨基，例如乙醇中的水分，氨基存在时的羟基，碳氢化合物中的乙醇，以及叔胺存在时的伯胺和仲胺等。

在不含光学异构体的情况下，任何一个化合物都有一个特定红外光谱，光学异构体具有相同的红外光谱。但是，某些化合物在固态时会表现出多晶型，多晶型会导致红外光谱的差异。通常，结构中微小的差别会使红外光谱有很明显的差别。在红外光谱中呈现大量的吸收峰，有时不需进行预先分离，也可以定量测定成分已知的混合物中的某个特定成分。

光反射测量法提供的红外光谱信息与发射光测量法的相似。由于光反射测量法仅探测样品的表面成分，克服了与光学厚度和物质散射性相关的困难。因此，反射测量用于强吸收物质的检测更容易。一种常用于红外反射光检测的特殊技术被称为衰减全反射（ATR），也被称为多重内反射（MIR）。ATR技术的灵敏度很高，但重现性较差，不是一个可靠的定量技术，除非每个待测成分都有合适的内标。

对照品的使用

在鉴别、检查和定量测定中，使用对照品进行比较时，应保证供试品和对照品在相同的条件下进行测量。这些条件包括波长的设定，狭缝宽度的调整，吸收池的位置和校正以及透光率水平。吸收池在不同波长下透光率可能会有差异，必要时，应对吸收池进行多波长点的校正。

"同法制备""相同溶液"等描述，实际上是指对照样品（通常是对照品）和供试样品应同法制备，同法检测。在制备对照品溶液时，制备的溶液浓度（例如10%以内）只是期望浓度的近似值，而吸光度的计算则以精确的称量为基础；如果没有使用预先干燥的对照品，吸光度则应按无水物计算。

"同时测定""同时测量"等描述，是指特定空白溶液的吸光度、对照品溶液的吸光度和供试品溶液的吸光度应立即依序测定。

0401 紫外-可见分光光度法

紫外-可见分光光度法是在190～800nm波长范围内测定物质的吸光度，用于鉴别、杂质检查和定量测定的方法。当光穿过被测物质溶液时，物质对光的吸收程度随光的波长不同而变化。因此，通过测定物质不同波长处的吸光度，并绘制其吸光度与波长的关系图即得被测物资的吸收光谱。从吸收光谱中，可以确定最大吸收波长λ_{max}和最小吸收波长λ_{min}。物质的吸收光谱具有与其结构相关的特征性。因此，可以通过特定波长范围内样品的光谱与对照光谱或对照品光谱的比较，或通过确定最大吸收波长，或通过测量两个特定波长处的吸收比值而鉴别物质。用于定量时，在最大吸收波长处测量一定浓度样品溶液的吸光度，并与一定浓度的对照溶液的吸光度进行比较或采用吸收系数法求算出样品溶液的浓度。

仪器的校正和检定

1. 波长 由于环境因素对机械部分的影响，仪器的波长经常会略有变动，因此除应定期对所用的仪器进行全面校正检定外，还应于测定前校正测定波长。常用汞灯中的较强谱线237.83nm，253.65nm，275.28nm，296.73nm，313.16nm，334.15nm，365.02nm，404.66nm，435.83nm，546.07nm与576.96nm；或用仪器中氘灯的486.02nm与656.10nm谱线进行校正；钬玻璃在波长279.4nm，287.5nm，333.7nm，360.9nm，418.5nm，460.0nm，484.5nm，536.2nm与637.5nm处有尖锐吸收峰，也可作波长校正用，但因来源不同或随着时间的推移会有微小的变化，使用时应注意；近年来，常使用高氯酸钬溶液校正双光束仪器，以10%高氯酸溶液为溶剂，配制含氧化钬（Ho_2O_3）4%的溶液，该溶液的吸收峰波长为241.13nm，278.10nm，287.18nm，333.44nm，345.47nm，361.31nm，416.28nm，451.30nm，485.29nm，536.64nm和640.52nm。

仪器波长的允许误差为：紫外光区 ±1nm，500nm附近 ±2nm。

2. 吸光度的准确度 可用重铬酸钾的硫酸溶液检定。取在120℃干燥至恒重的基准重铬酸钾约60mg，精密称定，用0.005mol/L硫酸溶液溶解并稀释至1000ml，在规定的波长处测定并计算其吸收系数，并与规定的吸收系数比较，应符合表中的规定。

波长（nm）	235（最小）	257（最大）	313（最小）	350（最大）
吸收系数（$E_{1cm}^{1\%}$）的规定值	124.5	144.0	48.6	106.6
吸收系数（$E_{1cm}^{1\%}$）的许可范围	123.0～126.0	142.8～146.2	47.0～50.3	105.5～108.5

3. 杂散光的检查 可按下表所列的试剂和浓度，配制成水溶液，置1cm石英吸收池中，在规定的波长处测定透光率，应符合表中的规定。

试剂	浓度（%）（g/ml）	测定用波长（nm）	透光率/%
碘化钠	1.00	220	<0.8
亚硝酸钠	5.00	340	<0.8

对溶剂的要求

含有杂原子的有机溶剂，通常均具有很强的末端吸收。因此，当作溶剂使用时，它们的使用范围均不能小于截止使用波长。例如甲醇、乙醇的截止使用波长为205nm。另外，当溶剂不纯时，也可能增加干扰吸收。因此，在测定供试品前，应先检查所用的溶剂在供试品所用的波长附近是否符合要求，即将溶剂置1cm石英吸收池中，以空气为空白（即空白光路中不置任何物质）测定其吸光度。溶剂和吸收池的吸光度，在220～240nm范围内不得超过0.40，在241～250nm范围内不得超过0.20，在251～300nm范围内不得超过0.10，在300nm以上时不得超过0.05。

测定法 测定时，除另有规定外，应以配制供试品溶液的同批溶剂为空白对照，采用1cm的石英吸收池，在规定的吸收峰波长±2nm以内测试几个点的吸光度，或由仪器在规定波长附近自动扫描测定，以核对供试品的吸收峰波长位置是否正确。除另有规定外，吸收峰波长应在该品种项下规定的波长±2nm以内，并以吸光度最大的波长作为测定波长。一般供试品溶液的吸光度读数，以在0.3～0.7之间为宜。仪器的狭缝波带宽度宜小于供试品吸收带的半高宽度的十分之一，否则测得的吸光度会偏低；狭缝宽度的选择，应以减小狭缝宽度时供试品的吸光度不再增大为准。由于吸收池和溶剂本身可能有空白吸收，因此测定供试品的吸光度后应减去空白读数，或由仪器自动扣除空白读数后再计算含量。

当溶液的pH值对测定结果有影响时，应将供试品溶液的pH值和对照品溶液的pH值调成一致。

1. 鉴别和检查 分别按各品种项下规定的方法进行。

2. 含量测定 一般有以下几种方法。

（1）对照品比较法 按各品种项下的方法，分别配制供试品溶液和对照品溶液，对照品溶液中所含被测成分的量应为供试品溶液中被测成分规定量的100%±10%，所用溶剂也应完全一致，在规定的波长处测定供试品溶液和对照品溶液的吸光度后，按下式计算供试品中被测溶液的浓度：

$$c_X = (A_X / A_R) c_R$$

式中 c_X 为供试品溶液的浓度；

A_X 为供试品溶液的吸光度；

c_R 为对照品溶液的浓度；

A_R 为对照品溶液的吸光度。

（2）吸收系数法 按各品种项下的方法配制供试品溶液，在规定的波长处测定其吸光度，再以该品种在规定条件下的吸收系数计算含量。用本法测定时，吸收系数通常应大于100，并注意仪器的校正和检定。

（3）计算分光光度法 计算分光光度法有多种，使用时应按各品种项下规定的方法进行。当吸光度处在吸收曲线的陡然上升或下降的部位测定时，波长的微小变化可能对测定结果造成显著影响，故对照品和供试品的测试条件应尽可能一致。计算分光光度法一般不宜用作含量测定。

（4）比色法 供试品本身在紫外-可见光区没有强吸收，或在紫外光区虽有吸收但为了避免干扰或提高灵敏度，可加入适当的显色剂，使反应产物的最大吸收移至可见光区，这种测定方法称为比色法。

用比色法测定时，由于显色时影响显色深浅的因素较多，应取供试品与对照品或标准品同时操作。除另有规定外，比色法所用的空白系指用同体积的溶剂代替对照品或供试品溶液，然后依次加入等量的相应试剂，并用同样方法处理。在规定的波长处测定对照品和供试品溶液的吸光度后，按上述（1）法计算供试品浓度。

当吸光度和浓度关系不呈良好线性时，应取数份梯度量的对照品溶液，用溶剂补充至同一体积，显色后测定各份溶液的吸光度，然后以吸光度与相应的浓度绘制标准曲线，再根据供试品的吸光度在标准曲线上查得其相应的浓度，并求出其含量。

0402 红外分光光度法

红外分光光度法是在4000~400cm^{-1}波数范围内测定物质的吸收光谱，用于化合物的鉴别、检查或含量测定的方法。出部分光学异构体及长链烷烃同系物外，几乎没有两个化合物具有相同的红外光谱，据此可以对化合物进行定性和结构分析；化合物对红外辐射的吸收程度与其浓度的关系符合朗伯-比尔定律，是红外分光光度法定量分析的依据。

仪器及其校正 可使用傅里叶变换红外光谱仪或色散型红外分光光度计。用聚苯乙烯薄膜（厚度约为0.04mm）校正仪器，绘制其光谱图，用3027cm^{-1}，2851cm^{-1}，1601cm^{-1}，1028cm^{-1}，907cm^{-1}处的吸收峰对仪器的波数进行校正。傅里叶变换红外光谱仪在3000cm^{-1}附近的波数误差应不大于±5cm^{-1}，在1000cm^{-1}附近的波数误差应不大于±1cm^{-1}。

用聚苯乙烯薄膜校正时，仪器的分辨率要求在3110~2850cm^{-1}范围内应能清晰地分辨出7个峰，峰2851cm^{-1}与谷2870cm^{-1}之间的分辨深度不小于18%透光率，峰1583cm^{-1}与谷1589cm^{-1}之间的分辨深度不小于12%透光率。仪器的标称分辨率，除另有规定外，应不低于2cm^{-1}。

供试品的制备及测定

通常采用压片法、糊法、膜法、溶液法和气体吸收法等进行测定。对于吸收特别强烈、或不透明表面上的覆盖物等供试品，可采用如衰减全反射、漫反射和发射等红外光谱方法。对于极微量或需微区分析的供试品，可采用显微红外光谱方法测定。

1．原料药鉴别 除另有规定外，应按照中国兽药典委员会编订的《兽药红外光谱集》和国家药典委员会编订的《药品红外光谱集》各卷收载的各光谱图所规定的方法制备样品。具体操作技术参见《兽药红外光谱集》的说明。

采用固体制样技术时，最常碰到的问题是多晶现象，固体样品的晶型不同，其红外光谱往往也会产生差异。当供试品的实测光谱与《兽药红外光谱集》及《药品红外光谱集》所收载的标准光谱不一致时，在排除各种可能影响光谱的外在或人为因素后，应按该兽药光谱图中备注的方法或各品种项下规定的方法进行预处理，再绘制光谱，比对。如未规定该品种供药用的晶型或预处理方法，则可使用对照品，并采用适当的溶剂对供试品与对照品在相同的条件下同时进行重结晶，然后依法绘制光谱，比对。如已规定特定的药用晶型，则应采用相应晶型的对照品依法比对。

当采用固体制样技术不能满足鉴别需要时，可改用溶液法绘制光谱后与对照品在相同条件下绘制的光谱比对。

2. 制剂鉴别 品种鉴别项下应明确规定制剂的前处理方法,通常采用溶剂提取法。提取时应选择适宜的溶剂,以尽可能减少辅料的干扰,并力求避免导致可能的晶型转变。提取的样品再经适当干燥后依法进行红外光谱鉴别。

3. 多组分原料药鉴别 不能采用全光谱比对,可借鉴【附注】"2(3)"的方法,选择主要成分的若干个特征谱带,用于组成相对稳定的多组分原料药的鉴别。

4. 晶型、异构体限度检查或含量测定 供试品制备和具体测定方法均按各品种项下有关规定操作。

【附注】

1. 各品种项下规定"应与对照的图谱一致",系指所得的吸收图谱各主要吸收峰的波数及各吸收峰间的相互强度关系均应与对照的图谱一致。

2. 药物制剂经提取处理并依法绘制光谱,比对时应注意以下四种情况:

(1)辅料无干扰,待测成分的晶型不变化,此时可直接与原料药的标准光谱进行比对;

(2)辅料无干扰,但待测成分的晶型有变化,此种情况可用对照品经同法处理后的光谱比对;

(3)待测成分的晶型不变化,而辅料存在不同程度的干扰,此时可参照原料药的标准光谱,在指纹区内选择3~5个不受辅料干扰的待测成分的特征谱带作为鉴别的依据。鉴别时,实测谱带的波数误差应小于规定值的±5cm^{-1}(0.5%);

(4)待测成分的晶型有变化,辅料也存在干扰,此种情况一般不宜采用红外光谱鉴别。

3. 由于各种型号的仪器性能不同,供试品制备时研磨程度的差异或吸水程度不同等原因,均会影响光谱的形状。因此,进行光谱比对时,应考虑各种因素可能造成的影响。

0403 原子吸收分光光度法

原子吸收分光光度法的测量对象是呈原子状态的金属元素和部分非金属元素,是基于测量蒸气中原子对特征电磁的吸收强度进行定量分析的一种仪器分析方法。原子吸收分光光度法遵循分光光度法的吸收定律,一般通过比较对照品溶液和供试品溶液的吸光度,求得供试品中待测元素的含量。

对仪器的一般要求

所用仪器为原子吸收分光光度计,它由光源、原子化器、单色器、背景校正系统、自动进样系统和检测系统等组成。

1. 光源 常用待测元素作为阴极的空心阴极灯。

2. 原子化器 主要有四种类型:火焰原子化器、石墨炉原子化器、氢化物发生原子化器及冷蒸气发生原子化器。

(1)火焰原子化器 由雾化器及燃烧灯头等主要部件组成。其功能是将供试品溶液雾化成气溶胶后,再与燃气混合,进入燃烧灯头产生的火焰中,以干燥、蒸发、离解供试品,使待测元素形成基态原子。燃烧火焰由不同种类的气体混合物产生,常用乙炔-空气火焰。改变燃气和助燃气的种类及比例可以控制火焰的温度,以获得较好的火焰稳定性和测定灵敏度。

(2)石墨炉原子化器 由电热石墨炉及电源等部件组成。其功能是将供试品溶液干燥、灰化,再经高温原子化使待测元素形成基态原子。一般以石墨作为发热体,炉中通入保护气,以防氧化并能输送试样蒸气。

（3）**氢化物发生原子化器**　由氢化物发生器和原子吸收池组成，可用于砷、锗、铅、镉、硒、锡、锑等元素的测定。其功能是将待测元素在酸性介质中还原成低沸点、易受热分解的氢化物，再由载气导入由石英管、加热器等组成的原子吸收池，在吸收池中氢化物被加热分解，并形成基态原子。

（4）**冷蒸气发生原子化器**　由汞蒸气发生器和原子吸收池组成，专门用于汞的测定。其功能是将供试品溶液中的汞离子还原成游离汞，再由载气将汞蒸气导入石英原子吸收池，进行测定。

3．**单色器**　其功能是从光源发射的电磁辐射中分离出所需要的电磁辐射，仪器光路应能保证有良好的光谱分辨率和在相当窄的光谱带（0.2nm）下正常工作的能力，波长范围一般为190.0～900.0nm。

4．**背景校正系统**　背景干扰是原子吸收测定中的常见现象。背景吸收通常来源于样品中的共存组分及其在原子化过程中形成的次生分子或原子的热发射、光吸收和光散射等。这些干扰在仪器设计时应设法予以克服。常用的背景校正法有连续光源（在紫外区通常用氘灯）、塞曼效应、自吸效应等。

在原子吸收分光光度分析中，必须注意背景以及其他原因引起的对测定的干扰。仪器某些工作条件（如波长、狭缝、原子化条件等）的变化可影响灵敏度、稳定程度和干扰情况。在火焰法原子吸收测定中可采用选择适宜的测定谱线和狭缝、改变火焰温度、加入络合剂或释放剂、采用标准加入法等方法消除干扰；在石墨炉原子吸收测定中可采用选择适宜的背景校正系统、加入适宜的基体改进剂等方法消除干扰。具体方法应按各品种项下的规定选用。

5．**检测系统**　由检测器、信号处理器和指示记录器组成，应具有较高的灵敏度和较好的稳定性，并能及时跟踪吸收信号的急速变化。

测定法

第一法（标准曲线法）　在仪器推荐的浓度范围内，除另有规定外，制备含待测元素的对照品溶液至少5份，浓度依次递增，并分别加入各品种项下制备供试品溶液的相应试剂，同时以相应试剂制备空白对照溶液。将仪器按规定启动后，依次测定空白对照溶液和各浓度对照品溶液的吸光度，记录读数。以每一浓度3次吸光度读数的平均值为纵坐标、相应浓度为横坐标，绘制标准曲线。按各品种项下的规定制备供试品溶液，使待测元素的估计浓度在标准曲线浓度范围内，测定吸光度，取3次读数的平均值，从标准曲线上查得相应的浓度，计算元素的含量。绘制标准曲线时，一般采用线性回归，也可采用非线性拟合方法回归。

第二法（标准加入法）　取同体积按各品种项下规定制备的供试品溶液4份，分别置4个同体积的量瓶中，除（1）号量瓶外，其他量瓶分别精密加入不同浓度的待测元素对照品溶液，分别用去离子水稀释至刻度，制成从零开始递增的一系列溶液。按上述标准曲线法自"将仪器按规定启动后"操作，测定吸光度，记录读数；将吸光度读数与相应的待测元素加入量作图，延长此直线至与含量轴的延长线相交，此交点与原点间的距离即相当于供试品溶液取用量中待测元素的含量（如图1）。再以此计算供试品中待测元素的含量。

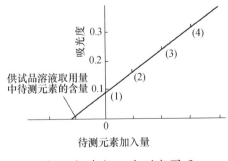

图1　标准加入法测定图示

当用于杂质限度检查时，取供试品，按各品种项下的规定，制备供试品溶液；另取等量的供试品，加入限度量的待测元素溶液，制成对照品溶液。照上述标准曲线法操作，设对照品溶液的读数为a，供试品溶液的读数为b，b值应小于（a—b）。

0411 电感耦合等离子体质谱法

本法是以等离子体为离子源的一种质谱型元素分析方法。主要用于进行多种元素的同时测定，并可与其他色谱分离技术联用，进行元素形态及其价态分析。

样品由载气（氩气）引入雾化系统进行雾化后，以气溶胶形式进入等离子体中心区，在高温和惰性气体中被去溶剂化、汽化解离和电离，转化成带正电荷的正离子，经离子采集系统进入质量分析器，质量分析器根据质荷比进行分离，根据元素质谱峰强度测定样品中相应元素的含量。

本法灵敏度高，适用于各类药品从痕量到微量的元素分析，尤其是痕量重金属元素的测定。

1. 仪器的一般要求

电感耦合等离子体质谱仪由样品引入系统、电感耦合等离子体（ICP）离子源、接口、离子透镜系统、四极杆质量分析器、检测器等构成，其他支持系统有真空系统、冷却系统、气体控制系统、计算机控制及数据处理系统等。

样品引入系统 按样品的状态不同分为液体、气体或固体进样，通常采用液体进样方式。样品引入系统主要由样品导入和雾化两个部分组成。样品导入部分一般为蠕动泵，也可使用自提升雾化器。要求蠕动泵转速稳定，泵管弹性良好，使样品溶液匀速泵入，废液顺畅排出。雾化部分包括雾化器和雾化室。样品以泵入方式或自提升方式进入雾化器后，在载气作用下形成小雾滴并进入雾化室，大雾滴碰到雾化室壁后被排除，只有小雾滴可进入等离子体离子源。要求雾化器雾化效率高，雾化稳定性好，记忆效应小，耐腐蚀；雾化室应保持稳定的低温环境，并应经常清洗。常用的溶液型雾化器有同心雾化器、交叉型雾化器等；常见的雾化室有双通路型和旋流型。实际应用中应根据样品基质、待测元素、灵敏度等因素选择合适的雾化器和雾化室。

电感耦合等离子体离子源 电感耦合等离子体的"点燃"，需具备持续稳定的高纯氩气流（纯度应不小于99.99%）、炬管、感应圈、高频发生器，冷却系统等条件。样品气溶胶被引入等离子体离子源，在6000～10 000K的高温下，发生去溶剂、蒸发、解离、原子化、电离等过程，转化成带正电荷的正离子。测定条件如射频功率，气体流量，炬管位置，蠕动泵流速等工作参数可以根据供试品的具体情况进行优化，使灵敏度最佳，干扰最小。

接口系统 接口系统的功能是将等离子体中的样品离子有效地传输到质谱仪。其关键部件是采样锥和截取锥，平时应经常清洗，并注意确保锥孔不损坏，否则将影响仪器的检测性能。

离子透镜系统 位于截取锥后面高真空区的离子透镜系统的作用是将来自截取锥的离子聚焦到质量过滤器，并阻止中性原子进入和减少来自ICP的光子通过量。离子透镜参数的设置应适当，要注意兼顾低、中、高质量的离子都具有高灵敏度。

四极杆质量分析器 质量分析器通常为四极杆质量分析器，可以实现质谱扫描功能。四极杆的作用是基于在四根电极之间的空间产生一随时间变化的特殊电场，只有给定m/z的离子才能获得稳定的路径而通过极棒，从另一端射出。其他离子则将被过分偏转，与极棒碰撞，并在极棒上被中和而丢失，从而实现质量选择。测定中应设置适当的四极杆质量分析器参数，优化质谱分辨率和响应并校准质量轴。

检测器 通常使用的检测器是双通道模式的电子倍增器，四极杆系统将离子按质荷比分离后引入检测器，检测器将离子转换成电子脉冲，由积分线路计数。双模式检测器采用脉冲计数和模拟两种模式，可同时测定同一样品中的低浓度和高浓度元素。检测低含量信号时，检测器使用脉冲模式，直接记录撞击到检测器的总离子数量；当离子浓度较大时，检测器则自动切换到模拟模式进行检测，以保护检测器，延长使用寿命。测定中应注意设置适当的检测器参数，以优化灵敏度，对双模式检测信号（脉冲和模拟）进行归一化校准。

其他支持系统 真空系统由机械泵和分子涡轮泵组成，用于维持质谱分析器工作所需的真空度，真空度应达到仪器使用要求值。冷却系统包括排风系统和循环水系统，其功能是排出仪器内部的热量，循环水温度和排风口温度应控制在仪器要求范围内。气体控制系统运行应稳定，氩气的纯度应不小于99.99%。

2. 干扰和校正

电感耦合等离子体质谱法测定中的干扰大致可分为两类：一类是质谱型干扰，主要包括同质异位素、多原子离子、双电荷离子等；另一类是非质谱型干扰，主要包括物理干扰、基体效应、记忆效应等。

干扰的消除和校正方法有优化仪器参数、内标校正、干扰方程校正、碰撞反应池技术、稀释校正、标准加入法等。

3. 供试品溶液的制备

供试品消解的常用试剂一般是酸类，包括硝酸、盐酸、高氯酸、硫酸、氢氟酸，以及一定比例的混合酸（如硝酸:盐酸4:1）等，也可使用少量过氧化氢；其中硝酸引起的干扰最小，是供试品制备的首选酸。试剂的纯度应为优级纯以上。所用水应为去离子水（电阻率应不小于18MΩ·cm）。

供试品溶液制备时应同时制备试剂空白，标准溶液的介质和酸度应与供试品溶液保持一致。

固体样品 除另有规定外，称取样品适量（0.1～3g），结合实验室条件以及样品基质类型选用合适的消解方法。消解方法有敞口容器消解法、密闭容器消解法和微波消解法。微波消解法所需试剂少，消解效率高，利于降低试剂空白值、减少样品制备过程中的污染或待测元素的挥发损失。样品消解后根据待测元素含量定容至适当体积后即可进行质谱测定。

液体样品 根据样品的基质、有机物含量和待测元素含量等情况，可选用直接分析、稀释或浓缩后分析、消化处理后分析等不同的测定方式。

4. 测定法

对待测元素，目标同位素的选择一般需根据待测样品基体中可能出现的干扰情况，选取干扰少，丰度较高的同位素进行测定；有些同位素需采用干扰方程校正；对于干扰不确定的情况亦可选择多个同位素测定，以便比较。常用测定方法如下。

（1）**标准曲线法** 在选定的分析条件下，测定待测元素不少于三个不同浓度的标准系列溶液（标准溶液的介质和酸度应与供试品溶液一致），以待测元素的响应值为纵坐标，浓度为横坐标，绘制标准曲线，计算回归方程，相关系数应不低于0.99。测定供试品溶液，从标准曲线或回归方程中查得相应的浓度，计算样品中各待测元素的含量。

在同样的分析条件下进行空白试验，根据仪器说明书的要求扣除空白。

附 内标校正的标准曲线法

在每个样品（包括标准溶液、供试品溶液和试剂空白）中添加相同浓度的内标（ISTD）元素，以标准溶液待测元素分析峰响应值与内标元素参比峰响应值的比值为纵坐标，浓度为横坐标，绘制标准曲线，计算回归方程。利用供试品中待测元素分析峰响应值和内标元素参比峰响应值的比值，扣除试剂空白后，从标准曲线或回归方程中查得相应的浓度，计算样品中各待测元素的含量。使用内标可有效地校正响应信号的波动，内标校正的标准曲线法为最常用的测定法。

选择内标时应考虑如下因素：待测样品中不含有该元素；与待测元素质量数接近；电离能与待测元素电离能相近；元素的化学特性。内标的加入可以通过在每个样品和标准溶液中分别加入，也可通过蠕动泵在线加入。

（2）标准加入法　取同体积的供试品溶液4份，分别置4个同体积的量瓶中，除第1个量瓶外，在其他3个量瓶中分别精密加入不同浓度的待测元素标准溶液，分别稀释至刻度，摇匀，制成系列待测溶液。在选定的分析条件下分别测定，以分析峰的响应值为纵坐标，待测元素加入量为横坐标，绘制标准曲线，相关系数应不低于0.99，将标准曲线延长交于横坐标，交点与原点的距离所相应的含量，即为供试品取用量中待测元素的含量，再以此计算供试品中待测元素的含量。

5. 检测限与定量限

在最佳实验条件下，测定不少于7份的空白样品溶液，以连续测定空白样品溶液响应值的3倍标准偏差（3SD）所对应的待测元素浓度作为检测限；以连续测定空白溶液响应值的10倍标准偏差（10SD）所对应的待测元素浓度作为定量限。

0412 电感耦合等离子体原子发射光谱法

本法是以等离子体为激发光源的原子发射光谱分析方法，可进行多元素的同时测定。

样品由载气（氩气）引入雾化系统进行雾化后，以气溶胶形式进入等离子体的中心通道，在高温和惰性气体中被充分蒸发、原子化、电离和激发，发射出所含元素的特征谱线。根据各元素特征谱线的存在与否，鉴别样品中是否含有某种元素（定性分析）；根据特征谱线的强度测定样品中相应元素的含量（定量分析）。

本法适用于各类药品中从痕量到常量的元素分析，尤其是矿物类中药、营养补充剂等的元素定性定量测定。

1. 仪器的一般要求

电感耦合等离子体原子发射光谱仪由样品引入系统、电感耦合等离子体（ICP）光源、色散系统、检测系统等构成，并配有计算机控制及数据处理系统、冷却系统、气体控制系统等。

样品引入系统　同电感耦合等离子体质谱法（附录0411）。

电感耦合等离子体（ICP）光源　电感耦合等离子体光源的"点燃"，需具备持续稳定的纯氩气流、炬管、感应圈、高频发生器、冷却系统等条件。样品气溶胶被引入等离子体后，在6000~10 000K的高温下，发生去溶剂、蒸发、解离、激发或电离、发射谱线。根据光路采光方向，可分为水平观察ICP光源和垂直观察ICP光源；双向观察ICP光源可实现垂直/水平双向观察。实际应用中宜根据样品基质、待测元素、波长、灵敏度等因素选择合适的观察方式。

色散系统　电感耦合等离子体原子发射光谱的单色器通常采用棱镜或棱镜与光栅的组合，光源发出的复合光经色散系统分解成按波长顺序排列的谱线，形成光谱。

检测系统 电感耦合等离子体原子发射光谱的检测系统为光电转换器，它是利用光电效应将不同波长光的辐射能转化成光电流信号。常见的光电转换器有光电倍增管和固态成像系统两类。固态成像系统是一类以半导体硅片为基材的光敏元件制成的多元阵列集成电路式的焦平面检测器，如电荷耦合器件（CCD）、电荷注入器件（CID）等，具有多谱线同时检测能力，检测速度快，动态线性范围宽，灵敏度高等特点。检测系统应保持性能稳定，具有良好的灵敏度、分辨率和光谱响应范围。

冷却和气体控制系统 冷却系统包括排风系统和循环水系统，其功能主要是有效地排出仪器内部的热量。循环水温度和排风口温度应控制在仪器要求范围内。气体控制系统运行应稳定，氩气的纯度应不小于99.99%。

2. 干扰和校正

电感耦合等离子体原子发射光谱法测定中通常存在的干扰大致可分为两类：一类是光谱干扰，主要包括连续背景和谱线重叠干扰等；另一类是非光谱干扰，主要包括化学干扰、电离干扰、物理干扰等。

干扰的消除和校正通常可采用空白校正、稀释校正、内标校正、背景扣除校正、干扰系数校正、标准加入等方法。

3. 供试品溶液的制备

同电感耦合等离子体质谱法（附录0411）。

4. 测定法

分析谱线的选择原则一般是选择干扰少，灵敏度高的谱线；同时应考虑分析对象：对于微量元素的分析，采用灵敏线，而对于高含量元素的分析，可采用较弱的谱线。

定性鉴别

根据原子发射光谱中各元素固有的一系列特征谱线的存在与否可以确定供试品中是否含有相应的元素。元素特征光谱中强度较大的谱线称为元素的灵敏线。在供试品光谱中，某元素灵敏线的检出限即为相应元素的检出限。

定量测定

同电感耦合等离子体质谱法（附录0411）。

内标元素及参比线的选择原则：

内标元素的选择 外加内标元素在供试样品中应不存在或含量极微可忽略；如样品基体元素的含量较稳时，亦可用该基体元素作内标；内标元素与待测元素应有相近的特性；同族元素，具相近的电离能。

参比线的选择 激发能应尽量相近；分析线与参比线的波长及强度接近；无自吸现象且不受其他元素干扰；背景应尽量小。

5. 方法检测限与方法定量限

同电感耦合等离子体质谱法（附录0411）。

0421 质谱法

质谱法是使待测化合物产生气态离子，再按质荷比（m/z）将离子分离、检测的分析方法，检测限可达$10^{-15} \sim 10^{-12}$mol数量级。质谱法可提供分子质量和结构的信息，定量测定可采用内标法或外标法。

质谱仪的主要组成如图所示。在由泵维持的$10^{-3} \sim 10^{-6}$Pa真空状态下，离子源产生的各种正离子（或负离子），经加速，进入质量分析器分离，再由检测器检测。计算机系统用于控制仪器，记录、处理并贮存数据，当配有标准谱库软件时，计算机系统可以将测得的质谱与标准谱库中图谱比较，获得可能化合物的组成和结构信息。

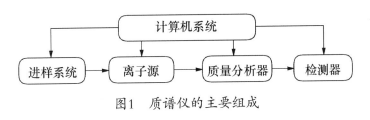

图1　质谱仪的主要组成

一、进样系统

样品导入应不影响质谱仪的真空度。进样方式的选择取决于样品的性质、纯度及所采用的离子化方式。

1. 直接进样

室温常压下，气态或液态化合物的中性分子通过可控漏孔系统，进入离子源。吸附在固体上或溶解在液体中的挥发性待测化合物可采用顶空分析法提取和富集，程序升温解吸附，再经毛细管导入质谱仪。

挥发性固体样品可置于进样杆顶端，在接近离子源的高真空状态下加热、气化。采用解吸离子化技术，可以使热不稳定的、难挥发的样品在气化的同时离子化。

多种分离技术已实现了与质谱的联用。经分离后的各种待测成分，可以通过适当的接口导入质谱仪分析。

2. 气相色谱–质谱联用（GC-MS）

在使用毛细管气相色谱柱及高容量质谱真空泵的情况下，色谱流出物可直接引入质谱仪。

3. 液相色谱–质谱联用（LC-MS）

使待测化合物从色谱流出物中分离、形成适合于质谱分析的气态分子或离子需要特殊的接口。为减少污染，避免化学噪音和电离抑制，流动相中所含的缓冲盐或添加剂通常应具有挥发性，且用量也有一定的限制。

（1）**粒子束接口**　液相色谱的流出物在去溶剂室雾化、脱溶剂后，仅待测化合物的中性分子被引入质谱离子源。粒子束接口适用于分子质量小于1000道尔顿的弱极性、热稳定化合物的分析，测得的质谱可以由电子轰击离子化或化学离子化产生。电子轰击离子化质谱常含有丰富的结构信息。

（2）**移动带接口**　流速为$0.5 \sim 1.5$ml/min的液相色谱流出物，均匀地滴加在移动带上，蒸发、除去溶剂后，待测化合物被引入质谱离子源。移动带接口不适宜于极性大或热不稳定化合物的分析，测得的质谱可以由电子轰击离子化或化学离子化或快原子轰击离子化产生。

（3）**大气压离子化接口** 是目前液相色谱-质谱联用广泛采用的接口技术。由于兼具离子化功能，这些接口将在离子源部分介绍。

4. 超临界流体色谱–质谱联用（SFC-MS）

超临界流体色谱-质谱联用主要采用大气压化学离子化或电喷雾离子化接口。色谱流出物通过一个位于柱子和离子源之间的加热限流器转变为气态，进入质谱仪分析。

5. 毛细管电泳–质谱联用（CE-MS）

几乎所有的毛细管电泳操作模式均可与质谱联用。选择接口时，应注意毛细管电泳的低流速特点并使用挥发性缓冲液。电喷雾离子化是毛细管电泳与质谱联用最常用的接口技术。

二、离子源

根据待测化合物的性质及拟获取的信息类型，可以选用不同的离子源。

1. 电子轰击离子化（EI）

处于离子源的气态待测化合物分子，受到一束能量（通常是70eV）大于其电离能的电子轰击而离子化。质谱中往往含有待测化合物的分子离子及具有待测化合物结构特征的碎片离子。电子轰击离子化适用于热稳定的、易挥发化合物的离子化，是气相色谱-质谱联用最常用的离子化方式。当采用粒子束或移动带等接口时，电子轰击离子化也可用于液相色谱-质谱联用。

2. 化学离子化（CI）

离子源中的试剂气分子（如甲烷、异丁烷和氨气）受高能电子轰击而离子化，进一步发生离子-分子反应，产生稳定的试剂气离子，再使待测化合物离子化。化学离子化可产生待测化合物（M）的（M+H)$^+$或（M−H)$^-$特征离子或待测化合物与试剂气分子产生的加合离子。与电子轰击离子化质谱相比，化学离子化质谱中碎片离子较少，适宜于采用电子轰击离子化无法得到分子质量信息的热稳定的、易挥发化合物分析。

3. 快原子轰击（FAB）或快离子轰击离子化（LSIMS）

高能中性原子（如氩气）或高能铯离子，使置于金属表面、分散于惰性黏稠基质（如甘油）中的待测化合物离子化，产生（M+H)$^+$或（M−H)$^-$特征离子或待测化合物与基质分子的加合离子。快原子轰击或快离子轰击离子化非常适合于各种极性的、热不稳定化合物的分子质量测定及结构表征，广泛应用于分子量高达10 000道尔顿的肽、抗生素、核苷酸、脂质、有机金属化合物及表面活性剂的分析。

快原子轰击或快离子轰击离子化用于液相色谱-质谱联用时，需在色谱流动相中添加1%～10%的甘油，且必须保持很低流速（1～10μl/min）。

4. 基质辅助激光解吸离子化（MALDI）

将溶于适当基质中的供试品涂布于金属靶上，用高强度的紫外或红外脉冲激光照射，使待测化合物离子化。基质辅助激光解吸离子化主要用于分子量在100 000道尔顿以上的生物大分子分析，适宜与飞行时间分析器结合使用。

5. 电喷雾离子化（ESI）

离子化在大气压下进行。待测溶液（如液相色谱流出物）通过一终端加有几千伏高压的毛细管进入离子源，气体辅助雾化，产生的微小液滴去溶剂，形成单电荷或多电荷的气态离子。这些离子再经逐步减压区域，从大气压状态传送到质谱仪的高真空中。电喷雾离子化可在$1\mu l/min \sim 1ml/min$流速下进行，适合极性化合物和分子量高达100 000道尔顿的生物大分子研究，是液相色谱-质谱联用、毛细管电泳-质谱联用最成功的接口技术。

6. 大气压化学离子化（APCI）

原理与化学离子化相同，但离子化在大气压下进行。流动相在热及氮气流的作用下雾化成气态，经由带有几千伏高压的放电电极时离子化，产生的试剂气离子与待测化合物分子发生离子-分子反应，形成单电荷离子。正离子通常是$(M+H)^+$，负离子则是$(M-H)^-$。大气压化学离子化能够在流速高达2ml/min下进行，常用于分析分子量小于1500道尔顿的小分子或弱极性化合物，主要产生的是$(M+H)^+$或$(M-H)^-$离子，很少有碎片离子，是液相色谱-质谱联用的重要接口之一。

7. 大气压光离子化（APPI）

与大气压化学离子化不同，大气压光离子化是利用光子使气相分子离子化。该离子化源主要用于非极性物质的分析，是电喷雾离子化、大气压化学离子化的一种补充。大气压光离子化对于试验条件比较敏感，掺杂剂、溶剂及缓冲溶液的组成等均会对测定的选择性、灵敏度产生较大影响。

三、质量分析器

质量范围、分辨率是质量分析器的两个主要性能指标。质量范围指质量分析器所能测定的质荷比的范围。分辨率表示质量分析器分辨相邻的、质量差异很小的峰的能力。虽然不同类型的质量分析器对分辨率的具体定义存在差异，高分辨质谱仪通常指其质量分析器的分辨率大于10^4。

1. 扇形磁场分析器

离子源中产生的离子经加速电压（V）加速，聚焦进入扇形磁场（磁场强度B）。在磁场的作用下，不同质荷比的离子发生偏转，按各自的曲率半径（r）运动：

$$m/z=B^2r^2/2V$$

改变磁场强度，可以使不同质荷比的离子具有相同的运动曲率半径（r），进而通过狭缝出口，达到检测器。

扇形磁场分析器可以检测分子量高达15 000道尔顿的单电荷离子。当与静电场分析器结合、构成双聚焦扇形磁场分析器时，分辨率可达到10^5。

2. 四极杆分析器

分析器由四根平行排列的金属杆状电极组成。直流电压（DC）和射频电压（RF）作用于电极上，形成了高频振荡电场（四极场）。在特定的直流电压和射频电压条件下，一定质荷比的离子可以稳定地穿过四极场，到达检测器。改变直流电压和射频电压大小，但维持它们的比值恒定，可以实现质谱扫描。

四极杆分析器可检测的分子质量上限通常是4000道尔顿，分辨率约为10^3。

3. 离子阱分析器

四极离子阱（QIT）由两个端盖电极和位于它们之间的环电极组成。端盖电极处在地电位，而环电极上施加射频电压（RF），以形成三维四极场。选择适当的射频电压，四极场可以贮存质荷比大于某特定值的所有离子。采用"质量选择不稳定性"模式，提高射频电压值，可以将离子按质量从高到低依次射出离子阱。挥发性待测化合物的离子化和质量分析可以在同一四极场内完成。通过设定时间序列，单个四极离子阱可以实现多级质谱（MS^n）的功能。

线性离子阱（LIT）是二维四极离子阱，结构上等同于四极质量分析器，但操作模式与三维离子阱相似。四极线性离子阱具有更好的离子贮存效率和贮存容量，可改善的离子喷射效率及更快的扫描速度和较高的检测灵敏度。

离子阱分析器与四极杆分析器具有相近的质量上限及分辨率。

4. 飞行时间分析器（TOF）

具有相同动能、不同质量的离子，因飞行速度不同而实现分离。当飞行距离一定时，离子飞行需要的时间与质荷比的平方根成正比，质量小的离子在较短时间到达检测器。为了测定飞行时间，将离子以不连续的组引入质量分析器，以明确起始飞行时间。离子组可以由脉冲式离子化（如基质辅助激光解吸离子化）产生，也可通过门控系统将连续产生的离子流在给定时间引入飞行管。

飞行时间分析器的质量分析上限约15 000道尔顿、离子传输效率高（尤其是谱图获取速度快）、质量分辨率高$>10^4$。

5. 离子回旋共振分析器（ICR）

在高真空（$\sim 10^{-7}$Pa）状态下，离子在超导磁场中作回旋运动，运行轨道随着共振交变电场而改变。当交变电场的频率和离子回旋频率相同时，离子被稳定加速，轨道半径越来越大，动能不断增加。关闭交变电场，轨道上的离子在电极上产生交变的像电流。利用计算机进行傅立叶变换，将像电流信号转换为频谱信号，获得质谱。

待测化合物的离子化和质量分析可以在同一分析器内完成。离子回旋共振分析器的质量分析上限$>10^4$道尔顿，分辨率高达10^6，质荷比测定精确到千分之一，可以进行多级质谱（MS^n）分析。

6. 串联质谱（MS-MS）

串联质谱是时间上或空间上两级以上质量分析的结合，测定第一级质量分析器中的前体离子（precursor ion）与第二级质量分析器中的产物离子（product ion）之间的质量关系。多级质谱实验常以MS^n表示。

产物离子扫描（product-ion scan）　在第一级质量分析器中选择某m/z的离子作为前体离子，测定该离子在第二级质量分析器中、一定的质量范围内的所有碎片离子（产物离子）的质荷比与相对强度，获得该前体离子的质谱。

前体离子扫描（precursor-ion scan）　在第二级质量分析器中选择某m/z的产物离子，测定在第一级质量分析器中、一定的质量范围内所有能产生该碎片离子的前体离子。

中性丢失扫描（neutral-loss scan）　以恒定的质量差异，在一定的质量范围内同时测定第一级、第二级质量分析器中的所有前体离子和产物离子，以发现能产生特定中性碎片（如CO_2）丢失的化合物或同系物。

选择反应检测（selected-reaction monitoring，SRM）　选择第一级质量分析器中某前体离子$(m/z)_1$，

测定该离子在第二级质量分析器中的特定产物离子（m/z）$_2$的强度，以定量分析复杂混合物中的低浓度待测化合物。

多反应检测（multiple-reaction monitoring，MRM）是指同时检测两对及以上的前体离子-产物离子。

四、测定法

在进行供试品分析前，应对测定用单级质谱仪或串联质谱仪进行质量校正。可采用参比物质单独校正或与被测物混合测定校正的方式。

1. 定性分析

以质荷比为横坐标，以离子的相对丰度为纵坐标，测定物质的质谱。高分辨质谱仪可以测定物质的准确分子质量。

在相同的仪器及分析条件下，直接进样或流动注射进样，分别测定对照品和供试品的质谱，观察特定m/z处离子的存在，可以鉴别药物、杂质或非法添加物。产物离子扫描可以用于极性的大分子化合物的鉴别。复杂供试品中待测成分的鉴定，应采用色谱-质谱联用仪或串联质谱仪。

质谱中不同质荷比离子的存在及其强度信息反映了待测化合物的结构特征，结合串联质谱分析结果，可以推测或确证待测化合物的分子结构。当采用电子轰击离子化时，可以通过比对待测化合物的质谱与标准谱库谱图的一致性，快速鉴定化合物。未知化合物的结构解析，常常需要综合应用各种质谱技术并结合供试品的来源，必要时还应结合元素分析、光谱分析（如核磁共振、红外光谱、紫外光谱、X射线衍射）的结果综合判断。

2. 定量分析

采用选择离子检测（selected-ion monitoring，SIM）或选择反应检测或多反应检测，外标法或内标法定量。内标化合物可以是待测化合物的结构类似物或其稳定同位素（如^2H，^{13}C，^{15}N）标记物。

分别配制一定浓度的供试品及杂质对照品溶液，色谱-质谱分析。若供试品溶液在特征m/z离子处的响应值（或响应值之和）小于杂质对照品溶液在相同特征m/z离子处的响应值（或响应值之和），则供试品所含杂质符合要求。

复杂样本中的有毒有害物质、非法添加物、微量药物及其代谢物的色谱-质谱分析，宜采用标准曲线法。通过测定相同体积的系列标准溶液在特征m/z离子处的响应值，获得标准曲线及回归方程。按规定制备供试品溶液，测定其在特征m/z离子处的响应值，带入标准曲线或回归方程计算，得到待测物的浓度。内标校正的标准曲线法是将等量的内标加入系列标准溶液中，测定待测物与内标物在各自特征m/z离子处的响应值，以响应值的比值为纵坐标，待测物浓度为横坐标绘制标准曲线，计算回归方程。使用稳定同位素标记物作为内标时，可以获得更好的分析精密度和准确度。

0500 色谱法

色谱法根据其分离原理可分为：吸附色谱法、分配色谱法、离子交换色谱法与排阻色谱法等。吸附色谱法是利用被分离物质在吸附剂上吸附能力的不同，用溶剂或气体洗脱使组分分离；常用的吸附剂有氧化铝、硅胶、聚酰胺等有吸附活性的物质。分配色谱是利用被分离物质在两相中分配系数的不同使组分分离，其中一相被涂布或键合在固体载体上，称为固定相，另一相为液体或气体，称为流动相；常用的载体有硅胶、硅藻土、硅镁型吸附剂与纤维素粉等。离子交换色谱法是利用被分离物质在离子交换树脂上交换能力的不同使组分分离；常用的树脂有不同强度的阳离子交换树脂、阴离子交换树脂，流动相为水或含有机溶剂的缓冲液。分子排阻色谱法又称凝胶色谱法，是利用被分离物质分子大小的不同导致在填料上渗透程度不同使组分分离；常用的填料有分子筛、葡聚糖凝胶、微孔聚合物、微孔硅胶或玻璃珠等，根据固定相和供试品的性质选用水或有机溶剂作为流动相。

色谱法又可根据分离方法分为：纸色谱法、薄层色谱法、柱色谱法、气相色谱法、高效液相色谱法等。所用溶剂应与供试品不起化学反应，纯度要求较高。分离时的温度，除气相色谱法或另有规定外，系指在室温操作。分离后各成分的检测，应采用各品种项下所规定的方法。采用纸色谱法、薄层色谱法或柱色谱法分离有色物质时，可根据其色带进行区分；分离无色物质时，可在短波（254nm）或长波（365nm）紫外光灯下检视。其中纸色谱或薄层色谱也可喷以显色剂使之显色，或在薄层色谱中用加有荧光物质的薄层硅胶，采用荧光猝灭法检视。柱色谱法、气相色谱法和高效液相色谱法可用接于色谱柱出口处的各种检测器检测。

柱色谱法还可分部收集流出液后用适宜方法测定。

0501 纸色谱法

纸色谱法系以纸为载体，以纸上所含水分或其他物质为固定相，用展开剂进行展开的分配色谱。供试品经展开后，可用比移值（R_f）表示其各组成成分的位置（比移值＝原点中心至斑点中心的距离／原点中心至展开剂前沿的距离）。由于影响比移值的因素较多，因而一般采用在相同实验条件下与对照标准物质对比以确定其异同。用作兽药鉴别时，供试品在色谱图中所显主斑点的位置与颜色（或荧光），应与对照标准物质在色谱图中所显主斑点相同。用作兽药纯度检查时，可取一定量的供试品，经展开后，按各品种项下的规定，检视其所显杂质斑点的个数或呈色深度（或荧光强度）。进行兽药含量测定时，将待测色谱斑点剪下经洗脱后，再用适宜的方法测定。

1. 仪器与材料

（1）**展开容器** 通常为圆形或长方形玻璃缸，缸上具有磨口玻璃盖，应能密闭。用于下行法时，盖上有孔，可插入分液漏斗，用以加入展开剂。在近顶端有一用支架架起的玻璃槽作为展开剂的容器，槽内有一玻棒，用以压住色谱滤纸；槽的两侧各支一玻棒，用以支持色谱滤纸使其自然下垂。用于上行法时，在盖上的孔中加塞，塞中插入玻璃悬钩，以便将点样后的色谱滤纸挂在钩上；并除去溶剂槽和支架。

（2）**点样器** 常用具支架的微量注射器（平口）或定量毛细管（无毛刺），应能使点样位置正确、集中。

（3）**色谱滤纸** 应质地均匀平整，具有一定机械强度，不含影响展开效果的杂质；也不应与所用显色剂起作用，以免影响分离和鉴别效果，必要时可进行处理后再用。用于下行法时，取色谱滤纸按纤维长丝方向切成适当大小的纸条，离纸条上端适当的距离（使色谱纸上端能足够浸入溶剂槽内的展开剂中，并使点样基线能在溶剂槽侧的玻璃支持棒下数厘米处）用铅笔划一点样基线，必要时，可在色谱滤纸下端切成锯齿形便于展开剂向下移动。用于上行法时，色谱滤纸长约25cm，宽度则按需要而定，必要时可将色谱滤纸卷成筒形；点样基线距底边约2.5cm。

2. 操作方法

（1）**下行法** 将供试品溶解于适宜的溶剂中制成一定浓度的溶液。用定量毛细管或微量注射器吸取溶液，点于点样基线上，一次点样量不超过10μl，点样量过大时，溶液宜分次点加，每次点加后，俟其自然干燥、低温烘干或经温热气流吹干，样点直径为2～4mm，点间距离为1.5～2.0cm，样点通常应为圆形。

将点样后的色谱滤纸的点样端放在溶剂槽内并用玻棒压住，使色谱滤纸通过槽侧玻璃支持棒自然下垂，点样基线在压纸棒下数厘米处。展开前，展开缸内用各品种项下规定的溶剂的蒸气使之饱和，一般可在展开缸底部放一装有规定溶剂的平皿或将被规定溶剂润湿的滤纸条附着在展开缸内壁上，放置一定时间，待溶剂挥发使缸内充满饱和蒸气。然后小心添加展开剂至溶剂槽内，使色谱滤纸的上端浸没在槽内的展开剂中。展开剂即经毛细管作用沿色谱滤纸移动进行展开，展开过程中避免色谱滤纸受强光照射，展开至规定的距离后，取出色谱滤纸，标明展开剂前沿位置，待展开剂挥散后，按规定方法检测色谱斑点。

（2）**上行法** 点样方法同下行法。展开缸内加入展开剂适量，放置待展开剂蒸气饱和后，再下降悬钩，使色谱滤纸浸入展开剂约1cm，展开剂即经毛细管作用沿色谱滤纸上升，除另有规定外，一般展开至约15cm后，取出晾干，按规定方法检视。

展开可以单向展开，即向一个方向进行；也可进行双向展开，即先向一个方向展开，取出，待展开剂完全挥发后，将滤纸转动90°，再用原展开剂或另一种展开剂进行展开；亦可多次展开和连续展开等。

0502 薄层色谱法

薄层色谱法系将供试品溶液点于薄层板上，在展开容器内用展开剂展开，使供试品所含成分分离，所得色谱图与适宜的标准物质按同法所得的色谱图对比，并可用薄层扫描仪进行扫描，用于兽药的鉴别、检查或含量测定。

1. 仪器与材料

（1）**薄层板** 按支持物的材质分为玻璃板、塑料板或铝板等；按固定相种类分为硅胶薄层板、键合硅胶板、微晶纤维素薄层板、聚酰胺薄层板、氧化铝薄层板等。固定相中可加入黏合剂、荧光剂。硅胶薄层板常用的有硅胶G、硅胶GF_{254}、硅胶H、硅胶HF_{254}。G、H表示含或不含石膏黏合剂。F_{254}为在紫外光254nm波长下显绿色背景的荧光剂。按固定相粒径大小分为普通薄层板（10～40μm）和高效薄层板（5～10μm）。

在保证色谱质量的前提下，可对薄层板进行特别处理和化学改性以适应分离的要求，可用实验室自制的薄层板。固定相颗粒大小一般要求粒径为10～40μm。玻板应光滑、平整，洗净后不附水珠。

（2）**点样器** 一般采用微升毛细管或手动、半自动、全自动点样器材。

（3）**展开容器** 上行展开一般可用适合薄层板大小的专用平底或有双槽展开缸，展开时须能密闭，水平展开用专用的水平展开缸。

（4）**显色装置**　喷雾显色应使用玻璃喷雾瓶或专用喷雾器，要求用压缩气体使显色剂呈均匀细雾状喷出；浸渍显色可用专用玻璃器械或用适宜的展开缸代用；蒸气熏蒸显色可用双槽展开缸或适宜大小的干燥器代替。

（5）**检视装置**　为装有可见光、254nm及365nm紫外光光源及相应的滤光片的暗箱，可附加摄像设备供拍摄图像用，暗箱内光源应有足够的光照度。

（6）**薄层色谱扫描仪**　系指用一定波长的光对薄层板上有吸收的斑点，或经激发后能发射出荧光的斑点，进行扫描，将扫描得到的谱图和积分数据用于物质定性或定量的分析仪器。

2. 操作方法

（1）**薄层板制备**

市售薄层板　临用前一般应在110℃活化30分钟。聚酰胺薄膜不需活化。铝基片薄层板、塑料薄层板可根据需要剪裁，但须注意剪裁后的薄层板底边的固定相层不得有破损。如在存放期间被空气中杂质污染，使用前可用三氯甲烷、甲醇或二者的混合溶剂在展开缸中上行展开预洗，晾干，110℃活化，置干燥器中备用。

自制薄层板　除另有规定外，将1份固定相和3份水（或加有黏合剂的水溶液，如0.2%～0.5%羧甲基纤维素钠水溶液，或为规定浓度的改性剂溶液）在研钵中按同一方向研磨混合，去除表面的气泡后，倒入涂布器中，在玻板上平稳地移动涂布器进行涂布（厚度为0.2～0.3mm），取下涂好薄层的玻板，置水平台上于室温下晾干后，在110℃烘30分钟，随即置有干燥剂的干燥箱中备用。使用前检查其均匀度，在反射光及透视光下检视，表面应均匀、平整、光滑，无麻点、无气泡、无破损及污染。

（2）**点样**　除另有规定外，在洁净干燥的环境中，用专用毛细管或配合相应的半自动、自动点样器械点样于薄层板上，一般为圆点状或窄细的条带状，点样基线距底边10～15mm，高效板一般基线离底边8～10mm。圆点状直径一般不大于4mm，高效板一般不大于2mm；接触点样时注意勿损伤薄层表面。条带状宽度一般为5～10mm。高效板条带宽度一般为4～8mm，可用专用半自动或自动点样器械喷雾法点样。点间距离可视斑点扩散情况以相邻斑点互不干扰为宜，一般不少于8mm，高效板供试品间隔不少于5mm。

（3）**展开**　将点好供试品的薄层板放入展开缸中，浸入展开剂的深度为距原点5mm为宜，密闭。除另有规定外，一般上行展开8～15cm，高效薄层板上行展开5～8cm。溶剂前沿达到规定的展距，取出薄层板，晾干，待检测。

展开前如需要溶剂蒸气预平衡，可在展开缸中加入适量的展开剂，密闭，一般保持15～30分钟。溶剂蒸气预平衡后，应迅速放入载有供试品的薄层板，立即密闭，展开。如需使展开缸达到溶剂蒸气饱和的状态，则须在展开缸的内壁贴与展开缸高、宽同样大小的滤纸，一端浸入展开剂中，密闭一段时间，使溶剂蒸气达到饱和再如法展开。

必要时，可进行二次展开或双向展开，进行第二次展开前，应使薄层板残留的展开剂完全挥干。

（4）**显色与检视**　有颜色的物质可在可见光下直接检视，无色物质可用喷雾法或浸渍法以适宜的显色剂显色，或加热显色，在日光下检视。有荧光的物质或显色后可激发荧光的物质可在紫外光灯（365nm或254nm）下观察荧光斑点。对于在紫外光下有吸收的成分，可用带有荧光剂的薄层板板（如硅胶GF$_{254}$板），在紫外光灯（254nm）下观察荧光板面上的荧光物质猝灭物质形成的斑点。

（5）**记录**　薄层色谱图像一般可采用摄像设备拍摄，以光学照片或电子图像的形式保存。也可用薄层扫描仪扫描或其他适宜的方式记录相应的色谱图。

3. 系统适用性试验

按各品种项下要求对实验条件进行系统适用性试验，即用供试品和标准物质对实验条件进行试验和调整，应符合规定的要求。

（1）**比移值**（R_f）系指从基线至展开斑点中心的距离与从基线至展开剂前沿的距离的比值。

$$R_f = \frac{\text{基线至展开斑点中心的距离}}{\text{基线至展开剂前沿的距离}}$$

除另有规定外，杂质检查时，各杂质斑点的比移值（R_f）以在0.2～0.8之间为宜。

（2）**检出限**　系指限量检查或杂质检查时，供试品溶液中被测物质能被检出的最低浓度或量。一般采用已知浓度的供试品溶液或对照标准溶液，与稀释若干倍自身对照标准溶液在规定的色谱条件下，在同一薄层板上点样、展开、检视。后者显清晰可辨斑点的浓度或量作为检出限。

（3）**分离度（或称分离效能）**　鉴别时，供试品与标准物质色谱中的斑点均应清晰分离。当薄层色谱扫描法用于限量检查和含量测定时，要求定量峰与相邻峰之间有较好的分离度，分离度（R）的计算公式为：

$$R = 2\,(d_2 - d_1)\,/\,(W_1 + W_2)$$

式中　d_2 为相邻两峰中后一峰与原点的距离；

$\quad\quad d_1$ 为相邻两峰中前一峰与原点的距离；

$\quad\quad W_1$ 及 W_2 为相邻两峰各自的峰宽。

除另有规定外，分离度应大于1.0。

当化学药品杂质检查的方法选择时，可将杂质对照品用供试品自身稀释的对照溶液溶解制成混合对照溶液，也可将杂质对照品用待测组分的对照品溶液溶解制成混合对照标准溶液，还可采用供试品以适当的降解方法获得的溶液，上述溶液点样展开后的色谱图中，应显示清晰分离的斑点。

（4）**相对标准偏差**　薄层扫描含量测定时，同一供试品溶液在同一薄层板上平行点样的待测成分的峰面积测量值的相对标准偏差应不大于5.0%；需显色后测定的或者异板的相对标准偏差应不大于10.0%。

4. 测定法

（1）**鉴别**　按各品种项下规定的方法，制备供试品溶液和对照标准溶液，在同一薄层板上点样、展开与检视，供试品溶液色谱图中所显斑点的位置和颜色（或荧光）应与标准物质色谱图的斑点一致。必要时化学药品可采用供试品溶液与标准溶液混合点样、展开，与标准物质相应斑点应为单一、紧密斑点。

（2）**限度检查与杂质检查**　按各品种项下规定的方法，制备供试品溶液和对照标准溶液，并按规定的色谱条件点样、展开和检视。供试品溶液色谱图中待检查的斑点应与相应的标准物质斑点比较，颜色（或荧光）不得更深；或照薄层色谱扫描法操作，测定峰面积值，供试品色谱图中相应斑点的峰面积值不得大于标准物质的峰面积值。含量限度检查用按规定测定限量。

化学药品杂质检查可采用杂质对照法、供试品溶液的自身稀释对照法、或两法并用。供试品溶液除主斑点外的其他斑点与相应的杂质对照标准溶液或系列浓度杂质对照标准溶液的相应主斑点比较，不得更深，或与供试品溶液自身稀释对照溶液或系列浓度自身稀释对照溶液的相应主斑点比较，不得更深。通常应规定杂质的斑点数和单一杂质量，当采用系列自身稀释对照溶液时，也可规定估计的杂质总量。

（3）**含量测定**　照薄层色谱扫描法，按各品种项下规定的方法，制备供试品溶液和对照标准溶液，并按规定的色谱条件点样、展开、扫描测定。或将待测色谱斑点刮下经洗脱后，再用适宜的方法测定。

5. 薄层色谱扫描法

系指用一定波长的光照射在薄层板上，对薄层色谱中可吸收紫外光或可见光的斑点，或经激发后能发射出荧光的斑点进行扫描，将扫描得到的图谱及积分数据用于兽药的鉴别、检查或含量测定。测定时可根据不同薄层扫描仪的结构特点，按照规定方式扫描测定，一般选择反射方式，采用吸收法或荧光法。除另有规定外，含量测定应使用市售薄层板。

扫描方法可采用单波长扫描或双波长扫描。如采用双波长扫描，应选用待测斑点无吸收或最小吸收的波长为参比波长，供试品色谱中待测斑点的比移值（R_f值）和光谱扫描得到的吸收光谱图或测得的光谱最大吸收与最小吸收应与对照标准溶液相符，以保证测定结果的准确性。薄层扫描定量测定应保证供试品斑点的量在线性范围内，必要时可适当调整供试品溶液的点样量，供试品与标准物质同板点样，展开，扫描，测定和计算。

薄层色谱扫描用于含量测定时，通常采用线性回归二点法计算，如线性范围很窄时，可用多点法校正多项式回归计算。供试品溶液和对照标准溶液应交叉点于同一薄层板上，供试品点样不得少于2个，标准物质每一浓度不得少于2个。扫描时，应沿展开方向扫描，不可横向扫描。

0511 柱色谱法

1. 吸附柱色谱

色谱柱为内径均匀、下端（带或不带活塞）缩口的硬质玻璃管，端口或活塞上部铺垫适量棉花或玻璃纤维，管内装入吸附剂。吸附剂的颗粒应尽可能大小均匀，以保证良好的分离效果。除另有规定外，通常采用直径为0.07～0.15mm的颗粒。色谱柱的大小，吸附剂的品种和用量，以及洗脱时的流速，均按各品种项下的规定。

（1）**吸附剂的填装** ①干法 将吸附剂一次加入色谱柱，振动管壁使其均匀下沉，然后沿管壁缓缓加入洗脱剂；若色谱柱本身不带活塞，可在色谱柱下端出口处连接活塞，加入适量的洗脱剂，旋开活塞使洗脱剂缓缓滴出，然后自管顶缓缓加入吸附剂，使其均匀地润湿下沉，在管内形成松紧适度的吸附层。操作过程中应保持有充分的洗脱剂留在吸附层的上面。

②湿法 将吸附剂与洗脱剂混合，搅拌除去空气泡，徐徐倾入色谱柱中，然后加入洗脱剂将附着在管壁的吸附剂洗下，使色谱柱面平整。

俟填装吸附剂所用洗脱剂从色谱柱自然流下，至液面和柱表面相平时，即加供试品溶液。

（2）**供试品的加入** 除另有规定外，将供试品溶于开始洗脱时使用的洗脱剂中，再沿管壁缓缓加入，注意勿使吸附剂翻起。或将供试品溶于适当的溶剂中，与少量吸附剂混匀，再使溶剂挥发尽使呈松散状，加在已制备好的色谱柱上面。如供试品在常用溶剂中不溶，可将供试品与适量的吸附剂在乳钵中研磨混匀后加入。

（3）**洗脱** 除另有规定外，通常按洗脱剂洗脱能力大小递增变换洗脱剂的品种和比例，分部收集流出液，至流出液中所含成分显著减少或不再含有时，再改变洗脱剂的品种和比例。操作过程中应保持有充分的洗脱剂留在吸附层的上面。

2. 分配柱色谱

方法和吸附柱色谱基本一致。装柱前，先将固定液溶于适当溶剂中，加入适宜载体，混合均匀，待溶剂完全挥干后分次移入色谱柱中并用带有平面的玻棒压紧；供试品可溶于固定液，混以少量载体，加在预制好的色谱柱上端。

洗脱剂需先加固定液混合使之饱和，以避免洗脱过程中固定液的流失。

0512 高效液相色谱法

高效液相色谱法系采用高压输液泵将规定的流动相泵入装有填充剂的色谱柱，对供试品进行分离测定的色谱方法。注入的供试品，由流动相带入色谱柱内，各组分在柱内被分离，并进入检测器检测，由积分仪或数据处理系统记录和处理色谱信号。

1. 对仪器的一般要求和色谱条件

高效液相色谱仪由高压输液泵、进样器、色谱柱、检测器、积分仪或数据处理系统组成。色谱柱内径一般为3.9~4.6mm，填充粒径为3~10μm。超高效液相色谱仪是适应小粒径（约2μm）填充剂的耐超高压、小进样量、低死体积、高灵敏度检测的高效液相色谱仪。

（1）色谱柱

反相色谱柱：以键合非极性基因的载体为填充剂填充而成的色谱柱，常见的载体有硅胶、聚合物复合硅胶和聚合物等；常见的填充剂有十八烷基硅烷键合硅胶、辛基硅烷键合硅胶和苯基键合硅胶等。

正相色谱柱：用硅胶填充剂，或键合极性基因的硅胶填充而成的色谱柱，常见的填充剂有硅胶、氨基键合硅胶和氰基键合硅胶等。氨基键合硅胶和氰基键合硅胶也可用作反相色谱。

离子交换色谱柱：用离子交换填充剂填充而成的色谱柱。有阳离子交换色谱柱和阴离子交换色谱柱。

手性分离色谱柱：用手性填充剂填充而成的色谱柱。

色谱柱的内经与长度，填充剂的形状、粒径与粒径分布、孔径、表面积、键合集团的表面覆盖度、载体表面基团残留量，填充的致密与均匀程度等均影响色谱柱的性能，应根据被分离物质的性质来选择合适的色谱柱。

温度会影响分离效果，品种正文中未指明色谱柱的温度时系指室温，应注意室温变化的影响。为改善分离效果可适当提高色谱柱的温度，但一般不宜超过60℃。

残余硅羟基未封闭的硅胶色谱柱，流动相pH值一般应在2~8之间。残余硅羟基已封闭的硅胶、聚合物复合硅胶或聚合物色谱柱可耐受更广泛pH值的流动相，适合于pH值小于2或大于8的流动相。

（2）检测器

最常用的检测器为紫外-可见分光检测器，包括二极管阵列检测器，其他常见的检测器有荧光检测器、蒸发光散射检测器、示差折光检测器、电化学检测器和质谱检测器等。

紫外-可见分光检测器、荧光检测器、电化学检测器为选择性检测器，其响应值不仅与被检测物质的量有关，还与其结构有关；蒸发光散射检测器和示差折光检测器为通用型检测器，对所有物质均有响应；结构相似的物质在蒸发光散射检测器的响应值几乎仅与被测物质的量有关。

紫外-可见分光检测器、荧光检测器、电化学检测器和示差折光检测器的响应值与被测物质的量在一定范围内呈线性关系，但蒸发光散射检测器的响应值与被测物质的量通常呈指数关系，一般需经对数转换。

不同的检测器，对流动相的要求不同。紫外-可见分光检测器所用流动相应符合紫外-可见分光光度法（附录0401）项下对溶剂的要求；采用低波长检测时，还应考虑有机溶剂的截止使用波长，并选用色谱级有机溶剂。蒸发光散射检测器和质谱检测器不得使用含不挥发性盐的流动相。

(3) **流动相** 反相色谱系统的流动相常用甲醇-水系统和乙腈-水系统，用紫外末端波长检测时宜选用乙腈-水系统。流动相中应尽可能不用缓冲盐，如需用时，应尽可能使用低浓度缓冲盐。用十八烷基硅烷键合硅胶色谱柱时，流动相中有机溶剂一般不低于5%，否则易导致柱效下降、色谱系统不稳定。

正相色谱系统的流动相常用两种或两种以上的有机溶剂，如二氯甲烷和正己烷等。

品种正文项下规定的条件除填充剂种类、流动相组分、检测器类型不得改变外，其余如色谱柱内径与长度、填充剂粒径、流动相流速、流动相各组分比例、柱温、进样量、检测器灵敏度等，均可适当改变，以达到系统适用性试验的要求。调整流动相组分比例时，当小比例组分的百分比例X小于等于33%时，允许改变范围为0.7%X ~ 1.3%X；当X大于33%时，允许改变范围为X－10% ~ X＋10%。

若需使用小粒径（约2μm）填充剂，输液泵的性能、进样体积、检测池体积和系统的死体积等必须与之匹配；如有必要，色谱条件也应作适当的调整。当对其测定结果产生争议时，应以品种项下规定的色谱条件的测定结果为准。

当必须使用特定牌号的色谱柱方能满足分离要求时，可在该品种正文项下注明。

2. 系统适用性试验

色谱系统的适用性试验通常包括理论板数、分离度、灵敏度、拖尾因子和重复性等五个参数。按各品种正文项下要求对色谱系统进行适用性试验，即用规定的对照品溶液或系统适用性试验溶液在规定的色谱系统进行试验，必要时，可对色谱系统进行适当调整，以符合要求。

(1) **色谱柱的理论板数（n）** 用于评价色谱柱的分离效能。由于不同物质在同一色谱柱上的色谱行为不同，采用理论板数作为衡量色谱柱效能的指标时，应指明测定物质，一般为待测组分或内标物质的理论板数。

在规定的色谱条件下，注入供试品溶液或各品种项下规定的内标物质溶液，记录色谱图，量出供试品主成分峰或内标物质峰的保留时间t_R和峰宽（W）或半高峰宽（$W_{h/2}$），按$n＝16$ $(t_R/W)^2$或$n＝5.54$ $(t_R/W_{h/2})^2$计算色谱柱的理论板数。t_R、W、$W_{h/2}$可用时间或长度计（下同），但应取相同单位。

(2) **分离度（R）** 用于评价待测物质分与被分离物质之间的分离程度，是衡量色谱系统效能的关键指标。可以通过测定待测物质与某一指标性成分（内标物质或其他难分离物质）的分离度，或将供试品或对照品用适当的方法降解，通过测定待测物质与某一降解产物的分离度，对色谱系统进行评价与调整。

无论是定性鉴别还是定量分析，均要求待测物质色谱峰与内标物质色谱峰或特定的杂质对照色谱峰或特定的杂质对照色谱峰及其他色谱峰之间有较好的分离度。除另有规定外，待测物质色谱峰与相邻色谱峰之间的分离度应大于1.5。分离度的计算公式为：

$$R = \frac{2 (t_{R_2} - t_{R_1})}{W_1 + W_2} \text{ 或 } R = \frac{2 (t_{R_2} - t_{R_1})}{1.70 \times (W_{1,h/2} + W_{2,h/2})}$$

式中 t_{R_2}为相邻两色谱峰中后一峰的保留时间；

t_{R_1}为相邻两色谱峰中前一峰的保留时间；

W_1、W_2及$W_{1,h/2}$、$W_{2,h/2}$分别为此相邻两色谱峰的峰宽及半高峰宽（如图）。

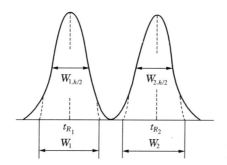

当对测定结果有异议时，色谱柱的理论板数（n）和分离度（R）均以峰宽（W）的计算结果为准。

（3）**灵敏度**　用于评价色谱系统检测微量物质的能力，通常以信噪比（S/N）来表示。通过测定一系列不同浓度的供试品或对照品溶液来测定信噪比。定量测定时，信噪比应不小于10；定性测定时，信噪比应不小于3。系统适用性试验中可以设置灵敏度实验溶液来评价色谱系统的检测能力。

（4）**拖尾因子（T）**　用于评价色谱峰的对称性。拖尾因子计算公式为：

$$T = \frac{W_{0.05h}}{2d_1}$$

式中　$W_{0.05h}$ 为5%峰高处的峰宽；

d_1 为峰顶在5%峰高处横坐标平行线的投影点至峰前沿与此平行线交点的距离（如图）。

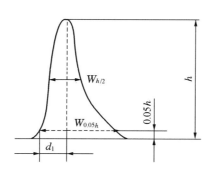

以峰高作定量参数时，除另有规定外，T值应在0.95～1.05之间。

以峰面积作定量参数时，一般的峰拖尾或前伸不会影响峰面积积分，但严重拖尾会影响基线和色谱峰起止的判断和峰面积积分的准确性，此时应在品种正文项下对拖尾因子作出规定。

（5）**重复性**　用于评价色谱系统连续进样时响应值的重复性能。采用外标法时，通常取各品种项下的对照品溶液，连续进样5次，除另有规定外，其峰面积测量值的相对标准偏差应不大于2.0%；采用内标法时，通常配制相当于80%、100%和120%的对照品溶液，加入规定量的内标溶液，配成3种不同浓度的溶液，分别至少进样2次，计算平均校正因子，其相对标准偏差应不大于2.0%。

3. 测定法

（1）**内标法**　按品种正文项下的规定，精密称（量）取对照品和内标物质，分别配成溶液，各精密量取适量，混合配成校正因子测定用的对照溶液。取一定量进样，记录色谱图。测量对照品和内标物质的峰面积或峰高，按下式计算校正因子：

$$校正因子（f）= \frac{A_S / c_S}{A_R / c_R}$$

式中　A_S 为内标物质的峰面积或峰高；

A_R 为对照品的峰面积或峰高；

c_S为内标物质的浓度；

c_R为对照品的浓度。

再取各品种项下含有内标物质的供试品溶液，进样，记录色谱图，测量供试品中待测成分和内标物质的峰面积或峰高，按下式计算含量：

$$含量（c_X）= f \times \frac{A_X}{A'_S / c'_S}$$

式中 A_X为供试品的峰面积或峰高；

c_X为供试品的浓度；

A'_S为内标物质的峰面积或峰高；

c'_S为内标物质的浓度；

f为校正因子。

采用内标法，可避免因供试品前处理及进样体积误差对测定结果的影响。

（2）外标法 按各品种项下的规定，精密称（量）取对照品和供试品，配制成溶液，分别精密取一定量，进样，记录色谱图，测量对照品溶液和供试品溶液中待测成分的峰面积（或峰高），按下式计算含量：

$$含量（c_X）= c_R \frac{A_X}{A_R}$$

式中各符号意义同上。

由于微量注射器不易精确控制进样量，当采用外标法测定时，以手动进样器定量环或自动进样器进样为宜。

（3）加校正因子的主成分自身对照法 测定杂质含量时，可采用加校正因子的主成分自身对照法。在建立方法时，按各品种项下的规定，精密称（量）取待测物对照品和参比物对照品各适量，配制待测物校正因子的溶液，进样，记录色谱图，按下式计算待测物的校正因子。

$$校正因子 = \frac{c_A / A_A}{c_B / A_B}$$

式中 c_A为待测物的浓度；

A_A为待测物的峰面积或峰高；

c_B为参比物质的浓度；

A_B为参比物质的峰面积或峰高。

也可精密称（量）取主成分对照品和杂质对照品各适量，分别配制成不同浓度的溶液，进样，记录色谱图，绘制主成分浓度和杂质浓度对其峰面积的回归曲线，以主成分回归直线斜率与杂质回归直线斜率的比计算校正因子。

校正因子可直接载入各品种项下，用于校正杂质的实测峰面积。需作校正计算的杂质，通常以主成分为参照，采用相对保留时间定位，其数值一并载入各品种项下。

测定杂质含量时，按各品种项下规定的杂质限度，将供试品溶液稀释成与杂质限度相当的溶液，作为对照溶液；进样，记录色谱图，必要时，调节纵坐标范围（以噪音水平可接受为限）使对照溶液的主成分色谱峰的峰高约达满量程的10%～25%。除另有规定外，通常含量低于0.5%的杂质，峰面积的相对标准偏差（RSD）应小于10%；含量在0.5%～2%的杂质，峰面积的RSD应小于5%；含量大于2%的杂质，峰面积的RSD应小于2%。然后，取供试品溶液和对照溶液适量，分别进样，除另有规定外，供试品溶液的记录时间，应为主成分色谱峰保留时间的2倍，测量供试品溶液色谱图上各杂质的峰面积，分别乘以相应的校正因子后与对照溶液主成分的峰面积比较，计算各杂质含量。

（4）**不加校正因子的主成分自身对照法**　测定杂质含量时，若无法获得待测杂质的校正因子，或校正因子可以忽略，也可采用不加校正因子的主成分自身对照法。同上述（3）法配制对照溶液、进样调节纵坐标范围和计算峰面积的相对标准偏差后，取供试品溶液和对照品溶液适量，分别进样。除另有规定外，供试品溶液的记录时间应为主成分色谱峰保留时间的2倍，测量供试品溶液色谱图上各杂质的峰面积并与对照溶液主成分的峰面积比较，依法计算杂质含量。

（5）**面积归一化法**　按各品种项下的规定，配制供试品溶液，取一定量进样，记录色谱图。测量各峰的面积和色谱图上除溶剂峰以外的总色谱峰面积，计算各峰面积占总峰面积的百分率。用于杂质检查时，由于仪器响应的线性限制，峰面积归一化法一般不宜用于微量杂质的检查。

0513 离子色谱法

离子色谱法系采用高压输液泵系统将规定的洗脱液泵入装有填充剂的色谱柱对可解离物质进行分离测定的色谱方法。注入的供试品由洗脱液带入色谱柱内进行分离后，进入检测器（必要时经过抑制器或衍生系统），由积分仪或数据处理系统记录并处理色谱信号。离子色谱法常用于无机阴离子、无机阳离子、有机酸、糖醇类、氨基糖类、氨基酸、蛋白质、糖蛋白等物质的定性和定量分析。它的分离机理主要为离子交换，即基于离子交换色谱固定相上的离子与流动相中具有相同电荷的溶质离子之间进行的可逆交换；离子色谱法的其他分离机理还有形成离子对、离子排阻等。

1. 对仪器的一般要求

离子色谱仪器中所有与洗脱液或供试品接触的管道、器件均应使用惰性材料，如聚醚醚酮（PEEK）等。也可使用一般的高效液相色谱仪，只要其部件能与洗脱液和供试品溶液相适应。仪器应定期检定并符合有关规定。

（1）**色谱柱**　离子交换色谱的色谱柱填充剂有两种，分别是有机聚合物载体填充剂和无机载体填充剂。

有机聚合物载体填充剂最为常用，填充剂的载体一般为苯乙烯-二乙烯基苯共聚物、乙基乙烯基苯-二乙烯基苯共聚物、聚甲基丙烯酸酯或聚乙烯聚合物等有机聚合物。这类载体的表面通过化学反应键合了大量阴离子交换功能基（如烷基季铵、烷醇季铵等）或阳离子交换功能基（如磺酸、羧酸、羧酸-膦酸和羧酸-膦酸冠醚等），可分别用于阴离子或阳离子的交换分离。有机聚合物载体填充剂在较宽的酸碱范围（pH 0~14）内具有较高的稳定性，且有一定的有机溶剂耐受性。

无机载体填充剂一般以硅胶为载体。在硅胶表面化学键合季铵基等阴离子交换功能基或磺酸基、羧酸基等阳离子交换功能基，可分别用于阴离子或阳离子的交换分离。硅胶载体填充剂机械稳定性好、在有机溶剂中不会溶胀或收缩。硅胶载体填充剂在pH 2~8的洗脱液中稳定，一般适用于阳离子样品的分离。

（2）**洗脱液**　离子色谱对复杂样品的分离主要依赖于色谱柱中的填充剂，而洗脱液相对较为简单。分离阴离子常采用稀碱溶液、碳酸盐缓冲液等作为洗脱液；分离阳离子常采用稀甲烷磺酸溶液等作为洗脱液。通过调节洗脱液pH值或离子强度可提高或降低洗脱液的洗脱能力；在洗脱液内加入适当比例的有机改性剂，如甲醇、乙腈等可改善色谱峰峰形。制备洗脱液的水应经过纯化处理，电阻率大于18M$\Omega \cdot$cm。使用的洗脱液需经脱气处理，常采用氦气等惰性气体在线脱气的方法，也可采用超声、减压过滤或冷冻的方式进行离线脱气。

（3）**检测器** 电导检测器是离子色谱常用的检测器，其他检测器有安培检测器、紫外检测器、蒸发光散射检测器等。

电导检测器主要用于测定无机阴离子、无机阳离子和部分极性有机物，如羧酸等。离子色谱法中常采用抑制型电导检测器，即使用抑制器将具有较高电导率的洗脱液在进入检测器之前中和成具有极低电导率的水或其他较低电导率的溶液，从而显著提高电导检测的灵敏度。

安培检测器用于分析解离度低、但具有氧化或还原性质的化合物。直流安培检测器可以测定碘离子（I^-）、硫氰酸根离子（SCN^-）和各种酚类化合物等。积分安培检测器和脉冲安培检测器则常用于测定糖类和氨基酸类化合物。

紫外检测器适用于在高浓度氯离子等存在下痕量的溴离子（Br^-）、亚硝酸根离子（NO_2^-）、硝酸根离子（NO_3^-）以及其他具有强紫外吸收成分的测定。柱后衍生-紫外检测法常用于分离分析过渡金属离子和镧系金属离子等。

原子吸收光谱、原子发射光谱（包括电感耦合等离子体原子发射光谱）、质谱（包括电感耦合等离子体质谱）也可作为离子色谱的检测器。离子色谱在与蒸发光散射检测器或（和）质谱检测器等联用时，一般采用带有抑制器的离子色谱系统。

2. 样品处理

对于基质简单的澄清水溶液一般通过稀释和经0.45μm滤膜过滤后直接进样分析。对于基质复杂的样品，可通过微波消解、紫外光降解、固相萃取等方法去除干扰物后进样分析。

3. 系统适用性试验

照高效液相色谱法（附录0512）项下相应的规定。

4. 测定法

（1）**内标法**

（2）**外标法**

（3）**面积归一化法**

上述（1）～（3）法的具体内容均同高效液相色谱法（附录0512）项下相应的规定。

（4）**标准曲线法** 按各品种项下的规定，精密称（量）取对照品适量配制成贮备溶液。分别量取贮备溶液配制成一系列梯度浓度的标准溶液。取上述梯度浓度的标准溶液各适量注入色谱仪，记录色谱图，测量标准溶液中待测组分的峰面积或峰高。以标准溶液中待测组分的峰面积或峰高为纵坐标，以标准溶液的浓度为横坐标，回归计算标准曲线，其公式为：

$$A_R = a \times c_R + b$$

式中　A_R 为标准溶液中待测组分的峰面积或峰高；

　　　　c_R 为标准溶液的浓度；

　　　　a 为标准曲线的斜率；

　　　　b 为标准曲线的截距。

再取各品种项下供试品溶液适量，注入色谱仪，记录色谱图，测量供试品溶液中待测组分的峰面积或峰高。按下式计算其浓度：

$$c_S = \frac{A_S - b}{a}$$

式中　A_S 为供试品溶液中待测组分的峰面积或峰高；

　　　c_S 为供试品溶液的浓度；

　　　a、b 符号的意义同上。

上述测定法中，以外标法和标准曲线法最为常用。

0521 气相色谱法

气相色谱法系采用气体为流动相（载气）流经装有填充剂的色谱柱进行分离测定的色谱方法。物质或其衍生物汽化后，被载气带入色谱柱进行分离，各组分先后进入检测器，用数据处理系统记录色谱信号。

1. 对仪器的一般要求

所用的仪器为气相色谱仪，由载气源、进样部分、色谱柱、柱温箱、检测器和数据处理系统等组成。进样部分、色谱柱和检测器的温度均应根据分析要求适当设定。

（1）**载气源**　气相色谱法的流动相为气体，称为载气，氦、氮和氢可用作载气，可由高压钢瓶或高纯度气体发生器提供，经过适当的减压装置，以一定的流速经过进样器和色谱柱；根据供试品的性质和检测器种类选择载气，除另有规定外，常用载气为氮气。

（2）**进样部分**　进样方式一般可采用溶液直接进样、自动进样或顶空进样。

溶液直接进样采用微量注射器、微量进样阀或有分流装置的气化室进样；采用溶液直接进样或自动进样时，进样口温度应高于柱温30～50℃；进样量一般不超过数微升；柱径越细，进样量应越少，采用毛细管柱时，一般应分流以免过载。

顶空进样适用于固体和液体供试品中挥发性组分的分离和测定。将固态或液态的供试品制成供试液后，置于密闭小瓶中，在恒温控制的加热室中加热至供试品中挥发性组分在液态和气态达到平衡后，由进样器自动吸取一定体积的顶空气注入色谱柱中。

（3）**色谱柱**　色谱柱为填充柱或毛细管柱，填充柱的材质为不锈钢或玻璃，内径为2～4mm，柱长为2～4m，内装吸附剂、高分子多孔小球或涂渍固定液的载体，粒径为0.18～0.25mm、0.15～0.18mm和0.125～0.15mm。常用载体为经酸洗并硅烷化处理的硅藻土或高分子多孔小球，常用固定液有甲基聚硅氧烷、聚乙二醇等。毛细管柱的材质为玻璃或石英，内壁或载体经涂渍或交联固定液，内径一般为0.25mm、0.32mm或0.53mm，柱长5～60m，固定液膜厚0.1～5.0μm，常用的固定液有甲基聚硅氧烷、不同比例组成的苯基甲基聚硅氧烷、聚乙二醇等。

新填充柱和毛细管柱在使用前需经老化处理，以除去残留溶剂及易流失的物质，色谱柱如长期未用，使用前应老化处理，使基线稳定。

（4）**柱温箱**　由于柱温箱温度的波动会影响色谱分析结果的重现性，因此柱温箱控温精度应在±1℃，且温度波动小于每小时0.1℃。温度控制系统分为恒温和程序升温两种。

（5）**检测器**　适合气相色谱法的检测器有火焰离子化检测器（FID）、热导检测器（TCD）、氮磷检测器（NPD）、火焰光度检测器（FPD）、电子捕获检测器（ECD）、质谱检测器（MS）等。火焰离子化检测器对碳氢化合物响应良好，适合检测大多数的药物；氮磷检测器对含氮、磷元素的化合物灵敏度高；火焰光度检测器对含磷、硫元素的化合物灵敏度高；电子捕获检测器适于含卤素的化合物；质谱检测器还能给出供试品某个成分相应的结构信息，可用于结构确证。除另有规定外，一般用火焰离子化检测器，用氢气作为燃气，空气作为助燃气。在使用火焰离子化检测器时，检测器温度一般应高于柱温，并不得低于150℃，以免水汽凝结，通常为250~350℃。

（6）数据处理系统 可分为记录仪、积分仪以及计算机工作站等。

各品种项下规定的色谱条件，除检测器种类、固定液品种及特殊指定的色谱柱材料不得改变外，其余如色谱柱内径、长度、载体牌号、粒度、固定液涂布浓度、载气流速、柱温、进样量、检测器的灵敏度等，均可适当改变，以适应具体品种并符合系统适用性试验的要求。一般色谱图约于30分钟内记录完毕。

2. 系统适用性试验

除另有规定外，应照高效液相色谱法（附录0512）项下的规定。

3. 测定法

（1）内标法

（2）外标法

（3）面积归一化法

上述（1）~（3）法的具体内容均同高效液相色谱法（附录0512）项下相应的规定。

（4）标准溶液加入法 精密称（量）取某个杂质或待测成分对照品适量，配制成适当浓度的对照品溶液，取一定量，精密加入到供试品溶液中，根据外标法或内标法测定杂质或主成分含量，再扣除加入的对照品溶液含量，即得供试液溶液中某个杂质和主成分含量。

也可按下述公式进行计算，加入对照品溶液前后校正因子应相同，即：

$$\frac{A_{iS}}{A_X} = \frac{A_{iS} + \Delta c_X}{c_X}$$

则待测组分的浓度c_X可通过如下公式进行计算：

$$c_X = \frac{\Delta c_X}{(A_{iS}/A_X) - 1}$$

式中　c_X 为供试品中组分X的浓度；

　　　A_X 为供试品中组分X的色谱峰面积；

　　　Δc_X 为所加入的已知浓度的待测组分对照品的浓度；

　　　A_{iS} 为加入对照品后组分X的色谱峰面积。

由于气相色谱法的进样量一般仅数微升，为减少进样量误差，尤其当采用手工进样时，由于留针时间和室温等对进样量也有影响，故以采用内标法定量为宜；当采用自动进样器时，由于进样重复性的提高，在保证分析误差的前提下，也可采用外标法定量。当采用顶空进样时，由于供试品和对照品处于不完全相同的基质中，故可采用标准溶液加入法以消除基质效应的影响；当标准溶液加入法与其他定量方法结果不一致时，应以标准加入法结果为准。

0531 琼脂糖凝胶电泳法

琼脂糖凝胶电泳法是指带电荷的供试品在琼脂糖凝胶中，在电场的作用下，向其极性相反的电极方向按各自的速度进行泳动，使组分分离成狭窄的区带，并用适宜的检测方法记录其电泳区带图谱用以定性鉴别或计算其含量（%）。采用全自动电泳仪操作时，参考仪器使用说明书进行；采用预制胶的电泳时，参考各电泳仪标准操作规程进行；结果判断采用自动扫描仪或凝胶成像仪时，参考仪器使用说明书进行。

琼脂糖凝胶电泳法以琼脂糖作为支持介质。琼脂糖是由琼脂分离制备的链状多糖。其结构单元是D-半乳糖和3,6-脱水-L-半乳糖。许多琼脂糖链互相盘绕形成绳状琼脂糖束，构成大网孔型的凝胶。这种网络结构具有分子筛作用，使带电颗粒的分离不仅依赖净电荷的性质和数量，还可凭借分子大小进一步分离，从而提高了分辨能力。本法适用于免疫复合物、核酸与核蛋白等的分离、鉴定与纯化。

DNA分子在琼脂糖凝胶中泳动时有电荷效应和分子筛效应。DNA分子在高于等电点的pH溶液中带负电荷，在电场中向正极移动。由于糖-磷酸骨架在结构上的重复性质，相同数量的双链DNA几乎具有等量的净电荷，因此它们能以同样的速率向正极方向移动。在一定浓度的琼脂糖凝胶介质中，DNA 分子的电泳迁移率与其分子量的常用对数成反比；分子构型也对迁移率有影响，如共价闭环DNA＞直线DNA＞开环双链DNA。适用于检测DNA，PCR 反应中的电泳检测，方法见各品种项下。

方法1

1. 仪器装置

包括电泳室及直流电源两部分。

常用的水平式电泳室装置如图，包括两个电泳槽A和一个可以密封的玻璃（或相应材料）盖B；两侧的电泳槽均用有机玻璃（或相应材料）板C分成两部分；外格装有铂电极（直径0.5～0.8cm）D；里格为可放滤纸E的有机玻璃电泳槽架F，此架可从槽中取出；两侧电泳槽A内的铂电极D经隔离导线穿过槽壁与电泳仪外接电源相连。

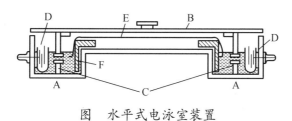

图　水平式电泳室装置

电源为具有稳压器的直流电源，常压电泳一般在100～500V，高压电泳一般在500～10 000V。

2. 试剂

（1）**醋酸-锂盐缓冲液（pH3.0）**　取冰醋酸50ml，加水800ml混合后，加氢氧化锂固体适量使溶解调节pH值至3.0，再加水至1000ml。

（2）**甲苯胺蓝溶液**　取甲苯胺蓝0.1g，加水100ml使溶解。

3. 测定法

（1）**制胶**　取琼脂糖约0.2g，加水10ml，置水浴中加热使溶胀完全，加温热的醋酸-锂盐缓冲液（pH3.0）10ml，混匀，趁热将胶液涂布于大小适宜（2.5cm×7.5cm 或4cm×9cm）的水平玻璃板上，涂层厚度约3mm，静置，待凝胶结成无气泡的均匀薄层，即得。

（2）**对照品溶液及供试品溶液的制备**　照各品种项下规定配制。

（3）**点样与电泳**　在电泳槽内加入醋酸-锂盐缓冲液（pH3.0），将凝胶板置于电泳槽架上，经滤纸桥与缓冲液接触。于凝胶板负极端分别点样1μl，立即接通电源，在电压梯度约30V/cm、电流强度1~2mA/cm的条件下，电泳约20分钟，关闭电源。

（4）**染色与脱色**　取下凝胶板，用甲苯胺蓝溶液染色，用水洗去多余的染色液至背景无色为止。

方法2

1.仪器装置

电泳室及直流电源同方法1。

2.试剂

（1）**巴比妥缓冲液（pH8.6）**　称取巴比妥4.14g、巴比妥钠23.18g，加水适量，加热使之溶解，放冷至室温，再加叠氮钠0.15g，溶解后，加水稀释至1500ml。

（2）**1.5%琼脂糖溶液**　称取琼脂糖1.5g，加水50ml和巴比妥缓冲液（pH8.6）50ml，加热使完全溶胀。

（3）**0.5%氨基黑溶液**　称取氨基黑10B 0.5g，溶于甲醇50ml、冰醋酸10ml及水40ml的混合液中。

（4）**脱色液**　量取乙醇45ml、冰醋酸5ml及水50ml，混匀。

（5）**溴酚蓝指示液**　称取溴酚蓝50mg，加水使之溶解，并稀释至100ml。

3.测定法

（1）**制胶**　取上述1.5%的琼脂糖溶液，趁热将胶液涂布于大小适宜的水平玻璃板上，涂层厚度约3mm，静置，待凝胶凝固成无气泡的均匀薄层，即得。

（2）**对照品和供试品溶液**

对照品　正常人血清或其他适宜的对照品。

供试品溶液的制备　用生理氯化钠溶液将供试品稀释成蛋白质浓度为1%~2%的溶液。

（3）**点样与电泳**　在电泳槽内加入巴比妥缓冲液（pH8.6），于琼脂糖凝胶板负极端的1/3处打孔，孔径2~3mm，置于电泳槽架上，经3层滤纸搭桥与巴比妥缓冲液（pH8.6）接触。测定孔加适量供试品溶液和1滴溴酚蓝指示液，对照孔加适量对照品及1滴溴酚蓝指示液。100V恒压条件下电泳2小时（指示剂迁移到前沿），关闭电源。

（4）**染色与脱色**　取下凝胶板，用0.5%氨基黑溶液染色，再用脱色液脱色至背景无色。

0532 毛细管电泳法

毛细管电泳法是指以弹性石英毛细管为分离通道，以高压直流电场为驱动力，依据供试品中各组分之间淌度（单位电场强度下的迁移速度）和（或）分配行为的差异而实现各组分分离的一种分析方法。

当熔融石英毛细管内充满操作缓冲液时，管内壁上硅羟基解离释放氢离子至溶液中使管壁带负电荷并与溶液形成双电层（ζ电位），即使在较低pH值的缓冲液中情况也如此。当毛细管两端加上直流电压时将使带正电的溶液整体地移向负极端。此种在电场作用下溶液的整体移动称为电渗流（EOF）。内壁硅羟基的解离度与操作缓冲液pH值和添加的改性剂有关。降低溶液pH值会降低解离度，减小电渗流；提高溶液pH值提高解离度，增加电渗流。有机添加剂的加入有时会抑制内壁硅羟基的解离，减小电渗流。在操作缓冲液中带电粒子在电场作用下以不同速度向极性相反的方向移动，形成电泳。运动速度等于其电泳速度和电渗速度的矢量和。电渗速度通常大于电泳速度，因此电泳时各组分即使是阴离子也会从毛细管阳极端流向阴极端。为了减小或消除电渗流，除了降低操作缓冲液pH值之外，还可以采用内壁聚合物涂层的毛细管。这种涂层毛细管可减少大分子在管壁上的吸附。

1. 分离模式

毛细管电泳的分离模式有以下几种。

（1）**毛细管区带电泳（CZE）** 将待分析溶液引入毛细管进样一端，施加直流电压后，各组分按各自的电泳流和电渗流的矢量和流向毛细管出口端，按阳离子、中性粒子和阴离子及其电荷大小的顺序通过检测器。中性组分彼此不能分离。出峰时间为迁移时间（t_m），相当于高效液相色谱和气相色谱中的保留时间。

（2）**毛细管凝胶电泳（CGE）** 在毛细管中装入单体和引发剂引发聚合反应生成凝胶，如聚丙烯酰胺凝胶、琼脂糖凝胶等，这种方法主要用于测定蛋白质、DNA等生物大分子。另外，还可以利用聚合物溶液，如葡聚糖等的筛分作用进行分析，称毛细管无胶筛分。有时将它们统称为毛细管筛分电泳，下分为凝胶和无胶筛分两类。

（3）**毛细管等速电泳（CITP）** 采用前导电解质和尾随电解质，在毛细管中充入前导电解质后，进样，电极槽中换用尾随电解质进行电泳分析，带不同电荷的组分迁移至各个狭窄的区带，然后依次通过检测器。

（4）**毛细管等电聚焦电泳（CIEF）** 将毛细管内壁涂覆聚合物减小电渗流，再将供试品和两性电解质混合进样，两个电极槽中分别加入酸液和碱液，施加电压后毛细管中的操作电解质溶液逐渐形成pH梯度，各溶质在毛细管中迁移至各自的等电点（pI）时变为中性形成聚焦的区带，而后用压力或改变检测器末端电极槽储液的pH值的方法使溶质通过检测器，或者采用全柱成像方式进行检测。

（5）**胶束电动毛细管色谱（MEKC或MECC）** 当操作缓冲液中加入大于其临界胶束浓度的离子型表面活性剂时，表面活性剂就聚集形成胶束，其亲水端朝外、疏水非极性核朝内，溶质则在水和胶束两相间分配，各溶质因分配系数存在差别而被分离。对于常用的阴离子表面活性剂十二烷基硫酸钠，进样后极强亲水性组分不能进入胶束，随操作缓冲液流过检测器（容量因子$k'=0$）；极强疏水性组分则进入胶束的核中不再回到水相，最后达到检测器（$k'=\infty$）。常用的其他胶束试剂还有阳离子表面活性剂十六烷基三甲基溴化铵、胆酸等。两亲性质的聚合物，尤其是嵌段聚合物也会在不同极性的溶剂中形成胶束结构，可以起到类似表面活性剂的作用。

（6）**毛细管电色谱（CEC）** 将细粒径固定相填充到毛细管中或在毛细管内壁涂覆固定相，或以聚合物原位交联聚合的形式在毛细管内制备聚合物整体柱，以电渗流驱动操作缓冲液（有时再加辅助压力）进行分离。分析方式根据填料不同，可分为正相、反相及离子交换等模式。

以上分离模式（1）和（5）使用较多。（5）和（6）两种模式的分离机理以色谱为主，但对荷电溶质则兼有电泳作用。

操作缓冲液中加入各种添加剂可获得多种分离效果。如加入环糊精、衍生化环糊精、冠醚、血清蛋白、多糖、胆酸盐或某些抗生素等，可拆分手性化合物；加入有机溶剂可改善某些组分的分离效果，以至可在非水溶液中进行分析。

2. 对仪器的一般要求

毛细管电泳仪的主要部件及其性能要求如下。

（1）**毛细管** 用弹性石英毛细管，内径 $50\mu m$ 和 $75\mu m$ 两种使用较多（毛细管电色谱有时用内径更大些的毛细管）。细内径分离效果好，且焦耳热下，允许施加较高电压；但若采用柱上检测，则因光程较短，其检测限比较粗内径管要差。毛细管长度称为总长度，根据分离度的要求，可选用 $20 \sim 100cm$ 长度；进样端至检测器间的长度称为有效长度。毛细管常盘放在管架上控制在一定温度下操作，以控制焦耳热，操作缓冲液的黏度和电导率，对测定的重复性很重要。

（2）**直流高压电源** 采用 $0 \sim 30kV$（或相近）可调节直流电源，可供应约 $300\mu A$ 电流，具有稳压和稳流两种方式可供选择。

（3）**电极和电极槽** 两个电极槽里放入操作缓冲液，分别插入毛细管的进口端与出口端以及铂电极；铂电极连接至直流高压电源，正负极可切换。多种型号的仪器将试样瓶同时用做电极槽。

（4）**冲洗进样系统** 每次进样之前毛细管要用不同溶液冲洗，选用自动冲洗进样仪器较为方便。进样方法有压力（加压）进样、负压（减压）进样、虹吸进样和电动（电迁移）进样等。进样时通过控制压力或电压及时间来控制进样量。

（5）**检测系统** 紫外-可见分光检测器、激光诱导荧光检测器、电化学检测器和质谱检测器等均可用作毛细管电泳的检测器。其中以紫外-可见光光度检测器应用最广，包括单波长、程序波长和二极管阵列检测器。将毛细管接近出口端的外层聚合物剥去约 2mm 一段，使石英管壁裸露，毛细管两侧各放置一个石英聚光球，使光源聚焦在毛细管上，透过毛细管到达光电池。对无光吸收（或荧光）的溶质的检测，还可采用间接测定法，即在操作缓冲液中加入对光有吸收（或荧光）的添加剂，在溶质到达检测窗口时出现反方向的峰。

（6）**数据处理系统** 与一般色谱数据处理系统基本相同。

3. 系统适用性试验

为考察所配置的毛细管分析系统和设定的参数是否适用，系统适用性的测试项目和方法与高效液相色谱法或气相色谱法相同，相关的计算式和要求也相同；如重复性（相对标准偏差，RSD）、容量因子（k'）、毛细管理论板数（n）、分离度（R）、拖尾因子（T）、线性范围、最低检测限（LOD）和最低定量限（LOQ）等，可参照测定。具体指标应符合各品种项下的规定，特别是进样精度和不同荷电溶质迁移速度的差异对分析精密度的影响。

4. 基本操作

（1）按照仪器操作手册开机，预热，输入各项参数，如毛细管温度、操作电压、检测波长和冲洗程序等。操作缓冲液需过滤和脱气。冲洗液、缓冲液等放置于样品瓶中，依次放入进样器。

（2）毛细管处理的好坏，对测定结果影响很大。未涂层新毛细管要用较浓碱液在较高温度（例如用 1mol/L 氢氧化钠溶液在 60℃）冲洗，使毛细管内壁生成硅羟基，再依次用 0.1mol/L 氢氧化钠溶液、水和操作缓冲液各冲洗数分钟。两次进样中间可仅用缓冲液冲洗，但若发现分离性能改变，则开始须用 0.1mol/L 氢氧化钠溶液冲洗，甚至要用浓氢氧化钠溶液升温冲洗。凝胶毛细管、涂层毛细管、填充毛细管的冲洗则应按照所附说明书操作。冲洗时将盛溶液的试样瓶依次置于进样器，设定顺序和时间进行。

（3）操作缓冲液的种类、pH值和浓度，以及添加剂〔用以增加溶质的溶解度和（或）控制溶质的解离度，手性拆分等〕的选定对测定结果的影响也很大，应照各品种项下的规定配制，根据初试的结果调整、优化。

（4）将供试品溶液瓶置于进样器中，设定操作参数，如进样压力（电动进样电压）、进样时间、正极端或负极端进样、操作电压或电流、检测器参数等，开始测试。根据初试的电泳谱图调整仪器参数和操作缓冲液以获得优化结果。而后用优化条件正式测试。

（5）测试完毕后用水冲洗细管，注意将毛细管两端浸入水中保存，如果长久不用应将毛细管用氮吹干，最后关机。

（6）定量测定以采用内标法为宜。用加压或减压法进样时，供试品溶液黏度会影响进样体积，应注意保持试样溶液和对照溶液黏度一致；用电动法进样时，被测组分因电歧视现象和溶液离子强度会影响待测组分的迁移量，也要注意其影响。

0600 物理常数测定法

0601 相对密度测定法

相对密度系指在相同的温度、压力条件下，某物质的密度与水的密度之比。除另有规定外，温度为20℃。

纯物质的相对密度在特定的条件下为不变的常数。但如物质的纯度不够，则其相对密度的测定值会随着纯度的变化而改变。因此，测定兽药的相对密度，可用以检查兽药的纯杂程度。

液体兽药的相对密度，一般用比重瓶（图1）测定；测定易挥发液体的相对密度，可用韦氏比重秤（图2）。

用比重瓶测定时的环境（指比重瓶和天平的放置环境）温度应略低于20℃或各品种项下规定的温度。

1. 比重瓶法

（1）取洁净、干燥并精密称定重量的比重瓶（图1a），装满供试品（温度应低于20℃或各品种项下规定的温度）后，装上温度计（瓶中应无气泡），置20℃（或各品种项下规定的温度）的水浴中放置若干分钟，使内容物的温度达到20℃（或各品种项下规定的温度），用滤纸除去溢出侧管的液体，立即盖上罩。然后将比重瓶自水浴中取出，再用滤纸将比重瓶的外面擦净，精密称定，减去比重瓶的重量，求得供试品的重量后，将供试品倾去，洗净比重瓶，装满新沸过的冷水，再照上法测得同一温度时水的重量，按下式计算，即得。

$$供试品的相对密度 = \frac{供试品质量}{水质量}$$

（2）取洁净、干燥并精密称定重量的比重瓶（图1b），装满供试品（温度应低于20℃或各品种项下规定的温度）后，插入中心有毛细孔的瓶塞，用滤纸将从塞孔溢出的液体擦干，置20℃（或各品种项下规定的温度）恒温水浴中，放置若干分钟，随着供试液温度的上升，过多的液体将不断从塞孔溢出，随时用滤纸将瓶塞顶端擦干，待液体不再由塞孔溢出，迅即将比重瓶自水浴中取出，照上述（1）法，自"再用滤纸将比重瓶的外面擦净"起，依法测定，即得。

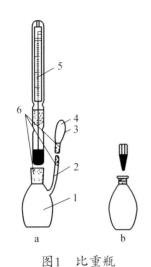

图1　比重瓶

1. 比重瓶主体；2. 侧管；3. 侧孔；4. 罩；

5. 温度计；6. 玻璃磨口

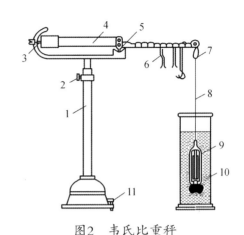

图2　韦氏比重秤

1. 支架；2. 调节器；3. 指针；4. 横梁；5. 刀口；

6. 游码；7. 小钩；8. 细铂丝；9. 玻璃锤；

10. 玻璃圆筒；11. 调整螺丝

2. 韦氏比重秤法

取20℃时相对密度为1的韦氏比重秤（图2），用新沸过的冷水将所附玻璃圆筒装至八分满，置20℃（或各品种项下规定的温度）的水浴中，搅动玻璃圆筒内的水，调节温度至20℃（或各品种项下规定的温度），将悬于秤端的玻璃锤浸入圆筒内的水中，秤臂右端悬挂游码于1.0000处，调节秤臂左端平衡用的螺旋使平衡，然后将玻璃圆筒内的水倾去，拭干，装入供试液至相同的高度，并用同法调节温度后，再把拭干的玻璃锤浸入供试液中，调节秤臂上游码的数量与位置使平衡，读取数值，即得供试品的相对密度。

如该比重秤系在4℃时相对密度为1，则用水校准时游码应悬挂于0.998 2处，并应将在20℃测得的供试品相对密度除以0.998 2。

0611 熔点测定法

依照待测物质的性质不同，测定法分为下列三种。各品种项下未注明时，均系指第一法。

第一法　测定易粉碎的固体兽药。

A. 传温液加热法

取供试品适量，研成细粉，除另有规定外，应按照各品种项下干燥失重的条件进行干燥。若该品种为不检查干燥失重、熔点范围低限在135℃以上、受热不分解的供试品，可采用105℃干燥；熔点在135℃以下或受热分解的供试品，可在五氧化二磷干燥器中干燥过夜或用其他适宜的干燥方法干燥，如恒温减压干燥。

分取供试品适量，置熔点测定用毛细管（简称毛细管，由中性硬质玻璃管制成，长9cm以上，内径0.9～1.1mm，壁厚0.10～0.15mm，一端熔封；当所用温度计浸入传温液在6cm以上时，管长应适当增加，使露出液面3cm以上）中，轻击管壁或借助长短适宜的洁净玻璃管，垂直放在表面皿或其他适宜的硬质物体上，将毛细管自上口放入使自由落下，反复数次，使粉末紧密集结在毛细管的熔封端。装入供试品的高度为3mm。另将温度计（分浸型，具有0.5℃刻度，经熔点测定用对照品校正）放入盛装传温液（熔点在80℃以下者，用水；熔点在80℃以上者，用硅油或液状石蜡）的容器中，使温度计汞球部的底端与容器的底部距离2.5cm以上（用内加热的容器，温度计汞球与加热器上表面距离2.5cm以上）；加入传温液以使传温液受热后的液面适在温度计的分浸线处。将传温液加热，俟温度上升至较规定的熔点低限约低10℃时，将装有供试品的毛细管浸入传温液，贴附在温度计上（可用橡皮圈或毛细管夹固定），位置须使毛细管的内容物适在温度计汞球中部；继续加热，调节升温速率为每分钟上升1.0～1.5℃，加热时须不断搅拌使传温液温度保持均匀，记录供试品在初熔至全熔时的温度，重复测定3次，取其平均值，即得。

"初熔"系指供试品在毛细管内开始局部液化出现明显液滴时的温度。

"全熔"系指供试品全部液化时的温度。

测定熔融同时分解的供试品时，方法如上述，但调节升温速率使每分钟上升2.5～3.0℃；供试品开始局部液化时（或开始产生气泡时）的温度作为初熔温度；供试品固相消失全部液化时的温度作为全熔温度。遇有固相消失不明显时，应以供试品分解物开始膨胀上升时的温度作为全熔温度。某些兽药无法分辨其初熔、全熔时，可以其发生突变时的温度作为熔点。

B. 电热块空气加热法

系采用自动熔点仪的熔点测定法。自动熔点仪有两种测光方式：一种是透射光方式，一种是反射光方式；某些仪器兼具两种测光方式。大部分自动熔点仪可置多根毛细管同时测定。

分取经干燥处理（同A法）的供试品适量，置熔点测定用毛细管（同A法）中；将自动熔点仪加热块加热至较规定的熔点低限约低10℃时，将装有供试品的毛细管插入加热块中，继续加热，调节升温速率为每分钟上升1.0～1.5℃，重复测定3次，取其平均值，即得。

测定熔融同时分解的供试品时，方法如上述，但调节升温速率使每分钟上升2.5～3.0℃。

遇有色粉末、熔融同时分解、固相消失不明显且生成分解物导致体积膨胀、或含结晶水（或结晶溶剂）的供试品时，可适当调整仪器参数，提高判断熔点变化的准确性。当透射和反射测光方式受干扰明显时，可允许目视观察熔点变化；通过摄像系统记录熔化过程并进行追溯评估，必要时，测定结果的准确性需经A法验证。

自动熔点仪的温度示值要定期采用熔点标准品进行校正。必要时，供试品测定应随行采用标准品校正。

若对B法测定结果持有异议，应以A法测定结果为准。

第二法 测定不易粉碎的固体兽药（如脂肪、脂肪酸、石蜡、羊毛脂等）。

取供试品，注意用尽可能低的温度熔融后，吸入两端开口的毛细管（同第一法，但管端不熔封）中，使高达约10mm。在10℃或10℃以下的冷处静置24小时，或置冰上放冷不少于2小时，凝固后用橡皮圈将毛细管紧缚在温度计（同第一法）上，使毛细管的内容物部分适在温度计汞球中部。照第一法将毛细管连同温度计浸入传温液中，供试品的上端应适在传温液液面下约10mm处；小心加热，俟温度上升至较规定的熔点低限尚低约5℃时，调节升温速率使每分钟上升不超过0.5℃，至供试品在毛细管中开始上升时，检读温度计上显示的温度，即得。

第三法 测定凡士林或其他类似物质。

取供试品适量，缓缓搅拌并加热至温度达90～92℃时，放入一平底耐热容器中，使供试品厚度达到12mm±1mm，放冷至较规定的熔点上限高8～10℃；取刻度为0.2℃、汞球长18～28mm、直径5～6mm的温度计（其上部预先套上软木塞，在塞子边缘开一小槽），使冷至5℃后，擦干并小心地将温度计汞球部垂直插入上述熔融的供试品中,直至碰到容器的底部(浸没12mm),随即取出,直立悬置,俟黏附在温度计汞球部的供试品表面浑浊,将温度计浸入16℃以下的水中5分钟,取出,再将温度计插入一外径约25mm、长150mm的试管中,塞紧,使温度计悬于其中,并使温度计汞球部的底端距试管底部约为15mm;将试管浸入约16℃的水浴中,调节试管的高度使温度计上分浸线同水面相平;加热使水浴温度以每分钟2℃的速率升至38℃,再以每分钟1℃的速率升温至供试品的第一滴脱离温度计为止;检读温度计上显示的温度,即可作为供试品的近似熔点。再取供试品,照前法反复测定数次;如前后3次测得的熔点相差不超过1℃,可取3次的平均值作为供试品的熔点;如3次测得的熔点相差超过1℃时,可再测定2次,并取5次的平均值作为供试品的熔点。

0612 凝点测定法

凝点系指一种物质照下述方法测定,由液体凝结为固体时,在短时间内停留不变的最高温度。

某些兽药具有一定的凝点,纯度变更,凝点亦随之改变。测定凝点可以区别或检查兽药的纯杂程度。

仪器装置 如图。内管A为内径约25mm、长约170mm的干燥试管,用软木塞固定在内径约40mm、长约160mm的外管B中,管底间距约10mm。内管用一软木塞塞住,通过软木塞插入刻度为0.1℃的温度计C与搅拌器D,温度计汞球的末端距内管底约10mm。搅拌器D为玻璃棒,上端略弯,末端先铸一小圈,直径约为18mm,然后弯成直角。内管连同外管垂直固定于盛有水或其他适宜冷却液的1000ml烧杯中,并使冷却液的液面离烧杯口约20mm。

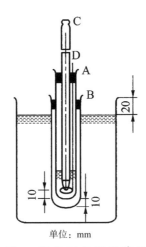

单位:mm

图1 凝点测定仪器装置

测定法 取供试品(如为液体,量取15ml;如为固体,称取15~20g,加微温使熔融),置内管中,使迅速冷却,并测定供试品的近似凝点。再将内管置较近似凝点高5~10℃的水浴中,使凝结物仅剩极微量未熔融。将仪器按上述装妥,烧杯中加入较供试品近似凝点约低5℃的水或其他适宜的冷却液。用搅拌器不断搅拌供试品,每隔30秒钟观察温度1次,至液体开始凝结,停止搅拌并每隔5~10秒钟观察温度1次,至温度计的汞柱在一点能停留约1分钟不变,或微上升至最高温度后停留约1分钟不变,即将该温度作为供试品的凝点。

【附注】 如某些兽药在一般冷却条件下不易凝固,需另用少量供试品在较低温度使凝固后,取少量作为母晶加到供试品中，方能测出其凝点。

0621 旋光度测定法

平面偏振光通过含有某些光学活性化合物的液体或溶液时，能引起旋光现象，使偏振光的平面向左或向右旋转。旋转的度数，称为旋光度。偏振光透过长1dm且每1ml中含有旋光性物质1g的溶液，在一定波长与温度下测得的旋光度称为比旋度。测定比旋度（或旋光度）可以区别或检查某些兽药的纯杂程度，亦可用以测定含量。

除另有规定外，本法系采用钠光谱的D线（589.3nm）测定旋光度，测定管长度为1dm（如使用其他管长，应进行换算），测定温度为20℃。使用读数至0.01°并经过检定的旋光计。

测定旋光度时，将测定管用供试液体或溶液（取固体供试品，按各品种项下的方法制成）冲洗数次，缓缓注入供试液体或溶液适量（注意勿使发生气泡），置于旋光计内检测读数，即得供试液的旋光度。使偏振光向右旋转者（顺时针方向）为右旋，以"＋"符号表示；使偏振光向左旋转者（反时针方向）为左旋，以"－"符号表示。用同法读取旋光度3次，取3次的平均数，照下列公式计算，即得供试品的比旋度。

对液体供试品
$$[\alpha]_D^t = \frac{\alpha}{ld}$$

对固体供试品
$$[\alpha]_D^t = \frac{100\alpha}{lc}$$

式中　$[\alpha]$为比旋度；

　　　D为钠光谱的D线；

　　　t为测定时的温度，℃；

　　　l为测定管长度，dm；

　　　α为测得的旋光度；

　　　d为液体的相对密度；

　　　c为每100ml溶液中含有被测物质的重量（按干燥品或无水物计算），g。

旋光计的检定，可用标准石英旋光管进行，读数误差应符合规定。

【附注】　（1）每次测定前应以溶剂作空白校正，测定后，再校正1次，以确定在测定时零点有无变动；如第2次校正时发现零点有变动，则应重新测定旋光度。

（2）配制溶液及测定时，均应调节温度至20℃±0.5℃（或各品种项下规定的温度）。

（3）供试的液体或固体物质的溶液应充分溶解，供试液应澄清。

（4）物质的比旋度与测定光源、测定波长、溶剂、浓度和温度等因素有关。因此，表示物质的比旋度时应注明测定条件。

0622 折光率测定法

光线自一种透明介质进入另一透明介质时，由于光线在两种介质中的传播速度不同，使光线在两种介质的平滑界面上发生折射。常用的折光率系指光线在空气中进行的速度与在供试品中进行速度的比值。根据折射定律，折光率是光线入射角的正弦与折射角的正弦的比值，即

$$n = \frac{\sin i}{\sin r}$$

式中　n为折光率；

　　　$\sin i$为光线的入射角的正弦；

　　　$\sin r$为光线的折射角的正弦。

物质的折光率因温度或入射光波长的不同而改变，透光物质的温度升高，折光率变小；入射光的波长越短，折光率越大。折光率以n'_D表示，D为钠光谱的D线，t为测定时的温度。测定折光率可以区别不同的油类或检查某些兽药的纯杂程度。

本法系采用钠光谱的D线（589.3nm）测定供试品相对于空气的折光率（如用阿培折光计，可用白光光源），除另有规定外，供试品温度为20℃。

测定用的折光计须能读数至0.0001，测量范围1.3～1.7，如用阿培折光计或与其相当的仪器，测定时应调节温度至20℃±0.5℃（或各品种项下规定的温度），测量后再重复读数2次，3次读数的平均值即为供试品的折光率。

测定前，折光计读数应使用校正用棱镜或水进行校正，水的折光率20℃时为1.3330，25℃时为1.3325，40℃时为1.3305。

0631　pH值测定法

pH值是水溶液中氢离子活度的方便表示方法。pH值定义为水溶液中氢离子活度的负对数，即pH$=-\lg a_H{}^+$。但氢离子活度却难以由实验准确测定，为实用方便，溶液的pH值规定为由下式测定：

$$pH = pH_S - \frac{E - E_S}{k}$$

式中　E为含有待测溶液（pH）的原电池电动势，V；

　　　E_S为含有标准缓冲液（pH_S）的原电池电动势，V；

　　　k为与温度（t，℃）有关的常数。

$$k = 0.059\,16 + 0.000\,198\,(t-25)$$

由于待测物的电离常数、介质的介电常数和液接界电位等诸多因素均可影响pH值的准确测量，所以实验测得的数值只是溶液的表观pH值，它不能作为溶液氢离子活度的严格表征。尽管如此，只要待测溶液与标准缓冲液的组成足够接近，由上式测得的pH值与溶液的真实pH值还是颇为接近的。

溶液的pH值使用酸度计测定。水溶液的pH值通常以玻璃电极为指示电极、饱和甘汞电极或银-氯化银电极为参比电极进行测定。酸度计应定期进行计量检定，并符合国家有关规定。测定前，应采用下列标准缓冲液校正仪器，也可用国家标准物质管理部门发放的标示pH值准确至0.01pH单位的各种标准缓冲液校正仪器。

1. 仪器校正用的标准缓冲液

（1）**草酸盐标准缓冲液** 精密称取在54℃±3℃干燥4～5小时的草酸三氢钾12.71g，加水使溶解并稀释至1000ml。

（2）**苯二甲酸盐标准缓冲液** 精密称取在115℃±5℃干燥2～3小时的邻苯二甲酸氢钾10.21g，加水使溶解并稀释至1000ml。

（3）**磷酸盐标准缓冲液** 精密称取在115℃±5℃干燥2～3小时的无水磷酸氢二钠3.55g与磷酸二氢钾3.40g，加水使溶解并稀释至1000ml。

（4）**硼砂标准缓冲液** 精密称取硼砂3.81g（注意避免风化），加水使溶解并稀释至1000ml，置聚乙烯塑料瓶中，密塞，避免空气中二氧化碳进入。

（5）**氢氧化钙标准缓冲液** 于25℃，用无二氧化碳的水和过量氢氧化钙经充分振摇制成的饱和溶液，取上清液使用。因本缓冲液是25℃时的氢氧化钙饱和溶液，所以临用前需核对溶液的温度是否在25℃，否则需调温至25℃再经溶解平衡后，方可取上清液使用。存放时应防止空气中二氧化碳进入。一旦出现浑浊，应弃去重配。

上述标准缓冲溶液必须用pH值基准试剂配制。不同温度时各种标准缓冲液的pH值如下表。

温度（℃）	草酸盐 标准缓冲液	苯二甲酸盐 标准缓冲液	磷酸盐 标准缓冲液	硼砂 标准缓冲液	氢氧化钙 标准缓冲液 （25℃饱和溶液）
0	1.67	4.01	6.98	9.46	13.43
5	1.67	4.00	6.95	9.40	13.21
10	1.67	4.00	6.92	9.33	13.00
15	1.67	4.00	6.90	9.27	12.81
20	1.68	4.00	6.88	9.22	12.63
25	1.68	4.01	6.86	9.18	12.45
30	1.68	4.01	6.85	9.14	12.30
35	1.69	4.02	6.84	9.10	12.14
40	1.69	4.04	6.84	9.06	11.98
45	1.70	4.05	6.83	9.04	11.84
50	1.71	4.06	6.83	9.01	11.71
55	1.72	4.08	6.83	8.99	11.57
60	1.72	4.09	6.84	8.96	11.45

2. 注意事项

测定pH值时，应严格按仪器的使用说明书操作，并注意下列事项。

（1）测定前，按各品种项下的规定，选择两种pH值约相差3个pH单位的标准缓冲液，并使供试品溶液的pH值处于两者之间。

（2）取与供试品溶液pH值较接近的第一种标准缓冲液对仪器进行校正（定位），使仪器示值与表列数值一致。

（3）仪器定位后，再用第二种标准缓冲液核对仪器示值，误差应不大于±0.02pH单位。若大于此偏差，则应小心调节斜率，使示值与第二种标准缓冲液的表列数值相符。重复上述定位与斜率调节操作，至仪器示值与标准缓冲液的规定数值相差不大于0.02pH单位。否则，需检查仪器或更换电极后，再行校正至符合要求。

（4）每次更换标准缓冲液或供试品溶液前，应用纯化水充分洗涤电极，然后将水吸尽，也可用所换的标准缓冲液或供试品溶液洗涤。

（5）在测定高pH值的供试品和标准缓冲液时，应注意碱误差的问题，必要时选用适当的玻璃电极测定。

（6）对弱缓冲或无缓冲作用溶液的pH值测定，除另有规定外，先用苯二甲酸盐标准缓冲液校正仪器后测定供试品溶液，并重取供试品溶液再测，直至pH值的读数在1分钟内改变不超过±0.05止；然后再用硼砂标准缓冲液校正仪器，再如上法测定；两次pH值的读数相差应不超过0.1，取两次读数的平均值为其pH值。

（7）配制标准缓冲液与溶解供试品的水，应是新沸过并放冷的纯化水，其pH值应为5.5～7.0。

（8）标准缓冲液一般可保存2～3个月，但发现有浑浊、发霉或沉淀等现象时，不能继续使用。

0700 其他测定法

0701 电位滴定法与永停滴定法

电位滴定法与永停滴定法是容量分析中用以确定终点或选择核对指示剂变色域的方法。选用适当的电极系统可以作氧化还原法、中和法（水溶液或非水溶液）、沉淀法、重氮化法或水分测定法第一法等的终点指示。

电位滴定法选用两支不同的电极。一支为指示电极，其电极电位随溶液中被分析成分的离子浓度的变化而变化；另一支为参比电极，其电极电位固定不变。在到达滴定终点时，因被分析成分的离子浓度急剧变化而引起指示电极的电位突减或突增，此转折点称为突跃点。

永停滴定法采用两支相同的铂电极，当在电极间加一低电压（例如50mV）时，若电极在溶液中极化，则在未到滴定终点时，仅有很小或无电流通过；但当到达终点时，滴定液略有过剩，使电极去极化，溶液中即有电流通过，电流计指针突然偏转，不再回复。反之，若电极由去极化变为极化，则电流计指针从有偏转回到零点，也不再变动。

仪器装置 电位滴定可用电位滴定仪、酸度计或电位差计，永停滴定可用永停滴定仪或按图示装置。

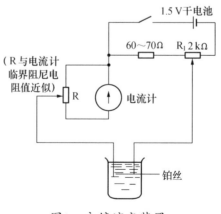

图1 永停滴定装置

电流计的灵敏度除另有规定外，测定水分时用10^{-6}A／格，重氮化法用10^{-9}A／格。所用电极可按下表选择。

滴定法

（1）**电位滴定法**　将盛有供试品溶液的烧杯置电磁搅拌器上，浸入电极，搅拌，并自滴定管中分次滴加滴定液；开始时可每次加入较多的量，搅拌，记录电位；至将近终点前，则应每次加入少量，搅拌，记录电位；至突跃点已过，仍应继续滴加几次滴定液，并记录电位。

滴定终点的确定　终点的确定分为作图法和计算法两种。作图法是以指示电极的电位（E）为纵坐标，以滴定液体积（V）为横坐标，绘制滴定曲线，以滴定曲线的陡然上升或下降部分的中点或曲线的拐点为滴定终点。根据实验得到的E值与相应的V值，依次计算一级微商$\Delta E／\Delta V$（相邻两次的电位差与相应滴定液体积差之比）和二级微商$\Delta^2 E／\Delta V^2$（相邻$\Delta E／\Delta V$值间的差与相应滴定液体积差之比）值，将测定值（E，V）和计算值列表。再将计算值$\Delta E／\Delta V$或$\Delta^2 E／\Delta V^2$作为纵坐标，以相应的滴定液体积（V）为横坐标作图，一级微商$\Delta E／\Delta V$的极值和二级微商$\Delta^2 E／\Delta V^2$等于零（曲线过零）时对应的体积即为滴定终点。前者称为一阶导数法，终点时的滴定液体积也可由计算求得，即$\Delta E／\Delta V$达极值时前、后两个滴定液体积读数的平均值；后者称为二阶导数法，终点时的滴定液体积也采用曲线过零前、后两点坐标的线性内插法计算，即：

$$V_0 = V + \frac{a}{a+b} \times \Delta V$$

式中　V_0为终点时的滴定液体积；

a为曲线过零前的二级微商绝对值；

b为曲线过零后的二级微商绝对值；

V为a点对应的滴定液体积；

ΔV为由a点至b点所滴加的滴定液体积。

由于二阶导数计算法最准确，所以最为常用。

采用自动电位滴定仪可方便地获得滴定数据或滴定曲线。

如系供终点时指示剂色调的选择或核对，可在滴定前加入指示剂，观察终点前至终点后的颜色变化，以确定该品种在滴定终点时的指示剂颜色。

方法	电极系统	说明
水溶液氧化还原法	铂-饱和甘汞	铂电极用加有少量三氯化铁的硝酸或用铬酸清洁液浸洗
水溶液中和法	玻璃-饱和甘汞	
非水溶液中和法	玻璃-饱和甘汞	饱和甘汞电极套管内装氯化钾的饱和无水甲醇溶液。玻璃电极用过后应立即清洗并浸在水中保存
水溶液银量法	银-玻璃	银电极可用稀硝酸迅速浸洗
	银-硝酸钾盐桥-饱和甘汞	
-C≡CH中氢置换法	玻璃-硝酸钾盐桥-饱和甘汞	
硝酸汞电位滴定法	铂-汞-硫酸亚汞	铂电极可用10%（g/ml）硫代硫酸钠溶液浸泡后用水清洗。汞-硫酸亚汞电极可用稀硝酸浸泡后用水清洗
永停滴定法	铂-铂	铂电极用加有少量三氯化铁的硝酸或用铬酸清洁液浸洗

（2）**永停滴定法**　用作重氮化法的终点指示时，调节R_1使加于电极上的电压约为50mV。取供试品适量，精密称定，置烧杯中，除另有规定外，可加水40ml与盐酸溶液（1→2）15ml，而后置

电磁搅拌器上，搅拌使溶解，再加溴化钾2g，插入铂-铂电极后，将滴定管的尖端插入液面下约2/3处，用亚硝酸钠滴定液（0.1mol/L或0.05mol/L）迅速滴定，随滴随搅拌，至近终点时，将滴定管的尖端提出液面，用少量水淋洗尖端，洗液并入溶液中，继续缓缓滴定，至电流计指针突然偏转，并不再回复，即为滴定终点。

用作水分测定法第一法的终点指示时，可调节R_1使电流计的初始电流为$5 \sim 10\mu A$，待滴定到电流突增至$50 \sim 150\mu A$，并持续数分钟不退回，即为滴定终点。

0702 非水溶液滴定法

非水溶液滴定法是在非水溶剂中进行滴定的方法。主要用来测定有机碱及其氢卤酸盐、磷酸盐、硫酸盐或有机酸盐，以及有机酸的碱金属盐类药物的含量，也用于测定某些有机弱酸的含量。

非水溶剂的种类

（1）**酸性溶剂**　有机弱碱在酸性溶剂中可显著地增强其相对碱度，最常用的酸性溶剂为冰醋酸。

（2）**碱性溶剂**　有机弱酸在碱性溶剂中可显著地增强其相对酸度，最常用的碱性溶剂为二甲基甲酰胺。

（3）**两性溶剂**　兼有酸、碱两种性能，最常用的为甲醇。

（4）**惰性溶剂**　这一类溶剂没有酸、碱性，如三氯甲烷等。

第一法　除另有规定外，精密称取供试品适量〔约消耗高氯酸滴定液（0.1mol/L）8ml〕，加冰醋酸10～30ml使溶解，加各品种项下规定的指示液1～2滴，用高氯酸滴定液（0.1mol/L）滴定。终点颜色应以电位滴定时的突跃点为准，并将滴定的结果用空白试验校正。

若滴定供试品与标定高氯酸滴定液时的温度差别超过10℃，则应重新标定；若未超过10℃，则可根据下式将高氯酸滴定液的浓度加以校正。

$$N_1 = \frac{N_0}{1+0.0011\,(t_1-t_0)}$$

式中　0.0011为冰醋酸的膨胀系数；

t_0为标定高氯酸滴定液时的温度；

t_1为滴定供试品时的温度；

N_0为t_0时高氯酸滴定液的浓度；

N_1为t_1时高氯酸滴定液的浓度。

供试品如为氢卤酸盐，除另有规定外，可在加入醋酸汞试液3～5ml后，再进行滴定（因醋酸汞试液具有一定毒性，故在方法建立时，应尽量减少使用）；供试品如为磷酸盐，可以直接滴定；硫酸盐也可直接滴定，但滴定至其成为硫酸氢盐为止；供试品如为硝酸盐时，因硝酸可使指示剂褪色，终点极难观察，遇此情况应以电位滴定法指示终点为宜。

电位滴定时用玻璃电极为指示电极，饱和甘汞电极（玻璃套管内装氯化钾的饱和无水甲醇溶液）或银-氯化银电极为参比电极，或复合电极。

第二法　除另有规定外，精密称取供试品适量〔约消耗碱滴定液（0.1mol/L）8ml〕，加各品种项下规定的溶剂使溶解，再加规定的指示液1～2滴，用规定的碱滴定液（0.1mol/L）滴定。终点颜色应以电位滴定时的突跃点为准，并将滴定的结果用空白试验校正。

在滴定过程中，应注意防止溶剂和碱滴定液吸收大气中的二氧化碳和水蒸气，以及滴定液中溶剂的挥发。

电位滴定时所用的电极同第一法。

0703 氮测定法

本法系依据含氮有机物经硫酸消化后，生成的硫酸铵被氢氧化钠分解释放出氨，后者借水蒸气被蒸馏入硼酸液中生成硼酸铵，最后用强酸滴定，依据强酸消耗量可计算出供试品的氮含量。

第一法（常量法）　取供试品适量（相当于含氮量25～30mg），精密称定，供试品如为固体或半固体，可用滤纸称取，并连同滤纸置干燥的500ml凯氏烧瓶中；然后依次加入硫酸钾（或无水硫酸钠）10g和硫酸铜粉末0.5g，再沿瓶壁缓缓加硫酸20ml；在凯氏烧瓶口放一小漏斗并使凯氏烧瓶成45°斜置，用直火缓缓加热，使溶液的温度保持在沸点以下，等泡沸停止，强热至沸腾，俟溶液成澄明的绿色后，除另有规定外，继续加热30分钟，放冷。沿瓶壁缓缓加水250ml，振摇使混合，放冷后，加40%氢氧化钠溶液75ml，注意使沿瓶壁流至瓶底，自成一液层，加锌粒数粒，用氮气球将凯氏烧瓶与冷凝管连接；另取2%硼酸溶液50ml，置500ml锥形瓶中，加甲基红-溴甲酚绿混合指示液10滴；将冷凝管的下端插入硼酸溶液的液面下，轻轻摆动凯氏烧瓶，使溶液混合均匀，加热蒸馏，至接收液的总体积约为250ml时，将冷凝管尖端提出液面，使蒸气冲洗约1分钟，用水淋洗尖端后停止蒸馏；馏出液用硫酸滴定液（0.05mol/L）滴定至溶液由蓝绿色变为灰紫色，并将滴定的结果用空白试验校正。每1ml硫酸滴定液（0.05mol/L）相当于1.401mg的N。

第二法（半微量法）　蒸馏装置如图。图中A为1000ml圆底烧瓶，B为安全瓶，C为连有氮气球的蒸馏器，D为漏斗，E为直形冷凝管，F为100ml锥形瓶，G、H为橡皮管夹。

连接蒸馏装置，A瓶中加水适量与甲基红指示液数滴，加稀硫酸使成酸性，加玻璃珠或沸石数粒，从D漏斗加水约50ml，关闭G夹，开放冷凝水，煮沸A瓶中的水，当蒸汽从冷凝管尖端冷凝而出时，移去火源，关H夹，使C瓶中的水反抽到B瓶，开G夹，放出B瓶中的水，关B瓶及G夹，将冷凝管尖端插入约50ml水中，使水自冷凝管尖端反抽至C瓶，再抽至B瓶，如上法放去。如此将仪器内部洗涤2～3次。

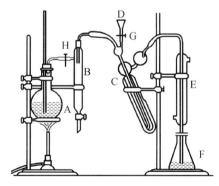

图　蒸馏装置

取供试品适量（相当于含氮量1.0～2.0mg），精密称定，置干燥的30～50ml凯氏烧瓶中，加硫酸钾（或无水硫酸钠）0.3g与30%硫酸铜溶液5滴，再沿瓶壁滴加硫酸2.0ml；在凯氏烧瓶口放一小漏斗，并使烧瓶成45°斜置，用小火缓缓加热使溶液保持在沸点以下，等泡沸停止，逐步加大火力，沸腾至溶液成澄明的绿色后，除另有规定外，继续加热10分钟，放冷，加水2ml。

取2%硼酸溶液10ml，置100ml锥形瓶中，加甲基红-溴甲酚绿混合指示液5滴，将冷凝管尖端插入液面下。然后，将凯氏烧瓶中内容物经由D漏斗转入C蒸馏瓶中，用水少量淋洗凯氏烧瓶及漏斗数次，再加入40%氢氧化钠溶液10ml，用少量水再洗漏斗数次，关G夹，加热A瓶进行蒸气蒸馏，至硼酸液开始由酒红色变为蓝绿色时起，继续蒸馏约10分钟后，将冷凝管尖端提出液面，使蒸气继续冲洗约1分钟，用水淋洗尖端后停止蒸馏。

馏出液用硫酸滴定液（0.005mol/L）滴定至溶液由蓝绿色变为灰紫色，并将滴定的结果用空白试验（空白和供试品所得馏出液的容积应基本相同，70～75ml）校正。每1ml硫酸滴定液（0.005mol/L）相当于0.1401mg的N。

取用的供试品如在0.1g以上时，应适当增加硫酸的用量，使消解作用完全，并相应地增加40%氢氧化钠溶液的用量。

【附注】

（1）蒸馏前应蒸洗蒸馏器15分钟以上。

（2）硫酸滴定液（0.005mol/L）的配制精密量取硫酸滴定液（0.05mol/L）100ml，置于1000ml量瓶中，加水稀释至刻度，摇匀。

第三法（定氮仪法）本法适用于常量及半微量法测定含氮化合物中氮的含量。

半自动定氮仪由消化仪和自动蒸馏仪组成；全自动定氮仪由消化仪、自动蒸馏仪和滴定仪组成。

根据供试品的含氮量参考常量法（第一法）或半微量法（第二法）称取样品置消化管中，依次加入适量硫酸钾、硫酸铜和硫酸，把消化管放入消化仪中，按照仪器说明书的方法开始消解[通常为150℃，5分钟（去除水分）；350℃，5分钟（接近硫酸沸点）；400℃，60～80分钟]至溶液成澄明的绿色，再继续消化10分钟，取出，冷却。

将配制好的碱液、吸收液和适宜的滴定液分别置自动蒸馏仪相应的瓶中，按照仪器说明书的要求将已冷却的消化管装入正确位置，关上安全门，连接水源，设定好加入试剂的量、时间、清洗条件及其他仪器参数等，如为全自动定氮仪，即开始自动蒸馏和滴定。如为半自动定氮仪，则取馏出液照第一法或第二法滴定，测定氮的含量。

0711 乙醇量测定法

一、气相色谱法

本法系采用气相色谱法（附录0521）测定各种含乙醇制剂中在20℃时乙醇（C_2H_5OH）的含量（%）（ml/ml）。除另有规定外，按下列方法测定。

第一法（毛细管柱法）

色谱条件与系统适用性试验采用（6%）氰丙基苯基-（94%）二甲基聚硅氧烷为固定液的毛细管柱；起始温度为40℃，维持2分钟，以每分钟3℃的速率升温至65℃，再以每分钟25℃的速率升温至200℃，维持10分钟；进样口温度200℃；检测器（FID）温度220℃；采用顶空分流进样，分流比为1∶1；顶空瓶平衡温度为85℃，平衡时间为20分钟。理论板数按乙醇峰计算应不低于10 000，乙醇峰与正丙醇峰的分离度应大于2.0。

校正因子测定精密量取恒温至20℃的无水乙醇5ml，平行两份；置100ml量瓶中，精密加入恒温至20℃的正丙醇（内标物质）5ml，用水稀释至刻度，摇匀，精密量取该溶液1ml，置100ml量瓶中，用水稀释至刻度，摇匀（必要时可进一步稀释），作为对照品溶液。精密量取3ml，置10ml顶空进样瓶中，密封，顶空进样，每份对照品溶液进样3次，测定峰面积，计算平均校正因子，所得校正因子的相对标准偏差不得大于2.0%。

测定法　精密量取恒温至20℃的供试品适量（相当于乙醇约5ml），置100ml量瓶中，精密加入恒温至20℃的正丙醇5ml，用水稀释至刻度，摇匀，精密量取该溶液1ml，置100ml量瓶中，用水稀释至刻度，摇匀（必要时可进一步稀释），作为供试品溶液。精密量取3ml，置10ml顶空进样瓶中，密封，顶空进样，测定峰面积，按内标法以峰面积计算，即得。

【附注】　毛细管柱建议选择大口径、厚液膜色谱柱，规格为30m×0.53mm×3.00μm。

第二法（填充柱法）

色谱条件与系统适用性试验　用直径为0.18~0.25mm的二乙烯苯-乙基乙烯苯型高分子多孔小球作为载体，柱温为120~150℃。理论板数按正丙醇峰计算应不低于700，乙醇峰与正丙醇峰的分离度应大于2.0。

校正因子测定　精密量取恒温至20℃的无水乙醇4ml、5ml、6ml，分别置100ml量瓶中，分别精密加入恒温至20℃的正丙醇（内标物质）5ml，用水稀释至刻度，摇匀，（必要时可进一步稀释）。取上述三种溶液各适量，注入气相色谱仪，分别连续进样3次，测定峰面积，计算校正因子，所得校正因子的相对标准偏差不得大于2.0%。

测定法　精密量取恒温至20℃的供试品溶液适量（相当于乙醇约5ml），置100ml量瓶中，精密加入恒温至20℃的正丙醇5ml，用水稀释至刻度，摇匀（必要时可进一步稀释），取适量注入气相色谱仪，测定峰面积，按内标法以峰面积计算，即得。

【附注】　（1）在不含内标物质的供试品溶液的色谱图中，与内标物质峰相应的位置处不得出现杂质峰。

（2）除另有规定外，若蒸馏法测定结果与气相色谱法不一致，以气相色谱法测定结果为准。

二、蒸馏法

本法系用蒸馏后测定相对密度的方法测定各种含乙醇制剂中在20℃时乙醇（C_2H_5OH）的含量（%）（ml/ml）。按照制剂的性质不同，选用下列三法中之一进行测定。

第一法　本法系供测定多数流浸膏、酊剂及甘油制剂中的乙醇含量。根据制剂中含乙醇量的不同，又可分为两种情况。

1. 含乙醇量低于30%者

取供试品，调节温度至20℃，精密量取25ml，置150~200ml蒸馏瓶中，加水约25ml，加玻璃珠数粒或沸石等物质，连接冷凝管，直火加热，缓缓蒸馏，速度以馏出液液滴连续但不成线为宜。馏出液导入25ml量瓶中，俟馏出液约达23ml时，停止蒸馏。调节馏出液温度至20℃，加20℃的水至刻度，摇匀，在20℃时按相对密度测定法（附录0601）依法测定其相对密度。在乙醇相对密度表内查出乙醇的含量（%）（ml/ml），即为供试品中的乙醇含量（%）（ml/ml）。

2. 含乙醇量高于30%者

取供试品，调节温度至20℃，精密量取25ml，置150~200ml蒸馏瓶中，加水约50ml，如上法蒸馏。馏出液导入50ml量瓶中，俟馏出液约达48ml时，停止蒸馏。按上法测定其相对密度。将查得所含乙醇的含量（%）（ml/ml）与2相乘，即得。

乙醇相对密度表

相对密度 （20℃/20℃）	浓度 （%）（ml/ml）	相对密度 （20℃/20℃）	浓度 （%）（ml/ml）	相对密度 （20℃/20℃）	浓度 （%）（ml/ml）
0.9992	0.5	0.9780	17.5	0.9580	34.5
0.9985	1.0	0.9774	18.0	0.9573	35.0
0.9978	1.5	0.9769	18.5	0.9566	35.5
0.9970	2.0	0.9764	19.0	0.9558	36.0
0.9968	2.5	0.9758	19.5	0.9551	36.5
0.9956	3.0	0.9753	20.0	0.9544	37.0
0.9949	3.5	0.9748	20.5	0.9536	37.5
0.9942	4.0	0.9743	21.0	0.9529	38.0
0.9935	4.5	0.9737	21.5	0.9521	38.5
0.9928	5.0	0.9732	22.0	0.9513	39.0
0.9922	5.5	0.9726	22.5	0.9505	39.5
0.9915	6.0	0.9721	23.0	0.9497	40.0
0.9908	6.5	0.9715	23.5	0.9489	40.5
0.9902	7.0	0.9710	24.0	0.9481	41.0
0.9896	7.5	0.9704	24.5	0.9473	41.5
0.9889	8.0	0.9698	25.0	0.9465	42.0
0.9883	8.5	0.9693	25.5	0.9456	42.5
0.9877	9.0	0.9687	26.0	0.9447	43.0
0.9871	9.5	0.9681	26.5	0.9439	43.5
0.9865	10.0	0.9675	27.0	0.9430	44.0
0.9859	10.5	0.9670	27.5	0.9421	44.5
0.9853	11.0	0.9664	28.0	0.9412	45.0
0.9847	11.5	0.9658	28.5	0.9403	45.5
0.9841	12.0	0.9652	29.0	0.9394	46.0
0.9835	12.5	0.9646	29.5	0.9385	46.5
0.9830	13.0	0.9640	30.0	0.9376	47.0
0.9824	13.5	0.9633	30.5	0.9366	47.5
0.9818	14.0	0.9627	31.0	0.9357	48.0
0.9813	14.5	0.9621	31/5	0.9347	48.5
0.9807	15.0	0.9614	32.0	0.9338	49.0
0.9802	15.5	0.9608	32.5	0.9328	49.5
0.9796	16.0	0.9601	33.0	0.9318	50.0
0.9790	16.5	0.9594	33.5		
0.9785	17.0	0.9587	34.0		

第二法　本法系供测定含有挥发性物质如挥发油、三氯甲烷、乙醚、樟脑等的酊剂、醑剂等制剂中的乙醇量。根据制剂中含乙醇量的不同，也可分为两种情况。

1. 含乙醇量低于30%者

取供试品，调节温度至20℃，精密量取25ml，置150ml分液漏斗中，加等量的水，并加入氯化钠使之饱和，再加石油醚，振摇1~3次，每次约25ml，使妨碍测定的挥发性物质溶入石油醚层中，俟两液分离，分取下层水液，置150～200ml蒸馏瓶中，石油醚层用氯化钠的饱和溶液洗涤3次，每次用10ml，洗液并入蒸馏瓶中，照上述第一法蒸馏（馏出液约23ml）并测定。

2. 含乙醇量高于30%者

取供试品，调节温度至20℃，精密量取25ml，置250ml分液漏斗中，加水约50ml，如上法加入氯化钠使之饱和，并用石油醚提取1～3次，分取下层水液，照上述第一法蒸馏（馏出液约48ml）并测定。

供试品中加石油醚振摇后，如发生乳化现象时，或经石油醚处理后，馏出液仍很浑浊时，可另取供试品，加水稀释，照第一法蒸馏，再将得到的馏出液照本法处理、蒸馏并测定。

供试品如为水棉胶剂，可用水代替饱和氯化钠溶液。

第三法 本法系供测定含有游离氨或挥发性酸的制剂中的乙醇量。供试品中含有游离氨，可酌加稀硫酸，使成微酸性；如含有挥发性酸，可酌加氢氧化钠试液，使成微碱性。再按第一法蒸馏、测定。如同时含有挥发油，除按照上述方法处理外，并照第二法处理。供试品中如含有肥皂，可加过量硫酸，使肥皂分解，再依法测定。

【附注】 （1）任何一法的馏出液如显浑浊，可加滑石粉或碳酸钙振摇，滤过，使溶液澄清，再测定相对密度。

（2）蒸馏时，如发生泡沫，可在供试品中酌加硫酸或磷酸，使成强酸性，或加稍过量的氯化钙溶液，或加少量石蜡后再蒸馏。

（3）建议选择大口径、厚液膜色谱柱，规格为30m×0.53mm×3.00μm。

0712 脂肪与脂肪油测定法

液体供试品如因析出硬脂发生浑浊时，应先置50℃的水浴上加热，使完全熔化成澄清液体；加热后如仍显浑浊，可离心沉降或用干燥的保温滤器滤过使澄清；将得到的澄清液体搅匀，趁其尚未凝固，用附有滴管的称量瓶或附有玻勺的称量杯，分别称取下述各项检验所需的供试品。固体供试品应先在不高于其熔点10℃的温度下熔化，离心沉降或滤过，再依法称取。

相对密度的测定 照相对密度测定法（附录0601）测定。

折光率的测定 照折光率测定法（附录0622）测定。

熔点的测定 照熔点测定法（附录0611第二法）测定。

脂肪酸凝点的测定 （1）脂肪酸的提取 取20%（g/g）氢氧化钾的甘油溶液75g，置800ml烧杯中，加供试品50g，于150℃在不断搅拌下皂化15分钟，放冷至约100℃，加入新沸的水500ml，搅匀，缓缓加入硫酸溶液（1→4）50ml，加热至脂肪酸明显分离为一个透明层；趁热将脂肪酸移入另一烧杯中，用新沸的水反复洗涤，至洗液加入甲基橙指示液显黄色，趁热将澄清的脂肪酸放入干燥的小烧杯中，加无水乙醇5ml，搅匀，用小火加热至无小气泡逸出，即得。

（2）凝点的测定 取按上法制成的干燥脂肪酸，照凝点测定法（附录0612）测定。

酸值的测定 酸值系指中和脂肪、脂肪油或其他类似物质1g中含有的游离脂肪酸所需氢氧化钾的重量（mg）。但在测定时可采用氢氧化钠滴定液（0.1mol/L）进行滴定。

除另有规定外，按表中规定的重量，精密称取供试品，置250ml锥形瓶中，加乙醇-乙醚（1:1）混合液〔临用前加酚酞指示液1.0ml，用氢氧化钠滴定液（0.1mol/L）调至微显粉红色〕50ml，振摇使完全溶解（如不易溶解，可缓慢加热回流使溶解），用氢氧化钠滴定液（0.1mol/L）

滴定,至粉红色持续30秒钟不褪。以消耗氢氧化钠滴定液(0.1mol/L)的容积(ml)为A,供试品的重量(g)为W,照下式计算酸值:

$$供试品的酸值 = \frac{A \times 5.61}{W}$$

酸值	称重(g)	酸值	称重(g)
0.5	10	100	1
1	5	200	0.5
10	4	300	0.4
50	2		

滴定酸值在10以下的油脂时,可用10ml的半微量滴定管。

皂化值的测定 皂化值系指中和并皂化脂肪、脂肪油或其他类似物质1g中含有的游离酸类和酯类所需氢氧化钾的重量(mg)。

取供试品适量[其重量(g)约相当于250/供试品的最大皂化值],精密称定,置250ml锥形瓶中,精密加入0.5mol/L氢氧化钾乙醇溶液25ml,加热回流30分钟,然后用乙醇10ml冲洗冷凝器的内壁和塞的下部,加酚酞指示液1.0ml,用盐酸滴定液(0.5mol/L)滴定剩余的氢氧化钾,至溶液的粉红色刚好褪去,加热至沸,如溶液又出现粉红色,再滴定至粉红色刚好褪去;同时做空白试验。以供试品消耗的盐酸滴定液(0.5mol/L)的容积(ml)为A,空白试验消耗的容积(ml)为B,供试品的重量(g)为W,照下式计算皂化值:

$$供试品的皂化值 = \frac{(B-A) \times 28.05}{W}$$

羟值的测定 羟值系指供试品1g中含有的羟基,经用下法酰化后,所需氢氧化钾的重量(mg)。

除另有规定外,按表中规定的重量,精密称取供试品,置干燥的250ml具塞锥形瓶中,精密加入酰化剂(取对甲苯磺酸14.4g,置500ml锥形瓶中,加乙酸乙酯360ml,振摇溶解后,缓缓加入醋酐120ml,摇匀,放置3日后备用)5ml,用吡啶少许湿润瓶塞,稍拧紧,轻轻摇动使完全溶解,置50℃±1℃水浴中25分钟(每10分钟轻轻摇动)后,放冷,加吡啶-水(3:5)20ml,5分钟后加甲酚红-麝香草酚蓝混合指示液8~10滴,用氢氧化钾(或氢氧化钠)滴定液(1mol/L)滴定至溶液显灰蓝色或蓝色;同时做空白试验。以供试品消耗的氢氧化钾(或氢氧化钠)滴定液(1mol/L)的容积(ml)为A,空白试验消耗的容积(ml)为B,供试品的重量(g)为W,供试品的酸值为D,照下式计算羟值:

$$供试品的羟值 = \frac{(B-A) \times 56.1}{W} + D$$

羟值	称重(g)
10~100	2.0
100~150	1.5
150~200	1.0
200~250	0.75
250~300	0.60

碘值的测定 碘值系指脂肪、脂肪油或其他类似物质100g,当充分卤化时所需的碘量(g)。

取供试品适量〔其重量(g)约相当于25/供试品的最大碘值〕,精密称定,置250ml的干燥碘瓶中,加三氯甲烷10ml,溶解后,精密加入溴化碘溶液25ml,密塞,摇匀,在暗处放置30分钟。加入新制的碘化钾试液10ml与水100ml,摇匀,用硫代硫酸钠滴定液(0.1mol/L)滴定剩余的碘,滴定时注意充分振摇，待混合液的颜色由棕色变为淡黄色，加淀粉指示液1ml，继续滴定至蓝色消失；同时做空白试验。以供试品消耗硫代硫酸钠滴定液（0.1mol/L）的容积（ml）为A，空白试验消耗的容积（ml）为B，供试品的重量（g）为W，照下式计算碘值：

$$供试品的碘值 = \frac{(B-A) \times 1.269}{W}$$

过氧化值的测定　过氧化值系指1000g供试品中含有的其氧化能力与一定量的氧相当的过氧化物量。

除另有规定外，取供试品5g，精密称定，置250ml碘瓶中，加三氯甲烷-冰醋酸（2:3）混合液30ml，振摇溶解后，加入碘化钾试液0.5ml，准确振摇萃取1分钟，然后加水30ml，用硫代硫酸钠滴定液（0.01mol/L）滴定，滴定时，注意缓慢加入滴定液，并充分振摇直至黄色几乎消失，加淀粉指示液5ml，继续滴定并充分振摇至蓝色消失，同时做空白试验。空白试验中硫代硫酸钠滴定液（0.01mol/L）的消耗量不得过0.1ml。供试品消耗硫代硫酸钠滴定液（0.01mol/L）的体积（ml）为A，空白试验消耗硫代硫酸钠滴定液（0.01mol/L）的体积（ml）为B，供试品的重量（g）为W，照下式计算过氧化值：

$$供试品的过氧化值 = \frac{10 \times (A-B)}{W}$$

加热试验　取供试品约50ml，置烧杯中，在砂浴上加热至280℃，升温速率为每分钟上升10℃，观察油的颜色和其他性状的变化。

杂质　取供试品约20g，精密称定，置锥形瓶中，加石油醚（60~90℃）20ml使溶解，用干燥至恒重的垂熔玻璃坩埚滤过（如溶液不易滤过，可添加石油醚适量），用石油醚洗净残渣和滤器，在105℃干燥至恒重；精密称定，增加的重量即为供试品中杂质的重量。

水分与挥发物　取供试品约5g，置干燥至恒重的扁形称量瓶中，精密称定，在105℃干燥40分钟取出，置干燥器内放冷，精密称定重量；再在105℃干燥20分钟，放冷，精密称定重量，至连续两次干燥后称重的差异不超过0.001g，如遇重量增加的情况，则以增重前的一次重量为恒重。减失的重量，即为供试品中含有水分与挥发物的重量。

【附注】　溴化碘溶液　取研细的碘13.0g，置干燥的具塞玻瓶中，加冰醋酸1000ml，微温使碘完全溶解；另用吸管插入法量取溴2.5ml（或在通风橱中称取7.8g），加入上述碘溶液中，摇匀，即得。为了确定加溴量是否合适，可在加溴前精密取出20ml，用硫代硫酸钠滴定液（0.1mol/L）滴定，记下消耗的容积（ml）；加溴后，摇匀，再精密取出20ml，加新制的碘化钾试液10ml，再用硫代硫酸钠滴定液（0.1mol/L）滴定，消耗的容积（ml），应略小于加溴前的2倍。

本液应置具塞玻瓶内，密塞，在暗处保存。

0800 限量检查法

0801 氯化物检查法

除另有规定外，取各品种项下规定量的供试品，加水溶解使成25ml（溶液如显碱性，可滴加硝酸使成中性），再加稀硝酸10ml；溶液如不澄清，应滤过；置50ml纳氏比色管中，加水使成约40ml，摇匀，即得供试品溶液。另取该品种项下规定量的标准氯化钠溶液，置50ml纳氏比色管中，加稀硝酸10ml，加水使成40ml，摇匀，即得对照溶液。于供试品溶液与对照溶液中，分别加入硝酸银试液1.0ml，用水稀释使成50ml，摇匀，在暗处放置5分钟，同置黑色背景上，从比色管上方向下观察、比较，即得。

供试品溶液如带颜色，除另有规定外，可取供试品溶液两份，分置50ml纳氏比色管中，一份中加硝酸银试液1.0ml，摇匀，放置10分钟，如显浑浊，可反复滤过，至滤液完全澄清，再加规定量的标准氯化钠溶液与水适量使成50ml，摇匀，在暗处放置5分钟，作为对照溶液；另一份中加硝酸银试液1.0ml与水适量使成50ml，摇匀，在暗处放置5分钟，按上述方法与对照溶液比较，即得。

标准氯化钠溶液的制备　称取氯化钠0.165g，置1000ml量瓶中，加水适量使溶解并稀释至刻度，摇匀，作为贮备液。

临用前，精密量取贮备液10ml，置100ml量瓶中，加水稀释至刻度，摇匀，即得（每1ml相当于$10\mu g$的Cl）。

【附注】　用滤纸滤过时，滤纸中如含有氯化物，可预先用含有硝酸的水溶液洗净后使用。

0802 铁盐检查法

除另有规定外，取各品种项下规定量的供试品，加水溶解使成25ml，移置50ml纳氏比色管中，加稀盐酸4ml与过硫酸铵50mg，用水稀释使成35ml后，加30%硫氰酸铵溶液3ml，再加水适量稀释成50ml，摇匀；如显色，立即与标准铁溶液一定量制成的对照溶液（取该品种项下规定量的标准铁溶液，置50ml纳氏比色管中，加水使成25ml，加稀盐酸4ml与过硫酸铵50mg，用水稀释使成35ml，加30%硫氰酸铵溶液3ml，再加水适量稀释成50ml，摇匀）比较，即得。

如供试管与对照管色调不一致时，可分别移至分液漏斗中，各加正丁醇20ml提取，俟分层后，将正丁醇层移置50ml纳氏比色管中，再用正丁醇稀释至25ml，比较，即得。

标准铁溶液的制备　称取硫酸铁铵〔$FeNH_4(SO_4)_2 \cdot 12H_2O$〕0.863g，置1000ml量瓶中，加水溶解后，加硫酸2.5ml，用水稀释至刻度，摇匀，作为贮备液。

临用前，精密量取贮备液10ml，置100ml量瓶中，加水稀释至刻度，摇匀，即得（每1ml相当于$10\mu g$的Fe）。

0821 重金属检查法

本法所指的重金属系指在规定实验条件下能与硫代乙酰胺或硫化钠作用显色的金属杂质。

标准铅溶液的制备　称取硝酸铅0.1599g，置1000ml量瓶中，加硝酸5ml与水50ml溶解后，用水稀释至刻度，摇匀，作为贮备液。

精密量取贮备液10ml，置100ml量瓶中，加水稀释至刻度，摇匀，即得（每1ml相当于$10\mu g$的Pb）。本液仅供当日使用。

配制与贮存用的玻璃容器均不得含铅。

第一法

除另有规定外，取25ml纳氏比色管三支，甲管中加标准铅溶液一定量与醋酸盐缓冲液（pH3.5）2ml后，加水或各品种项下规定的溶剂稀释成25ml，乙管中加入按各品种项下规定的方法制成的供试品溶液25ml，丙管中加入与乙管相同量的供试品，加配制供试品溶液的溶剂适量使溶解，再加与甲管相同量的标准铅溶液与醋酸盐溶液缓冲液（pH3.5）2ml后，用溶剂稀释成25ml；若供试品溶液带颜色，可在甲管中滴加少量的稀焦糖溶液或其他无干扰的有色溶液，使之均与乙管、丙管一致；再在甲、乙、丙三管中分别加硫代乙酰胺试液各2ml，摇匀，放置2分钟，同置白纸上，自上向下透视，当丙管中显出的颜色不浅于甲管时，乙管中显示的颜色与甲管比较，不得更深。如丙管中显出的颜色浅于甲管，应取样按第二法重新检查。

如在甲管中滴加稀焦糖溶液或其他无干扰的有色溶液，仍不能使颜色一致时，应取样按第二法检查。

供试品如含高铁盐影响重金属检查时，可在甲、乙、丙三管中分别加入相同量的维生素C 0.5~1.0g，再照上述方法检查。

配制供试品溶液时，如使用的盐酸超过1ml，氨试液超过2ml，或加入其他试剂进行处理者，除另有规定外，甲管溶液应取同样同量的试剂置瓷皿中蒸干后，加醋酸盐缓冲液（pH3.5）2ml与水15ml，微热溶解后，移置纳氏比色管中，加标准铅溶液一定量，再用水或各品种项下规定的溶剂稀释成25ml。

第二法

除另有规定外，当需改用第二法检查时，取各品种项下规定量的供试品，按炽灼残渣检查法（附录0841）进行炽灼处理，然后取遗留的残渣；或直接取炽灼残渣项下遗留的残渣；如供试品为溶液，则取各品种项下规定量的溶液，蒸发至干，再按上述方法处理后取遗留的残渣；加硝酸0.5ml，蒸干，至氧化氮蒸气除尽后（或取供试品一定量，缓缓炽灼至完全炭化，放冷，加硫酸0.5~1.0ml，使恰湿润，用低温加热至硫酸除尽后，加硝酸0.5ml，蒸干，至氧化氮蒸气除尽后，放冷，在500~600℃炽灼使完全灰化），放冷，加盐酸2ml，置水浴上蒸干后加水15ml，滴加氨试液至对酚酞指示液显微粉红色，再加醋酸盐缓冲液（pH3.5）2ml，微热溶解后，移置纳氏比色管中，加水稀释成25ml，作为乙管；另取配制供试品溶液的试剂，置瓷皿中蒸干后，加醋酸盐缓冲液（pH3.5）2ml与水15ml，微热溶解后，移置纳氏比色管中，加标准铅溶液一定量，再用水稀释成25ml，作为甲管；再在甲、乙两管中分别加硫代乙酰胺试液各2ml，摇匀，放置两分钟，同置白纸上，自上向下透视，乙管中显出的颜色与甲管比较，不得更深。

第三法

除另有规定外，取供试品适量，加氢氧化钠试液5ml与水20ml溶解后，置纳氏比色管中，加硫化钠试液5滴，摇匀，与一定量的标准铅溶液同样处理后的颜色比较，不得更深。

0822 砷盐检查法

标准砷溶液的制备 称取三氧化二砷0.132g，置1000ml量瓶中，加20%氢氧化钠溶液5ml溶解后，用适量的稀硫酸中和，再加稀硫酸10ml，用水稀释至刻度，摇匀，作为贮备液。

临用前，精密量取贮备液10ml，置1000ml量瓶中，加稀硫酸10ml，用水稀释至刻度，摇匀，即得（每1ml相当于1μg的As）。

第一法（古蔡氏法）

仪器装置 如图1。A为100ml标准磨口锥形瓶；B为中空的标准磨口塞，上连导气管C（外径8.0mm，内径6.0mm），全长约180mm；D为具孔的有机玻璃旋塞，其上部为圆形平面，中央有一圆孔，孔径与导气管C的内径一致，其下部孔径与导气管C的外径相适应，将导气管C的顶端套入旋塞下部孔内，并使管壁与旋塞的圆孔相吻合，黏合固定；E为中央具有圆孔（孔径6.0mm）的有机玻璃旋塞盖，与D紧密吻合。

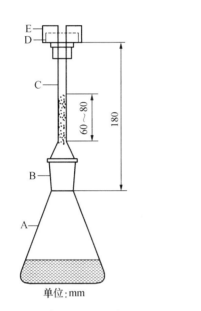

图1 第一法仪器装置　　　　图2 第二法仪器装置

测试时，于导气管C中装入醋酸铅棉花60mg（装管高度为60～80mm），再于旋塞D的顶端平面上放一片溴化汞试纸（试纸大小以能覆盖孔径而不露出平面外为宜），盖上旋塞盖E并旋紧，即得。

标准砷斑的制备 精密量取标准砷溶液2ml，置A瓶中，加盐酸5ml与水21ml，再加碘化钾试液5ml与酸性氯化亚锡试液5滴，在室温放置10分钟后，加锌粒2g，立即将照上法装妥的导气管C密塞于A瓶上，并将A瓶置25～40℃水浴中，反应45分钟，取出溴化汞试纸，即得。

若供试品需经有机破坏后再行检砷，则应取标准砷溶液代替供试品，照该品种项下规定的方法同法处理后，依法制备标准砷斑。

检查法 取按各品种项下规定方法制成的供试品溶液，置A瓶中，照标准砷斑的制备，自"再加碘化钾试液5ml"起，依法操作。将生成的砷斑与标准砷斑比较，不得更深。

第二法（二乙基二硫代氨基甲酸银法）

仪器装置 如图2。A为100ml标准磨口锥形瓶；B为中空的标准磨口塞，上连导气管C（一端的外径为8mm，内径为6mm；另一端长180mm，外径4mm，内径1.6mm，尖端内径为1mm）。D为平底玻璃管（长180mm，内径10mm，于5.0ml处有一刻度）。

测试时，于导气管C中装入醋酸铅棉花60mg（装管高度约80mm），并于D管中精密加入二乙基二硫代氨基甲酸银试液5ml。

标准砷对照液的制备 精密量取标准砷溶液2ml，置A瓶中，加盐酸5ml与水21ml，再加碘化钾试液5ml与酸性氯化亚锡试液5滴，在室温放置10分钟后，加锌粒2g，立即将导气管C与A瓶密塞，使生成的砷化氢气体导入D管中，并将A瓶置25～40℃水浴中反应45分钟，取出D管，添加三氯甲烷至刻度，混匀，即得。

若供试品需经有机破坏后再行检砷，则应取标准砷溶液代替供试品，照各品种项下规定的方法同法处理后，依法制备标准砷对照液。

检查法 取照各品种项下规定方法制成的供试品溶液，置A瓶中，照标准砷对照液的制备，自"再加碘化钾试液5ml"起，依法操作。将所得溶液与标准砷对照液同置白色背景上，从D管上方向下观察、比较，所得溶液的颜色不得比标准砷对照液更深。必要时，可将所得溶液转移至1cm吸收池中，照紫外-可见分光光度法（附录0401），在510nm波长处以二乙基二硫代氨基甲酸银试液作空白，测定吸光度，与标准砷对照液按同法测得的吸光度比较，即得。

【附注】 （1）所用仪器和试液等照本法检查，均不应生成砷斑，或至多生成仅可辨认的斑痕。

（2）制备标准砷斑或标准砷对照液，应与供试品检查同时进行。

（3）本法所用锌粒应无砷，以能通过一号筛的细粒为宜，如使用的锌粒较大时，用量应酌情增加，反应时间亦应延长为1小时。

（4）醋酸铅棉花系取脱脂棉1.0g，浸入醋酸铅试液与水的等容混合液12ml中，湿透后，挤压除去过多的溶液，并使之疏松，在100℃以下干燥后，贮于玻璃塞瓶中备用。

0831 干燥失重测定法

取供试品，混合均匀（如为较大的结晶，应先迅速捣碎使成2mm以下的小粒），取约1g或各品种项下规定的重量，置与供试品相同条件下干燥至恒重的扁形称量瓶中，精密称定，除另有规定外，在105℃干燥至恒重。由减失的重量和取样量计算供试品的干燥失重。

供试品干燥时，应平铺在扁形称量瓶中，厚度不可超过5mm，如为疏松物质，厚度不可超过10mm。放入烘箱或干燥器进行干燥时，应将瓶盖取下，置称量瓶旁，或将瓶盖半开进行干燥；取出时，须将称量瓶盖好。置烘箱内干燥的供试品，应在干燥后取出置干燥器中放冷，然后称定重量。

供试品如未达规定的干燥温度即融化时，除另有规定外，应先将供试品在低于熔点5~10℃的温度下干燥至大部分水分除去后，再按规定条件干燥。

当用减压干燥器（通常为室温）或恒温减压干燥器（温度应按品种项下的规定设置）时，除另有规定外，压力应在2.67kPa（20mmHg）以下。干燥器中常用的干燥剂为五氧化二磷、无水氯化钙或硅胶；恒温减压干燥器中常用的干燥剂为五氧化二磷，干燥剂应及时更换。

0832 水分测定法

第一法（烘干法）

测定法 取供试品2~5g，平铺于干燥至恒重的扁形称量瓶中，厚度不超过5mm，疏松供试品不超过10mm，精密称定，打开瓶盖在100~105℃干燥5小时，将瓶盖盖好，移置干燥器中，冷却30分钟，精密称定，再在上述温度干燥1小时，冷却，称重，至连续两次称重的差异不超过5mg为止。根据减失的重量，计算供试品中含水量（%）。

本法适用于不含或少含挥发性成分的兽药。

第二法（甲苯法）

仪器装置 如图。图中A为500ml的短颈圆底烧瓶；B为水分测定管；C为直形冷凝管，外管长40cm。使用前，全部仪器应清洁，并置烘箱中烘干。

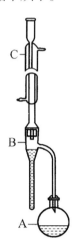

图1 甲苯法仪器装置

测定法 取供试品适量（相当于含水量1～4ml），精密称定，置A瓶中，加甲苯约200ml，必要时加入干燥、洁净的无釉小瓷片数片或玻璃珠数粒，连接仪器，自冷凝管顶端加入甲苯至充满B管的狭细部分。将A瓶置电热套中或用其他适宜方法缓缓加热，待甲苯开始沸腾时，调节温度，使每秒钟馏出2滴。待水分完全馏出，即测定管刻度部分的水量不再增加时，将冷凝管内部先用甲苯冲洗，再用饱蘸甲苯的长刷或其他适宜的方法，将管壁上附着的甲苯推下，继续蒸馏5分钟，放冷至室温，拆卸装置，如有水黏附在B管的管壁上，可用蘸甲苯的铜丝推下，放置，使水分与甲苯完全分离（可加亚甲蓝粉末少量，使水染成蓝色，以便分离观察）。检读水量，并计算供试品中的含水量（%）。

【附注】（1）测定用的甲苯须先加水少量充分振摇后放置，将水层分离弃去，经蒸馏后使用。

（2）测定用的供试品，一般先破碎成直径不超过3mm的颗粒或碎片；直径和长度在3mm以下的可不破碎。

第三法（减压干燥法）

减压干燥器 取直径12cm左右的培养皿，加入五氧化二磷干燥剂适量，使铺成0.5～1cm的厚度，放入直径30cm的减压干燥器中。

测定法 取供试品2～4g，混合均匀，分取0.5～1g，置已在供试品同样条件下干燥并称重的称量瓶中，精密称定，打开瓶盖，放入上述减压干燥器中，抽气减压至2.67kPa（20mmHg）以下，并持续抽气半小时，室温放置24小时。在减压干燥器出口连接无水氯化钙干燥管，打开活塞，待内外压一致，关闭活塞，打开干燥器，盖上瓶盖，取出称量瓶迅速精密称定重量，计算供试品中的含水量（%）。

本法适用于含有挥发性成分的贵重药品。测定用的供试品，一般先破碎并需通过二号筛。

第四法（气相色谱法）

色谱条件与系统适用性试验 用直径为0.18～0.25mm的二乙烯苯-乙基乙烯苯型高分子多孔小球作为载体，柱温为140～150℃，热导检测器检测。注入无水乙醇，照气相色谱法（附录0521）测定，应符合下列要求：

（1）理论板数按水峰计算应大于1000；理论板数按乙醇峰计算应大于150；

（2）水和乙醇两峰的分离度应大于2；

（3）将无水乙醇进样5次，水峰面积的相对标准偏差不得大于3.0%。

对照溶液的制备　取纯化水约0.2g，精密称定，置25ml量瓶中，加无水乙醇至刻度，摇匀，即得。

供试品溶液的制备　取供试品适量（含水量约0.2g），剪碎或研细，精密称定，置具塞锥形瓶中，精密加入无水乙醇50ml，密塞，混匀，超声处理20分钟，放置12小时，再超声处理20分钟，密塞放置，待澄清后倾取上清液，即得。

测定法　取无水乙醇、对照溶液及供试品溶液各1~5μl，注入气相色谱仪，测定，即得。

对照溶液与供试品溶液的配制须用新开启的同一瓶无水乙醇。

用外标法计算供试品中的含水量。计算时应扣除无水乙醇的含水量，方法如下：

对照溶液中实际加入的水的峰面积=对照溶液中总水峰面积－K×对照溶液中乙醇峰面积

供试品中水的峰面积=供试品溶液中总水峰面积－K×供试品溶液中乙醇峰面积

$$K=\frac{无水乙醇中水峰面积}{无水乙醇中乙醇峰面积}$$

0841 炽灼残渣检查法

取供试品1.0~2.0g或各品种项下规定的重量，置已炽灼至恒重的坩埚中，精密称定，缓缓炽灼至完全炭化，放冷；除另有规定外，加硫酸0.5~1ml使湿润，低温加热至硫酸蒸气除尽后，在700~800℃炽灼使完全灰化，移置干燥器内，放冷，精密称定后，再在700~800℃炽灼至恒重，即得。

如需将残渣留作重金属检查，则炽灼温度必须控制在500~600℃。

0851 甲醇量检查法

本法系用气相色谱法（附录0521）测定酊剂中甲醇的含量。除另有规定外，按下列方法测定。

第一法（毛细管柱法）

色谱条件与系统适用性试验　采用（6%）氰丙基苯基-（94%）二甲基聚硅氧烷为固定液的毛细管柱；起始温度为40℃，维持2分钟，以每分钟3℃的速率升温至65℃，再以每分钟25℃的速率升温至200℃，维持10分钟；进样口温度200℃；检测器（FID）温度220℃；分流进样，分流比为1:1；顶空进样平衡温度为85℃，平衡时间为20分钟。理论板数按甲醇峰计算应不低于10 000，甲醇峰与其他色谱峰的分离度应大于1.5。

测定法　取供试液作为供试品溶液。精密量取甲醇1ml，置100ml量瓶中，加水稀释至刻度，摇匀，精密量取5ml，置100ml量瓶中，加水稀释至刻度，摇匀，作为对照品溶液。分别精密量取对照品溶液与供试品溶液各3ml，置10ml顶空进样瓶中，密封，顶空进样。按外标法以峰面积计算，即得。

第二法（填充柱法）

色谱条件与系统适用性试验　用直径为0.18~0.25mm的二乙烯苯-乙基乙烯苯型高分子多孔小

球作为载体；柱温125℃。理论板数按甲醇峰计算应不低于1500；甲醇峰、乙醇峰与内标物质各相邻色谱峰之间的分离度应符合规定。

校正因子测定 精密量取正丙醇1ml，置100ml量瓶中，加水溶解并稀释至刻度，摇匀，作为内标溶液。另精密量取甲醇1ml，置100ml量瓶中，加水稀释至刻度，摇匀，精密量取10ml，置100ml量瓶中，精密加入内标溶液10ml，用水稀释至刻度，摇匀，取1μl注入气相色谱仪，连续进样3~5次，测定峰面积，计算校正因子。

测定法 精密量取内标溶液1ml，置10ml量瓶中，加供试液至刻度，摇匀，作为供试品溶液，取1μl注入气相色谱仪，测定，即得。

除另有规定外，供试液含甲醇量不得过0.05%（ml/ml）。

【附注】 （1）如采用填充柱法时，内标物质峰相应的位置出现杂质峰，可改用外标法测定。

（2）建议选择大口径、厚液膜色谱柱，规格为30m × 0.53mm × 3.00μm。

0900 特性检查法

0901 溶液颜色检查法

本法系将药物溶液的颜色与规定的标准比色液相比较，或在规定的波长处测定其吸光度。品种项下规定的"无色"系指供试品溶液的颜色相同于水或所用溶剂，"几乎无色"系指供试品溶液的颜色不深于相应色调0.5号标准比色液。

第一法

除另有规定外，取各品种项下规定量的供试品，加水溶解，置于25ml的纳氏比色管中，加水稀释至10ml。另取规定色调和色号的标准比色液10ml，置于另一25ml的纳氏比色管中，两管同置白色背景上，自上向下透视，或同置白色背景前，平视观察；供试品管呈现的颜色与对照管比较，不得更深。如供试品管呈现的颜色与对照管的颜色深浅非常接近或色调不完全一致，使目视观察无法辨别二者的深浅时，应改用第三法（色差计法）测定，并将其测定结果作为判定依据。

比色用重铬酸钾液 精密称取在120℃干燥至恒重的基准重铬酸钾0.4000g，置500ml量瓶中，加适量水溶解并稀释至刻度，摇匀，即得。每1ml溶液中含0.800mg的$K_2Cr_2O_7$。

比色用硫酸铜液 取硫酸铜约32.5g，加适量的盐酸溶液（1→40）使溶解成500ml，精密量取10ml，置碘量瓶中，加水50ml、醋酸4ml与碘化钾2g，用硫代硫酸钠滴定液（0.1mol/L）滴定，至近终点时，加淀粉指示液2ml，继续滴定至蓝色消失。每1ml的硫代硫酸钠滴定液（0.1mol/L）相当于24.97mg的$CuSO_4 \cdot 5H_2O$。根据上述测定结果，在剩余的原溶液中加适量的盐酸溶液（1→40），使每1ml溶液中含62.4mg的$CuSO_4 \cdot 5H_2O$，即得。

比色用氯化钴液 取氯化钴约32.5g，加适量的盐酸溶液（1→40）使溶解成500ml，精密量取2ml，置锥形瓶中，加水200ml，摇匀，加氨试液至溶液由浅红色转变至绿色后，加醋酸-醋酸钠缓冲液（pH6.0）10ml，加热至60℃，再加二甲酚橙指示液5滴，用乙二胺四醋酸二钠滴定液（0.05mol/L）滴定至溶液显黄色。每1ml的乙二胺四醋酸二钠滴定液（0.05mol/L）相当于11.90mg的$CoCl_2 \cdot 6H_2O$。根据上述测定结果，在剩余的原溶液中加适量的盐酸溶液（1→40），使每1ml溶液中含59.5mg的$CoCl_2 \cdot 6H_2O$，即得。

各种色调标准贮备液的制备 按表1精密量取比色用氯化钴液、比色用重铬酸钾液、比色用硫酸铜液与水，摇匀，即得。

表1　各种色调标准贮备液的配制

色调	比色用 氯化钴液（ml）	比色用 重铬酸钾液（ml）	比色用 硫酸铜液（ml）	水（ml）
绿黄色	—	27	15	58
黄绿色	1.2	22.8	7.2	68.8
黄色	4.0	23.3	0	72.7
橙黄色	10.6	19.0	40	66.4
橙红色	12.0	20.0	0	68.0
棕红色	22.5	12.5	20.0	45.0

各种色调色号标准比色液的制备 按表2精密量取各色调标准贮备液与水，混合摇匀，即得。

表2　各种色调色号标准比色液的配制

色号	0.5	1	2	3	4	5	6	7	8	9	10
贮备液（ml）	0.25	0.5	1.0	1.5	2.0	2.5	3.0	4.5	6.0	7.5	10.0
加水量（ml）	9.75	9.5	9.0	8.5	8.0	7.5	7.0	5.5	4.0	2.5	0

第二法

除另有规定外，取各供试品项下规定量的供试品，加水溶解并使成10ml，必要时滤过，滤液照紫外-可见分光光度法（附录0401）于规定波长处测定，吸光度不得超过规定值。

第三法（色差计法）

本法是使用具备透射测量功能的测色色差计直接测定溶液的透射三刺激值，对其颜色进行定量表述和分析的方法。当目视比色法较难判定供试品与标准比色液之间的差异时，应考虑采用本法进行测定与判断。

供试品与标准比色液之间的颜色差异，可以通过分别比较它们与水之间的色差值来测定，也可以通过直接比较它们之间的色差值来测定。

现代颜色视觉理论认为，在人眼视网膜上有三种感色的锥体细胞，分别对红、绿、蓝三种颜色敏感。颜色视觉过程可分为两个阶段：第一阶段，视网膜上三种独立的锥体感色物质，有选择地吸收光谱不同波长的辐射，同时每一物质又可单独产生白和黑的反应，即在强光作用下产生白的反应，无外界刺激时产生黑的反应；第二阶段，在神经兴奋由锥体感受器向视觉中枢的传导过程中，这三种反应又重新组合，最后形成三对对立性的神经反应，即红或绿、黄或蓝、白或黑的反应。最终在大脑皮层的视觉中枢产生各种颜色感觉。

自然界中的每种颜色都可以用选定的、能刺激人眼中三种受体细胞的红、绿、蓝三原色，按适当比例混合而成。由此引入一个新的概念——三刺激值，即在给定的三色系统中与待测色达到色匹配所需要的三个原刺激量，分别以X、Y、Z表示。通过对众多具有正常色觉的人体（称为标准观察者，即标准眼）进行广泛的颜色比较试验，测定了每一种可见波长（400～760nm）的光引起每种锥体刺激的相对数量的色匹配函数，这些色匹配函数分别用$\overline{x}(\lambda)$、$\overline{y}(\lambda)$、$\overline{z}(\lambda)$来表示。把这些色匹配函数组合起来，描绘成曲线，就叫做CIE色度标准观察者的光谱三刺激值曲线（图1）。

色匹配函数和三刺激值间的关系以下列方程表示：

$$X = K\int S(\lambda)P(\lambda)\overline{x}(\lambda)\,\Delta d(\lambda)$$
$$Y = K\int S(\lambda)P(\lambda)\overline{y}(\lambda)\,\Delta d(\lambda)$$
$$Z = K\int S(\lambda)P(\lambda)\overline{z}(\lambda)\,\Delta d(\lambda)$$

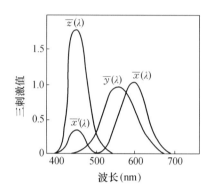

图1　CIE 1931色度标准观察者的光谱三刺激值曲线（10°视场）

式中　K 为归化系数；

　　　$S(\lambda)$ 为光源的相对光谱功率分布；

　　　$P(\lambda)$ 为物质色的光谱反射比或透射比；

　　　$\overline{x}(\lambda)$、$\overline{y}(\lambda)$、$\overline{z}(\lambda)$ 为标准观察者的色匹配函数；

　　　$\Delta d(\lambda)$ 为波长间隔，一般采用10nm或5nm。

当某种颜色的三刺激值确定之后，则可用其计算出该颜色在一个理想的三维颜色空间中的坐标，由此推导出许多组的颜色方程（称为表色系统）来定义这一空间。如：CIE 1931-XYZ表色系统，CIE 1964补充标准色度系统，CIE 1976L*a*b*色空间（CIE *Lab*均匀色空间），Hunter表色系统等。

为便于理解和比对，人们通常采用CIE *Lab*均匀色空间来表示颜色及色差。该色空间由直角坐标L*a*b*构成。在三维色坐标系的任一点都代表一种颜色，其与参比点之间的几何距离代表两种颜色之间的色差（见图2和图3）。相等的距离代表相同的色差值。用仪器法对供试品溶液与其规定的标准比色液的颜色进行比较时，需比较的参数就是空白对照液的颜色和供试溶液或其规定的标准比色液颜色在均匀色空间中的差值。

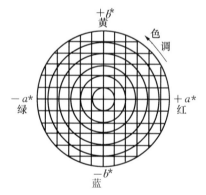

图2　$L^*a^*b^*$色品图

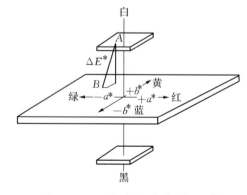

图3　$L^*a^*b^*$色空间和色差 ΔE^*

在CIE*Lab*均匀色空间中，三维色坐标 L^*、a^*、b^* 与三刺激值 X、Y、Z 和色差之间的关系如下：

明度指数 $L^* = 116 \times (Y/Y_n)^{1/3} - 16$

色品指数$a^* = 500 \times [(X/X_n)^{1/3} - (Y/Y_n)^{1/3}]$

色品指数$b^* = 200 \times [(Y/Y_n)^{1/3} - (Z/Z_n)^{1/3}]$

色差 $\Delta E^* = \sqrt{(\Delta L^*)^2 + (\Delta a^*)^2 + (\Delta b^*)^2}$

以上公式仅适用于X/X_n、Y/Y_n、$Z/Z_n > 0.008\ 856$时。

式中　X、Y、Z为待测溶液的三刺激值；

　　　X_n、Y_n、Z_n为完全漫反射体的三刺激值；

　　　ΔE^*为供试品溶液与标准比色液的色差；

　　　ΔL^*为供试品溶液与标准比色液的明度指数之差，其中ΔL^*为正，表示供试品溶液比标准比色液颜色亮；

　　　Δa^*、Δb^*为供试品溶液色与标准比色液色的色品指数之差，其中Δa^*、Δb^*为正，表示供试品比标准比色液颜色更深。

色差计的工作原理简单地说即是模拟人眼的视觉系统，利用仪器内部的模拟积分光学系统，把光谱光度数据的三刺激值进行积分而得到颜色的数学表达式，从而计算出L^*、a^*、b^*值及对比色的色差。在仪器使用的标准光源与日常观察供试品所使用光源光谱功率分布一致（比如昼光），其光电响应接收条件与标准观察者的色觉特性一致的条件下，用仪器方法测定颜色，不但能够精确、定量地测定颜色和色差，而且比目测法客观，且不随时间、地点、人员变化而发生变化。

1. 对仪器的一般要求

使用具备透射测量功能的测色色差计进行颜色测定，照明观察条件为o/o（垂着照明/垂直接收），D65光源照明，10°视场条件下，可直接测出三刺激值X、Y、Z，并能直接计算给出L^*、a^*、b^*和ΔE^*。

因溶液的颜色随着被测定溶液的液层厚度而变，所以除另有规定外，测量透射色时，应使用1cm厚度液槽。由于浑浊液体、黏性液体或带荧光的液体会影响透射，故不适宜采用色差计法测定。

为保证测量的可靠性，应定期对仪器进行全面的检定。在每次测量时，按仪器要求，需用水对仪器进行校准，并规定水在D65为光源、10°视场条件下，水的三刺激值分别为

$$X = 94.81;\ Y = 100.00;\ Z = 107.32$$

2. 测定法

除另有规定外，用水对仪器进行校准，取按各品种项下规定的方法分别制得的供试品溶液和标准比色液，置仪器上进行测定，供试品溶液与水的色差值ΔE^*应不超过相应色调的标准比色液与水的色差值ΔE^*。

如品种正文项下规定的色调有两种，且供试品溶液的实际色调介于两种规定色调之间，难以判断更倾向何种色调时，将测得的供试品溶液与水的色差值（ΔE^*）与两种色调标准比色液与水的色差值的平均值比较，不得更深[$\Delta E^* \leqslant (\Delta E_{s1}^* + \Delta E_{s2}^*)/2$]。

0902 不溶性微粒检查法

本法系用以检查静脉用注射剂（溶液型注射液、注射用无菌粉末、注射用浓溶液）及供静脉注射用无菌原料药中不溶性微粒的大小及数量。

本法包括光阻法和显微计数法。当光阻法测定结果不符合规定或供试品不适于用光阻法测定时，应采用显微计数法进行测定，并以显微计数法的测定结果作为判定依据。

光阻法不适用于黏度过高和易析出结晶的制剂，也不适用于进入传感器时容易产生气泡的注射剂。对于黏度过高，采用两种方法都无法测定的注射液，可用适宜的溶剂经适当稀释后测定。

试验环境及检测　试验操作环境应不得引入微粒，测定前的操作应在层流净化台中进行。玻璃仪器和其他所需的用品均应洁净、无微粒。本法所用微粒检查用水（或其他适宜溶剂），使用前须经不大于$1.0\mu m$的微孔滤膜滤过。

取微粒检查用水（或其他适宜溶剂）符合下列要求：光阻法取50ml测定，要求每10ml中含$10\mu m$及$10\mu m$以上的不溶性微粒应在10粒以下，含$25\mu m$及$25\mu m$以上的不溶性微粒应在2粒以下。显微计数法取50ml测定，要求含$10\mu m$及$10\mu m$以上的不溶性微粒应在20粒以下，含$25\mu m$及$25\mu m$以上的不溶性微粒应在5粒以下。

第一法（光阻法）

测定原理　当液体中的微粒通过一窄细检测通道时，与液体流向垂直的入射光，由于被微粒阻挡而减弱，因此由传感器输出的信号降低，这种信号变化与微粒的截面积大小相关。

对仪器的一般要求　仪器通常包括取样器、传感器和数据处理器三部分。

测量粒径范围为$2\sim100\mu m$，检测微粒浓度为$0\sim10\,000$个/ml。

仪器的校准　所用仪器应至少每6个月校准一次。

（1）取样体积　待仪器稳定后，取多于取样体积的微粒检查用水置于取样杯中，称定重量，通过取样器由取样杯中量取一定体积的微粒检查用水后，再次称定重量。以两次称定的重量之差计算取样体积。连续测定3次，每次测得体积与量取体积的示值之差应在±5%以内。测定体积的平均值与量取体积的示值之差应在±3%以内。也可采用其他适宜的方法校准，结果应符合上述规定。

（2）微粒计数　取相对标准偏差不大于5%，平均粒径为$10\mu m$的标准粒子，制成每1ml中含$1000\sim1500$微粒数的悬浮液，静置2分钟脱气，开启搅拌器，缓慢搅拌使其均匀（避免气泡产生），依法测定3次，记录$5\mu m$通道的累计计数，第一次数据不计，后两次测定结果的平均值与已知粒子数之差应在±20%以内。

（3）传感器分辨率　取相对标准偏差不大于5%，平均粒径为$10\mu m$的标准粒子（均值粒径的标准差应不大于$1\mu m$），制成每1ml中含$1000\sim1500$微粒数的悬浮液，静置2分钟脱气泡，开启搅拌器，缓慢搅拌使其均匀（避免气泡产生），依法测定$8\mu m$、$10\mu m$和$12\mu m$三个通道的粒子数，计算$8\mu m$与$10\mu m$的两个通道的差值计数和$10\mu m$与$12\mu m$两个通道的差值计数，上述两个差值计数与$10\mu m$通道的累计计数之比都不得小于68%。若测定结果不符合规定，应重新调试仪器后再次进行校准，符合规定后方可使用。

如所使用仪器附有自检功能，可进行自检。

检查法

（1）标示装量为25ml或25ml以上的静脉用注射液或注射用浓溶液　除另有规定外，取供试品至少4个，分别按下法测定：用水将容器外壁洗净，小心翻转20次，使溶液混合均匀，立即小心开启容器，先倒出部分供试品溶液冲洗开启口及取样杯，再将供试品溶液倒入取样杯中，静置2分钟或适当时间脱气泡，置于取样器上（或将供试品容器直接置于取样器上）。开启搅拌，使溶液均匀（避免气泡产生），每个供试品依法测定至少3次，每次取样应不少于5ml，记录数据，弃第一次测定数据，取后续测定数据的平均值作为测定结果。

（2）标示装量为25ml以下的静脉用注射液或注射用浓溶液　除另有规定外，取供试品，用水将容器外壁洗净，小心翻转20次，使溶液混合均匀，静置2分钟或适当时间脱气泡，小心开启容器，直接将供试品容器置于取样器上，开启搅拌或以手缓缓转动，使溶液混匀（避免产生气泡），由仪器直接抽取适量溶液（以不吸入气泡为限），测定并记录数据，弃第一次测定数据，取后续测定数据的平均值作为测定结果。

（1）、（2）项下的注射用浓溶液如黏度太大，不便直接测定时，可经适当稀释后，依法测定。

也可采用适宜的方法，在洁净工作台小心合并至少4个供试品的内容物（使总体积不少于25ml），置于取样杯中，静置2分钟或适当时间脱气泡，置于取样器上。开启搅拌，使溶液混匀（避免气泡产生），依法测定至少4次，每次取样应不少于5ml。弃第一次测定数据，取后续3次测定数据的平均值作为测定结果，根据取样体积与每个容器的标示装量体积，计算每个容器所含的微粒数。

（3）静脉注射用无菌粉末　除另有规定外，取供试品至少4个，分别按下法测定：用水将容器外壁洗净，小心开启瓶盖，精密加入适量微粒检查用水（或适宜的溶剂），小心盖上瓶盖，缓缓振摇使内容物溶解，静置2分钟或适当时间脱气泡，小心开启容器，直接将供试品容器置于取样器上，开启搅拌或以手缓缓转动，使溶液混匀（避免气泡产生），由仪器直接抽取适量溶液（以不吸入气泡为限），测定并记录数据，弃第一次测定数据，取后续测定数据的平均值作为测定结果。

也可采用适宜的方法，取至少4个供试品，在洁净工作台用水将容器外壁洗净，小心开启瓶盖，分别精密加入适量微粒检查用水（或适宜的溶剂），缓缓振摇使内容物溶解，小心合并容器中的溶液（使总体积不少于25ml），置于取样杯中，静置2分钟或适当时间脱气泡，置于取样器上。开启搅拌，使溶液混匀（避免气泡产生），依法测定至少4次，每次取样应不少于5ml。弃第一次测定数据，取后续测定数据的平均值作为测定结果。

（4）供注射用无菌原料药，按各品种项下规定，取供试品适量（相当于单个制剂的最大规格量）4份，分别置取样杯或适宜的容器中，照上述（3）法，自"精密加入适量微粒检查用水（或适宜的溶剂），缓缓振摇使内容物溶解"起，依法操作，测定并记录数据，弃第一次测定数据，取后续测定数据的平均值作为测定结果。

结果判定

（1）标示装量为100ml或100ml以上的静脉用注射液　除另有规定外，每1ml中含10μm及10μm以上的微粒不得过25粒，含25μm及25μm以上的微粒不得过3粒。

（2）标示装量为100ml以下的静脉用注射液、静脉注射用无菌粉末、注射用浓溶液及供注射用无菌原料药　除另有规定外，每个供试品容器（份）中含10μm及10μm以上的微粒不得过6000粒，含25μm及25μm以上的微粒不得过600粒。

第二法（显微计数法）

对仪器的一般要求　仪器通常包括洁净工作台、显微镜、微孔滤膜及其滤器、平皿等。

洁净工作台　高效空气过滤器孔径0.45μm，气流方向由里向外。

显微镜　双筒大视野显微镜，目镜内附标定的测微尺（每格5~10μm）。坐标轴前后、左右移动范围均应大于30mm，显微镜装置内附有光线投射角度、光强度均可调节的照明装置。检测时放大100倍。

微孔滤膜　孔径0.45μm、直径25mm或13mm，一面印有间隔3mm的格栅；膜上如有10μm及10μm以上的不溶性微粒，应在5粒以下，并不得有25μm及25μm以上的微粒，必要时，可用微粒检查用水冲洗使符合要求。

检查前的准备　在洁净工作台上将滤器用微粒检查用水（或其他适宜溶剂）冲洗至洁净，用平头无齿镊子夹取测定用滤膜，用微粒检查用水（或其他适宜溶剂）冲洗后，置滤器托架上；固定滤器，倒置，反复用微粒检查用水（或其他适宜溶剂）冲洗滤器内壁，沥干后安装在抽滤瓶上，备用。

检查法

（1）标示装量为25ml或25ml以上的静脉用注射液或注射用浓溶液　除另有规定外，取供试品至少4个，分别按下法测定：用水将容器外壁洗净，在洁净工作台上小心翻转20次，使溶液混合均匀。立即小心开启容器，用适宜的方法抽取或量取供试品溶液25ml，沿滤器内壁缓缓注入经预处理的滤器（滤膜直径25mm）中。静置1分钟，缓缓抽滤至滤膜近干，再用微粒检查用水25ml，沿滤器内壁缓缓注入，洗涤并抽滤至滤膜近干，然后用平头镊子将滤膜移置平皿上（必要时，可涂抹极薄层的甘油使滤膜平整），微启盖子使滤膜适当干燥后，将平皿闭合，置显微镜载物台上。调好入射光，放大100倍进行显微测量，调节显微镜至滤膜格栅清晰，移动坐标轴，分别测定有效滤过面积上最长粒径大于$10\mu m$和$25\mu m$的微粒数。计算三个供试品测定结果的平均值。

（2）标示装量为25ml以下的静脉用注射液或注射用浓溶液　除另有规定外，取供试品至少4个，用水将容器外壁洗净，在洁净工作台上小心翻转20次，使混合均匀，立即小心开启容器，用适宜的方法直接抽取每个容器中的全部溶液，沿滤器内壁缓缓注入经预处理的滤器（滤膜直径13mm）中，照上述（1）同法测定。

（3）静脉注射用无菌粉末及供注射用无菌原料药　除另有规定外，照光阻法中检查法的（3）或（4）制备供试品溶液，同上述（1）操作测定。

结果判定

（1）标示装量为100ml或100ml以上的静脉用注射液　除另有规定外，每1ml中含$10\mu m$及$10\mu m$以上的微粒不得过12粒，含$25\mu m$及$25\mu m$以上的微粒不得过2粒。

（2）标示装量为100ml以下的静脉用注射液、静脉注射用无菌粉末、注射用浓溶液及供注射用无菌原料药　除另有规定外，每个供试品容器（份）中含$10\mu m$及$10\mu m$以上的微粒不得过3000粒，含$25\mu m$及$25\mu m$以上的微粒不得过300粒。

0903 可见异物检查法

可见异物系指存在于注射剂和无菌原料药中，在规定条件下目视可以观测到的不溶性物质，其粒径或长度通常大于$50\mu m$。

注射剂应在符合兽药生产质量管理规范（兽药GMP）的条件下生产，产品在出厂前应采用适宜的方法逐一检查并同时剔除不合格产品。临用前，需在自然光下目视检查（避免阳光直射），如有可见异物，不得使用。

可见异物检查法有灯检法和光散射法。一般常用灯检法，也可采用光散射法。灯检法不适用的品种，如用深色透明容器包装或液体色泽较深（一般深于各标准比色液7号）的品种可选用光散射法；混悬型、乳状液型注射液和滴眼液不能使用光散射法。

实验室检测时应避免引入可见异物。当制备注射用无菌粉末和无菌原料药供试品溶液时，或供试品溶液的容器不适于检测（如不透明、不规则形状容器等），需转移至适宜容器中时，均应在100级的洁净环境（如洁净工作台）中进行。

用于本试验的供试品，必须按规定随机抽样。

第一法（灯检法）

灯检法应在暗室中进行。

检查装置　如下图所示。

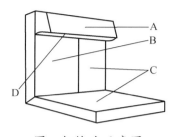

图　灯检法示意图

A.带有遮光板的日光灯光源（光照度可在1000～4000lx范围内调节）；
B.不反光的黑色背景；
C.不反光的白色背景和底部（供检查有色异物）；
D.反光的白色背景（指遮光板内侧）。

检查人员条件　远距离和近距离视力测验，均应为4.9及以上（矫正后视力应为5.0及以上）；应无色盲。

检查法

溶液型、乳状液及混悬型制剂　除另有规定外，取供试品20支（瓶），除去容器标签，擦净容器外壁，必要时将药液转移至洁净透明的适宜容器内；置供试品于遮光板边缘处，在明视距离（指供试品至人眼的清晰观测距离，通常为25cm），分别在黑色和白色背景下，手持供试品颈部轻轻旋转和翻转容器使药液中可能存在的可见异物悬浮（但应避免产生气泡），轻轻翻摇后即用目检视，重复3次，总时限为20秒。供试品装量每支（瓶）在10ml及10ml以下的，每次检查可手持2支（瓶）。50ml或50ml以上大容量注射液按直、横、倒三步法旋转检视。供试品溶液中有大量气泡产生影响观察时，需静置足够时间至气泡消失后检查。

注射用无菌粉末　除另有规定外，取供试品5支（瓶），用适宜的溶剂及适当的方法使药粉全部溶解后，按上述方法检查。配带有专用溶剂的注射用无菌粉末，应先将专用溶剂按溶液型制剂检查合格后，再用以溶解注射用无菌粉末。如经真空处理的供试品，必要时应用适当的方法破其真空，以便于药物溶解。低温冷藏的品种，应先将其放至室温，再进行溶解和检查。

无菌原料药　除另有规定外，按抽样要求称取各品种制剂项下的最大规格量5份，分别置洁净透明的适宜容器内，用适宜的溶剂及适当的方法使药物全部溶解后，按上述方法检查。

注射用无菌粉末及无菌原料药所选用的适宜溶剂应无可见异物。如为水溶性药物，一般使用不溶性微粒检查用水（参见附录0902）进行溶解制备；如为其他溶剂，则应在各品种项下中作出明确规定。溶剂量应确保药物溶解完全并便于观察。

注射用无菌粉末及无菌原料药溶解所用的适当方法应与其制剂使用说明书中注明的临床使用前处理的方式相同。如除振摇外还需其他辅助条件，则应在各品种项下中作出规定。

用无色透明容器包装的无色供试品溶液，检查时被观察样品所在处的光照度应为1000～1500lx，用透明塑料容器包装或用棕色透明容器包装的供试品溶液或有色供试品溶液，检查时被观察样品所在处的光照度应为2000～3000lx；混悬型供试品或乳状液，检查时被观察样品所在处的光照度应增加至约4000lx。

结果判定

各类注射剂　在静置一定时间后轻轻旋转时均不得检出烟雾状微粒柱，且不得检出金属屑、玻璃屑、长度或最大粒径超过2mm的纤维和块状物等明显可见异物。微细可见异物（如点状物、2mm以下的短纤维和块状物等）如有检出，除另有规定外，应分别符合下列规定：

溶液型静脉用注射液、注射用浓溶液　20支（瓶）检查的供试品中，均不得检出明显可见异物。如检出微细可见异物的供试品仅有1支（瓶），应另取20支（瓶）同法复试，均不得超过1支（瓶）。

溶液型非静脉用注射液　被检查的20支（瓶）供试品中，均不得检出明显可见异物。如检出微细可见异物，应另取20支（瓶）同法复试，初、复试的供试品中，检出微细可见异物的供试品不得超过3支（瓶）。

混悬型、乳状液型注射液　被检查的20支（瓶）供试品中，均不得检出金属屑、玻璃屑、色块、纤维等明显可见异物。

临用前配制的溶液型和混悬型滴眼剂，除另有规定外，应符合相应的可见异物规定。

注射用无菌粉末　被检查的5支（瓶）供试品中，均不得检出明显可见异物。如检出微细可见异物，每支（瓶）供试品中检出微细可见异物的数量应符合下表的规定；如有1支（瓶）不符合规定，另取10支（瓶）同法复试，均应符合规定。

规格	可见异物限度
≥2g	≤10个
<2g	≤8个

配带有专用溶剂的注射用无菌粉末，专用溶剂应符合相应的溶液型注射液的规定。

无菌原料药　5份检查的供试品中，均不得检出明显可见异物。如检出微细可见异物，每份供试品中检出微细可见异物的数量应不得超过5个；如有1份不符合规定，另取10份同法复试，均应符合规定。

既可静脉用也可非静脉用的注射剂应执行静脉用注射剂的标准。

第二法（光散射法）

当一束单色激光照射溶液时，溶液中存在的不溶性物质使入射光发生散射，散射的能量与不溶性物质的大小有关。本方法通过对溶液中不溶性物质引起的光散射能量的测量，并与规定的阈值比较，以检查可见异物。

不溶性物质的光散射能量可通过被采集的图像进行分析。设不溶性物质的光散射能量为E，经过光电信号转换，即可用摄像机采集到一个锥体高度为H，直径为D的相应立体图像。散射能量E为D和H的一个单调函数，即$E=f(D, H)$。同时，假设不溶性物质的光散射强度为q，摄像曝光时间为T，则又有$E=g(q, T)$。由此可以得出图像中的D与q、T之间的关系为$D=w(q, T)$，也为一个单调函数关系。在测定图像中的D值后，即可根据函数曲线计算出不溶性物质的光散射能量。

仪器装置和检测原理　仪器由旋瓶装置、激光光源、图像采集器、数据处理系统和终端显示系统组成，并配有自动上瓶和下瓶装置。

供试品通过上瓶装置被送至旋瓶装置，旋瓶装置应能使供试品沿垂直中轴线高速旋转一定时间后迅速停止，同时激光光源发出的均匀激光束照射在供试品上；当药液涡流基本消失，瓶内药液因惯性继续旋转，图像采集器在特定角度对旋药液中悬浮的不溶性物质引起的散射光能量进行连续摄像，采集图像不少于75幅；数据处理系统对采集的序列图像进行处理，然后根据预先设定的阈值自动判定超过一定大小的不溶性物质的有无，或在终端显示器上显示图像供人工判定，同时记录检测结果，指令下瓶装置自动分检合格与不合格供试品。

仪器校准　仪器应具备自动校准功能，在检测供试品前须采用标准粒子进行校准。

除另有规定外，分别用粒径为$40\mu m$和$60\mu m$的标准粒子对仪器进行标定。根据标定结果得到曲线方程并计算出与粒径50μm相对应的检测像素值。

当把检测像素参数设定为与粒径50μm相对应的数值时，对60μm的标准粒子溶液测定3次，应均能检出。

检查法

溶液型注射液　除另有规定外，取供试品20支（瓶），除去不透明标签，擦净容器外壁，置仪器上瓶装置上，根据仪器的使用说明书选择适宜的测定参数，启动仪器，将供试品检测3次并记录检测结果。凡仪器判定有1次不合格者，须用灯检法作进一步确认。用深色透明容器包装或液体色泽较深等灯检法检查困难的品种不用灯检法确认。

注射用无菌粉末　除另有规定外，取供试品5支（瓶），用适宜的溶剂及适当的方法使药物全部溶解后，按上述方法检查。

无菌原料药　除另有规定外，称取各品种制剂项下的最大规格量5份，分别置洁净透明的专用玻璃容器内，用适宜的溶剂及适当的方法使药物全部溶解后，按上述方法检查。

设置检测参数时，一般情况下取样视窗的左右边线和底线应与瓶体重合，上边线与液面的弯月面成切线；旋转时间的设置应能使液面漩涡到底，以能带动固体物质悬浮并消除气泡；静置时间的设置应尽可能短；但不能短于液面漩涡消失的时间，以避免气泡干扰并保证摄像启动时固体物质仍在转动；嵌瓶松紧度参数与瓶底直径（mm）基本相同，可根据安瓿质量调整，如瓶体不平正，转动时瓶体摇动幅度较大，气泡易产生，则应将嵌瓶松紧度调大以减小摇动，但同时应延长旋转时间，使漩涡仍能到底。

结果判定　同灯检法。

0921 崩解时限检查法

本法系用于检查固体制剂在规定条件下的崩解情况。

崩解系指固体制剂在规定条件下全部崩解溶散或成碎粒，除不溶性包衣材料或破碎的胶囊壳外，应全部通过筛网。如有少量不能通过筛网，但已软化或轻质上漂且无硬心者，可作符合规定论。

除另有规定外，凡规定检查溶出度、释放度或分散均匀性的制剂，不再进行崩解时限检查。

一、片剂

仪器装置　采用升降式崩解仪，主要结构为一能升降的金属支架与下端镶有筛网的吊篮，并附有挡板。

升降的金属支架上下移动距离为55mm±2mm，往返频率为每分钟30～32次。

吊篮　玻璃管6根，管长77.5mm±2.5mm，内径21.5mm，壁厚2mm；透明塑料板2块，直径90mm，厚6mm，板面有6个孔，孔径26mm；不锈钢板1块（放在上面一块塑料板上），直径90mm，厚1mm，板面有6个孔，孔径22mm；不锈钢丝筛网1张（放在下面一块塑料板下），直径90mm，筛孔内径2.0mm；以及不锈钢轴1根（固定在上面一块塑料板与不锈钢板上），长80mm。将上述玻璃管6根垂直于2块塑料板的孔中，并用3只螺丝将不锈钢板、塑料板和不锈钢丝筛网固定，即得（如图1）。

挡板　为一平整光滑的透明塑料块，相对密度1.18～1.20，直径20.7mm±0.15mm，厚9.5mm±0.15mm；挡板共有5个孔，孔径2mm，中央1个孔，其余4个孔距中心6mm，各孔间距相等；挡板侧边有4个等距离的V形槽，V形槽上端宽9.5mm，深2.55mm，底部开口处的宽与深度均为1.6mm（如图2）。

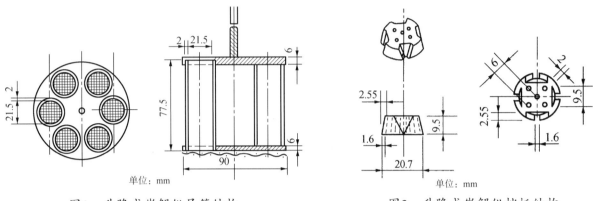

图1　升降式崩解仪吊篮结构　　　　　　　图2　升降式崩解仪挡板结构

检查法　将吊篮通过上端的不锈钢轴悬挂于金属支架上，浸入1000ml烧杯中，并调节吊篮位置使其下降至低点时筛网距烧杯底部25mm，烧杯内盛有温度为37℃±1℃的水，调节水位高度使吊篮上升至高点时筛网在水面下15mm处，吊篮顶部不可浸没于溶液中。

除另有规定外，取供试品6片，分别置上述吊篮的玻璃管中，每管加挡板1块，启动崩解仪进行检查，药材全粉片各片均应在30分钟内全部崩解；浸膏（半浸膏）片、糖衣片各片均应在1小时内全部崩解。如果供试品黏附挡板，应另取6片，不加挡板按上述方法检查，应符合规定。如有1片不能完全崩解，应另取6片复试，均应符合规定。

薄膜衣片，按上述装置与方法检查，并可改在盐酸溶液（9→1000）中进行检查，应在1小时内全部崩解。如果供试品黏附挡板，应另取6片，不加挡板按上述方法检查，应符合规定。如有1片不能完全崩解，应另取6片复试，均应符合规定。

泡腾片，取1片，置250ml烧杯（内有200ml温度为20℃±5℃的水）中，即有许多气泡放出，当片剂或碎片周围的气体停止逸出时，片剂应溶解或分散在水中，无聚集的颗粒剩留。除另有规定外，同法检查6片，各片均应在5分钟内崩解。如有1片不能完全崩解，应另取6片复试，均应符合规定。

二、胶囊剂

硬胶囊剂或软胶囊剂，除另有规定外，取供试品6粒，按片剂的装置与方法加挡板进行检查。硬胶囊应在30分钟内全部崩解；软胶囊应在1小时内全部崩解，以明胶为基质的软胶囊可改在人工胃液中进行检查。如有1粒不能完全崩解，应另取6粒复试，均应符合规定。

【附注】　人工胃液　取稀盐酸16.4ml，加水约800ml与胃蛋白酶10g，摇匀后，加水稀释成1000ml，即得。

0931　最低装量检查法

本法适用于固体、半固体和液体制剂。除制剂通则中规定检查重（装）量差异的制剂外，按下述方法检查，应符合规定。

检查法

重量法 （适用于标示装量以重量计的制剂）除另有规定外，取供试品5个（50g以上者3个），除去外盖和标签，容器外壁用适宜的方法清洁并干燥，分别精密称定重量，除去内容物，容器用适宜的溶剂洗净并干燥，再分别精密称定空容器的重量，求出每个容器内容物的装量与平均装量，均应符合下表的有关规定。如有1个容器装量不符合规定，则另取5个（50g以上者3个）复试，应全部符合规定。

容量法 （适用于标示装量以容量计的制剂）除另有规定外，取供试品5个（50ml以上者3个），开启时注意避免损失，将内容物转移至预经标化的干燥量入式量筒中（量具的大小应使待测体积至少占其额定体积的40%），黏稠液体倾出后，除另有规定外，将容器倒置15分钟，尽量倾净。2ml及以下者用预经标化的干燥量入式注射器抽尽。读出每个容器内容物的装量，并求其平均装量，均应符合下表的有关规定。如有1个容器装量不符合规定，则另取5个（50ml以上者3个）复试，应全部符合规定。

标示装量	注射液及注射用浓溶液		口服及外用固体、半固体、液体；黏稠液体	
	平均装量	每个容器装量	平均装量	每个容器装量
20g（ml）以下	/	/	不少于标示装量	不少于标示装量的93%
20g（ml）至50g（ml）	/	/	不少于标示装量	不少于标示装量的95%
50g（ml）以上至500g（ml）	不少于标示装量	不少于标示装量的97%	不少于标示装量	不少于标示装量的97%
500g（ml）以上	/	/	不少于标示装量	不少于标示装量的98%

【附注】 对于以容量计的小规格标示装量制剂，可改用重量法或按品种项下的规定方法检查。平均装量与每个容器装量（按标示装量计算的百分率），取三位有效数字进行结果判定。

0941 粒度测定法

本法用于测定制剂的粒子大小或限度。

第一法（显微镜法）

本法中的粒度，系以显微镜下观察到的长度表示。

目镜测微尺的标定 照显微鉴别法（附录2001）标定目镜测微尺。

测定法 取供试品，用力摇匀，黏度较大者可按各品种项下的规定加适量甘油溶液（1→2）稀释，照该剂型或各品种项下的规定，量取供试品，置载玻片上，覆以盖玻片，轻压使颗粒分布均匀，注意防止气泡混入，半固体可直接涂于载玻片上。立即在50～100倍显微镜下检视盖玻片全部视野，应无凝聚现象，并不得检出该剂型或各品种项下规定的50μm及以上的粒子。再在200～500倍显微镜下检视该剂型或各品种项下规定的视野内的总粒数及规定大小的粒数，并计算其所占比例（%）。

第二法（筛分法）

筛分法分手动筛分法和机械筛分法。机械筛分法系采用机械方法或电磁方法，产生垂直振动、水平圆周运动、拍打、拍打与水平圆周运动相结合等振动方式。

筛分试验时需注意环境湿度，防止样品吸水或失水。对易产生静电的样品，可加入0.5%胶质二氧化硅和（或）氧化铝等抗静电剂，以减小静电作用产生的影响。

1.手动筛分法

（1）**单筛分法** 除另有规定外，取供试品10g，称定重量，置规定号的药筛中（筛下配有密合的接收容器），筛上加盖，按水平方向旋转振摇至少3分钟，并不时在垂直方向轻叩筛。取筛下的颗粒及粉末，称定重量，计算其所占比例（%）。

（2）双筛分法 除另有规定外，取供试品30g，称定重量，置该剂型或品种项下规定的上层（孔径大的）药筛中（下层的筛下配有密合的接收容器），保持水平状态过筛，左右往返，边筛动边拍打3分钟。取不能通过大孔径筛和能通过小孔径筛的颗粒及粉末，称定重量，计算其所占比例（%）。

2. 机械筛分法

除另有规定外，取直径为200mm规定号的药筛和接收容器，称定重量，根据供试品的容积密度，称取供试品25～100g，置最上层（孔径最大的）药筛中（最下层的筛下配有密合的接收容器），筛上加盖。设定振动方式和振动频率，振动5分钟。取各药筛与接收容器，称定重量，根据筛分前后的重量差异计算各药筛上和接收容器内颗粒及粉末所占比例（%）。重复上述操作直至连续两次筛分后，各药筛上遗留颗粒及粉末重量的差异不超过前次遗留颗粒及粉末重量的5%或两次重量的差值不大于0.1g；若某一药筛上遗留颗粒及粉末的重量小于供试品取样量的5%，则该药筛连续两次的重量差异不超过20%。

1100 生物检查法

1101 无菌检查法

无菌检查法系用于检查兽药典要求无菌的兽药、原料、辅料是否无菌的一种方法。若供试品符合无菌检查法的规定，仅表明了供试品在该检验条件下未发现微生物污染。

无菌检查应在无菌条件下进行，检验全过程应严格遵守无菌操作，防止微生物污染，防止污染的措施不得影响供试品中微生物的检出。单向流空气区、工作台面及环境应定期按医药工业洁净室（区）悬浮粒子、浮游菌和沉降菌的测试方法的现行国家标准进行洁净度确认。隔离系统应定期按相关的要求进行验证，其内部环境的洁净度须符合无菌检查的要求。日常检验还需对试验环境进行监控。

培 养 基

硫乙醇酸盐流体培养基主要用于厌氧菌的培养，也可用于需氧菌的培养；胰酪大豆胨液体培养基适用于真菌和需氧菌的培养。

培养基的制备及培养条件

培养基可按以下处方制备，也可使用按该处方生产的符合规定的脱水培养基或成品培养基。配制后应采用验证合格的灭菌程序灭菌。制备好的培养基应保存在2～25℃、避光的环境，若保存于非密闭容器中，一般在3周内使用；若保存于密闭容器中，一般可在一年内使用。

1. 硫乙醇酸盐流体培养基

胰酪胨	15.0g	氯化钠	2.5g

酵母浸出粉	5.0g	新配制的0.1%刃天青溶液	1.0ml
无水葡萄糖	5.0g	L-胱氨酸	0.5g
硫乙醇酸钠	0.5g	琼脂	0.75g
（或硫乙醇酸）	（0.3ml）	水	1000ml

除葡萄糖和刃天青溶液外，取上述成分混合，微温溶解，调节pH为弱碱性，煮沸，滤清，加入葡萄糖和刃天青溶液，摇匀，调节pH，使灭菌后在25℃的pH值为7.1±0.2。分装至适宜的容器中，其装量与容器高度的比例应符合培养结束后培养基氧化层（粉红色）不超过培养基深度的1/2。灭菌。在供试品接种前，培养基氧化层的高度不得超过培养基深度的1/5，否则，须经100℃水浴加热至粉红色消失（不超过20分钟），迅速冷却，只限加热一次，并防止被污染。

除另有规定外，硫乙醇酸盐流体培养基置30～35℃培养。

2. 胰酪大豆胨液体培养基

胰酪胨	17.0g	氯化钠	5.0g
大豆木瓜蛋白酶水解物	3.0g	磷酸氢二钾	2.5g
葡萄糖/无水葡萄糖	2.5g /2.3g	水	1000ml

除葡萄糖外，取上述成分，混合，微温溶解，滤过，调节pH使灭菌后在25℃的pH值为7.3±0.2，加入葡萄糖，分装，灭菌。

胰酪大豆胨液体培养基置20～25℃培养。

3. 中和或灭活用培养基

按上述硫乙醇酸盐流体培养基或胰酪大豆胨液体培养基的处方及制法，在培养基灭菌或使用前加入适宜的中和剂、灭活剂或表面活性剂，其用量同方法适用性试验。

4. 胰酪大豆胨琼脂培养基

胰酪胨	15.0g	琼脂	15.0g
大豆木瓜蛋白酶水解物	5.0g	水	1000ml
氯化钠	5.0g		

除琼脂外，取上述成分，混合，微温溶解，调节pH使灭菌后在25℃的pH值为7.3±0.2，加入琼脂，加热溶化后，摇匀，分装，灭菌。

5. 沙氏葡萄糖液体培养基

动物组织胃蛋白酶水解物		葡萄糖	20.0g
和胰酪胨等量混合物	10.0g	水	1000ml

除葡萄糖外，取上述成分，混合，微温溶解，调节pH使灭菌后在25℃的pH值为5.6±0.2，加入葡萄糖，摇匀，分装，灭菌。

6. 沙氏葡萄糖琼脂培养基

动物组织胃蛋白酶水解物		葡萄糖	40.0g
和胰酪胨等量混合物	10.0g	琼脂	15.0g
水	1000ml		

除葡萄糖、琼脂外，取上述成分，混合，微温溶解，调节pH使灭菌后在25℃的pH值为

5.6±0.2，加入琼脂，加热溶化后，再加入葡萄糖，摇匀，分装，灭菌。

培养基的适用性检查

无菌检查用的硫乙醇酸盐流体培养基及胰酪大豆胨液体培养基等应符合培养基的无菌性检查及灵敏度检查的要求。本检查可在供试品的无菌检查前或与供试品的无菌检查同时进行。

无菌性检查　每批培养基随机取不少于5支（瓶），置各培养基规定的温度培养14天，应无菌生长。

灵敏度检查

菌种　培养基灵敏度检查所用的菌株传代次数不得超过5代（从菌种保藏中心获得的冷冻干燥菌种为第0代），并采用适宜的菌种保藏技术进行保存，以保证试验菌株的生物学特性。

金黄色葡萄球菌（*Staphylococcus aureus*）〔CMCC（B）26003或CVCC1882〕

铜绿假单胞菌（*Pseudomonas aeruginosa*）〔CMCC（B）10104〕

枯草芽孢杆菌（*Bacillus subtilis*）〔CMCC（B）63501或CVCC717〕

生孢梭菌（*Clostridium sporogenes*）〔CMCC（B）64941〕

白色念珠菌（*Candida albicans*）〔CMCC（F）98001〕

黑曲霉（*Aspergillus niger*）〔CMCC（F）98003〕

菌液制备　接种金黄色葡萄球菌、铜绿假单胞菌、枯草芽孢杆菌的新鲜培养物至胰酪大豆胨液体培养基中或胰酪大豆胨琼脂培养基上，接种生孢梭菌的新鲜培养物至硫乙醇酸盐流体培养基中，30～35℃培养18～24小时；接种白色念珠菌的新鲜培养物至沙氏葡萄糖液体培养基中或沙氏葡萄糖琼脂培养基上，20～25℃培养24～48小时，上述培养物用pH7.0无菌氯化钠-蛋白胨缓冲液或0.9%无菌氯化钠溶液制成每1ml含菌数小于100cfu（菌落形成单位）的菌悬液。接种黑曲霉的新鲜培养物至沙氏葡萄糖琼脂斜面培养基上，20～25℃培养5～7天，加入3～5ml含0.05%（ml/ml）聚山梨酯80的pH7.0无菌氯化钠—蛋白胨缓冲液或0.9%无菌氯化钠溶液，将孢子洗脱。然后，采用适宜的方法吸出孢子悬液至无菌试管内，用含0.05%（v/v）聚山梨酯80的pH7.0无菌氯化钠-蛋白胨缓冲液或0.9%无菌氯化钠溶液制成每1ml含孢子数小于100cfu的孢子悬液。

菌悬液若在室温下放置，应在2小时内使用，若保存在2～8℃可在24小时内使用。黑曲霉孢子悬液可保存在2～8℃，在验证过的贮存期内使用。

培养基接种　取每管装量为12ml的硫乙醇酸盐流体培养基7支，分别接种小于100cfu的金黄色葡萄球菌、铜绿假单胞菌、生孢梭菌各2支，另1支不接种作为空白对照，培养3天；取每管装量为9ml的胰酪大豆胨液体培养基7支，分别接种小于100cfu的枯草芽孢杆菌、白色念珠菌、黑曲霉各2支，另1支不接种作为空白对照，培养5天。逐日观察结果。

结果判定　空白对照管应无菌生长，若加菌的培养基管均生长良好，判该培养基的灵敏度检查符合规定。

稀释液、冲洗液及其制备方法

稀释液、冲洗液配制后应采用验证合格的灭菌程序灭菌。

1．**0.1%无菌蛋白胨水溶液**　取蛋白胨1.0g，加水1000ml，微温溶解，滤清，调节pH值至7.1±0.2，分装，灭菌。

2．**pH 7.0氯化钠-蛋白胨缓冲液**　取磷酸二氢钾3.56g、无水磷酸氢二钠7.23g、氯化钠4.30g、蛋白胨1.00g，加水1000ml，微温溶解，滤清，分装，灭菌。

根据供试品的特性，可选用其他经验证过的适宜的溶液作为稀释液、冲洗液（如0.9%无菌氯化钠溶液）。

如需要，可在上述稀释液或冲洗液的灭菌前或灭菌后加入表面活性剂或中和剂等。

方法适用性试验

进行产品无菌检查时，应进行方法适用性试验，以确认所采用的方法适合于该产品的无菌检查。若检验程序或产品发生变化可能影响检验结果时，应重新进行方法适用性试验。

方法适用性试验按"供试品的无菌检查"的规定及下列要求进行操作。对每一试验菌应逐一进行方法确认。

菌种及菌液制备 除大肠埃希菌（*Escherichia coli*）〔CMCC（B） 44102或CVCC1570〕外，金黄色葡萄球菌、枯草芽孢杆菌、生孢梭菌、白色念珠菌、黑曲霉的菌株及菌液制备同培养基灵敏度检查。大肠埃希菌的菌液制备同金黄色葡萄球菌。

薄膜过滤法 取每种培养基规定接种的供试品总量按薄膜过滤法过滤，冲洗，在最后一次的冲洗液中加入小于100cfu的试验菌，过滤。加硫乙醇酸盐流体培养基或胰酪大豆胨液体培养基至滤筒内。另取一装有同体积培养基的容器，加入等量试验菌，作为对照。置规定温度培养，培养时间不得超过5天，各试验菌同法操作。

直接接种法 取符合直接接种法培养基用量要求的硫乙醇酸盐流体培养基6管，分别接入小于100cfu的金黄色葡萄球菌、大肠埃希菌、生孢梭菌各2管；取符合直接接种法培养基用量要求的胰酪大豆胨液体培养基6管，分别接入小于100cfu的枯草芽孢杆菌、白色念珠菌、黑曲霉各2管。其中1管接入每支培养基规定的供试品接种量，另1管作为对照，置规定的温度培养，培养时间不得超过5天。

结果判断 与对照管比较，如含供试品各容器中的试验菌均生长良好，则说明供试品的该检验量在该检验条件下无抑菌作用或其抑菌作用可以忽略不计，照此检查方法和检查条件进行供试品的无菌检查。如含供试品的任一容器中的试验菌生长微弱、缓慢或不生长，则说明供试品的该检验量在该检验条件下有抑菌作用，应采用增加冲洗量、增加培养基的用量、使用中和剂或灭活剂，更换滤膜品种等方法，消除供试品的抑菌作用，并重新进行方法适用性试验。

方法适用性试验也可与供试品的无菌检查同时进行。

供试品的无菌检查

无菌检查法包括薄膜过滤法和直接接种法。只要供试品性质允许，应采用薄膜过滤法。供试品无菌检查所采用的检查方法和检验条件应与方法适用性试验确认的方法相同。

无菌试验过程中，若需使用表面活性剂、灭活剂、中和剂等试剂，应证明其有效性，且对微生物无毒性。

检验数量 检验数量是指一次试验所用供试品最小包装容器的数量，成品每亚批均应进行无菌检查。除另有规定外，出厂产品按表1规定；上市产品监督检验按表2规定。表1、表2中最少检验数量不包括阳性对照试验的供试品用量。

检验量 是指供试品每个最小包装接种至每份培养基的最小量（g或ml）。除另有规定外，供试品检验量按表3规定。若每支（瓶）供试品的装量按规定足够接种两份培养基，则应分别接种硫乙醇酸盐流体培养基和胰酪大豆胨液体培养基。采用薄膜过滤法时，只要供试品特性允许，应将所有容器内的全部内容物过滤。

阳性对照 应根据供试品特性选择阳性对照菌：无抑菌作用及抗革兰氏阳性菌为主的供试品，以金黄色葡萄球菌为对照菌；抗革兰氏阴性菌为主的供试品以大肠埃希菌为对照菌；抗厌氧菌的供试品，以生孢梭菌为对照菌；抗真菌的供试品，以白色念珠菌为对照菌。阳性对照试验的菌液制备同方法适用性试验，加菌量小于100cfu，供试品用量同供试品无菌检查时每份培养基接种的样品量。阳性对照管培养72小时内应生长良好。

阴性对照 供试品无菌检查时，应取相应溶剂和稀释液、冲洗液同法操作，作为阴性对照。阴性对照不得有菌生长。

供试品处理及接种培养基

操作时，用适宜的消毒液对供试品容器表面进行彻底消毒，如果供试品容器内有一定的真空度，可用适宜的无菌器材（如带有除菌过滤器的针头）向容器内导入无菌空气，再按无菌操作启开容器取出内容物。

除另有规定外，按下列方法进行供试品处理及接种培养基。

1. 薄膜过滤法

薄膜过滤法应采用封闭式薄膜过滤器。无菌检查用的滤膜孔径应不大于$0.45\mu m$，直径约为50mm。根据供试品及其溶剂的特性选择滤膜材质。使用时，应保证滤膜在过滤前后的完整性。

水溶性供试液过滤前先将少量的冲洗液过滤，以润湿滤膜。油类供试品，其滤膜和过滤器在使用前应充分干燥。为发挥滤膜的最大过滤效率，应注意保持供试品溶液及冲洗液覆盖整个滤膜表面。供试液经薄膜过滤后，若需要用冲洗液冲洗滤膜，每张滤膜每次冲洗量一般为100ml，且总冲洗量不得超过1000ml，以避免滤膜上的微生物受损伤。

水溶液供试品 取规定量，直接过滤，或混合至含不少于100ml适宜稀释液的无菌容器中，混匀，立即过滤。如供试品具有抑菌作用，须用冲洗液冲洗滤膜，冲洗次数一般不少于3次，所用的冲洗量、冲洗方法同方法适用性试验。一般样品冲洗后，1份滤器中加入100ml硫乙醇酸盐流体培养基，1份滤器中加入100ml胰酪大豆胨液体培养基。

水溶性固体供试品 取规定量，加适宜的稀释液溶解或按标签说明复溶，然后照水溶液供试品项下的方法操作。

非水溶性供试品 取规定量，直接过滤；或混合溶于含聚山梨酯80或其他适宜乳化剂的稀释液中，充分混合，立即过滤。用含0.1%~1%聚山梨酯80的冲洗液冲洗滤膜至少3次。加入含或不含聚山梨酯80的培养基。接种培养基照水溶液供试品项下的方法操作。

可溶于十四烷酸异丙酯的膏剂和黏性油剂供试品 取规定量，混合至适量的无菌十四烷酸异丙酯[①]中，剧烈振摇，使供试品充分溶解，如果需要可适当加热，但温度不得超过44℃，趁热迅速过滤。对仍然无法过滤的供试品，于含有适量的无菌十四烷酸异丙酯的供试液中加入不少于100ml的稀释液，充分振摇萃取，静置，取下层水相作为供试液过滤。过滤后滤膜冲洗及接种培养基照非水溶性制剂供试品项下的方法操作。

装有药物的注射器供试品 取规定量，将注射器中的内容物（若需要可吸入稀释液或用标签所示的溶剂溶解）直接过滤，或混合至含适宜稀释液的无菌容器中，然后照水溶液或非水溶性供试品项下方法操作。同时应采用适宜的方法进行包装中所配带的无菌针头的无菌检查。

[①]无菌十四烷酸异丙酯的制备：采用薄膜过滤法过滤除菌。选用孔径为$0.22\mu m$的适宜滤膜。

2. 直接接种法

直接接种法适用于无法用薄膜过滤法进行无菌检查的供试品，即取规定量供试品分别等量接种至各含硫乙醇酸盐流体培养基和胰酪大豆胨液体培养基中。一般样品无菌检查时两种培养基接种的瓶或支数相等。除另有规定外，每个容器中培养基的用量应符合接种的供试品体积不得大于培养基体积的10%，同时，硫乙醇酸盐流体培养基每管装量不少于15ml，胰酪大豆胨液体培养基每管装量不少于10ml。供试品检查时，培养基的用量和高度同方法适用性试验。

混悬液等非澄清水溶液供试品　取规定量，等量接种至各管培养基中。

固体供试品　取规定量，直接等量接种至各管培养基中，或加入适宜的溶剂溶解，或按标签说明复溶后，取规定量等量接种至各管培养基中。

非水溶性供试品　取规定量，混合，加入适量的聚山梨酯80或其他适宜的乳化剂及稀释剂使其乳化，等量接种至各管培养基中。或直接等量接种至含聚山梨酯80或其他适宜乳化剂的各管培养基中。

培养及观察

将上述接种供试品后的培养基容器分别按各培养基规定的温度培养14天。培养期间应逐日观察并记录是否有菌生长。如在加入供试品后或在培养过程中，培养基出现浑浊，培养14天后，不能从外观上判断有无微生物生长，可取该培养液适量转种至同种新鲜培养基中，培养3天，观察接种的同种新鲜培养基是否再出现浑浊；或取培养液涂片，染色，镜检，判断是否有菌。

结 果 判 断

阳性对照管应生长良好，阴性对照管不得有菌生长。否则，试验无效。

若供试品管均澄清，或虽显浑浊但经确证无菌生长，判供试品符合规定；若供试品管中任何一管显浑浊并确证有菌生长，判供试品不符合规定，除非能充分证明试验结果无效，即生长的微生物非供试品所含。当符合下列至少一个条件时方可判试验结果无效：

（1）无菌检查试验所用的设备及环境的微生物监控结果不符合无菌检查法的要求。

（2）回顾无菌试验过程，发现有可能引起微生物污染的因素。

（3）供试品管中生长的微生物经鉴定后，确证是因无菌试验中所使用的物品和（或）无菌操作技术不当引起的。

试验若经确认无效，应重试。重试时，重新取同量供试品，依法检查，若无菌生长，判供试品符合规定；若有菌生长，判供试品不符合规定。

表1　批出厂产品和半成品最少检验数量

供试品	批产量N（个）	接种每种培养基所需的最少检验数量
注射剂	≤100	10%或4个（取较多者）
	100<N≤500	10个
	>500	2%或20个（取较少者）
大体积注射剂（>100ml）		2%或10个（取较少者）
眼用及其他非注射产品	≤200	5%或2个（取较多者）
	>200	10个
桶装无菌固体原料	≤4	每个容器
	4<N≤50	20%或4个容器（取较多者）
	>50	2%或10个容器（取较多者）

注：若供试品每个容器内的装量不够接种两种培养基，那么表中的最少检验数量增加相应倍数。

表2　上市抽验样品的最少检验数量

供试品	供试品最少检验数量（瓶或支）
液体制剂	10
固体制剂	10

注：1. 若供试品每个容器内的装量不够接种两种培养基，那么表中的最少检验数量增加相应倍数。

2. 桶装固体原料的最少检验数量为4个包装。

表3　供试品的最少检验量

供试品	供试品装量	每支供试品接入每种培养基的最少量
液体制剂	≤1 ml	全量
	1ml＜V≤40ml	半量，但不得少于1ml
	40ml＜V≤100ml	20ml
	V＞100ml	10%但不少于20ml
固体制剂	M＜50mg	全量
	50mg≤M＜300mg	半量
	300mg≤M＜5g	150mg
	M≥5g	500mg

1102 非无菌产品微生物限度检查：微生物计数法

微生物计数法系用于能在有氧条件下生长的嗜温细菌和真菌的计数。

当本法用于检查非无菌制剂及其原、辅料等是否符合规定的微生物限度标准时，应按下述规定进行检验，包括样品的取样量和结果的判断等。除另有规定外，本法不适用于活菌制剂的检查。

微生物计数试验环境应符合微生物限度检查的要求。检验全过程必须严格遵守无菌操作，防止再污染，防止污染的措施不得影响供试品中微生物的检出。单向流空气区域、工作台面及环境应定期进行监测。

如供试品有抗菌活性，应尽可能去除或中和。供试品检查时，若使用了中和剂或灭活剂，应确认其有效性及对微生物无毒性。

供试液制备时如果使用了表面活性剂，应确认其对微生物无毒性以及与所使用中和剂或灭活剂的相容性。

计 数 方 法

计数方法包括平皿法、薄膜过滤法和最可能数法（Most-Probable-Number Method，简称MPN法）。MPN法用于微生物计数时精确度较差，但对于某些微生物污染量很小的供试品，MPN法可能是更适合的方法。

供试品检查时，应根据供试品理化特性和微生物限度标准等因素选择计数方法，检测的样品量应能保证所获得的试验结果能够判断供试品是否符合规定。所选方法的适用性须经确认。

计数培养基适用性检查和供试品计数方法适用性试验

供试品微生物计数中所使用的培养基应进行适用性检查。

供试品的微生物计数方法应进行方法适用性试验，以确认所采用的方法适合于该产品的微生物计数。

若检验程序或产品发生变化可能影响检验结果时，计数方法应重新进行适用性试验。

菌种及菌液制备

菌种　试验用菌株的传代次数不得超过5代（从菌种保藏中心获得的干燥菌种为第0代），并采用适宜的菌种保藏技术进行保存，以保证试验菌株的生物学特性。计数培养基适用性检查和计数方法适用性试验用菌株见表1。

菌液制备　按表1规定程序培养各试验菌株。取金黄色葡萄球菌、铜绿假单胞菌、枯草芽孢杆菌、白色念珠菌的新鲜培养物，用pH7.0无菌氯化钠-蛋白胨缓冲液或0.9%无菌氯化钠溶液制成适宜浓度的菌悬液；取黑曲霉的新鲜培养物加入3~5ml 含0.05%（ml/ml）聚山梨酯80 的pH7.0无菌氯化钠-蛋白胨缓冲液或0.9%无菌氯化钠溶液，将孢子洗脱。然后，采用适宜的方法吸出孢子悬液至无菌试管内，用含0.05%（ml/ml）聚山梨酯80的pH7.0无菌氯化钠-蛋白胨缓冲液或0.9%无菌氯化钠溶液制成适宜浓度的黑曲霉孢子悬液。

菌液制备后若在室温下放置，应在2小时内使用；若保存在2~8℃，可在24小时内使用。稳定的黑曲霉孢子悬液可保存在2~8℃，在验证过的贮存期内使用。

表1　试验菌液的制备和使用

试验菌株	试验菌液的制备	计数培养基适用性检查		计数方法适用性试验	
		需氧菌总数计数	霉菌和酵母菌总数计数	需氧菌总数计数	霉菌和酵母菌总数计数
金黄色葡萄球菌（*Staphylococcus aureus*）〔CMCC（B）26003或CVCC1882〕	胰酪大豆胨琼脂培养基或胰酪大豆胨液体培养基，培养温度30~35℃，培养时间18~24小时	胰酪大豆胨琼脂培养基和胰酪大豆胨液体培养基，培养温度30~35℃，培养时间不超过3天，接种量不大于100cfu		胰酪大豆胨琼脂培养基或胰酪大豆胨液体培养基（MPN法），培养温度30~35℃，培养时间不超过3天，接种量不大于100cfu	
铜绿假单胞菌（*Pseudomonas aeruginosa*）〔CMCC（B）10 104〕	胰酪大豆胨琼脂培养基或胰酪大豆胨液体培养基，培养温度30~35℃，培养时间18~24小时	胰酪大豆胨琼脂培养基和胰酪大豆胨液体培养基，培养温度30~35℃，培养时间不超过3天，接种量不大于100cfu		胰酪大豆胨琼脂培养基或胰酪大豆胨液体培养基（MPN法），培养温度30~35℃，培养时间不超过3天，接种量不大于100cfu	
枯草芽孢杆菌（*Bacillus subtilis*）〔CMCC（B）63 501或CVCC717〕	胰酪大豆胨琼脂培养基或胰酪大豆胨液体培养基，培养温度30~35℃，培养时间18~24小时	胰酪大豆胨琼脂培养基和胰酪大豆胨液体培养基，培养温度30~35℃，培养时间不超过3天，接种量不大于100cfu		胰酪大豆胨琼脂培养基或胰酪大豆胨液体培养基（MPN法），培养温度30~35℃，培养时间不超过3天，接种量不大于100cfu	

（续）

试验菌株	试验菌液的制备	计数培养基适用性检查		计数方法适用性试验	
		需氧菌总数计数	霉菌和酵母菌总数计数	需氧菌总数计数	霉菌和酵母菌总数计数
白色念珠菌（Candida albicans）〔CMCC（F）98 001〕	沙氏葡萄糖琼脂培养基或沙氏葡萄糖液体培养基，培养温度20~25℃，培养时间2~3天	胰酪大豆胨琼脂培养基，培养温度30~35℃，培养时间不超过5天，接种量不大于100cfu	沙氏葡萄糖琼脂培养基，培养温度20~25℃，培养时间不超过5天，接种量不大于100cfu	胰酪大豆胨琼脂培养基（MPN法不适用），培养温度30~35℃，培养时间不超过5天，接种量不大于100cfu	沙氏葡萄糖琼脂培养基，培养温度20~25℃，培养时间不超过5天，接种量不大于100cfu
黑曲霉（Aspergillus niger）〔CMCC（F）98 003〕	沙氏葡萄糖琼脂培养基或马铃薯葡萄糖琼脂培养基，培养温度20~25℃，培养时间5~7天，或直到获得丰富的孢子	胰酪大豆胨琼脂培养基，培养温度30~35℃，培养时间不超过5天，接种量不大于100cfu	沙氏葡萄糖琼脂培养基，培养温度20~25℃，培养时间不超过5天，接种量不大于100cfu	胰酪大豆胨琼脂培养基（MPN法不适用），培养温度30~35℃，培养时间不超过5天，接种量不大于100cfu	沙氏葡萄糖琼脂培养基，培养温度20~25℃，培养时间不超过5天，接种量不大于100cfu

注：当需用玫瑰红钠琼脂培养基测定霉菌和酵母菌总数时，应进行培养基适用性检查，检查方法同沙氏葡萄糖琼脂培养基。

阴性对照

为确认试验条件是否符合要求，应进行阴性对照试验，阴性对照试验应无菌生长。如阴性对照有菌生长，应进行偏差调查。

培养基适用性检查

微生物计数用的成品培养基、由脱水培养基或按处方配制的培养基均应进行培养基适用性检查。

按表1规定，接种不大于100cfu的菌液至胰酪大豆胨液体培养基管或胰酪大豆胨琼脂培养基平板或沙氏葡萄糖琼脂培养基平板，置表1规定条件下培养。每一试验菌株平行制备2管或2个平皿。同时，用相应的对照培养基替代被检培养基进行上述试验。

被检固体培养基上的菌落平均数与对照培养基上的菌落平均数的比值应在0.5~2范围内，且菌落形态大小应与对照培养基上的菌落一致；被检液体培养基管与对照培养基管比较，试验菌应生长良好。

计数方法适用性试验

1. 供试液制备

根据供试品的理化特性与生物学特性，采取适宜的方法制备供试液。供试液制备若需加温时，应均匀加热，且温度不应超过45℃。供试液从制备至加入检验用培养基，不得超过1小时。

常用的供试液制备方法如下。如果下列供试液制备方法经确认均不适用，应建立其他适宜的方法。

（1）**水溶性供试品** 取供试品，用pH7.0无菌氯化钠-蛋白胨缓冲液，或pH7.2磷酸盐缓冲液，或胰酪大豆胨液体培养基溶解或稀释制成1:10供试液。若需要，调节供试液pH值至6~8。必要时，用同一稀释液将供试液进一步10倍系列稀释。水溶性液体制剂也可用混合的供试品原液作为供试液。

（2）**水不溶性非油脂类供试品**　取供试品，用pH7.0无菌氯化钠-蛋白胨缓冲液，或pH7.2磷酸盐缓冲液，或胰酪大豆胨液体培养基制备成1:10 供试液。分散力较差的供试品，可在稀释剂中加入表面活性剂如0.1%的聚山梨酯80，使供试品分散均匀。若需要，调节供试液pH值至6～8。必要时，用同一稀释液将供试液进一步10倍系列稀释。

（3）**油脂类供试品**　取供试品，加入无菌十四烷酸异丙酯使溶解，或与最少量并能使供试品乳化的无菌聚山梨酯80或其他无抑菌性的无菌表面活性剂充分混匀。表面活性剂的温度一般不超过40℃（特殊情况下，最多不超过45℃），小心混合，若需要可在水浴中进行，然后加入预热的稀释液使成1:10供试液，保温，混合，并在最短时间内形成乳状液。必要时，用稀释液或含上述表面活性剂的稀释液进一步10倍系列稀释。

（4）**需用特殊方法制备供试液的供试品**

肠溶及结肠溶制剂供试品　取供试品，加入pH6.8无菌磷酸盐缓冲液（用于肠溶制剂）或pH7.6无菌磷酸盐缓冲液（用于结肠溶制剂），置45℃水浴中，振摇，使溶解，制成1:10的供试液。必要时，用同一稀释液将供试液进一步10倍系列稀释。

气雾剂、喷雾剂供试品　取供试品，置−20℃或其他适宜温度冷冻约1小时，取出，迅速消毒供试品开启部位，用无菌钢锥在该部位钻一小孔，放至室温，并轻轻转动容器，使抛射剂缓缓全部释出。供试品亦可采用其他适宜的方法取出。用无菌注射器从每一容器中吸出药液于无菌容器中混合，然后取样检查。

2. 接种和稀释

按下列要求进行供试液的接种和稀释，制备微生物回收试验用供试液。所加菌液的体积应不超过供试液体积的1%。为确认供试品中的微生物能被充分检出，首先应选择最低稀释级的供试液进行计数方法适用性试验。

（1）**试验组**　取上述制备好的供试液，加入试验菌液，混匀，使每1ml供试液或每张滤膜所滤过的供试液中含菌量不大于100cfu。

（2）**供试品对照组**　取制备好的供试液，以稀释液代替菌液同试验组操作。

（3）**菌液对照组**　取不含中和剂及灭活剂的相应稀释液替代供试液，按试验组操作加入试验菌液并进行微生物回收试验。

若因供试品抗菌活性或溶解性较差的原因导致无法选择最低稀释级的供试液进行方法适用性试验时，应采用适宜的方法对供试液进行进一步的处理。如果供试品对微生物生长的抑制作用无法以其他方法消除，供试液可经过中和、稀释或薄膜过滤处理后再加入试验菌悬液进行方法适应性试验。

3. 抗菌活性的去除或灭活

供试液接种后，按下列"微生物回收"规定的方法进行微生物计数。若试验组菌落数减去供试品对照组菌落数的值小于菌液对照组菌数值的50%，可采用下述方法消除供试品的抑菌活性。

（1）增加稀释液或培养基体积。

（2）加入适宜的中和剂或灭活剂。

中和剂或灭活剂（表2）可用于消除干扰物的抑菌活性，最好在稀释剂或培养基灭菌前加入。若使用中和剂或灭活剂，试验中应设中和剂或灭活剂对照组，即取相应量稀释液替代供试品同试验组操作，以确认其有效性和对微生物无毒性。中和剂或灭活剂对照组的菌落数与菌液对照组的菌落数的比值应在0.5～2范围内。

表2　常见干扰物的中和剂或灭活方法

干扰物	可选用的中和剂或灭活方法
戊二醛、汞制剂	亚硫酸氢钠
酚类、乙醇、醛类、吸附物	稀释法
醛类	甘氨酸
季铵化合物、对羟基苯甲酸、双胍类化合物	卵磷脂
季铵化合物、碘、对羟基苯甲酸	聚山梨酯
水银	巯基醋酸盐
水银、汞化物、醛类	硫代硫酸盐
EDTA、喹诺酮类抗生素	镁或钙离子
磺胺类	对氨基苯甲酸
β-内酰胺类抗生素	β-内酰胺酶

（3）采用薄膜过滤法。

（4）上述几种方法的联合使用。

若没有适宜消除供试品抑菌活性的方法，对特定试验菌回收的失败，表明供试品对该试验菌具有较强抗菌活性，同时也表明供试品不可能被该类微生物污染。但是，供试品也可能仅对特定试验菌株具有抑制作用，而对其他菌株没有抑制作用。因此，根据供试品须符合的微生物限度标准和菌数报告规则，在不影响检验结果判断的前提下，应采用能使微生物生长的更高稀释级的供试液进行计数方法适用性试验。若方法适用性试验符合要求，应以该稀释级供试液作为最低稀释级的供试液进行供试品检查。

4. 供试品中微生物的回收

表1所列的计数方法适用性试验用的各试验菌应逐一进行微生物回收试验。微生物的回收可采用平皿法、薄膜过滤法或MPN法。

（1）**平皿法**　平皿法包括倾注法和涂布法。表1中每株试验菌每种培养基至少制备2个平皿，以算术均值作为计数结果。

倾注法　取照上述"供试液的制备""接种和稀释"和"抗菌活性的去除或灭活"制备的供试液1ml，置直径90mm的无菌平皿中，注入15～20ml温度不超过45℃熔化的胰酪大豆胨琼脂或沙氏葡萄糖琼脂培养基，混匀，凝固，倒置培养。若使用直径较大的平皿，培养基的用量应相应增加。按表1规定条件培养、计数。同法测定供试品对照组及菌液对照组菌数。计算各试验组的平均菌落数。

涂布法　取15～20ml温度不超过45℃的胰酪大豆胨琼脂或沙氏葡萄糖琼脂培养基，注入直径90mm的无菌平皿，凝固，制成平板，采用适宜的方法使培养基表面干燥。若使用直径较大的平皿，培养基用量也应相应增加。每一平板表面接种上述照"供试液的制备""接种和稀释"和"抗菌活性的去除或灭活"制备的供试液不少于0.1ml。按表1规定条件培养、计数。同法测定供试品对照组及菌液对照组菌数。计算各试验组的平均菌落数。

（2）**薄膜过滤法**　薄膜过滤法所采用的滤膜孔径应不大于0.45μm，直径一般为50mm，若采用其他直径的滤膜，冲洗量应进行相应的调整。供试品及其溶剂应不影响滤膜材质对微生物的截留。滤器及滤膜使用前应采用适宜的方法灭菌。使用时，应保证滤膜在过滤前后的完整性。水溶性供试液过滤前先将少量的冲洗液过滤以润湿滤膜。油类供试品，其滤膜和滤器在使用前应充分干燥。为发挥滤膜的最大过滤效率，应注意保持供试品溶液及冲洗液覆盖整个滤膜表面。供试液经薄膜过滤后，若需要用冲洗液冲洗滤膜，每张滤膜每次冲洗量一般为100ml。总冲洗量不得超过1000ml，以避免滤膜上的微生物受损伤。

取照上述 "供试液的制备" "接种和稀释" 和 "抗菌活性的去除或灭活" 制备的供试液适量（一般取相当于1g、1ml或10cm²的供试品， 若供试品中所含的菌数较多时，供试液可酌情减量），加至适量的稀释液中，混匀，过滤。用适量的冲洗液冲洗滤膜。

若测定需氧菌总数，转移滤膜菌面朝上贴于胰酪大豆胨琼脂培养基平板上；若测定霉菌和酵母总数，转移滤膜菌面朝上贴于沙氏葡萄糖琼脂培养基平板上。按表1 规定条件培养、计数。每株试验菌每种培养基至少制备一张滤膜。同法测定供试品对照组及菌液对照组菌数。

（3）MPN法 MPN法的精密度和准确度不及薄膜过滤法和平皿计数法，仅在供试品需氧菌总数没有适宜计数方法的情况下使用，本法不适用于霉菌计数。若使用MPN法，按下列步骤进行。

取照上述 "供试液的制备" "接种和稀释" 和 "抗菌活性的去除或灭活" 制备的供试液至少3个连续稀释级，每一稀释级取3份1ml分别接种至3管装有9～10ml胰酪大豆胨液体培养基中，同法测定菌液对照组菌数。必要时可在培养基中加入表面活性剂、中和剂或灭活剂。

接种管置30～35℃培养3天，逐日观察各管微生物生长情况。如果由于供试品的原因使得结果难以判断，可将该管培养物转种至胰酪大豆胨液体培养基或胰酪大豆胨琼脂培养基，在相同条件下培养1～2 天，观察是否有微生物生长。根据微生物生长的管数从表3 查被测供试品每1g或每1ml中需氧菌总数的最可能数。

表3　微生物最可能数检索表

生长管数	需氧菌总数最可能数	95%置信限	
每管含样品的g或ml数			
0.1　0.01　0.001	MPN/g或ml	下限	上限
0　0　0	<3	0	9.4
0　0　1	3	0.1	9.5
0　1　0	3	0.1	10
0　1　1	6.1	1.2	17
0　2　0	6.2	1.2	17
0　3　0	9.4	3.5	35
1　0　0	3.6	0.2	17
1　0　1	7.2	1.2	17
1　0　2	11	4	35
1　1　0	7.4	1.3	20
1　1　1	11	4	35
1　2　0	11	4	35
1　2　1	15	5	38
1　3　0	16	5	38
2　0　0	9.2	1.5	35
2　0　1	14	4	35
2　0　2	20	5	38
2　1　0	15	4	38
2　1　1	20	5	38
2　1　2	27	9	94
2　2　0	21	5	40

（续）

生长管数			需氧菌总数最可能数	95%置信限	
每管含样品的g或ml数			MPN/g或ml	下限	上限
0.1	0.01	0.001			
2	2	1	28	9	94
2	2	2	35	9	94
2	3	0	29	9	94
2	3	1	36	9	94
3	0	0	23	5	94
3	0	1	38	9	104
3	0	2	64	16	181
3	1	0	43	9	181
3	1	1	75	17	199
3	1	2	120	30	360
3	1	3	160	30	380
3	2	0	93	18	360
3	2	1	150	30	380
3	2	2	210	30	400
3	2	3	290	90	990
3	3	0	240	40	990
3	3	1	460	90	1980
3	3	2	1100	200	4000
3	3	3	>1100		

注：表内所列检验量如改用1g（或ml）、0.1g（或ml）和0.01g（或ml）时，表内数字应相应降低10倍；如改用0.01 g（或ml）、0.001 g（或ml）和0.0001 g（或ml）时，表内数字应相应增加10倍，其余类推。

5. 结果判断

计数方法适用性试验中，采用平皿法或薄膜过滤法时，试验组菌落数减去供试品对照组菌落数的值与菌液对照组菌落数的比值应在0.5~2范围内；采用MPN法，试验组菌数应在菌液对照组菌数的95%置信限内。若各试验菌的回收试验均符合要求，照所用的供试液制备方法及计数方法进行该供试品的需氧菌总数、霉菌和酵母菌总数计数。

方法适用性确认时，若采用上述方法还存在一株或多株试验菌的回收达不到要求，那么选择回收最接近要求的方法和试验条件进行供试品的检查。

供试品检查

检验量

检验量即一次试验所用的供试品量（g、ml或cm²）。

一般应随机抽取不少于2个最小包装的供试品，混合，取规定量供试品进行检验。

除另有规定外，一般供试品的检验量为10g或10ml；贵重药品、微量包装药品的检验量可以酌减。检验时，应从2个以上最小包装单位中抽取供试品，大蜜丸还不得少于4丸。

供试品的检查

按计数方法适用性试验确认的计数方法进行供试品中需氧菌总数、霉菌和酵母菌总数的测定。

胰酪大豆胨琼脂培养基或胰酪大豆胨液体培养基用于测定需氧菌总数；沙氏葡萄糖琼脂培养基用于测定霉菌和酵母菌总数。

阴性对照试验　以稀释剂代替供试液进行阴性对照试验，阴性对照试验应无菌生长。如果阴性对照有菌生长，应进行偏差调查。

1. 平皿法

平皿法包括倾注法和涂布法。除另有规定外，取规定量供试品，按方法适用性试验确认的方法进行供试液制备和菌数测定，每稀释级每种培养基至少制备2个平板。

培养和计数　除另有规定外，胰酪大豆胨琼脂培养基平板在30～35℃培养3～5天，沙氏葡萄糖琼脂培养基平板在20～25℃培养5～7天，观察菌落生长情况，点计平板上生长的所有菌落数，计数并报告。菌落蔓延生长成片的平板不宜计数。点计菌落数后，计算各稀释级供试液的平均菌落数，按菌数报告规则报告菌数。若同稀释级两个平板的菌落数平均值不小于15，则两个平板的菌落数不能相差1倍或以上。

菌数报告规则　需氧菌总数测定宜选取平均菌落数小于300cfu的稀释级、霉菌和酵母菌总数测定宜选取平均菌落数小于100cfu的稀释级，作为菌数报告的依据。取最高的平均菌落数，计算1g、1ml或10cm^{2}供试品中所含的微生物数，取两位有效数字报告。

如各稀释级的平板均无菌落生长，或仅最低稀释级的平板有菌落生长，但平均菌落数小于1时，以<1乘以最低稀释倍数的值报告菌数。

2. 薄膜过滤法

除另有规定外，按计数方法适用性试验确认的方法进行供试液制备。取相当于1g、1ml或10cm^{2}供试品的供试液，若供试品所含的菌数较多时，可取适宜稀释级的供试液，照方法适用性试验确认的方法加至适量稀释液中，立即过滤，冲洗，冲洗后取出滤膜，菌面朝上贴于胰酪大豆胨琼脂培养基或沙氏葡萄糖琼脂培养基上培养。

培养和计数　培养条件和计数方法同平皿法，每张滤膜上的菌落数应不超过100cfu。

菌数报告规则　以相当于1g、1ml或10cm^{2}供试品的菌落数报告菌数；若滤膜上无菌落生长，以<1报告菌数（每张滤膜过滤1g、1ml或10cm^{2}供试品），或<1乘以最低稀释倍数的值报告菌数。

3. MPN法

取规定量供试品，按方法适用性试验确认的方法进行供试液制备和供试品接种，所有试验管在30～35℃培养3～5天，如果需要确认是否有微生物生长，按方法适应性试验确定的方法进行。记录每一稀释级微生物生长的管数，从表3查每1g或1ml供试品中需氧菌总数的最可能数。

结 果 判 断

需氧菌总数是指胰酪大豆胨琼脂培养基上生长的总菌落数（包括真菌菌落数）；霉菌和酵母菌总数是指沙氏葡萄糖琼脂培养基上生长的总菌落数（包括细菌菌落数）。若因沙氏葡萄糖琼脂培养基上生长的细菌使霉菌和酵母菌的计数结果不符合微生物限度要求，可使用含抗生素（如氯霉素、庆大霉素）的沙氏葡萄糖琼脂培养基或其他选择性培养基（如玫瑰红钠琼脂培养基）进行霉菌和酵母菌总数测定。使用选择性培养基时，应进行培养基适用性检查。若采用MPN法，测定结果为需氧菌总数。

各品种项下规定的微生物限度标准解释如下：

10^1cfu：可接受的最大菌数为20；

10^2cfu：可接受的最大菌数为200；

10^3cfu：可接受的最大菌数为2000；依此类推。

若供试品的需氧菌总数、霉菌和酵母菌总数的检查结果均符合该品种项下的规定，判供试品符合规定；若其中任何一项不符合该品种项下的规定，判供试品不符合规定。

稀释液、冲洗液及培养基

见非无菌产品微生物限度检查：控制菌检查法（附录1103）。

1103 非无菌产品微生物限度检查：控制菌检查法

控制菌检查法系用于在规定的试验条件下，检查供试品中是否存在特定的微生物。

当本法用于检查非无菌制剂及其原、辅料是否符合相应的微生物限度标准时，应按下列规定进行检验，包括样品取样量和结果判断等。

供试品检出控制菌或其他致病菌时，按一次检出结果为准，不再复试。

供试液制备及实验环境要求同"非无菌产品微生物限度检查：微生物计数法"（附录1102）。

如果供试品具有抗菌活性，应尽可能去除或中和。供试品检查时，若使用了中和剂或灭活剂，应确认有效性及对微生物无毒性。

供试液制备时如果使用了表面活性剂，应确认其对微生物无毒性以及与所使用中和剂或灭活剂的相容性。

培养基适用性检查和控制菌检查方法适用性试验

供试品控制菌检查中所使用的培养基应进行适用性检查。

供试品的控制菌检查方法应进行方法适用性试验，以确认所采用的方法适合于该产品的控制菌检查。

若检验程序或产品发生变化可能影响检验结果时，控制菌检查方法应重新进行适用性试验。

菌种及菌液制备

菌种 试验用菌株的传代次数不得超过5代（从菌种保藏中心获得的干燥菌种为第0代），并采用适宜的菌种保藏技术进行保存，以保证试验菌株的生物学特性。

金黄色葡萄球菌（*Staphylococcus aureus*）〔CMCC（B）26 003或CVCC1882〕

铜绿假单胞菌（*Pseudomonas aeruginosa*）〔CMCC（B）10 104〕

大肠埃希菌（*Escherichia coli*）〔CMCC（B）44 102或CVCC1570〕

乙型副伤寒沙门菌（*Salmonella paratyphi* B）〔CMCC（B）50 094〕

白色念珠菌（*Candida albicans*）〔CMCC（F）98 001〕

生孢梭菌（*Clostridium sporogenes*）〔CMCC（B）64 941〕

菌液制备 将金黄色葡萄球菌、铜绿假单胞菌、大肠埃希菌、沙门菌分别接种于胰酪大豆胨液体培养基中或在胰酪大豆胨琼脂培养基上，30~35℃培养18~24小时；将白色念珠菌接种于沙氏葡萄糖琼脂培养基上或沙氏葡萄糖液体培养基中，20~25℃培养2~3天；将生孢梭菌接种于梭菌增菌培养基中置厌氧条件下30~35℃培养24~48小时或接种于硫乙醇酸盐流体培养基中30~35℃培养18~24小时。上述培养物用pH7.0无菌氯化钠-蛋白胨缓冲液或0.9%无菌氯化钠溶液制成适宜浓度的菌悬液。

菌液制备后若在室温下放置，应在2小时内使用；若保存在2~8℃，可在24小时内使用。生孢梭菌孢子悬液可替代新鲜的菌悬液，稳定的孢子悬液可保存在2~8℃，在验证过的贮存期内使用。

阴性对照

为确认试验条件是否符合要求，应进行阴性对照试验，阴性对照试验应无菌生长。如阴性对照有菌生长，应进行偏差调查。

培养基适用性检查

控制菌检查用的成品培养基、由脱水培养基或按处方配制的培养基均应进行培养基的适用性检查。

控制菌检查用培养基的适用性检查项目包括促生长能力、抑制能力及指示特性的检查。各培养基的检测项目及所用的菌株见表1。

表1　控制菌检查用培养基的促生长能力、抑制能力及指示特性

控制菌检查	培养基	特性	试验菌株
耐胆盐革兰氏阴性菌	肠道菌增菌液体培养基	促生长能力 抑制能力	大肠埃希菌、铜绿假单胞菌 金黄色葡萄球菌
	紫红胆盐葡萄糖琼脂培养基	促生长能力＋指示特性	大肠埃希菌、铜绿假单胞菌
大肠埃希菌	麦康凯液体培养基	促生长能力 抑制能力	大肠埃希菌 金黄色葡萄球菌
	麦康凯琼脂培养基	促生长能力＋指示特性	大肠埃希菌
沙门菌	RV沙门菌增菌液体培养基	促生长能力 抑制能力	乙型副伤寒沙门菌 金黄色葡萄球菌
	木糖赖氨酸脱氧胆酸盐琼脂培养基 三糖铁琼脂培养基	促生长能力＋指示特性 指示特性	乙型副伤寒沙门菌 乙型副伤寒沙门菌
铜绿假单胞菌	溴化十六烷基三甲铵琼脂培养基	促生长能力 抑制能力	铜绿假单胞菌 大肠埃希菌
金黄色葡萄球菌	甘露醇氯化钠琼脂培养基	促生长能力＋指示特性 抑制能力	金黄色葡萄球菌 大肠埃希菌
梭菌	梭菌增菌培养基 哥伦比亚琼脂培养基	促生长能力 促生长能力	生孢梭菌 生孢梭菌
白色念珠菌	沙氏葡萄糖液体培养基 沙氏葡萄糖琼脂培养基 念珠菌显色培养基	促生长能力 促生长能力＋指示特性 促生长能力＋指示特性 抑制能力	白色念珠菌 白色念珠菌 白色念珠菌 大肠埃希菌

液体培养基促生长能力检查　分别接种不大于100cfu的试验菌（表1）于被检培养基和对照培养基中，在相应控制菌检查规定的培养温度及不长于规定的最短培养时间下培养，与对照培养基管比较，被检培养基管试验菌应生长良好。

固体培养基促生长能力检查　用涂布法分别接种不大于100cfu的试验菌（表1）于被检培养基

和对照培养基平板上，在相应控制菌检查规定的培养温度及不长于规定的最短培养时间下培养，被检培养基与对照培养基上生长的菌落大小、形态特征应一致。

培养基抑制能力检查　接种不少于100cfu的试验菌（表1）于被检培养基和对照培养基中，在相应控制菌检查规定的培养温度及不短于规定的最长培养时间下培养，试验菌应不得生长。

培养基指示特性检查　用涂布法分别接种不大于100cfu的试验菌（表1）于被检培养基和对照培养基平板上，在相应控制菌检查规定的培养温度及不长于规定的最短培养时间下培养，被检培养基上试验菌生长的菌落大小、形态特征、指示剂反应情况等应与对照培养基一致。

控制菌检查方法适用性试验

供试液制备　按下列"供试品检查"中的规定制备供试液。

试验菌　根据各品种项下微生物限度标准中规定检查的控制菌选择相应试验菌株，确认耐胆盐革兰氏阴性菌检查方法时，采用大肠埃希菌和铜绿假单胞菌为试验菌。

适用性试验　按控制菌检查法取规定量供试液及不大于100cfu的试验菌接入规定的培养基中；采用薄膜过滤法时，取规定量供试液，过滤，冲洗，在最后一次冲洗液中加入试验菌，过滤后，注入规定的培养基或取出滤膜接入规定的培养基中。依相应的控制菌检查方法，在规定的温度及最短时间下培养，应能检出所加试验菌相应的反应特征。

结果判断　上述试验若检出试验菌，按此供试液制备法和控制菌检查方法进行供试品检查；若未检出试验菌，应消除供试品的抑菌活性（见非无菌产品微生物检查：微生物计数法（附录1102）中的"抗菌活性的去除或灭活"），并重新进行方法适用性试验。

如果经过试验确证供试品对试验菌的抗菌作用无法消除，可认为受抑制的微生物不可能存在于该供试品中，选择抑菌成分消除相对彻底的方法进行供试品的检查。

供试品检查

供试品的控制菌检查应按经方法适用性试验确认的方法进行。

阳性对照试验　阳性对照试验方法同供试品的控制菌检查，对照菌的加量应不大于100cfu。阳性对照试验应检出相应的控制菌。

阴性对照试验　以稀释剂代替供试液照相应控制菌检查法检查，阴性对照试验应无菌生长。如果阴性对照有菌生长，应进行偏差调查。

耐胆盐革兰氏阴性菌（Bile-Tolerant Gram-Negative Bacteria）

供试液制备和预培养　取供试品，用胰酪大豆胨液体培养基作为稀释剂照"非无菌产品微生物限度检查：微生物计数法"（附录1102）制成1:10供试液，混匀，在20~25℃培养，培养时间应使供试品中的细菌充分恢复但不增殖（约2小时）。

定性试验

除另有规定外，取相当于1g或1ml供试品的上述预培养物接种至适宜体积（经方法适用性试验确定）肠道菌增菌液体培养基中，30~35℃培养24~48小时后，划线接种于紫红胆盐葡萄糖琼脂培养基平板上，30~35℃培养18~24小时。如果平板上无菌落生长，判供试品未检出耐胆盐革兰氏阴性菌。

定量试验

选择和分离培养　取相当于0.1g、0.01g和0.001g（或0.1ml、0.01ml和0.001ml）供试品的预培养物或其稀释液分别接种至适宜体积（经方法适用性试验确定）肠道菌增菌液体培养基中，30~35℃培养24~48小时。上述每一培养物分别划线接种于紫红胆盐葡萄糖琼脂培养基平板上，

30～35℃培养18～24小时。

结果判断　若紫红胆盐葡萄糖琼脂培养基平板上有菌落生长，则对应培养管为阳性，否则为阴性。根据各培养管检查结果，从表2查1g或1ml供试品中含有耐胆盐革兰氏阴性菌的可能菌数。

表2　耐胆盐革兰氏阴性菌的可能菌数（N）

各供试品量的检查结果			每1g（或1ml）供试品中可能的菌数cfu
0.1g或0.1ml	0.01g或0.01ml	0.001g或0.001ml	
+	+	+	N>103
+	+	－	102<N<103
+	－	－	10<N<102
－	－	－	N<10

注：（1）+代表紫红胆盐葡萄糖琼脂平板上有菌落生长；—代表紫红胆盐葡萄糖琼脂平板上无菌落生长。

（2）若供试品量减少10倍（如0.01g或0.01ml，0.001g或0.001ml，0.0001g或0.0001ml），则每 1g（或1ml）供试品中可能的菌数（N）应相应增加10倍。

大肠埃希菌（*Escherichia coli*）

供试液制备和增菌培养　取供试品，照"非无菌产品微生物限度检查：微生物计数法"（附录1102）制成1:10供试液。取相当于1g或1ml供试品的供试液，接种至适宜体积（经方法适用性试验确定）的胰酪大豆胨液体培养基中，混匀，30～35℃培养18～24小时。

选择和分离培养　取上述培养物1ml接种至100ml麦康凯液体培养基中，42～44℃培养24～48小时。取麦康凯液体培养物划线接种于麦康凯琼脂培养基平板上，30～35℃培养18～72小时。

结果判断　若麦康凯琼脂培养基平板上有菌落生长，应进行分离、纯化及适宜的鉴定试验，确证是否为大肠埃希菌；若麦康凯琼脂培养基平板上没有菌落生长，或虽有菌落生长但鉴定结果为阴性，判供试品未检出大肠埃希菌。

沙门菌（*Salmonella*）

供试液制备和增菌培养　取10g或10ml供试品直接或处理后接种至适宜体积（经方法适用性试验确定）的胰酪大豆胨液体培养基中，混匀，30～35℃培养18～24小时。

选择和分离培养　取上述培养物0.1ml接种至10ml RV沙门增菌液体培养基中，30～35℃培养18～24小时。取少量RV沙门菌增菌液体培养物划线接种于木糖赖氨酸脱氧胆酸盐琼脂培养基平板上，30～35℃培养18～48小时。

沙门菌在木糖赖氨酸脱氧胆酸盐琼脂培养基平板上生长良好，菌落为淡红色或无色、透明或半透明、中心有或无黑色。用接种针挑选疑似菌落于三糖铁琼脂培养基高层斜面上进行斜面和高层穿刺接种，培养18～24小时，或采用其他适宜方法进一步鉴定。

结果判断　若木糖赖氨酸脱氧胆酸盐琼脂培养基平板上有疑似菌落生长，且三糖铁琼脂培养基的斜面为红色、底层为黄色，或斜面黄色、底层黄色或黑色，应进一步进行适宜的鉴定试验，确证是否为沙门菌。如果平板上没有菌落生长，或虽有菌落生长但鉴定结果为阴性，或三糖铁琼脂培养基的斜面未见红色、底层未见黄色；或斜面黄色、底层未见黄色或黑色，判供试品未检出沙门菌。

铜绿假单胞菌（*Pseudomonas aeruginosa*）

供试液制备和增菌培养　取供试品，照"非无菌产品微生物限度检查：微生物计数法"（附录1102）制成1:10供试液。取相当于1g或1ml供试品的供试液，接种至适宜体积（经方法适用性试验确定的）的胰酪大豆胨液体培养基中，混匀。30～35℃培养18～24小时。

选择和分离培养　取上述培养物划线接种于溴化十六烷基三甲铵琼脂培养基平板上，30～35℃培养18～72小时。

取上述平板上生长的菌落进行氧化酶试验，或采用其他适宜方法进一步鉴定。

氧化酶试验　将洁净滤纸片置于平皿内，用无菌玻棒取上述平板上生长的菌落涂于滤纸片上，滴加新配制的1%二盐酸N，N-二甲基对苯二胺试液，在30秒内若培养物呈粉红色并逐渐变为紫红色为氧化酶试验阳性，否则为阴性。

结果判断　若溴化十六烷基三甲铵琼脂培养基平板上有菌落生长，且氧化酶试验阳性，应进一步进行适宜的鉴定试验，确证是否为铜绿假单胞菌。如果平板上没有菌落生长，或虽有菌落生长但鉴定结果为阴性，或氧化酶试验阴性，判供试品未检出铜绿假单胞菌。

金黄色葡萄球菌（*Staphylococcus aureus*）

供试液制备和增菌培养　取供试品，照"非无菌产品微生物限度检查：微生物计数法"（附录1102）制成1:10供试液。取相当于1g或1ml供试品的供试液，接种至适宜体积（经方法适用性试验确定）的胰酪大豆胨液体培养基中，混匀。30～35℃培养18～24小时。

选择和分离培养　取上述培养物划线接种于甘露醇氯化钠琼脂培养基平板上，30～35℃培养18～72小时。

结果判断　若甘露醇氯化钠琼脂培养基平板上有黄色菌落或外周有黄色环的白色菌落生长，应进行分离、纯化及适宜的鉴定试验，确证是否为金黄色葡萄球菌；若平板上没有与上述形态特征相符或疑似的菌落生长，或虽有相符或疑似的菌落生长但鉴定结果为阴性，判供试品未检出金黄色葡萄球菌。

梭菌（*Clostridium*）

供试液制备和热处理　取供试品，照"非无菌产品微生物限度检查：微生物计数法"（附录1102）制成1:10供试液。取相当于1g或1ml供试品的供试液2份，其中1份置80℃保温10分钟后迅速冷却。

增菌、选择和分离培养　将上述2份供试液分别接种至适宜体积（经方法适用性试验确定）的梭菌增菌培养基中，置厌氧条件下30～35℃培养48小时。取上述每一培养物少量，分别涂抹接种于哥伦比亚琼脂培养基平板上，置厌氧条件下30～35℃培养48～72小时。

过氧化氢酶试验　取上述平板上生长的菌落，置洁净玻片上，滴加3%过氧化氢试液，若菌落表面有气泡产生，为过氧化氢酶试验阳性，否则为阴性。

结果判断　若哥伦比亚琼脂培养基平板上有带或不带芽孢的厌氧杆菌生长，且过氧化氢酶反应阴性的，应进一步进行适宜的鉴定试验，确证是否为梭菌；如果哥伦比亚琼脂培养基平板上没有厌氧杆菌生长，或虽有相符或疑似的菌落生长但鉴定结果为阴性，或过氧化氢酶反应阳性，判供试品未检出梭菌。

白色念珠菌（*Candida albicans*）

供试液制备和增菌培养　取供试品，照"非无菌产品微生物限度检查：微生物计数法"（附录1102）制成1:10供试液。取相当于1g或1ml供试品的供试液，接种至适宜体积（经方法适用性试验确定）的沙氏葡萄糖液体培养基中，混匀，30～35℃培养3～5天。

选择和分离　取上述预培养物划线接种于沙氏葡萄糖琼脂培养基平板上，30～35℃培养24～48小时。

白色念珠菌在沙氏葡萄糖琼脂培养基上生长的菌落呈乳白色，偶见淡黄色，表面光滑有浓酵母气味，培养时间稍久则菌落增大，颜色变深、质地变硬或有皱褶。挑取疑似菌落接种至念珠菌显色培养基平板上，培养24～48小时（必要时延长至72小时），或采用其他适宜方法进一步鉴定。

结果判断 若沙氏葡萄糖琼脂培养基平板上有疑似菌落生长，且疑似菌在念珠菌显色培养基平板上生长的菌落呈阳性反应，应进一步进行适宜的鉴定试验，确证是否为白色念珠菌；若沙氏葡萄糖琼脂培养基平板上没有菌落生长，或虽有菌落生长但鉴定结果为阴性，或疑似菌在念珠菌显色培养基平板上生长的菌落呈阴性反应，判供试品未检出白色念珠菌。

稀释液

稀释液配制后，应采用验证合格的灭菌程序灭菌。

1．**pH7.0无菌氯化钠-蛋白胨缓冲液** 照无菌检查法（附录1101）制备。

2．**pH6.8无菌磷酸盐缓冲液、pH7.2无菌磷酸盐缓冲液、pH7.6无菌磷酸盐缓冲液按缓冲液** 照缓冲液（附录8004）配制后，过滤，分装，灭菌。

如需要，可在上述稀释液灭菌前或灭菌后加入表面活性剂或中和剂等。

3．**0.9%无菌氯化钠溶液** 取氯化钠9.0g，加水溶解使成1000ml，过滤，分装，灭菌。

培养基及其制备方法

培养基可按以下处方制备，也可使用按该处方生产的符合要求的脱水培养基。配制后，应按验证过的高压灭菌程序灭菌。

1. **胰酪大豆胨液体培养基（TSB）、胰酪大豆胨琼脂培养基（TSA）、沙氏葡萄糖液体培养基（SDB）**

照无菌检查法（附录1101）制备。

2. **沙氏葡萄糖琼脂培养基（SDA）**

照无菌检查法（附录1101）制备。如使用含抗生素的沙氏葡萄糖琼脂培养基，应确认培养基中所加的抗生素量不影响检品中霉菌和酵母菌的生长。

3. **马铃薯葡萄糖琼脂培养基（PDA）**

马铃薯（去皮）	200g	琼脂	14.0g
葡萄糖	20.0g	水	1000ml

取马铃薯，切成小块，加水1000ml，煮沸20～30分钟，用6～8层纱布过滤，取滤液补水至1000ml，调节pH使灭菌后在25℃的pH值为5.6±0.2，加入琼脂，加热溶化后，再加入葡萄糖，摇匀，分装，灭菌。

4. **玫瑰红钠琼脂培养基培养基**

胨	5.0g	玫瑰红钠	0.0133g
葡萄糖	10.0g	琼脂	14.0g
磷酸二氢钾	1.0g	水	1000ml
硫酸镁	0.5g		

除葡萄糖、玫瑰红钠外，取上述成分，混合，微温溶解，加入葡萄糖、玫瑰红钠，摇匀，分装，灭菌。

5. **硫乙醇酸盐流体培养基**

照无菌检查法（附录1101）制备。

6. 肠道菌增菌液体培养基

明胶胰酶水解物	10.0g	二水合磷酸氢二钠	8.0g
牛胆盐	20.0g	亮绿	15mg
葡萄糖	5.0g	纯化水	1000ml
磷酸二氢钾	2.0g		

除葡萄糖、亮绿外，取上述成分，混合，微温溶解，调节pH使加热后在25℃的pH值为7.2±0.2，加入葡萄糖、亮绿，加热至100℃30分钟，立即冷却。

7. 紫红胆盐葡萄糖琼脂培养基

酵母浸出粉	3.0g	中性红	30mg
明胶胰酶水解物	7.0g	结晶紫	2mg
脱氧胆酸钠	1.5g	琼脂	15.0g
葡萄糖	10.0g	水	1000ml
氯化钠	5.0g		

除葡萄糖、中性红、结晶紫、琼脂外，取上述成分，混合，微温溶解，调节pH使加热后在25℃的pH值为7.4±0.2。加入葡萄糖、中性红、结晶紫、琼脂，加热煮沸（不能在高压灭菌器中加热）。

8. 麦康凯液体培养基

明胶胰酶水解物	20.0g	溴甲酚紫	10mg
乳糖	10.0g	水	1000ml
牛胆盐	5.0g		

除乳糖、溴甲酚紫外，取上述成分，混合，微温溶解，调节pH使灭菌后在25℃的pH值为7.3±0.2，加入乳糖、溴甲酚紫，分装，灭菌。

9. 麦康凯琼脂培养基

明胶胰酶水解物	17.0g	中性红	30.0mg
胨	3.0g	结晶紫	1mg
乳糖	10.0g	琼脂	13.5g
脱氧胆酸钠	1.5g	水	1000ml
氯化钠	5.0g		

除乳糖、中性红、结晶紫、琼脂外，取上述成分，混合，微温溶解，调节pH使灭菌后在25℃的pH值为7.1±0.2，加入乳糖、中性红、结晶紫、琼脂，加热煮沸1分钟，并不断振摇，分装，灭菌。

10. RV沙门菌增菌液体培养基

大豆胨	4.5g	六水合氯化镁	29.0g
氯化钠	8.0g	孔雀绿	36mg
磷酸氢二钾	0.4g	水	1000ml
磷酸二氢钾	0.6g		

除孔雀绿外，取上述成分，混合，微温溶解，调节pH使灭菌后在25℃的pH值为5.2±0.2。加入

孔雀绿，分装，灭菌，灭菌温度不能超过115℃。

11. 木糖赖氨酸脱氧胆酸盐琼脂培养基

酵母浸出粉	3.0g	氯化钠	5.0g
L-赖氨酸	5.0g	硫代硫酸钠	6.8g
木糖	3.5g	枸橼酸铁铵	0.8g
乳糖	7.5g	酚红	80mg
蔗糖	7.5g	琼脂	13.5g
脱氧胆酸钠	2.5g	水	1000ml

除三种糖、酚红、琼脂外，取上述成分，混合，微温溶解，调节pH使加热后在25℃的pH值为7.4±0.2，加入三种糖、酚红、琼脂，加热至沸腾，冷至50℃倾注平皿（不能在高压灭菌器中加热）。

12. 三糖铁琼脂培养基（TSI）

胨	20.0g	硫酸亚铁	0.2g
牛肉浸出粉	5.0g	硫代硫酸钠	0.2g
乳糖	10.0g	0.2%酚磺酞指示液	12.5ml
蔗糖	10.0g	琼脂	12.0g
葡萄糖	1.0g	水	1000ml
氯化钠	5.0g		

除三种糖、0.2%酚磺酞指示液、琼脂外，取上述成分，混合，微温溶解，调节pH使灭菌后在25℃的pH值为7.3±0.1，加入琼脂，加热溶化后，再加入其余各成分，摇匀，分装，灭菌，制成高底层（2~3cm）短斜面。

13. 溴化十六烷基三甲铵琼脂培养基

明胶胰酶水解物	20.0g	溴化十六烷基三甲铵	0.3g
氯化镁	1.4g	琼脂	13.6g
硫酸钾	10.0g	水	1000ml
甘油	10ml		

除琼脂外，取上述成分，混合，微温溶解，调节pH使灭菌后在25℃的pH值为7.4±0.2，加入琼脂，加热煮沸1分钟，分装，灭菌。

14. 甘露醇氯化钠琼脂培养基

胰酪胨	5.0g	氯化钠	75.0g
动物组织胃蛋白酶水解物	5.0g	酚红	25mg
牛肉浸出粉	1.0g	琼脂	15.0g
D-甘露醇	10.0g	水	1000ml

除甘露醇、酚红、琼脂外，取上述成分，混合，微温溶解，调节pH使灭菌后在25℃的pH值为7.4±0.2，加热并振摇，加入甘露醇、酚红、琼脂，煮沸1分钟，分装，灭菌。

15. 梭菌增菌培养基

胨	10.0g	盐酸半胱氨酸	0.5g

牛肉浸出粉	10.0g	乙酸钠	3.0g
酵母浸出粉	3.0g	氯化钠	5.0g
可溶性淀粉	1.0g	琼脂	0.5g
葡萄糖	5.0g	水	1000ml

除葡萄糖外，取上述成分，混合，加热煮沸使溶解，并不断搅拌。如需要，调节pH使灭菌后在25℃的pH值为6.8±0.2。加入葡萄糖，混匀，分装，灭菌。

16. 哥伦比亚琼脂培养基

胰酪胨	10.0g	玉米淀粉	1.0g
肉胃蛋白酶水解物	5.0g	氯化钠	5.0g
心胰酶水解物	3.0g	琼脂	10.0～15.0g（依凝固力）
酵母浸出粉	5.0g	水	1000ml

除琼脂外，取上述成分，混合，加热煮沸使溶解，并不断搅拌。如需要，调节pH使灭菌后在25℃的pH值为7.3±0.2，加入琼脂，加热溶化，分装，灭菌。如有必要，灭菌后，冷至45～50℃加入相当于20mg庆大霉素的无菌硫酸庆大霉素，混匀，倾注平皿。

17. 念珠菌显色培养基

胨	10.2g	琼脂	15g
氢醌素	0.5g	水	1000ml
色素	22.0g		

除琼脂外，取上述成分，混合，微温溶解，调节pH使加热后在25℃的pH值为6.3±0.2。滤过，加入琼脂，加热煮沸，不断搅拌至琼脂完全溶解，倾注平皿。

1104 非无菌兽药微生物限度标准

非无菌兽药的微生物限度标准是基于兽药的给药途径和对动物健康潜在的危害以及兽药的特殊性而制订的。兽药生产、贮存、销售过程中的检验，药用原料、辅料的检验，新药标准制订，进口兽药标准复核，考察兽药质量及仲裁等，除另有规定外，其微生物限度均以本标准为依据。

1. 制剂通则、品种项下要求无菌的制剂及标示无菌的制剂和原辅料 应符合无菌检查法规定。

2. 用于手术、烧伤或严重创伤的局部给药制剂 应符合无菌检查法规定。

3. 不含药材原粉的制剂的微生物限度标准

不含药材原粉的制剂，除制剂通则或品种项下另有规定外，应符合表1规定。

表1 不含药材原粉的中药制剂的微生物限度标准

给药途径	需氧菌总数（cfu/g、cfu/ml或cfu/10cm²）	霉菌和酵母菌总数（cfu/g、cfu/ml或cfu/10cm²）	控制菌
口服固体制剂 口服液体制剂	10^3 10^2	10^2 10^1	不得检出大肠埃希菌（1g或1ml）；含脏器提取物的制剂还不得检出沙门菌（10g或10ml）

（续）

给药途径	需氧菌总数（cfu/g、cfu/ml或cfu/10cm²）	霉菌和酵母菌总数（cfu/g、cfu/ml或cfu/10cm²）	控制菌
耳用制剂 皮肤给药制剂	10^2	10^1	不得检出金黄色葡萄球菌、铜绿假单胞菌（1g、1ml或10cm²）
阴道给药制剂	10^2	10^1	不得检出金黄色葡萄球菌、铜绿假单胞菌、白色念珠菌（1g、1ml或10cm²）
其他局部给药制剂	10^2	10^2	不得检出金黄色葡萄球菌、铜绿假单胞菌（1g、1ml或10cm²）

4．非无菌含药材原粉的制剂的微生物限度标准 见表2。

非无菌含药材原粉的制剂，除制剂通则或品种项下另有规定外，应符合表2规定。

表2 非无菌含药材原粉的中药制剂的微生物限度标准

给药途径	需氧菌总数（cfu/g、cfu/ml或cfu/10cm²）	霉菌和酵母菌总数（cfu/g、cfu/ml或cfu/10cm²）	控制菌
固体口服给药制剂			不得检出大肠埃希菌（1g）；不得检出沙
不含豆豉、神曲等发酵原粉	10^4（丸剂3×10^4）	10^2	门菌（10g）；耐胆盐革兰氏阴性菌应小
含豆豉、神曲等发酵原粉	10^5	5×10^2	于10^2cfu（1g）
液体口服给药制剂			不得检出大肠埃希菌（1ml）；不得检出
不含豆豉、神曲等发酵原粉	5×10^2	10^2	沙门菌（10ml）；耐胆盐革兰氏阴性菌应
含豆豉、神曲等发酵原粉	10^3	10^2	小于10^1cfu（1ml）
固体局部给药制剂			不得检出金黄色葡萄球菌、铜绿假单胞
用于表皮或黏膜不完整	10^3	10^2	菌（1g或10cm²）、阴道、尿道给药制
用于表皮或黏膜完整	10^4	10^2	剂还不得检出白色念珠菌、梭菌（1g或10cm²）
液体局部给药制剂			不得检出金黄色葡萄球菌、铜绿假单胞菌
用于表皮或黏膜不完整	10^2	10^2	（1ml）；阴道、尿道给药制剂还不得检
用于表皮或黏膜完整	10^2	10^2	出白色念珠菌、梭菌（1ml）

5．非无菌药用原料及辅料的微生物限度标准 见表3。

表3 非无菌药用原料及辅料的微生物限度标准

	需氧菌总数（cfu/g或cfu/ml）	霉菌和酵母菌总数（cfu/g或cfu/ml）	控制菌
药用原料及辅料	10^3	10^2	未做统一规定

6．中药提取物及中药饮片的微生物限度标准 见表4。

表4 中药提取物及中药饮片的微生物限度标准

	需氧菌总数（cfu/g或cfu/ml）	霉菌和酵母菌总数（cfu/g或cfu/ml）	控制菌
中药提取物	10^3	10^2	未做统一规定
研粉口服用贵细饮片、直接口服及泡服饮片	未做统一规定	未做统一规定	不得检出沙门菌（10g）；耐胆盐革兰氏阴性菌应小于10^4cfu（1g）

7. 有兼用途径的制剂 应符合各给药途径的标准。

非无菌兽药的需氧菌总数、霉菌和酵母菌总数照非无菌产品微生物限度检查：微生物计数法（附录1102）检查，非无菌兽药的控制菌照非无菌产品微生物限度检查：控制菌检查法（附录1103）检查。各品种项下规定的需氧菌总数、霉菌和酵母菌总数标准解释如下：

10^1cfu：可接受的最大菌数为20；

10^2cfu：可接受的最大菌数为200；

10^3cfu：可接受的最大菌数为2000；依此类推。

本限度标准所列的控制菌对于控制某些兽药的微生物质量可能并不全面，因此，对于原料、辅料及某些特定的制剂，根据原辅料及其制剂的特性和用途、制剂的生产工艺等因素，可能还需检查其他具有潜在危害的微生物。

除了本限度标准所列的控制菌外，兽药中若检出其他可能具有潜在危害性的微生物，应从以下方面进行评估：

兽药的给药途径：给药途径不同，其危害不同；

兽药的特性：兽药是否促进微生物生长，或者兽药是否有足够的抑制微生物生长能力；

兽药的使用方法，等等。

当进行上述相关因素的风险评估时，评估人员应经过微生物学和微生物数据分析等方面的专业知识培训。评估原辅料微生物质量时，应考虑相应制剂的生产工艺、现有的检测技术及原辅料符合该标准的必要性。

1111 异常毒性检查法

异常毒性有别于动物本身所具有的毒性特征，是指由生产过程中引入或其他原因所致的毒性。

本法系给予小鼠一定剂量的供试品溶液，在规定时间内观察小鼠出现的死亡情况，检查供试品中是否污染外源性毒性物质以及是否存在意外的不安全因素。

供试用的小鼠应健康合格，体重18~22g，在试验前及试验的观察期内，均应按正常饲养条件饲养。做过本试验的小鼠不得重复使用。

供试品溶液的制备 按品种项下规定的浓度制成供试品溶液。临用前，供试品溶液应平衡至室温。

检查法 除另有规定外，取上述小鼠5只，按各品种项下规定的给药途径，每只小鼠分别给予供试品溶液0.5ml。给药途径分为以下几种：

静脉注射 将供试品溶液注入小鼠尾静脉，应在4~5秒内匀速注射完毕。规定缓慢注射的品种可延长至30秒。

腹腔注射 将供试品溶液注入小鼠腹腔。

皮下注射 将供试品溶液注入小鼠腹部或背部两侧皮下。

口服给药 将供试品溶液通过适宜的导管，灌入小鼠胃中。

结果判断 除另有规定外，全部小鼠在给药后48小时内不得有死亡；如有死亡时，应另取体重19~21g的小鼠10只复试，全部小鼠在48小时内不得有死亡。

1112 热原检查法

本法系将一定剂量的供试品，静脉注入家兔体内，在规定时间内，观察家兔体温升高的情况，以判定供试品中所含热原的限度是否符合规定。

供试用家兔　供试用的家兔应健康合格，体重1.7kg以上，雌兔应无孕。预测体温前7日即应用同一饲料饲养，在此期间内，体重应不减轻，精神、食欲、排泄等不得有异常现象。未曾使用于热原检查的家兔；或供试品判定为符合规定，但组内升温达0.6℃的家兔；或3周内未曾使用的家兔，均应在检查供试品前7日内预测体温，进行挑选。挑选试验的条件与检查供试品时相同，仅不注射药液，每隔30分钟测量体温1次，共测8次，8次体温均在38.0～39.6℃的范围内，且最高与最低体温相差不超过0.4℃的家兔，方可供热原检查用。用于热原检查后的家兔，如供试品判定为符合规定，至少应休息48小时方可再供热原检查用，其中升温达0.6℃的家兔应休息2周以上。如供试品判定为不符合规定，则组内全部家兔不再使用。

试验前的准备　在做热原检查前1～2日，供试用家兔应尽可能处于同一温度的环境中，实验室和饲养室的温度相差不得大于3℃，且应控制在17～25℃，在试验全部过程中，实验室温度变化不得大于3℃，应防止动物骚动并避免噪音干扰。家兔在试验前至少1小时开始停止给食，并置于宽松适宜的装置中，直至试验完毕。测量家兔体温应使用精密度为±0.1℃的测温装置。测温探头或肛温计插入肛门的深度和时间各兔应相同，深度一般约6cm，时间不得少于1.5分钟，每隔30分钟测量体温1次，一般测量2次，两次体温之差不得超过0.2℃，以此两次体温的平均值作为该兔的正常体温。当日使用的家兔，正常体温应在38.0～39.6℃的范围内，且同组各兔间正常体温之差不得超过1.0℃。

与供试品接触的试验用的器皿应无菌、无热原。去除热原通常采用干热灭菌法（250℃加热30分钟以上），也可采用其他适宜的方法。

检查法　取适用的家兔3只，测定其正常体温后15分钟以内，自耳静脉缓缓注入规定剂量并温热至约38℃的供试品溶液，然后每隔30分钟按前法测量其体温1次，共测6次，以6次体温中最高的一次减去正常体温，即为该兔体温的升高温度（℃）。如3只家兔中有1只体温升高0.6℃或高于0.6℃，或3只家兔体温升高的总和达1.3℃或高于1.3℃，应另取5只家兔复试，检查方法同上。

结果判断　在初试的3只家兔中，体温升高均低于0.6℃，并且3只家兔体温升高总和低于1.3℃；或在复试的5只家兔中，体温升高0.6℃或高于0.6℃的家兔不超过1只，并且初试、复试合并8只家兔的体温升高总和为3.5℃或低于3.5℃，均判定供试品的热原检查符合规定。

在初试的3只家兔中，体温升高0.6℃或高于0.6℃的家兔超过1只；或在复试的5只家兔中，体温升高0.6℃或高于0.6℃的家兔超过1只；或在初试、复试合并8只家兔的体温升高总和超过3.5℃，均判定供试品的热原检查不符合规定。

当家兔升温为负值时，均以0℃计。

1113 细菌内毒素检查法

本法系利用鲎试剂来检测或量化由革兰氏阴性菌产生的细菌内毒素，以判断供试品中细菌内毒素的限量是否符合规定的一种方法。

细菌内毒素检查包括两种方法，即凝胶法和光度测定法，后者包括浊度法和显色基质法。供试品检测时，可使用其中任何一种方法进行试验。当测定结果有争议时，除另有规定外，以凝胶限量试验结果为准。

本试验操作过程应防止微生物和内毒素的污染。

细菌内毒素的量用内毒素单位（EU）表示，1EU与1个内毒素国际单位（IU）相当。

细菌内毒素国家标准品系自大肠埃希菌提取精制而成，用于标定、复核、仲裁鲎试剂灵敏度和标定细菌内毒素工作标准品的效价，干扰试验及检查法中编号B和C溶液的制备、凝胶法中的鲎试剂灵敏度复核试验、光度测定法中标准曲线可靠性试验。

细菌内毒素工作标准品系以细菌内毒素国家标准品为基准标定其效价，用于干扰试验及检查法中编号B和C溶液的制备、凝胶法中的鲎试剂灵敏度复核试验、光度测定法中标准曲线可靠性试验。

细菌内毒素检查用水应符合灭菌注射用水标准，其内毒素含量小于0.015EU/ml（用于凝胶法）或0.005EU/ml（用于光度测定法），且对内毒素试验无干扰作用。

试验所用的器皿需经处理，以去除可能存在的外源性内毒素。耐热器皿常用干热灭菌法（250℃、30分钟以上）去除，也可采用其他确证不干扰细菌内毒素检查的适宜方法。若使用塑料器械，如微孔板和与微量加样器配套的吸头等，应选用标明无内毒素并且对试验无干扰的器械。

供试品溶液的制备　某些供试品需进行复溶、稀释或在水性溶液中浸提制成供试品溶液。必要时，可调节被测溶液（或其稀释液）的pH值，一般供试品溶液和鲎试剂混合后溶液的pH值在6.0～8.0的范围内为宜，可使用适宜的酸、碱溶液或缓冲液调节pH值。酸或碱溶液须用细菌内毒素检查用水在已去除内毒素的容器中配制。缓冲液必须经过验证不含内毒素和干扰因子。

确定最大有效稀释倍数（MVD）　最大有效稀释倍数是指在试验中供试品溶液被允许达到稀释的最大倍数（1→MVD），在不超过此稀释倍数的浓度下进行内毒素限值的检测。用以下公式来确定MVD：

$$MVD = cL/\lambda$$

式中　L为供试品的细菌内毒素限值；

c为供试品溶液的浓度，当L以EU/ml表示时，则c等于1.0ml/ml，当L以EU/mg或EU/U表示时，c的单位需为mg/ml或U/ml。如供试品为注射用无菌粉末或原料药，则MVD取1，可计算供试品的最小有效稀释浓度$c=\lambda/L$；

λ为在凝胶法中鲎试剂的标示灵敏度（EU/ml），或是在光度测定法中所使用的标准曲线上最低的内毒素浓度。

方法1　凝胶法

凝胶法系通过鲎试剂与内毒素产生凝集反应的原理进行限度检测或半定量内毒素的方法。

鲎试剂灵敏度复核试验　在本检查法规定的条件下，使鲎试剂产生凝集的内毒素的最低浓度即为鲎试剂的标示灵敏度，用EU/ml表示。当使用新批号的鲎试剂或试验条件发生了任何可能影响检验结果的改变时，应进行鲎试剂灵敏度复核试验。

根据鲎试剂灵敏度的标示值（λ），将细菌内毒素国家标准品或细菌内毒素工作标准品用细菌内毒素检查用水溶解，在旋涡混合器上混匀15分钟，然后制成2λ、λ、0.5λ和0.25λ四个浓度的内毒素标准溶液，每稀释一步均应在旋涡混合器上混匀30秒。取分装有0.1ml鲎试剂溶液的10mm×75mm试管或复溶后的0.1ml/支规格的鲎试剂原安瓿18支，其中16管分别加入0.1ml不同浓度的内毒素标准溶液，每一个内毒素浓度平行做4管；另外2管加入0.1ml细菌内毒素检查用水作为阴性对照。将试管中溶液轻轻混匀后，封闭管口，垂直放入37℃±1℃的恒温器中，保温60分钟±2分钟。

将试管从恒温器中轻轻取出，缓缓倒转180°，若管内形成凝胶，并且凝胶不变形、不从管壁滑脱者为阳性；未形成凝胶或形成的凝胶不坚实、变形并从管壁滑脱者为阴性。保温和拿取试管过程应避免受到振动造成假阴性结果。

当最大浓度2λ管均为阳性，最低浓度0.25λ管均为阴性，阴性对照管为阴性，试验方为有效。按下式计算反应终点浓度的几何平均值，即为鲎试剂灵敏度的测定值（λ_c）。

$$\lambda_c = antilg\ (\ \Sigma X/n\ )$$

式中　X为反应终点浓度的对数值（lg）。反应终点浓度是指系列递减的内毒素浓度中最后一个呈阳性结果的浓度。

n为每个浓度的平行管数。

当λ_c在0.5λ ~ 2λ（包括0.5λ和2λ）时，方可用于细菌内毒素检查，并以标示灵敏度λ为该批鲎试剂的灵敏度。

干扰试验　按表1制备溶液A、B、C和D，使用的供试品溶液应为未检验出内毒素且不超过最大有效稀释倍数（MVD）的溶液，按鲎试剂灵敏度复核试验项下操作。

表1　凝胶法干扰试验溶液的制备

编号	内毒素浓度/被加入内毒素的溶液	稀释用液	稀释倍数	所含内毒素的浓度	平行管数
A	无/供试品溶液	—	—	—	2
B	2λ/供试品溶液	供试品溶液	1	2λ	4
			2	1λ	4
			4	0.5λ	4
			8	0.25λ	4
C	2λ/检查用水	检查用水	1	2λ	2
			2	1λ	2
			4	0.5λ	2
			8	0.25λ	2
D	无/检查用水	—	—	—	2

注：A为供试品溶液；B为干扰试验系列；C为鲎试剂标示灵敏度的对照系列；D为阴性对照。

只有当溶液A和阴性对照溶液D的所有平行管都为阴性，并且系列溶液C的结果符合鲎试剂灵敏度复核试验要求时，试验方为有效。当系列溶液B的结果符合鲎试剂灵敏度复核试验要求时，认为供试品在该浓度下无干扰作用。其他情况则认为供试品在该浓度下存在干扰作用。若供试品溶液在小于MVD的稀释倍数下对试验有干扰，应将供试品溶液进行不超过MVD的进一步稀释，再重复干扰试验。

可通过对供试品进行更大倍数的稀释或通过其他适宜的方法（如过滤、中和、透析或加热处理等）排除干扰。为确保所选择的处理方法能有效地排除干扰且不会使内毒素失去活性，要使用预先添加了标准内毒素再经过处理的供试品溶液进行干扰试验。

当进行新兽药的内毒素检查试验前，或无内毒素检查项的品种建立内毒素检查法时，须进行干扰试验。

当鲎试剂、供试品的处方、生产工艺改变或试验环境中发生了任何有可能影响试验结果的变化时，须重新进行干扰试验。

检查法

（1）凝胶限度试验

按表2制备溶液A、B、C和D。使用稀释倍数不超过MVD并且已经排除干扰的供试品溶液来制备溶液A和B。按鲎试剂灵敏度复核试验项下操作。

表2　凝胶限度试验溶液的制备

编号	内毒素浓度/被加入内毒素的溶液	平行管数
A	无/供试品溶液	2
B	2λ/供试品溶液	2
C	2λ/检查用水	2
D	无/检查用水	2

注：若A为供试品溶液；B为供试品阳性对照；C为阳性对照；D为阴性对照。

结果判断　保温60分钟±2分钟后观察结果。若阴性对照溶液D的平行管均为阴性，供试品阳性对照溶液B的平行管均为阳性，阳性对照溶液C的平行管均为阳性，试验有效。

若溶液A的两个平行管均为阴性，判供试品符合规定；若溶液A的两个平行管均为阳性，判供试品不符合规定。若溶液A的两个平行管中的一管为阳性，另一管为阴性，需进行复试。复试时，溶液A需做4支平行管，若所有平行管均为阴性，判定供试品符合规定；否则判定供试品不符合规定。

若供试品的稀释倍数小于MVD而溶液A出现不符合规定时，需将供试品稀释至MVD重新试验，再对结果进行判断。

（2）凝胶半定量试验

本方法系通过确定反应终点浓度来量化供试品中内毒素的含量。按表3制备溶液A、B、C和D。按鲎试剂灵敏度复核试验项下操作。

结果判断　若阴性对照溶液D的平行管均为阴性，供试品阳性对照溶液B的平行管均为阳性，系列溶液C的反应终点浓度的几何平均值在0.5λ～2λ，试验有效。

系列溶液A中每一系列的终点稀释倍数乘以λ，为每个系列的反应终点浓度，如果检验的是经稀释的供试品，则将终点浓度乘以供试品进行半定量试验的初始稀释倍数，即得到每一系列内毒素浓度c。

若每一系列内毒素浓度均小于规定的限值，判定供试品符合规定。每一系列内毒素浓度的几何平均值即为供试品溶液的内毒素浓度〔按公式$c_E=\text{antilg}(\Sigma c/2)$〕。若试验中供试品溶液的所有平行管均为阴性，应记为内毒素浓度小于λ（如果检验的是稀释过的供试品，则记为小于λ乘以供试品进行半定量试验的初始稀释倍数）。

若任何系列内毒素浓度不小于规定的限值时，则判定供试品不符合规定。当供试品溶液的所有平行管均为阳性，可记为内毒素的浓度大于或等于最大的稀释倍数乘以λ。

表3　凝胶半定量试验溶液的制备

编号	内毒素浓度/被加入内毒素的溶液	稀释用液	稀释倍数	所含内毒素的浓度	平行管数
A	无/供试品溶液	检查用水	1	—	2
			2	—	2
			4	—	2
			8	—	2
B	2λ/供试品溶液		1	2λ	2
C	2λ/检查用水	检查用水	1	2λ	2
			2	1λ	2
			4	0.5λ	2
			8	0.25λ	2

（续）

编号	内毒素浓度/被加入内毒素的溶液	稀释用液	稀释倍数	所含内毒素的浓度	平行管数
D	无/检查用水	—	—	—	2

注：A为不超过MVD并且通过干扰试验的供试品溶液。从通过干扰试验的稀释倍数开始用检查用水稀释至1倍、2倍、4倍和8倍，最后的稀释倍数不得超过MVD。

B为2λ浓度标准内毒素的溶液A（供试品阳性对照）。

C为鲎试剂标示灵敏度的对照系列。

D为阴性对照。

方法2　光度测定法

光度测定法分为浊度法和显色基质法。

浊度法系利用检测鲎试剂与内毒素反应过程中的浊度变化而测定内毒素含量的方法。根据检测原理，可分为终点浊度法和动态浊度法。终点浊度法是依据反应混合物中的内毒素浓度和其在孵育终止时的浊度（吸光度或透光率）之间存在着量化关系来测定内毒素含量的方法。动态浊度法是检测反应混合物的浊度到达某一预先设定的吸光度所需要的反应时间，或是检测浊度增加速度的方法。

显色基质法系利用检测鲎试剂与内毒素反应过程中产生的凝固酶使特定底物释放出呈色团的多少而测定内毒素含量的方法。根据检测原理，分为终点显色法和动态显色法。终点显色法是依据反应混合物中内毒素浓度和其在孵育终止时释放出的呈色团的量之间存在的量化关系来测定内毒素含量的方法。动态显色法是检测反应混合物的吸光度或透光率达到某一预先设定的检测值所需要的反应时间，或检测值增长速度的方法。

光度测定试验需在特定的仪器中进行，温度一般为37℃±1℃。

供试品和鲎试剂的加样量、供试品和鲎试剂的比例以及保温时间等，参照所用仪器和试剂的有关说明进行。

为保证浊度和显色试验的有效性，应预先进行标准曲线的可靠性试验以及供试品的干扰试验。

标准曲线的可靠性试验　当使用新批号的鲎试剂或试验条件有任何可能会影响检验结果的改变时，需进行标准曲线的可靠性试验。

用标准内毒素制成溶液，制成至少3个浓度的稀释液（相邻浓度间稀释倍数不得大于10），最低浓度不得低于所用鲎试剂的标示检测限。每一稀释步骤的混匀时间同凝胶法，每一浓度至少做3支平行管。同时要求做2支阴性对照。当阴性对照的吸光度或透光率小于标准曲线最低点的检测值或反应时间大于标准曲线最低点的反应时间，将全部数据进行线性回归分析。

根据线性回归分析，标准曲线的相关系数（r）的绝对值应大于或等于0.980，试验方为有效，否则须重新试验。

干扰试验　选择标准曲线中点或一个靠近中点的内毒素浓度（设为λ_m），作为供试品干扰试验中添加的内毒素浓度。按表4制备溶液A、B、C和D。

表4　光度测定法干扰试验溶液的制备

编号	内毒素浓度	被加入内毒素的溶液	平行管数
A	无	供试品溶液	至少2
B	标准曲线的中点（或附近点）的浓度（设为λ_m）	供试品溶液	至少2
C	至少3个浓度（最低一点设定为λ）	检查用水	每一浓度至少2

（续）

编号	内毒素浓度	被加入内毒素的溶液	平行管数
D	无	检查用水	至少2

注：A为稀释倍数不超过MVD的供试品溶液。

B为加入了标准曲线中点或靠近中点的一个已知内毒素浓度的，且与溶液A有相同稀释倍数的供试品溶液。

C为如"标准曲线的可靠性试验"项下描述的，用于制备标准曲线的标准内毒素溶液。

D为阴性对照。

按所得线性回归方程分别计算出供试品溶液和含标准内毒素的供试品溶液的内毒素含量c_t和c_s，再按下式计算该试验条件下的回收率（R）。

$$R = (c_s - c_t)/\lambda_m \times 100\%$$

当内毒素的回收率在50%～200%之间，则认为在此试验条件下供试品溶液不存在干扰作用。

当内毒素的回收率不在指定的范围内，须按"凝胶法干扰试验"中的方法去除干扰因素，并重复干扰试验来验证处理的有效性。

当鲎试剂、供试品的来源、处方、生产工艺改变或试验环境中发生了任何有可能影响试验结果的变化时，须重新进行干扰试验。

检查法

按"光度测定法的干扰试验"中的操作步骤进行检测。

使用系列溶液C生成的标准曲线来计算溶液A的每一个平行管的内毒素浓度。

试验必须符合以下三个条件方为有效：

（1）系列溶液C的结果要符合"标准曲线的可靠性试验"中的要求；

（2）用溶液B中的内毒素浓度减去溶液A中的内毒素浓度后，计算出的内毒素的回收率要在50%～200%的范围内；

（3）阴性对照的检测值小于标准曲线最低点的检测值或反应时间大于标准曲线最低点的反应时间。

结果判断　若供试品溶液所有平行管的平均内毒素浓度乘以稀释倍数后，小于规定的内毒素限值，判定供试品符合规定。若大于或等于规定的内毒素限值，判定供试品不符合规定。

注：本检查法中，"管"的意思包括其他任何反应容器，如微孔板中的孔。

1121 过敏反应检查法

本法系将一定量的供试品溶液注入豚鼠体内，间隔一定时间后静脉注射供试品溶液进行激发，观察动物出现过敏反应的情况，以判定供试品是否引起动物全身过敏反应。

供试用的豚鼠应健康合格，体重250～350g，雌鼠应无孕。在试验前和试验过程中，均应按正常饲养条件饲养。做过本试验的豚鼠不得重复使用。

供试品溶液的制备　除另有规定外，按各品种项下规定的浓度制备供试品溶液。

检查法　除另有规定外，取上述豚鼠6只，隔日每只每次腹腔或适宜的途径注射供试品溶液0.5ml，共3次，进行致敏。每日观察每只动物的行为和体征，首次致敏和激发前称量并记录每只动物的体重。然后将其均分为2组，每组3只，分别在首次注射后第14日和第21日，由静脉注射供试品溶液1ml进行激发。观察激发后30分钟内动物有无过敏反应症状。

结果判断　静脉注射供试品溶液30分钟内,不得出现过敏反应。如在同一只动物上出现竖毛、发抖、干呕、连续喷嚏3声、连续咳嗽3声、紫绀和呼吸困难等现象中的2种或2种以上,或出现二便失禁、步态不稳或倒地、抽搐、休克、死亡现象之一者,判定供试品不符合规定。

1122 溶血与凝聚检查法

本法系将一定量供试品与2%的家兔红细胞混悬液混合,温育一定时间后,观察其对红细胞状态是否产生影响的一种方法。

2%红细胞混悬液的制备　取健康家兔血液,放入含玻璃珠的锥形瓶中振摇10分钟,或用玻璃棒搅动血液,以除去纤维蛋白原,使成脱纤血液。加入0.9%氯化钠溶液约10倍量,摇匀,每分钟1000~1500转离心15分钟,除去上清液,沉淀的红细胞再用0.9%氯化钠溶液按上述方法洗涤2~3次,至上清液不显示红色为止。将所得红细胞用0.9%氯化钠溶液制成2%的混悬液,供试验用。

供试品溶液的制备　除另有规定外,按品种项下规定的浓度制成供试品溶液。

检查法　取洁净玻璃试管5只,编号,1、2号管为供试品管,3号管为阴性对照管,4号管为阳性对照管,5号管为供试品对照管。按下表所示依次加入2%红细胞悬液、0.9%氯化钠溶液、纯化水,混匀后,立即置37℃±0.5℃的恒温箱中进行温育。3小时后观察溶血和凝集反应。

试管编号	1、2	3	4	5
2%红细胞悬液(ml)	2.5	2.5	2.5	
0.9%氯化钠溶液(ml)	2.2	2.5		4.7
纯化水(ml)			2.5	
供试品溶液(ml)	0.3			0.3

如试管中的溶液呈澄明红色,管底无细胞残留或有少量红细胞残留,表明有溶血发生;如红细胞全部下沉,上清液无色澄明,或上清液虽有色澄明,但1、2号管和5号管肉眼观察无明显差异,则表明无溶血发生。

若溶液中有棕红色或红棕色絮状沉淀,轻轻倒转3次仍不分散,表明可能有红细胞凝聚发生,应进一步置显微镜下观察,如可见红细胞聚集为凝聚。

结果判断　当阴性对照管无溶血和凝聚发生,阳性对照管有溶血发生,若2支供试品管中的溶液在3小时内均不发生溶血和凝聚,判定供试品符合规定;若有1支供试品管的溶液在3小时内发生溶血和(或)凝聚,应设4支供试品管进行复试,其供试品管的溶液在3小时内均不得发生溶血和(或)凝聚,否则判定供试品不符合规定。

1400

1401 灭菌法

灭菌法系指用适当的物理或化学手段将物品中活的微生物杀灭或除去,从而使物品残存活微生物的概率下降至预期的无菌保证水平的方法。本法适用于制剂、原料、辅料及医疗器械等物品的灭菌。

无菌物品是指物品中不含任何活的微生物。对于任何一批灭菌物品而言，绝对无菌既无法保证也无法用试验来证实。一批物品的无菌特性只能相对地通过物品中活微生物的概率低至某个可接受的水平来表述，即无菌保证水平（Sterility assurance level，简称SAL）。实际生产过程中，灭菌是指将物品中污染微生物的概率下降至预期的无菌保证水平。最终灭菌的物品微生物存活概率，即无菌保证水平不得高于10^{-6}。已灭菌物品达到的无菌保证水平可通过验证确定。

灭菌物品的无菌保证不能依赖于最终产品的无菌检验，而是取决于生产过程中采用合格的灭菌工艺、严格的GMP管理和良好的无菌保证体系。灭菌工艺的确定应综合考虑被灭菌物品的性质、灭菌方法的有效性和经济性、灭菌后物品的完整性和稳定性等因素。

灭菌程序的验证是无菌保证的必要条件。灭菌程序经验证后，方可交付正式使用。验证内容包括：

（1）撰写验证方案及制定评估标准。

（2）确认灭菌设备技术资料齐全、安装正确，并能处于正常运行（安装确认）。

（3）确认灭菌设备、关键控制和记录系统能在规定的参数范围内正常运行（运行确认）。

（4）采用被灭菌物品或模拟物品按预定灭菌程序进行重复试验，确认各关键工艺参数符合预定标准，确定经灭菌物品的无菌保证水平符合规定（性能确认）。

（5）汇总并完善各种文件和记录，撰写验证报告。

日常生产中，应对灭菌程序的运行情况进行监控，确认关键参数（如温度、压力、时间、湿度、灭菌气体浓度及吸收的辐照剂量等）均在验证确定的范围内。灭菌程序应定期进行再验证。当灭菌设备或程序发生变更（包括灭菌物品装载方式和数量的改变）时，应进行重新验证。

物品的无菌保证与灭菌工艺、灭菌前物品被污染的程度及污染菌的特性相关。因此，应根据灭菌工艺的特点制定灭菌物品灭菌前的微生物污染水平及污染菌的耐受限度并进行监控，并在生产的各个环节采取各种措施降低污染，确保微生物污染控制在规定的限度内。

灭菌冷却阶段，应采取措施防止已灭菌物品被再次污染。任何情况下，都应要求容器及其密封系统确保物品在有效期内符合无菌要求。

灭 菌 方 法

常用的灭菌方法有湿热灭菌法、干热灭菌法、辐射灭菌法、气体灭菌法和过滤除菌法。可根据被灭菌物品的特性采用一种或多种方法组合灭菌。只要物品允许，应尽可能选用最终灭菌法灭菌。若物品不适合采用最终灭菌法，可选用过滤除菌法或无菌生产工艺达到无菌保证要求，只要可能，应对非最终灭菌的物品作补充性灭菌处理（如流通蒸汽灭菌）。

一、湿热灭菌法

本法系指将物品置于灭菌柜内利用高压饱和蒸汽、过热水喷淋等手段使微生物菌体中的蛋白质、核酸发生变性而杀灭微生物的方法。该法灭菌能力强，为热力灭菌中最有效、应用最广泛的灭菌方法。兽药、容器、培养基、无菌衣、胶塞以及其他遇高温和潮湿不发生变化或损坏的物品，均可采用本法灭菌。流通蒸汽不能完全杀灭细菌孢子，一般可作为不耐热无菌产品的辅助灭菌手段。

湿热灭菌条件的选择应考虑灭菌物品的热稳定性、热穿透力、微生物污染程度等因素。湿热灭菌条件通常采用121℃ 15分钟、121℃ 30分钟或116℃ 40分钟的程序，也可采用其他温度和时间参数，但无论采用何种灭菌温度和时间参数，都必须证明所采用的灭菌工艺和监控措施在日常运行过程中能确保物品灭菌后的SAL≤10^{-6}。当灭菌程序的选定采用F_0值概念时（F_0值为标准灭菌时间，系灭菌过程赋予被灭菌物品121℃下的灭菌时间），应采取特别措施确保被灭菌物品能得到足够的无菌保证，此时，除对灭菌程序进行验证外，还必须在生产过程中对微生物进行监控，证明污染的微生物指标低于设定的限度。对热稳定的物品，灭菌工艺可首选过度杀灭法，以保证被灭菌物品获得足够的无菌保证值。热不稳定性物品，其灭菌工艺的确定依赖于在一定的时间内，一定的生产批次的被灭菌物品灭菌前微生物污染的水平及其耐热性。因此，日常生产全过程应对产品中污染的微生物进行连续地、严格地监控，并采取各种措施降低微生物污染水平，特别是防止耐热菌的污染。热不稳定性产品的F_0值一般不低于8分钟。

采用湿热灭菌时，被灭菌物品应有适当的装载方式，不能排列过密，以保证灭菌的有效性和均一性。

湿热灭菌法应确认灭菌柜在不同装载时可能存在的冷点。当用生物指示剂进一步确认灭菌效果时，应将其置于冷点处。本法常用的生物指示剂为嗜热脂肪芽孢杆菌孢子（Spores of *Bacillus stearothermophilus*）。

二、干热灭菌法

本法系指将物品置于干热灭菌柜、隧道灭菌器等设备中，利用干热空气达到杀灭微生物或消除热原物质的方法。适用于耐高温但不宜用湿热灭菌法灭菌的物品灭菌，如玻璃器具、金属制容器、纤维制品、固体试药、液状石蜡等均可采用本法灭菌。

干热灭菌条件一般为160～170℃ 120分钟以上、170～180℃ 60分钟以上或250℃ 45分钟以上，也可采用其他温度和时间参数。无论采用何种灭菌条件，均应保证灭菌后的物品的SAL≤10^{-6}。采用干热过度杀灭后的物品一般无需进行灭菌前污染微生物的测定。250℃ 45分钟的干热灭菌也可除去无菌产品包装容器及有关生产灌装用具中的热原物质。

采用干热灭菌时，被灭菌物品应有适当的装载方式，不能排列过密，以保证灭菌的有效性和均一性。

干热灭菌法应确认灭菌柜中的温度分布符合设定的标准及确定最冷点位置等。常用的生物指示剂为枯草芽孢杆菌孢子（Spores of *Bacillus subtilis*）。细菌内毒素灭活验证试验是证明除热原过程有效性的试验。一般将不小于1000单位的细菌内毒素加入待去热原的物品中，证明该去热原工艺能使内毒素至少下降3个对数单位。细菌内毒素灭活验证试验所用的细菌内毒素一般为大肠埃希菌内毒素（*Escherichia coli* endoxin）。

三、辐射灭菌法

本法系指将物品置于适宜放射源辐射的γ射线或适宜的电子加速器发生的电子束中进行电离辐射而达到杀灭微生物的方法。本法最常用的为^{60}Co-γ射线辐射灭菌。医疗器械、容器、生产辅助用品、不受辐射破坏的原料药及成品等均可用本法灭菌。

采用辐射灭菌法灭菌的无菌物品其SAL应≤10^{-6}。γ射线辐射灭菌所控制的参数主要是辐射剂量（指灭菌物品的吸收剂量）。该剂量的制定应考虑灭菌物品的适应性及可能污染的微生物最大数量及最强抗辐射力，事先应验证所使用的剂量不影响被灭菌物品的安全性、有效性及稳定性。常用的辐射灭菌吸收剂量为25kGy。对最终产品、原料药、某些兽医用医疗器材应尽可能采用低辐射剂量灭菌。灭菌前，应对被灭菌物品微生物污染的数量和抗辐射强度进行测定，以评价灭菌过程赋予该灭菌物品的无菌保证水平。对于已设定的剂量，应定期审核，以验证其有效性。

灭菌时，应采用适当的化学或物理方法对灭菌物品吸收的辐射剂量进行监控，以充分证实灭菌物品吸收的剂量是在规定的限度内。如采用与灭菌物品一起被辐射的放射性剂量计，剂量计要置于规定的部位。在初安装时剂量计应用标准源进行校正，并定期进行再校正。

^{60}Co-γ射线辐射灭菌法常用的生物指示剂为短小芽孢杆菌孢子（Spores of *Bacillus pumilus*）。

四、气体灭菌法

本法系指用化学消毒剂形成的气体杀灭微生物的方法。常用的化学消毒剂有环氧乙烷、气态过氧化氢、甲醛、臭氧（O_3）等，本法适用于在气体中稳定的物品灭菌。采用气体灭菌法时，应注意灭菌气体的可燃可爆性、致畸性和残留毒性。

本法中最常用的气体是环氧乙烷，一般与80%~90%的惰性气体混合使用，在充有灭菌气体的高压腔室内进行。该法可用于兽医用医疗器械、塑料制品等不能采用高温灭菌的物品灭菌。含氯的物品及能吸附环氧乙烷的物品则不宜使用本法灭菌。

采用环氧乙烷灭菌时，灭菌柜内的温度、湿度、灭菌气体浓度、灭菌时间是影响灭菌效果的重要因素。可采用下列灭菌条件：

温度　　　　　　　54 ± 10℃

相对湿度　　　　　$60\% \pm 10\%$

灭菌压力　　　　　8×10^5Pa

灭菌时间　　　　　90分钟

灭菌条件应予验证。灭菌时，将灭菌腔室抽成真空，然后通入蒸汽使腔室内达到设定的温湿度平衡的额定值，再通入经过滤和预热的环氧乙烷气体。灭菌过程中，应严密监控腔室的温度、湿度、压力、环氧乙烷浓度及灭菌时间。必要时使用生物指示剂监控灭菌效果。本法灭菌程序的控制具有一定难度，整个灭菌过程应在技术熟练人员的监督下进行。灭菌后，应采取新鲜空气置换。使残留环氧乙烷和其他易挥发性残留物消散。并对灭菌物品中的环氧乙烷残留物和反应产物进行监控，以证明其不超过规定的浓度，避免产生毒性。

采用环氧乙烷灭菌时，应进行泄漏试验，以确认灭菌腔室的密闭性。灭菌程序确认时，还应考虑物品包装材料和灭菌腔室中物品的排列方式对灭菌气体的扩散和渗透的影响。生物指示剂一般采用枯草芽孢杆菌孢子（Spores of *Bacillus subtilis*）。

五、过滤除菌法

本法系利用细菌不能通过致密具孔滤材的原理以除去气体或液体中微生物的方法。常用于气体、热不稳定的兽药溶液或原料的除菌。

除菌过滤器采用孔径分布均匀的微孔滤膜作过滤材料，微孔滤膜分亲水性和疏水性两种。滤膜材质依过滤物品的性质及过滤目的而定。兽药生产中采用的除菌滤膜孔径一般不超过0.22μm。过滤器的孔径定义来自过滤器对微生物的截留，而非平均孔径的分布系数。所以，用于最终除菌的过滤器必须选择具有截留实验证明的除菌级过滤器。过滤器对滤液的吸附不得影响兽药质量，不得有纤维脱落，禁用含石棉的过滤器。过滤器的使用者应了解滤液过滤过程中的析出物性质、数量并评估其毒性影响。滤器和滤膜在使用前应进行洁净处理，并用高压蒸汽进行灭菌或做在线灭菌。更换品种和批次应先清洗滤器，再更换滤芯或滤膜或直接更换滤器。

过滤过程中无菌保证与过滤液体的初始生物负荷及过滤器的对数下降值LRV（log reduction value）有关。LRV系指规定条件下，被过滤液体过滤前的微生物数量与过滤后的微生物数量比的常用对数值。即：

$$LRV = \lg N_0 - \lg N$$

式中　N_0为产品除菌前的微生物数量；

　　　N为产品除菌后的微生物数量。

LRV用于表示过滤器的过滤除菌效率，对孔径为$0.22\mu m$的过滤器而言，要求每$1cm^2$有效过滤面积的 LRV 应不小于7。因此过滤除菌时，被过滤产品总的污染量应控制在规定的限度内。为保证过滤除菌效果，可使用两个除菌级的过滤器串连过滤，或在灌装前用过滤器进行再次过滤。

在过滤除菌中，一般无法对全过程中过滤器的关键参数（滤膜孔径的大小及分布，滤膜的完整性及LRV）进行监控。因此，在每一次过滤除菌前后均应做滤器的完整性试验，即气泡点试验或压力维持试验或气体扩散流量试验，确认滤膜在除菌过滤过程中的有效性和完整性。完整性的测试标准来自于相关细菌截留实验数据。除菌过滤器的使用时间应进行验证，一般不应超过一个工作日。

过滤除菌法常用的生物指示剂为缺陷假单胞菌（*Pseudomonas diminuta*）。

通过过滤除菌法达到无菌的产品应严密监控其生产环境的洁净度，应在无菌环境中进行过滤操作。相关的设备、包装容器、塞子及其他物品应采用适当的方法进行灭菌，并防止再污染。

六、无菌生产工艺

无菌生产工艺系指必须在无菌控制条件下生产无菌制剂的方法，无菌分装及无菌冻干是最常见的无菌生产工艺。后者在工艺过程中须采用过滤除菌法。

无菌生产工艺应严密监控其生产环境的洁净度，并应在无菌控制的环境下进行过滤操作。相关的设备、包装容器、塞子及其他物品应采用适当的方法进行灭菌，并防止被再次污染。

无菌生产工艺过程的无菌保证应通过培养基无菌灌装模拟试验验证。在生产过程中，应严密监控生产环境的无菌空气质量、操作人员的素质、各物品的无菌性。

无菌生产工艺应定期进行验证，包括对环境空气过滤系统有效性验证及培养基模拟灌装试验。

生物指示剂

生物指示剂系一类特殊的活微生物制品，可用于确认灭菌设备的性能、灭菌程序的验证、生产过程灭菌效果的监控等。用于灭菌验证中的生物指示剂一般是细菌的孢子。

1. 制备生物指示剂用微生物的基本要求

不同的灭菌方法使用不同的生物指示剂，制备生物指示剂所选用的微生物必须具备以下特性：

（1）菌种的耐受性应大于需灭菌物品中所有可能污染菌的耐受性。

（2）菌种应无致病性。

（3）菌株应稳定。存活期长，易于保存。

（4）易于培养。若使用休眠孢子，生物指示剂中休眠孢子含量要在90%以上。

2. 生物指示剂的制备

生物指示剂的制备应按一定的程序进行。制备前，需先确定所用微生物的特性，如D值（微生物的耐热参数，系指一定温度下，将微生物杀灭90%所需的时间，以分钟表示）等。菌株应用适宜的培养基进行培养。培养物应制成悬浮液，其中孢子的数量应占优势，孢子应悬浮于无营养的液体中保存。

生物指示剂中包含一定数量的一种或多种孢子，可制成多种形式。通常是将一定数量的孢子附着在惰性的载体上，如滤纸条、玻片、不锈钢、塑料制品等；孢子悬浮液也可密封于安瓿中；有的生物指示剂还配有培养基系统。D值除与灭菌条件相关外，还与微生物存在的环境有关。因此，一定形式的生物指示剂制备完成后，应测定D值和孢子总数。生物指示剂应选用合适的材料包装，并设定有效期。载体和包装材料在保护生物指示剂不致污染的同时，还应保证灭菌剂穿透并能与生物指示剂充分接触。载体和包装的设计原则是便于贮存、运输、取样、转移接种。

有些生物指示剂可直接将孢子接种至液体灭菌物或具有与其相似的物理和化学特性的替代品中。使用替代品时，应用数据证明二者的等效性。

3. 生物指示剂的应用

在灭菌程序的验证中，尽管可通过灭菌过程某些参数的监控来评估灭菌效果，但生物指示剂的被杀灭程度，则是评价一个灭菌程序有效性最直观的指标。可使用市售的标准生物指示剂，也可使用由日常生产污染菌监控中分离的耐受性最强的微生物制备的孢子。在生物指示剂验证试验中，需确定孢子在实际灭菌条件下的D值，并测定孢子的纯度和数量。验证时，生物指示剂的微生物用量应比日常检出的微生物污染量大，耐受性强，以保证灭菌程序有更大的安全性。在最终灭菌法中，生物指示剂应放在灭菌柜的不同部位。并避免指示剂直接接触到被灭菌物品。生物指示剂按设定的条件灭菌后取出，分别置培养基中培养，确定生物指示剂中的孢子是否被完全杀灭。

过度杀灭产品灭菌验证一般不考虑微生物污染水平，可采用市售的生物指示剂。对灭菌手段耐受性差的产品，设计灭菌程序时，根据经验预计在该生产工艺中产品微生物污染的水平，选择生物指示剂的菌种和孢子数量。这类产品的无菌保证应通过监控每批灭菌前的微生物污染的数量、耐受性和灭菌程序验证所获得的数据进行评估。

4. 常用生物指示剂

（1）**湿热灭菌法** 湿热灭菌法最常见的生物指示剂为嗜热脂肪芽孢杆菌孢子（Spores of *Bacillus stearothermophilus*，如NCTC10007、NCIMB8157、ATCC7953）。D值为1.5～3.0分钟，每片（或每瓶）活孢子数$5 \times 10^5 \sim 5 \times 10^6$个，在121℃、19分钟下应被完全杀灭。此外，还可使用生孢梭菌孢子（Spores of *Clostridium sporogenes*，如NCTC8594、NCIMB8053、ATCC7955）。D值为0.4～0.8分钟。

（2）**干热灭菌法** 干热灭菌法最常用的生物指示剂为枯草芽孢杆菌孢子（Spores of *Bacillus subtilis*，如NCIMB8058、ATCC9372）。D值大于1.5分钟，每片活孢子数$5 \times 10^5 \sim 5 \times 10^6$个。去热原验证时使用大肠埃希菌内毒素（*Escherichia coli* endoxin），加量不小于1000细菌内毒素单位。

（3）**辐射灭菌法** 辐射灭菌法最常用的生物指示剂为短小芽孢杆菌孢子（Spores of *Bacillus pumilus*，如NCTC10327、NCIMB10692、ATCC27142）。每片活孢子数$10^7 \sim 10^8$，置于放射剂量25kGy条件下，D值约3kGy。但应注意灭菌物品中所负载的微生物可能比短小芽孢杆菌孢子显示更强的抗辐射力。因此，短小芽孢杆菌孢子可用于监控灭菌过程，但不能用于灭菌辐射剂量建立的依据。

（4）**气体灭菌法** 环氧乙烷灭菌最常用的生物指示剂为枯草芽孢杆菌孢子（Spores of *Bacillus subtilis*，如NCTC10073、ATCC9372）。气态过氧化氢灭菌最常用的生物指示剂为嗜热脂肪芽孢杆菌孢子（Spores of *Bacillus stearothermophilus*，如NCTC10007、NCIMB8157、ATCC7953）。每片活孢子数 $1 \times 10^6 \sim 5 \times 10^6$ 个。环氧乙烷灭菌中，枯草芽孢杆菌孢子D值大于2.5分钟，在环氧乙烷浓度为600mg/L，相对湿度为60%，温度为54℃下灭菌，60分钟应被杀灭。

（5）**过滤除菌法** 过滤除菌法最常用的生物指示剂为缺陷假单胞菌（*Pseudomonas diminuta*，如ATCC19146），用于滤膜孔径为0.22μm的滤器；黏质沙雷菌（*Serratin marcescens*）（ATCC14756）用于滤膜孔径为0.45μm的滤器。

2000 中药检测法

2001 显微鉴别法

显微鉴别法系指用显微镜对药材（饮片）切片、粉末、解离组织或表面制片及含饮片粉末的制剂中饮片的组织、细胞或内含物等特征进行鉴别的一种方法。鉴别时选择具有代表性的供试品，根据各品种鉴别项的规定制片。制剂根据不同剂型适当处理后制片。

一、药材（饮片）显微制片

1. **横切片或纵切片制片** 取供试品欲观察部位，经软化处理后，用徒手或滑走切片法，切成 $10 \sim 20\mu m$ 的薄片，必要时可包埋后切片。选取平整的薄片置载玻片上，根据观察对象不同，滴加甘油醋酸试液、水合氯醛试液或其他试液1~2滴，盖上盖玻片。必要时滴加水合氯醛试液后，在酒精灯上加热透化，并滴加甘油乙醇试液或稀甘油，盖上盖玻片。

2. **粉末制片** 供试品粉末过四或五号筛，挑取少许置载玻片上，滴加甘油醋酸试液、水合氯醛试液或其他适宜的试液，盖上盖玻片。必要时，按上法加热透化。

3. **表面制片** 将供试品湿润软化后，剪取欲观察部位约4mm²，一正一反置载玻片上，或撕取表皮，加适宜的试液或加热透化后，盖上盖玻片。

4. **解离组织制片** 将供试品切成长约5mm、直径约2mm的段或厚约1mm的片，如供试品中薄壁组织占大部分，木化组织少或分散存在，采用氢氧化钾法，若供试品质地坚硬，木化组织较多或集成较大群束，采用硝铬酸法或氯酸钾法。

（1）氢氧化钾法 将供试品置试管中，加5%氢氧化钾溶液适量，加热至用玻璃棒挤压能离散为止，倾去碱液，加水洗涤后，取少量置载玻片上，用解剖针撕开，滴加稀甘油，盖上盖玻片。

（2）硝铬酸法 将供试品置试管中，加硝铬酸试液适量，放置至用玻璃棒挤压能离散为止，倾去酸液，加水洗涤后，照上法装片。

（3）氯酸钾法 将供试品置试管中，加硝酸溶液（1→2）及氯酸钾少量，缓缓加热，待产生的气泡渐少时，再及时加入氯酸钾少量，以维持气泡稳定地发生，至用玻璃棒挤压能离散为止，倾去酸液，加水洗涤后，照上法装片。

5. **花粉粒与孢子制片** 取花粉、花药（或小的花）、孢子或孢子囊群（干燥的供试品浸于冰醋酸中软化），用玻璃棒研碎，经纱布过滤至离心管中，离心，取沉淀加新配制的醋酐与硫酸（9:1）

的混合液1~3ml，置水浴上加热2~3分钟，离心，取沉淀，用水洗涤2次，取沉淀少量置载玻片上，滴加水合氯醛试液，盖上盖玻片，或加50%甘油与1%苯酚各1~2滴，用品红甘油胶〔取明胶1g，加水6ml，浸泡至溶化，再加甘油7ml，加热并轻轻搅拌至完全混匀，用纱布过滤至培养皿中，加碱性品红溶液（碱性品红0.1g，加无水乙醇600ml及樟油80ml，溶解）适量，混匀，凝固后即得〕封藏。

6．磨片制片　坚硬的动物、矿物类药，可采用磨片法制片。选取厚度1~2mm的供试材料，置粗磨石（或磨砂玻璃板）上，加适量水，用食指、中指夹住或压住材料，在磨石上往返磨砺，待两面磨平，且厚度约数百微米时，将材料移置细磨石上，加水，用软木塞压在材料上，往返磨砺至透明，用水冲洗，再用乙醇处理和甘油乙醇试液装片。

二、含饮片粉末的制剂显微制片

按供试品不同剂型，散剂、胶囊剂（内容物为颗粒，应研细），可直接取适量粉末；片剂取2~3片，水丸、糊丸、浓缩丸、锭剂等（包衣者除去包衣），取数丸或1~2锭，分别置乳钵中研成粉末，取适量粉末。根据观察对象不同，分别按粉末制片法制片（1~5片）。

三、细胞壁性质的鉴别

1．木质化细胞壁　加间苯三酚试液1~2滴，稍放置，加盐酸1滴，因木质化程度不同，显红色或紫红色。

2．木栓化或角质化细胞壁　加苏丹Ⅲ试液，稍放置或微热，显橘红色至红色。

3．纤维素细胞壁　加氯化锌碘试液，或先加碘试液湿润后，稍放置，再加硫酸溶液（33→50），显蓝色或紫色。

4．硅质化细胞壁　加硫酸无变化。

四、细胞内含物性质的鉴别

1．淀粉粒

（1）加碘试液，显蓝色或紫色。

（2）用甘油醋酸试液装片，置偏光显微镜下观察，未糊化的淀粉粒显偏光现象；已糊化的无偏光现象。

2．糊粉粒

（1）加碘试液，显棕色或黄棕色。

（2）加硝酸汞试液，显砖红色，材料中如含有多量脂肪油，应先用乙醚或石油醚脱脂后进行试验。

3．脂肪油、挥发油、树脂

（1）加苏丹Ⅲ试液，显橘红色、红色或紫红色。

（2）加90%乙醇，脂肪油和树脂不溶解（蓖麻油及巴豆油例外），挥发油则溶解。

4．菊糖　加10%α-萘酚乙醇溶液，再加硫酸，显紫红色并溶解。

5．黏液　加钌红试液，显红色。

6．草酸钙结晶

（1）加稀醋酸不溶解，加稀盐酸溶解而无气泡发生。

（2）加硫酸溶液（1→2）逐渐溶解，片刻后析出针状硫酸钙结晶。

7．碳酸钙结晶　（钟乳体）加稀盐酸溶解，同时有气泡发生。

8．硅质　加硫酸不溶解。

五、显微测量

系指用目镜测微尺,在显微镜下测量细胞及细胞内含物等的大小。

1. 目镜测微尺 放在目镜筒内的一种标尺,为一个直径18~20mm的圆形玻璃片,中央刻有精确等距离的平行线刻度,常为50格或100格(如图1)。

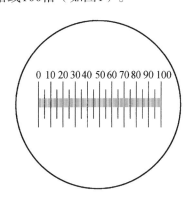

图1 目镜测微尺

2. 载物台测微尺 在特制的载玻片中央粘贴一刻有精细尺度的圆形玻片。通常将长1mm(或2mm)精确等分成100(或200)小格,每1小格长为10μm,用以标定目镜测微尺(如图2)。

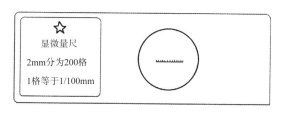

图2 载物台测微尺

3. 目镜测微尺的标定 用以确定使用同一显微镜及特定倍数的物镜、目镜和镜筒长度时,目镜测微尺上每一格所代表的长度。

取载物台测微尺置显微镜载物台上,在高倍物镜(或低倍物镜)下,将测微尺刻度移至视野中央。将目镜测微尺(正面向上)放入目镜镜筒内,旋转目镜,并移动载物台测微尺,使目镜测微尺的"0"刻度线与载物台测微尺的某刻度线相重合,然后再找第二条重合刻度线,根据两条重合线间两种测微尺的小格数,计算出目镜测微尺每一小格在该物镜条件下相当的长度(μm),如图3所示,目镜测微尺77个小格(0~77)与载物台测微尺的30个小格(0.7~1.0)相当,已知载物台测微尺每一小格的长度为10μm。目镜测微尺每一小格长度为:10μm×30÷77=3.8μm。

当测定时要用不同的放大倍数时,应分别标定。

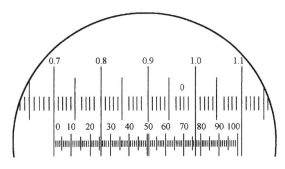

图3 表示视野中目镜测微尺与载物台测微尺的重合线

4．测量方法　将需测量的目的物显微制片置显微镜载物台上，用目镜测微尺测量目的物的小格数，乘以上述每一小格的微米数。通常是在高倍镜下测量，但欲测量较长的目的物，如纤维、导管、非腺毛等的长度时，需在低倍镜下测量。记录最大值与最小值（μm），允许有少量数值略高或略低于规定。

2101 膨胀度测定法

膨胀度是兽药膨胀性质的指标，系指每1g兽药在水或其他规定的溶剂中，在一定的时间与温度条件下膨胀后所占有的体积（ml）。主要用于含黏液质、胶质和半纤维素类的天然兽药。

测定法　按各该品种项下的规定量取样，必要时按规定粉碎。称定重量，置膨胀度测定管中（全长160mm，内径16mm，刻度部分长125mm，分度0.2ml），在20～25℃条件下，加水或规定的溶剂25ml，密塞，振摇，静置。除另有规定外，开始1小时内每10分钟剧烈振摇一次，使供试品充分被溶剂浸润沉于测定管底部，并除去气泡，然后静置4小时，读取药物膨胀后的体积（ml），再静置1小时，如上读数，至连续两次读数的差异不超过0.1ml为止。每一供试品同时测定3份，各取最后一次读取的数值按下式计算，求其平均数。除另有规定外，按干燥品计算供试品的膨胀度（准确至0.1）。

$$S = \frac{V}{W}$$

式中　S 为膨胀度；

　　　V 为药物膨胀后的体积，ml；

　　　W 为供试品按干燥品计算的重量，g。

2201 浸出物测定法

1．水溶性浸出物测定法　测定用的供试品须粉碎，使能通过二号筛，并混合均匀。

冷浸法　取供试品约4g，精密称定，置250～300ml的锥形瓶中，精密加水100ml，密塞，冷浸，前6小时内时时振摇，再静置18小时，用干燥滤器迅速滤过，精密量取续滤液20ml，置已干燥至恒重的蒸发皿中，在水浴上蒸干后，于105℃干燥3小时，置干燥器中冷却30分钟，迅速精密称定重量。除另有规定外，以干燥品计算供试品中水溶性浸出物的含量（％）。

热浸法　取供试品2～4g，精密称定，置100～250ml的锥形瓶中，精密加水50～100ml，密塞，称定重量，静置1小时后，连接回流冷凝管，加热至沸腾，并保持微沸1小时。放冷后，取下锥形瓶，密塞，再称定重量，用水补足减失的重量，摇匀，用干燥滤器滤过，精密量取滤液25ml，置已干燥至恒重的蒸发皿中，在水浴上蒸干后，于105℃干燥3小时，置干燥器中冷却30分钟，迅速精密称定重量。除另有规定外，以干燥品计算供试品中水溶性浸出物的含量（％）。

2．醇溶性浸出物测定法　照水溶性浸出物测定法测定。除另有规定外，以各品种项下规定浓度的乙醇代替水为溶剂。

3．挥发性醚浸出物测定法　取供试品（过四号筛）2～5g，精密称定，置五氧化二磷干燥器中干燥12小时，置索氏提取器中，加乙醚适量，除另有规定外，加热回流8小时，取乙醚液，置干燥至恒重的蒸发皿中，放置，挥去乙醚，残渣置五氧化二磷干燥器中干燥18小时，精密称定，缓缓加热至105℃，并于105℃干燥至恒重。其减失重量即为挥发性醚浸出物的重量。

2202 鞣质含量测定法

本法用于中药材和饮片中总鞣质的含量测定。实验应避光操作。

对照品溶液的制备　精密称取没食子酸对照品50mg，置100ml棕色量瓶中，加水溶解并稀释至刻度，精密量取5ml，置50ml棕色量瓶中，用水稀释至刻度，摇匀，即得（每1ml中含没食子酸0.05mg）。

标准曲线的制备　精密量取对照品溶液0.5ml、1.0ml、2.0ml、3.0ml、4.0ml、5.0ml，分别置25ml棕色量瓶中，各加入磷钼钨酸试液1ml，再分别加水11.5ml、11ml、10ml、9ml、8ml、7ml，用29%碳酸钠溶液稀释至刻度，摇匀，放置30分钟，以相应的试剂为空白，照紫外-可见分光光度法（附录0401），在760nm的波长处测定吸光度，以吸光度为纵坐标，浓度为横坐标，绘制标准曲线。

供试品溶液的制备　取药材粉末适量（按品种项下的规定），精密称定，置250ml棕色量瓶中，加水150ml，放置过夜，超声处理10分钟，放冷，用水稀释至刻度，摇匀，静置（使固体物沉淀），滤过，弃去初滤液50ml，精密量取续滤液20ml，置100ml棕色量瓶中，用水稀释至刻度，摇匀，即得。

测定法　总酚　精密量取供试品溶液2ml，置25ml棕色量瓶中，照标准曲线的制备项下的方法，自"加入磷钼钨酸试液1ml"起，加水10ml，依法测定吸光度，从标准曲线中读出供试品溶液中没食子酸的量（mg），计算，即得。

不被吸附的多酚　精密量取供试品溶液25ml，加至已盛有干酪素0.6g的100ml具塞锥形瓶中，密塞，置30℃水浴中保温1小时，时时振摇，取出，放冷，摇匀，滤过，弃去初滤液，精密量取续滤液2ml，置25ml棕色量瓶中，照标准曲线的制备项下的方法，自"加入磷钼钨酸试液1ml"起，加水10ml，依法测定吸光度，从标准曲线中读出供试品溶液中没食子酸的量（mg），计算，即得。

按下式计算鞣质的含量：

$$鞣质含量=总酚量-不被吸附的多酚量$$

【附注】　测定时，同时进行干酪素吸附空白试验，计算扣除空白值。

2203 桉油精含量测定法

照气相色谱法（附录0521）测定。

色谱条件与系统适用性试验　以聚乙二醇20000（PEG）-20M和硅酮（OV-17）为固定液，涂布浓度分别为10%和2%；涂布后的载体以7:3的比例（重量比）装入同一柱内（PEG在进样口端）；柱温为110℃±5℃；理论板数按桉油精峰计算应不低于2500；桉油精与相邻杂质峰的分离度应符合要求。

校正因子测定　取环己酮适量，精密称定，加正己烷溶解并稀释成每1ml含50mg的溶液，作为内标溶液。另取桉油精对照品约100mg，精密称定，置10ml量瓶中，精密加入内标溶液2ml，用正己烷稀释至刻度，摇匀，取1μl注入气相色谱仪，连续进样3~5次，测定峰面积，计算校正因子。

测定法 取本品约100mg，精密称定，置10ml量瓶中，精密加入内标溶液2ml，用正己烷溶解并稀释至刻度，摇匀，作为供试品溶液。取1μl注入气相色谱仪，测定，即得。

2204 挥发油测定法

测定用的供试品，除另有规定外，须粉碎使能通过二至三号筛，并混合均匀。

仪器装置 如图。A为1000ml（或500ml、2000ml）的硬质圆底烧瓶，上接挥发油测定器B，B的上端连接回流冷凝管C。以上各部均用玻璃磨口连接。测定器B应具有0.1ml的刻度。全部仪器应充分洗净，并检查接合部分是否严密，以防挥发油逸出。

测定法 甲法 本法适用于测定相对密度在1.0以下的挥发油。取供试品适量（约相当于含挥发油0.5~1.0ml），称定重量（准确至0.01g），置烧瓶中，加水300~500ml（或适量）与玻璃珠数粒，振摇混合后，连接挥发油测定器与回流冷凝管。自冷凝管上端加水使充满挥发油测定器的刻度部分，并溢流入烧瓶时为止。置电热套中或用其他适宜方法缓缓加热至沸，并保持微沸约5小时，至测定器中油量不再增加，停止加热，放置片刻，开启测定器下端的活塞，将水缓缓放出，至油层上端到达刻度0线上面5mm处为止。放置1小时以上，再开启活塞使油层下降至其上端恰与刻度0线平齐，读取挥发油量，并计算供试品中挥发油的含量（%）。

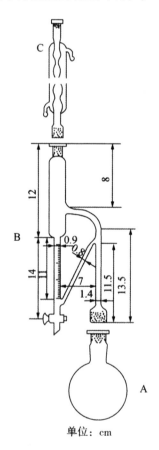

单位：cm

图 挥发油测定仪器装置

乙法 本法适用于测定相对密度在1.0以上的挥发油。取水约300ml与玻璃珠数粒，置烧瓶中，连接挥发油测定器。自测定器上端加水使充满刻度部分，并溢流入烧瓶时为止，再用移液管加入二甲苯1ml，然后连接回流冷凝管。将烧瓶内容物加热至沸腾，并继续蒸馏，其速度以保持冷凝管的中部呈冷却状态为度。30分钟后，停止加热，放置15分钟以上，读取二甲苯的容积。然后照甲法自"取供试品适量"起，依法测定，自油层量中减去二甲苯量，即为挥发油量，再计算供试品中含挥发油的含量（％）。

注：装置中挥发油测定器的支管分岔处应与基准线平行。

2301 杂质检查法

药材和饮片中混存的杂质系指下列各类物质：

1. 来源与规定相同，但其性状或药用部位与规定不符；

2. 来源与规定不同的物质；

3. 无机杂质，如砂石、泥块、尘土等。

检查方法 1. 取适量的供试品，摊开，用肉眼或借助放大镜（5～10倍）观察，将杂质拣出；如其中有可以筛分的杂质，则通过适当的筛，将杂质分出。

2. 将各类杂质分别称重，计算其在供试品中的含量（％）。

【附注】 1. 药材或饮片中混存的杂质如与正品相似，难以从外观鉴别时，可称取适量，进行显微、化学或物理鉴别试验，证明其为杂质后，计入杂质重量中。

2. 个体大的药材或饮片，必要时可破开，检查有无虫蛀、霉烂或变质情况。

3. 杂质检查所用的供试品量，除另有规定外，按药材和饮片取样法称取。

2302 灰分测定法

1. **总灰分测定法** 测定用的供试品须粉碎，使能通过二号筛，混合均匀后，取供试品2～3g（如需测定酸不溶性灰分，可取供试品3～5g），置炽灼至恒重的坩埚中，称定重量（准确至0.01g），缓缓炽热，注意避免燃烧，至完全炭化时，逐渐升高温度至500～600℃，使完全灰化并至恒重。根据残渣重量，计算供试品中总灰分的含量（％）。

如供试品不易灰化，可将坩埚放冷，加热水或10%硝酸铵溶液2ml，使残渣湿润，然后置水浴上蒸干，残渣照前法炽灼，至坩埚内容物完全灰化。

2. **酸不溶性灰分测定法** 取上项所得的灰分，在坩埚中小心加入稀盐酸约10ml，用表面皿覆盖坩埚，置水浴上加热10分钟，表面皿用热水5ml冲洗，洗液并入坩埚中，用无灰滤纸滤过，坩埚内的残渣用水洗于滤纸上，并洗涤至洗液不显氯化物反应为止。滤渣连同滤纸移至同一坩埚中，干燥，炽灼至恒重。根据残渣重量，计算供试品中酸不溶性灰分的含量（％）。

2303 酸败度测定法

酸败是指油脂或含油脂的种子类药材和饮片，在贮藏过程中发生复杂的化学变化，生成游离脂肪酸、过氧化物和低分子醛类、酮类等产物，出现特异臭味，影响药材和饮片的感观和质量。

本方法通过测定酸值、羰基值和过氧化值，以检查药材和饮片中油脂的酸败度。

一、油脂的提取

除另有规定外，取供试品30~50g（根据供试品含油脂的量而定），研碎成粗粉，置索氏提取器中，加正己烷100~150ml（根据供试品取样量而定），置水浴上加热回流2小时，放冷，用3号垂熔玻璃漏斗滤过，滤液置水浴上减压回收溶剂至尽，所得残留物即为油脂。

二、酸败度的测定

酸值测定 取油脂，照"脂肪与脂肪油测定法"（附录0712）测定。

羰基值的测定 羰基值系指每1kg油脂中所含羰基化合物的毫摩尔数。

除另有规定外，取油脂0.025~0.5g，精密称定，置25ml量瓶中，加甲苯适量溶解并稀释至刻度，摇匀。精密量取5ml，置25ml具塞试管中，加4.3%三氯醋酸的甲苯溶液3ml及0.05%二硝基苯肼的甲苯溶液5ml，混匀，置60℃水浴中加热30分钟，取出冷却，沿管壁缓缓加入4%氢氧化钾的乙醇溶液10ml，加乙醇至25ml，密塞，剧烈振摇1分钟，放置10分钟，以相应试剂作空白，照紫外-可见分光光度法（附录0401）在453nm波长处测定吸收度，按下式计算：

$$供试品的羰基值 = \frac{A \times 5}{854 \times W} \times 1000$$

式中 A 为吸收度；

W 为油脂的重量，g；

854为各种羰基化合物的2,4-二硝基苯肼衍生物的毫摩尔吸收系数平均值。

过氧化值测定 过氧化值系指油脂中过氧化物与碘化钾作用，生成游离碘的百分数。

除另有规定外，取油脂2~3g，精密称定，置250ml的干燥碘瓶中，加三氯甲烷-冰醋酸（1:1）混合溶液30ml，使溶解。精密加新制碘化钾饱和溶液1ml，密塞，轻轻振摇半分钟，在暗处放置3分钟，加水100ml，用硫代硫酸钠滴定液（0.01mol/L）滴定至溶液呈浅黄色时，加淀粉指示液1ml，继续滴定至蓝色消失；同时做空白试验。照下式计算：

$$供试品的过氧化值 = \frac{(A-B) \times 0.001\,269}{W} \times 100$$

式中 A 为油脂消耗硫代硫酸钠滴定液的体积，ml；

B 为空白试验消耗硫代硫酸钠滴定液的体积，ml；

W 为油脂的重量，g；

0.001 269为硫代硫酸钠（0.01mol/L）1ml相当于碘的重量，g。

2321 铅、镉、砷、汞、铜测定法

一、原子吸收分光光度法

本法系采用原子吸收分光光度法测定中药中的铅、镉、砷、汞、铜，所用仪器应符合使用要求（附录0403）。除另有规定外，按下列方法测定。

1. 铅的测定（石墨炉法）

测定条件　参考条件：波长283.3nm，干燥温度100～120℃，持续20秒；灰化温度400～750℃，持续20～25秒；原子化温度1700～2100℃，持续4～5秒。

铅标准储备液的制备　精密量取铅单元素标准溶液适量，用2%硝酸溶液稀释，制成每1ml含铅（Pb）1μg的溶液，即得（0～5℃贮存）。

标准曲线的制备　分别精密量取铅标准储备液适量，用2%硝酸溶液制成每1ml分别含铅0ng、5ng、20ng、40ng、60ng、80ng的溶液。分别精密量取1ml，精密加含1%磷酸二氢铵和0.2%硝酸镁的溶液0.5ml，混匀，精密吸取20μl注入石墨炉原子化器，测定吸光度，以吸光度为纵坐标，浓度为横坐标，绘制标准曲线。

供试品溶液的制备　A法　取供试品粗粉0.5g，精密称定，置聚四氟乙烯消解罐内，加硝酸3～5ml，混匀，浸泡过夜，盖好内盖，旋紧外套，置适宜的微波消解炉内，进行消解（按仪器规定的消解程序操作）。消解完全后，取消解内罐置电热板上缓缓加热至红棕色蒸气挥尽，并继续缓缓浓缩至2～3ml，放冷，用水转入25ml量瓶中，并稀释至刻度，摇匀，即得。同法同时制备试剂空白溶液。

B法　取供试品粗粉1g，精密称定，置凯氏烧瓶中，加硝酸-高氯酸（4:1）混合溶液5～10ml，混匀，瓶口加一小漏斗，浸泡过夜。置电热板上加热消解，保持微沸，若变棕黑色，再加硝酸-高氯酸（4:1）混合溶液适量，持续加热至溶液澄明后升高温度，继续加热至冒浓烟，直至白烟散尽，消解液呈无色透明或略带黄色，放冷，转入50ml量瓶中，用2%硝酸溶液洗涤容器，洗液合并于量瓶中，并稀释至刻度，摇匀，即得。同法同时制备试剂空白溶液。

C法　取供试品粗粉0.5g，精密称定，置瓷坩埚中，于电热板上先低温炭化至无烟，移入高温炉中，于500℃灰化5～6小时（若个别灰化不完全，加硝酸适量，于电热板上低温加热，反复多次直至灰化完全），取出冷却，加10%硝酸溶液5ml使溶解，转入25ml量瓶中，用水洗涤容器，洗液合并于量瓶中，并稀释至刻度，摇匀，即得。同法同时制备试剂空白溶液。

测定法　精密量取空白溶液与供试品溶液各1ml，精密加含1%磷酸二氢铵和0.2%硝酸镁的溶液0.5ml，混匀，精密吸取10～20μl，照标准曲线的制备项下方法测定吸光度，从标准曲线上读出供试品溶液中铅（Pb）的含量，计算，即得。

2. 镉的测定（石墨炉法）

测定条件　参考条件：波长228.8nm，干燥温度100～120℃，持续20秒；灰化温度300～500℃，持续20～25秒；原子化温度1500～1900℃，持续4～5秒。

镉标准贮备液的制备　精密量取镉单元素标准溶液适量，用2%硝酸溶液稀释，制成每1ml含镉（Cd）1μg的溶液，即得（0～5℃贮存）。

标准曲线的制备　分别精密量取镉标准贮备液适量，用2%硝酸溶液稀释制成每1ml分别含镉0ng、0.8ng、2.0ng、4.0ng、6.0ng、8.0ng的溶液。分别精密吸取10μl，注入石墨炉原子化器，测定吸光度，以吸光度为纵坐标，浓度为横坐标，绘制标准曲线。

供试品溶液的制备　同铅测定项下供试品溶液的制备。

测定法　精密吸取空白溶液与供试品溶液各10～20μl，照标准曲线的制备项下方法测定吸光度（若供试品有干扰，可分别精密量取标准溶液、空白溶液和供试品溶液各1ml，精密加含1%磷酸二氢铵和0.2%硝酸镁的溶液0.5ml，混匀，依法测定），从标准曲线上读出供试品溶液中镉（Cd）的含量，计算，即得。

3. 砷的测定（氢化物法）

测定条件　采用适宜的氢化物发生装置，以含1%硼氢化钠和0.3%氢氧化钠溶液（临用前配制）作为还原剂，盐酸溶液（1→100）为载液，氮气为载气，检测波长为193.7nm。

砷标准贮备液的制备 精密量取砷单元素标准溶液适量，用2%硝酸溶液稀释，制成每1ml含砷（As）1μg的溶液，即得（0~5℃贮存）。

标准曲线的制备 分别精密量取砷标准贮备液适量，用2%硝酸溶液稀释制成每1ml分别含砷0ng、5ng、10ng、20ng、30ng、40ng的溶液。分别精密量取10ml，置25ml量瓶中，加25%碘化钾溶液（临用前配制）1ml，摇匀，加10%抗坏血酸溶液（临用前配制）1ml，摇匀，用盐酸溶液（20→100）稀释至刻度，摇匀，密塞，置80℃水浴中加热3分钟，取出，放冷。取适量，吸入氢化物发生装置，测定吸收值，以峰面积（或吸光度）为纵坐标，浓度为横坐标，绘制标准曲线。

供试品溶液的制备 同铅测定项下供试品溶液的制备中的A法或B法制备。

测定法 精密吸取空白溶液与供试品溶液各10ml，照标准曲线的制备项下，自"加25%碘化钾溶液（临用前配制）1ml"起，依法测定。从标准曲线上读出供试品溶液中砷（As）的含量，计算，即得。

4. 汞的测定（冷蒸气吸收法）

测定条件 采用适宜的氢化物发生装置，以含0.5%硼氢化钠和0.1%氢氧化钠的溶液（临用前配制）作为还原剂，盐酸溶液（1→100）为载液，氮气为载气，检测波长为253.6nm。

汞标准贮备液的制备 精密量取汞单元素标准溶液适量，用2%硝酸溶液稀释，制成每1ml含汞（Hg）1μg的溶液，即得（0~5℃贮存）。

标准曲线的制备 分别精密量取汞标准贮备液0ml、0.1ml、0.3ml、0.5ml、0.7ml、0.9ml，置50ml量瓶中，加20%硫酸溶液10ml、5%高锰酸钾溶液0.5ml，摇匀，滴加5%盐酸羟胺溶液至紫红色恰消失，用水稀释至刻度，摇匀。取适量，吸入氢化物发生装置，测定吸收值，以峰面积（或吸光度）为纵坐标，浓度为横坐标，绘制标准曲线。

供试品溶液的制备 A法 取供试品粗粉0.5g，精密称定，置聚四氟乙烯消解罐内，加硝酸3~5ml，混匀，浸泡过夜，盖好内盖，旋紧外套，置适宜的微波消解炉内进行消解（按仪器规定的消解程序操作）。消解完全后，取消解内罐置电热板上，于120℃缓缓加热至红棕色蒸气挥尽，并继续浓缩至2~3ml，放冷，加20%硫酸溶液2ml、5%高锰酸钾溶液0.5ml，摇匀，滴加5%盐酸羟胺溶液至紫红色恰消失，转入10ml量瓶中，用水洗涤容器，洗液合并于量瓶中，并稀释至刻度，摇匀，必要时离心，取上清液，即得。同法同时制备试剂空白溶液。

B法 取供试品粗粉1g，精密称定，置凯氏烧瓶中，加硝酸-高氯酸（4:1）混合溶液5~10ml，混匀，瓶口加一小漏斗，浸泡过夜，置电热板上，于120~140℃加热消解4~8小时（必要时延长消解时间，至消解完全），放冷，加20%硫酸溶液5ml、5%高锰酸钾溶液0.5ml，摇匀，滴加5%盐酸羟胺溶液至紫红色恰消失，转入25ml量瓶中，用水洗涤容器，洗液合并于量瓶中，并稀释至刻度，摇匀，必要时离心，取上清液，即得。同法同时制备试剂空白溶液。

测定法 精密吸取空白溶液与供试品溶液适量，照标准曲线制备项下的方法测定。从标准曲线上读出供试品溶液中汞（Hg）的含量，计算，即得。

5. 铜的测定（火焰法）

测定条件 检测波长为324.7nm，采用空气-乙炔火焰，必要时进行背景校正。

铜标准贮备液的制备 精密量取铜单元素标准溶液适量，用2%硝酸溶液稀释，制成每1ml含铜（Cu）10μg的溶液，即得（0~5℃贮存）。

标准曲线的制备 分别精密量取铜标准贮备液适量，用2%硝酸溶液制成每1ml分别含铜0μg、0.05μg、0.2μg、0.4μg、0.6μg、0.8μg的溶液。依次喷入火焰，测定吸光度，以吸光度为纵坐标，浓度为横坐标，绘制标准曲线。

供试品溶液的制备　同铅测定项下供试品溶液的制备。

测定法　精密吸取空白溶液与供试品溶液适量，照标准曲线的制备项下的方法测定。从标准曲线上读出供试品溶液中铜（Cu）的含量，计算，即得。

二、电感耦合等离子体质谱法

本法系采用电感耦合等离子体质谱仪测定中药材中的铅、砷、镉、汞、铜，所用仪器应符合使用要求（附录0412）。

标准品贮备液的制备　分别精密量取铅、砷、镉、汞、铜单元素标准溶液适量，用10%硝酸溶液稀释制成每1ml，分别含铅、砷、镉、汞、铜为1μg、0.5μg、1μg、1μg、10μg的溶液，即得。

标准品溶液的制备　精密量取铅、砷、镉、铜标准品贮备液适量，用10%硝酸溶液稀释制成每1ml含铅、砷0ng、1ng、5ng、10ng、20ng，含镉0ng、0.5ng、2.5ng、5ng、10ng，含铜0ng、50ng、100ng、200ng、500ng的系列浓度混合溶液。另精密量取汞标准品储备液适量，用10%硝酸溶液稀释制成每1ml分别含汞0ng、0.2ng、0.5ng、1ng、2ng、5ng的溶液，本液应临用配制。

内标溶液的制备　精密量取锗、铟、铋单元素标准溶液适量，用水稀释制成每1ml各含1μg的混合溶液，即得。

供试品溶液的制备　取供试品于60℃干燥2小时，粉碎成粗粉，取约0.5g，精密称定，置耐压耐高温微波消解罐中，加硝酸5~10ml（如果反应剧烈，放置至反应停止）。密闭并按各微波消解仪的相应要求及一定的消解程序进行消解。消解完全后，消解液冷却至60℃以下，取出消解罐，放冷，将消解液转入50ml量瓶中，用少量水洗涤消解罐3次，洗液合并于量瓶中，加入金单元素标准溶液（1μg/ml）200μl，用水稀释至刻度，摇匀，即得（如有少量沉淀，必要时可离心分取上清液）。

除不加金单元素标准溶液外，余同法制备试剂空白溶液。

测定法　测定时选取的同位素为^{63}Cu、^{75}As、^{114}Cd、^{202}Hg和^{208}Pb，其中^{63}Cu、^{75}As以^{72}Ge作为内标，^{114}Cd以^{115}In作为内标，^{202}Hg、^{208}Pb以^{209}Bi作为内标，并根据不同仪器的要求选用适宜校正方程对测定的元素进行校正。

仪器的内标进样管在仪器分析工作过程中始终插入内标溶液中，依次将仪器的样品管插入各个浓度的标准品溶液中进行测定（浓度依次递增），以测量值（3次读数的平均值）为纵坐标，浓度为横坐标，绘制标准曲线。将仪器的样品管插入供试品溶液中，测定，取3次读数的平均值。从标准曲线上计算得相应的浓度。

在同样的分析条件下进行空白试验，根据仪器说明书的要求扣除空白干扰。

2331 二氧化硫残留量测定法

本法系用酸碱滴定法、气相色谱法、离子色谱法分别作为第一法、第二法、第三法测定经硫黄熏蒸处理过的药材或饮片中二氧化硫的残留量。可根据具体品种情况选择适宜方法进行二氧化硫残留量测定。

第一法（酸碱滴定法）

本方法系将中药材以蒸馏法进行处理，样品中的亚硫酸盐系列物质加酸处理后转化为二氧化硫后，随氮气流带入到含有双氧水的吸收瓶中，双氧水将其氧化为硫酸根离子，采用酸碱滴定法测定，计算药材及饮片中的二氧化硫残留量。

仪器装置 如图1。A为1000ml两颈圆底烧瓶；B为竖式回流冷凝管；C为（带刻度）分液漏斗；D为连接氮气流入口；E为二氧化硫气体导出口。另配磁力搅拌器、电热套、氮气源及气体流量计。

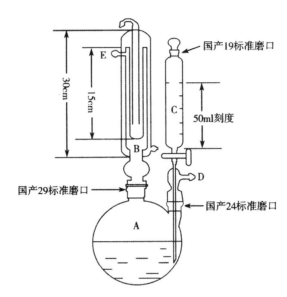

图1 酸碱滴定法蒸馏仪器装置

测定法 取药材或饮片细粉约10g（如二氧化硫残留量较高，超过1000mg/kg，可适当减少取样量，但应不少于5g），精密称定，置两颈圆底烧瓶中，加水300~400ml。打开回流冷凝管开关给水，将冷凝管的上端E口处连接一橡胶导气管置于100ml锥形瓶底部。锥形瓶内加入3%过氧化氢溶液50ml作为吸收液（橡胶导气管的末端应在吸收液液面以下）。使用前，在吸收液中加入3滴甲基红乙醇溶液指示剂（2.5mg/ml），并用0.01mol/L氢氧化钠滴定液滴定至黄色（即终点；如果超过终点，则应舍弃该吸收溶液）。开通氮气，使用流量计调节气体流量至约0.2L/min；打开分液漏斗C的活塞，使盐酸溶液（6mol/L）10ml流入蒸馏瓶，立即加热两颈烧瓶内的溶液至沸，并保持微沸；烧瓶内的水沸腾1.5小时后，停止加热。吸收液放冷后，置于磁力搅拌器上不断搅拌，用氢氧化钠滴定液（0.01mol/L）滴定，至黄色持续时间20秒不褪，并将滴定的结果用空白实验校正。

照下式计算：

$$供试品中二氧化硫残留量（\mu g/g）= \frac{(A-B) \times c \times 0.032 \times 10^6}{W}$$

式中 A 为供试品溶液消耗氢氧化钠滴定液的体积，ml；

B 为空白消耗氢氧化钠滴定液的体积，ml；

c 为氢氧化钠滴定液摩尔浓度，mol/L；

0.032为1ml氢氧化钠滴定液（1mol/L）相当的二氧化硫的质量，g；

W 为供试品的重量，g。

第二法（气相色谱法）

本法系用气相色谱法（附录0521）测定药材及饮片中的二氧化硫残留量。

色谱条件与系统适用性试验 采用GS-GasPro键合硅胶多孔层开口管色谱柱（如GS-GasPro，柱长30m，柱内径0.32mm）或等效柱，热导检测器，检测器温度为250℃。程序升温：初始50℃，保持2分钟，以每分钟20℃升至200℃，保持2分钟。进样口温度为200℃，载气为氦气，流速为每分钟2.0ml。顶空进样，采用气密针模式（气密针温度为105℃）的顶空进样，顶空瓶的平衡温度为80℃，平衡时间均为10分钟。系统适用性试验应符合气相色谱法要求。

对照品溶液的制备　精密称取亚硫酸钠对照品500mg，置10ml量瓶中，加入含0.5%甘露醇和0.1%乙二胺四乙酸二钠的混合溶液溶解，并稀释至刻度，摇匀，制成每1ml含亚硫酸钠50.0mg的对照品贮备溶液。分别精密量取对照品贮备溶液0.1ml、0.2ml、0.4ml、1ml、2ml，置10ml量瓶中，用含0.5%甘露醇和0.1%乙二胺四乙酸二钠的溶液分别稀释成每1ml含亚硫酸钠0.5mg、1mg、2mg、5mg、10mg的对照品溶液。

分别准确称取1g氯化钠和1g固体石蜡（熔点52～56℃）于20ml顶空进样瓶中，精密加入2mol/L盐酸溶液2ml，将顶空瓶置于60℃水浴中，待固体石蜡全部溶解后取出，放冷至室温使固体石蜡凝固密封于酸液层之上（必要时用空气吹去瓶壁上冷凝的酸雾）；分别精密量取上述0.5mg/ml、1mg/ml、2mg/ml、5mg/ml、10mg/ml的对照品溶液各100μl置于石蜡层上方，密封，即得。

供试品溶液的制备　分别准确称取1g氯化钠和1g固体石蜡（熔点52～56℃）于20ml顶空进样瓶中，精密加入2mol/L盐酸溶液2ml，将顶空瓶置于60℃水浴中，待固体石蜡全部溶解后取出，放冷至室温使固体石蜡重新凝固，取样品细粉约0.2g，精密称定，置于石蜡层上方，加入含0.5%甘露醇和0.1%乙二胺四乙酸二钠的混合溶液100μl，密封，即得。

测定法　分别精密吸取经平衡后的对照品溶液和供试品溶液顶空瓶气体1ml，注入气相色谱仪，记录色谱图。按外标工作曲线法定量，计算样品中亚硫酸根含量，测得结果乘以0.5079，即为二氧化硫含量。

第三法（离子色谱法）

本方法将中药材以水蒸气蒸馏法进行处理，样品中的亚硫酸盐系列物质加酸处理后转化为二氧化硫，随水蒸气蒸馏，并被双氧水吸收、氧化为硫酸根离子后，采用离子色谱法（附录0513）检测，并计算药材及饮片中的二氧化硫残留量。

仪器装置　离子色谱法水蒸气蒸馏装置如图2。蒸馏部分装置需定做，另配电热套。

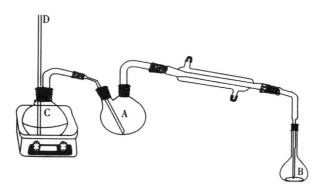

图2　离子色谱法水蒸气蒸馏装置
A. 两颈烧瓶；B. 接受瓶；C. 圆底烧瓶；D. 直形长玻璃管

色谱条件与系统适用性试验　采用离子色谱法。色谱柱采用以烷醇季铵为功能基的乙基乙烯基苯-二乙烯基苯聚合物树脂作为填料的阴离子交换柱（如AS 11-HC，250mm×4mm）或等效柱，保护柱使用相同填料的阴离子交换柱（如 AG 11-HC，50mm×4mm），洗脱液为20mmol/L氢氧化钾溶液（由自动洗脱液发生器产生）；若无自动洗脱液发生器，洗脱液采用终浓度为3.2mmol/L Na$_2$CO$_3$，1.0mmol/L NaHCO$_3$的混合溶液；流速为1ml/min，柱温为30℃。阴离子抑制器和电导检测器。系统适用性试验应符合离子色谱法要求。

对照品溶液的制备 取硫酸根标准溶液，加水制成每1ml分别含硫酸根1μg/ml、5μg/ml、20μg/ml、50μg/ml、100μg/ml、200μg/ml的溶液，各进样10μl，绘制标准曲线。

供试品溶液的制备 取供试品粗粉5～10g（不少于5g），精密称定，置瓶A（两颈烧瓶）中，加水50ml，振摇，使分散均匀，接通水蒸气蒸馏瓶C。吸收瓶B（100ml纳氏比色管或量瓶）中加入3%过氧化氢溶液20ml作为吸收液，吸收管下端插入吸收液液面以下。A瓶中沿瓶壁加入5ml盐酸，迅速密塞，开始蒸馏，保持C瓶沸腾并调整蒸馏火力，使吸收管端的馏出液的流出速率约为2ml/min。蒸馏至瓶B中溶液总体积约为95ml（时间30～40分钟），用水洗涤尾接管并将其转移至吸收瓶中，并稀释至刻度，摇匀，放置1小时后，以微孔滤膜滤过，即得。

测定法 分别精密吸取相应的对照品溶液和供试品溶液各10μl，进样，测定，计算样品中硫酸根含量，按照（$SO_2/SO_4^{2-}=0.6669$）计算样品中二氧化硫的含量。

2341 农药残留量测定法

本法系用气相色谱法（附录0521）和质谱法（附录0421）测定药材、饮片及制剂中部分农药残留量，除另有规定外，按下列方法测定。

第一法 有机氯类农药残留量测定

1. 9种有机氯类农药残留量测定法

色谱条件与系统适用性试验 以（14%-氰丙基-苯基）甲基聚硅氧烷或（5%苯基）甲基聚硅氧烷为固定液的弹性石英毛细管柱（30m×0.32mm×0.25μm），^{63}Ni-ECD电子捕获检测器。进样口温度230℃；检测器温度300℃。不分流进样。程序升温：初始100℃，每分钟10℃升至220℃，每分钟8℃升至250℃，保持10分钟。理论板数按α-BHC峰计算不低于$1×10^6$，两个相邻色谱峰的分离度应大于1.5。

对照品储备液的制备 精密称取六六六（BHC）（α-BHC，β-BHC，γ-BHC，δ-BHC），滴滴涕（DDT）（p, p'-DDE，p, p'-DDD，o, p'-DDT，p, p'-DDT）及五氯硝基苯（PCNB）农药对照品适量，用石油醚（60～90℃）分别制成每1ml含4～5μg的溶液，即得。

混合对照品储备液的制备 精密量取上述各对照品储备液0.5ml，置10ml量瓶中，用石油醚（60～90℃）稀释至刻度，摇匀，即得。

混合对照品溶液的制备 精密量取上述混合对照品储备液，用石油醚（60～90℃）制成每1L含0μg、1μg、5μg、10μg、50μg、100μg、250μg的溶液，即得。

供试品溶液的制备 药材或饮片 取供试品，粉碎成细粉，过三号筛，取约2g，精密称定，置100ml具塞锥形瓶中，加水20ml浸泡过夜，精密加丙酮40ml，称定重量，超声处理30分钟，放冷，再称定重量，用丙酮补足减失的重量，再加氯化钠约6g，精密加二氯甲烷30ml，称定重量，超声处理15分钟，再称定重量，用二氯甲烷补足减失的重量，静置使分层，将有机相迅速移入装有适量无水硫酸钠的100ml具塞锥形瓶中，放置4小时。精密量取35ml，于40℃水浴减压浓缩至近干，加少量石油醚（60～90℃）如前反复操作至二氯甲烷及丙酮除净，用石油醚（60～90℃）溶解并转移至10ml具塞刻度离心管中，加石油醚（60～90℃）精密稀释至5ml。小心加入硫酸1ml，振摇1分钟，离心（3000转／分钟）10分钟。精密量取上清液2ml，置具刻度的浓缩瓶（见图1）中，连接旋转蒸发器，40℃下（或用氮气）将溶液浓缩至适量，精密稀释至1ml，即得。

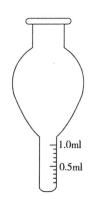

图1　刻度浓缩瓶

制剂　取供试品，研成细粉（液体直接量取），精密称取适量（相当于药材2g），以下按上述供试品溶液制备法制备，即得供试品溶液。

测定法　分别精密吸取供试品溶液和与之相对应浓度的混合对照品溶液各1μl，按外标法计算供试品中9种有机氯农药残留量。

2.22种有机氯类农药残留量测定法

色谱条件及系统适用性试验　分析柱：以50%苯基50%二甲基聚硅氧烷为固定液的弹性石英毛细管柱（30m×0.25mm×0.25μm），验证柱：以100%二甲基聚硅氧烷为固定液的弹性石英毛细管柱（30m×0.25mm×0.25μm），^{63}Ni-ECD电子捕获检测器。进样口温度240℃，检测器温度300℃，不分流进样，流速为恒压模式（初始流速为1.3ml/min）。程序升温：初始70℃，保持1分钟，每分钟10℃升至180℃，保持5分钟，再以每分钟5℃升至220℃，最后以每分钟100℃升至280℃，保持8分钟。理论板数按α-BHC计算应不低于1×10^6，两个相邻色谱峰的分离度应大于1.5。

对照品贮备溶液的制备　精密称取表1中农药对照品适量，用异辛烷分别制成如表1中浓度，即得。

混合对照品贮备溶液的制备　精密量取上述对照品贮备溶液各1ml，置100ml量瓶中，用异辛烷稀释至刻度，摇匀，即得。

混合对照品溶液的制备　分别精密量取上述混合对照品贮备溶液，用异辛烷制成每1L分别含10μg、20μg、50μg、100μg、200μg、500μg的溶液，即得（其中β-六六六、异狄氏剂、p,p'-滴滴滴、o,p'-滴滴涕每1L分别含20μg、40μg、100μg、200μg、400μg、1000μg）。

供试品溶液的制备　取供试品，粉碎成粉末（过三号筛），取约1.5g，精密称定，置于50ml聚苯乙烯具塞离心管中，加入水10ml，混匀，放置2小时，精密加入乙腈15ml，剧烈振摇提取1分钟，再加入预先称好的无水硫酸镁4g与氯化钠1g的混合粉末，再次剧烈振摇1分钟后，离心（4000转/分钟）1分钟。精密吸取上清液10ml，40℃减压浓缩至近干，用环己烷-乙酸乙酯（1:1）混合溶液分次转移至10ml量瓶中，加环己烷-乙酸乙酯（1:1）混合溶液至刻度，摇匀，转移至预先加入1g无水硫酸钠的离心管中，振摇，放置1小时，离心（必要时滤过），取上清液5ml过凝胶渗透色谱柱〔400mm×25mm，内装BIO-Beads S-X3填料；以环己烷-乙酸乙酯（1:1）混合溶液为流动相；流速为每分钟5.0ml〕净化，收集18～30分钟的洗脱液，于40℃水浴减压浓缩至近干，加少量正己烷替换两次，加正己烷1ml使溶解，转移至弗罗里硅土固相萃取小柱〔1000mg/6ml，用正己烷-丙酮

（95:5）混合溶液10ml和正己烷10ml预洗〕上，残渣用正己烷洗涤3次，每次1ml，洗液转移至同一弗罗里硅土固相萃取小柱上，再用正己烷-丙酮（95:5）混合溶液10ml洗脱，收集全部洗脱液，置氮吹仪上吹至近干，加异辛烷定容至1ml，涡旋使溶解，即得。

测定法 分别精密吸取供试品溶液和混合对照品溶液各1μl，注入气相色谱仪，按外标标准曲线计算供试品中22种有机氯农药残留量。

限度 除另有规定外，每1kg中药材或饮片中含总六六六（α-BHC，β-BHC，γ-BHC，δ-BHC之和）不得过0.2mg；总滴滴涕（p, p'-DDE，p, p'-DDD，o, p'-DDT，p, p'-DDT之和）不得过0.2mg；五氯硝基苯（Quintozene）不得过0.1mg；六氯苯（Hexachlorobenzene）不得过0.1mg；七氯（Heptachlor）、顺式环氧七氯（Heptachlor-exo-epoxide）和反式环氧七氯（Heptachlor-endo-epoxide）之和不得过0.05mg；艾氏剂（Aldrin）和狄氏剂（Dieldrin）之和不得过0.05mg；异狄氏剂（Endrin）不得过0.05mg；顺式氯丹（cis-Chlordane）、反式氯丹（trans-Chlordane）和氧化氯丹（oxy-Chlordane）之和不得过0.05mg；α-硫丹（α-Endosulfan）、β-硫丹（β-Endosulfan）和硫丹硫酸盐（Endosulfan sulfate）之和不得过3mg。

【附注】

（1）当供试品中有农药检出时，可在验证柱中确认检出的结果，再进行定量。必要时，可用气相色谱-质谱法进行确证。

（2）加样回收率应在70%～120%之间。

表1 22种有机氯类农药对照品贮备液浓度、相对保留时间及检出限参考值

序号	中文名	英文名	对照品贮备液（μg/ml）	相对保留时间（分析柱）	检出限（mg/kg）
1	六氯苯	Hexachlorobenzene	100	0.574	0.001
2	α-六六六	α-BHC	100	0.601	0.004
3	五氯硝基苯	Quintozene	100	0.645	0.007
4	γ-六六六	γ-BHC	100	0.667	0.003
5	β-六六六	β-BHC	200	0.705	0.008
6	七氯	Heptachlor	100	0.713	0.007
7	δ-六六六	δ-BHC	100	0.750	0.003
8	艾氏剂	Aldrin	100	0.760	0.006
9	氧化氯丹	oxy-Chlordane	100	0.816	0.007
10	顺式环氧七氯	Heptachlor-exo-epoxide	100	0.833	0.006
11	反式环氧七氯	Heptachlor-endo-epoxide	100	0.844	0.005
12	反式氯丹	trans-Chlordane	100	0.854	0.005
13	顺式氯丹	cis-Chlordane	100	0.867	0.008
14	α-硫丹	α-Endosulfan	100	0.872	0.01
15	p,p'-滴滴伊	p,p'-DDE	100	0.892	0.006
16	狄氏剂	Dieldrin	100	0.901	0.005
17	异狄氏剂	Endrin	200	0.932	0.009
18	o,p'-滴滴涕	o,p'-DDT	200	0.938	0.018
19	p,p'-滴滴滴	p,p'-DDD	200	0.944	0.008
20	β-硫丹	β-Endosulfan	100	0.956	0.003
21	p,p'-滴滴涕	p,p'-DDT	100	0.970	0.005
22	硫丹硫酸盐	Endosulfan sulfate	100	1.000	0.004

注：各对照品的相对保留时间以硫丹硫酸盐为参照峰计算。

第二法　有机磷类农药残留量测定法-色谱法

色谱条件与系统适用性试验　以50%苯基50%二甲基聚硅氧烷或（5%苯基）甲基聚硅氧烷为固定液的弹性石英毛细管柱（30m×0.25mm×0.25μm），氮磷检测器（NPD）或火焰光度检测器（FPD）。进样口温度220℃，检测器温度300℃，不分流进样。程序升温：初始120℃，每分钟10℃升至200℃，每分钟5℃升至240℃，保持2分钟，每分钟20℃升至270℃，保持0.5分钟。理论板数按敌敌畏峰计算应不低于6000，两个相邻色谱峰的分离度应大于1.5。

对照品贮备溶液的制备　精密称取对硫磷、甲基对硫磷、乐果、氧化乐果、甲胺磷、久效磷、二嗪磷、乙硫磷、马拉硫磷、杀扑磷、敌敌畏、乙酰甲胺磷农药对照品适量，用乙酸乙酯分别制成每1ml约含100μg的溶液，即得。

混合对照品贮备溶液的制备　分别精密量取上述对照品贮备溶液1ml，置20ml棕色量瓶中，加乙酸乙酯稀释至刻度，摇匀，即得。

混合对照品溶液的制备　精密量取上述混合对照品贮备溶液，用乙酸乙酯制成每1ml含0.1μg、0.5μg、1μg、2μg、5μg的浓度系列，即得。

供试品溶液的制备　药材或饮品　取供试品，粉碎成粉末（过三号筛），取约5g，精密称定，加无水硫酸钠5g，加入乙酸乙酯50～100ml，冰浴超声处理3分钟，放置，取上层液滤过，药渣加入乙酸乙酯30～50ml，冰浴超声处理2分钟，放置，滤过，合并两次滤液，用少量乙酸乙酯洗涤滤纸及残渣，与上述滤液合并。取滤液于40℃以下减压浓缩至近干，用乙酸乙酯转移至5ml量瓶中，并稀释至刻度；精密吸取上述溶液1ml，置石墨化炭小柱（250mg/3ml用乙酸乙酯5ml预洗）上，用正己烷-乙酸乙酯（1:1）混合溶液5ml洗脱，收集洗脱液，置氮吹仪上浓缩至近干，加乙酸乙酯定容至1ml，涡旋使溶解，即得。

测定法　分别精密吸取供试品溶液和与之相对应浓度的混合对照品溶液各1μl，注入气相色谱仪，按外标法计算供试品中12种有机磷农药残留量。

第三法　拟除虫菊酯类农药残留量测定法-色谱法

色谱条件与系统适用性试验　以（5%苯基）甲基聚硅氧烷为固定液的弹性石英毛细管柱（30m×0.32mm×0.25μm），^{63}Ni-ECD电子捕获检测器。进样口温度270℃，检测器温度330℃，不分流进样（或根据仪器设置最佳的分流比）。程序升温：初始160℃，保持1分钟，每分钟10℃升至278℃，保持0.5分钟，每分钟1℃升至290℃，保持5分钟。理论板数按溴氰菊酯峰计算应不低于10^5，两个相邻色谱峰的分离度应大于1.5。

对照品贮备溶液的制备　精密称取氯氰菊酯、氰戊菊酯及溴氰菊酯农药对照品适量，用石油醚（60～90℃）分别制成每1ml含20～25μg的溶液，即得。

混合对照品贮备溶液的制备　精密量取上述各对照品贮备液1ml，置10ml量瓶中，用石油醚（60～90℃）稀释至刻度，摇匀，即得。

混合对照品溶液的制备　精密量取上述混合对照品贮备溶液，用石油醚（60～90℃）制成每1L含0μg、2μg、8μg、40μg、200μg的溶液，即得。

供试品溶液的制备　药材或饮品　取供试品，粉碎成粉末（过三号筛），取1～2g，精密称定，置100ml具塞锥形瓶中，加石油醚（60～90℃）-丙酮（4:1）混合溶液30ml，超声处理15分钟，滤过，药渣再重复上述操作2次后，合并滤液，滤液用适量无水硫酸钠脱水后，于40～45℃减压浓缩至近干，用少量石油醚（60～90℃）反复操作至丙酮除净，残渣用适量石油醚（60～90℃）溶解，置混合小柱〔从上至下依次为无水硫酸钠2g、弗罗里硅土4g、微晶纤维素1g、氧化铝

1g、无水硫酸钠2g，用石油醚（60～90℃）-乙醚（4:1）混合溶液20ml预洗〕上，用石油醚（60～90℃）-乙醚（4:1）混合溶液90ml洗脱，收集洗脱液，于40～45℃减压浓缩至近干，再用石油醚（60～90℃）3～4ml重复操作至乙醚除净，用石油醚（60～90℃）溶解并转移至5ml量瓶中，并稀释至刻度，摇匀，即得。

测定法 分别精密吸取供试品溶液和与之相对应浓度的混合对照品溶液各1µl，注入气相色谱仪，按外标法计算供试品中3种拟除虫菊酯农药残留量。

第四法 农药多残留量测定法–质谱法

1. 气相色谱-串联质谱法

色谱条件 以5%苯基甲基聚硅氧烷为固定液的弹性石英毛细管柱（30m×0.25mm×0.25µm色谱柱）。进样口温度240℃，不分流进样。载气为高纯氦气（He）。进样口为恒压模式，柱前压力为146kPa。程序升温：初始70℃，保持2分钟，先以每分钟25℃升温至150℃，再以每分钟3℃升温至200℃，最后以每分钟8℃升温至280℃，保持10分钟。

质谱条件 以三重四极杆串联质谱仪检测；离子源为电子轰击源（EI），离子源温度230℃。碰撞气为氮气或氩气。质谱传输接口温度280℃。质谱监测模式为多反应监测（MRM），各化合物参考保留时间、监测离子对、碰撞电压（CE）与检出限参考值见表2。为提高检测灵敏度，可根据保留时间分段监测各农药。

表2 76种农药及内标对照品、监测离子对、碰撞电压（CE）与检出限参考值

编号	中文名	英文名	保留时间（分钟）	母离子	子离子	CE（V）	检出限（mg/kg）
1	敌敌畏	Dichlorvos	5.9	184.9 109.0	93.0 79.0	10 5	0.005
2	二苯胺	Diphenylamine	10.5	169.0 169.0	168.2 140.0	15 35	0.005
3	四氯硝基苯	Tecnazene（TCNB）	10.2	260.9 214.9	203.0 179.0	10 10	0
4	杀虫脒	Chlordimeform	11.2	195.9 151.9	181.0 117.1	5 10	0.025
5	氟乐灵	Trifluralin	11.6	305.9 264.0	264.0 160.1	5 15	0.005
6	α-六六六	α-BHC	12.1	216.9 181.1	181.1 145.1	5 15	0.005
7	氯硝胺	Dicloran	12.6	206.1 206.0	176.0 148.0	10 20	0.005
8	六氯苯	Hexachlorobenzene	12.4	283.8 283.8	248.8 213.9	15 30	0.005
9	五氯甲氧基苯	Pentachloranisole	12.6	280.0 280.0	265.0 237.0	12 22	0.005
10	氘代莠去津	Atrazine-d5（ethyl-d5）	13.1	205.0 205.0	127.0 105.0	10 15	——
11	β-六六六	β-BHC	0.0	216.9 181.0	181.1 145.0	5 15	0
12	γ-六六六	γ-BHC（Lindane）	13.4	216.9 181.1	181.1 145.0	5 15	0.005
13	五氯硝基苯	Quintozene	13.7	295.0 237.0	237.0 143.0	18 30	0.005
14	特丁硫磷	Terbufos	13.8	230.9 230.9	175.0 129.0	10 20	0.005

（续）

编号	中文名	英文名	保留时间（分钟）	母离子	子离子	CE（V）	检出限（mg/kg）
15	δ-六六六	δ-BHC	14.6	216.9 181.1	181.1 145.1	5 15	0.005
16	百菌清	Chlorothalonil	14.8	263.8 263.8	229.0 168.0	20 25	0.025
17	七氟菊酯	Tefluthrin	15.1	197.0 177.1	141.1 127.1	10 15	0.005
18	五氯苯胺	Pentachloraniline	15.5	265.0 265.0	230.0 194.0	15 20	0.005
19	乙烯菌核利	Vinclozolin	16.6	212.0 212.0	145.0 109.0	30 40	0.005
20	甲基毒死蜱	Chlorpyrifos-methyl	16.7	286.0 286.0	271.0 93.0	15 20	0.005
21	甲基对硫磷	Parathion-methyl	16.8	262.9 262.9	109.0 79.0	10 30	0.01
22	七氯	Heptachlor	16.8	273.7 271.7	238.9 236.9	15 15	0.005
23	八氯二丙醚	Octachrorodipropyl ether（S421）	17.3	129.9 108.9	94.9 83.0	20 10	0.005
24	皮蝇磷	Fenchlorphos	17.4	286.0 285.0	271.0 269.9	15 15	0.005
25	甲基五氯苯硫醚	Methyl-pentachlorophenyl sulfide	18.0	296.0 296.0	281.0 263.0	20 15	0.005
26	杀螟硫磷	Fenitrothion	18.2	277.0 260.0	109.0 125.0	15 10	0.01
27	苯氟磺胺	Dichlofluanid	18.4	223.9 123.0	123.1 77.1	10 20	0.01
28	艾氏剂	Aldrin	18.5	262.9 254.9	192.9 220.0	35 20	0.01
29	氘代倍硫磷	Fenthion-d6（o,o-dime-thyl-d6）	19.0	284.0 284.0	169.0 115.0	15 20	—
30	三氯杀螨醇	Dicofol	19.2	139.0 251.0	111.0 139.0	15 10	0.01
31	毒死蜱	Chlorpyrifos	19.3	313.8 313.8	285.8 257.8	5 15	0.005
32	对硫磷	Parathion-ethyl	19.4	290.9 290.9	109.0 80.9	10 25	0.01
33	三唑酮	Triadimefon	19.4	208.0 208.0	181.1 111.0	5 20	0.01
34	氯酞酸二甲酯	Chlorthal-dimethyl	19.4	300.9 298.9	223.0 221.0	25 25	0.005
35	溴硫磷	Bromophos-methyl	20.1	330.8 328.8	315.8 313.8	15 15	0.005
36	仲丁灵	Butralin	20.2	266.0 266.0	220.2 174.2	10 20	0.05
37	顺式环氧七氯	Heptachlor exo-epoxide	20.7	354.8 352.8	264.9 262.9	15 15	0.005
38	氧化氯丹	Chlordane-oxy	20.7	386.7 184.9	262.7 85.0	15 30	0.005
39	反式环氧七氯	Heptachlor endo-epoxide	21.0	354.8 352.8	264.9 262.9	15 15	0.005
40	二甲戊乐灵	Pendimethalin	21.0	251.8 251.8	162.2 161.1	10 15	0.01
41	哌草丹	Dimepiperate	21.6	144.9 144.9	112.1 69.1	5 15	0.01

（续）

编号	中文名	英文名	保留时间（分钟）	母离子	子离子	CE（V）	检出限（mg/kg）
42	三唑醇	Triadimenol	21.7	128.0 168.0	65.0 70.0	25 10	0.01
43	氟虫腈	Fipronil	21.9	366.8 350.8	212.8 254.8	35 15	0.005
44	腐霉利	Procymidone	22.0	282.8 284.8	96.0 96.0	10 10	0.01
45	反式氯丹	Chlordane-trans	22.0	372.8 374.8	265.8 265.8	15 15	0.005
46	乙基溴硫磷	Bromophos-ethyl	22.6	358.7 302.8	302.8 284.7	15 15	0.005
47	顺式氯丹	Chlordane-cis	22.8	271.9 372.9	236.9 265.9	15 20	0.005
48	o,p'-滴滴伊	o,p'-DDE	22.5	248.0 246.0	176.2 176.2	30 30	0.005
49	α-硫丹	α-Endosulfan	22.6	194.9 276.7	159.0 241.9	5 15	0.01
50	氟节胺	Flumetralin	23.3	143.0 143.0	117.0 107.1	20 20	0.005
51	狄氏剂	Dieldrin	23.8	277.0 262.9	241.0 193.0	5 35	0.01
52	o,p'-滴滴滴	o,p'-DDD	24.4	237.0 235.0	165.2 165.2	20 20	0.005
53	p,p'-滴滴伊	p,p'-DDE	24.0	246.1 315.8	176.2 246.0	30 15	0.005
54	异狄氏剂	Endrin	24.7	262.8 244.8	193.0 173.0	35 30	0.01
55	除草醚	Nitrofen	24.9	202.0 282.9	139.1 253.0	20 10	0.01
56	溴虫腈	Chlorfenapyr	25.3	246.9 327.8	227.0 246.8	15 15	0.01
57	p,p'-滴滴滴	p,p'-DDD	25.7	237.0 235.0	165.2 165.2	20 20	0.005
58	o,p'-滴滴涕	o,p'-DDT	25.8	237.0 235.0	165.2 165.2	20 20	0.005
59	β-硫丹	β-Endosulfan	25.2	206.9 267.0	172.0 196.0	15 14	0.01
60	硫丹酸硫盐	Endosulfan sulfate	26.8	271.9 387.0	237.0 289.0	15 4	0.01
61	p,p'-滴滴涕	p,p'-DDT	27.0	237.0 235.0	165.2 165.2	20 20	0.005
62	溴螨酯	Bromopropylate	28.6	341.0 341.0	185.0 183.0	30 15	0.005
63	联苯菊酯	Bifenthrin	28.9	181.0 181.0	166.0 165.0	20 25	0.005
64	甲氰菊酯	Fenpropathrin	29.0	265.0 208.0	210.0 181.0	8 5	0.005
65	甲氧滴滴涕	Methoxychlor	28.9	227.0 227.0	212.0 169.0	18 25	0.005
66	灭蚁灵	Mirex	29.8	273.8 271.8	238.8 236.8	15 15	0.005
67	苯醚菊酯	Phenothrin	29.4, 29.6	183.0 183.0	168.0 153.0	12 12	0.005
68	氟丙菊酯	Acrinathrin	30.4	207.8 181.0	181.1 152.0	10 30	0.005

（续）

编号	中文名	英文名	保留时间（分钟）	母离子	子离子	CE（V）	检出限（mg/kg）
69	氯氟氰菊酯	Cyhalothrin	30.4	208.0 197.0	181.0 141.0	5 10	0.005
70	氯菊酯	Permethrin	31.4, 31.6	183.1 183.1	168 1 165.1	10 10	0.005
71	氟氯氰菊酯	Cyfluthrin	32.3, 32.4 32.5, 32.6	163.0 226.0	127.0 206.0	5 12	0.025
72	氯氰菊酯	Cypermethrin	32.7, 32.9 33.0, 33.1	181.0 181.0	152.0 127.0	10 30	0.025
73	氟氰戊菊酯	Flucythrinate	33.1, 33.4	198.9 156.9	157.0 107.1	10 15	0.025
74	喹禾灵	Quizalofop-ethyl	33.0	163.0 371.8	136.0 298.9	10 10	0.01
75	氰戊菊酯	Fenvalerate	34.3, 34.7	167.0 225.0	125.1 119.0	5 18	0.025
76	溴氰菊酯	Deltamethrin	36.0	181.0 252.7	152.1 174.0	25 8	0.025

注：1. 表中化合物10与29为内标。

2. 部分化合物存在异构体，存在多个异构体峰的保留时间。

对照品贮备液的制备　精密称取表2与表4中农药对照品适量，根据各农药溶解性加乙腈或甲苯分别制成每1ml含1000μg的溶液，即得（可根据具体农药的灵敏度适当调整贮备液配制的浓度）。

内标贮备液的制备　取氘代莠去津和氘代倍硫磷对照品适量，精密称定，加乙腈溶解并制成每1ml各含1000μg的溶液，即得。

混合对照品溶液的制备　精密量取上述各对照品贮备液适量，用含0.05%醋酸的乙腈分别制成每1L含100μg和1000μg的两种溶液，即得。

内标溶液的制备　精密量取内标贮备溶液适量，加乙腈制成每1ml含6μg的溶液，即得。

基质混合对照品溶液的制备　取空白基质样品3g，一式6份，同供试品溶液的制备方法处理至"置氮吹仪上于40℃水浴浓缩至约0.4ml"，分别加入混合对照品溶液（100μg/L）50μl、100μl，混合对照品溶液（1000μg/L）50μl、100μl、200μl、400μl，加乙腈定容至1ml，涡旋混匀，用微孔滤膜滤过（0.22μm），取续滤液，即得系列基质混合对照品溶液。

供试品溶液的制备　药材或饮片　取供试品，粉碎成粉末（过三号筛），取约3g，精密称定，置50ml聚苯乙烯具塞离心管中，加入1%冰醋酸溶液15ml，涡旋使药粉充分浸润，放置30分钟，精密加入乙腈15ml与内标溶液100μl，涡旋使混匀，置振荡器上剧烈振荡（500次/分钟）5分钟，加入无水硫酸镁与无水乙酸钠的混合粉末（4:1）7.5g，立即摇散，再置振荡器上剧烈振荡（500次/分钟）3分钟，于冰浴中冷却10分钟，离心（4000转/分钟）5分钟，取上清液9ml，置已预先装有净化材料的分散固相萃取净化管〔无水硫酸镁900mg，N-丙基乙二胺（PSA）300mg，十八烷基硅烷键合硅胶300mg，硅胶300mg，石墨化炭黑90mg〕中，涡旋使充分混匀，再置振荡器上剧烈振荡（500次/分钟）5分钟使净化完全，离心（4000转/分钟）5分钟，精密吸取上清液5ml，置氮吹仪上于40℃水浴浓缩至约0.4ml，加乙腈定容至1ml，涡旋混匀，用微孔滤膜（0.22μm）滤过，取续滤液，即得。

测定法　精密吸取供试品溶液和基质混合对照品溶液各1μl，注入气相色谱-串联质谱仪，按内标标准曲线法计算供试品中74种农药残留量。

2. 液相色谱-串联质谱法

色谱条件 以十八烷基硅烷键合硅胶为填充剂（柱长15cm，内径为3mm，粒径为3.5μm）；以0.1%甲酸（含10mmol/L甲酸铵）溶液为流动相A，以乙腈为流动相B，下表3进行梯度洗脱；柱温为35℃，流速为0.4ml/min。

表3 流动相梯度

时间（分钟）	流动相A（%）	流动相B（%）
0~1	95	5
1~4	95→40	5→60
4~14	40→0	60→100
14~18	0	100
18~26	95	5

质谱条件 以三重四级杆串联质谱仪检测；离子源为电喷雾（ESI）离子源，使用正离子扫描模式。监测模式为多反应监测（MRM），各化合物参考保留时间、监测离子对、碰撞电压（CE）和检出限参考值见表4。为提高检测灵敏度，可根据保留时间分段监测各农药。

表4 155种农药及内标对照品的保留时间、监测离子对、碰撞电压（CE）与检出限参考值

编号	中文名	英文名	保留时间（分钟）	母离子	子离子	CE（V）	检出限（mg/kg）
1	乙酰甲胺磷	Acephate	2.5	184.0 184.0	143.0 125.0	13 24	0.05
2	啶虫脒	Acetaniprid	4.1	223.5 223.5	126.0 90.0	17 43	0.005
3	甲草胺	Alachlor	6.6	270.1 270.1	238.1 162.1	15 26	0.005
4	涕灭威	Aldicarb	4.5	208.1 208.1	116.1 89.0	10 22	0.005
5	涕灭威砜	Aldicarb-sulfone	3.3	223.1 223.1	166.1 148.0	8 11	0.005
6	涕灭威亚砜	Aldicarb-sulfoxide	2.9	207.1 207.1	132.0 89.0	9 20	0.005
7	丙烯菊酯	Allethrin	9.1	303.2 303.2	135.0 169.0	15 12	0.25
8	莠灭净	Ametryn	5.5	228.1 228.1	186.1 96.1	26 34	0.005
9	莠去津	Atrazine	5.2	216.1 216.1	174.1 104.0	23 38	0.005
10	氘代莠去津	Atrazine-*d*5（eyhyl-*d*5）	5.1	221.0 221.0	178.8 101.1	35 35	—
11	乙基谷硫磷（益棉磷）	Azinphos-ethyl	6.7	346.0 346.0	289.0 261.0	8 11	0.05
12	甲基谷硫磷（保棉磷）	Azinphos-methyl	5.8	318.0 318.0	160.1 132.0	9 20	0.05
13	嘧菌酯	Azoxystrobin	5.9	404.1 404.1	372.1 344.1	18 32	0.005
14	苯霜灵	Benalaxyl	7.1	326.2 326.2	294.2 208.1	14 21	0.005
15	联苯肼酯	Bifenazate	6.2	301.1 301.1	170.1 198.1	29 15	0.005
16	联苯三唑醇	Bitertanol	6.4	338.2 338.2	269.2 99.1	10 18	0.05

（续）

编号	中文名	英文名	保留时间（分钟）	母离子	子离子	CE（V）	检出限（mg/kg）
17	啶酰菌胺	Boscalid	6.1	343.0 343.0	307.1 140.0	26 25	0.005
18	噻嗪酮	Buprofezin	9.5	306.2 306.2	201.1 116.1	15 20	0.005
19	丁草胺	Butachlor	9.2	312.0 312.0	238.1 162.2	17 33	0.005
20	硫线磷	Cadusafos	7.6	271.0 271.0	159.0 97.0	21 51	0.005
21	甲萘威	Carbaryl	5.0	202.1 202.1	145.1 127.1	13 39	0.005
22	多菌灵	Carbendazim	3.4	192.1 192.1	160.1 132.1	21 40	0.005
23	克百威	Carbofuran	4.9	222.1 222.1	165.1 123.0	16 27	0.005
24	3-羟基克百威	Carbofuran-3-hydroxy	3.9	238.1 238.1	181.1 163.1	14 23	0.005
25	灭螨猛	Chinomethionat	7.9	235.0 235.0	207.0 163.0	25 38	0.05
26	氯虫酰胺	Chlorantraniliprole	5.4	481.9 481.9	450.9 283.9	23 20	0.005
27	毒虫畏	Chlorfenvinphos	6.9	359.0 359.0	155.0 127.0	16 22	0.005
28	烯草酮	Clethodim	8.6	360.1 360.1	268.1 164.1	14 23	0.005
29	蝇毒磷	Coumaphos	7.6	363.0 363.0	307.0 227.0	22 35	0.05
30	氰氟草酯	Cyhalofop-butyl	8.6	375.2 375.2	358.1 256.1	10 22	0.05
31	嘧菌环胺	Cyprodinil	6.8	226.1 226.1	108.1 93.1	35 44	0.005
32	内吸磷	Demeton（O+S）	5.3	259.0 259.0	88.9 60.9	20 50	0.005
33	二嗪磷	Diazinon	7.6	305.1 305.1	277.1 169.1	19 29	0.005
34	除线磷	Dichlofenthion	9.3	314.9 314.9	258.9 286.9	23 17	0.05
35	百治磷	Dicrotophos	3.5	238.1 238.1	112.1 193.0	19 15	0.005
36	苯醚甲环唑	Difenoconazole	7.3	406.1 406.1	337.0 251.0	24 36	0.005
37	除虫脲	Diflubenzuron	6.2	311.0 311.0	158.0 141.0	21 45	0.005
38	二甲吩草胺	Dimethenamid	6.0	276.1 276.1	244.1 168.1	20 33	0.005
39	乐果	Dimethoate	4.0	230.0 230.0	199.0 125.0	13 29	0.005
40	烯唑醇	Diniconazole	6.7	326.1 326.1	159.0 70.0	42 53	0.05
41	乙拌磷	Disulfoton	8.1	275.0 275.0	89.0 61.0	18 49	0.1
42	乙拌磷砜	Disulfoton-sulfone	5.5	307.0 307.0	261.0 153.0	14 17	0.1

（续）

编号	中文名	英文名	保留时间（分钟）	母离子	子离子	CE（V）	检出限（mg/kg）
43	乙拌磷亚砜	Disulfoton-sulfoxide	5.0	291.0 291.0	213.0 185.0	13 20	0.005
44	克瘟散	Edifenphos	6.9	311.0 311.0	172.9 282.9	25 16	0.005
45	苯硫膦	EPN	8.2	324.1 324.1	296.0 157.0	18 30	0.005
46	乙硫苯威	Ethiofencarb	5.1	226.1 226.1	106.9 164.1	21 11	0.005
47	乙硫磷	Ethion	9.5	385.0 385.0	199.0 142.9	14 36	0.005
48	灭线磷	Ethoprophos	6.2	243.1 243.1	215.0 130.9	17 29	0.005
49	醚菊酯	Etofenprox	11.8	394.2 394.2	359.2 177.1	15 21	0.05
50	乙嘧硫磷	Etrimfos	4.0	293.1 293.1	265.0 125.0	24 42	0.005
51	苯线磷	Fenamiphos	5.9	304.1 304.1	276.1 217.0	19 31	0.005
52	苯线磷砜	Fenamiphos-sulfone	4.7	336.1 336.1	308.1 226.0	21 28	0.005
53	苯线磷亚砜	Fenamiphos-sulfoxide	4.3	320.1 320.1	292.1 233.0	21 34	0.005
54	氯苯嘧啶醇	Fenarimol	6.0	331.0 331.0	268.1 139.0	32 48	0.05
55	腈苯唑	Fenbuconazole	6.3	337.1 337.1	125.0 70.0	38 24	0.005
56	氧皮蝇磷	Fenchlorphos-oxon	6.0	304.9 304.9	272.9 109.0	30 31	0.05
57	唑螨酯	Fenpyroximate	9.9	422.2 422.2	366.1 215.1	24 35	0.005
58	丰索磷	Fensulfothion	5.2	309.0 309.0	281.0 253.0	20 25	0.005
59	氯丰索磷	Fensulfothion-oxon	4.0	293.1 293.1	265.0 237.0	20 21	0.005
60	氯丰索磷砜	Fensulfothion-oxon-sulfone	4.5	309.1 309.1	281.0 253.0	15 23	0.005
61	丰索磷砜	Fensulfothion-sulfone	5.7	325.0 325.0	297.0 269.0	16 23	0.05
62	倍硫磷	Fenthion	7.2	279.0 279.0	247.0 169.0	18 24	0.05
63	氘代倍硫磷	Fenthion-d6（o, o-dimethyl-d6）	7.2	285.4 285.4	249.9 168.9	18 24	—
64	氧倍硫磷	Fenthion-oxon	5.2	263.1 263.1	231.0 216.0	22 32	0.05
65	氧倍硫磷砜	Fenthion-oxon-sulfon	4.1	295.0 295.0	217.1 104.1	26 34	0.1
66	氧倍硫磷亚砜	Fenthion-oxon-sulfoxide	3.8	279.0 279.0	264.0 247.0	26 36	0.005
67	倍硫磷砜	Fenthion-sulfone	5.3	311.0 311.0	279.0 125.0	25 28	0.1
68	倍硫磷亚砜	Fenthion-sulfoxide	4.9	295.0 295.0	280.0 109.0	26 40	0.05

（续）

编号	中文名	英文名	保留时间（分钟）	母离子	子离子	CE（V）	检出限（mg/kg）
69	精吡氟禾草灵	Fluazifop-P-butyl	9.0	384.1 384.1	328.1 282.1	24 29	0.005
70	氟硅唑	Flusilazole	6.3	316.1 316.1	247.1 165.1	25 37	0.005
71	氟酰胺	Flutolanil	6.4	324.1 324.1	262.1 242.1	26 35	0.005
72	地虫硫磷	Fonofos	7.7	247.0 247.0	137.0 109.0	15 25	0.005
73	噻唑膦	Fosthiazate	5.0	284.1 284.1	228.0 104.0	14 32	0.005
74	呋线威	Furathiocarb	8.9	383.2 383.2	252.1 195.0	17 25	0.005
75	氟吡甲禾灵	Haloxyfop-methyl	7.9	376.1 376.1	316.0 288.0	25 35	0.005
76	己唑醇	Hexaconazole	6.4	314.1 314.1	185.0 159.0	30 41	0.05
77	环嗪酮	Hexazinone	4.4	253.0 253.0	171.1 71.1	25 45	0.005
78	烯菌灵	Imazalil	5.0	297.1 297.1	255.0 159.0	25 30	0.005
79	吡虫啉	Imidacloprid	3.9	256.0 256.0	209.1 175.1	23 28	0.005
80	茚虫威	Indoxacarb	7.9	528.1 528.1	293.0 249.0	19 23	0.005
81	异菌脲	Iprodione	6.3	330.0 332.0	244.9 247.0	20 20	0.005
82	氯唑磷	Isazofos	6.9	315.0 315.0	163.0 120.0	22 35	0.005
83	异硫磷	Isofenphos	8.2	346.1 346.1	287.1 245.0	8 19	0.005
84	甲基异柳磷	Isofenphos-methyl	7.5	332.0 332.0	273.0 231.0	10 30	0.005
85	异丙威	Isoprocarb	5.3	194.0 194.0	152.0 137.0	11 13	0.005
86	稻瘟灵	Isoprothiolane	6.5	290.9 290.9	188.9 231.0	30 15	0.005
87	马拉氧磷	Malaoxon	4.8	315.1 315.1	269.0 127.0	11 17	0.005
88	马拉硫磷	Malathion	6.4	331.0 331.0	285.0 127.0	10 17	0.005
89	灭蚜威	Mecarbam	6.8	330.1 330.1	227.0 199.0	12 21	0.005
90	灭锈胺	Mepronil	6.3	270.1 270.1	228.1 119.0	20 32	0.005
91	甲霜灵	Metalaxyl	5.1	280.2 280.2	248.1 220.1	14 19	0.05
92	虫螨畏	Methacrifos	5.8	241.0 241.0	209.0 125.0	12 26	0.1
93	甲胺磷	Methamidophos	1.8	142.0 142.0	125.0 94.0	19 21	0.005
94	杀扑磷	Methidathion	5.7	303.0 303.0	145.0 85.0	13 30	0.05

（续）

编号	中文名	英文名	保留时间（分钟）	母离子	子离子	CE（V）	检出限（mg/kg）
95	灭虫威	Methiocarb	5.6	226.1 226.1	169.1 121.1	14 26	0.005
96	灭多威	Methomyl	3.4	163.1 163.1	106.0 88.0	13 12	0.005
97	甲氧虫酰肼	Methoxyfenozide	6.2	369.2 369.2	313.2 149.1	10 24	0.005
98	异丙甲草胺	Metolachlor	6.6	285.0 285.0	253.0 177.0	19 33	0.005
99	速灭威	Metolcarb	4.6	166.0 166.0	109.1 94.0	17 43	0.05
100	草克净	Metribuzin	4.8	215.1 215.1	187.1 84.1	25 28	0.005
101	速灭磷	Mevinphos	3.8	225.1 225.1	193.0 127.0	11 22	0.005
102	草达灭	Molinate	6.3	188.1 188.1	126.1 55.1	19 34	0.05
103	久效磷	Moncrotophos	3.3	224.1 224.1	193.0 127.0	11 22	0.005
104	腈菌唑	Myclobutanil	5.9	289.1 289.1	125.0 70.0	50 24	0.005
105	敌草胺	Napropamide	6.3	272.2 272.2	199.1 171.1	26 26	0.005
106	N-去乙基甲基嘧啶磷	N-desethyl-pimiphos-methyl	5.5	278.0 278.0	245.8 249.8	24 24	0.005
107	氧化乐果	Omethoate	2.7	214.0 214.0	183.0 155.0	15 21	0.05
108	噁草酮	Oxadiazon	9.2	345.1 345.1	303.0 220.0	19 28	0.05
109	噁霜灵	Oxadixyl	4.6	279.1 279.1	219.1 132.1	16 43	0.005
110	杀线威	Oxamyl	3.3	237.1 237.1	220.1 90.1	7 12	0.05
111	多效唑	Paclobutrazol	5.5	294.1 294.1	165.0 125.0	31 52	0.05
112	乙基对氧磷	Paraoxon-ethyl	5.2	276.0 276.0	248.0 220.0	14 22	0.05
113	甲基对氧磷	Paraoxon-methyl	4.6	248.0 248.0	231.0 202.0	24 27	0.05
114	稻丰散	Phenthoate	7.3	321.0 321.0	275.0 247.0	8 14	0.005
115	甲拌磷	Phorate	7.8	261.0 261.0	75.0 47.0	19 49	0.005
116	氧甲拌磷	Phorate-oxon	5.2	245.0 245.0	245.0 75.0	5 10	0.005
117	氧甲拌磷砜	Phorate-oxon-sulfone	4.2	277.0 277.0	249.0 183.0	14 16	0.005
118	甲拌磷砜	Phorate-sulfone	5.6	293.0 293.0	247.0 171.0	9 16	0.1
119	伏杀硫磷	Phosalone	7.8	368.0 368.0	322.0 182.0	14 23	0.05
120	亚胺硫磷	Phosmet	5.9	318.0 318.0	160.0 133.0	24 51	0.05

（续）

编号	中文名	英文名	保留时间（分钟）	母离子	子离子	CE（V）	检出限（mg/kg）
121	磷胺	Phosphamidon	4.3	300.1 300.1	227.0 174.1	19 19	0.005
122	辛硫磷	Phoxim	7.7	299.1 299.1	153.1 129.0	11 16	0.05
123	胡椒基丁醚	Piperonyl Butoxide	8.7	356.2 356.2	177.1 119.1	15 49	0.005
124	抗蚜威	Pirimicarb	4.7	239.1 239.1	182.1 137.1	22 32	0.05
125	嘧啶磷	Pirimiphos-ethyl	9.6	334.1 334.1	306.1 198.1	23 21	0.005
126	甲氧嘧啶磷	Pirimiphos-methyl	8.1	306.1 306.1	164.1 108.1	30 39	0.005
127	丙草胺	Pretilachlor	8.2	312.0 312.0	252.1 132.1	23 63	0.005
128	咪酰胺	Prochloraz	7.0	376.0 376.0	308.0 70.0	17 45	0.005
129	丙溴磷	Profenofos	8.2	372.9 372.9	344.9 302.9	18 26	0.005
130	猛杀威	Promecarb	5.8	208.1 208.1	109.0 151.0	23 13	0.005
131	敌稗	Propanil	5.5	218.1 218.1	162.1 127.1	21 33	0.005
132	炔螨特	Propargite	9.9	368.2 368.2	231.2 175.1	14 23	0.005
133	胺丙畏	Propetamphos	6.6	282.0 282.0	138.0 156.0	25 19	0.005
134	丙环唑	Propiconazole	6.8	342.1 342.1	205.0 159.0	25 35	0.05
135	残杀威	Propoxur	4.8	210.1 210.1	168.1 111.0	11 19	0.005
136	丙硫磷	Prothiophos	11.0	344.8 344.8	241.0 132.9	27 69	0.1
137	百克敏	Pyraclostrobin	7.5	388.1 388.1	296.1 194.1	19 17	0.005
138	哒螨灵	Pyridaben	10.7	365.0 365.0	147.0 309.0	31 19	0.005
139	吡丙磷	Pyriproxyfen	9.1	322.1 322.1	227.1 185.1	21 32	0.005
140	喹硫磷	Quinalphos	7.1	299.1 299.1	271.0 163.0	19 33	0.005
141	抑食肼	RH 5849	5.2	297.0 297.0	241.0 105.0	8 25	0.05
142	治螟灵	Sulfotep	7.6	323.0 323.0	295.0 170.9	14 20	0.005
143	氟胺氰菊酯	Tau-fluvalinate	11.5	520.1 520.1	208.1 181.1	23 35	0.25
144	戊唑醇	Tebuconazole	6.2	308.1 308.1	125.0 70.0	55 27	0.005
145	抑虫肼	Tebufenozide	6.7	353.2 353.2	297.2 133.1	11 25	0.05
146	胺菊酯	Tetramethrin	8.8	332.0 332.0	314.0 286.0	12 13	0.05

（续）

编号	中文名	英文名	保留时间（分钟）	母离子	子离子	CE（V）	检出限（mg/kg）
147	噻菌灵	Thiabendazole	3.5	202.0 / 202.0	175.0 / 131.1	35 / 45	0.005
148	赛虫啉	Thiacloprid	4.3	253.0 / 253.0	186.0 / 126.0	20 / 30	0.05
149	噻虫嗪	Thiamethoxam	3.6	292.0 / 292.0	211.1 / 181.1	18 / 31	0.005
150	甲基立枯磷	Tolclofos-methyl	7.8	301.0 / 301.0	269.0 / 175.0	23 / 35	0.05
151	甲苯氟磺胺	Tolylfluanid	7.6	364.0 / 364.0	238.0 / 137.0	21 / 38	0.05
152	三唑磷	Triazophos	6.4	314.1 / 314.1	178.0 / 162.1	29 / 25	0.005
153	敌百虫	Trichlorfon	3.6	256.9 / 256.9	109.0 / 221.0	25 / 15	0.05
154	三环唑	Tricyclazole	4.3	190.0 / 190.0	163.0 / 136.0	28 / 34	0.005
155	肟菌酯	Trifloxystrobin	8.1	409.1 / 409.1	206.1 / 186.1	19 / 18	0.005

注：其中编号10、63为内标。

对照品储备液的制备、内标储备溶液的制备、混合对照品溶液的制备、内标溶液的制备、基质混合对照品溶液的制备与供试品溶液的制备　均同气相色谱-串联质谱法项下。

测定法　分别精密吸取气相色谱-串联质谱法中的供试品溶液和基质混合对照品工作溶液各1～10μl（根据检测要求与仪器灵敏度可适当调整进样量），注入液相色谱-串联质谱仪，按内标标准曲线法计算供试品中153种农药残留量。

【附注】

（1）依据各品种项下规定的监测农药种类并参考相关农药限度规定配制对照品溶液。

（2）空白基质样品为经检测不含待测农药的同品种样品。

（3）加样回收率应在70%～120%之间。在方法重现性可获得的情况下，部分农药回收率可放宽至50%～130%。

（4）进行样品测定时，如果检出色谱峰的保留时间与对照品一致，并且在扣除背景后的质谱图中，所选择的监测离子对均出现，而且所选择的监测离子对峰面积比与对照品的监测离子对峰面积比一致（相对比例＞50%，允许±20%偏差；相对比例＞20%～50%，允许±25%偏差；相对比例＞10%～20%，允许±30%偏差；相对比例≤10%，允许±50%偏差），则可判断样品中存在该农药。如果不能确证，选用其他监测离子对重新进样确证或选用其他检测方式的分析仪器进行确证。

（5）气相色谱-串联色谱法测定的农药，推荐选择氘代倍硫磷作为内标；液相色谱-串联质谱法测定的农药，推荐选择氘代莠去津作为内标。

（6）方法提供的监测离子对测定条件为推荐条件，各实验室可根据所配置仪器的具体情况作适当调整；在样品基质有测定干扰的情况下，可选用其他监测离子对。

（7）对于特定农药或供试品，分散固相萃取净化管中净化材料的比例可作适当调整，但须进行方法学考察以确保结果准确。

（8）在进行气相色谱-串联质谱法测定时，为进一步优化方法效能，供试品溶液最终定容的溶剂可由乙腈经溶剂替换为甲苯（经氮吹至近干加入甲苯1ml即可）。

2351 黄曲霉毒素测定法

第一法

本法系用高效液相色谱法（附录0512）测定药材、饮片及制剂中的黄曲霉毒素（以黄曲霉毒素B_1、黄曲霉毒素B_2、黄曲霉毒素G_1和黄曲霉毒素G_2总量计），除另有规定外，按下列方法测定。

色谱条件与系统适用性试验 以十八烷基硅烷键合硅胶为填充剂；以甲醇-乙腈-水（40:18:42）为流动相；采用柱后衍生法检测，①碘衍生法：衍生溶液为0.05%的碘溶液（取碘0.5g，加入甲醇100ml使溶解，用水稀释至1000ml制成），衍生化泵流速每分钟0.3ml，衍生化温度70℃；②光化学衍生法：光化学衍生器（254nm）；以荧光检测器检测，激发波长$\lambda_{ex}=360$nm（或365nm），发射波长$\lambda_{ex}=450$nm。两个相邻色谱峰的分离度应大于1.5。

混合对照品溶液的制备 精密量取黄曲霉毒素混合对照品溶液（黄曲霉毒素B_1、黄曲霉毒素B_2、黄曲霉毒素G_1和黄曲霉毒素G_2标示浓度分别为1.0μg/ml、0.3μg/ml、1.0μg/ml、0.3μg/ml）0.5ml，置10ml量瓶中，用甲醇稀释至刻度，作为贮备溶液。精密量取贮备溶液1ml，置25ml量瓶中，用甲醇稀释至刻度，即得。

供试品溶液的制备 取供试品粉末约15g（过二号筛），精密称定，置于均质瓶中，加入氯化钠3g，精密加入70%甲醇溶液75ml，高速搅拌2分钟（搅拌速度大于11 000转/分钟），离心5分钟（离心速度2500转/分钟），精密量取上清液15ml，置50ml量瓶中，用水稀释至刻度，摇匀，用微孔滤膜（0.45μm）滤过，量取续滤液20.0ml，通过免疫亲和柱，流速每分钟3ml，用水20ml洗脱，洗脱液弃去，使空气进入柱子，将水挤出柱子，再用适量甲醇洗脱，收集洗脱液，置2ml量瓶中，并用甲醇稀释至刻度，摇匀，即得。

测定法 分别精密吸取上述混合对照品溶液5μl、10μl、15μl、20μl、25μl，注入液相色谱仪，测定峰面积，以峰面积为纵坐标，进样量为横坐标，绘制标准曲线。另精密吸取上述供试品溶液20~25μl，注入液相色谱仪，测定峰面积，从标准曲线上读出供试品中相当于黄曲霉毒素B_1、黄曲霉毒素B_2、黄曲霉毒素G_1和黄曲霉毒素G_2的量，计算，即得。

第二法

本法系用高效液相色谱-串联质谱法测定药材、饮片及制剂中的黄曲霉毒素（以黄曲霉毒素B_1、黄曲霉毒素B_2、黄曲霉毒素G_1和黄曲霉毒素G_2总量计），除另有规定外，按下列方法测定。

色谱、质谱条件与系统适用性试验 以十八烷基硅烷键合硅胶为填充剂；以10mmol/L醋酸铵溶液为流动相A，以甲醇为流动相B；柱温25℃；流速每分钟0.3ml；按下表中的规定进行梯度洗脱。

时间（分钟）	流动相A（%）	流动相B（%）
0 ~ 4.5	65→15	35→85
4.5 ~ 6	15→0	85→100
6 ~ 6.5	0→65	100→35
6.5 ~ 10	65	35

以三重四极杆串联质谱仪检测；电喷雾离子源（ESI），采集模式为正离子模式；各化合物监测离子对和碰撞电压（CE）见下表。

黄曲霉毒素B_1、B_2、G_1、G_2对照品的监测离子对、碰撞电压（CE）参考值

编号	中文名	英文名	母离子	子离子	CE（V）
1	黄曲霉毒素G_2	Aflatoxin G_2	331.1 331.1	313.1 245.1	33 40
2	黄曲霉毒素G_1	Aflatoxin G_1	329.1 329.1	243.1 311.1	35 30
3	黄曲霉毒素B_2	Aflatoxin B_2	315.1 315.1	259.1 287.1	35 40
4	黄曲霉毒素B_1	Aflatoxin B_1	313.1 313.1	241.0 285.1	50 40

系列混合对照品溶液的制备　精密量取黄曲霉毒素混合对照品溶液（黄曲霉毒素B_1、黄曲霉毒素B_2、黄曲霉毒素G_1和黄曲霉毒素G_2的标示浓度分别为$1.0\mu g/ml$、$0.3\mu g/ml$、$1.0\mu g/ml$、$0.3\mu g/ml$）适量，用70%甲醇稀释成含黄曲霉毒素B_2、G_2浓度为$0.04\sim3ng/ml$，含黄曲霉毒素B_1、G_1浓度为$0.12\sim10ng/ml$的系列对照品溶液，即得（必要时可根据样品实际情况，制备系列基质对照品溶液）。

供试品溶液的制备　同第一法。

测定法　精密吸取上述系列对照品溶液各$5\mu l$，注入高效液相色谱-质谱仪，测定峰面积，以峰面积为纵坐标，进样浓度为横坐标，绘制标准曲线。另精密吸取上述供试品溶液$5\mu l$，注入高效液相色谱-串联质谱仪，测定峰面积，从标准曲线上读出供试品中相当于黄曲霉毒素B_1、黄曲霉毒素B_2、黄曲霉毒素G_1、黄曲霉毒素G_2的浓度，计算，即得。

【附注】

（1）本实验应有相应的安全、防护措施，并不得污染环境。

（2）残留有黄曲霉毒素的废液或废渣的玻璃器皿，应置于专用贮存容器（装有10%次氯酸钠溶液）内，浸泡24小时以上，再用清水将玻璃器皿冲洗干净。

（3）当测定结果超出限度时，采用第二法进行确认。

2400 注射剂有关物质检查法

注射剂有关物质系指中药材经提取、纯化制成注射剂后，残留在注射剂中可能含有并需要控制的物质。除另有规定外，一般应检查蛋白质、鞣质、树脂等，静脉注射液还应检查草酸盐、钾离子等，其检查方法如下。

蛋白质　除另有规定外，取注射液1ml，加新配制的30%磺基水杨酸溶液1ml，混匀，放置5分钟，不得出现浑浊。注射液中如含有遇酸能产生沉淀的成分，可改加鞣酸试液1～3滴，不得出现浑浊。

鞣质　除另有规定外，取注射液1ml，加新配制的含1%鸡蛋清的生理氯化钠溶液5ml〔必要时，用微孔滤膜（$0.45\mu m$）滤过〕，放置10分钟，不得出现浑浊或沉淀。如出现浑浊或沉淀，取注射液1ml，加稀醋酸1滴，再加氯化钠明胶试液4～5滴，不得出现浑浊或沉淀。

含有聚乙二醇、聚山梨酯等聚氧乙烯基物质的注射液，虽有鞣质也不产生沉淀，对这类注射液应取未加附加剂前的半成品检查。

树脂　除另有规定外，取注射液5ml，加盐酸1滴，放置30分钟，不得出现沉淀。如出现沉淀，另取注射液5ml，加三氯甲烷10ml振摇提取，分取三氯甲烷液，置水浴上蒸干，残渣加冰醋酸2ml使溶解，置具塞试管中，加水3ml，混匀，放置30分钟，不得出现沉淀。

草酸盐　除另有规定外，取溶液型静脉注射液适量，用稀盐酸调节pH值至1~2，滤过，取滤液2ml，滤液调节pH值至5~6，加3%氯化钙溶液2~3滴，放置10分钟，不得出现浑浊或沉淀。

钾离子　除另有规定外，取静脉注射液2ml，蒸干，先用小火炽灼至炭化，再在500~600℃炽灼至完全灰化，加稀醋酸2ml使溶解，置25ml量瓶中，加水稀释至刻度，混匀，作为供试品溶液。取10ml纳氏比色管两支，甲管中精密加入标准钾离子溶液0.8ml，加碱性甲醛溶液（取甲醛溶液，用0.1mol／L氢氧化钠溶液调节pH值至8.0~9.0）0.6ml、3%乙二胺四醋酸二钠溶液2滴、3%四苯硼钠溶液0.5ml，加水稀释成10ml，乙管中精密加入供试品溶液1ml，与甲管同时依法操作，摇匀，甲、乙两管同置黑纸上，自上向下透视，乙管中显出的浊度与甲管比较，不得更浓。

注： 标准钾离子溶液的配制

取硫酸钾适量，研细，于110℃干燥至恒重，精密称取2.23g，置1000ml量瓶中，加水适量使溶解并稀释至刻度，摇匀，作为贮备液。临用前，精密量取贮备液10ml，置100ml量瓶中，加水稀释至刻度，摇匀，即得（每1ml相当于100μg的K）。

8000 试剂与标准物质

8001 试药

试药系指在本版兽药典（二部）中供各项试验用的试剂，但不包括各种色谱用的吸附剂、载体与填充剂。除生化试剂与指示剂外，一般常用化学试剂分为基准试剂、优级纯、分析纯与化学纯四个等级试剂，选用时可参考下列原则：

（1）标定滴定液用基准试剂；

（2）制备滴定液可采用分析纯或化学纯试剂，但不经标定直接按称重计算浓度者，则应采用基准试剂；

（3）制备杂质限度检查用的标准溶液，采用优级纯或分析纯试剂；

（4）制备试液、缓冲液等可采用分析纯或化学纯试剂。

一水合碳酸钠　Sodium Carbonate Monohydrate

〔$Na_2CO_3 \cdot H_2O = 124.00$〕

本品为白色斜方晶体；有引湿性，加热至100℃失水。在水中易溶，在乙醇中不溶。

一氧化铅　Lead Monoxide

〔$PbO = 223.20$〕

本品为黄色至橙黄色粉末或结晶；加热至300~500℃时变为四氧化三铅，温度再升高时又变为一氧化铅。在热的氢氧化钠溶液、醋酸或稀硝酸中溶解。

一氯化碘　Iodine Monochloride

〔$ICl = 162.36$〕

本品为棕红色油状液体或暗红色结晶；具强烈刺激性，有氯和碘的臭气，有腐蚀性和氧化性。

乙二胺四醋酸二钠 Disodium Edetate

〔$C_{10}H_{14}N_2Na_2O_8 \cdot 2H_2O = 372.24$〕

本品为白色结晶性粉末。在水中溶解，在乙醇中极微溶解。

乙腈 Acetonitrile

〔$CH_3CN = 41.05$〕

本品为无色透明液体；微有醚样臭；易燃。与水或乙醇能任意混合。

乙酰丙酮 Acetylacetone

〔$CH_3COCH_2COCH_3 = 100.12$〕

本品为无色或淡黄色液体；微有丙酮和醋酸的臭气；易燃。与水、乙醇、乙醚或三氯甲烷能任意混合。

乙酰氯 Acetyl Chloride

〔$CH_3COCl = 78.50$〕

本品为无色液体；有刺激性臭；能发烟，易燃；对皮肤及黏膜有强烈刺激性；遇水或乙醇引起剧烈分解。在三氯甲烷、乙醚、苯、石油醚或冰醋酸中溶解。

乙酸乙酯 Ethyl Acetate

〔$CH_3COOC_2H_5 = 88.11$〕

本品为无色透明液体。与丙酮、三氯甲烷或乙醚能任意混合，在水中溶解。

乙酸丁酯 Butyl Acetate

〔$CH_3COO(CH_2)_3CH_3 = 116.16$〕

本品为无色透明液体，与乙醇或乙醚能任意混合，在水中不溶。

乙醇 Ethanol

〔$C_2H_5OH = 46.07$〕

本品为无色透明液体，易挥发，易燃。与水、乙醚或苯等能任意混合。

乙醚 Ether

〔$C_2H_5OC_2H_5 = 74.12$〕

本品为无色透明液体；具有麻而甜涩的刺激味，易挥发，易燃；有麻醉性；遇光或久置空气中可被氧化成过氧化物。沸点为34.6℃。

二乙胺 Diethylamine

〔$(C_2H_5)_2NH = 73.14$〕

本品为无色液体；有氨样特臭；强碱性；具腐蚀性；易挥发，易燃。与水或乙醇能任意混合。

二乙基二硫代氨基甲酸银 Silver Diethyldithiocarbamate

〔$(C_2H_5)_2NCS_2Ag = 256.14$〕

本品为淡黄色结晶。在吡啶中易溶，在三氯甲烷中溶解，在水、乙醇、丙酮或苯中不溶。

二正丁胺 Dibutylamine

〔$C_8H_{19}N = 129.24$〕

本品为无色液体。

二甲苯 Xylene

〔$C_6H_4(CH_3)_2 = 106.17$〕

本品为无色透明液体；为邻、间、对三种异构体的混合物；具特臭；易燃。与乙醇、三氯甲烷或乙醚能任意混合，在水中不溶。沸点为137～140℃。

二甲苯蓝 FF Xylene Cyanol Blue FF

〔$C_{25}H_{27}N_2NaO_6S_2=538.62$〕

本品为棕色或蓝黑色粉末。在乙醇中易溶，在水中溶解。

二甲酚橙 Xylenol Orange

〔$C_{31}H_{28}N_2Na_4O_{13}S=760.59$〕

本品为红棕色结晶性粉末；易潮解。在水中易溶，在乙醇中不溶。

二甲基甲酰胺 Dimethylformamide

〔$HCON(CH_3)_2=73.09$〕

本品为无色液体；微有氨臭。与水、乙醇、三氯甲烷或乙醚能任意混合。

二苯胺 Diphenylamine

〔$(C_6H_5)_2NH=169.23$〕

本品为白色结晶；有芳香臭；遇光逐渐变色。在乙醚、苯、冰醋酸或二硫化碳中溶解，在水中不溶。

二苯胺磺酸钠 Sodium Diphenylamine Sulfonate

〔$C_6H_5NHC_6H_4SO_3Na=271.27$〕

本品为无色或白色结晶性粉末。在水或热乙醇中溶解，在醚、苯、甲苯和二硫化碳中不溶。

二苯偕肼 Diphenylcarbazide

〔$(C_6H_5NHNH)_2CO=242.28$〕

本品为白色结晶性粉末；在空气中渐变红色。在热乙醇、丙酮或冰醋酸中溶解，在水中极微溶解。

二氧化硅 Silicon Dioxide

〔$SiO_2=60.08$〕

本品为无色透明结晶或无定形粉末。在过量氢氟酸中溶解，在水或酸中几乎不溶。

二氧化锰 Manganese Dioxide

〔$MnO_2=86.94$〕

本品为黑色结晶或粉末；与有机物或其他还原性物质摩擦或共热能引起燃烧或爆炸。在水、硝酸或冷硫酸中不溶，有过氧化氢或草酸存在时，在硝酸或稀硫酸中溶解。

二氧六环 Dioxane

〔$C_4H_8O_2=88.11$〕

本品为无色液体；有醚样特臭；易燃；易吸收氧形成过氧化物。与水或多数有机溶剂能任意混合。沸程为100～103℃。

3,5－二硝基苯甲酸 3,5-Dinitrobenzoic Acid

〔$C_7H_4N_2O_6=212.12$〕

本品为白色或淡黄色结晶；能随水蒸气挥发。在乙醇或冰醋酸中易溶解，在水、乙醚、苯或二硫化碳中微溶。

2,4－二硝基苯肼 2,4-Dinitrophenylhydrazine

〔$C_6H_6N_4O_4=198.14$〕

本品为红色结晶性粉末；在酸性溶液中稳定，在碱性溶液中不稳定。在热乙醇、乙酸乙酯、苯胺或稀无机酸中溶解，在水或乙醇中微溶。

2,4-二硝基氯苯　2,4-Dinitrochlorobenzene

〔$C_6H_3ClN_2O_4=202.55$〕

本品为黄色结晶，速热至高温即爆炸。在热乙醇中易溶，在乙醚、苯或二硫化碳中溶解，在水中不溶。

二硫化碳　Carbon Disulfide

〔$CS_2=76.14$〕

本品为无色透明液体；纯品有醚臭，一般商品有恶臭；易燃，久置易分解。在乙醇或乙醚中易溶，在水中不溶。能溶解碘、溴、硫、脂肪、橡胶等。沸点为46.5℃。

二氯化汞　Mercuric Dichloride

〔$HgCl_2=271.50$〕

本品为白色结晶或结晶性粉末；常温下微量挥发；遇光分解成氯化亚汞。在水、乙醇、丙酮或乙醚中溶解。

二氯化氧锆　Zirconyl Dichloride

〔$ZrOCl_2 \cdot 8H_2O=322.25$〕

本品为白色结晶。在水或乙醇中易溶。

二氯甲烷　Dichloromethane

〔$CH_2Cl_2=84.93$〕

本品为无色液体；有醚样特臭。与乙醇、乙醚或二甲基甲酰胺能均匀混合，在水中略溶。沸程为40~41℃。

十二烷基硫酸钠　Sodium Laurylsulfate

〔$CH_3(CH_2)_{10}CH_2OSO_3Na=288.38$〕

本品为白色或淡黄色结晶或粉末；有特臭；在湿热空气中分解；本品为含85%的十二烷基硫酸钠与其他同系的烷基硫酸钠的混合物。在水中易溶，其10%水溶液在低温时不透明，在热乙醇中溶解。

十二烷基磺酸钠　Sodium Laurylsulfonate

〔$CH_3(CH_2)_{11}SO_3Na=272.38$〕

本品为白色或浅黄色结晶或粉末。易溶于水，溶于热乙醇，微溶于乙醇，不溶于石油醚。

丁酮　Butanone

〔$CH_3COC_2H_5=72.11$〕

本品为无色液体；易挥发，易燃；与水能共沸；对眼、鼻黏膜有强烈的刺激性。与乙醇或乙醚能任意混合。

三乙胺　Triethylamine

〔$(C_2H_5)_3N=101.19$〕

本品为无色液体；有强烈氨臭。与乙醇或乙醚能任意混合，在水中微溶。沸点为89.5℃。

三乙醇胺　Triethanolamine

〔$N(CH_2CH_2OH)_3=149.19$〕

本品为无色或淡黄色黏稠状液体；久置色变褐，露置空气中能吸收水分和二氧化碳；呈强碱性。与水或乙醇能任意混合。

三氧化二砷　Arsenic Trioxide

〔$As_2O_3=197.84$〕

本品为白色结晶性粉末；无臭，无味；徐徐加热能升华而不分解。在沸水、氢氧化钠或碳酸钠溶液中溶解，在水中微溶，在乙醇、三氯甲烷或乙醚中几乎不溶。

三氧化铬 Chromium Trioxide

〔CrO_3＝99.99〕

本品为暗红色结晶；有强氧化性和腐蚀性；有引湿性；与有机物接触能引起燃烧。在水中易溶，在硫酸中溶解。

三硝基苯酚 Trinitrophenol

〔$C_6H_3N_3O_7$＝229.11〕

本品为淡黄色结晶；无臭，味苦；干燥时遇强热或撞击、摩擦易发生猛烈爆炸。在热水、乙醇或苯中溶解。

三氯化钛 Titanium Trichloride

〔$TiCl_3$＝154.24〕

本品为暗红紫色结晶；易引湿；不稳定，干燥粉末在空气中易引火，在潮湿空气中极易反应很快解离。在醇中溶解，在醚中几乎不溶。

三氯化铁 Ferric Chloride

〔$FeCl_3 \cdot 6H_2O$＝270.30〕

本品为棕黄色或橙黄色结晶形块状物；极易引湿。在水、乙醇、丙酮、乙醚或甘油中易溶。

三氯化铝 Aluminium Trichloride

〔$AlCl_3$＝133.34〕

本品为白色或淡黄色结晶或结晶性粉末；具盐酸的特臭；在空气中发烟；遇水发热甚至爆炸；有引湿性；有腐蚀性。在水或乙醚中溶解。

三氯化锑 Antimony Trichloride

〔$SbCl_3$＝228.11〕

本品为白色结晶；在空气中发烟；有引湿性；有腐蚀性。在乙醇、丙酮、乙醚或苯中溶解，在水中溶解并分解为不溶的氢氧化锑。

三氯化碘 Iodine Trichloride

〔ICl_3＝223.26〕

本品为黄色或淡棕色结晶；有强刺激臭；在室温下能挥发，遇水易分解；有引湿性；有腐蚀性。在水、乙醇、乙醚或苯中溶解。

三氯甲烷 Chloroform

〔$CHCl_3$＝119.38〕

本品为无色透明液体；质重；有折光性；易挥发。与乙醇、乙醚、苯或石油醚能任意混合，在水中微溶。

三氯醋酸 Trichloroacetic Acid

〔CCl_3COOH＝163.39〕

本品为无色结晶；有特臭；有引湿性；有腐蚀性。水溶液呈强酸性。在乙醇或乙醚中易溶，在水中溶解。

干酪素 Casein

本品为白色无定形粉末或颗粒；无臭，无味；有引湿性。溶于稀碱或浓酸中，不溶于水和有机溶剂。

刃天青 Resazurin

〔$C_{12}H_7NO_4=229.19$〕

本品为深红色结晶，有绿色光泽。在稀氢氧化钠溶液中溶解，在乙醇或冰醋酸中微溶，在水或乙醚中不溶。

无水乙醇 Ethanol，Absolute

〔$C_2H_5OH=46.07$〕

本品为无色透明液体；有醇香味；易燃；有引湿性；含水不得过0.3%。与水、丙酮或乙醚能任意混合。沸点为78.5℃。

无水乙醚 Diethyl Ether，Anhydrous

〔$(C_2H_5)_2O=74.12$〕

参见乙醚项，但水分含量较少。

无水甲醇 Methanol，Anhydrous

〔$CH_3OH=32.04$〕

本品为无色透明液体；易挥发；燃烧时无烟，有蓝色火焰；含水分不得过0.05%。与水、乙醇或乙醚能任意混合。沸点为64.7℃。

无水硫酸钠 Sodium Sulfate，Anhydrous

〔$Na_2SO_4=142.04$〕

本品为白色结晶性粉末；有引湿性。在水中溶解，在乙醇中不溶。

无水氯化钙 Calcium Chloride，Anhydrous

〔$CaCl_2=110.99$〕

本品为白色颗粒或熔融块状；有强引湿性。在水或乙醇中易溶，溶于水时放出大量热。

无水碳酸钠 Sodium Carbonate，Anhydrous

〔$Na_2CO_3=105.99$〕

本品为白色粉末或颗粒；在空气中能吸收1分子水。在水中溶解，水溶液呈强碱性，在乙醇中不溶。

无水碳酸钾 Potassium Carbonate，Anhydrous

〔$K_2CO_3=138.21$〕

本品为白色结晶或粉末；有引湿性；在水中溶解，水溶液呈强碱性。在乙醇中不溶。

无水醋酸钠 Sodium Acetate，Anhydrous

〔$NaC_2H_3O_2=82.03$〕

本品为白色粉末；有引湿性。在水中易溶，在乙醇中溶解。

无水磷酸氢二钠 Disodium Hydrogen Phosphate，Anhydrous

〔$Na_2HPO_4=141.96$〕

本品为白色结晶性粉末；有引湿性，久置空气中能吸收2~7分子水。在水中易溶，在乙醇中不溶。

无氨水 Purified Water，Ammonia Free

取纯化水1000ml，加稀硫酸1ml与高锰酸钾试液1ml，蒸馏，即得。

〔检查〕取本品50ml，加碱性碘化汞钾试液1ml，不得显色。

无氮硫酸 Sulfuric Acid，Nitrogen Free

取硫酸适量，置瓷蒸发皿内，在砂浴上加热至出现三氧化硫蒸气（约需2小时），再继续加热

15分钟，置减压干燥器内放冷，即得。

无醛乙醇 Ethanol，Aldehyde Free

取醋酸铅2.5g，置具塞锥形瓶中，加水5ml溶解后，加乙醇1000ml，摇匀，缓缓加乙醇制氢氧化钾溶液（1→5）25ml，放置1小时，用力振摇后，静置12小时，倾取上层清液，蒸馏，即得。

〔检查〕取本品25ml，置锥形瓶中，加二硝基苯肼试液75ml，置水浴上加热回流24小时，蒸去乙醇，加2%（ml/ml）硫酸溶液200ml，放置24小时后，应无结晶析出。

巴比妥 Barbital

〔$C_8H_{12}N_2O_3=184.19$〕

本品为白色结晶或结晶性粉末；无臭、味微苦。微溶于水，溶于沸水及乙醇，略溶于三氯甲烷或乙醚。

巴比妥钠 Barbital Sodium

〔$C_8H_{11}N_2O_3Na=206.18$〕

本品为白色结晶或结晶性粉末；味苦。易溶于沸水，溶于水，水溶液呈碱性。微溶于乙醇，不溶于乙醚和三氯甲烷。

五氧化二磷 Phosphorus Pentoxide

〔$P_2O_5=141.94$〕

本品为白色粉末；有蒜样特臭；有腐蚀性；极易引湿。

中性乙醇 Ethanol Neutral

取乙醇，加酚酞指示液2～3滴，用氢氧化钠滴定液（0.1mol/L）滴定至显粉红色，即得。

水合氯醛 Chloral Hydrate

〔$C_2H_3Cl_3O_2=165.40$〕

本品为白色结晶；有刺激性特臭；对皮肤有刺激性；露置空气中逐渐挥发，放置时间稍久即转变为黄色。在乙醇、三氯甲烷或乙醚中溶解，在水中溶解并解离。

双硫腙（二苯硫代偕肼腙） Dithizone

〔$C_{13}H_{12}N_4S=256.33$〕

本品为蓝黑色结晶性粉末。在三氯甲烷或四氯化碳中溶解，在水中不溶。

正丁醇（丁醇） *n*-Butanol

〔$CH_3(CH_2)_3OH=74.12$〕

本品为无色透明液体；有特臭；易燃；具强折光性。与乙醇、乙醚或苯能任意混合，在水中溶解。沸程为117～118℃。

正己烷 *n*-Hexane

〔$C_6H_{14}=86.18$〕

本品为无色透明液体；微有特臭；极易挥发；对呼吸道有刺激性。与乙醇或乙醚能任意混合，在水中不溶。沸点为69℃。

正丙醇（丙醇） *n*-Propanol

〔$CH_3CH_2CH_2OH=60.10$〕

本品为无色透明液体；易燃。与水、乙醇或乙醚能任意混合。沸点为97.2℃。

正戊醇（戊醇） *n*-Pentanol

〔$C_5H_{12}O=88.15$〕

本品为无色透明液体；有特殊刺激臭。与乙醇或乙醚能任意混合，在水中微溶。沸点为138.1℃。

正辛醇　*n*-Octanol

〔$C_8H_{17}OH=130.23$〕

本品为无色透明液体；有特殊芳香臭。与乙醇、乙醚或三氯甲烷能任意混合，在水中不溶。沸程为194～195℃。

正庚烷（庚烷）　*n*-Heptane

〔$C_7H_{16}=100.20$〕

本品为无色透明液体；易燃。与乙醇、三氯甲烷或乙醚能相混溶，在水中不溶。沸点为98.4℃。

甘油　Glycerin

〔$C_3H_8O_3=92.09$〕

本品为无色澄明黏稠状液体；无臭，味甜；有引湿性。与水或乙醇能任意混合。

丙酮　Acetone

〔$CH_3COCH_3=58.08$〕

本品为无色透明液体；有特臭；易挥发；易燃。在水或乙醇中溶解。

石油醚　Petroleum Ether

本品为无色透明液体；有特臭；易燃；低沸点规格品极易挥发。与无水乙醇、乙醚或苯能任意混合，在水中不溶。沸程为30～60℃、60～90℃、90～120℃。

石蕊　Litmus

本品为蓝色粉末或块状。在水或乙醇中能部分溶解。

甲苯　Toluene

〔$C_6H_5CH_3=92.14$〕

本品为无色透明液体；有苯样特臭；易燃。与乙醇或乙醚能任意混合。沸点为110.6℃。

甲基红　Methyl Red

〔$C_{15}H_{15}N_3O_2=269.30$〕

本品为紫红色结晶。在乙醇或醋酸中溶解，在水中不溶。

甲基橙　Methyl Orange

〔$C_{14}H_{14}N_3NaO_3S=327.34$〕

本品为橙黄色结晶或粉末。在热水中易溶，在乙醇中几乎不溶。

甲酚红　Cresol Red

〔$C_{21}H_{18}O_5S=382.44$〕

本品为深红色、红棕色或深绿色粉末。在乙醇或稀氢氧化钠溶液中易溶，在水中微溶。

甲酸　Formic Acid

〔$HCOOH=46.03$〕

本品为无色透明液体；有刺激性特臭；对皮肤有腐蚀性。含HCOOH不少于85%。与水、乙醇、乙醚或甘油能任意混合。

甲酸乙酯　Ethyl Formate

〔$HCOOC_2H_5=74.08$〕

本品为低黏度液体；易燃；对皮肤及黏膜有刺激性，浓度高时有麻醉性。与乙醇和乙醚能任意混合，在10份水中溶解，同时逐渐分解出甲酸及乙醇。

甲酸钠　Sodium Formate

〔$HCOONa \cdot 2H_2O=104.04$〕

本品为白色结晶；微有甲酸臭；有引湿性。在水或甘油中溶解，在乙醇中微溶。

甲醇　Methanol

〔$CH_3OH=32.04$〕

本品为无色透明液体；具挥发性；易燃；含水分为0.1%。与水、乙醇或乙醚能任意混合。沸点为64~65℃。

甲醛溶液　Formaldehye Solution

〔$HCHO=30.03$〕

本品为无色液体；遇冷聚合变浑浊；在空气中能缓慢氧化成甲酸；有刺激性。含HCHO约37%。与水或乙醇能任意混合。

四苯硼钠　Sodium Tetraphenylboron

〔$(C_6H_5)_4BNa=342.22$〕

本品为白色结晶；无臭。在水、甲醇、无水乙醇或丙酮中易溶。

四氢硼钾　Potassium Tetrahydroborate

〔$KBH_4=53.94$〕

本品为白色结晶；在空气中稳定。在水中易溶。

四氯化碳　Carbon Tetrachloride

〔$CCl_4=153.82$〕

本品为无色透明液体；有特臭；质重。与乙醇、乙醚、三氯甲烷或苯能任意混合。在水中极微溶解。

对二甲氨基苯甲醛　*p*-Dimethylaminobenzaldehyde

〔$C_9H_{11}NO=149.19$〕

本品为白色或淡黄色结晶；有特臭；遇光渐变红。在乙醇、丙酮、三氯甲烷、乙醚或醋酸中溶解，在水中微溶。

对甲苯磺酸　*p*-Toluenesulfonilic Acid

〔$CH_3C_6H_4SO_3H \cdot H_2O=190.22$〕

本品为白色结晶。在水中易溶，在乙醇或乙醚中溶解。

对氨基苯甲酸　*p*-Aminobenzoic Acid

〔$C_7H_7NO_2=137.14$〕

本品为白色结晶；置空气或光线中渐变淡黄色。在沸水、乙醇、乙醚或醋酸中易溶，在水中极微溶解。

对氨基苯磺酸　Sulfanilic Acid

〔$C_6H_7NO_3S=173.19$〕

本品为白色或类白色粉末；见光易变色。在浓氨溶液、氢氧化钠溶液或碳酸钠溶液中易溶，在热水中溶解，在水中微溶。

对硝基苯胺　*p*-Nitroaniline

〔$C_6H_6N_2O=138.13$〕

本品为黄色结晶或粉末。在甲醇中易溶，在乙醇或乙醚中溶解，在水中不溶。

对硝基苯偶氮间苯二酚　（*p*-Nitrophenyl-azo）-resorcinol

〔$C_{12}H_9N_3O_4=259.22$〕

本品为红棕色粉末。在沸乙醇、丙酮、乙酸乙酯及甲苯中微溶，在水中不溶；在稀碱溶液中溶解。

发烟硝酸 Nitric Acid，Fuming

〔$HNO_3=63.01$〕

本品为无色或微黄棕色透明液体；有强氧化性和腐蚀性；能产生二氧化氮及四氧化氮的红黄色烟雾。与水能任意混合。

亚甲蓝 Methylene Blue

〔$C_{16}H_{18}ClN_3S \cdot 3H_2O=373.90$〕

本品为鲜深绿色结晶或深褐色粉末；带青铜样金属光泽。在热水中易溶。

亚铁氰化钾 Potassium Ferrocyanide

〔$K_4Fe(CN)_6 \cdot 3H_2O=422.39$〕

本品为黄色结晶或颗粒；水溶液易变质。在水中溶解，在乙醇中微溶。

亚硝基铁氰化钠 Sodium Nitroprusside

〔$Na_2Fe(NO)(CN)_5 \cdot 2H_2O=297.95$〕

本品为深红色透明结晶；水溶液渐分解变为绿色。在水中溶解，在乙醇中微溶。

亚硝酸钠 Sodium Nitrite

〔$NaNO_2=69.00$〕

本品为白色或淡黄色结晶或颗粒；有引湿性；与有机物接触能燃烧和爆炸，并放出有毒和刺激性的过氧化氮和氧化氮气体。在水中溶解，在乙醇或乙醚中微溶。

亚硝酸钴钠 Sodium Cobaltinitrite

〔$Na_3Co(NO_2)_6=403.94$〕

本品为黄色或黄棕色结晶性粉末；易分解。在水中极易溶解，在乙醇中微溶。

亚硫酸 Sulfurous Acid

〔$H_2SO_3=82.07$〕

本品为无色透明液体；有二氧化硫窒息气；不稳定，易分解。与水能任意混溶。

亚硫酸钠 Sodium Sulfite

〔$Na_2SO_3 \cdot 7H_2O=252.15$〕

本品为白色透明结晶；有亚硫酸样特臭；易风化；在空气中易氧化成硫酸钠。在水中溶解，在乙醇中极微溶解。

亚硫酸氢钠 Sodium Bisulfite

〔$NaHSO_3=104.06$〕

本品为白色结晶性粉末；有二氧化硫样特臭；在空气中易被氧化成硫酸盐。在水中溶解，在乙醇中微溶。

过硫酸铵 Ammonium Persulfate

〔$(NH_4)_2S_2O_8=228.20$〕

本品为白色透明结晶或粉末；无臭；有强氧化性。在水中易溶。

西黄蓍胶 Tragacanth

本品为白色或微黄色粉末；无臭。在碱溶液或过氧化氢溶液中溶解，在乙醇中不溶。

刚果红 Congo Red

〔$C_{32}H_{22}N_6Na_2O_6S_2=696.68$〕

本品为红棕色粉末。在水或乙醇中溶解。

吐温80 见聚山梨酯80。

肉桂醛 Cinnamaldehyde

〔$C_9H_8O = 132.06$〕

本品为淡黄色油状液体；有强烈肉桂气味；能与醇、醚、三氯甲烷和油类混合，微溶于水。

冰醋酸 Acetic Acid，Glacial

〔$CH_3COOH = 60.05$〕

本品为无色透明液体；有刺激性特臭；有腐蚀性；温度低于凝固点（16.7℃）时即凝固为冰状晶体。与水或乙醇能任意混合。

异丁醇 Isobutanol

〔$(CH_3)_2CHCH_2OH = 74.12$〕

本品为无色透明液体；具强折光性；易燃。与水、乙醇或乙醚能任意混合。沸程为107.3～108.3℃。

异丙醇 Isopropanol

〔$(CH_3)_2CHOH = 60.10$〕

本品为无色透明液体；有特臭；味微苦。与水、乙醇或乙醚能任意混合。沸程为82.0～83.0℃。

异戊醇 Isopentanol

〔$(CH_3)_2CHCH_2CH_2OH = 88.15$〕

本品为无色液体；有特臭；易燃。与有机溶剂能任意混合，在水中微溶。沸点为132℃。

异辛烷（三甲基戊烷） Isooctane

〔$(CH_3)_2CHCH_2C(CH_3)_3 = 114.23$〕

本品为无色透明液体；与空气能形成爆炸性的混合物；易燃。在丙酮、三氯甲烷、乙醚或苯中溶解，在水中不溶。沸点为99.2℃。

次没食子酸铋 Bismuth Subgallate

〔$C_7H_5BiO_6 \cdot H_2O = 430.12$〕

本品为黄色粉末；无臭，无味。溶于稀矿酸或稀氢氧化碱溶液并分解，几乎不溶于水、乙醇、乙醚或三氯甲烷。

红碘化汞 Mercuric Iodide，Red

〔$HgI_2 = 454.40$〕

本品为鲜红色粉末；质重；无臭。在乙醚、硫代硫酸钠或碘化钾溶液中溶解，在无水乙醇中微溶，在水中不溶。

汞 Mercury

〔$Hg = 200.59$〕

本品为银白色有光泽的液态金属；质重；在常温下微量挥发；能与铁以外的金属形成汞齐。在稀硝酸中溶解，在水中不溶。

苏丹Ⅲ Sudan Ⅲ

〔$C_{22}H_{16}N_4O = 352.40$〕

本品为红棕色粉末。在三氯甲烷或冰醋酸中溶解，在乙醇中微溶，在水中不溶。

抗坏血酸（维生素C） Ascorbic Acid

〔$C_6H_8O_6 = 176.13$〕

本品为白色结晶或结晶性粉末；无臭，味酸；久置色渐变微黄。在水中易溶，水溶液显酸性反应；在乙醇中略溶，在三氯甲烷或乙醚中不溶。

坚固蓝BB盐 Fast Blue BB Salt

$$\left[C_{17}H_{18}ClN_3O_3 \cdot \frac{1}{2}ZnCl_2 = 415.96 \right]$$

本品为浅米红色粉末。

吡啶 Pyridine

$$[C_5H_5N = 79.10]$$

本品为无色透明液体；有恶臭；味辛辣；有引湿性；易燃。与水、乙醇、乙醚或石油醚能任意混合。

α, β-吲哚醌 Isatin

$$[C_8H_5NO_2 = 147.13]$$

本品为暗红色结晶或结晶性粉末；味苦；能升华。在乙醚及沸水中溶解，在沸醇中易溶，在冷水中几乎不溶。

钌红 Ruthenium Red

$$[Ru_2(OH)_2Cl_4 \cdot 7NH_3 \cdot 3H_2O = 551.23]$$ 或 $$[(NH_3)_5RuO\text{-}Ru(NH_3)_4\text{-}O\text{-}Ru(NH_3)_5Cl_6 = 786.35]$$

本品为棕红色粉末。在水中溶解，在乙醇或甘油中不溶。

含氯石灰（漂白粉） Chlorinated Lime

本品为灰白色颗粒性粉末；有氯臭；在空气中即吸收水分与二氧化碳而缓缓分解。在水或乙醇中部分溶解。

邻二氮菲 *o*-Phenanthroline

$$[C_{12}H_8N_2 \cdot H_2O = 198.22]$$

本品为白色或淡黄色结晶或结晶性粉末；久贮易变色。在乙醇或丙酮中溶解，在水中微溶，在乙醚中不溶。

邻甲酚 *o*-Cresol

$$[CH_3C_6H_4OH = 108.14]$$

本品为无色液体或结晶；有酚臭；有腐蚀性，有毒；久置空气或见光即逐渐变为棕色。在乙醇、乙醚或三氯甲烷中溶解，在水中微溶。熔点为30℃。

邻苯二甲酸氢钾 Potassium Biphthalate

$$[C_6H_4(COOH)COOK = 204.22]$$

本品为白色结晶性粉末。在水中溶解，在乙醇中微溶。

邻联（二）茴香胺 *o*-Dianisidine

$$[(CH_3OC_6H_3NH_2)_2 = 244.29]$$

本品为白色结晶。在乙醇、乙醚或苯中溶解，在水中不溶。

辛烷磺酸钠 Sodium Octanesulfonat

$$[C_8H_{17}NaO_3S = 216.28]$$

间二硝基苯 *m*-Dinitrobenzene

$$[C_6H_4(NO_2)_2 = 168.11]$$

本品为淡黄色结晶；易燃。在三氯甲烷、乙酸乙酯或苯中易溶，在乙醇中溶解，在水中微溶。

间苯二酚 Resorcinol

$$[C_6H_4(OH)_2 = 110.11]$$

本品为白色透明结晶；遇光、空气或与铁接触即变为淡红色。在水、乙醇和乙醚中溶解。

间苯三酚 Phloroglucinol

$[C_6H_3(OH)_3 \cdot 2H_2O = 162.14]$

本品为白色或淡黄色结晶性粉末；味甜；见光易变为淡红色。在乙醇或乙醚中易溶，在水中微溶。

没食子酸（五倍子酸） Gallic Acid

$[C_6H_2(OH)_3COOH \cdot H_2O = 188.14]$

本品为白色或淡褐色结晶或粉末。在热水、乙醇或乙醚中溶解，在三氯甲烷或苯中不溶。

阿拉伯胶 Acacia

本品为白色或微黄色颗粒或粉末。在水中易溶，形成黏性液体，在乙醇中不溶。

环己烷 Cyclohexane

$[C_6H_{12} = 84.16]$

本品为无色透明液体；易燃。与甲醇、乙醇、丙酮、乙醚、苯或四氯化碳能任意混合，在水中几乎不溶。沸点为80.7℃。

环己酮 Cyclohexanone

$[C_6H_{10}O = 98.14]$

本品为无色油状液体；有薄荷或丙酮臭气；其蒸气与空气能形成爆炸性混合物。与醇或醚能任意混合，在水中微溶。

苯 Benzene

$[C_6H_6 = 78.11]$

本品为无色透明液体；有特臭；易燃。与乙醇、乙醚、丙酮、四氯化碳、二硫化碳或醋酸能任意混合，在水中微溶。沸点为80.1℃。

苯酚 Phenol

$[C_6H_5OH = 94.11]$

本品为无色或微红色的针状结晶或结晶性块；有特臭；有引湿性；对皮肤及黏膜有腐蚀性；遇光或在空气中色渐变深；在乙醇、三氯甲烷、乙醚、甘油、脂肪油或挥发油中易溶，在水中溶解，在液状石蜡中略溶。

茚三酮 Ninhydrin

$[C_9H_4O_3 \cdot H_2O = 178.14]$

本品为白色或淡黄色结晶性粉末；有引湿性；见光或露置空气中逐渐变色。在水或乙醇中溶解，在三氯甲烷或乙醚中微溶。

咖啡因 Caffeine

$[C_8H_{10}N_4O_2 \cdot H_2O = 212.21]$

本品为白色或带极微黄绿色、有丝光的针状结晶；无臭；味苦；有风化性。在热水或三氯甲烷中易溶，在水、乙醇或丙酮中略溶，在乙醚中极微溶解。

明胶 Gelatin

本品为淡黄色至黄色、半透明、微带光泽的粉粒或薄片；无臭；潮解后，易为细菌分解；在水中久浸即吸水膨胀并软化，重量可增加5~10倍。在热水、醋酸或甘油与水热混合液中溶解，在乙醇、三氯甲烷或乙醚中不溶。

钍试剂（吐啉） Thorin

〔$C_{16}H_{11}As_8N_2Na_2O_{10}S_2=576.30$〕

本品为红色结晶。在水中易溶，在有机溶剂中不溶。

钒酸铵 Ammonium Vanadate

〔$NH_4VO_3=116.98$〕

本品为白色或微黄色结晶性粉末。在热水或稀氨溶液中易溶，在冷水中微溶，在乙醇中不溶。

乳糖 Lactose

〔$C_{12}H_{22}O_{11} \cdot H_2O=360.31$〕

本品为白色的结晶性颗粒或粉末；无臭，味微甜。在水中易溶，在乙醇、三氯甲烷或乙醚中不溶。

变色酸 Chromotropic Acid

〔$C_{10}H_8O_8S_2 \cdot 2H_2O=356.33$〕

本品为白色结晶。在水中溶解。

变色酸钠 Sodium Chromotropate

〔$C_{10}H_6Na_2O_8S_2 \cdot 2H_2O=400.29$〕

本品为白色或灰色粉末。在水中溶解，溶液呈浅褐色。

庚烷磺酸钠 Sodium Heptanesulfonate

〔$C_7H_{15}SO_3Na \cdot H_2O=220.27$〕

本品为白色粉末。易溶于水。

茜素磺酸钠（茜红） Sodium Alizarinsulfonate

〔$C_{14}H_7NaO_7S \cdot H_2O=360.28$〕

本品为橙黄色或黄棕色粉末。在水中易溶，在乙醇中微溶，在三氯甲烷或苯中不溶。

草酸三氢钾 Potassium Trihydrogen Oxalate

〔$KH_3(C_2O_4)_2 \cdot 2H_2O=254.19$〕

本品为白色结晶或结晶性粉末。在水中溶解，在乙醇中微溶。

草酸钠 Sodium Oxalate

〔$Na_2C_2O_4=134.00$〕

本品为白色结晶性粉末。在水中溶解，在乙醇中不溶。

草酸铵 Ammonium Oxalate

〔$(NH_4)_2C_2O_4 \cdot H_2O=142.11$〕

本品为白色结晶，加热易分解。在水中溶解，在乙醇中微溶。

茴香醛 Anisaldehyde

〔$C_8H_8O_2=136.15$〕

本品为无色或淡黄色油状液体。与乙醇或乙醚能任意混合，在水中微溶。

荧光黄（荧光素） Fluorescein

〔$C_{20}H_{12}O_5=332.11$〕

本品为橙黄色或红色粉末。在热乙醇、冰醋酸、碳酸钠溶液或氢氧化钠溶液中溶解，在水、三氯甲烷或苯中不溶。

枸橼酸 Citric Acid

〔$C_6H_8O_7 \cdot H_2O=210.14$〕

本品为白色结晶或颗粒；易风化；有引湿性。在水或乙醇中易溶。

枸橼酸氢二铵　Diammonium Hydrogen Citrate

〔(NH$_4$)$_2$HC$_6$H$_5$O$_7$＝226.19〕

本品为无色细小结晶或白色颗粒。在水中溶解，在醇中微溶。

胃蛋白酶（猪）　Pepsin

本品为白色至微黄色鳞片或颗粒；味微酸咸；有引湿性。在水中易溶，在乙醇、三氯甲烷或乙醚中几乎不溶。

钙黄绿素　Calcein

〔C$_{30}$H$_{24}$N$_2$Na$_2$O$_{13}$＝666.51〕

本品为鲜黄色粉末。在水中溶解，在无水乙醇或乙醚中不溶。

钙紫红素　Calcon

〔C$_{20}$H$_{13}$N$_2$NaO$_5$S＝416.39〕

本品为棕色或棕黑色粉末。在水或乙醇中溶解。

钨酸钠　Sodium Wolframate

〔Na$_2$WO$_4$·2H$_2$O＝329.86〕

本品为白色结晶性粉末；易风化。在水中溶解，在乙醇中不溶。

氟化钙　Calcium Fluoride

〔CaF$_2$＝78.08〕

本品为白色粉末或立方体结晶；加热时发光。在浓无机酸中溶解，并分解放出氟化氢；在水中不溶。

氟化钠　Sodium Fluoride

〔NaF＝41.99〕

本品为白色粉末或方形结晶。在水中溶解，水溶液有腐蚀性，能使玻璃发毛；在乙醇中不溶。

氟化钾　Potassium Fluoride

〔KF＝58.10〕

本品为白色结晶；有引湿性。在水中易溶，在氢氟酸或浓氨溶液中溶解，在乙醇中不溶。

氢氟酸　Hydrofluoric Acid

〔HF＝20.01〕

本品为无色发烟液体；有刺激臭；对金属和玻璃有强烈的腐蚀性。与水或乙醇能任意混合。

氢氧化钙　Calcium Hydroxide

〔Ca(OH)$_2$＝74.09〕

本品为白色结晶性粉末；易吸收二氧化碳生成碳酸钙。在水中微溶。

氢氧化钠　Sodium Hydroxide

〔NaOH＝40.00〕

本品为白色颗粒或片状物；易吸收二氧化碳与水；有引湿性。在水、乙醇或甘油中易溶。

氢氧化钡　Barium Hydroxide

〔Ba(OH)$_2$·8H$_2$O＝315.46〕

本品为白色结晶；易吸收二氧化碳生成碳酸钡。在水中易溶，在乙醇中微溶。

氢氧化钾　Potassium Hydroxide

〔KOH＝56.11〕

本品为白色颗粒或棒状物；易吸收二氧化碳生成碳酸钾；有引湿性。在水或乙醇中溶解。

氢氧化铝 Aluminium Hydroxide

〔$Al(OH)_3 = 78.00$〕

本品为白色粉末；无味。在盐酸、硫酸或氢氧化钠溶液中溶解，在水或乙醇中不溶。

氢碘酸 Hydroiodic Acid

〔$HI = 127.91$〕

本品为碘化氢的水溶液，无色；在空气及光线下很快析出碘而带微黄色到棕色；具腐蚀性和强烈的刺激臭。与水和乙醇能任意混合。

香草醛 Vanillin

〔$C_8H_8O_3 = 152.15$〕

本品为白色结晶；有愉快的香气。在乙醇、三氯甲烷、乙醚、冰醋酸或吡啶中易溶，在油类或氢氧化钠溶液中溶解。

重铬酸钾 Potassium Dichromate

〔$K_2Cr_2O_7 = 294.18$〕

本品为橙红色结晶，有光泽；味苦；有强氧化性。在水中溶解，在乙醇中不溶。

胨 Peptone

本品为黄色或淡棕色粉末；无臭，味微苦。在水中溶解，在乙醇或乙醚中不溶。

亮绿 Brilliant Green

〔$C_{27}H_{33}N_2 \cdot HSO_4 = 482.64$〕

本品为金黄色结晶，有光泽。在水或乙醇中溶解，溶液呈绿色。

姜黄粉 Curcuma Powder

本品为姜科植物姜黄根茎的粉末；含有5%挥发油、黄色姜黄素、淀粉和树脂。

活性炭 Activated Charcoal

〔$C = 12.01$〕

本品为黑色细微粉末，无臭，无味；具有高容量吸附有机色素及含氮碱的能力。在任何溶剂中不溶。

浓过氧化氢溶液（30%） Concentrated Hydrogen Peroxide Solution

〔$H_2O_2 = 34.01$〕

本品为无色透明液体；有强氧化性及腐蚀性。与水或乙醇能任意混合。

浓氨溶液（浓氨水） Concentrated Ammonia Solution

〔$NH_4OH = 35.05$〕

本品为无色透明液体；有腐蚀性。含NH_3应为25%～28%（g/g）。与乙醇或乙醚能任意混合。

结晶紫 Crystal Violet

〔$C_{25}H_{30}ClN_3 = 407.99$〕

本品为暗绿色粉末，有金属光泽。在水、乙醇或三氯甲烷中溶解，在乙醚中不溶。

盐酸 Hydrochloric Acid

〔$HCl = 36.46$〕

本品为无色透明液体；有刺激性特臭；有腐蚀性；在空气中冒白烟。含HCl应为36%～38%（g/g）。与水或乙醇能任意混合。

盐酸羟胺 Hydroxylamine Hydrochloride

〔$NH_2OH \cdot HCl = 69.49$〕

本品为白色结晶；吸湿后易分解；有腐蚀性。在水、乙醇或甘油中溶解。

钼酸钠 Sodium Molybdata

〔$Na_2MoO_4 \cdot 2H_2O = 241.95$〕

本品为白色结晶性粉末；加热至100℃失去结晶水。在水中溶解。

钼酸铵 Ammonium Molybdate

〔$(NH_4)_6Mo_7O_{24} \cdot 4H_2O = 1235.86$〕

本品为无色或淡黄绿色结晶。在水中溶解，在乙醇中不溶。

铁 Iron

〔$Fe = 55.85$〕

本品为银灰色、丝状或灰黑色无定形粉末；露置潮湿空气中遇水易氧化。在稀酸中溶解，在浓酸、稀碱溶液中不溶。

铁氰化钾 Potassium Ferricyanide

〔$K_3Fe(CN)_6 = 329.25$〕

本品为红色结晶；见光、受热或遇酸均易分解。在水中溶解，在乙醇中微溶。

氧化钬 Holmium Oxide

〔$HO_2O_3 = 377.86$〕

本品为黄色固体；微有引湿性。溶于酸后生成黄色盐。在水中易溶。

氧化铝 Aluminium Oxide

〔$Al_2O_3 = 101.96$〕

本品为白色粉末；无味；有引湿性。在硫酸中溶解，在氢氧化钠溶液中能缓慢溶解而生成氢氧化物，在水、乙醇或乙醚中不溶。

氧化锌 Zinc Oxide

〔$ZnO = 81.39$〕

本品为白色或淡黄色粉末。在稀酸、浓碱或浓氨溶液中溶解，在水或乙醇中不溶。

氧化镁 Magnesium Oxide

〔$MgO = 40.30$〕

本品为白色极细粉末，无气味；暴露空气中易吸收水分和二氧化碳，与水结合生成氢氧化镁。在稀酸中溶解，在纯水中极微溶解，在醇中不溶。

氧化镧 Lanthanum Oxide

〔$La_2O_3 = 325.81$〕

本品几乎纯白，为无定形粉末。不溶于水，溶于稀矿酸。

氨气 Ammonia

〔$NH_3 = 17.03$〕

可取铵盐（氯化铵）与强碱（氢氧化钙）共热，或取浓氨溶液加热，放出的气体经过氧化钙干燥，即得。

本品为无色气体，具氨臭；−33℃时液化，−78℃时凝固成无色晶体。在水中极易溶解，溶解时放出大量热。

4-氨基安替比林 4-Amino-antipyrine

〔$C_{11}H_{13}N_3O = 203.24$〕

本品为淡黄色结晶。在水、乙醇或苯中溶解，在乙醚中微溶。

氨基黑10B Amido Black 10B

〔$C_{22}H_{14}N_6Na_2O_9S_2=616.51$〕

本品为黑褐色粉末。可溶于水，溶于乙醇，微溶于丙酮。

L-胱氨酸 L-Cystine

〔$C_6H_{12}N_2O_4S_2=240.30$〕

本品为白色结晶。在酸或碱溶液中溶解，在水或乙醇中几乎不溶。

胰酶 Pancreatin

本品为类白色或微带黄色的粉末；微臭，但无霉败的臭；有引湿性；水溶液煮沸或遇酸即失去酶活力。

高氯酸 Perchloric Acid

〔$HClO_4=100.46$〕

本品为无色透明液体；为强氧化剂，极易引湿；具挥发性及腐蚀性。与水能任意混合。

高碘酸 Periodic Acid

〔$HIO_4 \cdot 2H_2O=227.94$〕

本品为无色单斜结晶；有引湿性，暴露空气中则变成淡黄色；有氧化性。在水中易溶，在乙醇中溶解，在乙醚中微溶。

高锰酸钾 Potassium Permanganate

〔$KMnO_4=158.03$〕

本品为深紫色结晶，有金属光泽；为强氧化剂。在乙醇、浓酸或其他有机溶剂中即分解而产生游离氧。在水中溶解。

酒石酸钾钠 Potassium Sodium Tartrate

〔$KNaC_4H_4O_6 \cdot 4H_2O=282.22$〕

本品为白色透明结晶或结晶性粉末。在水中溶解，在乙醇中不溶。

酒石酸锑钾 Antimony Potassium Tartrate

〔$C_4H_4KO_7Sb \cdot \frac{1}{2}H_2O=333.93$〕

本品为无色透明结晶或白色粉末；无臭，味微甜；有风化性。在水中溶解，在乙醇中不溶。

黄氧化汞 Mercuric Oxide，Yellow

〔$HgO=216.59$〕

本品为黄色或橙黄色粉末，质重；见光渐变黑。在稀硫酸、稀盐酸、稀硝酸中易溶，在水、乙醇、丙酮或乙醚中不溶。

α-萘胺 α-Naphthylamine

〔$C_{10}H_7NH_2=143.19$〕

本品为白色针状结晶或粉末；有不愉快臭；露置空气中渐变淡红色；易升华，能随水蒸气挥发。在乙醇和乙醚中易溶，在水中微溶。

α-萘酚 α-Naphthol

〔$C_{10}H_7OH=144.17$〕

本品为白色或略带粉红色的结晶或粉末；有苯酚样特臭；遇光渐变黑。在乙醇、三氯甲烷、乙醚、苯或碱溶液中易溶；在水中微溶。

β-萘酚 β-Naphthol

〔$C_{10}H_7OH=144.17$〕

本品为白色或淡黄色结晶或粉末；有特臭；见光易变色。在乙醇、乙醚、甘油或氢氧化钠溶液中易溶，在热水中溶解，在冷水中微溶。

酚酞 Phenolphthalein

〔$C_{20}H_{14}O_4=318.33$〕

本品为白色粉末。在乙醇中溶解，在水中不溶。

硅钨酸 Silicowolframic Acid

〔$SiO_2 \cdot 12WO_3 \cdot 26H_2O=3310.66$〕

本品为白色或淡黄色结晶；有引湿性。在水或乙醇中易溶。

硅胶 Silica Gel

〔$mSiO_2 \cdot nH_2O$〕

本品为白色半透明或乳白色颗粒或小球；有引湿性，一般含水3%～7%，吸湿量可达40%左右。

硅藻土 Kieselguhr

本品为白色或类白色粉末；有强吸附力和良好的过滤性。在水、酸或碱溶液中均不溶解。

铜 Copper

〔$Cu=63.55$〕

本品为红棕色片状、颗粒状、屑状或粉末，有光泽；在干燥空气中和常温下稳定，久置潮湿空气中则生成碱式盐。在热硫酸和硝酸中易溶，在浓氨溶液中溶解并生成络盐。

铬黑T Eriochrome Black T

〔$C_{20}H_{12}O_7N_3SNa=461.39$〕

本品为棕黑色粉末。在水或乙醇中溶解。

铬酸 Chromic Acid

〔$H_2CrO_4=118.01$〕

本品为三氧化铬的水溶液。

脲（尿素） Urea

〔$CO(NH_2)_2=60.06$〕

本品为白色结晶或粉末；有氨臭。在水、乙醇或苯中溶解，在乙醚或三氯甲烷中几乎不溶。

液化苯酚 Liquefied Phenol

取苯酚90g，加水少量，置水浴上缓缓加热，液化后，放冷，添加适量的水使成100ml，即得。

液状石蜡 Liquid Paraffin

本品为无色油状液体；几乎无臭，无味。在苯、乙醚或三氯甲烷中溶解，在水或乙醇中不溶。

淀粉 Starch

〔$(C_6H_{10}O_5)_n=(162.14)_n$〕

马铃薯淀粉 Potato Starch

本品为茄科植物马铃薯*Solanum tuberosum* L 块茎中得到的淀粉。

本品为白色无定形粉末；吸湿性强；在冷时与碘反应，溶液呈蓝紫色。在热水中形成微带蓝色的溶胶，浓度高时则成糊状，冷却后凝固成胶冻，在冷水、乙醇或乙醚中不溶。

可溶性淀粉 Soluble Starch

本品为白色或淡黄色粉末。在沸水中溶解成透明微显荧光的液体；在冷水、乙醇或乙醚中不溶。

5-羟甲基糠醛 5-Hydroxymethyl Furfural

〔$C_6H_6O_3=126.11$〕

本品为针状结晶。在甲醇、乙醇、丙酮、乙酸乙酯和水中易溶，在苯、三氯甲烷和乙醚中溶解，在石油醚中难溶。

琼脂 Agar

本品系自石花菜*Gelidium amansii* Lamx及其他数种红藻类植物中浸出并经脱水干燥的黏液质。呈细长条状或鳞片状粉末，无色、类白色或淡黄色；无臭，味淡。在沸水中溶解，在冷水中不溶，但能膨胀成胶块状。

2,2-联吡啶 2,2-Dipyridyl

〔$C_5H_4NC_5H_4N=156.19$〕

本品为白色或淡红色结晶性粉末。在乙醇、三氯甲烷、乙醚、苯或石油醚中易溶，在水中微溶。

联苯胺 Benzidine

〔$H_2NC_6H_4C_6H_4NH_2=184.24$〕

本品为白色或微淡红色结晶性粉末；在空气和光线影响下颜色变深。在沸乙醇中易溶，在乙醚中略溶，在沸水中微溶，在冷水中极微溶解。

葡萄糖 Glucose

〔$C_6H_{12}O_6 \cdot H_2O=198.17$〕

本品为无色结晶或白色结晶性或颗粒性粉末；无臭，味甜。在水中易溶，在乙醇中微溶。

硝酸 Nitric Acid

〔$HNO_3=63.01$〕

本品为无色透明液体；在空气中冒烟，有窒息性刺激气；遇光能产生四氧化二氮而变成棕色。含HNO_3应为69%～71%（g/g）。与水能任意混合。

硝酸亚汞 Mercurous Nitrate

〔$HgNO_3 \cdot H_2O=280.61$〕

本品为白色结晶，稍有硝酸臭。在水或稀硝酸中易溶；在大量水中分解为碱式盐而沉淀。

硝酸汞 Mercuric Nitrate

〔$Hg(NO_3)_2 \cdot H_2O=342.62$〕

本品为白色或微黄色结晶性粉末；有硝酸臭；有引湿性。在水或稀硝酸中易溶，于大量水或沸水中生成碱式盐而沉淀。

硝酸钠 Sodium Nitrate

〔$NaNO_3=84.99$〕

本品为白色透明结晶或颗粒；与有机物接触、摩擦或撞击能引起燃烧和爆炸。在水中溶解，在乙醇中微溶。

硝酸钾 Potassium Nitrate

〔$KNO_3=101.10$〕

本品为白色结晶或粉末；与有机物接触、摩擦或撞击能引起燃烧和爆炸。在水中溶解，在乙醇中微溶。

硝酸铅 Lead Nitrate

〔$Pb(NO_3)_2=331.21$〕

本品为白色结晶；与有机物接触、摩擦或撞击能引起燃烧和爆炸。在水中溶解，在乙醇中微溶。

硝酸铝 Aluminum Nitrate

〔$Al(NO_3)_3 \cdot 9H_2O = 375.13$〕

本品为白色结晶；有引湿性；与有机物加热能引起燃烧和爆炸。在水和乙醇中易溶，在丙酮中极微溶解，在乙酸乙酯或吡啶中不溶。

硝酸铵 Ammonium Nitrate

〔$NH_4NO_3 = 80.04$〕

本品为白色透明结晶或粉末。在水中易溶，在乙醇中微溶。

硝酸银 Silver Nitrate

〔$AgNO_3 = 169.87$〕

本品为白色透明片状结晶。在浓氨溶液中易溶，在水或乙醇中溶解，在乙醚中或甘油中微溶。

硝酸镁 Magnesium Nitrate

〔$Mg(NO_3)_2 \cdot 6H_2O = 256.42$〕

本品为白色结晶，具潮解性。能溶于乙醇及浓氨溶液，溶于水，水溶液呈中性。于330℃分解。与易燃的有机物混合能发热燃烧，有火灾及爆炸危险。

硫乙醇酸 Thioglycollic Acid

〔$CH_2(SH)COOH = 92.12$〕

本品为无色透明液体；有刺激性臭。与水、乙醇、乙醚或苯能混合。

硫乙醇酸钠 Sodium Thioglycollate

〔$CH_2(SH)COONa = 114.10$〕

本品为白色结晶；有微臭；有引湿性。在水中易溶，在乙醇中微溶。

硫化钠 Sodium Sulfide

〔$Na_2S \cdot 9H_2O = 240.18$〕

本品为白色结晶。在水中溶解，水溶液呈碱性。在乙醇中微溶，在乙醚中不溶。

硫化氢 Hydrogen Sulfide

〔$H_2S = 34.08$〕

由硫化铁与稀硫酸作用而制得。本品为无色气体；有恶臭和毒性；在空气中易燃烧。在水、乙醇或甘油中溶解，溶于水后成氢硫酸。

硫代乙酰胺 Thioacetamide

〔$CH_3CSNH_2 = 75.13$〕

本品为无色或白色片状结晶。在水、乙醇或苯中溶解，在乙醚中微溶。

硫代硫酸钠 Sodium Thiosulfate

〔$Na_2S_2O_3 \cdot 5H_2O = 248.19$〕

本品为白色透明结晶或白色颗粒。在水中溶解并吸热，在乙醇中微溶。

硫黄 Sulfur

〔$S = 32.06$〕

本品为硫的数种同素异构体，呈黄色细小粉末；易燃。在苯、甲苯、四氯化碳或二硫化碳中溶解，在乙醇或乙醚中微溶，在水中不溶。

硫脲 Thiourea

〔$NH_2CSNH_2 = 76.12$〕

本品为白色斜方晶体或针状结晶；味苦。在水或乙醇中溶解，在乙醚中微溶。

硫氰酸铵 Ammonium Thiocyanate

〔$NH_4SCN = 76.12$〕

本品为白色结晶。在水或乙醇中易溶，在甲醇或丙酮中溶解，在三氯甲烷或乙酸乙酯中几乎不溶。

硫氰氨酸铬铵（雷氏盐） Ammonium Reineckate

〔$NH_4Cr(NH_3)_2(SCN)_4 \cdot H_2O = 354.45$〕

本品为红色至深红色结晶；在水中能分解游离出氢氰酸而呈蓝色。在热水、乙醇中溶解，在水中微溶。

硫酸 Sulfuric Acid

〔$H_2SO_4 = 98.08$〕

本品为无色透明黏稠状液体；与水或乙醇混合时大量放热。含H_2SO_4应为95%～98%（g/g）。与水或乙醇能任意混合。相对密度约1.84。

硫酸亚铁 Ferrous Sulfate

〔$FeSO_4 \cdot 7H_2O = 278.02$〕

本品为淡蓝绿色结晶或颗粒。在水中溶解，在乙醇中不溶。

硫酸汞 Mercuric Sulfate

〔$HgSO_4 = 296.65$〕

本品为白色颗粒或结晶性粉末。在盐酸、热稀硫酸和浓氯化钠溶液中溶解。

硫酸肼 Hydrazine Sulfate

〔$NH_2NH_2 \cdot H_2SO_4 = 130.12$〕

本品为白色结晶或粉末。在热水中易溶，在水或乙醇中微溶。

硫酸钠 Sodium Sulfate

〔$Na_2SO_4 = 142.04$〕

本品为白色颗粒性粉末；在潮湿空气中吸收1分子水。在水或甘油中溶解，在乙醇中不溶。

硫酸钾 Potassium Sulfate

〔$K_2SO_4 = 174.26$〕

本品为白色结晶或结晶性粉末。在水或甘油中溶解，在乙醇中不溶。

硫酸铁铵 Ferric Ammonium Sulfate

〔$FeNH_4(SO_4)_2 \cdot 12H_2O = 482.20$〕

本品为白色至淡紫色结晶。在水中溶解，在乙醇中不溶。

硫酸铈 Ceric Sulfate

〔$Ce(SO_4)_2 = 332.24$〕

本品为深黄色结晶。在热的酸溶液中溶解，在水中微溶，并分解成碱式盐。

硫酸铜 Cupric Sulfate

〔$CuSO_4 \cdot 5H_2O = 249.69$〕

本品为蓝色结晶或结晶性粉末。在水中溶解，在乙醇中微溶。

硫酸铵 Ammonium Sulfate

〔$(NH_4)_2SO_4 = 132.14$〕

本品为白色结晶或颗粒。在水中溶解，在乙醇或丙酮中不溶。

硫酸锂 Lithium Sulfate

〔$Li_2SO_4 \cdot H_2O = 127.96$〕

本品为白色结晶。在水中溶解，在乙醇中几乎不溶。

硫酸锌 Zinc Sulfate

〔$ZnSO_4 \cdot 7H_2O = 287.56$〕

本品为白色结晶、颗粒或粉末。在水中易溶，在甘油中溶解，在乙醇中微溶。

硫酸镁 Magnesium Sulfate

〔$MgSO_4 \cdot 7H_2O = 246.48$〕

本品为白色结晶或粉末；易风化。在水中易溶，在甘油中缓缓溶解，在乙醇中微溶。

紫草 Radix Arnebiae，Radix Lithospermi

见本版兽药典正文。

锌 Zinc

〔$Zn = 65.39$〕

本品为灰白色颗粒，有金属光泽。在稀酸中溶解并放出氢，在氨溶液或氢氧化钠溶液中能缓慢地溶解。

氰化钾 Potassium Cyanide

〔$KCN = 65.12$〕

本品为白色颗粒或熔块。在水中溶解，在乙醇中微溶。

氯 Chlorine

〔$Cl_2 = 70.90$〕

由盐酸和二氧化锰作用而制得。本品为黄绿色气体；有剧烈窒息性臭。在二硫化碳或四氯化碳中易溶，在水或碱溶液中溶解。

氯化二甲基苄基烃铵 Benzalkonium Chloride

本品为白色或微黄色粉末或胶状小片。在水、乙醇或丙酮中极易溶解，在苯中微溶，在乙醚中几乎不溶。

氯化亚锡 Stannous Chloride

〔$SnCl_2 \cdot 2H_2O = 225.65$〕

本品为白色结晶。在水、乙醇或氢氧化钠溶液中溶解。

氯化金 Chloroauric Acid

〔$HAuCl_4 \cdot 3H_2O = 393.83$〕

本品为鲜黄色或橙黄色结晶。在水、乙醇或乙醚中溶解，在三氯甲烷中微溶。

氯化钙 Calcium Chloride

〔$CaCl_2 \cdot 2H_2O = 147.01$〕

本品为白色颗粒或块状物；有引湿性。在水或乙醇中易溶。

氯化钠 Sodium Chloride

〔$NaCl = 58.44$〕

本品为白色结晶或结晶性粉末；有引湿性。在水或甘油中溶解，在乙醇或盐酸中不溶。

氯化钡 Barium Chloride

〔$BaCl_2 \cdot 2H_2O = 244.26$〕

本品为白色结晶或粒状粉末。在水或甲醇中易溶，在乙醇、丙酮或乙酸乙酯中几乎不溶。

氯化钴 Cobaltous Chloride

〔$CoCl_2 \cdot 6H_2O = 237.93$〕

本品为红色或紫红色结晶。在水或甲醇中易溶，在丙酮中溶解，在乙醚中微溶。

氯化钾 Potassium Chloride

〔$KCl = 74.55$〕

本品为白色结晶或结晶性粉末。在水或甘油中易溶，在乙醇中难溶，在乙醚或丙酮中不溶。

氯化铜 Cupric Chloride

〔$CuCl_2 \cdot 2H_2O = 170.48$〕

本品为淡蓝绿色结晶。在水、乙醇或甲醇中溶解，在丙酮或乙酸乙酯中微溶。

氯化铵 Ammonium Chloride

〔$NH_4Cl = 53.49$〕

本品为白色结晶或结晶性粉末。在水或甘油中溶解，在乙醇中微溶。

氯化锌 Zinc Chloride

〔$ZnCl_2 = 136.30$〕

本品为白色结晶性粉末或熔块。在水中易溶，在乙醇、丙酮或乙醚中溶解。

氯化镁 Magnesium Chloride

〔$MgCl_2 \cdot 6H_2O = 203.30$〕

本品为白色透明结晶或粉末。在水或乙醇中溶解。

氯亚氨基-2,6-二氯醌 2,6-Dichloroquinone Chlorimide

〔$C_6H_2Cl_3NO = 210.45$〕

本品为灰黄色结晶性粉末。在乙醚或三氯甲烷中易溶，在热乙醇或稀氢氧化钠溶液中溶解，在水中不溶。

氯铂酸 Chloroplatinic Acid

〔$PtH_2Cl_6 \cdot 6H_2O = 517.90$〕

本品为橙红色结晶。在水、乙醇或乙醚中溶解。

氯胺T Chloramine T

〔$C_7H_7ClNNaO_2S \cdot 3H_2O = 281.69$〕

本品为白色结晶性粉末；微带氯臭。在水中溶解，在三氯甲烷、乙醚或苯中不溶。

氯酸钾 Potassium Chlorate

〔$KClO_3 = 122.55$〕

本品为白色透明结晶或粉末。在沸水中易溶，在水或甘油中溶解，在乙醇中几乎不溶。

氯磺酸 ChlorosulfonicAcid

〔$SO_2ClOH = 116.52$〕

本品为无色或微黄色液体；具腐蚀性和强刺激性；在空气中发烟；滴于水中能引起爆炸分解，也能被醇和酸分解，在水中分解成硫酸和盐酸。

滑石粉 Talcum Powder

见本版兽药典正文。

酪胨 Pancreatin Hydrolysate

本品为黄色颗粒，以干酪素为原料经胰酶水解，活性炭脱色处理，精制而成，用作细菌培养基，特别是作无菌检验培养基用。

碘 Iodine

〔$I_2=253.81$〕

本品为紫黑色鳞片状结晶或块状物，具金属光泽。在乙醇、乙醚或碘化钾溶液中溶解，在水中极微溶解。

碘化四丁基铵 Tetrabutylammonium Iodide

〔$(C_4H_9)_4NI=369.37$〕

本品为白色或微黄色结晶。在乙醇中易溶，在水中溶解，在三氯甲烷中微溶。

碘化钾 Potassium Iodide

〔$KI=166.00$〕

本品为白色结晶或粉末。在水、乙醇、丙酮或甘油中溶解，在乙醚中不溶。

碘酸钾 Potassium Iodate

〔$KIO_3=214.00$〕

本品为白色结晶或结晶性粉末。在水或稀硫酸中溶解，在乙醇中不溶。

硼砂 Borax

〔$Na_2B_4O_7 \cdot 10H_2O=381.37$〕

本品为白色结晶或颗粒，质坚硬。在水或甘油中溶解，在乙醇或酸中不溶。

硼酸 Boric Acid

〔$H_3BO_3=61.83$〕

本品为白色透明结晶或结晶性粉末，有珍珠样光泽。在热水、热乙醇或热甘油中易溶，在水或乙醇中溶解，在丙酮或乙醚中微溶。

羧甲基纤维素钠 Sodium Carboxymethylcellulose

本品为白色粉末或细粒；有引湿性。在热水或冷水中易分散、膨胀；1%溶液黏度为5~2000 mPa•s。

溴 Bromine

〔$Br_2=159.81$〕

本品为深红色液体，有窒息性刺激臭；发烟，易挥发。与乙醇、三氯甲烷、乙醚、苯或二硫化碳能任意混合；在水中微溶。

溴化汞 Mercuric Bromide

〔$HgBr_2=360.40$〕

本品为白色结晶或结晶性粉末。在热乙醇、盐酸、氢溴酸或溴化钾溶液中易溶，在三氯甲烷或乙醚中微溶。

溴化钠 Sodium Bromide

〔$NaBr=102.89$〕

本品为白色结晶或粉末。在水中溶解，在乙醇中微溶。

溴化钾 Potassium Bromide

〔$KBr=119.00$〕

本品为白色结晶或粉末。在水、沸乙醇或甘油中溶解，在乙醇中微溶。

溴甲酚绿 Bromocresol Green

〔$C_{21}H_{14}Br_4O_5S=698.02$〕

本品为淡黄色或棕色粉末。在乙醇或稀碱溶液中溶解，在水中不溶。

溴酚蓝 Bromophenol Blue

〔$C_{19}H_{10}Br_4O_5S=669.97$〕

本品为黄色粉末。在乙醇、乙醚、苯或稀碱溶液中溶解，在水中微溶。

溴酸钾 Potassium Bromate

〔$KBrO_3=167.00$〕

本品为白色结晶或粉末。在水中溶解，在乙醇中不溶。

溴麝香草酚蓝 Bromothymol Blue

〔$C_{27}H_{28}Br_2O_5S=624.39$〕

本品为白色或淡红色结晶性粉末。在乙醇、稀碱溶液或氨溶液中易溶，在水中微溶。

叠氮钠 Sodium Azide

〔$NaN_3=65.01$〕

本品为白色结晶或粉末。剧毒。能溶于水及氨水，微溶于醇，不溶于醚。本品不稳定，遇碰撞易爆炸。

聚乙二醇戊二酸酯

〔$HO(CH_2CH_2OCO(CH_2)_3COO)_nH=600\sim800$〕

本品为棕黑色黏稠液体。在丙酮或三氯甲烷中溶解。

聚山梨酯80（吐温80） Polysorbate 80

本品为淡黄色至橙黄色的液体；微有特臭。在水、乙醇、甲醇或乙酸乙酯中易溶，在矿物油中极微溶。

蔗糖 Sucrose

〔$C_{12}H_{22}O_{11}=342.30$〕

本品为无色结晶或白色结晶性的松散粉末；无臭，味甜。在水中极易溶解，在乙醇中微溶，在三氯甲烷或乙醚中不溶。

酵母浸膏 Yeast Extract

本品为红黄色至棕色的粉末；有特臭，但无腐败臭。在水中溶解，溶液显弱酸性。

〔检查〕氯化物　本品含氯化物以NaCl计算，不得过5%。

含氮量　按干燥品计算，含氮量应为7.2%~9.5%。

可凝蛋白　取本品的水溶液（1→20），滤过后煮沸，不得发生沉淀。

干燥失重　不得过5.0%。

炽灼残渣不得过15%。

碱式硝酸铋 Bismuth Subnitrate

〔$4BiNO_3(OH)_2BiO(OH)=1461.99$〕

本品为白色粉末，质重；无臭，无味；稍有引湿性。在盐酸、硝酸、稀硫酸或醋酸中溶解，在水或乙醇中几乎不溶。

碱性品红 Fuchsin Basic（Magenta）

本品为深绿色结晶，有金属光泽。在水或乙醇中溶解，在乙醚中不溶。

碳酸钙 Calcium Carbonate

〔$CaCO_3=100.09$〕

本品为白色结晶性粉末。在酸中溶解，在水或乙醇中不溶。

碳酸钠 Sodium Carbonate

〔$Na_2CO_3 \cdot 10H_2O = 286.14$〕

本品为白色透明结晶。在水或甘油中溶解，在乙醇中不溶。

碳酸氢钠 Sodium Bicarbonate

〔$NaHCO_3 = 84.01$〕

本品为白色结晶性粉末。在水中溶解，在乙醇中不溶。

碳酸钾 Potassium Carbonate

〔$K_2CO_3 = 138.21$〕

本品为白色结晶粉末；有引湿性。在水中溶解，在乙醇中不溶。

碳酸铜（碱式） Cupric Carbonate（Basic）

〔$Cu(OH)_2CO_3$或$CuCO_3 \cdot Cu(OH)_2 = 221.12$〕

本品为绿色或蓝色无定形粉末或暗绿色结晶。有毒。在稀酸及氨溶液中溶解，在水和醇中不溶。

碳酸铵 Ammonium Carbonate

本品为碳酸氢铵与氨基甲酸铵的混合物，为白色半透明硬块或粉末；有氨臭。在水中溶解，在热水中分解，在乙醇或浓氨溶液中不溶。

镁粉 Magnesium

〔$Mg = 24.31$〕

本品为带金属光泽的银白色粉末。在酸中溶解，在水中不溶。

樟脑 Camphor

〔$C_{10}H_{16}O = 152.25$〕

本品为白色结晶性粉末或无色半透明的硬块，加少量的乙醇、三氯甲烷或乙醚，易研碎成细粉；有刺激性特臭，味初辛、后清凉；在室温中易挥发，燃烧时发生黑烟及有光的火焰。在三氯甲烷中极易溶解，在乙醇、乙醚、脂肪油或挥发油中易溶，在水中极微溶解。

樟脑油 Camphor Oil

本品为天然油类，具强烈樟脑臭。在乙醚或三氯甲烷中溶解，在乙醇中不溶。

醋酐 Acetic Anhydride

〔$(CH_3CO)_2O = 102.09$〕

本品为无色透明液体。与三氯甲烷、乙醚或冰醋酸能任意混合，与水混溶生成醋酸，与乙醇混溶生成乙酸乙酯。

醋酸 Acetic Acid

〔$CH_3COOH = 60.05$〕

本品为无色透明液体。含CH_3COOH为36%~37%（g/g）。与水、乙醇或乙醚能任意混合，在二硫化碳中不溶。

醋酸汞 Mercuric Acetate

〔$Hg(C_2H_3O_2)_2 = 318.68$〕

本品为白色结晶或粉末；有醋酸样特臭。在水及乙醇中溶解。

醋酸钠 Sodium Acetate

〔$NaC_2H_3O_2 \cdot 3H_2O = 136.08$〕

本品为白色透明结晶或白色颗粒；易风化。在水中溶解。

醋酸钾 Potassium Acetate

〔$KC_2H_3O_2 = 98.14$〕

本品为白色结晶或粉末；有引湿性。在水或乙醇中易溶。

醋酸铅 Lead Acetate

〔$Pb(C_2H_3O_2)_2 \cdot 3H_2O = 379.34$〕

本品为白色结晶或粉末。在水或甘油中易溶，在乙醇中溶解。

醋酸氧铀 Uranyl Acetate

〔$UO_2(C_2H_3O_2)_2 \cdot 2H_2O = 424.15$〕

本品为黄色结晶性粉末。在水中溶解，在乙醇中微溶。

醋酸铜 Cupric Acetate

〔$Cu(C_2H_3O_2)_2 \cdot H_2O = 199.65$〕

本品为暗绿色结晶。在水或乙醇中溶解，在乙醚或甘油中微溶。

醋酸铵 Ammonium Acetate

〔$NH_4C_2H_3O_2 = 77.08$〕

本品为白色颗粒或结晶，有引湿性。在水或乙醇中溶解，在丙酮中微溶。

醋酸联苯胺 Benzidine Acetate

〔$C_{14}H_{16}N_2O_2 = 244.29$〕

本品为白色或淡黄色结晶或粉末。在水、醋酸或盐酸中溶解，在乙醇中极微溶解。

醋酸锌 Zinc Acetate

〔$Zn(C_2H_3O_2)_2 \cdot 2H_2O = 219.51$〕

本品为白色结晶。在水或沸乙醇中易溶，在乙醇中微溶。

醋酸镁 Magnesium Acetate

〔$Mg(C_2H_3O_2)_2 = 142.39$〕

本品为白色结晶；有引湿性。在水或乙醇中易溶。

糊精 Dextrin

本品为白色或类白色的无定形粉末；无臭；味微甜。在沸水中易溶，在乙醇或乙醚中不溶。

橙黄 Ⅳ（金莲橙OO） Orange Ⅳ（Tropaeolin OO）

〔$C_{18}H_{14}N_3NaO_3S = 375.38$〕

本品为黄色粉末。在水或乙醇中溶解。

磺基水杨酸 Sulfosalicylic Acid

〔$C_7H_6O_6S \cdot 2H_2O = 254.22$〕

本品为白色结晶或结晶性粉末；遇微量铁时即变粉红色，高温时分解成酚或水杨酸。在水或乙醇中易溶，在乙醚中溶解。

磷钨酸 Phosphotungstic Acid

〔$P_2O_5 \cdot 20WO_3 \cdot 28H_2O = 5283.34$〕

本品为白色或淡黄色结晶。在水、乙醇或乙醚中溶解。

磷钼酸 Phosphomolybdic Acid

〔$P_2O_5 \cdot 20MoO_3 \cdot 51H_2O = 3939.49$〕

本品为鲜黄色结晶。在水、乙醇或乙醚中溶解。

磷酸 Phosphoric Acid

〔$H_3PO_4 = 98.00$〕

本品为无色透明的黏稠状液体；有腐蚀性。在水中溶解。

磷酸二氢钠 Sodium Dihydrogen Phosphate

〔$NaH_2PO_4 \cdot H_2O = 137.99$〕

本品为白色结晶或颗粒。在水中易溶，在乙醇中几乎不溶。

磷酸二氢钾 Potassium Dihydrogen Phosphate

〔$KH_2PO_4 = 136.09$〕

本品为白色结晶或结晶性粉末。在水中溶解，在乙醇中不溶。

磷酸三钙 Calcium Orthophosphate

〔$Ca_3(PO_4)_2 = 310.20$〕

本品为白色无定形粉末；无味；在空气中稳定，在热水中分解。在稀盐酸或硝酸中溶解，在水、乙醇或醋酸中几乎不溶。

磷酸氢二钠 Disodium Hydrogen Phosphate

〔$Na_2HPO_4 \cdot 12H_2O = 358.14$〕

本品为白色结晶或颗粒状粉末；易风化。在水中溶解，在乙醇中不溶。

磷酸氢二钾 Dipotassium Hydrogen Phosphate

〔$K_2HPO_4 = 174.18$〕

本品为白色颗粒或结晶性粉末。在水中易溶，在乙醇中微溶。

糠醛 Furfural

〔$C_5H_4O_2 = 96.09$〕

本品为无色或淡黄色油状液体；置空气中或见光易变为棕色。与水、乙醇或乙醚能任意混合。

鞣酸 Tannic Acid

〔$C_{76}H_{52}O_{46} = 1701.22$〕

本品为淡黄色至淡棕色粉末，质疏松；有特臭；置空气中或见光逐渐变深。在水或乙醇中溶解。

麝香草酚酞 Thymolphthalein

〔$C_{28}H_{30}O_4 = 430.54$〕

本品为白色粉末。在乙醇中溶解，在水中不溶。

麝香草酚蓝 Thymol Blue

〔$C_{27}H_{30}O_5S = 466.60$〕

本品为棕绿色结晶性粉末。在乙醇中溶解，在水中不溶。

8002 试液

乙醇制氢氧化钾试液 可取用乙醇制氢氧化钾滴定液（0.5mol/L）。

乙醇制氨试液 取无水乙醇，加浓氨试液使100ml中含NH_3 9～11g，即得。本液应置橡皮塞瓶中保存。

乙醇制硫酸试液 取硫酸57ml，加乙醇稀释至1000ml，即得。本液含H_2SO_4应为9.5%～10.5%。

乙醇制溴化汞液 取溴化汞2.5g，加乙醇50ml，微热使溶解，即得。本液应置玻璃塞瓶内，在暗处保存。

二乙基二硫代氨基甲酸银试液 取二乙基二硫代氨基甲酸银0.25g，加三氯甲烷适量与三乙胺

1.8ml，加三氯甲烷至100ml，搅拌使溶解，放置过夜，用脱脂棉滤过，即得。本液应置棕色玻璃瓶中，密塞，置阴凉处保存。

二硝基苯试液　取间二硝基苯2g，加乙醇使溶解成100ml，即得。

二硝基苯甲酸试液　取3,5-二硝基苯甲酸1g，加乙醇使溶解成100ml，即得。

二硝基苯肼乙醇试液　取2,4-二硝基苯肼1g，加乙醇1000ml使溶解，再缓缓加入盐酸10ml，摇匀，即得。

二硝基苯肼试液　取2,4-二硝基苯肼1.5g，加硫酸溶液（1→2）20ml，溶解后，加水使成100ml，滤过，即得。

三硝基苯酚试液　本液为三硝基苯酚的饱和水溶液。

三氯化铁试液　取三氯化铁9g，加水使溶解成100ml，即得。

三氯化铝试液　取三氯化铝1g，加乙醇使溶解成100ml，即得。

三氯化锑试液　本液为三氯化锑饱和的三氯甲烷溶液。

水合氯醛试液　取水合氯醛50g，加水15ml与甘油10ml使溶解，即得。

甘油乙醇试液　取甘油、稀乙醇各1份，混合，即得。

甘油醋酸试液　取甘油、50%醋酸与水各等份，混合，即得。

甲醛试液　取用"甲醛溶液"。

四苯硼钠试液　取四苯硼钠0.1g，加水使溶解成100ml，即得。

对二甲氨基苯甲醛试液　取对二甲氨基苯甲醛0.125g，加无氮硫酸65ml与水35ml的冷混合液溶解后，加三氯化铁试液0.05ml，摇匀，即得。本液配制后在7日内应用。

亚铁氰化钾试液　取亚铁氰化钾1g，加水10ml使溶解，即得。本液应临用新制。

亚硝基铁氰化钠试液　取亚硝基铁氰化钠1g，加水使溶解成20ml，即得。本液应临用新制。

亚硝酸钠乙醇试液　取亚硝酸钠5g，加60%乙醇使溶解成1000ml，即得。

亚硝酸钴钠试液　取亚硝酸钴钠10g，加水使溶解成50ml，滤过，即得。

过氧化氢试液　取浓过氧化氢溶液（30%），加水稀释成3%的溶液，即得。

苏丹Ⅲ试液　取苏丹Ⅲ 0.01g，加90%乙醇5ml溶解后，加甘油5ml，摇匀，即得。本液应置棕色的玻璃瓶内保存，在2个月内应用。

吲哚醌试液　取α,β-吲哚醌0.1g，加丙酮10ml溶解后，加冰醋酸1ml，摇匀，即得。

钌红试液　取10%醋酸钠溶液1～2ml，加钌红适量使呈酒红色，即得。本液应临用新制。

间苯三酚试液　取间苯三酚0.5g，加乙醇使溶解成25ml，即得。本品应置玻璃塞瓶内，在暗处保存。

间苯三酚盐酸试液　取间苯三酚0.1g，加乙醇1ml，再加盐酸9ml，混匀。本液应临用时新制。

茚三酮试液　取茚三酮2g，加乙醇使溶解成100ml，即得。

钒酸铵试液　取钒酸铵0.25g，加水使溶解成100ml，即得。

变色酸试液　取变色酸钠50mg，加硫酸与水的冷混合液（9∶4）100ml使溶解，即得。本液应临用新制。

草酸铵试液　取草酸铵3.5g，加水使溶解成100ml，即得。

茴香醛试液　取茴香醛0.5ml，加醋酸50ml使溶解，加硫酸1ml，摇匀，即得。本液应临用新制。

钨酸钠试液　取钨酸钠25g，加水72ml溶解后，加磷酸2ml，摇匀，即得。

品红亚硫酸试液　取碱性品红0.2g，加热水100ml溶解后，放冷，加亚硫酸钠溶液（1→10）

20ml、盐酸2ml，用水稀释至200ml，加活性炭0.1g，搅拌并迅速滤过，放置1小时以上，即得。本液应临用新制。

香草醛试液 取香草醛0.1g，加盐酸10ml使溶解，即得。

香草醛硫酸试液 取香草醛0.2g，加硫酸10ml使溶解，即得。

氢氧化钙试液 取氢氧化钙3g，置玻璃瓶中，加水1000ml，密塞。时时猛力振摇，放置1小时，即得。用时倾取上清液。

氢氧化钠试液 取氢氧化钠4.3g，加水溶解成100ml，即得。

氢氧化钡试液 取氢氧化钡，加新沸过的冷水使成饱和溶液，即得。本液应临用新制。

氢氧化钾试液 取氢氧化钾6.5g，加水使溶解成100ml，即得。

重铬酸钾试液 取重铬酸钾7.5g，加水使溶解成100ml，即得。

重氮对硝基苯胺试液 取对硝基苯胺0.4g，加稀盐酸20ml与水40ml使溶解，冷却至15℃，缓缓加入10%亚硝酸钠溶液，至取溶液1滴能使碘化钾淀粉试纸变为蓝色，即得。本液应临用新制。

重氮苯磺酸试液 取对氨基苯磺酸1.57g，加水80ml与稀盐酸10ml，在水浴上加热溶解后，放冷至15℃，缓缓加入亚硝酸钠溶液（1→10）6.5ml，随加随搅拌，再加水稀释至100ml，即得。本液应临用新制。

盐酸羟胺试液 取盐酸羟胺3.5g，加60%乙醇使溶解成100ml，即得。

钼硫酸试液 取钼酸铵0.1g，加硫酸10ml使溶解，即得。

钼酸铵试液 取钼酸铵10g，加水使溶解成100ml，即得。

钼酸铵硫酸试液 取钼酸铵2.5g，加硫酸15ml，加水使溶解成100ml，即得。本液配制后两周内应用。

铁氰化钾试液 取铁氰化钾1g，加水10ml使溶解，即得。本液应临用新制。

氨试液 取浓氨溶液400ml，加水使成1000ml，即得。

浓氨试液 取用"浓氨溶液"。

氨制硝酸银试液 取硝酸银1g，加水20ml溶解后，滴加氨试液，随加随搅拌，至初起的沉淀将近全溶，滤过，即得。本液应置棕色瓶内，在暗处保存。

氨制氯化铜试液 取氯化铜22.5g，加水200ml溶解后，加浓氨试液100ml，摇匀，即得。

高锰酸钾试液 可取用高锰酸钾滴定液（0.02mol/L）。

高氯酸试液 取70%高氯酸13ml，加水500ml，用70%高氯酸精确调至pH0.5，即得。

高氯酸铁试液 取70%高氯酸10ml，缓缓分次加入铁粉0.8g，微热使溶解，放冷，加无水乙醇稀释至100ml，即得。用时取上清液20ml，加70%高氯酸6ml，用无水乙醇稀释至500ml。

α-萘酚试液 取15%的α-萘酚乙醇溶液10.5ml，缓缓加硫酸6.5ml，混匀后再加乙醇40.5ml及水4ml，混匀，即得。

硅钨酸试液 取硅钨酸10g，加水使溶解成100ml，即得。

硝铬酸试液 （1）取硝酸10ml，加入100ml水中，混匀。

（2）取三氧化铬10g，加水100ml使溶解。

用时将两液等量混合，即得。

硝酸汞试液 取黄氧化汞40g，加硝酸32ml与水15ml使溶解，即得。

本液应置玻璃塞瓶内，在暗处保存。

硝酸银试液 可取用硝酸银滴定液（0.1mol/L）。

硫化氢试液 本液为硫化氢的饱和水溶液。本液置棕色瓶内，在暗处保存。本液如无明显的硫化氢臭，或与等容的三氯化铁试液混合时不能生成大量的硫黄沉淀，即不适用。

硫化钠试液 取硫化钠1g，加水使溶解成10ml，即得。本液应临用新制。

硫代乙酰胺试液 取硫代乙酰胺4g，加水使溶解成100ml，置冰箱中保存。临用前取1.0ml，加入混合液（由1mol/L氢氧化钠溶液15ml、水5.0ml及甘油20ml组成）5.0ml，置水浴上加热20秒钟，冷却，立即使用。

硫脲试液 取硫脲10g，加水使溶解成100ml，即得。

硫氰酸汞铵试液 取硫氰酸铵5g与二氯化汞4.5g，加水使溶解成100ml，即得。

硫氰酸铵试液 取硫氰酸铵8g，加水使溶解成100ml，即得。

硫酸亚铁试液 取硫酸亚铁结晶8g，加新沸过的冷水100ml使溶解，即得。本液应临用新制。

硫酸汞试液 取黄氧化汞5g，加水40ml后，缓缓加硫酸20ml，随加随搅拌，再加水40ml，搅拌使溶解，即得。

硫酸铜试液 取硫酸铜12.5g，加水使溶解成100ml，即得。

硫酸镁试液 取未风化的硫酸镁结晶12g，加水使溶解成100ml，即得。

紫草试液 取紫草粗粉10g，加90%乙醇100ml，浸渍24小时后，滤过，滤液中加入等量的甘油，混合，放置2小时，滤过，即得。本液应置棕色玻璃瓶中，在2个月内应用。

氯试液 本液为氯的饱和水溶液。本液应临用新制。

氯化亚锡试液 取氯化亚锡1.5g，加水10ml与少量的盐酸使溶解，即得。本液应临用新制。

氯化金试液 取氯化金1g，加水35ml使溶解，即得。

氯化钙试液 取氯化钙7.5g，加水使溶解成100ml，即得。

氯化钠明胶试液 取白明胶1g与氯化钠10g，加水100ml，置不超过60℃的水浴上微热使溶解。本液应临用新制。

氯化钡试液 取氯化钡的细粉5g，加水使溶解成100ml，即得。

氯铂酸试液 取氯铂酸2.6g，加水使溶解成20ml，即得。

氯化铵试液 取氯化铵10.5g，加水使溶解成100ml，即得。

氯化铵镁试液 取氯化镁5.5g与氯化铵7g，加水65ml溶解后，加氨试液35ml，置玻璃瓶中，放置数日后，滤过，即得。本液如显浑浊，应滤过后再用。

氯化锌碘试液 取氯化锌20g，加水10ml使溶解，加碘化钾2g溶解后，再加碘使饱和，即得。本液应置棕色玻璃瓶内保存。

氯酸钾试液 本液为氯酸钾的饱和硝酸溶液。

稀乙醇 取乙醇529ml，加水稀释至1000ml，即得。本液在20℃时含C_2H_5OH应为49.5%～50.5%（ml/ml）。

稀甘油 取甘油33ml，加水稀释使成100ml，再加樟脑一小块或液化苯酚1滴，即得。

稀盐酸 取盐酸234ml，加水稀释至1000ml，即得。本液含HCl应为9.5%～10.5%。

稀硝酸 取硝酸105ml，加水稀释至1000ml，即得。本液含HNO_3应为9.5%～10.5%。

稀硫酸 取硫酸57ml，加水稀释至1000ml，即得。本液含H_2SO_4应为9.5%～10.5%。

稀醋酸 取冰醋酸60ml，加水稀释至1000ml，即得。

碘试液 可取用碘滴定液（0.05mol/L）。

碘化汞钾试液 取二氯化汞1.36g，加水60ml使溶解，另取碘化钾5g，加水10ml使溶解，将二液混合，加水稀释至100ml，即得。

碘化钾试液 取碘化钾16.5g，加水使溶解成100ml，即得。本液应临用新制。

碘化钾碘试液 取碘0.5g与碘化钾1.5g，加水25ml使溶解，即得。

碘化铋钾试液 取碱式硝酸铋0.85g，加冰醋酸10ml与水40ml溶解后，加碘化钾溶液（4→10）20ml，摇匀，即得。

改良碘化铋钾试液 取碘化铋钾试液1ml，加0.6mol/L盐酸溶液2ml，加水至10ml，即得。

稀碘化铋钾试液 取碱式硝酸铋0.85g，加冰醋酸10ml与水40ml溶解后，即得。临用前分取5ml，加碘化钾溶液（4→10）5ml，再加冰醋酸20ml，用水稀释至100ml，即得。

硼酸试液 本液为硼酸饱和的丙酮溶液。

溴百里香酚蓝试液 取溴百里香酚蓝0.3g，加1mol/L的氢氧化钠溶液5ml使溶解，加水稀释至1000ml，即得。

溴试液 取溴2~3ml，置用凡士林涂塞的玻璃瓶中，加水100ml，振摇使成饱和的溶液，即得。本液应置暗处保存。

福林试液 取钨酸钠10g与钼酸钠2.5g，加水70ml、85%磷酸5ml，置200ml烧瓶中，缓缓加热回流10小时，放冷，再加硫酸锂15g、水5ml与溴滴定液1滴煮沸约15分钟，至溴除尽，放冷置室温。加水使成100ml，滤过，作为贮备液。置棕色瓶中，于冰箱中保存。临用前，取贮备液2.5ml，加水稀释至10ml，摇匀，即得。

福林酚试液 福林酚试液A 取4%碳酸钠溶液与0.2mol/L的氢氧化钠溶液等体积混合（溶液甲）；取0.04mol/L硫酸铜溶液与2%酒石酸钠溶液等体积混合（溶液乙），用时将溶液甲、溶液乙两种溶液按50:1混合，即得。

福林酚试液B 取钨酸钠100g、钼酸钠25g，加水700ml、85%磷酸50ml与盐酸100ml，置磨口圆底烧瓶中，缓缓加热回流10小时，放冷，再加硫酸锂150g、水50ml和溴数滴，加热煮沸15分钟，冷却，加水稀释至1000ml，滤过，滤液作为贮备液，置棕色瓶中。临用前加水一倍，摇匀，即得。

酸性氯化亚锡试液 氯化亚锡20g，加盐酸使溶解成50ml，滤过，即得。本液配制后3个月内应用。

碱式醋酸铅试液 取一氧化铅14g，加水10ml，研磨成糊状，用水10ml洗入玻璃瓶中，加醋酸铅22g的水溶液70ml，用力振摇5分钟后，时时振摇，放置7天，滤过，加新沸过的冷水使成100ml，即得。

碱性三硝基苯酚试液 取1%三硝基苯酚溶液20ml，加5%氢氧化钠溶液10ml，用水稀释至100ml，即得。本液应临用新制。

碱性盐酸羟胺试液 （1）取氢氧化钠12.5g，加无水甲醇使溶解成100ml。

（2）取盐酸羟胺12.5g，加无水甲醇100ml，加热回流使溶解。

用时将两液等量混合，滤过，即得。本液应临用新制，配制后4小时内应用。

碱性酒石酸铜试液 （1）取硫酸铜结晶6.93g，加水使溶解成100ml。

（2）取酒石酸钾钠结晶34.6g与氢氧化钠10g，加水使溶解100ml。

用时将二液等量混合，即得。

碱性*β*-萘酚试液 取*β*-萘酚0.25g，加氢氧化钠溶液（1→10）10ml使溶解，即得。本液应临用新制。

碱性碘化汞钾试液 取碘化钾10g，加水10ml溶解后，缓缓加入二氯化汞的饱和水溶液，随加随搅拌，至生成的红色沉淀不再溶解，加氢氧化钾30g，溶解后，再加二氯化汞的饱和水溶液1ml或1ml以上，并用适量的水稀释使成200ml，静置，使沉淀，即得。用时倾取上层的澄明液应用。

〔检查〕 取本液2ml，加入含氨0.05mg的水50ml中，应即时显黄棕色。

碳酸钠试液 取一水合碳酸钠12.5g或无水碳酸钠10.5g，加水使溶解成100ml，即得。

碳酸氢钠试液 取碳酸氢钠5g，加水使溶解成100ml，即得。

碳酸铵试液 取碳酸铵20g与氨试液20ml，加水使溶解成100ml，即得。

醋酸汞试液 取醋酸汞5g，研细，加温热的冰醋酸使溶解成100ml，即得。

本液应置棕色玻璃瓶中，密闭保存。

醋酸铅试液 取醋酸铅10g，加新沸过的冷水溶解后，滴加醋酸使溶液澄清，再加新沸过的冷水使成100ml，即得。

醋酸氧铀锌试液 取醋酸氧铀10g，加冰醋酸5ml与水50ml，微热使溶解，另取醋酸锌30g，加冰醋酸3ml与水30ml，微热使溶解，将二液混合，放冷，滤过，即得。

醋酸铵试液 取醋酸铵10g，加水使溶解成100ml，即得。

镧试液 取氧化镧（La_2O_3）5g，用水润湿，缓慢加盐酸25ml使溶解，并用水稀释成100ml，静置过夜，即得。

磷钨酸试液 取磷钨酸1g，加水使溶解成100ml，即得。

磷钼钨酸试液 取钨酸钠100g、钼酸钠25g，加水700ml使溶解，加盐酸100ml、磷酸50ml，加热回流10小时，放冷，再加硫酸锂150g、水50ml和溴0.2ml，煮沸除去残留的溴（约15分钟），冷却，加水稀释至1000ml，滤过，即得。本液不得显绿色（如放置后变为绿色，可加溴0.2ml，煮沸除去多余的溴即可）。

磷钼酸试液 取磷钼酸5g，加无水乙醇使溶解成100ml，即得。

磷酸氢二钠试液 取磷酸氢二钠结晶12g，加水使溶解成100ml，即得。

糠醛试液 取糠醛1ml，加水使溶解成100ml，即得。本液应临用新制。

鞣酸试液 取鞣酸1g，加乙醇1ml，加水溶解并稀释至100ml，即得。本液应临用新制。

8003 试纸

二氯化汞试纸 取滤纸条浸入二氯化汞的饱和溶液中，1小时后取出，在暗处用60℃干燥，即得。

三硝基苯酚试纸 取滤纸条浸入三硝基苯酚的饱和水溶液中，湿润后，取出，阴干，即得。临用时，浸入碳酸钠溶液（1→10）中，使均匀湿润。

刚果红试纸 取滤纸条浸入刚果红指示液中，湿透后，取出晾干，即得。

红色石蕊试纸 取滤纸条浸入石蕊指示液中，加极少量的盐酸使成红色，取出，干燥，即得。

〔检查〕灵敏度 取0.1mol/L氢氧化钠溶液0.5ml，置烧杯中，加新沸过的冷水100ml，混合后，投入10~12mm宽的红色石蕊试纸一条，不断搅拌，30秒钟内，试纸应即变色。

姜黄试纸 取滤纸条浸入姜黄指示液中，湿透后，置玻璃板上，在100℃干燥，即得。

硝酸汞试纸 取硝酸汞的饱和溶液45ml，加硝酸1ml，摇匀，将滤纸条浸入此溶液中，湿透后，取出晾干，即得。

蓝色石蕊试纸 取滤纸条浸入石蕊指示液中，湿透后，取出，干燥，即得。

〔检查〕灵敏度 取0.1mol/L盐酸溶液0.5ml，置烧杯中，加新沸过的冷水100ml，混合后，投入10~12mm宽的红色石蕊试纸一条，不断搅拌，45秒钟内，试纸应即变色。

碘化钾淀粉试纸 取滤纸条浸入含有碘化钾0.5g的新制的淀粉指示液100ml中，湿透后，取出，干燥，即得。

溴化汞试纸 取滤纸条浸入乙醇制溴化汞试液中，1小时后取出，在暗处干燥，即得。

醋酸铅试纸 取滤纸条浸入醋酸铅试液中，湿透后，取出，在100℃干燥，即得。

醋酸铜联苯胺试纸 取醋酸联苯胺的饱和溶液9ml，加水7m1与0.3%醋酸铜溶液16ml，将滤纸条浸入此溶液中，湿透后，取出，晾干，即得。

8004 缓冲液

邻苯二甲酸氢钾-氢氧化钠缓冲液（pH5.0） 取0.2mol/L的邻苯二甲酸氢钾100ml，用0.2mol/L氢氧化钠溶液约50ml调节pH值至5.0，即得。

枸橼酸-磷酸氢二钠缓冲液（pH4.0） 甲液：取枸橼酸21g或无水枸橼酸19.2g，加水使溶解成1000ml，置冰箱中保存。乙液：取磷酸氢二钠71.63g，加水使溶解成1000ml。

取上述甲液61.45ml与乙液38.55ml混合，摇匀，即得。

枸橼酸-磷酸氢二钠缓冲液（pH7.0） 甲液：取枸橼酸21g或无水枸橼酸19.2g，加水使溶解成1000ml，置冰箱中保存。乙液：取磷酸氢二钠71.63g，加水使溶解成1000ml。

取上述甲液17.65ml与乙液82.35ml混合，摇匀，即得。

氨-氯化铵缓冲液（pH8.0） 取氯化铵1.07g，加水使溶解成100ml，再加稀氨溶液（1→30）调节值至8.0，即得。

氨-氯化铵缓冲液（pH10.0） 取氯化铵5.4g，加水20ml溶解后，加浓氨溶液35ml，再加水稀释至100ml，即得。

醋酸盐缓冲液（pH3.5） 取醋酸铵25g，加水25ml溶解后，加7mol/L盐酸溶液38ml，用2mol/L盐酸溶液或5mol/L氨溶液准确调节pH值至3.5（电位法指示），用水稀释至100ml，即得。

醋酸-醋酸钠缓冲液（pH3.7） 取无水醋酸钠20g，加水300ml溶解后，加溴酚蓝指示液1ml及冰醋酸60～80ml，至溶液从蓝色转变为纯绿色，再加水稀释至1000ml，即得。

醋酸-醋酸钠缓冲液（pH4.5） 取醋酸钠18g，加冰醋酸9.8ml，再加水稀释至1000ml，即得。

醋酸-醋酸钠缓冲液（pH6.0） 取醋酸钠54.6g，加1mol/L醋酸溶液20ml溶解后，加水稀释至500ml，即得。

醋酸-醋酸铵缓冲液（pH4.5） 取醋酸铵7.7g，加水50ml溶解后，加冰醋酸6ml与适量的水使成100ml，即得。

醋酸-醋酸铵缓冲液（pH4.8） 取醋酸铵77g，加水约200ml使溶解，加冰醋酸57ml，再加水至1000ml，即得。

醋酸-醋酸铵缓冲液（pH6.0） 取醋酸铵100g，加水约300ml使溶解，加冰醋酸7ml，摇匀，即得。

磷酸盐缓冲液（pH6.8） 取0.2mol/L磷酸二氢钾溶液250ml，加0.2mol/L氢氧化钠溶液118ml，用水稀释至1000ml，即得。

磷酸盐缓冲液（含胰酶）（pH6.8） 取磷酸二氢钾6.8g，加水500ml使溶解，用0.1mol/L氢氧化钠溶液调节pH值至6.8；另取胰酶10g，加水适量使溶解，将两液混合后，加水稀释至1000ml，即得。

磷酸盐缓冲液（pH7.6） 取磷酸二氢钾27.22g，加水使溶解成1000ml，取50ml，加0.2mol/L氢氧化钠溶液42.4ml，再加水稀释至200ml，即得。

8005 指示剂与指示液

二甲酚橙指示液 取二甲酚橙0.2g，加水100ml使溶解，即得。本液应临用新制。

二苯胺磺酸钠指示液 取二苯胺磺酸钠0.2g，加水100ml使溶解，即得。

二苯偕肼指示液 取二苯偕肼1g，加乙醇100ml使溶解，即得。

儿茶酚紫指示液 取儿茶酚紫0.1g，加水100ml使溶解，即得。

变色范围 pH6.0～7.0～9.0（黄→紫→紫红）。

双硫腙指示液 取双硫腙50mg，加乙醇100ml使溶解，即得。

石蕊指示液 取石蕊粉末10g，加乙醇40ml，回流煮沸1小时，静置，倾去上层清液，再用同一方法处理两次，每次用乙醇30ml，残渣用水10ml洗涤，倾去洗液，再加水50ml煮沸，放冷，滤过，即得。

变色范围 pH4.5～8.0（红→蓝）。

甲酚红指示液 取甲酚红0.1g，加0.05mol/L氢氧化钠溶液5.3ml使溶解，再加水稀释至100ml，即得。

变色范围 pH7.2～8.8（黄→红）。

甲酚红-麝香草酚蓝混合指示液 取甲酚红指示液1份与0.1%麝香草酚蓝溶液3份，混合，即得。

甲基红指示液 取甲基红0.1g，加0.05mol/L氢氧化钠溶液7.4ml使溶解，再加水稀释至200ml，即得。

变色范围 pH4.2～6.3（红→黄）。

甲基红-亚甲蓝混合指示液 取0.1%甲基红的乙醇溶液20ml，加0.2%亚甲蓝溶液8ml，摇匀，即得。

甲基红-溴甲酚绿混合指示液 取0.1%甲基红的乙醇溶液20ml，加0.2%溴甲酚绿的乙醇溶液30ml，摇匀，即得。

甲基橙指示液 取甲基橙0.1g，加水100ml使溶解，即得。

变色范围 pH3.2～4.4（红→黄）。

甲基橙-二甲苯蓝FF混合指示液 取甲基橙与二甲苯蓝FF各0.1g，加乙醇100ml使溶解，即得。

刚果红指示液 取刚果红0.5g，加乙醇100ml使溶解，即得。

变色范围 pH3.0～5.0（蓝→红）。

邻二氮菲指示液 取硫酸亚铁0.5g，加水100ml使溶解，加硫酸2滴与邻二氮菲0.5g，摇匀，即得。本液应临用新制。

茜素磺酸钠指示液 取茜素磺酸钠0.1g，加水100ml使溶解，即得。

变色范围 pH3.7～5.2（黄→紫）。

荧光黄指示液 取荧光黄0.1g，加乙醇100ml使溶解，即得。

钙黄绿素指示剂 取钙黄绿素0.1g，加氯化钾10g，研磨均匀，即得。

钙紫红素指示剂 取钙紫红素0.1g，加无水硫酸钠10g，研磨均匀，即得。

姜黄指示液 取姜黄粉末20g，用水浸渍4次，每次100ml，除去水溶性物质后，残渣在100℃干燥，加乙醇100ml，浸渍数日，滤过，即得。

结晶紫指示液 取结晶紫0.5g，加冰醋酸100ml使溶解，即得。

酚酞指示液　取酚酞1g，加乙醇100ml使溶解，即得。

变色范围　pH8.3～10.0（无色→红）。

铬黑T指示剂　取铬黑T0.1g，加氯化钠10g，研磨均匀，即得。

淀粉指示液　取可溶性淀粉0.5g，加水5ml搅匀后，缓缓倾入100ml沸水中，随加随搅拌，继续煮沸2分钟，放冷，倾取上清液，即得。本液应临用新制。

硫酸铁铵指示液　取硫酸铁铵8g，加水100ml使溶解，即得。

溴酚蓝指示液　取溴酚蓝0.1g，加0.05mol/L氢氧化钠溶液3.0ml使溶解，再加水稀释至200ml，即得。

变色范围　pH2.8～4.6（黄→蓝绿）。

溴麝香草酚蓝指示液　取溴麝香草酚蓝0.1g，加0.05mol/L氢氧化钠溶液3.2ml使溶解，再加水稀释至200ml，即得。

变色范围　pH6.0～7.6（黄→蓝）。

麝香草酚酞指示液　取麝香草酚酞0.1g，加乙醇100ml使溶解，即得。

变色范围　pH9.3～10.5（无色→蓝）。

麝香草酚蓝指示液　取麝香草酚蓝0.1g，加0.05mol/L氢氧化钠溶液4.3ml使溶解，再加水稀释至200ml，即得。

变色范围　pH1.2～2.8（红→黄）；pH8.0～9.6（黄→紫蓝）。

8006 滴定液

乙二胺四醋酸二钠滴定液（0.05mol/L）

$C_{10}H_{14}N_2Na_2O_8 \cdot 2H_2O = 372.24$　　　　　　　　　　　　　　　18.61g→1000ml

【配制】　取乙二胺四醋酸二钠19g，加适量的水使溶解成1000ml，摇匀。

【标定】　取于约800℃灼烧至恒重的基准氧化锌0.12g，精密称定，加稀盐酸3ml使溶解，加水25ml，加0.025%甲基红的乙醇溶液1滴，滴加氨试液至溶液显微黄色，加水25ml与氨-氯化铵缓冲液（pH10.0）10ml，再加铬黑T指示剂少量，用本液滴定至溶液由紫色变为纯蓝色，并将滴定的结果用空白试验校正，每1ml乙二胺四醋酸二钠滴定液（0.05mol/L）相当于4.069mg的氧化锌。根据本液的消耗量与氧化锌的取用量，算出本液的浓度，即得。

【贮藏】　置玻璃塞瓶中，避免与橡皮塞、橡皮管等接触。

乙醇制氢氧化钾滴定液（0.5mol/L）

$KOH = 56.11$　　　　　　　　　　　　　　　　　　　　　　　　28.06g→1000ml

【配制】　取氢氧化钾35g，置锥形瓶中，加无醛乙醇适量使溶解并稀释成1000ml，用橡皮塞密塞，静置24小时后，迅速倾取上清液，置具橡皮塞的棕色玻璃瓶中。

【标定】　精密量取盐酸滴定液（0.5mol/L）25ml，加水50ml稀释后，加酚酞指示液数滴，用本液滴定。根据本液的消耗量，算出本液的浓度，即得。

本液临用前应标定浓度。

【贮藏】 置橡皮塞的棕色玻瓶中，密闭保存。

四苯硼钠滴定液（0.02mol/L）

$(C_6H_5)_4BNa=342.22$ $6.845g\rightarrow1000ml$

【配制】 取四苯硼钠7.0g，加水50ml振摇使溶解，加入新配制的氢氧化铝凝胶（取三氯化铝1.0g，溶于25ml水中，在不断搅拌下缓缓滴加氢氧化钠试液至pH8～9），加氯化钠16.6g，充分搅匀，加水250ml，振摇15分钟，静置10分钟，滤过，滤液中滴加氢氧化钠试液至pH8～9，再加水稀释至1000ml，摇匀。

【标定】 精密量取本液10ml，加醋酸-醋酸钠缓冲液（pH3.7）10ml与溴酚蓝指示液0.5ml，用烃铵盐滴定液（0.01mol/L）滴定至蓝色，并将滴定的结果用空白试验校正。根据烃铵盐滴定液（0.01mol/L）消耗量，算出本液的浓度，即得。

本液临用前应标定浓度。

如需用四苯硼钠滴定液（0.01mol/L）时，可取四苯硼钠滴定液（0.02mol/L）在临用前加水稀释制成。必要时标定浓度。

【贮藏】 置棕色玻瓶中，密闭保存。

甲醇钠滴定液（0.1mol/L）

$CH_3ONa=54.02$ $5.402g\rightarrow1000ml$

【配制】 取无水甲醇（含水量0.2%以下）150ml，置于冰水冷却的容器中，分次加入新切的金属钠2.5g，俟完全溶解后，加无水苯（含水量0.02%以下）适量，使成1000ml，摇匀。

【标定】 取在五氧化二磷干燥器中减压干燥至恒重的基准苯甲酸约0.4g，精密称定，加无水甲醇15ml使溶解，加无水苯5ml与1%麝香草酚蓝的无水甲醇溶液1滴，用本液滴定至蓝色，并将滴定的结果用空白试验校正。每1ml甲醇钠滴定液（0.1mol/L）相当于12.21mg的苯甲酸。根据本液的消耗量与苯甲酸的取用量，算出本液的浓度，即得。

本液标定时应注意防止二氧化碳的干扰和溶剂的挥发，每次临用前均应重新标定。

【贮藏】 置密闭的附有滴定装置的容器内，避免与空气中的二氧化碳及湿气接触。

亚硝酸钠滴定液（0.1mol/L）

$NaNO_2=69.00$ $6.900g\rightarrow1000ml$

【配制】 取亚硝酸钠约7.2g，加无水碳酸钠（Na_2CO_3）0.10g，加水适量使溶解成1000ml，摇匀。

【标定】 取在120℃干燥至恒重的基准对氨基苯磺酸约0.5g，精密称定，加水30ml及浓氨试液3ml，溶解后，加盐酸（1→2）20ml，搅拌，在30℃以下用本液迅速滴定，滴定时将滴定管尖端插入液面下约2/3处，随滴随搅拌；至近终点时，将滴定管尖端提出液面，用少量水洗涤尖端。洗液并入溶液中，继续缓缓滴定，用永停滴定法（附录0701）指示终点。

每1ml亚硝酸钠滴定液（0.1mol/L）相当于17.32mg的对氨基苯磺酸。根据本液的消耗量与对氨基苯磺酸的取用量，算出本液的浓度，即得。

如需用亚硝酸钠滴定液（0.05mol/L）时，可取亚硝酸钠滴定液（0.1mol/L）加水稀释制成，必要时标定浓度。

【贮藏】 置玻璃塞的棕色玻瓶中，密闭保存。

草酸滴定液（0.05mol/L）

$C_2H_2O_4 \cdot 2H_2O = 126.07$ 6.304g→1000ml

【配制】 取草酸6.4g，加水适量使溶解成1000ml，摇匀。

【标定】 精密量取本液25ml，加水200ml与硫酸10ml，用高锰酸钾滴定液（0.02mol/L）滴定，至近终点时，加热至65℃，继续滴定至溶液显微红色，并保持30秒钟不褪；当滴定终了时，溶液温度应不低于55℃。根据高锰酸钾滴定液（0.02mol/L）的消耗量，算出本液的浓度，即得。

如需用草酸滴定液（0.25mol/L）时，可取草酸约32g，照上法配制与标定，但改用高锰酸钾滴定液（0.1mol/L）滴定。

【贮藏】 置玻璃塞的棕色玻璃瓶中，密闭保存。

氢氧化四丁基铵滴定液（0.1mol/L）

$(C_4H_9)_4NOH = 259.48$ 25.95g→1000ml

【配制】 取碘化四丁基铵40g，置具塞锥形瓶中，加无水甲醇90ml使溶解，置冰浴中放冷，加氧化银细粉20g，密塞，剧烈振摇60分钟，取此混合液数毫升，离心，取上清液检查碘化物，若显碘化物正反应，则在上述混合液中再加氧化银2g，剧烈振摇30分钟后，再做碘化物试验，直至无碘化物反应为止。混合液用垂熔玻璃滤器滤过，容器和垂熔玻璃滤器用无水甲苯洗涤3次，每次50ml；合并洗液和滤液，用无水甲苯-无水甲醇（3：1）稀释至1000ml。摇匀，并通入不含二氧化碳的干燥氮气10分钟。若溶液不澄清，可再加少量无水甲醇。

【标定】 取在五氧化二磷干燥器中减压干燥至恒重的基准苯甲酸约90mg，精密称定，加二甲基甲酰胺10ml使溶解，加0.3%麝香草酚蓝的无水甲醇溶液3滴，用本液滴定至蓝色（以电位法校对终点），并将滴定的结果用空白试验校正。每1ml氢氧化四丁基铵滴定液（0.1mol/L）相当于12.21mg的苯甲酸。根据本液的消耗量与苯甲酸的取用量，算出本液的浓度，即得。

【贮藏】 置密闭的容器内，避免与空气中的二氧化碳及湿气接触。

氢氧化钠滴定液（1mol/L、0.5mol/L或0.1mol/L）

$NaOH = 40.00$ 40.00g→1000ml；20.00g→1000ml

                     4.00g→1000ml

【配制】 取氢氧化钠液适量，加水振摇使溶解成饱和溶液。冷却后，置聚乙烯塑料瓶中，静置数日，澄清后备用。

氢氧化钠滴定液（1mol/L）取澄清的氢氧化钠饱和液56ml，加新沸过的冷水使成1000ml，摇匀。

氢氧化钠滴定液（0.5mol/L）取澄清的氢氧化钠饱和液28ml，加新沸过的冷水使成1000ml。

氢氧化钠滴定液（0.1mol/L）取澄清的氢氧化钠饱和液5.6ml，加新沸过的冷水使成1000ml。

【标定】 氢氧化钠滴定液（1mol/L）取在105℃干燥至恒重的基准邻苯二甲酸氢钾约6g，精密称定，加新沸过的冷水50ml，振摇，使其尽量溶解，加酚酞指示液2滴，用本液滴定；在接近终点时，应使邻苯二甲酸氢钾完全溶解，滴定至溶液显粉红色。每1ml氢氧化钠滴定液（1mol/L）相当于204.2mg的邻苯二甲酸氢钾。根据本液的消耗量与邻苯二甲酸氢钾的取用量，算出本液的浓度，即得。

氢氧化钠滴定液（0.5mol/L）取在105℃干燥至恒重的基准邻苯二甲酸氢钾3g，照上法标定。每1ml氢氧化钠滴定液（0.5mol/L）相当于102.1mg的邻苯二甲酸氢钾。

氢氧化钠滴定液（0.1mol/L）取在105℃干燥至恒重的基准邻苯二甲酸氢钾约0.6g，照上法标定。每1ml氢氧化钠滴定液（0.1mol/L）相当于20.42mg的邻苯二甲酸氢钾。

如需要用氢氧化钠滴定液（0.05mol/L、0.02mol/L或0.01mol/L）时，可取氢氧化钠滴定液（0.1mol/L），加新沸过的冷水稀释制成，必要时可用盐酸滴定液（0.05mol/L、0.02mol/L或0.01mol/L）标定浓度。

【贮藏】 置聚乙烯塑料瓶中，密封保存；塞中有2孔，孔内各插入玻璃管一支，一管与钠石灰管相连，一管供吸出本液使用。

重铬酸钾滴定液（0.01667mol/L）

$K_2Cr_2O_7=294.18$　　　　　　　　　　　　　　　　　　　　4.903g→1000ml

【配制】 取基准重铬酸钾，在120℃干燥至恒重后，称取4.903g，置1000ml量瓶中，加水适量使溶解并稀释至刻度，摇匀，即得。

烃铵盐滴定液（0.01mol/L）

【配制】 取氯化二甲基苄基烃铵3.8g，加水溶解后，加醋酸-醋酸钠缓冲液（pH3.7）10 ml，再加水稀释成1000ml，摇匀。

【标定】 取在150℃干燥1小时的分析纯氯化钾约0.18g，精密称定，置250ml量瓶中，加醋酸-醋酸钠缓冲液（pH3.7）使溶解并稀释至刻度，摇匀，精密量取20ml，置50ml量瓶中，精密加入四苯硼钠滴定液（0.02mol/L）25ml，用水稀释至刻度，摇匀，经干燥滤纸滤过，精密量取续滤液25ml，置150ml锥形瓶中，加溴酚蓝指示液0.5ml。用本液滴定至蓝色，并将滴定的结果用空白试验校正。每1ml烃铵盐滴定液（0.01mol/L）相当于0.7455mg的氯化钾。

盐酸滴定液（1mol/L、0.5mol/L、0.2mol/L或0.1mol/L）

HCl＝36.46　　　　　　　　　　　　　　　36.46→1000ml；18.23g→1000ml
　　　　　　　　　　　　　　　　　　　　7.292g→1000ml；3.646→1000ml

【配制】 盐酸滴定液（1mol/L）取盐酸90ml，加水适量使成1000ml，摇匀。

盐酸滴定液（0.5mol/L、0.2mol/L或0.1mol/L）照上法配制，但盐酸的取用量分别为45ml、18ml及9.0ml。

【标定】 盐酸滴定液（1mol/L）取在270～300℃干燥至恒重的基准无水碳酸钠约1.5g，精密称定。加水50ml使溶解，加甲基红-溴甲酚绿混合指示液10滴，用本液滴定至溶液由绿色转变为紫红色时，煮沸2分钟，冷却至室温，继续滴定至溶液由绿色变为暗紫色。每1ml盐酸滴定液（1mol/L）相当于53.00mg的无水碳酸钠。根据本液的消耗量与无水碳酸钠的取用量，算出本液的浓度，即得。

盐酸滴定液（0.5mol/L）照上法标定，但基准无水碳酸钠的取用量改为约0.8g。每1ml盐酸滴定液（0.5mol/L）相当于26.50mg的无水碳酸钠。

盐酸滴定液（0.2mol/L）照上法标定，但基准无水碳酸钠的取用量改为约0.3g。每1ml盐酸滴定液（0.2mol/L）相当于10.60mg的无水碳酸钠。

盐酸滴定液（0.1mol/L）照上法标定，但基准无水碳酸钠的取用量改为约0.15g。每1ml盐酸滴定液（0.1mol/L）相当于5.30mg的无水碳酸钠。

如需用盐酸滴定液（0.05mol/L、0.02mol/L或0.01mol/L）时，可取盐酸滴定液（1mol/L或0.1mol/L）加水稀释制成，必要时标定浓度。

高氯酸滴定液（0.1mol/L）

HClO₄=100.46   10.05g→1000ml

【配制】　取无水冰醋酸（按含水量计算，每1g水加醋酐5.22ml）750ml，加入高氯酸（70%~72%）8.5ml，摇匀，在室温下缓缓滴加醋酐23ml，边加边摇，加完后再振摇均匀，放冷，加无水冰醋酸适量使成1000ml，摇匀，放置24小时。若所测供试品易乙酰化，则须用水分测定法（一部附录0832第一法）测定本液的含水量，醋酐调节至本液的含水量为0.01%~0.2%。

【标定】　取在105℃干燥至恒重的基准邻苯二甲酸氢钾约0.16g，精密称定，加无水冰醋酸20ml使溶解，加结晶紫指示液1滴，用本液缓缓滴定至蓝色，并将滴定的结果用空白试验校正。每1ml高氯酸酸滴定液（0.1mol/L）相当于20.42mg的邻苯二甲酸氢钾。根据本液的消耗量与邻苯二甲酸氢钾的取用量，算出本液的浓度，即得。

如需用高氯酸滴定液（0.05mol/L或0.02mol/L）时，可取高氯酸滴定液（0.1mol/L）用无水冰醋酸稀释制成，并标定浓度。

本液也可用二氧六环配制：取高氯酸（70%~72%）8.5ml，加异丙醇100ml溶解后，再加二氧六环稀释至1000ml。标定时，取在105℃干燥至恒重的基准邻苯二甲酸氢钾约0.16g，精密称定，加丙二醇25ml与异丙醇5ml，加热使溶解，放冷，加二氧六环30ml与甲基橙-二甲苯蓝FF混合指示液滴，用本液滴定至由绿色变为蓝灰色，并将滴定的结果用空白试验校正，即得。

【贮藏】　置棕色玻瓶中，密闭保存。

高锰酸钾滴定液（0.02mol/L）

KMnO₄=158.03   3.161→1000ml

【配制】　取高锰酸钾3.2g，加水1000ml，煮沸15分钟，密塞，静置2日以上，用垂熔玻璃滤器滤过，摇匀。

【标定】　取在105℃干燥至恒重的基准草酸钠约0.2g，精密称定，加新沸过的冷水250ml与硫酸10ml，搅拌使溶解。自滴定管中迅速加入本液约25ml（边加边振摇，以避免产生沉淀），待褪色后，加热至65℃，继续滴定至溶液显微红色并保持30秒钟不褪；当滴定终了时，溶液温度应不低于55℃。每1ml高锰酸钾滴定液（0.02mol/L）相当于6.70mg的草酸钠。根据本液的消耗量与草酸钠的取用量，算出本液的浓度，即得。

如需用高锰酸钾滴定液（0.002mol/L）时，可取高锰酸钾滴定液（0.02mol/L）加水稀释，煮沸，放冷，必要时滤过，再标定其浓度。

【贮藏】　置玻璃塞的棕色玻瓶中，密闭保存。

硝酸汞滴定液（0.05mol／L）

$Hg(NO_3)_2 \cdot H_2O = 342.62$ 17.13g→1000ml

【配制】 取硝酸汞17.2g，加水400ml与硝酸5ml溶解后，滤过，再加水适量使成1000ml，摇匀。

【标定】 取在110℃干燥至恒重的基准氯化钠约0.15g，精密称定，加水100ml使溶解，加二苯偕肼指示液1ml，在剧烈振摇下用本液滴定至显淡玫瑰紫色。每1ml硝酸汞滴定液（0.05mol/L）相当于5.844mg的氯化钠。根据本液的消耗量与氯化钠的取用量，算出本液的浓度，即得。

硝酸银滴定液（0.1mol/L）

$AgNO_3 = 169.87$ 16.99g→1000ml

【配制】 取硝酸银17.5g，加水适量使溶解成1000ml，摇匀。

【标定】 取在110℃干燥至恒重的基准氯化钠约0.2g，精密称定，加水50ml使溶解，再加糊精溶液（1→50）5ml，碳酸钙0.1g与荧光黄指示液8滴，用本液滴定至浑浊液由黄绿色变为微红色，每1ml硝酸银滴定液（0.1mol/L）相当于5.844mg的氯化钠。根据本液的消耗量与氯化钠的取用量，算出本液的浓度，即得。

如需用硝酸银滴定液（0.01mol/L）时，可取硝酸银滴定液（0.1mol/L）在临用前加水稀释制成。

【贮藏】 置玻璃塞的棕色玻瓶中，密闭保存。

硫代硫酸钠滴定液（0.1mol/L、0.01mol/L）

$Na_2S_2O_3 \cdot 5H_2O = 248.19$ 24.82g→1000ml
2.482g→1000ml

【配制】 取硫代硫酸钠26g与无水碳酸钠0.20g，加新沸过的冷水适量使溶解成1000ml，摇匀，放置1个月后滤过。

【标定】 取在120℃干燥至恒重的基准重铬酸钾0.15g，精密称定，置碘瓶中，加水50ml使溶解，加碘化钾2.0g，轻轻振摇使溶解，加稀硫酸40ml，摇匀，密塞；在暗处放置10分钟后，用水250ml稀释，用本液滴定至近终点时，加淀粉指示液3ml，继续滴定至蓝色消失而显亮绿色，并将滴定的结果用空白试验校正。每1ml硫代硫酸钠滴定液（0.1mol/L）相当于4.903mg的重铬酸钾。根据本液的消耗量与重铬酸钾的取用量，算出本液的浓度，即得。

室温在25℃以上时，应将反应液及稀释用水降温至约20℃。

如需用硫代硫酸钠滴定液（0.01mol/L或0.005mol/L）时，可取硫代硫酸钠滴定液（0.1mol/L）在临用前加新沸过的冷水稀释制成。

硫氰酸铵滴定液（0.1mol/L）

$NH_4SCN = 76.12$ 7.612g→1000ml

【配制】 取硫氰酸铵8.0g，加水使溶解成1000ml，摇匀。

【标定】 精密量取硝酸银滴定液（0.1mol/L）25ml，加水50ml，硝酸2ml与硫酸铁铵指示液2ml，用本液滴定至溶液微显淡棕红色，经剧烈振摇后仍不褪色，即为终点。根据本液的消耗量算出本液的浓度，即得。

硫氰酸钠滴定液（0.1mol/L）或硫氰酸钾滴定液（0.1mol/L）均可作为本液的代用品。

硫酸滴定液（0.5mol/L、0.25mol/L、0.1mol/L或0.05mol/L）

$H_2SO_4 = 98.08$ 49.04g→1000ml；24.52g→1000ml

9.81g→1000ml；4.904g→1000ml

【配制】 硫酸滴定液（0.5mol/L）取硫酸30ml，缓缓注入适量水中，冷却至室温，加水稀释至1000ml，摇匀。

硫酸滴定液（0.25mol/L、0.1mol/L或0.05mol/L）照上法配制，但硫酸的取用量分别为15ml、6.0ml及3.0ml。

【标定】 照盐酸滴定液（1mol/L、0.5mol/L、0.2mol/L或0.1mol/L）项下的方法标定，即得。

如需用硫酸滴定液（0.01mol/L）时，可取硫酸滴定液（0.5mol/L、0.1mol/L或0.05mol/L）加水稀释制成。必要时标定浓度。

硫酸铈滴定液（0.1mol/L）

$Ce(SO_4)_2 \cdot 4H_2O = 404.30$ 40.43g→1000ml

【配制】 取硫酸铈42g（或硫酸铈铵70g），加含有硫酸28ml的水500ml，加热溶解后，放冷，加水适量使成1000ml，摇匀。

【标定】 取在105℃干燥至恒重的基准三氧化二砷0.15g，精密称定，加氢氧化钠滴定液（1mol/L）10ml，微热使溶解，加水50ml、盐酸25ml、一氯化碘试液5ml与邻二氮菲指示液2滴，用本液滴定至近终点时，加热至50℃，继续滴定至溶液由浅红色转变为淡绿色。每1ml的硫酸铈滴定液（0.1mol/L）相当于4.946mg的三氧化二砷。根据本液的消耗量与三氧化二砷的取用量，算出本液的浓度，即得。

如需用硫酸铈滴定液（0.01mol/L）时，可精密量取硫酸铈滴定液（0.1mol/L），用每100ml中含硫酸2.8ml的水定量稀释制成。

锌滴定液（0.05mol/L）

$Zn = 65.39$ 3.270g→1000ml

【配制】 取硫酸锌15g（相当于锌约3.3g），加稀盐酸10ml与水适量使溶解成1000ml，摇匀。

【标定】 精密量取本液25ml，加0.025%甲基红的乙醇溶液1滴，滴加氨试液至溶液显微黄色，加水25ml、氨-氯化铵缓冲液（pH10.0）10ml与铬黑T指示剂少量，用乙二胺四醋酸二钠滴定液（0.05mol/L）滴定至溶液由紫色变为纯蓝色，并将滴定的结果用空白试验校正。根据乙二胺四醋酸二钠滴定液（0.05mol/L）的消耗量，算出本液的浓度，即得。

碘滴定液（0.05mol/L）

$I_2 = 253.81$ 12.69g→1000ml

【配制】 取碘13.0g，加碘化钾36g与水50ml溶解后，加盐酸3滴与水适量使成1000ml，摇匀，用垂熔玻璃滤器滤过。

【标定】 取在105℃干燥至恒重的基准三氧化二砷约0.15g，精密称定，加氢氧化钠滴定液（1mol/L）10ml，微热使溶解，加水20ml与甲基橙指示液1滴，加硫酸滴定液（0.5mol/L）适量使黄色转变为粉红色，再加碳酸氢钠2g，水50ml与淀粉指示液2ml，用本液滴定至溶液显浅蓝紫色。每1ml碘滴定液（0.05mol/L）相当于4.946mg的三氧化二砷。根据本液的消耗量与三氧化二砷的取用量，算出本液的浓度，即得。

如需用碘滴定液（0.025mol/L）时，可取碘滴定液（0.05mol/L）加水稀释制成。

【贮藏】 置玻璃塞的棕色玻瓶中，密闭，在凉处保存。

碘酸钾滴定液（0.05mol/L或0.016 67mol/L）

$KIO_3 = 214.00$ 10.700g→1000ml；

                           3.566 7g→1000ml

【配制】 碘酸钾滴定液（0.05mol/L）取基准碘酸钾，在105℃干燥至恒重后，精密称取10.700g，置1000ml量瓶中，加水适量使溶解并稀释至刻度，摇匀，即得。

碘酸钾滴定液（0.016 67mol/L）取基准碘酸钾，在105℃干燥至恒重后，精密称取3.566 7g，置1000ml量瓶中，加水适量使溶解并稀释至刻度，摇匀，即得。

溴滴定液（0.05mol/L）

$Br_2 = 159.81$ 7.990g→1000ml

【配制】 取溴酸钾3.0g与溴化钾15g，加水适量使溶解成1000ml，摇匀。

【标定】 精密量取本液25ml，置碘瓶中，加水100ml与碘化钾2.0g，振摇使溶解，加盐酸5ml，密塞，振摇，在暗处放置5分钟，用硫代硫酸钠滴定液（0.1mol/L）滴定至近终点时，加淀粉指示液2ml，继续滴定至蓝色消失。根据硫代硫酸钠滴定液（0.1mol/L）的消耗量，算出本液的浓度，即得。

室温在25℃以上时，应将反应液降温至约20℃，本液每次临用前均应标定浓度。

如需用溴滴定液（0.005mol/L）时，可取溴滴定液（0.05mol/L）加水稀释制成，并标定浓度。

【贮藏】 置玻璃塞的棕色玻瓶中，密闭，在凉处保存。

溴酸钾滴定液（0.01667mol/L）

$KBrO_3 = 167.00$ 2.784g→1000ml

【配制】 取溴酸钾2.8g，加水适量使溶解成1000ml，摇匀。

【标定】 精密量取本液25ml，置碘瓶中，加碘化钾2.0g与稀硫酸5ml，密塞，摇匀，在暗处放置5分钟后，加水100ml稀释，用硫代硫酸钠滴定液（0.1mol/L）滴定至近终点时，加淀粉指示液2ml，继续滴定至蓝色消失。根据硫代硫酸钠滴定液（0.1mol/L）的消耗量，算出本液的浓度，即得。

室温在25℃以上时，应将反应液及稀释用水降温至约20℃。

8061 对照品 对照药材 对照提取物

对 照 品

乙氧基白屈菜红碱

乙酰哈巴苷

23-乙酰泽泻醇B

乙酰缬草三酯

乙酸龙脑酯

乙酸辛酯

β,β'-二甲基丙烯酰阿卡宁

3′,6-二芥子酰基蔗糖

3,29-二苯甲酰基栝楼仁三醇

3,5-O-二咖啡酰基奎宁酸

二氢欧山芹醇当归酸酯

二氢辣椒素

（－）-丁香树脂酚-4-O-β-D-呋喃芹糖基-
（1→2）-β-D-吡啶葡萄糖苷

丁香酚

七叶皂苷钠

人参皂苷Ro

人参皂苷Rb$_1$

人参皂苷Re

人参皂苷Rf

人参皂苷Rg$_1$

儿茶素

三七皂苷R$_1$

三白草酮

土大黄苷

土木香内酯

土荆皮乙酸

士的宁

大车前苷

大叶茜草素

大豆苷

大豆苷元

大黄素

大黄素甲醚

大黄酚

大黄酸

大戟二烯醇

大蒜素

小豆蔻明

山奈素

山奈酚-3-O-芸香糖苷

山姜素

千金子甾醇

川续断皂苷Ⅵ（木通皂苷D）

川续断皂苷乙

川楝素

广藿香酮

马钱子碱

马钱苷

马钱苷酸

马兜铃酸

马兜铃酸Ⅰ

王不留行黄酮苷

天麻素

无水葡萄糖

木兰脂素

木香烃内酯

木通苯乙醇苷B

木犀草苷

木犀草素

木糖

五味子甲素

五味子酯甲

五味子醇甲

贝母辛

贝母素乙

贝母素甲

牛血清白蛋白

牛蒡苷

牛磺猪去氧胆酸

牛磺酸

毛兰素

毛两面针素

毛蕊异黄酮葡萄糖苷

毛蕊花糖苷

升麻素苷

长梗冬青苷

反式茴香脑

丹皮酚

丹参酮 II$_A$

丹酚酸B

乌头碱

乌药醚内酯

凤仙萜四醇皂苷A

凤仙萜四醇皂苷K

巴豆苷

去甲异波尔定

去氢二异丁香酚

去氢木香内酯

甘松新酮

甘油三油酸酯

甘草次酸

甘草苷

甘草酸铵

甘氨酸

甘露糖

古伦宾

丙氨酸

石斛酚

石斛碱

龙胆苦苷

龙脑

4-甲氧基水杨醛

甲基正壬酮

5-O-甲基维斯阿米醇苷

2, 3, 5, 4′-四羟基二苯乙烯-2-O-β-D-葡萄糖苷

仙茅苷

仙鹤草酚B

白头翁皂苷B$_4$

白花前胡乙素

白花前胡甲素

白屈菜红碱

白桦脂酸

瓜氨酸

鸟苷

半乳糖

汉黄芩素

对羟基苯乙酮

对羟基苯甲醇

丝石竹皂苷元3-O-β-D-葡萄糖醛酸甲酯

吉马酮

地肤子皂苷Ic

芍药苷

芒果苷

芝麻素

西贝母碱

西贝母碱苷

百秋李醇

灰毡毛忍冬皂苷乙

吗啡

肉桂酸

乔松素

延胡索乙素

华蟾酥毒基

血竭素高氯酸盐

齐墩果酸

次乌头碱

次野鸢尾黄素

安五脂素

异土木香内酯

异贝壳杉烯酸

异补骨脂素

异阿魏酸

异欧前胡素

异钩藤碱

异嗪皮啶

异鼠李素

异鼠李素-3-O-新橙皮苷

异槲皮苷

防己诺林碱

麦芽五糖　　　　　　　　　　　杯苋甾酮

麦芽糖　　　　　　　　　　　　松果菊苷

麦角甾醇　　　　　　　　　　　松脂醇二葡萄糖苷

远志（口山）酮Ⅲ　　　　　　　刺五加苷E

芫花素　　　　　　　　　　　　奇壬醇

花旗松素　　　　　　　　　　　欧当归内酯A

芹菜素　　　　　　　　　　　　欧前胡素

芥子碱硫氰酸盐　　　　　　　　虎杖苷

苍术苷二钾盐　　　　　　　　　咖啡酸

苍术素　　　　　　　　　　　　岩白菜素

芳樟醇　　　　　　　　　　　　岩藻糖

芦丁　　　　　　　　　　　　　知母皂苷BⅡ

芦西定　　　　　　　　　　　　和厚朴酚

芦荟大黄素　　　　　　　　　　金丝桃苷

芦荟苷　　　　　　　　　　　　京尼平苷酸

杨梅苷　　　　　　　　　　　　宝藿苷Ⅰ

连翘苷　　　　　　　　　　　　油酸

连翘酯苷A　　　　　　　　　　细叶远志皂苷

旱莲苷A　　　　　　　　　　　细辛脂素

吴茱萸次碱　　　　　　　　　　茴香醛

吴茱萸碱　　　　　　　　　　　胡芦巴碱

（R, S）-告依春　　　　　　　　胡黄连苷Ⅱ

牡荆苷　　　　　　　　　　　　胡黄连苷Ⅰ

辛弗林　　　　　　　　　　　　胡椒碱

羌活醇　　　　　　　　　　　　胡薄荷酮

沙苑子苷　　　　　　　　　　　柚皮苷

沉香四醇　　　　　　　　　　　栀子苷

没食子酸　　　　　　　　　　　栎瘿酸

补骨脂素　　　　　　　　　　　枸橼酸

β-谷甾醇　　　　　　　　　　　柳穿鱼叶苷

阿多尼弗林碱　　　　　　　　　柳穿鱼黄素

阿魏酸　　　　　　　　　　　　柠檬苦素

青蒿素　　　　　　　　　　　　厚朴酚

青藤碱　　　　　　　　　　　　耐斯糖

表儿茶素　　　　　　　　　　　果糖

苦杏仁苷　　　　　　　　　　　哈巴苷

苦参碱　　　　　　　　　　　　哈巴俄苷

苯甲酰乌头原碱　　　　　　　　氢溴酸东莨菪碱

苯甲酰次乌头原碱　　　　　　　氢溴酸槟榔碱

苯甲酰新乌头原碱　　　　　　　α-香附酮

香荆芥酚	党参炔苷
香草酸	氧化苦参碱
香蒲新苷	特女贞苷
重楼皂苷 I	积雪草苷
重楼皂苷 II	脂蟾毒配基
重楼皂苷 VI	高良姜素
重楼皂苷 VII	粉防己碱
鬼臼毒素	黄芩苷
胆红素	黄芩素
胆酸	黄芪甲苷
亮氨酸	黄柏酮
姜黄素	萘
姜酮	桉酮
6-姜辣素	梓醇
迷迭香酸	常春藤皂苷元
穿心莲内酯	野马追内酯A
络石苷	野百合碱
秦皮乙素	野黄芩苷
秦皮甲素	蛇床子素
秦皮素	银杏内酯A
盐酸小檗碱	银杏内酯C
盐酸水苏碱	甜菜碱
盐酸巴马汀	L-脯氨酸
盐酸伪麻黄碱	脯氨酸
盐酸药根碱	脱水穿心莲内酯
盐酸益母草碱	猪去氧胆酸
盐酸黄柏碱	商陆皂苷甲
盐酸麻黄碱	5-羟甲基糠醛
盐酸罂粟碱	L-羟脯氨酸
莫诺苷	3-羟基巴戟醌
荷叶碱	羟基红花黄色素A
桂皮醛	羟基茜草素
桔梗皂苷D	羟基积雪草苷
桤木酮	淫羊藿苷
格列风内酯	隐丹参酮
桉油精	绿原酸
原儿茶酸	斑蝥素
原儿茶醛	款冬酮
柴胡皂苷a	斯皮诺素
柴胡皂苷d	葛根素

葡萄糖

落新妇苷

α-蒎烯

硫酸阿托品

紫丁香苷

紫花前胡苷

紫苏醛

紫草氰苷

紫菀酮

氯化两面针碱

番泻苷A

番泻苷B

鲁斯可皂苷元

椴树苷

蒲公英萜酮

蒙花苷

槐角苷

槐定碱

赖氨酸

路路通酸

β-蜕皮甾酮

β-蜕皮激素

新乌头碱

新橙皮苷

羧基苍术苷三钾盐

滨蒿内酯

蔓荆子黄素

蔗糖

酸枣仁皂苷A

酸枣仁皂苷B

酸浆苦味素L

辣椒素

精氨酸

熊果酸

槲皮苷

槲皮素

槲皮素-3-O-β-D-葡萄糖-7-O-β-D-龙胆双糖苷

樟脑

醉鱼草皂苷Ⅳb

蝙蝠葛苏林碱

蝙蝠葛碱

缬草三酯

缬氨酸

靛玉红

靛蓝

薯蓣皂苷

薯蓣皂苷元

薄荷脑（醇）

橙皮苷

橙黄决明素

磷酸可待因

穗花杉双黄酮

鞣花酸

藁本内酯

蟛蜞菊内酯

麝香草酚

对 照 药 材

一枝黄花	土鳖虫	千里光	马兰草
人参	大血藤	川木香	马齿苋
人参茎叶	大枣	川木通	马勃
八角茴香	大黄	川贝母	马兜铃
三白草	大蓟	川牛膝	马鞭草
三棱	小蓟	川芎	王不留行
干姜	山药	川楝子	天仙藤
土木香	山楂	广防己	天花粉
土荆皮	千年健	飞扬草	天竺黄

天南星	白茅根	连翘	茜草
天麻	白屈菜	吴茱萸	荜澄茄
天然没药	白蔹	牡蛎	茵陈
木瓜	白薇	何首乌	茯苓
木香	瓜蒌	伸筋草	胡芦巴
五加皮	瓜蒌皮	皂角刺	南五味子
五味子	玄参	佛手	南沙参
五倍子	半边莲	谷精草	南鹤虱
太子参	半夏	沙苑子	栀子
瓦松	地龙	沉香	枸杞子
水蛭	地骨皮	诃子	枸骨叶
牛胆	百合	补骨脂	牵牛子
牛胆粉	当归	灵芝	鸦胆子
牛蒡子	肉豆蔻	阿胶	钩吻
牛膝	延胡索	忍冬藤	香橼
毛诃子	伊贝母	鸡血藤	重楼
丹参	血竭	鸡冠花	独活
乌药	合欢皮	青木香	急性子
乌梢蛇	羊胆	青蒿	姜黄
乌梅	关木通	苦木	首乌藤
火炭母	关黄柏	苦楝皮	穿心莲
火麻仁	灯心草	茼麻子	络石藤
巴豆	防风	枇杷叶	秦皮
巴戟天	红大戟	板蓝根	莱菔子
甘松	红花	刺五加	莲子
甘草	红芪	郁金	桂枝
甘遂	红豆蔻	虎杖	桔梗
艾叶	麦冬	委陵菜	柴胡
石竹	麦芽	使君子仁	鸭跖草
石菖蒲	远志	佩兰	铁皮石斛
布渣叶	赤小豆	金荞麦	射干
龙胆	芫花	金樱子	徐长卿
北豆根	花椒	肿节风	胶质没药
北柴胡	苍术	狗脊	狼毒
仙鹤草	苍耳子	京大戟	高良姜
白及	芡实	卷柏	拳参
白术	芦根	降香	粉萆薢
白头翁	苏木	细辛	益母草
白芷	杨树花	荆芥	益智
白附子	两面针	荆芥穗	海风藤

海金沙	野菊花	紫花地丁	槟榔
浮萍	蛇床子	紫苏子	酸枣仁
桑叶	猪牙皂	紫苏叶	漏芦
桑白皮	猫爪草	紫草	耦节
黄芩	麻黄根	蛤蚧	槲寄生
黄芪	旋覆花	黑芝麻	墨旱莲
黄连	淡豆豉	黑豆	薤白
黄柏	续断	鹅不食草	薏苡仁
黄精	绵马贯众	番泻叶	薄荷
菟丝子	绵萆薢	薔草	藁本
菊花	款冬花	蒺藜	瞿麦
救必应	胡芦巴	椿皮	翻白草
常山	葛根	榧子	蟾酥

对照提取物

三七总皂苷对照提取物   羌活对照提取物

功劳木对照提取物   薏苡仁油对照提取物

9000 指导原则

9001 兽药引湿性试验指导原则

药物的引湿性是指在一定温度及湿度条件下该物质吸收水分能力或程度的特性。供试品为符合药品质量标准的固体原料药，试验结果可作为选择适宜的药品包装和贮存条件的参考。

具体试验方法如下：

1.取干燥的具塞玻璃称量瓶（外径为50mm，高为15mm），于试验前一天置于适宜的25℃±1℃恒温干燥器（下部放置氯化铵或硫酸铵饱和溶液）或人工气候箱（设定温度为25℃±1℃，相对湿度为80%±2%）内，精密称定重量（m_1）。

2.取供试品适量，平铺于上述称量瓶中，供试品厚度一般为1mm，精密称定重量（m_2）。

3.将称量瓶敞口，并与瓶盖同置于上述恒温恒湿条件下24小时。

4.盖好称量瓶盖子，精密称定重量（m_3）。

$$增重百分率 = \frac{m_3 - m_2}{m_2 - m_1} \times 100\%$$

5.引湿性特征描述与引湿性增重的界定。

潮解：吸收足够水分形成液体。

极具引湿性：引湿增重不小于15%。

有引湿性：引湿增重小于15%但不小于2%。

略有引湿性：引湿增重小于2%但不小于0.2%。

无或几乎无引湿性：引湿增重小于0.2%。

9011 兽用中药质量标准分析方法验证指导原则

兽用中药质量标准分析方法验证的目的是证明采用的方法是否适合于相应检测要求。在建立兽用中药质量标准时，分析方法需经验证；在处方、工艺等变更或改变原分析方法时，也需对分析方法进行验证。方法验证过程和结果均应记载在兽药质量标准起草说明或修订说明中。

需验证的分析项目有：鉴别试验、限量检查和含量测定，以及其他需控制成分（如残留物、添加剂等）的测定。兽用中药制剂溶出度、释放度等检查中，其溶出量等检测方法也应进行必要验证。

验证指标有：准确度、精密度（包括重复性、中间精密度和重现性）、专属性、检测限、定量限、线性、范围和耐用性。在分析方法验证中，须采用标准物质进行试验。由于分析方法具有各自的特点，并随分析对象而变化，因此需要视具体方法拟订验证的指标。表1中列出的分析项目和相应的验证内容可供参考。

表1　检验项目和验证内容项

项目 内容	鉴别	限量检查		含量测定及 溶出量测定	校正因子
		定量	限度		
准确度	－	＋	－	＋	＋
重复性	－	＋	－	＋	＋
中间精密度	－	＋①	－	＋①	＋
重现性②	＋	＋	＋	＋	＋
专属性③	＋	＋	＋	＋	＋
检测限	－	－	＋	－	－
定量限	－	＋	－	－	＋
线性	－	＋	－	＋	＋
范围	－	＋	－	＋	＋
耐用性	＋	＋	＋	＋	＋

注：① 已有重现性验证，不需验证中间精密度。

② 重现性只有在该分析方法将被法定标准采用时做。

③ 如一种方法不够专属，可用其他分析方法予以补充。

一、准确度

准确度系指用该方法测定的结果与真实值或参考值接近的程度，一般用回收率（%）表示。准确度应在规定的范围内测定。用于定量测定的分析方法均需做准确度验证。

1. 测定方法的准确度

可用对照品做加样回收测定，即向已知被测成分含量的供试品中再精密加入一定量的被测成分对照品，依法测定。用实测值与供试品中含有量之差，除以加入对照品量计算回收率。在加样回收试验中须注意对照品的加入量与供试品中被测成分含有量之和必须在标准曲线线性范围之内；加入的对照品的量要适当，过小则引起较大的相对误差，过大则干扰成分相对减少，真实性差。

$$回收率\% = \frac{C-A}{B} \times 100\%$$

式中　A 为供试品所含被测成分量；

　　　B 为加入对照品量；

　　　C 为实测值。

2. 校正因子的准确度

对色谱方法而言，绝对（或定量）校正因子是指单位面积的色谱峰代表的待测物质的量。待测定物质与所选定的参照物质的绝对校正因子之比，即为相对校正因子。相对校正因子计算法常应用于中药材及其复方制剂中多指标成分的测定。校正因子的表示方法很多，本指导原则中的校正因子是指气相色谱法和高效液相色谱法中的相对重量校正因子。

相对校正因子可采用替代物（对照品）和被替代物（被测物）标准曲线斜率比值进行比较获得；采用紫外吸收检测器时，可将替代物（对照品）和被替代物（被测物）在规定波长和溶剂条件下的吸收系数比值进行比较，计算获得。

3. 数据要求

在规定范围内，取同一浓度的供试品，用至少测定6份样品的结果进行评价；或设计3个不同浓度，每种浓度分别制备3份供试品溶液进行测定，用9份样品测定结果进行评价，一般中间浓度加入量与所取供试品含量之比控制在1:1左右，建议高、中、低浓度对照品加入量与所取供试品中待测定成分之比控制在1.5:1、1:1、0.5:1左右，应报告供试品取样量、供试品中含有量、对照品加入量、测定结果和回收率（%）计算值，以及回收率（%）的相对标准偏差（RSD%）或置信区间。对于校正因子，应报告测定方法，测定结果和RSD%。样品中待测定成分含量和回收率限度关系可参考表2。在基质复杂、组分含量低于0.01%及多成分分析中，回收率限度适当放宽。

表2　样品中待测物质成分含量和回收率限度

待测成分含量	回收率限度
100%	98~101
10%	95~102
1%	92~105
0.1%	90~108
0.01%	85~110
10μg/g	80~115
1μg/g	75~120
10μg/kg	70~125

二、精密度

精密度系指在规定的测试条件下，同一个均匀供试品，经多次取样测定所得结果之间的接近程度。精密度一般用偏差、标准偏差或相对标准偏差表示。

精密度包含重复性、中间精密度和重现性。在相同操作条件下，由同一个分析人员在较短的间隔时间内测定所得结果的精密度称为重复性；在同一个实验室，不同时间由不同分析人员用不同设备测定结果之间的精密度称为中间精密度；在不同实验室由不同分析人员测定结果之间的精密度称为重现性。

用于定量测定的分析方法均应考察方法的精密度。

1. 重复性

在规定范围内，取同一浓度的供试品，用至少6份的结果进行评价；或设计3种不同浓度，每种浓度分别制备3份供试品溶液进行测定，用9份样品的测定结果进行评价。采用9份测定结果进行评价时，一般中间浓度加入量与所取供试品中待测定成分量之比控制在1:1左右，建议高、中、低浓度对照品加入量与所取供试品中待测定成分量之比控制在1.5:1、1:1、0.5:1左右。

2. 中间精密度

为考察随机变动因素如不同日期、不同分析人员、不同仪器对精密度的影响，应设计方案进行中间精密度试验。

3. 重现性

国家兽药质量标准采用的分析方法，应进行重现性试验，如通过不同实验室检验获得重现性结果。协同检验的目的、过程和重现性结果均应记载在起草说明中。应注意重现性试验用样品质量的一致性及贮存运输中的环境对该一致性的影响，以免影响重现性结果。

4. 数据要求

均应报告偏差、标准偏差、相对标准偏差或置信区间。样品中待测定成分含量和精密度可接受范围参考表3。在基质复杂、含量低于0.01%及多成分等分析中，精密度接受范围可适当放宽。

表3　样品中待测成分含量和精密度RSD可接受范围

待测成分含量	重复性（RSD%）	重现性（RSD%）
100%	1	2
10%	1.5	3
1%	2	4
0.1%	3	6
0.01%	4	8
$10\mu g/g$	6	11
$1\mu g/g$	8	16
$10\mu g/kg$	15	32

三、专属性

专属性系指在其他成分可能存在下，采用的方法能正确测定出被测成分的能力。鉴别试验、限量检查、含量测定等方法均应考察其专属性。

1. 鉴别试验

应能区分可能共存的物质或结构相似化合物。不含被测成分的供试品，以及结构相似或组分中的有关化合物，均不得干扰测定。显微鉴别、色谱及光谱鉴别等应附相应的代表性图像或图谱。

2. 含量测定和限量检查

以不含被测成分的供试品（除去含待测成分药材或不含待测成分的模拟复方）试验说明方法的专属性。采用色谱法、光谱法等应附代表性图谱，并标明相关成分在图中的位置，色谱法中的分离度应符合要求。必要时可采用二极管阵列检测和质谱检测，进行峰纯度检查。

四、检测限

检测限系指供试品中被测物能被检测出的最低量。检测限仅作为限度试验指标和定性鉴别的依据，没有定量意义。常用的方法如下。

1. 直观法

用一系列已知浓度的供试品进行分析，试验出能被可靠地检测出的最低浓度或量。

可用于非仪器分析方法，也可用于仪器分析方法。

2. 信噪比法

仅适用于能显示基线噪音的分析方法，即把已知低浓度供试品测出的信号与空白样品测出的信号进行比较，计算出能被可靠地检测出的被测成分最低浓度或量。一般以信噪比为3:1或2:1时相应浓度或注入仪器的量确定检测限。

3. 基于响应值标准偏差和标准曲线斜率法

按照下式计算。

$$LOD = 3.3\delta/S$$

式中　　LOD为检测限；

δ为响应值的偏差；

S为标准曲线的斜率。

δ可以通过下列方法测得：①测定空白值的标准偏差；②标准曲线的剩余标准偏差或截距的标准偏差来代替。

4. 数据要求

上述计算方法获得的检测限数据须用含量相近的样品进行验证，应附测定图谱，说明测试过程和检测限结果。

五、定量限

定量限系指供试品中被测成分能被定量测定的最低量，其测定结果应符合准确度和精密度的要求。对微量或痕量兽药分析、限量检查的定量分析应确定方法的定量限。

1. 直观法

用已知浓度的被测物，试验出能被可靠地定量测定的最低浓度或量。

2. 信噪比法

用于能显示基线噪音的分析方法，即把已知低浓度试样测出的信号与空白样品测出的信号进行比较，计算出能被可靠地定量的被测物质的最低浓度或量。一般以信噪比为10:1时相应浓度或注入仪器的量确定定量限。

3. 基于响应值标准偏差和标准曲线斜率法

按照下式计算。

$$LOQ = 10\delta/S$$

式中　LOQ为定量限;

　　　　δ为响应值的偏差;

　　　　S为标准曲线的斜率。

δ可以通过下列方法测得:①测定空白值的标准偏差;②标准曲线的剩余标准偏差或截距的标准偏差来代替。

4. 数据要求

上述计算方法获得的定量限数据须用含量相近的样品进行验证,应附测定图谱,说明测试过程和定量限结果,包括准确度和精密度验证数据。

六、线性

线性系指在设计的范围内,测定响应值与供试品中被测物浓度呈比例关系的程度。

应在规定的范围内测定线性关系。可用一对照品贮备液经精密稀释,或分别精密称取对照品,制备一系列对照品溶液的方法进行测定,至少制备5份不同浓度的对照品溶液。以测得的响应信号对被测物的浓度作图,观察是否呈线性,再用最小二乘法进行线性回归。必要时,响应信号可经数学转换,再进行线性回归计算。或者可采用描述浓度-响应关系的非线性模型。

数据要求:应列出回归方程、相关系数和线性图(或其他数学模型)。

七、范围

范围系指分析方法能达到一定精密度、准确度和线性要求时的高低限浓度或量的区间。

范围应根据分析方法的具体应用和线性、准确度、精密度结果及要求确定。对于有毒的、具特殊功效或药理作用的成分,其验证范围应大于被限定含量的区间。溶出度或释放度中的溶出量测定,范围应为限度的±20%。

校正因子测定时,范围一般应根据其应用对象的测定范围确定。

八、耐用性

耐用性系指在测定条件有小的变动时,测定结果不受影响的承受程度,为所建立的方法用于常规检验提供依据。开始研究分析方法时,就应考虑其耐用性。如果测定条件要求苛刻,则应在方法中写明,并注明可以接受变动的范围,可以先采用均匀设计确定主要影响因素,再通过单因素分析等确定变动范围。典型的变动因素有:被测溶液的稳定性,样品提取次数、时间等。高效液相色谱法中典型的变动因素有:流动相的组成和pH值,不同品牌或不同批号的同类型色谱柱,柱温,流速等。气相色谱法变动因素有:不同品牌或批号的色谱柱、固定相,不同类型的担体、载气流速、柱温、进样口和检测器温度等。薄层色谱的变动因素有:不同品牌的薄层板,点样方式及薄层展开时温度及相对湿度的变化等。

经试验,测定条件小的变动应能满足系统适用性试验要求,以确保方法的可靠性。

9012 兽用中药生物活性测定指导原则

生物活性测定法是以药物的生物效应为基础,以生物统计为工具,运用特定的实验设计,测定药物有效性的一种方法，从而达到控制兽药质量的作用。其测定方法包括生物效价测定法和生物活性限值测定法。

中药的药材来源广泛、多变，制备工艺复杂，使得中药制剂的质量控制相对困难，此外，中药含有多种活性成分和具有多种药理作用，因此，仅控制少数成分不能完全控制其质量和反映临床疗效。为了使中药的质量标准能更好地保证每批兽药的临床使用安全有效，有必要在现有含量测定的基础上增加生物活性测定，以综合评价其质量。

本指导原则的目的是规范中药生物活性测定研究，为该类研究的实验设计、方法学建立等过程和测定方法的适用范围提供指导性的原则要求。

基 本 原 则

符合药理学研究基本原则　建立的生物活性测定方法应符合药理学研究的随机、对照、重复的基本原则；具备简单、精确的特点；应有明确的判断标准。

体现中兽医药特点　鼓励应用生物活性测定方法探索中药质量控制，拟建立的方法的测定指标应与该中药的"功能与主治"相关。

品种选择合理　拟开展生物活性测定研究的中药材、饮片、提取物或中药制剂应功能主治明确，其中，优先考虑适应症明确的品种，对中药注射剂、急重症用药等应重点进行研究。

方法科学可靠　优先选用生物效价测定法，不能建立生物效价测定的品种可考虑采用生物活性限值测定法，待条件成熟后可进一步研究采用生物效价测定法。

基 本 内 容

1. 实验条件

试验系选择　生物活性测定所用的试验系，包括整体动物、离体器官、血清、微生物、组织、细胞、亚细胞器、受体、离子通道和酶等。试验系的选择与试验原理和制定指标密切相关，应选择背景资料清楚、影响因素少、检测指标灵敏和成本低廉的试验系统。应尽可能研究各种因素对试验系的影响，采取必要的措施对影响因素进行控制。

如采用实验动物，尽可能使用小鼠和大鼠等来源多、成本低的实验动物，并说明其种属、品系、性别和年龄。实验动物的使用，应遵循"优化、减少、替代"的"3R"原则。

供试品选择　应选择工艺稳定，质量合格的供试品。若为饮片，应基源清楚。应至少使用3批供试品。

标准品或对照品选择　如采用生物效价测定法，应有基本同质的标准品以测定供试品的相对效价，标准品的选择应首选中药标准品，也可以考虑化学药作为标准品。如采用生物活性限值测定法，可采用中药成分或化学药品作为方法可靠性验证用对照品。采用标准品或对照品均应有理论依据和（或）实验依据。国家标准中采用的标准品或对照品的使用应符合国家有关规定要求。

2. 实验设计

设计原理　所选实验方法的原理应明确，所选择的检测指标应客观、专属性强，能够体现供试品的功能与主治或药理作用。

设计类型　如采用生物效价测定法，应按《中国兽药典》一部附录生物检定统计法（附录

1431）的要求进行实验设计研究；如采用生物活性限值测定法，试验设计可考虑设供试品组、阴性对照组或阳性对照组，测定方法使用动物模型时，应考虑设置模型对照组。重现性好的试验，也可以不设或仅在复试时设阳性对照组。

剂量设计　如采用生物效价测定法，供试品和标准品均采用多剂量组试验，并按生物检定的要求进行合理的剂量设计，使不同剂量之间的生物效应有显著差异。如采用生物活性限值测定法，建议只设一个限值剂量，限值剂量应以产生生物效应为宜；但在方法学研究时，应采用多剂量试验，充分说明标准中设定限值剂量的依据。

给药途径　一般应与临床用药途径一致。如采用不同的给药途径，应说明理由。

给药次数　根据药效学研究合理设计给药次数，可采用多次或单次给药。

指标选择　应客观、明确、专属，与"功能主治"相关。应充分说明指标选择的合理性、适用性和代表性。

3. 结果与统计

试验结果评价应符合生物统计要求。生物效价测定法应符合《中国兽药典》一部附录生物检定统计法（附录1431）的要求，根据样品测定结果的变异性决定效价范围和可信限率（FL%）限值；生物活性限值测定法，应对误差控制进行说明，明确试验成立的判定依据，对结果进行统计学分析，并说明具体的统计方法和选择依据。

4. 判断标准

生物效价测定，应按品种的效价范围和可信限率（FL%）限值进行结果判断。生物活性限值测定，应在规定的限值剂量下判定结果，初试结果有统计学意义者，可判定为符合规定；初试结果没有统计学意义者，可增加样本数进行一次复试，复试时应增设阳性对照组，复试结果有统计学意义，判定为符合规定，否则为不符合规定。

方法学验证

1. 测定方法影响因素考察

应考察测定方法的各种影响因素，通过考察确定最佳的试验条件，以保证试验方法的专属性和准确性。根据对影响因素考察结果，规定方法的误差控制限值或对统计有效性进行说明。离体试验，应适当进行体内外试验结果的相关性验证。

2. 精密度考察

应进行重复性、中间精密度、重现性考察。

重复性　按确定的测定方法，至少用3批供试品、每批3次或同批供试品进行6次测定试验后对结果进行评价。生物活性测定试验结果判断应基本一致。

中间精密度　考察实验室内部条件改变（如不同人员、不同仪器、不同工作日和实验时间）对测定结果的影响，至少应对同实验室改变人员进行考察。

重现性　生物活性测定试验结果必须在3家以上实验室能够重现。

3. 方法适用性考察

按拟采用的生物活性测定方法和剂量对10批以上该产品进行测定，以积累数据，考察质量标准中该测定项目的适用性。

9013 兽用中药注射剂安全性检查法应用指导原则

本指导原则为兽用中药注射剂临床使用的安全性和制剂质量可控性而定。

兽用中药注射剂安全性检查包括热原（或细菌内毒素）、异常毒性、过敏反应物质、溶血与凝聚等项。根据处方、工艺、用法及用量等设定相应的检查项目并进行适用性研究。其中，细菌内毒素检查与热原检查项目间可以根据适用性研究结果相互替代，选择两者之一作为检查项目。

一、兽用中药注射剂安全性检查项目的设定

静脉用注射剂　静脉用注射剂均应设热原（或细菌内毒素）、异常毒性、过敏反应、溶血与凝聚等安全性检查项。由于兽用中药注射剂中致机体发热成分和干扰细菌内毒素检查法的因素复杂多变，一般首选热原检查项，但若该药本身对家兔的药理作用或毒性反应影响热原检测结果，可选择细菌内毒素检查项。

肌内注射用注射剂　应设异常毒性、过敏反应等检查项。

二、安全性检查方法和检查限值确定

检查方法和检查限值可按以下各项目内容要求进行研究。研究确定限值后，至少应进行3批以上供试品的检查验证。

1. 热原或细菌内毒素检查

本法系利用家兔（或鲎试剂）测定供试品所含的热原（或细菌内毒素）的限量是否符合规定。不合格供试品在临床应用时可产生热原反应而造成严重的不良后果。

检查方法　参照热原检查法（附录1112）或细菌内毒素检查法（附录1113）。

设定限值前研究　热原检查应做适用性研究，求得对家兔无毒性反应、不影响正常体温和无解热作用剂量；细菌内毒素检查应进行干扰试验，求得最大无干扰浓度。

设定限值　热原和细菌内毒素检查的限值根据临床1小时内最大用药剂量计算。热原检查限值可参照临床剂量计算，一般为每千克体重每小时最大供试品剂量的3～5倍，供试品注射体积每千克体重一般不少于0.5ml，不超过10ml。内毒素检查限值按规定要求计算，根据兽药和适应症的不同，限值可适当严格，至计算值的1/3～1/2，以保证安全用药。

热原限值剂量应不影响正常体温，内毒素测定浓度应无干扰反应。如有影响或干扰，可在品种项下增加稀释浓度、调节pH值和渗透压或缓慢注射等排除影响或干扰的特殊规定。

2. 异常毒性检查

本法系将一定量的供试品溶液注入小鼠体内，规定时间内观察小鼠出现的死亡情况，以判定供试品是否符合规定。供试品的不合格表明兽药中混有超过药物本身毒性的毒性杂质，临床用药将可能增加急性不良反应。

检查方法　参照异常毒性检查法（附录1111）。

设定限值前研究　参考文献数据并经单次静脉注射给药确定该注射剂的急性毒性数据（LD_{50}或

LD$_1$及其可信限）。有条件时，由多个实验室或多种来源动物试验求得LD$_{50}$和LD$_1$数据。注射速度0.1ml/秒，观察时间为72小时。如使用其他动物、改变给药途径和次数、或延长观察时间和指标，应进行相应动物、给药方法、观察指标、观察时间的急性毒性试验。

设定限值　异常毒性检查的限值应低于该注射剂本身毒性的最低致死剂量，考虑到实验室间差异、动物反应差异和制剂的差异，建议限值至少应小于LD$_1$可信限下限的1/3（建议采用1/6～1/3），如难以计算得最低致死量，可采用小于LD$_{50}$可信限下限的1/4（建议采用1/8～1/4）。如半数致死量与临床体重剂量之比小于20可采用LD$_{50}$可信限下限的1/4或LD$_1$可信限下限的1/3。

如对动物、给药途径和给药次数、观察指标和时间等方法和限值有特殊要求时应在品种项下另作规定。

3. 过敏反应检查

本法系将一定量的供试品皮下或腹腔注射入豚鼠体内致敏，间隔一定时间后静脉注射供试品进行激发，观察豚鼠出现过敏反应的情况，以此判定供试品是否符合规定。供试品不合格表明注射剂含有过敏反应物质，临床用药时可能使机体致敏或产生过敏反应，引起严重不良反应。

检查方法　参照过敏反应检查法（附录1121）。

设定限值前研究　测定供试品对豚鼠腹腔（或皮下）和静脉给药的无毒性反应剂量。必要时，可采用注射剂的半成品原辅料进行致敏和激发研究，确定致敏方式和次数，在首次给药后14、21、28天中选择最佳激发时间。

设定限值　致敏和激发剂量应小于该途径的急性毒性反应剂量，适当参考临床剂量。一般激发剂量大于致敏剂量。常用腹腔或鼠鼷部皮下注射途径致敏，每次每只0.5ml，每只静脉注射1ml激发。如致敏剂量较小，可适当增加致敏次数，方法和限值的特殊要求应在品种项下规定。

4. 溶血与凝聚检查

本法系将一定量供试品与2%兔红细胞混悬液混合，温育一定时间后，观察其对红细胞的溶血与凝聚反应以判定供试品是否符合规定。

检查方法　参照溶血与凝聚检查法（附录1122）。

设定限值前研究　对注射剂原液和稀释液进行溶血与凝聚实验研究，指标除目测外可增加比色法和显微镜下观察的方法，同时观察溶血和凝聚，确定无溶血和凝聚的最大浓度。

设定限值　以无溶血和凝聚的最大浓度的1/2作为限值浓度，一般应高于临床最大使用浓度，如注射剂原液无溶血和凝聚反应则以原液浓度为限值。

9014 兽用中药中铝、铬、铁、钡元素测定指导原则

中药在种植、生产、加工等过程中可能会引入铝、铬、铁、钡等金属元素，其含量过高会带来潜在危害，本指导原则用于中药中铝、铬、铁、钡元素的测定。

基 本 原 则

本指导原则适用于除矿物药或含矿物药的制剂以外的中药中铝、铬、铁、钡元素测定，并可与

铅、镉、砷、汞、铜测定法（通则 2321）联合应用。

基 本 方 法

方法的选择 首选多元素同时测定的电感耦合等离子体质谱法（通则 0411），也可采用与电感耦合等离子体质谱法灵敏度相当的其他方法。

仪器参数的设定 应根据选用的电感耦合等离子体质谱仪型号的特点，合理设置仪器参数，并采用干扰方程或开启碰撞反应池等手段消除质谱型干扰。仪器的一般参考条件：射频功率为 1250～1550W，采样深度为6.0～10.0mm，载气流速为0.65～1.20L/min，载气补偿气流速为0～0.55L/min，样品提升速率为0.1ml/min，积分时间为0.3～3.0秒，重复次数为3次。

分析方法的选择 为减少工作条件变化分析结果的影响，提高定量分析的准确度，建议采用内标校正的标准曲线法进行分析。

目标同位素的选择 对于待测元素及内标元素，目标同位素一般应选择干扰少、丰度较高的同位素，也可采用多个同位素对测定结果进行验证和比较。一般情况下，铝、铬、铁、钡元素选择 ^{27}Al、^{53}Cr、^{57}Fe、^{137}Ba，内标同位素分别为 ^{7}Li、^{45}Sc、^{45}Sc、^{115}In。

标准品溶液的配制 在选定的仪器条件下，测定不少于5个不同浓度（含原点）的待测元素标准系列溶液，一般浓度范围为0～200.0μg。标准溶液的介质与酸度应与供试品溶液一致。可根据待测元素的含量合理调整标准系列溶液的浓度。除另有规定外，目标同位素峰的响应值与浓度所得回归方程的相关系数应不低于0.99。

供试品溶液的配制 中药样品基质复杂，前处理方法会直接影响测定结果的精密度和准确度。目前元素分析的样品前处理方法一般可分为干法灰化、湿法消解与微波消解等，本指导原则样品前处理方法推荐微波消解法，以减少元素损失；应根据各微波消解仪的型号，合理设置微波消解程序，并选用适宜的消解试剂保证中药中有机基质被完全消解，一般选择硝酸或硝酸与盐酸的混合酸进行消解。

消解后的溶液待放冷后，应小心地开启消解罐，将消解后的溶液转移至50ml聚四氟乙烯材料的量瓶中，用水洗涤罐盖及罐壁数次，并将洗液合并入量瓶中，用水稀释至刻度，混匀，即得。同时取相同试剂，置耐压耐高温微波消解罐中，同样品溶液制备方法制成试剂空白溶液。

注意事项 应注意试验环境、使用器皿、试剂等对待测元素的污染问题，应保证实验环境的洁净、采用高浓度酸液浸泡器皿及高纯度试剂。

当供试品溶液中某元素浓度过高时，应进行必要的稀释，以保证结果的准确，一般建议浓度由低到高，防止仪器的污染。

每次试验中，应采用可溯源的标准物质或回收率试验，对测定结果进行验证，以保证结果的准确可靠。

9015 兽用中药中真菌毒素测定指导原则

真菌毒素（mycotoxin）是真菌产生的次级代谢产物。某些中药在种植、贮存等过程中易产生一些真菌毒素，如黄曲霉毒素、赭曲霉毒素、呕吐毒素、玉米赤霉烯酮和展青霉素等，对人体具有毒性，有必要加强相关真菌毒素的控制。

本指导原则用于中药中真菌毒素的沉淀。

基 本 原 则

一、中药中真菌毒素的分类

真菌毒素是由各种各样的真菌菌核所产生的。曲霉属、镰刀菌属和青霉属包括了绝大多数的产毒真菌。与曲霉属的相关真菌毒素主要包括黄曲霉毒素、赭曲霉毒素A等；与镰刀菌属相关的真菌毒素主要包括玉米赤霉烯酮、T-2毒素、呕吐毒素（脱氧雪腐镰刀菌烯醇）和伏马毒素等；与青霉属相关的真菌毒素主要包括展青霉素和桔青霉素等。

二、监控品种

由于各类真菌毒素的发生毒性的机理不同，容易受污染的对象也有所不同。因此，应选取容易受污染的中药品种进行相应毒素检测方法的开发。粮谷类、种子类、油性成分多的品种应注意黄曲霉毒素的检测；与粮谷类有类似基质的中药材应注意赭曲霉毒素、呕吐毒素和玉米赤霉烯酮的检测，如淡豆豉、薏苡仁、白扁豆等；酸性果实类中药应注意展青霉素的检测，如枸杞子、乌梅、酸枣仁等。处方中含有易污染的药材以及生粉投料的中成药品种应注意相关真菌毒素的检测。

三、测定方法

目前真菌毒素的检测方法有薄层色谱法、酶联免疫测定法、胶体金免疫层析法、高效液相色谱法和液相色谱质谱联用法等。薄层色谱法主要用于初筛，酶联免疫测定法适宜大批样品的集中检测，胶体金免疫层析方法适合现场单个或少数样品即时检测。高效液相色谱法专属性较强，重现性较好，假阳性率低。液相色谱质谱联用法可以实现多成分同时检测，解决色谱分离不完全及假阳性的情况。本指导原则主要提供了高效液相色谱法和液相色谱质谱联用法的参考方法。

在建立中药中真菌毒素的测定方法时，应符合药品质量标准分析方法验证指导原则（通则9011）。

四、限值拟定

真菌毒素的限量可结合毒性数据、国内外相关行业的限度标准以及中药的用法用量进行拟定。

基 本 内 容

一、高效液相色谱法

高效液相色谱法较多应用于单一成分真菌毒素的分析或者同类真菌毒素的多成分分析。

1. 色谱条件与系统适用性试验

应根据待测真菌毒素的理化性质选择适宜的固定相和流动相，多成分测定时可采用流动相梯度洗脱，以达到良好分离效果。固定相常用十八烷基硅烷键合硅胶为填充剂，可根据情况选择小粒径或较长的色谱柱以提高分离度。常用的流动相为不同比例的甲醇-水溶液和乙腈-水溶液，以荧光检测器或者二极管阵列检测器进行测定。

如赭曲霉毒素A可以乙腈-2%冰醋酸溶液（49:51）为流动相，荧光检测器检测（激发波长333nm，发射波长477nm）进行测定；呕吐毒素（脱氧雪腐镰刀菌烯醇）可以甲醇-水（20:80）为流动相，紫外检测器（检测波长为220nm）进行测定；玉米赤霉烯酮可以乙腈-水（50:50）为流动相，荧光检测器检测（激发波长232nm，发射波长460nm）进行测定。

2. 对照品溶液的制备

应根据各种真菌毒素的理化性质，以保证溶解性和稳定性为原则，选择合适的溶剂溶解并配制合适的浓度作为贮备液。常用的溶剂为甲醇、乙腈。对照品贮备液一般可于冰箱冷藏保存1~3个月。

临用前需采用合适的溶剂将贮备液稀释成合适浓度的工作溶液，一般选用与供试品溶液相似比例的有机溶剂进行配制。

如赭曲霉毒素A、玉米赤霉烯酮可用甲醇溶解稀释；呕吐毒素（脱氧雪腐镰刀菌烯醇）可用50%的甲醇溶液溶解稀释；展青霉素可用2%乙腈溶液（用乙酸调节pH值至2）溶解稀释。

3. 对照品溶液的制备

应采用快速、简单、高效的提取方式进行待测真菌毒素的提取，常见的提取方式有振摇、超声以及高速匀浆等。提取液一般需进一步净化富集，如采用免疫亲和柱或者HLB固相萃取小柱对待测真菌毒素进行吸附与洗脱，其中免疫亲和柱由于专属性吸附待测真菌毒素，净化效果好；HLB固相萃取小柱需通过调整洗脱溶剂极性，分段进行待测物的洗脱与收集，可用于多成分的提取净化。其他毒素净化柱可用于吸附样液中的脂类、蛋白类等杂质，操作简便，但净化效果相对较差。

如赭曲霉毒素A、呕吐毒素、玉米赤霉烯酮可分别采用80%甲醇溶液、水、90%乙腈溶液进行提取，提取液再分别采用相应的免疫亲和柱进行净化。展青霉素可用乙腈水溶液进行提取后，用毒素净化柱进行处理。

4. 样品测定及结果判断

真菌毒素的测定一般采用标准曲线法。当供试品色谱中出现与对照品保留时间相同的色谱峰时（当采用二极管阵列检测器时，其紫外-可见吸收光谱与对照品也应匹配），可基本判断检出相应的毒素，通过标准曲线计算相应的含量。

样品测定一般需同时进行添加回收实验和灵敏度实验，如有可能，应使用有证标准物质进行质量控制。中药基质复杂，提取效率各不相同，必要时可加入同位素内标进行校正。

5. 注意事项

应尽量在每针进样后以高比例有机相冲洗色谱柱，在色谱柱前加预柱或保护柱，以延长色谱柱寿命。

应注意本法测定时出现的假阳性情况或色谱图有干扰时，应通过色谱-质谱联用法予以确认。

在本方法未检出毒素的情况下，也应注意假阳性情况，结合方法检测限，综合判断，必要情况下应采用更为灵敏的方法进行检测。

二、高效液相色谱-质谱联用法

当出现基质干扰或含量较低难以采用高效液相色谱法准确测定时，应采用高效液相色谱-质谱联用法测定，该方法还可用于不同种类的真菌毒素同时测定，实现真菌毒素的高通量快速筛选及含量测定。

1. 色谱条件与系统适用性试验

流动相组成的选择应注意待测毒素在质谱中的采集模式，以提高离子化率。应根据仪器的具体情况，选择最佳的离子采集模式，并对质谱检测参数进行优化达到最佳。采用三重串联四极杆质谱作为检测器时，应选择多对特征性的离子对通道，并针对性优化设定最佳碰撞能量等。

如赭曲霉毒素A可以甲醇为流动相A，以0.01%甲酸为流动相B，按下列梯度洗脱：0~5分钟，A：55%→90%；5~7分钟，A：90%；7~7.1分钟，A：90%→55%；7.1~10分钟，A：55%。电喷雾离子源（ESI）负离子模式下选择质荷比（m/z）402.1→358.1作为定量离子对，402.1→211.1作为定性离子对进行检测。呕吐毒素可以甲醇为流动相A，以水为流动相B，按下列梯度洗脱：0~5分钟，A：10%→40%；5~6分钟，A：40%→90%；6~7分钟，A：90%；7~7.1分钟，A：90%→10%；7.1~10分钟，A：10%。电喷雾离子源（ESI）负离子模式下选择质荷比（m/z）295.1→265.1作为定量离子对，295.1→138.0作为定性离子对进行检测。玉米赤霉烯酮可以甲醇为流动相A，以0.01%甲酸为流动相B，按下列梯度洗脱：0~5分钟，A：55%→90%；5~7分钟，A：90%；7~7.1分钟，A：90%→55%；7.1~10分钟，A：55%。电喷雾离子源（ESI）负离子模式下选择质荷比（m/z）317.1→174.9作为定量离子对，317.1→130.8作为定性离子对进行检测。展青霉素可以乙腈为流动相A，以水为流动相B，按下列梯度洗脱：0~4分钟，A：3%；4~4.2分钟，A：3%→40%；4.2~9分钟，A：40%；9~9.5分钟，A：40%→3%；9~15分钟，A：3%。电喷雾离子源（ESI）负离子模式下选择质荷比（m/z）153.1→80.9作为定量离子对，153.1→109.0作为定性离子对进行检测。

同时测定黄曲霉毒素G_2、G_1、B_2、B_1、赭曲霉毒素A、呕吐毒素、玉米赤霉烯酮、伏马毒素B_1、B_2及T-2毒素时，可以乙腈-甲醇（1:1）为流动相A，以0.01%甲酸为流动相B，按下列梯度洗脱：0~2分钟，A：5%；2~2.01分钟，A：5%→40%；2.01~5分钟，A：40%→50%；5~7分钟，A：50%→55%；7~10分钟，A：55%→90%；10~10.01分钟，A：90%→5%；10.01~13分钟，A：5%。采用三重四极杆串联质谱仪作为检测器，电喷雾离子源（ESI）黄曲霉毒素G_2、G_1、B_2、B_1、伏马毒素B_1、B_2及T-2毒素为正离子采集模式，赭曲霉毒素A、呕吐毒素、玉米赤霉烯酮为负离子采集模式，化合物质谱参数见下表。

编号	中文名	英文名	母离子	子离子	CE（V）
1	黄曲霉毒素G_2	Aflatoxin G_2	331.1 331.1	313.1 245.1	33 40
2	黄曲霉毒素G_1	Aflatoxin G_1	329.1 329.1	243.1 311.1	35 30
3	黄曲霉毒素B_2	Aflatoxin B_2	315.1 315.1	259.1 287.1	35 40
4	黄曲霉毒素B_1	Aflatoxin B_1	313.1 313.1	241.0 285.1	50 40
5	伏马毒素B_1	Fumonisin B_1	722.3 722.3	352.4 334.4	49 53
6	伏马毒素B_2	Fumonisin B_2	706.4 706.4	336.1 318.4	49 52
7	T-2毒素	T-2 toxin	489.2 489.2	245.3 387.2	36 29
8	赭曲霉毒素A	Ochratoxin A	402.1 402.1	358.1 211.0	−28 −38
9	呕吐毒素	Deoxynivalenol	295.1 295.1	265.1 138.0	−15 −25
10	玉米赤霉烯酮	Zearalenone	317.2 317.2	175.1 131.2	−32 −38

2. 对照品溶液的制备

可参考高效液相色谱法项下对照品溶液的制备方法配制成不同浓度的系列工作液。同时测定黄曲霉毒素G_2、G_1、B_2、B_1、赭曲霉毒素A、呕吐毒素、玉米赤霉烯酮、伏马毒素B_1、B_2及T-2毒素时，可用50%乙腈水溶液进行配制。

测定时可根据样品实际情况，采用空白基质溶液（即不含待测真菌毒素的同种样品按供试品溶液制备方法制得的溶液）进行配制。

3. 供试品溶液的制备

可参考高效液相色谱法项下，适当稀释至合适浓度，作为供试品溶液。同时测定黄曲霉毒素G_2、G_1、B_2、B_1、赭曲霉毒素A、呕吐毒素、玉米赤霉烯酮、伏马毒素B_1、B_2及T-2毒素时，可将样品用70%甲醇溶液超声提取，提取液经HLB柱净化。

4. 内标的选择

由于中药基质复杂，不同基质样品提取效率各不相同。必要时可选择同位素内标对基质效应进行校正。同时应对内标物的浓度进行考察。

5. 样品测定及结果判断

供试品色谱中如检出与对照品保留时间相同的色谱峰，并且所选择的多对子离子的质荷比一致，供试品溶液的定性离子相对丰度比与浓度相当的对照品溶液的定性离子相对丰度比进行比较时，相对偏差不超过下列规定的范围，则可判定样品中存在该组分：相对比例>50%，允许±20%偏差；相对比例20%～50%，允许±25%偏差；相对比例10%～20%，允许±30%偏差；相对比例≤10%，允许±50%偏差。

一般应采用标准曲线法测定样品中各真菌毒素的含量。

6. 注意事项

色谱-质谱联用方法作为定性确证方法，可采用多种不同原理的质谱作为检测技术，但均应保证结果的准确可靠。

应注意真菌毒素适宜的进样浓度，避免交叉污染或对系统造成残留污染，注意采用空白试剂、空白基质、标准物质等进行过程质量控制。

9021 非无菌产品微生物限度检查指导原则

为更好应用非无菌产品微生物限度检查：微生物计数法（附录1102）、非无菌产品微生物限度检查：控制菌检查法（附录1103）及非无菌兽药微生物限度标准（附录1104），特制定本指导原则。

非无菌兽药中污染的某些微生物可能导致兽药活性降低，甚至使兽药丧失疗效，从而对患病动物健康造成潜在的危害。因此，在兽药生产、贮藏和流通各个环节中，兽药生产企业应严格遵循GMP的指导原则，以降低产品受微生物污染程度。非无菌产品微生物计数法、控制菌检查法及兽药微生物限度标准可用于判断非无菌制剂及原料、辅料是否符合兽药典的规定，也可用于指导制剂、原料、辅料等微生物质量标准的制定，及指导生产过程中间产品微生物质量的监控。本指导原则将对微生物限度检查方法和标准中的特定内容及应用做进一步的说明。

1. 非无菌产品微生物限度检查过程中，如使用表面活性剂、灭活剂及中和剂，在确定其能否适用于所检样品及其用量时，除应证明该试剂对所检样品的处理有效外，还须确认该试剂不影响样品中可能污染的微生物的检出（即无毒性），因此无毒性确认试验的菌株不能仅局限于验证试验菌株，而应当包括产品中可能污染的微生物。

2. 供试液制备方法、抑菌成分的消除方法及需氧菌总数、霉菌及酵母菌计数方法应尽量选择微生物计数方法中操作简便、快速的方法，同时，所选用的方法应避免损伤供试品中污染的微生物。对于抑菌作用较强的供试品，在供试品溶液性状允许的情况下，应尽量选用薄膜过滤法进行试验。

3. 对照培养基系指按培养基处方特别制备、质量优良的培养基，用于培养基适用性检查，以保证兽药微生物检验用培养基的质量。

4. 进行微生物计数方法适用性试验时，若因没有适宜的方法消除供试品中的抑菌作用而导致微生物回收的失败，应采用能使微生物生长的更高稀释级供试液进行方法适用性试验。此时更高稀释级供试液的确认要从低往高的稀释级进行，但最高稀释级供试液的选择应根据供试品应符合的微生物限度标准和菌数报告规则而确定，如供试品应符合的微生物限度标准是1g需氧菌总数不得过10^3cfu，那么最高稀释级是$1:10^3$。

若采用允许的最高稀释级供试液进行方法适用性试验还存在1株或多株试验菌的回收率达不到要求，那么应选择回收情况最接近要求的方法进行供试品的检测。如某种产品对某试验菌有较强的抑菌性能，采用薄膜过滤法的回收率为40%，而采用培养基稀释法的回收率为30%，那么应选择薄膜过滤法进行该供试品的检测。在此情况下，生产单位或研制单位应根据原辅料的微生物质量、生产工艺及产品特性进行产品的风险评估，以保证检验方法的可靠性，从而保证产品质量。

5. 控制菌检查法没有规定进一步确证疑似致病菌的方法。若供试品检出疑似致病菌，确证的方法应选择已被认可的菌种鉴定方法，如细菌鉴定一般依据《伯杰氏系统细菌学手册》。

6. 兽药微生物检查过程中，如果兽药典规定的微生物计数方法不能对微生物在规定限度标准的水平上进行有效的计数，那么应选择经过验证的、且检测限尽可能接近其微生物限度标准的方法对样品进行检测。

7. 用于手术、烧伤及严重创伤的局部给药制剂应符合无菌检查法要求。对用于创伤程度难以判断的局部给药制剂，若没有证据证明兽药不存在安全性风险，那么该兽药应符合无菌检查法要求。

8. 兽药微生物限度标准中，药用原料，辅料，及中药提取物仅规定检查需氧菌总数、霉菌和酵母菌总数。因此，在制定其微生物限度标准时，应根据原辅料的微生物污染特性、用途、相应制剂的生产工艺及特性等因素，还需控制具有潜在危害的致病菌。

9. 对于《中国兽药典》2015年版二部中药制剂通则项下有微生物限度要求的制剂，微生物限度为必检项目；对于只有原则性要求的制剂（如：片剂、锭剂、颗粒剂），应对其被微生物污染的风险进行评估。在保证产品对患病动物安全的前提下，通过回顾性验证或在线验证积累的微生物污染数据表明每批均符合微生物限度标准的要求，那么可不进行批批检验，但必须保证每批最终产品均符合微生物限度标准规定。上述固体制剂若因制剂本身及工艺的原因导致产品易受微生物污染，应在品种项下列出微生物限度检查项及微生物限度标准。

10. 含动物类原药材粉的口服中药制剂要求不得检出沙门菌。其中的动物类原药材粉是指除蜂蜜、王浆、动物角、阿胶外的所有动物类原药材粉，如牡蛎、珍珠等贝类，海蜇、冬虫夏草、人工牛黄等。

11. 制定兽药的微生物限度标准时，除了依据"非无菌兽药微生物限度标准"（附录1104）外，还应综合考虑原料来源、性质、生产工艺条件、给药途径及微生物污染对患病动物的潜在危险等因素，提出合理安全的微生物限度标准，如特殊品种以最小包装单位规定限度标准。必要时，某些兽药为保证其疗效、稳定性及避免对患病动物的潜在危害性，应制定更严格的微生物限度标准，并在品种项下规定。

9022 兽药微生物实验室质量管理指导原则

兽药微生物实验室质量管理指导原则用于指导兽药微生物检验实验室的质量控制。

兽药微生物的检验结果受很多因素的影响，如样品中微生物可能分布不均匀、微生物检验方法的误差较大等。因此，在兽药微生物检验中，为保证检验结果的可靠性，必须使用经验证的检测方法并严格按照兽药微生物实验室质量管理指导原则要求进行试验。

兽药微生物实验室规范包括以下几个方面：人员、培养基、试剂、菌种、环境、设备、样品、检验方法、污染废弃物处理、检测结果质量保证和检测过程质量控制、实验记录、结果的判断和检测报告、文件等。

人　　员

从事兽药微生物试验工作的人员应具备微生物学或相近专业知识的教育背景。

实验人员应依据所在岗位和职责接受相应的培训，在确认他们可以承担某一试验前，他们不能独立从事该项微生物试验。应保证所有人员在上岗前接受胜任工作所必需的设备操作、微生物检验技术等方面的培训，如无菌操作、培养基制备、消毒、灭菌、注平板、菌落计数、菌种的转种、传代和保藏、微生物检查方法和鉴定基本技术等，经考核合格后方可上岗。

实验人员应经过实验室生物安全方面的培训，保证自身安全，防止微生物在实验室内部污染。

实验室应制定所有级别实验人员的继续教育计划。保证知识与技能不断地更新。

检验人员必须熟悉相关检测方法、程序、检测目的和结果评价。微生物实验室的管理者其专业技能和经验水平应与他们的职责范围相符。如：管理技能、实验室安全、试验安排、预算、实验研究、实验结果的评估和数据偏差的调查、技术报告书写等。

实验室应通过参加内部质量控制、能力验证或使用标准菌株等方法客观评估检验人员的能力，必要时对其进行再培训并重新评估。当使用一种非经常使用的方法或技术时，有必要在检测前确认微生物检测人员的操作技能。

所有人员的培训、考核内容和结果均应记录归档。

培　养　基

培养基是微生物试验的基础，直接影响微生物试验结果。适宜的培养基制备方法、贮藏条件和质量控制试验是提供优质培养基的保证。

1. 培养基的制备

微生物实验室使用的培养基可按处方配制，也可使用按处方生产的符合规定的脱水培养基。

在制备培养基时，应选择质量符合要求的脱水培养基或按单独配方组分进行配制。脱水培养基应附有处方和使用说明，配制时应按使用说明上的要求操作以确保培养基的质量符合要求，结块或颜色发生改变的脱水培养基不得使用。

脱水培养基或单独配方组分应在适当的条件下贮藏，如低温、干燥和避光，所有的容器应密封，尤其是盛放脱水培养基的容器。商品化的成品培养基除了应附有处方和使用说明外，还应注明有效期、贮藏条件、适用性检查试验的质控菌和用途。

为保证培养基质量的稳定可靠，各脱水培养基或各配方组分应准确称量，并要求有一定的精确度。配制培养基最常用的溶剂是纯化水。应记录各称量物的重量和水的使用量。

配制培养基所用容器不得影响培养基质量，一般为玻璃容器。配制培养基所用容器和配套器具应洁净，可用纯化水冲洗以消除清洁剂和外来物质的残留。对热敏感的培养基如糖发酵培养基其分装容器一般应预先进行灭菌，以保证培养基的无菌性。

脱水培养基应完全溶解于水中，再行分装与灭菌。配制时若需要加热助溶，应注意不要过度加热，以避免培养基颜色变深。如需要添加其他组分时，加入后应充分混匀。

培养基灭菌应按照生产商提供或使用者验证的参数进行。商品化的成品培养基必须附有所用灭菌方法的资料。培养基灭菌一般采用湿热灭菌技术，特殊培养基可采用薄膜过滤除菌。

培养基若采用不适当的加热和灭菌条件，有可能引起颜色变化、透明度降低、琼脂凝固力或pH值的改变。因此，培养基应采用验证的灭菌程序灭菌，培养基灭菌方法和条件，应通过无菌性试验和促生长试验进行验证。此外，对高压灭菌器的蒸汽循环系统也要加以验证，以保证在一定装载方式下的正常热分布。温度缓慢上升的高压灭菌器可能导致培养基的过热，过度灭菌可能会破坏绝大多数的细菌和真菌培养基促生长的质量。灭菌器中培养基的容积和装载方式也将影响加热的速度。因此，应根据灭菌培养基的特性，进行全面的灭菌程序验证。

应确定每批培养基灭菌后的pH值（冷却至室温25℃测定）。若培养基处方中未列出pH值的范围，除非经验证表明培养基的pH值允许的变化范围很宽，否则，pH值的范围不能超过规定值±0.2。

制成平板或分装于试管的培养基应进行下列检查：容器和盖子不得破裂，装量应相同，尽量避免形成气泡，固体培养基表面不得产生裂缝或涟漪，在冷藏温度下不得形成结晶，不得污染微生物等。应检查和记录批数量、有效期及培养基的无菌检查。

2. 培养基的贮藏

自配的培养基应标记名称、批号、配制日期、制备人等信息，并在已验证的条件下贮藏。商品化的成品培养基标签上应标有名称、批号、生产日期、失效期及培养基的有关特性，生产商和使用者应根据培养基使用说明书上的要求进行贮藏，所采用的贮藏和运输条件应使成品培养基最低限度的失去水分并提供机械保护。

培养基灭菌后不得贮藏在高压灭菌器中，琼脂培养基不得在0℃或0℃以下存放，因为冷冻可能破坏凝胶特性。培养基保存应防止水分流失，避光保存。琼脂平板最好现配现用，如置冰箱保存，一般不超过1周，且应密闭包装，若延长保存期限，保存期需经验证确定。

固体培养基灭菌后只允许1次再融化，避免因过度受热造成培养基质量下降或微生物污染。培养基的再融化一般采用水浴加热或流通蒸汽加热。若采用其他溶解方法，应对其进行评估，确认该溶解方法不影响培养基质量。融化的培养基应置于45～50℃的环境中，不得超过8小时。倾注培养基时，应擦干培养基容器外表面的水分，避免容器外壁的水滴进入培养基中造成污染。使用过的培养基（包括失效的培养基）应按照国家污染废物处理相关规定进行。

3. 质量控制试验

实验室应制定试验用培养基的质量控制程序，以确保所用培养基质量符合相关检查的需要。

实验室配制或商品化的成品培养基的质量依赖于其制备过程，采用不适宜方法制备的培养基将影响微生物的生长或复苏，从而影响试验结果的可靠性。

所有配制好的培养基均应进行质量控制试验。实验室配制的培养基的常规监控项目是pH值、适用性检查试验，定期的稳定性检查以确定有效期。培养基在有效期内应依据适用性检查试验确定培养基质量是否符合要求。有效期的长短将取决于在一定存放条件下（包括容器特性及密封性）的培养基其组成成分的稳定性。

除兽药典附录另有规定外，在实验室中，若采用已验证的配制和灭菌程序制备培养基且过程受控，那么同一批脱水培养基的适用性检查试验可只进行1次。如果培养基的制备过程未经验证，那么每一灭菌批培养基均要进行适用性检查试验。试验的菌种可根据培养基的用途从相关附录中进行选择，也可增加从生产环境及产品中常见的污染菌株。

培养基的质量控制试验若不符合规定，应寻找不合格的原因，以防止问题重复出现。任何不符合要求的培养基均不能使用。

用于环境监控的培养基须特别防护，最好要双层包装和终端灭菌，如果不能采用终端灭菌的培养基，那么在使用前应进行100%的预培养以防止外来的污染物带到环境中及避免出现假阳性结果。

试 剂

微生物实验室应有试剂接收、检查和贮藏的程序，以确保所用试剂质量符合相关检查要求。

试验用关键试剂，在开启和贮藏过程中，应对每批试剂的适用性进行验证。实验室应对试剂进行管理控制，保存和记录相关资料。

实验室应标明所有试剂、试液及溶液的名称、制备依据、适用性、浓度、效价、贮藏条件、制备日期、有效期及制备人。

菌 种

试验过程中，生物样本可能是最敏感的，因为它们的活性和特性依赖于合适的试验操作和贮藏条件。实验室菌种的处理和保藏的程序应标准化，使尽可能减少菌种污染和生长特性的改变。按统一操作程序制备的菌株是微生物试验结果一致性的重要保证。

兽药微生物检验用的试验菌应来自认可的国内或国外菌种保藏机构的标准菌株，或使用与标准菌株所有相关特性等效的可以溯源的商业派生菌株。

标准菌株的复苏、复壮或培养物的制备应按供应商提供的说明或按已验证的方法进行。从国内或国外菌种保藏机构获得的标准菌株经过复活并在适宜的培养基中生长后，即为标准贮备菌株。标准贮备菌株应进行纯度和特性确认。标准贮备菌株保存时，可将培养物等份悬浮于抗冷冻的培养基中，并分装于小瓶中，建议采用低温冷冻干燥、液氮贮存、超低温冷冻（低于−30℃）等方法保存。低于−70℃或低温冷冻干燥方法可以延长菌种保存时间。标准贮备菌株可用于制备每月或每周1次转种的工作菌株。冷冻菌种一旦解冻转种制备工作菌株后，不得重新冷冻和再次使用。

工作菌株的传代次数应严格控制，不得超过5代（从菌种保藏机构获得的标准菌株为第0代），以防止过度的传代增加菌种变异的风险。1代是指将活的培养物接种到微生物生长的新鲜培养基中培养，任何形式的转种均被认为是传代1次。必要时，实验室应对工作菌株的特性和纯度进行确认。

工作菌株不可代替标准菌株，标准菌株的商业衍生物仅可用作工作菌株。标准菌株如果经过确认试验证明已经老化、退化、变异、污染等或该菌株已无使用需要时，应及时灭菌销毁。

实验室必须建立和保存其所有菌种的进出、收集、贮藏、确认试验以及销毁的记录，应有菌种管理的程序文件（从标准菌株到工作菌株），该程序包括：标准菌种的申购记录；从标准菌株到工作菌株操作及记录；菌种必须定期转种传代，并做纯度、特性等实验室所需关键指标的确认，并记录；每支菌种都应注明其名称、标准号、接种日期、传代数；菌种生长的培养基和培养条件；菌种保藏的位置和条件；其他需要的程序。

环　　境

微生物实验室应具有进行微生物检测所需的适宜、充分的设施条件，实验环境应保证不影响检验结果的准确性。工作区域与办公区域应分开。

微生物试验室应专用，并与其他领域分开尤其是生产领域。

1. 实验室的布局和运行

微生物实验室的布局与设计应充分考虑到试验设备安装、良好微生物实验室操作规范和实验室安全的要求。实验室布局设计的基本原则是既要最大可能防止微生物的污染，又要防止检验过程对人员和环境造成危害，同时还应考虑活动区域的合理规划及区分，避免混乱和污染，以提高微生物实验室操作的可靠性。微生物实验室的设计和建筑材料应考虑其适用性，以利清洁、消毒、灭菌并减少污染的风险。洁净或无菌室应配备独立的空气机组或空气净化系统，以满足相应的检验要求，包括温度和湿度的控制，压力、照度和噪音等都应符合工作要求。空气过滤系统应定期维护和更换，并保存相关记录。微生物实验室应划分成相应的洁净区域和活菌操作区域，同时应根据试验目的，在时间或空间上有效分隔不相容的实验活动，将交叉污染的风险降低到最低。活菌操作区应配备生物安全柜，以避免有危害性的生物因子对试验人员和实验环境造成的危害。一般情况下，兽药微生物检验的实验室应有符合无菌检查法（附录1101）和微生物限度检查法（附录1102、附录1103）要求的、用于开展无菌检查、微生物限度检查、无菌采样等检测活动的、独立设置的洁净室（区）或隔离系统，并配备相应的阳性菌实验室、培养室、试验结果观察区、培养基及实验用具准备（包括灭菌）区、样品接收和贮藏室（区）、标准菌株贮藏室（区）、污染物处理区和文档处理区等辅助区域，同时，应对上述区域明确标识。

微生物实验的各项工作应在专属的区域进行，以降低交叉污染、假阳性结果和假阴性结果出现的风险。无菌检查应在B级背景下的A级单向流洁净区域或隔离系统中进行，微生物限度检查应在不低于D级背景下的B级单向流空气区域内进行。A级和B级区域的空气供给应通过终端高效空气过滤器（HEPA）。

一般样品若需要证明微生物的生长或进一步分析培养物的特性，如再培养、染色、微生物鉴定或其他确定试验均应在实验室的活菌操作区进行。任何出现微生物生长的培养物不得在实验室无菌区域内打开。对染菌的样品及培养物应有效隔离，以减少假阳性结果的出现。病原微生物的分离鉴定工作应在二级生物安全实验室进行。

实验室应制定进出洁净区域的人和物的控制程序和标准操作规程，对可能影响检测结果的工作

（如洁净度验证及监测、消毒、清洁维护等）能够有效地控制、监测并记录。微生物实验室使用权限应限于经授权的工作人员，实验人员应了解洁净区域的正确进出的程序，包括更衣流程；该洁净区域的预期用途、使用时的限制及限制原因；适当的洁净级别。

2. 环境监测

微生物实验室应按相关国家标准制定完整的洁净室（区）和隔离系统的验证和环境监测标准操作规程，环境监测项目和监测频率及对超标结果的处理应有书面程序。监测项目应涵盖到位，包括对空气悬浮粒子、浮游菌、沉降菌、表面微生物及物理参数（温度、相对湿度、换气次数、气流速度、压差、噪音等）的有效地控制和监测。环境监测按兽药洁净实验室微生物监测和控制指导原则（附录9023）进行。

3. 清洁、消毒和卫生

微生物实验室应制定有清洁、消毒和卫生的标准操作规程，规程中应涉及环境监测结果。

实验室在使用前和使用后应进行消毒，并定期监测消毒效果，要有足够洗手和手消毒设施。应有对有害微生物发生污染的处理规程。

所用的消毒剂种类应满足洁净实验室相关要求并定期更换。理想的消毒剂既能杀死广泛的微生物、对人体无毒害、不会腐蚀或污染设备，又应有清洁剂的作用、性能稳定、作用快、残留少、价格合理。所用消毒剂和清洁剂的微生物污染状况应进行监测，并在规定的有效期内使用，A级和B级洁净区应当使用无菌的或经无菌处理的消毒剂和清洁剂。

设　备

微生物实验室应配备与检验能力和工作量相适应的仪器设备，其类型、测量范围和准确度等级应满足检验所采用标准的要求，设备的安装和布局应便于操作，易于维护、清洁和校准。并保持清洁和良好的工作状态。用于试验的每台仪器、设备应该有唯一标识。仪器设备应有合格证书，实验室在仪器设备完成相应的检定、校准、验证、确认其性能，并形成相应的操作、维护和保养的标准操作规程后方可正式使用，仪器设备使用和日常监控要有记录。

1. 设备的维护

为保证仪器设备处于良好工作状态，应定期对其进行维护和性能验证，并保存相关记录。仪器设备若脱离实验室或被检修，恢复使用前应对其检查或校准，以保证性能符合要求。

重要的仪器设备，如培养箱、冰箱等，应由专人负责进行维护和保管，保证其运行状态正常和受控，同时应有相应的备用设备，以保证试验菌株和微生物培养的连续性，特殊设备如高压灭菌器、隔离器、生物安全柜等实验人员应经培训后持证上岗。对于培养箱、冰箱、高压灭菌锅等影响实验准确性的关键设备应在其运行过程中对关键参数（如温度、压力）进行连续观测和记录，有条件的情况下尽量使用自动记录装置。如果发生偏差，应评估对以前的检测结果造成的影响并采取必要的纠正措施。

对于一些容易污染微生物的仪器设备如水浴锅、培养箱、冰箱和生物安全柜等应定期进行清洁和消毒。

对试验需用的无菌器具应实施正确的清洗、灭菌措施，并形成相应的标准操作规程，无菌器具应有明确标识并与非无菌器具加以区别。

实验室的某些设备（例如培养箱、高温灭菌器和玻璃器皿等）应专用，除非有特定预防措施，以防止交叉污染。

2. 校准、性能验证和使用监测

微生物实验室所用的仪器应根据日常使用的情况进行定期的校准，并记录。校准的周期和校验的内容根据仪器的类型和设备在实验室产生的数据的重要性不同而不同。仪器上应有标签说明校准日期和再校准日期。

温度测量装置

温度不但对实验结果有直接的影响，而且还对仪器设备的正常运转和正确操作起关键因素。相关的温度测量装置如培养箱和高压灭菌器中的温度计、热电耦和铂电阻温度计，应具有可到的质量并进行校准，以确保所需的精确度，温度设备的校准应遵循国家或国际标准。

温度测量装置可以用来监控冰箱、超低温冰箱、培养箱、水浴锅等设备的温度，应在使用前验证此类装置的性能。

称量设备

天平和标准砝码应定期进行校准，天平使用过程应采用标准砝码进行校准。每次使用完后应及时清洁，必要时用非腐蚀消毒剂进行消毒。

容量测定设备

微生物实验室对容量测定设备如自动分配仪、移液枪，移液管等应进行检定，以确保仪器准确度。标有各种使用体积的仪器需要对使用时的体积进行精密度的检查，并且还要测定其重现性。

对于一次性使用的容量设备，实验室应该从公认的和具有相关质量保证系统的公司购买。对仪器适用性进行初次验证后，要对其精密度随时进行检查。必要时应该对每批定容设备进行适用性检查。

生物安全柜、层流超净工作台、高效过滤器

应由有资质的人员进行生物安全柜、层流超净工作台及高效过滤器的安装与更换，要按照确认的方法进行现场生物和物理的检测，并定期进行再验证。

实验室生物安全柜和层流超净工作台的通风应符合微生物风险级别及符合安全要求。应定期对生物安全柜、层流超净工作台进行监测，以确保其性能符合相关要求。实验室应保存检查记录和性能测试结果。

其他设备

悬浮粒子计数器、悬浮菌采样器应定期进行校准；pH计、传导计和其他类似仪器的性能应定期或在每次使用前确认；若湿度对实验结果有影响，湿度计应按国家或国际标准进行校准；当所测定的时间对检测结果有影响时，应使用校准过的计时仪或定时器；使用离心机时，应评估离心机每分钟的转数，若离心是关键因素，离心机应该进行校准。

样　　品

1. 样品采集

试验样品的采集，应遵循随机抽样的原则，并在受控条件下进行抽样，如有可能，抽样应在具有无菌条件的特定抽样区域中进行。抽样时，须采用无菌操作技术进行取样，防止样品受到微生物污染而导致假阳性的结果。抽样的任何消毒过程（如抽样点的消毒）不能影响样品中微生物的检出。

抽样容器应贴有唯一性的标识，注明样品名称、批号、抽样日期、采样容器、抽样人等。抽样应由经过培训的人员使用无菌设备在无菌条件下进行无菌操作。抽样环境应监测并记录，同时还需记录采样时间。

2. 样品贮存和运输

待检样品应在合适的条件下贮藏并保证其完整性，尽量减少污染的微生物发生变化。样品在运输过程中，应保持原有（规定）的贮存条件或采取必要的措施（如冷藏或冷冻）。应明确规定和记录样品的贮藏和运输条件。

3. 样品的确认和处理

实验室应有被检样品的传递、接收、贮存和识别管理程序。

实验室在收到样品后应根据有关规定尽快对样品进行检查，并记录被检样品所有相关信息，如：接收日期及时间、接收时样品的状况、采样操作的特征（包括采样日期和采样条件等）、贮藏条件。

如果样品存在数量不足、包装破损、标签缺失、温度不适等，实验室应在决定是否检测或拒绝接受样品之前与相关人员沟通。样品的包装和标签有可能被严重污染，因此搬运和贮存样品时应小心以避免污染的扩散，容器外部的消毒应不影响样品的完整性。样品的任何状况在检验报告中应有说明。

选择具有代表性的样品，根据有关的国家或国际标准，或者使用经验证的实验方法，尽快进行检验。

实验室应按照书面管理程序对样品进行保留和处置。如果实验用的是已知被污染的样品，应该在丢弃前进行灭菌。

检 验 方 法

1. 检验方法的选择

兽药微生物检验时，应根据检验目的选择适宜的方法进行样品检验。

2. 检验方法的验证

兽药典方法或标准中规定的方法是经过验证的，当进行样品检验时，应进行方法适用性确认。

污染废弃物处理

实验室应有妥善处理废弃样品、过期（或失效）培养基和有害废弃物的设施和制度，旨在减少检查环境和材料的污染，污染废弃物的最终处理必须符合国家环境和健康安全规定。

实验室还应针对类似于带菌培养物溢出的意外事件制定处理程序。如：活的培养物洒出必须就地处理，不得使培养物污染扩散。

检测结果的质量保证和检测过程的质量控制

1. 内部质量控制

为保证实验室在每个工作日检测结果的连贯性和与检测标准的一致性，实验室应制定对所承担的工作进行连续评估的程序。

实验室应定期对实验环境的洁净度、培养基的适用性、灭菌方法、菌株纯度和活性（包括性能）、试剂的质量等进行监控并详细记录。

实验室应定期对检测人员进行技术考核。可以通过加标试样的使用、平行实验和参加能力验证等方法使每个检测人员所检测项目的可变性处于控制之下，以保证检验结果的一致性。

实验室应对重要的检验设备如自动化检验仪器等进行比对。

2. 外部质量评估

实验室应参加与检测范围相关的国家能力验证或实验室之间的比对实验来评估检测水平，通过参加外部质量评估来评定检测结果的偏差。

实 验 记 录

实验结果的可靠性依赖于试验严格按照标准操作规程进行，而标准操作规程应指出如何进行正确的试验操作。实验记录应包含所有关键的实验细节，以便确认数据的完整性。

实验室原始记录至少应包括以下内容：实验日期、检品名称、实验人员姓名、标准操作规程编号或方法、实验结果、偏差（存在时）、实验参数（所使用的设备、菌种、培养基和批号以及培养温度等）、主管/复核人签名。

试验记录上还应显示出检验标准的选择，如果使用的是兽药典标准，必须保证是现行有效的标准。

试验所用的每一个关键的实验设备均应有记录，设备日志或表格，应设计合理，以满足试验记录的追踪性，设备温度（水浴、培养箱、灭菌器）必须记录，且具有追溯性。

实验记录写错时，用单线划掉并签字。原来的数据不能抹去或被覆盖。

所有实验室记录应以文件形式保存并防止意外遗失，记录应存放在特定的地方并有登记。

结果的判断和检测报告

由于微生物试验的特殊性，在实验结果分析时，对实验结果应进行充分和全面的评价，所有影响结果观察的微生物条件和因素应完全考虑，包括与规定的限度或标准有很大偏差的结果，微生物在原料、辅料或试验环境中存活的可能性，及微生物的生长特性等。特别要了解实验结果与标准的差别是否有统计学意义。若发现实验结果不符合兽药典各品种项下要求或另外建立的质量标准，应进行原因调查。引起微生物污染结果不符合标准的原因主要有两个：试验操作错误或产生无效结果的试验环境条件；产品本身的微生物污染总数超过规定的限度或检出控制菌。

异常结果出现时，应进行偏差调查。偏差调查时应考虑实验室环境、抽样区的防护条件、样品在该检验条件下以往检验的情况，样品本身具有使微生物存活或繁殖的特性等情况。此外，回顾试验过程，也可评价该实验结果的可靠性及实验过程是否恰当。如果试验操作被确认是引起实验结果不符合的原因，那么应制定纠正和预防措施，按照正确的操作方案进行实验，在这种情况下，对试验过程及试验操作应特别认真地进行监控。

如果依据分析调查结果发现试验有错误而判实验结果无效，那么这种情况必须记录。实验室也必须认可复试程序，如果需要，可按相关规定重新抽样，但抽样方法不能影响不符合规定结果的分析调查。

微生物实验室检测报告应该符合检测方法的要求。实验室应准确、清晰、明确和客观地报告每一项或每一份检测的结果。

文 件

文件应当充分表明试验是在实验室里按可控的检查法进行的，一般包括以下方面：人员培训与资格确认；设备验收、验证、检定（或校准期间核查）和维修；设备使用中的运行状态（设备的关键参数）；培养基制备、贮藏和质量控制；菌种管理；检验规程中的关键步骤；数据记录与结果计算的确认；质量责任人对试验报告的评估；数据偏离的调查。

9023 兽药洁净实验室微生物监测和控制指导原则

本指导原则是用于指导兽药微生物检验用的洁净室等受控环境微生物污染情况的监测和控制。

兽药洁净实验室是指用于兽药无菌或微生物检验用的洁净实验室、隔离系统及其他受控环境。药品洁净实验室的洁净级别按空气悬浮粒子大小和数量的不同参考现行"药品生产质量管理规范"分为A、B、C、D 4个级别。为维持兽药洁净实验室操作环境的稳定性、确保兽药质量安全及检测结果的准确性，应对兽药洁净实验室进行微生物监测和控制，使受控环境维持可接受的微生物污染风险水平。

本指导原则包括人员要求、初次使用的洁净实验室参数确认、微生物监测方法、监测频次及监测项目、监测标准、警戒限和纠偏限、数据分析及偏差处理、微生物鉴定和微生物控制。

人 员

从事兽药洁净实验室微生物监测和控制的人员应符合现行《中国兽药典》附录中"兽药微生物实验室质量管理指导原则（通则9022）"的相关要求。

确 认

初次使用的洁净实验室应进行参数确认，确认参数包括物理参数、空气悬浮粒子和微生物。洁净实验室若有超净工作台、空气调节系统等关键设备发生重大变化时应重新进行参数测试。

兽药洁净实验室物理参数的测试应当在微生物监测方案实施之前进行，确保操作顺畅，保证设备系统的运行能力和可靠性。主要的物理参数包括高效空气过滤器完整性，气流组织、空气流速（平均风速）、换气次数、压差、温度和相对湿度等。测试应在模拟正常检测条件下进行。

各级别洁净环境物理参数建议标准及最长监测周期见表1，必要时，各实验室应根据洁净实验室使用用途、检测药品的特性等制定适宜的参数标准。物理参数测试方法参照《洁净室施工及验收规范》的现行国家标准中附录D3高效空气过滤器现场扫描检漏方法、附录E12气流的检测、附录E1风量和风速的检测、附录E2静压差的检测、附录E5温湿度的检测进行。

初次使用的洁净实验室其空气悬浮粒子和微生物的确认及监测照以下"监测"进行。

表1 各级别洁净环境物理参数建议标准

洁净度级别	物理参数						
	过滤完整性	气流组织	空气流速（平均风速）	换气次数	压差	温度	湿度
A级	检漏试验监测周期24个月	单向流监测周期24个月	0.25~0.50m/s（设备）0.35~0.54m/s（设施）监测周期12个月	—	洁净区与非洁净区之间压差不小于10Pa；不同级别洁净区之间的压差不小于10Pa；监测周期每周一次	18~26℃监测周期每次实验	45%~65%监测周期每次实验
B级		①单向流（静态）监测周期24个月 ②非单向流—	①单向流（静态）0.25~0.50m/s监测周期12个月 ②非单向流—	①单向流— ②非单向流40~60小时$^{-1}$监测周期12个月			
C级		非单向流—		20~40小时$^{-1}$监测周期12个月			
D级		非单向流—		6~20小时$^{-1}$监测周期12个月			

监　　测

兽药洁净实验室应定期进行微生物监测，内容包括非生物活性的空气悬浮粒子数和有生物活性的微生物监测，其中微生物监测包括环境浮游菌和沉降菌监测，以及关键的检测台面、人员操作服表面及5指手套等的微生物监测。

当洁净区有超净工作台、空气调节系统等关键设备发生重大改变时应重新进行监测；当微生物监测结果或样品测定结果产生偏离，经评估洁净区可能存在被污染的风险时，应对洁净区进行清洁消毒后重新进行监测。

1. 监测方法

兽药洁净实验室悬浮粒子的监测照《医药工业洁净室（区）悬浮粒子的测试方法》的现行国家标准进行；沉降菌的监测照《医药工业洁净室（区）沉降菌的测试方法》的现行国家标准进行；浮游菌的监测照《医药工业洁净室（区）浮游菌的测试方法》的现行国家标准进行。

表面微生物测定是对环境、设备和人员的表面微生物进行监测，方法包括接触碟法和擦拭法。接触碟法是将充满规定的琼脂培养基的接触碟对规则表面或平面进行取样，然后置合适的温度下培养一定时间并计数，每碟取样面积约为25cm^2，微生物计数结果以cfu/碟报告；擦拭法是接触碟法的补充，用于不规则表面的微生物监测，特别是设备的不规则表面。擦拭法的擦拭面积应采用合适尺寸的无菌模板或标尺确定，取样后，将拭子置合适的缓冲液或培养基中，充分振荡，然后采用适宜的方法计数，每个拭子取样面积为约25cm^2，微生物计数结果以cfu/拭子报告。接触碟法和擦拭法采用的培养基、培养温度和时间同浮游菌或沉降菌监测。表面菌测定应在实验结束后进行。

环境浮游菌、沉降菌及表面微生物监测用培养基一般采用胰酪大豆胨琼脂培养基（TSA），必要时可加入适宜的中和剂，当监测结果有疑似真菌或考虑季节因素影响时，可增加沙氏葡萄糖琼脂培养基（SDA）。

在兽药洁净实验室监控中，监测频次及监测项目建议按表2进行。

表2　推荐的兽药洁净实验室的监测频次及监测项目

受控区域		采样频次	监测项目
无菌隔离系统		每次实验	空气悬浮粒子[①]、浮游菌[③]、沉降菌[②]、表面微生物（含手套）
微生物洁净实验室	A级	每次实验	空气悬浮粒子[①]、浮游菌[③]、沉降菌[②]、表面微生物（含手套及操作服）
	B级	每周一次	空气悬浮粒子[④]、浮游菌[③]、沉降菌、表面微生物（含手套及操作服）
	C级	每季度一次	空气悬浮粒子[④]、浮游菌[④]、沉降菌、表面微生物
	D级	每半年一次	空气悬浮粒子、浮游菌、沉降菌、表面微生物

注：①每季度一次；②工作台面沉降菌的日常监测采样点数不少于3个，且每个采样点的平皿数应不少于1个；③每月一次；④每半年一次。

如果出现连续超过纠偏限和警戒限、关键区域内发现有污染微生物存在、空气净化系统进行任何重大的维修、消毒规程改变、设备有重大维修或增加、洁净室（区）结构或区域分布有重大变动、引起微生物污染的事故、日常操作记录反映出倾向性的数据时，应考虑修改监测频次。

2. 监测标准

各洁净级别空气悬浮粒子的标准见表3、微生物监测的动态标准见表4。

表3　各洁净级别空气悬浮粒子的标准

洁净度级别	悬浮粒子最大允许数（m³）			
	静态		动态	
	$\geqslant 0.5\mu m$	$\geqslant 5.0\mu m$	$\geqslant 0.5\mu m$	$\geqslant 5.0\mu m$
A级	3520	20	3520	2900
B级	3520	29	352 000	2900
C级	352 000	2900	3 520 000	2 9000
D级	3 520 000	2 9000	不作规定	不作规定

表4　各洁净级别环境微生物监测的动态标准[①]

洁净度级别	浮游菌cfu/m³	沉降菌（Φ90mm）cfu/4小时[②]	表面微生物	
			接触（Φ55mm）cfu/碟	5指手套 cfu/手套
A级	<1	<1	<1	<1
B级	10	5	5	5
C级	100	50	25	—
D级	200	100	50	—

注：①表中各数值均为平均值；②单个沉降碟的暴露时间可以少于4小时，同一位置可使用多个沉降碟连续进行监测并累积计数。

3. 警戒限和纠偏限

兽药洁净实验室应根据历史数据，结合不同洁净区域的标准，采用适宜的方法，制定适当的微生物监测警戒限和纠偏限。限度确定后，应定期回顾评价，如历史数据表明环境有所改善，限度应作出相应调整以反映环境实际质量状况。表5列出了各级别洁净环境微生物纠偏限参考值。

表5　各级别洁净环境微生物纠偏限参考值

洁净度级别	浮游菌纠偏限[①]（cfu/m²）	沉降菌纠偏限[②]（Φ90mm，cfu/4小时）
A级	<1[③]	<1[③]

（续）

洁净度级别	浮游菌纠偏限[1] （cfu/m²）	沉降菌纠偏限[2] （Φ90mm，cfu/4小时）
B级	7	3
C级	10	5
D级	100	50

注：①数据表示建议的环境质量水平，也可根据检测或分析方法的类型确定微生物纠偏限度标准；②可根据洁净区域用途、检测药品的特性等需要增加沉降菌碟数；③A级环境的样本，正常情况下应无微生物污染。

4. 数据分析及偏差处理

数据分析　应当对日常环境监测的数据进行分析和回顾，通过收集的数据和趋势分析，总结和评估洁净实验室是否受控，评估警戒限和纠偏限是否适合，评估所采取的纠偏措施是否合适。

应当正确评估微生物污染，不仅仅关注微生物数量，更应关注微生物污染检出的频率，往往在一个采样周期内同一环境中多点发现微生物污染，可能预示着风险增加，应仔细评估。几个位点同时有污染的现象也可能由不规范的采样操作引起，所以在得出环境可能失控的结论之前，应仔细回顾采样操作过程。在污染后的几天对环境进行重新采样是没有意义的，因为采样过程不具有可重复性。

偏差处理　当微生物监测结果超出纠偏限度时，应当按照偏差处理规程进行报告、记录、调查、处理以及采取纠正措施，并对纠正措施的有效性进行评估。

5. 微生物鉴定

建议对受控环境收集到的微生物进行适当水平的鉴定，微生物菌群信息有助于预期常见菌群，并有助于评估清洁或消毒规程、方法、清洁剂或消毒剂及微生物监测方法的有效性，尤其当超过监测限度时，微生物鉴定信息有助于污染源的调查。关键区域分离到的菌落应先于非关键区域进行鉴定。

微生物控制

为了保证兽药洁净实验室环境维持适当的水平，并处于受控状态，除保持空调系统的良好运行状态，对设施进行良好维护外，洁净室内人员应严格遵守良好的行为规范，并定期进行环境监控，减少人员干预比监测更有效。其次是通过有效控制人员和物品的移动，适当的控制温度和湿度。微生物控制措施还包括良好的清洁和卫生处理，应定期对兽药洁净实验室进行清洁和消毒，应当监测消毒剂和清洁剂的微生物污染状况，并在规定的有效期内使用，A/B级洁净区应当使用无菌的或经无菌处理的消毒剂和清洁剂。所采用的化学消毒剂应经过验证或有证据表明其消毒效果，其种类应当多于一种，并定期进行更换以防止产生耐受菌株。不得用紫外线消毒代替化学消毒。必要时，可采用熏蒸等适宜的方法降低洁净区的卫生死角的微生物污染，并对熏蒸剂的残留水平进行验证。

9031　药用辅料功能性指标研究指导原则

药用辅料系指生产药品和调配处方时使用的赋形剂和附加剂，是除活性成分以外，在安全性方面已进行了合理的评估，且包含在药物制剂中的物质。药用辅料按用途可以分为多个类别，为保证药用辅料在制剂中发挥其赋形作用和保证质量的作用，在药用辅料的正文中设置适宜的功能性指标（functionality-related characteristics， FRCs）十分必要。功能性指标的设置是针对特定用途的，同一辅料按功能性指标不同可以分为不同的规格，使用者可根据用途选择适宜规格的药用辅料以保证制剂的质量。

本指导原则将按药用辅料的用途介绍常用的功能性指标研究和建立方法。药用辅料功能性指标主要针对一般的化学手段难以评价功能性的药用辅料，如稀释剂等十二大类；对于纯化合物或功能性可以通过相应的化学手段评价的辅料，如pH调节剂、渗透压调节剂、抑菌剂、螯合剂、络合剂、矫味剂、着色剂、增塑剂、抗氧剂、抛射剂等，不在本指导原则中列举其功能性评价方法。

一、稀释剂

稀释剂也称填充剂，指制剂中用来增加体积或重量的成分。常用的稀释剂包括淀粉、蔗糖、乳糖、预胶化淀粉、微晶纤维素、无机盐类和糖醇类等。在药物剂型中稀释剂通常占有很大比例，其作用不仅保证一定的体积大小，而且减少主药成分的剂量偏差，改善药物的压缩成型性。稀释剂类型和用量的选择通常取决于它的物理化学性质，特别是功能性指标。

稀释剂可以影响制剂的成型性和制剂性能（如粉末流动性、湿法颗粒或干法颗粒成型性、含量均一性、崩解性、溶出度、片剂外观、片剂硬度和脆碎度、物理和化学稳定性等）。一些稀释剂（如微晶纤维素）常被用作干黏合剂，因为它们在最终压片的时候能赋予片剂很高的强度。

稀释剂功能性指标包括：①粒度和粒度分布（一部附录0982）；②粒子形态（一部附录0982）；③松密度/振实密度/真密度；④比表面积；⑤结晶性（一部附录0981）；⑥水分（附录0832）；⑦流动性；⑧溶解度；⑨压缩性；⑩引湿性（附录9002）等。

二、黏合剂

黏合剂是指一类使无黏性或黏性不足的物料粉末聚集成颗粒，或压缩成型的具黏性的固体粉末或溶液。黏合剂在制粒溶液中溶解或分散，有些黏合剂为干粉。随着制粒溶液的挥发，黏合剂使颗粒的各项性质（如粒度大小及其分布、形态、含量均一性等）符合要求。湿法制粒通过改善颗粒一种或多种性质，如流动性、操作性、强度、抗分离性、含尘量、外观、溶解度、压缩性或者药物释放，使得颗粒的进一步加工更为容易。

黏合剂可以被分为：①天然高分子材料；②合成聚合物；③糖类。聚合物的化学属性，包括结构、单体性质和聚合顺序、功能基团、聚合度、取代度和交联度将会影响制粒过程中的相互作用。同一聚合物由于来源或合成方法的不同，它们的性质可能显示出较大的差异。常用黏合剂包括淀粉浆、纤维素衍生物、聚维酮、明胶和其他一些黏合剂。黏合剂通过改变微粒内部的黏附力生成了湿颗粒（聚集物）。它们可能还会改变界面性质、黏度或其他性质。在干燥过程中，它们可能产生固体桥，赋予干颗粒一定的机械强度。

黏合剂的功能性指标包括：①表面张力；②粒度、粒度分布（一部附录0982）；③溶解度；④黏度（一部附录0633）；⑤堆密度和振实密度；⑥比表面积等。

三、崩解剂

崩解剂是加入到处方中促使制剂迅速崩解成小单元并使药物更快溶解的成分。当崩解剂接触水分、胃液或肠液时，它们通过吸收液体膨胀溶解或形成凝胶，引起制剂结构的破坏和崩解，促进药物的溶出。不同崩解剂发挥作用的机制主要有四种：膨胀、变形、毛细管作用和排斥作用。在片剂处方中，崩解剂的功能最好能具两种以上。崩解剂的功能性取决于多个因素，如它的化学特性、粒度及粒度分布以及粒子形态，此外还受一些重要的片剂因素的影响，如硬度和孔隙率。

崩解剂包括天然的、合成的或化学改造的天然聚合物。常用崩解剂包括：干淀粉、羧甲基淀粉钠、低取代羟丙基纤维素、交联羧甲纤维素钠、交联聚维酮、泡腾崩解剂等。崩解剂可为非解离型或为阴离子型。非解离态聚合物主要是多糖，如淀粉、纤维素、支链淀粉或交联聚维酮。阴离子聚合物阴离子聚合物主要是化学改性纤维素的产物等。离子聚合物应该考虑其化学性质。胃肠道pH的改变或者与离子型原料药（APIs）形成复合物都将会影响崩解性能。

与崩解剂功能性相关的性质包括：①粒径及其分布（一部附录0982）；②水吸收速率；③膨胀率或膨胀指数；④粉体流动性；⑤水分；⑥泡腾量等。

四、润滑剂

润滑剂的作用为减小颗粒间、颗粒和固体制剂制造设备如片剂冲头和冲模的金属接触面之间的摩擦力。

润滑剂可以分为界面润滑剂、流体薄膜润滑剂和液体润滑剂。界面润滑剂为两亲性的长链脂肪酸盐（如硬脂酸镁）或脂肪酸酯（如硬脂酰醇富马酸钠），可附着于固体表面（颗粒和机器零件），减小颗粒间或颗粒、金属间摩擦力而产生作用。表面附着受底物表面的性质影响，为了最佳附着效果，界面润滑剂颗粒往往为小的片状晶体；流体薄膜润滑剂是固体脂肪（如氢化植物油，1型），甘油酯（甘油二十二烷酸酯和二硬脂酸甘油酯），或者脂肪酸（如硬脂酸），在压力作用下会熔化并在颗粒和压片机的冲头周围形成薄膜，这将有利于减小摩擦力。在压力移除后流体薄膜润滑剂重新固化；液体润滑剂是在压紧之前可以被颗粒吸收，而压力下可自颗粒中释放的液体物质，也可用于减小制造设备的金属间摩擦力。

常用润滑剂包括：硬脂酸镁、微粉硅胶、滑石粉、氢化植物油、聚乙二醇类、月桂醇硫酸钠。

润滑剂的主要功能性指标包括：①粒度及粒度分布（一部附录0982）；②比表面积；③水分（附录0831、0832）；④多晶型（一部附录0981、0451）；⑤纯度（如硬脂酸盐与棕榈酸盐比率）；⑥熔点或熔程；⑦粉体流动性等。

五、助流剂和抗结块剂

助流剂和抗结块剂的作用是提高粉末流速和减少粉末聚集结块。助流剂和抗结块剂通常是无机物质细粉。它们不溶于水但是不疏水。其中有些物质是复杂的水合物。常用助流剂和抗结块剂包括：滑石粉、微粉硅胶等无机物质细粉。

助流剂可吸附在较大颗粒的表面，减小颗粒间黏着力和内聚力，使颗粒流动性好。此外，助流剂可分散于大颗粒之间，减小摩擦力。抗结块剂可吸收水分以阻止结块现象中颗粒桥的形成。

助流剂和抗结块剂的功能性指标包括：①粒度及粒度分布（一部附录0982）；②表面积；③粉体流动性；④吸收率等。

六、空心胶囊

胶囊作为药物粉末和液体的载体可以保证剂量的准确和运输的便利。空心胶囊应与内容物相容。空心胶囊通常包括两个部分（即胶囊帽和胶囊体），都是圆柱状，其中稍长的称为胶囊体，另一个称为胶囊帽。胶囊帽和胶囊体紧密结合以闭合胶囊。软胶囊是由沿轴缝合或无缝合线的单片构成。

根据原料不同空心胶囊可分为明胶空心胶囊和其他胶囊。明胶空心胶囊由源于猪、牛、或鱼的明胶制备；其他类型胶囊由非动物源的纤维素、多糖等制备。空心胶囊也含其他添加剂如增塑剂、着色剂、遮光剂和抑菌剂。应尽量少用或不用抑菌剂，空心胶囊所用添加剂的种类和用量应符合国家药用或食用相关标准和要求。

空心胶囊可装填固体、半固体和液体制剂。传统的空心胶囊应在37℃生物液体如胃肠液里迅速溶化或崩解。空心胶囊中可以引入肠溶材料和调节释放的聚合物，调节胶囊内容物的释放。

水分随着胶囊类型而变化，水分对胶囊脆度有显著的影响。平衡水分对剂型稳定性有关键作用，因为水分子可在胶囊内容物和胶囊壳之间迁移。透气性是很重要的一个指标，因为羟丙甲纤维素胶囊有开放结构，因而通常其胶囊透气性比一般胶囊更大。明胶胶囊贮藏于较高的温度和湿度（如40℃/75% RH）下可产生交联，而羟丙甲纤维素胶囊不会产生交联。粉末内容物里的醛类物质因为能够使明胶交联而延长崩解时间。明胶胶囊在0.5%盐酸条件和36～38℃但不低于30℃的条件下应该能够在15分钟内崩解。羟丙甲纤维素胶囊在30℃以下也能崩解。

胶囊壳的功能性指标包括：①水分（附录0831、0832）；②透气性；③崩解性（附录0921和一部附录0931）；④脆度；⑤韧性；⑥冻力强度；⑦松紧度等。

七、包衣材料

包衣可以掩盖药物异味、改善外观、保护活性成分、调节药物释放。包衣材料包括天然、半合成和合成材料。它们可能是粉末或者胶体分散体系（胶乳或伪胶乳），通常制成溶液或者水相及非水相体系的分散液。蜡类和脂类在其熔化状态时可直接用于包衣，而不使用任何溶剂。

包衣材料的性能研究应针对：①溶解性，如肠溶包衣材料不溶于酸性介质而溶于中性介质；②成膜性；③黏度；④取代基及取代度；⑤抗拉强度；⑥透气性；⑦粒度等。

八、润湿剂和（或）增溶剂

增溶剂包含很多种不同的化学结构和等级。典型的增溶剂为阴离子型非解离型表面活性剂，在水中自发形成的胶束形态和结构，起到增溶作用。增溶机理常常与难溶性药物和增溶剂自组装体（如胶束）形成的内核间的相互作用力有关。还有一些类型的增溶剂利用与疏水性分子相互作用的聚合物链的变化，将难溶性药物溶入聚合物链中从而增加药物的溶解度。

增溶剂包括固态、液态或蜡质材料。它们的化学结构决定其物理特性。然而增溶剂的物理特性和功效取决于表面活性特性和亲水亲油平衡值（HLB）。例如，十二烷基硫酸钠（HLB值为40）是亲水性的，易溶于水，一旦在水中分散，即自发形成胶束。增溶剂特殊的亲水和亲油特性可以由其临界胶束浓度（CMC）来表征。

与润湿剂/增溶剂有关的性能指标包括：①HLB值；②黏度（一部附录0633）；③组成，检查法可参考附录0301、0601、0633（一部）、0631、0712、0661（一部）和0981（一部）；④临界胶束浓度等；⑤表面张力。

九、助悬剂和（或）增稠剂

在药物制剂中，助悬剂和（或）增稠剂用于稳定分散系统（例如混悬剂或乳剂），其机制为减少溶质或颗粒运动的速率，或降低液体制剂的流动性。

助悬剂、增稠剂稳定分散体系或增稠效应有多种机制。常见的是大分子链或细黏土束缚溶剂导致黏度增加和层流中断。其余包括制剂中的辅料分子或颗粒形成三维结构的凝胶，和大分子或矿物质吸附于分散颗粒或液滴表面产生的立体作用。每种机制（黏度增加，凝胶形成或立体稳定性）是辅料流变学特性的体现，由于辅料的分子量大和粒径较大，其流变学的性质为非牛顿流体。此类辅料的分散体表现出一定的黏弹性。

助悬剂或增稠剂可以是低分子也可以是大分子或矿物质。低分子助悬剂或增稠剂如甘油、糖浆。大分子助悬剂或增稠剂包括（a）亲水性的碳水化合物高分子〔阿拉伯胶、琼脂、海藻酸、羧甲纤维素、角叉（菜）胶、糊精、结冷胶、瓜尔豆胶、羟乙纤维素、羟丙纤维素、羟丙甲纤维素、麦芽糖糊精、甲基纤维素、果胶、丙二醇海藻酸、海藻酸钠、淀粉、西黄芪胶和黄原胶树胶〕和（b）非碳水化合物亲水性大分子，包括明胶、聚维酮、卡波姆、聚氧乙烯和聚乙烯醇。矿物质助悬剂或增稠剂包括硅镁土、皂土（斑脱土）、硅酸镁铝、二氧化硅等。单硬脂酸铝，按功能分类既非大分子也非矿物质类助悬剂或增稠剂。它主要包含不同组分比例的单硬脂酸铝和单棕榈酸铝。

助悬剂和增稠剂的功能性指标为黏度（一部附录0633）等。

十、软膏基质

软膏是黏稠的用于体表不同部位的半固体外用制剂。软膏基质是其主要组成成分并决定其物理性质。软膏基质可作为药物的外用载体并可作为润湿剂和皮肤保护剂。

软膏基质是具有相对高黏度的液体含混悬固体的稳定混合物。

软膏基质分为（a）油性基质：不溶于水，无水、不吸收水，难以用水去除（如凡士林）；（b）吸收性软膏基质：无水，但能够吸收一定量的水，不溶于水而且不易用水去除（如羊毛脂）；（c）乳剂型基质：通常是水包油或油包水型，其中含水，能够吸收水分，在水中也无法溶解（如乳膏）；（d）水溶性软膏基质：本身无水，可以吸水，能溶于水，可用水去除（如聚乙二醇）。

被选择的软膏基质应惰性、化学稳定。

黏度和熔程是乳膏基质的重要功能性指标可参见附录0633（一部）和附录0611。

9032 药包材通用要求指导原则

药包材即直接与兽药接触的包装材料和容器，系指兽药生产企业生产的兽药和临床机构配制的制剂所使用的直接与药品接触的包装材料和容器。作为兽药的一部分，药包材本身的质量、安全性、使用性能以及药包材与药物之间的相容性对药品质量有着十分重要的影响。药包材是由一种或多种材料制成的包装组件组合而成，应具有良好的安全性、适应性、稳定性、功能性、保护性和便利性，在兽药的包装、贮藏、运输和使用过程中起到保护兽药质量、安全、有效、实现给药目的（如气雾剂）的作用。

药包材可以按材质、用途和形制进行分类。

按材质分类 可分为塑料类、金属类、玻璃类、陶瓷类、橡胶类和其他类（如纸、干燥剂）等，也可以由两种或两种以上的材料复合或组合而成（如复合膜、铝塑组合盖等）。常用的塑料类药包材如药用低密度聚乙烯滴眼剂瓶、口服固体药用高密度聚乙烯瓶、聚丙烯输液瓶等；常用的玻璃类药包材有钠钙玻璃输液瓶、低硼硅玻璃安瓿、中硼硅管制注射剂瓶等；常用的橡胶类药包材有注射液用氯化丁基橡胶塞、药用合成聚异戊二烯垫片、口服液体药用硅橡胶垫片等；常用的金属类药包材如药用铝箔建议删除。

按用途和形制分类 可分为输液瓶（袋、膜及配件）、安瓿、药用（注射剂、口服或者外用剂型）瓶（管、盖）、药用胶塞、药用预灌封注射器、药用滴眼（鼻、耳）剂瓶、药用硬片（膜）、药用铝箔、药用软膏管（盒）、药用喷（气）雾剂泵（阀门、罐、筒）、药用干燥剂等。

药包材的命名应按照用途、材质和形制的顺序编制，文字简洁，不使用夸大修饰语言，尽量不使用外文缩写。如口服液体药用聚丙烯瓶。

药包材在生产和应用中应符合下列要求。

药包材的原料应经过物理、化学性能和生物安全评估，应具有一定的机械强度、化学性质稳定、对人体无生物学意义上的毒害。药包材的生产条件应与所包装制剂的生产条件相适应；药包材生产环境和工艺流程应按照所要求的空气洁净度级别进行合理布局，生产不洗即用药包材，从产品成型及以后各工序其洁净度要求应与所包装的药品生产洁净度相同。根据不同的生产工艺及用途，药包材的微生物限度或无菌应符合要求；注射剂用药包材的热原或细菌内毒素、无菌等应符合所包装制剂的要求；眼用制剂用药包材的无菌等应符合所包装制剂的要求。

兽药生产企业生产的药品及临床机构配制的制剂应使用国家批准的、符合生产质量规范的药包材，药包材的使用范围应与所包装的药品给药途径和制剂类型相适应。药品应使用有质量保证的药包材，药包材在所包装药物的有效期内应保证质量稳定，多剂量包装的药包材应保证药品在使用期间质量稳定。不得使用不能确保药品质量和国家公布淘汰的药包材，以及可能存在安全隐患的药包材。

药包材与药物的相容性研究是选择药包材的基础，药物制剂在选择药包材时必须进行药包材与药物的相容性研究。药包材与药物的相容性试验应考虑剂型的风险水平和药物与药包材相互作用的可能性（表1），一般应包括以下几部分内容：①药包材对药物质量影响的研究，包括药包材（如印刷物、黏合物、添加剂、残留单体、小分子化合物以及加工和使用过程中产生的分解物等）的提取、迁移研究及提取、迁移研究结果的毒理学评估，药物与药包材之间发生反应的可能性，药物活性成分或功能性辅料被药包材吸附或吸收的情况和内容物的逸出以及外来物的渗透等；②药物对药包材影响的研究，考察经包装药物后药包材完整性、功能性及质量的变化情况，如玻璃容器的脱片、胶塞变形等；③包装制剂后药物的质量变化（药物稳定性），包括加速试验和长期试验药品质量的变化情况。

表1 药包材风险程度分类

不同用途药包材的风险程度	制剂与药包材发生相互作用的可能性		
	高	中	低
最高	1. 吸入气雾剂及喷雾剂 2. 注射液、冲洗剂	1. 注射用无菌粉末 2. 吸入粉雾剂 3. 植入剂	
高	1. 眼用液体制剂 2. 鼻吸入气雾剂及喷雾剂 3. 软膏剂、乳膏剂、糊剂、凝胶剂及贴膏剂、膜剂		
低	1. 外用液体制剂 2. 外用及舌下给药用气雾剂 3. 栓剂 4. 口服液体制剂	散剂、颗粒剂、丸剂	口服片剂、胶囊剂

药包材标准是为保证所包装药品的质量而制定的技术要求。国家药包材标准由国家颁布的药包材标准（YBB标准）和产品注册标准组成。药包材质量标准分为方法标准和产品标准，药包材的质量标准应建立在经主管部门确认的生产条件、生产工艺以及原材料牌号、来源等基础上，按照所用材料的性质、产品结构特性、所包装药物的要求和临床使用要求制定试验方法和设置技术指标。上述因素如发生变化，均应重新制定药包材质量标准，并确认药包材质量标准的适用性，以确保药包材质量的可控性；制定药包材标准应满足对药品的安全性、适应性、稳定性、功能性、保护性和便利性的要求。不同给药途径的药包材，其规格和质量标准要求亦不相同，应根据实际情况在制剂规

格范围内确定药包材的规格，并根据制剂要求、使用方式制定相应的质量控制项目。在制定药包材质量标准时既要考虑药包材自身的安全性，也要考虑药包材的配合性和影响药物的贮藏、运输、质量、安全性和有效性的要求。药包材产品应使用国家颁布的YBB标准，如需制定产品注册标准的，其项目设定和技术要求不得低于同类产品的YBB标准。

药包材产品标准的内容主要包括三部分：①物理性能：主要考察影响产品使用的物理参数、机械性能及功能性指标，如橡胶类制品的穿刺力、穿刺落屑，塑料及复合膜类制品的密封性、阻隔性能等，物理性能的检测项目应根据标准的检验规则确定抽样方案，并对检测结果进行判断。②化学性能：考察影响产品性能、质量和使用的化学指标，如溶出物试验、溶剂残留量等。③生物性能：考察项目应根据所包装药物制剂的要求制定，如注射剂类药包材的检验项目包括细胞毒性、急性全身毒性试验和溶血试验等；滴眼剂瓶应考察异常毒性、眼刺激试验等。

药包材的包装上应注明包装使用范围、规格及贮藏要求，并应注明使用期限。

9033 药用玻璃材料和容器指导原则

药用玻璃材料和容器用于直接接触各类药物制剂的包装，是药品的组成部分。玻璃是经高温熔融、冷却而得到的非晶态透明固体，是化学性能最稳定的材料之一。该类产品不仅具有良好的耐水性、耐酸性和一般的耐碱性，还具有良好的热稳定性、一定的机械强度，光洁、透明、易清洗消毒、高阻隔性、易于密封等一系列优点，可广泛地用于各类药物制剂的包装。

药用玻璃材料和容器可以从化学成分和性能、耐水性、成型方法等进行分类。

按化学成分和性能分类　药用玻璃国家药包材标准（YBB标准）根据线热膨胀系数和三氧化二硼含量的不同，结合玻璃性能要求将药用玻璃分为高硼硅玻璃、中硼硅玻璃、低硼硅玻璃和钠钙玻璃四类。各类玻璃的成分及性能要求如下表。

按耐水性分类　药用玻璃材料按颗粒耐水性的不同分为Ⅰ类玻璃和Ⅲ类玻璃。Ⅰ类玻璃即为硼硅类玻璃，具有高的耐水性；Ⅲ类玻璃即为钠钙类玻璃，具有中等耐水性。Ⅲ类玻璃制成容器的内表面经过中性化处理后，可达到高的内表面耐水性，称为Ⅱ类玻璃容器。

按成型方法分类　药用玻璃容器根据成型工艺的不同可分为模制瓶和管制瓶。模制瓶的主要品种有大容量注射液包装用的输液瓶、小容量注射剂包装用的模制注射剂瓶（或称西林瓶）和口服制剂包装用的药瓶；管制瓶的主要品种有小容量注射剂包装用的安瓿，管制注射剂瓶（或称西林瓶）、预灌封注射器玻璃针管、笔式注射器玻璃套筒（或称卡氏瓶），口服制剂包装用的管制口服液体瓶、药瓶等。不同成型生产工艺对玻璃容器质量的影响不同，管制瓶热加工部位内表面的化学耐受性低于未受热的部位，同一种玻璃管加工成型后的产品质量可能不同。

药用玻璃材料和容器在生产、应用过程中应符合下列基本要求。

药用玻璃材料和容器的成分设计应满足产品性能的要求，生产中应严格控制玻璃配方，保证玻璃成分的稳定，控制有毒有害物质的引入，对生产中必须使用的有毒有害物质应符合国家规定，且不得影响药品的安全性。

药用玻璃材料和容器的生产工艺应与产品的质量要求相一致，不同窑炉、不同生产线生产的产品质量应具有一致性，对玻璃内表面进行处理的产品在提高产品性能的同时不得给药品带来安全隐患，并保证其处理后有效性能的稳定性。

药用玻璃容器应清洁透明，以利于检查药液的可见异物、杂质以及变质情况，一般药物应选用无色玻璃，当药物有避光要求时，可选择棕色透明玻璃，不宜选择其他颜色的玻璃；应具有较好的热稳定性，保证高温灭菌或冷冻干燥中不破裂；应有足够的机械强度，能耐受热压灭菌时产生的较高压力差，并避免在生产、运输和贮存过程中所造成的破损；应具有良好的临床使用性，如安瓿折断力应符合标准规定；应有一定的化学稳定性，不与药品发生影响药品质量的物质交换，如不发生玻璃脱片、不引起药液的pH值变化等。

药品生产企业应根据药物的物理、化学性质以及相容性试验研究结果选择适合的药用玻璃容器。对生物制品、偏酸偏碱及对pH值敏感的注射剂，应选择121℃颗粒法耐水性为I级及内表面耐水性为HC1级的药用玻璃容器或其他适宜的包装材料。

玻璃容器与药物的相容性研究应主要关注玻璃成分中金属离子向药液中的迁移，玻璃容器中有害物质的浸出量不得超过安全值，各种离子的浸出量不得影响药品的质量，如碱金属离子的浸出应不导致药液的pH值变化；药物对玻璃包装的作用应考察玻璃表面的侵蚀程度，以及药液中玻璃屑和玻璃脱片等，评估玻璃脱片及非肉眼可见和肉眼可见玻璃颗粒可能产生的危险程度，玻璃容器应能承受所包装药物的作用，药品贮藏的过程中玻璃容器的内表面结构不被破坏。

影响玻璃容器内表面耐受性的因素有很多，包括玻璃化学组成、管制瓶成型加工的温度和加工速度、玻璃容器内表面处理的方式（如硫化处理）、贮藏的温度和湿度、终端灭菌条件等；此外，药物原料以及配方中的缓冲液（如醋酸盐缓冲液、柠檬酸盐缓冲液、磷酸盐缓冲液等）、有机酸盐（如葡萄糖酸盐、苹果酸盐、琥珀酸盐、酒石酸盐等），高离子强度的碱金属盐、络合剂乙二胺四乙酸二钠等也会对玻璃容器内表面的耐受性产生不良影响。因此，在相容性研究中应综合考察上述因素对玻璃容器内表面耐受性造成的影响。

化学组成及性能		玻璃类型			
		高硼硅玻璃	中硼硅玻璃	低硼硅玻璃	钠钙玻璃
B_2O_3（%）		≥12	≥8	≥5	<5
SiO_2^*（%）		约81	约75	约71	约70
$Na_2O+K_2O^*$（%）		约4	4~8	约11.5	12~16
$MgO+CaO+BaO+（SrO）^*$（%）		—			
$Al_2O_3^*$（%）		2~3	2~7	3~6	0~3.5
平均线热膨胀系数[①]：$\times 10^{-6}K^{-1}$（20~300℃）		3.2~3.4	3.5~6.1	6.2~7.5	7.6~9.0
121℃颗粒耐水性[②]		1级	1级	1级	2级
98℃颗粒耐水性[③]		HGB1级	HGB1级	HGB1级或HGB2级	HGB2级或HGB3级
内表面耐水性[④]		HC1级	HC1级	HC1级或HC2级	HC2级或HC3级
耐酸性能	重量法	1级	1级	1级	1~2级
	原子吸收分光光度法	$100\mu g/dm^2$	$100\mu g/dm^2$	—	—
耐碱性能		2级	2级	2级	2级

注：*各种玻璃的化学组成并不恒定，是在一定范围内波动，因此，同类型玻璃化学组成允许有变化，不同的玻璃厂家生产的玻璃化学组成也稍有不同。

①参照《平均线热膨胀系数测定法》。

②参照《玻璃颗粒在121℃耐水性测定法和分级》。

③参照《玻璃颗粒在98℃耐水性测定法和分级》。

④参照《121℃内表面耐水性测定法和分级》。

9034 兽药标准物质制备指导原则

本指导原则用于规范和指导兽药标准物质的制备，保证兽药国家标准的执行。

一、兽药标准物质品种的确定

根据兽药国家标准制定及修订的需要，确定兽药标准物质的品种。

二、候选兽药标准物质原料的选择

1. 原料的选择应满足适用性、代表性及可获得性的原则。

2. 原料的性质应符合使用要求。

3. 原料的均匀性、稳定性及相应特性量值范围应适合该标准物质的用途。

三、候选兽药标准物质的制备

1. 根据候选兽药标准物质的理化性质，选择合理的制备方法和工艺流程，防止相应特性量值的变化，并避免被污染。

2. 对不易均匀的候选兽药标准物质，在制备过程中除采取必要的均匀措施外，还应进行均匀性初检。

3. 对相应特性量值不稳定的候选兽药标准物质，在制备过程中应考察影响稳定性的因素，采取必要的措施保证其稳定性，并选择合适的贮存条件。

4. 当候选兽药标准物质制备量大时，为便于保存可采取分级分装。

5. 候选兽药标准物质供应者须具备良好的实验条件和能力，并应提供以下资料：

（1）试验方法、量值、试验重复次数、必要的波谱及色谱等资料；

（2）符合稳定性要求的贮存条件（温度、湿度和光照等）；

（3）候选兽药标准物质引湿性研究结果及说明；

（4）加速稳定性研究结果；

（5）有关物质的鉴别及百分比，兽药国家标准中主组分的相对响应因子等具体资料；

（6）涉及危害健康的最新的安全性资料。

四、候选国家兽药标准物质的标定

候选兽药标准物质按以下要求进行标定，必要时应与国际标准物质进行比对。

1. 化学结构或组分的确证

（1）验证已知结构的化合物需要提供必要的理化参数及波谱数据，并提供相关文献及对比数据。如无文献记载，应提供完整的结构解析过程。

（2）对于不能用现代理化方法确定结构的兽药标准物质，应选用适当的方法对其组分进行确证。

2. 理化性质检查

应根据兽药标准物质的特性和具体情况确定理化性质检验项目，如性状、熔点、比旋度、晶型以及干燥失重、引湿性等。

3. 纯度及有关物质检查

应根据兽药标准物质的使用要求确定纯度及有关物质的检查项，如反应中间体、副产物及相关杂质等。

4. 均匀性检验

凡成批制备并分装成最小包装单元的候选兽药标准物质，必须进行均匀性检验。对于分级分装的候选兽药标准物质，凡由大包装分装成最小包装单元时，均应进行均匀性检验。

5. 定值

符合上述要求后，方可进行定值。

定值的测量方法应经方法学考察证明准确可靠。应先研究测量方法、测量过程和样品处理过程所固有的系统误差和随机误差，如溶解、分离等过程中被测样品的污染和损失；对测量仪器要定期进行校准，选用具有可溯源的基准物；要有可行的质量保证体系，以保证测量结果的溯源性。

（1）定值原则

在测定一个候选化学标准品/对照品含量时，水分、有机溶剂、无机杂质和有机成分测定结果的总和应为100%。

（2）选用下列方式对候选兽药标准物质定值

① 采用高准确度的绝对或权威测量方法定值

测量时，要求两个以上分析者在不同的实验装置上独立地进行操作。

② 采用两种以上不同原理的已知准确度的可靠方法定值

研究不同原理的测量方法的精密度，对方法的系统误差进行估计，采取必要的手段对方法的准确度进行验证。

③ 多个实验室协作定值

参加协作标定的实验室应具有候选兽药标准物质定值的必备条件及相关实验室资质。每个实验室应采用规定的测量方法。协作实验室的数目或独立定值组数应符合统计学的要求。

五、候选国家兽药标准物质的稳定性考察

1. 候选兽药标准物质应在规定的贮存或使用条件下，定期进行相应特性量值的稳定性考察。

2. 稳定性考察的时间间隔可以依据先密后疏的原则。在考察期间内应有多个时间间隔的监测数据。

（1）当候选兽药标准物质有多个特性量值时，应选择易变的和有代表性的特性量值进行稳定性考察；

（2）选择不低于定值方法精密度和具有足够灵敏度的测量方法进行稳定性考察；

（3）考察稳定性所用样品应从总样品中随机抽取，抽取的样品数对于总体样品有足够的代表性；

（4）按时间顺序进行的测量结果应在测量方法的随机不确定度范围内波动。

成方制剂中本版兽药典未收载的药材和饮片

六神曲　为苦杏仁、赤小豆、鲜青蒿、鲜苍耳、鲜辣蓼等药材加入面粉混合后经发酵制成。

龙胆草　为龙胆科植物条叶龙胆*Gentiana manshurica* Kitag.、龙胆*Gentiana scabra* Bge.、三花龙胆*Gentiana triflora* Pall.或坚龙胆*Gentiana rigescens* Franch.的干燥全草。

龙骨　为古代哺乳动物如三趾马、犀类、鹿类、牛类、象类等的骨骼化石或象类门齿的化石。

阳起石　为单斜晶系透闪石或透闪石石棉的矿石，主含含水硅酸钙镁。

芙蓉叶　为锦葵科植物木芙蓉*Hibiscus mutabilis* L.的干燥花或叶。

皂角　为豆科植物皂荚*Gleditsia sinensis* Lam.的干燥果实。

陈石灰　为石灰石类煅烧而成的氧化钙，经吸空气中的潮气及二氧化碳而成，主含氢氧化钙和碳酸钙。

沸石　为饲料级沸石，是一种含碱金属和微量元素离子的含水铝硅酸盐。

柿饼　为柿树科植物柿*Diospyros kaki* Thunb.的果实经加工而成。

胆汁　为猪科动物猪*Sus scrofa domesticus* Brisson、牛科动物牛*Bos taurus domesticus* Gmelin及山羊*Capra hircus* Linnaeus或雉科动物鸡*Gallus gallus domesticus* Brisson等的胆汁。

胆膏　为胆汁经提取制得的黑色稠膏。

桂皮　为樟科植物天竺桂*Cinnamomum japonicum* Sieb.、阴香*Cinnamomum burmannii*（Wees）BL.、香桂*Cinnamomum subavenium* Miq.或川桂*Cinnamomum wilsonii* Gamble等的树皮。

铅丹　为铅经氧化加工制成，主含四氧化三铅（Pb_3O_4）。

烟叶　为茄科植物烟草*Nicotiana tabacum* L.的干燥叶。

浮石　为火山喷出的岩浆凝固形成的多孔状石块。

黄豆　为豆科植物大豆*Glycine max*（L.）Merr.的种皮黄色的种子。

硇砂　为紫色石盐矿石，主含氯化铵。

铜绿　为铜表面经二氧化碳或醋酸作用后生成绿色锈衣制成，主含碱式碳酸铜。

鹿角胶　为鹿角经水煎熬，浓缩制成的固体胶。

紫背金盘　为唇形科植物紫背金盘*Ajuga nipponensis* Makino.的干燥全草。

稀土　为农用稀土，主含镧、铈、镨、钕、钐等微量元素。

樟脑　为樟科植物樟*Cinnamomum Camphora*（L.）Presl.的茎、枝、叶及根部经加工提取制得的结晶。

露水草　为鸭跖草科植物露水草*Cyanotis arachnoides* C. B. Clarke的干燥全草。

原子量表（$^{12}C = 12.00$）

（录自2001年国际原子量表）

中文名	英文名	符号	原子量	中文名	英文名	符号	原子量
氢	Hydrogen	H	1.007 94（7）	砷	Arsenic	As	74.921 60（2）
氦	Helium	He	4.002 602（2）	硒	Selenium	Se	78.96（3）
锂	Lithium	Li	6.941（2）	溴	Bromine	Br	79.904（1）
硼	Boron	B	10.811（7）	锶	Strontium	Sr	87.62（1）
碳	Carbon	C	12.010 7（8）	锆	Zirconium	Zr	91.224（2）
氮	Nitrogen	N	14.0067（2）	钼	Molybdenum	Mo	95.94（2）
氧	Oxygen	O	15.9994（3）	锝	Technetium	Tc	〔99〕
氟	Fluorine	F	18.998 403 2（5）	钯	Palladium	Pd	106.42（1）
钠	Sodium（Natrium）	Na	22.989 770（2）	银	Silver（Argentum）	Ag	107.8682（2）
镁	Magnesium	Mg	24.305 0（6）	镉	Cadmium	Cd	112.411（8）
铝	Aluminium	Al	26.981 538（2）	铟	Indium	In	114.818（3）
硅	Silicon	Si	28.085 5（3）	锡	Tin（Stannum）	Sn	118.710（7）
磷	Phosphorus	P	30.973 761（2）	锑	Antimony（Stibium）	Sb	121.760（1）
硫	Sulfur	S	32.065（5）	碘	Iodine	I	126.904 47（3）
氯	Chlorine	Cl	35.453（2）	碲	Tellurium	Te	127.60（3）
氩	Argon	Ar	39.948（1）	氙	Xenon	Xe	131.293（6）
钾	Potassium（Kalium）	K	39.0983（1）	钡	Barium	Ba	137.327（7）
钙	Calcium	Ca	40.078（4）	镧	Lanthanum	La	138.9055（2）
钛	Titanium	Ti	47.867（1）	铈	Cerium	Ce	140.116（1）
钒	Vanadium	V	50.9415（1）	钬	Holmium	Ho	164.930 32（2）
铬	Chromium	Cr	51.9961（6）	镱	Ytterbium	Yb	173.04（3）
锰	Manganese	Mn	54.938 049（9）	钨	Tungsten（Wolfram）	W	183.84（1）
铁	Iron（Ferrum）	Fe	55.845（2）	铂	Platinum	Pt	195.078（2）
钴	Cobalt	Co	58.933 200（9）	金	Gold（Aurum）	Au	196.966 55（2）
镍	Nickel	Ni	58.6934（2）	汞	Mercury（Hydrargyrum）	Hg	200.59（2）
铜	Copper（Cuprum）	Cu	63.546（3）	铅	Lead（Plumbum）	Pb	207.2（1）
锌	Zinc	Zn	65.409（4）	铋	Bismuth	Bi	208.980 38（2）
镓	Gallium	Ga	69.723（1）	钍	Thorium	Th	232.0381（1）
锗	Germanium	Ge	72.64（1）	铀	Uranium	U	238.028 91（3）

注：1. 原子量末位数的准确度加注在其后括号内。

2. 中括号内的数字是半衰期最长的放射性同位素的质量数。

索　引

中文索引

（按汉语拼音顺序排列）

J

拉丁名索引

（按汉语拼音顺序排列）

注：*为英文名。

拉丁学名索引